U0926805

# 中国交通运输60年

中华人民共和国交通运输部
《中国交通运输60年》编委会

# 《中国交通运输60年》编委会

## 编审委员会：



## 编辑委员会：

# 在新的历史起点上再创辉煌

## ——《辉煌历程——庆祝新中国成立60周年重点书系》总序

柳斌杰

1949年10月1日，中华人民共和国诞生了！中国人民从此站起来了，中华民族以崭新的姿态自立于世界民族之林！新中国成立以来的60年，是中国社会发生翻天覆地变化的60年，是中国共产党带领全国各族人民同心同德、奋勇向前、不断从胜利走向胜利的60年，是中华民族自强不息、顽强奋进、从贫穷落后走向繁荣富强的60年，是举国上下自力更生、艰苦奋斗，开创社会主义大业的60年。60年峥嵘岁月，60年沧桑巨变。当我们回顾60年奋斗业绩时，感到格外自豪：一个充满生机和活力的社会主义新中国正巍然屹立于世界的东方。

在新中国成立60周年之际，系统回顾和记录60年的辉煌历史，总结和升华60年的宝贵经验，对于我们进一步深刻领会和科学把握社会主义制度的优越性、党的领导的重要性，进一步增强民族自豪感，大力唱响共产党好、社会主义好、改革开放好、伟大祖国好、各族人民好的时代主旋律，高举中国特色社会主义伟大旗帜，坚定走中国特色社会主义道路的决心和信心，在新的历史起点继续坚持改革开放，深入推动科学发展，夺取全面建设小康社会新胜利、开创中国特色社会主义事业新局面，都有十分重要的意义。

## 一

中国走社会主义道路，是历史的选择，人民的选择，时代的选择。在相当长的历史时期内，中国是世界上一个强大的封建帝国。1840 年鸦片战争以后，由于帝国主义列强的侵入，中国由一个独立的封建国家变为半殖民地半封建的国家，中华民族沦落到苦难深重和任人宰割的境地。此时的中华民族面对着两大历史任务：一个是争取民族独立和人民解放，一个是实现国家繁荣富强和人民富裕；需要解决两大矛盾：一个是帝国主义和中华民族的矛盾，一个是封建主义和人民大众的矛盾。近代中国社会的主要矛盾和我们民族面对的历史任务，决定了近代中国必须进行反帝反封建的彻底的民主主义革命，只有这样才能赢得民族独立和人民解放，也才能开启国家富强和人民富裕之路。历史告诉我们，一方面，旧式的农民战争，封建统治阶级的“自强”“求富”，不触动封建根基的维新变法，民族资产阶级领导的民主革命，以及照搬西方资本主义的其他种种方案，都不能完成救亡图存挽救民族危亡和反帝反封建的历史任务，都不能改变中国人民的悲惨命运，中国人民依然生活在贫穷、落后、分裂、动荡、混乱的苦难深渊中；另一方面，“帝国主义列强侵入中国的目的，决不是要把封建的中国变成资本主义的中国”，而是要把中国变成他们的殖民地。因此，中国必须选择一条适合中国国情的道路。“十月革命一声炮响，给我们送来了马克思列宁主义。十月革命帮助了全世界的也帮助了中国的先进分子，用无产阶级的宇宙观作为观察国家命运的工具，重新考虑自己的问题。走俄国人的路——这就是结论。”中国的工人阶级及其先锋队——中国共产党登上历史舞台后，中国革命的面貌才焕然一新。在新民主主义革命中，以毛泽东同志为代表的中国共产党人带领全党全国人民，经过长期奋斗，创造性地开辟了一条农村包围城市、武装夺取政权的革命道路，实现了马克思主义与中国实际相结合的第一次历史性飞跃，最终建立了伟大的中华人民共和国。从此，中国历史开始了新的纪元！

新中国成立初期，西方国家采取经济封锁、政治孤立、军事包围等手段打压中国，妄图把新中国扼杀在摇篮中。以毛泽东同志为核心的党的第一代中央领导集体，领导全国各族人民紧紧抓住恢复和发展生产这一中心环节，在继续完成民主革命遗留任务的同时，有步骤地实现从新民主主义到社会主义的转变，迅速恢复了在旧中国遭到严重破坏的国民经济并开展了有计划的经济建设。从1953年到1956年，中国共产党领导全国各族人民有计划有步骤地完成了对农业、手工业和资本主义工商业的社会主义改造，实现了中国社会由新民主主义到社会主义的过渡和转变，在中国建立了社会主义基本制度。邓小平同志在《坚持四项基本原则》一文中，对中国为什么必须走社会主义道路作了明确的说明：“只有社会主义才能救中国，这是中国人民从五四运动到现在六十年来的切身体验中得出的不可动摇的历史结论。中国离开社会主义就必然退回到半封建半殖民地。中国绝大多数人决不允许历史倒退。”

但是，探索社会主义道路是一个艰辛的过程。社会主义制度是人类历史上一种崭新的社会制度，代表着人类历史前进的方向。建设社会主义是前无古人的崭新事业，没有任何现成的经验可资借鉴，只能在实践中不断探索适合中国国情的社会主义发展道路。毛泽东同志很早就指出：“我们对于社会主义时期的革命和建设，还有一个很大的盲目性，还有一个很大的未被认识的必然王国。”正是由于中国共产党人有这种认识，所以这种探索贯穿在社会主义建设的全过程。

在新中国成立之初，以毛泽东同志为主要代表的中国共产党人在深刻分析当时国内外形势和中国国情的基础上，开始了从“走俄国人的路”到“走自己的道路”的历史性探索。这表明中国共产党力图在中国自己的建设社会主义道路中打开一个新的局面，反映了曾长期遭受帝国主义列强欺凌的中国人民站立起来之后求强求富的强烈渴望。探索者的道路从来不是平坦的。到了50年代后期，党的指导思想开始出现“左”的偏差。特别是60年代中期，由于对国际和国内形势判断严重失误，“左”倾错误发展到极端，造成了延续十年之久的“文化大革命”。“文化大革命”的十年内乱，给我们党和国家带来了极其严重的创伤，国民经济濒临崩溃的边缘，人民生活十分困难。1976年我们党依靠自身的力量，粉碎了“四人帮”，结束了十年内乱，从危难中挽救了党，挽救了革命，使社会主义中国进入了新的历史发展时期。在邓小平同志领导下和其他老一辈革命家支持下，党的十一届三中全会开始全面纠正“文化大革命”及其以前的“左”倾错误，冲破个人崇拜和“两个凡是”的束缚，重新确立了解放思想、实事求是的思想路线，果断停止了“以阶级斗争为纲”的错误方针，把党和国家的工作中心转移到经济建设上来，做出了实行改革开放的历史性决策。改革开放是党在新的时代条件下带领人民进行的新的伟大革命。从此以后，社会主义中国的历史掀开了新的一页。经济改革从农村到城市、从国有企业到其他各个行业势不可挡地展开，对外开放的大门从沿海到沿江沿边、从东部到中西部毅然决然地打开了，社会主义中国又重新焕发出了蓬勃的生机和活力。以党的十一届三中全会为标志进行了30多年的改革开放，巩固和完善了社会主义制度，为当代中国探索出了一条真正实现国家繁荣富强、人民共同富裕的正确道路。

## 二

新民主主义革命的胜利，社会主义基本制度的建立，实现了中国几千年来最伟大最广泛最深刻的社会变革，创造和奠定了新中国一切进步和发展的基础。中国是有着五千年历史的文明古国，但人民当家作主人，真正结束被压迫、被统治的命运，成为国家、社会和自己命运的主人，只是在中华人民共和国成立后才成为现实。在中国共产党的领导下，中国人民推翻了“三座大山”，夺取了新民主主义革命的胜利，真正实现了民族独立和人民解放；彻底结束了旧中国一盘散沙的局面，实现了国家的高度统一和各民族的空前团结；创造性地实现了从新民主主义到社会主义的转变，全面确立了社会主义的基本制度，使占世界人口四分之一的东方大国迈入了社会主义社会；

建立了人民民主专政的国家政权，中国人民掌握了自己的命运，中国实现了从延续几千年的封建专制政治向人民民主政治的伟大跨越；建立了独立的、比较完整的国民经济体系，经济实力、综合国力显著增强，国际地位大幅度提高。社会主义给中国带来了翻天覆地的变化。

那么，面对与时俱进的世界，中国的社会主义建设如何在坚持中发展呢？这就要进行新的探索，新的实践。胡锦涛同志在党的十七大报告中强调，“我们党正在带领全国各族人民进行的改革开放和社会主义现代化建设，是新中国成立以后我国社会主义建设伟大事业的继承和发展，是近代以来中国人民争取民族独立、实现国家富强伟大事业的继承和发展”。正是在改革开放的伟大实践中，中国共产党人开辟了中国特色社会主义道路。这是一条能够使民族振兴、国家富强、人民幸福、社会和谐的康庄大道，是当代中国发展进步和实现中华民族伟大复兴的唯一正确的道路。在当代中国，坚持中国特色社会主义道路，就是真正坚持社会主义。

“中国特色社会主义道路，就是在中国共产党的领导下，立足基本国情，以经济建设为中心，坚持四项基本原则，坚持改革开放，解放和发展社会生产力，巩固和完善社会主义制度，建设社会主义市场经济、社会主义民主政治、社会主义先进文化、社会主义和谐社会，建设富强民主文明和谐的社会主义现代化国家。”改革开放是中国的第二次革命，给我国带来了历史性的三大变化：一是中国人民的面貌发生了巨大变化，许多曾经长期窒息人们思想的旧的观念、陈腐的教条受到了巨大冲击，人们的思想得到了前所未有的大解放，解放思想、实事求是、与时俱进、开拓创新开始成为人们精神状态的主流。二是中国社会面貌发生了巨大变化，社会主义中国实现了从“以阶级斗争为纲”到以经济建设为中心、从封闭半封闭到改革开放、从高度集中的计划经济体制到充满活力的社会主义市场经济体制的伟大转折。我国获得了自近代以来从未有过的长期快速稳定发展，社会生产力大解放，社会财富快速增长，人民的生活水平实现了从温饱不足到总体小康的历史性跨越。满目疮痍、饱受欺凌、贫穷落后的中国已经变成政治稳定、经济发展、文化繁荣、社会和谐的社会主义中国。三是中国共产党的面貌发生了巨大变化，中国共产党重新确立了马克思主义的思想路线、政治路线和组织路线，在开辟中国特色社会主义伟大道路的过程中，在领导中国特色社会主义现代化进程中，始终把保持和发展党的先进性、提高党的执政能力、转变党的执政方式、巩固党的执政基础作为党的建设的重点，实现了从革命党向执政党的彻底转变，成为始终走在时代前列的中国特色社会主义事业的坚强领导核心。

新中国成立60年来，特别是改革开放30多年来的伟大成就生动展现了我们党和国家的伟大力量，展现了13亿中国人民的力量，展现了中国特色社会主义事业的伟大力量。“中国特色社会主义道路之所以完全正确、之所以能够引领中国发展进步，关键在于我们既坚持了科学社会主义的基本原则，又根据我国实际和时代特征赋予其鲜明的中国特色。”胡锦涛同志在纪念党的十一届三中全会召开30周年大会上的重要讲话中强调：“我们要始终坚持党的基本路线不动摇，做到思想上坚信不疑、行动上坚定不移，决不走封闭僵化的老路，也决不走改旗易帜的邪路，而是坚定不移地走中国特色社会主义道路。”

坚定不移地走中国特色社会主义道路，就必须牢牢把握和坚持中国共产党的领导这个根本，这也是我们走上成功之路的实践经验。中国共产党是中国工人阶级的先锋队，同时是中国人民和中华民族的先锋队，是中国特色社会主义事业的领导核心。自诞生之日起，中国共产党就自觉肩负起中华民族伟大复兴的庄严使命，带领中国人民经过艰苦卓绝的奋斗，取得了革命、建设和改革的一个又一个重大胜利。中国特色社会主义道路是中国共产党领导全国各族人民长期探索、不懈奋斗开拓的道路，党的领导是坚持走这条道路的根本政治保证和客观的内在要求。没有共产党，就没有新中国，就没有中国的繁荣富强和全国各族人民的幸福生活。

坚定不移地走中国特色社会主义道路，就必须牢牢把握和坚持解放思想、实事求是的思想路线，充分认识我国处于并将长期处于社会主义初级阶段的基本国情，深刻认识社会主义事业的长期性、艰巨性和复杂性。过去的一切失误，在很大程度上就是因为没有正确地认识中国的国情，离开或偏离了发展的实际。我们要牢记教训，一切从实际出发，一切要求真务实。

坚定不移地走中国特色社会主义道路，就必须牢牢把握和坚持“一个中心，两个基本点”的基本路线。以经济建设为中心是兴国之要，是我们党和国家兴旺发达和长治久安的根本要求。四项基本原则是立国之本，是我们国家生存发展的政治基石。改革开放是决定当代中国命运的关键抉择，是发展中国特色社会主义、实现中华民族伟大复兴的必由之路。我们必须坚持改革开放不动摇，决不能走回头路。

中国特色社会主义事业是一项前无古人的创造性事业，是一项极其伟大、光荣而艰巨的事业。我们必须清醒地认识到，“我们的事业是面向未来的事业”，“实现全面建设小康社会的目标还需要继续奋斗十几年，基本实现现代化还需要继续奋斗几十年，巩固和发展社会主义制度则需要几代人、十几代人甚至几十代人坚持不懈地努力奋斗”。在新的国际国内形势和新的历史起点上，只要我们不动摇、不懈怠、不折腾，坚定不移地坚持中国特色社会主义道路，坚定不移地坚持党的基本理论、基本路线、基本纲领、基本经验，勇于变革、勇于创新，永不僵化、永不停滞，不为任何风险所惧，不被任何干扰所惑，就一定能凝聚力量，战胜一切艰难险阻，不断开创中国特色社会主义事业新局面。

## 三

把马克思主义基本原理同中国实际相结合，坚持科学理论的指导，坚定不移地走自己的路，这是马克思主义的本质要求，是中国共产党人在深刻把握马克思主义理论品质、清醒认识中国国情的基础上得出来的科学结论。毛泽东同志指出：“认清中国社会的性质，就是说，认清中国的国情，乃是认清一切革命问题的基本的根据。”邓小平同志指出：“马克思列宁主义的普遍真理与本国的具体实际相结合，这句话本身就是普遍真理。它包含两个方面，一方面叫普遍真理，另一方面叫结合本国实际。我们历来认为丢开任何一面都不行。”中国共产党之所以成功地领导了革命、建设和改革，就是因为以科学态度对待马克思主义，正确地贯彻马克思主义基本原理与中国具体实际相结合的原则，推动马克思主义中国化，并不断丰富和发展了马克思主义。

以毛泽东为主要代表的中国共产党人，创造性地运用马克思主义的基本原理，认真总结中国革命胜利和失败的经验教训，重新认识中国国情，探讨中国革命的规律性，把马克思主义与中国革命的具体实践结合起来，提出了新民主主义理论，阐明了中国革命的一系列重大问题，实现了马克思主义和中国实际相结合的第一次历史性飞跃，产生了毛泽东思想这一马克思主义中国化的重要理论成果，引导中国革命不断走向胜利，完成了民族独立和人民解放的历史任务，创建了新中国，建立了社会主义制度。新中国成立初期，我们党在把马克思主义和中国实际相结合方面做得比较好，因而社会主义革命和建设都比较顺利，很快建立起了比较完备的社会主义工业体系和国民经济体系，显示了社会主义制度的优越性。

党的十一届三中全会之后的30多年，我们党紧紧围绕中国特色社会主义这个主题，在新的历史条件下继续推进马克思主义中国化，形成和发展了包括邓小平理论、“三个代表”重要思想以及科学发展观等重大战略思想在内的中国特色社会主义理论体系。以邓小平同志为主要代表的中国共产党人，开创了改革开放的伟大事业，并在总结当代社会主义正反两方面经验的基础上，在我国改革开放的崭新实践中，围绕着“什么是社会主义、怎样建设社会主义”这个基本问题，把马克思主义基本原理和中国社会主义现代化建设的实际相结合，系统地初步回答了在中国这样的经济文化比较落后的国家如何建设社会主义、如何巩固和发展社会主义的一系列基本问题，创立了邓小平理论，实现了马克思主义和中国实际相结合的又一次飞跃，奠定了中国特色社会主义理论体系的基础。党的十三届四中全会以后，以江泽民同志为主要代表的中国共产党人，在新的历史发展时期，把马克思主义的基本原理与当代中国实际和时代特征进一步结合起来，在建设中国特色社会主义新的实践中，进一步回答了什么是社会主义、怎样建设社会主义的问题，创造性地回答了在长期执政的历史条件下建设什么样的党、怎样建设党的问题，形成了“三个代表”重要思想，进一步丰富和发展了中国特色社会主义理论体系。党的十六大以来，以胡锦涛同志为总书记的党中央，站在历史和时代的高度，继续把马克思主义基本原理与当代中国实际相结合，在推进中国特色社会主义的实践中，全面系统地继承和发展了马克思列宁主义、毛泽东思想、邓小平理论、“三个代表”重要思想关于发展的重要思想，依据我国仍处于并将长期处于社会主义初级阶段而又进到新的发展阶段这个现实，进一步回答了新世纪新阶段我国需要什么样的发展和怎样发展的重大问题，形成了科学发展观等重大战略思想，赋予中国特色社会主义理论体系以新的丰富内容。

胡锦涛同志在党的十七大报告中强调：“改革开放以来我们取得一切成绩和进步的根本原因，归结起来就是：开辟了中国特色社会主义道路，形成了中国特色社会主义理论体系。高举中国特色社会主义伟大旗帜，最根本的就是要坚持这条道路和这个理论体系。”中国特色社会主义理论体系坚持和发展了马克思列宁主义、毛泽东思想，凝结了几代中国共产党人带领人民不懈探索实践的智慧和心血，是马克思主义中国化的最新成果，是党最可宝贵的政治和精神财富，是全国各族人民团结奋斗的共同思想基础。在当代中国，坚持中国特色社会主义理论体系，就是真正坚持马克思主义。只有坚持中国特色社会主义理论体系不动摇，才能坚持中国特色社会主义道路不动摇，才能真正做到高举中国特色社会主义伟大旗帜不动摇。

## 四

站在时代的高峰上回望我国波澜壮阔的奋斗之路，我们感慨万千。正如胡锦涛同志所指出的，“没有以毛泽东同志为核心的党的第一代中央领导集体团结带领全党全国各族人民浴血奋斗，就没有新中国，就没有中国社会主义制度。没有以邓小平同志为核心的党的第二代中央领导集体团结带领全党全国各族人民改革创新，就没有改革开放历史新时期，就没有中国特色社会主义”。“以江泽民同志为核心的党的第三代中央领导集体”，“团结带领全党全国各族人民高举邓小平理论伟大旗帜，继承和发展了改革开放伟大事业，把这一伟大事业成功推向21世纪”。我们“要永远铭记党的三代中央领导集体的伟大历史功绩”。

新中国60年的辉煌历程充分证明，没有共产党就没有新中国，没有中国共产党的领导就没有国家的繁荣富强和全国各族人民的幸福生活，也就不会有社会主义现代化的中国。新中国60年的伟大成就充分证明，只有社会主义才能救中国，只有中国特色社会主义才能发展中国，只有走中国特色社会主义道路才能建设富强、民主、文明、和谐的社会主义现代化国家。新中国60年的宝贵经验充分证明，只要始终坚持马克思主义基本原理同中国具体实际相结合，在科学理论的指导下，不断丰富和发展中国特色社会主义理论体系，就能坚定不移地走自己的路。新中国60年特别是改革开放30多年的伟大实践昭示我们，中国的崛起是历史的必然，只要我们高举“一面旗帜”，坚持“一条道路”，在新的历史起点继续推进改革开放的伟大事业，不断开创中国特色社会主义事业新局面，当代中国、整个中华民族，就一定能走向繁荣富强和共同富裕的康庄大道。

庆祝新中国成立60周年，是今年党和国家政治生活中的一件大事。新中国60年的辉煌历程、伟大成就和宝贵经验，蕴含着丰富的教育资源，是进行爱国主义教育的生动教材。深入挖掘、整理、创作、出版有关纪念新中国成立60年的作品，是出版界义不容辞的责任和光荣使命。为隆重庆祝新中国成立60周年，中共中央宣传部、新闻出版总署组织出版了《辉煌历程——庆祝新中国成立60周年重点书系》，目的在于充分展示新中国成立60年来翻天覆地的变化，充分展示中国共产党领导全国各族人民在革命、建设、改革中取得的伟大成就，深刻总结新中国60年的宝贵经验，努力探索人类社会发展规律、社会主义建设规律、中国共产党的执政规律；宣传中国特色社会主义，宣传中国特色社会主义理论体系，进一步坚定走中国特色社会主义道路的决心和信心；大力唱响共产党好、社会主义好、改革开放好、伟大祖国好、各族人民好的时代主旋律，不断巩固全党全国各族人民团结奋斗的共同思想基础；为在新形势下继续解放思想、坚持改革开放、推动科学发展、促进社会和谐营造良好氛围，激励和鼓舞全党全国各族人民更加紧密地团结在以胡锦涛同志为总书记的党中央周围，高举中国特色社会主义伟大旗帜，为开创中国特色社会主义事业新局面、夺取全面建设小康社会新胜利、谱写人民美好生活新篇章而努力奋斗。

该书系客观记录了新中国60年波澜壮阔的伟大实践，全面展示了新中国60年来社会主义中国、中国人民和中国共产党的面貌所发生的深刻变化，深刻总结了马克思主义中国化的宝贵经验，生动宣传了新中国60年来我国各方面所取得的伟大成就及社会主义中国对人类社会发展进步所做出的伟大贡献。该书系所记录的新中国60年的奋斗业绩和伟大实践，所载入的以爱国主义为核心的民族精神和以改革创新为核心的时代精神，都将永远激励我们沿着中国特色社会主义道路奋勇前进。

# 目　　录

# 骄人的业绩　宝贵的经验

## ——《中国交通运输 60 年》序

新中国成立 60 年来，在党中央、国务院的正确领导下，经过全系统干部职工的努力拼搏，我国交通运输发生了历史性巨变，生产力得到空前解放与发展，走出了一条中国特色的交通运输发展之路，为社会主义现代化建设提供了有力支撑。

### 一、60 年交通运输建设的巨大成就

新中国的交通运输业大体经历了 5 个发展阶段：建国后的恢复发展阶段；“文化大革命”时期的曲折发展阶段；改革开放初期的放宽搞活阶段；十四大以后建立完善社会主义市场经济的加快发展阶段；十六大以来的科学发展阶段。经过 60 年发展，交通运输基础设施现代化水平显著提高，运输服务能力明显增强，基本适应了经济社会发展的需要。

#### (一) 公路实现跨越式发展

建国之初，中央就明确了恢复发展交通运输的方针，制定和

实施了养路费征收政策，实行民工建勤的修路养路制度，明确多种经济成分共同发展的运输经济政策。为加快农村、山区和偏远地区的公路建设，1958年提出依靠地方、依靠群众，以普及为主发展交通的"地群普"方针。1984年国务院作出对公路交通发展具有历史意义的三项重大决定，即提高养路费征收标准、开征车辆购置附加费、允许贷款或集资修建的高等级公路和大型桥梁隧道收取车辆通行费（即"贷款修路、收费还贷"政策），从此，公路建设有了稳定的资金来源和良性发展的政策环境。上世纪90年代以来，我国公路基础设施规模迅速扩大。到2008年底，全国公路通车总里程达到373万公里，公路密度为38.9公里/百平方公里。建成了总规模3.5万公里"五纵七横"的国道主干线，公路运输大通道主骨架基本形成。

（二）高速公路从无到有迅猛发展

上世纪80年代后期，我国高速公路开始起步建设。20多年来，平均每年建成近3000公里，目前全国高速公路已超过6万公里。除西藏外，各省区市均建有高速公路，公路运输大通道主骨架基本形成，高速公路已成为经济社会发展不可或缺的重要基础设施。

（三）农村公路实现历史性巨变

农村公路由普及到提高不断发展。进入新世纪以来，启动了历史上规模最大的农村公路建设，实施"五年千亿元"工程，目前农村公路总里程达324万公里，全国乡镇、建制村通公路率分别达到99.2%和92.9%。农村公路的发展，为统筹城乡协调发展、推进社会主义新农村建设作出了贡献。

（四）桥梁隧道建设达到国际先进水平

目前我国共拥有59.46万座桥梁、5426条隧道。润扬长江大桥、南京长江三桥、杭州湾跨海大桥、终南山隧道等一批施工难度大、科技含量高的世界级大跨度公路桥梁、隧道相继建成运营。其中杭州湾跨海大桥全长36公里，是世界上最长的跨海大桥；苏通长江大桥的主跨跨径、主塔高度、斜拉索长度和群桩基础规模创造了斜拉桥型的4项世界之最。我国有8座斜拉桥、5座悬索桥、5座拱桥和5座梁桥跨径排序居世界前10位。我国桥隧建设技术水平已跻身世界先进行列。

（五）港航基础设施建设取得重大进展

我国港航基础设施建设由于长期投入严重不足，港口吞吐能力较弱、压船压货现象时有发生。1973年周恩来同志提出要解决港口问题，组成国务院建港领导小组，沿海各省（市、自治区）相继成立地区建港领导小组，掀起了新中国成立后的第一次港口建设高潮。上世纪90年代以来，港航基础设施建设进入了快速发展期，初步建成中国特色的港口体系，拥有16个亿吨大港，港口数量、规模、专业技术和管理水平名列世界前列。内河水运建设以长江干线、西江航运干线、京杭运河、长江三角洲和珠江三角洲高等级航道为重点，内河通航里程达到12.3万公里，50%以上为等级航道，长江干线、京杭运河已成为世界上运量最大的通航河流和运河。

（六）公路水路运输能力大幅度提升

坚持人便于行，货畅其流，大力发展车船运力和提高装备水平，提升公路、水路运输保障能力，建立健全公路水路运输应急保障体系。到2008年底，全国营运汽车发展到931万辆，是1949年的200多倍，中高档客车比例超过营运客车总量的40%，专用及重型货车和超大型油轮、大型散货船、大型集装箱船迅速增加。1998年抗洪抢险、2003年抗击“非典”、2008年抗击低温雨雪冰冻灾害和四川汶川大地震，以及电煤运输等，公路水路交通在道路抢通保通、物资抢运等方面发挥了重要作用。2008年公路水路完成客运量270亿人次；完成货运量221亿吨。

（七）水上安全监管和救助能力显著增强

初步建成了全方位覆盖、全天候运行的安全监管和救助体系，制定了国家海上搜救应急预案。实行动态值班待命救助，建立了海陆空立体搜救网络，救助快速反应能力和搜救成功率显著提高。加强了防风防汛，组织了一系列重大海难救助和油污染应对处置行动，保护了人民生命财产安全，有效避免了重大环境污染。

（八）交通运输科技贡献率不断增强

交通运输科技紧紧围绕基础设施建设、运输生产中的关键问题，通过软科学研究、重大装备开发、行业联合科技攻关等多种形式，开发应用了一批先进适用的成套技术和装备，在沙漠等特殊地质的公路建设技术，特大跨径的桥梁建设技术，特长大隧道的建设技术和深水航道的整治技术等方面取得重大突破和创新，使我国公路、水运的技术水平和技术构成发生了根本性变化,科技成果转化率和科技进步贡献率不断提高。

## 二、我国交通运输建设发展的基本经验

交通运输60年建设发展,积累了宝贵的经验,认真总结,可以概括为“六个始终坚持”。

### (一)始终坚持把发展作为第一要务

经济社会发展和人民群众日益增长的交通运输需求与交通运输供给之间的矛盾,始终是交通运输发展的主要矛盾。60年来,交通运输工作认真贯彻落实中央的部署要求,把发展作为第一要务,扭住发展不放松,以人为本,努力加快发展、坚持科学发展,不断提高发展的质量、能力和水平,走出了一条符合中国国情和交通运输特色的发展道路。

### (二)始终坚持抓住和用好机遇

60年来特别是改革开放以来,交通运输工作紧紧抓住机遇、用好机遇,实现跨越式发展。一是抓住党的十一届三中全会要求交通运输业“优先发展”的机遇,促进交通运输业成为经济恢复发展的战略重点。二是抓住中央提出“发展以综合运输体系为主轴的交通业”方针的机遇,制定长远战略规划并组织实施。三是抓住中央应对1998年亚洲金融危机、扩大内需的机遇,加快高速公路等交通基础设施建设。四是抓住中央实施西部大开发战略的机遇,着力推进西部交通基础设施快速发展。五是抓住中央建设社会主义新农村战略决策的机遇,农村公路投资和建设力度不断加强。

（三）始终坚持科学规划

根据国民经济和社会发展的总目标总要求，大力加强交通运输发展战略、发展规划、发展政策的研究，促进战略规划、政策措施落到实处，为加快发展、科学发展奠定基础。制定了交通发展长远战略规划，提出了实现交通现代化三个发展阶段的目标，制定并组织实施了高速公路、农村公路和沿海港口、内河航运、水上交通安全和救助以及区域交通运输发展等一系列中长期规划，促进了交通运输科学发展、和谐发展、安全发展。

（四）始终坚持调动各方面积极性和激发活力

坚持统筹规划、条块结合、分层负责、联合建设的方针，发挥好中央、地方和广大人民群众的积极性，形成加快交通运输发展的联动机制和强大合力。各地加强组织领导，为交通运输发展提供了政策、资金等支持。广大人民群众积极支持并踊跃参加交通建设。实践证明，交通运输发展离不开各级党委、政府和人民群众的关心支持。只有凝聚各方力量，才能有效应对建设发展中遇到的困难与挑战，不断开拓交通运输改革发展事业的新局面。

（五）始终坚持深化改革、扩大开放

改革开放是解放和发展交通运输生产力的强大动力。多年来，交通运输工作坚持解放思想、转变观念，冲破体制性机制性障碍，积极探索建立统一开放、竞争有序的公路水路建设市场和运输市场；建立健全"国家投资、地方筹资、社会融资、利用外资"的多元化投融资机制；推进和深化企业管理体制、港口管理体制、海事救捞体制等重大改革；扩大开放，引进国外先进技术、资金和管理经验，开阔交通运输管理的国际视野，不断拓展发展空间。

（六）始终坚持不断提高公共服务能力

在科学发展观的指引下，交通运输工作坚持把满足经济社会发展和人民群众的交通运输需求作为出发点和落脚点，加强服务型政府建设，推进政府职能、工作作风和工作方法转变，加强交通法制建设，增强政府交通部门的行政执行力和公信力，着力提高适应经济社会发展能力、统筹规划和协调发展能力、公共服务和组织保障能力、运输和建设市场依法监管能力、安全管理和重大突发事件应急处置能力。

## 二、努力推进综合交通运输体系发展

总结经验是为了更好更快的发展。在今后一个较长的时期里，交通运输业要把建设与发展的重点放在完善综合运输体系上。综合运输体系是各种运输方式在社会化的运输范围内和统一的运输过程中，按照技术经济特点组成分工协作、有机结合、连结贯通、布局合理的交通运输综合系统，构建综合运输体系是世界交通运输发展的普遍规律。党中央、国务院高度重视我国综合运输体系建设。党的十七大明确提出要加快发展综合运输体系。十七届二中全会通过的《关于深化行政管理体制改革的意见》要求“探索实行职能有机统一的大部门体制”。2008 年 3 月，《国务院机构改革方案》明确，组建交通运输部，将原交通部、原中国民用航空总局的职责，原建设部指导城市客运的职责，整合划入新组建的交通运输部，同时组建中国民用航空局，由交通运输部管理。为加强邮政与交通运输统筹管理，国家邮政局改由交通运输部管理。这次交通运输管理领域的大部门制改革，对于加快我国综合运输体系建设、走资源节约环境友好型交通运输发展道路，具有十分重要的意义。

发展综合运输体系，充分发挥各种交通运输方式的整体优势和综合效率，是我国交通运输发展的重要目标。我们要按照中央的部署要求，认真履行职责，加快发展现代交通运输业，建设便捷、通畅、高效、安全的综合运输体系。一是建立健全综合运输规划体系，统筹各种运输方式在规划上的衔接，充分发挥各种运输方式的比较优势，合理布局，优化通道资源利用。二是促进现代综合运输枢纽建设，特别是联接航空、铁路、公路、水运、城市公交等各种运输方式的中心城市综合枢纽建设，合理配置运输资源，促进各种运输方式的有效衔接，逐步实现客运"零距离换乘"和货运"无缝隙衔接"。三是加强综合运输政策和标准规范的研究制定，促进各种运输方式政策标准的衔接，加快推进多式联运，促进交通运输一体化发展。四是加快综合运输管理和公共信息服务平台建设，形成各种运输方式既自成管理体系、高效运行，又优势互补、相互衔接的格局，促进各种运输方式之间的信息资源共享，进一步改善公众出行信息服务，提高交通运输管理效能和服务水平。

《中国交通运输60年》重点介绍新中国成立60年来交通运输事业的奋斗历程和成功经验，生动展示交通运输事业的巨大发展和辉煌成就，着重宣传交通运输广大干部职工为经济社会发展，为改善人民平安出行条件所作出的巨大贡献。

在新中国即将迎来60华诞之际，我们相信，交通战线的广大职工将高举中国特色社会主义的伟大旗帜，再接再厉，开拓创新，以做好“三个服务”为已任，为交通运输事业实现快速发展、科学发展、安全发展、和谐发展而继续努力奋斗！是为序。

1988年10月31日，上海至嘉定高速公路建成通车，结束了我国大陆没有高速公路的历史

国门第一路——首都机场高速公路，1993年9月建成通车

青藏公路，1954年建成通车

首次运用国际先进的菲迪克工程建设管理理念修建的高速公路——京津塘高速公路，1993年9月25日建成通车

山西太旧高速公路，1996年建成通车

沈大高速公路，1990年建成通车

成渝高速公路，1995年建成通车

世界最长的沙漠公路——塔克拉玛干沙漠公路，1995年建成通车

江西昌九高速公路，1996年建成通车

吉林长吉高速公路，1997年建成通车

黑龙江哈同高速公路，1997年建成通车

同三高速公路福建泉厦段，1997年建成通车

新疆吐乌大高速公路，1998年建成通车

河北保津高速公路，1999年建成通车

北京八达岭高速公路，2001年建成通车

宁夏古王高速公路，2001年建成通车

京珠高速公路湖北段，2002年建成通车

依山傍海景色迷人的海南环岛高速公路（东线），2002年建成通车

甘肃古浪至永昌高速公路，2002年建成通车

京藏高速公路甘肃兰州至白银段，2002年建成通车

山西大运高速公路（赵康互通立交），2003年建成通车

广东西翼的交通大动脉——广东开阳高速公路，2003年建成通车

湖北汉十高速公路，2005年建成通车

湖南常张高速公路，2005年建成通车

“南疆国门第一路”——广西南宁至友谊关高速公路，2005年建成通车

中尼公路西藏曲大段，2005年建成通车

黑龙江庆安农村公路，2006年建成通车

景婺黄高速公路，2006年建成通车

杭徽高速公路，2006年建成通车

大广高速公路河南濮阳至安阳段，2006年建成通车

辽宁大连疏港高速公路（大窑湾互通立交桥），2007年建成通车

生态环保高速公路——云南思小高速公路，2006年建成通车

京沪高速公路山东日东段，2006年建成通车

通往梦境之路——安徽合铜黄高速公路，2007年建成通车

河南郑州至石人山高速公路，2007年建成通车

湖北神宜公路，2007年建成通车

云南昭通至待补高速公路，2007年建成通车

安徽黄塔桃高速公路，2008年12月建成通车

山东即平高速公路，2008年建成通车

云南水麻高速公路，2008年建成通车

20世纪70年代养路工人居住的道班

21世纪养路工人居住的道班

江西农村公路

江西农村公路旧貌

21世纪通向牧区的公路

20世纪70年代通向牧区的公路

广西桂林至阳朔二级公路

天津外环线

内蒙古牧区公路

辽宁滨海公路

204国道山东段

连霍高速公路河南段，2001年12月建成通车

与金门隔海相望，风景秀丽的厦门环岛路，2001年建成通车

楚天第一路——湖北武黄高速公路，
1991年2月建成通车

广西凤山县盘山公路

四川成都歌乐山盘山公路

四川成绵广高速公路

贵州贵新公路（大良田立交）

丹拉国道主干线青海乐都大峡段

兰海高速公路

新疆和田至阿拉尔沙漠公路

新疆乌奎高速公路，2000年11月建成通车

宁夏姚叶高速公路（银川立交桥）

江苏苏通长江大桥创造了斜拉桥跨径、桥塔高度、斜拉索长度、群桩基础等4项世界纪录，2008年建成通车

杭州湾大桥是世界最长的跨海大桥，全长36公里，2008年建成通车

世界最长双洞公路隧道——陕西秦岭终南山公路隧道，2006年建成通车

陕西秦岭终南山公路隧道特殊灯光带

湖南省邵怀高速公路雪峰山隧道，2007年11月建成通车

四川广渝高速公路华蓥山隧道，1999年建成通车

内蒙古包头黄河公路二桥，2002年建成通车

武汉天兴洲公铁两用长江大桥是世界跨度第一的公铁两用斜拉桥，2008年9月合龙

世界第一大跨径拱桥——重庆朝天门长江大桥（跨径552米），2009年4月建成通车

山西太长高速公路隧道群

世界最大跨径的石拱桥——山西晋焦高速公路丹河特大桥（跨径146米），2000年6月建成通车

沈阳至丹东高速公路单家河大桥

辽宁大连滨海公路金州湾大桥

吉林陶赖昭松花江特大桥

吉林浑江彩虹桥

江苏江阴长江公路大桥，1999年9月建成通车

安徽安庆长江公路大桥，2004年建成通车

杭新景高速公路千岛湖支线金竹牌大桥，2006年建成通车

福建集美大桥，2008年建成通车

万里长江第一桥——湖北武汉长江大桥，1957年10月建成通车

1997年7月1日香港回归之日通车的广东虎门大桥

深圳西部沿海高速公路磨刀门特大桥

深圳深港西部通道大桥，2007年6月26日建成通车

重庆万县长江大桥，1997年建成通车

贵州关岭至兴义高等级公路北盘江特大桥

云南昆明高海高速公路观音山大桥

贵州崇溪河至遵义高速公路蒙渡大桥，2005年建成通车

拉贡机场路拉萨河特大桥

我国第一条沙漠高速公路——榆靖高速公路无定河特大桥，2003年8月建成通车

宁夏吴忠黄河桥，2009年建成通车

洛河特大桥（其桥墩高度居亚洲第一），2006年8月建成通车

广东“黄金水道”——沟通西江、北江和珠江三角洲的重要经济航道

全国文明样板航道枣庄段

长江黄金水道——长江上游川江航段

京杭运河江苏段

天津港全貌

京唐港区集装箱作业

国内最大的油品转运港——大连港，2004年建成

青岛港

湖南长沙霞凝新港

海南海口新港

上海洋山深水港

上海洋山旧貌

海南洋浦保税港区

华北地区重要的综合客运枢纽——北京六里桥客运站，2004年建成

代表城市公交发展方向的快速公交系统（BRT）

现代化道路客运车队

中远物流公司承运1016吨分馏器

湖南常德长途汽运中心候车站

2008年启用的厦门豪华邮轮

中国远洋运输集团1万标准箱集装箱船“中远亚洲”轮

中国海运集团7.5万吨散杂货船“九龙峰”轮

黑龙江江海联运重大装备首航

空中、水面和水下“三位一体”的海上专业应急救援体系

装备舰载直升机的我国最大海巡船——海巡31

8000kW新型专业救助船“南海救111”轮

国内最先进、起重能力最大的海上浮吊船——德瀛号

6000kW新型专业救助船“东海救131”轮

2006年5月南海国际大搜救——救助船员正在为越南遇险船员进行补给

成功打捞宋代商船“南海一号”

4000吨全回转浮吊船“华天龙”号

# 解放思想　探索前行

## ——交通运输业60年发展历程概述

交通运输部办公厅

新中国成立60年来,我国交通运输事业之所以能够不断取得辉煌成就,一个重要原因就是在不同历史时期,交通运输工作认真贯彻落实党中央、国务院的重大决策部署,适应经济社会发展对交通运输业的要求,审时度势,积极探索交通运输发展道路,制定和实施有利于交通运输业又好又快发展的方针政策,促进交通运输业可持续发展。政策是推动交通运输业健康发展的决定性因素。

## 一、我国交通运输业的发展阶段

新中国成立以来,大致分为五个阶段:第一阶段:1949年新中国成立后到1966年“文化大革命”前,恢复发展时期;第二阶段:1966年到1976年“文化大革命”期间,曲折发展时期;第三阶段:1978年启动改革开放到1992年党的十四大前,探索发展时期;第四阶段:1992年党的十四大至2002年党的十六大前,加快发展时期;第五阶段:十六大以来,科学发展时期。

### 1. 第一个阶段我国交通运输业发展政策

新中国成立之初,党和国家面临着巩固国家政权和迅速恢复国民经济这两项重要任务,这都与交通密切相关,交通必须先行。因此,迅速医治战争创伤，恢复和重建公路、水路，成为紧迫而艰巨的任务。

新组成的交通部于1949年11月召开了第一届全国航务、公路工作会议，讨论了新中国成立初期的交通工作任务。1950年3月政务院分别作出《关于1950年公路工作的决定》和《关于1950年航务工作的决定》，明确了新中国成立初期公路、水路的发展方针政策。

交通部在修复原有公路的同时，开始修建干线公路；采取整修原有运输工具、扶持私营汽车运输业等多项措施扩大运输能力。同时，制定和实施了公路建设、养护和公路运输的基本政策，即实行养路费征收政策，使公路养护有了稳定的资金来源；实行民工建勤的修路养路制度，并以国家法令的形式确定下来；明确多种运输经济成分共同发展的运输经济政策。在水路建设方面，恢复和重建海港，疏通淤积的航道，打捞修复沉船，迅速恢复航运，统筹发展水运工业。

公路、水路经过3年的恢复和"一五"建设，取得可喜的成就，充分显示了社会主义制度的优越性。1958年提出了依靠地方、依靠群众，以普及为主，发展交通的"地、群、普"方针，加快了广大农村、山区和偏远地区的公路建设。1962年实施"调整、巩固、充实、提高"的方针，交通发展呈稳定发展的趋势。

在这个阶段，完成了对私营公路和私营运输业的社会主义改造，建立了集中统一的计划运输经济体制。

**2. 第二阶段我国交通运输业发展成就**

在"文化大革命"时期，交通运输业在面临重重困难的条件下曲折前进。制订了"三五"、"四五"交通发展计划。建成北京—原平等一批国防公路，县乡公路建设也有较大发展，公路标准和公路质量都有较大提高。1972年，我国恢复在联合国合法地位，对外贸易规模迅速扩大，海上运输量增长迅猛，全国普遍出现港口严重压船现象。1973年，交通部根据中央"三年改变港口面貌"的要求，加大对港口的建设力度，形成建港高潮。交通部开始利用银行贷款购船，加强远洋运输船队建设，远洋船队逐步壮大。1975年重新修订"养路40条"。提出"1976—1985年"公路交通发展规划设想。

**3. 第三阶段我国交通运输业发展政策**

党的十一届三中全会后，我国交通运输业进入了一个重要发展时期。积极推进交通领域的改革开放工作，出台了一系列对交通改革发展产生重大影响的政策措施，在放宽搞活交通运输市场、解放运输生产力、增强国有企业活力、推进交通筹融资社会化、形成长远交通发展规划等方面，作了一系列开创性的探索，走上了一条有中国特色的社会主义交通运输发展道路。

党的十一届三中全会提出了改革、开放、搞活的战略方针，党中央、国务院把交通建设作为国民经济发展的战略重点，为我国交通运输发展指明了方向。1979 年 2 月，交通部和广东省率先创办对外开放的蛇口工业区，成为全国改革开放浓墨重彩的起笔。1982 年，提出“要努力把交通搞通、搞活、搞上去”，1983 年 3 月，提出“有河大家行船、有路大家走车”，1984 年 8 月，提出“各部门、各行业、各地区一起干，国营、集体、个体一起上”的方针。放宽搞活政策打开了市场化改革的大门，打破所有制单一、封闭的交通运输格局，激发了社会办交通的积极性和热潮，集体、私营、个体和中外合资运输业户大量涌入交通运输行业，对缓解运输难、繁荣城乡物资交流等起到重要作用，我国运输市场初步发育，竞争机制初步形成。与此同时，交通行业管理体制改革加快推进，以搞活国有企业为中心，逐步扩大企业自主权，探索政企分开、简政放权和加强行业管理工作。为适应改革开放以及各种运输力量的发展与经济结构发生很大变化的客观实际，根据交通部门履行职能的需要，建立健全了五级交通行政管理机构。

针对公路水路基础设施总量严重不足，交通运力全面紧张，成为制约国民经济和社会发展瓶颈的实际。1984 年 12 月，国务院作出对我国公路交通发展具有历史意义的三项重大决定：即提高养路费征收标准、开征车辆购置附加费、允许贷款或集资修建的高等级公路和大型桥梁隧道收取车辆通行费（即“贷款修路、收费还贷”政策），公路建设有了稳定的资金来源和良性发展的政策环境。1984 年和 1987 年，国务院决定动用库存粮棉布和中低档工业品，以工代赈帮助贫困地区修建公路、整治航道；1985 年，国务院决定开征港口建设费,港口建设有了稳定的资金渠道;1988 年,开征公路客货运附加费,用于公路运输站场建设。同时,积极引进外资参与交通基础设施建设,逐步形成了“国家投资、地方筹资、社会融资、引进外资”的多元化交通投融资格局,促进了公路水路交通基础设施的发展。

**4. 第四阶段我国交通运输业发展新的举措和思路**

从 1992 年党的十四大到 2002 年党的十六大前的十年,是我国交通运输事业深化改革、加快发展的重要时期。按照建立社会主义市场经济体制的总体要求,我国公路水路交通进一步深化改革,加大对外开放力度,积极培育和规范交通运输、建设市场,加快基础设施建设,交通运输生产力显著发展,交通运输的紧张状况明显缓解、对国民经济的瓶颈制约状况明显改善。

一是初步建立统一开放、竞争有序的交通运输和建设市场。1992 年,交通部发布《关于深化改革、扩大开放、加快交通发展的若干意见》,进一步加大交通运输改革开放力度,当年交通基础设施建设利用外资首次超过 10 亿美元。1995 年,交通部制定实施了《关于加快培育和发展道路运输市场的若干意见》,健全运输法规,规范市场行为,鼓励经营者自主经营、平等竞争、协调发展,加快建立全国统一、开放、竞争、有序的道路运输市场体系。1996 年交通部发出《关于进一步加强水运市场管理的通知》,开展全国范围的水运市场调查,推进水运市场的培育和完善。几年来,公路水路运输市场出现了可喜的变化,市场对资源配置的基础性作用越来越明显。

二是实现了我国公路水路基础设施的飞速发展。1992 年,交通部明确提出到 2000 年实现公路水路运输生产和基础设施建设的阶段性目标,并开始全面实施“三主一支持”交通长远发展规划。1993 年,经国务院批准,扩大了港口建设费征收范围和征收标准,新开征航道建设费、水运客货运附加费,为加快水运基础设施建设创造了条件。1998 年,抓住国家应对亚洲金融危机,实施积极财政政策的历史机遇,全面推进公路网、航道网、港口群建设,高速公路快速发展,专业化深水码头泊位迅速增加,显著改变了我国交通基础设施的落后面貌。

三是深化交通行政管理体制改革。交通部门结合几次机构改革,探索市场经济条件下交通行政管理部门职能定位,研究提出了加强行业管理的八项内容,努力建立和完善办事高效、运转协调、行为规范的交通行政管理体系。1998 年,交通部与直属企业全面脱钩。1999 年,全国水上安全监管体制改革启动,将原由交通部管理的港口和双重领导港口全部交由地方管理;港口行政管理和装卸作业实行政企分开。

**5. 第五阶段交通运输行业贯彻科学发展观的基本要求**

交通运输行业贯彻落实科学发展观,就是要坚持把发展作为交通运输工作的第一要务,努力实现又好又快发展;坚持把以人为本作为交通运输工作的核心,努力做到交通运输安全便捷化和公共服务均等化;坚持把全面协调可持续发展作为交通运输工作的基本要求,努力促进交通运输与环境资源和谐一致;坚持把统筹兼顾作为交通运输工作的根本方法,努力推进综合运输协调发展,促进区域、城乡交通运输一体化。

近年来,结合交通运输业发展实际贯彻落实科学发展观,明确提出了以下重要理念或举措。做好“三个服务”,即服务国民经济和社会发展全局,服务社会主义新农村建设,服务人民群众安全便捷出行。保证“四个重点”,即从科学发展的理念出发,调整交通投资结构,重点保证纳入国家规划的公路水路重点项目建设、保证农村公路建设、保证交通安全保障工程建设、保证交通科技创新。坚持“两个倾斜”:一是向中西部地区特别是西部地区倾斜,二是向公益性强的项目倾斜。强化“两个监管”:一是资金安全的监管,二是资金使用效益的监管,通过加强监管,提高资金的使用效率。坚持“四个理念”,即坚持以人为本、好中求快、全面协调、可持续发展的理念,确保交通事业持续快速健康发展。着力“四个创新”,大力推进理念创新、科技创新、体制机制创新和政策创新,解决交通发展中的深层次矛盾和问题。

## 二、交通运输“三个服务”重要理念的基本内涵

“三个服务”,是对多年来交通实践经验的总结,是对交通发展规律认

识的深化，是交通工作贯彻落实科学发展观的本质要求，也是交通工作深入贯彻党的十七大精神、适应新时期新阶段新要求、推进科学发展的出发点和落脚点。

服务国民经济和社会发展全局，就是要按照中央的决策部署，根据经济社会发展和改革开放的要求，统筹规划，科学安排，强化管理，抓好公路水路交通基础设施建设，加强能源、重点物资、农副产品、外贸货物的运输保障，做好抢险救灾的应急运输，实现覆盖范围更广、服务水平更高的货畅其流、人便于行，把运输保障和运输服务落在实处。

服务社会主义新农村建设，就是要积极落实中央建设社会主义新农村的部署和要求，把加强农村公路建设作为重中之重，从农村公路面广、量大、保通保畅任务重的实际出发，因地制宜地推进农村公路建设，解决好建养管运的问题，为农村经济发展、农业产业结构调整、农民增收提供良好的交通条件。

服务人民群众安全便捷出行，就是要坚持以人为本，把安全放在交通工作的突出位置，既要重视交通基础设施建设和运输的安全监管，落实安全生产责任制，又要不断提高交通基础设施的安全性，让人民群众出行放心；还要不断增加交通有效供给能力，不断提高运输服务的效率、质量和水平，让人民群众出行满意。

## 三、我国发展现代交通运输业的主要措施

交通是国民经济的基础性产业和服务性行业，推进交通由传统产业向现代服务业转型，实质上就是推进现代交通业的发展。要紧紧抓住我国经济发展战略转型的历史机遇，加快发展现代交通业，促使交通继续成为新时期国民经济发展的战略重点。

推进现代交通业的发展，关键在于促进发展方式的根本性转变。要努力做到“三个转变”，即交通发展由主要依靠基础设施投资建设拉动向建设、养护、管理和运输服务协调拉动转变；由主要依靠增加物质资源消耗向科技进步、行业创新、从业人员素质提高和资源节约环境友好转变；由主要

依靠单一运输方式的发展向综合运输体系发展转变。

完成上述目标任务，要继续加强"四个环节"，在八个方面下工夫。

"四个环节"是：调整交通结构，促进结构的优化升级，增强交通运输服务保障的能力；转变发展方式，建设资源节约、环境友好型交通，增强交通可持续发展的能力；推进自主创新，建设创新型行业，增强交通发展的内在动力；完善行业管理，建设服务型政府交通部门，增强交通公共服务的能力。

七个方面是：加快基础设施结构调整；加快运输结构调整；提高自主创新能力；拓展交通服务领域；加强行业管理；推进体制机制改革；建设服务型政府交通部门。

中央坚持工业反哺农业、城市支持农村的方针，要求各级政府把基础设施建设的重点转向农村，国家财政新增固定资产投资增量主要用于农村。交通行业将交通公共服务的重点转向农村，从 2003 年开始，交通部按照中央的总体部署，启动了新中国成立以来规模最大的农村公路建设，进一步加大对农村公路的投资倾斜力度，出台了以农村公路建设为重点的八项服务新农村建设的实质性措施，按照"省部联手、各负其责、统筹规划、分级实施、因地制宜、量力而行"的原则，与各省区共同签订了落实中央 1 号文件农村公路建设任务的意见，启动了"五年千亿元"农村公路建设工程，对车购税投资结构进行重大调整，不断提高用于农村公路建设的投资比重。农村公路总里程达 324 万公里，全国乡镇、建制村通公路率分别达到 99.2% 和 92.9%。农村公路的发展，显著改善了广大农村的交通条件，为统筹城乡协调发展、推进社会主义新农村建设作出了重要贡献。

## 四、构建现代综合运输体系的政策措施

一是加强公路、水路、民航交通运输规划的衔接，做到"宜路则路、宜水则水、宜空则空"，使各种运输方式有效衔接配合。

二是加强中心城市综合交通运输枢纽规划建设中各种运输方式的衔接，综合考虑市内交通的方便和进出城区的快捷，使各种运输方式之间和某种运输方式内部有机衔接，实现客运"零距离换乘"和货运"无缝衔接"，人

便于行，货畅其流。

三是加强城市客运和农村交通的衔接，统筹规划，合理布局，消除分割，建设统一协调的区域和城乡交通运输网络，实现公共服务均等化。

四是整合交通运输资源，加强公路、水路、民航等几种运输方式的有效衔接，为邮政业发展搭建便捷、通畅、安全、高效的综合运输平台。

## 五、我国交通运输业未来实现科学发展的措施

第一，紧紧抓住我国经济发展战略转型的机遇，加快发展现代交通运输业。用现代科学技术、管理技术提升交通运输业发展水平，提高基础设施和技术装备的现代化水平和运营效能；适应现代服务业的发展要求，不断拓展交通运输服务领域；走资源节约、环境友好发展之路，加强行业节能减排和资源节约、环境保护。

第二，紧紧抓住机构改革的机遇，加快发展综合运输体系。发展综合运输体系，就是推进各种运输方式有机衔接，实现交通运输资源优化配置，发挥各种运输方式比较优势和组合效率。

第三，紧紧抓住全面建设小康社会的机遇，确保各项交通规划目标任务的全面实现。努力实现交通运输快速发展、科学发展、安全发展、协调发展，使交通运输发展成果惠及城乡人民，适应全面建成小康社会的需要，为21世纪中叶实现交通运输现代化打下坚实基础。

# 法制建设促发展　精神文明谱新篇

## ——交通法制建设与行业精神文明建设60年

交通运输部政策法规司

新中国成立以来，我国公路、水路交通发生了翻天覆地的变化，取得了举世瞩目的成就。目前，公路总里程已经达到370多万公里，其中高速公路6万多公里，位于世界第二。拥有16个亿吨大港，港口货物吞吐量和集装箱吞吐量连续六年居世界第一。我国已从一个交通落后国家发展成为名副其实的交通大国。所有这些成就的取得，离不开交通法制工作和交通行业精神文明建设工作的支撑和保障。伴随公路水路交通运输事业的快速发展，交通法制建设和精神文明建设也成绩斐然，硕果累累。

## 一、交通法制建设为交通事业发展提供坚实的法律保障

### （一）交通立法工作重点从解决有无、填补空白转变为提高立法质量、提升立法层次

在交通立法方面，根据不同时期的特点和行业管理需要，按国家立法程序，制定颁布了一批交通法律、行政法规和规章。交通立法发展至今天，已初步建立了公路、水路交通法规体系框架。现在立法工作重点从原来主要解决有无、填补空白转变到提高立法质量、提升立法层次上来。经过历次清理，目前公路、水路交通管理领域现行有效的交通法律有4部，交通行政法

规有27部,交通运运输部规章有260多部,基本满足了交通发展的需要。

新中国交通立法的历史,可以分为五个阶段:交通立法初创时期(1949—1965年),交通立法挫折时期(1966—1976年);交通立法恢复发展时期(1977—1991年),交通立法快速发展时期(1992—2005年),交通立法质量提升时期(2006年以后)。

**1. 交通立法初创时期(1949—1965年)**

(1)立法概况

新中国成立初期,党和国家面临着巩固国家政权和迅速恢复国民经济的重要任务。这一时期,我国公路、水路交通非常落后,交通立法的任务比较重,主要围绕"废旧"和"立新"两大主题展开。交通立法具有初创性和过渡性。这一时期颁布实施的行政法规及规范性文件共有55件,颁布的行政规章及规范性文件共有874件。

这一时期,大多数法规在交通管理领域都是首次立法。其中,1949年至1957年,由政务院发布或经政务院批准、由交通部发布的行政法规和规范性文件共35件,交通立法层次较高。交通部也制定和发布了大量的规章,主要有《汽车管理暂行办法》、《公路养路费征收办法(草案)》、《关于1951年民工整修公路的暂行规定》、《基本建设工作程序暂行办法》、《海港管理暂行条例》等。这些行政法规、规章的发布和实施奠定了新中国公路、水路交通法制的基础。1957年5月,全国转入"反右斗争"时期,在"法律虚无主义"的思想干扰下,我国立法开始全面跌入低谷,公路、水路交通法制建设基本处于徘徊状态。这一时期制定的法规主要有《公路交通规则》、《养路四十条》、《民工建勤修建和养护公路的规定》、《关于公路养路费征收和使用补充规定》、《中华人民共和国打捞沉船管理办法》等。

(2)立法特点

过渡性、应急性的立法事项居多。新中国成立之初,百废待兴,此阶段国家面临的交通活动频繁,交通建设的任务十分繁重。因此这一时期交通立法工作比较仓促,大多带有明显的应急性,调整对象比较单一。许多立法具有开创性。在立法程序和体现形式上,表现出简易性、多样性。

2. **交通立法挫折时期**（1966—1976年）

1966年至1976年“文化大革命”时期，我国政治体制和司法体制遭受严重破坏。交通运输发展受到严重影响，交通立法工作受挫，几近停滞，仅在“文革”后期，出台少数法规。立法方式简单粗糙，出台的法规大部分是暂行规定和试行办法。同时过渡性法规多，法规调整内容具体而单一，类似行政管理的具体措施和政策规定。这一时期颁布实施的交通行政法规及规范性文件共有6件，颁布的行政规章及规范性文件共有180件。其中，在水路交通立法方面，国务院制定的水路交通行政法规只有一部，即《中华人民共和国防止沿海水域污染暂行规定》。这一阶段国务院及其所属部委发布的规范性文件都被当作行政法规、规章来看待。

3. **交通立法恢复发展时期**（1977—1991年）

（1）立法概况

从1977年到1991年，是我国十年“文革”动乱结束后经济体制改革开始启动的过渡时期。随着党的十一届三中全会的召开，我国社会主义法制建设步入了新的历史时期，公路、水路交通法制建设开始步入恢复和重建的轨道。1982年新宪法我国立法体制方面用出了重大改革，赋予国务院各部委立法权，各部委可以制定部门规章，从此交通部门开始有了真正意义上的立法活动。

加紧立法是这一阶段的当务之急，为了尽快解决交通运输各个领域无法可依的状态，交通部十分重视立法工作，积极推进有关法规的立、改、废。1979年，交通部在办公厅设置法律处，立法工作从此由专门的机构归口负责。1988年交通部设置政策法规司，进一步从组织体系上加强立法工作。立法工作受到重视，立法的规范性、操作性明显增强，行政法规的内容更具体、更便于操作，立法数量明显增多。这一时期颁布实施交通法律1部，行政法规及规范性文件51件，行政规章及规范性文件1412件。

这一时期，立法重点主要是解决交通发展中突出的公路建设资金问题、道路运输市场化问题、港口基础设施建设和水路运输等问题。主要立法有：《车辆购置附加费征收办法》、《车船使用税暂行条例》、《公路管理条例》、

《公路运输管理暂行条例》、《港口建设费征收办法》、《港口建设费使用规定》、《车船使用税暂行条例》等。1983年公布实施的《海上交通安全法》，是新中国成立后海上交通管理的第一部法律，也是交通领域的第一部法律，具有非常重要的意义。这些交通法规的制定和实施，解决了交通运输行业立法工作长期滞后行业发展的问题，使行业内许多方面无法可依的局面有了较大改观。

（2）立法特点

公路、水路交通立法围绕贯彻落实改革开放的大政方针进行。交通法规体系框架已具雏形。立法工作开始规范，立法数量明显增多。开始重视立法计划和立法技术。开始尝试对已颁布实施的交通法律规范进行修改。1983年，交通部对新中国成立以来的交通运输法规进行了全面清理，以适应交通发展的新需要。

**4. 交通立法快速发展时期**（1992—2005年）

（1）立法概况

从1992年至2005年，为适应社会主义市场经济发展、依法治国方略、建设法治政府和交通运输快速发展的要求，交通立法方式和立法思路有了更大的进步，交通法制建设实现了历史性突破，交通立法取得了重大进展。这一时期，我国交通立法逐步实现了交通行业发展有法可依，交通法律法规数量大幅增长，对交通事业的发展发挥了重要的保障作用。交通立法的力度较大，规章和规范性文件出台速度快、密度大。立法成果也很多，每一个立法年度，均有大量的规范性文件出台。现行有效的交通法规，大多数是在这一阶段颁布的。2004年交通部印发了《关于完善公路、水路交通法规体系框架的实施意见》，加快了交通立法步伐，公路、水路交通法规体系框架形成并不断得到完善，交通法规数量空前增多，仅在"十五"期间就制定和修订了54部部颁规章。

这些法规涵盖了公路建设管理立法、道路运输立法、水路交通立法各个领域。交通行业行政管理基本做到了有法可依、有章可循。主要立法有：1997年颁布《公路法》，使公路建设和管理有了一部母法作依据；1992年颁布《海商法》，是我国海运事业发展的又一个里程碑；2001 年颁布了《国际海运条例》，这是我国第一部关于国际海运管理的行政法规；2003 年《港口法》出台，该法是新中国成立以来第一部对港口事业进行全面、系统规范的法律，填补了港口立法的空白。同时，国务院颁布或重新修订颁布了其他一系列规范交通运输的行政法规和规章，如《车辆购置税暂行条例》、《收费公路管理条例》、《道路运输条例》等。

(2)立法特点

这一时期的交通立法主要有以下几个特点：强调服务型交通立法理念，更加注重公众利益。注重规范立法程序，立法工作机制更加健全。从交通行业发展的实际需要出发立法，立法体系更加注重完整性。地方交通立法工作也得到了加强，地方性交通法规不断增多。总之，交通立法数量很多，内容具有综合性、基本性、规范性特点。

**5. 交通立法质量提升时期（2006 年以后）**

2006 年以来，我国改革发展进入关键阶段，交通立法的工作重点从原来主要解决有无、填补空白逐步转变到进一步提高立法质量、提升立法层次上来。交通立法更加注重处理好公共利益与公民合法权益的关系、权力与责任的关系、强制与引导的关系、立足现实和改革创新的关系。经过多年努力，交通法律法规基本上涵盖了交通行业管理的重点领域，基本满足了交通运输发展的需要，基本形成了公路、水路交通法规体系框架，交通立法整体滞后的局面得到根本改变。

这一时期，交通立法不断完善，出台了《农村公路建设管理办法》、《收费公路权益转让办法》和《船员条例》等。同时连续开展了三次法规清理工作，共废止规章 88 部，这些清理活动使交通立法进一步适应了交通发展的要求。交通立法工作机制不断健全，修订了《交通法规制定程序规定》，制定了《关于开展交通立法后评估工作的指导意见》，对规范交通立法行为，提高交通立法质量，起到了积极作用。

2009 年 6 月，全国交通运输法制工作会议提出要以建设法治政府、服务型交通运输政府部门为目标，以全面推进交通依法行政为主线，加强综合交通运输法规体系建设，为现代交通运输业科学发展提供可靠的法制保障。加强我国交通运输法规体系建设，建立和完善中国特色的现代交通运输业法规体系成为交通运输立法面临的一项紧迫而重要的任务。会议要求，根据交通运输部管理职能调整情况，进一步加快交通运输立法工作，做好《防治船舶污染海域管理条例》、《公路保护条例》、《国内水路运输条例》、《城市公共交通条例》、《潜水条例》、《海上搜救条例》等行政法规的修订和制定工作，推进出租车管理立法研究，出台《海峡两岸间航运管理规定》等部门规章，进一步完善交通法规体系。

回顾我国交通立法历史，可以看到我国交通立法取得了前所未有的成绩，在促进我国交通运输事业的发展上起到了非常重要的作用，在新的历史时期，交通运输发展将面临更加严峻的挑战，不断出现的新情况、新问题必然要求交通立法要不断跟进和突破。因此，必须不断提升交通立法质量，推进交通立法不断走向科学化、规范化、制度化，进一步发挥其对交通运输事业发展的保障、促进、引导作用，为交通改革与发展创造有法可依和依法促进的法制环境。

### （二）加强交通执法工作，保障交通运输安全

新中国成立60年来，特别是中央提出依法治国建设社会主义法治国家以来，各级交通行政管理部门切实加强了交通执法监督和执法队伍建设工作，健全了规章制度，强化了监督检查。交通执法工作正朝着规范化、信息化迈进，依法维护公路、水路运输生产秩序，保障交通运输安全。

**1.健全交通行政执法制度**

交通行政执法制度建设主要包括执法责任制、执法人员资格制、执法监督制、执法审查制、执法追究制等。近年来，交通运输部发布了一系列制度规范，理顺了行政执法工作的体制机制，实现了公正执法、规范执法、文明执法。

1995年，交通部发布了《交通行政执法监督规定》，实行交通行政管理部门对下级交通行政管理部门的行政行为进行监督和检查的制度，加强了交通行政执法和行政执法监督，保障了法律、法规、规章和规范性文件的正

确实施。

1996年,交通部发布了《交通行政执法检查制度》、《交通行政执法重大行政处罚决定备案审查制度》、《交通规范性文件备案审查制度》、《交通行政赔偿案件备案审查制度》、《法律、法规、规章和规范性文件实施情况年度报告制度》、《交通行政执法错案追究制度》、《交通行政执法年度工作报告制度》7项制度规范,分别在交通执法监督、备案审查、执法责任追究等方面作了明确规定,使交通执法部门的执法水平进一步提高。以上制度的实施对完善交通行政执法工作机制,强化执法监督,落实执法责任,规范行政处罚行为,促进交通行政管理部门依法行政,保护管理相对人的合法权益,都具有重要意义。

1997年,为加强交通行政执法证件管理,规范交通行政执法人员的执法资格,促进交通行政执法队伍建设,交通部发布了《交通行政执法证件管理规定》,对交通系统各部门行政执法人员的执法证件实行全国统一制式、统一管理的制度,明确交通行政执法人员必须持证上岗,要求持证人员必须从事具体交通行政执法工作,必须经交通行政执法岗位培训并取得合格证书,并且必须符合《交通行政执法岗位规范》规定的资质条件。

2000年,交通部发布了《交通行政复议规定》,明确了公民、法人或者其他组织认为具体行政行为侵犯其合法权益,可向交通行政机关申请交通行政复议,交通行政机关受理交通行政复议申请,作出交通行政复议决定。交通行政复议为解决行政争议提供重要渠道,在防止和纠正违法行政行为,保护公民、法人和其他组织的合法权益,保障和监督交通行政机关依法行使职权方法,发挥了重要作用。

2004年,交通部发布了《交通行政许可实施程序规定》,规定了交通行政许可应由交通行政许可机关依据法律、法规和《行政许可法》规定的程序实施,以保障和规范交通行政机关依法实施行政管理。而后又颁布了《交通行政许可监督检查及责任追究规定》,明确了交通行政许可实施机关要建立健全内部监督制度和交通行政许可举报制度,加强对行政许可工作人员的内部监督,接受社会和公民的监督,及时纠正交通行政许可实施中的违法违纪行为。

2008年,交通运输部印发了《交通行政执法风纪等5个规范的通知》,要求各级交通行政执法机构严格按照5个规范的规定贯彻实施,开展排查整治活动,增强交通行政执法队伍的服务意识,严肃交通行政执法风纪,促进交通行政执法语言文明,提高交通行政执法水平。同年,又印发了《交通行政执法考核评议办法》,建立了执法考核评议制度,对规范和监督交通行政执法行为,提高交通行政执法水平起到了积极的促进作用。

**2. 加强交通行政执法队伍建设**

(1)加强交通行政执法人员培训。交通部于1996年、1997年先后印发实施了《交通行政执法人员三年岗位培训工作规划》及《交通行政执法人员岗位培训实施办法》,成立了部交通行政执法人员岗位培训工作领导小组,制定《交通行政执法职业道德基本规范》和《交通行政执法岗位规范》,完成了10个门类13个教学计划、52门必修课教学大纲以及50余种必修课教材的编写任务,组织了11期568名授课教师参加的脱产师资培训班,认定了9个交通行政执法领导干部培训基地、320个基层执法人员培训基地。1998年,全国交通系统交通行政执法人员任职资格性岗位培训工作全面展开,全国交通系统参加交通行政执法人员岗位培训的人数达到29.36万人。至2000年,全国范围内的交通行政执法人员任职资格岗位培训任务基本完成。

(2)加强交通行政执法队伍管理。交通部制定了《交通行政执法证件管理规定》,建立执法人员持证上岗制度和岗位培训制度,明确交通行政执法人员必须持证上岗,规定了发证机关、发证程序及证件的使用范围和年度审验制度,并建立了"交通行政执法证件管理数据库"。2008年以来,根据形势发展需要,交通运输部组织设计了新的交通行政执法徽标、IC卡式执法证件、执法车辆外观、执法场所外观、执法人员服装式样,研究开发了交通行政执法综合管理信息平台,准备适时在全国推广。印发了《加强交通行政执法队伍建设的意见》,各基层单位针对本单位执法队伍的特点,把文明执法创建活动作为提高执法队伍素质的重要载体,不断完善执法队伍创建活动的文明标准体系、贯彻执法体系和工作保证体系，推行了执法服务承诺制，开展了文明执法示范窗口、文明执法单位等群众性的文明创建活动。2008年交通运输部表彰了68个交通依法行政示范单位，101位全国交通文明执法标兵。

**3. 规范交通行政执法行为**

规范行政执法即要法执法人员依法行政、严格执法、公正执法、文明执法，维护国家法规的严肃性，惩戒和打击违法行为，保护人民群众的合法权益，实现法律面前人人平等。近几年来，交通行政执法行为规范化水平逐步提高，行业管理行为进一步规范科学，管理方式不断创新，服务能力明显增强。

（1）清理了不合格的执法主体。各级交通部门依法建立了行政执法的委托关系，明确只有符合执法主体资格的交通管理单位的工作人员才有权行使交通行政执法权。

（2）清理交通法规，规范执法依据。自1990年10月《行政诉讼法》实施以来，交通部先后八次大规模清理了交通法规。其中，1994年以交通部令废止了900部交通规章，2000年，交通部废止交通规章1部，修改3部，2004年后，又连续开展了三次法规清理工作，废止规章88部。

（3）发布实施了《交通行政处罚程序规定》，统一了交通执法各个门类运用的处罚程序和处罚文书，改变了过去口头处罚、白条处罚、随意处罚的习惯做法。四是发布实施《交通行政执法禁令》等一系列规范性文件，以整顿执法风纪、规范执法用语、细化执法流程、统一执法文书为着力点，全面提高了交通行政执法规范化水平。

**4. 强化交通行政执法监督**

为加强对交通行政执法队伍和执法行为的监督管理，不断完善执法监督制约机制，纠正违法和不当的行政执法行为，交通系统各行政执法单位将执法监督制度建设作为重要环节，采取各类措施，强化执法监督。

（1）加强交通行政系统内部监督。交通部发布实施了《交通行政执法监督规定》，推行了交通行政执法错案追究制度、重大行政处罚决定备案审查制度、行政执法检查制度、行政执法年度报告制度等工作制度。

(2)推行社会监督制度。各级交通行政执法部门采取聘请社会监督员、设置举报电话、举报箱等措施,推行政务公开、执法公示等社会监督制度,实施交通行政执法“阳光工程”,开展交通行政执法行风社会评议活动,广泛接受社会各界和人民群众的监督。通过加强内外监督,促使交通行政执法人员坚持原则、秉公执法,纠正违法违纪行为,使执法队伍的精神面貌和窗口形象发生了明显变化。

**5. 推行交通行政执法责任制**

2007 年,交通部印发了《关于推行交通行政执法责任制的实施意见》,强化交通行政执法责任,提高交通行政执法人员的法律意识、责任感和执法水平,预防交通行政争议,提高工作效率,加强廉政建设,改善交通行政执法的社会效果,全面提高交通行业依法行政水平。各级交通行政执法机构按照交通部的要求,积极探索推行行政执法责任制,通过梳理执法依据、界定执法职责、落实执法责任,推动建立了权责明确、行为规范、监督有效、保障有力的交通行政执法体制,交通行政执法取得了明显的成效。2008 年,交通运输部表彰了 78 个全国交通行政执法责任制示范单位,交通运输部也被国务院法制办列为全国执法责任制重点联系部门。

**6. 推进行政审批制度改革**

推进行政审批制度改革,对深化行政管理体制改革、完善社会主义市场经济体制、从源头上防治腐败、维护人民群众切身利益等,具有重要意义。为落实行政审批制度改革工作,交通运输部先后四次共取消 40 项行政审批项目,改变管理方式 5 项,取消和调整的行政审批事项占部原有行政审批事项总数的 43.6%,并且对取消的交通行政审批项目,研究制定了监管措施,对保留的交通行政审批事项,创新管理方式,严格规范审批行为。各级地方交通部门也多次组织对行政审批事项和依据进行清理,大幅度减少了不必要的行政审批事项。

**7. 规范交通行政复议**

自《行政复议法》出台以来,交通部制定了《交通部行政复议工作规则》

和《交通行政复议人员资格管理办法》，启动了交通行政复议人员资格认证工作，印发了《交通行政复议责任追究管理办法》，建立了交通行政复议责任追究制度。通过对行政复议案件的分析研究，探索和积累了宝贵的经验，及时发现和纠正了执法工作和业务工作中的问题。据不完全统计，近五年来全国地市级以上交通行政主管部门共办理行政复议案件1905件，其中，交通运输部机关办理43件，各地在解决行政争议、化解行政矛盾中取得了突出的成效。

**8.开展综合执法改革试点工作**

按照国务院要求，近年来，交通运输部和地方各级交通部门积极探索改革和创新交通行政执法体制。2003年，交通部确定了重庆、广东为交通综合行政执法改革试点省市；2005年6月，重庆市交通综合行政执法总队正式成立；2007年7月，广东省交通厅综合行政执法局挂牌成立；2008年，交通运输部进一步扩大了试点范围，将福建和山东纳入到交通综合行政执法改革试点省份。交通综合行政执法体制改革试点工作取得了突破性进展。各地、各系统交通执法部门从执法机构设置分工过细、职能交叉重复的实际情况出发，整合执法资源，创新执法模式，在推进行政执法体制改革方面作出了有益探索，做到了动、静态执法相对分离和互补，行政许可、行政执法和执法监督有效分开又相互制约，提高了执法效能，解决了多头执法、重复执法、执法扰民的问题，符合经济社会发展的要求，体现了统一、高效体制的优越性。

新中国成立60年以来，交通法制工作和国家法制建设一起成长。在新的历史起点，交通运输法制工作要落实科学发展观要求，为交通运输中心工作服务，为建设完善的综合交通运输体系奠定坚实的法制基础。

## 二、交通行业精神文明建设为交通事业发展提供强大的精神动力和思想保证

### （一）交通行业精神文明建设工作总体情况

交通是国民经济的基础性产业和服务性行业，直接面向社会和广大人

民群众。新中国成立以来,交通行业广大干部职工以“服务人民,奉献社会”为宗旨,坚持不懈地推进精神文明建设工作,着力提高服务质量,不断满足人民日益增长的交通需求。特别是20世纪90年代后,得益于我国经济的快速发展,交通运输基础设施得到显著改善,为广大人民群众安全便捷出行提供了良好的硬件环境和条件。与此同时,交通行业从规范服务标准、提升服务水平、改进服务手段、推行文明执法、学习宣传先进典型、创建服务品牌、解决人民群众关心和社会反映强烈的突出问题入手,进一步深化精神文明建设工作,将行业服务质量提高到一个新的水平。这一时期,交通行业根据国家精神文明建设总的要求和行业特点,先后开展了“两学一树”活动(学雷锋、学严力宾,树新风),“三学”活动(学包起帆、学华铜海轮、学青岛港),“三学一创” 活动(学包起帆、学华铜海轮、学青岛港,创建文明行业),“三学四建一创”活动(学包起帆、学华铜海轮、学青岛港,建设“交通基础设施优质廉政工程”、“交通执法素质形象工程”、“交通运输通道文明畅通工程”、“交通运输企业安全效益工程”,创建文明行业);“学、树、创”活动(学先进、树新风、创一流)。在统一思想、服务改革、促进发展、保持稳定等方面做了大量卓有成效的工作。交通行业广大干部职工综合素质明显提高,行业凝聚力和发展力明显增强,行业风气和社会形象明显提升。

精神文明建设工作的深入开展,进一步强化了交通行业的服务理念。根据新的形势发展和社会需求,交通部提出了“三个服务”的工作指导思想(服务于国民经济发展全局,服务于社会主义新农村建设,服务于人民群众的安全便捷出行),深化了交通行业精神文明建设工作的内涵,交通行业精神文明建设也进入了一个新的发展时期。其主要特点:一是实现精神文明建设和交通基础设施建设更紧密的结合。即继续加快高速公路、国省道干线公路、农村公路、港口等交通基础设施建设,营造更优良的交通运输环境和条件,为精神文明建设提供物质支持和保障。二是进一步提高服务能力。即根据社会发展情况制定更高的服务标准,推进服务科学化、标准化、程序化、规范化,使服务水平再上一个新台阶。三是继续推进精神文明建设品牌战略。即通过实施品牌战略,提升行业服务水平,优化交通运输服务环境、改善群众出行和办事条件。四是创新服务手段，以现代科技支撑和保障交通运输服务。即将以信息技术为主体的现代科技应用于交通运输服务领域，最大限度地利用现代科学技术为广大人民群众提供便捷服务。五是转变政府职能，落实便民措施。即将建设服务型政府部门和建设负责任交通运输行业作为精神文明建设的重要工作目标，推进政府交通部门转变工作方式和工作作风，减少行政审批，强化社会服务功能。

（二）交通行业精神文明建设工作的主要做法

**1. 建章立制，加强教育**

制定了《交通行业文明公约》、《交通职业道德规范》、《文明服务标准》，不断深化对交通干部职工特别是窗口岗位的职业道德教育。

**2. 规范服务，严格管理**

提出了“三优三化”标准，即优良秩序、优质服务、优美环境，服务过程程序化、服务质量标准化、服务管理科学化，严格实行科学化、规范化管理。

**3. 窗口示范，以点带面**

公布了汽车客运站、港口客运站、公路收费站、汽车客运单位、水路客运船等类型的文明示范单位以及青年文明号、巾帼示范岗，宣传了“雷锋车”、“情满旅途”、“红飘带”、“微笑天使”等优质服务品牌，推动了全行业精神文明建设工作。

**4. 树立典型，弘扬精神**

先后树立宣传了杨怀远、严力宾、包起帆、陈德华、许振超、赵家富、陈刚毅、于凯、李素丽、李瑞、孔祥瑞、王顺友、尼玛拉木等一大批重大先进典型，引导职工提高文明素质，学先进，创一流，立足岗位贡献。

**5. 创新模式，服务群众**

根据人民群众日益提高的对交通出行的要求，大力推行高速公路联网收费，交通规费银行代收、异地缴纳，道路客运网上售票，海事系统船舶电子签证，交通执法电子稽查，“窗口”单位设立综合服务大厅、实行“一站式服务”。推行了办事公开、服务承诺、首问负责、限时办结等制度，设立交通服务热线、公共服务网站等信息平台，大大提高了交通窗口单位的服务质量和服务效能。

**6. 评比表彰，激励推动**

开展了文明车、船、港、站、路、文明单位、文明行业、劳动模范、先进工作者的评比表彰活动，一批在行业中表现突出的单位、集体、个人获得表彰和奖励。

**7. 文化引领、价值导向**

加强了交通文化建设研究，交通行业逐步形成了具有鲜明行业特色和时代特征的交通精神文化、制度文化和物质文化，大力加强了交通核心价值体系建设，总结提炼出了交通行业使命、共同愿景、行业精神、职业道德，形成了对引导交通事业快速发展、科学发展、和谐发展具有重要指导作用的价值体系。

### （三）交通行业精神文明建设工作的突出特点

交通行业精神文明建设工作的突出特点是重视行业重大典型的培养和宣传。

**1. 突出行业特色树立先进典型**

交通运输行业涉及面广，社会性强，与经济社会发展和人民群众生产生活息息相关。交通工作流动分散、条件艰苦、风险较大。因此，交通行业树立先进典型必须体现交通行业的特点。多年来，典型选树工作坚持尊重实践、尊重群众，坚持“三个贴近”的原则，立足交通行业，注重发现交通职工的闪光点，在不同时代、不同类型的群体中树立先进典型。20世纪80年代，树立了几十年如一日坚持用“小扁担”为旅客服务的上海海运局客船服务员杨怀远；20世纪90年代树立了上海港“抓斗大王”包起帆和“深化国有企业改革的典型”青岛港。进入21世纪后的近几年，树立了“当代产业工人的杰出代表”许振超和四川“雪域高原藏族养路工”陈德华，以及“交通局长的楷模”赵家富、“公路局长的楷模”曹广辉。这些典型都产生在交通第一线，是广大交通职工的先进代表。树立这些先进典型，使广大交通职工感受到先进典型就在自己身边，他们可亲可敬、可信可学。

**2. 紧扣时代特点宣传先进典型**

先进典型是时代的产物，宣传典型也必须体现时代特点、顺应社会发展的要求。因此，在宣传先进典型的过程中，注重根据时代特点和社会需求对先进典型进行定位，确定宣传主题。20世纪80年代，针对改革开放初期出现的“一切向钱看”的不良风气，着力宣传了客船服务员杨怀远同志坚持用小扁担为旅客挑行李，全心全意为人民服务的奉献精神。20世纪90年代，针对在经济体制转轨过程中出现的下海热、经商热以及一些腐败现象蔓延的情况，着力宣传了包起帆同志不随波逐流、不为金钱利益所动，潜心钻研技术、努力发明创新的精神。进入21世纪新阶段，针对社会上吃喝玩乐、贪图安逸、铺张浪费的不良风气，着力宣传了陈德华同志20多年扎根雪山高原、默默奉献、甘当铺路石的精神。2004年，为适应实施科教兴国、人才强国的战略需要，与中宣部、山东省委、青岛市委一起推出了许振超这个典型，重点宣传了产业工人和工人阶级的主人翁精神。2006年，在保持共产党员先进性教育活动期间，着力组织宣传了援藏干部陈刚毅同志身患癌症、7次化疗期间4次进藏的先进事迹，既适应了保持共产党员先进性的要求，也适应了社会主义荣辱观学习教育活动的形势。目前，结合庆祝新中国成立60周年活动，组织宣传广东海事局广州船舶安全检查站一级监督官杨庆文同志爱国报国殉国的先进事迹。

**3. 把握精神内涵学习先进典型**

先进典型不仅要有过硬的本领、鲜活的事迹，更要有丰富、深刻的精神内涵。因此，在学习先进典型的过程中，十分重视对先进典型精神内涵的挖掘和提炼。宣传包起帆时，通过他刻苦钻研成长为“抓斗大王”、获得9块世界发明金奖的事迹，着重号召全行业学习他自学成才、勇于探索的时代精神。宣传许振超时，通过他作为一名普通工人爱岗敬业、苦练绝活，并带领工友创造出举世闻名的“振超效率”的事迹，着重号召全行业学习他与时俱进、争创一流的创新精神，唱响了尊重知识、尊重人才、劳动光荣、创造伟大的主旋律。宣传赵家富时，通过他坚持立党为公、执政为民、以身作则、身先士卒的事迹，着重号召全行业学习他牢记宗旨、为人民利益不怕牺牲的献身精神。宣传长江润扬大桥时,通过大桥建设者群体管理创新、科技创新,建设精品工程、廉政工程的事迹,着重号召全行业学习他们“拼搏奉献、敢为人先、追求卓越”的“润扬精神”。通过在全行业开展学典型活动,大大提高了职工素质、凝聚了行业力量,营造了积极进取、奋发向上、干事业、谋发展的良好氛围。

**4. 依靠良好的工作机制强化典型示范作用**

首先是建立宣传学习先进典型的组织协调机制。在先进典型培养和宣传工作中,交通部门始终坚持依靠中宣部等有关部门和各级党委宣传部门、依靠中央媒体的原则,并针对先进典型的不同特点,加强与有关部门的联系沟通,积极争取指导和支持,共同努力将先进典型推向行业和全国,使交通行业的先进典型在更大的范围发挥示范作用。2004 年,与中宣部、全国总工会、山东省委、青岛市委密切配合,采取主要媒体集中报道、召开事迹报告会、座谈会或巡回演讲等多种形式,广泛深入宣传了许振超同志的先进事迹,取得了很好的社会效果。2006 年,与中宣部、中组部、中央保持共产党员先进性教育活动办公室、全国总工会、湖北省委、西藏自治区党委等 6 家单位合作,组织了援藏干部陈刚毅同志的事迹宣传。2007 年,与中宣部、全国总工会、天津市委联合召开孔祥瑞先进事迹报告会。这种条块结合的宣传机制,既有利于形成宣传合力,又大大增强了先进典型的影响力。其次是完善树立宣传学习先进典型的长效机制。从 20 世纪 80 年代开始,交通行业坚持将宣传学习先进典型作为开展群众性精神文明创建活动的重要内容和重要载体,把学习先进典型作为行业精神文明建设的一项重要内容,先后在全行业开展了“两学一创”、“三学”、“三学一创”、“三学四建一创”、“学、树、创”活动,通过这些活动,不仅丰富了群众性精神文明创建活动的内容,更重要的是建立了培养、宣传、学习先进典型的长效机制,使先进典型树得起、立得住,使先进典型的事迹叫得响、推得开,使先进典型的示范作用得到持久发挥。

### (四)交通行业精神文明建设工作的经验和成效

交通行业精神文明建设工作有效地推动了交通事业的快速发展、科学发展、安全发展和协调发展，也使职工队伍的面貌发生了深刻的变化，取得了显著成效，也积累了一些经验。主要成效体现为“四提高、四加强”。一是交通运输主管部门依法行政能力和规范管理水平明显提高，干部职工队伍思想道德素质建设明显加强。二是交通运输基础设施服务功能和行业文明程度明显提高，行业文化软实力建设明显加强。三是交通运输窗口单位优质文明服务水平和效能明显提高，先进典型宣传和服务品牌建设明显加强。四是社会公众对交通运输服务的满意程度和赞誉率明显提高，反腐倡廉工作和政风行风建设明显加强。

交通行业精神文明建设工作积累了许多宝贵的经验，主要体现在以下六个方面：一是要始终高度重视精神文明建设工作，建立和完善党政工团齐抓共管的体制机制。二是始终坚持围绕中心、服务大局，推动精神文明建设和物质文明建设协调发展。三是始终坚持以“服务人民、奉献社会”为宗旨，注重解决人民群众普遍关注的突出问题。四是始终坚持探索精神文明建设的活动载体，不断增强工作的针对性和实效性。五是始终坚持培养选树先进典型的工作模式，深入实践文化建设和品牌培育的管理手段。六是始终坚持“以人为本”的科学发展观念，充分依靠和调动干部职工广泛参与的积极性和创造性。

# 提高规划能力　引领行业发展

## ——交通发展规划60年

交通运输部综合规划司

## 一、新中国成立以来公路水路交通发展规划的历史回顾

新中国成立以来,我国公路水路交通规划经历了从无到有,从形成、发展到提高和逐步完善的历史过程。与我国经济社会发展和经济体制改革的历史步伐相适应,我国公路水路交通发展规划经历了改革开放前和改革开放后两大历史时期。在每一个发展阶段,公路水路交通发展规划呈现出不同的历史特征。

### (一)改革开放以前(1949—1978年)的公路水路交通发展规划

改革开放以前,我国先后经历了国民经济恢复时期、"一五"、"二五"、"三五"和"四五"等历史时期。为了满足国民经济发展、国防建设以及战备工作的需要,从1958年起,交通部先后制订了公路水路交通发展的短期规划和中期发展规划。"二五"时期,交通部制定了《全国河运网干线布局》,提出了全国河运网干线及各地主要航道发展远景的初步设想。"三五"时期,首次制订全国公路国道网建设规划并提出了《关于"三五"全国公路国道网建设规划的实施方案(草案)》。同时加强水运规划,发布了《关于水运规划工作的情况和今后任务的报告》,提出了12项水

运规划任务。“四五”时期，提出了建设“适应战争和经济发展需要的四通八达的公路网”和“社社通汽车”的公路交通发展设想；编制了《内河航道建设的初步意见》和《“五五”港口建设规划》；首次制定长江水系开发规划，形成了《关于开发建设长江水系航运规划初步方案》，提出到1985年把长江水系建设成为“沟通城乡、干支直达、江海互通、水陆联运、四通八达”的水运网。此外，交通部还制订了《1963—1972年远洋运输远景规划》、《1963—1972年交通科学技术事业发展规划（草案）》、《1963—1972年航海科学技术发展规划（草案）》、《1976—1985年公路交通发展规划》等中期发展规划。

改革开放前，我国公路、水路交通发展规划尚处于起步阶段。交通发展规划的历史使命在于满足国民经济发展、国防建设和战备工作的需要。交通发展规划以短期规划和中期发展规划为主，交通发展思想、理念和政策措施集中体现在五年建设计划之中。期间，形成了全国公路国道网建设规划设想，初步确立了包括内河水运和沿海港口建设规划在内的水运规划体系，为改革开放以后公路水路交通发展战略的提出以及中长期发展规划的制定奠定了基础。

### （二）改革开放以后（1979—2009年）的交通发展规划

改革开放以来，我国经历了“五五”至“十一五”7个五年规划的历史时期。在这一阶段，党和国家高度重视交通建设，把交通发展列为国民经济发展的战略重点。为促进公路水路交通的现代化发展，交通部加强了交通发展战略、发展规划和发展政策研究，进一步明确了交通发展战略，制订了一系列中长期发展规划。

20世纪70年代末，交通部制订了《关于实现交通运输现代化的汇报提纲》，首次研究我国公路水运交通运输现代化发展战略。该提纲首次把我国高速公路建设问题提上政策议程，并提出建设“以高速公路和国防、经济干线为骨架的现代化公路网”和建成“一个江、河、湖、海四通八达的水运网”的现代化发展目标。20世纪80年代初期，划定了国家干线公路网；20世纪80年代末期提出了公路水运交通发展“三主一支持”的战略构想。即以"建立综合运输体系为主轴的交通业"为指导思想,按照"统筹规划、条块结合、分层负责、联合建网"的方针,从"八五"开始,用30年左右的时间,建设公路主骨架、水运主通道、港站主枢纽和交通支持系统。20世纪90年代,进一步完善"三主一支持"的规划体系,编制了国道主干线系统规划、水运主通道规划和港站主枢纽规划。在1998年交通工作会议上,制定了我国社会主义初级阶段公路、水路交通发展实现现代化的三个发展阶段的目标。

进入21世纪,交通部进一步明确了公路水路交通现代化发展战略,制订了《公路水路交通发展的三阶段战略目标》和《公路水路交通发展战略》。与此同时,继续健全公路水路交通发展的中长期规划体系。2005—2007年间,交通部先后制定了《国家高速公路网规划》、《农村公路建设规划》、《全国沿海港口布局规划》、《国家公路运输枢纽布局规划》、《全国内河航道与港口布局规划》和《国家水上安全监督和水上救助系统布局规划》等国家级规划,确立了完整的公路水路交通发展国家级规划体系。此外,为贯彻落实国家区域化发展战略,交通部还制定了一系列区域交通发展规划。继《加快西部地区公路交通发展规划纲要》和《西部地区内河航运发展规划纲要》之后,2004—2006年间,交通部先后制定了《长江三角洲地区现代化公路水路交通规划纲要》、《振兴东北老工业基地公路水路交通发展规划纲要》、《促进中部地区崛起公路水路交通发展规划纲要》、《泛珠江三角洲区域合作公路水路交通基础设施规划纲要》和《海峡西岸公路水路交通基础设施发展规划指导意见》以及《环渤海地区现代化公路水路交通基础设施规划纲要》,进一步充实了公路水路交通发展的中长期规划体系。

改革开放至今是我国公路水路交通发展规划逐步完善并趋于成熟的历史时期。在这一阶段,交通发展规划以促进公路水路交通的现代化发展为宗旨,确立了我国公路水路交通现代化发展战略,形成了国家级交通发展规划和区域交通规划为主体的公路水路交通发展中长期规划体系,为我国交通运输事业又好又快发展提供了有力的支持。

## 二、公路水运交通发展规划的主要成就

### （一）主要成就概述

经过了60年的发展，公路水路交通规划工作取得了长足的进步。主要体现在以下三个方面：

**1. 建立了比较完善的规划体系**

从时间上看，既有五年规划，也有中长期发展规划；从空间上看，既有国家级规划，也有区域发展规划和专项规划；就内容而言，涉及高速公路、干线公路、农村公路、沿海港口、内河航道与港口以及运输枢纽等公路水路交通运输网络的各个方面；就性质而言，既有基础设施建设规划，又有行业发展规划。

**2. 树立了比较科学的规划理念**

规划的重心从注重基础设施建设向注重全行业的发展转变，从重视交通供给能力和投资效率的提升向提高供给水平和资源综合利用效率转变，从重视交通发展速度和规模向重视提高交通发展的质量和优化交通发展的结构转变。规划的视角从关注行业内部关系的处理向关注行业外部的协调转变，从注重单一运输方式的发展向注重综合运输体系的建构转变，从关注国内交通发展向注重国际交通发展的比较转变。

**3. 形成了比较成熟的规划方法和技术**

公路规划领域引进了“四阶段”规划法，形成了“总量控制法”和“逐层展开＋单因素分析”等科学实用的规划方法。水路规划方面，在专家咨询、趋势分析、产运销平衡等传统研究方法的基础上，更多地应用了系统分析、计量经济学、情景分析、数学规划等科学方法。此外，针对不同流域、海岸环境的特点，还建立了规范的前期勘察、科学实验的研究方法和工作程序，地理信息系统（GIS）、卫星遥感、数学和物理模型试验等新技术手段广泛应用，大型深水港建设、深水航道整治等规划技术取得重大突破，部分领域已处于国际先进水平。

**4. 建立了比较规范的规划工作制度**

我国公路水路交通规划工作制度不断完善，推动了规划工作日益制度化和规范化。《公路法》、《港口法》和《航道管理条例》的制定，以法律、法规的形式确立了公路、水运交通规划的重要地位，并提出了规划工作的基本原则。与此同时，交通部颁布了《公路网规划编制办法》、《港口总体布局规划编制办法》、《港口规划管理规定》等部门规章，对交通规划的编制、审批、公布、修改与实施管理活动等做出了明确的规定，进一步提高了交通规划工作的规划性。

（二）公路交通规划主要成果

**1. 国道网规划**

1981 年 11 月，国务院授权国家计委、经委和交通部以《关于划定国家干线公路网的通知》的形式批准了《国家干线公路网（简称国道网）试行方案》。国道网是在既有各省公路基础上划定而成，共 70 条线路，长 10.92 万公里。主要由以下线路组成：①由首都通向并连接各省（区、市）政治、经济中心和 50 万人口以上城市的干线公路；②通向各大港口、铁路干线枢纽、重要工农业生产基地的干线公路；③连接各大军区之间和具有重要国防意义的干线公路；④连接省际之间和省内个别地区的重要干线公路。1993 年交通部对国道网做了局部调整。调整后的国道网路线由 70 条减为 68 条，总里程由 10.92 万公里下降至 10.62 万公里。

国道网规划是在全国公路普查数据基础上形成的，该规划在 1981 年划定之初所涉及的国道不到全国公路总里程 1/8，却担负着全国约 1/3 的交通量和 1/3 以上的公路运输量，是全国公路网的主骨架，具有重要的政治、经济和军事意义。调整后的国道网，更好的兼顾了地区经济发展、对外开放和环境保护的现实需要，路网布局更趋合理。国道网的划定对指导我国 20 世纪 80 ~ 90 年代的公路建设发挥了重要作用。

**2. 国道主干线系统规划**

1992 年，为破解全国交通运输全面紧张的难题，交通部在“三主一支持”长远规划构架的基础上编制了国道主干线系统规划。国道主干线系统由“五纵七横”12条路线组成，总规模约3.5万公里，全部规划为二级及以上高等级公路标准，其中2.5万公里为高速公路。“五纵”约为1.5万公里，由五条自北向南纵向高等级公路组成：同江—三亚，北京—福州，北京—珠海，二连浩特—河口，以及重庆—湛江；“七横”总里程约2万公里，由七条自东向西横向高等级公路组成：绥芬河—满洲里，丹东—拉萨，青岛—银川，连云港—霍尔果斯，上海—成都，上海—瑞丽，以及衡阳—昆明。国道主干线系统建设跨越了“八五”至“十一五”的4个五年计划，于2008年上半年已基本建成通车。

“五纵七横”国道主干线布局规划将全国重要城市、工业中心、交通枢纽、主要陆上口岸以及所有特大城市（人口100万以上）和93%的大城市（人口50万以上）连接在一起，逐步形成一个与国民经济发展格局相适应、与其他运输方式相协调的快速、高效、安全的国道主干线系统。国道主干线系统规划指导了近20年的公路建设，推动了高速公路迅速发展，使我国高速公路用了十几年的时间完成了发达国家30—40年才能走完的路程。

**3. 省域30年公路网规划**

在交通部的统一部署下，20世纪90年代中期各省（自治区、直辖市）相继组织完成省域1990—2020年公路网规划（简称30年路网规划）。30年路网规划是各省第一次系统研究本地区公路网长远发展规划，对指导本地公路建设发挥了重要作用，同时也为后来编制各级各类公路网规划打下了技术基础。

**4. 国家高速公路网规划**

为指导全国高速公路建设，交通部于2002年开始组织编制《国家高速公路网规划》，并于2004年经国务院审议通过颁布实施。国家高速公路网由7条首都放射线、9条南北纵向线和18条东西横向线组成，简称为“7918网”，总规模约8.6万公里。到2008年年底，国家高速公路网建成4.9万公里，接近规划里程的57%。国家高速公路网规划为我国高速公路持续健康有序发展提供了保障。

**5. 农村公路建设规划**

加快农村公路的发展，是解决好“三农”问题的重要前提和基础条件。2003 年，为贯彻中央农村工作会议精神，交通部组织编制了《农村公路建设规划》，并于 2005 年正式完成。规划提出 21 世纪前 20 年农村公路建设总体目标是：全面完成“通达”、“通畅”工程，农民群众出行更便捷、更安全、更舒适，适应全面建设小康社会的总体要求。到 2020 年，具备条件的乡镇和建制村通沥青（水泥）路，全面提高农村公路的密度和服务水平，形成以县道为局域骨干、乡村公路为基础的干支相连、布局合理、具有较高服务水平的农村公路网，适应全面建设小康社会的要求。农村公路建设规划明确了我国农村公路发展的方向和目标，对农村公路建设具有重要指导意义。

**6. 公路运输枢纽规划**

（1）《全国公路主枢纽布局规划》。为解决公路运输站场设施落后、功能单一、组织化程度低、信息不灵、联运能力差、运输效率低等问题，交通部根据“三主一支持”长远规划设想，1992 年完成了《全国公路主枢纽布局规划》，确定了 45 个公路主枢纽。从覆盖面看，公路主枢纽规划涉及全国所有省会城市和 80% 的人口 100 万以上的特大城市；从地理分布上看，东部地区占 55.6%，中部地区占 22.2%，西部地区占 22.2%，相邻主枢纽间的平均间距，东部为 200 ~ 300 公里，中部为 300 ~ 400 公里，西部为 500 公里以上，符合国道网、全国公路网、国道主干线系统东密西疏的特点，也与东、中、西三个地带经济发展水平相适应；从在综合运输体系中的作用看，45 个公路主枢纽均位于两种或两种以上运输方式交汇处，其中有 24 个位于枢纽港所在城市，有 28 个位于铁路枢纽所在城市，有 43 个位于航空港所在城市，沿海主要港口、铁路大枢纽和国际空港基本全部包含在内，有利于多种运输方式的有机衔接，有效地促进了综合运输系统的形成和发展。

（2）《国家公路运输枢纽布局规划》。为适应新时期公路交通发展的要求，加快国家公路运输枢纽的建设，在 1992 年编制的《全国公路主枢纽布局规划》的基础上，2007 年交通部公布了《国家公路运输枢纽布局规划》。规划将原 45 个公路主枢纽全部纳入布局规划方案，共确定 179 个国家公路运输枢纽，其中东部地区 61 个、中部地区 56 个、西部地区 62 个；覆盖 60% 地级以上城市，遍及 84% 国家开放口岸，涉及所有沿海主要港口。

（三）水路交通规划主要成果

**1. 水运主通道总体布局规划**

1995 年 10 月，交通部召开了全国内河航运建设工作会议，明确了我国水运主通道的总体布局。按照我国生产力布局和水运资源"T"形分布的特点，从"八五"开始，重点建设贯通东南沿海经济发达地区的海上运输大通道和主要通航河流的内河航道，确立了"两纵三横"的水运主通道总体布局。"两纵"是沿海南北主通道，京杭运河淮河主通道；"三横"是长江及其主要支流主通道，西江及其主要支流主通道，黑龙江松花江主通道。

这些主通道连接 17 个省会、中心城市，24 个开放城市，以及 5 个经济特区。其中，沿海主通道为辽宁丹东至广西防城的南北沿海运输线；内河主通道则是由 20 条内河航道组成的航道网，约 1.5 万公里，占全国通航里程的 14%。

**2.《全国港口主枢纽总体布局规划》**

20 世纪 90 年代初，为深化"三主一支持"的长远规划设想，交通部于 1993 年年底完成全国港口主枢纽布局规划。《规划》提出在沿海建设布局 20 个主枢纽港，即：大连、营口、秦皇岛、天津、烟台、青岛、日照、连云港、上海、宁波、温州、福州、厦门、汕头、深圳、广州、珠海、湛江、防城、海口港口；全国内河建设 23 个主枢纽港口，即：宜宾、重庆、宜昌、城陵矶、武汉、九江、芜湖、南京、镇江、南通、襄樊、长沙、南昌、济宁、徐州、无锡、杭州、南宁、贵港、梧州、肇庆、哈尔滨、佳木斯港口。

这 43 个港口主枢纽覆盖了沿海 14 个开放城市、4 个经济特区、海南经济特区的省会以及水运主通道上全部省会城市和 66% 的大中城市。这一规划对指导"八五"、"九五"港口建设和发展发挥了重要作用。

**3.《全国沿海港口布局规划》**

根据《中华人民共和国港口法》，为了更好地开发和利用港口资源，完善国家综合运输网络，促进沿海港口向规模化、集约化、现代化方向发展，

2006 年 11 月国务院公布了《全国沿海港口布局规划》。规划明确提出要打造环渤海、长三角、东南沿海、珠三角和西南沿海 5 个港口群,强化群体内综合性、大型港口主体作用,形成煤炭、石油、铁矿石、集装箱、粮食、商品汽车、陆岛滚装和旅客运输 8 个运输系统布局。

**4.《全国内河航道与港口布局规划》**

为贯彻落实科学发展观,更好地指导内河水运健康发展,充分发挥内河水运占地少、运能大、能耗低、污染小的优势,完善综合运输体系,促进水资源综合开发利用, 2007 年国务院公布了《全国内河航道与港口布局规划》。规划提出到 2020 年建成由“两横一纵两网十八线”组成的 1.95 万公里国家内河高等级航道。在水资源较为丰富的长江水系、珠江水系、京杭运河与淮河水系、黑龙江和松辽水系及其他水系,形成长江干线、西江航运干线、京杭运河、长江三角洲高等级航道网、珠江三角洲高等级航道网、18 条主要干支流高等级航道和 28 个主要港口布局。

该规划涉及 20 个省(自治区、直辖市),预计到 2010 年我国内河航道通过能力将比 2005 年提高约 40% ,2020 年将比 2010 年翻一番。

在《全国沿海港口布局规划》、《全国内河航道与港口布局规划》等规划指导下,一批大型专业化原油、铁矿石、煤炭、集装箱码头和沿海深水航道工程相继建成并投入使用。长江口深水航道治理二期工程圆满完成,三期工程进入攻坚阶段。长江干线、西江航运干线、京杭运河及长江三角洲、珠江三角洲航道网建设取得显著进展。以长江黄金水道为重点的内河水运建设稳步推进。水路基础设施有效供给总量明显增加、结构更趋合理、质量明显提高,水路运输紧张状况得到总体缓解,对国民经济的制约状况得到总体改善。

## 三、公路水路交通规划工作的基本经验

新中国成立以来,我国公路水路交通发展规划取得了显著的成果,交通规划工作也积累许多宝贵的经验。总的来说,可以概括为以下四点:

### （一）要树立科学的规划理念

要制定科学合理的交通发展规划，首先要找准规划的定位，明确交通规划的基本任务，树立科学的规划理念。

首先，要重视交通发展战略和政策研究，为交通规划的制定提供扎实的理论基础。公路水运交通发展规划要与经济社会发展和国防建设需求相适应，要与国家发展战略和重大方针政策相匹配，要与公路水运交通发展的基本规律相吻合。其次，公路水运交通发展规划要为以履行交通行政职能为己任。新中国成立60年以来，我国行政管理经历了"全能政府"向"有限政府"转变的历史过程，逐步形成了与市场经济建设相符合的政府职能框架，即"经济协调、市场监管、社会管理和公共服务"。交通行政职能重心逐渐从由"管企业"向"管行业"转变、由"管微观"向"管宏观"转变、由"抓生产经营活动"向"抓好行政管理"转变。与此对应，交通规划的重心也应从基础设施建设规划到行业规划转变。交通规划要为公路水运交通行业发展服务，为社会公众服务。

### （二）要注重规划的衔接与协调

要以构建综合运输体系为目标，做好公路水路交通发展规划与其他交通发展规划的衔接工作。要充分考虑公路、水路交通在国家综合运输体系中的重要作用，加强公路、水路、铁路、民航、邮政、管道等各种运输方式的衔接。此外，交通发展规划还要与国家的产业布局规划、区域发展规划、土地利用规划、城市建设规划、水利发展规划、海洋功能区划等相关规划相协调。

### （三）要加强规划的实施管理

公路水路交通基础设施建设应贯彻"先规划、后建设"的原则，具体的建设项目应当与交通发展规划相符。重大建设项目决策应当以既有的交通发展规划为依据，不论是资金的来源和投资主体，还是项目的核准与审批都要符合既有的规划。经批准并公布的各类交通发展规划，不随意更改。规划的修订应当建立在充分调查论证的基础上，要有充足的现实依据，并按照规定程序重新审批。

### (四)要不断改进规划的技术和方法

要改进规划技术和方法,不断提高交通发展规划的科学性、针对性和实用性。要不断完善基础设施建设布局规划和行业发展规划的相关理论、技术和方法。要开阔规划视野,丰富规划理念和规划内涵,不断提升交通规划的技术水平,以进一步发挥规划在引领行业发展上的积极作用。

# 不断提高交通财务的创新能力

——交通财务工作60年

交通运输部财务司

新中国成立60年来,交通运输财会工作取得了显著成就,积累了宝贵经验,交通运输财会工作服务水平得到进一步提升,为交通运输事业的发展作出了重要贡献。

## 一、60年交通运输财会工作取得的显著成就

财务会计工作是经济工作的重要组成部分,也是经济发展的价值体现。交通运输财会工作的60年,是不断适应我国经济体制改革的60年,是不断适应交通运输管理体制改革的60年,也是广大交通运输财会人员发挥聪明才智、忠实履行职能、积极保障交通运输各项事业发展的60年。60年来,各级交通运输财会部门和广大交通运输财会人员恪尽职守,开拓创新,奋发图强,在交通运输改革和发展历史进程中发挥了重要作用,作出了突出贡献,取得了显著的成就。

### (一)交通运输财会的制度建设不断完善,有力地推动了经济体制和交通运输管理体制改革

制度是促进经济发展的基础,也是推动改革的保障措施。新中国成立以来,我国国民经济建设大致经历了社会主义计划经济、有计划的商品经济

和社会主义市场经济三个发展阶段。与国民经济发展相适应，交通运输管理体制也在不断充实、调整和完善。在国民经济和交通运输发展的各个时期，交通运输财会工作始终围绕改革重点，秉承规范经济行为、推动交通运输改革和发展的理念，把制度建设摆在首要地位，交通运输财会的制度建设一直走在其他行业的前列，有力地推动了各个时期经济体制和交通运输管理改革的顺利实施。

**1. 交通企事业单位管理体制改革**

从 1953 年正式颁布施行第一个统一的国营交通运输会计制度和第一个统一的国营交通运输企业成本核算规程起，至 1992 年止，根据经济社会不同发展时期的客观形势和交通运输事业发展的实际需要，交通部八次修订完善交通运输会计制度，四次修订公路、水上运输业务成本计算规程或核算（管理）办法，并先后颁发、修订公路养护会计制度、集体所有制交通运输企业会计制度、公路经营公司会计制度等，使全国交通运输企业一方面坚决贯彻执行了全国财政财务制度和会计政策，同时又在会计核算方法体系上，适应交通运输点多、线长、面广、业务类型繁多、收入和成本核算复杂等特点，形成了独具特色的财务管理与会计核算体系，使得交通企事业单位较好地适应计划经济体制下高度集中的交通运输管理体制。80 年代中期，“以港养港、以收抵支”的财务管理体制，推动了“双重领导、以地方为主”的沿海和长江干线港口管理体制改革；90 年代初期，“两则”（《企业财务通则》和《企业会计准则》）、“两制”（《运输企业财务制度》和《运输（交通）企业会计制度》）的顺利实施，确立了“企业管理以财务管理为中心”的交通企业管理模式，推动了现代企业制度的建立；20 世纪末期，为了贯彻中央政企分开和教育科研管理体制的改革要求，27 家交通港航企业、21 所学校和 10 家科研单位陆续与我部脱钩，划归中央和地方管理。为适应改革变化，制定出台了交通重点企业联系制度，定期发布行业财会信息和财税政策，密切政府与企业的联系，保证行业管理职能落到实处；近几年来，在企业会计准则实施、内外资企业所得税合并和增值税转型等企业财税制度改革的关键时期，我们开展了调查研究，向国家有关部门提出了制度建议，加强了对交通企业的分类指导,促进了各项改革措施的顺利实施。

**2. 交通税费管理制度改革**

从上世纪五十年代至九十年代末,交通规费一直是交通运输建设和发展的主要资金来源,也是财政性资金的组成部分。交通规费的征管工作既要满足交通运输建设和发展需要,也要服从于国家财政管理制度要求。近些年来,国家加大了对行政事业性收费实行"收支两条线"管理力度,将不体现政府行为的收费转为经营性收费,保留少量必要的规费并降低了不合理的收费标准,实行规范化管理。为深化财税体制改革,理顺税费关系,国务院决定实行税费改革,并把交通和车辆收费项目作为税费改革的突破口。2001 年车辆购置税取代车辆购置费,征收工作移交国税部门。在这次改革中,我们准备了应对预案,细化了改革方案,制定了配套制度,保证了改革工作的顺利完成;2009 年 1 月 1 日,国家实施了成品油价格和税费改革,取消了公路养路费等六项交通规费,同时逐步取消政府还贷二级公路收费工作。为了适应改革,我部会同财政部等部门研究制定了《成品油价格和税费改革中央转移支付资金管理办法》、《取消政府还贷二级公路收费中央补助资金管理办法》和《成品油价格和税费改革交通专项资金使用管理办法》,协调解决了税费改革基数和预拨经费资金,有效地保障了改革工作的平稳推进。

**3. 财政管理制度改革**

从公共财政理念的提出到公共财政框架体系初步构建,财政部近年陆续推出了部门预算管理、国库管理制度、政府采购和预算绩效考评等一系列财政管理制度改革措施。在这些改革工作中,作为试点部门,我部较早地适应了改革变化,也为改革的深化提供了经验。在部门预算管理改革方面,我部是 2000 年第一批试编部门预算的单位。10 年来,我们开展了交通事业单位预算分类定额研究,细化预算编制,在部属 400 多家基层单位全面推行部门预算管理。政府收支分类改革是部门预算管理的基础,在 2005 年财政部实施的政府收支分类改革模拟试点工作中,我部被选定为中央六部门试点单位之一,为后续改革的全面推开提供了经验借鉴;在国库集中支付改革方面,车购税交通专项资金被列为首批实行财政直接拨付的试点范围。随后,交通其他预算资金也陆续纳入国库集中支付范围,"横向到边、纵向到底"的国库集中支付制度改革目标在交通运输行业基本实现;在政府采购制度改革方面,为适应《政府采购法》的实施,我部制定了《交通部部属行政事业单位政府采购管理办法》,积极开展部门集中采购试点,认真组织和参与WTO规则下的政府采购协议的研究和谈判,为交通运输行业提前适应政府采购市场开放做好准备;在预算绩效考评方面,我们在开展试点工作的同时,加强了制度建设,印发了《交通预算项目绩效考评试点办法》,初步形成了具有交通运输行业特点的预算绩效考评制度框架、指标体系和工作程序,为进一步提高交通预算资金的使用效益发挥了积极的作用。

**4. 适应政府机构改革**

随着我国政府机构改革的进一步深化,交通行业的财会管理机构设置不断变化、职能不断加强。特别是90年代以来,我国进行了三次政府机构改革,1998年的改革力度最大,交通部财务司人员编制由原来的38人减少为19人,主要职责调整为拟定交通行业财会规章制度并监督执行,管理交通专项资金,管理中央投资公路、水路基础设施形成的中央产权和交通企事业单位的国有资产,负责交通行业财会队伍建设。在去年开始实行的大部制改革中,部党组决定将原交通部财务司和审计办公室两个机构合并,组建新的交通运输部财务司。交通运输部财务司在原有职责的基础上新增了行业投融资管理和内部审计监督等职能,人员编制增加为21人,职能进一步强化。政府机构改革的深化,要求我们必须转变职能,必须改变过去的工作方式和方法,必须摆脱日常微观事务的处理而转向加强交通行业的宏观管理。为此,我们细化了职责分工,调整了处室结构,完善了内控制度,优化了业务流程。在加强自身建设的同时,我们还研究和出台了行业财会工作指导意见和重点工作规划纲要,将交通运输财会管理的主要职能归纳为"指导、协调、服务、监督"四个方面,确立了"统一领导、分级管理、重点联系、分类指导"的管理模式,以行业管理体制为基础,交通行业主管部门为主导,交通会计学会等社会团体和中介组织为辅助,重点联系企业和事业单位为重点,通过建立和完善交通财会制度、财会信息化网络、财会专家咨询委员会等,逐步形成了目标明确、分工合理、运转协调、行为规范、机制灵活、管理高效的交通运输行业财会管理体系,较好地适应和推动了政府机构改革。

（二）交通运输财会的创新能力不断提高,有力地保障了交通建设和各项事业的发展

交通要发展,资金是关键。交通运输财会工作以保障运行为基础,以促进发展为重点,积极探索制度创新和管理创新,不断提高创新能力,发挥资金保障和资金监管职能,有力地保障了交通运输建设和各项事业的发展。

**1. 尝试制度创新，改善融资环境**

新中国建立至80年代中期的30多年中,我国公路水路建设资金一直是实行由国家财政负担的计划经济政策。这种政策虽然在当时的历史条件下起了重要作用,但伴随着改革开放和现代化建设新时期的到来,公路水路建设与国民经济和社会发展的联系愈加密切,单纯依靠国家投资的弊端就日益显露出来,制约了交通运输事业的发展。如何拓展建设资金来源,改善公路水路交通运输基础设施“瓶颈”制约的局面,成为交通运输财会工作的核心任务。正是在这种背景下,交通运输财会工作开始了制度创新的尝试。1985年,车辆购置附加费的开征,开创了“取之于车、用之于路”的筹资模式,为公路建设提供了一项长期稳定的重要资金来源。20年多来,车辆购置附加费(税)在解决我国公路建设资金严重不足的问题方面发挥了十分重要的作用。一方面车购费(税)资金很好的发挥了调控和导向作用,充分调动了中央和地方两个积极性,改变了公路基础设施建设单纯依靠国家投资的局面,促成了“中央投资、地方筹资、社会融资、利用外资”的公路建设投融资新体制;另一方面,在优化公路基础设施建设投资环境中发挥了重要作用,使有限的资金实现了投资效益最大化的目的,使我国公路交通的结构和布局在短期内得到了明显优化。次年,港口建设费的开征,实现了“取之

于货、用之于港”的筹资方式。20年多来，港口建设费为港口公用基础设施建设提供了引导资金，加快了港口基础设施建设的步伐，促进了水上安全和救助等支持保障系统的建设和发展；增强了政府的宏观调控能力，促进了港口的合理布局，使得近几年我国港口货物吞吐量连续四年稳居世界第一。1993年，水运客货运附加费征收制度的出台，为中央政府调整船舶运力结构提供了资金保障，促进了航运企业的快速发展。在这期间，中央还推行了“贷款修路、收费还贷”政策，允许公路收费经营，出台了提高养路费征收标准、建立内河航运建设基金等政策。地方政府也出台许多支持交通运输发展的优惠政策。制度和政策的创新，不但使公路水路交通运输基础设施建设有了稳定的资金来源，而且调动了国内外经济组织投资交通建设的积极性，改善了交通建设的融资环境。

**2. 探索管理创新，拓宽融资渠道**

由于交通运输基础设施投资额巨大，社会公益性强，财政资金和交通规费有限，远远不能满足建设资金的需求。因此，拓宽融资渠道，积极筹措资金，一直是交通财会工作的重要任务。为了缓解公路、水路建设资金不足的矛盾，多年来，我们一直注重管理创新，研究探索新的融资方式，努力拓宽融资渠道。目前已成功运用的有：以公路资产和港口资产重组上市，发行股票募集资金；通过公路收费权转让，盘活公路存量资产；国内外经济组织合资、合作、独资建设、经营、管理公路和港口码头；发行公路建设债券等。据统计，截止“十五”期末，公路水路交通行业的上市公司已有56家。其中，公路经营企业23家，港口企业11家，交通运输和其他企业23家。通过上市和转让公路收费权，盘活了公路、水路交通基础设施资产，有效缓解了公路、水路交通建设资金之不足。近几年来，我们还主动加大了与金融机构的合作力度，共同开发推出符合公路水路交通建设项目特点的金融产品，如统贷统还、项目打捆评审、延长贷款期限、公路收费权质押贷款等，为行业有效利用信贷资金搭建了融资平台。截至目前，我部已与8家银行建立了战略合作关系，相关金融机构累计承诺在“十一五”期或近三年为交通运输行业提供包括信贷资金在内的多方面的金融支持，合作范围涵盖了公路水路交通运输基础设施建设的各个领域。此外，我们还充分发挥部属科研单位和社会中介机构的优势，组织开展了设立公路产业投资基金、引入利用保险资金，鼓励民间资本投资、盘活交通存量资产、资产证券化融资等研究工作，开拓了视野，拓展了思路。

**3. 理顺经费渠道，保障机构运行**

交通行政事业单位是支撑行业发展的重要资源，也是履行行业管理职能的主要力量。针对交通行政事业单位公益职能突出，特别是水运行业安全管理责任大、任务重等特点，长期以来，我们一直把理顺行政事业单位的经费供给渠道作为交通运输财会工作的重点。特别是在近几年国家不断加大事业单位分类改革和税费管理制度改革力度的情况下，我们按照"积极适应改革，认真应对分析、反映行业特点、争取有利政策"的思路，积极参与救助打捞、水监管理、港航公安、安全通信等支持保障系统单位管理体制改革，主动协调有关部门，基本理顺了交通行政事业单位的经费渠道，较好地保障了机构运行和队伍稳定，促进了交通行政事业单位的健康发展。

**4. 通过机制创新，强化两个监管**

交通越发展，财务监督越重要。多年来，我们始终重视监管机制的创新，把合法使用资金、有效控制支出、确保资金安全、注重投资效益、保障事业发展作为财务管理的核心工作。一是强化财务监管的责任意识，进行监管方式和方法的创新。建立了部属单位归口联系制度，将财务监管和服务经常化；实行了自我监督与专项检查、调研相结合的工作机制，强化了预算约束；开展了会计委派制试点工作，探索了规范财务管理的新途径。二是建立了交通财务管理与审计监管的共建机制。2006 年，我部和审计署签署财务管理与审计工作共建协议。此后，湖北、江苏、海南等多个省（市）交通厅（局）也与地方审计部门建立了共建机制，进一步创新了监管的模式，加大了监管的力度，提高了监管的层次，实现了从事后监督为主到事前、事中、事后全过程监督的转变。这既为交通运输事业的发展创造了良好的理财环境，也为审计部门开展监督营造了良好的环境；三是积极探索建立依法理财承诺制。交通部财务司通过与部属单位负责人签订杜绝屡查屡犯承诺书，并结合任期目标责任审计、财务检查、廉政督察等方式检查承诺落实情况；四是引进社会中介机构对部属单位财务管理事务进行监督的工作也取得了积极进展。与此同时，中海集团、大连港集团等交通港航企业连续多年通过开展外汇调期、贷款置换等业务，既规避了外汇风险，又实现了资金增值；通过各级交通财会部门和企事业单位的共同努力，政府监管、内部控制、社会监督的交通财务监管机制得到了进一步丰富和完善，较好地贯彻了部党组提出的“强化两个监管”要求。

### （三）交通运输财会的服务职能不断拓展，促进交通事业发展的作用日益显现

不断提升财会服务水平，为交通运输的改革与发展提供全方位的服务，是广大交通财会工作者一贯奉行的基本原则，也是新中国成立 60 年来交通财会工作的一个重要着力点。随着我们社会主义现代化建设的不断深入，交通运输财会工作的服务对象不断拓展，服务的内涵不断延伸，服务的方式不断完善，服务的职能不断丰富，促进交通和谐发展的作用日益显现。

一是服务的对象不断拓展。新中国成立初期至改革开放之前，从国民经济百废待举的恢复时期，历经各种艰难挫折，交通财会工作紧紧围绕建立健全和规范交通运输企业的财务管理和会计核算开展财会服务；改革开放以来，交通运输财会工作在服务交通运输企业的同时，逐步将全行业的交通基础设施建设作为工作重点。特别是随着社会主义市场经济体制的不断完善，交通运输财会服务工作重点转变成为交通运输基础设施建设的健康快速可持续发展而提供资金保障和财会服务。此次政府体制改革，把原部审计办与财务司合并成立新的财务司，交通财会工作的服务领域得到进一步拓展。

二是服务的内涵不断丰富。新中国成立 60 年来，随着我国交通发展和财政改革的不断深化，交通运输财会服务工作的内涵也在发生变化。从适应计划经济体制下加强国有企业财会管理到市场经济体制下积极为

交通事业发展争取有利的财税政策，从计划经济体制下的资金计划管理到适应新形势下的财政体制改革的预算管理、收支两条线管理、国库集中收付管理，从推行承包经营责任制到想方设法开征交通规费保障交通建设，从加强会计核算到推行并普及会计信息化建设，从贯彻落实《会计法》及相关法规到统一实现交通运输行业会计达标升级，从巩固既有的传统财务管理、资金管理、成本管理到目前注重风险管理、内部控制，交通运输财会工作的内涵不断丰富，不仅财会基础工作更加扎实，而且适应能力进一步增强。

三是服务的方式不断完善。新中国成立60年以来，交通财会工作由主要通过加强企业的会计管理和成本核算、提供真实完整的会计信息为主要服务方式，已经逐步向全方位的“筹财、聚财、用财、管财、理财”思路转变，服务方式趋于多元化。特别是从“九五”以来，进一步加大课题研究和调查研究的力度，从行业的发展和实际出发，制订交通行业财会工作规划，拟定行业财会管理规章，进一步提高行业财会工作指导力度；成立交通部财会专家咨询委员会，积极为部党组建言献策；于2001年倡导并联合铁道、民航共同创办“中国交通运输业财务与会计学术研讨会”，并使之成为定制，目前已经发展成为交通行业财会人员跳出行业看行业的一个重要交流研讨平台；建立交通系统财会人才库，为行业发展提供财会智力支持；创新融资手段，与中行、农行、招行、国开行等签订战略合作协议，为交通运输基础设施建设搭建筹融资平台。

四是服务的水平不断提高。自新中国成立以来，交通企业的财务管理、会计核算、资产管理、会计电算化、会计信息化等方面走在全国的前列，交通部门的预决算连续多年被财政部评为先进单位。改革开放以来，特别是东南亚金融危机以来，国家实行积极财政政策，交通运输基础设施建设成为扩大内需的主要对象，交通基础设施投资连年增长，近十年每年都上一个新台阶，交通财会工作者在加大筹融资力度、保障建设资金供给、加强基建资金使用过程监管、提高资金使用效益等方面取得了明显成效，为保障交通建设事业健康、快速、可持续发展作出了突出的贡献，得到了部党组的充分肯定。

（四）交通运输财会的队伍建设不断加强，服务交通运输发展的能力明显提升

长期以来，各级交通主管部门和企事业单位领导非常重视财会队伍建设。部党组历来重视交通财会队伍的建设，要求广大交通财会人员严格遵守“爱岗敬业、诚实守信、廉洁自律、客观公正、坚持准则、提高技能、参与管理、强化服务”的会计职业道德规范，牢记使命，不负重托，努力为交通事业的大发展筹好资、理好财、当好家。60年来，几代交通财会工作者不负重托，不辱使命，经过几代人的努力，打造出了一支政治合格、业务精通、作风优良、清正廉洁的交通财会队伍。

一是多管齐下，财会人员队伍素质进一步提高，结构进一步优化。新中国成立60年以来，全国各级交通主管部门和交通企事业单位一直十分重视财会人才的培养，不断克服困难，发展会计教育事业，在重视加强交通院校的财会专业建设的同时，采用脱产、半脱产或在职学历教育等多形式、多渠道培养交通财会人才，不断提高财会队伍素质，从根本上解决了交通运输发展对财会人才的需求，极大地促进了交通财会工作的质量。据统计，至“十五末”，交通财会人员队伍已经发展壮大到20万人，具有本科及以上学历的财会人员的比例达16.3%，具有中级及以上专业技术职务的人员比例达20%，基本做到全员持会计从业资格证上岗；各级交通主管部门和交通企事业单位还注重引进高学历、高学位人才，越来越多的现职财会人员获得高级会计师专业技术职务。交通行业财会队伍人员结构得到了进一步优化，交通财会队伍的整体素质明显提高。

二是强化培训，通过多种形式的境内外培训，全面提高综合业务素质和专业技术水平。新中国成立以来，各级交通主管部门组织了各种形式的财会人员培训，为保证各个时期的财经法规制度的贯彻实施发挥了重要作用。值得一提的是，在上世纪90年代初，部财务司组织的“赴英国百布泰公司培训”项目，前后历时3年、20多期，以及2003－2005年8期赴德国“现代交通运输企业财务运作与会计控制”培训，国内交通行政企事业单位财务负

责人和骨干700余名参加了学习，拓宽了视野，提高了水平。特别是“十五”以来，部与各省交通主管部门上下联动，依托两级交通会计学会和其它机构，举办交通财会专业培训班400多期，共有3万多人次接受了培训；按照财政部门的要求每年举办全员参与的财会人员继续教育培训班。通过多种类型的培训，使交通财会人员能够适应交通事业的快速发展和财政改革的逐步深化，及时了解掌握财会管理新理论、新技术、新方法，知识结构、能力和素质有了进一步提高。

三是深入研究，交通财会人员的研究能力和学术水平显著提升，涌现出一大批研究成果。各级交通运输财会主管部门注重调查研究和学术研讨，多年来开展了数十项部重点软科学研究项目，其研究成果为加强行业财会管理，提高财会管理水平发挥了重要的参考借鉴作用；通过《交通财会》杂志和《金桥》等各类大型学术研讨会论文集发表财会学术论文近万篇；组织业内专家编写出版了《汽车运输会计》、《汽车运输经济活动分析》、《水运会计》、《水运财务管理》、《水运经济活动分析》等一批交通运输财会教材；编写出版《招商局会计史》、《中国现代交通运输会计史》等专著。这一系列研究成果，一方面反映了交通财会人员在学术研究方面取得的成就，同时也极大地促进了队伍素质和业务水平的提高。

四是英才辈出，在交通运输改革与发展的大潮中，涌现出一批又一批交通财会优秀人才和先进人物。新中国成立60年来，老一辈交通财会工作者的优良传统代代传承，我们始终秉承务实高效、清正廉洁的工作作风，努力发扬团结拼搏、无私奉献的精神，培育高尚的职业道德素养，涌现出一大批敢打敢拼、吃苦耐劳、务实进取、开拓创新、甘于奉献、成就卓著的优秀财会工作者。其中，2008年被财政部授予的20名“全国杰出会计工作者”中的中远集团孙月英同志，分别荣膺2006、2008“中国CFO十大年度人物”的大连港张凤阁同志、中交集团傅俊元同志，2009年1月受财政部表彰的50名“全国先进会计工作者”中的大连港张凤阁、宁夏交通厅张彪、厦门港杨宏图等同志，以及2006年被评为“交通行业百名优秀会计师”的96名同志，都是交通系统优秀财会工作者的代表。这些荣誉的取得,既是他们自身努力的结果,也体现了多年来交通运输财会队伍建设的丰硕成果。

进入"十一五"期,交通运输财会队伍建设又取得了新进展。为加大交通财会队伍建设力度,部出台了《关于加强"十一五"交通财会人员队伍建设的指导意见》,明确了队伍建设的总体目标、指导原则、重点任务和保障措施。围绕《指导意见》的落实,我们制定了高级财会人员培训基地建设规划,进一步加大人才库建设和交通财会专家咨询委员会的工作力度,为启动"十百千万"人才工程积极创造条件,为实现"十一五"交通财会人员队伍建设的各项具体目标而努力。

## 二、60年交通运输财会工作的经验和启示

### (一)60年交通运输财会工作积累的宝贵经验

交通财会工作60年,成绩斐然。这些成就的取得,离不开部党组和各级交通主管部门的重视和支持,离不开各级交通企事业单位的共同努力,更加离不开交通财会几代人的心血和汗水。60年来,交通运输财会工作在实践和探索中积累了许多宝贵经验,概括起来主要有四条:一是加强组织领导,凝聚行业力量服务行业发展,这是做好交通运输财会工作的重要前提。经济越发展,财会越重要。我们深切地体会到,在交通运输事业发展的各个阶段,部党组始终把财会工作放在一个十分重要的位置。各单位领导也十分关心和支持财会工作,亲自研究和解决财会工作中遇到的热点和难点问题,千方百计为财会人员履行职能营造良好的环境;二是坚持依法理财,强化资金安全与使用效益监管,这是做好交通运输财会工作的本质要求。60年的实践证明,什么时候切实贯彻执行了党和国家的财经方针政策、法律法规,交通运输财会工作就会进步和发展,反之,则遭受挫折和损失。交通运输财会人员只有不断强化法制观念,坚持秉公执法、依法办事,才能保证交通运输财会工作在法治的轨道上运行,才能促进交通运输事业的健康持续发展;三是注重求实创新,形成持续改进的工作机制,这是做好交通运输财会工作的根本动力。发展是硬道理,改革是主动力。60年来,面对不同时

期的形势变化和任务要求，交通运输财会工作不断调整工作思路，创新管理模式。交通运输财会从核算型转向管理型，从面向企业到服务行业，每一次转型都极大地促进了工作水平的提升，这也充分说明，坚持求实创新是做好交通运输财会工作的动力源泉；四是抓好队伍建设，不断增强服务能力，这是做好交通运输财会工作的基本保障。60 年来，各级交通运输主管部门通过各种途径，加强财会队伍建设，不断完善交通财会人才的选拔、培养、使用的激励机制，提高财会人员综合素质，造就了一支高素质的财会人才队伍，并成为交通运输事业发展不可或缺的重要力量。这四条宝贵经验是广大交通运输财会工作者辛勤劳动成果的结晶，要求我们在以后的财务工作中务必继承和坚持，并要不断地丰富、完善和发展。

(二)60 年交通运输财会工作提供的重要启示

鉴往知今，启示未来。60 年交通运输财会工作的探索和实践也给我们提供了许多重要启示，概括起来主要有四点：一是要始终围绕交通运输发展的中心任务。牢固树立围绕中心、服务大局的意识，善于从宏观的角度去分析、研究、处理具体的财务问题，自觉维护交通发展的整体利益，切实保障不同时期各项重点工作任务的有效开展；二是要始终坚持依法理财和科学理财相结合。国家各项财经法规是保障国民经济健康运行的根本保证，也是促进交通运输快速科学安全协调发展的基本条件。交通运输财会工作必须服从财经法规的要求，也要服务于交通运输行业发展的实际需要，做到依法理财、科学理财，保证交通运输会计工作在法治的轨道上运行，以此来促进交通运输事业的发展；三是要不断增强交通运输财会工作的服务意识。做好“三个服务”是交通行业全面贯彻落实科学发展观的本质要求，是由交通运输的公益性、基础性和服务性特征决定的。交通运输财会工作必须按照“三个服务”的要求，切实强化服务意识，转变工作作风，要更加热情、更加主动地提供优质高效的财会服务；四是要更加重视交通运输财会队伍建设工作。一个行业的发展离不开高素质的人才支撑。做好交通财会服务工作也是如此。因此，要把加强交通财会人才队伍建设，作为增强服务能力的中心环节来抓，努力打造一支“政治坚定、业务精通、作风优良、清正廉洁”的交通财会队伍。

回顾过去,成就显著;展望未来,任重道远。60 年的成就令人鼓舞,60 年的经验值得珍视,60 年的启示催人奋发。当前和今后一个时期,交通运输财务工作要以邓小平理论和“三个代表”重要思想为指导,深入贯彻落实科学发展观,坚持依法理财、科学理财,围绕“一个中心”,强化“两个监管”,实现“三个转变”,落实“四个坚持”,做到“五个统筹”,以饱满的热情、奋发向上的精神风貌,扎扎实实地抓好各项工作,为交通运输快速科学安全协调发展作出新的更大的贡献,以优异的成绩向新中国 60 华诞献礼!

# 为交通发展提供组织保障与智力支持

——交通人事劳动工作60年

交通运输部人事劳动司

新中国成立60年来，交通人事劳动工作始终紧紧围绕中心、服务大局，改革创新、与时俱进，克难攻坚、主动作为，选干部、配班子，建队伍、聚人才，完善体制机制，为交通发展取得辉煌成就，提供了坚强组织保障和人才支持。

## 一、大力加强领导干部队伍建设，始终保持领导班子的坚强有力

部党组高度重视部属单位领导班子建设，始终坚持党管干部原则和干部“四化”方针，坚持“德才兼备、以德为先”的选人用人标准，部属单位领导干部队伍的结构不断优化，素质不断改善，能力不断提升。

### （一）召开干部人事工作会议，分析形势，理清思路，明确不同阶段的工作目标和任务

分别于1995年、2002年、2007年召开了三次干部人事工作会议。总结过去5年的工作，分析面临的形势和任务，着重研究了领导班子建设、年轻干部培养的具体措施，提出了各个阶段干部人事工作总体要求。特别是2007年的会议提出要围绕做好“三个服务”这条主线，坚持树立正确的选人用人导向，坚持确立科学的选人用人标准，坚持完善行之有效的选人用人措

施，坚持营造风清气正的和谐工作氛围，坚持遵循干部人事工作的科学性和规律性，抓好领导干部队伍建设，在建立领导干部落实科学发展观实绩考察办法、提高领导班子整体素质、推进干部能上能下方面实现突破。

（二）着重加强制度建设，形成了一整套行之有效的领导干部管理和工作制度体系

着重加强了三个方面的制度建设。一是规划。每5年制定一个领导班子建设规划，着眼未来的发展需要，明确工作目标、工作任务和工作措施。二是干部管理制度。涉及思想政治建设、教育培训、学习考核、交流回避、廉洁自律等方面，促进了管理的规范化和科学化。三是干部人事制度改革方面的制度。包括竞争上岗、任职试用期、任前公示、职务任期制等，引导改革不断深入。这些制度初步形成了相互配套、有机衔接、较为完备的领导干部管理工作制度体系。

（三）精心组织，扎实推进，抓好重大专项活动，均取得良好效果

开展四次党内集中教育活动。1999—2009年期间，在领导干部和组工干部中分别开展了“讲学习、讲政治、讲正气”、保持共产党员先进性、“树组工干部形象”和“讲党性、重品行、做表率，树组工干部新形象”集中教育活动。提高了理论素养，增强了理论学习的自觉性；加强了党性锻炼，坚定了理想信念和宗旨观念；改进了工作作风，提高了工作效率和服务水平；基层党组织建设上了新台阶，创造力、凝聚力和战斗力进一步增强。

集中考察后备干部。根据部党组的统一部署，从2004年年底开始，人劳司集中力量，历时5个多月，对部属52个单位领导班子后备干部进行了集中考察。选拔了281名年轻优秀、发展潜力大的干部进入部属单位部管后备干部名单。同时完善了后备干部选拔机制，锻炼了组工干部队伍，加强了对后备干部的管理。

开展创建“五好班子”，争当“优秀班长”和“模范带头人”活动。1996年11月，为了促进和加强部属单位领导班子思想政治建设，为实现交通发展“九五”计划和2010年远景目标提供组织保证，部党组决定，在部属单位开展创建“五好班子”（学习好、团结好、工作好、作风好、廉政好），争当“优

秀班长”(党委书记)和“模范带头人”(行政主要领导)活动。截至2007年,共评选出“五好班子”9个,“优秀班长”10人,“模范带头人”8人。通过评选表彰,在部属单位领导班子中形成了争先创优的良好氛围,被表彰的领导班子和领导干部也发挥了较好的榜样作用。

(四)加强干部培养,促进干部健康成长

大规模培训干部。一是组织部管干部参加三个月的脱产理论培训,培训的主要内容包括“三基本”、“五当代”等基本理论,到2005年,所有部管干部均参加了培训。二是从2005年底开始,组织部管干部参加一个月的“专题研究班”,每期确定一个研究专题,通过培训进一步提高干部理论联系实际和进行研究思考的能力。到2008年底,所有部管干部基本完成了一次培训,从2009年开始进行新一个轮次的培训。三是从2003年开始,组织部管后备干部参加三个月脱产理论培训,到2007年,所有后备干部均完成了培训。四是举办专门性的培训,如组织“分管财务工作的部管干部财务知识培训班”“分管审计工作的部管干部培训班”等,通过培训,加深了对中央政策的理解,提高了专业管理能力。

大力推进干部交流。近年来,部属单位干部交流力度逐步加大,加强了领导班子思想政治建设,提高了班子的执政能力和领导水平;促进了领导班子的组织建设,增强了班子整体功能;锻炼和培养了干部,增强了干部队伍生机和活力;净化了干部的工作环境,加强了班子的廉政建设。

(五)部属单位领导干部队伍结构不断改善,更加合理

改革开放以来,领导班子建设方面的成就比较显著,干部队伍素质不断提高,学历层次不断提升,结构更加合理。

1988—2008年,部属单位部管干部,年龄结构上,31－40岁的由3.71%下降为2.15%,41－50岁的由41.05%上升为44.17%,51－60岁的由50.38%上升为52.76%,61岁以上的由4.86%下降为0.92%;学历结构上,高中以下的由30.43%大幅下降为0.61%,大专学历的由13.31%下降为13.8%,大学本科学历的由53.58%上升为60.12%,研究生学历的由2.68%上升为25.47%。

从以上数据可以看出,部属单位部管领导干部变化最大的是学历结构,高中及以下和大专学历的人员比例下降非常明显,研究生以上学历人员比例大幅度上升,说明领导干部队伍的学历层次有了大幅度改善,领导干部的专业化、知识化水平得到了明显提升。从年龄结构看,61岁以上干部的比例下降最大,说明干部退休政策执行的更加坚决,但干部年龄分布基本稳定,领导干部队伍的主体还是有较丰富工作和领导经历的同志,符合部属单位班子建设的实际,也符合干部个人成长的实际。

## 二、认真贯彻公务员管理法规，建设了一支较高素质的公务员队伍

坚持科级及以下公务员凡进必考的用人制度。1994年部机关实行公务员管理以来,共录用科及以下干部101人。招考录用人员占机关公务员比例逐年增加,2009年机关公务员中有85名是通过招考录用,占现机关公务员总数的24%。一大批高学历、能力强的优秀年轻干部进入公务员队伍,这些干部在公务员队伍中发挥了重要作用,逐步走上了局、处级领导岗位。

加强培训。新录用的公务员全部参加了由人事部或我部自行组织的初任培训;选派新提任的司局级领导干部参加了由国家行政学院和三所干部学院组织的任职培训,每年由部里自行组织处级领导干部任职培训班,共培训提任的处级领导干部300余人次;通过组织讲座和专题培训班等形式开展了公务员知识更新和专门业务培训,机关公务员均按规定学时参加了培训。通过培训,使公务员增强了落实科学发展观和"三个服务"的意识,提高了政治理论水平和公共管理能力,促进了机关工作的开展。

不断完善年度考核。从1994年起,全面实行了公务员年度考核制度,在公务员总结年度工作的基础上,通过测评确定年度考核等次。先后印发了年度考核暂行规定、办法、意见等一系列规章制度。2007年在课题研究的基础上,对部机关的考核进行了较大调整,实现了网络测评,进一步推进了量化测评。部机关的考核经过长期实践,经历了从简到繁、由繁到简、从

手工统计到计算机统计、最后发展到计算机网络测评，大大提高了工作效率。通过年度考核，增强了公务员的责任意识，增进了司局内部同志间的相互了解，促进了部工作目标和各项重点工作的落实。

注重通过交流锻炼培养干部。2001年以来，部机关共选派63名干部到国家有关部委、地方党委、政府、交通企业和部属单位交流锻炼，安排50名地方和行业基层的干部到部机关挂职，此外，还推荐5名干部到地方任职，选调6名地方干部到部机关任职。使大家开阔了眼界，增长了阅历，提高了能力，加强了部机关和行业基层的沟通联系，提高了部行业管理水平。

15年来，部机关选拔任用司局级领导干部196人次；部机关受省部级以上表彰的有6人：董海波、黄卫平、李志强、吴春耕获“全国交通系统先进工作者”称号；张晓杰获“全国五一劳动奖章”；谭占海获“全国优秀党务工作者”称号。

## 三、人才队伍不断壮大，整体素质逐步提高

交通人才工作伴随着交通事业的发展而不断加强，紧紧抓住培养、选拔、使用三个环节，建立健全基于人本理念、体现人文关怀的人才机制，营造有利于优秀人才涌现和健康成长的良好环境，使交通行业真正成为能够造就人才、吸引人才、聚集人才、留住人才、使人才充分实现人生价值的行业。

### （一）二十世纪交通人才工作发展历程

交通部从组建初期开始，持续不断地加强交通专门人才的培养工作。一方面成立了上海航务学院、接管了中南交通学院、武汉交通学院、东北航海学院、并将各大行政区交通部门直属的交通专科学校改为交通部直接领导，注重院校教育，建立系统化的交通专业技术人才培养体制；另一方面大力举办速成训练班和成立交通干部学校，培训各类专门交通人才。

1954年7月，交通部发布《关于公路及运输工作中央与地方分工的补充决定》，确定公路基建、养护、运输方面的中高级技术人才由中央统一培养。初级技术人才与技术工人由地方负责培养，中央可供给有关教材。

1964年11月18日交通部发出《关于半工半读试点工作的通知》，半工

半读学校，是教育与生产劳动高度结合的新型学校，学生一面学习、一面劳动，毕业后，既能从事体力劳动；又能从事脑力劳动，既能当工人；又能作技术工作和行政管理工作。

1980年的全国交通工作会议提出了加强对职工的技术业务教育，开展岗位练兵，不断提高职工的技术业务水平的要求。同时，为落实《1976年至1985年公路交通发展规划》，提出加强技术干部和技术工人的培养，充实公路交通队伍的意见。翻开了交通人才队伍建设的崭新一页。

1990年4月，部印发了《交通部优秀科技人才选拔与管理办法》，并在当年开始选拔首批交通部优秀科技人才。

1995年7月，交通部印发了《关于加快培养交通系统跨世纪专业技术人才的实施意见》，并设立了交通部跨世纪优秀专业技术人才培养专项经费，用于资助具有发展潜力的青年专业技术人员独立进行重要的专业技术工作，奖励为交通事业发展作出突出贡献的优秀青年专业技术人员。

1995年开始交通部每两年在行业内评选一次交通青年科技英才，截至2009年共评选161人，并进行广泛宣传，为全行业的年轻人树立学习的楷模，激励年轻优秀人才积极献身交通事业。

1996年全国交通工作会议上提出"九五"期间全面实施"科教兴交"战略，抓好"交通人才工程"，使交通事业的发展转移到依靠科技进步和提高劳动者素质的轨道上来。

1997年5月，交通部印发了《"十百千人才工程"实施方案》，并于当年开展了第一层次人选的推荐和评选工作，培养和造就了一批跨世纪学术和技术带头人。

1997年起，交通部建立了与行业杰出专家的联系制度，进一步加强了交通行业高层次专业技术人才队伍建设，特别是发挥了交通行业中"两院"院士的作用。

### （二）新世纪不断创新、科学发展的交通人才工作

新世纪交通人才工作，坚持科学发展观和科学人才观，全面落实发展现代交通运输业对人才队伍建设的新要求，以创新的理念和方法开展工作。

1. **研究制定行业人才工作发展规划**

2002年,交通部制定颁发了《公路水路交通行业专业技术人才资源开发"十五"规划》;2006年制定颁发了《公路水路交通"十一五"人才工作规划》,规划在分析交通人才资源现状及问题的基础上,提出了"十一五"交通人才工作的指导思想、基本原则、总体目标、主要任务和保障措施。规划体现了科学的发展观和人才观的要求。2009年按中组部的部署,由我部牵头会同铁道部、中国民用航空局、国家邮政局、中国石油天然气集团公司启动了《现代交通运输人才队伍建设中长期规划(2009—2020年)》的编制工作。

2. **大力选拔和培养高层次、高技能人才**

截至2009年,共评选出"新世纪十百千人才工程"第一层次人选118人;全国交通行业先后有2人获得"中华技能大奖"、62人获得"全国技术能手"荣誉称号、8家单位获得"国家技能人才培育突出贡献奖",357人获得"全国交通技术能手"荣誉称号,许振超、孔祥瑞就是交通行业技能人才的杰出代表。

与美国佐治亚州交通厅以及美国佐治亚州理工学院合作,从1999年开始每年组织为期5个月的"公路和桥梁建设与管理"培训班,目前已培养了118人,通过学习国际最新技术和发展动态,研究国外先进经验,提高了他们用国际眼光观察问题、用国际规则处理问题的能力。

积极选派援藏援疆干部(截至2009年共派出28人,其中援藏18人,援疆10人)、"博士服务团"(截至2009年共派出20人)服务西部地区。通过全国交通系统支持四川阿坝州技术人才(共26人),为地震灾区恢复重建提供人才支持。

通过这些措施,使人才队伍得到了充分锻炼,很多优秀人才脱颖而出,走上了领导岗位或担任重大工程项目的主要负责人。

3. **加强交通行业职业资格制度建设**

2005年12月2日,经中央机构编制委员会办公室批准,交通部成立了交通专业人员资格评价中心(交通部职业技能鉴定指导中心),为交通部直属事业单位。

在职业技能鉴定工作方面,印发了交通行业职业技能鉴定的一系列指导性文件,成立了交通行业职业技能鉴定专家委员会。17 个交通行业特有职业国家标准、培训教材、考试试题编制工作全面启动,印发了《交通行业特有职业(工种)国家职业标准》,经审定的 16 个职业标准开始颁布施行。在全国 26 个省市确认了首批 50 个交通行业职业技能培训工作站。交通行业职业技能鉴定工作已在全国范围展开。

在职业资格评价方面,印发了《交通关键专业技术岗位职业资格制度建设实施方案》,启动了注册验船师、注册土木工程师(道路工程)、注册结构工程师(桥梁工程)、机动车检测维修专业技术人员、监理工程师和危险货物运输人员等 6 个职业资格制度建设。2006 年 1 月,交通部与人事部、农业部联合印发了《注册验船师执业资格制度暂行规定》。注册验船师是交通行业正式推出的第一个国家职业资格制度,是交通行业职业资格制度建设的里程碑。2006 年 5 月,我部与人事部联合印发了《机动车检测维修专业技术人员职业水平评价暂行规定》和《机动车检测维修专业技术人员职业水平考试实施办法》。其他 4 项职业资格制度建设也在紧张有序地开展。

另外还通过全国交通系统人才工作会这一平台加强对行业人才工作的指导,有力推动了行业人才工作的开展。

## 四、推进干部人事制度改革,干部工作走上科学化、民主化、制度化轨道

新中国成立后至改革开放前,交通部和全国一样建立了与计划经济相适应的、高度集中统一的干部人事管理制度。一是所有干部统称为"国家干部",按统一模式进行管理;二是各级党委统一领导,各级党委组织部门统一管理;三是建立了计划经济体制下的干部录用、考核、奖惩等一系列具体制度。

党的十一届三中全会后,我们党实现了组织路线的拨乱反正,交通部贯彻中央干部方针政策,适应改革开放和社会主义现代化建设需要,积极稳妥

地推进干部人事制度改革，不断取得新进展。主要体现为5个转变。

一是由实际上干部领导职务终身制向退休制、任期制转变。1982年，中央作出了《关于建立老干部退休制度的决定》。交通部认真执行退休制度，达到离退休年龄的老干部陆续退出领导岗位。现在，任职到龄退休已成为常态，党政领导干部任期制普遍实行。

二是由“大一统”的干部管理模式向分级分类管理模式转变。1984年7月以后，交通部按照中央“管少、管好、管活”的要求，对干部开始实行下管一级的管理体制，大大压缩了直接管理干部的规模，增强了干部队伍的活力。1994年，交通部机关干部按照公务员管理。同时，部属企业和事业单位逐步改变运用党政干部管理模式进行管理的状况，干部分类管理的格局开始形成。事业单位干部管理模式改革的重点是推行聘用制度和岗位管理制度。目前，部属事业单位新进人员除国家政策性安置、按干部人事管理权限由上级任命及涉密岗位等确需使用其他方法选拔任用人员外，全部面向社会实行公开招聘。积极推进部属事业单位岗位设置管理工作，2009年底前基本完成此项工作。

三是由单一的干部选任方式向建立在扩大民主基础上的多样化选任方式转变。选任制、聘任制、委任制多元任用方式逐步代替单一委任制。干部工作中的民主不断扩大，民主推荐、民主测评成为干部选拔任用的必经程序，民意调查开始得到应用，任职试用期制普遍推行，部分部属单位讨论决定干部实行了票决制。竞争上岗成为选拔部机关局、处级领导干部和部属单位副局级领导干部的重要方式。部机关自2000年7月开始在副司局级及以下领导岗位试行竞争上岗，2001年在副司局级、正副处级领导岗位全面推行竞争上岗。截至2009年，部机关进行了5次30个副司局级领导岗位的竞争上岗，处级领导岗位基本采取竞争上岗方式选拔任用。2008年5月至2009年1月，第一次在部属单位开展副局级空缺领导职位竞争上岗工作，从320人中选拔了24名任职人选。整个过程计划周密、程序严格、组织严谨、执行认真，并自觉接受广大干部职工的监督，充分体现了公开、公平、竞争、择优的原则，得到了各方面的普遍认可。

四是由主要靠领导"伯乐相马"向主要靠制度选人转变。改革开放之初,干部选拔主要靠领导"伯乐相马"特别是老同志推荐。但这种方法带有很大的局限性、偶然性。1986 年 1 月,中央下发《关于严格按照党的原则选拔任用干部的通知》,交通部干部选拔任用工作开始走上制度化轨道。特别是《党政领导干部选拔任用工作暂行条例》以及后来的《党政领导干部选拔任用工作条例》出台后,交通部严格按照《条例》的规定选拔任用干部,坚持德才兼备、群众公认、注重实绩等六项基本原则以及干部选拔任用六项基本条件,认真履行领导干部选拔任用工作程序,严格遵守"十不准"纪律。基本做到了"坚持原则不动摇,执行标准不走样,履行程序不变通,遵守纪律不放松"。为了更加科学准确评价领导班子和领导干部,2007 年,按照中组部的部署,开展了体现科学发展观要求的领导班子和领导干部综合考核评价的试点工作,进行了积极探索,取得了预期的效果。

五是选人用人由相对封闭逐步向公开透明转变。经过 30 多年的改革,干部工作的公开性和透明度不断提高。干部选拔任用的原则、标准、条件和程序已经为广大干部群众广泛知晓,重要干部人事政策、重要干部任免事项向社会公开形成制度,考察预告制、任前公示制普遍推行。

## 五、加强机构编制工作,交通运输管理体制不断完善

新中国 60 年的交通运输管理体制从无到有,从摸索到建立,从动荡到稳定,从计划经济到市场经济,从公路、水路运输管理到综合运输体系建立,伴随着国家行政管理体制的改革,一步步走向成熟,走向完善,为我国的社会主义建设和发展发挥了极其重要的作用。60 年来,我国先后进行了 10 次主要的行政管理体制改革,概括地可以划分两个历史阶段,即改革开放前 30 年和改革开放后 30 年。

改革开放前 30 年,交通运输管理体制也是一个建立、探索和动荡的过程。随着 1949 年新中国的成立,中央人民政府设立组建了交通部,在随后的国民经济恢复时期、社会主义改造时期、"大跃进"和国民经济调整时期、"文化大革命"时期、共和国历史性转变时期等阶段,交通部从百废俱兴到

逐步恢复新中国的交通事业和建立交通行政管理体制，随着不同历史时期国家工作重点的调整，交通部管理的内涵和外延也在不断变化。改革开放前30年，交通运输事业的恢复和发展，对国家经济的恢复和发展起到了关键作用，这也是交通部始终存在的原因，而且经过30年的建设，交通行政管理体制已经建立，交通运输行业政、企、事、军高度统一，拥有军队、公安，以及大量的企事业单位，布局和网络已经遍布社会的各个角落，为社会的稳定和发展奠定了基础。当然，1978年前我国交通运输事业同整个国民经济一样，长期受"左"的思想影响，管理体制也存在很多弊端，主要表现在：计划经济一统天下，所有制形式单一，条块分割，政企职责不分，以政代企，企业成了政府部门的附属物。

1978年，党的十一届三中全会确定了改革开放的方针，把党和政府的工作重点转移到经济建设上来。随后的30年，我国经济建设和人民生活发生了天翻地覆的变化，交通运输事业也进入高速发展时期，交通运输事业的多项指标目前已跃居世界前列。1978年以来，我国先后进行了1982、1988、1993、1998、2003和2008年六次大的行政管理体制改革。改革的主要目标就是通过转变职能、理顺关系、优化结构，提高效能，实现政企分开、政资分开、政事分开、政府与市场中介组织分开，建设服务政府、责任政府、法治和廉洁政府，履行经济调节、市场监管、社会管理和公共服务等政府职能，达到形成权责一致、分工合理、决策科学、执行顺畅、监督有力的行政管理体制。在这30年中，交通运输行政管理体制改革又可大致分为3个阶段：

第一阶段为1982年和1988年的机构改革，即引入市场机制，转变职能，简政放权，加强行业宏观管理，放开搞活交通运输。这个阶段是由传统的计划经济管理体制向市场经济管理体制改革迈出的关键一步，也是改革开放摸着石头过河的探索时期。在此期间，交通部将40个直属港口、7个工业企业全部下放地方，部分事业单位开始实行企业化管理，交通法制建设、交通发展规划和计划工作得到重视和加强，运输市场得到培育和规范，交通运输行业市场经济新秩序初步建立。

第二阶段为 1993 年、1998 年和 2003 年机构改革，即按照建立社会主义市场经济体制的目标进一步深化交通运输改革，转变职能，理顺关系，政企分开，精简机构。在此期间，交通部按照国家的统一部署，在部机关实行公务员制度，与部属企业、海事法院、交通武警、港航公安，以及绝大部分院校和部分科研院所彻底脱钩。同时进一步深化交通行政管理体制改革，开展实施并完成了国务院水上安全监督管理体制改革、全国港口管理体制改革、长江航运管理体制改革、救助打捞管理体制改革、船检管理体制改革、车购税管理体制改革等多项重大体制改革。经过 10 年的努力，以邓小平理论和“三个代表”重要思想为指导，深入贯彻落实科学发展观，按照精简、统一、效能的原则和决策权、执行权、监督权既相互制约又相互协调的要求，优化了组织结构，规范了机构设置，完善了运行机制，建立起了比较完善的具有中国特色的社会主义交通运输行政管理体制，为交通运输事业持续、健康、有序发展起到了积极作用。同时，交通部机关也按照国家行政管理体制改革的要求，大刀阔斧，精简机构和人员，1993 年机构改革后部机关行政编制 585 名，1998 年机构改革后部机关行政编制精简到 298 名，内设机构也由 15 个精减至 11 个，机关更加精简高效。

第三阶段为 2008 年机构改革，围绕转变政府职能和理顺部门职责关系，探索实行职能有机统一的大部门体制，合理配置宏观调控部门职能，强化政府社会管理和公共服务职能。根据第十一届全国人大一次会议决定，为了优化交通运输布局，发挥整体优势和组合效率，加快形成便捷、通畅、高效、安全的综合运输体系，组建交通运输部。将交通部、中国民用航空总局的职责，建设部的指导城市客运的职责，整合划入交通运输部。交通运输部主要负责拟订并组织实施公路、水路、民航行业规划、政策和标准，承担涉及综合运输体系的规划协调工作，促进各种运输方式相互衔接等。同时，组建中国民用航空局，由交通运输部管理。为加强邮政与交通运输统筹管理，国家邮政局改由交通运输部管理。为了适应综合运输体系的建立，交通运输部机关也进行了积极改革，成立了公路局、水运局、道路运输司和安全监督司，增设了总规划师、安全总监等职位，为交通运输事业的又好又快发展和综合运输体系的建立奠定了良好的基础。

## 六、工资制度改革不断深入，劳动定员管理更加规范

新中国成立以来，交通系统逐步建立并形成了适应交通行业特点的工资制度。在1956年第一次全国性工资制度改革工作中，交通行业根据航运、港口、航务工程、船舶工业系统不同特点，建立了统一的船员、港口装卸工等交通行业人员工资制度。

改革开放以后，企业职工的工资与机关事业单位脱钩，企业工资分配的管理方式主要转向总量宏观调控。1988年开始，交通部直属企业实行工资总额与经济效益挂钩，同时建立企业职工工资正常升级制度。企业工资分配制度的改革，进一步调动了广大职工的积极性，促进了经济效益的提高。1994年至1998年，交通部直属企业实行职工养老保险行业统筹，建立了适应社会主义市场经济体制要求和交通行业特点，基本养老保险社会统筹和个人账户相结合的交通系统行业养老保险体系。1998年9月，交通系统行业统筹移交地方管理，全国实现了企业职工基本养老保险省级统筹。

交通系统机关事业单位先后于1985年、1993年、2006年进行了三次大的工资改革。历次工资制度改革，国家对交通行业水上作业人员均专门制定实施方案，出台了相应的倾斜政策。1985年国家对机关事业单位实行结构工资制，有关部门对交通部所属事业单位船员、潜水员、航标人员专门制订了职务工资标准，同时规定了船岸差等倾斜政策。1993年结合机构改革和公务员制度的推行，国家机关实行职级工资制，事业单位也由结构工资制改为实行职务等级工资制。国家出台了交通部所属海上救捞、港监、内河航道、航政等水上作业事业单位工作人员工资制度改革实施方案。实施方案制订了船员、潜水员等水上作业人员职务工资标准，同时规定了按职务工资的一定比例执行水上作业津贴和船员伙食津贴等津补贴倾斜政策。2006年的公务员工资制度改革，建立了国家统一的职务与级别相结合的公务员工资制度，随着后续配套政策的贯彻实施，逐步建立了适应经济体制和干部管理体制要求的公务员工资管理体制，规范了公务员收入分配秩序。2006

年的事业单位收入分配制度改革，建立了事业单位岗位绩效工资制度。考虑到交通行业水上作业特点，国家出台了交通部所属水上作业事业单位工作人员收入分配制度改革实施方案，实施方案制订了水上作业人员岗位、薪级工资标准，规定了水上作业津贴和艰苦岛屿作业津贴标准，继续保留了对水上作业人员的倾斜政策，较好地稳定了水上作业人员队伍。在国家收入分配政策框架体系内，结合交通行业特点，部属事业单位建立了与聘用制、岗位管理相配套的收入分配机制。

在交通行业定员管理方面，拟定了公路运输与公路养护、水上运输、港口、航道疏浚、救助打捞、航标航测、公路工程与航务工程、交通勘测和交通工业方面的劳动定员标准。目前《港口码头劳动定员标准》、《工程船舶劳动定员标准》、《公路养护劳动定员标准》、《高速公路劳动定员标准》、《运输船舶劳动定员标准》仍在继续执行，在促进交通行业强化劳动组织、合理配置人员、提高劳动效率、降低生产成本等方面继续发挥着重要作用。

## 七、落实政策，基本解决了历史遗留问题

十一届三中全会以后，部党组认真贯彻落实党中央关于拨乱反正、平反冤假错案的决定，多次抽调干部，组织专门机构解决历史遗留问题，落实党的政策。部领导多次批示："这件事要继续办好"、"要善始善终地完成"、"要实事求是按中央规定办"。部属有关单位及各省厅领导也非常重视，积极协助和组织力量认真复查交办的案件，使交通系统落实政策工作进展比较顺利，任务完成比较彻底，积压了多年的老大难问题得到较为妥善的解决。

据不完全统计，从一九七九年至一九九二年，共平反冤假案 5659 件；为 2826 名受株连家属、子女解决了就业、入党、消除政治影响等方面的问题；为 526 人解决了因受错误处理造成的夫妻分居问题；为 225 人解决了因受错误处理造成使用不合理、专业不对口的问题；补发"文革"错停、减发 1445 人的工资 659.5 万元；清退"文革"中 1429 人被查抄的财物，并补偿 278.39 万元；清退 72 人被挤占的私房 160 间；纠正收回被精简的高校毕业生、作退

职处理的高校毕业生干部、因思想政治原因受错误处理的本科和大专生共400人;纠正打击经济犯罪中的错案19人;解决已调离或离退休人员落实政策的1694人;其他问题984人。

主要做了三个方面的工作。一是加强领导、健全组织,落实责任,保证了落实知识分子政策工作顺利开展。1979年,部分单位就成立了落实知识分子政策的专门机构。1982年以后,部成立了由部领导任组长的落实知识分子政策的领导小组,部属各单位也普遍建立了有党政领导和有关人员参加的领导小组和办事机构。部直属系统共抽调700多人专职抓落实政策工作,形成了精干有力的工作系统。1984年,中央落实政策扩大会议后,各级党委进一步加强领导,把这项工作列入党委议事日程,各单位普遍制订了落实知识分子政策工作规划,建立了责任制,推动了落实政策工作的顺利开展。

二是深入调查研究,坚持实事求是、有错必纠的原则,扎扎实实地解决历史遗留问题。在工作中始终坚持严谨求实、认真负责的工作作风。做到定案必须事实清楚,证据确凿,按政策规定客观公正、稳妥扎实地处理好每个人的问题。

第一,调查研究,摸清底数。1986年5月至9月,各单位发出并回收了《落实知识分子政策调查表》80517份。通过群众性的广泛调查,摸清了底数,查出属于落实政策范围,尚未解决的各种遗留问题、案件8458件,收集了知识分子对工作、生活、工资等现实问题的反映。

第二,全面清理了知识分子档案。各单位共清理知识分子档案87118卷,占知识分子总数的93%,共剔除各种不符合存档规定和有不实之词的材料281760份,1102644页。发现了不少"特嫌"、"内控"、处理结论不妥当和其他一些问题,一些同志因此在过去的政治运动中挨整,最后往往是既无结论,又得不到公正对待。这些问题经过复查后,得到了实事求是地纠正,受到广大知识分子,尤其是被立案审查过的同志高度赞扬,使他们彻底放下了思想包袱。

第三,认真复查,查遗补漏。对冤假错案必须进行认真复查,特别是对已去世和调出、离退休的人员不能遗漏，不少单位又查出了一批问题。在落实政策对象的政策上平反后，本人和其家属子女的户口，工作就业以及“四清”与“文革”交叉的案件，“文革”中劳改、监改、退职、下放、回乡的工资等等问题，各单位花费了大量的精力，经过细致的调查核实，对照政策规定反复研究和各方协商，使问题逐人逐件得到解决落实。

第四，彻底清退“文革”中被查抄的财物。“文革”期间被立案审查的知识分子大都被抄家，量大面广。尤其是上海、广州、武汉地区被查抄的财物不仅量大，而且复杂，有金银珠宝、名人字画、古董文物和难以估价的祖传珍宝、纪念物品等。在调查核实和估价的基础上，按照有关政策规定进行清退。

三是全面展开检查工作，确保工作质量，善始善终地完成任务。分别在广州、武汉、上海、青岛、天津、西安、北京等地组织了 8 个“部落实知识分子政策检查组”，对部属单位逐个进行检查，不留死角。在检查中，各单位和部检查组始终注意把解决问题同做细致的思想工作结合起来，以诚相待，耐心解释，使知识分子理解党的政策，正确对待自己的得失。检查坚持标准，不走过场，底数不清不能通过；本单位、本系统能解决的问题未解决的不能通过；知识分子档案清理不符合要求的不能通过。经过一年的辛勤工作，很多情况复杂、难度大的案件、问题得到彻底解决。

# 纵横阡陌谱华章

## ——交通公路建设发展60年

交通运输部公路局

中华人民共和国走过了60年光辉历程。60年来,广大交通运输系统干部职工在党中央、国务院的正确领导下,在各级党委政府和广大人民群众的大力支持下,自力更生,艰苦奋斗,开拓进取,顽强拼搏,使我国公路交通发生了翻天覆地的巨大变化,在促进国民经济发展、改善人民群众生活、扩大对外开放、加强民族团结、缩小地区差别、巩固国防安全等方面,发挥了重要作用。

### 一、公路建设成就突出

新中国成立初期,我国公路通车里程仅为8.07万公里,公路等级都在二级以下,有路面里程只有3万公里。到1978年,全国公路通车里程达到89万公里,是新中国成立初期的11倍,但既无一级公路,更无高速公路,公路交通成为国民经济发展的“瓶颈”。

改革开放后,伴随着国民经济快速发展和对外开放的不断扩大,公路交通步入了快速发展的轨道。公路建设成就辉煌,令人振奋。主要表现在:

#### (一)公路总量快速增加

2008年年底,全国公路总里程已达373万公里,是新中国成立初期的

46 倍。如图 1 所示。其中,高速公路里程 60302 公里,一级公路 54216 公里,二级公路 285226 公里,二级及以上公路占总里程的比例为 10.7%,而 1978 年二级及以上公路只有 1.2 万公里,占总里程的比例只有 1.4%。

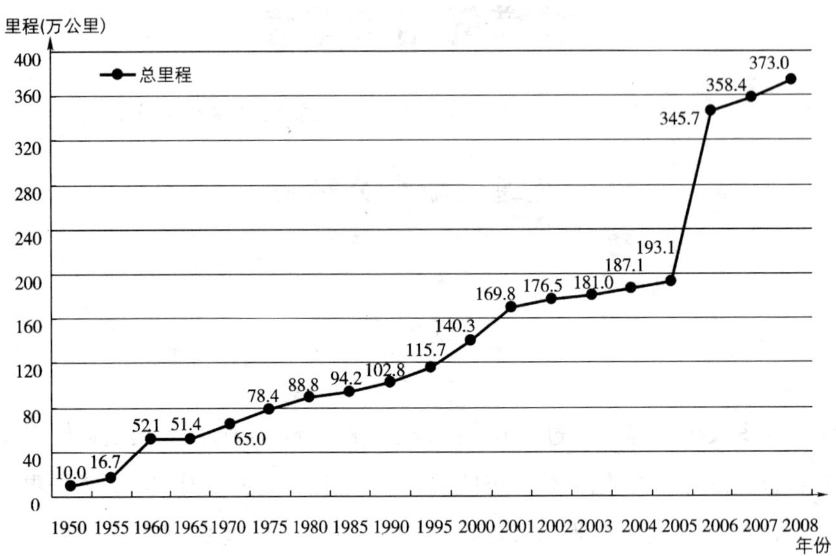


图 1　新中国成立以来全国公路里程发展示意图

路面技术等级和通达深度得到很大提高。到 2008 年年底,高级、次高级路面里程达 199.56 万公里,全国公路路面铺装率达到 53.5%,而 1978 年高级、次高级路面里程仅为 16 万公里,铺装率只有 18%。

公路密度由改革开放初期的 9.1 公里/百平方公里,提高到现在的 38.86公里/百平方公里,是改革开放初期的 4.27 倍。

(二)高速公路建设突飞猛进

高速公路是现代经济和社会发展重要的基础设施,是构筑交通现代化的重要基础。我国高速公路建设酝酿于 20 世纪 70 年代,起步于 80 年代,发展于 90 年代,腾飞于 21 世纪,起步时间较西方发达国家晚了近半个世纪,但起点高、发展速度快。1988 年 10 月 31 日,上海至嘉定高速公路的通车,标志着我国大陆高速公路零的突破。"七五"期间(1986—1990 年),建成以沈大高速公路、京津塘高速公路为代表的一批高速公路522公里。“八五”期间(1991—1995年),建成高速公路1600多公里。“九五”期间(1996—2000年),建成高速公路14000多公里。“十五”期间(2001—2005年),建成高速公路24000多公里。1999年高速公路里程突破1万公里,2002年突破2万公里,2004年突破3万公里,2005年突破4万公里,2007年突破5万公里,2008年突破6万公里。从零起步到1万公里,只用了不到12年时间;从1万公里到6万公里,只用了短短9年,高速公路的发展速度举世瞩目。全国高速公路里程发展趋势如图2所示。

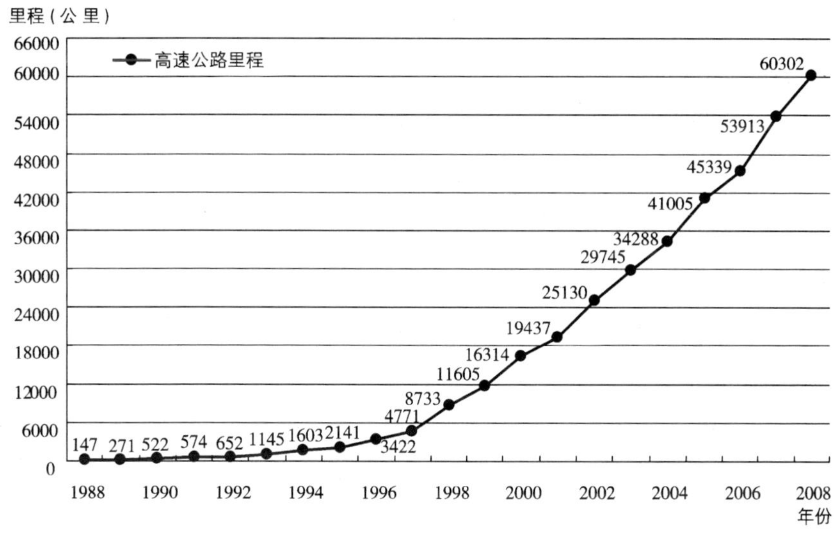

图2　全国高速公路里程发展趋势图

国家高速公路网规划里程86601公里。截至2009年6月底,建成48896公里,占规划里程的56.5%;在建17500公里,占规划里程的20.2%。另有2245公里高速公路路段正在实施扩容改造。

(三)农村公路发展迅速

截至2008年年底,全国农村公路通车里程达324.44万公里,比1978年增长了近4倍;全国通公路的乡镇、行政村比例,由90.5%和65.8%增加到 98.5% 和 88.2%。乡镇通沥青(水泥)路率达到 88.6%,东、中部地区建制村通沥青(水泥)路率已达到 90.1% 和 79.8%,西部地区建制村通公路率已达到 81.2%。全国农村公路路网已经延伸到从高原到山区,从少数民族地区到贫困老区的各个角落。

(四)桥梁建设进入国际先进行列

到 2008 年年底,我国共有公路桥梁 59 万座,2525 万延米,而 1978 年仅有 12.8 万座,328 万延米。先后在长江、黄河等大江大河和海湾地区,建成了一大批深水基础、大跨径、技术含量高的世界级公路桥梁,江阴长江公路大桥、润扬长江公路大桥、南京长江二桥和三桥、东海大桥、杭州湾跨海大桥、苏通长江公路大桥等一批特大型桥梁相继通车,舟山西堠门跨海大桥、泰州长江大桥、马鞍山长江大桥、嘉绍过江通道等一批在建桥梁进展顺利。

目前,世界前 10 座主跨最大的悬索桥中,我国有 5 座(包括香港青马大桥);世界前 10 座主跨最大的斜拉桥中,我国有 8 座(包括香港昂船洲大桥);世界前 10 座主跨最大的拱桥中,我国有 7 座;世界前 10 座主跨最大的梁桥中,我国有 5 座。2008 年刚刚建成的杭州湾跨海大桥全长 36 公里,是世界上最长的跨海大桥;苏通长江公路大桥的主跨跨径、主塔高度、斜拉索长度和群桩基础规模创造了四项世界之最。

(五)隧道建设技术能力迅速提升

到 2008 年年底,我国共有公路隧道 5426 处,319 万延米,而 1979 年仅有 374 处,5 万延米。相继建成了全长 5.4 公里的雁门关隧道,全长 7 公里的雪峰山隧道,全长 18 公里的秦岭终南山隧道(长度位居世界第二)。随着公路的快速发展和技术水平的不断提高,山岭长大隧道、深水海底隧道不断涌现,施工及运营管理技术不断提升,运营服务不断完善。厦门翔安隧道实现了海底隧道建设的新突破,上海越江隧道盾构直径达到了 15.43 米。四川省二郎山主隧道长 4.2 公里,洞口海拔 2200 米,是我国公路隧道中埋藏最深(埋深 830 米),地应力最大(最大 50 兆帕),岩爆、大变形、暗河等不良地质情况最多,地下水富集(勘探孔中承压水头高达 115.4 米)的一条山岭公路隧道。四川华蓥山隧道全长 4.7 公里,沿线穿越煤层、岩溶地质、断层、背斜高应力核部,并伴有瓦斯、天然气、石油气、硫化氢等多种有毒、有害气体;山西雁门关隧道全长5.4公里,一路穿越27条断层。这些隧道集中体现了我国的隧道建设能力和技术水平。

公路建设的快速发展,对促进国民经济发展和社会进步发挥了重要作用。一是公路交通是通达率最广、与人民群众生产生活联系最为密切的一种运输方式,是综合运输体系的基础和骨干,公路交通的快速发展,为人们出行和货物流通提供了良好的基础设施,为经济和社会的发展奠定了良好的基础;二是改善了投资环境,促进了沿线地区土地开发和产业结构调整,促进了沿线经济产业带的形成和区域经济的繁荣;三是农村公路的建设改善了贫困地区的交通条件,促进了农业发展,加快了农民脱贫致富的步伐;四是通过公路建设,扩大了内需,带动了建材、石化、机械、汽车、运输、旅游、商业等相关行业的发展,为国民生产总值的增长作出了贡献;五是公路建设增加了就业,近几年,公路建设的施工人数常年约280万人,施工高峰期约400万人,促进了就业,缓解了就业压力;六是公路的开通促进了信息交流,使沿线人民群众开阔了眼界,转变了观念,促进了经济发展和社会进步。

## 二、行业管理水平不断提升

各级交通运输主管部门加强对公路基础设施建设的指导和监督,创造性地开展工作,管理机制、管理方式随着市场经济的发展逐步完善,管理水平、管理效率随着建设经验的不断积累逐年提高。

### (一)以科学发展观为指导,不断创新理念

在科学发展观理论指导下,总结推广了四川川九路示范工程建设的成功经验,提出了"六个坚持、六个树立"的公路建设新理念,建设"安全、环保、耐久、经济"的公路工程已成为行业上下共同的目标。

### (二)狠抓质量管理,工程质量显著提高

始终把工程质量作为行业监管的首要任务,全面推行项目法人责任制度、招标投标制度、工程监理制度和合同管理制度,建立了"政府监督、法人管理、社会监理、企业自检"的四级质量保证体系,加强了质量抽查和质量

监督，集中开展了沥青路面早期破损治理工作，解决了一批工程质量通病。从近年来质量统计分析结果来看，工程质量抽检合格率保持在较高水平，工程总体质量稳中有升，一批重点工程获得国家级优质工程奖励。

（三）加强市场监管，市场秩序明显好转

强化源头管理，加强动态监管，初步建立了公路建设市场诚信体系。组织开展以“履约诚信”为主要内容的市场督查活动，查处了一批违法违规企业，规范了市场秩序。加强招投标管理，全面推行合理低标价法和无标底招标。高度重视工程安全生产监管，开展安全生产专项整治工作。组织开展了清理拖欠工程款和农民工工资专项整治工作，顺利完成了国务院部署的三年清欠工作目标。

（四）法制化水平显著提高，标准规范体系渐趋完善

全力推进公路建设法制化进程，《公路建设监督管理办法》、《公路工程施工招标投标管理办法》、《经营性公路建设项目投资人招标投标管理规定》等八部部颁规章相继实施，公路建设法规体系日益完善。及时总结工程实践经验，加快了公路工程标准规范编制修订进程，编译了一批国外成熟的标准规范，相关标准规范指南得到充实和完善，形成了一个“结构合理、功能完备、科学有效”的完整的公路工程标准规范体系。

## 三、公路建设发展的宝贵经验

回顾公路建设近年来走过的发展历程，最重要的是紧紧抓住了国家加快基础设施建设的历史机遇，最显著的是公路建设实现了跨越式发展，最突出的是提出了完全符合科学发展观要求的公路建设新理念，最宝贵的是探索总结出了符合中国国情的公路建设管理经验、运行模式和技术路线。概括起来，主要有以下五条经验：

（一）党中央、国务院重视发展交通运输事业

破解交通运输基础设施“瓶颈”制约，坚持适度超前的发展思路，适应国民经济发展需要，是公路建设快速发展的基点。

(二)坚持科学发展,坚持以人为本

走资源节约型、环境友好型发展之路,努力做好“三个服务”,是实现公路建设又好又快发展的根本理念。

(三)坚持科技先导,质量第一、安全为本

实现公路安全性、便捷性、舒适性的和谐统一,是公路建设的本质要求。

(四)坚持依法行政,坚持改革创新

转变政府职能,加强管理,完善措施,全面提高公路建设市场监管水平,是促进公路建设快速发展的不竭动力。

(五)坚持条块结合、以地方为主的联合建设方针,多渠道筹集资金

把公路建设由行业行为转变成政府行为、社会行为,形成上下联动、部门互动、社会参与的良好氛围,是公路建设事业持续发展的有力保障。

# 直挂云帆济沧海

## ——交通水路运输发展 60 年

交通运输部水运局

新中国成立 60 年来,我国水运事业取得了举世瞩目的成就。水运行业紧紧抓住重大历史机遇,不断深化改革,扩大开放,调整行业结构,转变发展方式,注重水运创新,强化行业管理,水路交通运输面貌发生了翻天覆地的变化,现代化水平显著提升。

## 一、水运发展的历史进程

60 年来,我国水运事业发展大体走过了四个阶段。

(一)第一阶段:艰苦创业、起步发展(1949—1978 年)

新中国成立前夕,运输船舶技术状况普遍较差,且大都是不能出海的老旧、木质小船,港口设施处于极端落后的状态,装卸作业主要靠人挑肩扛,航道失修失养,淤积严重,水运事业百废待兴。新中国的成立,揭开了水运业发展历史的新篇章。

**1. 以恢复国民经济、改善人民生活和巩固国防为导向,尽快恢复水运事业**

交通部接收了官僚资本航运企业,接管沿海主要港口,成立各级航务机构。打捞沉船，迅速恢复沿海、近洋航运；开展重点海港的建设，促进区域经济贸易的发展。“一五”期间，水运生产资料所有制的社会主义改造基本完成，建立了“集中统一、分级管理、政企合一”的水运管理体制，提高了管理水平，挖掘运输生产潜力，完成少量重点工程建设，港口、航道、船舶等得到相应发展。相继新建了天津塘沽港、湛江港、南京裕溪口港等港口，整治开发了以长江上游川江航道为重点的内河航道，加速了航道勘测和航标电气化改造，基本清理了长年碍航的雷区和沉船。内河拖驳运输方式得到推广，沿海运输船舶的一批动力内燃机、蒸汽机等设备的技术得到改造。

**2. 有计划、有重点地进行水路交通建设**

水路运输因利用天然航道，投资省、见效快而受到党和政府的重视。20世纪50年代中后期掀起了内河航道建设高潮，航道里程迅速增长，水路运输在全国交通运输业中的比重提高。随着我国建设社会主义的全面展开，水路货运需求急剧增长，出现了压货压港压船现象。1973年，周恩来总理提出“三年改变港口面貌”，迎来了第一次港口建设高潮，经过三年大建港，建成了一批机械化、半机械化大型专业码头泊位，并着手建设集装箱码头，港口吞吐能力有了大幅提高。

**3. 水路运输逐步发展**

为缓解运力严重不足的矛盾，交通部门采取“租、买、造”等途径发展船舶运力，并加强运输组织协调。1958年组织秦皇岛港务局和车站共同推行路、港、航大协作，这是新中国第一次开展铁、水联运业务，其后开展了江海直达、干支联运业务。1951年，中国与波兰政府合营组建了中波轮船股份有限公司，一些国家与我国陆续建立了远洋运输业务关系。1955年通航的中越航线，是新中国成立后我国海运企业开辟的第一条国际航线。为改变主要依靠租用大量外国船舶的被动局面，1970年以来，从国外大量购置二手船，远洋运输船队发展迅速，于1975年达到500万载重吨。

### （二）第二阶段：积极探索、放宽搞活（1978—1992年）

这一时期，我国水路交通基础设施仍然严重滞后，运输装备水平落后，运输保障能力不强，成为制约经济社会发展的瓶颈。为扭转被动局面，水运行业解放思想、开拓进取，在放开搞活运输市场、探索社会化筹融资机制、制定前瞻性发展规划等方面，作了一系列开创性、基础性的探索。

**1. 率先创办对外开放的“窗口”——蛇口工业区**

1979年2月，经国务院批准，由交通部驻港企业——招商局在深圳宝安县蛇口公社境内建立工业区，将国内较廉价的土地和劳动力与国外的资金、先进技术和原材料充分利用并结合起来。蛇口工业区第一次按国际惯例引入外商和引进外资，最先打破计划经济体制下的大锅饭，实行新的经济管理体制。

**2. 不断搞活水路运输市场**

20世纪80年代，交通部认真贯彻落实党的对内搞活、对外开放的方针政策，打破传统的计划经济体制，稳步推进水运经营主体多元化，使水运业初步形成了多种经济成分并存、多种经营方式并举的格局。1982年5月，组建长江航务管理局，作为交通部派出机构，统一负责长江干线的航政、港政、航道整治管理；1983年，交通部明确提出“有河大家走船”，坚决破除水路交通的地区封锁，大力扶持个体和集体运输，提倡多家经营，鼓励竞争；1985年，进一步放宽政策，允许各行各业各种经济成分从事水路运输，国内水路运输价格有所放开。

**3. 加快推进形成多元化的投资新格局**

调动社会各方面的积极性，加强水运基础设施建设，改革港口管理体制。1984年在天津港进行管理体制改革试点，并逐步在全国推开，由交通部直接管理向交通部和地方共同管理、以地方政府管理为主的双重管理体制转变。进行投融资体制改革，实行“谁建、谁用、谁受益”的政策，充分利用国内外多方面的资金，形成多元化的投资格局。1983年，上海港、天津港利用世行贷款建设集装箱泊位，港口建设首次引入外资。1985年，开征港口建设费，实行“以港养港，以收抵支”的制度。1986年出台政策，鼓励内地省市在沿海集资建设港口码头，货主单位自建专用码头。1989年，提出“三主一支持”交通基础设施建设长远规划并开始实施。开放水运工程建设市场，积极探索实行水运建设项目公开招标和工程承包制。

### （三）第三阶段：求实奋进、深化改革（1992—2002 年）

1992 年初春，改革开放总设计师邓小平南巡讲话，为中国改革大业扶正了船头，拨正了航向。这一时期，我国水路交通行业提出了推进交通运输市场建设，加快国有企业改革，加大对外开放力度，加快基础设施建设等重大政策措施，并取得了突破性进展。

**1. 积极培育和发展水路运输和建设市场**

1992 年，交通部发布《关于深化改革、扩大开放、加快交通发展的若干意见》，进一步加大交通运输改革开放力度。推动国有水路交通大中型骨干企业建立现代企业制度，1992 年以中国远洋运输总公司和中国长江轮船总公司为班底，分别组建中国远洋运输集团、中国长江航运集团，1997 年，适时将部属企业合并重组了中国海运集团、中国港湾建设集团。在“抓大”的同时，认真做好“放小”，加快放开搞活国有中小型水路交通企业，从实际出发，采取股份合作制以及职工持股、租赁、承包或产权转让等多种形式进行改革。加强和规范水运市场管理，进一步放开水路运输价格，推进水运市场的培育和发展。积极稳妥地实行对外开放政策，不断提升开放的程度和水平。

**2. 深化水路交通管理体制改革**

1998 年，交通部与直属水路交通企业全面脱钩。深化港口管理体制改革，将原由交通部管理的港口和双重领导港口全部交由地方管理，对港务局实施政企分开，组建自主经营、自负盈亏、自我发展、自我约束的港口企业和设立港口行政管理机构。进一步明确港口产权，加强国有资产管理，部直属和双重领导港口由中央投资形成的资产和实行“以港养港”期间以养港资金形成的资产，由交通部进行具体监管。建立办事高效、运转协调、职责明确、行为规范的水路交通管理体系，提升行业管理水平。

**3. 加强水路交通战略规划的制定和实施**

紧紧抓住历史机遇，积极实施“三主一支持”交通基础设施建设长远规划，实现了水路基础设施的飞速发展。港口作为对外开放的门户，为适应外向型经济快速发展的需要，港口建设规模明显扩大，发展速度明显加快。

1995年、1998年两次召开全国内河航运建设会议，建立了内河航运建设专项资金，极大地推动了内河航运基础设施建设。1998年，为应对亚洲金融危机，国家实施扩大内需的方针，交通行业组织实施“一纵两横两网”航道建设，全面推进港口群建设，专业化深水码头泊位迅速增加，航道通过能力显著提升。

（四）第四阶段：与时俱进、科学发展（2002年至今）

党的十六大以来，我国水路交通围绕全面建设小康社会战略部署要求，深入贯彻落实科学发展观，积极探索实践快速发展、科学发展、安全发展、协调发展之路。

**1. 调整水路交通结构，促进优化升级，增强运输服务保障能力**

国务院先后批准实施了《全国沿海港口布局规划》、《全国内河航道与港口布局规划》、《长江三角洲、珠江三角洲、渤海湾三区域沿海港口建设规划》等规划，形成了较为完整的水路交通长远发展规划体系。在规划的指导下，一批大型专业化原油、铁矿石、煤炭、集装箱码头和深水航道工程相继建成并投入使用，上海、天津、大连国际航运中心建设取得新进展。水路运输结构大大优化，船舶运力更新改造步伐加快，内河船型标准化积极推进，集约化、专业化经营水平明显提升。

**2. 转变发展方式，建设资源节约、环境友好型交通，增强水路交通可持续发展能力**

交通部发布了《建设节约型交通指导意见》，加快推进交通运输走资源节约型、环境友好型之路。加强水路节能减排工作，积极推广应用节能新技术、新设备、新产品、新工艺；将节约和环保意识始终贯穿于水路交通规划、设计、施工、运营的全过程，节约集约利用土地资源和岸线资源；严格执行船舶排放标准，控制和减少船舶的污染排放。大力发展内河航运，加快黄金水道建设步伐，充分发挥内河航运运能大、占地少、节能环保的优势。同时，认真落实《建设创新型交通行业指导意见》，推进自主创新，用新思路、新办法解决水路交通发展存在的矛盾和问题，实现水路交通的新发展和新突破，建设创新型水路交通行业，增强水路交通发展的内在动力。

**3. 完善水运行业管理，建设服务型港航管理部门，增强水路交通公共服务能力**

2007年,全国水运工作会明确提出了2020年水路交通实现总体现代化的发展目标。为认真贯彻落实党的十七大提出的建设服务型政府的要求,交通部明确提出要将服务理念贯穿于港航管理工作之中,加快建设服务型港航管理部门。进一步转变政府职能,转变工作作风,转变工作方法,进一步加强水路交通法规体系建设,减少和规范行政审批,坚持依法行政,强化公共服务职能,大力提升公共服务能力和水平。建立健全水运宏观调控体系,强化市场监管,进一步完善行业管理。

## 二、水运发展的重大成就

### (一)基础设施建设成就瞩目

新中国成立初期,我国水路基础设施十分落后,数量少、质量差、等级低、布局偏,沿海港口拥有生产性泊位160多个,但没有一个深水码头泊位。经过60年的建设,形成了布局合理、层次分明、功能齐全、优势互补的港口体系,沿海港口基本建成煤、矿、油、箱、粮五大运输系统,具备靠泊装卸30万吨级散货船、44万吨油轮、1万标准箱集装箱船的能力,内河航道基本形成"两横一纵两网"的国家高等级航道网,水运供给能力显著提高。截至2008年年底,全国港口生产性泊位3.1万个,是1949年的193倍,万吨级以上深水泊位从无到有,发展到1416个,内河航道通航里程12.3万公里,是1949年的1.7倍。

### (二)运输生产增长迅猛

新中国成立初期,水路运输船舶品种单一、吨位小、技术落后,仅有轮驳船4000多艘、帆船30万艘。水路客货运输量很小,港口装卸主要依靠人挑肩扛,全国港口货物吞吐量仅1000万吨。

经过60年的持续快速发展,我国海运船队跃居世界第四位,拥有轮驳船18.4万艘、1.24亿载重吨,分别为1949年的41倍、310倍。运输船舶基本实现大型化、专业化,全面淘汰了帆船、挂桨机船和水泥质船;中远集团船舶总运力跃居世界第二位，中远、中海集装箱船队运力双双进入世界十强。我国大陆港口货物吞吐量和集装箱吞吐量连续六年保持世界第一，水路货物运输量为29.5亿吨，港口完成货物吞吐量70亿吨，分别是1949年的116倍和700倍，亿吨大港达到16个，7个大陆港口进入世界港口货物吞吐量排名前十位，上海港成为世界第一大港。近十多年，港口集装箱吞吐量以年均近30%的速度增长，年吞吐量于2007年首次突破1亿标准箱。

（三）服务能力显著增强

水路运输服务效率显著提升，港口配套设施不断完善，部分主要港口已达到世界先进水平，主要集装箱港口的装卸效率屡创新高。在世界海运快速发展，全球部分港口能力紧张的状况下，我国主要港口始终提供了高效、便捷、畅通的服务，还能为国外货源提供港口中转服务。我国国际和沿海水路运输航线多达几千条，国际集装箱班轮航线2000余条。水运安全和应急能力不断增强，建立了港口设施保安体系，水路运输应急反应机制逐步健全，有力地保障了迎峰度夏和特殊时期煤炭、原油等重点物资的运输，确保了国家经济高效、安全运行。

（四）可持续发展能力显著增强

基本建立了统一开放、竞争有序的水运市场体系。鼓励民营企业和个人从事船舶运输，鼓励中外资本投资、建设和经营港口业，水运投资和经营主体实现多元化。不断深化管理体制改革，建立和完善了职责明晰、运转高效的行政管理体系，建立了公平准入和竞争秩序。全面放开国内水路运输价格和港口内贸货物装卸作业价格，在国际船舶代理、理货等服务领域引入竞争机制。目前，我国水路运输经营者达10万家，港口企业1.6万家。

水运法规建设不断推进，形成了以《中华人民共和国海商法》、《中华人民共和国港口法》为龙头，以《中华人民共和国国际海运条例》、《中华人民共和国水路运输管理条例》、《中华人民共和国航道管理条例》为骨架和一系列配套部门规章为补充的水运法规体系。

水运科技创新实力显著增强，一些重大工程关键技术取得突破，港口建设、航道整治、装卸工艺、装备产品等技术达到国际先进水平，初步形成了大型专业化码头建设成套技术,攻克了大型深水航道建设部分关键技术,长江口深水航道治理工程成为世界上巨型复杂河口航道治理的成功典范。信息化水平不断推进,节能减排工作初见成效,运输组织技术明显提高。

我国高度重视水运特别是内河航运的发展,充分发挥内河航运占地少、污染小、环境友好、社会效益突出的特点,制定了一系列促进内河航运发展的方针和政策。不断扩大内河航运建设资金规模,加快以长江黄金水道为重点的内河航运建设,积极推进内河船型标准化,加快京杭运河船舶更新改造,使内河航运这一古老的运输方式焕发了新的活力。长江干线、京杭运河已成为世界上运输规模最大、最繁忙的通航河流和运河。

台湾海峡是两岸和亚太地区海上运输的交通要道。1997 年,海峡两岸试点直航序幕拉开,打破了两岸近 50 年无商船直接往来的历史。2008 年签署了《海峡两岸海运协议》,并举行了海峡两岸海上直航首航仪式,实现了两岸间海运的全面、双向、直航。海峡两岸海上直航降低了时间和贸易成本,为两岸经济贸易和人员往来提供更加便捷、高效、低成本的运输服务。

### (五)在国民经济中和国际海运界的地位显著提升

我国已发展成世界港口大国、航运大国和集装箱运输大国,有力地促进了沿江沿海产业带的形成和发展,加速了港口城市和区域经济的崛起,水运成为我国沟通国内外的重要桥梁和融入经济全球化的战略通道,有力地保障了经济社会的持续健康发展。目前,水路货物运输量、货物周转量在综合运输体系中分别占 12% 和 63%,承担了 90% 以上的外贸货物运输量,内河干线和沿海水运在“北煤南运”、“北粮南运”、油矿中转等大宗货物运输中发挥了主通道作用,对产业布局调整和区域经济发展发挥了重要作用。

截至 2008 年年底,我国与世界主要海运国家和地区签订了海运协定,连续 10 届当选为国际海事组织 A 类理事国,水运开放程度已达到很高的水平,拓展了我国对外开放的领域和程度,树立了良好的海运大国形象,在世界海运界的地位显著提升。我国已成为世界海运发展的主要推动力,是世界海运需求总量、集装箱需求量和铁矿石进口量最大的国家。

## 三、水运发展的基本经验

回顾新中国成立60年来水路交通运输发展实践,积累了很好的经验,主要有以下几点:

**1.坚持改革开放,抢抓历史机遇**

水运行业紧紧抓住党和国家重大决策部署、改革开放和加入WTO等历史机遇,充分发挥水运的优势和特点,有效地解放和发展了水运生产力,推动了水运事业持续健康发展。根据新中国成立后国民经济社会发展的需要和“三年改变港口面貌”的要求,先后掀起了航道、港口建设高潮,夯实了水运发展的基础。改革开放后,水运不断深化管理体制改革,扩大开放,加快与国际市场接轨,实现了跨越式发展。

**2.坚持科学发展,加强规划指导**

水路交通始终坚持“发展是硬道理”,抓住发展不放松,着眼于服务经济社会发展的大局,提高搞建设、谋发展的坚定性、自觉性和前瞻性,科学务实地组织制定和实施水路交通发展规划,提升水路交通保障能力,使水路交通紧张局面得到明显缓解,对国民经济的瓶颈制约状况得到明显改善。

**3.坚持省部携手,促进区域联动**

在推进水路交通发展中,坚持发挥好中央和地方两个积极性。港口逐步下放地方管理,调动地方发展港口的积极性,有力地促进了港口的快速发展。积极探索省部携手、以机制建设为主要内容的水路交通协调发展模式,与京杭运河沿线五省一市签署了京杭运河船型标准化示范工程行动方案,与长江沿江七省二市共同建立了加快长江水运发展协调机制,积聚了发展资源,形成了发展合力,加快了发展步伐。

**4.坚持以人为本,加强安全管理**

水路交通不断更新安全理念,积极探索水上安全管理规律,强化责任落实,完善应急体系,建立健全安全管理长效机制,加强了水上交通安全监管和搜救能力建设,促进了水路交通的安全发展、和谐发展,有力地保障了人民群众安全便捷出行。

5. 坚持科技兴交，注重推进创新

水路交通紧密结合基础设施建设、运输生产中的关键技术问题，依靠科技进步，大力培养管理、经营及技术人才队伍，以创新促发展，在深水筑港技术、巨型河口航道整治技术、集装箱运输成套技术等方面取得重大突破，促进了水路交通质量、服务和效益的提高。

展望未来，我国水运业将深入贯彻落实科学发展观，继续解放思想，坚持改革开放，大力发展内河航运，不断开拓海洋运输，努力提升做好“三个服务”的能力和水平，为经济社会的进步和发展作出新的更大贡献。

# 人便于行　货畅其流

## ——交通道路运输发展60年

交通运输部道路运输司

新中国成立60年来，在党中央、国务院的正确领导下，道路运输生产力得到极大发展，道路运输业从小到大，从弱到强，整体面貌发生了翻天覆地的深刻变化，取得了显著成绩，为经济社会发展和提高人民生活水平提供了有力支撑和坚强保障，作出了重大贡献。

## 一、60年道路运输业发展的历史进程回顾

回顾60年我国道路运输业发展的历程，大致经历了四个历史阶段。

第一个阶段：从新中国成立到改革开放，我国道路运输艰难创业

新中国成立伊始，道路运输作为经济发展的基础，得到了国家的重视。1950年4月5日，交通部成立了国营汽车运输总公司，各大行政区、各省也组建了规模大小不等的直属运输公司。1958年4月，交通部提出依靠地方党委、依靠群众、普及与提高相结合以普及为主的交通运输建设方针（“地、群、普”方针），推动了运输能力的提高。但一直到改革开放，政府主要以计划手段来组织运输生产，道路运输由国有运输企业主导，道路运输生产力发展水平比较落后。

第二个阶段：从改革开放到邓小平南巡谈话，我国道路运输市场空前

活跃

十一届三中全会以后，长期受到抑制的交通运输需求得到释放，“运货难”、“乘车难”成为那个时代社会生产与人民生活中的一个突出问题，交通运输全面紧张，成为经济社会发展的主要“瓶颈”之一。为解决运输能力不足的矛盾，1983 年 3 月，交通部召开全国交通工作会议，提出“有路大家行车”，进一步发挥公路运输的作用、提高公路运输量的比重。1985 年，提出了“三个一起干、三个一起上”，即各部门、各行业、各地区一起干，国营、集体、个人以及各种运输工具一起上。我国道路运输业开始突破所有制束缚，全社会掀起了大办交通的热潮，道路运输市场也成为最开放的市场之一。

第三个阶段：从邓小平南巡谈话到党的十六大召开，我国道路运输市场进一步发展和规范

适应社会主义市场经济体制的需要，1995 年，交通部制定实施了《关于加快培育和发展道路运输市场的若干意见》，通过健全运输法规，鼓励经营者自主经营、平等竞争，加快建立全国统一、开放、竞争、有序的道路运输市场体系。2001 年 6 月，交通部发布《道路运输业结构调整的若干意见》，加快解决道路运输市场存在的一些问题，进一步规范道路运输市场行为，调整道路运输业结构，引导行业协调发展。

第四个阶段：十六大以来，我国道路运输探索科学发展

党的十六大以来，道路运输系统以科学发展观为指导，认真落实党中央、国务院关于构建和谐社会、建设资源节约型和环境友好型社会以及加快发展服务业的一系列战略部署，统筹各方面关系，全面实施“路运并举”的工作方针，促进了道路运输业的全面发展。2004 年 4 月，国务院发布《中华人民共和国道路运输条例》，交通部相继颁布实施《道路旅客运输及客运站管理规定》、《道路货物运输及站场管理规定》《道路运输车辆燃料消耗量检测和监督管理办法》等 9 个配套规章，道路运输行业法规体系逐步健全。2007 年 11 月，交通部印发《关于促进道路运输业又好又快发展的若干意见》，提出了 34 条促进道路运输业发展的政策措施。党的十七大确定加快

行政管理体制改革，这次机构改革决定组建道路运输司，对城乡道路运输行业实施统一管理，我国道路运输业发展掀开了新的一页。

## 二、60 年道路运输业取得的成就

### (一)道路运输生产力迅速发展，服务经济社会发展的能力显著提高

新中国成立之初，我国道路运输极为落后，在很多领域都是空白，人背畜驮是主要的运输方式，马车和人力车在很多地方是仅有的交通工具，全国的汽车少之又少。统计显示，1949 年全国汽车保有量只有 5 万辆，完成的客运量只有 0.1 亿人次，货运量仅 1 亿吨。

截至 2008 年底，全国汽车保有量达到 6467 万辆，比新中国成立前增长 1290 多倍。其中营运汽车 930.6 万辆；道路客货运场站 16.57 万个，道路运输经营业户达 565.9 万，客运线路班次 15.6 万条，从业人员 2400 多万人。全国农村客运班车发展到 33.1 万辆，客运班线达到 7.8 万条，全国乡镇客车通达率达 98%，行政村客车通达率达 87%，长期以来人民群众乘车难、货物运输难的问题，在绝大部分地区得到较好解决。

我国城市公共交通事业取得了巨大成绩。新中国成立之初，全国仅有个别城市有数量极少的公交工具。截至 2008 年底，全国公共电汽车发展到 30 多万辆，公共电汽车线路总长度达 14 多万公里，200 多个城市开设了公交专用道，里程达 3000 多公里。开通轨道交通线路 30 条，通车总里程达 700 多公里。城市公共交通的快速发展，服务于人民群众出行的需要，促进和保障了国民经济的正常运行。

出租汽车从无到有。改革开放以来，随国我国经济社会快速发展和人民生活水平不断提高，介性化出行需求不断增长，促进了出租汽车行业快速发展。截至目前，全国出租汽车总数已达 110 多万辆，从业人员达 200 多万人，年客运量达 120 亿人次。出租汽车客运在完善城市功能、方便群众出行、扩大社会就业等方面发挥着重要作用。

2008 年，全国道路运输行业完成公路客运量 268.2 亿人次，占综合运

输体系的92%；完成货运量191.7亿吨，占综合运输体系的73%。完成客运量、货运量分别比新中国成立前增长2680多倍和190多倍。道路运输业成为服务范围最广、承担运量最大、运输组织最灵活、运输产品最多样、就业人员最多的运输方式。

（二）客货运力结构不断改善，运输行业服务门类协调发展

截至2008年底，全国营运客车达169.64万辆、2560.36万客位，其中中高级和中级客车占40%以上；营运货车760.97万辆、3686.2万吨位，标准化程度高、承载量大、安全性能好和能耗低的货运汽车所占比例逐年提高。以高等级公路为依托的跨省市长途客货运输蓬勃发展，经济运距明显提高，运输线路不断增加、延长，运输服务设施日趋完善，服务水平不断提高，道路运输的竞争力大大增强。随着我国加入WTO，外资企业大量进入我国道路运输领域。道路运输服务业同步协调发展。道路运输企业组织化、规模化程度明显提升，全国涌现出一大批具有全新经营理念和较高管理水平的规模化企业。

客货运输的大发展，有力推动了其他子行业，如汽车维修、驾驶员培训、其他道路运输服务业的大发展；其他子行业的大发展又为客货运输的更好发展提供了更强大的保障。目前，我国道路运输领域基本形成一个合理分工、配套运行、良性互动的内部体系。截至2008年底，全国汽车维修业户达35.96万户，全年完成汽车修理和维修救援2.1亿辆（台）次。全国机动车驾驶培训学校发展到8200个，年培训量达1123.69万人，基本满足了社会需求。

（三）道路运输应急保障能力明显增强，行业管理水平显著提高

道路运输在应对春运和“黄金周”客流高峰、抗击“非典”和禽流感、抢运煤电油粮、抗击低温雨雪冰冻灾害、抗震救灾以及北京奥运等重要时段和重点物资的运输中，充分发挥其通达度高、覆盖面广以及机动灵活、组织多样等比较优势，在应急保障中发挥着越来越重要的作用。比如，在“5.12”四川汶川特大地震后一个月的时间内，道路运输投入应急运力4.2万辆，运输救灾物资68.5万吨，抢运救灾人员和灾区群众61.5万人，为夺取抗震救

灾胜利提供了可靠保障。北京奥运会期间,道路运输系统圆满完成了各项运输保障任务。结合道路运输业特点,加强“三关一监督”,道路运输业群死群伤交通事故发生率、事故伤亡和经济损失等指标逐年下降,保证了人民群众生命财产安全。

积极推进道路运输管理创新、制度创新、体制机制创新和科技创新,学习借鉴国内外先进管理技术,推行道路运输信息化,大大推进了道路运输的现代化发展水平,道路运输行业成为服务经济社会发展、服务社会公众安全便捷出行的主力军,我国道路运输业正以崭新的面貌进入新的发展时期。

# 科技先导　人才为本

## ——交通科技发展60年

交通运输部科技司

## 一、新中国60年交通科技发展的总体评价

伴随着共和国的成长，新中国交通科技事业也走过了60年不平凡的发展历程。60年来交通科技的发展，与新中国各项事业所走过的历程和取得的成就相似：道路曲折，成效卓著！60年来，新中国的交通科技事业白手起家，大部分领域的科技发展从无到有、从弱到强。目前许多重大关键技术已跻身于世界先进行列，有力地支撑了新中国交通事业的尽快恢复与加快发展！几代交通科技工作者为之付出了艰苦努力，作出了巨大贡献！

## 二、新中国交通科技发展的阶段特征

60年来，我国经济发展与社会变革经历了四个阶段：新中国成立后的恢复与调整、十年“文革”动荡、改革开放后的探索发展、进入21世纪后的突飞猛进。在这样的背景下，交通科技发展在各个历史时期所面临的任务与重点、所具备的基础与条件各有不同，具有明显的阶段性特征。粗略划分，交通科技发展在改革开放前30年的基本特征是：艰苦创业，曲折前行；

在改革开放后30年的基本特征是:全面推进,成就斐然。

## 三、改革开放前，交通科技的起步与发展

总的来说,改革开放前30年交通科技发展所奠定的科研体系格局与科技研发基础,对于此后的加快发展不可或缺,意义非常重大。这30年的发展,可以归纳为两个方面:一是交通科研体系的创立;二是交通科学技术的发展。

### (一)交通科研体系的创立

新中国成立后,国家交通主管部门就立足当前、着眼未来,开始谋划共和国交通科技事业:设立科研机构、布局科研基地、培养专门人才,致力于逐步建立一个完整的交通科研体系,以期摆脱国际封锁,实现独立自主。1956年,中共中央发出“向科学进军”的伟大号召,全国各行各业掀起了科技热潮。当年,交通部成立技术局,主管交通科研工作,统一领导部属各专业科研单位,并制定了交通科技发展规划。此后,相继成立了交通部公路科学研究所、交通部水运科学研究所、天津回淤研究站、南京水利科学研究所、上海船舶研究所等专业性交通科研机构,基本构建了涵盖公路水路交通运输领域的各专业专门研究机构,为交通科学研究奠定了基础。由此,我国公路、水路交通科研体系的基本格局逐步形成。

### (二)交通科学技术的发展

在设立交通科技主管部门和专业科研机构的同时,开始针对当时亟待解决的一些技术问题,组织开展研究工作。

在公路科技方面,1961年根据国家科委颁布的《关于自然科学研究机构当前工作的十四条意见》和《1963~1972年科学技术发展十年规划》的精神,各公路科研机构开展了大量道路桥梁、汽车运用和保修、运输经济、筑路机械等方面的基础研究和实验应用工作。这一时期修订了过时的公路工程设计准则;开展了对路基工程中存在问题的研究;开展了“渣油”铺筑技术及其工艺方面的研究;开展了“柔性路面理论及设计方法”的研究等。同时,大跨径石拱桥、纵向悬砌拱桥、双曲拱桥等永久性大跨度桥梁的研究和

建设也有了很大发展。1961年云南省建成的跨径112.5米的南盘江长虹桥,成为当时全球跨径最大的石拱桥。值得特别指出的是,60年代我国渣油路面、双曲拱桥和钻孔灌注桩三项关键技术的突破及其成果的推广应用,为我国当时路面和桥梁的技术发展起到了极其重要的推动作用。

在水运科研方面,水运科研工作者在水道、港口、船舶、港口机械、运输经济和组织管理等方面进行了开拓性研究并取得了重大进展。研究开发的砂井预压加固技术运用于软基处理,为国家节省了巨额投资;在航道演变模拟与治理技术研究、船舶自动化技术研究等方面也取得了重大进展。除此以外,具有代表性的成果还有获得国家发明奖的超声波测厚仪以及钢丝网水泥船、天津新港减淤技术方案和小型吸泥机等。

“文革”期间,交通科技工作遭受了严重的破坏,既定的科技规划部分任务被迫中断,续编的科技规划也未能正式下达。尽管如此,交通科技工作在艰难中前行。公路上的“老三样”——渣油路面、钻孔灌注桩、双曲拱桥的相关技术进一步发展和成熟,应用面也有所扩展;水运则掀起了三年建港高潮,建港技术有了长足进步。这一阶段比较重要的技术成果有:泥石流、沙漠地区筑路技术;冻土地区铺筑黑色路面的路基稳定性技术;淤泥质海岸建港模式研究;泥沙回淤科学预报技术;葛洲坝枢纽泥沙模型设计及实验研究等。其他如6GSDE76/160船用低速柴油机试制、分节驳顶推船队实验研究、钢筋混凝土浮船坞建造等,也都取得了重要的技术成果。

## 四、改革开放后，交通科技的创新与突破

1978年国家实行改革开放,神州大地迎来了科学的春天。30年来,我国交通建设步伐不断加快,交通科技研发坚持面向交通生产建设主战场,紧密结合基础设施建设、运输生产中的重大关键技术问题,大力开展科技研发,在高等级公路、大跨径桥梁、长大型隧道、专业化码头和高等级航道建设以及港口装卸设备及工艺、新型运输组织及运输等领域,相继攻克了一系列重大关键技术和成套技术难题,取得了历史性重大成就,许多重大关键技术已跻身世界先进行列,充分体现了科技进步对交通发展的支撑和引领

作用。

### (一)高等级公路建设养护技术突破,保障了公路的跨越式发展

加快建设高速公路和国省干线,大力发展农村公路,是推进我国交通运输现代化的重要任务之一。改革开放30年来,我国高速公路从无到有,到2008年底通车里程已超过6万公里,跃居世界第二位,实现了历史性突破。我们仅用了近20年时间走过了发达国家半个世纪的发展历程。高速公路建设养护关键技术的跨越式进步为我国公路事业的快速发展提供了强大的技术支撑。高速公路建设养护技术研究领域不断扩大,研究水平逐步提高,已在公路勘测设计、路基路面修筑、路面材料与结构、质量检测与养护管理等各个方面取得重大突破,尤其是主体工程技术的研发已经达到或接近当今世界先进水平,较好地适应了我国高速公路发展的需要,对提高高速公路建设的速度、质量和效益发挥了重大作用。与此同时,随着西部大开发战略的实施,我国国省干线建设向地形地质复杂、地理气候条件恶劣多变、崇山峻岭危险的特殊地质区迈进,面对沙漠、黄土、冻土、膨胀土、岩溶、盐渍土等特殊地质地区的众多世界级难题,从勘测设计、施工、养护与管理、生态环保等诸多方面进行了系统的研究,形成了6类特殊地质地区公路修筑成套技术,解决了关键技术难题,为实现西部大开发战略提供了强有力的技术支撑。

### (二)桥梁关键技术创新,推动我国由桥梁大国迈向桥梁强国

改革开放30年,我国桥梁建设成就举世瞩目。截至2008年年底,已建桥梁达59.5万座,其中特大桥11457座,成为仅次于美国的世界第二桥梁大国。其中跨江跨海工程或连岛工程中的超大、超长特大桥,施工难度大、科技含量高,是桥梁建设成就及其技术突破的闪光之处。苏通大桥作为世界上已建成通车的主塔最高、群桩基础规模最大、斜拉索最长、跨径最大的斜拉桥,向世界展示了我国桥梁的建设水平,已成为我国由桥梁大国向桥梁强国转变的标志性工程,形成了包括设计技术、集成施工技术、防灾减灾技术、管理技术在内的大跨径桥梁建设成套技术,突破了千米级斜拉桥建设技术瓶颈,代表了当代桥梁建设的最高水平。2008年,国际桥梁协会授予我

国苏通长江公路大桥“乔治·理查德森奖”，这是当今世界桥梁界的最高荣誉，也是我国自主创新的一面旗帜。

（三）隧道技术进步，为隧道建设解决了重大技术难题

我国是个多山的国家，约有75%的国土为山地或重丘，发展隧道技术、开展隧道建设，对改善山区交通条件、促进区域经济发展具有重要意义。改革开放后，随着国民经济的快速发展，公路隧道建设步伐加快，截至2008年年底，全国公路隧道达5426处、318.6万延米，其中，3000米以上的特长隧道120处、52.7万延米，我国已发展成为世界公路隧道大国。针对隧道建设在气候、地质条件等方面面临的在世界范围内也极为罕见的复杂环境与技术难题，我国开展了大量的自主科技攻关，在隧道勘察设计技术、山区高速公路隧道修筑技术、水下隧道修筑技术以及长大隧道通风、监控与防灾技术等方面取得了长足进步，形成了一系列具有自主知识产权的建设技术，部分技术如水下隧道建设技术、隧道运营管理技术等已步入世界先进行列甚至达到世界领先水平。正是这些技术的突飞猛进，才能使双洞总长36公里、世界规模第一的公路隧道工程秦岭终南山隧道得以建成并安全运营。

（四）港口建设技术创新，为港口大建设注入了持久动力

改革开放以来，随着国民经济和对外贸易的快速发展，我国的港口基础设施建设取得了跨越式发展。截至2008年年底，全国有生产用码头泊位3.1万个，其中万吨级及以上深水泊位1416个；全国已有16个亿吨大港，其中7个港口进入世界前10位；全国港口吞吐量和集装装箱吞吐量均居世界第一位。这些成绩的取得，与我国港口建设技术的快速发展和不断创新密切相关。围绕煤炭、原油、集装箱、矿石等大型现代专业化码头的建设，对港口建设关键技术问题进行了深入、系统的研究，在港口的选址、港口布置、地基处理、码头、防波堤结构及疏浚技术等方面取得了重大技术创新，初步形成了大型专业化码头建设成套技术，相当数量研究成果如深水建港码头的结构形式研究、防波堤结构研究、港口工程建设标准等达到了国际先进甚至领先水平。

(五)港口装卸技术达到世界先进水平,增强了港机工业的国际竞争力

改革开放30年来,我国港机事业从弱到强。改革开放初期,我国国内仅生产一些小型通用设备。进入21世纪以来,为适应运输船舶大型化发展趋势,我国港口装备进一步向大型化、专业化、高效化以及现代化发展,港口重大技术装备的研究和发展取得重大进展,产品技术水平已达到甚至超过了世界先进水平,部分产品在满足国内需求的基础上已进入国际市场,畅销欧美各国,具备了很强的国际竞争力。如我国相继研制成功生产的多种第四代集装箱港口成套装卸设备,与国际先进水平同步,我国已成为集装箱装卸桥世界第一大供货商,占世界集装箱装卸桥份额的30%以上。

(五)航道整治技术发展,促进了航运资源的开发利用

提高内河航道等级,是扩大水运主通道通航能力,实现干支直达和江海联运,充分开发利用水运资源的基础。为此,改革开放以后,我国先后针对"三江两河"航道整治开展相应研究,创造了新的技术方法,取得了诸多技术进步,使航道整治技术日趋成熟;结合长江口和珠江口深水航道的整治,研究开发航道疏浚整治成套技术,解决了河口航道通航能力不足和淤积严重等问题,其中长江口深水航道治理工程的技术创新贯穿于科研、设计、施工和管理全过程,集总体方案制定、工程结构研究、施工工艺创新、施工装备研发、基础技术研究及管理模式创新于一体,形成了我国独创、世界领先的一整套大型河口航道治理的先进技术,获得了2007年度国家科技进步奖一等奖。

(七)新型运输技术的开发应用,提高了水路运输的整体效能

改革开放30年来,随着我国运输业的不断发展,新型运输组织方式及运输技术的开发应用大大提高了运输质量和效率。如水路运输领域,交通部重点组织开展了煤炭运输系统、矿石运输系统、国际集装箱运输系统、内河集装箱运输系统以及分节驳顶推运输系统的优化论证,并形成了相应的运输成套技术。其中,国际集装箱运输成套技术的推广应用,使我国集装箱运输技术迈上了新台阶,大大提高了我国国际航运的竞争能力;内河分节驳

顶推船队运输成套技术的大面积推广应用，显著提高了我国内河运输的能力和效率。

(八)安全环保技术进步增强了交通可持续发展能力

在交通安全技术的开发和应用方面，开展了桥梁监测诊断与维修加固、高速公路路面快速修复、治理超限超载等方面的技术研究，集成应用卫星定位、地理信息系统、无线通信、互联网等信息技术，实现了道路客运车辆、危险品车辆的全程跟踪与安全监控。在尘毒危害、粉尘爆炸、港口建设劳动安全卫生评价、重大危险事故预防与控制、港口现代安全管理体系、船舶安全检验、救助打捞及重大事故应急预案等方面加强科技研究，为防毒防爆、降低港口事故隐患、遏制重大事故发生、保障船舶运输和港口生产的安全作出了贡献。在交通环保技术的开发和应用方面，环保理念不断深化，环保标准不断完善，环境影响评价技术、生态环境保护与恢复技术、清洁生产与污染防治技术以及风险防范与污染应急处置技术的研究和应用不断取得重大进展，科技环保示范工程取得显著成效。

(九)交通信息化技术提升了交通管理服务水平

改革开放30年来，交通行业紧跟时代步伐，深入开展现代信息技术的研究和应用，在交通规划、勘察、设计、施工和养护等各个方面的应用取得了显著成效。比如，卫星定位、航测遥感和CAD计算机辅助设计集成技术的应用，实现了无纸化、可视化和智能化设计，相当一部分单位已经利用局域网和互联网开展网上联合设计，彻底改变了传统的勘察设计作业方式，极大地提高了设计效率和设计质量，有效地支撑了我国公路水路交通运输事业的跨越式发展。又如，开发和应用交通运输管理信息技术，铺设高速公路专用光纤通信网络5.5万公里，已有16个省份全部联网，12个省份部分联网，联网里程占总里程的93%，有力地支撑了高速公路现代化运营管理和交通运输信息化的发展。再如，在现代物流领域，推动建立了亚之桥全国货运信息服务网、华夏交通在线等全国性物流信息平台和20个港航EDI中心；规划建设了46个公路主枢纽信息平台，上海、天津、青岛、大连等大型港口已普遍建立物流信息平台，提供全方位的物流供应链服务，河南、浙江、广东、北京等省市也相继开展了省级公路货运物流信息平台建设，全国相继涌现出中远物流、南方物流、宝供物流等一批企业大型物流信息平台。

（十）交通决策支持研究支持了交通运输发展科学决策

改革开放30年来，交通决策支持研究紧紧围绕事关交通发展的全局性、战略性和前瞻性重大问题，在交通发展战略规划、法律法规、体制机制、发展政策等方面开展了一系列重大交通决策支持研究，取得了重要研究成果，提升了发展理念，增强了发展动力，促进了科学决策。如公路水路交通发展战略研究、全面建设小康社会公路水路交通发展目标的研究、建设创新型交通行业发展战略研究、公路水路交通由传统产业向现代服务业转型战略研究等交通发展发展战略的创新；“三主一支持”系统规划、国家高速公路网规划、全国沿海港口布局规划、农村公路建设规划、全国内河航道与港口布局规划、国家水上安全监管和救助系统布局规划、“十一五”规划重大问题研究、公路水路交通科技发展战略、公路水路交通科技中长期科技发展规划纲要（2006－2020年）等交通发展各项规划的创新；车购费和港建费等专项建设经费政策、收费公路政策、公路水路交通结构调整的研究、公路水路交通结构调整政策、公路水路技术政策研究、公路水路交通行业政策的研究、加快我国西部地区交通建设的对策研究、资源节约型环境友好型交通发展模式研究等交通发展政策的创新，有力地支持了交通运输发展决策的科学化，指导了交通运输事业的健康发展。

## 五、交通运输科技60年基本经验

新中国成立60年尤其改革开放30年来不断的探索和实践，在实现交通科技发展的同时，也积累了宝贵的经验，探索出了一条符合中国国情和交通运输行业实际的交通科技发展道路。

（一）坚持改革开放，注重发挥政府引导与市场调节的作用

通过引入竞争机制，优化资源配置，打破行业与区域界限，吸引全社会优势科技力量参与交通重大研发活动，有效地调动和利用全社会科技资源为交通发展服务。

（二）坚持自主创新，加快构建交通科技创新体系

充分发挥政府的主导作用，发挥企业在技术创新中的主体作用，发挥科研机构、高等院校在科技创新中的主力军作用，发挥科技中介机构的桥梁和纽带作用，使科研开发与交通生产建设的结合更加紧密，逐步形成以市场为导向、以企业为主体、产学研相结合的多形式、多层次的交通科技创新体系。

（三）坚持完善制度，营造交通科技发展的良好制度环境

在不同历史时期，适时制定立意高、思路新、目标清、重点明、措施实的交通科技发展规划（计划）。从项目立项、资金支持、项目验收、技术推广转化、成果申报等各个环节，适时调整完善相关政策。在交通科技资金投入方面，逐步加大资金投入力度。在加快科技创新体系建设方面，出台鼓励产学研相结合开展科研的政策、建设科研实验基地平台政策、鼓励企业成为科技创新主力的政策。在技术引导和鼓励成果转化方面，出台一系列政策，鼓励科技成果向生产力转化。

（四）坚持以人为本，建设创新型科技人才队伍

注重以重大建设项目和重点科研项目为依托，以科研实验平台为基地，加快交通科技创新型人才队伍建设。

（五）坚持面向交通建设第一线，服务和支持交通建设重大工程

60 年来，交通建设蓬勃发展，交通科技坚持面向交通建设主战场，从工程中来，到工程中去，一方面，交通科技来源于交通建设实际需求，有力地支撑了交通的建设，另一方面大量的交通新技术、新材料、新工艺在工程中得到应用和验证，进一步提升了交通科技水平，广大的科技工作人员也在交通建设一线得到了锻炼和启迪。

## 六、未来交通科技发展的工作重点

为适应现代交通运输业发展的更高要求，未来一个时期的交通科技发展将按照我部制定的科技发展战略和中长期规划所确定的总体部署，从全面提高交通科技创新能力和解决牵动性、关键性、前瞻性重大技术问题入

手，重点做好交通科技创新体系建设，抓好交通科技重点领域的研发工作。围绕交通科技创新体系建设，将进一步推进重点科研实验基地平台、科技信息资源共享平台和优秀科技人才等三项建设工程的实施。交通科技重点领域研发，总体上将围绕六大领域展开，即智能化数字交通管理技术、特殊自然环境下工程建养技术、一体化运输技术、交通科学决策支持技术、交通安全保障技术和绿色交通技术，这其中既包括需要深化研究的重点领域，如建养技术、运输技术、决策支持等，也包括需要着力加强的新兴领域，如数字交通、安全环保、绿色交通等，这些都是发展现代交通运输业不可或缺的重要技术支撑。

今后一个时期的交通科技发展，要紧紧围绕如何充分发挥科技对现代交通运输业发展的引领作用和支撑能力做好工作部署和深入谋划。一是要充分利用现代科学技术，改造和提升传统交通运输业，重点是提高基础设施的耐久性，提高交通运输组织效率和发展智能交通等。二是要充分利用现代科学技术，拓展交通运输的新兴服务功能，特别是要发展现代物流。三是要充分利用现代科学技术，建设资源节约型、环境友好型交通。四是要充分利用现代科学技术，促进综合运输体系发展。五是要充分利用现代科学技术，提高政府公共服务的能力和水平。

总之，充分发挥科技的引领作用，进一步调整交通结构、转变发展方式，对于建设创新型行业具有重要意义。在实际工作中，必须把科技创新贯穿于交通运输工作的各个方面，才能大力推进现代交通运输业的发展。

# 实施“走出去引进来”战略<br>为交通发展注入活力

——交通对外交流与合作60年

交通运输部国际合作司

新中国成立60年、特别是改革开放30年来，交通运输领域结合国家总体外交大局，以“服务战略、把握大局、突出重点、实质合作”为方针，以促进我国经济发展为中心，不断深化与周边国家的区域交通合作，扩大与发达国家合作，密切与发展中国家的合作关系，充分利用区域合作平台，大力促进与周边国家的互联互通，落实国家“走出去”战略，加大参与国际组织事务的力度，着力构建一个全方位、多层次、多渠道的交通运输领域国际合作格局。新中国成立60年的光辉岁月充分见证了交通运输领域在对外交流与合作方面所取得的辉煌成就，成绩斐然。

## 一、加强交通区域合作，推动重要运输通道建设，促进国际道路运输便利化

### 1. 中国—东盟10+1交通合作

自2002年我部与东盟各国建立中国—东盟交通部长会议机制以来，双方已举行了七次会议。特别是根据2004年签署的《中国—东盟交通合作谅解备忘录》，并结合2005—2010年中国—东盟合作总体计划，我部与东盟实

施了一批交通基础设施合作建设项目，开辟了多条海、陆、空运输线路，开展了一系列海上搜救、海上安全与保安、防治船舶污染、以及人力资源培训等合作内容。在2008年召开的第七次部长会议上，双方又通过了中国—东盟未来10—15年交通合作战略规划。该规划的制定是对温家宝总理在2007年第10次中国—东盟领导人会议倡议的具体落实。规划中的“四纵三横”七大运输通道，涉及海陆空约90个基础设施建设项目，连接中国与东盟10国主要城市和工农业生产基地。该规划的顺利实施，必将有助于推进中国与东盟交通运输的协调发展，促进本地区综合运输网络的完善。

当前的工作重点是确定该规划的潜在优先项目，并对优先项目进行排序，意在双方确定优先项目清单后，启动资金的动员工作，为稳步推进各领域相关项目的实施做好基础性工作。

在海运领域，双方主要根据已经签署的《中国—东盟海运协定》有关规定，定期举行磋商会议。

在海事合作领域，已举行四次海事磋商机制会议，今年的第五次会议将提升《中国—东盟海事合作谅解备忘录》的规格。

在航空合作领域，双方正在磋商《中国—东盟航空运输协定》的事宜，力争在建成中国与东盟自贸区的同年(2010年)签署并实施该协定。

在人力资源开发合作领域，我部自中国—东盟交通部长会议机制成立以来，在交通基础设施建设、航运管理、海上安全与保安、海上搜救、船舶技术、高级船员、区域性溢油(有毒有害物质)防备与应急、港口国监督、农村公路发展以及马六甲海峡海事调查等多个领域，为东盟各国举办了12批次培训班或研讨会，培训人数达168人次，包括资助东盟学员在大连海事大学攻读海上安全与环境管理硕士学位的10位学员，总投入金额达420万元。

总体讲，我国与东盟十国海陆空全方位交通合作格局已形成，在交通领域的合作不断深化。

**2. 湄公河流域开发合作**

澜沧江—湄公河是一条连接东南亚六国的重要国际河流。它的上游为我国的澜沧江，从我国云南省出境后叫湄公河，流经缅甸、老挝、泰国、柬埔寨和越南入南中国海，全长4880公里。中国内河2130公里，中缅界河31公里，老缅界河234公里，老泰界河976公里，老挝内河777公里，柬埔寨内河502公里，越南内河230公里。

2000年，中老缅泰四国就开通澜沧江—湄公河国际航运在缅甸大其力正式签署《澜沧江—湄公河商船通航协定》。2001年6月26日，四国商船正式通航典礼在我国云南景洪举行，正式实现了四国通航。但由于老缅界河段的礁石、滩险碍航，成为通航的最大安全隐患。为确保船舶航行安全，减少人员伤亡和财产损失，中国政府出资500万美元帮助老缅境内航道实施排障工程，对严重碍航的礁石、滩险进行了整治。经过2002年和2003年两次枯水期排障施工及2004年4月份的航标安设工作，已全部按计划圆满完工。改善后的河道安全性大大提高，过往船舶的装载吨位已由60吨提高到100—150吨，装载能力提高80%—100%，通航期也由6—7个月提高到10—11个月，航运经济效益得到显著提高。

昆曼公路是中国云南连接泰国、老挝等大湄公河次区域国家的主要陆路通道，是亚洲公路网的干线公路之一，也是云南通江达海的主要通道，战略意义非常重要。

昆曼公路走向为：昆明—玉溪—元江—墨黑—思茅—小勐养—磨憨（中国）—磨丁（老挝）—会晒—清孔—清莱—曼谷（泰国），涉及中老磨憨—磨丁和老泰会晒—清孔两对口岸。该线路全长1800公里，其中中国境内624公里，老挝境内段改造后为229公里，泰国境内890公里。老挝境内229公里路段（中国政府、泰国政府和亚行各投资3000万美元）于2007年建成，并且于2008年3月在万象举行的第三次GMS领导人会议上举行竣工和象征性通车仪式。另，该通道上连接老泰两国的跨湄公河第三座大桥（清孔～会晒大桥），已确定由中泰两国政府各提供一半资金共同建设。目前大桥项目已进入工程施工招标阶段，将于2010年2月正式开工建设，预计2012年9月竣工通车。届时可真正意义上实现中老泰三国昆曼公路基础设施的连接。

### 3. 上海合作组织交通合作

上海合作组织是我国外交工作的一个重点,《上海合作组织成立宣言》和《上海合作组织宪章》已明确将鼓励各成员国开展交通领域的有效合作作为该组织的宗旨和任务之一,各成员国总理签订的《上海合作组织成员国政府间关于区域经济合作的基本目标和方向及启动贸易和投资便利化进程的备忘录》也将交通列为重点合作领域。自2002年建立上合组织交通部长会议机制以来,已召开三次部长会议。目前,正在积极筹备在华召开第四次部长会议,此次部长会议将确定共同制订上合组织成员国公路协调发展规划,并在此基础上确定新的公路基础设施示范项目,加强上合组织成员国交通领域人员培训和经验交流,讨论采取措施共同消除国际道路运输领域现存障碍,加强与观察员国开展交通合作等问题。

在促进运输便利化方面,为落实胡锦涛主席在上合组织第三次元首峰会上提出的"先从交通运输领域入手,尽快签订多边公路运输协定,并切实有效地落实"的倡议,目前已完成《上海合作组织成员国政府间国际道路运输便利化协定(草案)》的谈判工作,正着手开展该协定附件的谈判准备工作。该协定将有利于统一、协调上合组织各成员国过境运输政策和法律,促进本地区实现国际道路运输便利化,对深化上合成员国的睦邻友好关系、促进各国经贸发展和便利人员往来发挥重要作用。

在建设本地区公路运输通道方面,实施上合组织交通网络性建设项目是我国领导人提出的倡议并得到了有关国家的积极响应。通过中方无偿援助、优惠买方信贷、国际金融组织贷款、资源换项目等多种融资合作模式,塔乌公路项目顺利完工,中吉乌公路、E40公路被确定为上合组织示范性项目并进展顺利,此外,我部正在积极探讨参与中哈俄、中蒙俄、中塔等公路运输通道的建设。

## 二、促进交通运输双边合作,成果丰硕

按照"大国是关键、周边是首要、发展中国家是基础"的外交方针政策,结合我国交通发展的实际需要,我部与有关国家和地区的交通部门开展了

广泛和深入的合作。我国与80多个国家签订了双边交通合作文件，为我国与各国的交通运输合作打下了坚实的基础。

在已成立的中外交通运输合作机制中，中国—哈萨克斯坦交通合作分委会、中国—墨西哥交通通信工作组的国内牵头单位，中美商贸联委会运输合作工作组的组长单位，APEC运输工作组的轮流牵头单位，中俄运输分委会、中澳运输工作组的成员单位，全方位推动和落实了我国与相关国家的交通运输合作。此外，我部还与日本国土交通省、韩国交通建设省等外国交通主管部门建立了副部级会议机制。

近年来，我国交通双边合作活动活跃，我部每年派出10个左右部长级代表团出访20多个国家，每年接待10个左右外国部长级代表团访华，五年共与37个国家签订了45项各类合作协议，极大地促进了我国与其他国家政府间在交通领域的合作。除政府部门外，中外交通企业和民间机构之间的合作也很活跃。我国航运企业开辟了往来100多个国家上千个港口的海上运输航线，公路运输企业与周边10多个国家开展了国际汽车运输业务，交通建设企业在亚、非、拉美等地区承建了大量交通基础设施工程项目，交通科研机构和院校与有关国家积极开展了科学技术研究与教育培训合作。

总之，我国交通行业的双边合作已形成覆盖面广、内容丰富、实质性强的良好局面，成为我国整体经济外交工作的重要组成部分，为我国交通事业的发展发挥了重要作用。

## 三、在国际多边事务中的影响力越来越大

我国在交通运输的多边合作舞台上，积极参与国际规则的制订，成功举办世界性高级别大会，成立APEC港口服务网络，加入亚洲公路网，国际地位和影响力不断提升。

新中国成立60年的光辉岁月充分见证了我部在参与IMO事务方面不断成长壮大的辉煌历程。1971年我国恢复在联合国合法席位后，我部即积极参与IMO的活动。1975年，我国作为最重要的国际海上贸易国之一，当选为该组织B类理事国，并一直连任。1989年在我外交形势困难的情况

下，经过艰苦的努力，我国最终以高票当选为代表具有最大航运利益国家的A类理事国。迄今，我国已连续十次顺利当选为A类理事国。

自加入IMO以来，我国积极参与了重要的海上安全、保安和海洋环境保护国际规则的谈判工作，在国际公约和议定书的制订、修正和实施等各个方面积极施加我影响，反应我海运行业利益诉求，维护我海运及相关产业的利益。迄今，我已加入了IMO通过的38项国际公约和议定书，完善了我国海上安全与海洋环境保护方面的法律体系，为我海运业的发展创造了良好的国际环境，促进了我海运及相关产业的健康可持续发展。

我国还积极利用IMO平台，培养和历练中国高级海事管理人才。从1984年开始，我国每年都选派优秀学员赴IMO倡导创建的世界海事大学学习。二十多年来，共为我国海运业培养了160多名具备先进海事专业知识和管理经验的优秀人才，为我国海运事业的发展提供了坚实的基础。

我国经济的飞速发展，综合国力与国际地位的不断提升，使世界各国的目光越来越聚焦中国，也吸引了交通运输领域的诸多世界性高级别会议落户中国。

2004年10月，我与国际道路联盟（IRF）共同举办了第三届国际丝绸之路大会，这是改革开放以来我国在公路建设领域举办的第一次高级别大规模的国际会议。大会以复兴“丝绸之路”为主题，共有来自丝绸之路沿线11个国家的交通部长、副部长和政府代表，联合国亚太经社会、上海合作组织和世界银行、亚洲开发银行等国际组织与国际金融机构的代表以及国内外交通领域的专家、学者和企业代表总计600余人出席。会议推动了新丝绸之路乃至亚欧大路运输走廊的快速发展，在国际上产生了深远的影响。

2005年9月，我再度与国际道路运输联合会（IRU）联手在北京共同举办了第三届欧亚道路运输大会。该大会是我国在道路运输领域举办的又一次高规格国际会议，引起了亚欧大陆有关国家政府和交通运输业的广泛关注。亚欧主要国家的交通部长积极与会并一致通过了《亚欧交通部长级会议部长联合声明》（北京联合声明）。大会宣传了我国道路运输发展的成就，促进了我国与中亚乃至欧洲国家在道路运输领域的合作，为区域道路运输的发展创造了良好的条件。

2009年5月11日至15日，我香港特区又成功举办了IMO国际安全与无害环境拆船公约外交大会，这是IMO有史以来在亚洲举办的首次外交大会，共有近70个国家和10多个国际组织的400多名代表出席会议。大会顺利通过了《2009年香港国际安全与无害环境拆船公约》，这也是第一个以我国香港特区命名的国际公约。会议的成功召开，再次印证了国际社会对我交通运输成就和海运实力的高度认可，极大地提高了我国的国际影响与威望。

2006年11月，胡锦涛主席在越南河内召开的第14次APEC领导人非正式会议上倡议成立APEC港口服务网络（APSN）。经过我部不懈努力，2008年11月，我在浙江宁波成功召开了APSN成立大会暨第一届理事会会议。APSN是第一个由我国倡议并主导成立的服务于亚太地区港口及相关产业合作与发展的地区性组织，其宗旨是通过加强本地区港口及相关产业和服务业的经济合作、能力建设、信息交流和人员往来，推动投资和贸易的自由化与便利化，提高供应链保安水平，以实现APEC成员经济体的共同发展。大会的成功召开彰显了国际社会对我港口行业发展成就和负责任大国形象的认可，扩大了我在国际上的影响，提升了我国的国际地位。目前，APSN共有14个理事单位和92个普通会员，在亚太地区具有广泛的代表性。

此外，我国也一直积极推动加入亚洲公路网事宜。目前我国已加入和拟加入的公路里程为2600公里，约占亚洲公路网总里程的20%，这对促进我边境地区特别是中西部地区经济社会的发展和旅游资源的开发具有重要意义。

## 四、促进CEPA合作，成果显著

2003年，内地与香港、澳门特区政府分别签署了内地与香港、澳门《关于建立更紧密经贸关系的安排》（以下简称“CEPA”），2004年、2005年、2006年、2007年、2008年、2009年又分别签署了《补充协议》、《补充协议二》、《补充协议三》、《补充协议四》、《补充协议五》和《补充协议六》。CEPA 施行以来，我部根据 CEPA 对香港、澳门服务提供者在内地投资道路运输业、国际海运领域的前置审批等做了大量工作，对促进港澳与内地建立更紧密经贸关系和港澳经济与社会发展起到了积极的促进作用，取得了显著成效，共承诺 28 项（其中海运服务 16 项、公路运输服务 12 项）。

CEPA 实施以来，香港、澳门服务提供者在内地设立道路运输企业的约有 140 家，其注册资本约为 26 亿元人民币；扩大经营范围增加道路运输业的约有 730 家，其注册资本约为 310 亿元人民币。香港服务提供者在内地设立近 400 家企业开展无船承运业务，设立独资船务公司 5 家及 15 家分公司，设立独资集运公司 1 家及 32 家分公司，设立 15 家企业开展海运辅助业务。

## 五、以人为本，为我海运船员保驾护航

以人为本是我们党的根本宗旨。随着国民经济整体实力的提高，国家鼓励有条件、有实力的企业“走出去”对外投资，开展境外资源开发合作、国际技术合作，建设境外营销网络，充分发挥对外投资、工程承包和劳务合作的作用，带动国内设备物资出口和劳务输出。

改革开放以来，交通运输对外合作日益增多，如何保护我海员和境外施工人员财产与人身安全的问题越来越严峻，我部高度重视，本着以人为本，构建和谐社会为出发点，每次都尽最大的努力圆满完成各项领事任务。如：在处理我“航海家号”轮在朝鲜将朝方的轮船和人员撞伤事件，此案处理长达数月，在保证我船员生命安全的前提下，多次与驻朝使馆和外交部联系，与船务公司沟通，解决了索赔问题，保证了“航海家号”轮及船员安全返回国内；由于受台风“珍珠”影响，数十艘越南渔船在我南海北部水域遇险、沉没和失踪，我部主动协调、积极配合，多次与驻越使馆及外交部联系，及时准确地将有关情况通知使馆，确保了此次国际搜救行动的圆满完成，受到了越方领导人及全国人民的称赞，得到了我国领导人的表扬和国际海事组织秘书长的高度评价；积极协调外交部、我驻乌使馆、乌克兰驻华使馆，妥善处理

了中国船东互保协会承保的“宝庆门”轮在乌克兰敖德萨港挂靠码头时触碰并导致码头轻微受损后被扣留事件；积极协调处理“河北精神号”在韩国泰安郡大山港外因发生碰撞事故，造成大量原油泄漏，对当地海洋环境造成严重污染损害事件；妥善处理长航集团“耀海 21”轮与乌克兰籍拖轮相撞事件；河北远洋“河北精神号”在韩国大山港发生碰撞溢油事件等。特别是中国政府根据联合国安理会有关决议并参照有关国家的做法，决定派军舰赴亚丁湾、索马里海域实施护航。这次护航行动责任重大、使命光荣、意义深远，是我国首次运用军事力量保护我海外经济利益，充分体现了以人为本、执政为民的执政理念，是贯彻落实科学发展观，加强军政、军民团结合作的一次典型实践和成功范例。交通运输部建立了运转高效的指挥机制，制定了较完善的工作程序，协同配合海军有效地进行了护航。截止到目前为止为我商船实施护航共 104 批、571 艘，成功率达 100%。这次护航行动，对于维护我国航运业健康发展，保障国家海上运输通道安全具有十分重要的意义。

# 一道不破的铜墙铁壁

## ——交通公安发展 60 年

交通运输部公安局

60 年，一个完美的甲子。在金色的秋天里，我们迎来祖国母亲 60 岁生日。

伴随着共和国前进的步伐，触摸着时代发展的雄浑脉搏，交通公安倾全线公安民警之力，60 年守护、服务我国水上交通运输大动脉，为祖国的平安祥和，为水上运输业的成功运行，构筑起一道牢不可破的铜墙铁壁。

## 一、春华秋实 硕果累累

60 年来，交通公安机关针对不同历史发展阶段出现的对敌斗争严峻、刑事犯罪猖獗、治安秩序混乱、安全事故多发、内部矛盾增多等突出问题，不断强化公安职能，合理调整打击重点、斗争方式，严厉打击交通水运领域形形色色的违法犯罪活动，有力地维护了交通水运平安运行。

### （一）维护交通港航政治稳定

#### 1. 把守开放国门，保卫口岸安全

新中国成立初期的港口和远洋船舶是敌对势力破坏的重点目标。为确保国门安全，交通公安机关设立专门外轮侦察部门，指导全国沿海地方公安机关开展外轮侦查工作，挖出了一批潜入人员，狠狠打击了敌对势力的各种

阴谋破坏活动。随着国内外形势的演变,分化渗透活动日益突出,交通公安机关保持高度的政治敏锐性,加强隐蔽力量和基础业务建设,建立起大国保工作格局和机制,严厉打击各种敌对势力的渗透颠覆和破坏活动,加强港船联防,加大反偷渡、打走私的力度,保卫了国家口岸安全。

**2. 妥善处置不安定因素,维护港航大局稳定**

交通运输部党组成立维护稳定工作领导小组,交通公安机关紧紧围绕维护港航政治稳定的中心任务,以情报信息为先导,建立并完善以职能部门为主导,派出所基础工作为依托,相互促进、共同发展的情报信息网络和工作机制,准确掌握社会动态,及时提供预警信息,大力开展不安定因素和矛盾纠纷的排查调处,积极配合各级党政组织综合运用经济、行政、法律等手段疏导化解,做到了及时发现、有效控制、妥善处理。仅2002年至2007年,交通公安机关就处置怠工滋事、群体上访、聚众闹事等各类群体性事件1930起,有力化解了各类矛盾纠纷,维护了交通港航的稳定局面。

**3. 实施“平安港航”战略,大力构建和谐交通**

1991年,交通部成立了交通社会治安综合治理领导小组,由部长担任组长,在全国港航系统开展社会治安综合治理,建立健全了领导责任制、目标管理责任制、责任查究制和一票否决权制,并定期召开部机关及在京单位治安综合治理工作会议,组织党政工团和各界力量积极参与,齐抓共管,推动综合治理工作的深入开展。2002年,交通部启动“平安交通”创建工作,并在全国交通系统开展了禁毒人民战争、查缉封堵非法出版物、加强流动人口管理等专项工作,有效提升了交通系统创安工作的水平。交通公安机关先后建立起与之相适应的维护稳定长效工作机制、港航治安防控机制、重点工程安全保卫机制、道路交通安全工作机制、齐抓共管的创建机制,进一步夯实了创建基础,扩大了创建活动的影响力。

**4. 保卫警卫对象绝对安全,60年万无一失**

交通公安机关担负着党和国家领导人及重要外宾的安全警卫任务,针对警卫对象规格高、专船警卫多、时间长、考察部位分散的特点,港航公安机关坚持“安全第一、万无一失”的指导思想,本着充分准备、精心安排、内紧外松、确保安全的原则，严密制订工作预案，不断改进警卫形式，精益求精，确保了警卫对象的绝对安全。据统计，2000年至今，仅长江港航公安机关就完成警卫任务633次，保证了党和国家领导人及外国首脑视察参观活动的绝对安全。同时，交通公安机关在重要敏感时期和国家重大活动中，忠于使命，勇挑重担，全力以赴，圆满完成了2001年APEC亚太经合组织会议上海峰会、2002年亚洲议会和平协会第三届年会、2008年北京奥运会火炬接力传递和奥运期间港口、水运交通线的安保工作。

**5. 防范恐怖袭击，确保重点目标绝对安全**

"9·11"事件发生后，交通公安把防恐、反恐作为头等大事来抓，部署港口和航运公安机关开展反恐怖袭击防范工作，2003年结合《国际船舶和港口设施保安规则》，编制了《交通公安机关处置大规模恐怖袭击事件预案》，各地结合实际，针对事关国计民生的石油化工区域、长输管线、战略储备仓库等目标，严格落实安全防恐措施，制订具体预案，加强经常性演习和大规模的海陆实战演练，建立起严密的防范体系和有效的紧急应对机制。2003年11月10日，巡逻人员在由烟台开往大连的"中鲁"号客滚船的汽车舱内发现一个自制爆炸装置，烟台港公安局迅速启动处置预案，及时排除了险情，避免了重大灾难的发生。随着国际恐怖活动的日益猖獗，三峡大坝的安全保卫显得愈发重要，2004年长江三峡船闸安全保卫会议召开后，长江航运公安机关将工作重心转向三峡坝区，从下游增调船艇和警力加强现场护卫和安全检查，先后制订《三峡两坝船闸及水域防恐反恐预案》等五个应急预案，并在三峡船闸、葛洲坝船闸闸室和坝区水域开展船舶火灾救助演练和处置恐怖事件演练，确保了三峡大坝的安全。

（二）严厉打击水运领域犯罪

**1. 持续开展严打斗争，严惩刑事犯罪**

十年动乱结束后，百废待兴，港航系统受社会影响深并处在开放前沿，刑事犯罪活动猖獗，治安秩序混乱。交通公安机关迅速转移工作重心，1983年开展了为期三年，以打击反革命、严重刑事犯罪为主，以"反盗窃、打流窜"为重点的严打斗争，取得巨大成果。经过三年严打，彻底扭转了港航系统刑事犯罪猖狂、治安秩序混乱、群众没有安全感、企业歪风盛行的非正常状况，交通运输系统的治安形势大为改观。从1984年起，多数港航企业提前或超额完成运输生产计划和利税，部分扭亏为盈，企业生产效益大幅提高。

“严打”战役后，针对不同历史时期、不同社会条件下出现的刑事犯罪回升、治安问题反弹，特别是江盗水匪、车匪路霸、物流犯罪等新情况、新问题，各级交通公安机关联合部署开展专项斗争，集中打击各类犯罪活动。先后于1994年至1996年、2001年至2003年组织了两次长时间、大规模的严打战役，并穿插开展了一些针对性强、时间短的突击整治和专项行动，取得重大战果。其中，2001年至2003年的第三次严打共破获强奸、杀人分尸、持枪抢劫、跨国贩毒、海上劫船等刑事案件8300起，打掉犯罪团伙350个，抓获各类刑事犯罪嫌疑人11153人；刑事发案得到有效遏制，发案数量连续三年下降5%以上；治安秩序明显好转，共查处治安案件12.3万起，处理违法人员13.6万人，共收缴各类枪支323支、子弹5615发、雷管2.8万枚，毒品17618克、淫秽物品1.17万件，查堵逃犯413人，抓获偷渡分子37人、蛇头5人，达到整治一片、稳定一片的目标。

**2. 扫除“江盗水匪”，整治长江治安秩序**

20世纪80年代末期长江“江盗”出现，最终发展为“水匪”，开始明火执仗抢劫行凶，愈演愈烈，甚至出现“江盗”专业户、专业村，严重阻碍了长江流域的经济发展，引起江泽民、胡锦涛等党和国家领导人的高度关注，先后对打击长江“江盗”作出重要批示。交通部公安局部署长航公安机关采取全线行动，于20世纪90年代初至21世纪初，先后四次分别与沿江六省一市公安机关联手行动，在长江全线及中下游“五湖三水”地带，组织开展了“水网行动”和打击“江盗水匪”专项行动，成功侦破了惊动国务院和交通部领导的1995年原江苏省计委委员、南京机场工程建设副总指挥姜仍昭乘坐“江汉8号”轮被杀抛尸案等一大批恶性刑事案件，狠狠打击了盗抢船舶、运输物资、船员财务、航标、通信导航设备等犯罪活动，震慑了犯罪分子的嚣张气焰。其中，2000年底在长江水域重点区段开展了为期一年声势浩大的第三次集中打击行动,共破获刑事案件 1210 起,抓获违法犯罪人员 1093 名,打掉犯罪团伙 128 个,摧毁 5 个土炼油厂、24 个非法加油点,扣押收缴非法采砂船 347 艘、航标船 57 艘,缴获作案船只 59 艘、汽车 7 辆、油泵 15 台,时任中共中央总书记江泽民同志批示的“10.22”湘航 3602 轮、3604 轮燃油被盗抢案件全部告破。经过坚持不懈的打击与整治,极大地推进了水上治安管理长效机制建设,长江水上治安秩序明显好转,船舶、企业、职工群众安全感明显增强,中央领导同志专门作出批示给予肯定。此外,针对珠江口水域海上犯罪情况,广州海运公安局于 1995 年组织开展了打击海上犯罪专项行动,抓获不明国籍犯罪嫌疑人 39 人,缴获船艇 8 艘,沉重地打击了猖獗的海上犯罪活动。

**3. 堵截流窜犯和逃犯,消除社会治安隐患**

随着水上客运行业的发展,有些专吃“港航饭”、“长江饭”的流窜犯罪分子在港船、流动作案或流窜外逃,严重冲击了水上治安秩序,极大危害了人民群众的生命财产安全。交通公安机关结合港航单位扼守交通要冲的特点,发挥堵截打击流窜犯罪的优势,严守车、船、港、站等关卡,在长江一线、环渤海、舟山群岛、海南岛等重点区域的水上客运线,建立了环黄渤海、海南陆岛、长江沿线打流协作机制,加强各地交通公安机关的横向联系,协同查堵在水上客运线作案的流窜犯、在逃犯,确保人民群众安全出行。仅 1990 年至 1994 年,交通公安机关在客运码头和客船上堵截查获流窜犯、负案在逃犯及其他违法犯罪分子 20000 余人,其中杀人、抢劫、强奸、盗窃、诈骗等重特大案犯就有 600 余名。近年来,交通公安机关大力开展网上追逃斗争,完善追逃机制,年均抓获网上逃犯 400 余名,带破了一大批久侦未破的重特大案件。

**4. 打击水运物流犯罪,保障水运经济健康发展**

随着港口及水运经济迅猛发展,水运物流的社会化程度不断拓展,随之而来的涉及水运物流领域的犯罪问题也日趋突出和复杂严峻,针对物流链的诸多环节和不同货物种类的需求,呈现出许多新型犯罪手段,严重干扰破坏水上运输生产秩序,严重影响我国对外贸易的发展,也在一定程度上影响了我国的国际形象。针对这类犯罪问题的发生发展态势，全国交通公安机关调整打击重点，主动出击，积极应对，深入推进打击水运物流犯罪的基础业务建设，并从2004年开始，开展专项打击行动和区域联合行动，成功破获了大批物流犯罪案件，摧毁了一批水运物流犯罪团伙，建立了长效打击机制，有力遏制了物流犯罪的高发势头。2005年以来，共侦破水运物流犯罪案件3694起，查处打击犯罪嫌疑人2144名，涉案货物损失价值1.15亿余元，破案缴获追回的货物价值达5588余万元，广大船员职工、船东货主的满意率明显提高。

（三）规范交通水运行业治安秩序

**1.加强出国船舶保卫工作，促进远洋运输健康发展**

针对出国船舶遭受海盗袭扰、海上劫船、爆炸等案件不断增多的情况，交通公安机关指导远洋运输企业大力加强出国船舶运输安全保卫工作，通过制定《出国（境）船舶安全保卫工作规定》、加强保卫机构建设、增配船舶保卫干部、加强对船员防袭扰训练、制订反劫船防海盗应急方案、开展应急处置演练等有效措施，减少了海盗袭扰所造成的损失，保证了船舶和船员的安全。20世纪90年代，利用远洋船舶走私、贩毒、偷渡犯罪活动愈演愈烈，部分船员参与其中。交通公安机关和远洋企业运用多种形式，开展了强有力的打击工作，制定了一系列规章制度，并狠抓安全防范措施的落实，减少了案件的发生。1998年年底，我国远洋船舶在东南亚海域和广东沿海屡遭海盗袭扰，先后发生了新中国成立以来罕见的“长胜”轮遭劫，23名船员被害等恶性案件。交通部会同公安部、海关总署先后发出《关于加强海上治安防范维护航行船舶安全的通知》、《关于进一步加强出国船舶保卫工作的通知》，组织沿海公安机关和边防部门开展海上治安秩序整治，规范海上执法行为，打击海上犯罪活动。交通公安机关立即采取有效措施加强船舶保卫工作，与中远保卫部门加强航行船舶的反劫船工作，建立健全远洋运输企业保卫机构，落实各项安全防范措施，有效遏制了我国沿海水域海盗案件和其他刑事犯罪活动，对促进远洋海运事业的健康发展起到了积极的促进作用。

**2. 加强水上客运治安管理，保障百姓平安出行**

改革开放以来，水上客运市场规模快速扩大，年客流量达到 1.7 亿人次。为尽快恢复水上客运治安秩序，交通公安机关依照《客船治安管理规定》，加强客轮的乘警工作力度，认真履行职责，与危害水上客运治安秩序的各种违法犯罪活动开展斗争，保障了广大群众平安出行。仅 2000 年至 2004 年，交通公安机关就受理客运码头和船舶上的报警案件 118400 起，破获刑事案件 1845 起，抓获犯罪嫌疑人 2127 名；查缉堵截各类不法分子 4476 名，其中在逃犯 775 名；查处治安案件 60674 起，查获旅客携带危险品 6581 件，查堵夹带危险品车辆 1564 辆、危险物品 7392 吨；处置船上群体性事件 418 起，有效维护了水上客运治安秩序。20 世纪 90 年代中期，长江航运公安局加强对长江涉外旅游船舶的治安管理，为 52 艘旅游船颁发了治安许可证，向 34 艘旅游船派驻了乘警队，使长江涉外旅游船舶的管理走上法制化、规范化的轨道。2004 年，针对水上客运市场的巨大变化和山东"中鲁"号客滚船爆炸未遂案件，及时召开了全国水上客运治安工作会议，制定出台《港航客运派出所执法执勤工作规范》、《客轮乘警队执法执勤工作规范》，加强客运治安防范力量建设，并在渤海湾部署开展了客运治安安全专项行动，建立了客运站查控与船舶防范联动、危险品三道检查、水上客运治安联席会议等制度，装备了 X 光行李检测仪、金属探测仪等一批先进检测装备。

**3. 筑牢治安防控体系，提高驾驭港航治安局势能力**

"十五"期以来港口公安机关针对新形势、新任务，坚持将治安防控摆到基础性、战略性位置，按照构建"平安港口"的目标要求，扎实推进警防、民防、技防"三张网络"，完善信息研判、警务运行、长效管理"三种机制"，突出抓好防控水运物流犯罪、保障重点物资运输安全、保障重点建设工程安全"三个重点"，并与"三基"工程建设、保安履约工作、平安交通建设有效结合。经过努力，以港口治安防控网和长江干线水域治安防控网为主体的治安防控体系初步建立，防控成效逐步显现，港口治安防控科技含量明显提高，适合港口治安特点的警务机制初步建立，港口企业内部治安防控网络逐步形成，港口公安机关服务和保障港口经济建设的能力不断提高。

**4. 维护口岸开放秩序，保障港口跨越发展**

改革开放初期,各沿海开放港口公安机关严厉打击整顿倒卖船票、卖淫、偷盗外轮财物、传播淫秽物品书刊等港航治安问题,使各类案件大幅下降,沿海口岸治安秩序明显改观。进入20世纪90年代,港口公安机关认真贯彻执行《港口治安管理规定》,大力加强港口动态治安管理,整顿港口治安秩序。近年来,港口公安机关为确保国家重点工程上海洋山保税港区、大连大窑湾保税港区、天津港东疆保税港区顺利开工建设,积极实施警务前移、紧密跟进战略,建立起针对特殊开放区域的新型公安监管模式,确保了保税港区对外开发开放的顺利进行。海事公安机关针对海上交通治安秩序混乱的局面,出海巡逻加强海上交通治安秩序整顿,严厉打击制售假冒船舶检验证书和船员适任证书等违法犯罪活动。

（四）维护交通水运消防安全

**1. 加强消防监督，创造良好消防安全环境**

交通公安机关紧密围绕港航改革、建设和运输生产这个中心,充分发挥消防监督部门的作用,严格贯彻执行消防法律法规,加强驻港单位、货主码头、港区水域船舶的消防监督,采取节日查与平时查相结合、重点查与全面查相结合、专项查与综合查相结合方法,对“四客一危”船舶和“四区一线”水域加大检查整治力度,全面履行国家赋予的水上消防监督职责。仅2007年就开展消防监督检查17178次,检查单位25988个,整改隐患18222个,投入整改资金3040万元。长江航运公安机关还改变了传统监管模式,开发了《长江干线水域船舶火灾隐患整改跟踪监督系统》,提高了消防监督的时效性和科技含量。经过努力,港航消防安全全面貌有了显著改观,大多数单位十几年、二十几年没有发生过重特大火灾事故。

**2. 打造专业消防力量，浴血奋战扑救火灾**

20世纪70年代末,交通公安机关开始加强水上消防力量的建设,规范港口专用消防船的管理和使用,大力发展专用消防船,推广拖消两用船,在长江沿线布建水上消防站,有效加强了水上消防力量。初步形成了以110个消防队、1300多名消防战斗员、300多名消防监督员为骨干,以专用消防船艇 28 艘、消防执勤车 170 余辆为基本装备的水上消防力量,在历次重大港口物资和船舶火灾中经受了考验。改革开放以来,交通公安消防队伍共扑救"汉江 60 号"客轮、"华海 1 号"、"长征号"客轮、"鲁风轮"、"大庆 243"、"大庆 256"油船、"长江明珠"号涉外旅游船、"北拖 101"、"辽海轮"等各类火灾 1405 起,保护了数以百亿计的财产。在扑救 1989 年青岛港黄岛油库特大火灾过程中,青岛港公安局消防支队会同地方消防部队,经过 5 天浴血奋战,成功扑灭油库大火,青岛港消防支队 1 名民警牺牲,火灾被及早控制在黄岛油库陆一期管区之内,避免了毁灭性的连锁反应,价值 3 亿元、长达 280 公里的东黄输油管线避免了凝结报废。1994 年上海港公安局在扑救长征号客轮火灾过程中,两名消防队员英勇牺牲,4 人光荣负伤。

**3. 健全消防法规,保障水运生产建设**

在改革开放进程中,为使港口建设和生产运输的消防工作做到有法可依,交通公安机关不断加强消防法规、规范建设,相继制定和颁发了一系列部颁规章和标准。改革初期,为尽快扭转直属港航单位船舶火灾多发的局面,交通公安加强消防规章制度建设,先后颁布了《船舶安全防火暂行规定》、《船舶修理防火管理规定》等一系列规定,加强了船舶消防安全。20 世纪 80 年代中期,先后发布了《港口消防站布局与建设标准(试行)》、《港口消防规划建设管理规定》,确保港口消防总体规划布局合理,符合长远发展的要求。20 世纪 80 年代末 90 年代初针对港口建设发展中急需解决油品码头建设、仓库消防管理、皮带机的安全等消防重点、难点问题,交通公安消防机关主动开展调研,组织专家和有关部委论证,及时颁布了《装卸油品码头防火设计规范(试行)》、《港口中转仓库防火管理规定》、《港口输煤皮带机防火管理规定》等一批消防规定。

(五)维护交通水运安全畅通

**1. 依法管理港口交通,保障港口运输安全畅通**

随着对外贸易的不断发展,港口货物吞吐量大幅增加,港口车辆和港口装卸机械越来越多,港口公安机关的交通警察队伍应运而生。1990 年以后,各港口公安局迅速组建交通管理机构,港口交警列入当地交通警察序列，依照《中华人民共和国道路交通管理条例》对港口道路实施交通管理。1996年《港口道路交通管理办法》发布，这标志着港口道路交通管理工作步入法制化的轨道，交警队伍人员由最初的200多人发展到600多人，管辖里程发展到1132公里。港口交警依法对港口道路及交通设施、车辆和驾驶员等进行管理，成为确保港口运输畅通的重要力量、在港区道路交通安全管理工作中，各港口公安机关注重加强科学管理，动态管理，重点管理，改革勤务机制，加强易堵塞路段和重点道口专项整治，大力开展交通法制宣传，年纠正交通违法行为43万起，处理交通事故3700起。

**2. 加强安全监管，维护重点物资运输安全**

煤炭、石油等大宗货物运能紧张，关系国家经济安全和发展大局。交通公安机关把保障重点物资运输作为重中之重，组织多种警力联合作战，以保电煤、集装箱、石油运输安全为重点，坚持管理、整治、疏导、服务多管齐下，开展打击危害运输物资安全专项行动，加强对重点物资和大型机械设备的消防监督检查，督促整改火险隐患，加强疏港道路交通安全管理，主动调整勤务，加强重点时段、路段的交通疏导，建立快速优先"绿色通道"机制，在确保安全的前提下，最大限度地提高通过能力和运输效率，保证抗震救灾、奥运物资、北煤南运在港口运输环节的安全畅通。

（六）提升交通公安发展软硬实力

**1. 不断加强基层基础建设，夯实交通公安发展根基**

交通公安机关始终把进一步改革和加强所队工作作为推进新时期公安工作改革和发展的战略性措施，从基层派出所、交警队、消防队、乘警队入手，狠抓基层所队建设和基层业务工作，先后制定了《交通港航公安派出所工作规范》、《客轮乘警队工作规范》等一系列规章制度，规范了所队设置，理顺了领导关系，实行了等级评定制度，统一了外观标识，使基层所队不断得到充实和加强。2006年至2008年，交通公安机关根据公安部统一部署，开展了为期三年的以"抓基层、打基础、苦练基本功"为重点的"基层基础建设年"活动。交通部副部长担任交通公安"三基"工程建设领导小组组长，连续召开会议进行强力推动。通过三年的建设，取得了很大成效。一是充实基层一线实力。交通公安基层一线警力与总警力比例提高到82%，派出所警力与总警力比例提高到44%。二是加大警务保障力度。共筹集近8亿元资金用于警务保障，新建和改扩建办公用房3.3万平方米，改造和解决无房、危房派出所23个，设置警务室189个，开始建造第一批。长江"所趸合一"的水上警备码头新增警务用车271辆，船艇87艘，配备了一批单警装备和警务技术设备，交通公安硬件建设取得了可喜的成果。三是加快信息化建设。交通公安机关全部完成了公安网的接入工作，派出所接入比例达到64.9%，自主研发和引进公安应用软件96个，DNA检测室、侦码仪、指挥车等一批高科技装备一线单位配备了，微机配置和应用水平不断提高，以适应警务需要。

**2. 建设法治交通公安，执法水平不断提升**

交通公安机关始终将执法工作作为生命线，大力强化执法监督工作，狠抓民警法制教育培训，切实加强法治基础工作，建立起定期考评、案件审核四级把关制、一案一评、错案追究等机制，建立健全了法制机构，先后制定了《交通公安机关法制工作规范》等各类执法制度规范540件，为交通公安工作和队伍建设提供了强有力的支持和保障。特别是2002年至2005年，连续三年组织开展了交通公安系统执法质量考核评议，共查阅刑事(行政)案卷4077卷、执法台账1833本，考察基层所队277个，整改了一批执法活动和执法监督工作中存在的突出问题，掀起了加强法治工作的热潮。2007年至2008年又在全国交通公安系统开展了以"基本法律知识考试、执法办案卷宗考评、信访工作考查"为主要内容的"三考"活动，形成了以考促学、以学促用、以析促改、以改促建的良性循环，在公安部组织的全国统一抽考中，宁波港公安局代表交通公安机关以满分的成绩荣获县级公安机关信访工作考查二等奖，民警陆为丰同志以唯一满分成绩名列全国民警个人基本法律知识考试第一名。

## 二、队伍建设 蓬勃向上

伴随着交通水运的快速发展，交通公安机关按照"抓班子，带队伍，促工作,保平安”的总体思路,坚持不懈地抓政治建警、从严治警、素质强警、文化育警和形象塑警。广大民警勤恳敬业,无私奉献,甚至流血牺牲,忠诚地履行神圣使命,涌现出一大批英雄模范和先进典型。实践证明,这是一支党和人民完全可以信赖的队伍。

(一)政治建警,永葆忠诚本色

**1. 不懈开展思想教育,保持正确的政治方向**

交通公安持续开展了各种专项教育,坚持不懈地用科学理论武装民警的头脑,培育交通公安队伍的忠诚警魂。从20世纪80年代初开展“五讲四美三热爱”,到21世纪以来开展“立警为公、执法为民,端正执法思想”、“保持共产党员先进性教育”、“社会主义法治理念教育”、“大学习大讨论”等一系列专项活动,不断增强广大民警贯彻执行党的基本路线的自觉性和坚定性,站稳政治立场,打牢全心全意为人民服务的思想基础。广大民警在任务繁重艰巨、工作难度不断加大的情况下,吃苦耐劳,连续作战;在生与死,血与火的考验面前,不怕牺牲,顽强拼搏;在体制不顺,经费困难,待遇偏低等困难面前,忠于职守,无私奉献。

**2. 抓好干部队伍建设,锻造过硬的领导班子**

1978年后,在拨乱反正的过程中,交通公安机关积极抓好队伍的组织建设,各单位建全了党委,设立了政治工作机构,处级以上交通公安机关设立政治委员。交通公安机关始终坚持强化领导班子建设,干部队伍建设从整体上呈现出管理不断规范、素质不断提高、结构不断优化的显著特点。1997年交通部公安局组建党组,担负起管理好交通公安领导班子的责任,规范了部属交通公安局处级领导干部任免程序,制定了《党政领导干部选拔任用工作办法》和《干部任职回避暂行办法》,推行了干部交流制度和竞争上岗制度,充实后备干部人才库,努力创造年轻干部脱颖而出的环境和条件。各级领导干部的学历层次不断提升,处级和科级领导干部大学专科以上学历比例分别为97.2%、71.2%。政工纪检人员编制得到充实,先后在政工系统开展“公道正派树形象”、“讲党性重品行作表率、树政工干部新形象”等教育活动。着力加强干部能力建设,特别是加强对新任领导干部的培训,大兴调查研究之风,真正使各级领导班子成为坚强有力的领导集体。

**3. 英雄模范辈出,集中展现了交通公安良好的精神风貌**

1980年至2007年,交通公安队伍中一批富有时代性的群体典型脱颖而出,先后有6个集体荣立一等功、138个集体荣立二等功,3个公安局被评为全国优秀公安局,17个基层单位被评为全国优秀公安基层单位。一批熔铸着交通公安精神风采的英雄模范涌现,荣获全国公安战线一级英雄模范5人,全国公安战线二级英雄模范16人,全国特级优秀人民警察7人,全国优秀人民警察88人,省部级先进工作者和劳动模范4人,39人荣立个人一等功,还有许多交通公安干警荣获其他各类荣誉称号。1980年以来,25名集体和个人代表参加了全国公安保卫战线英雄模范立功集体代表大会,受到党中央和国家领导人的集体接见。上海海运公安局民警陈幼人11年如一日无私资助贫困女生,因病逝世后,上海市政府授予他"新长征突击手"、"希望工程突出贡献奖",新华社、中央电视台、人民出版社等向全国推介其先进事迹。全国特级优秀人民警察、查堵能手李正云入选2004年中央电视台举办的"我最喜爱的十大人民警察"评选活动。30年来,一大批民警为了港航的稳定和人民生命财产的安全流血牺牲,其中40个民警献出了宝贵的生命。1987年5月5日,上海远洋公司"衡水"轮发生火灾,青岛港公安局消防队勇敢扑救,26名消防民警中毒,至今仍有10余人留有中毒后遗症。1995年5月23日,烟台港公安局客运站派出所顾正泽等4名公安民警,在人民群众生命安全受到威胁的紧要关头,面对歹徒的罪恶枪口,前仆后继,英勇牺牲。

(二)从严治警,打造文明威武之师

**1. 队伍管理不断规范,制度愈加健全**

从20世纪80年代初期交通公安管理制度不健全,到如今建立起具有专业公安特点、规范化的队伍管理制度体系以及长效机制,制度建设水平不断提高。随着我国社会主义法治建设的进展,严格贯彻执行以《人民警察法》为主体的公安法律法规,做到依法治警。在认真贯彻执行《警察警衔条例》、《内务管理条令》、《组织管理条令》、《训练条令》等条令条例中,积极推进队伍建设各项规章制度的落实，全面提高内部管理水平，制定和完善了一批内部制度规范。特别是公安队伍正规化建设开展以来，印发了《交通公安正规化建设达标考核办法》及《考核标准》，在干部管理、奖惩激励、廉政建设、执法执勤、教育培训等方面，大力推进队伍管理的制度化、规范化。

2. 队伍作风不断转变，纪律愈加严明

在保障改革开放和水运交通发展过程中，交通公安机关持续强化队伍纪律作风建设，按照纪律部队的要求，坚决贯彻执行中央及交通运输部、公安部有关规定和纪律，形成严格的警纪和良好的作风。一是狠抓队伍纪律作风的教育和整顿，将民警的违法违纪率控制在最低水平。针对执法过程中的难点、热点问题，不间断地开展专项治理，努力从源头上预防和治理腐败现象。严格执行“五条禁令”，使“五条禁令”深入警心，成为不可逾越的红线。二是加强警务督察，建立健全内部监督制约机制，建立警务督察制度，有效地开展现场督察、专项督察和重大警务活动的督察，保证政令、警令畅通，预防和减少各种违规行为的发生。三是拓宽了外部监督渠道，积极主动地接受人大、政协和社会各界群众的批评和监督。2005 年交通部、公安局首次特别聘任了 21 名特邀警风警纪监督员，对交通公安执法工作进行监督。四是深入开展党风廉政建设和反腐败斗争。严格落实党风廉政建设责任制，加强反腐倡廉警示教育，严肃查处队伍内部的违法违纪案件。开展了“无违纪所队”创建活动，健全民警八小时外管理和民警违法违纪处罚等党风、警风制度。五是加强了养成教育。坚持从民警的最基本行为抓起，从基本动作开始，规范民警行为举止。

（三）素质强警，队伍战斗力不断增强

1. 训练保障机制不断完善，训练效能日益提高

为适应水运交通治安对民警能力要求的不断提高，交通公安机关坚持把教育培训放在优先发展的战略地位，认真贯彻落实《公安机关人民警察训练条令》，制定下发了《交通公安机关人民警察训练实施办法》，全面实施公安民警上岗和首任必训、职务和警衔晋升必训、基层和一线公安民警每年的实战必训“三个必训”制度，逐步建立适应实战需要、富有竞争活力的教

育培训新机制，建立覆盖各个警种、各个层次的教育培训体系。制定《交通公安教官聘任管理办法（试行）》，在全国交通公安系统认真遴选了兼职实战教官65人，聘请教官36人，并组织了教官培训班。进一步改善了交通公安民警培训中心办学条件，13个公安局建立了民警教育培训中心、实弹射击训练场和警务技能训练基地等。科学制定分级分类的教育训练内容，组织编写《交通公安消防监督教程》《交通公安警务技能和战术训练教程》等25种培训教材。着重抓好处级干部任职培训、新民警培训、司晋督培训、派出所长（教导员）培训和专业警种骨干培训等工作，保证民警每年参加不少于15天的集中强化培训。

**2. 练兵比武蓬勃开展，警务技能日益提升**

交通公安机关坚持岗位练兵和集中强化训练相结合，以练促战，积极开展以提高民警警务技能、体能为重点的练兵训练。特别是2004年全国公安机关开展大练兵活动和苦练基本功活动，交通公安机关全警动员，全警参与，制定了《交通公安机关大练兵活动方案》、《主要警种大练兵内容》和《大练兵考核办法》。各交通公安机关按照"面向实战，讲求实用，追求实效"的原则，有针对性地选择训练内容。着力建立适应水警特点、贴近实战需要、组织形式多样的专业训练机制，开展水上警卫、救生、追捕、擒拿格斗、船艇操控以及计算机操等专业科目训练，通过水上突发事件、重特大灾害事故的处置和救助，船舶反恐，船舶货油舱、水上危险化学物品灭火等演练，提高了民警专业技能水平。民警培训覆盖率达到100%，教育培训经费连年增长，仅2007年就投入经费451.84万元。同时，组织开展消防业务技术比武和警用手枪射击比赛等一系列比武竞赛活动，检验警务技能、体能的训练成效。

**3. 学习氛围日益浓厚，队伍素质日益增强**

改革开放初期交通公安队伍民警学历低、文化素质差，如今专业技术人才队伍不断壮大，民警文化水平大大提高，应用现代警用科技能力不断提高。在学历教育方面，1985年以来交通公安机关普遍举办了高、初中文化补习班，大幅度提高了民警的学历层次。1984年民警初中及以下学历占

66.6%，到2000年中专（高中）学历占62.2%，而至2007年本科以上占20.18%，大专占38.56%，近60%的民警为大专以上学历，初中及以下学历则下降到0.06%。实行统一招录警制度以来，更是招收了一大批高学历、高素质人才，进一步优化了队伍结构。在公安院校教育方面，从1981年开始，在交通部党组的支持下，先后筹建了部属北京、大连、长航三所公安、警察学校，为交通公安机关培养了一大批专业民警，现成为各基层单位的骨干力量。在专业技术培训和职业资格培训方面，1987年成立交通部"公安系统专业技术职务评审委员会"，进一步促进了专业技术人才的教育和培养。全国交通公安机关现有60人获得各类专业技术岗位高级职称，295人获得中级职称，758人获得初级职称。近年来，交通公安机关更是积极倡导终身学习理念，深入开展民警读书活动，营造创建学习型民警（单位）的良好氛围。

（四）从优待警，队伍凝聚力不断增强

在从严治警的同时，交通公安开展了"暖警心"工程建设，把思想政治工作和解决实际问题结合起来，千方百计帮助民警解决后顾之忧。在政治上给予民警更多的爱护，在工作上给予民警更大的支持；积极营造干事创业的良好环境，加大对民警的奖惩激励；积极改善办公条件，建设和完善"五小工程"；配备民警单警执勤装备，加大民警自身安全防护，建立健全民警执法权益保护机制。在体制不顺、经费困难的情况下，尽力改善民警工资和福利待遇。重视解决离退休民警的待遇问题和异地交流民警的生活问题。

（五）文化育警，和谐警营充满生机活力

从改革开放初期文化建设处于自发水平，到积极实施"文化育警"战略，交通公安机关逐出把文化建设作为提高战斗力的重要支撑。在精神理念上，开展了交通公安工作使命、宗旨、精神、理念以及工作愿景表述语的征集活动，800多名公安民警撰写了共4000多条表述语。在文化阵地方面，创办了《交通公安》杂志，建设了交通公安民警心理训练基地，各交通公安机关建设了图书室、荣誉室、公安民警活动中心等文化场所。在文化组织方面，确定了一批文化建设示范单位，天津港公安局和长江航运公安局先后组建了警官乐团。2009年,在上海举办的第三届非职业管乐团展演活动中,天津港公安局警官管乐团作为公安部选送的7个参演队之一,夺得展演活动的唯一金奖。在理论研究上,开展了交通公安文化建设课题研究,撰写专著《江海警魂——交通公安文化建设理论与实践》,为文化建设奠定理论基础。同时,积极推动基层文化活动,组织多种形式的健康向上、寓教于乐的文化体育活动。组织开展了"江海之盾"等交通公安系统文艺汇演,并选拔节目参加全国公安系统文艺汇演。"江海警威交通公安巡礼"摄影巡回展,"江海卫士杯"书法、美术、摄影作品展览等丰富多彩的文化活动,丰富了交通公安民警的业余生活。

一批交通公安民警自己创作的文艺作品先后获得各种奖项:《盾牌声声》、《渔归》分别荣获第七届、第八届全国公安系统金盾文化工程金盾艺术奖二等奖和三等奖,《长江卫士之歌》荣获全国警察歌曲创作暨演唱大赛优秀奖。在"汇能杯"和谐之光公安民警摄影大赛中,作品分获银奖、铜奖和优秀奖。在全国公安系统汽车拉力赛拼搏奖和篮球比赛中分获第三名和第五名。同时,《交通大动脉在呼唤》、《足迹》、《背起儿子进北京》、《海港云樯》等书籍,《长江刑警》、《大江作证》以及电影《警嫂》等影视作品,歌颂了交通公安工作这,讴歌了民警的精神风采。

### (六)形象塑警,社会正面影响大幅提升

#### 1. 积极创建服务型公安机关,群众满意度不断提高

伴随着祖国改革开放的步伐,交通公安工作的重心虽然有了调整,但为民服务的宗旨始终没有变。面对交通运输的调整发展,交通公安机关持续在增强服务能力、创新服务措施、改善服务质量、提高服务效率四个方面下工夫,不断提高服务水运交通的能力,尤其是在交通部党组倡导"三个服务"理念后,制定了《服务型交通公安机关标准》,规范了服务型公安机关的队伍建设、业务工作、标识设施以及民警行为等各项标准。各级交通公安机关切实把管理寓于服务之中,在服务中加强管理。普遍建立局长、所长接待日制度,建立了群众评警制度等,还通过警情通报会等形式,定期向辖区群众通报近期治安状况。突出服务职能,创新服务方式,简化审批程序;深化

警务公开，相继推出大量便民、惠民举措，实行服务承诺和“回告”制度；实行“一站式”服务和“首问责任制”，积极组织“警察开放日”、“警营一日”活动，扩大与社会各界和人民群众的交流。服务意识强了，警民关系更加和谐了，基层所队服务对象满意率普遍在90%以上。

**2. 持续开展爱民实践活动，警民感情不断拉近**

国家实行改革开放后，交通公安机关全面恢复和持续开展了爱民月活动，相继部署开展以“体察民情民意，促进警民和谐”、“警民和谐筑平安”等为主题的爱民实践活动。广大交通公安民警以拳拳爱民之心，热情为辖区群众、广大船民、旅客服务，帮扶救困，奏响了人民公安为人民的主旋律，流传着一个又一个感人的故事，收到了大量的锦旗、牌匾和感谢信，涌现出了李正云、周志明、乔乃明等一大批先进典型。交通公安民警捐资在新疆巴音郭楞蒙古自治州耆回族自治县、河南洛阳新安县修建了两所交通公安希望小学。四川汶川发生特大地震后，交通公安机关迅速组织了一支由200人组成的突击队支援灾区抗震救灾，全体民警慷慨解囊，共捐赠价值380多万元的钱、物。在抗震救灾、奥运安保过程中，广大民警还开展了各种志愿服务活动。

**3. 不断加强对外宣传力度，社会知名度不断提升**

交通公安机关从过去少为人所知，到逐步树立了品牌形象，新闻宣传发挥了积极的作用。通过不断整合宣传资源，逐渐形成上下联运、优势互补的大宣传格局。近几年来，每年在各类媒体发表新闻稿件1万篇以上，其中中央级新闻媒体1600余篇，网络媒体4000余篇。在宣传队伍上，相继建立《人民公安报》交通部记者站以及《中国交通报》特约通讯员和特约记者队伍。在宣传机制上，建立了新闻联络员制度、新闻宣传奖励制度等，加强了宣传装备建设。在宣传形式上，广泛宣传和重点宣传相结合，多层次、多方位地宣传交通公安工作。先后在《人民公安报》、《中国水运报》开设专刊，推出“沿海治安万里行”、“海之盾”专题报道。奥运安保期间，新华社、中央电视台、《法制日报》等新闻媒体对青岛、天津等港口公安局和长航公安局等奥运安保工作进行了连续、重点报道，提升了交通公安机关的品牌形象和社会知名度。

回望过去,我们充满骄傲,展望未来,我们豪情满怀!

60 年来,交通公安在交通运输部党组、公安党委的正确领导下,坚持公安本色,突出行业特点,科学探索、锐意进取、奋发有为,走出了一条符合我国国情和实际的专门公安机关建设发展之路。

站在新的历史起点上,交通公安人将牢记使命,在党的十七大精神指引下,全面贯彻落实科学发展观,为水运交通又好又快发展提供稳定的政治、治安环境,用忠诚铸就新的辉煌。

# 提高执政能力　服务科学发展

## ——交通党建工作60年

交通运输部直属机关党委

新中国成立60年来，在党中央、国务院的正确领导下，交通运输取得了举世瞩目的成就。部直属机关作为行业的领导机关和指挥机关，在制定政策、组织实施、统筹协调方面发挥了引领作用。机关作用的充分发挥，离不开机关基层党组织的大力协助和有效监督。60年来，部直属机关各级党组织紧紧围绕交通运输中心工作发挥政治核心和战斗堡垒作用，广大党员在落实各项重点任务中发挥了先锋模范作用，党建工作在增强行业凝聚力、号召力和充分履行交通运输部门各项工作职责方面发挥了政治保障作用。

## 一、部直属机关党建工作的主要做法

### （一）不断深化理论武装工作

坚持中心组学习为龙头、局处级领导干部学习培训为重点、党支部抓学习落实的理论武装工作格局。以创建学习型党支部（组织）为载体，激发党员的学习热情。理论武装工作呈现出四个特点：一是“快”，紧跟党中央部署，主动、自觉开展学习活动。二是“深”，党员干部带着问题学，带着思考学，做到真学、真信、真用。三是“广”，根据形势任务需要，广泛开展法律、管理、科技、业务知识，提高业务能力。四是“实”，理论学习和研究的着力点放在学习致用上，深入思考和谋划实现交通运输科学发展的新思路、新举措上，有力地指导了工作。

（二）不断加强基层党组织建设

目前，隶属于部直属机关党委的党组织共 33 个，其中，部机关 17 个、在京单位 14 个，国家局机关 2 个（中国民用航空局、国家邮政局）。部机关党组织中，有 1 个党委（离退休干部局党委）、1 个党总支部（办公厅）、15 个机关司局党支部，机关党组织书记全部由司局长担任。在京直属单位党组织中，共有 1 个党组（海事局）、11 个党委、1 个党总支部（社团）、1 个党支部（评价中心），下设 180 多个二级党支部。直属机关共有党员 4051 人，占总人数（7286）的 55.6%。其中，在职党员 2774 人、离退休人员党员 1277 人。部机关公务员党员 360 名，占公务员队伍总数的 94.7%。其中，副处以上干部党员 289 名，占公务员队伍党员总数的 80.3%，大学本科以上学历占 88%。呈现党员比例高、职级高、文化程度高，总体素质也比较好的特点。初步形成了工作任务开展到哪里，党的基层组织就建到哪里，每个党员都在党组织中，每个党组织都能开展活动的局面。

（三）不断加强作风建设

党的十五届六中全会召开之后，各级党组织认真组织党员学习、领会《中共中央关于加强和改进党的作风建设的决定》，贯彻落实部党组《关于加强和改进交通部机关作风建设若干问题的意见》，广泛征求基层和群众对领导班子和领导干部的意见，组织党员干部对照“八个坚持八个反对”，查找作风建设中存在的问题，制定整改措施，并深入开展创建文明单位、文明处室等活动，推动作风不断好转。5 年来，有 142 个部机关处室被评为“文明处室”。有 16 个集体和 7 名个人受到中央国家机关工委表彰，其中有 7 个单位被评为“中央国家机关文明单位”。

在先进性教育活动中，各级党组织围绕“立党为公、执政为民”宗旨，在党员干部中深入开展树立正确的权力观教育，从解决党员队伍存在的突出问题入手，从解决人民群众最不满意的问题入手，扎扎实实抓整改，呈现出认识深、行动快，负责任、重实效，标准高、要求严，持续抓、不松劲等特点，促进了为民、务实、清廉的作风建设。

围绕部党组提出的五年内处以上领导干部不出新的违纪违法重大案件的目标，深入开展党风廉政建设，探索建立惩防体系。各级党组织积极开展反腐倡廉形势教育、党纪国法教育；每年组织党员干部进行廉洁自律自查自纠；积极推进廉政制度机制创新，不断强化对权力运行的监督。健全党风廉政建设责任制度，实行层层签订责任书；建立廉政档案和特邀党风廉政监督员等制度；在部机关设立廉政责任奖；直属机关纪委还分别与部分单位重要负责人逐个进行廉政谈话。部机关做表率，以党风促政风，认真贯彻《行政许可法》，健全工作规则和办事程序，推动政务公开，减少环节，提高工作效率；通过现场办公、联席会议等形式，为基层解难题，为交通从业者提供满意的服务。在京直属各单位围绕体制和机构改革、人事制度改革、财务监管、物资采购、基础设施建设等重点工作建章立制，针对薄弱环节加强监管。认真做好信访和调查举报等工作，严肃查处党内违纪案件，坚决惩治腐败。五年来，各级纪委发出信访举报核查情况反馈书 12 份，纪律检查建议书 3 份；查办党员违纪违法案件共 14 件，8 名党员受到党纪处分并被开除党籍，比上一个五年减少 64%。党员干部廉洁自律的自觉性不断增强，部机关和在京直属单位违纪违法案件发案数、受党纪处分人数呈下降趋势。

各级党组织大力宣传部党组倡导的“负责任”精神，直属机关党委组织了弘扬“负责任”精神演讲活动，各单位发动党员干部联系实际深刻阐述“负责任”精神内涵，使“负责任”精神更加深入人心。

## 二、思想政治工作领域不断拓宽

各级党组织抓住纪念建党 80 周年和 85 周年、邓小平诞辰 100 周年、中国人民抗日战争暨世界反法西斯战争胜利 60 周年、纪念郑和下西洋 600 周年等重大活动的契机，在干部群众中广泛开展爱党、爱国、爱社会主义的革命传统教育。组织学习陈德华、许振超、赵家富等行业先进典型，并深入挖掘、宣传和学习身边的先进典型，注重用身边的事教育身边的人，激发广大党员干部“把工作当事业、以事业为追求”的争创一流的热情和干劲。许多单位党组织积极主动推动文化建设，以优秀精神激励人、凝聚人，为促进人的发展搭建平台，直属机关党委组织提炼“交通拌机关精神”，营造了有利于推动交通发展的健康向上的文化氛围。

部机关各司局党支部充分发扬民主，召开恳谈会，开展对话活动，设立领导接待日等，鼓励党员和干部群众在工作、学习、生活中平等参与，畅所欲言，营造民主、和谐环境。在京直属单位党组织在深化改革中，注重把思想政治工作做深做细，引导职工转变观念，提高改革承受力，增强竞争、进取意识。各单位党委重视做好离退休人员工作，弘扬尊老、敬老的传统美德。在讲道理、解疑释惑的同时，更加注重解决职工实际困难，坚持开展普遍与重点相结合、日常与重大节假日相结合的“送温暖”活动，努力解除职工后顾之忧。5 年来，共为 892 人次的干部职工发放困难补助金 46 万余元。参加社会捐助 6 次，捐款 43 万元。

积极做好统战群工工作，最大限度地调动各方面为交通发展做贡献的积极性。充分发挥统战组织（在京三个民主党派和一个群众团体，即：农工民主党、九三学社、民盟和侨联）和统战对象，特别是非党知识分子建言献策、民主监督的作用。直属机关工会积极推动建立“职工之家”，在京直属各单位不断完善了职代会制度，反映职工意见的渠道更通畅了。职工群众喜闻乐见的文体活动普遍开展，2004 年举办了以“增强凝聚力、展示新风貌”为主题的直属机关第四届职工运动会，参与人员达 1500 人，设置了 7 大类运动项目；今年又成功地组织参加了中央国家机关第二届职工运动会，我部荣获团体总分第六名和道德风尚奖的好成绩，干部职工锻炼了体魄，培养了积极向上的团队精神，增强了凝聚力。直属机关党委成立青年工作部，加强对青年工作的指导；以“读书 · 实践 · 成才”为主题，组建机关青年读书会；以创建“五四红旗团组织”、青年艺术汇演等活动为载体，促进团员青年健康成长。截至 2004 年底，直属机关团员总数 4147 人（含管理干部学院在校学生团员 3682 人），其中机关 65 人，在京单位 4082 人；35 岁以下青年 5122 人（含管理干部学院在校学生 3962 人），其中机关 133 人，在京单位 4989 人。部直属机关女职工 1316 人，占职工总数（3522 人）的 37%；部机关女职工 130 人，占职工总数（444 人）的 29%。直属机关妇工委广泛开展“巾帼建功”活动，激励女职工积极应对挑战，在单位改革发展中做贡献；关心女职工，为女职工办实事，帮助她们不断充实知识，提高综合素质，在本职岗位上建功立业。

## 三、党员干部队伍中存在的不适应问题

根据直属机关党委近年来多次开展的走访调查所掌握的情况，直属机关党员干部队伍中还存在着一些不适应的问题。有的党员党性观念不够强，综合素质不够高，在工作中先锋模范作用不够突出；有的基层党组织把握党建工作规律不够，党建对业务工作的保障、促进作用发挥不够充分；有的党员领导干部与群众沟通的渠道不畅，不能及时、有效地解决关系群众切身利益的深层次问题，影响着凝聚力的进一步增强等。这些都反映了直属机关党建工作还存在薄弱环节：一是缺乏深入调研，下功夫解决党建工作存在的难题不够，认识和把握党建工作客观规律建立健全长效机制不够；二是探索党建工作贴近中心、贴近基层、贴近党员，融入业务工作中的方法不够，把握工作节奏，加强分类指导不够；三是在经济社会转型期中，进一步把握干部职工思想变化规律，不断增强思想政治工作的针对性和实效性不够。以上问题，需要认真研究，切实解决。

## 四、今后工作的思路

### （一）着力提高党员素质和能力，进一步增强理论武装工作实效

组织党员深入学习邓小平理论和“三个代表”重要思想，学习党的最新理论成果，重点是树立和落实科学发展观、构建社会主义和谐社会等重大思想，以此来凝聚党员队伍的意志和力量。组织党员学习先进的科学文化和业务知识。引导党员把学习成果转化为高举旗帜、把握正确方向的政治素质；转化为正确把握时代发展要求的认识能力和决策能力；转化为开拓进取、解决问题的创新举措；转化为为民、务实、清廉的优良作风。在重点抓好党员领导干部学习的同时，更加重视青年党员的学习和培训。

深化学习型党支部(组织)建设,大力宣传符合时代发展要求的新的学习理念,倡导在“工作中学习、学习中工作”,帮助党员在工作实践中不断提高思想认识水平,把握交通工作规律,根据新的形势和要求,针对工作需要和岗位特点,不断充实、提高综合素质和能力。积极创造条件,加强党员干部尤其是青年干部交流、轮岗、挂职、锻炼的力度,交任务、压担子,使他们在实践中迅速成长。

### (二)着力增强党组织的创造力、凝聚力、战斗力,进一步夯实党建工作基础

按照政治坚定、求真务实、开拓创新、勤政廉政、团结协调的要求,着力加强领导班子建设,进一步提高中心组学习、民主生活会、民主集中制的质量,加强思想政治建设,提高解决自身问题的能力。形成科学、民主决策机制,保持班子高效协调运转,增强整体合力。推动领导班子切实做到讲政治、顾大局、抓大事、为大家,正确处理改革发展稳定关系,提高领导科学发展的能力,把各单位领导班子建设成让党组放心、让群众满意的坚强领导集体。

着力加强基层党组织建设,使基础更稳固。认真贯彻党内规章,区别不同情况,健全党的组织;适应党员流动性大的新特点,扩大党的工作覆盖面。按期换届选举,选好配强党组织负责人,加强培训,提高党务工作能力,促使第丁责任人的责任落到实处。

严格党的组织生活,加强对党员的教育管理。对党员干部要严格要求,严格管理,严格监督。指导基层党组织既要发扬党的优良传统,又要适应新形势要求,积极创新党建工作;既要坚持原则,敢于批评不良倾向,又要大力表彰宣传先进,鼓足党员的干劲;既要教育党员发挥先锋模范作用,又要保障党员民主权利,关心爱护党员,帮助党员解决实际困难;既要加大对入党积极分子培养力度,积极做好发展党员工作,又要对不履行党员义务,不具备党员条件的党员进行帮助教育和组织处理,保持党员队伍的纯洁和活力。

指导基层党组织找准党建工作着力点,有效发挥职能作用,使基层党组织把党建工作与行政业务工作有机融合,紧密联系党员思想和工作、生活情

况，组织开展具有单位特点的主题实践活动，使党员始终保持先进性，在确保中心任务的完成中发挥先锋模范作用。

(三)着力密切与人民群众的血肉联系，进一步加强作风建设

教育广大党员特别是党员领导干部牢固树立宗旨意识，坚持“权为民所用、情为民所系、利为民所谋”。坚持党的群众路线，说实话、办实事。推动党员干部深入基层调查研究，乐于听取意见，敢于表达民意，善于解决民忧，了解服务对象的需求，把人民群众对交通的需求体现在工作决策中。建立健全领导干部联系基层、联系群众的制度，特别是保持同困难群众的联系，努力解决好关系群众切身利益的问题。

认真组织部机关党员干部学习贯彻《公务员法》和《全面推进依法行政实施纲要》，不断增强党员干部依法行政意识和能力，适应政府行政管理体制改革，进一步促进政府职能转变，使交通部机关在建设法制型、服务型政府中走在前列。

加强党风廉政建设，深入推进反腐败工作。认真贯彻落实部党组关于《建立健全教育、制度、监督并重的惩治和预防腐败体系实施纲要》的具体意见，把反腐败工作重点真正转移到源头治理、加强预防上来。发挥教育、制度、监督的三位一体、相互促进的作用，营造“不想腐败”、“不能腐败”、“不敢腐败”的环境。继续强化教育，把反腐倡廉教育纳入各级党组织宣传教育总体部署，扩大覆盖面，加强针对性，筑起牢固的思想道德和党纪国法两道防线，提高党员干部拒腐防变和抵御风险的能力；继续强化制度建设，坚持与时俱进，健全完善制度，注重制度的可操作性，在促进落实上下功夫；继续强化监督，着重加强民主集中制建设。要注重以推动改革解决导致腐败的深层次问题。充分发挥纪委维护党风党纪的职能，在建设一流作风中发挥保障作用。继续保持处以上党员领导干部不出新的违纪违法重大案件的良好势头，不断提高廉政工作水平。

(四)着力改进和强化思想政治工作，进一步增强凝聚力

发挥党的优良传统和政治优势，做好新形势下的思想政治工作。围绕改革发展的中心任务和交通重点工作，加强党的路线、方针、政策和交通形

势任务、交通先进典型宣传教育,凝聚和激励干部职工以健康向上的姿态和饱满的热情投入交通工作。坚持以人为本,建立更加通畅的反映诉求、相互沟通的渠道,把握思想脉搏,因地因人因事制宜,及时排查化解矛盾,理顺情绪,稳定队伍。在政治上关心老同志、思想上重视老同志、生活上照顾老同志。把解决思想问题与解决实际问题相结合,运用说服教育、示范引导和提供服务等方法,把思想工作做深做细做实,综合运用政策、法律、经济、行政等手段,及时处理群众反映的问题,妥善兼顾不同方面群众的利益,维护安定团结的局面。不断拓宽新形势下做好思想政治工作,凝聚人心的途径和方法,充分调动各方面的积极性。进一步增强队伍的凝聚力,经得起风浪的考验。

加强对精神文明建设的领导,把握时机,开展爱国主义、集体主义、社会主义教育,开展革命传统教育,开展社会公德、职业道德、家庭美德教育,寓教育于健康有益、丰富多彩的活动之中,培育干部职工高尚的道德情操,提高文明素质。满足干部职工日益增长的精神文化生活需求,推动先进文化建设,培育有交通特色的优秀文化,营造凝聚、和谐、进取、有利于促进交通持续发展的良好环境。

善于积聚各方面的力量,构建和谐交通。努力提高各级党组织做好统战工作的政策水平和能力。发挥民主党派、侨联组织、党外人士在交通工作中建言献策、民主监督的作用。加强对工青妇等群众组织的领导,积极探索建立有利于群众组织充分发挥桥梁纽带作用的领导机制和工作机制。支持群众组织依照法律和章程开展各具特色的活动,进一步发挥群众组织在构建和谐单位,促进和谐交通建设中的积极作用。

(五)着力建立健全长效机制,进一步巩固和发展先进性教育活动的制度成果

坚持党要管党、从严治党的方针,与时俱进,求真务实,探索和研究新形势下加强党的先进性建设的规律,不断丰富先进性建设的理论成果,并以此推动建立健全先进性建设的长效机制。要健全党员学习教育机制,不断提高党员的理论、政策水平和解决实际问题的能力;健全对党员的管理监督机

制,严格党内组织生活,促进党员不断增强党性修养;健全党员联系群众机制,使党员始终践行党的宗旨,保持与人民群众的血肉联系;健全党员民主参与、民主监督机制,增强党员的执政意识和遵守党的纪律的自觉性;健全党员的评价激励机制,激发党员的积极性、创造性;健全党建工作的领导保院机制,提高落实党建工作责任制的水平。健全长效机制的工作要坚持全面建设与重点建设相结合,继承与创新相结合,理论与实践相结合,系统性与可操作性相结合,解决当前问题与解决长远问题相结合,突出重点,突出实际和管用。

(六)着力加强直属机关党委自身建设,进一步提高党建工作水平

完善领导和工作机制。积极向党组汇报工作,按照党组对党建工作的要求和部署,围绕交通中心工作,全面履行直属机关党委职责,认真抓好各项任务的落实,为党组服好务,当好参谋助手。进一步健全完善党委工作规则,积极探索、建立直属机关党委有效发挥作用的机制,发挥好党委全委会和常委会的作用。

努力加强直属机关党委求真务实、勇于探索和创新的作风建设。更加注重深入基层和实际,发现典型,总结推广典型经验,以点带面;加强党建研究,组织对重点难点问题的深入研究,解决好实践中迫切需要解决的问题;敢于并鼓励试点,尊重基层组织和党员的首创精神;改进方式方法,施行分类指导,积极精简会议、文件,改进会风和文风,减轻基层负担;服务基层党组织和党员,努力建设党员之家。

# 最美不过夕阳红

## ——交通离退休干部工作60年

交通运输部离退休干部局

为贯彻党的十六大精神，进一步做好新形势下离退休干部工作，2003年1月交通部党组提出"要逐步让老同志愉快起来，锻炼起来，学习起来，充实起来"的工作要求。并在2004年制定了《贯彻"四个起来"促进健康长寿——2005年—2008年交通部机关离退休干部工作目标》（以下简称《"四个起来"工作目标》），对交通运输部机关离退休干部工作作出了四年规划。

《"四个起来"工作目标》提出了阶段性的发展目标，具有很强的指导性、针对性和可操作性，又具有交通部机关离退休干部工作的特色，得到了老同志们的普遍拥护。按照《"四个起来"工作目标》的要求，离退休干部局先后制定了《交通部机关离退休干部文体活动管理办法》和《交通部机关离退休干部文体组织管理办法》。两个办法明确了开展文体活动和对文体组织管理的指导思想、工作职责和工作要求，对活动的组织方式、经费使用等也作了相应的规范。四年来，离退休干部局认真贯彻落实《"四个起来"工作目标》，在落实国家政策规定、确保全面落实离退休干部政治生活待遇的同时，着重抓好离退休干部的思想文化建设，取得了可喜成绩。

## 一、开展丰富多彩的文体活动

文艺、体育活动的开展可以陶冶人的情操，也可以让老同志们愉快起来，锻炼起来。离退休干部局坚持两年举办一届体育运动会、一届文化艺术节，这两项大型活动已经成为离退休干部文体活动的重要载体，也是思想文化建设的主线。同时，各个门类的文体组织全年不间断开展丰富多彩的小型文体活动。

从2004年开始，离退休干部局先后举办了三届部机关离退休干部运动会。2008年，为迎接北京奥运会，又举办了第四届运动会。每届运动会设有不同的主题，采取大型与日常、集中与分散相结合的形式，采用启动在年初、高潮在年中、闭幕在年末的方式，做到周周有活动、月月有比赛，运动会贯穿全年。

运动会的比赛项目以趣味为主，竞技适度，根据不同年龄层次设置室内、室外、竞技、趣味等十几项比赛项目。离退休干部工作处围绕运动会，组织离退休干部就近、就地开展小型体育活动，充分调动老同志积极参与、全民健身的热情。近几年的实践证明，以运动会为载体，开展离退休干部体育健身活动取得了很好的效果。离退休干部参加活动的人数，也由原来的几百人次，达到了现在的上千人次，参与率超过80%，参加活动的老同志年龄最大的有90岁。

2005年和2007年离退休干部局先后举办了两届文化艺术节。文化艺术节是以“弘扬先进文化，宣传社会主义荣辱观，展现离退休干部精神风貌和艺术风采，促进离退休干部文化建设”为主题，以广大离退休干部积极参与为动力，以实现“四个起来”为目标，贯穿全年的系列文化活动。文化艺术节包括手工艺术作品展、卡拉OK演唱会、文艺汇演大会等七项大型活动。节目全部由离退休干部自编、自导、自演。节目注重文化性、艺术性、思想性和观赏性。文化艺术节充分调动了离退休干部的积极性，老同志以满腔的热情和高度的责任心参加各项活动，期间涌现出很多感人的事迹。参加文化艺术节的离退休干部达到了1500余人次，其中，年龄最大的已90

岁。文化艺术节内容丰富，形式多样，体现了部机关离退休干部对美好生活的向往，展现了老同志的精神风貌和文化素质，在交通运输部内产生了较大反响。同时通过开展文化活动还培养了一批文艺骨干，为不断提高离退休干部文化建设水平打下了坚实的基础。

每周组织合唱、舞蹈、京剧、器乐、书法等各种文体活动；坚持每周举办两次舞会；不定期放映新电影；每月组织一项球类、棋类比赛；举办集体祝寿、钻石婚庆典、形势报告、健康知识讲座等。每年举办一至两次手工艺、书法、绘画、摄影、电脑图片制作等不同艺术风格的作品展；为老同志举办个人作品展；还开展春秋游、钓鱼、门球等户外活动，日常文体活动丰富多彩，老同志可根据不同爱好选择参加。

对普及率较高的麻将、台球等比赛项目，还设立了“乐龄杯”团体赛，每年举办一次，“乐龄杯”为流动杯，连续三年获得奖杯者，可永久保留奖杯。此外，对先后成立的书画、京剧、舞蹈、合唱、器乐、台球、象棋、门球、钓鱼等项目的文体组织，本着自愿量力、自我管理、定期活动的原则，给予支持和经费保障，以促其健康发展。对参加活动人数较多的文体项目，待其发展成熟，即组建新的文体组织。

注重加强离退休干部文体骨干的培训工作，利用老年大学举办培训班，邀请文化、体育界名人授课，不断提高文体骨干的水平，通过培训骨干带动离退休干部局文体活动的开展。坚持走出去请进来战略，加强对外交流合作。积极参加中央国家机关、北京市等单位举办的门球、台球、象棋等项目的比赛，受托承办有关赛事。通过对外交流合作，达到相互学习、提高技艺、增进友谊的目的。

结合纪念抗日战争胜利60周年、红军长征胜利70周年、北京奥运会、国庆节等重大节日、纪念日，举办报告会、座谈会、艺术作品展、运动会、文艺演出等活动；组织参加全国老龄办、全国老年大学协会等单位举办的歌咏、书画、摄影、登山比赛，参加其他大型文艺演出活动，取得了较好成绩，有的作品在比赛中获奖，有的节目还被选送到人民大会堂演出。

## 二、依托固定活动场所和专门工作机构开展活动

离退休干部局专门设了老干部活动中心、工作处用以开展日常文化活动。活动中心总面积3864平方米,中心设有会议室、多功能厅、阅览室、老年大学教室等活动场地和娱乐设施,周一至周六、节假日开放。活动中心建立初期每天接待活动的离退休干部仅有几十人次,现在平均每天接待300多人次。离退休干部已把活动中心当成老年之家,特别是居住在周边地区的老同志,已把到活动中心参与活动当成晚年生活中不可缺少的一部分。

离退休干部局现有离退休部长、黄寺、西城(原南城)、东城、北城五个工作处。工作处根据局运动会、文化艺术节实施方案和文体活动年度计划,组织离退休干部开展各项活动。利用局核拨的文体活动经费,每年组织开展春秋游、球类、棋牌、歌咏、参观等小型活动十几次,老同志的参与率大大提高。此外,五个工作处还结合本处特点,成立活动小组,引进适合老同志特点的健身操、太极拳剑、柔力球、抖空竹、舞拂尘等作为处室的特色项目,小型文体活动开展得有声有色。

## 三、老年大学使离退休干部老有所学

交通运输部机关老年大学于2001年12月开始试办,2005年3月正式成立,2006年被中国老年大学协会吸收为会员。几年来老年大学共开设书法、绘画、计算机、图像处理、声乐、英语、舞蹈、布艺贴画、台球、二胡、摄影、裱画等十几门课程,在校学员从最初的40多人次发展到2007年的600余人次。学校还根据老同志的需求举办经济、法律、保健等知识讲座,每年根据离退休干部局文体活动计划举办培训班。教学设施也有了较大改善,建立了计算机教室,安装了现代化教学设备。教学管理越来越规范,成立了学校管理机构,主管部领导为名誉校长,局长兼任老年大学校长,老干部活动中心一名处领导负责老年大学日常教学管理工作,一名工作人员负责教务工作。每学期编制教学计划、《招生简章》。聘请有丰富教学经验的教师或专业技术人员从教。每年采取问卷调查,召开学员、教师座谈会等方式广泛

听取意见，根据老同志的需求设置课程，改进教学管理。建立完善规章制度，制定了《老年大学学员守则》、《学校管理规定》、《教师守则》等管理制度。组织学员参加中国老年大学协会举办的各种交流活动，为学员举办教学成果展。老同志经过一段时间的学习，掌握了有关的知识和技能，有的人学有所成，创作的作品已具有很高水准，多次获奖，有的还被老年大学聘为老师。

## 四、离退休干部思想文化建设成效

交通运输部机关离退休干部思想文化建设，贯彻《“四个起来”工作目标》，以适应离退休干部特点、满足精神文化需求为己任；以丰富离退休干部晚年生活、促进思想升华为方向，以学、乐、为相结合为主要方式，不断拓宽思路，创新方法，丰富内容，取得了新成效，形成了新特色。

一是通过学习宣传，“四个起来”深入人心。通过深入学习、广泛宣传，使“四个起来”深入老同志心中，变成自觉行动，不断推动思想文化建设发展。通过开展文化建设活动，达到团结群众，凝聚人心的作用，使老同志在思想和行动上与党中央保持一致，自觉维护改革、发展、稳定大局，支持交通运输部党组工作，在构建和谐社会、实现交通又好又快发展中发挥作用。

二是以打造平台、创建特色为切入点，提升了离退休干部文化建设水平。在普及文体活动的基础上，开展了创建文体活动特色项目的工作，几年来，涌现出了歌舞、器乐、健身操等一批保留节目。以运动会、艺术节、老年大学为切入点，以点带面，全方位、多角度、经常性、系统性地开展活动，传播新精神，宣传新思想，吸收新文化，营造文明、和谐、积极、健康的离退休干部文化环境，全面促进离退休干部思想文化建设的发展。

三是培育发展了文体团队，形成了多种文体组织。文体组织是活跃在离退休干部文化建设舞台上的重要力量。四年来，离退休干部局先后成立了合唱、舞蹈、器乐演奏、台球等十几个文体组织，培养了一批文体骨干，他们已成为离退休干部文化活动最广泛的传播者和最有力的推动者。

四是工作处、党支部成为文化建设的关键力量。工作处和党支部在离退休干部文化建设中发挥了关键作用。为完成运动会、艺术节各项任务，工作处结合实际制订工作计划，合理使用经费，工作到人，责任到位，为老同志参加活动创造条件。党支部充分发挥老同志的特长和优势，积极组织编排有特色的文艺节目。工作处与党支部齐心协力，在共同做好排练工作的同时，注重提高节目质量，打造精品，争创一流，体现出团结协作的团队精神。

五是文体活动内容丰富多彩，体现出了时代及群体特点。文体活动既要体现政治性、思想性、时代性，又要符合老年人的特点。离退休干部局组织开展文体活动注重宣传党的方针政策，倡导科学与文明，反对封建和愚昧，营造良好的社会文化氛围，美化人们的心灵，在建设和谐社会中，实现文化建设的社会使命。同时针对老年人受视力、听力、注意力以及身体健康状况等方面影响的实际情况，开展以大众性、普及性、自发性、娱乐性为主要特征的文体活动，做到寓教于乐，通过轻松娱乐的活动方式达到引导、教育的目的。

# 让航运更安全　让海洋更清洁

## ——交通海事发展60年

交通运输部海事局

新中国成立至今已走过60年的光辉历程，随着我国对外开放程度的不断提升，航运经济在国民经济中的比重越来越高，目前我国外贸货物运输量的90%以上都要依靠水路运输来实现。安全是航运永恒的主题，航运经济的高速发展对水上交通安全监管工作带来了巨大的挑战和极高的要求。在此背景下，作为我国水上交通安全监督管理职能机构的海事部门，认真履行国家赋予的"保障水上安全、保护水域清洁、维护国家主权"的神圣职责，坚持有效监管保安全，优质服务促发展，为保持我国水上安全形势持续稳定和促进经济社会和谐发展作出了积极的贡献，为航运经济健康快速发展提供了有力的保障，取得了辉煌的成就。

### 一、水上安全形势保持稳定

新中国成立60年来，特别是改革开放30年来，我国水路交通基础设施建设不断加快，运力和运量成倍增长。截至2008年年底，我国拥有船舶总数24万余艘，7000多万吨，居世界第二位；运输船舶总运力已达1.18亿载重吨，是1978年的7倍；水运货运量、货运周转量达到28亿吨和64284亿吨公里，分别是1978年的6倍和17倍；港口吞吐量达64亿吨，是1978年的

7.4倍。与此相对应的是，水上安全形势较改革开放前大幅度改善，事故件数、死亡人数、沉船数量等指标大幅下降，水上安全形势持续稳定。1978年与2008年水上安全事故对比见下表。

**1978年与2008年水上安全事故对比表**

| 年　份 | 事故数(件) | 死亡数(人) | 沉船数(艘) |
|---|---|---|---|
| 1978 | 5602 | 1219 | 1719 |
| 2008 | 342 | 351 | 213 |
| 同比下降 | 93.9% | 71.2% | 87.6% |

## 二、安全监管体系逐步完善

海事部门的前身是1949年新中国成立后成立的交通部海运总局航政室，1953年改为“中华人民共和国港务监督局”。1998年，根据国务院关于全国实施水监体制改革的决定，港务监督局与船舶检验局合并组建中华人民共和国海事局（交通部海事局），为交通部直属机构，统一领导全国水上安全监管业务工作，并划定了中央垂直管理水域和地方管理水域。目前，在中央管辖水域设有20个直属海事局，在地方管辖水域设立了28个省级地方海事机构，监管范围已全面覆盖全国通航水域。

## 三、应急反应能力明显增强

海事部门全面履行海上人命救助和船舶污染事故应急反应职责，推动成立国家、省、地市三级水上搜救中心，形成了以政府统一领导，以海事部门为主要依托，搜救机构归口协调指挥的水上搜救组织体系，1998年水监体制改革实施以来，共组织、协调、指挥海上搜寻救助9900起，共有122320人脱险，平均每天救助34人，救助成功率达93.2%，建立了全方位覆盖、全天候运行、快速反应的水上险情应急机制，提高了海事应急反应能力。

## 四、安全监管能力显著提升

不断加快信息化建设步伐，完善监控手段，提高航海保障能力，目前我国已建成31个船舶交通管理中心和92个船舶自动识别系统岸基站，并在沿海及主要港口布设航标7981座，监控范围覆盖我国所有重要港口和通航水域；以3艘千吨级巡视船为骨干，以1100余艘60米、45米、30米级及以下级巡逻船艇为主体的海事船艇编队，使海事监管范围从原来的主要港口水域延伸至专属经济区。

## 五、转变理念提升服务能力

海事工作始终围绕服务经济社会发展大局，积极转变工作理念，适应社会主义市场经济发展和政府职能转变要求，努力为国民经济和社会发展提供优质服务和坚强保障。仅以创新服务举措为例：长江江苏段水域船舶定线制的实施，便年均带动江苏沿江港口吞吐量提升4000万吨，拉动GDP540亿元，取得了良好的经济效益和社会效益；通过积极引导非航海类专业毕业生从事海员工作、引导渔民转行转产和推进中西部海员发展等举措，推动社会主义新农村建设，目前全国的船员总量达到155万人，成为世界船员大国。

## 六、海事国际地位和影响力不断提高

海事部门认真履行维护国家主权职能，代表国家参加国际海事组织、国际海道测量组织、国际航标协会和国际劳工组织等国际组织的活动，派员参与国际公约的起草与修订，在市场准入和标准规范制定等方面坚决维护了我国航运事业的根本利益；自1989年起，连续10次当选为国际海事组织的A类理事国，并第一批被列入国际海事组织公布的履行公约“白名单”国家；与20多个国家和地区签订相互认定协定和合作协议，定期举办国际海事论坛，与韩国、日本以及香港和澳门地区定期举行海上安全会谈。

## 七、执法队伍建设成效显著

始终坚持并不断加强执法队伍建设和专业人才培养，为事业发展提供了不竭的动力和坚强的保障。以海事职务等级标识制的实施为契机，加快执法队伍正规化和半军事化建设步伐。60 年来，以陈毅、叶中央、苏贵聪、杨庆文等同志为代表，海事系统涌现出一大批不同历史时期的全国劳动模范和行业先进典型，在他们身上集中体现了海事工作者执著的职业追求和崇高的精神品质，不断激励和影响着广大海事职工时刻履行"执法为民、服务社会"的庄严承诺。

# 把生的希望送给别人<br>把死的危险留给自己

## ——交通救助打捞发展60年

交通运输部救助打捞局

中国救捞是国内应急机制的重要组成部分，承担着对中国水域发生的海上事故的应急反应、人命救生、船舶和财产救助、沉船沉物打捞、海上消防、清除溢油污染及其他对海上运输和海上资源开发提供安全保障等多项使命，并代表中国政府履行国际义务。

新中国成立初期，我国海上救助事业一片空白，交通运输部救捞局前身中国人民打捞公司只有职工120人、一艘125千瓦的“盘山”号小拖轮和十几只港口装卸淘汰的小平驳，设备简陋，人员缺乏。经过近60年的发展，中国救捞先后经历了艰苦创业时期、加快建设时期、飞速发展时期等几个阶段，在党和政府的重视与关怀下，经过几代救捞人的共同努力，从无到有，从小到大，从弱到强，一步一个脚印地发展壮大起来，成为国家海上应急救援的主力军。现已形成了三个“三位一体”的特色，即救助队伍、打捞队伍、飞行队伍三位一体的队伍建制，承担了人命救助、财产救助、环境救助三体一体的岗位职责，具备了空中立体救助、水面快速反、水下潜水打捞三位一体的综合功能。正是由于这三个“三位一体”的特色，使救捞系统具备了应对和处置各类海上重大突发事件的能力，奠定了救捞专业队伍的整体战斗力、核心竞争力。

进入新世纪后，中国救捞在国家改革开放不断深入的大背景下，创立了一套具有中国救捞特色的管理思路和理念体系，走出了一条独具中国特色的救捞发展之路。2008 年，交通部救捞局提出了“五个并重”的工作思路：坚持救助与打捞并重，不断增强救捞整体实力；坚持实战与训练并重，不断提高救肋和抢险能力；坚持救助与宣传并重，不断扩大国家专业救捞队伍公益性服务的影响，坚持管理与发展并重，不断夯实救捞建设和发展基础；坚持改革与稳定并重，不断建设和谐和创新型救捞。

救捞系统在加紧对现有老旧救助船舶进行技术改造、提高船舶性能的同时，还借鉴国内外成功经验和标准，制定了符合我国国情的专业救助装备和器材的配备标准，积极建立了一支海、陆、空并进，高速、快速相结合的救助装备梯队，确立了大、中、小三种船型。在救助效果方面，创造性地提出并实施了“关口前移、站点加密、动态待命、随时出击”的动态待命救助值班制度，全天候大功率专用救助船接到救助指令后 30 分钟出动；快速救生船 20 分钟出动；高速救助艇 10 分钟出动。冬季出动时间在此基础上各延长 10 分钟。救助船舶在港外锚地、通航密集区、事故高发区值班待命，大大加快了反应速度，84% 的离岸 50 海里内重要干线航道和港口的救助，应急到达时间不超过 150 分钟，比以前平均缩短了 73 分钟，应急反应速度、组织指挥水平和海难救助效果明显提高，为稳定水上安全形势和促进国民经济发展提供了强有力的保障。

如今，救捞系统已发展成为设有 3 个救助局、3 个打捞局和 4 个救助飞行队，拥有近万名职工，在北起鸭绿江口、南至西沙海域，救捞系统在沿海共设立 23 个救助基地、7 个航空救助基地，除了船舶、飞机外，还有 18 支应急反应救助队随时待命，在沿海水域初步形成了海空立体救助体系，随时可以迅速出击，投入救捞抢险行动，为我国水路交通安全提供有力的保障。

目前，救捞系统已拥有 60 余艘专业救助船舶，其中新造大中型现代化专业救助船舶 15 艘，包括 3 艘 6000 千瓦救助船、8 艘 8000 千瓦救助船、1

艘 14000 千瓦救助船以及 3 艘近海快速救助船。这些新造大型救助船可在 12 级风条件下安全航行,近岸快速救助船可在 9 ~ 10 级风的条件下安全航行,救助综合能力有效提升。已经投入使用的新型救助船在台风等恶劣的气象海况条件下,实施了包括救助越南渔民在内的多起成功救助,为保证海上人命财产安全和体现负责任的大国形象作出了重要贡献。

在飞行救助方面,陆续引进了包括 S－76C＋型和 EC225 型救助直升机在内的直升机 6 架,现在共自有和租用 12 架飞机,而且新采购的 6 架飞机近两年也将陆续到位。我国海上救助飞行队成立后,在海上救助及国家重大应急救捞抢险行动中屡立战功。还有包括 4000 吨起重船“华天龙”以及能在 3000 米深水作业的水下机器人等一大批打捞装备相继投入使用,我国海上救助与打捞的综合实力显著加强。

随着队伍的不断扩大,救助装备的不断更新,目前我国专业海上救助已集空中救援、海面救助、水下潜水救助打捞于一体,形成结构完整、功能齐全、优势互补、自成体系的特色,在应对海上突发事件时,能够做到更加科学、更加准确、更加有效。尤其是 2003 年体制改革后的 6 年来,在海上人命救助方面,出色完成了新中国成立以来最大国际救援行动——成功救助 330 名越南遇险渔民,还完成了东沙 1125 名受困渔民的大救援、强温带风暴潮中 1096 名遇险人员救援、南沙西沙 986 名遇险中外渔民救援、失火客滚船“辽海”轮救助、雾航搁浅的“粤海铁 1”救助等;在抢险打捞方面,成功打捞起沉没在我国海域的世界上最大的挖泥船“奋威”轮、黄浦江最大沉船“银锄”轮打捞、5 万吨电煤运输船“鹏洋”等,在举世瞩目的古沉船“南海一号”整体打捞工程中,开创了世界考古打捞的先河,向世人充分展示了我国专业打捞力量的雄厚实力。

据初步统计,改革开放 30 年来,我国海上专业救助力量共救助海上遇险人员 44135 名,年均救助人数约为 1423 人,是改革开放前年均获救人数的 12.06 倍;救助遇险船舶 2471 艘,年均救助船舶约 80 艘,是改革开放前年均获救船舶的 2.29 倍。尤其是 2003 年体制改革后的这几年,截至 2008 年 10 月,共救助海上遇险人员 18834 人,年均救助 3139 人,是改革开放前的26.61倍;救助遇险船舶890艘,年均救助船舶约148艘,是改革开放前的4.23倍(详见表1)。60年来,救捞系统较好地履行了海上人命救助、环境救助、财产救助和应急抢险打捞的神圣职责,已成为国家应急反应体系的重要组成部分和中坚力量。

在新时期,救捞系统将深入学习贯彻落实科学发展观,以世界眼光和战略思维谋划救捞事业的新发展,以"三精两关键"为目标,结合中国救捞的实际,"围绕部党组做好'三个服务'的要求,坚持救捞'五个并重',坚持走中国特色救捞发展之路,着力加强海上应急救助和抢险打捞能力建设,确保完成海上人命救助、环境救助和财产救助三大任务;适应国家综合交通运输体系建设和发展安全保障的需要,适应国家反恐和安全防范应急反应的需要,适应国家重大自然灾害和事故灾难紧急救援的需要,努力将中国救捞建设成为精干实用的国家专业应急救援队伍。"开展人才、装备、技术专业化建设,努力实现准军事化管理:待命制度化、行动快速化、救助科学化,全面提高救捞系统"三个服务"水平,为保障我国水上安全,促进我国海洋经济安全发展作出更大贡献。

改革开放**30**年前后救助打捞成果统计表　　表1

| 时　间 | 救助人员(人) | 救助船舶(艘) | 打捞沉船(艘) |
|---|---|---|---|
| 1951—1977年 | 3081(年均约118) | 908(年均约35),其中外轮129 | 901,其中外轮35 |
| 1978—2008年 | 44194(年均约),其中外籍人员8020 | 2485(年均约),其中外轮548 | 782,其中外轮57 |
| 合计 | 47806,其中外籍人员8020 | 3393,其中外轮677 | 1683,其中外轮92 |
| 其中:2003—2008年 | 18759(年均约) | 864(年均约) | 67 |

# 铸就国际化品牌

## ——交通船舶检验发展60年

中国船级社

金秋送爽。祖国迎来60周年华诞。作为国家船检机构——中国船级社(CCS),在新中国成立60周年的喜庆气氛中,缔结出丰硕成果:国际航行入级船舶突破3000万总吨,国内航行船舶突破1500万总吨,海洋工程和陆上工业服务领域也以异军突起之势增长,规范科研与国际标准完全同步,正立足于新的起点,开拓奋进。

回首CCS的发展,不难发现,中国船级社正是以助推国家航运事业的发展为出发点和落脚点,努力锻炼自身能力,才在半个多世纪的历程中,适应了我国航运事业的发展,同时铸就了一个国际化品牌。

### 一、五个发展阶段铸就国际化品牌

中国船级社伴随着国家造船、航运一起成长。

新中国成立之初,百废待兴,国家急需发展造船、航运事业,以促经济生产。中国船级社正是在祖国的航运事业处于最低迷的阶段应运而生的。从1951年始,交通部着手筹备国家船检机构。经过5年的艰苦努力,1956年,中华人民共和国船舶登记局(CCS前身)诞生,中国终于有了自己的船舶检验机构。

CCS 的发展,极尽曲折。总的来看,经历了五个阶段:

第一个阶段:从 1956—1966 年。这个阶段是 CCS 的起步阶段。这 10 年,CCS 通过检验“光华轮”逐渐突破了国际海事界对中国的制约。特别是 1963 年,“跃进”号的沉没催生了中国政府对船舶检验机构的立法,确立了船舶检验与入级业务的法律地位,促使国家船检机构加强规范科研规划,修订和充实船舶规范和安全技术标准,进一步健全了船检服务体系。

第二个阶段:从 1966—1981 年。这个阶段是 CCS 打牢基础的阶段。这 15 年,CCS 经历了“十年浩劫”,受到一定制约,但自 70 年代以后仍然抓住了巨大的发展机遇。1972 年,在周恩来总理提出“力争在 1975 年基本结束外贸运输依赖租用外轮”重要指示的推动下,国轮船队买造并举,我国远洋船队急速增长,造船业呈现出勃勃生机,为 CCS 提供了广阔的发展空间。特别是对 20 世纪 70 年代末在大连船厂建造的“长城号”系列船舶的检验,大大地提升了 CCS 的实力。

第三个阶段:从 1981—1988 年。这个阶段是船级社的发展阶段。这 8 年,是 CCS 摆脱束缚、快速发展的关键时段。CCS 制定了“加强基础、健全体系、适应发展、面向全国、走向世界”的“二十字”发展方针,不仅巩固了发展基础,还扩大了业务规模,迈开了国际化步伐,开始了真正意义上的独立发展:健全船检体系,努力开拓国际业务,其业务领域由单纯的船舶检验向海洋工程及陆上工业领域延伸。1986 年 8 月 1 日,出于与国际船舶入级和检验发证相适应的需要,经国务院批准,中国船级社正式挂牌成立,局社并称开展业务,标志着一个独立的船舶入级检验机构已于东方大国诞生。两年后,CCS 加入国际船级社协会(IACS),为打造一个具有民族特色和国际化的品牌奠定了坚实基础。

第四个阶段:从 1988—1998 年。这个阶段是 CCS 的提升阶段。这 10 年,船级社的网点建设初具规模,技术水平得以提升,国际化步伐加快,最为突出的是做了两件大事:建立了符合国际标准的质量管理体系并通过了 IACS 的审核;首次担任 IACS 轮值主席。质量体系建设的成功,在我国是史无前例的。实践证明,质量体系的建设为 CCS 又快又好地发展起到了强劲的助推作用，CCS 把握住了历史发展的机遇。在首任 IACS 主席期间，CCS 以开放的姿态，尽力与航运、保险、救助、金融等组织和其他国际或区域性的海事组织以及新闻媒体联系，为扩大 IACS 在国际海事界的影响起到了显著作用，外国媒体以“中国取得领导地位”的显著标题对此作了报道。

第五个阶段：从 1998—2008 年。这个阶段是 CCS 实现跨越式发展的阶段。这 10 年，是 CCS 历史上发展最快也是最有成果的 10 年。这期间，CCS 经历了“由局到社”的改革阵痛，经历了转型过程中的竞争压力，但也牢牢把握住了发展机遇。CCS 放眼整个全球海事界，首先在理念上创新，从适应国家的造船、航运、保险等行业生产力发展的需要出发，将“风险管理”作为 CCS 的业务属性。在明确 CCS“技术权威性、服务公正性、业务国际性和社会公益性”四个特性的基础上，确定了“安全、质量、改革、发展”八字基本方针，创造性的提出“海上安全链”和“三步走”的发展战略，在思想观念、发展理念、组织模式、角色定位等方面发生了深刻变革，真正放开了手脚，全面融入了国际海事界且参与国际标准的制定，铸就了一个国际化品牌。2008 年，CCS 提出“走科研技术为先导的发展道路，服务于船舶工业及相关行业发展大局”，步入可持续发展的新阶段。

这五个阶段的发展，既符合国情，又适应国际潮流，特别是适应了中国船舶工业生产力的发展需求，快速提升了 CCS 国际航行船舶安全质量品牌形象，安全质量水平始终处于国际船级社前列，使五星旗远洋船舶的安全质量品牌瞩目全球。前中国船舶工业总公司总经理王荣生曾感慨地说：“中国船舶工业能够得到如此快速发展，中国船级社功不可没”。

今天的中国船级社，已经成为在国际海事界具有技术、业务服务竞争能力和政治、品牌影响力的国际型船级社，得到海内外客户的广泛认可；通过研发创新和科研试验，积极参与国际标准领域的竞争，为我国造船、航运、海工提供与国际接轨的规范技术标准，CCS 已成为中国造船、航运、能源开发、金融保险等相关行业发展不可或缺的重要支持保障力量；通过履行国际海事公约、国内法规和船舶入级规范要求，CCS 已成为我国实施海事安全质量管理、环保监控的主力军。

## 二、四大业务主线构筑现代船级社

经过50多年的探索和发展,CCS逐步形成了四大业务主线:入级船舶、国内船舶、海洋工程和工业服务。这四大业务主线构筑了一个现代船级社,将CCS推向新的历史起点。

国际航行入级船舶,是一个国际型船级社的重要特征。CCS经过半个多世纪的磨砺,船舶入级吨位一路上升。特别是1999年以后,CCS着力调整结构,将工作重心由传统的营运船转到新造船,率先实施国际化运行模式,提出了VCBP(V-大型油轮,C-大型集装箱船,B-大型散货船,P-海洋工程)战略计划。这一计划的实施为国内设计建造和检验大型油轮、大型集装箱船、散货船和海上平台建立了技术基础;同时,着重“优选型散货船”(OBC)的船型开发,开展了对优选型散货船21万吨、17.4万吨、9万吨、7.5万吨和5万吨级船型的认可。特别是“18万吨散货船”项目,其结构尺寸计算分析与设计优化采用CCS自主开发的COMPASS-CSR软件,是满足IACS同结构规范(CSR)要求的新船型,甫一出世,即有32艘船舶入级CCS。在此基础上,CCS着力抓好每个系列船舶的首制船,对重点工程、重大项目实施领导项目负责制,突出安全质量和品牌建设,一大批大型、新型、高附加值首制船增强了CCS品牌影响力,譬如,我国自主研发生产的第一艘2000车位滚装船“长吉隆”号、我国首批LNG船“大鹏昊”和“大鹏月”号、国内第一艘拥有自主知识产权的VLCC“长江之珠”号、29.7万载重吨VLCC首制船“长江之光”号、我国自主设计建造的最大集装箱船“新非洲”号、我国第一艘2万吨大型自航半潜船、“神州第一挖”18000方挖泥船等加入CCS级。此外,CCS还成功完成了“河北成功”轮等27艘船舶的重大改建任务。十年来,CCS入级船队总吨位翻两番,有力在提升了CCS适应船舶工业生产力发展的服务水平。

作为国家船级社,CCS数十年的发展中,一直将国内船舶检验视作自身发展的根本所在。CCS认识到,在中国经济发展被世界瞩目并被期望托起世界经济的时候，更要重视国内船检业务的快速发展、安全发展，将国际业务先进的运行模式和管理经验复制、移植到国内，在国内船舶检验、陆上产品检验认证工作等方面有更为出色的表现，帮助国内相关航运、造船、产品企业实现可持续发展，使CCS的服务对象更具现代竞争力，同时实现自身的协调发展。近年来，CCS强化技术监督检验授权执行能力，积极实施国内船舶入级，推动船型标准化，在检验质量、技术含量和检验船舶数量等方面发挥主力军作用。根据国内船检工作的需要，CCS于2003年正式成立国内船舶检验中心，同年将国内船舶检验的质量管理纳入CCS质量体系，于2005年推出国内航行船舶入级业务产品和技术标准，2007年在各二级分社组建国内船舶审图部（组）。这些组织机构和服务产品的调整，确立了国内船检服务与品牌的基本方向，体现出发展与服务的前瞻性。在服务国家重点水域、重点船舶的安全、环保方面，CCS主动担当起国家船检机构的职责，先后承接了渤海湾、琼州海峡及舟山水域客船客滚船的检验，承接了长江涉外旅游船及三峡库区汽车滚装船的检验，接受海南、福建地区船舶检验业务，承担海峡两岸"小三通船舶"检验，积极推进内河船型标准化，圆满完成144艘奥帆赛工作艇的审图和检验任务，研发并不断完善国内船舶安全技术标准，体现出国家船检主力军在稳定国内法定检验和水运安全大局的保障作用。在检验和管理方面，CCS先后实施检验与审核协调机制、推行目标营运船舶管理、推行新造船目标市场管理、建立并不断完善国内航行船舶检验管理和发证系统（DSMIS）、建设验船师须知等。这些都体现出从原有船检局以监督和把关为核心的管制模式，向现今以市场为导向的服务模式的历史转变。

相对于船舶入级和国内船检检验业务，CCS的海洋工程业务是从1980年开始的，但在近年来却有异军突起之势。CCS海工的服务已包含了移动平台、固定平台、浮式处理装置、系泊装置、海底管道铺设等重要项目，其自身的工作特点适应了我国能源产业大发展的整体趋势，成为我国能源安全运输战略的推动力之一。近十年来，随着世界经济的全球化发展趋势，各国船级社的海工项目（尤其在第三方发证检验市场）竞争日益激烈。面对这种形势,CCS 成立了海工事业部,紧密联系中海油、中石油等国家特大型能源开发集团,并与其旗下的众多企业签订战略合作协议,通过"中海油 3000 米半潜式移动平台项目"建造项目的实施,填补了我国在该领域的空白,推动了 CCS 整体科研技术水平提高。此外,CCS 还获得中海油渤海湾首个区域油田群的第三方发证检验项目,圆满完成了"海洋石油 931"转级和重大改造工程项目等,使 CCS 的海工服务水平产生了质的飞跃。海工技术的发展,拓展了 CCS 在南海海工检验业务中的占有率,巩固了 CCS 在渤海湾海工市场的主导地位。

工业服务是现代船级社的又一标志。相对于 IACS 成员中百年老牌船级社,CCS 属于年轻的船级社,但在工业服务领域却后来居上,仅用不到 20 年的时间,成功再造了一个"陆上船级社"。CCS 的工业服务,坚持走以认证、监理和检测等为主要业务,以风险管理为核心的发展道路,加速移植入级的核心业务模式,使 CCS 成为服务陆上工业的一支劲旅。2007 年,CCS 在获得国家认监委产品认证资质后,将原产品检验管理处与原认证公司(CSQA)合并,重组了中国船级社质量认证公司(CCSC),实现了体系认证、产品认证、工业产品检验、集装箱检验四大业务整合。整合后的 CCSC 正向高端产品认证市场进军,在风电、冶金、交通运输等行业内成为有影响的认证机构,目前已和国内主要风电企业签订了风能相关产品的认证协议,涉及风力发电机组整机、叶片、发电机、螺栓等共计 28 个型号的产品认证项目;同时,积极开拓新服务品种研发,在货物包装、交通运输、管道运输石油开采、环保等陆上工业领域,开展了设备、材料等专用产品的检验发证业务。在监理检测方面,CCS 近年来继续在特大型桥梁工程监理、大型港口码头设备系统制造与安装监理、特大型起重设备制造与安装监理三大领域保持了国内同行业的领先优势,获得了交通部"公路工程甲级"和"特殊独立大桥"两个专项监理资质。在国际业务领域,中国船级社实业公司(CCSI)通过国际投标取得了首个国外重大工程项目——美国奥克兰湾大桥钢结构制造焊接检验工程;承接我国迄今最大规模的境外天然气勘探开发项目——阿姆河项目地面管线钢管监造工作。在国内业务领域,获得了江苏润扬大桥、浙江舟山跨海大桥、重庆朝天门长江大桥、广西南宁大桥、太原漪汾桥、舟山西堠门大桥等国内重要桥梁的建造、改造工程监理项目，获得中海工业江苏区域、广州龙穴、上海沪东、渤海重工等大型龙门起重机监理项目，确保了CCS在国内监理、检测领域的龙头地位。

## 三、科研技术助推船舶工业发展

科学技术是第一生产力。

对CCS而言，科研技术是立社之本。从诞生之日起，CCS就致力于船舶检验的规范、标准和指南的研究、编制和更新。经过五十多年的努力，其规范科研水平完全与国际同步，其中具有自主知识产权的科研技术成果大幅提升。

特别是近十年来，CCS将科研、规范和信息技术视作CCS发展的重中之重，围绕“一个核心、三个重点”（以规范科研为核心，以审图计算、现场检查和试验能力为重点），科研技术由跟进研发型向先导研发型转变。在科研技术体制改革方面，确立了“一个中心 + 三个所”的规范科研管理体制；在科研规划发展方面，制订了大型规范科研计划VCBP并组织实施，组织开展大型计算软件“海虹之彩”二期开发，修订《钢质海船入级与建造规范》，积极主导推进了行业联合研发“优选型散货船”（OBC）的船型开发，该项目直接为国家带来100多艘自主知识产权的大型散货船、价值百亿美元的订单。当前，CCS编制、修订、升级各种规范、法规和指南，覆盖了造船、船用产品、海洋工程、陆上工业等方方面面。这些成就，得益于CCS坚持“以科研技术为先导”的发展理念。因而，在国家《船舶工业中长期发展规划》中，首次将CCS的职责和作用在国家产业政策中突显出来，明确指出CCS要建立健全我国船舶工业技术标准体系，维护我国船舶工业的合法权益。

在国际海事技术和标准领域，CCS以推动全球海事技术为己任，其研究成果“最小船艏高度推导公式”等科研成果被纳入《1996国际船舶载重线（LL）公约》修正案，被国际海事组织称之为“全球海事界期待多年、里程碑式的结果”；紧密同世界几家主要船级社在技术领域的团结合作，研发制定船级社有史以来的第一部 IACS 共同结构规范并共同享有知识产权，标志着 CCS 的规范、标准完全与国际同步且在某些领域有了领先技术，使我国船舶工业与欧、日、韩站在了同一起跑线上，缩短了我国在设计制造方面与先进造船国家的差距；针对国际海事组织通过了 MARPOL 公约附则 I 第 13G 条修正案，提前淘汰单壳油轮后，对我国和世界油轮船队、油运市场带来的影响，及时向国家主管部门提交分析报告；针对外国淘汰的单壳油轮有可能流入中国市场状况，以及在我国水域防止出现大面积溢油污染等问题，向政府提出了积极建议。

在信息技术方面，CCS 集中力量打造海事界的“百度”，发布了中国船级社知识平台（CCS KC）网站，及时提供 CCS 对规范及其相关标准的统一解释和船舶安全环保技术的咨询，更好地为客户服务和提供技术支持，同时搜集客户对 CCS 规范及相关标准的意见或建议，充实“国际海事技术银行”的储备金。

在试验室建设方面，CCS 针对我国船舶工业技术试验能力相对薄弱的现状，与 DNV 合资组建了上海中挪海事技术公司，建成亚洲首家能进行新涂层标准检测的试验室；与麦瑞克斯—欧宁检测技术公司合资筹建世界领先水平的无损检测试验室，利用超声波相控阵和辅助成像技术对自升式钻井平台桩靴进行检测，应用 TOFD 技术对在役大桥进行检测；CCS 防火试验中心在原有标准耐火试验基础上，增添了材料恒温恒湿干燥箱，开展耐火结构中隔热材料含水率、含胶量等指标检测的增值服务。三个试验室互为促进，其服务得到了海内外客户的认可和好评。

此外，CCS 积极还探索节能减排未来发展方向，完成了《绿色船舶计划实施策划》，制订了绿色船舶计划推进工作目标和框架、绿色船舶标准体系框架及专题项目的五年计划，积极响应 CCS 在“十一五”期间“绿色船舶计划”的实施；与中远合作进行船舶节能减排项目、核能和风帆等新兴船舶动力项目研究；CCS - DNV 节能减排技术合作取得新进展，研究并积极推广清洁发展机制（CDM）；筹划研究和制定“绿色船舶”规范及相应的船级符号，并将纳入拆船公约、气体排放、压载水要求等；开展了风帆船技术在运输船舶的应用预研工作,分析了风力助航的技术内容,为船舶的节能减排提供了新的研究思路;完成内河绿色船舶指导体系的建立工作,有力地推动内河规范向“绿色标准”方向发展。

## 四、在行业间发挥桥梁纽带作用

数十年来,CCS 始终着眼国家和行业需要,努力推进国际交流合作,无论在国际公约、规范技术标准的制定中,还是在各类国际组织的活动中,始终以国家、民族的利益为重,积极发挥 CCS 的桥、纽带梁作用,努力为中国造船、航运业的发展谋求有利的环境。

中国船级社分别于 1996—1997 年、2006—2007 年两度出任 IACS 理事会主席,利用国际平台,搭建了一座沟通的桥梁,积极为中国海事业融入国际海事界服务。在首任 IACS 主席时,CCS 就面临国际海事界整治老旧船舶的“多事之秋”,IMO 明确表示要将散货船新的技术标准纳入国际海上人命安全(SOLAS)公约,责成 IACS 提交公约修正案。CCS 本着“求同存异、共同发展”的理念,与各成员船级社、航运、保险、救助、金融等方面积极联系,增进了解,成功化解矛盾,如期提交公约修正案并获通过。2006 年,当 CCS 再一次接过 IACS 主席接力棒时,按照“认清形势、参与竞争、以我为主、分化制衡”的工作思路,从过去的一般性参与国际事务,转变为积极主动熟练协调国际海事界各方的利益,推动国际事务向有利于国家、行业的利益转化:在 IACS 内部引进“和谐”理念,强化团结合作,提出了 IACS 发展与改革的若干重大思路并得到了各家成员的支持;在接受英国《劳氏日报》的专访时,首次提出了“海事技术银行”(MTB)的理念,生动、贴切地诠释了海事界长久以来“讲不清,理还乱”的船级社的作用和角色;成功组织“三方会谈”(船东、船厂和船级社),加强了与国际航运组织之间的密切联系和交流,推动了我国造船工业、船级社业务进一步与国际接轨。

在船舶压载舱涂层国际标准制定过程中,CCS 社作为通信工作组的主席,最早介入了这项工作,在第一时间向中国工业界通报了有关信息。为了维护中国造船界的利益,做了大量的国际协调工作,代表了中国造船界、海事界等相关各界向 IMO 提交 6 份有关涂层方面的提案;向 DE 49 提交了关于标准应用范围、预清洗、钢表面可溶性盐限制、表面灰尘和合拢后表面处理等问题的中国提案;向 MSC 81 提交了关于标准强制实施日期、涂层维护和有关技术问题的 3 份提案。经过顽强努力,涂层标准最终将空舱从标准的适用范围内排除;删除了原草案中的预清洗要求;将钢表面可溶性盐含量从小于 30 毫克/平方米放宽到小于 50 毫克/平方米。公约修正案的适用日期和压载舱合拢后钢表面处理要求也按照中国的提案进行了适当的修改,最大限度地保护了中国造船业的利益。

此外,CCS 通过高层互访和沟通,广泛听取国际利益相关方的意见和建议,向世界展示了我国是一个崛起中的航运大国、造船大国,有力地提升了 CCS 的国际形象。此外,CCS 还组织召开了“中国 - 东盟船舶技术联合研讨会”,就各国的船舶监督、船舶检验和管理模式深入交流,有力促进了中国与东盟睦邻友好与互利合作;组织国际造、检、航三方会议召开,增进各方沟通和了解;参加 IMO/IACS 工作组工作,支持 IACS 法定组、船体组、轮机组及检验组工作,积极承担 IACS 技术工作,多位技术骨干承担了 IACS/PT 的项目经理和成员工作,提升了我社在 IACS 的话语权;与美国质量学会共同主持了首届“认证与经济发展中美企业家高峰论坛”,为进一步发挥认证认可在国民经济和社会发展中的作用、提高企业质量管理水平和提升中国产品的竞争力产生了积极影响。

为应对全球航运市场的调整,减弱全球金融危机的冲击,促进我国航运、造船、海工、金融等相关行业的快速发展,保障国家经济安全,CCS 继续推进“大客户战略合作”,与国家金融机构优势互补,与中国进出口银行、中国银行、中国工商银行、国家开发银行等国家主要金融机构进行战略合作,共同为航运业、船舶制造业及相关配套行业发展搭建了船舶融资平台,紧密联系船舶建造过程中上下游关系,既以金融纽带推动船队升级和船舶质量,又以建造控制和营运安全保障融资安全,增强了各方应对各种复杂局面的能力。

# 铸黄金水道　促经济发展

## ——长江航运发展60年

交通部长江航务管理局

1949年,伴随着新中国诞生的隆隆礼炮,古老的长江航运掀开了崭新的篇章。

在人民共和国的旗帜下,60年来,党和国家从国民经济发展全局和实现社会主义现代化的宏伟战略出发,高度重视长江航运的建设发展。毛泽东、邓小平、江泽民、胡锦涛等中央领导人多次乘船视察长江,多次对开发利用长江航运作出重要指示和批示,为长江黄金水道建设指引方向。60年来,在交通运输部的直接领导和沿江省市政府大力支持下,百万长江儿女以“服务长江航运、服务沿江经济、服务流域百姓”为己任,奋战在长江航道、港口、船舶和航运安全保障一线,把昔日凋敝瞽零长江建设成为世界上货运量最大、运输最繁忙的通航河流。

今天的长江航运,相当于17条京广铁路的运量,是美国密西西比河和欧洲莱茵河运量的2倍和3倍。长江黄金水道保障了沿江经济社会发展85%的铁矿石、83%的电煤和85%的外贸物资的运输;每年直接贡献GDP700亿多元、对沿江经济间接贡献达1万多亿元;同时,直接提供就业岗位200多万个,带动间接就业近千万人。在庆祝新中国成立60周年之际,长江航运人抚今追昔由衷地感慨,共产党的领导是长江航运发展的指路明灯,社会主义制度是长江航运发展的坚强保证,改革开放是长江航运发展的不竭动力。

## 一、新中国60年，长江航运发展的辉煌历程

新中国建立后，伴随着国家经济建设的恢复和发展，长江航运逐步恢复、发展和壮大。回顾长江航运发展历程，主要分为六个阶段：

（一）从新中国成立到社会主义改造完成

这一阶段，是我国国民经济三年恢复和国家“一五”计划实施时期，长江航运事业处于恢复和初步发展阶段，通过对资本主义船运企业的社会主义改造，逐步建立起统一的长江航运管理机构和社会性的长江航运企业，长江干线全面复航，运力也得到了迅速恢复和增长，对支援解放战争、抗美援朝战争以及活跃城乡经济、平抑物价、服务武汉长江大桥、武钢等国家重点工程建设，促进国民经济的恢复和发展起到了重要作用。

（二）全面进入社会主义建设到“文革”结束

这一阶段，长江航运在曲折中前进。长江干支流航运体制进行了改革。同时，为适应大规模生产建设任务和长江运量骤增的客观需要，“二五”期间，长江运输生产按照“全线一条链”方针政策，进一步调整长江干支流运输生产，整顿运输秩序，扩大专线运输，船舶运力和港口通过能力有了进一步发展。另一方面，由于反右扩大化、大跃进和人民公社运动的影响，干线航运受到了很大影响。十年动乱期间，由于广大干部职工力排干扰，坚持运输生产，基本保证了长江航运没有中断。

（三）从党的十一届三中全会到1984年港航分管

长江航运开展了拨乱反正工作，生产秩序得以恢复。1982年开始，长江干线港口相继对外轮开放，长江外贸运输兴起和发展，长江航道、港口进入了全面维护和现代化建设时期。1979年和1982年，国家经委、交通部和沿江省市政府两次组织调研考察组，对长江航运航运体制改革模式进行了全面调研和论证，形成了改革的初步方案。

（四）从1984年港航分管到党的十四大召开

随着我国由计划经济向商品经济体制过渡，长江航运管理体制改革于

1984年按照国务院[1983]50号文件精神正式启动。改革包括行政管理体制、运输管理体制、港口管理体制改革三个部分。经过改革,政企分开、港航分管、统一政令、分级管理的长江航运管理体制初步形成,长江运输市场形成了国营、集体、个体一起上的多层次、多渠道、多元化的新格局。

(五)党的十四大召开到党的十六届五中全会召开

党的十四大以来,我国进入建设社会主义市场经济体制的新阶段,长江航运也进入了由计划经济向市场经济转轨的新阶段。长江航务管理局按照"政企、事企、政事"分开的原则,继续推动内部管理体制改革,如海事统一管理、公安离企归政、航道疏养分开以及引航管理体制改革等;港口企业和大中型船舶企业初步建立现代企业制度,部分企业之间进行资产重组和联合经营;长江干线双重领导港口从2002年起全部下发地方管理,逐步实行一城一港、政企分开。长江航运基础设施建设逐步大规模展开,长江运输生产继续保持强劲的发展势头。

(六)2005年党的十六届五中全会召开至今

2005年底,为贯彻落实科学发展观和党的十六届五中全会精神,交通部和沿江省市共同召开了"合力建设黄金水道、促进沿江经济发展"高层座谈会,这标志着交通部和沿江省市在合力推进黄金水道建设的目标、任务和机制等重要问题上形成共识,使长江黄金水道的建设发展进入一个合力建设时期。同时,在科学发展观的引领下,长江航运进一步走上了资源节约、环境友好的发展之路。

## 二、新中国60年,长江航运取得的巨大成就

60年来,伴随着社会主义建设兴起和改革开放的深入,长江航运发展举世瞩目,所取得的成就,正在产生巨大的社会经济效益。

(一)航道建设稳步推进 通航能力不断提升

新中国成立后,以川江整治为开端,川江航道滩险全面治理拉开序幕,炸礁治滩,初步实现了川江大部分航段昼夜通航。上世纪80年代,以长江

兰叙段航道整治工程为标志，长江航道开始恢复性治理，川江云阳鸡扒子整治工程历经四届枯水期的成功治理，书写了川江航道建设的精彩篇章；上世纪90年代，特别是“九五”后期，交通部加大了长江航道建设的资金投入，以长江界牌水道治理工程为标志，长江航道着手系统治理，10年间改善航道1017公里、整治航道险滩20处，中下游航道治理进展明显，一批航道用房、码头，航道维护、施工和工作船舶等航道辅助设施相继建成；“十五”期，按照“深下游、畅中游、延上游”的航道建设和维护思路，长江干线航道大规模整治拉开序幕，七年间完成建设投资达38亿元。

目前，在长江下游，南京至浏河口10米水深航道延伸工程建成，“三沙”（福姜沙、通州沙、白茆沙）治理前期研究不断深化，为启动长江口12.5米深水航道上延前期工作创造了条件；南京至安庆段建成东流航道整治、太子矶中段炸礁等工程，为6米水深通达安庆奠定了基础。在长江中游，航道治理与河势控制相结合，武汉以下实施了罗湖洲、武穴航道等整治工程，为4.5米水深通达武汉打下基础；武汉至城陵矶段建成陆溪口、嘉鱼燕窝等航道整治工程，3.7米水深到城陵矶的目标已初步实现；城陵矶至宜昌段建成周天、马家咀等航道控导工程。在长江上游，航道整治与炸礁相结合，建成泸渝段、叙泸段一期等航道整治工程；三峡大坝建成蓄水，库尾航行安全隐患逐步清除，川江实现全河段夜航，宜宾至重庆河段航道维护水深全面提高。

经过多年来的建设，长江航道标准不断提升，通航条件不断改善，航运潜力不断释放。目前，长江干线航道维护尺度得到大幅提高，近5000座现代化的航标布设在2688公里的长江干线航道上，长江全线实现了夜航，航路面貌焕然一新，通航秩序大为改善，交通事故明显减少，船舶运输效率日益提高，为行轮提供安全畅通的航行通道，有力地促进了长江航运和沿江经济的快速发展。

（二）运输生产快速发展，运输结构不断优化

新中国成立特别是改革开放30年来，长江航运市场体系逐步建立和完善，长江运输生产伴随着国民经济迅速增长始终保持着旺盛的发展势头。

同时，航运市场进一步开放，干支直达、江海直达、水陆联运的运输格局已经形成，长江航运市场正在朝着统一、有序的良性方向发展。

据 1950 年统计，在新中国接管长江航运时，长江干线上包括公营和私营在内的所有客、货轮只有 813 艘，16.5 万载重吨，而且大多数是小木船。60 年来，船舶运力规模不断扩大，船舶运输种类日益增多，水路运输生产增长迅猛。

船舶运力规模不断扩大。截止 2008 年底，长江水系 14 省(市)拥有内河运输船舶 14.97 万艘、4959.84 万载重量、62.7 万客位、分别是 1949 年的 179.7 倍、357 倍和 14 倍，1949 年至 2008 年间年均增长率分别为 9.2%、10.5%、4.6%。

船舶运输种类日益增多。新中国成立 60 年来，长江航运在发展传统的干散货船舶运输的同时，专业化船舶运输得到快速发展，船舶运输种类日益增多。截止 2008 年底，长江水系省际内河液货危险品运输企业数为 330 家、船舶 5818 艘、277.27 万载重吨。其中：油船 3343 艘、178.9 万载重吨；散装化学品船 2442 艘、98.08 万载重吨；液化气船 12 艘、15284 立方米。长江集装箱船运输始于 1976 年，但直到 1984 年才真正起步，1986 年长江首家集装箱专业运输公司成立，1987 年长江上第一条武汉上海国际集装箱运输支线正式开辟。集装箱运输航线由单一的内贸航线发展到今天以内支线运输为主，内支线、近洋航线和内贸航线并举的格局。截止 2008 年，长江水系省(市)省际集装箱运输公司有 36 家，船舶 510 艘、52186TEU。高速船运输始于九十年代初期。截止 2008 年，长江水系省(市)跨省高速船运输公司有 4 家，船舶 24 艘、2591 客位。长江游船业是伴随着改革开放的进程而发展的，从 80 年代初至 90 年代中期，是长江旅游船的快速成长期，1997 年达到顶峰。截止 2008 年，长江水系省(市)跨省涉外旅游船运输公司有 13 家，船舶 43 艘、8157 客位。川江载货汽车滚装运输开始于 2000 年。截止 2008 年，川江载货汽车滚装运输公司有 19 家，船舶 115 艘、5993 车位。

水路运输生产增长迅猛。随着流域经济的发展和长江水系内河航运基础设施及运输环境的不断改善，水系货运量呈现稳步增长的态势。2008

年,长江水系14省(市)完成内河货运量10.53亿吨、货物周转量3656.8亿吨公里,分别是1949年的551倍和332.4倍。1949年至2008年间年均增长率为11.3%和10.3%。2008年,长江干线港口货物吞吐量完成11.3亿吨,是新中国成立初期的565倍,1949年至2008年间年均增长率为11.3%。

（三）港口建设加快发展　物流功能逐步形成

新中国成立初期,长江港口的发展速度相对缓慢。1950年至1978年,长江港口建设投资总额仅为4亿元,港口建设主要是恢复利用和简单技术改造。上世纪80年代,长江港口迎来了第二次建港高潮,交通部提出了建设长江主通道的战略任务,开始着手解决长期以来干流水运要素之间的发展不平衡问题,加强了港口航道等基础设施的建设,“六五”至“七五”期,长江港口完成建设总投资8.3亿元,是新中国成立后29年来的2倍多,新增泊位39个,新增吞吐能力1886万吨/年,芜湖、九江、黄石、武汉港外贸码头等一批码头工程相继完成新、扩建。上世纪90年代,交通部制定了以建设公路主骨架、水运主通道、港站主枢纽和支持保障系统为主要内容“三主一支持”的交通基础设施长远发展规划,港口建设作为长江干线的重点,在“八五”、“九五”期得以强化,在一定程度上缓解了港口通过能力严重不足的矛盾,10年间,长江港口完成建设总投资25.5亿元,扩建货运泊位54个,新增吞吐能力2256万吨/年。

进入21世纪,以专业化泊位为重点、注重深水化和大型化的港口建设取得了明显成效。港口行业紧紧抓住“九五”末以来国家扩大内需、实施积极财政政策的难得机遇,投资主体逐步实现由主要靠国家财政拨款,转变为地方财政拨款、地方集资、银行贷款、国家债券、利用外资、企业自筹等多渠道筹资的新机制,乘势而上,开拓创新,提升港口服务水平,发展驶入快车道。几年间,新建了一批集装箱、矿石、汽车、煤炭、石油化工等专业化码头,形成了以上海、南京、武汉、重庆为中心的下中上游港口群体布局,逐步形成了港口物流园区、保税区、高新技术产业区、经济开发区等港口和区域新的经济增长点,为长江三角洲和沿江地区发展外向型经济,全方位对外开放作出了巨大贡献。

目前,长江干线25个主要港口中,拥有生产性泊位3200多个,已有20个港口成为对外籍船舶开放的一类口岸,2006年,苏州港、南京港、南通港发展为年吞吐量超过亿吨的世界级内河港口。

(四)海事建设强化监管 力保长江畅通平安

长江海事机构自1965年诞生,1999年成立长江海事局,代表国家依法履行水上安全监督管理职责。经过"八五"、"九五"期建设,长江海事各级机构的装备设施等监管手段有了一定改善;"十五"期以来,长江海事局在改善分支机构和派出机构办公和业务用房的同时,重点加强快速反应、监管、信息、船舶防污四大系统建设,取得了较为显著的成绩,为长江水上安全形势的稳定提供了强有力的支持,为辖区水域更安全、更清洁打下了坚实的基础。

特别是2002年以来,长江海事局完成建设投资7.7亿元,占建局以来总投资的75%。目前,长江海事三级机构的广域网、视频会议系统、IP电话系统相继投入使用,两级机关实行OA办公;船舶、船员、行政处罚、档案管理等系列软件和"一卡通"工程全面推广,海船和内河船舶持卡签证率分别达100%和75%;以长江海事为主体的长江水上联合执法全面推进,建成61个统一规范的水上政务中心,"水上执法一盘棋,政务联合一体化"管理机制基本建立并有效运行;三级搜救网络基本建成,形成了重点港(桥)区VTS、重点水域CCTV、重点船舶GPS与海巡艇互为补充的、"153040"全覆盖的现代水上监管救助一体化框架。管理信息化取得新进展、反应快速化迈上新台阶、执法规范化稳步推进、监管现代化力度加大,"四化三步走"的奋斗目标建设成效显著。

长江引航中心建设有了突破性进展,逐步建成以GPS为核心的24小时全天候服务的信息网络系统,建立了覆盖开放港口的站房基地体系,设有上海、南通、张家港等10个引航站和宝山、江阴、浏河等3个引航交接基地。10年来,共引领来自70多个国家和地区的各类船舶20万余艘次,"把世界引进长江,把长江引向世界"正梦想成真!

近年来,在长江货运量连续快速增长、客渡运量稳中有升的情况下,长江海事辖区安全形势持续稳定,事故件数持续下降,未发生一次30人以上群死群伤事故和重大船舶污染事故,连续三年未发生一次性死亡10人以上的安全事故。

(五)库区航运面貌一新　船闸运行高效有序

2003年,三峡枢纽135米蓄水成功,库区涪陵、万州、巴东、宜昌港等客、货港区完成水工建筑物及相关陆域形成、主要装卸设备制安和调试,部分项目简易投产;库区航道、海事、通信等支持保障系统完成码头、站房、信号台房和急需要复建的助航设施、通信线路和设备投入试运行。2006年,三峡枢纽提前一年蓄水至156米,库区航道、海事职工提前完成了616座岸标、21座航道综合指路牌、92块安全标志牌的撤除和迁移施工任务。库区港口通过淹没复建,恢复并扩大了港口通过能力;库区航道、海事、通信等支持保障系统设施的复建,满足了蓄水后运输生产、水上安全管理的需求,顺利实现了各个蓄水期工程建设与生产使用的衔接。经过多次蓄水的考验,工程质量总体良好。据统计,长航局三峡库区淹没复建35个项目共完成建设投资11.9亿元。

10年前,长江三峡通航管理局正式组建,掀开了三峡通航新篇章。10年来,三峡航运配套建设,形成了比较完善的规划体系,建设投资逐年增加,从前四年年均投资额300万元左右逐渐加大到"十五"期累计投资6000万元,到2008年,完成投资达3亿元。建成长江上第一个水上大型锚泊基地;实施航路改革,实现了坝上分边航行;率先在长江中上游建成智能航标遥测监控系统。网络及现代通讯手段不断应用于通航管理,智能调度系统不断升级换代,大幅提高了船舶计划准确率,GPS系统投入使用,改变了传统的过闸方式,提高了通航效率。以信息化为基础的三峡通航的现代化管理水平持续增强。通航管理现代化初具规模。及时地适应了坝区通航安全管理的需要。

2008年,三峡船闸通过船舶55351艘次,货物5370万吨,断面通过货物6847万吨,货物通过量和断面通过量再创历史新高。

（六）长航公安科技强警 保驾护航一方平安

2004 年，长江航运公安局完成体改，原有设施、装备、刑侦手段十分落后，资料表明：2004 年前，长航公安建设投入不足 7000 万。2005 年来，长航公安建设以加强指挥调度系统和基层实战单位水上基础设施建设为目标，逐步改变长江航运公安基础设施的“空白”状况。四年来，完成建设投资 2.5 亿元，是 2004 年前的 4 倍，建成了武汉看守所、人民警察学校综合教学楼、镇江、九江、安庆、黄石、荆州、万州、泸州等公安业务用房和机关局域网，完成了长江水上 110 报警联动服务系统一期工程，配备了急需的刑侦设备和巡逻艇；实施了金盾网工程、350 兆警用无线通信系统工程和上海崇明、长兴派出所、南通、南京、丰都等派出所趸船及业务用房建设，基础设施落后的面貌有了相对改观，长江航运治安秩序平稳。

长江水上 110 报警服务联动系统，形成了统一指挥和公安、海事、航道、通信整体联动的格局，实现了从传统接警型向现代警务指挥型的重大转变。武汉看守所，以人为本的建设理念，以保障在押人员合法权益为切入点，实现人性化管理，确保了监所安全，提高了监管执法水平。2008 年，长江水上“110”接处警 14217 起。长航公安机关以打击物流犯罪为重点，全年查处各类刑事治安案件 1 万 6 千多起，有力地维护了长江水上治安秩序平稳。

（七）通信建设不断强化 信息网络逐步完善

长江通信作为长江航运四大支持保障系统之一，随着长江航运发展和信息通信技术的不断进步，建设不断发展。到上世纪末，长江通信已建成重庆至上海 120 路数字微波工程和各分支机构交换机工程，实现了长江沿线长途自动直拨。

近年来，长江通信按照“船岸通信为重点，干线传输为基础，信息化为发展方向”的建设思路，建设步伐不断加快，2000 年至 2008 年，长江通信完成建设投资 5.6 亿元，是 2000 年前的 2 倍。上海至重庆数字传输光纤系统建成，开通了长途通信干线数字传输宽带网；重庆至上海船岸通信系统建成了 42 个基站的新一代船岸甚高频遇险安全通信网，实现了重庆至上海干线船岸通信全网链接，全程覆盖；长江水上安全联播信息台自 2004 年 5 月开播以来，联播范围自重庆兰家沱至江苏浏河口，覆盖率达98%，每天24小时滚动播发安全信息，被誉为水上“千里眼、顺风耳”；数据通信建成31个用户接入站点，为海事、航道、三峡、公安等支持保障系统提供了用户接入条件；视频通信建成了由30个音频电话会场和10个视频电话会场组成的全线电视电话会议网。

长江通信专网基本实现了干线传输宽带化、船岸通信现代化、数据交换网络化，建成了电话、数据和图像三网合一、功能完善的综合业务数字通信网，水上安全通信的保障能力得到进一步加强。2008年，长江通信安全保障正常率100%，船东满意度指数达86分。

60年来，长江航运在物质文明建设取得辉煌成就的同时，长航系统党的建设和行业文化建设也不断加强，为长江航运发展提供了坚强的政治保障和强大的精神动力。通过坚持不懈用马列主义、毛泽东思想、邓小平理论、“三个代表”重要思想和科学发展观武装党员干部，保证了长江航运发展始终沿着正确的政治方向前进；通过不断加强基层党的建设，健全完善全党风廉政制度，长航系统党组织的政治核心作用、战斗堡垒作用和党员的先锋模范作用得到了较好的发挥；通过认真贯彻新时期党的干部路线，加强各级领导班子建设和干部人才队伍建设；通过深入开展行业精神文明建设，不断深入“三学四建一创”、“学树创”活动和创建“文明样板航道”活动，涌现出两个“全国文明单位”，六个“全国精神文明建设工作先进单位”，全系统整体跨入了“全国交通系统文明行业”的行列，培育出一大批如郑启湘、姚泽炎等具有时代意义的先进典型；通过大力加强行业文化建设，“同舟共济，扬帆奋进”的行业精神成为鼓舞长航广大干部职工投身黄金水道建设的强大动力，“服务长江航运、服务沿江经济、服务流域百姓”的行业宗旨成为广大干部职工团结拼搏、追求卓越，为实现“四个长江”的宏伟目标而不懈努力的思想指针。

## 三、新中国60年，长江航运发展的基本经验

长江航运60年来取得的巨大成就，是自力更生、艰苦奋斗、改革开放、

解放思想、与时俱进、开拓创新的结果。60年来，长江航运在改革发展实践中积累了十分宝贵的经验：

### （一）必须抓住发展这个第一要务，不断解决长江航运面临的主要矛盾

新中国成立以来，我国取得了令人瞩目的成就，但人民日益增长的物质文化需要同落后的社会生产之间的矛盾仍然是我国社会的主要矛盾。就长江航运而言，长江航运基础相对薄弱与沿江经济社会发展日益增高的航运需求不相适应始终是我们面临的主要矛盾。60年来，长江航运人紧紧围绕解决长江航运面临的主要矛盾，始终抓住发展这个第一要务，聚精会神搞建设、一心一意谋发展，使航道、船舶、港口、支持保障系统的面貌发生了根本转变，为沿江经济发展提供了可靠的航运保证。实践证明，紧紧抓住发展这个第一要务不放松，是长江航运60年发展最根本的经验。

### （二）必须坚持改革开放，不断解放和发展长江航运生产力

60年来特别是改革开放以来，伴随着全国范围内的思想解放，长江航运人不断解放思想、转变观念，长江航运管理体制改革逐步深化，不断解放和发展了长江航运生产力。在运力调整方面，由过去政府对企业运力下达指令性计划，逐步转变为政府采取经济、技术、法律和必要的行政手段调控运力总量、优化运力结构；在运价制定方面，由过去政府制定运输价格，逐步转变为放开内贸运输的运价和港口装卸费；在企业经营方面，由过去政府干预企业的具体经营行为，逐步转变为企业自主经营、自负盈亏，在市场公平竞争中实现优胜劣汰。长江航运的投融资体制也发生了重大改变，从以往港口、航道、船舶全部由政府投资，逐步向政府重点投资建设航道和支持保障系统，适当扶持港口，运输船舶由市场配置的模式过渡，开创了广开资金渠道、多方办好航运的新格局。实践证明，正是与时俱进的思想解放和不断深化的改革实践，推动了长江航运行业不断提高现代化、市场化水平。

### （三）必须坚持统筹规划，实现长江航运各要素健康协调发展

根据国民经济和社会发展的总体目标，我们加强了长江航运发展战略、

发展规划、发展政策的研究，坚持不懈地分步组织实施。围绕长江航运发展目标，我们始终把提高航道等级、扩大航道通过能力放在首要位置，推进长江航道有计划、大规模的系统整治，进一步优化通航环境，提高航道通过能力。同时，通过安全通信、巡航搜救一体化、联合执法等措施，进一步整合安全保障和行政执法资源，提高支持保障能力，极大地增强长江航运为沿江经济发展服务的能力和水平。实践证明，正是坚持统筹规划，长江航运各要素才能相辅相成、共同发展。

（四）必须坚持科技创新，把科学技术作为长江航运发展的第一生产力

长江黄金水道的建设任务十分繁重，不仅需要巨大的资金投入和有力的政策扶持，更需要通过观念创新、技术创新、体制机制创新和管理创新来提高长江航运核心竞争力。60 年来，我们坚持科技兴航，不断推动船舶的标准化、大型化和港口机械化、专业化以及支持保障系统现代化。通过加快航运结构调整，大力发展"数字航道"、"智能航运"，推进长江航运发展方式的转变，加快长江航运现代化步伐。实践证明，只有坚持以科技进步为支撑，以信息化引领长江航运现代化，才能提高长江航运竞争力。

（五）必须坚持以人为本，不断提高长江航运的公共服务能力

60 年来特别是近年来，在科学发展观的指引下，长江航运行业管理部门坚持以人为本，加强服务型政府建设，推进政府职能、工作作风和工作方法转变，增强长江航运行业管理部门的行政执行力和公信力，着力提高适应经济社会性发展能力、安全管理和重大突发事件应急处置能力，在服务长江航运、服务沿江经济、服务流域百姓中作出了重要贡献。实践证明，只有坚持执政为民、依法执政，做负责任的部门和负责任行业，才能使长江航运发展拥有深厚的群众基础，获得不竭的力量源泉。

（六）必须抓好精神文明和党的建设，为长江航运发展提供强大精神动力和坚强政治保障

60 年来，以长江航运建设为中心，以提高职工队伍素质为根本，以加强领导班子建设为基础，以具有行业特点的精神文明建设为重点，长江航运全

行业积极开展了"学先进、树新风、创一流"等群众性精神文明创建活动，大力弘扬了"同舟共济、扬帆奋进"的长江航运精神，极大激发了干部职工的积极性和创造性。同时，坚持不懈地抓好党的思想、组织、作风、制度、反腐倡廉建设，党组织的战斗堡垒作用不断增强。实践证明，正是加强精神文明建设和党的建设，才能为长江航运不断取得新成就提供了强大的精神动力和坚强的组织保证。

## 四、展望未来，长江航运发展前景灿烂光明

在新一轮长江航运大建设、大发展的大好形势下，作为长江航运的行业管理部门，长江航务管理局确定了2020年实现长江航运现代化的发展目标和四个长江、三步构建的总体发展战略。当前，长江航运正在稳步朝着现代化目标迈进。

按照规划，2020年长江航运将实现现代化发展目标，形成拥有世界先进水平的航运基础设施、装备和服务体系，适应沿江经济社会发展需求并适度超前，比较优势充分体现，黄金水道优势充分发挥，平安长江、数字长江、阳光长江、和谐长江全面实现，长江航运更安全、更通畅、更便捷、更经济、更和谐。

在这一目标中，四个长江是关键。平安长江就是长江航运要安全，畅通，有序；数字长江就是要实现长江航运数字化，信息化，智能化；阳光长江就是长江航运要公正透明，文明规范，廉洁高效；和谐长江就是长江航运要以人为本、便捷高效、安全可靠、法治有序、公平共享、文明生态，适应构建社会主义和谐社会的要求，适应沿江经济社会发展的需求，让流域广大百姓满意。

围绕这一目标，长江航运将实施三步构建。第一步：到2010年，长江航运能力明显提高，奠定长江航运现代化的初步基础。第二步：到2015年，长江航运能力显著提高，总体适应流域经济社会发展需求，建设"四个长江"成效初显。第三步：到2020年，形成安全、畅通、便捷、高效、经济的长江航运网络和运输服务体系，适应流域经济社会发展需求并适度超前，"平安长江"、"数字长江"、"阳光长江"、"和谐长江"全面建成，长江航运现代化的总体目标圆满实现。

当前和今后一个时期，长江航务管理局将按照"123456"的工作思路推进长江航运现代化进程。即，紧紧围绕"一条主线"（建设长江黄金水道，发展现代长江航运）；着力提高"两个实力"（打造硬实力、增强软实力）；切实做好"三个服务"（服务长江航运、服务沿江经济、服务流域百姓）；大力建设"四个长江"（平安长江、数字长江、阳光长江、和谐长江）；建立健全"五个机制"（建立与交通运输部上下级之间的顺畅协调机制，强化长航系统内部政令畅通、开放包容、相互配合支持的联动协调机制，完善与沿江省市政府及交通港航管理部门的沟通协调机制，完善与重要港航企业的联系协调机制，完善与涉水管理部门的合作协调机制）；突出抓好"六大任务"（抓规划，强建设；保畅通，强安全；调结构，强效益；深改革，强合力；建队伍，强服务；重民生，强和谐）。

长江儿女壮志酬，万里长江竞风流。

长江，集黄金水道与内陆海岸线于一身，长江航运具有占地少、运能大、能耗小、成本低、污染轻的比较优势。在全面建设小康社会、加快实现社会主义现代化的新高潮中，长航系统干部职工决心按照温家宝总理"充分发挥长江黄金水道的优势，带动两岸经济社会发展"的重要指示精神，在交通运输部的正确领导下，在沿江省市的合力支持下，凝聚全行业的智慧和力量，鼓征帆，挥豪情，展宏图，向着长江航运现代化目标一路高歌猛进，为实现"中国黄金水道，世界内河一流"的美好愿景而努力奋斗。我们坚信，未来的长江航运在伟大的祖国母亲的怀抱中，必定会获得更大的发展，拥有更加灿烂光明的前景！

# 彰通信信息保障　促交通科学发展

## ——交通通信发展60年

中国交通通信中心

新中国成立60年,特别是改革开放30年来,交通运输业取得了巨大的发展成就,交通通信事业也经历了从无到有、不断壮大的发展历程。1989年中国交通通信中心成立之后,在部党组的正确领导下,立足交通、服务交通,服务社会经济发展,以做好通信信息服务保障为己任,使交通通信事业进入了改革创新、快速发展的新时期,交通通信导航行业管理与服务水平不断提升;交通通信信息基础设施和资源条件建设不断完善;海事卫星通信系统和业务品种不断丰富;交通信息通信技术科研开发成果显著;为部机关、为交通行业、为国民经济和社会发展的服务能力和水平不断提高。在促进交通运输安全生产、推进公路水路交通全面协调可持续发展、发展现代交通运输业中发挥了重要的支持保障作用。

## 一、交通通信发展历程

交通通信的发展始于水上通信。1953年,经中央人民政府政务院财政经济委员会批准,交通部、邮电部联合发布通令:为使江海岸电台满足航务通信的要求,更有效地发挥作用,将邮电所属全国各江海岸无线电台与交通部原有航务专用电台合并,组成“交通部航务无线电台”,由交通部统一管理。由此,水上通信成为交通航运事业的一个组成部分,发挥着重要的支持和保障作用。

随着交通运输事业的不断发展,对交通通信的需求在不断提高,与之相适应交通通信管理机构及职能也在不断地发展和变化。1976 年 3 月,为加强部在京地区通信设施的建设与管理,交通部成立了交通部直属通信站,其业务由部水运局归口管理。同年 5 月,为适应交通事业的发展需要,加强通信导航工作的管理,交通部成立通信导航局,负责交通行业通信导航规划、建设和业务技术管理工作。交通部直属通信站的业务改由通信导航局归口管理。

1982 年交通部成立海洋运输管理局通信处,主要负责沿海和远洋运输通信导航规划、建设和业务技术管理工作。

1986 年交通部根据国家有关要求,为加强交通行业无线电管理工作,成立"交通部无线电管理委员会",作为交通部统一领导交通系统无线电管理工作的议事协调机构。1997 年根据国家关于加强无线电管理的有关规定,更名为"交通部无线电管理领导小组"。

1988 年交通部进行体制改革,为体现对水路、公路通信导航进行宏观管理和精简、统一、效能的原则,将海洋运输管理局通信处划出,与北京船舶通信导航公司、部直属通信站合并,组成中国交通通信中心,作为部属事业单位,代部行使通信导航行政管理职权,统一管理交通系统的通信导航工作,直接负责部机关通信设施维护和通信服务,并负责交通部无线电管理委员会的日常工作。

2004 年,国务院批准交通部继续实施"水上无线电台频率和呼号的指配及船舶电台执照核发"、"交通系统设置固定无线电台(站)及设置、使用特别业务无线电台(站)审批"两项行政审批职能,将新中国成立以来交通系统无线电管理工作法制化,使交通无线电管理行政许可的地位得到确立和明确。

## 二、交通通信发展成就

经过 60 年的发展建设,交通通信的基础设施、技术水平和保障能力发生了巨大的变化,特别是中国交通通信中心成立20年来,全面履行部赋予的交通通信导航行业管理、遇险安全和公益通信、开拓海事卫星业务市场三项主要职能,为促进交通运输行业的发展发挥了重要的支持保障作用,取得了显著的成就。

(一)交通通信行业服务管理能力不断加强和提高

交通通信导航行业管理是部赋予通信中心的重要职能。20年来,通信中心在承担行业通信导航管理职能和无线电工作职责方面积极开展工作,取得了一些新进展。

**1.加强交通行业通信导航和无线电技术政策研究**

水上运输在交通综合运输体系中占有相当大的比重,而交通通信最重要的职责之一就是为水上交通运输安全和遇险搜救提供通信保障。为做好水上安全通信工作,通信中心高度重视并积极参与国际海事组织、国际电信联盟等国际组织有关水上通信导航业务活动,及时跟踪掌握国际通信导航规则和技术发展趋势,根据我国国情调整和制定海上通信导航和无线电管理技术政策和工作规则。积极参与有关无线电频率划分规定的修订工作,协调处理频率使用干扰事项,保护交通行业无线电频率资源,维护国家利益和交通运输行业的利益。

**2.加强交通行业通信导航和无线电管理制度建设**

为加强交通行业通信导航和无线电管理制度建设,近年来先后组织制定出台了《交通通信管理规则》、《水上无线电通信规则》、《水上移动卫星通信管理规则》、《交通通信导航设备管理规则》、《海上移动通信业务标识管理办法》等部颁规章,对规范行业通信导航和无线电管理工作发挥了重要作用。

**3.加强无线电台站设置和频率核配管理**

核配调整无线电频率、审批无线电台站设置、协调无线电干扰事项是无线电管理最主要的日常工作。随着交通运输事业的快速发展,无线电通信业务大量增加,无线电频率资源日趋紧张,为此通信中心加强对交通行业无线电台站设置及无线电频率资源的管理,使有限的频率资源更好地为交通运输生产和安全服务。

**4. 加强海上遇险安全通信值守协调管理**

当海岸电台因工程改造、搬迁、雷击等原因影响海上遇险安全通信值守时，通信中心及时协调周边的海岸电台协助进行安全通信值守，播发海上安全信息，确保我国沿海遇险安全频道24小时正常运行，确保水上安全通信畅通，为交通运输提供安全保障。

**5. 加强海上移动通信业务标识管理**

海上移动通信业务标识码（简称MMSI）是船舶电台识别的一个种类，其作用是在船舶通信和遇险求助时识别身份。自20世纪90年代我国船舶开始使用MMSI，到目前已有两万余艘中国籍运输船舶、渔业船舶、各类工程船舶、公务船舶核配了MMSI码，在保障海上船舶安全和遇险搜救中发挥了重要作用。

2008年，通信中心在部领导的支持下，在部海事局等单位的协助下，针对MMSI码使用中存在的问题，开展集中清理工作，并将其作为学习实践科学发展观，推进通信中心提高"三个服务"能力和水平的一项具体举措。通过对MMSI进行清理并实行证书化管理制度，规范了MMSI码的使用。目前通信中心正在研究开发船舶数据管理系统软件，以改进船舶数据信息管理方式，及时掌握船舶变更情况，提高信息跟踪的时效性，为船舶运输安全提供更好的保障。

**6. 研究制定、修订交通通信信息标准**

1984年，为更好地开展交通通信导航专业领域内的标准化工作，充分发挥生产、使用、科研、教育、监督、检验、经销等方面专家的作用，交通部成立通信导航标准化技术委员会，为交通部13个专业化技术委员会之一；2005年更名为交通部信息通信及导航标准化技术委员会。

多年来，根据国际海事组织（IMO）、国际电信联盟（ITU）等对水上安全通信和导航的技术和政策要求，信息通信及导航标准化技术委员会根据IMO、ITU等国际组织颁布的强制性规定、技术建议书、规范性文件，制定和修订了适合我国国情的信息通信及导航领域的国家标准或行业标准，对规范船舶安全通信导航设施配备，规范安全通信和导航操作规程，规范水上安全信息播发的技术和程序等起到了积极的引导作用。

针对全球海上遇险与安全通信系统（GMDSS）而引进和制定的系列通信导航类设备、性能等技术标准，对我国全面实施GMDSS发挥了重要的技术指导作用和推动作用，对规范水上遇险安全通信和导航程序、提高搜救作业效率、更好地维护水上生命安全意义重大。

近年来，为鼓励技术创新和促进国内具有自主知识产权系统的标准化，先后制定了北斗导航系统系列标准、国内船舶卫星导航信息系统等系列标准，对国内新技术和自主知识产权的保护和开发起到了积极的推进作用。

**7. 转变思想观念服务现代交通运输企业**

近年来，通信中心按照部党组提出的“三个服务”要求，在履行行业通信导航行政审批和无线电业务协调管理职能中，积极转变思想观念和服务理念，创新工作模式，从注重和强调行业管理和业务指导向为交通行业和运输企业发展提供服务转变。变行业管理为提供服务，以更加适应现代交通运输业的发展需求，寓业务协调于标准制定、组织建设、技术咨询和服务之中，将行业管理职能体现在为交通运输行业发展服务之中。2006年，为更好地服务于各航运企业，部无线电管理领导小组办公室分别在广东和上海设立办事处，负责协助办理船舶电台执照等水上无线电业务，大大提高了办事效率，受到航运企业的肯定和好评。

### （二）交通通信系统建设不断完善

经过几十年建设，交通通信系统和资源条件不断完善，目前已建设有全球海上遇险与安全通信系统（GMDSS）、海事卫星通信系统（Inmarsat）、中国北斗卫星民用导航系统等，正在形成以多网络互联互通为主要特点的天地一体、便捷通畅、四通八达的网络平台，将为发展现代交通运输业、构建综合运输体系、推进现代物流业建设奠定坚实的基础。

**1. 全球海上遇险与安全通信系统（GMDSS）**

全球海上遇险与安全通信系统是国际海事组织（IMO）利用现代化的通信技术改善海上遇险与安全通信手段而建立的海上搜救通信系统。

我国的GMDSS系统自1994年开始建设,1997年开始相继投入运行。目前,GMDSS系统包括北京海事卫星地面站、低极轨道搜救卫星北京终端站和任务控制中心、18个地区的地面无线电数选值班台、5个地区的NAVTEX播发台、船舶报告计算中心和端站,以及陆上搜救协调通信网等多个组成部分。

GMDSS系统通过卫星、无线电等通信系统,借助先进的自动化手段,实现了对遇险船舶的定位识别、协调救助通信、播发海上安全信息等功能。GMDSS系统的建成与应用为遇险通信与安全救助提供了更为可靠和有效的手段,实现了海上安全通信水平的跨越式提升,有效保障了海上航行安全和人命救助的成功率。

**2. 海事卫星通信系统**（Inmarsat）

海事卫星通信系统是在极端环境条件下,通过海事卫星网络向全球陆地、海上、空中任何地区的用户提供可靠、安全、全球化的语音和数据链接的系统。

1987年,为满足海事、航空以及陆地边远地区的应急、灾害救助、水利和森林监控等领域的机动通信需求,北京海事卫星地面站开始建设。经过十几年持续的建设与发展,到目前为止北京海事卫星地面站已拥有国际上最先进的通信和数据处理系统,包括海事卫星体系内所有系统:Inmarst—A/B/C/M/Mini-M/M4/F。2007年新建成了海事卫星移动宽带地面接续系统(BGAN)以及手持机(SPS)系统,并提供陆地宽带业务(BGAN)、海上宽带业务(FB)。2009年3月,国际移动卫星公司授权通信中心开展航空通信业务,这标志着通信中心的海事卫星业务将实现海陆空全面覆盖,成为国际移动卫星公司全球为数不多的能提供海陆空全业务的运营商。未来海事卫星业务范围将从海上、陆地延伸到航空领域,从而使海事卫星具备海陆空联动应急能力,也为构建海陆空综合运输和物流体系,实现无缝隙信息传输提供了有效的补充和外延手段。

目前,通信中心所提供的海事卫星通信业务种类从传统的电话、传真业务,延展到先进的数据、图像传输和高速IP解决方案;业务范围从海上拓展到陆地、航空全领域;通信区域从印度洋和太平洋,延伸到大西洋,实现全球覆盖；业务范畴从常规商用通信扩展到遇险安全应急通信；业务能力从终端产品提供，提升到业务开通、网络支持、售后服务以及特色增值解决方案等多个层面。

**3. 国际搜救卫星系统** (Cospas-Sarsat)

国际搜救卫星系统是由美国、前苏联、法国和加拿大四国在 1981 年联合开发的在全球范围内利用卫星进行搜索提供救援信息服务的系统，利用低极轨道卫星以及相应的地面处理设备，为全球海上、空中和陆地，包括两个极区在内的用户（船舶、飞机和个人）提供遇险定位报警和用户身份登记信息查询服务。

1985 年经国务院批准，由交通部代表中国以"用户"的身份加入了国际搜救卫星组织。1991 年经国家计划委员会批准，"国际搜救卫星系统中国任务控制中心"作为我国全球海上遇险与安全通信系统工程（GMDSS）的一个子系统开始在北京建立，我国在国际组织中的身份从此上升到"地面设备提供国"。

自 1998 年建成并投入使用后，国际搜救卫星系统中国任务控制中心成功地担负起我国搜救责任区内的遇险报警任务，运行质量始终保持国际先进水平，极大地提高了我国海上和陆地的遇险报警能力，为我国遇险搜救手段现代化奠定了可靠的基础。

近年来在我国多次重大科技项目以及神舟系列航天飞行试验等相关行业的应用中，国际搜救卫星系统都发挥了不可或缺的重要作用。

**4. 中国北斗卫星民用导航系统** (Compass)

卫星导航系统是直接关系到国防安全和经济发展的基础性技术支撑系统，在国民经济建设中占有重要的位置。目前我国区域性卫星导航系统"北斗卫星导航系统实验系统"已基本建成。该系统提供定位精度为 10 米级的导航定位服务，可应用于交通运输等国民经济建设众多领域。"北斗卫星导航系统实验系统"的应用将使我国逐步摆脱对国外卫星导航系统的依赖，促进我国自主卫星导航产业的发展，带动航天、电子、通信、航空等领域的技术突破，并提高相关原材料、元器件的技术水平，推动交通运输、测绘、地质、水文、天文等领域的技术发展，促进我国综合国力的提升。

交通运输行业作为卫星导航的主要民用用户，积极利用卫星导航的优势，在远洋、内河及沿海运输等方面发挥了积极作用。

（三）交通通信信息技术不断进步

随着现代通信信息由模拟技术向数字技术的飞速发展和进步，交通通信的技术和手段也在发生着巨大的变化。从20世纪50、60年代以莫尔斯（MORSE）人工电报为主，逐步增加了甚高频（VHF）、单边带无线电话（SSB）、数字选择性呼叫系统（DSC）、窄带直接印字电报（NBDP）、海事卫星通信（INMARSAT）等先进的通信技术。目前船舶自动识别系统（AIS）、船舶交通管理系统（VTS）、船舶远程跟踪与识别系统（LRIT）等现代通信技术和手段也逐步得到广泛的应用。

经过几十年的发展，交通通信技术装备、技术水平都取得了很大的进步。目前交通水上系统共建有海岸电台43座；高速公路通信系统已建成公路通信管道约6万多公里，光缆约6万多公里，公路移动通信系统262个，移动台5千余部；内河通信系统建有3座高频江岸电台、43座甚高频台，33部总容量3.2万门的数字程控交换机及大量数字微波线路；全国港口共建有数字程控交换机50套，总容量16万门，甚高频（VHF）话台425个，集群通信台10座。

交通通信技术和通信手段的发展与进步，见证了现代通信信息技术飞速发展的进步历程，也见证了随着交通运输业的发展，交通通信事业支持能力和保障作用不断提高的进步历程。

## 三、通信中心事业发展成就

（一）以深化改革为动力，促进事业实现快速发展

通信中心作为原交通部下属的一级事业单位，实行事业单位企业化管理，自收自支。这就意味着通信中心如果要履行好交通运输部赋予的通信导航行政管理职能、无线电管理工作职责，提供遇险搜救报警和安全应急通信等公益性通信服务保障，就必须通过自身努力盘活资源获取经济效益、奠

定坚实的物质基础，唯此才能为履行行业管理和公益通信职能提供物质保证。因此，必须妥善协调处理好行业管理、公益通信和市场拓展三项职能的关系，以改革为动力、以市场为龙头、以效益为中心，向改革要活力、向市场要空间、向管理要效益，才能推动事业和经济实现持续稳定的发展。

通信中心成立之初，曾经依靠独特的海事卫星资源度过了一段比较快速的发展时期。随着经济体制改革的不断深入，海事卫星通信市场的国际化竞争日趋激烈，受计划经济体制以及传统思想观念和管理体制的影响和束缚，事业发展一度处于停滞不前状态，老客户不断流失，新市场难以拓展，行业管理作用更趋边缘；职工等、靠、要思想观念严重，人才队伍涣散、技术骨干流失。面对严峻的形势，2001 年通信中心新一届领导班子组建后，经过深入调研，统一了思想，达成了共识，确立了通过深化改革促进中心事业和经济发展的思路和“以市场为导向、以效益为中心，履行好公益性通信和行业管理职责”的目标。

在 2002 年实施的第一轮改革中，通信中心以改革用人制度、分配制度为重点，实行经济责任目标管理制，建立有效的激励机制。在当时经济条件比较困难的情况下，通信中心领导班子大胆地采取“用加法、不用减法”的做法，从改革收入分配制度入手，极大地调动起职工干事创业的积极性，到 2004 年底中心实现的经济效益较实施改革前翻了一番，事业和经济均出现了快速发展的良好局面。

2005 年初实施的第二轮改革，通信中心确定以促进事业和经济实现又好又快发展为目标，重点在合理调整业务结构及部门职能、优化人力资源配置等方面继续深化改革。围绕部党组提出的做好“三个服务”的要求，根据自身的优势和资源条件，不断调整和完善事业长期发展规划，明确了着力做好“三个面向”：即面向部机关依法行政手段现代化，面向安全应急监控技术保障，面向现代物流业发展和公众便捷出行信息服务的工作重点和思路。

2008 年初实施的第三轮深化改革，通信中心以科学发展观为指导，按照做好“三个服务”要求，进一步明确了“应急安全、定位导航和信息通信”三个重点工作领域，确定了转变经济发展方式、强化经济责任管理、规范提高财务经营水平、增强自主创新能力的改革目标。

三轮深化改革的实施，极大地促进了通信中心为政府、行业和社会提供信息通信服务保障能力和水平的提高；海事卫星业务市场地位稳步提高，市场竞争能力不断增强；人力、技术、装备、资金等各类资源作用得到有效发挥并取得巨大效益；经济发展连年呈两位数增长，2001 年实施改革前通信中心经营收入为 6288 万元，到 2008 年达到 4 亿多元，综合实力持续增强；三个文明建设、和谐单位构建不断取得新的进展，深化改革给通信中心事业和经济持续稳定发展带来了崭新的活力和持续的动力。

### （二）以科学发展观为指导，事业发展战略规划不断完善

党的十六大以来，部党组以科学发展观为统领，积极探索现代交通运输业科学发展的新思路、新理念，更加重视信息化在交通可持续发展中的作用，提出交通信息化是交通未来发展的战略制高点、是交通现代化的重要标志和交通可持续发展的必然选择。

在不断加深对发展现代交通运输业这一战略指导思想认识基础上，通信中心基于对信息化是促进交通和谐发展的有效手段，是推动交通由传统运输业向现代服务业转型的有效途径的深刻认识，基于对信息通信技术高度融合发展趋势的研究把握，根据部《公路、水路交通“十一五”发展规划纲要》、《公路水路交通信息化“十一五”发展规划》有关精神，经过反复调研、不断修改，逐步确立了“打造电子政务安全信息港、缔结现代交通物流产业链”的中长期发展战略，制定了《通信中心“十一五”暨中长期发展规划》。

近几年，通信中心坚持以科学发展观为统领，及时跟踪和把握交通运输对通信信息技术的需求，不断调整和完善中长期发展规划，明确发展思路，创新发展理念，使之更加适应现代交通运输业发展的需要。在发展战略上，确立了“一个战略转移、两个能力提高、三支队伍建设”的“一、二、三”发展战略目标：即“由传统的通信服务模式向信息化需要的通信应用服务模式转移；提高为政府、行业和社会服务的能力，提高市场竞争能力；建设高素质的专业技术队伍、精干的市场开拓队伍、高效优质的服务保障队伍”。在发

展理念上，围绕全面提高“三个服务”能力和水平，着力做好“面向部机关依法行政手段现代化，面向安全应急和监控技术保障，面向现代物流业发展和公众便捷出行信息服务”三方面工作。在发展思路上，坚持向市场要空间、向机制要活力、向管理要效益，提出以“市场为龙头，建设为基础，研发为储备，质量为保障，客服为检验，结算为成果”的“三十字”工作指导方针。在发展动力上，注重科技创新能力的增强，以科技创新促进经济发展方式转变，注重用人、分配和经济责任制等方面的机制和制度创新，以改革和创新促进事业持续发展。在发展领域上，以安全应急、定位导航、信息通信为重点。未来，通信中心将紧密结合信息通信发展趋势，继续调整中长期发展规划，使之更加适应交通运输行业发展对通信信息技术的需求。

(三)履行公益通信职责，服务保障能力不断提高

安全应急和公益通信服务保障是通信中心三项重要职责之一。多年来，通信中心高度重视安全应急和公益通信工作，技术支持和服务保障能力不断提高。

多年来，海事卫星通信系统和国际卫星搜救系统及时准确地监测责任区内的遇险报警，并将有关信息及时发送到中国海上搜救中心，为开展遇险船舶搜救、保障海上生命和财产安全作出了积极贡献。此外，国际卫星搜救系统还在我国历次“神舟”飞船飞行试验中，承担为飞船返回搜索定位提供定位信息的重要任务。特别是在第 1、4、5 次飞船试验中，在全国所有参加飞船回收试验任务的单位中，国际卫星搜数系统是在第一时间向航天指挥中心提供了定位信息并且定位精度最为精确的系统。在“神舟”6 号载人飞船返回舱搜索定位过程中，其定位精度十分准确，受到国家有关部门的肯定和表彰。

近几年，通信中心积极承担交通运输部信息化建设工作。2006 年经交通运输部批准，成立交通信息网络运行管理中心，负责交通信息网络运行维护与管理工作，几年来有效保障了交通运输部政务内外网、会议视频系统的正常运行，为部行使行政管理职能、应对重大突发事件等提供了良好的服务保障。近两年，受部委托积极承担并圆满完成了部通信信息系统改造及配

套工程，为交通运输信息化建设作出了积极贡献。

（四）发挥海事卫星资源优势，服务社会经济和行业发展

近年来，通信中心依托海事卫星独特的资源优势，为国民经济、社会稳定和交通行业发展服务。随着海事卫星业务和服务范围的不断扩展，海事卫星业务的社会效益日益突显，在安全应急、遇险搜救、抢险救灾、森林防火、科学考察及重大突发事件中发挥了重要的支持保障作用。

特别是2008年在抗击南方低温冰冻灾害指挥救灾、支持汶川抗震救灾修路保通、保障奥运火炬传递及成功举办媒体宣传报道、我国海军赴亚丁湾护航通信保障等重大和突发事件中，海事卫星通信以机动、灵活的优势和特点，在关键时刻发挥了关键作用。

（五）增强科研创新能力，科研开发取得初步成果

近年来，通信中心在深入学习实践科学发展观活动中，更加深刻地认识到科技作为第一生产力，必须体现在解决交通行业需要的信息化关键技术上，为此将科研重点放在安全应急、定位导航、信息通信三个重点领域，突出解决行业迫切需要的信息与通信的融合和应用技术。组建成立交通信息通信科技研发中心，制定出台科研项目管理办法和科技创新奖励办法，注重科技项目成果的市场化应用，发挥科技创新引领和促进事业发展的重要作用。

几年来，通信中心抓住市场需求，已研究开发了10多个直接服务于交通运输生产一线的信息化应用软件和系统，取得了显著的社会效益和市场效益。在服务行业信息化建设方面，研发开发了多个应用软件系统，并承担了部高速公路信息通信资源整合课题的研究；在国家重点项目“北斗”卫星导航民用产业化示范工程项目中承担重要任务，并取得了积极进展；在船舶远程识别与跟踪系统（LRIT）中国国家数据中心应用系统开发工作中，按照IMO要求完成应用系统履约部分开发任务，保证我国在2009年6月30日具备履约条件。

研发项目《卫星船位监控与调度管理信息系统》、《全球卫星船位报告暨监控指挥图形化技术系统》分别获得科技部等四部委联合推荐的2005年“重点新产品”称号、中国航海学会“中国航海科技奖”二等奖。“湖北省公

众出行信息服务系统”获得湖北省领导、湖北省交通厅领导的一致好评。未来,通信中心还将紧密跟踪行业发展需求,研发储备一批未来交通信息化需要的关键技术。

(六)加强三支队伍建设,精神文明建设业绩丰硕

通信中心高度重视三支队伍建设,注重提高干部队伍的思想素质和工作能力。通过实施人事制度改革、中层干部竞争上岗和职工岗位竞聘,为青年优秀人才和技术人员锻炼成长提供了施展才华的广阔空间和舞台,大大激发了职工干事业、创业绩的积极性和创造性。通过人才引进激励机制和市场用人制度的实施,使三支队伍结构不断得到调整和优化,高学历、高技术职务人员比例有较大提高,为事业发展提供了坚实的人力资源基础。

通信中心领导班子高度重视和加强自身建设和作风建设,正确处理党政一把手之间、班子成员之间的工作关系,形成一个团结、和谐、廉洁、有战斗力的领导集体,领导事业发展和经济建设的科学决策水平不断提高;通过持续深入扎实地开展党风廉政建设,把反腐倡廉各项制度和规定要求,具体落实到日常管理制度和各项工作任务中,推动中心经济管理、基础建设、市场开拓和业务工作保持健康、正确的发展方向。

多年来,通信中心形成了党政工团齐抓共管、三个文明建设同步协调发展的良好局面,单位的凝聚力、向心力不断增强,事业兴旺、人心稳定。通信中心从1998年至2008年连续11年被评为中央国家机关文明单位;2003、2005年被评为全国交通系统创建文明行业先进单位;2005年被中央文明委评为全国精神文明建设工作先进单位;2009年受到中央精神建设指导委员会的表彰,首次获得“全国文明单位”的荣誉称号。这些精神文明建设成果,强有力地推动了通信中心事业的快速发展。

## 四、通信中心发展经验总结

回顾通信中心20年的发展历程,是在科学发展观指导下,履行行业管理和公益通信职责,努力满足交通运输行业发展需求,服务政府、行业和社

会服务能力和水平不断提高的过程；是努力探索适应通信中心事业发展战略目标和思路，推动交通通信事业和经济建设实现持续发展的过程。总结通信中心事业和经济建设取得很大进展与成就的基本经验是坚持了以下几点。

（一）准确把握主动适应交通运输行业发展趋势和需求

交通信息通信作为现代交通运输业重要的支持和保障系统，必须紧密跟踪交通运输行业发展趋势，准确把握、不断满足交通运输行业发展和建设对通信、信息化技术不断增长的新需求。通信中心在事业发展中，逐步找准了自身在行业发展中的地位、价值与作用，将通信中心的基础资源和技术优势与行业在交通安全应急支持保障方面的需求有机结合、与现代交通运输业发展中的新情况、新需求有机结合，以为立位、以位促为，把自身发展与全面履行行业管理和公益通信职责相结合，在安全通信、定位导航、信息服务三个领域积极发挥应有的作用，使通信中心事业与交通运输行业保持了同步发展，在行业中的支持保障作用日益增强。

（二）正确协调行业管理、公益通信与市场拓展三者关系

交通通信导航行业管理与公益通信服务保障需要强大的物质基础作保障。良好稳定的经营收入，是通信中心支撑履行政府委托责任和自身生存发展的重要基础条件。因此，必须正确协调处理好行业管理、公益通信与开拓业务市场的关系。近年来，通信中心通过实施深化改革，大力拓展海事卫星业务市场，同时积极拓展交通通信信息工程设计、施工、监理、质量检测等业务市场，保持和实现了经济持续稳定的增长，为行业管理和公益通信保障提供了坚实的物质基础和资源条件。

（三）以深化改革为动力，推动事业持续稳定发展

改革是推动事业发展的强大动力。通过不断深化改革，逐步调整、完善、明确事业发展战略目标和方向，促进了事业持续稳定的发展；通过正确处理改革、发展、稳定的关系，以稳定保发展、以稳定促发展，进一步激发干部职工干事业、谋发展的积极性和创造性；通过正确处理速度与质量、效益

的关系，进一步提升了发展质量，实现质量、效益与速度相统一，与资源、环境相协调。

### （四）增强自主科研创新能力，促进发展方式转变

不断增强自主科研创新能力，是推动通信中心转变发展方式，提高产品和服务的科技含量，促进核心竞争力形成的重要因素。注重科研创新对事业发展的引领作用，是通信中心第三轮深化改革确定的目标之一，也是学习实践科学发展观确定的重要整改落实项目。

近几年，通信中心加强在思想理论、工作模式和发展方式方面创新的研究；积极创新科研管理模式，建立健全科研创新的奖励、激励机制，形成质量进度流程科学控制的规范化管理体系，将科技创新内涵贯穿于产品和应用服务、技术服务以及分配体系中。确定科研创新项目必须紧密围绕未来行业信息化发展趋势，满足政府、行业、社会发展和市场对通信和信息化关键技术的迫切需求；科研创新成果必须得到实际应用直接转化为生产力，并产生良好的社会效益和市场经济效益；科研创新过程必须有利于科研开发队伍的建设和高技术专业人才的锻炼培养。

### （五）构建和谐单位，三个文明建设同步协调发展

构建和谐单位，促进三个文明建设实现同步协调发展，是通信中心事业持续稳定发展的重要保障。党政领导班子重视自身建设，在工作中相互理解、相互信任、相互支持，在事业发展大局上认识一致、高度统一，形成和谐的工作氛围，为职工作出示范和表率。干部职工逐步形成讲大局、讲风格、讲团结的良好风气，形成敢创新、敢管理、敢负责及踏实、务实、落实的工作作风。通信中心营造出班子有进取心、中层有事业心、职工有责任心的良好环境和氛围，党委的政治核心作用、各党支部的战斗堡垒作用和党员的先锋模范作用明显增强，有力地促进了事业发展，三个文明建设不断取得新业绩。

## 五、通信中心事业发展展望

发展现代交通运输业就是要提高交通基础设施、运输装备的现代化水

平和运营效能，促进综合运输体系和现代物流业发展，走资源节约、环境友好的发展之路。现代交通运输业的发展离不开现代科学技术、管理技术，尤其是信息技术（IT）、通信技术（CT）和信息通信融合技术（ICT）的支撑与推进。

通信中心将以科学发展观为统领，在发展现代交通运输业战略目标指导下，不断充实完善"一、二、三"发展战略内涵，顺应信息通信技术高速发展和日益融合的趋势，在致力公益安全通信和移动卫星通信服务的同时，充分发挥交通信息通信资源优势和海事卫星通信资源，积极推进和建立综合运输信息平台规划建设，实现由传统的通信服务模式向现代信息通信应用服务模式的战略转移，为推动传统交通运输产业向现代交通业转型发挥积极作用。

（一）完善信息通信网络基础设施建设

信息通信是支撑交通运输建设和经济发展的基础设施和战略资源，在现代交通运输业发展中发挥着重要的支撑作用。未来将加快并完善交通信息通信网络基础设施、应用平台和业务支撑体系建设，有效地集成整合交通系统有线、无线、导航、卫星等各类信息通信资源，适应现代交通运输业发展对资源节约、环境友好的要求。

（二）推进综合运输信息平台规划与建设

在综合运输体系中，仅有各种运输方式的物理衔接是远远不够的，必须要有信息平台对运输过程中各类信息进行有效管理，实现无缝衔接。因此，以信息通信网络为基础、信息采集处理技术为支撑、信息资源管理为载体的综合运输信息平台，将作为综合运输体系建设的重要组成部分，并与基础设施网络和运输枢纽共同构成完整的综合运输体系。未来，通信中心将充分发挥自身资源优势，积极推进综合运输信息平台规划与建设，为促进综合运输体系建设和现代物流业发展发挥应有的作用。

（三）提高安全应急技术支持和服务能力

交通运输作为国民经济的基础性产业和服务性行业，在维护国家和社会安全稳定,保证国民经济和社会平稳运行与持续发展中发挥着重要的基础性保障作用。而实现交通运输安全发展既是实践科学发展观的必然要求,也是交通运输发展的重要保障。通信中心要站在发展现代交通运输业的高度来全面和深入地理解科学发展、安全发展的内涵,进一步提高安全应急技术支持和保障能力,从传统的安全应急支持保障向促进交通基础网络功能发挥和提高运输效能延伸;从关注自身通信信息系统运维能力向重视提高交通信息基础网络运维保障能力延伸;从做好水上安全应急保障向提高陆上、航空等领域安全应急保障能力延伸。

(四)加强通信信息综合运维体系建设

随着交通通信事业的发展,系统建设不断完善,系统与网络构造日趋庞大、复杂,要保证系统稳定、通信畅通,需要及时可靠的运行维护与管理作保障。近年来,通信中心在承担海事卫星系统运行维护任务的同时,还承担了武警边防、渔政部门和南极科考等一些系统的设备托管和运维工作,自2009年6月30日开始承担我国船舶远程跟踪与识别系统(LRIT)的运维工作。目前海事卫星第四代星北京关口站、交通应急宽带VSAT通信系统正在建设中,未来系统运维工作更加繁重艰巨。

从近几年的实践效果看,系统集中运维是成本较低、效率较高、运行有效的一种运行机制和管理模式,既符合社会分工专业化、精细化的发展趋势,也与现代交通运输业倡导的资源节约、环境友好的集约式发展要求相一致。为此,通信中心将致力于建设一支技术精湛、运转高效、服务优良的专业化运维队伍,研究探索建立适应交通运输行业发展需要的运维综合体系,建立一套科学规范的运维管理制度,整合运维资源,提高运维效率和质量,使交通信息通信基础设施和交通行业网络资源作用得到充分发挥。

(五)加大交通信息化技术科研开发力度

科技创新是推进现代交通运输业发展的重要途径。通信中心从服务行业发展需要出发,深入研究把握交通运输行业通信信息技术和应用需求,加强科技创新和科研开发,用现代信息通信技术为交通行业安全、快速发展提供必要的信息通信技术保障。把交通运输行业迫切需要的安全应急、通信导航及信息与通信融合等应用领域方面的需求作为重点，加快交通公众出行服务系统、交通应急指挥和监控系统、危化品运输流程监控系统等关键技术的研发。

立足当前，放眼未来，通信中心要以服务交通运输行业转型、实现交通运输现代化为目标，致力于研发储备一批适应交通点多、线长、面广特点的移动、宽带、多方式融合的信息通信技术，适应交通突发性、安全性特点的安全应急处理技术、动态多信息采集技术，适应交通资源节约、环境友好需求的平台共享技术、海量存储技术、射频 RFID 等技术。

展望未来，随着交通运输行业的快速发展，交通信息通信发挥作用的空间十分广阔，任务十分艰巨。通信中心将紧跟社会和时代前进的步伐，与我国交通运输业的发展进程同行，为推进现代交通运输业发展作出新的更大的贡献。

# 北京篇

## 首善之区的立体交通

北京市交通委员会

新中国成立时，北京只有 8 条公路，总里程 398 公里，而且 96% 是土路。北京的道路运输以人力、畜力为主，国营货运汽车不足百辆，且破损老旧，燃料配件缺乏，车辆完好率、工作率都很低，私营汽车运输则濒临倒闭，整体运输能力十分有限。

经过新中国成立 60 年的发展，特别是 1978 年改革开放以来，北京的交通事业迎来了改革开放的春天。在中共北京市委、市政府的正确领导下，在交通部（交通运输部）的领导和支持下，经过多年的不懈努力，使首都交通走上了科学发展的道路，实现了跨越式发展。交通运输一度是北京经济和社会发展薄弱环节的局面有了根本性的改变，“出行难”、“乘车难”、“运货难”基本得到解决，圆满完成北京奥运交通保障任务，交通发展总体上适应了日益增长的交通需求，交通成为服务、支持和引导首都经济社会发展的基础性行业。

## 一、交通改革发展的主要进程

### （一）逐步理顺交通管理体制

1978 年以来，北京市积极进行交通管理体制改革，逐步破解交通发展的体制性障碍。1978 年 8 月，北京市交通局一分为二，组建北京市公共交通局和北京市交通运输局，加强公共交通和道路运输的行政管理。1981 年 4 月，成立北京市地下铁道公司，加强地铁建设和运营管理。1984 年 5 月，北京市地下铁道公司升格为市属局级公司。1988 年 5 月，为加强对北京地铁建设工作的领导，又专门成立了以主管副市长为总指挥的北京市地铁建设指挥部。1989 年，北京市地下铁道公司更名为北京市地下铁道总公司，并成立北京市地下铁道建设公司，专门负责北京地铁建设的各项工作。1991 年 4 月，成立北京市公路局，加强对公路建设的领导和管理。1997 年后，相继成立北京市公联公路联络线有限责任公司（简称公联公司）和北京市首都公路发展有限公司（简称首发公司），专门负责道路建设和高速公路建设。2000 年 1 月，不再保留原北京市交通局、北京市出租汽车管理局、北京市公共交通管理办公室，组建新的北京市交通局，对公共交通与公路、水路运输实行统一管理。2001 年 7 月，经过改制，北京地铁集团有限责任公司以独立的法人财产，承担地铁建设的融资及融资还贷责任，同时设立北京地铁建设管理有限责任公司和北京地铁运营有限责任公司。2003 年 2 月，组建北京市交通委员会，下设北京市路政局、北京市运输管理局、北京市交通执法总队，对公共交通、公路和水路客货运输、公路和城市道路建设实行统一管理。同年 11 月，为加强轨道交通建设和运营管理，再次改革北京地铁体制，由北京市地铁运营有限公司承担运营管理，轨道建设公司承担建设管理，北京市基础设施投资有限公司承担建设投资，政府通过职能部门对轨道交通的规划、建设、运营实施管理。2009 年 2 月，北京市路政局、北京市运输管理局由部门管理机构改为北京市交通委员会内设机构。通过积极的探索和改革，北京市基本理顺了交通管理体制，为交通行业全面健康发展奠定了体制基础。

### (二)交通基础设施建设实现跨越式发展

#### 1. 城市道路建设突飞猛进

1976—1985 年两个五年计划期间,北京城市道路按统一规划、统一计划、统一建设的要求,分轻、重、缓、急展开,建设重点放在提高市区干道通行能力,尽力开拓一些城市干道,打通一些卡口、断头路,以及在规划的快速路上有计划地建设立交桥。1986 年,按照"人车分流,各种车辆各行其道,路口交通渠化、路段设港湾停车站,建设主路不设信号灯管制的城市快速路"的要求,落实市政府"打通两厢、缓解中央"、"建设二、三环快速路"的战略部署。1998 年特别是 2001 年 7 月 13 日北京申办第 29 届奥运会成功以来,随着北京经济实力的大幅提升和筹办奥运交通的需要,北京市道路建设进入了飞速发展时期,城市道路建设实现了历史性跨越:二环路完成了全线加铺和整治,三环路实现了全封闭、全立交,四环路全线竣工通车;建设完成了平安大街、广安大街工程;陆续建成西外大街、学院路、德外大街、南中轴路、马家堡西路、丰北路、莲花池西路、万泉河路、东北城角联络线、展西路等。市区基本建成了 17 条放射干线与 4 条快速环路构成的中心城区快速路网系统,使路网整体通行能力得到明显改善。

#### 2. 高速公路网络基本建成

北京市高速公路从无到有,从个别区县通高速到区区通高速,从一条高速通车到基本形成高速公路网络,经历了起步、快速发展、规范发展三个阶段。1984 年,国家出台"贷款修路、收费还贷"政策后,北京市认真执行收费公路政策,重点建设放射线高速公路。1986 年 4 月,北京市第一条高速公路——京石高速公路动工,之后京津塘高速、机场高速、京哈高速、八达岭高速等陆续开工建设。截至 1998 年年底,共建成高速公路 163 公里,平均每年 13 公里。随着改革的持续深化,北京市高速公路从单一投融资渠道模式逐渐转变为以财政性资金投入为主,银行贷款、社会投资、发行企业债券等多种股权、债权融资手段为辅的多渠道投融资模式,有效地促进了高速公路的快速发展。1999 年,通过多渠道筹集建设资金,盘活存量国有资产,加快高速公路建设,北京市高速公路建设进入快速发展阶段。1999—2004 年,共建成高速公路 362 公里，平均每年 60 公里。2005 年以来，重点完善高速公路路网并建设首都机场周边等区域性高速公路网，步入了规范发展阶段。2005—2008 年，共建成高速公路 311 公里，平均每年 78 公里。截至 2008 年年底，高速公路通车总里程已达到 777 公里，初步建成了“两环、八放射”的环线加放射线高速公路网络。

**3. 一般公路技术等级大幅提高**

改革开放的头十年，北京市主要贯彻交通部“全面规划，加强养护，积极改善，重点发展，保障畅通”和“普及与提高相结合，以提高为主”的方针，通过引进先进技术和理念，在确保养护的前提下，先后改建、扩建北京城市进出口公路——京密路、京张路、京开路、京塘路、京榆路、昌平路等多条一级公路，修建了八达岭过境公路。“八五”到“九五”的十年里，北京市公路建设进入了快速发展时期。1991 年，公路总里程突破了 1 万公里大关，达到 10259 公里。2005 年年初，开始实施郊区公路三年提级改造计划。“十五”期间，在全市公路体制改革的基础上，顺利实施养护生产方式和管理方式的改革，落实“管养分离”。截至 2008 年年底，公路总里程达到 20340 公里（含村道 5183 公里），其中三级以上公路达到 8295 公里，公路网密度达到 123.95 公里/百平方公里。

**4. 农村公路率先实现村村通**

1986 年，北京市在全国率先实现了“村村通公路”；1991 年，又在全国率先实现了“乡乡通油路”，全市农村公路面貌发生了巨大的变化。2003 年，北京开始实施“村村通油路”工程，到 2005 年年底，全市农村公路新增 2000 公里，总里程已达 1.25 万公里，其中，乡道 7500 公里，村道 5000 多公里，全面实现了“村村通油路”。2006 年 12 月，北京市发布《北京乡村公路管理养护体制改革实施意见》，2007 年年初，正式组建市路政局农村公路办公室，制定完善乡村公路养护管理办法等规章制度，落实市、区县、乡镇农村公路管理养护机构和养护管理及作业人员，并同时开展人员培训，建立农村公路管理养护数据库，实行科学、规范管理。2009 年 8 月，市交通委设置农村交通办公室，指导协调农村公路、客运场站的建设养护以及农村客运管理工作。

5. **轨道交通建设快速发展**

改革开放以前，北京市仅建成23.6公里的地铁一期工程，作为战备工程，通车后很长时期内不对社会开放。1984年9月，北京地铁二期工程建成通车。1987年12月，北京地铁复兴门底层350米折返线工程建成，并实现了1号线和2号线独立运行，地铁通车运营总里程达到40公里。1988年5月，市政府提出加快推进地铁建设。1990年，地铁西单站和复兴门至西单区间开始施工，这两个工程在国内地铁工程首次采用了浅埋暗挖法施工，开创了不开挖马路修建地铁的先例，成为北京城市轨道交通建设的一个里程碑，为日后轨道交通工程暗挖施工奠定了良好的基础。1995年，复兴门至八王坟（四惠）工程开工建设并于1999年9月通车。此后，城市轨道交通建设步入了快速发展期。2002年9月，地铁13号线建成；2003年12月，八通线建成通车；2007年10月，地铁5号线建成通车；2008年7月，奥运支线（8号线一期）、地铁10号线一期工程、机场线同时建成通车，北京城市轨道交通有8条线路，通车里程达到了200公里。地铁4号线将于2009年9月底前开通。地铁6号线、8号线二期、9号线、10号线二期、大兴线、亦庄线、7号线、14号线、15号线一期、昌平线、房山线和西郊线目前正在同时建设，地铁建设速度达到了空前的水平。

6. **建立综合客运交通枢纽新型建管体制**

客运交通枢纽是交通网络的重要节点，对于全面发挥各种交通基础设施的功能、方便市民出行具有重要的作用。2004年，动物园公交客运枢纽建成投入使用。2005年年初，以长途客运为主，集公交、出租、社会车辆、地铁（规划2010年建成）等多种换乘方式于一体的大型综合客运枢纽站——六里桥长途客运枢纽建成并投入使用。为加快枢纽建设，2007年成立了北京公联交通枢纽建设管理有限公司，建立“政府主导、建管合一、管用分离”的新型交通枢纽建管机制。截至2008年年底，动物园、六里桥、东直门、西客站北广场等枢纽建成并投入使用。

### (三)公共交通走上优先发展道路

#### 1. 地面公交有序发展，运营线网逐步优化

改革开放以来,北京公交经过不断探索,找到了优先发展的道路。2006年年底,北京市政府印发了《关于优先发展公共交通的意见》,制定了公共交通“两定四优先”政策(“两定”即确定发展公共交通在城市可持续发展中的重要战略地位,确定公共交通的社会公益性定位;“四优先”即公共交通设施用地优先、投资安排优先、路权分配优先、财税扶持优先)。首先是就低统一市区地面公交票价,普惠于民。针对市区地面公交月票普票并存、月票无效线路与月票有效线路车辆满载率不均衡,月票有效线路乘车拥挤等问题,在综合考虑乘客利益的基础上,自2007年1月1日起,就低统一市区地面公交票制票价,发行市政交通一卡通普通卡和学生卡,实行持卡成人4折、学生2折优惠。低票价政策实施后,原月票有效线路和无效线路车辆高峰平均满载率趋于均衡,市民公交出行费用大幅降低。二是优化公交线网,减少重复线路,扩大覆盖范围。从2006年8月起,分10批优化调整线路332条,逐步建立起了以快线网为骨架、普线网为基础、支线网为补充的相匹配的三级公共交通网络。三是加大实施公交专用道的力度。截至2008年年底,共施划了258.5公里公交专用道,逐步建立公共交通信号优先系统,对大容量快速公交实行公交优先信号。四是建成动物园、六里桥、西客站北广场等公交换乘设施,方便乘客换乘,减少公共交通与其他交通的相互干扰。

#### 2. 统一轨道交通网络票制票价，提高轨道交通运营效率

从2006年5月1日起,北京市采用市政交通一卡通替代公交地铁纸质月票。2007年1月1日起,取消公交地铁联合月票卡,保留了地铁专用月票卡。同年10月7日,随着地铁5号线的开通试运营,轨道交通实施全路网单一票制、每人次2元的低票价政策,同步实现了进站换乘不再两次购票验票,提高了换乘效率和服务水平,做到了全网无障碍换乘和“一票通”、“一卡通”。同时,轨道交通不断提高运营管理水平,缩短地铁发车运营间隔。地铁1号线、2号线、13号线、八通线4条线路先后多次缩短高峰时段

发车间隔,最小间隔分别由3分、3分30秒、4分、5分缩短到2分15秒、2分、3分、3分30秒,同时13号线、八通线列车编组由3节调整为6节。特别是2007年10月7日地铁5号线高水平开通,完成土建、供电、消防等全部8项验收,保证了列车超速自动防护系统(ATP)、安全门等稳定运行,创造了地铁开通试运营发车间隔4分钟的国内最高水平,目前最小发车间隔已缩短到2分50秒。2008年7月19日同时开通的地铁奥运支线(8号线一期)、10号线一期、机场线有力地提高了北京轨道交通整体运营服务效率。

**3. 郊区客运快速发展,方便郊区群众出行**

1984—1999年,为解决郊区县群众出行,全市共审批境内客运企业432家,营运车辆1622辆(以中巴车为主,大客车为辅,有固定的营运线路),营运线路253条(包括跨省市长途线路),安置从业人员4085人。1999年,根据客运市场的实际情况,共审批境内客运企业158户,营运车辆967辆,营运线路154条。2002年,对境内长途客运行业进行了为期两年的治理整顿,郊区客运行业得到了初步规范。2007年,根据北京市委十届二次全会"解决好郊区公交问题,坚持实行公交公益性低票价政策"要求,按照"整体推进、分级负责、分步实施"的原则,推进城乡公共交通一体化,对郊区公共客运进行改革。2008年1月15日起,市郊9字头公交线路在现行票制票价的基础上,实行持卡乘车与市区公交线路同折扣优惠,即持卡乘车成人4折、学生2折。各远郊区县政府根据实际情况,对远郊区县境内客运也实行了票价折扣优惠政策。同时,大力推进农村"村村通公交",加大对郊区公共客运的投入,先后建设了22处场站、1000个候车亭,新开、调整线路30条,全部实现了行政村"村村通公交",极大地方便了郊区群众特别是农民的出行。

**4. 小公共汽车完成历史使命退出运营**

1984年,北京市出现第一辆"招手即停、就近下车"的小公共汽车。4月,第一条北京站至动物园12.89公里的小公共汽车线路投入运营。1985年末,开通线路达28条,线路总长度272公里。经过十年的发展,1994

年，小公共汽车大量增加，为了维护乘客的合法权益、保障公共交通秩序，北京市市政管理委员会成立了北京市公共交通管理办公室，负责小公共汽车行业管理工作。1998 年，正式颁布《北京市小公共汽车管理条例》。截至 1999 年年底，小公共行业共有企业 33 家，车辆 3664 辆，营运线路 499 条，司乘人员 7328 人，年客运量 1.9 亿人次。2000 年，市政府成立整顿出租汽车行业和企业、小公共汽车经营和营运秩序工作领导小组，下发《关于整顿小公共汽车经营和营运秩序意见的通知》（京政发[2000]26 号），开展为期两年的小公共汽车行业整顿工作。小公共行业逐步走入了正常有序的发展阶段，成为公共交通的补充。2004 年，随着公共交通的快速发展，小公共汽车基本失去了作为公共交通补充的地位。2007 年年底小公共汽车退出客运市场，完成了其历史使命。

（四）出租汽车行业稳定发展

1978 年，北京市共有出租汽车企业 2 家，出租汽车 1000 余辆，从业人员 2000 余名，车型以华沙、上海、212 吉普、小丰田、菲亚特等为主。改革开放以来，北京市出租汽车行业经历了初期发展（1990 年以前）、快速发展（1991—1995 年）、整顿规范（1996—2002 年）和稳定发展（2003 年以来）四个阶段。1984 年，市政府根据乘客出行需要，放宽对出租汽车行业的审批政策，出租汽车行业形成国营、集体、合资、个体共存的局面，行业规模不断扩大。20 世纪 90 年代初，为解决乘车难，市政府鼓励各种经济形式自筹资金开办出租汽车企业，出租汽车行业由此进入迅猛发展阶段，形成了工、农、商、学全民办出租的热潮，出租汽车由 1000 多辆迅速发展到 6 万余辆，从业人员由 2000 余人发展到 9 万余人；经营方式也由定额经营管理逐步转变为单车承包式经营模式。同时，行业也出现了小、散、乱，经营管理不规范、驾驶员合法权益落实不到位等问题。1996 年后，出租汽车总量控制在 6 万多辆的水平并保持到现在。1996—2002 年，市政府对出租汽车行业集中开展了两次整顿，纠正企业变相卖车行为，扩大企业规模，减少企业数量，规范企业财务管理和用工制度等；健全管理体制，完善企业经营机制，规范企业经营行为，明确特许运营权归市政府所有。整顿后，企业由 1008 家减至 277

家，企业与所有驾驶员签订了劳动合同，为4.5万名驾驶员补上了“三险”，将出租汽车驾驶员纳入了社会保障体系，形成了以公司制经营为主体的企业经营体制。2004年12月，颁布《更新出租小轿车技术要求》，第一次统一规范车辆的技术要求，提高了出租汽车的车辆技术水平。2006年5月，为应对燃油价格的不断上涨，北京市调整出租汽车租价，每公里租价由1.6元调整为2.0元。同时，为应对燃油价格上涨，按国家规定多次对出租汽车增发燃油补贴，维护了出租汽车行业稳定。2008年，北京市共有出租汽车企业254家，营运车辆6.66万辆，驾驶员9.5万人，车型以伊兰特、捷达、索纳塔为主，年完成客运量6.9亿人次。

### （五）道路运输行业发展迅速

#### 1. 省际客运服务水平稳步提高

1976年1月，北京市成立了第一家经营长途客运的企业——北京市长途汽车公司。1979年，开始重点发展跨省市长途客运线路，主要开设了通往河北廊坊、唐山、承德、保定、沧州、衡水、张家口7个地区的26条线路。之后，北京市长途客运行业打破了多年由国有企业独家经营的局面。随着多种经济成分进入长途客运行业和外省市长途客运汽车进京运营，有效缓解了北京多年来存在的“乘车难”问题，但同时也带来了盲目竞争和运营秩序混乱等问题。1985年11月，北京市政府颁布了《北京市公路长途客运管理暂行办法》，规定长途客运线路、站点由北京市运管部门统一规划设置，客运经营者必须在批准的线路、站点内经营，做到定路线、定站点、定发车班次、定发车时间的“四定”运输。1994年12月，北京市政府发布了《北京市道路长途旅客运输管理规定》，进一步规定长途客运必须遵循安全、正点、方便、舒适的经营原则和实行定路线、定站点、定发车班次、定发车时间的方式运输。1997年7月，颁布《北京市道路运输管理条例》，标志着省际客运法律规范体系的建立。2001年，北京市针对行业“小、散、乱”现象，开展了省际客运行业整顿工作。一方面按照交通部《道路旅客运输企业经营资质管理办法》的要求，全面推动企业经营资质管理，一大批不符合资质要求的企业被重组兼并。另一方面，对省际客运市场秩序进行全面整顿，有力地打击了违法运营行为。2005 年,作为市政府“折子工程”之一的北京市省际客运联网售票系统建设完成并投入试运行,2008 年实现了全市 10 个省际客运站、社会代理点的互联,以及网上查询、订票等功能,共开设 83 个社会联网售票代理点,方便旅客购票。

**2. 道路货运形成国有、集体、个人一起上的局面**

道路货物运输是北京市货物运输的主要方式。改革开放以来,在“有路大家走车”思想指导下,城近郊区和远郊区县部分机关、企事业单位和个人,纷纷购置车辆,或将多余运力组成营业性货物运输公司、汽车场和汽车运输队。同时,道路货物运输逐渐趋于专业化,如长途货物运输、化学危险品运输、集装箱运输、零担货物运输等等,并形成了一定的规模,长途货物运输逐渐增多。1989 年,北京市交通运输总公司成立公路货运配载信息服务处,全市建立 23 个配载站,相互沟通协调,形成货运配载信息网络。实施配载的车辆,里程利用率明显提高。随着高等级公路的不断增多,道路货物运输的合理运距逐步延长,鲜活易腐货物经济运距可达 1000 公里。为确保化学危险品运输安全,北京市先后出台《关于整顿化学危险货物运输秩序加强安全管理的意见》、《北京市化学危险物品道路运输管理办法》等文件,2003 年,道路危险货物运输押运员配备率和持证上岗率均达到 100%,成品油、液化石油气和搬家运输企业的经营资质均达到了 4 级以上,提高了北京市道路专业化运输服务水平。2007 年,进一步加强了对危险货物运输企业和单位、运输车辆资质等的监管。集装箱运输快速发展。1983 年成立国际集装箱汽车运输联营公司。随着社会对专业化运输需求的增长,北京市集装箱运输进入了飞快发展的时期,2008 年,北京市公路标准集装箱(TEU)合计货运量达到了 304 万吨,箱运量达到了 345065 个。

**3. 旅游客运行业稳步发展**

旅游客运行业起步较晚。20 世纪 80 年代初,北京市政府批准组建了“国旅”、“中旅”、“青旅”三大旅行社。但当时主要为国外旅游者、港澳台同胞和旅居国外的侨胞服务。直到 90 年代,伴随着国内旅游的兴起,北京成为国内旅游的热点地区和中心城市,随着承揽国内旅游的旅行社大量涌现,承担旅游客运任务的专业公司纷纷成立,旅游客运逐步走向了市场化经营的道路并进入发展最快的时期。2003 年,北京市运输管理局设立旅游车管理处,对市内、省际旅游客运统一管理。2006 年年底,北京市发布了《旅游客运行业经营技术条件》(试行)和《旅游客运行业安全服务管理基本规范》(试行),分别从车辆、设施、人员和经营管理及企业管理、安全生产、运营服务、公共卫生、运营人员管理等方面予以规范。近年来,随着班车、重大活动、会展等市场需求的兴起,旅游客运市场的外延又有了新的拓展,基本形成了以旅游团队客运(接待国内外旅游团队为主)、旅游班线客运(定点定线,以中低端散客为服务对象)、其他包车客运[临时包车、会议包车和企事业单位班(校)车]为主线的北京旅游客运市场格局。

**4. 汽车租赁行业规范发展**

1989 年 8 月 1 日,中国第一家汽车租赁公司——北京市出租汽车公司租赁分公司正式营业。1992 年首汽租赁分公司(首汽租赁公司前身)和北京东方汽车租赁公司相继成立。2000 年年底,登记的汽车租赁企业共有 223 户,租赁车辆 20165 辆,同年 12 月 19 日,开始对汽车租赁行业进行整顿。2002 年 8 月颁布《北京市汽车租赁管理办法》,明确行业主管部门的职责,对规范汽车租赁市场秩序和经营行为起到了重要的促进作用。2006 年,在广泛调研和摸底调查的基础上,确定了两套管理模式,先后制定了《汽车租赁备案管理办法》、《汽车租赁特许经营管理办法》和以加强监管为核心内容的监管考核、企业等级评定、信息服务、经营服务与安全管理规定等项制度。2007 年,颁布了北京市地方标准《汽车租赁经营服务规范》,规范汽车租赁企业的经营服务行为,促进行业公平竞争和健康发展;发布《汽车租赁经营备案管理办法》和《汽车租赁行业监管考评办法》,有效地加强了汽车租赁行业的监管工作。截至 2008 年年底,全市共有汽车租赁企业 286 户,租赁车辆 19100 辆。

**5. 汽车维修产能持续增长**

改革开放 30 年,汽车维修企业的维修能力、维修作业环境、硬件设施、设备条件、人员构成、经营管理及服务质量等各方面都有较大发展,一个以整车一类企业为骨干，整车二类企业为基础，整车三类企业专项维修业户为补充，布局合理，方便用户的汽车维修网络已经基本形成。汽车维修企业由1987年的1873户发展到2008年年底的5927户，汽车维修从业人员已达8万余人，年维修营业额达73.5亿元，2008年维修车量达939万辆次，是1988年的18倍。

（六）机动车停车纳入行业管理

1978年，北京市机动车公共停车场主要为大型活动使用的服务型停车场。1981年9月，市政府办公厅转发市公安局《关于对全市公用机动车停车场的管理规定》，规定道路两侧、公共活动场所以及游览地区的机动车停车场（包括各单位经城市规划管理部门批准自建的停车场），均属公共交通设施，一律由公安交通管理部门统一管理。除城市规划管理部门统一规划外，任何单位不得任意占用或改变其使用性质，公用机动车停车场，经公安交通管理部门批准，可以组织人员收停车费。1999年8月，成立第一家国有专业停车场管理公司——北京安达公司，接收原市公安交通管理局负责的229个停车场（车位17179个，人员958名）。2002年12月，北京市市政管理委员会等5个相关委局联合发布关于《加强本市机动车公共停车场管理工作的通知》，实施机动车收费停车场联合备案审批职能。2003年，停车行业管理职能划入北京市运输管理局。2006年下半年，北京市运输管理局开通了停车场查询服务系统，为群众提供停车场查询服务。2008年9月，北京南站配建停车场（规划停车位1000个）纳入市运输局备案、监督管理范围，标志着北京市新建的交通枢纽、场站等配建停车场都将纳入市运输局的备案、监督管理范围。

（七）水路运输保持安全运行

北京市属于内陆非水网地区，城市河道功能以排洪泄洪为主。境内水域除官厅水库、密云水库、怀柔水库、海子水库（金海湖）等大型水库水域面积较大外，其他水域分布较零散，以小块封闭水域为主，互不通航，多分布于公园、风景游览区以及中小型水库。受水域面积、水深、航道、季节等因素影响，北京市的水上运输仅限于水上旅游观光。2003年北京市地方海事局

(与北京市运输管理局两块牌子,一套人马)成立以后,水上安全管理进入了一个崭新阶段,逐步理顺了区县水上交通安全管理体制,远郊区县交通主管部门均成立了地方海事机构,市交通执法总队组建了海事执法专业队伍,初步实现了管理制度、机构布局、监督管理、证件服装、执法装备“五统一”,地方海事管理职能得以全面履行,确保水路运输运行安全。

### (八)交通行政执法得到有效加强

改革开放以来,北京市交通行政执法工作经历了从无到有,从单一到综合,不断发展的历程。1985 年后,北京市交通运输行业逐步由部门管理转向行业管理,由北京市运输管理处和北京市汽车维修管理处,北京市出租汽车管理处(北京市出租汽车管理局)分别负责公路运输、汽车维修行业管理、出租汽车管理以及交通行政执法工作。1991 年 4 月,颁布《关于取缔无照经营出租车的暂行规定》。1995 年,成立市公共交通管理办公室,承担对小公共汽车的行政执法职能。2000 年 1 月,成立北京市交通执法总队,负责全市公共交通、公路及水路交通行业的综合执法工作,具体承担全市交通行业行政执法的组织协调,依法对交通违法违章行为实施处罚;负责全市公路交通检查站执法管理工作;对远郊区县交通行政执法从业务上进行指导。2003 年 4 月,明确了交通执法总队执法主体地位和对远郊区县交通局处罚案件的复议管辖权,基本形成了独立和相对集中行政处罚权的交通综合行政执法队伍,实现了执法依据、执法标准、执法程序、执法文书、执法管理制度和方式的统一。

### (九)圆满完成奥运交通筹备和交通保障工作

在市委、市政府的领导下,7 年来特别是 2003 年市交通委成立以来,北京市交通系统各单位坚持以科学发展观为统领,抓住“新北京、新奥运”机遇,以举办一届有特色、高水平奥运会为标准,牢牢树立“绿色奥运、科技奥运、人文奥运”理念。从制定交通发展战略、政策和奥运交通行动规划入手,全面推进交通基础设施建设养护和优先发展公共交通以及智能交通系统建设,分阶段缓解市区交通拥堵情况,研究制定奥运期间交通保障措施及配套措施,实施安全隐患治理和制定交通应急预案。高水平开通地铁奥运支线(8 号线一期)、10 号线一期、机场线等 3 条轨道交通线路,建成机场南线、机场第二高速、京津高速等 5 条高速公路,建成奥运场馆周边 72 项 164 公里道路,阜石路(四环至五环)、朝阳路二期等道路,开通安立路、朝阳路大容量公交以及 20 个临时公交场站,设置 23 条 286 公里奥运专用道,开辟 34 条公交专线及地铁奥运支线,新增或更新符合环保标准的公共电汽车 13803 辆、地铁空调列车 606 辆、旅游客车 2788 辆、出租汽车 6.1 万辆。组建高水平交通服务团队做好赛事交通服务,对公交、地铁、出租汽车、旅游客运、高速公路收费五大窗口行业 20 万名一线员工开展培训,重点对 7100 余名直接承担奥运服务的专业驾驶员及 8627 名奥运赛事外围交通服务保障人员进行强化培训,圆满完成了奥运交通筹备和交通保障工作。

## 二、交通改革发展的主要成就

### (一)交通基础设施建设成就显著

**1. 道路建设实现跨越式发展**

改革开放 30 年来,北京的城市面貌发生了历史性的巨大变化,道路建设在支持首都经济和社会发展中发挥了重大作用。1978 年,北京的城市道路总里程只有 1900 余公里,道路面积 1446 万平方米。到 2008 年年底,城市道路总里程达到 7188 公里,道路面积 9631 万平方米,市区基本建成了 3 条快速环路和 17 条放射干线构成的中心城区快速路网系统,使路网整体通行能力有了明显改善。尤其是 1998 年四环路工程,不论在设计、施工、技术工艺、材料方面,还是在管理模式方面都是历史性的突破,其规模、气势、技术等级、复杂程度等方面都创下了当时北京道路建设之最和国内城市道路建设的数个"第一",成为北京市道路建设创新模式的一座里程碑!

**2. 高速公路建设快速发展**

北京市高速公路从 1986 年实现零的突破,到 2009 年 9 月通车总里程达到 820 公里,初步建成"两环、八放射"("两环"即五环路、六环路两条环线高速路,"八放射"即京石、京开、京津塘、京沈、京哈、机场、京承、八达岭 88 条放射线高速路)的高速公路网。京石高速公路是北京最早建设的高速公路,也是中国内地第三条开工建设的高速公路,被誉为“中国公路建设的新起点”,是北京西南方向的重要货运通道和一条畅通无阻的放射干线。八达岭高速公路是北京最长、最繁忙的旅游线路,缓解了北京西北方向交通拥挤的状况,还为晋煤外运提供了一条安全、快捷的运输线。五环路连接丰台、石景山、清河等 10 个边缘集团以及主要奥运场馆和科学城等重要地区,并与 8 条高速公路相连,对引导土地合理开发利用和市中心区人口向城市外围疏散起着非常重要的作用。2008 年京平高速公路的竣工通车,标志着北京全面实现“区区通高速”,从 10 个远郊区县政府所在地到市区出行时间不超过 1 小时。

**3. 农村公路支持新农村建设**

2005 年,北京市在全国率先实现了行政村“村村通油路”,全市 3985 个行政村的道路全部实现油路、水泥路面。2007 年,按照“统筹城乡、服务奥运”的原则,北京市完成了郊区公路 3 年提级改造工程,共改造郊区公路 8771 公里,比原计划 7700 公里超额完成 1071 公里;2008 年,全市重点自然村均实现通油路。“要想富,先修路。”农村公路建设的快速发展,有力地推进了新农村建设的进程。

**4. 轨道交通建设速度力度空前**

1978 年以后尤其是近 15 年,北京新建轨道交通线路达 176.4 公里,全市轨道交通总里程达到 200 公里,初步显现网络效应。另外,在北京轨道交通建设发展过程中,通过编制《地铁设计规范》、《地下铁道轻轨工程测量规范》、《地下铁道、轻轨交通岩土工程勘察规范》、《地铁车辆通用技术条件》等十多项规定、规范,不仅统一了设计技术标准,还基本形成了成套的设计理论、设计方法,实现了设计的现代化。

### (二)公共交通更加方便快捷

**1. 公共交通分担率明显提高**

2008 年,北京市公共交通运营车辆达到 21507 辆,比 1978 年增长了 7 倍;运营线路总里程达到 17857 公里,比 1978 年的 1217 公里增长了 16640 公里,增加了 14 倍。2008 年轨道交通运营里程也由 1978 年的 16.1 公里增至200公里。尤其是2007年12月24日,北京市轨道交通全网日全线开行列车2306列,日客运量首次突破300万,达到3018347人次,是1978年日均客运量8.5万人次的35.5倍,成为中国内地第一个日客流超过300万人次的轨道交通系统。2008年,北京全年公共交通完成客运量59.35亿人次,公交出行比例达到36.8%,交通出行结构得到了改善。特别是奥运会期间,北京开通了赛事奥运公交专线34条和地铁奥运支线以及192条赛会志愿者通勤班车线路,奥运会期间全市地面公交日均发车17.2万车次,日均运送乘客1313.9万人次;地铁全网8条线路日均开行列车4312次,日均运送乘客395.1万人次;公共交通出行比例达到了45%。

**2. 初步实现城乡公共交通一体化**

2007年年底,北京市研究制订了郊区公共客运改革发展方案,坚持实行公交公益性低票价政策,加大对郊区公共交通客运发展的投入,推进城乡公共交通一体化进程。2008年,全市行政村实现"村村通公交",极大地方便了郊区群众出行。

### (三)出租汽车行业服务水平逐年提高

改革开放以来,尤其是20世纪90年代以来,北京市出租汽车企业一度发展到1498家,行业经营秩序曾一度混乱,成为影响交通行业乃至社会稳定的不利因素。通过两次集中整顿,尤其是2004年以后陆续出台相关标准、规范,实行企务公开,开展社会信誉评价,评选"北京的士之星"等活动,不断加强对出租汽车行业的管理,出租汽车行业整体精神风貌、服务水平和文明程度不断跃上新台阶,出租汽车行业逐步走上了稳定发展的道路。目前,出租汽车行业规范的服务,整洁的车身,已经成为北京服务窗口行业一道靓丽的风景线。

### (四)道路运输实现质的飞跃

**1. 省际客运线路通达全国大部分省区市**

1978年省际客运线路仅为182条,总里程为8917公里,最远的也仅为北京至河北遵化线路,里程为305公里。经过近30年的发展,截至2008年年底,省际客运线路已通达3个直辖市,15个省会城市,19个省(自治区、直辖市)的400多个地、市、县,形成了以首都为中心,南到重庆、福建,北到黑龙江,西到甘肃,东到山东、浙江等地区,向各省市放射的公路省际客运线路网络,省际客运班线达到791条,最远线路里程达到2600多公里,2008年省际客运日均发车2126班次,年客运量达到2530万人次。至2008年,北京市省际客运站已由1978年仅有的北京市长途汽车公司所属马圈、天桥、永定门、北郊4个客运站发展到11个,在运营方式上均为社会站,且集咨询、购票、候车、检票、停车等完善的功能于一体。客运经营企业由1978年仅有的北京市长途汽车公司一家,车辆均为普通级车辆发展到2008年的264家(其中本市11家,外埠253家),省际客运车辆4085辆(其中本市1098辆,外埠2897辆)。2008年6月,车辆中高级车比例达到90.12%。

**2. 道路货运基本解决"运货难"**

改革开放以来,北京市货运市场逐步放开,道路货物运输打破了地区、行业和部门的限制,出现了多种所有制货运经营主体共同发展的局面。货运经营业户由1978年仅有的北京市运输公司等少数几家货运企业的几千辆车发展到目前的5.6万户13.6万辆营业性货运车辆,"运货难"问题得到根本解决。随着经济全球化速度的加快以及我国加入WTO,货运市场要面对的是更为广阔的国际市场。北京市积极推进物流信息化、系统化,推动货运企业向现代物流企业的转型,加快现代物流的发展。2007年,道路货运业通过改善货运车辆结构,节能减排工作取得初步成效,通过发展货运专用车辆和多轴重型车辆,提高了运输效率,降低了单位货物周转量的燃油消耗。2008年,北京市道路货运专用车辆比重从1990年的4.23%提高到了8.77%。货运站场的数量也上升到了13家。

**3. 汽车维修技术水平和服务水平逐年提高**

改革开放30年来,北京市汽车维修企业数量逐年增加,并且改变了过去全民单一的封闭经营方式,形成了多种经济成分并存,多层次、多类型的汽车维修市场。同时,汽车维修企业逐步实现由生产型向服务型转变,并且涌现出一批集汽车销售、汽车维修、配件供应和信息反馈为一体的品牌特约维修企业(4S店或3S店),汽车维修环境明显改善。随着电子技术和计算机技术在汽车行业的广泛应用，加快了维修设备的更新发展和检测手段的提高，维修技术发展迅速，发动机综合检测仪、汽车故障诊断仪、四轮定位仪、车身整形仪等现代维修设备已在一、二类维修企业中普遍使用。通过开展技术练兵、技术比赛活动，培养一批汽车维修专家、工程师、高级技师、高级工以及管理人才，汽车维修从业人员也逐步向年轻化、知识化、专业化方向发展，质量检验人员经过专业培训考核，持证率达100%。汽车维修行业涌现出一批先进集体和先进个人，汽修公司总工程师魏俊强荣获“全国五一劳动奖章”，被评为全国劳动模范。青年工人阚友波被授予“首都技术能手”称号。

（五）智能交通技术得到广泛应用

改革开放以来特别是近几年来，北京市按照“一个共享平台、七个应用领域”的智能交通技术应用工作思路，全面推进北京市“十五”智能交通系统示范工程建设。智能化和信息化技术在交通运输运营、管理和服务中得到了广泛应用。建成地面公交运营管理和服务9大应用系统，基本形成了地面公交智能调度运营体系，在奥运交通保障中发挥了重要作用。建成了轨道交通自动售检票、乘客信息服务等10多个应用系统，建设智能化轨道交通指挥中心，实现了8条轨道交通线路的网络化运营与调度；通过地铁1、2号线信号和通信等改造工程，缩短了列车运行间隔，大大提高了安全和运输能力；市政交通一卡通已覆盖全市地面公交、轨道交通和部分出租车及停车场，发卡量超过2800万张；建成六里桥省际客运信息系统，实现了全市省际客运联网售票及费用结算；建成金银建等5个出租汽车监控、调度中心，实现了出租汽车信息采集、调度、安防和管理。建立了以现代化交通指挥中心为核心的三级指挥体系。建成指挥调度集成系统，大幅提高指挥效率和快速响应能力。建成覆盖全市1535处路口、多系统组成的统一交通信号控制系统，有效地保证了全市道路网的最大通行效率。建成由视频监控、事件检测等组成的交通综合监测系统，实现了对主干路和快速路网交通状况的实时监控和交通意外事件的自动发现。交通指挥中心在城市道路交通管理和奥运交通保障中发挥了重要的支撑作用。

### (六)实现奥运交通和社会交通和谐运转

扎实做好 2008 年北京奥运会各项交通筹备和保障工作,实现了奥运交通和社会交通和谐运转,为成功举办一届有特色、高水平的北京奥运会、残奥会作出了应有贡献!奥运期间,全市公共交通实现了方便、快捷、稳定运行。地面公交采取增加车辆、延长运营时间等措施,车辆运行准点率提高,每日公共电汽车 1.78 万余部,日均发车 17.2 万车次,运送乘客 1313.9 万人次;地铁全路网运营安全稳定,客流有序,日均开行 4312 列次,运送乘客 395.1 万人次;出租汽车每日出车率达 95%,约 6.3 万辆以上,日均运送乘客 221 万人次。8 月 8 日奥运会开幕式当天,公交专线、地铁奥运支线共运送进出场观众约 7.38 万人次。散场时各国政要和运动员到达驻地用时分别为 27 分钟和 50 分钟,中心区观众疏散用时 75 分钟,比计划缩短了 15 分钟。奥运交通筹备和保障工作圆满完成,有力地保障了“两个奥运,同样精彩”的实现,受到国际社会、各国运动员和广大市民的高度称赞,实现了让国际社会满意、各国运动员满意、人民群众满意的“三个满意”目标,不仅促进了城市交通管理理念的转变,也为今后北京交通发展积累了十分有益的经验。

## 三、交通改革发展的体会

国内外大城市交通发展经验和北京市改革开放以来的交通工作实践表明,单纯依靠增加交通基础设施供给来提高道路交通承载能力,难以走出“面多了加水,水多了加面”的恶性循环,只有大力发展公共交通特别是轨道交通,同时实施交通需求管理政策,才是解决城市交通问题的根本出路。回顾改革开放以来特别是 2003 年北京市交通委员会成立以来的交通工作,主要有以下体会:

### (一)党中央、国务院的重视和关怀,为发展北京交通提供有力支持

改革开放以来,北京交通事业的发展,一直受到党中央、国务院的高度重视和亲切关怀。早在 1975 年,国务院就批复了北京市《关于解决交通市政公用设施等问题向国务院的请示报告》。1976—1985 年的两个五年计划

期间，国家每年给北京市安排专款1.2亿元，用于改善相关设施。大到北京交通发展规划，小到某个行业的管理，党中央、国务院领导都非常关心，多次就有关北京交通方面的事项作出明确批示。2005初，国务院正式批复了《北京城市总体规划2004—2020年》，进一步明确了北京交通发展的思路。特别是2008年北京奥运会召开前夕，胡锦涛总书记等中央领导实地考察北京奥运会配套交通设施，对北京交通建设发展作出明确指示，更是体现了党中央、国务院对北京交通发展的关怀和支持。

（二）坚持改革创新，奠定发展交通的体制基础

改革创新是交通发展的不竭动力。1978年以来尤其是近几年来，北京市积极推进观念创新、体制机制创新、科技创新和管理创新，在交通管理体制上积极进行探索，经历了交通管理体制的多次分合。直到2003年2月，北京市在2000年对公共交通与公路、水路运输实行统一管理的基础上，组建了北京市交通委员会，实现了对公共交通、公路和水路客货运输、公路和城市道路建设实行统一管理，初步理顺了交通管理体制。坚持贯彻和落实科学发展观，不断解放思想和更新观念，逐步建立政府主导、市场化运作的交通基础设施投融资体制，分别成立公联公司、首发公司和轨道建设公司等专业公司，专门负责道路、公路、地铁等交通基础设施的建设；组建轨道交通指挥中心，对轨道网络实行统一调度指挥；推进乡村公路管理养护体制改革和枢纽建管机制改革等等，为北京市实现交通事业快速发展奠定了体制基础。

（三）全面贯彻落实科学发展观，推进交通事业又好又快发展

交通是支撑经济社会发展的基础性、先导性的现代生产服务业，与人民群众生产生活息息相关。要实现交通运输的健康可持续发展，必须全面贯彻落实科学发展观。党的十七大报告指出，科学发展观，第一要义是发展，核心是以人为本，基本要求是全面协调可持续，根本方法是统筹兼顾。改革开放30年来，特别是近几年来，北京市交通系统紧紧围绕首都经济社会发展全局，坚持统筹交通与经济社会协调发展，发挥交通基础设施在城市空间布局和产业布局调整中的引导作用；统筹城乡交通、市域与城际交通发展，

着力推进"区区通高速"、"村村通油路",城乡交通一体化进程大大加快。坚持把不断满足人民群众对交通的需求作为交通工作的出发点和落脚点,把以人为本的理念努力贯穿到交通规划、建设、运营、管理、服务等各个环节。优先发展事关民生的公共交通,让市民享受更快捷、更方便、更实惠的公共交通服务。坚持建养管并举,充分发挥既有交通设施潜力,注重各种运输方式的整合衔接,推进交通领域节能减排降耗,发展集约型环保型的现代交通综合运输体系,走可持续发展之路。坚持文明执法、严格执法,寓管理于服务之中,营造和谐良好的交通环境。

(四)制定和发布《北京交通发展纲要》,明确北京交通发展方向

新世纪的第一个十年是北京实施"新三步走"战略的重要时期,北京经济社会的快速发展将有力地支持交通事业的持续发展。同时,交通的现代化也将为北京建设成为具有鲜明特色的现代国际城市、文化名城和宜居城市提供必要的基础条件。北京交通发展既面临世界大城市发展的共性问题,但也有其特殊性。2003年,北京市委、市政府审时度势,不失时机地作出正确决策,编制并发布了《北京交通发展纲要(2004—2020年)》(以下简称《纲要》)。作为今后一个时期指导制定全市交通规划、交通政策和实施计划的纲领性文件,《纲要》在总结历史经验教训的基础上,分析了交通问题的症结与未来发展趋势,提出了建设"新北京交通体系"的目标,制定了实现这一目标的战略途径、基本交通政策和近期实施的重大行动计划。《缓解北京市区交通拥堵工作方案》、《关于优先发展公共交通的意见》、《北京市轨道交通近期建设规划》等一系列文件的陆续出台,也为落实《纲要》要求提出了相应的政策措施。站在成功举办北京奥运会残奥会的新起点上,2009年7月,北京市政府制定并发布了《北京市建设人文交通科技交通绿色交通行动计划(2009—2015年)》,确定了未来7年建设以"人文交通、科技交通、绝色交通"为特征的新北京交通体系的主要战略任务,为进一步促进北京交通健康快速发展指明了方向。

(五)坚持交通先导和公交优先,促进交通健康稳定发展

坚持城市交通基础设施适度超前、优先发展,充分发挥交通建设对城市

空间结构调整的引导和支持作用。交通基础设施建设的快速发展,带动了交通运输业的整体发展。坚持公交优先政策,从城市可持续发展的要求出发,按照公平和效率的原则,合理分配和使用交通设施资源,在规划、投资、建设、运营和服务等各个环节,提出了“两定”、“四优先”政策,为公共交通发展提供条件,有力地促进了首都交通运输业的健康稳定发展。

(六)坚持确保行业安全稳定,营造交通发展的和谐环境

安全稳定是北京第一位的政治任务,也是交通行业和谐发展的基本要求。北京市在工作中逐步建立了交通公共安全责任体系,全面落实行业安全监管和企业主体责任。实施了地铁消隐、危病桥改造、公路安保工程、治理超载超限等安全隐患治理,交通基础设施的安全性、可靠性明显提高。不断完善交通应急体系和工作机制,成功组织了多次重大工程改造和抢险抢修,增强了突发事件的快速反应和处置能力。同时,以维护出租汽车行业稳定为重点,不断推进和谐行业建设。这些扎扎实实的工作,为交通快速发展营造了和谐的发展环境。

(七)加强干部职工队伍建设,保持良好精神状态和工作作风

改革开放30年来,交通行业广大干部职工,始终坚持高标准、严要求,脚踏实地、真抓实干,发扬特别能吃苦、特别能战斗、特别能攻关、特别能奉献的精神,始终保持良好的精神状态和作风,战胜了一个又一个困难和挑战,取得了一个又一个成功和胜利。尤其是近年来,努力加快政府职能转变,着力建设为民、务实、清廉、高效的服务型政府交通部门,通过制定规划、法规、政策、标准和帮助基层、企业解决实际问题来加强行业监管,为市场主体提供服务,不仅赢得了社会各界的理解和支持,进一步增强做好工作的决心和信心,也成为促进交通事业又好又快发展的巨大精神动力。

## 四、交通发展展望

站在30年发展成就,特别是为成功举办2008年北京奥运会和残奥会提供最好交通保障的新起点上,北京交通发展任重道远。必须坚持以科学发展观为指导,坚持“人文北京、科技北京、绿色北京”理念,努力建设并全

面建成适应首都经济和社会发展需要,满足全社会不断增长和变化的交通需求,与国家首都和现代化国际大都市功能相匹配的"新北京交通体系"。

今后一段时期,北京市将加快转变交通发展方式,强化管理,实现建设、养护、管理并重;坚持优先发展公共交通战略,努力建设"公交城市";加大创新力度,提高交通设施承载能力和交通运输服务水平,构建以"人文交通、科技交通、绿色交通"为特征的新北京交通体系,实现北京交通全面协调可持续发展,为建设繁荣、文明、和谐、宜居的首善之区作出应有的贡献。

### (一)着力推进"公交城市"建设

全方位深化优先发展公共交通的政策措施,以方便广大市民出行、最大限度减少路网交通负荷为目标,推进以轨道交通为骨干、地面公交为主体、步行和自行车等多种交通方式协调运转的绿色出行系统建设,实现交通与城市和谐发展,建设"公交城市"。

#### 1. 实施轨道交通网络化服务工程

确立轨道交通在城市公共客运系统中的骨干地位,发挥其引导与支撑城市空间结构优化调整的作用,按照安全、质量、功能、成本、效率五统一原则,加快轨道交通新线建设,扩大线网规模,增加中心城线网密度。2010 年地铁运营里程达 300 公里,2012 年达 420 公里,2015 年达 561 公里,形成"三环、四横、五纵、八放射"的网络体系,五环路内线网密度达 0.51 公里/平方公里,平均步行 1000 米即可到达地铁站。形成城市轨道交通网、市郊铁路网及国家铁路网相衔接的北京市域轨道交通网络运营系统。

按照安全、高效、服务相统一和骨干线网集中运营的原则,运营主体提前介入轨道新线建设,依托轨道交通指挥中心,实现轨道交通运营主体间的协调运营和统一指挥。新投入运营的骨干线路开通时最小发车间隔 3—4 分钟。更新运营线路老旧车辆,缩短发车间隔,提高运输能力,骨干线路高峰时段最小发车间隔达 2 分钟。日均客运量达 1000 万人次以上。轨道交通运营管理达到国际先进水平。

#### 2. 实施地面公交网络化服务工程

充分发挥地面公交的主体作用,构建以快线网为骨架、普线网为基础、支线网为补充，覆盖中心城、新城、乡镇的公共(电)汽车服务网络。优化调整中心城线网，与轨道交通车站衔接，完善线网功能结构，适度增加支线网密度。重点建设地面公交快速通勤系统，在主要客流走廊上继续增辟公交专用道，总里程达450公里以上并连续成网。中心城90%乘客步行到最近车站距离不超过500米，高峰时段主要干线候车时间3—5分钟，高峰时段平均满载率控制在70%左右，地面公交日均客运量达1500万人次以上。

依托旅游集散中心、主要客流走廊、旅游景区，调整规范旅游客运线路。加快农村公交场站建设，逐步落实农村公交布点，提高“村村通公交”的有效通达里程，促进郊区客运网络与城区公交网络有机衔接。

**3. 实施交通出行便捷换乘服务工程**

轨道交通、地面公交等多种方式换乘设施同步规划、建设、运行，方便乘客换乘。建成13个综合客运枢纽，优化公交场站布局，建设改造50个以上换乘中心站，随轨道新线同步建设驻车换乘停车场。

**4. 实施步行和自行车交通服务工程**

规划建设完善步行与自行车出行系统。建设自行车专用道和行人步道网络，加强路权管理。在客流集中地区增设自行车停车场，加强防盗管理。鼓励和支持依托地铁站、公交枢纽等重点地区的自行车租赁业发展。设置1000个左右自行车租赁点，形成5万辆以上租赁自行车规模。在中关村西区等重点地区、重点大街和历史文化保护区，规划建设一批步行、自行车交通示范街区。

**5. 实施交通出行无障碍服务工程**

推进无障碍交通设施与服务体系建设，基本建成中心城无障碍交通出行网络。新改建道路全部随路建设无障碍设施，既有道路逐步实施无障碍改造。在公交、地铁等行业，继续推进车站和站台、车辆等无障碍建设改造；强化对侵占、损害无障碍设施行为的管理和执法。

**6. 实施城市货运物流配送服务工程**

适应现代物流业发展和北京、天津作为华北物流区中心功能的需要，实现传统道路货运业向现代物流业的转变。组建5万辆规模的“绿色车队”，重点建设邻近六环路的 10 个货运场站，带动城乡物流配送业发展。

（二）着力推进路网承载能力提高

以提高路网承载能力和运行效率为中心，以改造道路微循环系统为重点，建成功能完善的综合交通设施网络，道路交通设施总体承载能力与服务水平明显提升。

**1. 实施城市干线路网建设工程**

坚持规模扩充与结构改善并重原则，加快城市快速路和主干道建设。建成 280 公里的城市快速路网，形成“环线 + 放射线”的快速路系统。进一步改善中关村等六大高端产业功能区、丽泽等三个新兴金融功能区、朝阳金盏等四大金融后台服务区的路网系统。加快构建边缘集团以及通州、顺义、亦庄等 11 个新城内部道路系统，完善新城对外联络通道。

**2. 实施道路微循环系统建设工程**

提高路网的集散能力和交通可达性，大力扩充市区道路微循环系统。每年实施一批道路微循环工程项目和交通设施改造项目，重点改造中心城和城乡结合部的主要拥堵节点，打通一批断头路，改善街坊路及居住区内道路系统。

**3. 实施公路网络建设工程**

适应城乡一体化和区域经济一体化发展需要，加快以高速公路和国、市道为骨干，功能和结构完善的市域及区域公路网建设。建成 1100 公里的高速公路网，重点建设京台、京包、京昆等国家高速公路网规划市域内高速公路，推进重点镇与高速公路的联络线建设。基本建成规划的市域公路网，加大国道及市道提级改造力度，国道及市道干线公路基本达到二级以上标准。完善支持新农村建设的县乡公路网络，重点建设新城之间及新城与乡镇之间的联络通道，新改建县、乡（村）公路 1300 公里。建成以服务旅游为重点的山区交通联络线。加强京津冀区域交通合作，推进环北京公路等干线公路建设。

**4. 实施铁路民航配套交通设施建设工程**

做好铁路、民航枢纽场站与城市交通有机衔接、协同运转。完善北京西站、北京南站、北京北站的交通集散配套工程。随着京沪、京广等高速铁路，京张、京沈、京唐等铁路客运专线和新北京东站以及首都第二机场的建设，同步规划建设与之配套的道路工程，做好公共交通设施配套衔接。

（三）着力推进交通信息化建设

整合交通信息资源，加快新一代智能交通系统建设，提高交通管理水平、运输服务水平和交通运行效率。

**1. 实施交通信息采集资源整合工程**

建设一体化的综合交通数据中心。重点建立交通数据标准和资源目录体系，建设交通地理信息系统（GIS－T），交通基础设施、运输、服务数据采集与检测系统，交通基础数据库系统。

**2. 实施智能化交通运行管理决策支持工程**

建设综合交通指挥中心和面向路网运行、运输监管、公交安保的三个分中心。建成交通运行智能化分析及决策支持系统。建设路网运行管理、综合交通枢纽管理系统，建设完善地面公交和轨道交通网络化调度指挥系统、道路货运管理与城市物流公共信息服务系统、机动车检测与维修服务系统、停车管理与服务系统，建设交通行业从业人员诚信管理系统和营运车辆安全监管系统、完善行业运行调度及安全保卫图像信息系统。

**3. 实施智能化交通管理工程**

建设交通管理数据中心和指挥调度、业务应用、信息服务等平台，以及交通指挥调度、交通信号控制、道路交通监测、交通诱导与服务、数字化执法管理、交通组织优化与仿真、综合信息应用、通信网络安全等系统。

**4. 实施公众交通信息服务工程**

建设动、静态结合的交互式交通信息服务平台。重点建设新型公共交通乘客信息服务系统、动态路径诱导系统、动态停车诱导系统、驻车换乘信息诱导系统、汽车租赁信息服务系统。充分利用各类媒体和手机、情报板、车载导航等信息终端，为公众提供实时、便捷、人性化的交通信息服务。

（四）着力推进交通技术创新与产业化发展

充分发挥首都人才和科技优势，建设一批交通重点科研基地，突破一批重大关键技术和共性难题，加快科研成果在交通领域的产业化，打造一批自主创新的交通关联品牌产业。

**1. 实施交通技术创新工程**

通过创新实现交通基础设施的低造价、高性能和交通运载工具的低能耗、高效率。建设交通基础设施科研设计基地，创新桥梁抗震、结构快速检测、修复及加固技术，节省土地利用的道路建设技术，路面养护快速修复技术，隧道施工安全管理技术，轨道工程减震降噪技术、穿越既有轨道线路技术，推进交通基础设施全寿命周期设计中采用新结构、新材料、新工艺。建设城市交通仿真基地，开发应用交通仿真模型，优化路网功能结构、公交线网布局，开发应用地铁车站换乘通道客流监测技术，优化轨道交通换乘设计。

**2. 实施交通节能减排工程**

大力促进节能环保材料和再生资源利用，推广矿山废弃物、废旧轮胎胶粉沥青、建筑垃圾的再生利用，推广温拌沥青、蓄能自发光涂料、透水步道砖等新材料的应用。扩大轨道交通新型节能通风、空调和再生制动能量利用等技术应用。扩大高速公路不停车收费系统（ETC）使用规模。推广应用纯电动和混合动力等新能源汽车，完善配套设施建设，公交和环卫等行业新能源车辆规模达到 5000 辆。

**3. 实施轨道交通装备产业化工程**

建设城市轨道交通车辆产业基地，推动具有自主知识产权的先进轨道 B 型车辆的产业化，在房山线等轨道交通线路上应用。推动自主创新的中低速磁悬浮列车的应用。建设轨道交通关键技术研究及产业化基地，加快缩短轨道交通发车间隔的关键技术研究，研究具有自主知识产权的基于通信的列车运行控制系统（CBTC），并在亦庄线上应用。推进轨道交通自动售检票系统（AFC）关键技术和设备的国产化。大力推动信号系统核心技术的产业化和标准化，形成以信号系统为核心的技术产业链。

**4. 实施动态交通信息服务产业化工程**

建设动态交通信息服务产业化基地，制定信息发布技术规范与服务质量规范，推动具有自主知识产权的动态导航核心技术设备的成果转化和服务终端的规模化应用，终端应用数量达 100 万台以上，形成动态导航产业链。

（五）着力推进交通精细化管理

以科技创新为手段，体制机制创新为载体，寓管理于服务中，在管理中体现服务，注重管理的人性化、标准化、规范化、信息化、精细化、智能化，提高交通系统安全、有序、顺畅运行水平。

**1. 实施交通组织优化工程**

科学设置区域交通单行线系统。研究城市快速路及主干道的高承载率车道和放射线的潮汐车道设置。优化调整城市快速路和主干道出入口，渠化改造道路交叉路口，改善路网功能。

**2. 实施交通标识系统规范化工程**

完善和提升交通标识系统功能。优化复杂交通点段标识的设置，增设预告类和确认类指路标识，增设地面标识，规范交通枢纽、场站的标识设置，使交通标识系统科学、连续、有效。

**3. 实施静态交通规范化工程**

加大停车管理力度，规范停车行为，利用经济、法律和必要的行政手段调节停车。实施差别化的停车泊位供给和分区域、分时段差别化停车收费政策，修订居住区及各类公共建筑停车位配建指标。综合治理停车秩序，规范重点大街停车位施划和车辆停放。实现以“静”制“动”。

**4. 实施交通秩序综合治理工程**

调整优化信号灯配时，完善设施抢修模式。改进勤务指挥模式，突出重点环节管控。严整交通秩序，减少因乱致堵，集中力量治理和疏导交通堵点、乱点、黑点。严格执法，维护交通秩序和运输市场秩序。

**5. 实施交通安全保障工程**

逐步完善现有道路交通安全设施，实现交通安全设施与新改建道路交通建设同步规划，同步实施，同步验收。重点加强乡村公路交通安全设施建设。建立健全交通安全管理体系，开展安全风险评估，建设高效的交通应急指挥处理系统。坚持地铁安检和公交安全巡查制度，确保地铁和公交运营安全。加强公路安保设施建设，实施铁路道口平交改立交工程。

（六）着力推进交通文明建设

完善文明出行、文明服务、文明管理长效机制，加大宣传教育力度，增强交通参与者现代交通意识，形成“改善交通我参与，交通顺畅我快乐”的社会氛围。

**1. 实施交通文明宣传工程**

交通文明宣传进社区、家庭、学校、单位、农村，广泛开展行车、乘车、停车、行路、服务、管理文明为重点的交通文明活动。深入开展公交地铁排队日、让座日、交通志愿者服务活动和公交、地铁、出租汽车等窗口行业创建文明行业、文明单位活动。

**2. 实施绿色出行倡导工程**

开展“公交周”、“无车日”、“少开车”等多种活动，倡导选择公共交通、自行车和步行出行。倡导使用清洁能源汽车和低排放、低能耗汽车。

# 我看60年出行变迁

北京市交通委员会

“要想富，先修路。”这句俗话说出了人们对交通的关注，也从侧面反映了交通条件的提升可以带来更多的实惠和利益。出行、道路、交通工具，每天都伴随在我们左右。出门、回家，只要我们参与社会行为，只要我们迈出门口，“交通”就紧紧跟随我们到达任何一个地方。

从新中国成立初期，“晴天一脚土，雨天一脚泥”，“出行基本靠走”，“驴马车”仍大行其道的出行状况，到如今姚家园路、朝阳北路、朝阳路、青年路、机场二通道等多条市区级主干道贯穿，各种交通工具并行的一派繁荣景象，出行条件的变迁已经深深地改变了平房人的生活。

这60年，公共交通得到飞速发展。如今的平房地区，再也不是新中国成立初期只有一趟50路公共汽车。现在，就只在姚家园路上，来往平房地区的公交线路就有十余条。加上朝阳北路、青年路等主干线上的公交车，途经平房地区的公交线路有30余条，不到十分钟就有一辆公交车进站。而419路、126路、673路等公交车的总站或停车场也都设在平房地区。短时间的公交车辆间隔，让居民们的出行变得不再困难。20世纪70年代人们一窝蜂地挤公共汽车的状况也一去不复返。

姚家园路南，从平房西口到黄杉木店路几百米之间，各种名牌汽车4S店也已经开到了10余家。雪铁龙，起亚、奥迪、别克、斯巴鲁、红旗，从国产到进口,从家用车到商务舱。随着人们经济能力的提高,汽车开进寻常百姓家。现在,拥有私家车已经不是新鲜事了。

## 一、公共交通:从烧炭木车到地铁飞机

### (一)20 世纪 50—60 年代,柏油路根本没有 出行基本靠走

“新中国刚成立时候,去趟东大桥买东西,一去一回要 4 个小时呢!”宋后昌今年 76 岁,现住在姚家园西社区。回忆起年轻时候的道路交通条件时说,那时候出行,绝对是个苦活。

宋大爷生长在姚家园村,解放前这里全是土路,只要一下雨,土自然就变成了泥。新中国成立后,有的土路被铺上了石子,稍稍改善了道路状况。出行的时候,碰上下小雨,也就稍稍强了一点。

1955 年,平房地区的青年路开始施工。为什么叫做青年路?宋大爷说:“那个时候,修路的都是年轻人,20 岁左右的,所以就把路名叫做青年路。那个时候的青年路和现在的青年路相比可是天壤之别。既没有这么宽,也没有这么长,还没有延伸到姚家园路上。至于路面条件,就是在土地上面铺上石子,但是在当时来讲,这就是相当好的马路了!”

说起出门,宋大爷叹了口气:“去哪都是走!全靠两条腿!要说像现在这样,到处都是公交车,想都想不到!那会儿全北京也没多少汽车啊!我出门就赶驴车,套上一头驴,这就是好点的交通工具了!”

宋大爷那会儿去远一点的地方都是赶着大车去。那会儿,去甘露园,宋大爷就带上几个路人,每个人两三毛钱,搭上四五个人,一起就拉过去了。一天下来还能赚上一两块钱给家里补贴。提到公共交通,当时的公共汽车是烧炭的木车,车上有个锅炉,半个多小时才有一趟,并且装不了多少人,所以坐的人也不多。

平房路(原 350 路)是地区最早的一条马路,西起朝阳门,北到电台,是解放前日本人修建的。也是平房村民进城的必经之路。

说它是马路,其实也只是由简易碎石铺成的。每天路上行驶的唯一的机动车就是 50 路公交车(就是后来的 350 路)。

“那时的公交车特别小，黑色的，还是烧柴火的，速度也非常慢，只能乘10多个人，里面没有座位，只能站着，个子高的人乘公交车特别容易磕头。”平房村田有才大爷说，就这条件，对当时的人都是非常奢侈的事情。

“那时候坐一次公交车由姚家园到东大桥需要5分钱，可是当时一斤猪肉才6毛钱。”田有才今年正好60岁，是共和国的同龄人，他说，村里人进城，一般都是走路，因为东大桥那里有一个市场，所以一般村里人进城，最远也只到东大桥。“每天沿着姚家园路一直走，走到头就是东大桥了，一般我们需要走一个小时，没有人觉得累，因为大家都这样。”

(二)20世纪70—80年代，道路依然难走　公交极端抢手

说到道路的发展，李连阿姨颇具发言权。她把自己30多年的青春岁月全部贡献给了首都的公交事业，从开长途公共汽车到教别人开车，对路况的变迁，李阿姨可以说是看在眼里，开在脚下。

李连1966年开始开公交汽车，也是为数不多的女驾驶员之一。据李阿姨介绍，那会她开的是长途车，从安定门到大兴黄村都算是长途。而现在，这段路程已经不算啥了。60年代的时候，每天上午一趟车，下午一趟车，晚上就住在大兴，第二天再回来。

一次李阿姨出车在南苑机场路上，那条路当时是铺的石子，虽然平时走起来还可以，但是一下雨，就会把石子下面的土冲走，而上层的石子就成了一道道沟壑。

那次李阿姨开返程车，在回来的途中，瓢泼大雨导致本身就已经沟沟壑壑的路面积水严重。用李阿姨的话说：“一开车门就全是水！”由于路的两边是地势较低的民房，所以一过车，水浪就往两边的民房院里涌。院里的人们就拿着铁锨和镐把站在路中间，不让汽车通过。而此时，路上已经有很多辆车被截在黄村无法返回。李阿姨也被堵在路上，想到母亲一个人在家里照看孩子，上有老，下有小的她硬是什么都没顾，踩着油门，一路就闯了过去。如今，李阿姨回忆起当时的情景说：“我就跟开着摩托艇一样！真是管不了那么多了，我必须回家！那会儿路不好，没办法啊！”

还有一年冬天，李阿姨去河北文安坝县，路面就像鱼脊背一样，又恰逢

下雪,路面滑得要命。只要稍稍一偏,车子就会滑到路边的沟里。李阿姨一路上始终挂着二挡,握紧方向盘,开了5个小时才到目的地。下车后,两脚已经被冻得走不了路了。

现在,李阿姨不再开汽车,但是回忆起当初受的罪,李阿姨感叹道:"唉!那会是苦啊!你看现在的公交车,从里到外条件那么好,驾驶员舒服,乘客也舒服,大不一样啦!拿过去相比,能比吗?"

马祖英阿姨今年68岁,提起20世纪70—80年代是如何出行的,她记忆犹新。那时马阿姨家住在陶然亭公园北边,别看是城里,到60年代,照样全是土路,只要下雨,照样都是泥。"哪有公路去!"马阿姨不禁感叹道。1961年,马阿姨参军去了福建,临走时她的记忆是没有像样的路,从小上学都是走着去,那长度放在现在可是十几站的路途。1969年,马祖英回到北京,这不到10年的时间,北京的路变宽了,原来菜市口那边的小马路已经变成了柏油马路,也变宽了。

虽说是道路条件渐渐有所改善,但是出行,依然是麻烦重重。20世纪70年代,马祖英在光华木材厂上班,早上给孩子带到托儿所去。为了避免早上高峰期的时候公共汽车上人多而挤到孩子,马阿姨那时候天天早上4点多就起床,去赶5点多的早班车。有一次,下车的时候由于人太多了,没做好准备的马阿姨被人流从车上硬是挤了下去。结果是没站稳,马阿姨抱着孩子摔倒在地上。回忆起来,马阿姨说:"哎呀!当时幸亏是没有磕到马路牙子上,人就是多啊,一到站,那就是上百号人围上来挤!下车也是,有时候你不想下车都能让人挤下去!"

还有一次,马阿姨单位发了电影票,晚上,她就带着孩子坐车去电影院。但是车上挤得不可开交,挪动身子的地方都没有。结果到了电影院,马阿姨才发现放在挎包里的钱包和电影票全被人偷走了。由于是全单位包场看电影,马阿姨和检票的人好说歹说才进去看了电影。"当时车上人多,我那挎包一挤就给挤到旁边去了。你又腾不出身子来,还得看着孩子,根本就顾不上了。就这么着,让小偷钻了空子,得了手!那时候,你不坐车太远,坐车又麻烦,说是受罪一点都不夸张!"

到了80年代,北京的道路交通可就眼看着起了变化。李连阿姨说:“随着改革开放,能看到路面的变化了。很多路都修的很好了,开着车再也不用怕下雨下雪了!”

当时马祖英总是坐23路公共汽车上下班。坐在车里,透过车窗,就能感受到首都的变化。道路两边的小平房开始慢慢的拆除,相对的马路也开始拓宽。马阿姨说:“这一天一天的,从车窗里就能看到视野开阔了,建筑物都变了!”

从这些事例和故事中,我们不难看出20世纪70~80年代出行条件的紧张和落后,但是我们也能感觉到,一切都在慢慢的发展,变化。

(三)20世纪90年代至今,交通上天入地　出门地铁飞机

刘震是北京公交419路车队的队长。他干了近30年公交工作,叔伯姥爷到母亲也都把自己奉献给了首都的公交事业。

说起首都交通的发展,刘队长如数家珍,说得头头是道。

1982年,刘震参加工作,在公交车上售票。20世纪70年代的挤公交现象也一直持续到那个时候。刘队长说:“我当初在116路公交车,从和平里到永定门。早高峰的时候,每天在车上都能见到十几二十个大衣扣子!全是人们挤掉的!每天等乘客下了车,从车厢后面往前一走,地上肯定能捡到,不管大小,全都给挤下来了!我当时可捡了不少这扣子。这在我印象中是相当深刻的!”刘队长回忆自己小的时候上学,由于公交车间隔时间长,所以干脆走着上学。经常是走到学校后,公交车还是没有过来。

从20世纪90年代开始,老百姓的出行条件有了翻天覆地的变化。用刘震的话说是交通状况“面目全非。”柏油马路,仿佛突然间就躺在了地上。公交线路逐渐增多,地铁也开始贯穿地下。尤其是从1998年以后,首都的交通条件进入了一个新的高速发展阶段。

而当初公交之所以那么挤,是因为公交车太少了。他说,20世纪80年代的时候“北京市一共也就有70多条线路。”

那时候,只有一条“50路”公交车线路通过平房地区。可现在,屈指一数,途经平房地区的公交线路就有三四十条。而在朝阳北路上,北京地铁6

号线也在紧锣密鼓的施工中。

据刘队长介绍，当初像 50 路这样的公交线路定下来以后，二三十年都不会改变，然而现在，公交线路则会根据居民的需求改变，以适应老百姓的需要。

现在，我们再看看公路上行驶的公交车辆，单从车辆硬件设施来看就是今非昔比。

刘队长介绍，每辆车的轮胎都是米其林的，单是一套轮胎就要好几千块钱。并且大部分的车辆都应用了 CAN 技术，即在车辆发生故障或者事故的时候，通过电脑检测，就可以正确地完成诊断，确定车辆哪个部位运转不正常，所有数据都会被导出。

此外，在车辆的维修等各方面都提高了工作效率。进到车内，滚屏显示车站，空调带来冬暖夏凉。

除了公共汽车，地铁、轻轨、飞机等公共交通工具也日益快捷舒适，改善了居民的生活。

20 世纪 60 年代，马祖英去深圳就是坐的火车去，这一路上，要在上海停一次，在江西停一次。而且车速慢得很，单程时间就要一个星期。“那车里条件也不行啊，车上顶多就有个暖壶，一个电扇！简陋得很！”

由于马祖英当初只有 20 岁，周围又都是陌生人，自己在车上只敢在上铺呆着，床都不敢下。“那会儿小，啥都不懂，到哪都是不认识的人。就连吃东西也是在上铺自己偷偷吃！到了车站就更害怕了，我记得江西那块比较落后，下了车很多乞讨要饭的人就会过来冲你伸手，因为我当时参军穿军装，他们就觉得我能帮助他们。到处都是陌生人，车站秩序也不好，可把我吓坏了！”

20 世纪 70 年代有一次马阿姨去天津看望父亲，也是坐了两个小时才到。车上条件虽说有改善，但也没有好到哪里去。“你看现在这京津快线，半个小时就到天津，跟遛弯似的！有的人说晚上去天津吃饭，吃完就回来了，这在过去哪有的事情啊！一转眼几十年过来了，谁能想到这交通条件能发展成这样啊！2007 年我去南京看儿子，就坐的 D 字头的车啦！真是好，你看那车厢里的条件。多棒啊，要啥有啥！”

回忆起第一次坐北京的地铁1号线，马阿姨说：“那会新鲜啊！这火车还能在地底下跑！又快又稳，可兴奋呢！但是那会儿票贵、人少。可是你看现在，坐地铁是多普通的事情啊，想到哪到哪！眼看着新建的6号线线路在社区这儿就有一站，我都等不及了！”

火车还嫌不够快？如今，老百姓坐飞机出个门也不算啥新鲜事。机场二通道修到家门口，几十分钟到机场，坐上飞机天南海北转瞬即达。诗里说的“天堑变通途”、“千里江陵一日还”搁现在全是再简单不过的事情了。

## 二、私人交通：从自行车到私家车

1970年，21岁的田有才结婚了。那天，他和亲戚们骑着10辆8成新的自行车到通县去接新娘子。沿着新近修过的平房路，一路上由10辆自行车组成的车队成了路上最亮丽的风景线。

“每个人看到我们，都要停下手中的活看看。”那时在路上看到10辆自行车，“和别人聊天时，都可以拿这个来炫耀，更不用说用来接新娘子了”。

您可别认为搞来10辆自行车是一件非常容易的事情。这可是集全村之力才借到的自行车，整个平房村也就这10辆自行车。在20世纪70年代，谁家要是有辆自行车那肯定是家里有人在城里当工人。

据田有才回忆，当时因为哥哥和姐姐都在城里当工人，他们每人都有一辆自行车，就是两辆车，剩下的车都是和村里人借的。“平时就一直注意观察，看到谁家有自行车就记下来，等到定了日子，头半个月就得挨家挨户地去借，说哪哪天要用车，希望对方把车空出来。结婚头一天晚上，家里人就要挨家挨户去收车了，哪个人骑哪辆车都要记好了，接完亲回来还要检查一下车子的情况，然后再一一还给邻居。”

1994年田有才女儿结婚时，女儿可是坐着轿车出嫁的了。“女儿的婚车一共6辆，其他5辆车就是普通的夏利和面包，不过头车是一辆加长凯迪拉克。”

田有才告诉记者，20世纪90年代并不像现在这样，想找婚车可以直接到婚庆公司租,那时都得自己想办法。“那时很多人家都跑出租,所以借一辆夏利车还是非常容易的,这样七凑八凑的我们就找到了5辆车,有夏利车,也有面包车。不过在找头车的时候我们还是遇到了问题。头车通常都要好一点,可是我们借来的几辆车档次都差不多,好在当时有亲戚在外事局工作,自告奋勇说帮忙找车,结果就把单位里的凯迪拉克给开来了。”

果然,女儿结婚的当天,女婿坐着一辆加长的凯迪拉克汽车来接女儿时,还真把田有才镇住了。“虽然以前也听说过凯迪拉克特别长,不过看到实物,还是出乎想象,村里很多人看到这辆车都觉得新鲜,围着车不停地打量。”

2006年田有才的儿子结婚了,他的婚车队伍相比姐姐也更加壮观。“一共12辆车,头车是一辆三菱跑车,剩下的则是11辆红旗车。”田有才告诉记者,儿子结婚的时候,都没用自己操心,婚车都是儿子自己找的。“儿子自己有一辆红旗车,他还参加了一个红旗车友会,一位车友听说儿子要结婚时,就把所有车友的车都借了出来,车友们还自告奋勇给儿子开婚车。”

奥运期间,因为北京市车辆限行,儿子为了方便出行就又买了一辆别克商务车。“儿子的两辆车尾号都不一样,可以经常换着开。”说起儿子,田有才一脸自豪。

# 北京公交——一道流动的风景线

北京市交通委员会

公交车,作为多数市民出行的首选工具,是一个城市发展最有力的见证者。现如今,它已经成为北京城一道亮丽的风景、一条纽带。回首60年的公交的发展之路,无论是硬件还是软件,无论是车型还是服务,太多的变迁值得一一细数。多年来一直服务于一线的公交司售人员,成为这段发展史的叙述者。

## 一、公交车成为一道亮丽的风景线

吕国森,北京"大1路"公交车驾驶员。

今年59岁的吕国森已经退休在家。如今回忆起当年,语气中带着调侃,眼神中却流露出感慨。虽然有着"国门第一路"的美誉,但他1981年刚刚来车队时开的却是"黄河通道","一天下来膀子都肿了,挂挡时我们都得'骑马蹲裆式',二挡挂不进去,三挡摘不下来,一个班下来比爬七八层楼还累。"

对于吕国森的经历,今年51岁的马庆双有着同样的感受。"正是因为当时具有'噪声大、分量大、体积大'等特点的柴油车,造就了司售人员'大嗓门'的特点。"那时候流传着这样的一句顺口溜:开出二三里,熄火四五回，停车六七次，八九十人推。

如果翻看历史资料，吕国森、马庆双师傅会发现那时的公交车已经比解放初期有了很大的改善。1949年，偌大的北京城只有157辆可以使用的公交车，成为市民最先进的出行工具。直到20世纪60年代，随着一汽、重汽不断开发新车型，北京城才有了BK651、642、611等车型。到20世纪70年代末，北京有了近3000辆公交车，这些车以解放、黄河系列为主，主要特点是噪声大、分量大、体积大、地板高。

随着改革开放的不断发展，北京公交车也是日新月异，从20世纪80年代的柴油车逐渐更换为节能环保的“绿色车辆”。1999年，长安街、二环主路上骨干线路全部更换为清洁燃料车。到2000年年末，清洁燃料车总数达到5923辆，其中纯天然气公共汽车1300辆，北京成为全世界使用天然气公交车最多的城市。

现如今，北京公交车总量已超过2万辆，高污染、高燃耗的老旧车辆全部淘汰，并不断增加CNG、LPG公交车。目前，北京清洁燃料车拥有量已居世界各城市首位，公交车辆已经成为北京这座现代化大都市一道亮丽的风景线。

如今马庆双依旧奋战在一线，依旧开着“大1路”公交。近30年的工作经历，他总共经历过6种车型，让他成为车辆不断改进中最大的受益者。“以前驾驶是纯体力活，如今改成自动挡车，工作强度降低了，车辆的故障率也降低了，最主要的是市民乘车环境更加舒适了。”

## 二、车厢环境让老司售羡慕不已

1987年，当时还是个小姑娘的焦艳芳来到109车队，当了一名普通的售票员。

那时，给焦艳芳最深的印象就是公交车司售人员冬季的服装总要比别人早上一个季节，“别人刚刚穿上毛衣，司售人员就会穿上棉服。”车里太冷，尤其是焦艳芳所在的电车，需要从车窗将电缆线接到车内，不管刮风下雨，窗户要一直开着。

"夏天车里闷,赶上人多的时候,车厢里得有 40 多度,售票的金属台子都是烫手的。"根据焦艳芳的回忆,那时的公交车就像一个大蒸笼,个别驾驶员会把衣袖卷到腋下,"这样做自己也不舒服,但是没有别的办法。"

让焦艳芳触动最大的是有一年冬天,一个东北来的小伙子对裹着大棉袄、大围巾、穿着大棉鞋的她说:"你们是首都的公交车司售人员,是中国的脸,我本以为北京的公交司售人员会穿的特漂亮,可真没想到你们是这样。"

这样的一席话让焦艳芳顿时感到"颜面尽失",但是在那种环境下,能让自己尽量暖和一点是她最大的心愿,至于好看与否,她"从来都没有考虑过"。

随着车型这个硬环境的改变,车厢内的环境也在逐渐改变。北京的公交车多数已经"升级"为空调车,冬暖夏凉,市民乘坐公交车出行再也不用为车厢内的环境发愁了。说起现在公交车司售人员的制服,焦艳芳羡慕得不行,"多好啊,冬天有羽绒服,夏天有短袖。"但她知道,即使当初发给她这样的制服,她也不敢穿,"条件不允许啊!"

焦艳芳还表示,当年由于车少人多,乘客上不去,需要售票员把人推上去。当年只有 2000 辆车的时候,客运量是 20 多亿人次,现在是 20000 多辆车,客流量是 40 多亿人次,等于车翻了 10 倍,客运量才是以前的 2 倍。车厢内不再像以前那样拥挤了,乘客乘车的舒适度自然就提高了。

## 三、票价回到 30 年前

北京公交车线路在增加,车辆在增加,然而有一个数字却在下降,那就是票价。

今年 50 岁的市民穆启平坐了一辈子的公交,用他的话说就是公交出行几乎伴随了他的一生。"当时我在铁道学院第二附中上高中,我家在宣武区天桥居住,母亲在陶然亭附近的皮革制品厂上班。"穆启平说,那时老百姓的出行方式主要靠步行,一是当时公交车线路比较少,二是即便有,票价对当时的百姓来说也偏高,"购买公交月票的钱相当于吃几顿很不错的饭了,班上只有少数人才拥有学生月票。"

北京市公交集团副总经理王新声表示,改革开放初期,市区职工月票价格为3.5元,通工月票5元,但这对当时普通市民来说可是一笔不小的开支,因此当时有很多假冒车票。2007年1月1日以后,公交优先的政策进一步得到推广,市区线路票价就统一降低为1元,刷卡乘车还可享受成人4折、学生2折的优惠。“我觉得现在公交票价的水平又回到了30年前”,王新声说。

根据2008年最新的统计数据,北京市职工年平均工资已经达到44715元。与30年前相比,居民用于公交车的支出比率基本上没变,甚至有所下降。目前,有关部门已经确定实施“公交优先”的发展战略,低票价政策将作为整个公共交通发展战略的一部分,并表示“北京公交低票价政策不变”。

# 北京驶上高速路

北京市交通委员会

翻开北京市高速公路现状与规划示意图，跃入眼帘的仿佛是一张“蜘蛛网”。以城区为中心，往东南有“京津塘”、“京津”，去西南有“京石”，跑正南有“京开”，走东北有“京沈”、“京承”，往东部有“京哈”、“京平”，行正北有“八达岭”。从各个方向进出北京，都有2—3条高速公路可供选择。

从无到有，从单条路到基本形成网络，北京高速公路经过23年的建设，让“进出北京难”的感慨成为历史，777公里的通车里程也让“区区通高速”的承诺在奥运前兑现。北京高速公路的快速发展，缩短了市中心与郊区县之间、各个郊区县之间，以及首都与周边城市之间的时空距离，对首都和谐社会建设，统筹城乡和区域发展，促进京郊旅游、农业发展、房地产开发，方便市民出行等发挥了重要作用。

呼啸的车轮与震撼的节奏凝聚出一个标志性词汇——速度。速度是许多行业的追求，特别是北京公路建设者们的追求。然而，对于发展初期的北京高速来说，可没有现如今这般“神速”。

起步于1986年的北京高速路，最初13年间只建成通车216公里，年均不足20公里。直到1999年，随着承担北京高速路筹融资、建设、运营管理、还贷等重任的首都高速公路发展有限责任公司的成立，北京高速路建设步伐才明显加快。

短短的 10 年时间，共新建高速路 516 公里，通车总里程达到 777 公里，形成了包括五环、六环路 2 条环线高速，京石、京开、京津塘、京沈、京哈、机场、京承、八达岭 8 条放射线及通往机场的第二条高速机场北线在内的较为完善的高速路网。高速路的发展，让整个城市的发展提速，让百姓出行更便捷高效。

## 一、出行提速 北京人活得更健康

快，是高速公路的优势。京开高速通车后，从大兴黄村到市区开车只需十几分钟；京承高速开通后，从市区到东北部郊区更加顺畅；五环路通车后，沿线 10 个边缘集团的 200 万人口进出市区中心区提速；六环路的建设则缩短了郊区卫星城镇的距离；京津高速公路通车，开车从北京到天津只需 1.5 小时。

高速公路的快速发展让北京人的出行大大提速，生活方式也随之改变。京平高速的通车实现了北京区区通高速公路，从市区前往郊区的旅游景点更加方便。而通往外省市的高速公路，拉近了北京与天津、北戴河等旅游城市的距离。周末或者端午、中秋节这样的小长假，一家人可以开车到北京周边自驾游，采摘、垂钓、观海、骑马……春季踏青、夏日避暑、秋来登山、冬日滑雪，伴随着一条条高速公路建成，出行时间缩短、成本降低，北京人的生活方式更加健康。

高速公路由于其快速、直达等特点，在现代社会中的地位越来越重要，高速公路网络的形成对经济与社会发展起到了巨大的推动和促进作用。尽管大多数国家和地区的高速公路里程仅占公路网总里程的 1%—2% 左右，但承担的汽车行驶量却占总量的 20% 以上，高速公路已经成为交通运输系统的主动脉。

## 二、搬出城中心 高速路让新城添魅力

衣食住行，行与住难舍难分。北京市高速公路的快速发展对北京人的

居住产生了重要的影响。如今，低密度、高品质的住宅大多坐落在四环外。根据规划，到 2010 年，本市 10 个边缘集团将吸纳市区常住人口 200 万。环路和各条放射线高速公路改善了边缘集团、卫星城镇与市区中心的连通条件，增加了人们进出市中心区的通路，并且较大程度地带动了市政基础设施的建设和绿化环境的改善，提高了边缘集团的居住吸引力。

亦庄，坐落在东南五环外，北京经济技术开发区在这里落户。这里除了一座座整齐、漂亮的厂房外，还有独栋别墅、联排、叠拼、低楼层板楼等高档住宅。建设初期，城里人嫌远，房子卖不上价。随着五环路通车和轻轨的开工，以及京津高速路的开通，亦庄人 15 分钟到东三环，1 小时抵西北的海淀、西南的门头沟，出行便捷为这些新城增添了魅力。

## 三、拉动经济　高速路功不可没

高速公路作为一项长期投资的建设项目，其产生的影响往往是长期的、潜在的，最直观的影响是对经济的拉动作用。据专家测算，每 1 元的公路建设投资带动的社会总产值接近 3 元，每亿元公路建设投资可为公路施工企业创造 2000 个劳动就业机会，同时为相关产业提供就业机会近 5000 个劳动日。

依据北京市投入产出参数，在经济循环体系中，每投资于基础产业和设施 100 亿元，就可以形成 88 亿元增加值。以五环路为例，在 20 年评价期内可计算的各种效益就达到总投资的 10.7 倍。

每一条高速公路建成通车都将对路网容量作出贡献。以五环路为例，它使北京路网增加 10% 的容量，由此可为市区多提供 20 万辆汽车容纳能力，即可为 250 亿元以上价值的购买消费创造条件。同时，购车消费可增加 82.7 亿元的 GDP 产出，如 20 万辆汽车的年行驶消费约为 35 亿元，可对 GDP 增加 11.9 亿元的贡献。由于相关路网交通拥挤度降低、车辆行驶速度加快，使机动车辆行驶成本平均每年合计节约 10.03 亿元，并使交通出行人员在评价期内平均每年节约在途时间价值折合 3.76 亿元。

数字是枯燥的，但它们说明了高速公路建设对经济有着巨大的拉动作用。随着近年来高速公路建设步伐的加快,四通八达的高速公路网络正在成为北京经济发展的助推器。

## 四、高速公路　已成北京形象窗口

根据北京“十一五”时期交通发展规划,到2010年,北京市域公路总里程将达到16000公里,其中高速公路累计达到900公里。根据规划安排,到2010年北京将形成以城际铁路、高速公路为骨干,完善连接城际、中心城、新城、中心镇的快速交通网络。

北京的道路在延伸,北京的经济在繁荣,道路建设者正在用一支大笔,在城区和郊区描绘着高速公路网络。八达岭高速,冲破长城封闭的时空,直通塞外;京津塘高速奔向海洋;京沈、京哈高速深入东北;京石、京开高速辐射中原。北京的高速公路已成为中国交通的象征,成为向世界展示北京形象的窗口。

# 水陆纵横看津门

天津市交通运输和港口管理局

天津市交通的历史源远流长。1860 年天津港被辟为对外开放口岸；1873 年成立招商津局，购船从事海上运输；1888 年开通天津至胥各庄铁路；1922 年中国第一条民航航线京沪线京津段首航天津。1949 年以前的旧社会交通发展很慢。新中国成立以后天津的交通才有了较快的发展，特别是党的十一届三中全会以来，天津交通在市委、市政府和交通部（交通运输部）的正确领导下，坚持高举中国特色社会主义伟大旗帜，坚持走中国特色社会主义道路，坚持以邓小平理论和“三个代表”重要思想为指导，深入贯彻落实科学发展观，不断解放思想，深化改革开放，励精图治，奋力拼搏，创新进取，扎实苦干，全面推进交通基础设施建设，交通运输保障能力显著提高，交通行业监管能力和水平明显提升，为天津和区域经济社会又好又快发展提供了强有力的交通保障。

## 一、历史进程

### (一)水运

天津是我国北方最大的港口城市,水运历史悠久。改革开放30年来,港口建设和水路运输取得了长足发展,成为天津对外开放、经济建设、服务区域经济发展的重要保障和拉动力量。

**1.港口**

天津港是中国最大的人工港,腹地广阔,服务辐射范围包括京津冀及中西部地区的14个省、(自治区、直辖市),总面积近500万平方公里。回首天津港的发展,是改革开放给天津港带来了翻天覆地的变化,是改革开放为天津港注入了快速发展的动力,是改革开放给天津港插上了腾飞的翅膀。

纵观天津港三次跨越式的发展历程,形成了一条"超常规发展"的清晰主线。

(1)第一次跨越(1978—1992年):敢于尝试、率先破题,港口体制改革开辟天津港探索发展之路。

党的十一届三中全会,掀开了中国历史发展的新篇章。作为我国首批对外开放的港口,1984年6月10日,经党中央、国务院批准,天津港在沿海港口中率先实行了"双重领导、地方为主"的行政管理体制和"以港养港、以收抵支"的财政政策,成为了我国港口改革破冰的"第一人",掀开了新中国港口史上的崭新一页。又经过6年的拼搏奋斗,天津港人凭借着改革的信心与勇气,将27公里长的单航道拓宽为双向深水航道,有效缓解了港口压船问题,并相继实现了煤炭等大宗货类的进出口装卸作业,使这座历经沧桑的百年老港重新焕发出了青春。

在这一时期,天津港先后创造了沿海港口中的数个"第一":建成了全国第一个集装箱专用码头、第一个达到国际最先进标准的自动化散粮专用码头和第一座从海底建起的固定式灯塔,率先开展了集装箱大陆桥运输,与荷兰渣华集团合资兴建了我国第一家商业保税仓库,第一个聘请外国人担任港口规划建设的最高顾问。1991年的天津港,货物吞吐量已由改革开放初期的1千多万吨猛增至近3千万吨,港口的综合实力显著增强。

1986年8月21日,邓小平同志视察天津港,当了解到天津港所发生的巨大变化时,兴奋地说:“天津港下放两年来,经济效益显著提高。人还是这些人,地还是这块地,一改革效益就上来了,无非是给了你们权,其中最重要的是人权”。一席话,不仅充分肯定了天津港的工作成绩,对天津港人起到了巨大鼓舞作用,而且深刻地揭示出改革开放是使天津港发生巨变的根本原因。

(2)第二次跨越(1992—2002年):科学谋划、调整布局,以市场为导向奠定天津港快速发展之路。

党的十四大明确了建立社会主义市场经济体制的奋斗目标,邓小平同志南巡讲话使天津港如沐春风,迎来了改革开放的第二个春天。进入20世纪90年代,天津港确立了以市场为导向的发展思路。为了增强对市场需求变化的适应性,面对国际航运业呈现出的船舶大型化和专业化发展趋势,果断破除了“深水深用、浅水浅用”的束缚,在大量科学研究的基础上,提出了建设国际化深水大港的发展思路。将航道水深由5万吨级推向10万吨级,在北疆港区新建了大型专业化煤码头和集装箱码头,吸引了当时国际上最先进的第四代集装箱船在天津港首航。

与此同时,提出了“南散北集”的港口布局调整,拉开了开发建设南疆港区的序幕。通过一手抓基础设施建设,一手抓货源市场开发,自1993年起,天津港吞吐量每年以千万吨级递增,2001年货物吞吐量突破亿吨,成为我国北方第一个亿吨大港,跻身世界港口20强。

在不断扩大规模、实现吞吐量较快增长的基础上,天津港深化体制改革,建立符合社会主义市场经济要求的现代企业制度。在体制改革上走出了具有重大意义的两步棋:一是1992年对下属的储运公司进行了股份制改造,并于1996年实现了在上交所挂牌上市,成为全国港口企业中第一家上市公司;二是天津港下属的两个公司和集装箱公司于1997年随天津发展在香港联交所上市。天津港成功进入资本市场,经营规模不断扩大,经济效益显著提高,为我国的港口企业体制改革进行了有益尝试。

(3)第三次跨越(2002 年至今):深化改革、扩大开放,创建世界一流大港战略铺就天津港科学发展之路。

党的十六大以来,随着我国正式加入世界贸易组织,我国全面参与经济全球化和区域经济一体化的进程进一步加快。天津港紧紧把握这一历史性机遇,把自身的发展置于提高区域经济的国际竞争力大格局中考虑,以前瞻性的战略眼光,提出了"创建世界一流大港"的战略构想。世界一流大港的内涵体现为:一是规模化,吞吐量要始终居于世界港口前列,能力适度超前,适应船舶大型化要求,成为深水大港;二是国际化,国际集装箱班轮密度高,外贸吞吐量规模大,与国际上大的航运企业和物流企业结成战略联盟,按国际通行标准运营港口,实现投资来源的国际化;三是现代化,包括技术装备、港口功能现代化,企业员工知识化,港口环境生态化。

2002 年至今,是天津港发展速度最快、发展质量最好的一段时期。天津港航道等级由 10 万吨级迅速提升至 25 万吨级,吞吐量用两个三年时间连续跨越了两个亿吨台阶,年度主营业务收入和基本建设投资双双超过百亿元,进一步巩固了我国北方第一大港的地位。2007 年年底,全国最大的保税港区——东疆保税港区首期 4 平方公里成功实现开港和封关运作,向世界展示了滨海新区开发开放的勃勃生机,展示了天津作为国际港口城市的风采。天津港再次在先行先试中走出了一条独具特色的科学发展之路,向世人展示了"打造北方国际航运中心和国际物流中心,建设世界一流大港"的决心与勇气。

2. 行业监管

改革开放以来,随着国民经济和对外贸易的高速增长,天津港口生产持续快速发展,水上交通安全管理任务日趋繁重。为服务航运经济发展,支持地方经济建设,适应港口管理体制改革需要,1988 年,在天津港务监督和交通部天津航道局航标测量处的基础上,交通部和天津市人民政府共同组建了天津海上安全监督局,实行交通部和天津市双重领导、以部为主的管理体制。1998 年,交通部实施水监体制改革,天津海事局挂牌运行,统一管理辖区水上交通安全,防止船舶污染,船舶和海上设施检验,港口航道测绘和航标,水上无线电通信等工作。在交通部和天津市委、市政府的正确领导下,天津海事局(天津港务监督)以“航行更安全,水域更清洁,航运更便捷”为目标,按照“船舶适航、船员适任、安全畅通、有效监管、优质服务”的总体要求,在服务地方经济建设、促进航运发展、保护水域环境等方面发挥了重要作用。

30 年来,天津海事始终坚持科学发展,探索出了“一线一点四区”重点监管区域,“四重点、四优先”重点监管和服务船舶,“四季三节”重点监管时段等有天津特色的海事监管规律;始终坚持安全发展,保证了辖区水上交通安全持续稳定;始终坚持服务地方,为北方海区水上交通运输构建了一个全面可靠的航海保障平台;始终坚持可持续发展,科技兴局、人才强局的战略硕果累累。

2003 年 8 月,天津市地方海事局、天津市航运管理处、天津市船舶检验处重新挂牌;2007 年,12 个区县海事处完成执法主体名称变更,明确了监管责任,监管范围已全面覆盖全市通航水域,在海河通航水域形成了动、静态相结合管理的特色模式。按照统一部署,先后开展了渡口渡船、低质量船舶两防专项整治,桥区航道验收,航运企业年度资质核查和水路运输量调查等一系列活动,及时消除了安全隐患,完善了管理机制。加强了对“四季三节”和“四客一危”船舶的监督管理,落实了乡镇渡口安全管理责任制,命名了两个安全文明示范渡口,开展“创建安全、文明、畅通航线”活动,制定了《天津市水路客运企业文明服务公约》,建立了执法点位,建造了两艘海巡艇,加强了现场监管工作力度,彻底改变了 20 多年来“水上执法、岸上执行”的现状。船舶检验 5.0 系统正式运行,监管设施设备改善,监管能力不断提高,始终保持了水上交通安全和服务质量投诉的双零目标。

为加快天津港口建设,推进滨海新区开发开放,在全市营造依法建设港口、经营港口和发展港口、管理港口的氛围,制定了第一部天津港口地方法规《天津港口条例》,并于 2008 年 4 月 1 日颁布实施。《天津港口条例》的实施,对于加快港口法制环境建设,建立配套的法规规范体系,更好地开发利用有限资源,有序推进港口建设,提升港口参与国际竞争能力,加快推进滨海新区开发开放,具有重要的推动作用。

(二)公路

党的十一届三中全会以来,天津公路建设步入了快速发展时期,大体上经历了三个阶段。

**1. 第一阶段(1978—1987 年):乡村公路普遍建设和高等级公路初步建设时期**

(1)大力兴建乡村公路,实现快速发展。1982 年,天津市乡村公路仅有 635 公里,全市 3800 多个村庄,仅有 23.9% 通了油路,大多数农村仍然是土道,处于"晴天浑身土,雨天满身泥,车辆进不去,货物依靠背"的闭塞状态。

为发展农村经济、改善农村面貌、让农民群众走上富裕之路,天津市人民政府将改善乡村道路列为改善农村人民生活十件实事之一。1982 年 6 月,组织郊区、县制定了《村镇公路十年规划》,从 1983 年起,市政工程局每年从公路养路费中拨出一定款额,补贴郊县用于修建乡村公路。十年间,共建成乡村公路 4668 公里,到 1987 年基本实现了全市 224 个乡镇通公路。

(2)改建新建国家干线公路,提高技术等级和通行能力。这十年,先后改建了天津境内的 5 条国道,提高了路线等级和通行能力。对市级干线公路也有重点地实施了改建,共改建拓宽路基、路面 480 多公里。

在此期间,天津市实施了在全国具有重要影响的两项工程即外环线和京津塘高速公路工程。外环线是天津城市快速干道系统"三环十四射"的重要组成部分。它既是城市的外环线,也是城市公路网的"内环线"。外环线的主要功能,是承担市区货运交通,截留和疏导过境车辆,方便市区同郊县的往来,使市区干道与公路网联成整体。外环线为一级公路线形标准,全长 71.44 公里,全宽 100 米,其中路基宽 50 米。工程共征用土地 1 万多亩,挖河取土 539 万立方米,建大型跨河立交桥 10 座,修筑桥梁面积 6.8 万平方米,除征地拆迁外,工程投资仅 3.2 亿元,成为全国少花钱多干事的典范。1986 年秋,天津市委、市政府发动全市人民义务劳动挖河取土、填筑路基土方,组织各有关专业施工队伍修建桥涵、立交及与农田水利配套的构筑物工程,1987 年 10 月 1 日全线建成通车。外环线、外环河、500 米宽的绿化林带、果园和鱼塘，构成了天津市中心城区的规划控制线和都市绿色环境保护圈。时任天津市长的李瑞环同志说：“这是城市建设史上的又一奇迹”。

京津塘高速公路是我国接受世界银行贷款，进行国际公开招标，按菲迪克（FIDIC）合同条件实施建设的第一条跨省市高速公路。京津塘高速公路的建设，拉开了天津大规模修建高速公路的序幕。

1986 年 5 月 17 日，国务院正式批准修建京津塘高速公路。1987 年 12 月 23 日开工，1993 年 9 月，全线建成通车。京津塘高速公路全长 142.69 公里，其中北京及河北省段共 41.84 公里，天津段长 100.85 公里。天津段设桥梁 43 座、互通式立交 5 座、服务区 2 处。路基总宽度 26 米。

京津塘高速公路工程验收和运营结果表明，它是我国设计标准较高、工程管理完善、施工质量较好的一条高等级公路，标志着我国公路建设的技术和管理水平已进入国际先进行列。该工程 1993 年被交通部授予改革开放以来“全国十大公路工程”称号；1994 年被建设部评为改革开放以来对国内外有重大影响的“全国最佳工程设计奖”；1995 年被交通部评为“公路优质工程一等奖”；1996 年获“中国建筑工程鲁班奖”和“交通部科学技术进步特等奖”；1997 年获“国家科学技术进步一等奖”。

（3）不断提升公路桥梁技术水平，提高承载水平和通行能力。这一阶段，天津公路桥梁建设水平不断提升，科技含量不断提高。桥梁结构由过去的普通钢筋混凝土板梁桥、石桥发展到大跨径斜拉桥、预应力混凝土连续箱形梁桥、双曲拱桥、T 形梁桥及互通式立交等多种类型。干线公路新建改建的桥梁荷载标准均按汽车-20 级、挂车-100 或汽车-超 20 级、挂车-120 进行设计和建设，先后建成了芦台、大张庄、西流城、东风、东堤头、永和等具有代表性的特大型桥梁。

（4）天津市路网规划编制工作开始启动。1981 年国家计委、经委、交通部联合批准《国家干线公路网试行方案》，标志着我国公路网规划工作开始步入正轨。天津公路网规划的编制开始启动。以时任市长李瑞环为首提出的由市政工程局组织实施天津市“三环十四射”道路网架，成为全国各省市学习的榜样。

**2. 第二阶段(1988—1997 年):建立多元化、多渠道投融资体制,高等级公路全面加快发展的新时期**

这一阶段,在 30 年公路网规划的指导和多元化投资政策的引导下,天津公路建设走上健康有序、良性循环发展的轨道。

1991 年,按照交通部的部署,天津市历时五年编制完成了《天津市公路网规划(1991—2020 年)》(即"30 年公路网规划"),1996 年局部修改后纳入《天津市城市总体规划》(1996—2010 年)。30 年公路网规划提出了"一带、二环、三纵、四横"的干线公路网骨架布局,里程为 2467 公里,公路网规划总里程为 12400 公里。该规划开创了天津公路规划的新纪元,制定了未来几十年公路远景规划的战略目标,对指导公路建设的有序发展具有重要意义。

随着社会主义市场经济体制的逐步确立,"国家投资、地方筹资、社会集资、国内贷款、利用外资"的公路建设多元化投资方式逐步形成,公路建设资金市场得到扩大。"贷款修路(桥),收费还贷,合资兴路,经营受益"项目开始起步。自 1995 年天津市与香港中国工业投资有限公司集团合作建设、联合经营津淄公路万家码头大桥项目开始,90 年代末成功转让了津沧高速(天津南段)经营权,并与多家投资商合作建设经营津沧高速(天津北段)、京塘公路(天津南段)、唐津高速(河北丰南界—京塘公路)和蓟州立交桥等诸多公路建设项目,合作建设里程达 278 公里。

除合作建设项目外,还采用贷款、集资等多种融资方式新建和改建了一批重要的国、省干线公路,项目有:京津塘高速(天津段)、京福公路(天津北段)、津榆公路宁河段、京塘公路(河北界—杨村段)、宝平、津歧、津霸、邦喜、津汉、津涞公路等,建设里程达 498 公里。利用地方政府对公路建设的积极性和有关优惠政策,对一批干线公路在现状基础上进行了提级改造,建设里程达 170 公里。

公路桥梁建设的重点是改造国省干线上的危桥及新建部分交通繁忙的铁路平交道口的立交桥。宁河立交、万家码头、大刘坡、江洼口等多座大型公路桥梁的建成通车,解决了干线公路多处危桥断交、公铁平交等严重阻碍公路通行能力的难题。

**3. 第三阶段（1998 年至今）：高速公路大规模建设和公路实现跨越式发展时期**

这一阶段，天津公路建设坚持科学发展、统筹规划、突出重点、稳步提高，实现了又好又快发展。

2001 年由天津市市政工程局统一组织开展了对 30 年公路网规划的调整工作，提出要形成以围绕中心城区的"一环、七射、四主"高速公路网为主骨架的干线公路网络，规划公路网总里程为 15000 公里，其中干线公路 3237 公里，高速公路 862 公里。

随着我国进入全面建设小康社会新时期，高速公路发挥着越来越重要的作用。2004 年，国务院批准了《国家高速公路网规划》，标志着我国高速公路建设进入了新的历史阶段，规划中有 5 条国家高速公路经过天津。同年，交通部开展了环渤海地区现代化公路水路交通基础设施规划，涉及到天津高速公路与周边地区的衔接。国家和区域公路网规划及研究对天津公路的发展产生重大影响。同时，城市总体规划修编、滨海新区战略地位的提升以及京津冀区域一体化进程的加快都为天津公路的发展带来新的机遇与挑战。2005 年天津开展了新一轮高速公路网规划调整，提出了"3310"的规划建设方案，即由 3 条过境主通道、3 条京津城际高速公路通道、10 条中心城区和滨海新区对外放射线组成的高速公路网络，里程约为 1200 公里，规划线路纳入 2006 年经国务院批复的《天津市城市总体规划（2005—2020 年）》。规划的"3310"布局对"十一五"期间天津高速公路网建设起到了重要的指导作用。

"九五"期间，通过大规模招商引资，极大地推动了天津高速公路的发展，建设里程达 332 公里，其中通车里程 162 公里。京沈、津沧高速全线贯通，形成了沟通东北、华北、华东之间的快速运输通道。普通干线公路建设成绩斐然，以"贷款修路，收费还贷"政策为依托，采用市场贷款融资模式集中修建了 16 条、全长 842 公里的普通干线公路。

"十五"期间，规划的"3310"布局中绝大部分高速公路项目开工建设，建设总里程达到592公里，规划目标的实施大大提前。唐津、津蓟、津晋高速建成通车，总长299公里；京沪、京津、海滨大道、津汕、津蓟延长线等在建，总长293公里。

“十一五”以来，高速公路建设里程308公里，其中京沪高速（天津段）于2006年竣工通车，成为我国第一条全线建成高速公路的国道主干线。京津、津汕、津蓟延长线、国道112线、海滨大道等高速公路也正在加紧建设。

（三）铁路

天津铁路枢纽内铁路主要由京山、津浦、京秦三条干线及若干支线和联络线组成。这些线路以天津市为中心，西向北京、东南沿渤海湾延伸，纵贯河北省，涉及北京市和山东省的德州市，是沟通华北、东北、华东、西北的重要枢纽，经济和军事意义极为重要。

1978年，党的十一届三中全会后，随着国民经济的快速发展，天津铁路分局铁路建设进入了快速发展的时期。主要建设项目有：

1981年动工修建京秦电气化铁路，1983年建成通车，1985年电气化开通；1987年4月15日，天津铁路枢纽改造工程开工，1988年10月1日竣工开通；1989年，京山线京津三线建成通车；1994年11月1日，京山线压煤改线工程全线开通，同时建成唐山和唐山北等5个站；1996年，连接京九线的霸州至北仓联络线开通；同年，京秦、京山、津浦三大干线提速改造工程拉开序幕，提速区段快速旅客列车最高时速达160公里，一般旅客列车最高时速达120公里；1999年，天津铁路分局在天津经济技术开发区投资兴建泰达站。泰达站是全国首座建在经济技术开发区内的火车站；2000年6月28日，改造后的北戴河新客站开通；2001年4月28日，京山线狼秦段电气化改造工程开工，2002年12月31日竣工送电；2001年11月6日，蓟港铁路开通运营；2002年4月1日，南仓站东疏解工程开工，2003年11月19日开通；2003年12月25日，北塘西站扩能改造工程竣工开通；2004年10月，津秦沈电气化改造工程开工，2007年竣工并全线开通。

在这些铁路建设和线路改造工程中，对国家和天津市经济发展发挥重大作用、被纳入国家重点工程的有以下两项：

**1. 修建京秦电气化铁路**

1981 年，国家计划委员会为解决山西煤炭至秦皇岛港下水转运和分流京山线的部分直通运量问题，决定修建北京至秦皇岛电气化铁路，该工程是国家“六五”期间铁路建设重点工程，总投资 20.9 亿元，平均每公里造价 342 万元。1981 年下半年建点进行施工准备，1983 年 12 月全线铺轨完成，1984 年下半年开始运煤，1985 年 12 月 15 日完成电气化工程。京秦线的建成不但为国家开辟了一条新的山西煤外运通道，扩大了煤运量，增加了运输的机动性，并可为运输能力已经饱和的京山线分流。同时，由北京枢纽到秦皇岛，货运里程缩短约 70 公里，客运里程可缩短 110 公里。

**2. 天津铁路枢纽改造工程**

1987 年 4 月 15 日，天津铁路枢纽改造工程开工，1988 年 10 月 1 日竣工开通。这项工程规模宏大，工程包括“两点两线”，即扩建改造天津客站、扩建改造南仓编组站，增建北环线部分二线，新建南曹联络线，同步建成邮政枢纽、商业服务楼（龙门大厦）、地下商场、李公楼立交桥以及站前广场等市政设施。整个工程由铁道部、邮电部和地方投资 7 亿元；总建筑面积 28 万平方米；正站线铺轨 150 公里；新建桥梁 17 座，其中特大桥 4 座，大桥 1 座，中小桥 12 座，土石方 200 万立方米。天津铁路枢纽改造工程竣工后，综合能力提高，基本适应铁路和天津市中长期运输发展规划的需要并取得显著的投资效益。

从 1978—2004 年年底，天津铁路分局的线路延展长度由 2559.4 公里增至 4189.982 公里，增加 63.71%。营业里程由 875.5 公里增至 1317.1 公里，增加 50.44%。重载铁路、准高速铁路和快速铁路从无到有，分别达到 787.9 公里、399.6 公里和 358.6 公里。电气化铁路也从无到有，建成 460.2 公里，其中双线及以上电气化铁路达 436.1 公里。行车信号自动闭塞由 1978 年的不足 1000 公里发展到 1063.831 公里，半自动闭塞由 600 多公里降至 335.689 公里，到 20 世纪 80 年代末已全部淘汰了人工闭塞设备；联锁站所由 114 个增至 136 个，增加 19.3%。配属机车增至 523 台，较 1978 年增加193台，增加58.5%。配属客车由320辆增至809辆，增加1.53倍。车站数量由118个增至128个（含泰达站），增加8.5%。固定资产原值由106593万元增至1625750万元，增长14.25倍。进入20世纪90年代后，围绕天津市关于滨海地区基础设施的规划，经十余年建设，天津市区铁路已形成环线，扩大了通过能力；加强了港前站与京山线的联系，扩大了港口的货运能力；经过改造，各编组站扩大了为城市和滨海地区服务的客货运能力。

2005年3月18日，天津铁路分局撤销后，原天津铁路分局管内铁路又有了新的发展。2007年1月15日，天津站进行了有史以来最大的一次改扩建，2008年8月1日正式开站运营。改扩建后的天津站总建筑面积18.5万平方米，其中新建北站房7.1万平方米，改建既有南站房3.3万平方米，高架候车厅2.2万平方米，能同时容纳6000人候车，成为集铁路、地铁、公交车、出租车等多种交通方式为一体的现代化综合交通枢纽。

2008年8月1日，我国第一条具有世界一流水平、最高运营时速350公里的高速铁路——京津城际铁路正式通车运营。京津城际铁路技术先进，具有世界一流水平，全线铺设具有世界铁路先进水平的无砟轨道，运用了先进的无缝线路和高速道岔，充分满足了时速350公里高速列车安全平稳运行的要求；开行了拥有完全自主知识产权、具有世界一流水平的国产CRH2—300型和CRH3型"和谐号"动车组；独具我国特色的通信信号、列车控制、牵引供电系统等技术具有世界先进水平。同时，建立了科学严密的安全保障体系，体现了更加人性化的服务和节能环保理念。京津城际铁路是中国铁路进入"高速时代"的重要里程碑。

## 二、辉煌成就

改革开放30年来，天津交通充分发挥在国民经济中的基础和先导性作用，以基础设施建设为重点，全面推进港口、公路、铁路建设，初步建成了天津现代综合交通体系，为天津和区域经济社会发展，满足人民群众生产生活需求提供了有力保障。

(一)港口

**1.从“匀速前进”到“加速奔跑”,天津港货物吞吐量跻身世界港口十强**

货物吞吐量是衡量一个港口发展规模和地位的重要指标。回首既往,实现亿吨大港曾经是天津港几代人的梦想。从1952年天津新港重新开港时的74万吨,到2001年实现亿吨,整整用了49年。而从2001—2007年的6年间,突然加速的天津港用了两个三年的时间连续跨越了两个亿吨的台阶。2007年,天津港货物吞吐量在中国北方沿海港口中率先突破3亿吨,居世界港口第6位;集装箱吞吐量突破710万标准箱,稳居世界集装箱港口前20强。

**2.从“市场开发”到“功能开发”,天津港市场辐射带动作用与日俱增**

1984年,在全国沿海港口中,天津港率先提出了市场开发的理念,并逐渐形成了以集装箱、煤炭、原油、矿石为“四大支柱”的货源结构。近年来,天津港又提出了以“建设国际资源配置枢纽”为目标的新理念,走出了一条以功能开发带动市场开发的新路。一是建设了12平方公里南疆散货物流中心和7平方公里北疆集装箱物流中心以及多个货类的分拨中心,拓展了港口物流、配送、交易等功能;二是建设了天津国际贸易与航运服务中心,在全国沿海港口率先实现口岸各部门的联合办公,为客户提供了“一站式”服务;三是大力开辟建设内陆“无水港”,开辟亚欧大陆桥的集装箱过境运输业务,努力适应腹地客户对货类快捷通关运输的需求。目前,天津港70%以上的货物吞吐量和50%以上的口岸进出口货值来自天津以外的各省区,港口对城市地位的提升作用和对区域经济的辐射作用得到了明显增强。

**3.从“资本积累建港”到“市场融资发展”,天津港资本规模不断壮大**

从20世纪80年代末起,天津港就开始从世界银行贷款搞建设,并逐步拓展资本市场融资。一方面,从1992年开始发行内部股票到1996年在上交所挂牌上市,再到2007年将主要经营性资产注入到A股上市公司,做大做强股份公司,提高融资能力。另一方面,从下属两个公司 1997 年随天津发展在香港联交所上市,到 2006 年在香港成功分拆上市。期间又于 2006 年挂牌成立了国内港口首家拥有法人金融机构的财务公司。通过多种融资渠道,为港口的基础设施建设注入了大量新鲜的血液。基本建设投资由"九五"时期的年均 7 亿元,到"十五"时期的年均 26 亿元,再到目前的年均超过百亿元。

**4. 从"浅水浅用"到"建设深水大港",天津港循环发展模式世界瞩目**

历史上,天津港曾经受到了"深水深用、浅水浅用"观念的束缚。在大量的科学研究以及对国际航运业走势分析论证的基础上,果断地实施了深水化战略。通过近年来持续开展的深水化建设,天津港的航道等级已经达到 25 万吨级,成为世界上等级最高的人工深水港,实现了进入渤海湾的船舶天津港都能够接待,从而巩固了在北方港口中的竞争地位。同时,我们用疏浚航道的淤泥开展吹填造陆,既避免了淤泥对海洋的污染,又为港口的可持续发展创造了新的空间,探索出了一条发展循环经济的有效途径。截至目前,天津港陆域面积已由改革开放初期的 13 平方公里增加到 60 平方公里,到 2010 年,港口陆域面积可达 100 平方公里,这样的发展空间和岸线资源在世界港口中都是不多见的。

**5. 从"建设推着规划走"到"超前规划、合理布局",天津港规划和现代产业布局行业闻名**

30 年来,天津港坚持"国内领先,世界一流",高起点规划、高水平建设,逐步形成了"四大港区比翼齐飞"的全新发展格局。在北疆港区重点发展集装箱和杂货运输,建设北疆集装箱物流中心,形成与集装箱干线港相配套的基础设施,成为中国北方最大的港口集装箱物流区;在南疆建设大型深水化散货码头群,重点发展原油、煤炭、铁矿石等大宗散货,建设南疆散货物流中心,为大宗散货运输提供配套的仓储加工交易区;在东疆港区将重点发展集装箱业务,规划建设码头作业区、物流加工区、港口综合配套服务区"三大区域",发展集装箱码头装卸、集装箱物流加工、商务贸易、生活居住、休闲旅游"五大功能",打造滨海新区开放度最高、经济最活跃、环境最宜人的新港城；临港产业区将成为以港口为核心、重装备产业聚集、配套服务完善、生态文明的天津港新的发展空间和经济增长点，成为滨海新区重要的功能区及我国北方重要的装备制造业基地。

天津港在发展空间上形成了四大港区，同时在产业发展方面做出了积极探索。提出港口装卸业、国际物流业、港口地产业、港口综合服务业为四大产业的产业布局。这将使天津港形成多增长点支撑、多区域发展的总体格局，也将为滨海新区及环渤海区域经济的大开发、大开放、大发展起到积极的推动作用。

**6. 从“自发自生”到“自动自觉”，天津港企业文化建设全国叫响**

30 年来，天津港“老码头”文化的积淀与升华，给世人留下了深刻记忆。20 世纪 80 年代中期至 90 年代末，天津港逐步形成了以“团结奋斗、开拓创新、务实进取”精神和“优质服务是生存和发展生命线”的主流文化。自 2002 年，率先在全国港口行业中全面系统地开展企业文化建设，并将“文化制胜”战略纳入港口整体发展战略。形成了以学校观、军队观、家庭观为“三大目标”，以发展、人本、卓越、和谐为“企业哲学”和以“发展港口、成就个人”为“核心理念”的三足两耳鼎文化体系；通过实施“人才强港”战略，涌现出了以知识型产业工人“蓝领专家”孔祥瑞、农民劳务工苏现凯等一大批先进典型个人和集体，在实践中完成了文化力向生产力的转化，实现了对企业发展的提升和推动。

**7. 从“注重自身效益”到“关注社会责任”，天津港对外品牌形象有口皆碑**

天津港在谋求快速发展的同时，始终以发展来回报全社会的支持。一方面，在履行公共责任上，即使加大投入增加成本也决不破坏生态环境。用时 10 年、投资 100 亿元完成了“北煤南移”工程，全方位有效治理了煤尘污染；大力推进“节能减排”工作，使每万吨吞吐量综合能源单耗由 20 世纪 90 年代初期的 18. 3 吨标煤缩减到 2007 年的 6. 8 吨标煤；持续加大对港口综合治理力度，积极宣贯认证 OHSAS18001 职业健康安全标准，并依照 SOLAS 公约履约的内容要求建立安保体系；着力强化现代企业制度创新，解决了员工住房、绩效考核、薪酬分配、个人职业发展等改革重点难点问题，做到了“无过失不下岗”，还使员工待遇始终保持全国同行业领先水平。

（二）公路

30 年来，天津公路基础设施建设不断加快，正在形成通达三北、服务环渤海和滨海新区，支撑天津经济社会发展的现代化公路网络体系。

**1. 高速公路从无到有发展迅猛，基本形成服务国家和区域、服务滨海新区和天津市的通道体系**

从 1987 年建设京津塘高速公路起步，先后建成了京津塘、津沧、京沈、唐津、津保、津滨、津晋、津蓟、京沪、京津东段、海滨大道南段等高速公路 11 条（段）。截至 2007 年年底，天津高速公路通车里程已达 694 公里，超过北京、上海，路网密度为 5.8 公里/百平方公里，高于北京、重庆。2008 年，京津高速和津汕高速天津南段又建成通车，初步形成了以中心城区和滨海新区为中心的对外辐射型高速公路网络骨架。

**2. 由注重数量到数量与质量并举，普通干线公路日臻完善与高速公路共同形成天津公路网络骨架**

30 年来，对京哈、京塘、京福、津涞、山广等国道和津围、津汉、津沽、津静、宝平、津歧、杨北等 20 条（段）市级干线进行了改建，提高了技术等级，新建成外环线、新津杨、津港、海防路等高等级公路。按照天津市确定的服务社会主义新农村建设公路项目计划，近年来新改建了宝白、汉蔡、津芦公路等 130 公里重要干线，全面大修宝芦、通唐公路等 300 公里市道。天津干线公路网的使用功能和通行能力得到较大提高，干线公路网的规划布局不断得到优化。

**3. 乡村公路持续发展，实现由乡乡通公路到村村通公路、再到村村通油路的公路支脉**

1998 年年底，天津市农村公路管理工作归口市政工程局，农村公路建设进入了新的发展阶段，谱写了新的篇章。市政工程局每年都超额完成市政府确定的改善农村人民生活 10 件实事中关于维修乡村公路 500 公里的任务。1999 年 11 月 16 日，宁河县北岳庄桥竣工通车，当地村民 50 年来靠摆渡出行的历史从此结束，标志着天津市彻底实现了村村通公路的目标。自2005年起，每年安排新建、改建、扩建乡村公路1000公里，全部达到四级以上等级公路标准。乡村公路建设正在进入有路必养和提级改造的科学发展新阶段。

**4. 公路桥梁建设技术等级不断提高，实现新的突破**

1987年建成的津汉公路永和大桥是天津市第一座大型预应力混凝土斜拉桥，全长512.4米，桥宽13.6米，主孔跨径260米，跨径当时位居全国和亚洲第一；1999年建成的京沈高速宝坻大桥和2000年建成的唐津高速津塘互通立交均荣获中国建筑工程鲁班奖；2003年，在唐津高速公路天津南段建成了滨海大桥，该桥横跨海河，主桥为双塔双索面预应力混凝土结构，主跨364米，为我国华北地区同类型最大的桥梁。

**5. 依靠科技进步，路况质量有了较大提高**

天津市公路管理部门有计划地开展了文明样板路建设活动和推行GBM工程建设，完善交通工程设施，使公路整体养护质量大幅度提高。104、102国道天津段在交通部组织的文明建设样板路验收中两次荣登榜首；公路绿化多年来始终保持国家先进单位荣誉。在科技兴路方面，天津公路行业一贯致力于科技项目的开发和应用，其中多项科技成果在天津市和交通部获奖，同时积极引进国内外公路建设的先进机械设备，增强了发展后劲。

截至2007年年底，天津市公路通车里程达11531公里，比1978年净增8140公里，增长3.4倍。干线、县道及专用路里程4521公里，比1978年净增1765公里，增长1.6倍。乡村公路达7010公里，比1978年净增6375公里，增长11倍。有公路桥梁2410座，比1978年净增1801座，增长3.96倍；长度228公里，比1978年增长8.26倍。公路绿化里程10799公里，比1978年增长5.36倍。

**6. 道路运输业迅猛发展**

改革开放30年来，天津道路运输业得到迅猛发展，道路运输市场由专业运输企业一统天下的局面已不复存在，“有河大家走船，有路大家走车”

成为道路运输业改革开放的重要发展趋势。多渠道、多形式、多种经济成分共存的局面迅速形成，运力结构发生深刻变化。

天津是老工业城市，城区内街道狭小，河流纵横，人口集中，运输难，出行难，交通多有不便。1978 年以前，道路运输业发展缓慢，当时，天津的运力结构是以人力三轮车、畜力车、拖拉机、机动三轮车为主，汽车主要集中在专业运输企业，20 世纪 70 年代末，全市营业性客车共有 359 部，营业性货车 4459 部，吨位小、座位少、车辆老旧，道路运输业发展非常滞后。截至目前，天津的道路运输业营运性客车共 7761 部，比改革开放前增加了 21.6 倍，全市共有客运班线 877 条，通达 18 个省市自治区，全市转运旅客 6500 万人次，占各种运输方式的 75%，营运性货车 83753 部，比改革开放前增加了 18.6 倍，真正实现了货畅其流，人便于行的良好局面，道路运输的比较优势越来越明显。

改革开放 30 年来，随着我国经济高速发展，加快了工业化、城镇化的步伐，推进全面建设小康社会，使人民群众的生活环境和生活质量不断改善和提高。汽车工业的快速发展，带动汽车保有量增加，私人小汽车持续快速增长，已经成为生活消费品进入百姓家庭。目前本市机动车保有量约为 135 万余辆，私人汽车保有量达 66 万余辆，作为汽车后市场的朝阳产业——维修服务业随之蓬勃发展。

改革开放之初，天津的汽车维修企业仅以交通局系统的货车修理厂、小客车修理厂、特种车修理厂和轮胎翻修厂等 6 家国有企业为主，公交系统企业以内保为主，不对外经营。1987 年，根据交通部、国家经委、国家工商总局等七部委联合颁发的《汽车维修行业管理暂行办法》（交公路[1986]956 号文件），全国实行汽车维修行业管理。

随着经济高速增长，天津的汽车维修快速发展，截至 2007 年年末，全市共登记注册机动车维修企业 4050 家，其中：一类企业 156 家、二类企业 873 家、三类企业 2890 家、摩托车维修业户 113 家、其他车辆维修业户 18 家。在上述企业中有涉外企业 17 家；品牌 4S 店 135 家；机动车综合性能检测站 23 个；机动车维修从业人员约 7.2 万人。2007 年全市完成机动车维修 487

万辆次，实现年维修总产值25亿元。

（三）铁路

1978年，党的第十一届三中全会后，全国工作重点转到现代化建设上，实行改革开放经济政策，各行各业飞速发展，天津铁路运输经营迎来了发展的大好时机，取得了显著成就。

**1. 运输量大幅增长**

2004年，天津铁路分局完成换算周转量91465.4百万吨公里，是1978年的1.24倍。货物发送量和旅客发送量分别完成7131.8万吨和2874.4万人，分别比1978年增长10.3%和11.1%。日均装车完成3334.7车，比1978年下降11.4%；日均卸车完成7874.7车，比1978年增长64.4%；“卸大于装”的运输特点更加明显。其中，换算周转量和货物发送量创分局历史纪录。天津铁路分局管辖的营业线路仅占全国铁路营业总里程的2.2%，但每公里营业线路完成的换算周转量是全国铁路平均水平的2.6倍。

**2. 运输能力显著提高**

1978年以来，天津铁路分局运输设备更新换代，运输能力显著提高。到2004年年底，分局配属内燃机车451台，较1978年增加372台，增加4.7倍；电力机车从无到有，1985年开始配属电力机车28台，2004年增至65台；1999年全部淘汰了蒸汽机车。货车车辆淘汰了载重40吨以下的车辆，全部更换为载重50吨、60吨车辆。客车中22型老式绿皮车已经很少，只在短途普通旅客列车使用，干线长途旅客列车全部换成25B、25G、25Z、25D、25K、25T新型车辆；客车配属量较1978年增加1.53倍，其中卧车和软席座车分别比1978年增长5.2倍和4.6倍。货物列车先后开行了5000吨、7000吨、10000吨重载组合列车；旅客列车编组辆数由1978年的最多13辆，增加到最多20辆。旅客列车对数由1978年的60对，增加到128.5对，增加1.14倍。电子计算机技术广泛应用于运输指挥、运输组织、运输统计和客货制票等工作中，既保证了行车安全又成倍提高作业效率。

3. 安全生产日趋稳定

1952—1978 年天津铁路分局共发生行车事故 16721 件,年均发生行车事故 619.3 件。从 1978 年年底开始,分局先后开展了“安全教育日”活动和落实路局《关于实行“安全工作三十条”的通知》,安全形势逐步好转。1979—1984 年行车事故从 253 件降至 77 件。从 1984 年起,分局开展了“二二四”强化标准化活动和安全集体立功竞赛活动,安全生产形势日趋稳定。1987 年 10 月 27 日,分局首次实现连续安全生产 1500 天。到 1990 年有 21 个运输站段实现安全集体立功。1991 年 4 月 25 日至 2001 年 9 月 20 日,分局实现连续安全生产十周年,安全生产进入持续稳定时期。至 2004 年年底,实现连续安全生产 4851 天,创分局安全生产历史最好成绩。

4. 服务功能逐步扩大

2004 年,天津市境内国有铁路旅客发送量为 1300 万人左右,货物发送量为 2700 万吨左右,货物到达量为 11000 万吨左右。北塘西站扩能改造后,使蓟港铁路的通过能力由年 1000 万吨提高到 2200 万吨。2004 年天津港铁路疏港 1300 万吨左右,塘沽站是天津港铁路集疏港的主要车站,港口货物发送量占塘沽站货物发送量的 75.4%;港口装车数占塘沽站装车数的 75.7%。1997 年 11 月 23 日,铁路与天津港务局合资组建了天津港暨天津海铁集装箱运输有限公司,主要从事国际集装箱和铁路集装箱的发运、到达和换箱业务。此外,分局还在天津港实行了“点对点”、“以重顶空”等运输模式,加快了疏港物资运输。

5. 运输产品呈现多样化

1978 年以来,天津铁路分局为适应市场需求,不断推出新的运输产品,以满足旅客和企业货主的不同需求。在旅客运输方面,先后开行了天津至北京间、泰达—天津—北京间城际快速“神州号”动车组、天津—上海 Z41 次直达特快、天津至各大旅游景点的旅游专列及优质优价列车、学生和民工专列。在货物运输方面,1995 年 9 月 8 日,开行天津至西安地区国际集装箱直达快运列车,标志着铁、港、船合作的新起点,是铁路国际集装箱运输发展的新阶段。此外,还先后开行了重载组合列车、五定班列、行包专列、汽车专列、高价值货物专列等。

**6. 经济效益显著增加**

2004年天津铁路分局运输收入达446980万元，较1978年的54018.9万元增长7.3倍。利润总额20627万元，其中运输利润18861万元，分别较1978年的1499万元、643万元增长12.76倍和28.3倍。多种经营年营业收入222178万元，利润11233万元。集体经济年营业收入20656万元，利润928.61万元。职工月均工资收入达1712.5元，比1978年增长28倍。

**7. 企业整体素质提升、实力增强**

1987年，天津铁路分局参加了国家级企业升级活动，经天津市和北京铁路局考核评审，被命名为天津市级先进企业；1988年晋升为国家二级企业；1989年被评为天津市企业管理优秀单位，获"金帆奖"。1990年参加全国企业管理优秀单位评审，1991年4月被命名为全国企业管理优秀单位，荣膺榜首，获"金马奖"。1993年分局在全国五百家最大服务企业铁路运输业评价排序中位于第二位。2003年和2004年，分局连续两年在天津市公布的企业100强中名列第十四位。

## 三、基本经验

回顾改革开放30年来天津交通的发展历程，是探索交通科学发展规律的过程，为交通行业深入贯彻落实科学发展观，实现天津交通全面协调可持续发展提供了宝贵经验。

### （一）始终坚持以党的路线、方针、政策为指导，用科学的态度统领发展

30年来，始终坚持以党的路线、方针、政策为指导，把建设中国特色社会主义理论及科学发展观的要求与交通实际紧密结合，紧紧把握发展这个主题，围绕实现天津城市定位和滨海新区功能定位，全力推进以"两港两路"为重点的现代综合交通体系建设，取得明显成效和重大进展。切实转变发展方式，着力推动结构调整，促进产业升级；注重提升建设理念，在项目规划、设计、施工建设全过程中坚持以人为本、全面协调、可持续发展的新理念，力求达到

建设资源节约、环境友好的目的;着力完善功能,提高服务水平;着力推进改革创新和科技自主创新,不断增强综合实力及核心竞争力;着力提高交通发展的质量和效益,使交通经济步入全面协调可持续的发展轨道。

(二)始终坚持改革开放,发挥市场机制的基础作用,用创新的观念指导发展

改革开放和市场机制是交通更快更好发展的强大引擎,制度变革是交通发展的持久力量。深化改革,注重创新观念。以改革统揽行业管理工作,以创新的理念和改革的方式解决交通事业发展中的热点难点问题。30 年来,围绕交通如何更快更好地发展,交通行业始终坚持深化改革、扩大开放。通过不断改革,解决发展中的深层次矛盾和关键问题;通过不断开放,吸引国内外先进技术、资金和管理经验。"有河大家走船,有路大家走车"政策的出台,引发了运输市场的革命性变化,客货运输能力迅速提高;组建交通企业集团,逐步建立现代企业制度,大大提高了海运企业的国际竞争力;"贷款修路,收费还贷"、公路建设投融资体制改革等多项改革措施,进一步加强银政、银企合作,加大招商引资力度,采取股份制、BOT、合资合作、上市融资等多种形式筹集建设资金,不断开辟交通建设资金新渠道,形成了多元化的投资机制;交通行政管理体制、海事管理体制、港口管理体制、引航管理体制、救捞体制的改革调整,加强了交通执政能力,提高了交通公共服务的水平。

(三)始终坚持统筹兼顾,制定科学的交通发展战略与规划,用前瞻的思路谋划发展

保持交通快速健康发展,必须以交通发展重大战略问题的统筹研究做支撑,有符合交通发展客观规律的科学规划做指导。注重超前战略研究,紧紧把握行业和国家经济发展的趋势,明确不同阶段的工作目标、思路及重点,提高工作的前瞻性和系统性,保持发展思路上的与时俱进。比如,为构建布局合理、功能完备适应天津发展实际需要的现代公路交通体系,不断补充完善公路网发展规划,先后组织编制了 30 年路网规划、干线公路网规划、高速公路网规划,进一步增强公路发展的前瞻性、针对性和时效性,特别是

坚持高速公路适度超前发展，对增强城市载体能力，提升服务辐射功能，促进区域经济社会又好又快发展发挥了重要保障作用。目前，天津市正在开展新一轮的综合交通规划编制工作。

进入新世纪后，按照国家对滨海新区的功能定位要求，加强了北方国际航运中心和国际物流中心建设研究，先后完成了《北方国际航运中心发展研究》、《北方国际航运中心发展纲要》、《北方国际物流中心发展研究》、《北方国际物流中心发展纲要》。目前正在抓紧完善《北方国际航运中心发展规划》、《北方国际物流中心发展规划》、《天津公路运输枢纽总体规划》等重点规划，为落实国家发展战略，实现天津城市发展定位，加快推进滨海新区开发开放，构建天津现代综合交通体系，打造北方国际航运中心和国际物流中心提供了有力指导。

### （四）始终坚持依法行政，强化市场管理，用规范的管理促进发展

全面推行政务公开，建立公平、公正、公开的招投标管理机制，加强法制教育，提高执法人员的法律素质和执法水平；建立健全工作规则、基本制度、程序流程和台账记录，加强执法监督和工程质量监督力度，完善动态监管机制，实施“六项措施”、“八项纪律”等一系列管理举措；提升信息化管理水平，实现所有行政审批事项网上申报、网上审批、网上公布和一个门户入网、一站式服务，为企业和群众提供方便、快捷、阳光、高效的行政许可服务。

立足交通行业长远发展，组织编制了《天津市道路运输发展规划》、《天津市机动车维修行业发展规划》、《天津市航运发展规划》等交通行业管理规划，为加强交通行业宏观调控、形成统一开放竞争有序的市场体系、促进行业健康规范发展提供了科学指导和有力保障。

### （五）始终坚持以人为本，调动各方面积极性，用良好的社会氛围和舆论氛围保障发展

以人为本是科学发展观的核心，交通发展离不开各级党委、政府的关心，离不开人民群众的支持，离不开正确舆论的引导。多年来，我们通过各种形式加强中央与地方以及与大型企业的沟通，取得了交通战略部署和重大政策措施上的共识，形成了中央与地方、政府与企业的合力；通过加强特

色文化建设,努力构建和谐交通,让每一名交通人都能感受到和谐温暖,让利益相关者得到价值回报,实现和谐共融;重视社会舆论的作用,通过各种媒体宣传交通发展的重大决策和建设成就,营造了交通快速发展的良好舆论氛围。充分调动各方面的积极性,构筑和谐的发展环境,是交通发展的一条极为宝贵的经验。

## 四、发展展望

### (一)面向国际,建成世界一流大港

天津港是滨海新区重要的功能区及组成部分,天津港的发展关系到滨海新区的开发开放,关系到天津城市定位的实现,关系到国家战略的顺利实施。天津港在新的形势和要求面前,必须向更高水平、更高目标迈进。

**1. 明确发展定位,调整发展目标**

要抓住滨海新区开发开放的机遇,积极应对来自各方面的挑战,努力把天津港建设成为设施先进、功能完善、管理科学、运行高效、人文和谐、生态环保的现代化国际深水港,为滨海新区的建设和区域经济发展提供最优良的服务和强有力的支撑,为建设北方国际航运中心和国际物流中心、实现天津城市定位作出贡献。

天津港的发展目标是:到2010年确保货物吞吐量超过4亿吨,集装箱吞吐量达到1200万标准箱,企业资产规模达到500亿元。临港产业区一期陆域开始形成,具备开发建设条件。全面建成覆盖内陆地区的物流网络,港口功能进一步完善,对腹地的辐射力、影响力和带动力明显增强,将天津港建设成为面向东北亚、辐射中西亚的集装箱枢纽港,中国北方最大的散货主干港,环渤海地区最大的综合性港口,成为世界一流大港。

**2. 扩大对外开放,进一步加快国际化步伐**

要加快国际化步伐,就必须努力把天津港集团打造成为跨地区、跨行业经营的企业集团,并逐步建设成为跨国经营的港口运营商。实现天津港集团的国际化投融资,通过国际、国内两个资本市场,进行资本运作,扩大企业的经营规模和盈利能力。

要加快国际步伐,就必须努力加强与国际上大的跨国航运企业、港口企业和物流企业的资源共享和优势互补,打造覆盖区域和全球港口的合作网络,提升在国际物流供应链中的整体竞争力和话语权。在人才、技术、管理等方面要加快与世界接轨的步伐,实现港口经营要素的市场化、港口运行的高效化、港口管理的科学化、港口投资来源的国际化。

要加快国际化步伐,就必须在建设好东疆保税港区、做好海关特殊监管区域政策叠加和功能发挥的基础上,按照国际惯例作法,为东疆保税港区乃至天津港全域发展成为自由贸易港区奠定良好的基础,努力把天津港全域逐步发展成为自由贸易港区。

**3. 不断深化改革,增强自主创新和自我发展能力**

要进一步解放思想,弘扬敢为人先的创新精神,把改革创新贯彻到港口发展的全过程和各个环节。建立适应集团化经营的体制机制以及与主要经营性资产注入上市公司相适应的管理结构。发挥上市公司的作用,加大资本运作力度,提高资本的运营水平,利用战略投资、收购兼并等方式,拓宽盈利渠道和发展空间。

(二)提升能力,打造高等级公路网络体系

"十一五"公路建设发展的目标是:公路交通基础设施适应并适度超前于国民经济和社会发展需求,为滨海新区的发展及天津市实现基本现代化发挥支撑和先导作用。

继续以高速公路建设为重点,加大一般干线公路和农村公路的建设和改造力度。实现中心城区与各卫星城之间均有高速公路或快速路直接连通,市域内各新城与中心镇之间均有二级及以上等级公路相通,农村公路全部达到四级以上的等级公路标准。建设高速公路600公里,新建和改建一般干线公路350公里,新建和改造农村公路5000公里。

高速公路基本建成以天津港为龙头,以中心城区和滨海新区核心区为双核心,通达"三北"腹地和华东、华南地区,便捷连接京津冀都市圈各大中城市,直达周边城市和市域内11个新城,覆盖重要的中心镇、旅游景点、开发区的网络。

普通干线公路基本实现相邻新城之间以一级公路连通，新城与周围中心镇以二级以上公路连通，新城、中心镇与一般镇之间以二级以上干线公路连通的网络。

农村公路形成以县道为局域骨架、乡村道路为脉络，布局合理、四通八达、服务可靠的网络，等级标准、路网连通度和路面质量明显提高。

预计到“十一五”期末，天津市公路通车总里程将达到 12500 公里，公路网密度达到 105 公里/百平方公里。其中高速公路突破 1100 公里，密度达到 10 公里/百平方公里。

以实施天津公路主枢纽规划建设为重点，以老场站改造为辅助，以国家公路主骨架、天津公路网和市区道路网为依托，利用信息网络系统，促进道路运输与铁路枢纽、港口、空港相衔接，形成和完善综合运输体系。

按照城市空间布局，根据各功能区的客、货运发展需求，计划投资 40 亿元，在全市范围内规划建设 21 个货运物流中心和 18 个客运场站。形成布局合理、功能完备的现代化货运物流体系和客运枢纽网络。规划建设 21 个货运物流中心，其中，中心城区及外围地区 5 个，滨海新区 9 个，其他新城 7 个。建设中心城区及外围地区 2 主 5 辅 7 个客运站，滨海新区 1 主 4 辅 5 个客运站，以及其他新城 7 个客运站。到 2010 年全社会公路货运量达到 3 亿吨，公路客运量达到 5000 万人次。

（三）完善功能，构筑现代综合铁路枢纽

到 2012 年，天津铁路枢纽将建设成为沟通南北方、联系东西部、四通八达的骨干铁路枢纽网络大通道。一方面是客运系统。建设京津城际铁路、津秦客专、京沪高速、京津城际延伸线天津至塘沽、京津城际延伸线塘沽至于家堡、机场引入线，改扩建天津站、塘沽站，新建天津西站、华苑站、于家堡站、滨海西站、军粮城站、汉沽站。另一方面是货运系统。建设蓟港铁路扩能改造、进港三线、津保联络线、山岭子集装箱中心站、天津港集装箱中心站。建设津保铁路，打通天津—霸州—保定—石家庄—太原—中卫的铁路大通道。从服务辐射方向上，将建成 6 条对外铁路通道。

**1. 东北通道**

天津—山海关—东北地区，由既有津山线和规划津秦客专线组成，承担着天津与冀东、东北地区的客货交流。

**2. 西北通道**

天津—北京—包头，由既有津山线、丰沙线、京包线、京津城际铁路和在建的京沪高速、京津四线组成，承担着天津与冀北、晋北、蒙西、宁夏、甘肃、青海、新疆等地区的客货交流。

**3. 北通道**

天津—蓟县，由既有的蓟港铁路、大秦铁路和规划中的津承线组成，承担着天津与蒙东、承德地区的客货交流以及与晋北、蒙西地区的部分煤炭交流。

**4. 南通道**

天津—上海方向，由既有的京沪铁路和在建的京沪高速组成，承担着天津与京沪沿线及华东地区的客货交流。

**5. 西南通道**

天津—霸州—保定与京九铁路沿线，由既有的津霸铁路、京九铁路、石太铁路和规划中的津保铁路、太中银、石太客运专线组成，承担着天津与京九沿线、华中、华南、西南及冀中南、晋中南、陕西北部等地区的客货交流。

**6. 神华通道**

神朔—朔黄—黄万，由既有的神朔铁路、朔黄铁路、黄万铁路组成，承担着神华集团煤炭及天津港的下水运量。

30 年辉煌成就，得益于改革开放，展望未来，实现天津交通又好又快发展必须继续坚持改革开放。认真贯彻党中央、国务院各项决策部署，全面落实国家发展战略，按照市委、市政府和交通运输部的要求，进一步解放思想，深化改革开放，全面构筑天津现代综合交通体系，为加快推进滨海新区开发开放，为把天津建设成为国际港口城市和北方经济中心，实现科学发展、和谐发展、率先发展作出新的更大贡献！

# 天津交通大发展　老城充满新活力

覃贻花

对生命而言，其活力旺盛与否取决于血管弹性的强弱。城市亦如此，交通是其血脉，血管老化，血脉不畅，血栓、梗阻会使她丧失活力，反之则会让她青春永驻，魅力四射。

天津是座老城，交通曾经数十年不变，有过垂暮之年的感觉。改革开放三十年，天津交通变得四通八达，让这座老城变得越来越年轻。感受交通，忆想当年，令人感慨万千。

## 一、A 坐“飞的”去北京

日前进京采访，车走京津高速。这条新修的高速公路，双向六车道，薄雾中车像飞行般疾驶在宽阔的路面上。近期正在采写纪念改革开放三十周年的文章，忽就想起以前进京的情景。

平生第一次进京，是在 1977 年 3 月的一天。那时我还是工人，一日下夜班，6 点钟，天刚蒙蒙亮，忽听师傅兴奋地说：“走啊，去北京看天安门去，坐厂里拉货的车。”一激动，紧张得连工装都没换，就跟着一帮师傅们爬上了绿色的“解放卡”。“解放卡”稀里哗啦地颠簸在京津公路上。那是国道，却坑洼不平，而且窄得要命，上下单行，中间连条白线也没有，更没什么隔离带。一路上,拖拉机、马车、驴车、牛车,还有人拉的排子车,竞相行进,非常拥挤,堵车的事情一桩接一桩,车队一堵堵出去很远,一眼看不到尽头,人喊马叫地令人心烦。“解放卡”走走停停,3 个半小时,才到河西务。

中午 1 时,历经 7 小时“解放卡”才磨蹭到北京天安门,而且就敢大摇大摆地跑在长安街上,停在天安门城楼跟前。师傅们“扑通通”跳下车,样子像一群难民。一路下来,浑身筋骨颠得像是散了架,但是一见天安门仍激动不已,因为能来一趟实在是不易。

北京远吗? 120 公里,就因交通不便,竟让人觉得她十分遥远。当晚赶回天津时,又是 7 个小时,正好是夜晚 10 时接上夜班的时间。

后来我大学毕业干记者工作,常去北京采访,常坐京津直达列车。那时已是 20 世纪八十年代中期,火车仍是慢似“牛车”,若不晚点,单程两个多小时。记得一次从北京回来时,同车厢里有几个法国人。他们不停地抱怨车速太慢,将进天津市区时,忽然又拿出相机冲窗外“咔嚓”一通乱拍,原因是他们突然发现了正运行的几台蒸汽机车,模样激动得了不得。他们的翻译向我解释说:“在欧洲,这种鼻祖似的火车头只有在博物馆里才能看到。”后来我去欧洲乘坐巴黎经海底隧道至伦敦的高速列车,那风驰电掣的感觉让我理解了那几个法国人的抱怨。当时就想,何时我们也能拥有这样的铁路和列车?

然而,时过 20 多年,如今最方便、最容易的事情就是去北京。京津城际高铁,车次像公交一样频繁,半小时把你送到北京。半小时是个什么概念?无论天津,还是北京,无论你是从城东到城西,还是从城南到城北,即便乘坐地铁也得将近一个小时的时间,而这时间够你在京津之间打个来回。也就是说,京津城际高铁近乎飞行的速度,于时空的概念上,能够给人一个“同城”的错觉。

再说公路交通。据查,至今全世界没有任何一个地区,两座城市之间修有 4 条直通的高速公路。而京津之间,京津塘高速、京津高速、津蓟高速延长线和京沪高速,像四根粗壮的管道,将京津双城各自的交通网络无缝地融合为一体。不久前,在海南三亚希尔顿饭店,一位年轻的美国游客询问记者："天津离北京有多远？从北京去天津是否方便？"他的祖辈是犹太人，曾经生活在天津，他想抽空儿去天津看一眼。当他听说京津之间拥有4条高速公路、一条时速300公里的高速铁路时，惊得一愣，皱着眉头，完全一个"不信"的表情。

## 二、B数字：最有力证明

当美国被称作是架在汽车轮子上的国家，当日本人坐高速列车狂奔在新干线时，我们国家、我们天津的交通及其交通工具，进入八十年代时，基本还是五六十年代的水平。在交通的发展速度上，我们远远地落在了欧美发达国家的后面。

那时，天津盛传"几大怪"，其中一"怪"是"自行车比汽车跑得快"，原因是城市道路太窄，自行车、行人太多，车辆不敢提速。反过来又因公交车数量太少，车速太慢，又促使人们不得不依赖自行车。结果那时市内重要的路口都有一大景观，就是红灯下自行车成百上千黑压压一片，绿灯一亮，自行车流如开闸之水滚滚向前。

那时，在最紧俏的商品里，火车卧铺票是其中的一个，不是春运时才紧俏，而是常年如此。那时列车车次少，卧铺票也少，人们出行大多乘坐硬座，一趟长途下来，累得如同病过一样。而那些乘长途汽车的人，就更苦了。那时出门，对很多人来说，是一项艰苦的工程。

那时，天津小小的民航机场如同城市的一个摆设，时常静悄悄的没有几趟航班。且不说那时没有多少人坐过飞机，一说坐飞机，就得赶往北京首都机场，耗在路上的时间得有大半天。那时不少人抱怨，说就是因为天津离着北京太近了，弄得国家不愿在天津再建一个大机场。其实那全是因为国力的原因，国力衰弱岂能会有强盛的民航？

而如今，天津大交通30年后出现天地之变。

据市有关部门统计，如今，天津市公路里程11531公里，将近1978年全市公里数的4倍，其中等级公路10839公里，高速公路682公里。铁路总延展里程超过4400公里，比1978年多1100公里。2007年，天津长途客运站已发展28个,长途客运线近900条,是1978年的13倍;客运线通车里程18万公里,是1978年的23倍;当年客运量5253万人,是1978年的9.8倍。铁路方面,2007年完成的客运量是1573万人,比1978年增多了115万人;完成的货运量是1.13亿吨,是1978年的5.9倍。改革开放三十年,京津唐、京津、京沪、京沈、津滨、津蓟、津唐、津晋和威乌高速公路的开通,加上京津城际高铁的开通,以及京沪高铁、津秦客运专线的建设,使天津通达"三北"和"华东"各地区的现代化大交通体系已经形成。

而在城内,现代化城市公共交通体系也已由公交车、地铁、轻轨和出租车构成。截至2007年,天津市内运营的公交车多达7000余辆,出租车31939辆,日客运量平均291万人次,比1978年多116万人次。多年来,天津市区路桥大规模改造,特别是中心城区近200公里快速路网——一条环线、三条快速联络线和两横两纵四条快速通道的建设,极大地缓解了市内交通的压力,提高了公交的运行速度和服务质量。如今中国仍是自行车王国,但在天津的许多路段上,已出现汽车远远多过自行车的现象。天津市区私家车的数量已达数十万辆。

空港方面,据市有关部门统计,截至2007年末,在天津空港执行航线的国际国内航空公司已有20余家,定期航线66条,定期通航城市54个,周航班数最高达到1120个航班,2007年一年空运国内外旅客386.1万人。而1978年,天津空港一年的客运量仅为5429人,是2007年的六百分之一。

海港方面,天津港早已跻身世界十大港口之列。天津客运码头占地6万平方米,岸线总长449.5米,万吨级泊位拥有3个,7.8万吨的邮轮可以停靠在那里,2007年的客运量是60万人。天津货运码头岸线总长27320米,是1978年的6倍;港口泊位142个,其中万吨级泊位71个,是1978年万吨级泊位的9倍。2007年,天津港实现货物吞吐量3.1吨,是1978年的28倍;集装箱的吞吐量达710万标准箱,名列全国港口第六位。遥想当年,天津港严重压港,海面上百船云集,焦急地等待着进港,如今那种场面再也不见了。

30年,天津交通大发展,给天津市经济发展带来勃勃生机,也给天津人民生活带来极大便利。过去开车从南开区华苑到河东区万新村地区，要走复康路、友谊路、十一经路和卫国道等，最快也得 1 个多小时，其间不知要等多少红绿灯，要踩多少脚刹车，多费多少汽油。如今走东南半环快速路，20 分钟即可，车辆稀少的时段里，甚至都不用刹车，一脚油门从头开到底，甭提多爽多畅快。

最后不妨再提一下出行北京的事。再过一两年，天津站与天津地铁 2、3、9 号线无缝衔接的工程，北京南站与北京地铁 4、14 号无缝衔接的工程全部完工后，再去北京，将是一种“地铁、城铁、再地铁”的出行方式，几乎就是“点对点”地把你在一两个小时之内，从天津某一临近地铁的地方，迅速、舒适、安全、准时地送到北京地铁线上的任何一个地方。比起 30 年前天津人进京的状况，其差距真乃一天一地。

天津大交通 30 年大发展，让天津这座老城越来越充满活力。

# 从内河港发展到北方大港

张苗苗　刘　畅

今年80岁高龄的祝庆缘是天津港务局的老局长，他经历了天津港60年来从一个内河港发展到中国北方大港的变化。老人说，天津港的建设，凝聚了天津人志存高远、奋发有为、顽强拼搏的一种精神。

## 一、当年港口泊位少

“新中国成立初期，天津港港口泊位太少了，特别是20世纪60年代以来我国对外贸易迅速增加，而港口建设滞后，压船成了一大问题，船来了没有地方靠，最严重时天津港锚地压船180多艘，有的船进港卸货要等上3个月！”祝庆缘告诉记者：“为尽快提高港口作业率，尽可能地解决压船问题，我们想方设法购买一批进口设备。”祝庆缘说：“现在买设备不算什么事，可当时却是破天荒了。”当一批先进的港口装卸设备运来派上用场后，很多职工都傻了，原来上百号人几天干不完的活儿，用传送带、大吊车等新设备，几个职工很快就干完了。随着技术设备的不断更新，港口装卸工靠肩扛、扁担挑的传统作业，被慢慢取代。

## 二、从"塘沽短"到大客车

祝庆缘说:"当时天津港的员工真是太苦了。那时我们上下班的主要交通工具是搭一种叫'塘沽短'的简易火车。发车点没有站台,火车的梯子比人还高,大家在港口工作平时就练出了好身手,车来了,很多人拽着车门一下子就能蹿上去。后来好了,伴随天津港不断建设发展,员工们的工作环境、交通状况都得到了改善,我们购买了 100 辆大客车用于接送职工上下班。后来还想方设法筹集资金,为职工建职工公寓,改善职工们的住房条件。从改革开放以来,我们每年都给员工涨工资,增长幅度不断加大。过去天津港的条件差,很多人都想出去,2 万人的港口调走一个职工要局长批准,为了稳定职工队伍,还往往不批准。现在,进天津港找工作,可是难了,从这里也可以看到天津港的发展变化。"

## 三、天津港发展超乎想象

谈到如今的天津港,祝庆缘激动不已。他说,如今的天津港已成为面向东北亚、辐射中西部的集装箱枢纽港,中国北方最大的散货主干港,规模最大开放度最高的保税港区。祝老虽然已经退休了,可对天津港目前发展情况却了如指掌,他说去年天津港货物总吞吐量达到 3.56 亿吨,目前在国内排名第三,世界排名第五。而且目前,在继续提升北港区的同时,还在加快建设南港区。祝老说:"天津港发展建设超出了我的想象,这里面凝聚着天津人百折不挠的精神。"

# 辉煌的历程　壮丽的交响

河北省交通运输厅

河北地处华北，北依燕山，南望黄河，西靠太行，东环渤海，内守京津，周边分别与内蒙古、辽宁、山东、河南、山西五省毗邻，是华东、华中等区域连接华北、东北、西北三北地区的枢纽地带，是首都北京通往全国各地的必经之路。特殊的区位，决定着河北交通的地位，它不仅关系着河北经济社会的发展，而且对于加强东北、华北、华中和华东地区与京津地区的经济合作与交流，具有十分重要的作用。

新中国的成立，为河北交通运输事业的发展带来了蓬勃生机。60 年来，在省委、省政府的坚强领导和交通运输部的正确指导下，河北广大交通干部职工解放思想、与时俱进，求真务实、真抓实干，河北交通运输事业取得了长足发展，公路、水路、地方铁路、道路运输等各个方面发生了翻天覆地的变化。

## 一、发展历程

60 年来，河北交通运输发展伴随着新中国成长的脚步，在改革与调整中不断适应经济社会发展需求，总的来看，大致经历了打基础、破瓶颈、求适应和上水平四个发展阶段。尤其在改革春风的吹拂下，河北交通运输系统抢抓机遇，锐意进取，深化改革，扩大开放，推动了全省交通运输事业持续、健康、快速发展，无论是交通基础设施、运载工具，还是运输方式、生产力布局等各个方面均发生了深刻变化，为全省经济社会发展作出了重要贡献。

具体讲，这四个发展阶段分别是：从新中国成立到党的十一届三中全会召开（1949—1978年）为第一个阶段，交通发展处于“打基础”时期，以全面恢复和初级建设为显著特点。从党的十一届三中全会改革开放决策的提出到党的十四大召开前夕（1979—1992年）为第二个阶段，交通发展处于“破瓶颈”时期，这一阶段主要以改革开放方针为指导，加速推进交通建设和运输事业发展。从邓小平同志南巡讲话和党的十四大召开到党的十六大前夕（1993—2002年）为第三个阶段，交通发展处于“求适应”时期，河北交通人进一步抢抓机遇，深化改革，加快发展，努力谋求交通运输与经济社会发展相适应。党的十六大召开以后（2003年至今）为第四个阶段，交通发展处于“上水平”时期，交通运输部门认真贯彻落实科学发展观，进一步冲破思想观念、体制机制束缚和障碍，全面加快了建设速度，致力于推动交通运输又好又快发展，交通发展水平全面提升，服务经济建设和社会发展的能力得到进一步增强。

### （一）打基础（1949—1978年）

新中国成立之初，河北省交通运输行业处于瘫痪的边缘，百废待兴。这一时期，河北交通建设和运输发展以抢修恢复和初级建设为主，虽然受到“大跃进”和“文革”动乱等不稳定因素的影响，但交通运输事业仍然在曲折中得到发展。

#### 1. 公路

新中国成立之初，河北境内的主要公路有65条、总里程7984公里，约占当时全国公路总里程的6.7%。其中通车里程为5310公里，约占全国公路通车里程的6.2%。总体看，当时我省公路多为土路，标准低、质量差、晴通雨阻，迫切需要整修。1949—1952年期间对11条重点干线公路进行整修，公路通车质量有所提高。从 1953 年起，公路部门开始依靠地方、依靠民工建勤，就地取材，用简易方法修建中、低级路面，1958 年全省实现了县县通公路。1963 年年末全省公路通车里程达到 25531 公里，是 1949 年的 4.8 倍，其中晴雨通车里程占总里程的 16.4%。1964 年到 1978 年，是河北公路在曲折发展中不断改善与提高的时期。“文革”期间，公路部门排除干扰，反复研究试验并推广了具有河北特色的石灰稳定土基层、渣油表面处治路面。1978 年年底，全省拥有沥青（渣油）路面里程已居全国前列。到 1978 年年末，全省公路通车里程达到 40260 公里，是新中国成立之初的 7.6 倍，其中晴雨通车里程达到 44%，拥有沥青（渣油）路面里程已占公路通车总里程的 34%，县、市之间基本都铺筑了沥青（渣油）路面，全省 90% 以上桥涵实现了永久化。

**2. 道路运输**

新中国成立初期运输车辆缺乏，运输市场处于无政府状态，严重影响着市场物价的稳定和城乡间的物资交流。特别是广大农村地区短途运输多依赖人背马驮，以手推车、牛马车作为主要运输工具，机械化程度和运输效率都相当低下。按照 1949 年 12 月全国粮食会议要求，河北省除承担按时调往北京、天津的小麦、杂粮 13.5 万吨的运输任务外，主要接受和中转从东北、内蒙古调入河北的救灾粮。从 1950 年春天到夏收之前，共运输救灾粮 22.5 万吨，充实了粮食市场，保证了群众所需。在抗美援朝战争中，热河运输公司选调 30 名驾驶员、修理工赴朝执行前线运输任务。由朝鲜平原、定州向前线运输军用物资的线路，是敌机侵扰的重点地区。驾驶员们不顾飞机的轰炸和严寒气候，多次出色地完成弹药、粮食、汽油等紧急物资运输任务，受到中国人民志愿军后勤部门的表彰。1950 年 6 月省级运输管理机构国营河北省运输公司成立，通过“统一货源、统一车辆、统一运价”，确定了国家对运输市场的领导地位，全省运输能力与效益稳步提高。同时，为提高运输效率，疏通流通渠道，减少中间环节，降低运输成本，积极开展“公铁联运”工作，社会综合效益显著。1956 年，为加强对公路运输的领导，将国营河北省运输公司改组为“省交通厅运输局”，并于当年底完成了对私营运输业的社会主义改造，确立了社会主义所有制的运输体系，汽车、马车、货运人力车等运输工具数量大幅增长，运力明显增强。“十年动乱”给河北公路运输事业带来了沉重打击，运输生产力遭到严重破坏，运输生产长期处于无序状态。1970 年 1 月，河北省革命委员会交通局成立，但运输发展仍然缓慢。到 1978 年年底，全省民用汽车共 6.9 万辆。

**3. 港航**

新中国成立时，全省私营木船共有 4881 艘、104964 载重吨。1957 年，航运完成社会主义改造后，经交通部批准，河北、山东、河南三省将卫运河水上运输分开管理，河北省水运机构改称“河北省交通厅航运局”。1957—1964 年，河北航运有了较快发展，水路运输弥补了铁路、公路运输能力的不足，为城乡物资交流、便利行旅交通发挥了重要作用。1965 年河道水位下降，行船发生困难，运输生产急剧滑坡，河北航运在北部临河地区海盐生产场开辟了驳船运输生产。1969 年 12 月，河北省从国外买进第一艘大轮“冀海一号”，开始了海上大轮运输。到 1976 年年底，全省共有各类船舶 71 艘、43232 载重吨、1146 客位。1978 年，隶属交通部管理的秦皇岛港，生产性泊位有 11 个，通过能力为 2525 万吨。

（二）破瓶颈（1979—1992 年）

党的十一届三中全会吹来的改革春风激荡在燕赵大地，河北交通人以破解人民群众行路难、乘车难、运货难为目标，掀开了交通建设与运输发展的新篇章。

**1. 公路**

改革开放之初，全省公路通车里程少、且技术标准低，车辆通行能力很差，严重制约着经济发展，迫切需要加快改造既有公路，建设高等级公路。从 1979 年开始，全省集中财力物力分期分段对主要国省干线按一、二级公路进行技术改造，交通条件得以初步改善。为解决快、慢车混合行驶给交通带来的不便，1985 年在京深公路邯郸至马头段进行了 15 公里的快、慢车分道行驶试点，完成河北第一条二级汽车专用公路。由此，国家在制定公路工程技术标准时，增加了二级汽车专用公路的标准。1990 年 9 月京承二级旅游公路竣工通车，河北省有了长里程的高标准旅游公路。1987 年 3 月，河北启动第一条自主修建的高速公路项目——京石高速公路建设，成为全国少数几个率先修建高速公路的省份。1990 年 9 月京津塘高速公路河北段建成通车，燕赵大地拥有了首条(段)双向四车道高速公路。

**2. 道路运输**

河北在加快公路建设的同时，积极推进运输业发展。1979 年 10 月河北运输公司恢复建制，将各地区直属的全民所有制运输单位全部收归省管，扭转了汽车运输多头领导、条块分割、分散经营的局面。但由于国有运输企业经营以计划为导向，班线短、班次少、覆盖面小，不能满足居民出行需求，乘车难制约社会发展。1984 年，在交通部提出的“有路大家行车，有水大家行船”开放政策的引导下，河北省个体运输业快速发展。同年，省运输企业下放各设区市。1985 年，成立了河北省交通厅公路运输管理局，各地(市)也相继成立了运管机构。同时，颁布了《河北省公路运输管理暂行办法》，明确对公路客运实行分级管理，坚持定点、定线、定班的原则，对国营、集体、个体运输经营者一视同仁，基本解决了客运秩序的混乱问题。1986 年推行的各种形式的承包经营责任制，极大地解放了道路运输生产力，出现了国营、集体、个体相互竞争、共同发展的新局面。同年，按照交通部关于“交通部门要管汽车维修行业”的要求，河北省将汽车维修纳入行业管理，结束了维修市场盲目发展的历史。到 1992 年年底，全省营运汽车达到 19. 33 万辆，比 1978 年增加了 18. 4 万辆，增长 18. 9 倍。公路运输部门拥有营业性运输汽车达到 1. 75 万辆，非运输部门拥有营业性汽车达到 17. 5 万辆，是运输部门的 10 倍。

**3. 港航**

河北省从 20 世纪 70 年代后期开始大力发展海运事业，1980 年 6 月，中国远洋运输总公司河北省公司正式成立；同年 8 月，河北远洋公司第一艘远洋货轮“兴隆”号首航香港成功，实现了河北远洋运输“零”的突破。同时，随着经济建设对能源运输需求的增加，国家选择隶属交通部管理的秦皇岛港作为第一条煤炭运输大通道的入海口，由此加快了秦皇岛港的建设步伐。

自20世纪80年代初开始,相继建成了一期、二期、三期7个专业化煤码头,装船能力达到6000万吨,其中1980年4月开工建设的煤二期工程是我国利用第一批日本国政府海外经济协力基金会贷款兴建的4个大型重点项目之一。黄骅地方港从1982年开始筹建,1984年经河北省人民政府批准千吨级码头开工。1986年9月,黄骅港河口港区2个1000吨级煤炭杂货泊位建成投产,设计通过能力75万吨。黄骅港河口港区的开发建设,标志着河北省地方港口正式起步。唐山港从1984年开始筹建,1986年经河北省人民政府批准立项,1989年8月,唐山港7号、8号泊位正式开工建设。到1992年底,河北省港口泊位达到28个,设计通过能力9360万吨,其中,地方港口泊位4个,设计通过能力125万吨。

(三)求适应(1993—2002年)

邓小平同志南巡讲话和党的十四大所确立的社会主义市场经济体制改革目标,极大地解放了河北交通人的思想,较好地适应河北省经济社会发展对交通运输的需求,已成为河北交通改革发展的主旋律。

**1. 公路**

为满足经济社会发展的交通需求,河北省以高速公路建设为重点,加快了公路网建设步伐。1994年12月18日,京石高速公路全线双向四车道贯通。1995年10月18日,河北省第一条穿越山岭重丘区的高速公路——石太高速公路建成通车。至此,河北省高速公路通车里程达到310公里,步入全国先进行列。1997年12月30日,石安高速公路建成通车,开辟了河北省利用国际金融组织贷款建设高速公路的新路。1999年12月18日,保津高速公路全线建成通车,河北省高速公路达到1009公里,成为全国第二个高速公路通车里程突破1000公里的省份。2000年10月,河北省第一条由设区市做业主的高速公路——唐港高速公路竣工通车,开启了高速公路建设多元化投资时代。同时,在一般干线公路建设上,大力实施新改建工程,相继新改建了承栗、富武、承围等多条公路,打通了大量断头路和卡脖子路。在农村公路发展上,重点改造了部分影响农村经济发展的县道、乡道,农村公路状况有了较大改善。到2002年,全省公路通车里程达到6.3万公里,公路密度33.61公里/百平方公里，分别比1978年增加2.3万公里和12.16公里。

**2. 道路运输**

在加快路网建设的同时，道路运输管理部门集中精力抓市场的培育和发展。1994—1997年，利用4年时间，狠抓货运市场建设，全省初步形成了以大宗货源为节点，以货运交易市场为依托，以信息服务系统为纽带的货运服务网络体系。1997年，由河北省交通厅牵头，省内各大运输企业参与，组建了河北省高速公路客运有限公司和河北省快速货运有限公司，树立了河北道路运输行业品牌，增强了市场竞争力，在交通运输部召开的全国会议上进行了经验介绍。同年，以建立现代企业制度为目标的企业改革正式启动。1996年，省交通厅与省公安厅联合下发了《关于立即开展汽车驾驶员培训行业管理工作的通知》，明确了交通行政主管部门的管理职责。经过近三年的努力，1999年驾驶员培训管理全部归口各级运管机构管理。到2002年年底，全省道路运输客运、货运站场分别达到343个、190个，营运性车辆达到36.1万辆，道路运输经营户达到30万户。全年完成旅客运输量7.11亿人次、488.6亿人公里，完成货物运输量6.7亿吨、632.4亿吨公里，分别比1978年增长11.4倍、18.1倍和3.5倍、19倍，交通运输保障水平明显提高。

**3. 港航**

1992年7月，唐山港正式通航，并引起了北京市的高度关注。1993年7月17日，唐山、北京两市政府签订《唐山市人民政府北京市人民政府关于联合建设京唐港的协议》，将唐山港更名为京唐港，作为国家一类口岸对外开放，实现了具有划时代意义的新突破。1996年，京唐港一港池8个泊位相继建成并形成生产能力，成为我国第一个挖入式万吨级港口、第一个全面采用地连墙作为码头主体结构的深水港口、第一个全部采取有偿投资建设的港口。1997年，黄骅港煤炭港区煤炭一期工程开工建设，河北沿海港口开始进入多港共同发展、综合实力迅速增强的新阶段。到2002年年底，全省沿海港口泊位达到55个，设计通过能力16989万吨，吞吐量达到14432万吨,分别比 1978 年增长 550%、665% 和 650%。全年完成货物吞吐量 14432 吨,比 1978 年增加 12213 万吨,增长 6.5 倍。

(四)上水平(2003 年至今)

党的十六大提出了全面建设小康社会的奋斗目标,同时也对交通发展提出了新的更高要求。河北交通人以发展为已任,立足河北,服务全国,推动了交通事业又好又快发展。

**1. 公路**

按照全省建设小康社会的要求,新时期公路建设明确了"抓两头"发展思路,即一头抓高速公路发展,一头抓农村公路建设。截至 2008 年年底,全省等级以上公路由 2002 年年底的 5.4 万公里增加到 13.7 万公里,新增 8.3 万公里;高速公路快速发展,新建成通车 1643 公里,比 2002 年年底翻了一番多,2005 年全省高速公路通车里程突破 2000 公里,2008 年突破 3000 公里,达到 3234 公里,并于 2005 年实现了全省所有县通二级以上高等级公路。目前,高速公路已成为河北公路网的主骨架。六年来,新改建农村公路 8.2 万公里,相当于新中国成立至 2002 年年底全省修建农村公路总里程的 2 倍多,实现了全省所有乡镇通沥青(水泥)路,97% 的行政村通沥青(水泥)路。农村客运网络覆盖面进一步扩大,全省村村通客车率达到 98%。到 2008 年年底,河北省公路通车总里程达到 14.95 万公里,二级及以上公路通车里程达到 2.18 万公里,公路密度达到每百平方公里 79.65 公里。

**2. 沿海港口**

以 2002 年秦皇岛港下放河北省管理为契机,以全省"一号工程"——曹妃甸的开发建设和黄骅港综合港区起步工程的建设为标志,进入一个高速增长的新时期。2006 年,秦皇岛港煤五期工程建成,新增大型专业化煤炭装船泊位 4 个,新增通过能力 5000 万吨,是目前国内规模最大、工艺最先进的输煤码头;同年,京唐港曹妃甸港区 25 万吨矿石码头实现通航,这是迄今为止渤海湾内最大的矿石码头,从开工建设到通航只用了 13 个月时间,不但刷新了中国港口建设的纪录,而且抗冰敦等筑港技术为国内首创,创造了闻名全国的"曹妃甸速度"。正是由于矿石码头的建成投产,为吸引大型钢铁企业创造了有利条件，这也是促使首钢在此落户的重要原因之一，对全省的工业结构调整具有重要意义。2007 年，京唐港 3000 万吨煤码头工程建成，新增生产泊位 6 个，新增通过能力 3750 万吨。同时，为改变黄骅港单一的煤炭运输格局，加快黄骅港综合港区建设步伐，2009 年 3 月 19 日黄骅港综合港区起步工程开工建设。它的建设不仅填补了从天津港到龙口港之间 500 公里海岸线上没有综合港口的空白，而且由于黄骅港距陕西、山西、内蒙古最近，港口腹地广大，今后很有可能发展为全国性的枢纽港，将对我省的经济发展起到重要作用。到 2008 年年底，全省万吨级以上泊位达到 87 个，占泊位总数的 83.7%。其中，10 万吨级泊位由 2 个增加到 7 个，15 万吨级泊位和 25 万吨级泊位均实现了“零”的突破。全省货物船舶保有量 91 艘、269 万载重吨，分别是 1978 年的 4.3 倍和 52 倍。到 2008 年年底，全省港口泊位达到 104 个，设计通过能力 4.7 亿吨。2008 年，港口吞吐量突破 4 亿吨，达到 4.4 亿吨，其中京唐港吞吐量首次突破 1 亿吨，成为我省继秦皇岛港之后第二个亿吨大港。特别是远洋运输船舶日益向大型化、专业化方向发展，最大船舶吨位达到 30 万载重吨，以巴拿马型、好望角型和超大型油轮为主力船型的适应市场需求和具有较强竞争力的干散货、液体散货船队已经形成。在海运大发展过程中，河北远洋发展迅速，运力规模已位居全国第三位。

# “运输难”成为遥远记忆

河北省交通运输厅

新中国成立以来，河北省不断加快道路运输基础设施建设步伐，调整优化运输结构，大力完善农村客运网络，道路运输业实现了持续快速发展，在规范管理中逐步走向繁荣。如今，昔日的“运输难”、“运输慢”在河北已经成为遥远的记忆。

一方面，道路运输能力逐年增长，道路运输保障水平显著提高，运输能力显著提升。60年来，运力快速增长，运输量逐年增加。2008年，全省道路运输经营业户达到28.7万户，从业人员86万人，客货运量在综合运输体系中的比重分别达到92.8%和75.6%。截至2008年年底，全省营业性汽车达59.9万辆，其中营运载客汽车达到8.4万辆，载货汽车达到51.5万辆，分别比1949年年底增长48倍、34倍。2008年完成客运量8.77亿人、旅客周转量597.47亿人公里，货运量8.45亿吨、货运周转量890.96亿吨公里。

另一方面，道路运输基础设施明显改善。经过60年的建设和发展，全省货运站达到211个，等级汽车客运站达到210个，其中一级站21个，二级站137个，3—5级站52个，简易站及招呼站25354个，候车亭2334个，道路运输站场服务环境明显改善。

同时，运输结构调整稳步推进，行业可持续发展能力不断增强。以资产为纽带,通过企业兼并、重组和改制等方式,持续提升运输组织化程度,涌现出了沧州运输集团、邯郸交通运输集团、河北吉运等一批跨区域和管理水平较高的规模化企业。同时,大力推进公车公营改造,石家庄至太原、沧州至保定、秦皇岛至北京等客运班线均实现了公司化经营。传统货运企业开始转型,2003—2008 年,全省共投资 6.2 亿元对 15 个物流中心项目进行建设,已建成邯郸、张家口等 10 个物流中心。张家口运输集团、沧州运输集团、邯郸运输集团等运输企业及时调整经营战略,积极融入现代物流,在现代物流管理和运作方面,取得了可喜的成绩。

在服务新农村建设中,河北省坚持把发展农村客运作为一项惠民、利民工程积极推进,农村客运网络覆盖面进一步扩大。到 2008 年年底,村村通客车率已达到 98%;廊坊、石家庄、秦皇岛、唐山、沧州、衡水、邢台等 7 个市村村通班车率达到 100%。目前,全省农村客运车辆已达到 1.4 万辆,客运班线 3604 条,平均日发班次 2.3 万个。自 2003 年以来,已解决了 3590 多个行政村通客车和 510 多万人的出行难问题。

经过 60 年的持续发展,目前全省已基本形成旅客运输、货物运输及维修检测、驾驶员培训、客货运输站场等运输服务系统协调配合,国有、集体、民营、外资等多种经济成分共同发展,点面结合、网线结合、站运结合,多层次、多形式、多功能的道路运输新格局,有效满足了国民经济发展和人民生活水平提高的运输需求。

# 蓝色音符谱写“海洋梦想”变奏曲

河北省交通运输厅

河北地处渤海之滨，有着丰富的海洋资源。在全长487公里的海岸线上，自北向南依次布局着秦皇岛港、唐山港（含京唐港区和曹妃甸港区）、黄骅港三大港口，四个港区。目前，河北已有两个亿吨大港，其中百年老港——秦皇岛港年吞吐量已超过2亿吨，唐山港也已跻身亿吨大港行列，在建的曹妃甸港是渤海湾内最好的天然深水良港，集煤炭、散货、综合运输于一身的黄骅港综合港区正在加紧建设，港航事业取得重大进展。

河北省从20世纪70年代后期开始大力发展海运事业。1978年，全省沿海港口仅有隶属交通部管理的秦皇岛港，生产性泊位仅有11个，通过能力仅为2525万吨。1980年6月，中国远洋运输总公司河北省公司正式成立；同年8月，河北远洋公司第一艘远洋货轮“兴隆”号首航香港成功，实现了河北远洋运输“零”的突破。

经过30年的长足发展，全省沿海港口共建成93个生产泊位，新增通过能力4.45亿吨。先后建成秦皇岛港煤一期、二期、三期、四期、五期工程和丙、丁、戊、己码头，建成唐山港京唐港区第一、二、三、四港池和曹妃甸港区25万吨级大型矿石码头，黄骅港煤码头一期、二期工程等。目前，秦皇岛港成为世界上最大的能源输出港之一，列世界散货港口第一位；秦港煤五期工程及煤四期扩容工程成为全国第一个可以接卸2万吨编组大列的煤炭输出码头。与此同时，黄骅港也已成为我国第二大煤炭输出港。

2008年全省港口泊位达到104个，设计通过能力、完成吞吐量分别达到4.7亿吨、4.4亿吨，较1978年分别增加4.44亿吨、4.18亿吨，增长15倍和18倍。特别是改革开放的30年间，港口生产性泊位、设计通过能力分别净增93个、4.44亿吨，相当于每年建设一个千万吨级大港。

尤其是改革开放以来，海运船队得到迅速发展，海运运力和货物运输量实现大幅增长，现有运力规模较发展初期增长了104倍。1978年，全省海运运力仅为21艘、5.2万载重吨，货物运输量为147万吨、8.7亿吨公里，以千吨驳船为主。1980年6月6日，中国远洋运输总公司河北省分公司（即河北远洋运输公司）成立后，1980年8月31日，河北首辟秦皇岛至香港航线。经过逐步扩展，远洋货轮已先后到达日本的大阪、神户和泰国的曼谷等港。

海运船队规模发展迅速，海运运力和货物运输量实现大幅增长。到2008年底，全省沿海货物船舶保有量达到91艘、269万载重吨，分别是1978年的4.3倍和52倍，水路完成货物运输量1762万吨、货运周转量1555亿吨公里，分别是1978年的12倍和179倍。船舶日益向大型化、专业化方向发展，最大船舶吨位达到30万载重吨。以巴拿马型、好望角型和超大型油轮为主力船型的适应市场需求和具有较强竞争力的干散货、液体散货船队已经形成。目前，河北远洋公司的运力已达150艘船舶、1500万载重吨，管理的船队规模位居全国航运企业第三位、运力居全国地方运输企业第一位。

如今，河北省港口正在由单一的煤炭“过境”运输，向多种货物集散发展，向港口与腹地经济良性互动发展。2002年以来，为加大港口对区域经济的拉动作用，在保持煤炭运输优势的基础上，铁矿石、钢铁、集装箱等杂货运输的比重不断加大，港口货种结构不断优化，港口功能明显完善。2008年，全省港口矿石完成6227万吨、钢铁1610万吨、石油989万吨、集装箱65万标准箱。

今后，河北省将以唐山、秦皇岛和黄骅三大港口为基础，通过完善规划、加快发展，努力构建功能合理、分工明确、优势互补、内外通连的沿海港群系统，发挥沿海港口对建设沿海经济社会发展强省的"龙头"作用。港口货物运输将呈现出煤炭装船量继续大幅增长，能源主枢纽港地位进一步巩固，铁矿石、钢铁、集装箱等货物吞吐量迅猛增长，对腹地经济拉动作用明显增强的新特点。

一个泊位就是一个音符，一条条航线构成五线乐谱。蓝色音符在乐谱上不断跳跃，谱奏出河北"海洋梦想"的变奏曲。如今，作为"环渤海经济圈"重要组成部分的河北省，正依托现代化海港发展海洋经济，进而承接世界产业转移，带动内陆地区经济腾飞。我们相信，在"蓝色"引擎的驱动下，河北省的沿海区位优势将更加明显，其"海洋梦想"的实现指日可待。

# 伟大的跨越　恢弘的史诗

河北省交通运输厅

从1987—2008年,在短短21年的时间里,河北交通实现了历史性的伟大跨越:高速公路从无到有,高歌猛进,胜利跃上3000公里的新台阶。

到2008年年底,全省高速公路通车里程已达到3234公里,11个设区市实现了市市有高速,高速公路已成为河北公路网的主骨架和人们出行的首选,基本形成了省内各设区市之间、设区市与京津及周边城市之间的高速公路网络。不断完善的高速路网对加快生产要素流通,缩短省内中心城市间以及与外省的时空距离,推进开发、开放和城镇化进程,服务京津冀经济一体化,促进环渤海湾经济圈发展,起到了十分重要的作用。

3000公里,这绝不是简单数字叠加的结果,而是以加速度形式发展的伟大历程,是铭刻在一个时代征程中的光辉足迹。

3000公里,承载了河北人民的长久期盼和历史梦想,记录了河北交通人21年的拼搏奋斗和无私奉献,演绎了河北现代化建设进程中的慷慨壮歌和英雄史诗!

3000公里,表明河北发展现代交通又迈出新的重要一步,昭示着河北经济发展有了更加坚实的支撑,标志着河北经济社会发展水平迈上了新台阶、现代化建设达到了新水平!

3000 公里，必将在河北交通发展史上树起一座不朽的丰碑！

翻开历史的画卷，我们能够清晰地看到河北高速公路发展的脉络与进程——

京津塘高速公路是我省参与建设的第一条高速公路。它被人们称作“穿越京津走廊的黄金通道”。

1987 年 3 月，素有“河北第一路”之称的京石高速公路破土动工。这是我省第一条依靠自己力量建设的高速公路。它的建成，不仅开创了我省自主建设高速公路的历史先河，还为我省大规模推进高速公路设建奠定了人才和技术的基础。通车后，其所带来的巨大社会经济效益统一了人们的思想。从此，关于河北要不要修高速公路的争论休止了，人们将关注的重点转到了怎样发展和如何加快发展上来。

1994 年 12 月 18 日，京石高速公路全线全幅贯通。时任国务院副总理邹家华亲临剪彩，并欣然题词：“河北交通，日新月异。”

1995 年 10 月 18 日，我省第一条穿越山岭重丘区的高速公路——石太高速公路建成通车。这，不仅为我省建设同类型高速公路积累了经验，还为河北建设适应重载运输和大交通量通行需要的高等级公路、更好地承担西煤东运任务进行了有益的尝试。

同时，全省高速公路通车里程达到 310 公里，开始步入全国先进行列。

1997 年 12 月 30 日，我省第一条利用世界银行贷款修建的高速公路——石安高速公路建成通车，开辟了我省利用国际金融组织贷款建设高速公路的新路子。

1999 年 12 月 18 日，保津高速公路全线建成通车，标志着我省高速公路突破 1000 公里大关。成为全国第二个高速公路通车里程突破 1000 公里的省份。

2005 年年底，青银高速公路（河北段）贯通。我省高速公路通车总里程迈上 2000 公里台阶，达到 2135 公里，成为全国第五个突破 2000 公里的省份。

2008 年 7 月，廊涿和京化两条段高速公路建成通车。我省高速公路通车里程达到3010公里，成为全国第五个突破3000公里的省份。

纵观河北高速公路发展历程不难发现，我省高速公路建设一直是在加速度推进。

京石高速公路从开工到全线全幅开通历时8年，而如今建设同等规模的高速公路用时一般3年到5年；高速公路通车里程突破1000公里时，我们用时12年；突破2000公里时，用时6年；而今，突破3000公里，我们仅仅用了3年时间。可以预见的是：突破4000公里，我们将只需要两年时间。更可以预见的是，今后一个时期，我省高速公路仍将保持又好又快发展的强劲势头。

2003以来，在省委、省政府的正确领导下，我们制定了高速公路建设的新规划，并报经省政府批准实施。这一年，我省在全国率先提出了"路网"概念，确定了"五纵六横七条线"的高速公路网新布局。高速公路建设进入一个新的快速发展时期。

这一时期，我们坚持发展创新，积极实行项目业主、投资主体和筹资方式三个"多元化"。

通过实行项目业主多元化，改变了省交通厅一家唱主角的局面，鼓励和支持有条件的市做项目法人。除省交通厅三家项目法人外，由各设区市做业主，先后启动了丹拉、邢临、青兰、张石、京承、承唐、长深（承朝）、津汕、廊沧、张承、唐曹、承秦等十几条段高速公路项目的前期工作和建设。目前多条高速公路已经建成通车。

通过实行投资主体多元化，尝试通过吸引外资和民间资本创立新的投资主体，先后启动了京张、保沧等高速的建设。

通过实行筹资方式多元化，积极利用银行贷款、出让已建高速公路收费权、出售高速公路股权、出让或预租加油站经营权等多种筹资方式，基本解决了高速公路项目的资本金筹措难题。

快速发展的河北高速公路为我省经济社会发展注入了强大活力，成为拉动国民经济增长的一项战略性举措，为建设经济社会发展强省提供了重要支撑。

高速公路有效加快了生产要素的流通，缩短了省内中心城市间以及与外省的时空距离，有效推进了开发、开放和城镇化进程，为社会进步注入了新的活力。

高速公路正成为我省路网的主骨架，以国省干线为重要连接、以农村公路为数不清的“毛细血管”的河北路网，正在为河北又好又快发展提供着有力保障。

抓落实是实现高速公路又好又快发展的根本。为此，河北省交通厅党组及时提出“四个干”。即“干什么”——各部门、各级都要明确发展目标；“怎么干”——针对把发展目标落到实处存在的难点提出解决的措施；“谁来干”——任务目标明确到单位、到人；“什么时间干成”——明确时间进度。由此，很好地解决了抓落实的问题，实现了各项工作的落实、落实、再落实，有力地保证了建设的顺利推进。

我省经过十五年建设经验的积累，高速公路项目建设和施工的技术管理方面已经较为成熟。但是，作为主要由政府配置资源的基础设施建设，高速公路建设领域也容易成为腐败的滋生地。对此，厅党组高度重视，从2003年开始相继制定了各项制度。

从2005年8月开始，我省率先在建高速公路中推行“十公开”。把发展规划及建设计划编制、项目审查和审批管理、招投标过程、征地拆迁管理、施工过程管理、设计变更管理、质量监督、竣工验收、资金使用，以及建设市场管理等十个方面作为抓手，推出了一系列具有针对性和操作性强的公开措施。通过制度创新真正实现了高速公路建设领域的“机制反腐”和“制度反腐”，受到了交通运输部和省委省政府的高度重视和积极评价，并在全国交通系统和全省进行了推广。

在全省各级政府及有关部门的大力支持下，经过全省交通部门积极努力，2003—2007年的5年间，成为河北高速公路发展的最好最快的时期。期间建成和在建高速公路里程达到2630公里，超过2003年前15年的总和；建成通车1256公里，通车里程达到2853公里，成为历史上发展最快的时期。期间，全省11个设区市实现了市市有高速，国道主干线河北省境内高速公路全部建成通车。

从2007年起，河北开始全面构筑以港口为龙头、高速公路为支撑的“东出西联、南北通衢”现代综合交通运输体系。到2008年年底，全省高速公路通车里程达到3234公里，平原高速公路网相对完善；从2009年开始，高速公路建设“主战场”向山区转移。目前全省在建高速公路已达到21条（段），年内还要开工4条（段）。其中伸向大山深处的十几条（段）穿梭在崇山峻岭之间，桥隧相连；一排排桥墩拔地而起，气势雄伟；高墩大跨桥梁和特长隧道连绵不绝，蔚为壮观。

按照规划，到2010年，全省高速公路通车里程将达到4500公里，规划的“五纵六横七条线”主骨架高速公路网基本建成。实现全省97%以上的县城30分钟上高速，形成各设区市之间，各设区市与京津及周边省市之间，各重要城市与港口之间布局合理、快速便捷的高速公路网络。

时光流转，岁月如歌。

短短21年，河北高速公路实现了从无到有，从分布稀疏到密织成网，从沟通大都市到连接小县城的快速发展。

这，不能不说是一个了不起的跨越！

# 大道当歌

河北省交通运输厅

今天，当我们放眼河北大地的时候，映入我们眼帘的是一幅生机盎然的图画：宽阔顺畅的高速公路上飞驰着各色各式的小汽车、大货车和高速客车；平整洁净的乡村公路上奔跑着农用汽车、拖拉机、摩托车。南来的，北往的，在坦荡如砥、交织如网的公路上川流不息；东行的，西去的，在蜿蜒如龙、穿山走岭的大道上昼夜通行。

可是当我们把镜头聚焦到 60 年前的时候，呈现在我们面前的却是一片凋敝不堪的景象：屁股朝天的脚夫拉着人力车在泥泞中挣扎；"吱吱扭扭"的独轮车低吟着"行路难"的苦调；骨瘦如柴的牲口拖着木轮"大车"在坑坑洼洼的"马路"上艰难跋涉；偶然一见的烧着炭火的汽车在尘土飞扬的"汽车道"上"呼哧呼哧"喘着粗气。大雨时来，河水陡涨，"公路"变成"水路"，走亲的，访友的，只能隔岸相望；办差的，运货的只有"临河兴叹"。

河北省公路建设始于 1918 年。张家口至库伦公路的建设标志着我省由"道路"建设时期驶入"公路"建设时期。相对于其他省而言，我省公路虽然起步较早，但新中国成立前由于社会经济落后和政治动乱、战争不断而发展缓慢。历经 31 年的发展，到新中国成立初，仅达到 7981 公里，而且由于等级低、标准差和战争的破坏，实际通车里程仅有 5310 公里，其中晴雨通车里程仅为305公里,高级次高级路面仅有53公里。全省有桥梁443座,总长仅3388延米。全省公路大部分为土路,路面坑洼不平,桥涵残破不全,桥梁半数为临时性木桥,仅能勉强维持通车。

如今一个"甲子"过去了,河北公路交通面貌发生了翻天覆地的变化,实现了历史性跨越。截至2008年年底,全省公路总里程已达14.95万公里,位居全国第9位,较1949年增加14.45万公里,增长29倍;公路密度达到79.65公里/百平方公里。

高速公路从无到有,20年建成通车31条(段)、3234公里,11个设区市实现了市市有高速,国家规划的国道主干线河北省境内高速公路全部建成,河北省规划的"五纵六横七条线"高速公路主骨架初具规模,形成了省内各设区市之间、设区市与京津及周边城市之间的高速公路网络,对加快生产要素流通,缩短省内中心城市间以及与外省的时间距离,推进开发、开放和城镇化进程,服务京津冀经济一体化,促进环渤海湾经济圈发展,具有重要的意义。

一般国省干线公路通行能力得到新提高,通车总里程达到1.6万公里。尤其是党的十六大以来,在公路建设"抓两头"的同时,省交通厅党组根据现有路网状况,提出了通过抓高速公路、农村公路,促进一般干线公路的发展思路。2003—2008年,全省共投资261.3亿元,新改建一般干线公路4199公里,相继安排实施了数十条重要国省干线公路新改建项目,着力解决打通大中城市出入口、接通西部山区和坝上地区断头路等问题,路网结构日趋合理。目前,全省已经实现了所有县通二级以上高等级公路。同时,随着管养力度的不断加大,全省干线公路的养护工作逐步走上良性循环的轨道,公路路况、通行环境和服务水平都得以显著改善。2008年,全省一般干线公路好路率达到81%,1997年、2000年、2005年全国干线公路养护管理检查评比河北省均荣获全国第三名。

农村公路里程达到12.97万公里,实现了全省97%行政村通沥青(水泥)路。河北农村公路建设得到了国务院、交通部和省委、省政府的肯定,成为群众得实惠最多的"民心工程"之一。据初步统计,2003—2006年农村公路建设的直接受益群众在 2500 万人左右，占全省农业人口一半以上，带动全省农村经济增长 40 亿元以上。“铺下的是路、竖起的是碑、连接的是心、通达的是富”，“宋修塔、唐修庙，共产党带领咱修大道，修完大道修村道，这样的政府就是好”已成为民谚，在河北农村广为流传。河北省农村公路建设的经验做法和显著成效得到了国务院、交通运输部和省委、省政府的充分肯定。2004 年国务院办公厅《政务情况交流》（第 30 期）刊发了河北省农村公路建设的经验。“十五”期间在河北十大成就中，农村公路建设被列为重要方面。农村公路的建成通车，延伸了干线公路的“触角”，促进了国、省、县、乡、村道的有效衔接，实现了从“大动脉”到“毛细血管”的融合贯通，使公路的网络化布局更加科学、合理，使“门到门”的公路运输优势得到了充分发挥。

如今，经常外出的人们彻底告别了“行路难”，进北京城、上天津卫，再不是“可望而不可即”，即使省内最远的地方，也可以“朝发而夕至”；世代“抱着金山要饭吃”的老农们再也不用为“产品运不出去”而发愁了，公路使他们的“宝矿”得以开发，土特产及时运出，化肥农药可以及时运进，农村经济“活”了起来。

大道当歌。畅通无阻的公路使经济运行速度大大加快，现代生活的快节奏、高效率都融进了滚滚的车流中。公路使现代化向人们走来，也加快了人们的观念转变。世代隐居于“小屋子”的人们，开始走向大世界。招商引资，调整产业结构，经商办企业，人们通过宽阔平坦的公路驶入了现代市场经济的大潮中。

# 秦皇岛港

河北省交通运输厅

改革开放30年,随着中国的崛起,中国正以港口强国的崭新姿态屹立在世界东方。30年,在历史的长河中弹指一挥间,秦皇岛港却经历了沧桑巨变,摘取了世界最大煤炭输出港和散货港两项桂冠。

## 一、让世界领略中国港口的神奇速度

中国是世界最大煤炭生产国与消费国,煤炭已占到全国能源需求的70%。然而,我国煤炭资源和生产主要集中在山西、陕西、内蒙西部地区,煤炭消费主要集中在华东、华南沿海地区。这种资源禀赋和经济布局决定了我国长期存在"西煤东调、北煤南运"的运输格局,同时成就秦皇岛港嬗变为世界第一煤炭输出大港。

为确保我国"北煤南运"大通道的通畅,30年间秦皇岛港累计投资82.67亿元,连续分五期进行了扩建。说起秦皇岛港近几年的"扩建史",秦皇岛港务集团董事长黄建华如数家珍。1997年12月18日,与大秦铁路二期相配套的煤四期工程顺利投产,秦皇岛港煤炭通过能力达到亿吨,居国内之首。2004年,秦皇岛港自筹资金44.89亿元,建设通过能力5000万吨的煤五期工程。这座世界港口建设史上最大规模的现代化煤码头建成投产只用了 18 个月，比预计工期整整缩短了一半时间。2006 年 4 月，随着煤五期建成投产，秦皇岛港已成为迄今为止世界上最大的现代化生态型煤炭码头群。

30 年前的秦皇岛港，还只是个不起眼的小港，半机械化的煤码头吞吐量只有 1047 万吨。作为我国第一批沿海开放港口，秦皇岛港凭借“天时、地利、人和”，一马当先占领了“北煤南运”制高点，到 2001 年时煤炭吞吐量就突破 1 亿吨，成为世界唯一煤炭输出亿吨大港。从 2003 年起，秦皇岛港下水煤炭以年均 2000 万吨的速度递增，2007 年更加遥遥领先世界完成下水煤炭 2.14 亿吨，让世界领略了中国港口的神奇速度。根据预测，到 2020 年，晋、陕、内蒙古三省区应具有 19 亿 ~ 22 亿吨产能，而传统的产煤大省辽宁、河北、湖南、四川等，目前所剩余的资源已经非常有限。展望未来，在“煤炭大迁移”的舞台上，秦皇岛港仍将领跑世界。

## 二、创新之路成就世界级港口品牌

21 世纪，人类社会进入了创新经济时代，创新已经无可替代地成为企业竞争战略的核心。如果寻着秦皇岛港登顶世界最大散货港的足迹，你会发现，走创新之路始终是秦皇岛港发展不竭的动力，仅 2006 年度里秦皇岛港就创新了 14 项中国企业新纪录。

1983 年，秦皇岛港煤一期工程建成投产，这是我国第一座自行设计、制造、施工的机械化大型煤炭码头，限于当时国内的机电设备生产水平，翻车机等设备投产后频发故障，最初两年发生故障 4119 次，导致煤码头吞吐量仅能完成设计能力的 42%。秦皇岛港为此投入上千万元资金，陆续完成了电机改型等十五个较大项目的改造，解决了一系列机械故障，设备完好率由 64% 提高到 90%，煤码头吞吐量 1988 年首次突破了 1000 万吨的设计能力。

粗略统计，自 1986 年至今，秦皇岛港共获得技术改进成果 1213 项，创造经济效益 4.9 亿元；申报职务发明创造专利 45 项，25 项专利已由国家知识产权局审批获得专利权。其中，“输送机皮带检测装置”技术在煤码头应用后，减少了由于煤中杂质造成的损失，每年可创经济效益75万元，已向其他港口进行了专利技术转让。“螺旋卸车机”技术在港口应用后，提高了装卸效率，减少了维修成本，每年创经济效益近50万元。秦皇岛港机修厂以出售专利产品形式开展了对外加工。“整体平台三车翻车机”、“固接式整体平台三车翻车机”两项专利成功应用以来，使翻车机钢结构受力状态良好，作业中运行平稳，安全可靠，维修保养方便，两项专利共创经济效益6000多万元。

配煤也是秦皇岛港的创新。前几年煤炭市场低迷，用户对煤炭内在质量要求极为苛刻，很多进港煤种不是发热量不达标，就是含硫量高，用户拒收。1998年6月，秦皇岛港七公司率先为客户提供配煤服务。配煤实际上是以两种可以优势互补、扬长避短的动力煤为原料，由两台取料机按一定比例取料作业，使煤炭汇合到一条皮带上进入船舱，配制出适合用户要求的经济适用炭。配煤既能降低煤炭含硫量、减轻环境污染，又可降低客户购煤成本，一举多得。在煤炭市场上“配煤”已经成为秦皇岛港的“拿手戏”。截至目前，仅七公司的配煤已吸引煤矿、电厂、经营商等30多家客户，十年间累计为中外客户配煤装船3773艘次，完成配煤吞吐量1.11亿吨。

借鉴现代集装箱班轮运输模式，秦皇岛港与中海货运等单位合作，2005年开创了煤炭准班轮运输。2007年7月下旬，“安平1号”轮满载3.86万吨煤炭缓缓驶离秦皇岛港煤五期码头，标志着秦皇岛港开通了第五条煤炭准班轮运输新航线。准班轮一般按照“定时到达、定向发运、固定煤种”的模式运行，具有货源稳定、运转高效等特点。这种新型的煤炭物流方式，实现了矿、路、港、航、电的紧密结合以及多方共盈，成为秦皇岛港的煤炭运输品牌。

## 三、“能源桥头堡”迈向综合性大港

环渤海地区大发展带来了历史机遇，但港口间的竞争也在加剧。天津港定位为北方国际航运中心，大连港在建设东北亚国际航运中心，秦皇岛港的传统强势业务煤炭已被天津、黄骅和唐山三港分流。周边港口的迅猛发展，加剧了秦皇岛港原先强势业务的竞争。一艘能源运输的“航船”，一个被冀望成为区域经济振兴龙头的百年大港，秦皇岛港所面临的挑战不言而喻。

2007年，秦皇岛港完成货物吞吐量2.45亿吨，比上年增长21.7%，其中煤炭吞吐量2.14亿吨，占87%左右，集装箱、杂货和石油三大业务约占13%。可以看出集装箱运输、杂货运输等还是秦皇岛港亟待发展的业务。

实现从能源输出港到综合性大港的转变，一个重要的途径就是要大力发展集装箱运输，开辟更多的国际航线。对此，秦皇岛港明确提出，集装箱业务跟上环渤海地区领先港口的发展步伐，要做坚决跟进者，建成分区合理、功能齐全的综合性港口。

秦皇岛港现有集装箱泊位3个，年设计通过能力65万标准箱，堆场面积36万平方米。2007年秦皇岛港的集装箱业务取得了长足发展，与中海集团、大连港共同组建了新港湾集装箱码头有限公司，为集装箱业务的快速发展奠定了良好的基础；开通集装箱航线共8条，成为内贸运输航线上的干线港；港口集装箱吞吐量完成30万标准箱，比上年增长50%。

“由于起点较低，秦皇岛港的集装箱等业务要实现跨越式发展。我们的目标是今年完成45万标准箱，力争2010年突破100万标准箱。”秦皇岛港新港湾集装箱码头有限公司党支部副书记杨春元说。

除了大力发展集装箱运输，秦皇岛港在杂货运输和石油运输上也在积极准备。现在秦皇岛港有杂货泊位17个，可停靠10万吨级的船舶，有近百万平方米的仓库、堆场，可装卸粮食、矿石、化肥等大宗货物和特种货物；拥有我国第一座管道运输油码头，年设计通过能力1540万吨。

“向综合性大港迈进，秦皇岛港必须更好地依托腹地，融入到区域经济发展的大格局中。”黄建华说。目前，秦皇岛市分别与大同、张家口等市签订了《关于共享口岸资源、扩大经济合作的框架协议》，秦皇岛港将为张家口、大同的杂货、集装箱运输提供绿色通道；秦皇岛市与承德市将共同推进公路、铁路建设，加快推进承德至秦皇岛高速公路建设步伐；秦皇岛市与朝阳、赤峰等6个城市间将建立紧密的区域经济合作伙伴关系，推进内陆资源和沿海资源的整合，秦皇岛港将在物资出港、货物堆存、装船发运等方面提供全程优质服务。

目光不限于周边的城市，秦皇岛港将广阔的腹地规划为大小两个扇面。小的扇面联结辽宁、内蒙古、河北三个省区，着眼于三省区丰富的煤炭、铁矿石、杂货资源；大的扇面是京山线、京哈线以北，面向“三北”，这里是我国重要能源基地和传统工业基地。

大力推进港口跨地域发展是秦皇岛港的又一大动作。秦皇岛港务集团投资控股曹妃甸实业开发有限公司，由其建设的2个25万吨级矿石泊位已经于2005年12月份正式开港通航；他们主导的山海关码头建设已全面铺开；他们与沧州渤海新区管委会签订了开发建设黄骅港综合港区框架协议……在向综合性大港迈进的征程中，秦皇岛港充满底气，正在沿着“强本、东进、西出、北通、南下”的思路，迎接新的腾飞。

# 河北省农村公路建设推行“七公开”

河北省交通运输厅

2008年,河北省农村公路建设完成投资41.5亿元,新改建农村公路9906公里,质量抽检合格率比2007年提高了3.1个百分点,此外,全省几百家投标企业没有一家因招标不公平向主管部门投诉。这一系列成绩的取得,与河北省交通部门大力创新,将“阳光工程”的范围扩展到农村公路建设中密不可分。

## 一、追源“七公开”

近年来,河北省在各级各部门的高度重视和共同努力下,农村公路建设现实了跨越式发展。2004年,河北省在全国率先提出了“六个一点”的农村公路融资方式,有效破解了制约农村公路发展的资金难题。五年来,河北省农村公路建设共投入资金277亿元,新改建农村公路8.2万公里,解决了108个乡、2.9万个行政村通沥青(水泥)路问题,到2008年年底,全省农村公路总里程达到12.97万公里。除张家口和承德两市外,全省其他地区基本实现了乡乡通沥青路、村村通公路,全省行政村通沥青(水泥)路率达到97%。

然而,在农村公路大发展的同时,工程质量和廉政建设等方面的任务也变得日益艰巨。如何既加快农村公路发展，又能预防腐败、出精品工程，是河北交通人时刻思考的重大问题。2008 年 7 月，根据高速公路建设“十公开”经验，结合农村公路点多、面广、项目分散等特点，河北省制定了《农村公路建设项目“阳光工程”实施方案（试行）》，在农村公路建设领域开始推行阳光工程“七公开”，并取得了一定成效。

## 二、解读“七公开”

“七公开”的内容，是按照农村公路基本建设程序要求，针对农村公路建设的各关键环节提出的，涉及了农村公路建设的全过程，包括以下七个方面：

（一）农村公路发展规划

建设计划公开。由河北省交通运输厅规划、计划管理部门，将制定的全省农村公路网规划、五年规划及年度建设计划以文件方式下发到每个市、县（市、区）交通局，并通过媒体向全社会公开，做到全省农村公路建设发展规划、建设计划公开透明，使广大干部、群众心中有数，能够早计划、早准备，抓住黄金施工季节，科学组织、精心施工。

（二）农村公路建设资金补助政策公开

由省交通运输厅规划、计划管理部门通过文件、报纸及网络等渠道，将全省县道、乡道、村道改造、危桥改造补助政策和农村公路建设资金筹集方式向全社会公开。并通过发放传单等方式，向广大农民群众进行宣传，使农民群众对农村公路建设资金筹集方式、补助标准心中有数，建设资金补助政策公开透明。

（三）招标过程公开

对于符合法定招标条件的农村公路新改建工程项目，项目法人应当依法进行公开招标。其次在开标过程中，由项目法人及招标代理机构通过会议的方式，将开标全过程、评标办法等内容向投标人代表、行政监督部门、纪检监察部门和公证机关公开。第三在评标过程中，由项目法人及招标代理机构通过会议的方式，将招标文件中规定的评标标准、办法等向评标专家、行政监督部门、纪检监察部门公开。最后由项目法人及招标代理机构通过省招标投标综合网、厅行政权力公开透明运行网等方式，将废标原因、中标候选人及中标价、所有投标人、招标监督部门及联系方式等内容向全社会公开。

（四）施工过程管理公开

为规范施工过程，由项目法人和现场执行机构以及监理、施工单位，将每个建设项目的项目工程概况、资金来源构成、主要施工工艺、主管部门、建设单位、施工单位、监理单位，质量监督单位的概况、负责人、监督举报电话、机构、职责、办事程序、投诉方式、廉政制度、资金支付、进度计划等各项内容通过网络平台、现场设置公示牌、当地新闻媒体等各种方式，向全社会进行公开。要求施工单位的每个项目必须签订施工合同、廉政合同、监理合同、安全合同，严格按照“干什么、怎么干、谁来干、什么时间完成”的要求，分工明确，责任落实到人，规范接受社会监督，使施工过程的每个环节都在监管、监督范围内，确保项目的建设质量。

（五）质量监督公开

由县级公路工程质量监督机构或县（市）交通局通过文件、网站等方式，将质量监督机构名称、质量监督检查的组织方式、检查内容、检查方法及检查结果、项目质量鉴定结果等向全社会进行公开。通过采取全天候巡查、全过程控制、全社会参与等形式，定期对农村公路建、管、养进行等级评定，对评定结果及时上网公开，并通过简讯、通报等形式发送到责任人手中，实现对农村公路建设质量的动态监管。此外还通过在现场设立公示牌、举报箱，公布举报电话等形式，为社会监督搭建平台，确保农村公路建设健康发展。

（六）竣工验收公开

由交通主管部门通过文件、报告、网站等方式，将项目审计、工程决算、档案验收等情况，以及工程质量等级、项目综合评价、交付使用时间、验收结果等向全社会公开。农村公路建设项目实行竣工验收报告制度，严格验收程序，验收全过程由各相关部门及参建单位共同参与组成验收委员会，明确各部门职责，并将责任落实到人。竣工验收委员会对通过验收的建设项目签发竣工验收鉴定书，将验收内容及结果及时向全社会公开，从而解决竣（交）工验收不及时、不透明，存在问题久拖不决，从业单位市场信息不对称等问题。

（七）资金使用公开

资金的使用是全社会关注的焦点，通过建设资金使用公开主要解决计量支付周期长、时效差以及截留、挪用、权钱交易等违纪违规问题。“七公开”规定，由项目法人通过文件、报告、厅行政权力公开透明运行网等方式将工程资金筹措、计量支付情况、计量支付程序、计量支付周期和计量支付时限等内容向全社会公开。在工作过程中，一是农村公路资金专户储存、专款专用，单独建账、单独核算，严格资金拨付程序，强化内部监督制约，从而形成权钱分离、互相制约、规范严格的工作流程。二是根据分项工程进度、质量检查和计量情况陆续拨付资金，加强资金审计检查。三是项目建设法人及时接受财政、审计等部门监督，并按照要求和有关财务制度进行公开。

河北农村公路建设项目“阳光工程”实施方案出台后，河北省交通运输厅把试点选在了张家口市怀来县。当地交通部门将开展农村公路建设质量年活动的“四抓”（抓市场、抓源头、抓制度、抓监管）与“七公开”有效结合，共同推进，在全县农村公路建设动员大会上把所有项目的建设标准、投资标准和质量监理要求等进行公开，并有效利用广播电视、发放宣传品等形式广泛宣传农村公路的相关政策、法规。

## 三、全省推行“七公开”

目前“七公开”正在向河北省所有县（市、区）的农村公路工程推广。例如，邢台市地方道路管理处要求村民监督成为“主力”监督，切实提高工程质量；承德要求在全市农村公路建设项目中逐步形成“政策透明、制度公正，要求明确，管理有效，监督到位”的长效机制。

“七公开”推行以来，河北省农村公路工程逐步规范，完善了基本建设程序。从项目程序到内容都置于群众监督、社会舆论监督以及交通部门的监督之下，避免了“暗箱操作”，杜绝了“吃、拿、卡、要”等现象，真正把有限的资金用在刀刃上，群众满意度逐渐提高。公开透明，成为提高工作效率、避免资源浪费的有效手段。“七公开”的推行在工程实践中产生了积极作用，取得了实实在在的效果，净化了建设环境，维护了农民的切身利益，在实现农村公路健康发展的同时，也促进了干部的廉洁，加强了党风廉政建设。

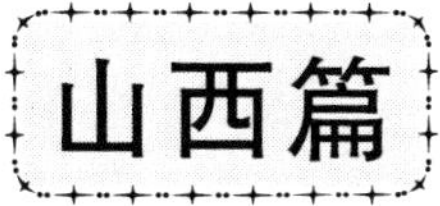

# 曲折发展历程　辉煌建设成就

山西省交通运输厅

山西位于全国中部地区，省内沟壑交错，山峦起伏，在15.6万平方公里面积中，80%以上属于山岭重丘区。作为全国重要的能源原材料基地，省内年产煤炭占全国1/4。公路运输在山西经济发展中扮演着重要的角色，同时也承受着大吨位、大交通带来的巨大压力。

交通运输60年的发展历程，是新中国成立60年的一个缩影。60年来，特别是中共十一届三中全会以来，在交通部和省委、省政府正确领导下，全省交通系统以科学发展观为统领，提出并认真实施高速公路、国省干线、农村公路"三网并重"发展战略，着力构建主骨架，提升主通道，改善微循环，使全省路网规模有逐步扩大，布局得到有效改善。建成全省高速公路"人字骨架"，实现"三小时通达"目标，国家"五纵七横"国道主干线全面建成，全省具备条件建制村全部通公路，88%建制村通水泥（沥青）路。大运高速公路被省政府和交通部联合命名为"千里文明高速路"，山西交通行业率先跨入全国交通文明行业行列，在全省经济社会发展和构建社会主义和谐社会中发挥了重要作用。

## 一、创建恢复时期(1949—1957年)

山西的公路交通是在落后、封闭的基础上艰难起步,逐步发展起来的。1949年4月,山西全境解放时,全省能断断续续通车的公路只有1288公里。其中,有路面里程158公里,次高级路面14公里,低级路面14公里。由于连年战争的破坏,重要的干线公路均不能全线贯通。有1/3的县城不通公路,有的县连大车路都没有。全省国营运输企业只有100余辆,大部分马车也散落在民间。面对这种情况,山西公路交通部门认真贯彻党的各项方针政策,自力更生,发动群众,首先对太原至大同、军渡、风陵渡等几条重要干线公路进行抢修,以较快速度恢复通车。此后,又对全省公路进行整修和分期改善。经过3年恢复,全省公路主要干线均已畅通。从1953年国家实行第一个五年建设计划开始,在国家财力、物力不足的情况下,山西公路交通部门坚持"先求其通,后求其畅"、"充分利用原有道路,重点解决薄弱环节"的原则,认真贯彻党中央、国务院"分期改善,逐步提高"和"依靠民力,就地取材"的方针,有计划、有步骤地开展山区道路修建工作,并对全省公路有重点地进行改善。

1956—1957年,在各级地方党委、政府的大力支持和全系统广大干部群众的积极努力下,全省公路交通得到快速发展。到1957年年底,全省除汾西县外,均通汽车,公路通车里程达到8262公里。其中,省道3108公里,县道5082公里,专用公路72公里,有路面里程2642公里,次高级路面34公里,低级路面1105公里,公路密度5.3公里/百平方公里。大车路发展到15000公里,有60%的乡镇通汽车和马车,在全省初步形成公路网轮廓。在公路运输方面,通过反封建运输把头,整顿运输市场,实行对私营运输企业的社会主义改造,进一步确立和巩固国营运输企业的领导地位。到1957年底,已有汽车1046辆,马车526辆;完成公路货运量2450万吨,货物周转量20457万吨公里,分别为1952年的3.8倍和2.7倍,为以后发展山西公路交通事业奠定良好基础。

## 二、调整探索时期(1958—1965 年)

1958—1965 年是山西公路交通发展史上的重要时期。从“大跃进”到国民经济调整,走过一条曲折的探索之路。全省公路交通工作虽然取得一定成绩,但教训也是深刻的。许多地方不求实效,盲目冒进,抽调大批农村劳动力一哄而上,以豪言壮语代替科学修路,造成工程质量低劣和人力、财力的巨大浪费。3 年号称修路 9000 公里,1960 年全省公路里程统计为 17589 公里,1961 年普查核实为 14745 公里,有 3000 多公里的水分。在公路运输上,推广一车多挂的“列车化”运输和拼设备的“双班运输”,由于技术管理水平低,造成车况普遍下降。1961 年完好率由 1957 年的 70.9% 下降到 51% 。从 1962 年起,山西省公路交通部门认真贯彻国民经济“调整、巩固、充实、提高”的八字方针,压缩公路基本建设规模,停建一些项目,对“大跃进”中搞平调的 77 项公路基建项目进行清理和退赔,重新调整公路建设布局,把重点放在对原有的公路进行整修、改建、提高等级、完善配套工程上。同时将已经下放的公路养护业务管理机构重新收归省管,加强养路专业队伍建设,使路况逐步好转。1965 年,全省公路通车里程达到 20365 公里,比 1962 年增加 5620 公里;其中,省道 4872 公里,县道 14572 公里,专用公路 922 公里。有路面里程 5994 公里,比 1961 年增加 1198 公里。公路密度 13 公里/百平方公里。将下放的各运输企业重新收归省管后,在全省运输部门进行大力整修车辆,并有计划地封存一批老旧汽车。1963 年,完好率上升到 76.4% ,并打破汽车历来不下干线公路的传统,深入农村为农业生产服务,开始走上支援农业的轨道,为汽车运输事业开辟广阔市场。1965 年,全省完成公路货运量 2320 万吨,比 1962 年的 1101 万吨增长 1.1 倍。经过 3 年调整,基本上扭转了“大跃进”造成的比例严重失调的状况,使全省公路交通事业重新走上稳步发展的轨道。

## 三、遭受挫折时期(1966—1977 年)

“文化大革命”期间,由于受极左路线干扰,许多行之有效的管理制度被废除，省属公路养护机构和运输企业被再次下放，造成道路状况和运输生产急剧下降。1969 年，全省公路货运量比 1965 年下降 14.4%；单车年平均利润 1965 年为 5000 元，而 1968 年竟亏损 79 元。但在整个“文化大革命”期间，全省公路交通部门广大干部职工仍然坚守工作岗位，排除各种干扰，坚持生产，取得一定成就。在“备战、备荒、为人民”和“要准备打仗”思想指导下，1965—1972 年，国家对山西“小三线”公路和国防公路拨专项投资 12836 万元，完成 31 项工程，新建公路 815 公里，改建公路 1765 公里，建大、中桥梁 173 座 14105 延米。如 0401 公路（北京至山西原平线）和军渡、保德黄河大桥等工程就是在此期间修建的。到 1975 年年底，全省公路通车里程达到 29287 公里，比 1965 年增加近 9000 公里。其中，有路面里程增加 7000 多公里，特别是高级、次高级路面由 359 公里增加到 4171 公里。运输生产自 1970 年开始回升，1975 年完成货运量 4572 万吨，比 1965 年增长 97.8%，平均年增长 5.2%，其中后 6 年平均增长 15.4%。1966—1975 年 10 年间，全省共增加新桥 683 座 46079 延米，增加公路 8922 公里，铺筑油路 4171 公里，通车里程达到 29287 公里，其中省道 6217 公里，县道 11981 公里，乡道 9564 公里，专用公路 1525 公里；有路面里程 13491 公里，次高级路面里程 4171 公里，晴雨通车里程 9041 公里，绿化里程 8650 公里，公路密度 18.7 公里/百平方公里。营运汽车增加到 4194 辆。此外，省直运输部门的汽车保养场发展到 12 个，并有客车修造厂 1 个，汽车修配厂 5 个，汽车附件厂 1 个，轮胎翻修厂 1 个，形成一个初具规模的修、配、造功能齐全的交通工业体系。截至 1977 年底，全省公路通车里程 31785 公里。其中，省道 6228 公里，县道 12210 公里，乡道 11791 公里，专用公路 1525 公里；有路面里程 15967 公里，次高级路面 5368 公里，晴雨通车 10819 公里，绿化里程 11584 公里，公路密度 20.3 公里/百平方公里。

## 四、改革振兴时期（1978—1992 年）

中共十一届三中全会后，山西的公路建设和运输生产得到很大发展，公路框架渐成规模，运输格局日趋合理，公路交通从几十年的计划经济体制向市场经济转变，公路商品化、运输多元化开始起步，公路交通事业呈现欣欣向荣的发展势头。其间，交通部将“普及与提高相结合，以普及为主”的公路建设方针及时修改为“以提高为主”，全省公路建设也由重视数量转为重视质量。1979 年，根据交通部的部署和统一标准，省交通局对省内公路进行了一次普查，除去不符合标准的等外路 4607 公里，将 1978 年的总里程由 31868 公里复核为 27261 公里。与此同时，全省第一批二级公路——太原至忻州、阳泉至大寨、太原至东观段先后建成通车。

进入 20 世纪 80 年代以后，由于煤炭产量和社会物资运输量增加，交通运输滞后的矛盾显得越来越突出。1983 年，全省有路面里程仅占 60%，尚有 11091 公里为土路，11 个县不通油路，1240 个乡镇不通公路，4203 个行政村不通机动车。许多干线公路日交通量超过设计标准几倍、十几倍。通向河北、北京、天津、河南等邻省重点公路，因通过能力小，经常出现堵塞现象。如太旧路原路，小堵天天有，大堵三六九，最长一次堵车整整七天七夜，引起国际舆论关注。其他出省通道，大部分为低等级公路或断头路。落后的交通，成为能源重化工基地建设主要制约因素之一。一方面，晋煤和其他外运物资大量积压，仅 1983 年，全省积压待运煤就有 3000 余万吨，不少煤矿积煤出现自燃和被洪水冲走；另一方面，全国各地对晋煤迫切需求得不到有效解决。面对严峻现实，山西省委、省政府决心打破全省公路交通半封闭状态，在加强省内干线和县乡公路建设同时，打开通向省外出口，并制定修建 12 条晋煤外运公路规划。从此，山西公路交通围绕能源重化工基地建设，进入全面发展新阶段。省交通厅在集中投资和技术力量同时，对施工管理体制进行大胆改革，对各项工程采取公开招标和地（市）县承包办法，有效调动地方政府积极性，大大加快工程进度，降低工程造价。

“六五”期间，全省新建公路 1411 公里，桥梁 516 座，高级、次高级路面 1200 公里，新修通 7 个县油路和 175 个乡公路。新建大同倍加皂至孙启庄、阳泉白毛岭至地都、晋城至大口、晋城至张路口 4 条晋煤外运公路，总长 248 公里。经过 1 年零 8 个月紧张施工，分别比原计划提前 3 个月至 15 个月，于 1985 年国庆节前胜利建成通车，使运输成本降低 20%，每年可节约运费 7238 万元。到 1985 年年底,全省公路通车里程达到 28762 公里。其中,省道 9420 公里,县道 12550 公里,乡道 6167 公里,专用公路 602 公里。有次高级路面里程 7427 公里,二级公路 503 公里,公路桥梁 3504 座,分别比 1980 年增长 19.3%、16% 和 18.93%。公路密度 17.4 公里/百平方公里。与此同时,全省公路养护质量再创新水平,1985 年年末全省好路率达 82.9%,跃居全国前列。其中干线好路率 91.7%,县级公路好路率 73.4%。在党中央"放宽、搞活"方针指导下,全省公路运输形成多层次、多形式、多渠道,国营、集体、个体一齐上新局面。到 1985 年年末,全省民用汽车拥有量达 12.9286 万辆,拖拉机 15 万辆,分别比 1980 年增长 1 倍、1.5 倍;运输专业户达到 9.7868 万户,个体汽车拥有量 2.3 万辆。1985 年,全省公路完成货运量 13071 万吨,货运周转量 522878 万吨公里,晋煤外运 1850 万吨,客运量 7173 万人次,客运周转量 310432 万人公里,分别比 1980 年增长 0.68 倍、2.3 倍、2.6 倍、1.1 倍、1.2 倍。1985 年全省公路交通工业完成总产值 6248 万元,实现利润 4995 万元,养路费征收 38787 万元,分别比 1980 年增长 13.1%、2 倍、3.14 倍。

"七五"期间,随着经济体制改革不断深入,全省交通体制改革迈出重要步伐。如扩大厅属企业自主权,实行多种形式承包经营责任制,将厅属 11 个修造企业全部下放地市管理,将拖拉机养路费全部下放地市县征收管理使用,加强行业管理等。1986 年 3 月 26 日,省政府印发《关于山西省公路建设和公路管理体制改革方案》。批准省公路局升格为二级局,各市地公路总段改称公路分局,县区养护段改称公路管理段,明确全省公路建设和养护实行统一领导,分级管理;原公路局工程处改称第一工程公司,实行企业化管理。1987 年 5 月 30 日,省政府印发该方案,将交通监理移交公安部门管理,公路养路费征收仍由交通部门负责。随后,省编委印发[1987]48 号文,同意省交通厅设立交通征费稽查局,各市设处,县市区设所站,揭开征稽发展新篇章。5 年完成投资 11.35 亿元,全省公路通车里程达到 30784 公里,分别比 1985 年增长 7.3 倍、7%,新增公路通车里程 2022 公里。其中等级公路 25241 公里,高等级公路 1598 公里,高级、次高级路面里程 9418 公里，分别比 1985 年增长 9.3%、2.2 倍、24%。其中，国道 3636 公里，省道 6544 公里，县道 13172 公里，乡道 6810 公里，专用公路 622 公里。晴雨通车 15493 公里，绿化里程 15820 公里，公路密度 19.7 公里/百平方公里。先后建成和顺至董坪沟、薛村至军渡、陵川至修武、原平至长城岭、长治至下浣、左权至涉县、晋城周村至黎川、长治荫城至壶关 8 条总长 385 公里晋煤外运出省公路。至此，全省规划的 12 条晋煤外运公路全部建成，其中周黎公路还是全省第一条商品公路。被列为全国"七五"建设 27 条重点公路项目之一、全长 737 公里的大（同）运（城）公路于 1990 年 9 月 28 日胜利竣工通车，为缓和交通运输紧张局面、加速山西煤炭资源开发利用创造了有利条件。大运路由国道 208 线大同至太原段、国道 108 线太原至侯马段、省道太原三门峡线侯马至闻喜水头段、水头至永济线的水头至运城段组成，由大同经朔州、忻州、太原、晋中、临汾到运城，经过 7 市、23 县市区拥有人口占全省 67.5%，是纵贯山西南北、连接省内主要工矿区和农业区重要干线公路，总投资 6.9 亿元，对实现全省"发展中部、开发两翼"战略发挥极其重要作用。"七五"期间，全省新增通油路县 9 个，实现全省县县通油路；新增通公路乡镇 98 个，新增通机动车行政村 1863 个。与此同时，投资 4697 万元，建成太原、运城、侯马、阳方口等客运汽车站及雁北、长治、阳泉等货运站，并改建县级客运站 14 个。1990 年全省民用汽车达 23.2665 万辆，完成货运量 26706 万吨，货物周转量 1152520 万吨公里，客运量 12728 万人，客运周转量 587953 万人公里，分别比 1985 年增长 44%、51%、55%、44%、45%；1990 年全省完成水路客运量 69 万人，旅客周转量 254 万人公里，分别比 1985 年增长 35%、30%；完成货运量 72 万吨，货运周转量 259 万吨公里。按 1980 年不变价，1990 年全省县营以上交通工业企业总产值完成 7353 万元，比 1985 年增长 15%；大修汽车 4900 辆，客车改装 1957 辆，制造挂车 6438 辆；征收养路费、货运补偿费 21.41 亿，车购费 1.0040 亿元，三项规费合计完成 22.41 亿元，年平均增长 10% 以上，年超收 5000 余万元。

## 五、率先推进时期(1993—2000 年)

"八五"期间,特别是"八五"后 3 年,山西省委、省政府高举"改革开放"和"艰苦奋斗"两面旗帜,从兴晋富民迫切需要和经济发展客观要求出发,制定交通优先发展战略,把公路建设作为重中之重来抓,出台支持公路重点工程建设"八条"优惠政策,带领全省人民大打公路建设翻身仗,掀起轰轰烈烈全民义务修路热潮,取得辉煌建设成就。1995 年,全省公路通车里程达到 33644 公里,比 1990 年增加 2859 公里。其中,国道 4027 公里,省道 6735 公里,县道 14259 公里,乡道 7909 公里,专用公路 714 公里。公路密度 21.53 公里/百平方公里;公路等级里程达到 29506 公里,二级以上高等级公路 4303 公里,公路有路面里程 28112 公里,高速公路 94 公里。从 1992 年底到 1995 年 3 年间,全省共筹资 132 亿元进行公路建设,总投资是 1983 年至 1992 年 10 年投资 37 亿元 3.6 倍,拓宽二级以上国、省道公路 16330 公里,新建公路 16330 公里,改造公路 25186 公里,修建油路、水泥路 10468 公里,新建村间道路 37845 公里,分别是前 10 年 2.3 倍、2.2 倍、1.9 倍、1.4 倍和 1.7 倍。与此同时,全省汽车运输事业也得到更快发展。到 1995 年末,全省拥有民用汽车 39.72 万辆,完成货运量 39776 万吨,货物周转量 1815463 万吨公里,客运量 17956 万人,旅客周转量 861061 万人公里;公路煤炭外运量 4471 万吨;全省水上船舶达 260 艘,完成货运量 90 万吨,货运周转量 321 万吨公里,客运量 85 万人次,旅客周转量 315 万人公里;全省完成交通工业总产值 10596 万元,改装汽车 138 辆,制造汽车 912 辆。共征收汽车养路费、货运附加费 59.08 亿元,车购费 9.16 亿元,分别比"七五"递增 175.94%、816%;从 1993 年开始,征收新增车辆费 2.73 亿元,车辆通行费 2.56 亿元。全省交通系统有 142 项科研项目获省科技进步奖,362 项获厅科技进步奖,42 项达国际水平,37 项达国内领先或先进水平,22 项获国家专利,18 项列为交通部、省科委科技成果推应用和推荐项目。

"九五"时期,全省交通系统广大干部职工坚持发展是硬道理思想,以邓小平理论和党的十五大精神为指导,认真贯彻中央和省委、省政府一系列方针政策和战略部署，大力推进交通改革与发展，全面完成目标任务。交通“瓶颈”制约得到改善，运输紧张状况得到缓解，统一、开放、竞争、有序交通建设运输市场体系初步建立。全省公路建设累计完成投资338亿元，新增公路通车里程21764公里，新增二级以上高等级公路5018公里，新增高速公路424公里，新增高级次高级路面里程14954公里。继1996年第一条高速公路——太旧高速公路全线建成通车后，全省主要建成原太、京大、太原南过境、太原东山过境、运风、夏汾、晋阳等424公里高速公路，霍侯、祁介、汾介等484公里一级公路，太古、东长、忻台等4110公里二级公路，离临柳石、晋西北等2900公里扶贫公路和以忻州东（冶）芙（城口）公路、阳泉巨（城）龙（庄）公路、临汾马务汾河大桥、太原小店汾河大桥为代表的一批国防公路，开工建设晋焦、长邯、运三、祁临高速公路等。工程质量和建设水平进一步提高，建成一批在全国有影响的公路和桥梁。太旧高速公路、武宿立交桥双双荣获国家建筑工程质量最高奖“鲁班奖”，原太、太原南过境等高速公路创“部优工程”，晋焦高速公路丹河特大石拱桥获“大世界吉尼斯之最”。到2000年底，全省公路通车里程达到55408公里，高速公路达到518公里，公路密度提高到35.5公里/百平方公里；二级以上高等级公路达到9321公里，占公路通车里程16.8%，比1995年提高4%；高级次高级路面里程达到29327公里，占通车里程52.9%，比1995年增长10.2%。全省提前3年实现“镇镇通油路、乡乡通公路、行政村通机动车”的战略目标，并有81.7%乡和43.5%行政村通油路，94%行政村通公路。全省公路好路率达到83.8%，其中干线公路好路率达到84.1%；县公路好路率达到83.5%。全省建成干线文明样板路2568公里，GBM工程3229公里，绿化里程达到28997公里，占通车总里程52.3%，太旧高速公路、大运二级公路、108国道晋中段、307国道太原至军渡段四条绿色通道基本建成，受到国家绿化委表彰。全行业营运汽车达到17万辆，民用汽车达到54万辆。全省完成公路客运量2.88亿人，旅客周转量135亿人公里，完成公路货运量5.78亿吨，货物周转量270亿吨公里，分别比1995年增长60.4%、56.8%、45.4%、48.8%，占全社会运输量比重分别达到90.4%、61.2%、69.2%、35.8%，公路运输在全省综合运输体系中的基础性作用得到进一步巩固和加强。与此同时，黄河水运及水上旅游得到发展，部分渡运设施得到改善，黄河小浪底库区水运及旅游加快规划与开发步伐。

## 六、科学发展时期（2001—2008 年）

“十五”时期，全省交通系统以科学发展观统领全局，以调整路网结构和运输结构为主线，坚持“三个并重”方针，大力实施“三小时高速通达”、县际公路改造、乡通油路、村村通水泥路“四大工程”，积极推进理念、体制、融资、科技、管理“五项创新”，超额完成各项目标任务，是全省交通史上发展最快最好的时期，山西交通跨入全国先进行列。5 年间，全省新增公路通车里程 14155 公里，新增高速公路 1168 公里，新增一二级公路 4693 公里。到 2005 年年底，全省公路通车里程达到 69563 公里，路面铺装里程达到 45599 公里，公路密度达到 44.5 公里/百平方公里。其中，高速公路达到 1686 公里，在全国排第 9 位，在中部排第 2 位；二级以上高等级公路达到 14283 公里，在全国排第 8 位。全省公路运输完成客运量 3.6 亿人、旅客周转量 181 亿人公里、货运量 7.6 亿吨、货物周转量 390 亿吨公里，比 2000 年分别增长 26.5%、33%、31.8%、44.5%，在综合运输体系中比重分别达到 90%、60%、65%、30%。

省交通厅党组认真贯彻落实省委、省政府掀起以大运高速公路和国道主干线为重点的公路建设新高潮重大决策，紧紧抓住国家宏观调控历史机遇，改革开放，创新思路，调动各方面积极因素，集中力量推进大同至运城、太原至晋城、汾阳至离石、太原绕城等纵贯全省高速公路大动脉和重要出省通道建设。规划“人”字型高速公路主骨架全面建成，省会到市“三小时高速通达”目标胜利实现。放眼三晋大地，大运通衢，人字鼎立，一个以太原为中心，覆盖全省，纵横交错，南通中原，北出长城，东联京冀，西达秦蜀的高速公路网初具规模。在建设中，紧紧依靠科技进步与创新，建成一批在全国有影响的公路、桥梁和隧道。临侯高速公路赵康枢纽获国优工程“鲁班奖”，祁临高速公路申报詹天佑奖，大新高速公路康庄飞机跑道被北京军区评为优质工程,大运高速公路全线达到部优工程。以全长 5.2 公里雁门关隧道和全国第一座高矮塔组合式斜拉桥龙门黄河大桥、桥高 180 米晋济高速公路仙神河斜拉桥建设为标志,全省公路桥梁隧道建设达到一个新水平。组织编制“人字骨架、九横九环”高速公路网规划,并经省政府批准实施;开展大运高速公路经济带建设研究规划,进一步增强高速公路发展前瞻性、科学性和指导性。全省高速公路跨越式发展,大大改善交通运输紧张状况,提高运输保障能力和安全性。5 年新改建农村公路 89592 公里(包括村内巷道)。其中,完成县乡油路改造 13717 公里,村村通水泥(沥青)路工程 75875 公里。全省新改建农村水泥路、油路里程占全国同期建成的农村油路、水泥路总里程近 1/3,是新中国成立 51 年全省建成农村油路、水泥路总里程 5 倍。全省 100% 乡镇、80% 建制村基本通水泥(沥青)路,比“九五”末分别提高 13.5%、37.5%,运城、太原、阳泉、晋中、长治 5 个市和 59 个县(市、区)基本实现村村通水泥(沥青)路。大力推进农村客运网络化,先后建成乡镇汽车站 105 个、农村候车亭 1797 个、招呼站牌 11534 个,全省 100% 乡镇、83.6% 建制村通客车,并有 30 个县市实现城乡客运一体化。全省开通鲜活农产品运输“绿色通道”。

“十一五”是全面建设小康社会关键时期,交通发展面临着新形势、新机遇、新挑战、新任务。省交通厅党组认真贯彻党的十六届五中全会和省委八届七次全会精神,以科学发展观为统领,统筹经济社会与交通发展,统筹区域经济与交通发展,统筹城镇化建设与交通发展,统筹新农村建设与交通发展,统筹资源环境与交通和谐发展,坚持高速公路、干线公路、农村公路“三网”并重,建设与养护管理并重,建设与运输发展并重方针,加快推进改革创新,加快推进扩大开放,加快推进结构调整与增长方式转变,着力构建新型能源和工业基地交通运输支撑保障服务体系。

全省交通系统紧紧围绕构建新型能源和工业基地交通运输支撑保障服务体系这条主线,加快建立交通发展科技平台、人才平台,切实抓好安全、质量、廉政三项基础工作,大力实施高速公路网络化工程、干线公路改造养护工程、农村公路通达通畅工程、运输产业规模化集约化工程,积极推进理念、科技、机制、融资、管理五项创新，努力形成功能较为完善的高速公路、干线公路、农村公路、运输站场、现代物流、信息服务六大网络，树立负责任、有作为、勤政廉洁、文明和谐行业新形象。

2006年，一手抓“十一五”战略布局，一手抓起步开局，省政府下达各项目标任务圆满完成，交通为民办的八件实事全部兑现，为“十一五”发展打下坚实基础。

一是《山西省高速公路网规划》、《“两区”开发交通专项规划》经省政府批转全省实施；编报《山西省干线公路网布局规划》、《山西省农村公路建设规划》、《山西省综合公路网建设规划》3个长远规划，制定下发《山西省“十一五”公路水路交通发展规划》和公路养护管理、道路运输、交通物流、交通科技、交通教育、交通信息化、行业文明建设、安全生产、法制建设9个专项规划，与河南、河北签订省际通道建设合作协议，编制旅游公路、运煤通道、运输站场3个专项规划。

二是专门筹资20亿元，用于重点公路建设项目前期工作。完成投资168亿元，新改建公路2.4万公里。到年底，全省公路通车里程达到11.3万公里（包括开始纳入统计的4.3万公里村道），路网密度达到72.4公里/百平方公里，其中高速公路1752公里，二级以上高等级公路1.3万公里，路面铺装里程7万公里。龙门黄河大桥和侯马至禹门口高速公路竣工，大同西北环、离石至军渡、侯马至关门、晋城至济源4条高速公路建设进展顺利，忻州至阜平、闻喜至垣曲、运城南外环3条高速公路开工奠基。部省安排的12个国省干线改造项目、3个运煤通道项目开工建设，省里确定的17个旅游经济园区全部实现二级以上公路通达。

三是交通部与省政府、省交通厅与各市政府分别签署“十一五”社会主义新农村公路建设合作协议，实行政策、资金、规划、项目“四倾斜”。开展农村公路普查，制定实施“五年百亿元”工程。完成投资76.2亿元，首次超过重点公路。新改建县乡公路1746公里、通村水泥（沥青）路19237公里、通村公路1735公里，完成农村巷道硬化11933公里，新增通水泥路、油路建制村1032个，省里1098个社会主义新农村建设试点全部通水泥路、油路。

以沿黄扶贫旅游公路开工建设为标志,“两区”交通建设全面启动。

四是坚持把扩大农村客运覆盖面与实现可持续发展结合起来,出台扶持发展优惠政策,落实燃油补贴。围绕提升服务水平,加快推进站场网络化、经营公司化、运营公交化、管理规范化,全省新增农村客运线路 235 条、客车 483 部。农村物流快速发展,在城乡物资交流中发挥重要作用。

五是干线公路完成大中修工程 915 公里、安全保障工程 1000 公里、危桥改造 117 座,年末好路率达到 85.1%,县公路达到 81.2%。紧紧依靠地方政府,加强干线公路环境专项整治,全省近 1/3 干线公路实现绿化、美化、标准化。进一步完善国省干线标志标线,建立“黄金周”期间路况信息公告制度,并在重要旅游、经济干线上建设小型服务区、休息区和停车区。高速公路建立集气象预报、路况信息、安全提示、旅游指南于一体的综合信息服务系统。

六是转让太原至焦作(省界)高速公路部分股权,收回投资 22.7 亿元,减少负债 70 亿元;征收各项交通规费 103.2 亿元,同比增长 16%;高速公路经营管理步入收支平衡良性循环,接近东部发达地区水平。

七是在高速公路全面启动货车计重收费,建成 3 个治超示范站点,超限超载率控制到 10% 以下,高速公路控制到 2% 以下。

八是《山西省高速公路管理条例》、《山西省公路养路费征收管理条例》颁布实施;组建太原、大同、朔州、忻州、运城、临汾 6 个区域性高速公路管理公司,强化行业管理;启动信息化建设“1166”工程;组织开展 54 项重大技术攻关与研发,10 项获省部科技进步奖;雁门关隧道获“詹天佑土木工程大奖”,并与大新、祁临两条高速公路分别荣获“山西省首届汾水杯土木工程大奖”。

2007 年,重在整体推进,重点突破,调整结构,转变方式,注重创新,强化管理,交通发展进入一个新时期。

一是完成投资 196 亿元,为计划 110%,新增公路通车里程 6939 公里,达到 12 万公里,公路密度达到 76 公里/百平方公里。建成高速公路 141 公里,达到 1893 公里,离石至军渡、大同环城、翼城至侯马 3 条高速公路正式通车,晋城至济源高速公路建设进展顺利,国家“五纵七横”国道主干线在山西境内路段1000余公里全部建成,全省高速公路出省通道达到9条。干线公路完成路面改造和新改建工程1600多公里,平定至大寨等3条运煤通道和3条国防公路建成通车,沿黄干线全线开工建设,全省干线路网81%路段实现二级化。

二是完成村村通公路2779公里,新增通公路建制村637个,全省具备条件建制村全部通公路。完成村村通水泥路工程20693公里,新增通水泥(沥青)路建制村1171个,全省84.6%建制村通水泥(沥青)路;完成县乡公路改造5800公里,全长1000多公里“两区”开发项目沿黄扶贫旅游公路建成500多公里。省政府出台《农村公路养护体制改革实施意见》,省交通厅出台改革指导意见和养护资金监督管理办法等配套文件,并选择2个市14个县进行改革试点。建成县二级汽车站10个,新建乡镇汽车站100个,安装农村客运候车亭1200个、招呼站牌1703个,全省91%建制村通客车。新建改造农村渡口20个。在3个市17个县组织开展农村物流试点工作。

三是全省道路运输完成客运量3.96亿人、旅客周转量207.1亿人公里、货运量8.21亿吨、货物周转量427.5亿吨公里,分别比2006年增长3.2%、9.2%、4.5%、6.1%。建立14支战略物资运输保障车队、11支旅客运输保障车队和以258户汽车维修企业、340辆专业救援车辆为支撑的汽车维修救援网络,保障春节、“黄金周”等客流高峰期旅客运输和煤炭等重点物资及城市居民生活用品运输。完善鲜活农产品运输“绿色通道”网络,为鲜活农产品运输、战略物资运输保障、农村客运等车辆减免交通规费9000多万元。

四是完成公路安保工程1189公里,危桥改造430座,干线公路综合治理5300多公里,高速公路桥梁加固26座,收费站扩容改造11个,增加进出车道39条,完成太旧、运风两条出省高速公路路面改造。在省政府统一领导下,紧紧依靠市县政府,协同相关部门,综合运用经济、法律、行政手段和各种技术措施,从12月19日中午12时开始,启动新一轮无缝隙、拉网式治超总行动,车辆超限超载率下降到0.61%;安排专项资金2.03亿元,加强治超示范站点建设。

五是开展收费公路属性归位工作，太旧、原太等5条高速公路全部归位为政府还贷公路。撤销8个普通公路收费站。基本建立收费公路“五统一”管理体制，并在高速公路管理中建立绩效考核、分配制度和行业管理、应急抢险、平衡还贷、质量保证4项专项资金，提高有效性。共征收各项交通规费138.4亿元，比2006年增长34.3%。其中，养路费及货运附加费37.4亿元，增长6.8%；拖拉机养路费及货运附加费2.4亿元，减少2.6%；运管费、客运附加费6亿元，增长14.4%；高速公路通行费75.93亿元，增长85.9%；普通公路通行费16.61亿元，下降14.5%。

六是深入开展以桥梁为重点的交通基础设施安全隐患排查整治、低质量船舶整治等专项行动，共排查整治各类安全隐患1872项。全省10682座公路桥梁逐桥建立技术档案和养护安全管理责任制，并在网络和媒体上公示。对排查出的1318座危桥，分类制定改造方案和计划。连续第8年被省政府评为安全生产先进单位，并荣获“全国安全生产月活动优秀单位”称号。

七是重点组织开展煤沥青在公路中的应用技术等35项科研项目。鉴定验收60项，其中2项达国际领先水平，9项达国际先进水平，8项获省科技进步奖，3项获中国公路学会科技进步奖。制定出台建设节约型交通行业实施意见，在全国交通行业首家开展能源消耗统计工作。

八是厅党组代表省直机关接受中央关于落实和加强党的先进性建设4个长效机制文件检查，受到中组部充分肯定和高度评价；大运高速公路被省政府和交通部联合命名为“千里文明高速路”，开全国先河；推广河北高速公路建设“十公开”经验，开展创建“阳光廉政工程”活动。

2008年，省交通厅新一届厅党组带领全省交通系统13万干部职工同心同德，踏实苦干，抢抓机遇，勇于创新，全力推进交通各项事业实现新发展、新跨越。省政府提出的各项交通工作目标圆满完成，省厅承诺为民办的八件实事全部兑现。全省公路建设完成投资200.3亿元。其中，高速公路完成40.4亿元，干线公路完成68.9亿元，农村公路完成88.4亿元，运输站场完成2.46亿元。新增公路通车里程4904公里,高速公路72公里,一二级公路988公里;新增通水泥(沥青)路的建制村951个。道路运输完成客运量4.1亿人、旅客周转量213.2亿人公里,分别比2007年增长3.5%、3%;完成货运量8.64亿吨、货物周转量460.4亿吨公里,分别增长5.26%、7.71%。交通规费征收完成168.6亿元,比2007年增长18.5%。其中,汽车养路费及货附费44.5亿元,增长18.9%,在全国分别排第8位、第2位;拖拉机养路费及货附费2.46亿元,增长1.9%;运管费及客附费8.37亿元,增长38.8%;车辆通行费113.3亿元,增长17.4%。

一是抓大事,应急事,全力做好抗灾救灾和奥运交通保障。厅党组四次组织厅直单位干部职工共向灾区捐款440余万元、捐物9700余件,组织党员交纳特殊党费284.6万元,组织向南方雨雪冰冻灾区抢运电煤6.75万吨,向四川地震灾区运送救灾物资7.8万吨、过渡板房33448套、返乡民工9000余人。各公路收费站点及时开通抗灾救灾通道357条。高速公路免费放行救灾车辆3万辆次,免收通行费566万元。在抗震救灾的关键时刻,厅党组派出突击队火速入川参加公路抢通保通战斗,为灾区人民打通一条条震不塌、摧不垮、冲不毁的交通"生命线",保证救灾物资和人员运输畅通,被中共中央、国务院、中央军委授予"全国抗震救灾英雄集体"光荣称号,被中华全国总工会授予"全国五一劳动奖状"和"工人先锋号",一批干部职工受到交通运输部和四川省政府表彰。与此同时,圆满完成奥运火炬传递大运高速公路转场和奥运期间的交通保障任务,安全准时运送奥运志愿者7.4万人,受到奥组委高度评价。组织编制交通应急2个总体预案、6个专项预案、13个系统预案,涵盖高速公路、国省干线、道路运输、水上搜救、重点工程建设、安全生产、交通战备等各个方面。同时加强应急救援及保障队伍建设,经过整合、重组,建立12支战略物资运输应急保障车队、11支旅客运输应急保障车队、38支公路工程应急保障中队和覆盖全省的汽车维修救援网络,共有专业保障人员8000多人、保障车辆1400余辆、战备钢桥41座、冲锋舟4艘、浮箱128节、机械设备1600余台(件)。全年紧急运送物资21万吨、旅客8万余人,紧急救援车辆7万余辆次。参加山西省"联动—2008B”军警民联合演习。

二是抓重点，攻难点，全力加快公路建设。首先是加强交通发展战略规划和研究工作。制定并经省政府批准高速公路网调整规划，路网布局由“人字骨架、九横九环”调整为“三纵十一横十一环”，路网规模由4050公里调整为6300公里。完成旅游公路建设规划，开展干线公路网、公路运输枢纽、红色旅游公路建设、太原城市区公路建设等规划的编制工作，开展交通与经济社会发展适应性等重大课题的研究。其次是集中力量推进高速公路建设。晋城至济源、运城南环两条高速公路胜利建成，阳城至翼城高速公路进展顺利。高速公路前期工作滞后的问题取得重大突破，省政府提出的开工1000公里的目标基本实现，今后两年开工2000公里项目的前期工作也全部启动，为全省抓住机遇、迎接新一轮公路建设高潮做了充足的项目储备。第三是全面实施国省干线公路改造提升工程。启动108国道、307国道、309国道等48个2283公里交通量较大的经济干线、旅游干线和出省公路项目的建设改造，完成1498公里。沿黄干线除57公里因改线未完外，其余路段500余公里建成通车。第四是大力加强农村交通建设。全省完成县乡公路改造4678公里、通村水泥（沥青）路18291公里，全长1200公里的沿黄扶贫旅游公路基本贯通。建成一二级汽车站12个、乡镇汽车站90个。

三是抓管理，上台阶，推动交通全面协调可持续发展。全年用于公路养护的投入达32亿元，用于治超4.13亿元，用于科技教育3110万元。在公路养护方面，高速公路养护投资7.85亿元，分批分期对“瓶颈”路段和拥堵站点进行拓宽改造，完成太原至旧关高速公路爬坡车道拓宽改造和所有三类以上桥梁的加固，完成收费站扩容改造27个、安全整治和预防性养护300公里，并在所有收费站和服务区经营网点建立非现金交易系统，实现刷卡交费、刷卡消费。国省干线公路完成危桥改造253座、安保工程886公里、公铁立交安全整治20座、综合治理2400公里、大中修710公里、GBM工程500公里，大大提高公路通行能力和服务品位。农村公路建立省、市、县“三级抬”的养护经费渠道和县、乡、村分级负责的管理体制，所有计入通车里程的农村公路都纳入养护里程。开展农村公路危桥改造试点，完成71

座。省厅出台《农村公路管理养护实施细则》，并按国务院规定标准提高了农村公路养护补助资金，补助总额比 2007 年提高 3 倍。在治理超限超载车辆方面，紧紧依靠各级政府，启动新一轮“拉网式、无缝隙”集中治超行动。共查处非法超限超载车辆 7 万辆次，卸载 11.3 万吨。运管机构派出 4000 多名运管人员对政府公示的 9000 多个货运源头企业全部实施了现场监管，查处违法案件 406 起，罚款 1602 万元，有效控制超限超载车辆出场。全省 2/3 以上的高速公路出入口安装不停车检测系统，所有收费公路实行计重收费。全省货运车辆超限超载率由 8% ~11% 下降到 0.2%，高速公路消除车货总重 55 吨以上的非法超限超载车辆，交通事故明显减少，公路和桥梁得到有效保护，通行效率明显提高。在科技教育方面，40 余项科技项目攻关，共获省科技进步奖 8 项，占全省同类奖项总数 10%。在依法治交方面，争取省政府出台源头治理、责任追究两部治超政府规章。

四是抓改革，激活力，创新交通管理体制机制。新一届厅党组坚持用改革创新的办法化解交通发展中面临的难题，大力推进重点公路建设体制改革，积极探索省市共建共管建设模式，已在榆次至祁县、晋城环城两条高速公路和 108 国道介休至霍州段、临汾至大宁一二级公路、省道 340 等国省干线公路上试行。不断深化投融资体制改革，8 个高速公路 BOT 项目建设全面启动。省厅与开发银行等五大银行签订总额 1750 亿元的战略合作框架协议，已有一批贷款到位。积极推进城乡交通管理体制改革试点，省厅安排 500 万元，支持试点县（市）城市公共交通基础设施建设，全省已有晋城、阳泉 2 个省辖市和 78 个县（市）实现了城乡交通运输统一管理。认真落实国家实施成品油价格和税费改革的决策，提出交通征稽与收费人员转岗安置意见和取消政府还贷二级公路初步方案。积极稳妥推进企事业单位改革，在确保稳定前提下，组织制定全省路桥企业 3 年发展规划和吕梁、中北、太行 3 个路桥公司破产方案，并报省国资委和省劳动厅审查。厅属事业单位改革完成清理规范的调查摸底工作。

五是抓安全，保民生，努力营造和谐稳定的发展环境。认真贯彻落实以人为本、安全发展的理念，建立和完善“一把手”负总责，分管领导具体负责，班子成员分工负责、“一岗双责”的安全生产责任制。组织制定安全生产管理八项制度和道路运输安全“三关一监督”源头管理“十项措施”，设立安全生产奖励资金。组织开展安全生产“隐患治理年”等活动，督察整改国务院和部省提出的20多项安全生产重大隐患，协调有关市政府健全水上交通安全监管机构。建成全省道路运输卫星定位应用系统，7634辆营运长途客车、旅游客车、危险化学品运输车辆全部安装卫星定位终端，实现实时监控。按照省政府要求开通季节性化肥运输“绿色通道”，全年共免收通行费2.5亿元。

六是抓党建，树新风，创建廉洁文明交通行业。各级党组织认真贯彻落实党的十七大和十七届三中全会精神，坚持用科学发展观武装党员队伍、指导工作实践、提高执政能力。首先，认真组织开展深入学习实践科学发展观活动，厅领导班子成员带头学习科学发展观、带头实践科学发展观、带头领题调研、带头分析检查，形成11个专题调研报告。厅领导班子分析检查报告得到广大党员干部的一致认可。其次，认真贯彻落实中央建立惩防体系工作五年规划，结合交通实际制定《实施意见》，并按照“一岗双责”要求层层分解细化廉政责任，层层抓落实。第三，巩固和发展千里大运文明高速路、全国交通文明行业成果，认真开展“迎奥运、讲文明、树新风”和纪念改革开放30周年等系列活动和社会主义劳动竞赛。开展节日慰问活动。

2008年与1978年相比，实现了七大跨越式发展和历史性巨变。

一是公路网规模大幅增长。全省公路通车里程由1978年31868公里增加到2008年12.48万公里，公路密度由20.4公里/百平方公里增加到79.62公里/百平方公里，分别增长3倍。高速公路从无到有，达到1965公里，实现省会到省辖市3小时高速通达；国省干线公路由6227公里增加到13845公里，翻了一番多；农村公路通车里程由25641公里增加到110928公里，翻了两番多。

二是路网结构与服务能力大幅提升。全省二级以上高等级公路由1980年188公里增加到2008年16774公里，增长88倍；高等级公路在公路总里程中的比重由1980年0.59%提高到13.4%，提高12.8%；路面铺装里程由1978年5826公里增加到87805公里，增长14倍；路面铺装里程在公路总里程中的比重由18.3%提高到70.4%，提高52%。一个以省会太原为中心、市市互通、东连京冀、西连秦蜀、北出长城、南抵黄河的高速公路网初具规模，一个以一二级公路为主体、连通所有县(市、区)的国省干线公路网基本形成。

三是公路通达深度明显提高。1978年，全省113个县(市、区)有90个通油路，不足80%；1887个乡镇中有1854个通公路，占98.3%；30038个行政村有26176个通汽车，占87.1%。2008年，全省实现了出省到市高速公路、县(市、区)际连接高等路、乡乡镇镇通油路、村村通公路，并有100%乡镇、88%的行政村通水泥路、油路，100%乡镇、94%的行政村通客车。

四是道路运输迅猛发展。全省民用汽车和营运车辆、营运吨位总数分别由1978年45716辆、5042辆、20834吨增加到2008年200万辆、40万辆、228.3万吨，分别增长43倍、78倍、108倍；道路运输完成的客运量、旅客周转量、货运量、货物周转量分别由1978年2374万人、11.64亿人公里、6443万吨、11.15亿吨公里增加到2008年4.1亿人、213.3亿人公里、8.64亿吨、460.4亿吨公里，分别增长16倍、17倍、12倍、40倍。旅游客运、出租客运、现代物流、货运代理等新型运输服务从无到有、不断壮大，成为全省道路运输的重要组成部分，大大提升了道路运输服务水平和供给能力。

五是水上运输稳步发展。全省内河航道里程由1978年的563公里增加到1234公里，增长1.2倍，航船数量由6艘增加到851艘，增长141倍；船舶吨位由205吨增加到5259吨，增长25倍；水上运输完成的货运量、货物周转量分别由1978年10.6万吨、76万吨公里增加到2008年的49万吨、318万吨公里，分别增长3.6倍、3.2倍，水上客运量由1981年16万人增加到74万人，增长3.6倍。

六是运输站场设施得到完善。全省汽车客运站由1996年全国第一次普查时的214个增加到2008年的332个，增长55%，其中一级客运站16个，二级客运站62个。水运渡口逐步得到改造，港口吞吐能力不断提高。

七是交通规费收入大幅增长。1978年，全省交通规费仅有养路费一项，当年收入为9399万元；2008年达到46.95亿元，是1978年50倍。加上其他交通规费和车辆通行费，2008年全省交通规费收入达到168.6亿元，是1978年180倍。

山西交通系统13万干部职工以强烈的政治责任感，肩负起神圣的历史使命，决心用两年时间，再集中建设高速公路1000多公里，国省干线一二级公路2500公里，农村公路4.2万公里，确保“十一五”全省高速公路通车里程达到3000公里，具备条件的建制村通水泥（沥青）路“全覆盖”，再用3年时间，建设高速公路2000公里，使全省高速公路达到5000公里，力争在“十二五”末基本建成总规模6000多公里的“三纵十一横十一环”高速公路网，以此带动全省综合运输体系全面发展、提升能力，使交通运输服务更安全、更通畅、更便捷、更经济、更可靠、更和谐，让交通运输发展的成果惠及全省人民，为实现交通运输现代化打下坚实基础。

# 走出太行

郝景鑫

山路、油路、再到高速路，从太行山走出来的我，深感改革开放 30 年变化之大。

我的老家在河北省涉县，地处太行山脉深山区，是个“出门就爬坡，满是石头窝”的地方。20 世纪 80 年代，由于山岭陡峻，群山环抱，从村里到山外，走得都是祖祖辈辈用脚板子踏出来的山道。

那时候乡亲们出行，最高级的运输工具是驴车。邻居大叔套车出门是村里的大事，人们总是提前打听，约定好日子，好乘车赶赶集，买点日用品。每次出去，都要天蒙蒙亮就出门，晃悠半天才到镇里，回到家天早已黑了。那时去县城就像出远门一样，来回得三四天，对我们这些孩子而言，想都不敢想。

由于路难走，村里人一般不下山，每天日出而作，日落而息。村东头的老奶奶活了 80 多岁，每见到我上学回来，总是叫着我小名问：“日本鬼子走了吗？”我们笑她，装作一本正经地说：“还没呢……”。山里边盛产核桃、柿子、花椒，每到秋天漫山遍野果实累累。到收获时，家家院子里、房顶上都晾晒着各种山货，天天吃、顿顿吃、大人吃、小孩吃——因为吃不了就要生虫子，结果只能烂掉当肥料。

我8岁时，大嫂去世，原因是突发急病往乡医院送时，死在了山路上。之后一段时间，我大哥总是一个人坐在山路旁，念念叨叨："要是再快点就好了……"那时，我第一次对路有了强烈的触动和渴望。

1992年，我已走出村里，到县城上初中。到了从小梦想的地方，但感触最深的就是，在这里走路再也不硌脚了，穿着"千层底"，别提有多舒服。后来，听老师讲才知道，这就是油路，全称"柏油大马路"。我想，啥时候家里那条山路也变成油路就好了。

初三那年，我放假回家，村子里来了一伙人，开着一辆大汽车，车上放着一个大罐子，下面点着火，炙热炙热的。只见他们一边铺石子，一边撒沥青，又用推子铺平拌了沥青的黑石子，一个大压路机碾来碾去，不用多长时间，一条平坦坦的路就出现了。

全村子的人都来看铺路，比看大戏还热闹。

路铺好了，没几个月，邻居大叔就买回个拖拉机，每天"突突"响，不是拉人，就是在村里收山货往外拉。他见人乐呵呵地："驴走得太慢，咱就买个铁驴使使，过几年，再买个大汽车……"

1996年，再回家，村里完全变了样，红砖瓦房起了好几栋，想吃个核桃柿子，竟然不好找了。我婶子告诉我：以前不知道，这核桃、柿子竟然这么值钱，现在外面的人都跑到家门口来买，谁家还留。老支书告诉我，这一条路可真是咱村的发财路……

历史就这么巧合。1998年，我被分配到涉县交通局上班，就是修路的。在交通局，我不仅真正见识了各式各样的路，还切身参与到修路中。

1998年全县实施"村村通"工程，2004年，全县308个行政村全部通上了油路或水泥路，2006年，全县实现了村村通班车，人们出门到县城不用一小时。以前铺油路的老设备都不用了，现在全是沥青拌和站、大型摊铺机，一铺七八米，又快又平又好。

上班后，到外地出差，第一次在邯郸见识了高速公路，真是又宽又平，汽车在上面风驰电掣，到石家庄不用4个小时，5小时左右就到了北京，真是一日千里。同事说，何时能从咱家门口上高速就好了……

2004 年，邯郸至长治高速公路更乐至冀晋界段通车剪彩。2006 年，青兰高速公路涉县段又开工建设，预计到 2010 年竣工通车。

看来，同事的梦想、我的梦想、全县人民共同的梦想不久就要实现了。

# 我国第一座加筋土挡土墙诞生记

山西省公路局原副局长、总工　张华友

1978 年的冬天，我来太原参加有关公路工程的会议，当时我是晋东南公路管理段（现在的山西省长治分局和晋城分局的前身）养路工程科技术主管。会议的休息时间，当时的山西省公路设计院院长鄂俊太同志和我们几个人谈起了加筋土墙，这种挡土墙用料非常少，造价可能会非常低，并且拿出了一份外文资料，给我们看那上面画的加筋土挡土墙的横剖面图，薄薄的墙面，给人留下了深刻的印象。当年，晋东南公路段正在酝酿晋城至陵川公路陵川附城镇的一段公路改造，公路从村边通过，村中的房子盖在土崖边，只留出了三四米宽用于道路通过。如要向土崖外靠，需修建 10 米高以上的挡土墙，长达百米左右。这么高的挡土墙，按以前的惯例，修建石砌重力式挡土墙，它的体积相当庞大，造价自然很高，为了降低工程造价，必须推出新的技术措施，这时我想到了修建加筋土挡土墙。

当时国外加筋土挡土墙采取的修建方式为：平板式十字型混凝土或钢筋混凝土面板，厚 20 厘米左右。而加筋土的拉带则采用钢厂特制的不锈钢拉带，宽 5 厘米左右，厚 0.5 厘米左右，这样的做法好是好，就是在当时我们办不到，办不到的理由是：

（1）20 厘米厚的面板造价太高了。当时，1 立方片石砌体的造价大约为 35 元；而 1 立方米混凝土的造价约为 160 元，是片石砌体的 5 倍左右，单单面板的造价已与庞大重力式挡墙片石砌体造价相当了。如果再加上拉带的费用,造价肯定超过了重力式片石砌体的挡土墙了。

(2)拉带如果用不锈钢,不说价钱多少,当时国内很难找到,如果靠进口,价格很高,没有这么多钱。

这也就是当时加筋土挡土墙在中国不能应用的两个根本原因。我想,科学研究就是要解决前人没有解决的问题,如果问题已被前人解决了,还需要你研究什么?我将这个问题向我的同事们作了介绍,也向鄂俊太同志提出共同研究这个课题的设想,鄂俊太同志立即表示同意共同合作研究。

## 一、面板的选择

我们经过分析认为,加筋土面板主要的作用,是防止雨水等对土的侵蚀,它挡的土极少,因之对面板的强度要求不高,只需要结实,能抗日晒雨淋就行。像外国那样做成20厘米厚,似乎除了便于制作,便于施工之外,其他作用不大,我们可以将它搞成薄薄的,我们选择了4厘米厚的混凝土。

但4厘米厚的混凝土板安装砌筑比较困难,经过研究确定在板的四周加上14厘米宽的边框,边框的厚度是4~5厘米,这种有了边框的面板,看起来便像一个长2米,高32厘米的槽。当然这么薄的混凝土必须加上少量6毫米的钢筋做骨架,才能稳定。

这种钢筋混凝土薄壁槽如何制造?我们借用建筑部门制作空心楼板的翻转脱模法:在弧形支架上面支一个平板台,在这个平台上支四边框架模板并绑扎钢筋。浇灌混凝土,振捣完毕后,掀转下部的弧形支架,已完成的成品就甩在地面,而架子翻转回来,又可以移到另一个地方,准备制造下一个成品了。这样的制造方法,可以使模板得到成百次、成千次的重复使用,只需要有足够大的场地用于成品的初期养生期的置放。采用土模模法制造,用人工在土模上抹上石屑混凝土,当时也采用了一少部分圆弧形的薄壳混凝土面板,厚3.6厘米,中间夹一层钢丝网。

由于弧形面板制造困难,在以后未得到广泛应用,而槽形薄壳面板由于经济、制造方便,受到了同行们的青睐,在全国各地都得到了推广,并且作为一种主要面板形式，写进了施工技术规范。

## 二、拉带的选择

对拉带的选择走了一段曲折的路。曾经考虑以下多种拉带：①竹筋，竹子在土中容易腐烂，虽然可以采用防腐油浸煮的办法处理，但是它和面板如何联结呢？用铅丝绑，铅丝用不了几年就会锈断。②竹板。③各种尼龙丝带，它们的强度低了些，特别是在拉力作用下，它的拉伸变形（也叫伸长率）相当大。④麻绳，可以采用防腐处理，延长它们在土中的寿命，但是它们的抗拉强度低，而且伸长率也太大。⑤各种钢丝、铁丝。它们的抗拉强度大，但是在土中锈蚀速度快。⑥为了解决拉带在土中的锈蚀腐烂问题，我们甚至想到过使用头发辫，但是到那里去买这么多长头发呢？⑦条状板状的工厂金属废料，它们的材质都很好、强度高，有些还是抗腐耐蚀的金属，但是它们如何和面板联结呢？如果用铁丝绑扎、铁丝的锈蚀又如何解决？

这个拉带问题困扰着我们，使工作无法前进。我们昼思夜想，希望得到一点灵感和启发。一年多始终未能突破这一难关。一天，我收到鄂俊太寄来的信，信中附了一小截聚丙烯包装带。我眼睛一亮，这种聚丙烯包装带就是我们用来捆绑书籍等物品的打包带，似乎强度不低，而且价格不高，这是我们的希望。我立即与鄂俊太同志商定召开研究小组会议。在会上，我们拟定了对这种聚丙烯打包带的调研和强度测试等工作。派刘燕安、王兴荣同志几次南下广州，请求有关部门帮助进行测试，得到比较满意的结论。

拉带问题解决后，1980 年 4 月，春暖花开，我国第一座公路加筋土挡土墙开工了。1980 年 11 月 2 日，这座长 81.75 米，最高处达 11.37 米的挡土墙终于完工了，并且在施工快结束时，即开放了交通，为了防止冬季雨雪水下渗，在顶面铺了层黏土。

1981 年 6 月 1 日，又对墙顶用混凝土找平，墙下做了散水，以防水浸入墙基；另一侧做石砌边沟，防止边沟水侵入加筋土土体等。

在油路面完成后，8 月 8 日开始了静载变形观测测试，近 12 米高，4 厘米厚的挡土墙，经受住了相当于挂车—100 吨的静压，而没有发生不可允许的变形。

1982年6月,铁道部武汉设计院在武汉主办的全国第一次加筋土挡土墙会议,鄂俊太和我出席这次会议。会议上我发现全国只有4家已经修建了加筋土挡土墙,最早的一家是铁路部门在云南的一个车站站台上修建了一小段试验性建筑,长不过20米,高不过1.6米,它们是在1980年6月完成的。在公路方面浙江海宁修了两小段,只有2米多高,完成的时间是1981年3月份。相比之下,我们陵川附城的加筋土挡土墙就是公路方面最早的一座,而且高度达到12米,这使参加会议的代表非常震惊。

这个科研成果受到了省里的表彰,我们研究小组获得1982年山西省科技成果三等奖,小组成员鄂俊太、徐犹龙、田贤让、刘燕安、王兴荣、王福云和我都得到了一份奖状。

当这个成果公布后,受到广大同行的重视,陕西省推广比较快。他们那里黄土多,石头少,这种只用少量碎石的薄壁混凝土结构,给他们带来更大的经济效益,在全省每个县几乎都修建了这种挡土墙。他们为此积累了不少这方面的修建经验,1990年开始编写加筋土挡土墙施工规范时,他们成了主编单位,我省公路局派彭传直同志去参加编写,规范的主要内容采用了我们创造的槽型薄面板和聚丙烯拉带。

近年来,四川重庆等地为了提高聚丙烯拉带的抗拉强度和降低聚丙烯拉带的拉伸变形,开始工厂化生产内包钢丝的聚丙烯拉带,并在三峡库区迁移建设中大量使用,使聚丙烯拉带得到了更好的发展。我企盼着能有一种更便宜的塑料拉带诞生,它有更高的抗拉强度,像钢一样低的伸长率,而且柔软抗老化,这样的塑料拉带就可以完全取代不锈钢拉带了。

# 四代人的车路情怀

运城高速公路有限责任公司　仪振刚

1947 年 8 月,陈谢兵团强度黄河,因为爷爷的哥哥在抗战时就是陈赓麾下的一名侦察科科长,爷爷就赶着自己的牛拉木轱辘车,装载辎重在泥泞的路上随着大部队缓慢行进。在翻越中条山时,那又窄又滑的道路让赶车的人提心吊胆。黄土地上的路就是这样,天旱一层土,下雨一地泥,而最令人生畏的则是下雨后坚硬的底层和湿滑的稀泥,是最难行的路。突然,一辆装载辎重的车辆因为路滑,车轮倒转,连牛带车,以及死死护住车辕的赶车人和车上的辎重全部翻到了深沟里。在中条山腹地的行进过程中,爷爷脑子里面想得最多的就是,这路什么时候能变得又宽又平,让人坐在车上赶车,而不是始终将车辕死死护在自己的怀里。

在爷爷后来的回忆中曾念叨过:“要是像今天的路这么好,我的那位兄弟也许就与我一起回来了”。在战场上,拉车的牲口最害怕的有两样事情,一个是震耳欲聋的炮声,一个是炮火爆炸时的火光。为了不让牛受惊,就用厚布将牛的耳朵和眼睛同时捂住,行车时则完全依靠左右两根缰绳来驾车。1949 年 1 月,淮海战役结束,爷爷赶着他那辆牛拉木轱辘车回到了家乡,又开始了自己的农耕生活,而生活的主旋律则是整天赶着牛,肩扛犁耙忙农活,或赶着牛拉木轱辘车经常在泥泞的小路上为村里跑运输,嘴里时常哼着只有他自己能够听懂的小曲。

1967年的冬天，村里终于有了一辆被称为胶皮轱辘的马车，拉辕的则是一匹退役的战马，正所谓高头大马，枣红色。（后来看三国，书里描述的赤兔马，就自然地将村里的大洋马比作赤兔马。）因为这匹马性子特烈，居然将两位车把式和一位饲养员咬伤，之后，就再没有人敢使用这辆马车了，而这时的爷爷又从饲养员变成了车把式。1970年的初夏，我的双胞胎表弟出生闹满月。大概是因为爷爷是饲养员兼车把式，走亲戚时居然被生产队批准可以用生产队的马车。印象中，那天的天气很是宜人。虽然马车在土路上来回颠簸，但很快就走上了铺满沙石的公路。于是，马蹄在公路上发出“滴答、滴答”的声响，听起来非常令人振奋和自豪。在回家的路上，因为天气晚了而路又不熟，在岔道口走错了，倒车的时候，心里就觉得非常害怕，只害怕回不了家。于是就闭紧眼睛，深深地躺在奶奶的怀里。虽然闭着眼睛，但老觉着车在往后面走。当走到离村子还有3里地的时候，就看见村口有一盏灯，再走近一点，就听见了爷爷的呼喊声，于是，精神一下子就振奋起来了。那盏马灯，还有爷爷站在村口的身影，即使在30年后，依然清晰可见。

1987年，不仅干线公路，即使是村里的乡间道路，路面也逐步地用沥青铺筑了。骑着自行车在上面行走，十分惬意。因为居住在两个县交界的地方，尚未通公共汽车，每次休假或者上班，都要由父亲骑者自行者，载着我行走30公里，为了赶车总要在凌晨5点就起床，然后才能坐上公共汽车。后来有了摩托车，但每次离家上班，还是要在凌晨6点就起床，冬日里还是要摸黑走路。临走时，母亲总是将庭院里那盏最高、也是瓦数最大的灯拉开，即使走到离家很远的地方，回头站在山坡上，也还能远远看到那盏夜空中的亮灯。那时，我们就想，汽车何时能够通到我们家门口，既可以免去父亲的劳苦，也可以免去自行车上的颠簸和焦急的心态。

1997年春天，我省继太旧高速之后的又一条高速公路——原太高速开始修建，我有幸成为高速公路建设大军中的一员。当时，我们的项目部就驻扎在号称“三晋第一村”的顿村度假村附近。7月，尚在小学上学的孩子放了暑假与他母亲一起来到工地。第二天一大早，二人就在已经垫铺完工的路基上玩耍，就问我：“你们修的路在哪里呢?”我这才反应过来，因为桥梁将路基隔成了一个、一个相对独立的方块，外行人难以看出路的雏形。于是，我就说："你们的脚下就是路！"孩子的母亲反问道："净胡说，天下的路哪有这样宽的？"之后，我就从原太高速的项目部到运风高速的指挥部，从高速公路建设单位再到高速公路的管理单位，10 余年间，几经辗转。在运城高速公路有限责任公司率先开始的高速公路管理体制和运行机制的改革，自己由"临时工"顺理成章地变成了"合同工"，工资由 780 元逐年变成了几千元。人生的道路，又像芝麻开花，顺水顺风，生活在平安中一路攀升！

有时候，生活就是这样的巧合和有趣。2007 年的 8 月，也就是孩子在他祖爷爷随陈谢兵团南渡黄河一个花甲子之后，考上了山西交通职业技术学院，专修筑路机械专业。许多公路人都是这样，自己在公路上干了一辈子，自己的孩子还会接着干，同样都是修路，但路的等级和质量则不可同日而语！

2008 年 1 月，闻垣高速公路建设管理处成立，负责修建从闻喜东镇到垣曲蒲张的高速公路，我有幸成为建设管理团队中的一员。更为巧合的是，我们修建高速公路的地方也正是爷爷当年跟上陈谢兵团翻越的中条山腹地。因为这个团队中的主要领导者和工程技术人员，都是经过多条高速公路建设磨练的人员，也是充满锐气追求完美的一个群体，开工前，未雨绸缪，几乎将高速公路建设中的所有可能发生的事项都掌控在自己的计划中，高速公路的质量、进度、安全和廉洁等，在建设者的辛勤汗水和殷殷心血中，逐步化为令人自豪的赞誉。2009 年 6 月 9、10 日两天，交通运输部的质量安全检查中，质监总站站长李彦武竖起大拇指说，"都要像闻垣高速公路一样，我就放心了！"

2009 年的暑假如期而至，孩子从学校里不仅带回了强健的体魄，还有优异的成绩；不仅有众多的资格证书，还有娴熟的操作技能。因为已经有两个暑期在高速公路建设工地上度过，因为有比同学早一步的实践知识，在学习成绩上能够比同班同学领先一步，能将理论知识学得更深更扎实，也更能博得老师们的谆谆教诲。孩子一回来就向我要求，要到工地上实习。我就说："我们建管处有规定，不准给施工单位介绍员工，今年要到工地上实习，我可以给你带足生活费和路费，但我不再会给你找实习单位，工作得你自己去找，你也决不能提起我的名字！”于是，孩子背上自己的行囊，带着他那捆绑扎整齐的各种证书，坐上公共汽车，逐个标段寻找能够容纳自己的工作岗位。终于有一天，孩子打电话回来很自豪地说：“爸爸，我找到了工作，而且是我自己所学专业的工作！”

# 内蒙古篇

## 科学发展的先锋　草原崛起的丰碑

内蒙古自治区交通厅

内蒙古自治区地处我国北部边陲。1947 年 5 月 1 日,内蒙古自治区成立,翻开了内蒙古发展历史的新篇章。中华人民共和国成立后,自治区交通运输事业迎来了发展的历史机遇,60 年来,在交通部和自治区党委、政府的正确领导下,谱写了交通运输发展的新篇章,实现了交通运输事业的整体腾飞。

### 一、60 年的巨变

1949—2009 年,内蒙古的交通运输发生了翻天覆地的变化,客货运输网络贯通区内、通达周边、连通俄蒙、辐射全国,各运输子行业相辅相成,蓬勃发展。

1947 年 5 月 1 日内蒙古自治区成立时,交通设施非常落后,全区能勉强通车的公路仅有十几条,且大多数是砂石路或土路,骆驼队、羊皮筏、勒勒车是主要运输手段,运输能力极低,公路运输主要靠人畜力承担。全区仅有 86 辆破烂不堪的“万国”牌汽车,从业人员不到 200 人,营运里程只有 1021

公里，其中汽车客运班线的营运里程只有 256 公里。新中国成立之初，私营畜力运输工具仍是社会运输主力，运输条件比较恶劣，与国民经济建设的需求极不适应。

经过 60 年的发展，特别是改革开放后，运输生产空前繁荣。到 2008 年底，全区民用汽车保有量达到 170.0 万辆，其中营运车辆达到 28.4 万辆，运输经营户达到 17.9 万户，运输从业人员 60.3 万人。全区公路运输站场达到 1463 个，营运线路达到 5267 条。行业可持续发展能力显著提高，公路运输的基础性地位进一步增强。

伴随路网结构的不断完善，交通运输业成为我区服务范围最广，承担运量最大，运输组织最为灵活，运输产品最为多样的运输服务业。交通运输业对国民经济发展得助推作用和保障作用发挥得越来越明显。道路运输生产连续 5 年保持双位数增长，2008 年全区道路运输完成客运量 4.1 亿人次，客运周转量 260 亿人公里；完成货运量 9.5 亿吨，货运周转量 657 亿吨公里，占全区综合运输总量的比重达到 91%、62%、72% 和 24%，交通运输业为自治区经济的快速发展作出了突出贡献。

## 二、辉煌成就

### （一）旅客运输

全区营运客车 5.7 万辆，其中高级客车达到 5588 辆，占营运客车总数的 54%，高于全国平均水平；营运线路达到了 5267 条，日均发送班次 12865 个，开通了与北京、天津、河北等 17 个省（自治区、直辖市）省际营运线路 809 条。

农村客运快速发展。到 2008 年年底，我区已建成农村客运站 436 个，招呼站、候车厅 961 个，71% 乡镇（苏木）建有客运站，提前两年实现了“十一五”规划目标。农村牧区客运车辆达到 4558 辆，班线达到 3022 条。由于我区地域辽阔，农村牧区通班车率一直是按照农区 4 公里内、牧区 10 公里内的自治区通达标准进行统计，2007 年年底按照自治区标准全区农村牧区通班车率达到了 100%。2008 年年底，全区行政村客车通达率按照部标准已经达到81.3%。切实解决了农牧民“出行难”的问题，推动了建设社会主义新农村新牧区的伟大战略在我区的实施。

出租汽车行业经历了25年的发展，顺应城市化进程，较好地满足了人民群众的出行需要。1985年，各地逐步规范出租汽车行业管理，当时全区仅有50辆出租汽车，到2008年达到4.5万辆；出租车辆档次明显提升，服务品牌和管理理念不断深化，1.6排量以上的高档出租汽车已占车辆总数的39%；注重环境保护，不断推进节能减排工作，以天然气为燃料的比例达到城区出租汽车总数的47%。

（二）货物运输

多年来，全区货物运输以增强可持续发展能力为主要目标，在加快建设、加快发展同时，不断优化车型结构，提升运输装备水平，重型化、厢式化、专业化趋势明显，运输效率较大提高，服务质量明显改善，不断满足了社会运输的需求，“运货难”的问题基本得到了有效解决。到2008年年底，全区营运货车达到22.7万辆，大吨高效率的重型货车快速增长，比例达到34%。

（三）国际道路运输

我区与俄罗斯、蒙古为界，国境线长达4200公里，共有14个陆路口岸，其中对俄罗斯口岸5个，对蒙古国口岸9个。公路口岸的开通，不仅促进了边贸的发展，也为国际道路运输注入了生机和活力。满洲里口岸素有“欧亚第一大陆桥”之称，是我国最大的陆路口岸。1989年经国务院批准开通了对俄罗斯的公路汽车运输，当年实现中俄货运量为2.7万吨，出入境旅客共计3.9万人次。1988年11月内蒙古自治区批准二连浩特与蒙古扎门乌德市开通双向公路运输业务，1989年通过二连口岸运送的货物有400吨。经过20年的快速发展，2008年，中俄间国际道路运输量累计完成客运量64.5万人次，货运量25万吨；中蒙间国际道路运输累计完成客运量155.2万人次，货运量526.2万吨，为国际间经济交流合作作出了巨大贡献。

（四）汽车维修检测及驾驶员培训

汽车维修业快速发展。维修企业规模、维修设施设备、维修技术水平都提高较快,维修经营已形成品牌化趋势。到2008年年底,全区机动车维修业户达到10384户,机动车维修从业人员4.4万人,年完成维修量335.5万辆次。

驾驶员培训行业规范发展。从2000年开始,驾驶员培训工作全面纳入我区交通行业管理,机动车驾驶员培训行业坚持“以人为本、安全第一、生命至上”的工作理念,严把培训、考试和发证关,到2008年驾驶培训机构达到239户,培训人员18.7万人次。

汽车综合性能检测站基本满足车辆技术等级评定和维修检测的要求。近5年内完成检测量以年平均9.3%的速度递增,2008年共完成检测量49.6万辆次。汽车综合性能检测站在营运车辆维修竣工检测、等级评定、质量仲裁检测、排放检测等方面发挥了重要作用。

### (五)运输基础设施建设

以节约集约利用资源和保护生态环境为主线,积极推进交通基础设施的升级改造。逐步建设为以枢纽站场为龙头、等级站场为骨干、农村站场为基础的现代化道路客货站场网络。到2008年年底,全区客运站总数达1422个,货运站41个,等级客运站461个,其中:一级站13个,二级站65个。

### (六)运政队伍建设

着力强化人才创新,坚持提高运政队伍素质,注重改善人员结构,选拔了一批能力突出、素质较高的能人贤才,为队伍注入了新鲜血液。截止至2008年,全系统4565名运政管理人员中,大专以上学历的达到3466人,占总人数76%,运政队伍整体知识水平有了明显提升,实现了运政队伍强素质、管理上水平、服务上档次、创建上台阶的整体工作目标。

### (七)行业形象塑造

60年来,文明建设硕果累累,行业内涌现了大批的先进人物,先进事迹层出不穷,行风满意率逐年提升,实现交通运输行业文明单位满堂红的局面。到2008年年底,全区各盟市共获得16个自治区级文明单位、93个创建为盟市级文明单位,22 个创建为旗县文明单位,文明单位创建率为 100% 。

## 三、发展展望

“十一五”乃至未来相当长的一段时期,内蒙古交通运输仍将具有极大的发展潜力,同时也面临着前所未有的挑战。特有的区位优势和国家发展战略的调整,将继续为我区交通运输事业带来新的发展机遇,到“十一五”末,将实现以下目标:

(一)运输量

道路运输量保持 12% 以上的增长速度,到 2010 年,道路运输年完成客运量 5 亿人次、旅客周转量 315 亿人公里、货运量 10 亿吨、货物周转量 670 亿吨公里;国际道路运输客货运量逐年上升,“十一五”期间,完成货运量 5000 万吨,客运量 1500 万人次。

(二)运输产值

保持年均 15% 的增长速度,到 2010 年达到 400 亿元;道路运输对国民经济增长的贡献率达到 1% 。

(三)运输车辆

全区民用汽车保有量达到 148 万辆。营运汽车保持年均 8% 的增长速度,达到 35 万辆,其中:客车达到 1. 25 万辆,出租客运汽车达到 5 万辆,货车达到 28. 75 万辆。在总量大幅度增加的同时,大力调整车型结构,提高车辆档次。到 2010 年,营运客车高中普车型的比例由 16∶26∶58 调整到 25∶40∶35;营运货车中重型、专用汽车的比例要达到 50% 以上,充分满足不同层次旅客出行和货物运输的需要。

(四)客运班线发展

客运班线发展到 6123 条,其中:国际班线 23 条,国内班线 6100 条。

(五)站场建设

新建汽车客运站场 686 个,其中一级站 5 个,二级站 20 个,三级站 25 个,四级站 636 个;70% 以上的乡(镇、苏木)建有等级客运站,60% 的行政村(嘎查)建成招呼站或候车亭。

(六)市场和安全生产监管

公路运输“黑车”率控制在 1%,公路运输行业万车交通安全事故率较“十五”下降 30% 以上。

# 加大农村牧区公路建设力度 为新农村新牧区建设服务

内蒙古自治区交通厅

内蒙古地处北部边陲，横跨东北、华北和西北。内同黑龙江、吉林、辽宁、河北、山西、陕西、甘肃和宁夏8个省区毗邻，外与俄罗斯和蒙古国接壤。全区12个盟市、101个旗县(市、区)。土地面积118万平方公里，人口2400万。

多年来，特别是进入"十一五"以来，我区牢牢把握国家加大对西部欠发达地区支持力度和加快农村基础设施建设的机遇，坚持以落实科学发展观、构建社会主义和谐社会为统领，以服务现代农牧业、促进社会主义新农村新牧区建设为目标，以尊重农牧民意愿、维护群众利益为出发点，切实把农村牧区公路建设作为公路建设的重中之重，不断加大建设力度，加快发展步伐，农村牧区公路建设实现了跨越式发展。3年间共完成投资234亿元，建成农村牧区公路5.1万公里。其中2008年完成农村牧区公路建设投资多达107亿元，新改建农村牧区公路2.3万公里，成为我区有史以来完成投资最多、建设规模最大、发展速度最快的一年。全年共新增141个苏木乡镇通油路、1473个嘎查村通公路，使全区苏木乡镇通油路率达到92.6%、嘎查村通公路率达到75.4%。农村牧区公路基本形成了连接国省干道，遍及农村牧区的乡村公路网络。回顾走过的路,我区主要在以下方面进行了积极探索。

## 一、因地制宜,解决好建设标准问题

内蒙古是经济欠发达地区,又是边疆少数民族省区,最大的特点就是幅员辽阔,地广人稀,多数乡村之间相距较远,因此农村牧区公路建设任务较重。针对这一实际,多年来,我区重点从农村牧区公路的建设标准、工程造价等多方面进行探索,做到“三个始终坚持”,力求用最少的资金让更多的农牧民群众提前走上柏油路或水泥路。

(一)始终坚持先通后畅,乡村并进的建设原则

在农村牧区公路规划中,始终按照先近后远、先易后难、先人口密集区,后居住分散区的总体原则,做到科学规划,充分论证;对通乡公路一律按油路或水泥路进行规划建设,做到通一个,畅一个;对通村公路规划以建设砂石路为主,做到建一个,通一个。

(二)始终坚持宜高则高、宜低则低,量力而行的建设原则

在确定农村牧区公路项目建设标准中,结合农村牧区公路地处末端和不同地区的经济状况、水文地质条件、交通组成等综合因素,始终坚持路基高度宜高则高、宜低则低,路面宽度宜宽则宽、宜窄则窄,路面材料宜沥青则沥青、宜水泥则水泥、宜石条则石条的建设思路,只要能够结实耐用,能够实现晴雨通车就行,避免了不切合实际的一刀切,努力发挥投资的实际效果。

(三)始终坚持因地制宜,就地取材的建设原则

为了详细掌握筑路材料分布情况,以便在农村牧区公路建设中合理选择路面结构形式,“十五”期间,我区对各地资源分布情况进行了调查,使不同地区的天然砂砾、片块石、风积沙、煤干石等地产筑路材料在近几年的农村牧区公路建设中得到了充分利用。在此基础上,我区还通过在不同地区的工程建设项目中开展依托工程,紧紧围绕以降低工程造价和提高使用寿命为目的的典型路面结构课题研究,完成了《内蒙古农村牧区道路技术标

准》的制定。这一标准已于2005年6月被自治区质量技术监督局以地方标准形式发布实施，不仅结束了我区在农村牧区公路建设中没有标准可依的历史，也为“十一五”的健康、快速发展奠定了基础。

## 二、落实责任，解决好工程质量问题

我区地域面积辽阔，东西直线距离2400公里，南北直线距离1700公里，各地的自然和气候条件差异较大，有效施工期平均只有5到6个月的时间，尤其是地处最东部的呼伦贝尔市年无霜期仅为3个月。而农村牧区公路建设项目一般资金投入较少，参与建设的施工队伍多数资质较低，技术力量不足和施工设备落后，因此非常容易出现争抢工期与工程质量之间的矛盾。农村牧区公路建设标准虽然较低，但建设质量绝不能打折。为了保证建设质量，把每项工程都建设成让政府放心、让群众满意的优质工程，几年来，我区在建设项目实施过程中，积极采取有效措施，切实把工程质量管理放在首要位置来抓，保证了工程的建设质量。

### （一）抓好组织落实

几年来，我区农村牧区公路建设始终保持着不断向前推进的强力态势，为了加强管理工作，根据农村牧区公路的发展需要，2006年，自治区交通厅批准在公路局成立了农村公路管理办公室，去年又正式纳入到交通厅所属的一个处室，明确了负责对全区农村牧区公路建设和养护工作管理的工作职责。各盟市、旗县交通行政主管部门也都陆续建立了相应的组织机构，使农村牧区公路工作形成了自上而下的三级组织体系，保证了事事有人管，层层有人抓，管理工作不断加强。在此基础上，自治区每年农村牧区公路建设项目下达后，交通厅都同盟市交通局签订包括建设任务、完成投资和工程质量等内容的责任状，不仅确保了每度建设项目都能保质保量按期完工，不少地区还自筹资金开工了许多计划外建设项目，推进了农村牧区公路建设步伐。

### （二）加强人员培训

为了提高基层农村牧区公路管理人员的综合水平，特别是旗县（市、区）一线人员的管理水平，针对基层技术力量普遍薄弱，管理经验不足的实际，自治区每年都举办农村牧区公路建设管理人员培训班，聘请有关专家讲解施工管理知识，交流各地管理经验，并将培训内容刻录成光盘向基层发放，不断扩大培训面。同时为了规范农村牧区公路的管理，自治区还编印了《农村公路有关政策文件汇编》，及时让基层管理人员熟知和掌握相关政策。各盟市、旗县（市、区）交通主管部门每年也都采取培训会、现场会、专题讲座和互学互访的形式，加强对本地区的管理和技术人员的培训。通过培训，全区农村牧区公路管理人员的整体素质和管理水平不断提高。

（三）完善制度建设

健全制度是保证质量的关键，因此，我们针对农村牧区公路建设中容易出现的问题，采取关口前移，提前设防，制定了《加强我区农村牧区公路建设质量监督工作的意见》，建立和完善了“政府督查、部门指导、专业监理、社会监督、企业自检”的五级质量保证体系。为了保证制度落实，工程施工期间，厅主要领导经常亲自带队深入施工现场进行检查，各级农村公路管理人员不间断地在各施工工地进行巡查和督查，使质量意识和质量第一的观念贯穿于始终。在此基础上，结合全国农村公路建设质量年活动的开展，自治区还制定了《农村牧区公路建设八项制度》。

**1. 实行公开招投标和现场监督制度**

农村牧区公路建设项目严格按规定实行公开招投标，招投标工作由盟市交通行政主管部门负责把关和指导，特别是在开标过程中，业主单位必须邀请旗县政府部门代表、纪检部门代表、监察部门代表、公证部门代表、项目所在乡镇（苏木）代表和公路沿线行政村（嘎查）群众代表全程进行现场监督。保证公开透明，实行阳光作业，防止暗箱操作，并进行现场公证。

**2. 建设项目实行“双合同”制度**

为确保工程建设资金及时足额到位和不出现拖欠工程款现象，农村牧区公路建设项目要实行“双合同”制度，其中国家和自治区投资部分由旗县交通行政主管部门与施工企业签订资金给付合同，地方配套部分由地方人民政府同施工企业签订资金给付合同。对施工单位雇用的当地民工工资应由业主单位负责代发，避免拖欠农民工工资问题发生。

**3. 设计变更实行专家论证制度**

农村牧区公路项目的勘察设计要严格因地制宜，实事求是的总体原则，在充分考虑规划和发展的同时，要以环境保护、节约土地、少占草原、避开民房为前提；公路走向要以原路改造为首选，初步走向确定后，要广泛征求沿线群众意见，保障群众的合法利益，不修农牧民群众不想修和不愿修的路。设计方案审批后，确需变更且变更后增加造价超过10万元以上的，审批部门必须派专家组深入现场对变更内容进行论证，无异议后方可变更。

**4. 质量管理实行专群结合的监督制度**

农村牧区公路建设项目技术等级虽然不高，但质量要求决不能减低，各盟市交通主管部门要像抓重点工程一样抓好农村牧区公路建设项目的实施，积极推行精细化管理。全区农村牧区公路建设项目要在严格落实“政府监督、专业抽检、群众参与、施工自检”质量保证体系的基础上，积极利用社会监理力量，实行专群结合的质量监督制度。各旗县新、续建的农村牧区公路建设项目自工程开工之日起，交通主管部门要在每个项目沿线聘请不少于10名农牧民代表作为义务监督员，同时要在施工沿线设立公示牌，公布业主单位、监理单位、施工单位责任人和举报电话。施工单位要在主要分项工程施工现场公示质量责任人、施工质量要求及配料标准等内容，接受义务监督员和全社会对项目建设过程中的质量监督，确保每项工程都成为阳光工程、明白工程、放心工程、廉洁工程和达标工程。

**5. 大宗材料实行公开采购制度**

农村牧区公路资金使用要坚持厉行节约，反对浪费的原则。对建设项目用量较大、市值较高的包括沥青、水泥、白灰、木材等重要材料及设备、仪器的购买必须实行公开采购制度，减少中间环节，杜绝不正之风。

**6. 项目安排和资金补助实行激励制度**

为加快农村牧区公路建设步伐，推动农村牧区经济快速发展，落实地方人民政府的主体责任，自治区在项目安排和资金补助上对配套资金落实到位的、积极性高的、具有建设能力的旗县要重点支持，切实转变农村牧区公路建设中存在的等、靠、要思想，促进全区农村牧区公路建设健康快速发展。

**7. 工程质量实行终身保证制度**

农村牧区公路建设项目实行质量终身负责制度，地方人民政府和建设单位在与施工企业签订施工合同时，合同中必须特殊注明此项条款，并特别提示施工单位确保施工质量，避免建设过程遗留质量隐患。盟市质量监督站要按照交通厅《关于加强我区农村牧区公路建设质量监督工作的意见》要求，加强质量监督工作。

**8. 农村牧区公路项目实行质量回访制度**

各盟市、旗县交通主管部门要对已建成的农村牧区公路及时进行跟踪调查和分析评价，通过对项目存在的问题进行全面分析和客观总结，为今后不断提高农村牧区公路项目决策、设计、施工和管理水平提供科学依据，切实达到提高投资效益，改进管理方式，合理利用资金的目的。

农村牧区公路质量保证体系的建立和八项制度的实施，使各地的质量意识明显增强、监管力度明显加大、质量水平明显提升、安全状况明显改善、群众满意度明显提高。与此同时，各地在加强质量管理中也探索了一些各具特点的有效办法。赤峰市在农村牧区公路建设项目开工之前，不论是施工单位还是监理单位，都必须先向业主承诺质量，同企业的分项负责人和具体责任人层层签订质量终生保证合同，并存档备查。锡林郭勒盟采取向沿线干部群众发放农村牧区公路工程施工程序和质量监督小册子，动员全社会力量进行监督，同时施工过程中，还定期组织施工企业主要负责人参加全盟的互检互查，对检查中发现的问题，企业负责人必须在总结会上当众查找原因和提出整改措施，对提高农村牧区公路建设质量都起到了非常有效的作用。

## 三、拓宽思路，解决好资金筹集问题

资金问题是困扰农村牧区公路建设的主要矛盾，如果解决不好资金问题，建设项目就无法开工。我区在解决这一问题中采取政策出资、多元化筹资和拉动地方投资等办法,较好地缓解了资金紧缺的难题。

（一）政策出资

就是积极争取政府出台倾斜政策。近几年来,作为民生工程的农村牧区公路建设越来越被各级政府和广大民众所重视,也成为各地农村牧区公路经济发展的一个标志。结合这一新的氛围的形成,我区各级交通部门广泛向政府、向群众宣传国家有关农村公路建设的政策规定,宣传农村牧区公路建设对农村牧区经济的拉动效益,收到了较好的效果,各地每年都有诸如政府负责征地拆迁、税费返还、担保借贷等一系列支持农村牧区公路建设的政策出台。特别是 2006 年 6 月,自治区政府先后印发了《关于加快新农村新牧区公路建设的通知》和《农村牧区公路管理办法》,进一步明确了各级地方政府是农村牧区公路建设养护的责任主体,对本地区农村牧区公路建设和养护资金的筹集负主要责任。同时自治区政府决定,"十一五"期间自治区每年从财政预算中安排资金 2 亿元,专项用于农村牧区公路的建设和养护。并规定各盟市、旗县(市、区)每年分别从本级地方财政收入增量中提取 5%,用于农村牧区公路建设和养护。这一政策彻底转变了过去政府投入的农村牧区公路建设配套资金多为折资或虚数的局面,让建设项目拿到了实实在在的真金白银。其中去年自治区政府从财政预算中拿出的资金就达到 5 亿元,并承诺随着今后财政收入的不断增加,对农村牧区公路的补贴资金也不断增加。

（二）多元化筹资

就是采取由政府组织动员富裕户集资、群众义务投劳、个体户捐资、包扶(点)单位赞助及吸引企业投资投物等办法,支援农村牧区公路建设。

比如,动员群众修路基,交通部门铺路面;又比如,生产水泥的厂家赞助水泥、路边的加油站赞助燃料等,营造出了公益事业大家做的氛围。特别明显的是,过去交通部门动员群众修路总会遇到许多困难,地方政府不积极协调,征地拆迁开出天价。现在则是一百八十度大转弯,以往总是交通部门给乡镇分配项目,如今却变成了乡镇纷纷向政府和交通部门提交申请,积极争取上项目,建设过程中许多问题和矛盾也迎刃而解。在阿荣旗,得力其尔乡和亚东镇去年共同争取到建设一条水泥路的项目后，几天时间占地问题就得到了解决。随后政府又通过“一事一议”，组织沿线的6个村和2个农场连队群众拉砂运料，高峰时日出动车辆近千台，十几天就完成了3万立方米的拉运砂料任务。对此，得力其尔乡党委书记姜永奎说，“我们争取到这个项目不容易，全乡人民把它当成了一件大喜事，所以操作起来没有障碍”。60多岁的良种场工人刘璋说，“现在要修水泥路了，心里感到特别亮堂，给自己修路，出点工应该，干着也有劲”。

(三)拉动地方投资

就是自治区财政每年至少拿出1亿元资金作为奖励资金，通过“以奖代投”的办法，调动地方政府自筹资金建设农村牧区公路的积极性。为了更好地起到激励作用，自治区明确提出，对纳入自治区规划中的建设项目提前实施，完工后经自治区验收达到要求标准的项目除享受自治区的资金补贴外，同时还不影响该项目今后的立项和投资。这一“多干多补，先干先补”的“以奖代投”政策掀起了全区农村牧区公路建设的又一个高潮，收到了立竿见影的效果。其中赤峰市敖汉旗启动了用3年时间实现村村通油路的建设规划，从2007年起，政府计划每年从财政收入中拿出3000～5000万元用于农村牧区公路建设，当年完成投资近亿元，去年完成投资超过2亿元，建成通乡通村油路365公里。巴彦淖尔市磴口县也出台了农村牧区公路建设奖励政策，对乡镇自筹资金修建的通村公路项目，县政府按每公里8万元给予补贴，鼓励乡镇加快通村公路建设步伐。据统计，在今年我区开工建设的1794个农村牧区公路建设项目中，除纳入国家计划的“通达工程”和“通畅工程”外，有490个是各地通过自筹资金开工建设的计划外通乡通村公路建设项目，建设规模3500公里，拉动投资27.5亿元，使政府公共财政的阳光照在了农村牧区公路上。

## 四、理念创新，解决好环境保护问题

几年来，随着我区农村牧区公路建设的持续开展，我们结合全区草原多、林地多的实际，始终把环境保护纳入到公路建设管理之中，提出建设生态路、绿色路的要求。

（一）认真推广公路设计新理念

在农村牧区公路设计勘察中，坚持以人为本、树立安全至上的理念；坚持人与自然相和谐，树立尊重自然，保护环境的理念；坚持可持续发展，树立节约资源的理念；坚持质量第一，树立让公众满意的理念；坚持合理选用标准，树立设计创作的理念；坚持系统论的思想，树立全寿命周期成本的理念。通过采用灵活设计和创作设计，实现安全、环境优美、节约资源、质量优良、系统最优的目标。

（二）合理利用原有旧路

在农村牧区公路建设中严格落实国务院保护耕地的政策，线路的走向坚持以在原路线上进行改造为首选方案，尽量做到不占耕地，保护草原。

（三）建设与绿化美化同步进行

在农村牧区公路建设项目中，规定凡是建设过程中形成的取土坑、弃土场，能整形的必须整形，能平整的必须平整，能复耕的必须复耕，能种草的必须种草，把环境保护纳入到了对施工单位检查验收的重要内容。特别是赤峰市在公路建设中，切实把绿化作为公路建设不可缺少的项目，作为生态建设的一部分，尽量达到有路就有树，并且还选择适宜路段种花种草，使条条公路成为一道道亮丽的风景线，成为向社会宣传交通行业文明的窗口。

## 五、推进改革，解决好后期养护问题

农村牧区公路建设重要，养护管理更重要。管养不好，前修后坏，不但会造成极大的投资浪费，影响当地经济发展，还会损坏党和政府在群众中的形象。推进农村牧区公路管理养护体制改革，解决好农村牧区公路的后期养护问题，是建设和服务社会主义新农村新牧区的迫切需要。而实现农村牧区公路的“有路必养”就必须彻底解决好资金来源、管养体制和管养模式问题。

按照国务院办公厅《农村公路管理养护体制改革方案》和国家财政部、

发改委、交通部《关于进一步做好农村公路管理养护体制改革的通知》要求，我区从 2007 年 1 月开始，在全区启动了农村牧区公路管理养护体制改革工作，确定了 3 个盟市为试点单位和“三步走”目标。第一步：到 2007 年 6 月 30 日前，赤峰等 3 个试点单位的所有旗县（市、区）确保全部完成；第二步：到 2007 年 12 月 31 日前，其他盟市要确保完成本盟市旗县（市、区）总数的 50%；第三步：到 2008 年底，全区农村牧区公路管理养护体制改革工作全部完成。

养护体制改革工作开始后，我区各级政府对农村牧区公路管理养护体制改革工作非常重视，都制定了本地区的农村牧区公路管理养护体制改革方案或指导意见，对原有的养护机构改革、养护模式确定都作了具体规定，特别是用制度形式把农村公路日常养护资金不足部分，按县道高级次高级路面年公里 9000 元；中低级路面年公里 7000 元；无路面年公里 3000 元。乡道高级次高级路面年公里 5000 元；中低级路面年公里 4000 元；无路面年公里 2000 元。村道高级次高级路面年公里 3000 元；中低级路面年公里 1500 元；无路面年公里 500 元的标准列入到了政府年度财政预算，建立了稳定的投资渠道。旗县（市、区）交通主管部门在机构改革运作中，将原公路段人员通过管养职能分离，组建了农村牧区公路养护公司或养护大队，具体养护模式各地根据本地区的不同情况，采取县道和乡级公路中的油路水泥路由专业队伍常年养护，村道和乡级公路中的砂石公路由所在乡镇（苏木）政府采取发动群众集中整修、沿线农牧民承包或通过“一事一议”，由农牧民以资代劳交由专业队伍代养的办法，保证了农村牧区公路管理养护体制改革工作的扎实推进。对旗县（市、区）完成管理养护体制改革的，自治区用汽车养路费切块资金，按县道高级次高级路面年公里 7000 元、乡道 3500 元、村道 1000 元的标准下拨养护工程费。到去年底，我区 101 个旗县（市、区）的改革工作基本完成，全面养护工作相继展开。在此基础上，为了更好地保护好农村牧区公路建设成果，赤峰等地还在旗县同步组建了地方公路路政管理大队，负责农村牧区公路的路政管理工作。另外一些盟市在项目建设过程中还采取设置限超架、限宽墩等设施，加强了对超限运输车辆驶入农村牧区公路的预防和限制,全区农村牧区公路养护长效机制正稳步建立,公路服务水平也稳步提高。

总之,按照我区农村牧区公路发展规划,到“十一五”期末,全区将实现乡乡通油路,村村通公路,50%的行政村通油路的发展目标,尽管今后的建设任务还十分繁重,但我们有决心在自治区政府的正确领导下,在交通部的大力支持下,虚心学习兄弟省市的先进经验,紧紧抓住国家“扩大内需、拉动经济”的重大机遇,解放思想,振奋精神,锐意进取,加快发展,不断提高“三个服务”的能力和水平,为拉动自治区经济平稳较快增长和新农村新牧区建设作出新的更大贡献。

# 平凡的岗位　不平凡的业绩

吴伟范

共产党员于永恒是通辽市运输有限责任公司一个普通的客车驾驶员。在十几年的驾驶生涯中，他把自己的心血和汗水都倾注在了祖国的运输事业上，见证了通辽市旅客运输市场的发展和壮大。1998 年以来他先后被评为通辽市见义勇为先进个人、劳动模范；自治区见义勇为先进个人、劳动模范；2004 年荣获全国“五一劳动奖章”；2005 年被授予“全国劳动模范”；2008 年当选通辽市人大代表、常委。

作为客车驾驶员，于永恒尽职尽责，爱岗敬业，真诚待客。2000 年，他所在的鲁北至通辽班线停止运营，组织上调他到鲁北分公司负责安全技术工作。“对工作一丝不苟，对技术精益求精”是他给自己规定的工作信条。分公司的 30 多台车，每台车的技术状况他都了如指掌，每天发车 20 多个班次，每个班次他都亲临车站进行安全检查。一年 365 天，每天早出晚归，没有双休日、节假日，兢兢业业，无怨无悔，消除了大量安全隐患，保障了客运安全。

2000 年 12 月，于永恒从鲁北分公司调到通辽通开分公司跑通辽至开鲁班线。这条班线是公司打造企业“品牌”的文明、样板班线。毕竟是 50 多岁的人了，家里又有年过八旬患有痴呆症、生活不能自理的父亲。离家到外地工作，无疑家庭的重担就落在了妻子身上。“家里的事再大也是小事，共产党员要以大局为重”，他这样对妻子说。在通开线上的8台车中，他运行的里程最长，节油最多，售票额最高。遇到旅客高峰，加班加点是常事，有时一天要跑两个半往返，运行450公里，工作14小时，他从不叫苦叫累，每天默默地工作，发挥着排头兵作用。

于永恒把自己所驾驶的车当成体现城市精神风貌的流动窗口，并用自己的努力和付出营造亮丽的风景。2002年3月的一天，一位韩国老人坐上他的班车。一路上，于师傅对这位外籍旅客给予了无微不至的关怀。车到通辽后，又将老人送上发往沈阳的班车。老人充满了感激，不断说着：“谢谢！”。于永恒对外籍旅客并没有单纯地理解是一个简单的服务过程。他说：“在外地人眼里我代表通辽；在外国人眼里我代表中国”。

2002年9月，于永恒又被调入通辽至霍林河班线。这条班线是全市最长、最艰苦的班线。霍林河是高寒山区，无霜期短，到了冬季奇冷无比。2002年11月的一天，霍林河迎来了入冬第一场暴风雪，铺天盖地的暴风雪模糊了行车的视线。为保证旅客安全，于永恒神经绷到了极限，以时速10公里速度缓行，与旅客一道向暴风雪挑战。乘务员时而帮他观察前面的障碍物，时而下车在风雪中做路标，人摔倒了，站起来再继续探路。就这样，本应运行4个小时的行程足足走了7个小时。当一车旅客怀着感激的心情与师徒俩一一握别时，他们会心地笑了。

面对手持凶器、强行骗取旅客钱财的车匪，于永恒用共产党员的铮铮铁骨作出了最响亮回答。1997年12月30日，正是春运高峰，早晨5点40分，于永恒驾车刚驶出霍林河车站，就上来两名男性乘客。其中一人走到于永恒身后说：“把车棚灯打开，我们玩一会儿”。于永恒马上警觉这是一伙靠“玩三张”诈骗旅客钱财的不法之徒，便说：“不行，我的车上从来不允许玩三张！”歹徒见不行，便趴过来悄声说：“让我们玩，肯定有你好处”。于永恒断然拒绝。歹徒恼羞成怒，开始大声辱骂。于永恒见其气焰嚣张，便停车站起身来，喝令他们立即下车。歹徒凶相毕露，掏出一把弹簧刀连连向于永恒刺去，其中一刀扎进于永恒的右腹，鲜血顿时涌出。由于抢救及时，于师傅脱离了危险，但被刺透的腹腔却留下了4寸深的伤口，站务制服衣袋里的党费证已被鲜血染红。

于师傅是全国劳模,优秀共产党员,但他从没有躺在功劳簿上以功臣自居。为提高乘务员的服务技能和水平,他耐心细致地向每一位跟车的乘务员传授业务知识和服务本领。乘务员把对他的崇拜和敬仰化做了鞭策自己的动力。他们当中有的被确定为入党积极分子,有的成为了市级青年岗位能手。他常说:“越是常在河边走,越要提防水湿鞋”。凡是跟他的乘务员,每天接触数千元票款,从无差错。他和乘务员拾得的钱物均如数交公。

于永恒的工资并不高,家庭也并不富裕,却无偿资助内蒙古大学学生、牧民的女儿斯琴高娃的学费 1000 元。他已年过 50,却为抢救濒危病人无偿献血。他不仅热心为旅客服务,还牵挂着沿途地处偏僻且生活拮据的农牧民。10 年中,为他们买衣买菜买水果、为孩子交学费、扶持家庭养殖等就花去近万元。2005 年春节前,他将自己一年辛勤劳动所得的 1 万元效益奖金资助给扎旗供销系统失业职工邢殿武用于补交养老保险金。他经常这样告诫自己:作为党员,就要永远保持共产党员的先进性;作为劳模,心里就要始终装着社会这个大家;作为一名客车驾驶员,就要把全心全意为旅客服务作为自己神圣的天职。他正是用实际行动履行了自己的人生信条。

于永恒在他平凡的岗位上体现着不平凡的价值,为他的人生轨道上留下了一串串闪光的足迹。

# 公路勘察设计的骄子

李路钢

眼前这位个头不高、身体壮实、皮肤黝黑的汉子，如果是初次见面，给人的印象是略带腼腆、不善言语的一个人。短短的头发坚挺著，显示着坚毅和执著，厚实的双唇中流露出的普通话中夹带着的东北口音，这些信息让人读出一个感觉——扎实。他就是赵玉春。

45 岁的赵玉春，1988 年毕业于长安大学（原西安公路学院），现任内蒙古交通设计研究院有限责任公司第二测设处处长、第六党支部书记、正高级工程师。20 多年来，他的足迹几乎走遍内蒙古的每一个角落。日以继夜的辛勤跋涉，夜以继日的挑灯夜战，他用青春和汗水绘就了内蒙古公路网中一条条坦途大道的规划和设计文件。

2000—2008 年的 9 年间，赵玉春作为项目负责人和设计负责人，圆满完成了 109 线棋盘井至石嘴山黄河大桥段、丹东至拉萨国道主干线哈德门至磴口段高速公路、丹东至拉萨国道主干线巴拉贡至新地段高速公路、省道 103 线城壕至大饭铺段高速公路、省际通道连接线通辽至舍伯吐段一级公路、省际通道支线塔甸子至阿布海段高速公路、国高网荣城至乌海公路东胜至察汗淖段高速公路、运煤专线永兴至麻迷途、大路至永兴段高速公路、国道 110 线乌海至麻黄沟段一级公路、国高网长春至深圳公路金宝屯至查日苏段高速公路、省道 203 线阿尔山至杜拉尔桥段一级公路、省道 102 线杨树湾至丰镇段一级公路、国道 110 线集宁至呼市段旧路改造工程项目等 13 个项目共计近千公里的高速公路和一级公路的勘察设计任务,并完成了 60 多个项目的工程可行性研究报告编制工作。他主持的《砂石路面防尘、防水、防滑处理研究》和《内蒙古地区公路涎流冰的防治研究》科研项目,荣获 1998 年度内蒙古自治区科技进步三等奖;他参与的《沙漠地区公路建设成套技术研究》课题荣获国家 2007 年度科技进步二等奖;该项目分课题《沙漠地区公路边坡防护及防风固沙技术研究》获内蒙古自治区 2004 年度科技进步一等奖。

自从参加工作以来,由于常年从事公路勘察设计工作,赵玉春几乎没有陪老人过过一个完整的大年。2002 年 3 月份,赵玉春正忙于国家高速公路网哈德门至磴口段高速公路勘察设计外业调查工作,父亲的病情突变。3 月 13 日晚,家里打来电话,父亲病情急转直下,医院下了病危通知书。赵玉春连夜坐火车返回呼市,搭乘早班飞机赶赴老家。冲进家门时,病重的父亲已深度昏迷,无法言语。赵玉春含泪默默地坐在父亲身边,握着父亲的手,几个小时不停的轻抚,用这种方式送父亲走完了生命的最后一程。

2005 年冬天,赵玉春正带着同志们在赤峰至通辽高速公路测设现场进行外业调查,当时,母亲胆管结石急需手术,母亲让姊妹们给赵玉春打电话,想让他回家照顾几天。赵玉春硬是坚持到外业调查完,回家陪了不到两天,就赶回呼市投入到内业工作中。

2008 年 11 月,公司承担的省道 203 线杜拉尔桥至阿尔山段公路项目开展外业调查,进场前一周,兴安盟普降大雪,深可没膝。赵玉春身先士卒,手持花杆走在队伍的最前面,后面的同事将 GPS 等小型仪器放在自己的棉袄里,需要定位时拿出来尽快读出数据,再马上放回去继续保温。就这样深一脚浅一脚,在冲沟上下游踏勘一遍就徒步走了近 5 公里,耗时六七个小时。路线当中有一个 14 公里长的段落根本进不去车,他们在做路线比选过程中,反反复复徒步走了不下 5 个来回。认真细致地外业调查,给内业设计阶段提供了充分详实的资料和可靠的数据,为项目建设乃至项目整个生命周期管理工作奠定了坚实的基础。

在国道203线金宝屯至查日苏段公路低湿草甸地（阿吉日根套布甸子）跨越方案中，路线于K256＋520～K259＋040段跨越阿吉日根套布甸子，该段为低湿草甸地，现种植水稻，是通辽地区最好的水稻产地之一，属于基本农田。赵玉春通过对拟定的两个设计方案进行比较后，推荐采用全桥跨越方案，虽然工程造价增加了12891.54万元，但可节约优质耕地，减少对环境的影响。

项目一个接着一个的展开，又一个接着一个的收尾。相同的工作程序，枯燥的资料数据，循环往复的外业调查和内业设计，周而复始地开展勘察设计、提交设计产品，赵玉春长年累月奔走在内蒙古的草原、戈壁、大漠、林海深处，顽强拼搏、不计得失，默默地用辛勤和汗水绘制着便捷、高效的公路网。1995年、2003年、2005年，赵玉春被三度评为内蒙古交通厅厅直属系统优秀共产党员。他所在的支部2005年、2007年被两次评为内蒙古交通厅厅直属系统先进基层党组织。2009年，赵玉春被中华全国总工会授予“五一劳动奖章”。

# 叫来河畔新人家

赵思东

国庆期间，趁长假闲暇再次走进了敖汉旗河西道班，让人惊叹的是道班的变化之大让人刮目相看，因此第一感觉就是要自问，这还是河西道班吗？

回答自然也是，也不是。

说他是，还是几年前那 15 名身穿橘黄色马甲的道工，还是河岸边那个最大的院落。

说他不是，那是因为不论是道班环境、路容路貌和职工精神发生了质的跨越，处处透着无限生机和活力，使人心潮澎湃。

## 一、从破落户到桃花源

印象中的河西道班还停留在几年前的记忆之中。它坐落在叫来河西岸，111 国道北侧的一片蛮荒之地，最大的特点就是岌岌可危的道班房，其墙框是土的、房顶是漏的、窗门是烂的，与红砖赤瓦的河西村农家相比反差强烈，简直就是老百姓所说的“破落户”。

几年间，河西道班为什么能够发生让人不可置信的变化？同行的旗公路管理工区主任张国瑞向记者介绍说，“安居才能乐业，像过去那种‘破落’状况，看一眼都让人犯愁三天，养路工哪还有心思乐业啊！”一句话道明了发生变化的根本所在。

为了彻底改变道班的“破落之相”,2004 年,敖汉旗旗公路管理工区经过积极向上级争取危房改造资金,为道班建设起一幢漂亮的二层小洋楼。居住条件改善后,不但让道班能留住了人,也振奋了道工创造一流的决心,于是从次年春天开始,大家在房前屋后种花种草,美化环境,转眼把道班建设成了鲜花争艳,生机盎然的“河畔桃源”。

晚秋的 10 月,已是百花凋零树叶飘落的时节,但河西道班还是花团锦簇,蝶舞蜂忙。由于他们栽植的花草都是花期长、抗低温的品种,再加上平日里的浇灌及时、营养充足,因此花卉从春天开放一直延续到上大冻为止。

河西道班占地 14 亩之多,几年里,他们凭借着这一优势发展多种经营,做足了田园里的文章。一是用 1/3 的土地栽了数百株果树,现在许多苹果树已经结果。二是用 1/3 土地种植绿色蔬菜,不但解决了职工的自己吃菜问题,就连职工家里的吃菜问题几乎也承包了。今年,赤(峰)通(辽)高速公路建设工程把下洼段项目办安在了道班借住,食堂里每天多了 20 多人就餐,但自产的蔬菜还是富富有余。记者在菜园里看到,目前除了大葱、土豆、萝卜、白菜、茄子、西红柿、菠菜等跨秋蔬菜一片翠绿外,吃不完的黄瓜还挂在秧上,许多豆角都长成了种子,几名道工正在抓紧采摘红如火炬的辣椒,好一派丰收景象。三是用 1/3 的土地耕种玉米,每年可收获 4 吨多。今年道班养了 2 口肥猪和 6 只山羊,今后还将不断增加。道班的炊事员介绍说,“我们把玉米作猪的饲料,秸秆作羊的饲草,猪和羊产生的粪便还是最好的有机肥料,这样在菜园里就形成了良性循环,每年可以创造出几万元的财富”。

## 二、新理念催生生态养护

如今,生态建设和环境保护成为各行各业最热门的话题。而在河西道班,他们也把生态建设非常有效地运用到了公路养护之中,经过几年来的不懈努力,实现了公路由人工常规养护到“生态自然养护”的过渡。

河西道班管养着 111 国道 23 公里长的路段。过去,养路工的劳动强度非常大，春季的路面灌缝、夏季的防汛抗灾、秋的全面整修，冬季的除雪保畅，一年四季累得养护工简直透不过气来。养路工们告诉记者，“这里的土壤以沙性土为主，前几年最让养路工头疼的就是路肩和边坡的养护，每次雨后，路肩和边坡总会被雨水冲得七零八落，填了冲，冲了填，反反复复，没完没了占去了日常养护的大部分时间”。根据这种情况，道班结合“GBM工程”的实施，拓展思路，更新理念，提出把生态建设科学地运用到了日常公路养护之中，用他们的话说就是通过生态建设，实现“生态养路”。这一做法非常简单，就是在公路用地内栽乔木，在公路边坡上栽灌木。几年来，职工抓住每年春季的有限时间，在公路沿线栽植杨、柳、松等树木2万多株，形成了一道天然屏障。同时在边坡上栽植棉槐、沙棘等灌木25万株，牢牢地封住了地表，把公路两侧打造成了植被茂密、不见土壤的立体生态带。过去每到夏季，养路工最怕的就是下雨，现在则是雨下得越多越好，因为路肩以外处处郁郁葱葱，雨水不仅不会给边坡和路基造成危害，还会自然冲刷路面，保证路面清洁。

河西道班运用自然的规律进行“生态养路”，达到了职工劳动强度降低，公路养护质量提高的效果。现在道班路肩以外的养护工作几乎是“零”，养路工把更多的精力用在了种花种草、造景美化上，提高了公路的观赏效果和艺术品位，同时公路两侧的屏障还有效地减少了冬季路面上的积雪，提高了公路的通畅率，好路率达到了100%。

## 三、这是新的起点

主业过硬，副业兴盛，环境优美的河西道班如今已成为敖汉旗交通行业的一个品牌，得到了上级和社会的认可和赞誉。仅今年以来，敖汉旗组织部、宣传部、文明委、总工会等部门的领导多次到道班调研考察并给予了较高的评价，河西道班也先后被全国总工会授予“模范职工之家”，被赤峰市政府评为“行业文明窗口单位”等称号。但他们对此并没有感到满足，而是作为冲刺下一个目标的动力。班长郑万银坚定而含蓄地表示，“几年来道班所做的一切都是基础工作，现在还处在起步阶段，我们还要通过不断的努力,让道班在各个方面都实现更大的突破”。赤峰市公路管理处养路科长赵志学说,河西道班的养护理念新,发展潜力大,市里将加大支持和扶持力度,不仅要把河西道班建设成一流的花园式文明道班,还要使之成全市公路养护行业的样板和典范,进一步推广他们的经验。

# 辽宁篇

## 辉煌60年交通巡礼

辽宁省交通厅

### 一、高速公路建设

高速公路的建设和发展是国家经济发展水平的风向标,被誉为一个国家走向现代化的桥梁。中国的高速公路发展比西方发达国家晚近半个世纪的时间,从20世纪80年代开始起步,经历了20世纪80年代末至1997年的起步建设阶段和1998年至今的快速发展阶段。高速公路是发展现代交通业的必经之路,而辽宁在这条路上,则迈出了非同寻常的一个个令人赞叹的脚印。

1989年7月,第一次全国高等级公路建设现场会在沈阳召开,这次会议是专题研究高等级公路建设的第一次会议,明确了中国必须发展高速公路,并提出了规划和建设要分层负责、长远规划可分阶段实施等10条高速公路建设政策措施,这10条政策措施沿用至今,一直作为中国高速公路建设的指导政策。

（一）沈大高速开创国家高速公路建设的先河

沈（阳）大（连）高速公路始建于1984年6月，是我国大陆兴建最早的一条高速公路，是当时包括台湾在内的我国领土上最长的高速公路，全长375公里。沈大高速公路北起辽宁省会沈阳市，南至北方明珠大连市，纵贯辽东半岛，沟通连接大连、营口两大港口和沈阳桃仙、大连周水子两大国际机场，是同江至三亚国道主干线的重要组成部分，是东北三省及内蒙古东部地区通过海上进入华东、华南的主要公路运输通道，是辽宁省最重要的公路运输大动脉，被誉为辽东半岛的“黄金大道”，对辽宁全省乃至东北和内蒙古东部地区的经济发展和对外开放发挥了十分重要的基础性和先导性作用，被誉为“神州第一路”。

1990年9月1日，沈阳至大连高速公路全线正式通车。通车典礼在沈大公路321公里处的跨海大桥上举行。中共中央政治局委员、国务委员、国防部长秦基伟和国务委员邹家华为沈大公路通车剪彩，前来参加典礼的日本、美国、联邦德国、苏联等国的外宾有350多人。交通部长钱永昌代表全国交通系统500万职工对沈大路的建设成功表示祝贺，高度评价了沈大高速公路的建设经验，称沈大公路是我国公路建设史上的里程碑；并提出要在全国推广沈大公路的建设经验，推动全国的公路建设，更好地为改革开放和四化建设服务。沈大高速公路的建设成功表明：中国有能力建设一流的高速公路，中国的公路建设已跨入高速公路时代。

沈阳至大连高速公路是国家“七五”重点建设项目，总计投资22亿元，历时6年零2个月的时间建设完成。沈大高速连接沈阳、辽阳、鞍山、营口、大连5个城市，是当时我国公路建设项目中规模最大、标准最高的艰巨工程，全部工程由我国自行设计、自行施工，开创了我国建设长距离高速公路的先河。尽管这条路耗资巨大，但是它所创造的社会效益却是不可估量的，每年仅省油、省时、减少车辆磨损等可以计算的经济效益就达4亿元，更为重要的是它为阶段辽东半岛及整个东北筑起了一条振兴经济和对外开放的黄金通道。国务委员邹家华称沈大路是“志气之路，腾飞之路”，的确名副其实！

（二）与时俱进，不断加快高速公路建设步伐

1. 高速公路建设开创新纪元

自1990年9月“神州第一路”沈大高速公路建成通车以来，辽宁省陆续组织建设了铁岭至沈阳、沈阳二环、沈阳至抚顺、沈阳至本溪等多条高速公路。

1997年9月，国家“九五”期间重点建设项目—沈山高速公路正式开工建设，时任国务院副总理邹家华挥锹为沈山高速公路奠基。沈山高速公路是国家公路网规划“两纵两横三条重要路段”之一，东起沈阳市于洪区，西止省界龙家庄，与北京至秦皇岛高速公路对接，全长361公里。全线按8车道规划，6车道建设。

沈山高速公路是我国当时建设规模最大、标准最高的高速公路。工程伊始就按照国内最高水平要求，严格管理，争创设计、施工、管理、质量“四个一流”，使工程质量水平上了一个台阶。同时通过科研和工程实践，成功地解决了苇塘地区软基处理、风积砂路基填筑等技术难题，在辽宁高速公路建设史上增添了新篇章。

沈山高速公路的建成通车，实现了辽宁省高速公路在20世纪末突破一千公里大关的目标。沈山高速公路对于加强辽宁及整个东北地区乃至内蒙古东部地区与关内的政治经济往来，促进辽宁的对外开放和经济发展，特别是对促进辽宁省西部地区社会和经济发展，形成环渤海经济带，有着十分重要的意义。为辽宁西部乃至东北地区的经济和社会发展以及沿线地区的农业、商业、运输业、旅游业、经济贸易等发展提供了良好的基础设施条件。

2. 辉煌铸“十五”

“十五”期间，在中央全面振兴东北老工业基地的历史背景下，辽宁省高速公路建设又迎来了新的发展机遇。2004年9月28日，国家批准立项标准最高、里程最长，在辽宁国高速公路建设史上具有里程碑意义的沈大高速公路改扩建工程建成通车，该项目被交通部列为全国高速公路改扩建示范工程，并获得詹天佑奖及全国交通系统设施建设廉洁工程项目和十佳工程建设管理奖。

中共中央政治局常委、全国人大常委会委员长吴邦国同志亲自为沈大高速公路改扩建工程剪彩，时任交通部部长的张春贤同志在通车仪式上更是动情地说:“14 年前建成的沈大高速公路,以先行者的姿态拉开了中国高速公路建设的序幕,为中国交通史册掀开了现代化的一页,跨入新世纪,具有国际水准、服务能力更强的新沈大高速公路的诞生,不仅标志着中国高速公路发展的历史性跨越,也昭示着全面加快振兴东北、建设小康社会的勃勃生机!”

“十五”末,辽宁省高速公路通车总里程达到 1773 公里,在全国列第七位,较“九五”期间通车总里程增加了 66%;高速公路建设里程达到 2028 公里,为辽宁省高速公路建设史上之最;新增通车里程 705 公里,2002 年 8 月又建成了丹东至本溪、盘锦至海城、锦州至朝阳、锦州至阜新 4 条高速公路,在全国率先实现了全省省辖市通高速公路的目标,提前 8 年完成“五纵七横”国家公路主骨架在辽宁省境内的建设规划。

2003 年 6 月开工建设了丹东至庄河高速公路 136 公里,于 2005 年 9 月建成通车。

**3. 高速公路建设驶入快车道**

2005 年年初,省委书记李克强刚到辽宁就专门听取了交通厅领导关于辽宁省高速公路建设的汇报,制订了辽宁省高速公路加快、加密发展的战略,将原拟在 2010 年前完成的高速公路建设,提前 2008 年前完成。4 月 12 日,省委书记李克强、省委副书记张行湘、省政府常务副省长许卫国、主管交通工作的副省长李佳等省领导到交通厅现场办公,专门听取了辽宁省“十一五”高速公路建设规划、高速公路建设情况及高速公路建设项目前期工作情况,并做了重要指示,要求各相关部门要树立服务思想,全力以赴,加强协调,为高速公路建设服务,全力支持交通工作。

2006 年 9 月 29 日,“十一五”期间第一条建成通车的高速公路——沈抚高速公路克服了重重困难,按时建成通车。

2007 年 10 月,沈彰、大窑湾疏港路高速公路项目按时通车。

2008 年,铁阜、阜朝、本辽、沈康一期、沈大丹大连接线项目于年底前通车,通车里程 734 公里。届时,辽宁省高速公路通车总里程达到 2700 公里。

### （三）积极探索，寻求高速公路建设发展新模式

辽宁省高速公路建设经过多年的经验积累，并借鉴国内外先进的高速公路管理模式，探索、总结出一套完整、系统、操作性强且符合我省省情的高速公路建设管理方法。

**1.落实“四制”管理机制**

高速公路建设是一项庞大复杂而又科学系统的工程，涉及方方面面的工作，图纸设计要求精、工程质量要求高、管理能力要求强、工期控制要求严，因此必须提高管理意识，建立健全管理机制，完善管理办法，全方位提高管理水平，做到工程建设前有计划、中有监控，才能使各项工作沿着制度化、程序化、正规化的轨道迈进。

（1）认真实行项目法人责任制。根据国家关于实行建设项目法人责任制的相关要求和辽宁省交通厅制订的《辽宁省高速公路建设项目法人责任制暂行规定》，每一条高速公路项目在建设初期都与辽宁省交通厅签订了目标管理责任状，把质量、工期、投资作为三大控制内容，实行工程总承包，由辽宁省高等级公路建设局对全省高速公路建设项目的工程设计、施工、质量、进度、资金运行全过程负责。

（2）全面实行工程招投标制。为了在招标过程中充分体现“公开、公平、公正”的原则，辽宁省所有工程项目建设中均采取国内公开招投标方式选拔施工队伍和监理队伍。在招标工作中，严格按照“专家评标、项目法人定标、政府监督”的评标定标程序。招标通告按有关规定在国家确定的报刊刊登。资审文件、资审报告、评标报告报要由交通部审批。整个招投标工作的资格评审、开标、评标、定标全过程均在省纪委、省检察院、省反贪局、省交通厅监察处执法监察人员参与监督下进行，充分体现了“公开、公平、公正”的原则，维护了正常的市场竞争秩序。

（3）全面实行工程监理制。辽宁省高速公路建设项目监理企业通过国内公开招标方式产生，由具有交通部认证的甲级资质的监理企业承担工程监理工作。依照交通部公路工程施工监理管理办法，授予监理单位对工程全方位管理权限，为业主把好管理关口。

建设项目设立总监理工程师办公室，各总监办下设若干个驻地监理办公室，由一名交通部注册的监理工程师任驻地监理主任。驻地监理工程师办公室按工程量和有关规定设监理工程师、旁站监理若干人，负责其所管辖路段的工程质量、工程进度、合同管理和计量支付等工作。

为满足正常的监理各项业务活动需要，监理中心试验室和各监理试验室均配备了齐全、精良的试验检测设备。所有试验检测设备性能稳定、状态良好，进场后由计量部门检验标定合格后投入使用。试验室经辽宁省交通厅交通工程质量监督站驻项目监督办公室检查验收合格，颁发临时试验资格证书后进行监理试验检测工作，为工程建设提供了科学、准确、权威的试验检测数据。

(4)坚持合同制管理。为使工程管理程序化、规范化、制度化，在高速公路建设中，全面实行了合同制管理。依据《中华人民共和国合同法》和招标文件规定，分别与中标单位签订工程承包合同、监理、设计委托合同，与实行征地动迁单位(政府)签订征地动迁协议，把项目建设所涉及到环境保护、生产安全、征地动迁、施工监理、施工图设计等所有工作全部纳入合同进行管理。合同中对工程质量要求、廉政建设、违约及违约处理和必须遵守的规章、制度、管理办法、价款结算办法、程序等均进行了明确的规定，使各方面管理工作均在有章可循的状态下进行。

**2. 积极沟通协商，加强征地动迁管理**

征地动迁工作是高速公路建设的瓶颈。辽宁高速公路的征地动迁工作是由省交通厅代表省政府与沿线各市政府签订征地动迁投资包干协议，由各市政府具体组织征地动迁，并负责地方协调工作。

辽宁省在征地动迁过程中实行四级管理体系，即各市征迁办全面进行登记核查；项目指挥部指派专人全过程、全方位地跟踪稽核；由主管副局长带领征迁处对容易引起争议的问题、厂矿企业等重点部位进行100%检查核定，对一般性征迁进行50%抽查；最后，由局各部门、项目指挥部、市征迁办、设计院、国土资源厅、林业厅例会研究决定。并创造性地制定了《征地动迁核量工作要求》、《征地动迁工作实施细则》、《征地动迁设计变更实施办法》、《征地核查确认工作实施方案》和《征地有关问题处理意见》等一系列文件,规范了征地动迁工作,解决了征地动迁中存在的一系列实际问题。

近年来,由于国家土地政策的调整,给征迁工作带来了极大困难。面对征迁工作出现的新情况,建设单位在交通厅党组的大力支持下,坚持"公开、公正、透明"的原则,一手抓动迁,一手抓稳定。积极与相关的主要单位进行沟通协商,与辽电、东电、铁路等部门签订了《关于加强辽宁省电力设施与公路基础设施建设相互支持配合的工作协议》、《关于加强辽宁省电力与公路设施建设相互支持配合的工作协议》、《关于加强辽宁境内公铁立交建设项目相互支持配合的工作协议》等互惠共赢的合作协议,为今后高速公路建设的征迁工作顺利进行开辟了捷径。

**3. 不断规范设计变更管理**

为规范设计变更报批、变更造价审核程序,严肃设计变更审核制度,保证变更设计审核过程的公开、公平、公正,辽宁省高建局制定了《设计变更管理办法》,对设计变更分三级把关:一是工程变更过程中坚持由项目指挥部、监督部门、监理单位、施工单位共同现场实地调查,进行方案认证,并签字确认;驻地监理监督实施,对实际发生的工程数量严格控制;施工单位在完成工程变更后上报工程变更报告及有关资料,驻地办审查承包人所报工程变更报告及相关资料的真实性、准确性,经签字确认后上报总监办,经总监办、项目指挥部、监督办共同会审,会审后报高建局;二是高建局班子例会集体讨论、审查核定,核定后报厅审核;三是厅总工程师召集计划处、定额站、质监站有关人员抽检审核后,由省高建局正式批复。按各部门共同认可的变更数量及金额与承包人签订补充合同进行支付。每一份工程变更从驻地办到厅抽检审核,从实地测量、核实工程量到确定合理造价,都层层把关,精确计算,有效地防止了虚报工程变更数量、变更费用等弄虚作假现象的发生。同时对于承包人提出的为图自己方便等不合理的变更一律不予批准,有效控制了工程造价。对设计变更严格管理,有效地防止了一些人为因素的影响,保证了设计变更工程量和金额准确合理,遏制了腐败行为的发生,使参建者集中精力抓好项目质量、保证工程进度。

**4.推广应用科技信息化的管理手段**

由于高速公路建设周期长、工程量大、技术复杂、信息化要求高,因此必须建立一套实用、高效、安全的现代化高速公路建设管理系统,以实现信息的快速搜集、处理和发布,大幅度提高工作效率,进一步降低管理成本,确保优质、高效地完成好工程项目的建设管理工作。

2006年,辽宁省高建局开始组织研发“辽宁省高速公路项目信息管理系统”工作平台,应用于高速公路建设管理实际。在实施过程中,制订了《辽宁省高速公路管理信息系统管理办法和实施细则》,从制度上确保管理信息系统的顺利推进和正常运行。针对各部门工作实际提出的需求报告,通过半年的技术攻关,于2007年3月,“辽宁省高速公路建设管理信息系统”完成所有功能模块的开发工作,VPDN专线正常运行。

目前,全省在建的高速公路项目的工程计量支付、前期工作管理、财务管理、合同管理、招投标管理、征地动迁管理、设计变更管理等均已纳入信息化管理系统,从而实现了信息资源共享,提高了计算准确率和增加了工作透明度。辽宁省高建局还建立了门户网站和专业网站,利用网站发布通知、公示、统计报表及建设简报,展示建设项目工程进度,全方位展现高速公路建设动态,实现了政务公开。

**5.提高安全意识,落实安全管理责任**

辽宁省牢固树立安全重于泰山的观念,狠抓安全管理,制订了《辽宁省高等级公路建设局突发公共事件应急管理工作预案》,并定期召开安全生产工作会议,加强安全教育,部署安全生产工作,确保在建高速公路行车安全、施工生产安全。各在建项目指挥部按照省高建局的要求,制订了完善的安全管理方案、措施,不断提高全员安全意识,并将其作为施工管理的重点内容进行要求、安排、检查、监督,同时将安全工作列入施工单位“优质优价”和监理工作“优监优酬”考核内容。要求各施工单位安全工作必须领导负责、专人管理,经常巡视、发现问题,及时整改;要求监理单位对安全工作严格检查、严格监督。施工过程中,采取施工工艺预先报批、施工时间合理安排，用沙袋、反光塑料桶进行区间隔离和设置明显的告知、警示标志等，保证了施工过程中的行车安全和生产安全。

（四）锐意进取，推动高速公路事业创新发展

**1. 技术创新，为提高工程建设标准提供保障**

在高速公路建设中，辽宁省积极探索，不断提高科技对高速公路建设的贡献率。在沈大高速公路改扩建工程中首次全线采用SBS改性沥青和SMA路面技术的新工艺，增强了路面的高温抗车辙能力，使路面更加稳定，具有更高的平整度和行车舒适感，降低了行车噪声；采用植筋技术保证新旧墩台受力整体性；采用支立模板浇注混凝土，使新加宽盖梁与原盖梁联结成整体；跨径位居亚洲第一的金州隧道施工工艺采用目前世界先进的新奥法，成功解决了如何解决改扩建路基和桥梁纵向裂缝两大难题；普兰店大桥采用钢管桩或加长钢护筒的工艺施工等。

在路基方面，对本辽、阜朝项目的陡坡地段、黄土段及鸡爪沟处理等特殊地质路段路基填筑采用了特殊的施工工艺；

在桥涵方面，解决预应力梁板单板受力问题；改进桥面混凝土设计指导思想及施工工艺；

在路面方面，加强原材料质量控制，明确对各种集料的分档要求；改变原有设计思路，增加碎石垫层和稀浆封层；沥青混凝土拌和站必须配备5个热料仓、8个冷料斗。为提高路面的耐久性，在沈彰项目大胆采用了SMA—13L结构，取得了较好的效果。

在沈抚高速公路施工中创造性地开展了《辽宁省地产石料沥青路面路用性能研究》和《高模量沥青混凝土应用技术研究》技术攻关，为新技术、新材料、新工艺在全省高速公路建设中的全面推广做了有益的尝试和探索。这些新技术、新材料、新工艺的研发和应用，极大地提高了工程建设质量，缩短了建设周期，降低了工程造价。

**2. 制度创新，完善适应建设发展的招标办法**

辽宁省从1986年开始实行招投标制度以来，随着国家招投标政策法规的颁布和不断完善，面对高速公路建设出现的新形势、新问题，不断调整和

完善评标办法,使之不断适应廉政建设需要,走出了一条适应形势发展需要、符合辽宁省省情的招投标工作机制。

业主标底计算法。1993—1998 年,辽宁省采取了业主标底计算法,以业主编制预算标底为基准,在业主标底( +5% )范围内取最低标中标。完成了沈阳至本溪、铁岭至四平、沈阳至山海关高速公路的招标,其中沈山高速公路被评为交通部优质工程一等奖,并获得第三届詹天佑土木工程大奖。

复合标底计算法。为更好地做好标底的保密工作,1999—2001 年,建设的丹东至本溪、盘锦至海城、锦州至朝阳、锦州至阜新四条高速公路,评标时采用了复合标底法,即业主编制标底与投标人所报标价进行复合,在复合标底( +5% )范围内取最低标中标。

最低投标价法。为进一步完善招投标办法,2002—2004 年,从沈阳至大连改扩建工程开始,包括丹东至庄河、沈阳至抚顺高速公路项目,采取最低投标价法,以复合标底的 85% 设定为该合同段的估算成本价,对于明显低于估算成本的投标人,说明理由,并按规定比例提交现金履约保证金,在此基础上,取最低标中标。其中,沈大高速公路改扩建工程取得了交通部 2005 年全国交通建设十佳优秀管理项目荣誉称号,并获得了第七届詹天佑土木工程大奖。

合理低价法。为了避免投标人低价抢标、恶意串标的现象发生,从 2005—2006 年建设的沈阳至彰武、本溪至辽中、铁岭至朝阳等八个项目采用合理低价法。这种方法是业主标底与投标人所报标价进行复合后,以复合标底的 85% 为基准,取投标价格接近基准价格的投标人中标。合理低价法实施以来,共计 104 个合同段的招标采取这种评标办法,各项目业主标底总计 137.5 亿元,中标单位投标报价总计 115.1 亿元,比业主标底降低 22.4 亿元,下降比例为 16.31% 。

设置上限的无标底合理低价法。为了进一步简化招标程序,提高工作效率,更好地适应高速公路建设的需要,从 2007 年初铁岭至阜新高速公路项目路面工程开始采用设置上限的无标底合理低价法,是在开标前公布招标人控制价上限,以投标人报价的平均值乘以随机浮动系数作为基准,取投标价格接近基准价格的投标人中标。先后有沈阳至康平、辽中至新民等 7 个项目的 69 个标采用了这种方法,各项目业主控制价上限总计 107.6 亿元,中标单位投标报价总计 93.7 亿元,比业主控制价上限降低 13.9 亿元,下降比例为 12.91%。此办法的实行,使招标过程更加简单、透明,合理地降低工程造价,使投标人心无旁骛,把精力都放在分析工程量和施工组织上,有效预防了腐败发生。

**3. 理念创新,打造建设和谐环境的管理平台**

建立了建设资金监管制度。为了保证建设资金专款专用,合理、有效的预防工程转包和非法分包,通过银企合作谈判,借鉴省外先进的管理经验,在征求多方意见的基础上,建立了建设资金监管制度,业主单位即辽宁省高建局与施工单位、监管银行三方签订《资金监管协议》,委托银行负责监管,对承包人工程建设资金的流向适时进行网上查询,发现问题及时处理。制订执行了《辽宁省高速公路建设征地动迁财务管理及会计核算暂行办法》、《关于加强对高速公路建设资金监督调度的管理办法》等制度。

建预防拖欠农民工工资机制,建立农民工工资保证金制度。为确保农民工工资及时足额发放到位,建立了农民工工资保证金制度。施工单位每期工程价款结算时扣留当期结算金额的 1% 作为农民工工资保证金。在施工期间,经认证实属拖欠农民工工资,将用其直接支付,同时扣除欠薪额的两倍作为违约罚金。若施工单位出现两次以上恶意拖欠或一次群众集体上访事件,除执行以上规定外,还要通报批评,并记入辽宁省高速公路建设的信用档案。

(五)精益求精,全面提升高速公路建设质量标准

辽宁省高速公路建设质量严格执行辽宁省交通厅制订的"设计一流、施工一流、管理一流、质量一流、景观一流"五个一流的建设指导思想和建设目标。严格遵循"严字当头、质量第一、受控有序、争创一流"的质量管理工作方针。充分发挥"政府监督、质量稽查、社会监理、企业自检"四级质量管理体系,使辽宁的高速公路工程质量标准大幅提高。

1. 实行参建单位法人代表工程质量终身责任制

根据国务院办公厅《关于加强基础设施工程质量管理的通知》(国办发〔1999〕16号文)和国家颁布的工程建设质量管理条例等相关规定，在工程项目建设上实行参建单位、设计单位、监理单位法人代表工程质量终身责任制，一旦发生质量事故，将直接追究法人代表的责任。终身责任制办法促使各单位领导主动抓管理、保质量，使工程质量得到了有力保证。

2. 健全质量保证体系

为确保工程质量，在项目建设过程中充分发挥“企业自检、社会监理、质量稽查、政府监督”四级质量管理体系。企业自检体系负责材料、工序、产品质量的自检自查；监理负责材料、工序、产品质量的随机抽查、生产过程的旁站监理、施工转序检查签证和自检体系工作质量的监理、检查；高速公路项目指挥部质量稽查大队负责产品质量的抽查和监督、自检体系工作质量的检查、考核、监督；省质量监督站派驻现场的监督办负责产品质量的抽查、鉴定，对自检体系、监理、质检大队工作质量，代表政府进行监督、检查。四级质量管理体系层层把关、各负其责，形成了一个严密准确、控制有效的质量管理网络。同时，为了对质量实行有效的控制，省质量监督站派出质量监督办公室，进驻一线，与项目指挥部共同对工程进行全方位监督、检查，并监督前指、监理及施工单位的行为是否符合有关规定，实行一票否决。对现场设计变更、“优质优价”、“优监优酬”进行审核，并每月将工程质量及三者的行为形成报告，直接呈报给各厅长。

3. 强化自检体系建设

为保证工程质量，在工程招投标和合同中明确要求：施工单位要建立健全专职并相对独立的质量保证自检体系和能够满足施工需要的工地试验室。项目指挥部和监理单位须对各施工单位质量自检体系和工地试验室的建立情况进行严格检查，审查承包人现场项目管理机构自检体系三大内容，即质量管理体系、技术管理体系、质量保证体系。重点审核质量管理、技术管理、质量保证的组织机构和质量管理、技术管理制度；规定自检体系、试验室建立必须符合相关要求方可批准开工。施工单位建立的自检体系成员包括项目经理、项目总工程师、质量检查员、试验员、检测员、记录员和工程内业人员等,在项目经理领导下,由项目总工程师主持标段自检体系的运行工作。各标段均设置了规范独立的工地试验检测室。形成了"纵向到底,横向到边"覆盖面达100%的工程质量控制体系。

**4. 加大对监理人员的管理力度**

每年在项目开工前,辽宁省高建局都组织召开监理工作大会,认真分析当前监理工作取得的成绩、存在的不足,并要求段监理单位要全面落实会议精神,进一步加强对监理人员的考核、管理工作;总监办为提高监理人员的工作责任心,保障各项监理工作的顺利开展,建立健全了各项规章制度。建立《监理人员业务培训、考核制度》,定期或不定期地进行监理业务培训,实现事前管理,防患于未然;编制《监理工作月度考核标准》,根据监理人员的业务学习、工作态度、工作方式方法、工作业绩、业主评价等几方面进行监理月工作考评。

**5. 严把市场准入关**

(1)严格审查进场施工队伍。按承包人的投标书和施工合同的承诺,对施工队伍从资质、设备、人员、管理能力等各方面进行逐项检查,综合评价。对不符合投标书承诺、不能满足施工需要的施工队伍坚决清除,彻底杜绝了一流队伍投标,二流队伍进场,三流队伍施工的转包、违法分包现象。对各阶段的跨年度复工,监理还要对进场的施工队伍、人员及设备重新进行审查,防止施工单位抽调人员和设备,保证了施工队伍和机械设备能够满足施工要求。

(2)把好原材料进场关。为把好原材料这道工程质量上的重要关口,在合同中对原材料的采购与检验做了明确规定。为保证进场材料合格率,地平材料质量检查关卡前移至料场,由监理对料场材料进行检验,不合格材料不准进入现场。对于进场的原材料,要求监理做到"车车检、吨吨检、批批检",质量稽查大队和监督办进行抽检。发现不合格的材料,坚决清除出场,同时对相关施工和监理单位及责任人进行严厉处罚。

6. 实行工程质量“优质优价”、监理工作质量“优监优酬”管理办法

为激发施工单位和监理单位的质量管理积极性，使质量与经济效益挂钩，确保工程质量，对施工单位和监理单位分别实行工程质量“优质优价”监理工作质量“优监优酬”奖罚办法。由项目指挥部根据《工程质量优质优价实施办法》和《监理工作质量优监优酬实施办法》中的规定，对施工单位和监理驻地办分别实行按当月工程结算价款 ±2% 的“优质优价”和 ±0.3% 的“优监优酬”奖罚办法。结合巡回、专向检查结果及现场、进度等管理情况对承包单位施工质量和监理工作质量进行综合考核评分，确定“优质优价”、“优监优酬”等级和奖罚金额，并形成材料通报全线和施工单位上级主管部门。通过严肃的“优质优价”、“优监优酬”评比、通报、奖惩，强化了监理、承包单位的质量管理意识，整个项目承包单位之间、监理单位之间、驻地监理办公室之间均形成了比、学、赶、超的良好质量管理局面，使工程质量在建设过程中得到了有力保证和稳步提升。

7. 加大质量检查力度

在项目指挥部全面管理和重点监控的基础上，还加大日常巡回检查力度并定期或不定期进行质量综合检查。适时召开质量专题会议，并开展“质量月”活动，本着“不怕暴露，决不姑息”的指导思想，对检查中发现的问题，责令相关单位限期整改。通过开展类似的质量大检查极大地增强了施工单位的质量意识，有效地促进了工程质量的提高，使得工程质量受控有序。

8. 实行质量一票否决制度

根据工程不同阶段的质量控制特点，加大对重点部位的现场检查频率和检查力度，对检查中发现的质量问题进行果断处理，对不合格产品，坚决清除现场，对达不到要求的工程，坚决要求返工，并在“优质优价”、“优监优酬”评定时实行一票否决。

（六）有的放矢，构建高速公路领域预防腐败的长效机制

高速公路建设涉及资金量巨大，极易成为各种腐败现象滋生的温床，对此辽宁省不断分析党风廉政建设和反腐败斗争的长期性、复杂性、艰巨性的

特点，根据辽宁省高速公路建设布局的需要，加强廉政工作，强化制度建设，落实反腐专项工作，加强日常警示教育，完善信访机制，进一步打造和谐、绿色的高速公路建设市场。

**1. 不断完善预防腐败制度，明确反腐工作重点**

以制度建设为切入点，加大治本清源力度，力争从源头遏制腐败现象的发生，着力构建预防腐败的长效机制，建立按制度办事、靠制度管人的机制。先后制订实施了《辽宁省高等级公路建设局廉政建设实施细则》、《辽宁省高等级公路建设局实行告诫谈话制度的规定》、《辽宁省高等级公路建设局党风廉政建设违规违纪责任追究和惩处规定》等规章制度。把反腐倡廉工作融入工程建设、管理、施工过程中，拓展从源头上防治腐败工作领域。坚持标本兼治、综合治理、惩防并举、注重预防的战略方针，针对易发生腐败现象的重点部位和关键环节，加大力度、严密监控、集中整治，建立结构合理、配置科学、程序严密、制约有效的工作运行机制，推进工作沿着制度化、规范化轨道运行。

**2. 认真学习、坚决贯彻廉政建设指示精神**

辽宁省高建局经常组织人员认真学习国家、省及交通厅有关廉政建设的规定，全面领会文件精神，教育全体同志树立正确的权力观、思想观和金钱观，同时定期召开廉政建设大会，部署廉政教育工作。2006年，省高建局积极落实中央开展治理商业贿赂专项工作，成立了反商业贿赂领导小组，制订了《省高建局开展治理高速公路建设领域商业贿赂专项工作实施方案》和《辽宁省高速公路建设领域治理商业贿赂专项工作自查自纠实施意见》，加大反商业贿赂的教育宣传工作；各项目指挥部按照省高建局的要求，制订了本项目治理商业贿赂专项工作实施方案，把专项工作落到实处，保证工作取得实效。

**3. 积极做好日常警示教育工作**

辽宁省高建局在日常廉政建设工作中做到警钟长鸣，未雨绸缪，把全国交通战线腐败分子的堕落过程编制成《警示录》，发放给每一位同志；组织同志们到马三家子监狱（省廉政教育基地）、观看交通部编发的《贪路无归》

专题片、交通厅监察处编发的《梦断庄园》《失衡的称》等警示教育片。日常警示教育工作的有序进行,提高了全体管理人员的廉洁意识,增强了拒腐防变的能力。

在祖国即将迎来60岁生日喜庆时刻,开拓进取的辽宁交通人没有停留在辽宁高速公路占据全国前列的沾沾自喜中,而是放大视野,创新发展,在推进建设里程、通车数量大幅提升的同时,不断推动质量标准及管理模式的精细化建设,让辽宁的高速公路驶入崭新的航线。辽宁省前任省委书记李克强在2005年提出:交通运输是重要的基础性和先导性产业,实现辽宁全面振兴,必须发挥交通事业的关键作用。要加快交通建设,建设完备的集疏运体系;要科学规划,重点搞好高速公路建设,确保辽宁交通建设实现跨越式发展。基于这一思想,辽宁的高速公路建设将面临着新一轮跨越式发展和全面振兴辽宁老工业基地交通先行的双重历史机遇。辽宁未来的高速公路建设将坚持与全国整体路网、与东北区域性路网、与省内主骨架网络、与普通公路网结合的原则,实现省际间高速公路全面对接,构建现代化的交通格局。今天,在诞生了"神州第一路"的辽宁大地,辽宁人正在书写着高速公路建设新的辉煌,为充满机遇的"十一五"交通发展掀开了新的篇章。

## 二、高速公路管理发展

辽宁省高速公路管理局于1986年经省政府批准成立,为省交通厅直属行政事业性单位,机构规格为县处级,2008年1月17日,经省机构编制委员会批准,机构规格调整为副厅级。

辽宁省高速公路管理局对已建成的高速公路实施集中统一管理,负责高速公路通行费征收、道路养护、路政执法、超限治理、通信监控及服务区运营管理等项工作。实行收支两条线,执行省本级部门预算,局、处两级管理体制,局为独立法人,管理处为下设分支机构。全省共管辖184个高速公路收费站,同时管理1个直属国有企业——辽宁省高速公路实业发展总公司,负责全省高速公路41个服务区的经营管理。目前,全局共有职工12394人,其中劳动合同工10669人,主要为收费人员及生产保障人员。

20 多年来，辽宁省高速公路管理局始终贯彻省委、省政府提出的“集中统一，高效特管，各方协作，各司其职”的方针，在省交通厅党组的正确领导下，坚持集中统一的管理体制，牢固树立科学发展观和全员服务理念，以加强现代化基础设施建设为先导，以为用路人提供优质服务为宗旨，以法制、制度建设和队伍建设为保障，以实现高速公路管理现代化为目标，不断提高管理水平和服务质量，实现了一个又一个历史性跨越，走出了一条具有辽宁特色的高速公路管理之路，为辽宁乃至东北老工业基地经济振兴提供了坚实的交通保障。

经过 20 多年的发展，辽宁高速公路已形成了以沈阳过境绕城高速公路为中心、两环五射、连接全部省辖市，通车里程达 2747 公里的高速公路主骨架网络，到 2010 年全省高速公路总里程将接近 4000 公里，基本实现“县县通”高速。

“十五”末期，辽宁省高速公路管理工作基本实现了收费自动化、养护机械化、通信现代化、管理规范化，安全畅通路、经济效益路、文明服务路、旅游观光路的“四化、四路”工作目标。

（一）收费管理工作

从 1990 年开始，辽宁省高速公路管理局在收费系统推行“军事化管理、规范化服务”，开展了“三优一满意”活动（即优质管理、优质服务、优质环境，让用路人满意），加强收费队伍建设，规范文明用语、规范着装和工作流程，不断转变收费队伍作风。20 多年来，辽宁省高速公路管理局的收费模式经历了从人工入口收费、出口验票到全省联网自动化收费两个阶段。从 1998 年开始自动化收费系统工程建设，到 2001 年，沈大高速公路首先建成了自动化收费系统，标志辽宁省高速公路初步实现了收费自动化；2003 年，完成了全省自动化收费的联网工作，建成了当时国内规模最大的自动化收费网络，使收费管理工作步入了更加科学化、规范化和现代化的轨道。自动化收费系统以非接触式 IC 卡为媒介，实现了“一卡通”，具有费显统计、流量调查、牌号查询、车道视频录像、实时监控、实时传输等功能。

高速公路通行费收入以 15% 左右的速度逐年稳步增长，1988 年全省高速公路通行费收入仅为323万元,2007年收入为53.7亿元,2009年全省高速公路通行费年收入预计实现70亿元目标,2010年通行费收入将超过80亿元。

### (二)公路养护管理

随着高速公路里程的不断延伸,养护管理经验的不断积累,高速公路养护作业由最初的以人工养护为主,逐步转变为机械化养护为主,人工养护为辅的模式。目前,部分养护作业项目基本实现机械化养护,从路面保洁、剪枝除草逐步向路基、路面、桥梁、附属设施全面维护的方向发展。养护方式由管理处自主型养护开始向道路市场化养护迈进,养护理念由最初的"被动的矫正性和应急性养护"向"预防为主、防治结合"转变。

20多年来,辽宁省高速公路管理局不断完善规范高速公路的养护工作,加强人员培训,提高专业技术人员比例,积极引进新技术、新材料、新工艺,引进高效的道路养护设备,缩短道路养护维修时间,最大限度地减少对用路人的影响,确保高速公路的安全畅通。积极开展预防性养护体系研究,及时处理路面及桥梁病害,并通过实施路面中修工程,全面提高了高速公路路面和桥梁质量,为用路人提供了安全畅通的行车环境。加大投资力度,因地制宜地实施绿化工程,突出中央分隔带、两翼、边坡、收费站出入口的绿化美化景观,努力建设高速公路的绿色长廊,同时加强对各立交区、服务区景点的绿化和美化,提高整体景观效果。

通过不断的实践探索,辽宁省高速公路养护基本实现了路容养护、路面维修、除雪防滑、隧道养护、交通设施维护作业的机械化。全局机械设备总计1290台,主要包括路面修补机械、清扫机械、绿化机械、救援排障机械、路政巡查车辆、除雪防滑机械等,建成了配备科学、手段齐全的机械化养护体系,大大增强了省内高速公路综合养护维修能力和抵御自然灾害能力,为全省高速公路各项管养工作地完成提供了强有力的保证。

### (三)机电系统建设

建局之初,全省高速公路通信采取的是单边带电台的点对点通信模式;1988年,建成了数字微波通信系统;1996年建成的高速公路收费监控系统正式运行,实现了收费管理电视监控。

截至 2007 年年底,机电系统建设规模持续扩大,达到国内一流水平。建成以光纤通信为主骨架,集语音、数据、图像传输等业务为一体的规模大、功能全、科技含量高的网络系统。以应急辅助收费系统和车牌自动识别、移动视频系统为代表的科技创新成果陆续投入运行。

面向社会开通的 96199 咨询投诉服务电话,实现了自动语音播报、人工语音、网站信息发布、服务区触摸屏实时信息、高速公路可变信息标志、移动短信息发布等服务功能,为用路人提供了便捷、及时、准确的出行信息服务。2008 年,全局共发送短信息 165629 条,发布提示信息 197576 条,处理调度信息 875555 条,处理电话咨询 685247 次,总时长 168562 分钟。

(四)路政管理

20 多年来,路政管理工作不断丰富职能,拓展工作范围,坚持依法行政,规范执法行为,强化路政管理。由原来简单的维护安全、保护路产两个方面拓展到保护路产、维护路权、行政许可、超限治理、紧急救援、安全管理等多个方面;工作方法由原来简单被动的巡逻检查,逐渐转变为在巡逻的基础上,利用完善的路产档案数据库和移动视频手段,对行政许可和安全管理项目进行重点监督。执法队伍的知识结构和政治业务素质得到极大改善。目前,大学以上学历人员比例达到 50% 以上,大专以上学历人员比例达到 90% 以上。路政执法人员由最初的 30 多人发展壮大到的 350 余人,在全省范围内启动高速公路救援服务网络,依托“96199”信息服务平台,大力开展救援服务工作,在管理处、服务区分设 48 个救援服务点,配备 240 名救援人员。2008 年共开展救援 3114 起,出动救援人员 12000 人次,提供送油服务 937 次、拖车服务 1145 次,更换车辆配件 625 次,事故救援 407 次。

(五)服务区经营管理

多年来,随着社会主义市场经济体制的发展,辽宁省高速公路服务区管理体制、管理方式也在实践探索中逐步成熟。服务区各经营部门的经营模式经历了自主经营—统一经营—承包经营—责任目标经营—租赁经营—品牌化连锁经营等一系列转变。

经过多年的发展,实业总公司在实践中逐步摸索出适合我省高速公路服务区实际的集中统一管理模式,建立并不断完善以人性化服务为主导、科学化管理为基础、品牌化经营为保障的经营管理机制。各服务区加油站、商场、汽车修理厂等由总公司统一面向社会招商,通过招投标方式确定合作企业,统一实行连锁经营。从2002年开始,引进如中石油、中石化、大商集团、锦州华联、吉林众诚、沈阳万事达等社会知名企业,形成品牌化连锁经营模式。实业总公司在认真贯彻经济效益和社会效益并重方针的基础上,坚持顾客至上和信誉至上的经营准则,先后制订了《辽宁省高速公路管理局服务区质量管理标准》和《千分考核检查评分标准》等规章制度,并以此为依据,加强了对经营服务工作的全面考核,对服务、物价、卫生等方面出现的问题进行了及时整改,做到奖罚分明,有力地规范了企业的经营行为和服务行为。实业总公司在充分发挥机关职能部门监督检查作用的同时,从2005年10月开始,采取聘请社会调查公司定期对服务区经营管理工作进行暗访的方式,要求其定期检查后及时向总公司递交检查报告。几年来,社会调查公司发挥了重要作用,极大地增强了职工的责任感,有效地促进了服务区管理和服务质量的提高。服务区顾客满意率由70%升至95%以上。目前,服务区场区宽敞平整,休闲广场、雕塑景观、引导标示一应俱全;超市化的购物环境、特色化的餐饮品种、宾馆化的客房、星级化管理的公厕,以及自动售货机、自动充气机、全天候的温水洗手、24小时免费供应开水等一系列的人性化服务设施,最大限度地满足了顾客多元化的服务需求。通过开展"花园式服务区"和"生态型服务区"建设,全省服务区绿化覆盖率由20年前的不到5%达到了目前的27.7%,所有服务区全部实现了零污染排放,为高速公路创造了良好的社会效益和可观的经济效益。

辽宁省高速公路沿线现有服务区41个,资产规模11.51亿元,比20年前增长近40倍。年营业收入由最初的1000多万元,发展到2008年的2.15亿元,增长近20倍。从业的员工从200多人增加到了现在的3400多人,增长了 17 倍，总公驾驶员关和沈大线各服务区通过了 ISO9000 质量管理体系认证。

（六）行业队伍建设

辽宁省高速公路管理局坚持不懈地抓好职工队伍建设，把思想建设、廉政建设、行风建设纳入到工作重要日程，开展多种形式的政治思想、法制、工作纪律、职业道德教育，不断提高职工队伍素质，行业队伍建设成效显著。

20 多年来，共有 8 个单位被全国妇联授予“全国巾帼文明示范岗”，7 个单位被共青团中央授予“全国青年文明号”，2 个单位被交通部授予“交通部先进集体”，5 个单位被交通部授予“全国交通行业巾帼文明岗”。2005 年，辽宁省高速公路管理局被授予“全国文明单位”光荣称号。

未来的发展，辽宁省高速公路管理局将努力推动管理现代化的发展进程，坚持交通部党组提出的“以人为本、以车为本”的管理服务理念，着力打造新型的高速公路不停车收费系统、高效的出行信息服务系统、全面的应急救援服务系统和规范的道路市场化养护体系，为服务辽宁经济振兴，服务广大人民群众作出更大贡献。

## 三、普通公路发展

新中国成立 60 年来，经过几代公路人的不断努力，特别是党的十一届三中全会以后，沐浴着改革开放的春风，伴随着我国经济建设大潮，在省委、省政府的正确领导下，在各级地方政府和公路部门的共同努力下，辽宁公路事业实现了跨越式发展，取得了辉煌的成就。回顾硕果累累、辉煌璀璨的 60 年，重温走过的不平凡的创业之路，辽宁公路人心头涌动的是奋斗的乐趣、追求的幸福，跋涉的艰辛、成功的喜悦。

1948 年 11 月辽宁全境解放。境内多数公路、桥梁被破坏。这时解放战争已经到了决战的关口，东北已经成了全国解放战争的总后方，为了支援前线，东北公路总局发出了“恢复交通，发展生产，支援前线”的号召。1949 年 10 月新中国成立。但当时辽宁公路基础设施十分落后，不足 8 千公里的公路大多数是在原大车道、警备道的基础上改建而成，质量低下，缺桥少涵，坑洼泥泞。全省紧急抢修了公路3000多公里。有利的支援了前线和全国的解放。

1950年震惊世界的朝鲜战争爆发了。战火很快烧到了鸭绿江边。在这唇亡齿寒的关键时刻，中国人民志愿军屹然跨过鸭绿江。辽宁与朝鲜仅一江之隔，已成为前线。为适应我军紧急军事行动的需要，东北公路总局对沿江沿海公路进行了紧张的军事抢修，为保证我军后勤供应畅通无阻，1950年11月经中共中央东北局和东北人民政府批准，组建了以东北公路总局为主的中国人民志愿军公路工程总队。于12月21日开赴朝鲜战场。在战火硝烟中，公路工程大队用生命和血水筑起了一道道打不烂炸不断的公路运输线，在短短的两年里，共有50多人英勇献身，其中21人长眠在异国他乡。

新中国成立后，作为共和国长子的重工业基地辽宁，公路建设成了重中之重。辽宁公路人掸去了战火硝烟中的征尘，积极投入到新中国建设的热潮中。经过不断的努力，辽宁公路得到了初步改善。

但到1978年，辽宁公路还未构成一个完整的公路网络，公路体制尚不完善，缺人员、少技术。当时辽宁公路总里程为30347公里，其中国省干线为5809公里，晴雨通车里程13481公里。公路密度20.8公里/百平方公里。桥梁5484座172007米。公路基础设施极不适应改革开放的和经济发展的要求。在党的十一届三中全会精神指引下，公路工作开始转移到建设上来，并进入调整期。

进入“七五”，国家把交通基础设施建设摆在十分重要的位置。党的十二大确定交通建设为国家经济发展的战略重点之一。1989年辽宁省政府召开了第一次公路工作会议，提出了“改革、提高、优质、发展”的原则发展公路。我省沈大高速公路建设、102国道改造和304国道沈阳—桃仙机场一级汽车专用公路建设被列入交通建设27项重点工程。高速公路实现了零的突破，“七五”期间建成高速公路375公里。沈大高速公路是我国公路建设史上的新起点和里程碑，开始了我国公路建设的新纪元，被誉为“神州第一路”，对全国高速公路建设提供了宝贵经验。到“七五”末，全省公路总里程达到40109公里，高级和次高级路面10172公里，占公路总里程

25.4%,公路密度达到27.5公里/百平方公里,桥梁达到9966座304913延米,实现了省会沈阳到所有省辖市通油路,市到县通油路。台安县在全国率先实现了乡乡、村村通油路。1988年12月辽宁省出台了《辽宁省贷款修建高等级公路和大型公路桥梁、隧道收取车辆通行费办法》,1989年2月鞍山、锦州等市部分收费站开始收费。这为辽宁省公路建设提供了新的资金来源。1986年9月20日,新中国成立以来辽宁省第一部公路管理法规《辽宁省公路管理条例》正式颁布,使辽宁省公路管理工作纳入了法制化轨道。

"八五"初期,辽宁省公路由于基础差、欠账多,整体素质低,仍不能适应经济建设和人民生活的需要。按照交通部提出的"全面规划、协调发展、加强养护、积极改善、科学管理、提高质量、依法治路、保障畅通"的公路工作方针。结合全省"八五"经济和社会发展规划,决定实施以县际间通油路为重点的公路网化工程建设。到"八五"末,全省公路整体面貌发生了很大变化,服务全省经济社会发展的适应力显著增强。公路总里程达到43434公里,公路密度达到29.77公里/百平方公里,高等级公路达到571公里,二级以上公路达到6602公里,桥梁达到13607座410445延米。完成的黑色路面工程量相当于前七个五年计划的总和。全省43个陆地县际间全部铺通黑色路面。基本形成了"一网、四射、两环"的公路网格局。

"八五"期间,高速公路建设加快,主骨架功能日趋完善,共建成高等公路196公里。其中沈阳过境绕城高速公路84公里,沈铁高速公路50公里,沈本一级汽车专用路49公里,沈抚高速公路13公里。高等级公路居全国首位。

"八五"期间,干线公路通过能力进一步增强,共完成国省干线大修工程2080公里。建成了锦朝、锦阜两条疏港公路。招投标工程实现零的突破,为进一步培育和发展全省公路建设市场积累了成功的经验。1994年、1995年连续两年战胜了百年不遇的水毁灾害,路况质量稳步上升。养护管理进一步增强,共建设文明样板路1368公里,实施GBM工程800公里。公路绿化被全国绿化委员会授予"全国绿化300佳单位"。

进入"九五",在党的十五大精神指引下,辽宁公路紧紧把握国家拉动经济增长战略的机遇,按照交通厅党组确定的登台阶、上水平的奋斗目标,

1997年5月辽宁省出台了《辽宁省公路发展技术政策》,拓展了公路建设理念和标准。全省公路整体素质发生了新的变化。到"九五"期末公路总里程达到45547公里,公路密度达到31.01公里/百平方公里,高级次高级路面达到24264公里,桥梁达到16690座52.4万延米。"一网、五射、两环"的公路格局基本形成。实现了工程出精品,养护树形象,管理上水平,科技求进步,改革促发展,精神文明出成果的奋斗目标。在1997年全国干线公路养护与管理检查评比中我省公路取得优异成绩,名列全国前第五位。

"十五"是新世纪的第一个五年期。根据交通部提出的"修好农村路,服务城镇化,让农民兄弟走上油路和水泥路"的建设目标。全省公路建设实现了历史性跨越。到2005年底,辽宁省公路实现了"两个突破"和"两个百分之百",即公路总里程突破5万公里,达到5.3万公里;高级次高级路面突破3万公里,达到37361公里。100%的乡镇通油路和基本实现100%行政村通公路。公路密度达到百平方公里36.29公里,二级以上公路达到16341公里,桥梁总数达到71.2万延米,创建国家级文明样板路1条660公里,省级文明样板路34条2607公里。2002年8月辽宁省率先在全国实现了省会沈阳到14个省辖市全部用高速公路连接。

"十一五"时期是我省振兴老工业基地和全面建设小康社会的关键时期,也是全省公路事业把握机遇、乘势再上、加速发展的关键五年。2006年,省委、省政府提出了"五点一线"对外开放战略构想,以沿黄海、渤海的五个重点发展区域和贯通全省海岸线的滨海大道建设为核心,以科学的理论和丰富的内涵,构筑起加速建设老工业基地振兴、全方位扩大辽宁对外开放的崭新格局,勾勒出引领全省经济腾飞的崭新格局。2006年7月28日重新修订的《辽宁省公路条例》由省人大通过,为辽宁省公路事业健康、可持续发展提供了法律保障。在继续加快农村公路建设的同时,辽宁公路提出了坚持以人为本、全面协调、可持续的科学发展观,用安全、舒适、美观、和谐、经济、耐久的新理念指导工程设计、施工和管理工作。到2009年底,预计全省公路总里程达将到100635公里。公路密度达到每百平方公里69.1公里。桥梁总数达到101万延米。高速公路通车里程2838公里。二级以上公路达到 21286 公里,比重达到 21.2。高级次高级路面达到 59258 公里,比重达到 58.9。实施 GBM 工程 400 公里。全省公路绿化里程达到 53376 公里。全长 1443 公里的滨海大道提前一年全线贯通。实现了省到市、县用高速公路连接,市到县用二级以上公路连接,所有乡镇和具备通车条件的行政村 100% 通油路。

新中国成立 60 年以来,辽宁公路走过了辉煌的发展历程,取得了重大的历史性成就。公路建设实现了量的突破和质的飞跃。养护管理、科技教育和行业管理水平整体跃上了新台阶。公路通行条件和路网整体服务功能达到历史最高水平。60 年里,各级公路的技术改造逐步加快,路网的通达深度大幅度提高,高标准建设和改造了国省干线公路。在不断完善和提高我省国省干线公路的同时,辽宁公路跨越了三大步,一是"八五"期间以县际间通油路的公路网化工程。二是"九五"、"十五"期间的乡镇通油路工程。三是"十五""十一五"期间的村通油路工程。使辽宁公路形成了层次分明、四通八达、布局合理的公路网络。为地方经济的发展和人民生活水平的提高,为辽宁老工业基地的振兴奠定了坚实的基础。

## 四、道路运输

新中国成立初期,由于战争的破坏,辽宁省大批车辆及运输设施设备受到损坏,公路运输供给能力低下,1950 年,全省载客汽车、载货汽车仅为 155 辆、867 辆,畜力车占有较大比重,达到 18237 辆,远远不能满足经济社会发展的需求。为缓解道路运输对经济社会发展的瓶颈制约,各级政府高度重视运输工作,积极采取有效措施加快道路运输生产,但发展速度缓慢,截至 1977 年,全省载客汽车、载货汽车达到 1561 辆、5535 辆,畜力车、货运人力车分别为 952 辆和 2055 辆,远远不能满足社会需求。党的十一届三中全会后,根据"调整、改革、整顿、提高"的国民经济发展方针和交通部确定了"有路大家行车、有河大家行船"的工作原则,全省道路运输行业迎来了蓬勃发展的新的历史时期,经过全省交通运输战线广大干部职工的艰苦创业、开拓进取、扎实工作,辽宁道路运输历经"恢复"、"放开"、"整顿"、"规范"、"改善”五个发展阶段，道路运输市场在经济结构、生产能力、网点布局、技术装备、管理体制等方面都发展了翻天覆地的变化，在综合运输体系中的地位和作用日益增强，已经成为国民经济的重要组成部分，为全省经济和社会发展提供了重要的保障。

（一）道路运输生产力大幅提升

截至2008年年底，全省营业性运输车辆49.4万辆。2008年完成客运量7.8亿人次，旅客周转量323亿人公里；货运量9.3亿吨，货物周转量1354.2亿吨公里，在综合运输体系中的比重达到83.5%、32.7%、74.9%和9.7%，道路运输对国民经济的支持和保障作用进一步增强。应急体系基本健全，建立了包括各种车型的客货应急运输车队，在抗击非典、防范禽流感、防汛防洪、抗震救灾、奥运服务等工作中发挥了重要作用。假日运输工作机制基本完善，春运、五一、十一等节假日运输工作实现了科学组织、合理调度，保证了旅客出行和重点物资运输。

（二）客运服务能力和水平切实改善

截至2008年，全省营运客车达到10.5万辆、总座位100.1万个；出租汽车从1979年第一家拥有400辆车辆的出租汽车公司的成立，发展到现在达到79541辆；全省拥有客运班线6949条、日发班次49659.1个；中高级客运班车和包车比重分别达到42.5%和82.3%，客运网络基本完善，车辆的舒适性大幅提高。1998年7月，我省组建了辽宁虎跃快速客运股份有限公司，以高档客车和全新的经营机制实施高速公路客运经营，拉动道路运输向集约化经营、品牌化服务迈进。2001年，结合贯彻交通部225号文件，加快了客运领域集约化进程，鞍山新鞍海客运公司、辽宁锦州虎跃锦朝客运有限责任公司等线路公司相继出现。同时，以定线、定期的方式推进客运集约化工作，确定五年内集约化改造工作目标，有力推动了客运集约化进程。截至2008年，全省共有一级客运企业1家、二级客运企业19家、三级客运企业27家；实现集约化经营线路472条、车辆4410辆，比重分别为7%和27%；道路班车客运经营业户为1896户，平均每户拥有车辆8.7辆，市场主体竞争能力和服务水平显著提高。

(三)货运供给能力明显提高

截至2008年,全省营业性载货车辆39.0万辆,其中,厢式货车、集装箱车辆、危险品运输车从无到有,发展到53234辆、6552辆、12349辆,基本实现专业化运输。现代交通物流业快速发展,沈阳运输集团、大连交运集团、沈阳宅急送有限公司、营口红运集装箱运输有限公司等货运企业,相继开展集疏港运输、城市配送、仓储、小件快递等不同层次的物流业务。截止2008年,全省共有二级货运企业12家、三级货运企业49家。其中集装箱运输企业户均拥有车辆数19.7辆,危险货物运输企业户均拥有车辆数19.8辆,对国民经济的保障作用显著增强。

(四)机动车维修行业取得长足发展

机动车维修业发展迅速,形成了以城市为依托,辐射城乡和公路沿线,以一类企业为骨干、二类企业为基础、三类企业为补充,门类齐全、方便及时的维修市场格局。截至2008年底,维修企业达到10796户,年均作业1190余万台次。汽车综合性能检测站从无到有,发展到64家。96122汽车维修救援服务网络初步形成。车辆维修诊断设备和计算机系统得到全面应用,维修车型基本涵盖世界所有品牌,维修水平和技术能力接近发达国家水准,为社会提供了多层次、及时有效的维修服务。

(五)驾驶员培训质量全面提高

现有驾校373所,教练车7797辆,年培训能力43.1万人。培训方式由新中国成立初期的师傅带徒弟,单一的普通客货车型培训,发展到现在大中小型车辆兼备,多种训练项目齐全的培训格局,满足了社会需求。

(六)农村道路运输得到较快发展

截至2008年年底,农村客运班线达到3802条、车辆8060辆,分别占总量的54.7%和49.1%;通公路的行政村100%通客车;农村集约化经营线路312条、车辆2030辆。农村客运从以县到乡、乡到乡线路为主,逐步延伸至行政村、自然屯,农村地区告别了出行难的历史,实现了走得舒适、走得安全。

(七)道路运输基础设施不断完善

截至2008年,全省客运站达到498个,平均日发送旅客量63万人次,货运站110个,年平均日换算货物吞吐量6.46万吨。全省14个省辖市中心客运站已有10个市完成更新改造,44个县已更新改造客运站31个,客运站功能、规模、形象均有大幅度提高。大连、丹东、锦州、营口、葫芦岛五市的物流园区已初具规模。农村客运站建设进程加快,一批设计新颖、经济实用、功能完善的农村客运站相继投入使用。截至2008年年底,共建设乡镇客运站418个。初步形成以省辖市为中心、以县区为节点、以乡镇为补充,覆盖全省的道路基础设施体系,群众的出行条件明显改善。

(八)法规建设取得明显成效

1987年,积极争取政府出台了《辽宁省公路运输管理实施细则》,开始对行业依法实施管理。1994年,辽宁省道路运输第一部地方性法规——《辽宁省道路运输管理条例》出台。2004年,根据《行政许可法》和国家《道路运输条例》,重新制订了《辽宁省道路运输管理条例》,加大了与该条例配套的规范性文件的制订工作,《辽宁省道路运输行政许可公示规范》、《辽宁省道路运输行政处罚公示规范》、《辽宁省道路运输行政执法监督暂行规定》、《辽宁省道路运输经营信誉监督考核暂行办法》等规范性文件先后出台。道路运输行政执法考核、执法责任制、过错追究、自由裁量权等制度基本建立,道路运输法规体系基本完善,依法行政能力和自觉性明显增强。

(九)科技进步成果显著

研制开发了汽车客运站危险品检查仪、集贸市场专用客车、汽车轴距差检测仪等产品,其中危险品检查仪获交通部科技进步一等奖、省政府科技进步二等奖。起重机和轮式载机修理标准、车辆维护技术条件填补了国内空白。信息化工作从无到有,于2006年联网启动全省道路运输电子政务系统,建立了数据中心,组建了覆盖29个市级运管机构、94个县区运管所和146个重点乡镇运管站及派出机构的广域网,统一应用了辽宁省运政管理信息系统,实现了行政审批、行政处罚、行政收费、市场监管、运政机构与人员管理的信息化。全省共有 70 个三级以上客运站配备了危险品检查仪，10998 台客运车辆和 103161 台货运车辆安装了 GPS 和行驶记录仪。道路运输行业科技水平大幅提高，逐步由改革开放前的手工操作向数字化、信息化方向迈进。

（十）运管队伍建设得到加强

运政管理实现了从管企业向管市场的转变，管理范围由简单的客货运输车辆管理拓展到运输企业、车辆、从业人员、线路、站场的综合管理，管理手段由行政手段向综合运用经济、法律、行政手段转变。健全了省、市、县及重点乡镇的四级管理体制，实现了管理的规范化、专业化和系统化。队伍素质明显增强，思想观念发生深刻变化，管理制度基本健全，内部约束机制不断完善，驾驭市场能力和服务水平明显提升。

## 五、港航建设发展

辽宁省位于祖国的东北部，南濒浩瀚的渤海与黄海，背靠广袤的工业腹地，沿海城市众多，港口密集，交通发达，是我国东北唯一的沿海省份，也是我国近代开埠最早的省份之一。

新中国成立 60 年来，辽宁港航人高举毛泽东思想、邓小平理论、“三个代表”重要思想和科学发展观的伟大旗帜，在省委、省政府的领导下，在交通运输部和交通厅的具体指导下，开拓创新，锐意进取，努力拼搏，实现了港航事业翻天覆地的巨大变化。六十载春秋，充满了艰辛与奋斗，成功与喜悦，60 年岁月铸就了辽宁港航闪光的勋章！港口基础设施建设如火如荼，成绩斐然，功能结构不断满足需求，体制改革不断深入；水运市场蓬勃发展，管理机制健全完善，行业面貌焕然一新。60 年年来，辽宁港航凭借着独特的地理位置、发达的经济基础和优越的对外开放环境，已经成为全省交通体系重要的组成部分，其综合能力得到了快速提升，在辽宁产业结构调整和扩大对外开放程度中发挥了越来越重要的先导作用，促进了辽宁经济的快速发展，使辽宁成为东北地区及内蒙古东四盟连通世界的海上门户。

（一）回首60年

历史是凝固的现实，现实是流动的历史。解放初期，留给新中国的青岛港是个烂摊子。在解放前的20多年中，辽宁几乎无港可言，航道从没有疏浚过。稍大一点的船舶就要随着潮水出入，万吨货轮满载就无法出港。仓库漏雨、码头随时有坍塌的危险，而船舶，还是陈旧的舢板船和木质船。

1978年，我们党召开具有重大历史意义的十一届三中全会，开启了改革开放历史新时期。沐浴着改革开放的春风，辽宁港航一举扭转了在计划经济体制下码头能力长期严重不足的状态，曾经长期困扰经济发展的"压船、压港、压货"瓶颈得到了根本性的解决，经过"八五""九五"的建设，实现了跨越式发展，取得的成就举世瞩目。尤其是在"十五"期间，辽宁港航抢抓东北老工业基地振兴和对外开放双重战略机遇，改变单一的港口生产和船舶运输，形成功能完备、布局合理、安全可靠的港口群和技术先进、种类齐全、灵活高效的运输船队，为东北地区装备制造业基地和原材料工业基地的建设与发展提供了必要的交通运输保障。辽宁港航已经成为经济总量占全国1/3的东北、环渤海地区连接长江三角洲、珠江三角洲两大经济圈和世界五大洲、四大洋的重要衔接纽带。

（二）港口建设成绩斐然

新中国成立60年以来，在旺盛的运输需求带动下，辽宁港口事业长期保持了快速增长。资料显示，1978年的沿海吞吐量合计不足1000吨，随着国民经济与对外贸易的振兴与持续高速增长，港口建设与生产逐年提升。1985年年底，全省共有大、中、小商港11个，共有码头139个，其中生产性码头96个，万吨级泊位26个。码头总长度14200米，全省港口完成货物吞吐量4570万吨，是1949年的32倍，是1978年的4倍多。

"九五"期间，全省港口建设累计完成投资24.13亿元，共新建泊位26个，其中万吨级以上17个，集装箱泊位3个。新增吞吐能力1905万吨，85万标准箱，其中地方港口累计完成投资9.85亿元，新建泊位10个（5万吨级），新增吞吐能力655万吨。到2000年年底，全省港口泊位达到250个，比"八五"增加了48%，其中：深水泊位81个，吞吐能力达到10112万吨，比

“八五”增长了 31%，其中：地方港口泊位达到 64 个，（深水泊位 14 个），吞吐能力达到 1292 万吨，形成了以大连港、营口港为枢纽，丹东港、锦州港为两翼，大中小港口合理分布的沿海港口体系。港口生产实现稳定、快速增长。“九五”期末港口吞吐量达到 12800 万吨，其中外贸 4850 万吨，分别比“八五”期间提高了 55.7% 和 17.2%。

跨入 21 世纪，辽宁港口发展再次实现腾飞。到 2002 年全省共有港口 10 个，生产性码头泊位 267 个，比 1990 年增长了 2.4 倍，其中深水泊位 83 个，比 1990 年增长了 2.7 倍。到 2002 年底，完成港口吞吐量 16000 万吨，其中外贸吞吐量 5000 万吨，集装箱吞吐量 160 万标准箱，分别比 1990 年增长 2.4 倍、1.3 倍和 123 倍，年平均递增 7.5%、2% 和 49%。2001 年大连港港口吞吐量首次突破亿吨大关，胜利实现亿吨跨越，成为全国第七个国际亿吨港口。

2003 年，辽宁港口以其重大而深远的经济意义、政治意义和社会影响越来越得到党中央、国务院领导的深切关注和省委省政府的大力支持。中共中央 11 号文件的颁布，明确提出“充分利用东北地区现有的港口条件和优势，把大连建成东北亚重要的国际航运中心”，赋予了辽宁港口再开放、再提速、再发展的良机。为早日实现党中央国务院关于东北亚国际航运中心的战略部署，省委省政府提出举全省之力而为之，为辽宁港口的发展提供了强大的助推力。2003 年年底，全省拥有生产泊位 273 个，其中万吨级泊位 88 个；完成货物吞吐量 1.93 亿吨，集装箱吞吐量 221 万标准箱。与 2002 年相比，分别增长了 16.3%、26.2%。辽宁沿海港口群基本形成以大连港和营口港为主枢纽港，丹东港和锦州港为地区性重要港口，其他中小港口为补充的分层次港口布局。

“十五”期间，备受瞩目的辽宁港口勇担重任，坚持以经济发展为根本，以结构调整为主线，以改革开放和科技进步为动力，以资金投入为保障，在全国港口行业率先引入民营资本的基础上，积极探索和运用股票上市，通过内外合资合作、国际国内信贷等方式，加强与国内外大型港口集团的战略合作，不断加大基础设施建设力度。建成了全国乃至亚洲地区最新崛起的作业效率最佳的集装箱码头；世界先进水平的30万吨原油码头；国内最大最先进的30万吨矿石码头；亚洲规模最大的现代化粮食专业码头；具有国际水平的汽车滚装专用码头，具备了完善的内外贸集装箱运输和原油、成品油、铁矿石、散粮、煤炭、散杂货、钢材、商品汽车、液体化工的装卸、仓储、运输、服务及滚装运输、火车轮渡等功能，为辽宁作为我国重要的装备制造业基地和原材料工业基地提供了便捷、高效的服务。

"十五"期间，辽宁港口全面开放，使辽宁同世界160多个国家和地区建立了贸易航运往来，每年承担着东北地区70%以上的海运货物，80%以上的外贸运输，90%以上的集装箱外贸运输，为辽宁乃至整个东北经济的快速发展叙写着辉煌的篇章。"十五"期间，全省港口共完成货物吞吐量10.6亿吨，集装箱吞吐量1120万标准箱，吞吐量年均增加3000万吨，其增加规模相当于每年新增一个中型港口，2006年，全省港口完成货物吞吐量3.5亿吨，集装箱吞吐量完成468万标准箱。2008年，完成货物吞吐量4.88亿吨，集装箱吞吐量达到744万标准箱，接近于"十五"期间的一半，相当于1978—2000年22年间的总和，大连港吞吐量在2亿吨基础上再次突破，营口港吞吐量突破1.5亿吨。

辽宁港口南联北开、辐射国际的对外开放格局，物流园区功能的日益完善，"区港联动"全面实现，促进了临港产业的蓬勃发展，辽宁的石油、化工、钢铁、大型机械、电子、服务产业在全国占有突出地位。随着世界经济一体化的发展，辽宁港口已经成为东北地区参与国际竞争的重要战略资源，成为振兴老工业基地的基础设施，成为发展外向型经济的窗口和桥梁。

（三）航运市场蓬勃发展

中共十一届三中全会以来，全省实行开放搞活政策，贯彻沿海与远洋并举，中央、地方、集体、个人一齐上的方针，形成了适应性较强的多层次、多样式的海上运输结构，逐渐优化船舶结构，沿海货轮逐渐代替了托驳船，船舶吨位有所增加。省委省政府、各级交通管理部门一改"重陆运、轻水运"的思想，采取了一系列措施，加强水上运输，发展地方船队，批给外汇额度，允许企业贷款购置国外二手船，开展为外贸进出口服务的运输工作，开创了航运事业的新局面。1985年年末,全省海上运输拥有各种营运船舶825艘,66.99万载重吨,全年完成货运量1132万吨,272.19亿吨公里,完成客运量288.7万人次,56826万人公里。

随着改革开放进一步深化,在国家"扩大内需,增加出口"等多项措施作用下,国家经济出现明显转机,给水运带来巨大物流,也给辽宁省船队发展提供了发展机遇。在交通部、省交通厅的政策支持下,辽宁省水运企业进入新的发展阶段。"九五"期末,辽宁省拥有水运运输业户405家,其中水运企业105家(从事国际海上运输的企业25家,从事国内沿海运输的企业89家)。拥有营运船舶833艘(其中:货轮630艘、客滚船30艘),135万载重吨,3万客位。国际船舶代理企业25家,外商独资企业及分公司8家,外商驻辽宁省办事处143家,国内水路运输服务企业298家。"九五"期末,全省货运量达2800万吨,货运周转量为510亿吨公里,分别为"八五"期末的102.8%和74.2%(注:由于船舶结构调整,中远大连公司远洋船下线很多,故使运距大幅度下降)。客运量达650万人次,客运周转量为110000万人公里,比"八五"期末分别提高了17.1%和27%。

"十五"期间,伴随着港口的全面繁荣,辽宁航运走上了快速发展之路。资料显示,2002年末,全省拥有水运业户435户,营运船舶1752艘,35861客位,1593475载重吨,分别比1990年增长681%、224%、235%和164%,年均增长率分别为17.3%、6.95%、7.38%和4.2%。全省完成货运量2800万吨,货运周转量5422721万吨公里,客运量598万人,旅客周转量75333万人公里,分别比1990年增长162%,171%,181%和125%,年平均增长率分别为4.1%、4.57%、5.1%和1.88%。

辽宁航运在"十五"期间,紧紧依托密集的疏港公路、发达高速公路、四通八达的铁路、航空、管道网络,辽宁航运大力发展客滚船、内外贸集装箱船、大型散杂货船、液化气特种船,淘汰老旧船舶,提升单船运力,形成了船龄合理的梯形层次分布,运力总量达324万吨,相当于"八五"和"九五"十年的总和。航运具有国际竞争力的运输船队,构建起具有地方特性的国际油品运输、日韩近洋货物运输、冷藏鲜活运输和国内渤海湾客滚运输、成品油运输、集装箱、散杂货运输的航运体系以及较完善的国际、国内多式联运和物流系统，一改计划经济单一、传统的局面。从而将辽宁与全国沿海各地和世界紧密的连接，实现经济往来的良性互动，满足了区域经济及对外贸易发展的需要。

货运船舶日趋大型化、专业化，30万吨级超大型油轮的投用，打造了中国油轮运输的品牌，客船日趋快速化、豪华化、舒适化、国际化，四艘"岛"字号客滚船代表了我国海上客运的最高水平，拉近了辽东半岛和山东半岛之间的距离，使四大航运热点之一的渤海湾市场成为全国运量最大的客运市场；大仁、营仁、丹仁航线的开通，成为促进我国与韩国之间贸易往来、文化交流的"绿色通道"。"十五"期间，水路运输完成货运量19623万吨，货运周转量5599亿吨公里，完成客运量3061万人，客运周转量41亿人公里。2006年，全省水路运输完成货运量7303万吨、货物周转量2211亿吨公里，同比增长27.5%和27%；客运量722万人次、旅客周转量9.2亿人公里。

辽宁航运建立了公正、诚信、便捷、高效的综合服务体系，在通关时效、整体运作、服务经营和科技应用上已经达到国际先进水平。2002年成立的大连航运交易市场在我国航运交易史上率先实现口岸通关及物流发展"一站式"服务、"一网式"交易，将海关、检验检疫、海事、边检等查验功能以及信息、金融、市场交易、物流等服务功能集为一体，大大提高了货物贸易的进出口效率。规范、统一、有序的航运市场有效地促进了1200多家水运及辅助企业经营国际化、服务物流化，管理数字化、制度现代化。中远、中海以及国内外大型航运集团，加速了辽宁航运的战略合作进程，其组建的远洋运输公司、客轮有限公司、海运公司已经成为我省海运的骨干企业。伴随着国有大型企业集团化实现，航运民营经济迅速发展，中小企业日渐规模化、集约化，个体水路运输业户与航运辅助企业也逐步实现了规范化、企业化经营，截至2008年年底，全省水运民营企业比重达到70%以上。日益发展壮大的辽宁航运在区域经济的发展中发挥着越来越大的推动作用，是东北老工业的振兴强有力的"催化剂"。

# 巾帼何以愧须眉

王雨雪

她，矮小的身材、纤瘦的肩膀，看上去是那么弱不禁风，但熟知的人都说她不是弱小而是坚强；她，黝黑的皮肤、粗糙的双手，看上去是那么朴实无华，但领导和职工们无不叹服她是位“巾帼不让须眉”的女强人。她，就是连淑波，大连市普兰店公路段一位26年如一日、在平凡岗位上做出不平凡业绩的女养路工人。

## 一、“让我试试，我决不会拖班里的后腿”

在公路系统，养路工人的工作艰苦众所皆知，一年365天奋战在生产第一线，哪里有急难险重，他们就出现和忙碌在哪里。雨雪天气，别人跑都来不及，可他们却要以“雨雪为令”冲到管养路段，抢修水毁、除雪防滑，确保公路畅通。

养路工的工作劳动强度大，属于重体力劳动，所以在养路工的队伍中绝大多数都是男同志。而连淑波从1981年参加工作至今，在公路养护生产第一线上一干就是26年。多年工作的艰辛，风风雨雨的磨炼，使44岁的连淑波显得比实际年龄要老得多，黎黑的面庞被风雨烈日雕刻上了道道皱纹，一双粗糙的手被厚厚的硬茧覆盖着，就是一位普普通通的农家妇女，可在领导和同事们的眼里，她却是令人叹服、令人敬佩和不平凡的女人。2001 年,普兰店公路段对养护体制进行了改革,养护工作根据每条路线交通量的大小、路况等级情况等,实行定岗、定员管理,并在职工内部实行养护招投标。连淑波所在的乐甲道班有一条最让道班班长头痛的路,就是兴唐线虎口岭这段长达 2.7 公里的山路,不仅弯多、坡陡而且地势险要、管养艰难,是出了名的老大难路段。就在班长为如何安排这段路的管养而发愁时,连淑波主动请战,但遭到了班长的回绝:“你可不行!这段路难度太大了,你是个女人,这段路你养不了。”但连淑波硬是恳求说,“班长,让我试试吧,我不会拖班里的后腿。”看着连淑波坚定的目光,班长答应让她试一试。

这段路坡陡、岭长,每到雨季,一场雨过后,普通路段 3 天就可以恢复的水毁,这里就需要一个星期。为了减少雨水对路肩的冲刷,连淑波想到利用雨天从山坡上挖草皮,将边坡上被雨水冲刷形成的鸡爪沟栽上草式引水流,实际效果很好,于是她就将自己管养的全部路段每隔 10 米栽上一道草式引水流。对一个弱小的女人来说,这无疑是一项巨大的工程,2700 米的路段,两侧需要栽植近 600 道的引水流,每次挖草皮她都要步行往返 1 里多的山路用土筐挑。由于离家远,中午就在路边啃点干粮,渴了就喝一口从家里带的水。两年时间,她累计行程达 1500 公里,共计挑了 3000 多担草皮,完成了 600 道草式引水流栽植,使路面积水通过草式引水流排出,保证了路肩不受雨水的冲刷。公司通过召开现场会的形式,将连淑波坡岭路段养护的成功经验在全公司推广,普兰店公路养护的路基草养化随即全面铺开。6 年过去了,这段外人眼中的老大难管养路段,通过这位女人的滴滴汗水和勤劳双手,硬是被打造成了普兰店公路养护公司的管养示范路和样板路。

## 二、“再苦再累,工作上不能让人说半个不字”

一个女人与男人们从事着同一种工作,女人所遇到的困难要比男人多得多,除了一些女人自身无法克服的生理弱点外,仅就社会性和家务性的问题,也比一般男人多。连淑波的丈夫常年在外地打工,极少回家,家里有正上学的孩子、生活完全不能自理的瘫痪爷公、年逾古稀并患重病的公婆都要靠她一个人照料,上要伺候三个老的,下要养活小的,婆家这一大摊子已经够难的了,娘家还有两个先天性痴呆的兄弟,她也要经常回去探望。连淑波就这样一个人扛着全家的重担,不仅要像对待婴儿一样一口口的为瘫痪的爷公喂饭喂水喂药,每天还要给爷公接屎接尿。十几年来,没有人能帮她一把,她就这样咬着牙坚持下来。这么多年,连淑波也苦也累,但从来没有半点将老人放弃不管的想法;在沉重的家庭负担面前,她从没有把自己当成一个外姓人,而是把三位老人当成自己的亲爷爷、亲爹妈一样精心照料。繁杂沉重的家务不能不想,公路上的活又不能耽误,这实在是一个很难调节的矛盾。连淑波真恨不能浑身上下都长出手来,来把这些家里家外的活一块干完。但是,她的所有愿望,只能靠她自己一双手来实现。连淑波每天早晨都起得很早,别人家刚刚起床准备早饭的时候,连淑波已经干完全部家务,带上工具开始了路段上一天的养路作业。

2005年春天,公路段组织开展东曲线栽植草网格大会战,当时连淑波的丈夫刚去世不久,在丈夫去世前突患急病那段时间里,连淑波没日没夜的守护照顾,体力已严重透支,再加上丈夫去世后忙里忙外地操办丧事,更使她的身体和精神承受着巨大的压力,多年的老胃病也加重了。考虑到这一实际情况,班长在安排这次大会战任务时没把她算在内。为了不给班里工作拖后腿,连淑波没有请假休息,把家里的老人和孩子委托给邻居帮助照顾,自己早上四点多就起床,早早地来到作业现场,刨沟、栽培,和大家一起干得热火朝天,没有人能看出她是一个刚失去丈夫、身体极度虚弱的女人。这天下班的路上,连淑波瘫软着身子睡在车里,大家才感觉到她实在太累太疲惫了。回家后,连淑波实在支撑不住,只好到诊所打了吊瓶。第二天班长知道后,实在不忍心了,就让她无论如何休息几天,别硬撑着,可她硬是不肯,一直坚持到全部任务结束。

连淑波在每天的生活中,就像一台编好程序的计算机,高速运转,不知疲倦。有人关心地说:“小连整天没日没夜地忙,就算是台机器也得有个停的时候呀!”连淑波坚定地回答说:“自己再苦、再累,也不能耽误工作,更不能让别人说出半个不字”。

## 三、“段里的活，男职工能干的我也能行！”

虽然，她身体单薄，体重只有90多斤，又患有严重的胃病，但不管刮风下雨，还是大雪纷飞，总能看到她在路上作业的身影；虽然，她是个女人，弱不禁风，但面对生产任务时，她总要求班长给她的任务量同男同志一样多。在开挖大边沟时，连淑波和其他人一样一锨一镐，挥汗如雨。从远处看，除了她瘦小的身材，你根本看不出她是个女人。在重体力的生产任务面前，连淑波也从未把自己当成女人，用她自己的话说，“都是养路工，段里的活，男职工能干的我也能行！”

2006年汛期的一天，下了一整天的闷雨，在兴唐线坡岭路段，由于山上水流很急，路肩被雨水严重冲毁，如果不及时把缺口堵上，很可能会中断交通。那几天连淑波的家里又是灾难接踵，公婆二老相继病情加重，又相继去世，前后仅一个多月的时间。从二老病床前的伺候到接连办丧事，这一切又是连淑波一个人苦撑苦熬下来，身体的极度劳累和精神上的万分憔悴，使她患上了眩晕症，时常头痛恶心。可是连淑波没有对任何人说，在抢修水毁的时候，她和男职工一起跳进齐腰深的河里装沙袋、堵缺口，丝毫不示弱……就这样从一大早一直干到中午，连淑波身上的雨衣被石头划了一道口子，雨浸湿了全身，大家都劝她回家换件衣服，休息一下，可她仍然倔强地咬牙坚持着。当把路肩的缺口完全堵上时，连淑波却昏倒了……

2007年元宵节的那场百年不遇的风暴潮，让每一个经历过的人都记忆犹新，肆虐的狂风，纷飞的雨雪，镜子般的路面，所有的车辆都像蜗牛一样在路面上爬行，行人更是举步维艰，稍不留神，就会被狂风吹倒，多少人这一天因路滑被摔伤。就在这样一个路上人迹稀少的傍晚，连淑波这个弱女子正和男职工一样在结冰的路面上撒着防滑砂，狂风吹的人站都站不稳，何况还要边走边撒防滑砂？那种艰难，没有亲身感受的人是无法想象的。为了不阻碍交通，被狂风刮断的路树需要迅速拖走，而连淑波却冒着被随时倒断的树砸伤的危险，在路上忙碌着。她已经不记得自己是怎样一次次被狂风吹倒,又怎样一次次艰难地爬了起来……狂风、冷雨、黑夜、艰难、疲惫都没有让连淑波退缩,都没有将连淑波打垮,连淑波虽然身材弱小,但她却是坚强的,几十年如一日的养路情结练就出了她那种与众不同的刚强的性格。

连淑波是一位普通的女养路工,但她却用自己瘦弱的身躯和顽强的毅力为公路养护事业奉献着一切。因此她荣获了大连市"巾帼建功标兵"、普兰店市"劳动模范"、"三八红旗手"等荣誉称号。这是对身居农村扎根一线的一位女养路工的最高褒奖。但连淑波并没有沾沾自喜,依然埋头在自己养护的作业段上,日复一日重复着每天的劳作。面对这样一个要强的女性,在她所挚爱的事业上,我们有理由相信,巾帼是不会愧于须眉的!

# 立足本职作奉献　热情服务构和谐

大连市通达出租汽车公司驾驶员　顾庆泰

我是大连市通达出租汽车公司一名普普通通的驾驶员，开出租车已经18年了。十几年来，我在出租汽车行业以诚心待客，用热心服务，凭爱心开车，文明安全行车200多万公里，为老弱病残、现役军人、教师、劳动模范、高考学子、社会福利院老人、贫困大学生和特困户免费服务近20万公里，金额达20余万元。党和政府给予了我很高的荣誉，先后被授予全国劳动模范、全国文明出租车驾驶员、辽宁省劳动模范、辽宁省学雷锋标兵、大连市特等劳动模范、大连市十佳职业道德标兵。我的做法先后被人民日报、经济日报、解放军报、辽宁日报等十多家新闻媒体报道过。下面我就把自己17年来在出租车岗位工作的情况向在座的各位领导和同志们做一下简要汇报。

## 一、奉献爱心，免费服务，真诚回报社会

1991年春天，我来到了大连通达出租汽车公司当上了一名出租车驾驶员。当我第一次抚摸着这辆崭新的出租车时，心里不知有多么的兴奋！心想，如果不是党的改革开放好政策，我一辈子也开不上出租车。于是，我就暗下决心，一定要珍惜这个岗位，用真诚的心去勤奋工作，换取乘客的信誉，取得更好的经济收入。

刚开出租车时，我披星戴月、废寝忘食、顶风冒雨，行大街、穿小巷、一天

工作十几个小时,虽然我熬瘦了,晒黑了、但我觉得很充实。一年下来,我就挣了上万元。当我手里掂着那沉甸甸的收获时,我在想,虽然是自己付出了劳动和辛苦,但这些都是广大乘客给我的。特别是想到那些素不相识的乘客,他们坐上我的车,看到车内卫生整洁,上车有迎声,下车有送声,乘客心里十分满意;计价器显示9元多,他们就给我10元钱,还热情地说"不用找了,出租车驾驶员不容易啊,谢谢您的服务。"久而久之,心里总有一种说不出的感激,觉得我欠广大乘客的,乘客每天多给我3元5元,一年365天,我多收乘客多少钱,我拿什么去感谢这些素不相识的乘客。这时,我萌生了一个想法,春节这一天,是我们中华民族传统的节日,是老百姓一年中最吉利、最高兴的日子,为了让老百姓图个吉利,让他们高兴再高兴,于是我决定,从1993年春节这一天起,每年春节这天凡是坐我出租车的所有乘客全部免费服务。

记得1993年春节那天早上,我早早就起来,把车里车外收拾的干干净净,用一条十多米长的大红绸子扎成一个大红花系在车前头,我的出租车被打扮得像一辆新人结婚用的喜车,引来了许多人好奇地目光。老婆说:"大年初一,人家都争着抢着多拉客多挣钱,你可倒好,免费不说,还搭上油钱份子钱,真是傻到家了!"我没有理会,嘱咐她领着孩子去给老人拜年,我就开车上街了。开始,尽管很多人在路边打车,但是看到我的出租车扎着大红花不知咋回事,没有人敢招手打我的车,我就停下来告诉他们,我的车免费服务。他们还是将信将疑,当我把大连中转货运公司的朱师傅一家送到甘井子区辛寨子镇没收车费时,朱师傅的妻子乐得直拍大腿说:"俺怎么这么有福,大连一万辆出租车就这么一辆过年不要钱的,偏偏让俺遇上了,大年初一碰上了这么一位好驾驶员,俺今年肯定是大吉大利。

那一天到晚上8点,我共为36位乘客义务服务,行程326公里,按计价器计算,金额达400余元。虽然这一天我没有和家人团聚,没能享受到天伦之乐;虽然我没得闲,回家时两手空空,没像别人那样挣到大把大把的钱,但我感到非常的快乐和满足,因为我送给广大乘客的一份丰厚的年礼,得到的是最大的精神安慰。

1993 年 7 月的一天，我的车行驶到大连医学院门前时，一对八十多岁的老夫妻打我的车要到寺儿沟。当到达目的地时计价器显示 8 元多，老大娘从衣兜里掏出 5 元钱，紧接着老大爷说："驾驶员师傅，我一个月退休金百八十元，今天上医院看病拿药，身上就这五块钱了，实在走不动了才打车，钱不够，行个方便吧！"听了老人的话，我马上就说："大爷，这车费钱我不要了，谁家没个大事小情的，谁家没有老人啊，这一趟我免费为您服务。"我把两位老人扶下车，嘱咐他们慢走，可两位老人站在那儿一个劲地拱着双手向我致谢。我的车已走出很远了，从反光镜中看到两位老人还在向我挥手，这一刻使我的心灵受到了震动和启迪。我想不能只局限于春节免费为乘客服务，老弱病残更需要帮助啊！于是 1994 年 3 月 5 日雷锋纪念日那天，我在出租车上第一个立起了"老弱病残、现役军人、教师免费乘车"服务牌，这项服务承诺一直延续至今。

16 年来，从坚持大年初一免费服务到为老弱病残、现役军人、教师等义务出车，我共免费服务 6 千多人次，行程 5 万多公里，金额达 6 万余元。开始家人反对，公司领导不理解，纷纷指责我。很多人说我傻，还有人说我在"作秀"，我遭受了不少的白眼和嘲讽。我也理解家人和公司领导，因为那时我自己刚刚可以养活一家人，还不足以为他人奉献更多，但我坚持了。我总觉得是党的好政策让我开上了出租车，是广大乘客的信任给了我奉献社会的机会，既然承诺了，我就要坚持下去。慢慢地新闻媒体开始报道我的事迹，社会上的一些流言消失了，一些同行在街上碰到我的车总要摁一下喇叭，向我伸出大拇指。家人也从当初的反对转变成现在的支持。更让我欣慰的是 16 年来，在大连有越来越多的出租汽车驾驶员加入到大年初一免费服务、高考期间为应考学生免费送考等义务服务之中。因为我坚信，我做的没错，我是用真心来回报社会。每当我想起残疾老军人拄着拐杖拦在我车前非要给我车钱的情景，想起海军舰艇学院军官下车时那个标准的军礼，想起病危老教师的女儿替她父亲向我深深地鞠躬……每当我想起这些，浑身就有使不完的劲儿，更坚定了为这些特殊人免费服务的决心。

## 二、让爱延伸，拓展服务，打造爱心品牌

在市场经济的今天，有人认为人际关系正在淡化，但我却觉得，只要人人都有一片热心肠，只要人人都能献出一点爱，那么助人为乐的中华传统美德，就能继续发扬光大。因此，在日常开车中，我始终坚持用真心、诚心、爱心为广大乘客服务。一天，我在长春路一家医院拉了一位拄着双拐的乘客，在车上那位乘客告诉我，他是外地人，因车祸左腿骨折，已经快三个月了，但伤腿一直没有痊愈，没办法只好回家自己养着。但下车时，那人有些迟疑，我猜到了他的难处，就问："是不是上楼有点困难？"那人说："大哥，不瞒您说，我租的房子在六楼，每次复诊回来我都一个台阶一个台阶地往上挪，每次都要花上一个多小时才能到家。"我听后，二话没说就把那人背到了楼上，到家后那人掏钱给我，被我谢绝了。当时我们还约好了下次去医院复诊的时间，就这样我专程拉了那个病人三次，直到他老家来人将他接走。

开车之余，我还积极参加各种社会公益活动，资助贫困学生。我在大连希望工程办公室得知普兰店一名叫王雨的六年级小学生因为家境贫困、母亲过世即将退学，我决定每年资助他480元，从初一到高中，如果说考上大学我仍然资助他。王雨同学不负众望，2001年9月考入了沈阳大学人力资源管理专业，2005年8月毕业。现在在大连一家外贸公司工作。从初中一年级到大学毕业十年来，我和公司领导为他免费提供学习生活费用五万多元。工作后的王雨勤奋努力，热心助人。他表示，决不辜负社会上好心人的无私帮助和关爱，他要用实际行动回报社会，帮助那些需要帮助的人，让爱永远传递下去。

大连是一座文明美丽的城市，出租车是城市文明的窗口。在外地人面前，我们代表着大连；在外国人面前，我们代表着中国。开车时，我就决心不仅要做一名合格的出租车驾驶员，还要做这座城市精神文明的宣传员、乘客满意的服务员、旅游观光的导游员、救死扶伤的抢救员和见义勇为的巡逻员。2005年3月10日，我接到了韩国游客安英顺的电话，说是受她父亲之托要来看望我。10年前，她的父亲安永万在大连外国语学院任教。一次，

安先生坐上了我的车，看到了窗前竖着免费服务牌子后，激动地问："外国教师也免费吗？"我说："雷锋精神不分国界，我的服务也是不分国界的，只要您是教师，乘车就可以免费。"安先生竖起大拇指，动情地说："我到过许多国家，像你这样的服务我还是第一次遇到，你真像一个民间外交大使啊。"从此，我俩成了异国朋友。安先生任教期满后回国了。没想到，10 年后，他的女儿会来大连找我。我和英顺小姐见面后，她硬是要坐一坐我的"爱心的士"享受一下。看到那个免费服务牌还竖在车窗前，汉字下面还注上了英文，高兴地说："你很了不起，我爸爸回国后发表文章，号召首尔的士都向你学习。"听后，我感谢地说："谢谢你爸爸，他把雷锋精神传到了韩国！"

开出租是我的本职，但我觉得仅仅开好车还远远不够，我还要用最优质的服务来展现大连出租车的形象，打造出租车的服务品牌。于是，2001 年 9 月，我萌发了注册商标的念头，此举得到了市工商局和出租汽车管理处的支持，并顺利帮我办理了申报手续。说实话，我注册商标不是图新鲜，更不是为了好看。我想，现在哪个服务行业没有自己的品牌、名牌，出租车行业却在这方面晚了一步，没有一个服务品牌。我就要带这个头，把做好事与树品牌结合起来，通过自己热情、周到、温馨的服务，打造出租车自己的品牌，让中外乘客充分享受到优质服务的同时，也来监督我，看看我老顾的服务是不是热情，车子是不是干净，行车遵不遵守交通规则。我要通过自己的服务争创大连、辽宁和全国的消费者满意品牌。经过严格地审批，2003 年 2 月初，我终于拿到了国家工商总局颁发的注册证书，注册商标是"顾庆泰爱心的士"。我成为全国第一位拥有个人商标的出租车驾驶员。之后我把"顾庆泰爱心的士"商标图案贴在自己的车上，商标很显眼，人们在出租车流中一眼就能认出它，市民们在监督我的同时也争抢着要打我的车。爱心的士品牌赢得了信誉，也提高了我的经济效益，甚至还有人把存折交给我，让我帮忙到银行取钱、到客户单位取支票，还有的让我替他带客人游览大连。

## 三、爱心车队，播撒爱心，弘扬新时代精神

一个人做好事只是一个光点，如果一群人做好事就成了光束，假如全社

会的人都做好事,那不就光芒万丈了吗?在我的影响和带动下,2003 年 3 月 5 日,15 个单位 36 名出租车驾驶员就以“顾庆泰爱心的士”这个商标命名,自发组织了大连“顾庆泰爱心的士”车队,使更多的像我一样的好心出租车驾驶员加入到奉献爱心的队伍中来。他们中有“辽宁省献血状元”、全国无偿献血奉献奖章获得者徐俊强,有全国文明驾驶员王淑英,有大连市劳动模范崔福茂、程远胜等。爱心车队每辆车的引擎盖上都印着“顾庆泰爱心的士”红蓝色两条带子的商标标志,蓝色代表大连蓝天碧海,红色代表着爱心传递。从成立那天起,我们就以服务人民为宗旨,用爱心铸就队魂。

2003 年“非典”期间,正值全国统一高考,爱心车队向抗击“非典”第一线的医护人员献爱心,专车、专人免费接送他们的子女参加高考。在爱心车队的影响下,此后每年高考,大连一些有爱心的人就会加入到“红丝带爱心送考”的队伍中来,现在已经发展到 1000 多辆车。

秦皇岛市有个下岗女工叫杨晓平,28 岁时得了肺癌,后又双目失明了。杨晓平从大连广播电台《阳光旅程》节目中,知道了大连有一群“爱心的士”,便通过电话与我取得了联系。了解到她的情况后,我和爱心车队的驾驶员们经常打电话鼓励她不要放弃生命,要勇敢面对生活。她也时常提醒我们“爱心车队”行车时多注意安全。杨晓平第一次来大连时,我们轮流陪伴着她,安慰她,杨晓平由衷地说“我的命就是大连人给的,是爱心的士重新点燃了我的生命之火。”回到家乡后,杨晓平在秦皇岛开办了“晓平热线”,每天都讲述她与大连“爱心的士”的故事。她还成立了青年志愿者协会和“心连心”艺术团,并亲任团长,经常到福利院和偏远山区慰问演出,成了当地的“爱心名人”。2004 年 9 月,杨晓萍带领由 50 多人组成的秦皇岛“心连心”艺术团来到了大连,特地慰问了“爱心车队”。2006 年 9 月 15 日,杨晓平第 6 次来到了大连,这次她是受邀参加央视《文明中国》大型电视活动“大连篇”的现场录制,讲述她与大连“爱心的士”的亲情。在录制现场,杨晓平动情地说:“我最大的心愿就是想看看你们这些爱心的哥,虽然我不能亲眼见到大连的景色,但我的心能够看到,大连人的爱心我能感受得到”。

还有一位叫娟子的患有尿毒症的姑娘，因为病痛对生活失去了勇气。我和爱心车队的驾驶员们知道后，专程去看望她，鼓励她要勇敢地面对生活。为了满足她的梦想，我们爱心车队的驾驶员与市妇联、大连武警医院和社会上的好心人一起为她举办了没有新郎的特殊婚礼。类似的事情还有很多，内蒙古来连的患病的小姑娘、常年患病20多年没出家门的孔庆云等都得到过我们爱心车队的爱心救助。我和爱心车队的驾驶员们还经常去福利院、儿童村看望老人，拉孤儿们游览大连，资助他们学习用品等。

爱心车队有一个不成文的队规，简单说就是文明行车、遵章守法、诚信待客、奉献爱心。几年来，三十多辆爱心的士几乎没有因交通违章而被处罚过。捡拾乘客遗失在车上的钱物不计其数，从没有私留过。爱心驾驶员夏黎辉曾把乘客遗失在车上的9万元现金、两万多元物品和两本护照原封不动地送还失主，外地乘客见到了失而复得财物时，激动地说："大连'的哥'真是诚实守信啊！"遗憾的是我的这位49岁的好同事好驾驶员却因突发脑溢血于年前去世了。临终前，还含糊的嘱咐家人给他穿上爱心车队工作服，骨灰撒到大海……

除此之外，我们还经常自发地为特困群众、希望工程和受灾地区捐款捐物。2008年春节前，南方多个省市遭受了多年不遇的冰冻灾害。我和爱心车队的驾驶员们决定拿出一天的收入捐献给灾区。2月3日，我们将4278元捐款通过银行电汇到北京中国扶贫基金会，送往灾区。银行的工作人员得知汇款是给灾区人民的爱心捐款，主动免去了手续费。2月4日早上，中央人民广播电台新闻和报纸摘要节目播报了我们大连爱心车队义捐南方灾区的举动。这是全国各城市出租汽车驾驶员向灾区义捐的首例。中国扶贫基金会会长段应碧在亲笔签署的《荣誉证书》中这样写道："您们的捐助通过中国扶贫基金会这双呵护和关爱之手，直接传达递到贫困地区的弱势群体手中，转化为良知和爱心，激励他们的信心和斗志，促进社会的互助与文明，为此，我们代表成千上万受你们关爱的妇女、儿童、老人等弱势群体，对您们的慷慨捐助表示难以言表的感激之情。"

爱心车队自成立以来，共为特殊困难的群体免费服务金额达100余万元。爱心车队先后被省委省文明委授予雷锋号车队、被大连市政府授予市民最喜爱的商标品牌车队、被大连市总工会授予五一劳动奖状先进车队。我和爱心车队的同志们决心,在今后的工作中,一如既往地奉献社会、服务人民,为振兴东北老工业基地,为构建和谐辽宁和建设美丽文明的大连而继续努力。

# 我的高速路　我的高速情

辽宁省高速公路管理局　李　萍

在我的儿时，家门口有条路，叫做高速公路。那个时候我不知道这是一条什么样的路，也不知道她会通向哪儿，只知道那是爸爸每天上班的地方。每每晚饭过后，爸爸总是会拉着我的小手到这条路的起点，一个叫做收费站的地方远远地望去，看不到尽头，也没有边际。

伴随我的成长，高速公路这四个字一直没有离开过我的生活。雨季到了，我就会十天半个月看不到爸爸的身影，他说他在路上救援；雪天来了，我又会十天半个月拉不到爸爸的大手，他说他在路上除雪。后来我终于知道，这条路不仅是一条高速公路，而且是中国第一条高速公路，她就从我的家门口一直通向另一个美丽的城市——大连。她让距离变短，让时间转瞬，让疲惫溶解，让城市相接。就是这样一条路让爸爸经历了从黑发到白发的年华，就是这样一条路让我亲历了从陌生到难舍的情缘。

2006 年大学毕业后的我满怀着对高速事业的壮志凌云和对年轻力量的信心，来到辽宁高速的大家庭中报名应聘，光荣的成为了基层管理处的又一名新兵。从此我便走上了一条宽广的大路，这是我脚下的路、人生的路、心灵的路、无法割舍的路。高速大路的雄壮一次次地震撼着我，高速人的激情一缕缕地感染着我。

多少次在黑暗中，有个光亮在大路上闪烁着前行，那是我们的路政车正在巡逻。驾驶员的车坏在了路上,我们马上组织救援;有人误入高速公路找不到回家的路,我们赶紧想尽办法,用最快的时间将他送回到家人的身旁;发生了交通事故,我们配合高速交警完成现场处理后,从来不忘摘下帽子为遇难者深深的鞠上一躬。

多少次在节日里,有一群人在岗亭中对用路人微笑,那是我们的收费员在坚守岗位。遇到车上正有生病的人,他们端水送药联系医院;遇到个别驾驶员逃费使诈,他们耐心说服严格检验,决不姑息;遇到司乘人员碰上雨雪天气滞留在收费站,他们像亲人般的关心和照顾着,让他们的心里暖暖的、热热的。

多少次在烈日里,有一个个橘黄色的身影在大路上徒步,那是我们的养护工人在现场作业。春天到了,他们就是大路上花草树木的美容师,让这些充满生命力的颜色漂亮的成长着;夏天到了,他们就是防洪抢险的一线士兵,随时准备着进行一场保卫大路的战役;秋天到了,他们给树木涂白,为它们穿上冬装,迎接又一个崭新的季节;冬天到了,他们不畏严寒,走近风雪,随时为大路的畅通做足了准备。

现在的我,家门口仍然有条路,叫做高速公路。我知道这是一条什么样的路,我更知道她会通向什么地方。那是我每天上班的地方。每每晚饭过后,我都会趴在窗前,细细地品味着高速公路带给我的一切,那是一种幸福、一种挑战、一种期盼……

# 小丫头日记

## 辽宁快客　李　蕊

时间总是在人们留恋与期待的眼神中悄然而逝。

深夜，丫头我却没有丝毫倦意。伴着甜蜜的回忆，在自信的微笑里，我落下笔……

诗人笔下常说："年年岁岁花相似，岁岁年年人不同。"优美的句子阐述了生活的道理。每年的花都是一样的季节盛开，一样的娇艳动人。可是生活中许多的人和事却都不大一样了。不要误会啊！丫头我不是想说好事越来越少了，而是想说美好的事越来越多了，心情的小曲越哼越美了。

今天的车上又看到了叔叔他们一家人，还有那个四岁的超级小帅哥。初识他们时我还是刚从大连调回来，刚上大连线的时候。当时这个四岁的小家伙还是一个襁褓中嗷嗷待哺的婴儿呢。路上他哭闹不止，急得我是满头大汗，也急坏了当外公外婆的叔叔和阿姨。我使尽浑身解数，在历尽了半个多小时的"宝贝计划"后，他终于停止了哭声。这场"宝贝计划"后，叔叔他们一家人记住了我的服务也记住了我，而我也记住了他们这一家人。现在这个臭小子已经会叫我阿姨了，还会向美女我献吻了，还时不时地喊："阿姨抱抱！"

刚刚打开电脑，看到了夏琳的 QQ 留言："姐！我和陆涛 10 月 15 日结婚，如果你那天休息记得来参加我们的婚礼。"这对苦命的异地鸳鸯，终于修成正果，百年好合了。现在还能记得夏琳弄丢钱包，没钱买票去阜新和陆涛一起过情人节的可怜样，和我同意借钱给她去买票的激动样的鲜明对比的脸呢！似乎还能闻到一年后的情人节巧遇他们，他们送给我的没有情人的情人节的玫瑰香呢！

好久没看见许阿姨了，这个脑门上写着“奇迹”的，患了癌症却坚强地活下来的人民教师，现在应该已经做姥姥了吧？那次在公园里晨练偶遇，她叫我 0321。当我们高兴地抱在一起时，她激动地告诉我说她的女儿有喜了。这个给予我的工作高度肯定，同时让我从她的身上看到了勇气和韧性的女人，让我心服口服外带佩服。

在不同的时间，不同的地点，让我遇到了这些良师益友。老天真的是很眷顾我。

时间改变了许多事也改变了许多人，让很多的事物越来越美了。是他们的肯定让我体会到了工作的真谛，服务的提升也让更多的乘客记住了我。

不知从什么时候起，我的乘客中叫我乘务员的越来越少了。亲切地叫我丫头，叫我姐，叫我美女的人越来越多了……

辽宁快客的回头客越来越多了，身为乘务员的我心中的成就感也越来越大了。索性把网名改成了丫头，因为我喜欢这个乘客们给我的亲切称呼。

身为辽宁快客人，身为辽宁快客的丫头，我会更努力地让更多人叫我丫头，让更多人看到我们快客人身上特有的一种精神，那就是止于至善。丫头相信辽宁快客的明天会更好！丫头我的明天也会更美好！丫头！丫头！向前冲！

辽宁快客的“丫头们”，真希望能时刻分享你们的快乐！

# 吉林篇

## 白山松水铸丰碑

吉林省交通运输厅

沿着历史的记忆，我们走进吉林交通60年的奋进历程。

循着岁月的光影，我们解读吉林交通60年积淀的成功收获。

从60年前，新中国第一缕阳光照耀在吉林这片黑黝黝的土地，吉林省作为第一个五年计划中国家工业建设重点地区，适应大规模的经济建设对交通基础设施提出的要求，交通事业开启创业的脚步；到第十一个五年计划，围绕振兴吉林老工业基地，吉林交通建设事业全面提速，驶入快速发展的轨道，60年来，按照吉林省委、省政府关于交通发展的战略部署，吉林交通人始终坚持围绕服从服务于全省经济社会发展的大局，发挥交通行业的基础性和先导性产业的先行作用，做负责任的行业和部门，以崇高的责任感和事业心，全力推进交通事业的发展，信念坚定，承担使命，尽职尽责。60年来，无论是新中国成立初期万物凋敝、百业待兴，文革动乱、经济衰退，还是加快发展资金困窘、人才短缺，审批困难、政策约束，面对制约交通发展的重重困难，吉林交通人始终坚持解放思想，改革创新，破解难题，开拓发展；60年来，无论是战火纷飞的抗美援朝时期，还是交通基础设施建设的高潮时代,在复杂的施工条件、艰巨繁重的建设任务面前,吉林交通人始终以坚强的意志,不屈的精神,顽强拼搏,百折不回,夜以继日,忘我奉献。60年来,无论是国民经济恢复建设时期,还是党中央提出建设全面小康社会目标的新形势下,吉林交通人始终以为广大人民群众提供安全舒适的出行条件为己任,围绕宗旨,关注民生,服务"三农",造福百姓。

到2008年年底,全吉林省公路总里程87099公里,是新中国成立初期的12.7倍;高速公路通车里程925公里,一级公路里程1899公里,二级以上公路里程11538公里,是改革开放初期的78.5倍,占公路总里程的13.2%;行政村通车率100%,通公路率达到93.1%,乡镇通水泥(沥青)路率达到99.2%,行政村通水泥(沥青)路率达到81.4%;全省有营业性客车5.2万辆,营业性货车17.5万辆,年公路客运量5.1亿人次,货运量2.4亿吨,公路客货运量在综合运输中的比重达到89.5%和68.5%;有船舶1424艘,年客运量198万人次。

## 一、新兴政权生机蓬勃　吉林交通恢复发展

从新中国成立到文革前夕,在近20年的时间跨度里,吉林交通人围绕新中国成立初期经济社会发展对吉林交通的需求,抗美援朝时期战时军需物资运输需要及第一、第二个五年计划和三年国民经济调整时期的具体任务,经历了从恢复建设到初步构建吉林道路通行网络雏形的过程。即使是在10年动乱期间,吉林交通人仍然坚守岗位,艰难地履行行业职责,使吉林交通得到一定的恢复和提高,为交通事业乘势发展做好准备。

中华人民共和国成立之初,恢复生产成为中心任务。吉林省人民政府动员人民群众开展公路恢复整修工作,提出"有计划地恢复与发展无铁路地区的公路交通,以及行政、经济上必要之路线"。在恢复公路的同时,对公路养护进行了探索,组建专业道班对吉林至长春公路实行常年养护。1950年10月,为支援抗美援朝战争,东北人民政府要求吉林省一个月内修通吉林至图们公路。吉林省组织沿线广大干部、民工昼夜奋战,在25天内将这条路修通,保证了抗美援朝军需物资运输。在三年经济恢复期间,吉林

省的公路运输也得以发展，到1952年末，全省有公路84条7728公里，专业运输车辆336辆。

第一个五年计划（1953—1957年）期间，吉林省成为国家工业建设重点地区，伴随着大规模的经济建设，公路交通得到快速发展。1954年，随着行政区划的改变，吉林省公路增至170条11724公里。1956年，私营运输业进行了社会主义改造，成立了115个运输合作社和4个航运社。

在国民经济建设第二个五年计划及三年国民经济调整时期（1958—1962年），吉林交通事业有了全面发展。这期间公路建设掀起了高潮。1958年6月，吉林省委推广延吉县白金、明东两乡发动群众修建地方道路、发展山区经济、改善人民生活的经验，此后，全省掀起公路建设高潮。这期间桥梁建设有了质的变化，路面铺装采用了新材料；公路运输业能力增强；汽车修理业快速发展；交通工业、交通科技教育开始起步；内河运输与造船业得以恢复和发展。

1966年"文化大革命"开始后，正常生产秩序被打乱。1967年省交通主管机关被"夺权"，厅机关及直属各单位一度瘫痪，但广大职工仍坚守岗位，公路建设仍坚持进行。"内乱"持续的十年中，尽管"四人帮"的倒行逆施造成了极大破坏，但吉林省公路建设与公路运输仍有一定的发展，其原因主要是国家出于战备的需要，加大了国防边防公路建设的投资。省内用于交通基本建设的投资亦有大幅度增加，投资额由1.35%上升至3.0%；由于机动车的增加，养路费收入增加，使公路建设有了更多的资金来源，新材料、新工艺、新技术得到广泛应用，1970年后，每年铺设渣油路300余公里。

1976年，粉碎"四人帮"反革命集团以后，经过拨乱反正，吉林省交通工作在改革中得以恢复和提高。一是加快了干线公路的改造步伐；二是放开运输市场，允许农民搞运输，公路运输出现了"国营、集体、个人"一起上的大好局面。交通工业有了较快的发展，科研教育逐步恢复正常秩序并步入正常发展轨道，内河运输出现新的转机，企业的效益有所好转，航运的发展也带动了造船业的发展，交通工作的各项改革在不断摸索中进行，企业实行了经营承包等多种形式的责任制。这一切都说明吉林省交通工作正在向以经济建设为中心的轨道上转移。在党中央和省委的一系列战略决策指引下,在改革、开放方针指引下,以市场经济为导向,坚持改革,吉林交通逐步走上健康发展的道路。

## 二、改革开放浪高潮急　吉林交通乘势发展

当改革开放的春风掠过白山松水,吉林交通迎来乘势发展的春天。第一条高速公路——长平高速公路开工建设,改写了吉林无高速公路的历史;第一部反映吉林省交通发展全景式的规划《四纵三横两环出口成网公路发展总体规划》获交通部规划二等奖,标志着吉林交通事业进入科学规范发展的轨道;在1998年国家实施扩大内需拉动经济政策的宏观视野里,吉林交通人调整计划,增加项目,积极应对,拉动项目迅即开工,吉林交通事业进入跨越式发展的新时期。

1978年,党的十一届三中全会召开,交通运输作为经济发展重要战略之一,获得了迎头赶上、勇猛精进的新机遇。回顾自此期到"十五"末吉林省公路建设历程,可分为三个发展阶段,即,1982—1992年,拨乱反正阶段;1992—1998年,集中发展阶段;1998—2005年,持续发展阶段。在这三个不同的发展阶段,吉林省交通厅根据国家大政方针和本地交通发展实际情况,坚持实事求是、解放思想、与时俱进、统筹兼顾、以人为本的发展理念,在建设、管理、运营体制及运行机制方面锐意改革创新,奋力前行,走出了一条符合吉林实际的交通发展之路。

### (一)拨乱反正阶段

1982年10月,吉林省交通厅提出了《开创我省公路工作新局面的意见》,在工作思路上实行公路交通工作的重点转移,加快干线公路的改造步伐。从此,吉林交通走出了十年动乱发展步伐停滞不前的阴影,呈现出勃勃生机。自1982年起,先后改建了图们至乌兰浩特公路长春至小合隆段,北京至哈尔滨公路四平至长春段、长春至吉林(北线)公路、北京至哈尔滨公路哈拉哈(长春)至拉林河段、四平至浑江(今白山市)公路等,还建成了罗

子沟至省界三级公路、图们至珲春公路、明月镇至东清公路、大盘岭至九号桥公路、和平营子至长白山天池旅游公路等，结束了吉林省“没有一条像样的路”的历史，将长春、吉林、四平、延吉等大中城市的往来交通变得更加便捷畅通，为东部山区的开发及边境贸易提供了便捷的道路交通运输条件。

（二）集中发展阶段

1993 年，吉林省交通厅制定 30 年路网建设规划，即《四纵三横两环出口成网公路发展总体规划（1990—2020 年）》，确定了“统筹规划、分级负责、突出重点、注重效益、尽力而为、量力而行”的实施原则。

为了充分调动和发挥各级政府交通建设的积极性，吉林省交通厅党组提出，要把交通建设由交通部门行为变成为各级党委行为、政府行为和社会行为；同时辅以计划投资管理体制改革，实行分级建设责任驱动、投资倾斜利益驱动，计划监督、稽核风险驱动，实现交通建设及管理“责权利”的统一，对事关经济发展和交通战略有全局影响的大项目实施了重点突破，迅速解除了交通对于国民经济发展的“瓶颈”制约。1996 年 9 月，吉林省第一条高速公路——长春至四平高速公路建成通车，随后，长春至吉林、长春至营城子、长春绕城（西北环）、吉林至江密峰高速公路相继建成通车，初步形成支撑吉林经济社会快速发展的主骨架。

（三）持续发展阶段

1998 年，为应对亚洲金融危机，国家实行扩大内需的政策。吉林省交通厅及时调整计划，增加工程项目，延吉至图们高速公路、长春至扶余（拉林河）高速公路开工建设，同时改建 3 条 740 公里一级公路、7 条 700 余公里二级公路。2004 年，全年公路竣工里程首次突破 1 万公里，达到 15779 公里，全省二级以上公路达到 8226 公里，占公路总里程的 17.4%，高于全国平均水平 1.4 个百分点。

吉林省交通厅坚持在国省干线公路大干快上的同时，大力发展农村公路，取得了丰硕成果。

1996 年，吉林省交通厅提出“让农民走出泥泞”，经多年实践，探索出了一条符合省情的农村公路发展新途径，主要经验是：第一，突出重点，科学制定农村公路发展规划。第二,合力发展,充分调动地方政府和人民群众积极性。第三,改革创新,千方百计破解资金难题。省政府于 2003 年初出台了《吉林省人民政府关于加快农村公路发展的若干意见》,提出建立国家政策扶持引导,国债投资、省补贴投资、地方投资、财政转移支付投入、“一事一议”政策应用、资源置换、群众投工投劳等多渠道、多元化的农村公路建设、养护资金筹资体制。第四,加强管理,确保农村公路建设质量。先后制定了《吉林省乡路管理办法》、《吉林省乡村公路工程技术标准》、《吉林省公路建设的有关规定》等法规、规章和办法,使全省农村公路建设逐步走上法制化、规范化轨道。第五,建养并重,着力加强农村公路养护管理。出台《吉林省农村公路养护和路政管理若干规定(试行)》,明确了地方政府农村公路养护管理责任;养护管理年活动的开展,推进了农村公路养护管理工作深入进行;以县道专养为重点,探索建立群专结合、承包养护、农民自养等适合各地特点的养护管理模式,积极探索新技术、新材料、新工艺在农村公路养护生产中的应用,提高了农村公路养护质量和水平。

## 三、服务经济助力振兴　吉林交通加快发展

在振兴老工业基地,服务吉林经济社会发展的新形势下,吉林交通“十一五”规划为新一轮交通发展定下基调,催生了交通建设事业更高更快更新的发展。2006 年,《吉林交通“十一五”规划》、《吉林省高速公路网规划》相继出台,构建出海出省大通道的战役全面打响。11 条高速公路同时建设,三条高速公路同年建成通车,一年高速公路在建里程达到 1500 公里,这些数字在刷新吉林交通历史的同时,更向人们昭示了吉林交通人敢于拼搏、敢于挑战的勇气和品质。

2006 年年初,吉林省委、省政府根据经济社会发展实际对交通工作做出加快高速公路建设的重要决策,提出:要适应全省经济社会更好更快地发展的需要,进一步加大交通基础设施建设投资,建设出海入关、沟通中心城市和产业基地、连接周边省区和口岸的高速公路通道,为振兴老工业基地建设作出贡献。

2007年1月16日，省委、省政府前所未有地召开交通工作专项会议，听取全省交通工作情况汇报，高屋建瓴地要求交通部门："从全省经济社会发展大局出发，迅速扭转高速公路落后局面，全力加快建设，在强基础、调结构、增效益上发挥表率和带动作用。"

## 四、大气魄呼唤着大手笔

吉林交通人抓住机遇，自加压力，以高速公路网骨架建设为重点，在吉林大地上浓墨重彩地勾画出"十一五"高速公路建设的宏伟蓝图：建设长春至各市（州）、重点资源开发区及出海入关的高速公路，以形成沟通主要城市和重要产业基地，联系辽宁等周边省区的安全、便捷的快速通道。到2012年，力争实现新增高速公路1700公里，通车里程达到2200公里；出海入关和省际快速通道基本建成；长春至市（州）基本实现高速公路连接；长春至长白山实现高速公路连接。

春潮带雨晚更急。2006年、2007年，在省委、省政府领导的高度关注下，各级政府和相关部门的大力支持下，短短两年的时间里，吉林至延吉、通化至沈阳、伊通至辽源、肇源至松原、长春至农安、图们至珲春等11个高速公路项目先后启动，轰轰烈烈的高速公路建设热潮在全省9个市（州）迅速掀起，创造了吉林交通史上的奇迹。任务重、时间紧、筹资压力大，在重重困难面前，吉林交通人以"创新、发展、服务"为指导思想，锐意改革，大胆突破，艰苦奋战，顽强拼搏，确保了各条高速公路建设工程有序推进。

2008年是完成"十一五"高速公路建设任务的关键年，到9月底之前，吉林至延吉、通化至沈阳、松原至肇源三条高速公路要建成通车。在宏观经济政策趋紧、交通建设约束条件增多的新形势下，前期工作压力大，任务艰巨；资金短缺矛盾突出，筹融资困难加大，面对困难和压力，吉林交通人提出：要将高速公路建设作为交通工作的首要任务，排在第一位，齐心协力，提前谋划，及早运作，加大力度，不折不扣地完成省委、省政府交给的任务。

围绕建设"生态路、环保路、景观路、安全路、廉洁路"的目标，吉林省交通厅以一切有利于加快高速公路建设的价值理念统一全员思想和意志，努力营造加快高速公路建设的氛围和环境，全力推进高速公路建设步伐。从省交通厅领导到各相关部门和直属单位负责人，从指挥者到建设者，从一线到后勤，没有节假日，没有大周末，加班加点成为全体交通人的工作常态。按照“十一五”高速公路建设时间表，他们对通车项目、续建项目、新开工项目、储备项目、运营准备、运输组织等多项工作同步运作，确保稳步推进；紧紧抓住前期项目审批、资金筹措、质量监管、工程组织、工期等事关高速公路建设目标完成的关键环节和问题，加大协调力度，以创新为手段在重重困难中寻求突破。在建设管理模式上，他们相继推出了省直管模式、省地共建模式、公司制模式、BOT 模式、BT 模式，在具体项目管理上，理清直管项目、委托管理项目和行业管理项目的关系，并根据项目的分布情况，实行项目区域化管理；在资金筹措方面，他们加大资本金筹措力度，做好企业债券发行工作，积极探索新的融资办法和路径；在质量控制上，他们坚持以人为本、树立安全至上理念，坚持质量第一、树立公众满意理念，坚持系统论思想、树立全寿命成本理念，坚持环保节约，树立人与自然和谐理念。

吉林交通人的努力和付出，得到省委、省政府领导的高度评价。2008 年 4 月，王珉书记视察吉延高速公路，对吉延高速公路的建设质量和进度给予充分肯定；2008 年 5 月 17 日，韩长赋省长到吉延高速公路调研，明确要求：励精图治、夜以继日、高效廉洁地建设高速公路，为振兴老工业基地作出贡献。

2008 年 9 月 16 日、28 日、10 月 6 日，随着松肇高速公路、吉延高速公路、通沈高速公路三条高速公路举行通车庆典，吉林交通“十一五”高速公路建设攻坚战首战告捷，吉林交通人向全省人民交上了圆满答卷。

## 五、破除障碍突出重围　吉林交通创新发展

追寻吉林交通的跨越发展历程，改革是贯穿始终的主旋律。针对计划经济向市场经济转轨时期特殊的矛盾和问题，吉林省交通人坚持解放思想，锐意改革，从解决实际问题和弊端入手，不断探索改革传统的交通管理体制，特别是交通筹融资体制的改革和公路建设市场、道路运输市场、公路养

护市场的构筑，完善了交通市场体系，推动了交通经济的发展，更彰显了吉林交通人勇于挑战权力、强化服务、关注民生的创新胆识和精神。

（一）进行交通筹融资体制改革

改革开放以来，在交通建设资金筹措上，吉林省交通厅按照实行多元化、多渠道、多形式筹资的思路，多方探索，逐步形成了国家投入与地方投入、资金投入与政策投入、内资投入与引进外资、无偿投入与有偿投入相结合的投资主体多元化的格局。加强公路养路费征收管理是筹资主渠道。1987 年吉林省交通规费征收管理局成立，22 年来，全省稽征系统干部职工艰苦奋斗，兢兢业业，共征收养路费 353 亿元，为交通建设事业提供了稳定的建设资金，立下了不可磨灭的功绩。

与此同时，他们通过实行优良资产重组上市、积极推行 BOT 建设方式等筹集资金，有效地支撑了改革开放后到“十五”期间吉林省公路建设的快速发展。

2008 年，针对“十一五”期间交通发展全口径投资预计将达到 1500 亿元、高速公路建设投资达到 560 亿元、压力十分巨大的实际情况，吉林省交通厅进一步解放思想，多方筹资，吸引各种资金：请有资金实力的中央企业和外国企业开展 BOT、BT 方式融资；实行省地共建高速公路的融资管理模式；采取国内银行和国外银行贷款、收费还贷的融资办法，吸收民营经济修路共建；采取股份公司、银行债券融资等。

（二）构筑公路建设市场

吉林省交通厅先后制定了《吉林省公路工程管理办法》、《吉林省公路工程招投标管理办法》、《吉林省公路建设市场管理办法实施细则》和《吉林省公路建设管理的规定》等规范性文件，为构筑统一规范、竞争有序的公路建设市场奠定了基础，项目设计、施工、监理乃至大宗材料采购，都采取招投标方式进行，市场运行规则逐步完备，市场准入和退出机制日渐完善。

2008 年，针对“十一五”以来大规模、集中建设高速公路的实际情况，吉林省交通厅一方面采取有力措施，继续完善公路建设市场，一方面积极推进项目法人主体多元化，推行项目区域化管理；推出项目法人直管模式、委托建设管理(即省地共建)模式、行业管理(主要包括企业融资自建、BOT等)等建设新模式。同时,他们还积极为交通民营企业发展提供广阔平台,进一步培养公路建设市场。吉林省交通民营企业具有一级以上资质的有16家,在全省高速公路建设市场中占据了一定份额。他们出台政策,鼓励交通民营企业参与本省交通建设;增加对重点企业的政策扶持力度,鼓励交通民营企业做强做大;围绕交通建设的重大项目,实施软环境绿色通道工程,全程服务,超前服务,跟踪服务,大力推进政府职能转变,规范行政许可行为,精简审批事项,简化办事程序,提高工作效率,使民营企业在高速公路建设市场的份额达到50%以上,成为我省高速公路建设的主力军和生力军,公路建设市场由此更加规范和完善,富有生机活力。

(三)构筑道路运输市场

1983年3月,交通部提出"有河大家走船、有路大家行车"的方针,随后吉林省交通厅下发《关于进一步放宽运输改革的几项规定》,撬动了多年来一成不变的交通运输部门大一统运输市场的局面,"国营、集体、个人一起上"的运输格局在吉林省内迅速形成。

为了规范蓬勃发展的道路运输市场,吉林省交通厅大胆探索运用市场机制优先配置运输资源;2000年,吉林省政府下发了《吉林省人民政府批转省交通厅关于道路旅客运输资源优化配置若干意见的通知》,省交通厅印发了《吉林省道路旅客运输业开业条件》、《全省道路旅客运输资源优化配置实施方案》。2002年,全省所有新增客运线路一律停止原来的行政审批办法,运输资源优化配置改革全面推广。

2006年,为了从根本上解决客运线路终身制、运输市场能进不能出、秩序混乱、效率低下的问题,吉林省交通厅围绕建立运输市场发展和管理的长效机制进行探索。他们废除客运线路终身制,实行期限经营,制定了《吉林省道路客运线路经营权有限使用管理暂行办法》,规定新增客运线路的经营期限为4年或8年,客运线路经营权期满时,经营者的经营权自动丧失,由各级运管机构根据市场需求重新招投标进行配置。他们依据市场经济规律,构建运行机制,率先实行了客运班线经营权服务质量招投标制度,按照投标人车辆结构、人员资质、安全管理、服务质量承诺及社会信誉等项内容，由评标专家公平打分，择优选择经营者，最大限度地减少行政干预，发挥市场机制的作用。他们还建立常态和动态相结合的监管机制，依据《道路运输经营行为记分考核办法》，对道路运输市场的经营者和从业人员进行记分考核；建立能进能出、优胜劣汰市场机制，依据记分考核结果，给予警告、培训学习、重新考试发证、停业整顿、吊销许可等处罚，形成了有效的市场监管体系。

由于在改革的过程中强化服务意识，深入调查研究，坚持招标资源信息、评标专家、评标标准和评标结果“四公开”，赢得了经营者的信任、理解、支持和配合，为改革取得成功奠定了坚实的基础。

2006 年，全省道路运输市场改革涉及 5007 条客运线路、19096 个班次、10637 辆营运客车，共计 9332 个许可项目和十几万名道路客运从业人员，没有发生一起大规模群体上访事件，实现了零投诉。目前，全省道路运输服务保障能力持续提高，运输市场集中度和秩序规范程度明显提高，道路运输经济和社会效益明显提高。客、货运量以年均 9% 左右的速度增长；道路运输增加值 100 亿元以上，约占 GDP 的 2.5%；道路运输从业人员 32 万多人，为社会提供了近百万个就业岗位，有力促进了全省经济和社会发展，实现了政府满意、社会满意、经营者满意。

2007 年 2 月，省委书记王珉对道路运输市场改革给予充分肯定，作出了“道理运输改革推进平稳，促进了发展，着重机制重建，效果很好”的批示。

（四）构筑公路养护市场

在市场经济蓬勃发展的大背景下，计划经济条件下的公路养护管理体制颓势越来越趋于明显。长期存在的“三难”问题越来越突出：事企合一，管养不分，公路部门作为公路养护市场管理者作用难发挥；高投入、低产出，包袱沉重，有限的养路费养人难养路；“铁饭碗”、“大锅饭”，干好干坏一个样，职工积极性难调动。

“要用发展的眼光，建立适应市场经济运行机制的公路管理体制，向构筑公路养护市场迈进。"这是吉林省交通运输部门进行公路管理体制和养护运行机制改革的初衷。

1996年春,按照"国路民养"这一实现"事企分离、管养分离"的基本思路,吉林省交通厅在吉林市桦甸等4个道班进行了试点,1997年,试点扩大到107个道班。1998年,"国路民养"模式在全省公路管理系统全面铺开,原本是全民制的道班以"模拟法人"的方式试水公路养护市场,为全省公路管理体制和养护运行机制迎来实质性的变革奠定了坚实的基础。

2002年12月23日,吉林省政府以吉政字[2002]41号文件批转了《吉林省公路管理体制及养护运行机制改革方案》,明确了改制的范围和方式以及妥善处理国有资产的方法,并对职工依法转换劳动关系、合理衔接养老保险待遇、平稳处理医疗保险关系等问题做了明确的规定。到2003年6月,全省9个市(州)公路处完成了机关改革,50个县(市、区)公路段完成了机关分流,分流人员3900多名,组建民营养护公司104个,2万多人完成了事转企身份置换。公路养护小修和日常养护从此实行招投标,大中修、改善工程从此实行项目法人制、招投标制、合同制和施工监理制。公路养护市场框架确定,"两分离"初步到位。

1998年,吉林省的"国路民养"的改革经验被国务院以信息参考的形式批转;时任交通部部长黄镇东说:"吉林省在公路养护上做了很好的尝试",全国17个省市到吉林来考察学习;原交通部部长张春贤说:吉林省在公路养护市场化建设方面积极探索,改革力度大,在突破体制障碍方面做了重大探索,在全国产生了较大的影响,起到了示范作用。

2006年5月11日,交通部副部长冯正霖明确指出:"'管养分离,事企分开'的改革方向是正确的,符合我国市场经济体制的改革总体要求,也是世界各国的通行做法"。

吉林省的公路管理体制和养护运行机制改革,是全国第一次以省为单位进行的公路管理体制改革,在全国第一个组建了民营养护公司,第一次实行了"事企分离、管养分离",极大地促进了公路管理水平的提高和公路事业的发展。2006年年底,干线公路好路率达到85.5%,综合值83.5,获国检第6名;人员素质明显提高,减员增效效果突出,改革后三级机关人数由原来的2742人减少到1668人,大中专以上学历者1387人,每年节约人员经费11081万元。

在普通公路管理体制和养护运行机制发生重大变化的同时,随着高速公路里程的不断延伸,吉林省高速公路管理体制也在不断改革中完善。2005年,吉林省人大出台了《吉林省高速公路路政管理条例》,实施了高速公路路政、养护、通信、收费、经营管理全面综合执法,高速公路全面综合行政管理的法律平台和运行体系初步构建,行政管理效能大大提高;与公安交警、医疗、消防等部门巡逻联动,接警、高度、处理联动,统一共享使用资源、统一全省报警电话、统一值班和指挥调度、统一协调巡逻时间、统一指挥程序和内部纪律、统一施工审批管理,提高了突发事件处理能力和高速公路安全畅通水平。2006年,在各管养路段实施日常养护模拟市场化运作,高速公路养护市场得到规范和发展,养护质量和时效得到更加有力的保证。

2008年,吉林省高速公路里程翻了将近一番,在管养里程骤然增大的情况下,吉林省交通厅适应形势需要,继续调整完善以事业体制为主、企业运营为辅的高速公路管理体制,重新规划机构设置,统一行政执法工作,完善快速反应机制,加强养护监督管理,向着建立健全高效顺畅安全便捷的高速公路管理新体制迈出了崭新步伐。

事实上,吉林省构筑交通市场改革取得的不仅仅是上述物质成果,更值得重视的是,几项改革中贯穿的主动转变职能,勇于挑战权力,强化服务,关注民生的原则符合国家对行政管理体制改革"转变职能,理顺关系,优化结构,提高效能"的有关精神,符合和谐社会建设需要,是吉林省交通厅在60年交通发展历程中做出的可贵探索。

## 六、强力打造支持系统　吉林交通均衡发展

回顾吉林交通60年历程,我们发现,发展不仅仅是公路里程的延伸,或是数据的简单叠加,而是一个全方位、多角度的发展过程。注重支持系统建设,强化均衡发展,是吉林交通人在推进交通基础设施建设的同时,一直坚

持的重要原则。尤其是改革开放以来，法治、科技、人才、党建、廉政等方面工作的协调推进，在为交通大发展带来了无限的生机与活力的同时，也为快速发展架构起全面、坚实的支持系统。

(一)“依法治交通”战略为交通行政锻造出法治框架

吉林省交通厅依法强化行业管理，推进“依法治交通”战略的全面实施，使交通管理逐步走上科学、规范、法制的轨道。

加快立法进程。据统计，近年来，吉林省交通厅提请人大修改出台了《吉林省公路管理条例》、《吉林省运输管理条例》等 5 个地方性法规，报请省政府批准出台了 8 个政府规章，制定出台了 100 多个规范性文件，初步建立起交通法规体系的基本框架。

加强执法培训。吉林省交通系统每年都开展干部职工的普法教育，对执法人员进行全员法律培训，全系统 200 多名处级以上领导干部，5000 余名行政执法人员及交通系统职工培训测试合格率达 95% 以上，行政执法人员持证上岗率达 100% 。

坚持依法决策。先后成立了专家技术专业委员会，金融、经济决策咨询委员会，法律顾问委员会，不经过法律咨询和专家论证不决策，不经过领导班子集体讨论不决策成为历届厅党组的理念。至 2008 年，法律顾问为决策提供咨询 1130 余次，提供书面咨询意见 388 份。

(二)“科技兴交通”战略大大提升吉林交通发展的内燃力

在交通建设中，吉林交通人坚持“科技是第一生产力”，推进交通事业快速发展。吉林省交通厅先后制定了《吉林省公路、水运交通科技发展“九五”计划和到 2010 年长期规划》、《吉林省交通科技奖励办法》、《吉林省交通科技发展基金管理暂行办法》、《吉林省交通科技发展基金项目管理暂行办法》、《吉林省交通行业联合科技攻关管理暂行办法》和《吉林省交通科技成果推广计划管理暂行办法》等多项科技管理规定，引导和鼓励应用新技术、新工艺、新材料、新设备，调动了广大工程、技术和管理人员的积极性，使交通科技管理工作逐步走向了正规化、法制化、科学化轨道，为交通科技发展提供了全方位保障。

多年来,吉林省交通厅及直属科研单位共有 211 项成果通过省、部鉴定,获得奖项 64 项,为吉林省高速公路建设提供了巨大的发展动力。

(三)“以人为本”理念让吉林交通走上可持续发展轨道

实施“交通人才工程”。为培养造就一批高素质的领导人才和各方面的专业人才,吉林省交通厅加快实施了“交通人才工程”,制定了“九五”、“十五”、“十一五”交通人才培养规划,加大了职工教育的投入。相继建立了交通教育发展基金制度,设立了交通教育奖励基金,加强了教育基地的建设。先后与省内外高校联合举办了经济管理、会计学、运输管理、道桥、法律、金融等 6 个专业研究生课程进修班和 3 个交通工程硕士研究生班,培养研究生 441 人,博士生 19 人。先后把 10 名优秀的管理和技术干部调到技术含量高、管理难度大、工作任务重的高速公路建设一线工作。厅管专业技术干部有高级职称的 668 人,有享受国务院特殊津贴的 30 人、交通部科技人才 4 人、省有突出贡献青年专家 15 人、跨世纪后备人才 3 人。

抓好干部理论学习和培训。近年来,共举办处以上领导干部学习班 31 期,请国内外著名学者、专家、教授讲课,培训了 6320 人次。厅党组先后制定了《吉林省交通厅加强人事管理工作权力制约的有关规定》、《党政领导干部任用管理条例》,用符合市场经济的观念去选人,从事业的需要出发去用人。

(四)党的建设引导发展始终坚持正确方向

吉林省交通厅党组不断探索加强党的建设的新途径,加强党的思想、组织和作风建设,通过“支部建在项目上”、“支部建在收费站”等一系列活动的开展,使交通系统党的建设形成自上而下、完备规范的完整体系。

在党建工作中,重视政治学习,坚持用邓小平理论和“三个代表”的重要思想武装党员的头脑,提出“不学习就是不称职,不抓学习就是失职”的要求,使党员思想水平不断提高。在基层党组织建设中,积极开展创建“五好党支部”活动,使其得到强化。同时,狠抓民主集中制和作风建设的落实,保证在重大问题的决策上从实际出发,审时度势,与时俱进,进而在决策中能够做到科学与统揽全局。

多年来,省交通厅直属机关各级党组织多次受到上级部门表彰,23个基层党组织受到省委和省直机关党工委表彰,有200余名党员和近百名党务工作者被各级组织评为优秀共产党员和优秀党务工作者,有13名党员被评为省、部级劳动模范。

(五)行业文明建设结出硕果累累,带来扑面春风

吉林省交通厅坚持抓好行风建设,以行风带动政风,广泛开展"文明在交通"活动,每年在省政府召开的交通工作会议上,通过省领导与各市(州)政府领导、省交通厅领导与各市(州)交通局领导分别签订"文明在交通"各项工作目标责任书,把各方的责任、权利和义务以契约的形式固定下来,做到物质文明和精神文明同时部署,成为各级党委、政府和交通部门的目标和任务。每年进行统一检查、评比,做到物质文明和精神文明同时检查,对"文明在交通"活动开展好的市(州)、县(市、区),省政府予以表彰,并给予奖励资金;省交通厅则在投资上给予倾斜,实行以投代奖,有效地调动了地方政府开展"文明在交通"活动的积极性。涌现出省级文明建设标兵单位9个、国家级4个、部级先进集体149个、全国及省、部级劳动模范、先进工作者57人。省交通厅连续5次被省委、省政府命名为精神文明建设先进系统,连续4次被中央文明办命名为全国精神文明建设先进单位,被交通部命名为全国交通文明行业,被国家民委评为全国民族团结进步先进单位。省公路管理局、省运输管理局、省交通规费征收管理局被交通部命名为全国交通文明行业。

(六)廉政建设为交通发展竖起"高压线",织就"安全网"

"工程优质、队伍优秀"是吉林省交通厅对事业发展的始终要求。针对交通系统人、财、物、计划、招投标和客运线路管理等容易产生权钱交易的环节,他们研究制定了6项共121条限制权钱交易的规章制度。这些制度严格规范了交通部门及其工作人员权力的运用,堵塞了乱用权力的可乘之机,使权力的行使置于各级组织与人民群众的监督之中。《落实党风廉政建设责任制实施办法》、《交通基础设施建设中加强廉政建设的若干规定》、《吉林省交通厅政务公开实施细则》、《吉林省交通厅党组关于加强对厅管党政

主要领导干部监督的试行办法》、“六个不得随意”和“八不准”的规定等一套规范行政行为的廉政建设规定，使交通系统树立了良好的社会形象。在全省行风测评中，交通行业的综合满意率连年在90%以上。

坚持惩防结合，切实抓好党风廉政建设，为高速公路建设保驾护航。深入推进具有交通特色的惩防体系建设，注重系统性，加强制度建设，尤其是程序性制度建设；重点抓好教育、制度、监督、改革、惩处五个重点环节，使交通特色的惩防体系建设既有严密科学的制度体系，又有较强的针对性；加强廉政教育、加强廉政制度建设、加强对制度执行情况的监督检查、加大对腐败行为的惩处力度。

法治、科技、人才、党建、廉政，在火热的交通建设实践中，吉林省交通发展支持系统渐趋完善，实现了理念—作为—发展的良性循环轨迹：不仅高速公路从无到有，路网结构发生质的飞跃，农村公路蓬勃发展，道路运输生机勃勃；内河航运、地方铁路也取得了规范发展的新成果。重点建设了第二松花江扶余至三岔口段航道和大安港，重点发展具有特色的内河水上旅游运输和高速客船运输，满足日益增长的旅游运输需要；发挥内河航运优势，提高航道利用率，提高航道养护管理水平，为全省经济发展重点项目提供服务；先后建成图们至珲春地方铁路（并与俄罗斯铁路接轨，开始客货运输）、靖宇至辉南地方铁路、长春经双阳至烟筒山地方铁路等，为地方经济发展作出了突出贡献。

## 七、提升管理强化服务　吉林交通科学发展

今天，澎湃汹涌的交通建设大潮，已将吉林这块孕育着无限希望的热土推向远方，人们从未像今天这般感受到交通发展所带来的巨大变迁，无论中部的平原、东部的山梁、西部的草原，总有飞天的彩虹和宽阔的大道承载着人们行进的步履。省委、省政府提出的建设县（市）通高速公路的战略部署，为吉林交通人提出了新的更高更宏伟的目标，吉林交通人将以科学发展观为指导，拓展新思路，创造新举措，开辟新路径，努力构建适应我省经济社会发展的现代化交通运输体系。

2009 年，为应对金融危机，国家实施扩大内需的拉动政策。按照省委、省政府确立的“保增长、保民生、保稳定”的决策部署，省交通运输厅一班人以高度的责任感和使命感，站在经济社会发展全局高度，做负责任行业和部门，坚持服务经济社会发展、服务老工业基地振兴，把加快交通建设作为促进经济增长、增加社会就业和改善群众生产生活条件的战略任务来抓，以调整完善规划为核心，以加快项目前期工作为重点，以加强项目建设为龙头，以强化质量保证体系为手段，以加强队伍建设廉政建设为保障，围绕“工程优质、队伍优秀”的目标，解放思想，攻坚克难，凝心聚力，上下同心，全力推进交通建设。全年续建、新开工建设松原至双辽、营城子至松江河、图们至珲春、长春至松原、通化至新开岭、伊通至辽源、松原经白城至石头井子段、营城子至梅河口、吉林至草市等 9 条高速公路，在建里程达到 1379 公里，为全省经济保增长作出重要贡献，得到省领导的充分肯定。

2009 年 7 月 1 日和 8 日，吉林省委书记王珉在视察通化至丹东、白城至石头井子高速公路建设情况时指出，交通运输部门贯彻省委省政府决策部署态度坚决，抢抓机遇，克服很多困难，创造性地开展工作，千方百计加快高速公路建设，值得充分肯定。

在加快交通发展、全力保增长的同时，按照省委、省政府提出的实现县（市）通高速公路的新目标，省交通运输厅制定了新的发展目标：到 2015 年，全省交通建设计划投资 2431 亿元，其中建设高速公路 4000 余公里，投资近 2000 亿元。

面对艰巨的建设任务，站在新的历史起点，交通建设如何突破单纯、片面的量的积累和规模的扩张，实现又好又快发展，是新一届厅领导班子思考的重点。

对此，省交通运输厅厅长王树森表示，从交通行业的基础性和先导性特点及充分发挥交通对全省经济发展的保障和支撑、带动作用的角度出发，结合吉林省高速公路建设发展的实际，把交通发展的总体思路基本定位为：以发展为主题，以服务为宗旨，以创新为动力，以高速公路建设为重点，统筹公路建设、公路养护、交通运输协调发展，实现交通发展与资源、环境相协调，努力提升交通发展质量和效益，推进交通事业又好又快发展。继续学习实践好科学发展观，坚持做到“五个”统筹，引领交通全面协调可持续发展。

一是统筹高速公路与干线公路、农村公路协调发展。注重发挥路网的整体功能和效益，优化路网布局，努力构建干支相连、通达顺畅的公路网络。加快构筑“五纵五横”的高速公路主骨架成为交通建设重中之重，今后几年重点建设影响经济社会发展全局的国家高速公路网项目、省际间通道项目以及重点路段扩容改造项目，到2015年，完成投入1930亿元，高速公路通车里程力争达到4800公里，基本建成国家高速公路网规划的省内路段，实现省会至市(州)政府所在地全部通高速公路，县市基本通高速公路的目标。组织推进国省干线公路建设，到2015年，国道及50%以上的省道达到二级以上公路标准。加快农村公路建设，重点建设通乡镇、行政村和社会主义新农村试点村镇的水泥(沥青)路，提高农村公路通达深度。到2015年，100%的行政村通水泥(沥青)路。

二是统筹公路建设与公路养护管理协调发展。坚持建设是发展、公路养护管理也是发展的理念，把加强公路养护管理作为巩固交通建设成果、保证公路安全畅通、促进交通可持续发展的重要工作来抓，确保“建、管、养”三不误。通过公路“养护管理年”活动，重点解决好养护资金、养护体制机制、养护组织管理和养护质量等问题，继续推进养护市场化进程，科学安排养护工程，进一步加大养护资金投入；加强农村公路管理养护，研究切实可行的办法，建立多种形式的养护运行机制，落实好农村公路养护责任、资金、机构和人员，尽快实现“有路必养，常年养护”的目标。

三是统筹交通建设与道路运输协调发展。加快基础设施建设目的在于发展运输，只有运输发展了，才能体现出基础设施建设经济效益与社会效益。要加快建设一批关系全局的综合性交通枢纽及衔接配套的运输场站，完善场站服务功能；围绕发展现代交通业，推动现代物流发展，构建全省城际快速客货运输网络，推进城乡客运一体化建设，提高运输效率和服务能力；调整运输结构，通过政策引导、市场运作等方式，促进运力结构、运输组织结构和经营结构的调整和优化,推动交通运输业的协调健康发展,满足人民群众出行和经济社会日益发展的需要。

四是统筹道路运输与水路运输协调发展。围绕构建交通综合运输体系,针对我省航道等级低、航运基础设施落后、水网不发达的实际,把握国家加大水运基础设施建设机遇,研究我省加快港航设施建设的政策措施,超前规划,分步推进,加快建设,提高港航服务能力。抓住重点水域、重点时段、重点船舶等主要环节,落实各项安全监管措施,确保水路运输安全。

五是统筹交通建设与资源环境协调发展。加快发展不能以牺牲环境为代价,既要金山银山,又要绿水清山。要坚持发展与保护并重、开发与节约并举,正确处理好交通建设与环境保护、土地资源、能源利用的关系,以最小的资源和环境代价满足社会发展对交通的需求,把节约资源、保护环境的理念贯彻到规划、设计、施工、运营的各个环节,打造生态路、环保路、景观路、安全路、廉洁路,走节约资源、保护环境的发展之路,促进交通与自然、经济、人文和谐发展。大力推进节能减排,开发应用交通节能技术和设备,减少能源消耗。正确处理建设与管理、质量与速度、规模与结构、公平与效率的关系,转变发展方式,提升发展质量和效益,实现交通发展的良性循环。

发展交通的最终目的,在于为人民群众提供便捷、快速、高效、安全的运输服务,使人民群众得到更多的实惠,因此,吉林省交通厅领导班子认为,在新的形势下,必须转变政府职能,加强宏观管理,强化市场监管,注重公共服务,创新适应社会主义市场经济要求,符合交通运输发展规律与体制机制,着重提高公共服务能力、应急保障能力、市场监管能力,进一步转变工作作风,打造过硬的干部职工队伍。

60 年风雨兼程,

60 年开拓奋进,

60 年青春无悔,

60 年硕果累累。

历经60年风雨洗礼，吉林交通人越战越强。在这洋溢激情、充满生机的全新时代里，在振兴吉林经济发展的洪流中，吉林交通运输人将秉承“特别能吃苦、特别能战斗、特别能奉献、特别能拼搏”的光荣传统，不断跋涉、不断发展、不断创新，用自己勤劳的双手和聪明的智慧，努力实现省委、省政府提出的县（市）通高速公路建设目标，创造出无愧于历史、无愧于时代的光辉业绩，书写吉林交通发展史上辉煌壮丽的崭新诗篇！

# 交通发展带来“山乡巨变”

陈成军

从“晴天一身土、雨天一身泥”的乡间小道到四通八达的公路网络；从新中国成立前没有一条像样的、能通车的路发展到现在的公路通车里程达到 892.8 公里；高速公路从无到有，在建高速公路 86.8 公里；农村公路不断发展，成为全省第一个乡乡通油路的县（市、区）；从吱吱作响的马车、牛车，再到现在安全舒适的豪华客车，客货营运车辆从“零”基础发展到 3210 辆——新中国成立 60 年来，双辽市交通面貌发生了历史性的变化，取得了令人瞩目的成就，为双辽经济社会发展提供了重要基础支撑。双辽市现已基本实现了“以国省干线公路为支撑，以县乡公路为骨架，以市区为中心辐射，两高四纵四横”的安全、快速、便捷的交通格局。

路网结构明显优化，通达深度明显提高。

1947 年 5 月，双辽全境解放，交通建设百废待兴，由于年久失修，大部分公路已经荒废，很少有车辆往来，唯有双山地处交通要道，是双辽主要的交通运输线路。到 1968 年，交通发展仍显滞后，全市仅有两条土改善路面，从郑家屯到双山、王奔至新立全长 120 公里，通行能力只能达到晴通雨阻。1969 年初，双辽市根据战备的需要新建了国线集锡线，全长 42.3 公里，结构为泥结碎石路面。1974 年 5 月至 1981 年 9 月先后修建了三条油路——

集锡线、明沈线、长郑线，总长为125.5公里。双辽市等级公路发展实现了从无到有、从低等级到次高级。

20世纪90年代开始，双辽公路建设步伐不断加快。2002年，双辽市交通局制定了公路建设目标，加大资金投入力度，对干线公路进行大规模改建，使双辽市公路总量大幅增长，路网结构得到优化，通达深度有所提高。据统计，双辽市交通部门仅在2002年至2005年间就完成投资额约4亿元，完成路网工程和农村公路建设405公里，相当于新中国成立53年来修建公路总和的1.76倍。期间，双辽市相继完成了西辽河特大桥、县际公路怀茂线60公里新建工程、省道齐双线65.6公里二级路升级改造工程、国道新203线锦州至加格达奇一级路49.88公里新建工程、国道集锡公路过境段二级路升级改造工程41.05公里、公铁立交桥大修改善等工程的建设。

“十一五”以来，公路建设继续以提高工程质量和公路等级为重点，完善了全市公路网络，提高了通达深度。到2008年年底，双辽市“两高四纵四横”主骨架网络基本形成，全市公路总里程达892.8公里，其中二级公路168.25公里，三级公路137公里，全市19个乡(镇、街)通达率100%，行政村基本通达，公路等级和路网服务能力明显提高，为社会经济发展提供强有力的基础支撑。

高速公路主动脉加快建设，为社会经济发展提供强有力支撑。

2006年，大广高速公路松原至双辽段开工建设，这一路段是《国家高速公路网规划》中大庆至广州高速公路的组成路段，也是东北区域骨架公路“五纵五横三环四联”规划中的第四纵，对于加快吉林省西部地区的经济发展意义重大，将为双辽市与周边省份之间的社会经济协调发展提供强有力的交通保障。双辽市委、市政府高度重视、大力支持项目建设，目前，项目建设进展顺利，到2010年将交工通车，双辽高速公路将实现零的突破。

从解决民生问题入手，加快农村公路建设。

新中国成立前，双辽市没有一条农村公路，广大农民兄弟在泥泞中苦苦挣扎。经过几代交通人的不懈努力，截至2008年年底，全市公路通车总里程达806公里，比1981年的125.5公里增长542%；新、改建农村公路560

公里,全市乡镇行政村通公路率达 82%。2009 年,双辽市计划投资 3500 万元,其中农村公路建设要完成 100 公里。预计到 2010 年将实现村村通沥青(水泥)路率 100%。

在收获交通基础设施建设累累硕果的同时,双辽市交通局在精神文明创建和依法行政方面也取得了显著的成果。几年来,市交通局多次被省政府评为公路建设养护先进县(市),被四平市人民政府评为交通发展模范县,被四平市委、市政府评为模范单位、保密工作先进单位,四平市社会治安综合治理先进集体,安全生产先进单位,被四平市委评为模范工会、四平市精神文明建设先进单位等荣誉称号。

60 年,一次从追梦到圆梦的旅程;60 年,一次从苦苦坚持到科学发展的变迁;60 年,在双辽交通人的手中,成就了阡陌纵横,成就了大道通衢。而今,双辽市交通局人正以崭新的精神风貌,饱满的工作热忱,创新工作思路,奋勇当先,走向更加辉煌的明天。

# 吉林省农村公路快速发展

苑海志

"门前汽车嘟嘟叫,只转轮胎不走道",这是广大农民兄弟对以往泥泞土路的兴叹,"没有媳妇能活,没有雨靴不能活",是他们流传的口头禅。

日子不能这样过,有需求就有动力。"十五"期间,全省共建设农村公路31081.8公里,是"九五"期间的11.5倍。尤其是近3年,每年的建设规模均突破1万公里。2003年,全省共计完成农村公路8674.7公里,是前十年建设的总和;2004年,农村公路建设里程更是达到了15361公里。目前,全省通水泥(沥青)路的乡(镇)已达到760个,占乡镇总数的97.3%;9502个行政村全部通了公路,村通公路率达到100%,是继京、津、沪、粤之后,全国第5个实现村村通的省份。

农村公路,真正成了农民就业和增收的"助推器"。农民兄弟切身感受到了公路建成后带来的实惠,他们说如今是"公路通到家门口,老光棍娶上新媳妇,老百姓建起砖瓦房,果菜卖个好价钱"。

适度超前规划农村公路大发展"十五"初,为抢抓国家加大基础设施建设的机遇,我省对农村公路建设规划适时地进行了调整,站在更高的基点上制定了农村公路发展规划。按规划调整,在"十五"前两年,全省农村公路平均每年新改建2000公里。为适应交通部提出的新的跨越式发展目标,我省又重新调整了"十五"后3年农村发展规划。国债的投入,对我省农村公路的发展形成了强力推动。

把地方政府和人民群众的兴奋点引导到加快农村公路建设上来各级党委政府领导把宣传农村公路建设的重要意义,作为加快本地区公路建设的首要任务去抓,通过宣传,使广大群众认清了农村公路是壮大农村经济,加快小城镇发展的基础性、先导性产业,是为农民办好事,办实事,从而自觉自愿地为农村公路建设出力。强有力的宣传鼓动使各级党委、政府、交通部门及广大农民群众产生了强烈的共鸣,形成了发展农村公路的良好氛围和巨大合力。

在国家农村公路投资政策的鼓舞下,我省对农村公路补贴标准进行了调整,进一步加大了补贴力度,水泥路在原补贴标准上,增补5万元,每公里达11万元;油路增补4万元,每公里达9万元;通村公路施行了3+1万元补贴方法,对2003年完成通村公路建设任务的,按4万元补贴,否则只补贴3万元。按建设计划测算,"十五"后3年,省交通厅对农村公路的投资补贴平均每年突破3亿元。2004年又调整了投资政策,水泥路增补3万元,每公里达14万元,同时粮食重点生产县另上浮10%。

资金问题是制约农村公路发展的大难题,我省各级政府和广大农民群众坚持大胆创新,根据不同情况采取不同对策,取得了很好的效果。通化市政府排除困难,在财政资金中给农村公路建设挤资金,对水泥路每公里补贴4万元,油路每公里补贴1.5万元,对承担建设任务的乡镇按每公里2000元进行奖励。几年来,通化市的通化县政府就支付农村公路建设补贴近1亿元。仅2002年就新改建农村公路165.7公里,提前3年实现了乡乡通油路(水泥路)的目标。据统计,仅2002年,全省各级政府出台政策化解农村公路建设资金就达17.5亿元。

建立有效的管理机制,确保农村公路持续健康发展为规范农村公路建设和养护管理,我省先后制定了《吉林省乡路管理办法》、《吉林省乡村公路工程技术标准》等法规和规章,并适时进行修改、补充和完善,使全省农村公路建设从规划设计到施工管理,从建设程序到技术标准都有法可依,有章可循，逐步走上法制化、规范化轨道。

为适应农村公路发展的需要，省交通厅给农村公路建设提供技术支持。对参加农村公路建设的相关人员进行技术培训。省厅每年至少举办一次农村公路建设技术培训，提高管理人员、工程技术人员和施工人员的管理水平和技术素质。同时，行业管理部门对重点工程和复杂工程都派工程建设督导组，由专人进行技术指导。

针对农村公路养护不及时，造成早期破损的实际，我省一方面积极推广水泥路，减小农村公路的养护压力；另一方面积极探索农村公路的养护形式。一是有条件的地区实行交通部门统管统养，逐步纳入专业养护。二是把分散性、季节性养护逐渐转变为常年性、规范化养护。三是实行分户包段养护。四是设立准专业养护道班养护。把承包土地少、热爱公路养护工作的青年农民组织起来，在专业技术人员的指导下，进行养护。

安全、畅达、便捷、舒适的现代农村公路网，促进了我省农村社会、经济、文化的全面发展，使吉林农村更加文明，农民更加富裕，为吉林农业向现代农业迈进提供了助力。

# 黑龙江篇

## 辉煌发展 60 年　交通运输当先行

黑龙江省交通运输厅

新中国成立至今,60 年的沧桑巨变,黑龙江省交通运输事业发生了翻天覆地的变化——公路,已经从 20 世纪 50 年代的大车道到 60 年代的战备公路,从 80 年代拥有第一条汽车专用公路逐步发展到今天启动公路建设"三年决战",为龙江经济发展提供四通八达便捷有效的高速公路网;水运,从蒸汽机到内燃机,从划舢板、跑竹竿到 GPS 卫星定位,从设施简陋到机械化作业,从靠天吃饭到疏浚整治和航电枢纽梯级开发建设,焕发了勃勃生机;道路运输,从人力三轮车到中高档出租车,从简陋的长途车到航空式服务的豪华班车,从空车配货到现代物流,提供了更加安全、舒适、快捷的出行条件……

可以说,多年来,在交通运输部的大力扶持下,在省委省政府的正确领导和支持下,黑龙江交通职工锐意改革,艰苦奋斗,励精图治,为黑土地编织路网,为龙江人民出行服务,造福着一方百姓。如今,黑龙江省交通运输事业正坚持以科学发展观统领建设与发展的全局,构建现代交通网络,努力为经济社会发展当好先行。

## 一、公路建设长足发展，通行能力大幅度提升

黑龙江地处祖国的边陲，开发的历史较晚，公路交通的发展相对比较落后。从20世纪70年代末期起，才陆续修建了一些黑色路面和大型桥梁。改革开放以来，黑龙江的公路建设长足发展，通行能力大幅度提升。

1985年年底，黑龙江省公路通车总里程45487公里。

1986—2005年，黑龙江省进入了改革开放深入发展的新时期。省交通厅在省委、省政府的正确领导和交通部的大力支持下，抓住难得的历史机遇，在全省实行“统一规划、分级负责、多元投入、形式多样”的方针，以线路改造、等级提高为重点，以各级交通部门为骨干，依靠政府领导，动员全社会力量办交通，实现了公路建设跨越式发展，路网规模持续扩大，技术等级普遍提高，以“公路通、百业兴”的生动实践，逐步缓解了公路基础建设对国民经济发展的“瓶颈”制约状况，为全省经济社会持续、稳定、健康发展提供了有力支撑。

“七五”期间，全省筹资29.3亿元，按照省政府1985年年底批准印发的《黑龙江省省级干线公路网试行方案》开始了较大规模的公路建设和改造，完成重点公路建设12项。“七五”期末，全省新增加公路里程1558公里，总里程达到47250公里。

“八五”期间，全省各级交通主管部门按照《公路网规划》，筹措资金55.8亿元，重点建设了221国道同江—三亚线佳木斯至哈尔滨段等项目。共建成6条高等级公路计1024公里；改造了22个县(市)过境线和10座公路立交桥；新增公路桥梁250座13487延长米。全省二级以上高等级公路占公路总里程的比重，由“七五”时期的2.2%，上升到4.5%；公路网化建设开创了可喜的局面，全省地方道路路面里程比1987年增加了2倍；公路养护质量也有较大幅度的提高，好路率和综合值分别达到了46%和60.7%，有效地保证了公路畅通。

“九五”期间，随着国家扩大内需、拉动经济增长政策的实施，公路建设规模进一步加大。全省投资320亿元，是“八五”期的4.67倍，竣工通车总

里程4082公里。其中:高速公路244公里;一级公路591.3公里;二级公路3230.5公里;竣工总里程是“八五”期的3.5倍。经过“九五”时期的建设,全省“OK”型公路骨架和“一环五射”高速公路网取得突破性进展,通车里程达3000公里,占总里程的80%,第二、第三层次的公路网技术状况得到全面提高。到2000年年底,除黑河、大兴安岭外,全省各区域中心城市与省会哈尔滨均实现了由二级以上(含二级)高等级公路相连,贯通率为85.3%,比“八五”期末提高41.3%;有43个县(市)、278个乡镇及1268个村屯实现了由二级以上公路相连接;公路已通达99%以上的乡镇和90%以上的行政村。

“十五”期间,全省交通基础设施建设投资屡创新高,保持平均递增10亿元的水平,呈现了持续、快速、健康的高位运行态势。5年累计完成投资595亿元,是“九五”期的1.6倍,超过“十五”计划投资目标162亿元。投资主体基本实现多元化,资金来源渠道多样化,为交通基础设施建设注入了活力。“十五”期间,重点公路建设投资370.2亿元,实施了同三公路佳木斯至哈尔滨段高速公路等重点项目。建成国省干线主骨架公路4458公里,其中高速公路714公里,一级公路715公里,二级公路3029公里,分别是“九五”时期的2.5倍、4.1倍、1.1倍,交工重点工程优良品率达到100%。“OK”型公路主骨架提前两年实现二级以上沥青(水泥)路相贯通,“一环五射”高速公路网架基本建成。全省除大兴安岭行署加格达奇外,其他各区域中心城市与省会哈尔滨之间,全部实现了由二级或二级以上高等级公路相贯通。

2003—2005年间,投入资金99.3亿元,建设农村公路。建成水泥、沥青路8092公里,是新中国成立以来全省农村高等级公路建设里程总和的3.1倍,与“九五”相比,全省行政村贯通率提高了6%,开创了农村公路建设发展的新局面。

到2005年,全省乡级以上公路总里程67077公里(不含村道30404公里)。其中高速公路958公里,一级公路1118公里,二级公路7140公里,三级公路32805公里,四级公路19669公里,等外公路5386公里。二级以上高等级公路达到了9216公里，占总里程的13.7%。与“九五”比，全省区域中心城市高速公路的一级公路贯通率提高了30.8%；县(市)二级以上公路贯通率提高了11.7%，路网结构和质量跨上了新台阶。全省公路密度达到了14.8公里/百平方公里，比“九五”期末的11.1公里/百平方公里，提高了3.7个百分点。

2006年，黑龙江省确定“十一五”交通建设总体目标，启动实施“1135”工程，即：完成交通投资1000亿元，建设高速公路1000公里，建设一级和二级公路3000公里，建设通村公路通畅工程50000公里。

2008年，黑龙江省委、省政府着眼全省经济社会发展全局作出一项重大战略决策——实施公路建设三年决战。按照规划，全省将投入公路建设资金1000亿元，建设高速公路2840公里，一级公路422公里，二级公路2930公里，农村公路60799公里，实现13个市(地)全部通高速公路或一级公路，64个县(市)全部通二级以上公路，所有乡(镇)和行政村通硬化路面公路。省委、省政府提出，举全省之力，一定要把高速公路建设成推动黑龙江经济又好又快的发展路，带动黑龙江人民走进全面小康社会的致富路，四方客人来黑龙江旅游观光的风景路，北国大地美好自然环境的环保路，共产党干部干净干事的廉政路。2008年，全省公路建设完成投资197.48亿元。截至2008年年底，全省公路总里程150845.5公里，比上年增加了9936.3公里，公路网密度达到33.2公里/百平方公里。2009年，全省建设公路重点工程26项，高速公路2430公里，一、二级公路853公里，计划投资190.3亿元。

据预测，公路建设三年决战将直接拉动GDP增长1145亿元，直接贡献率为3.07%，拉动相关行业的产出累计将达到3764亿元，拉动全省GDP 1.12个百分点，并将为社会提供约180万个直接就业机会、210万个间接就业机会。

公路建设特别是农村公路建设，不仅改善了黑龙江省公路基础设施条件，也给广大人民群众带来巨大的直接和间接效益，公路沿线人民生活水平有了较大提高。“公路通，百业兴”，“要想富，先修路”已成为黑龙江人民的共识。

## 二、水运建设蓬勃发展

新中国成立60年来，黑龙江航运取得了令人瞩目的成绩，得到前所未有的改善和发展，为黑龙江省经济的发展作出了贡献。

在第一、第二个五年计划期间，黑龙江航运在经过战争洗劫仅剩几条船的基础上，通过打捞沉船、整修码头、疏浚航道，白手起家，迅速恢复了航运生产，逐步建设了一支过硬的水运队伍，为黑龙江省的航运事业的经济发展以及维护界江权益都作出了突出贡献。“一五”期间客货运量以年递增15.4%和21.7%的速度逐年增长。“二五”期间，黑龙江航运战胜了1959年的枯水和1960年特大洪水的自然灾害，提前两年超额完成货运量和客运周转量计划。货运共完成1051万吨，210944万吨公里，为“一五”计划的173%的182%；客运共完成565.6万人，6463万人公里，分别为“一五”计划的163%和177.3%。财务收入7180万元，为“一五”实际完成的221.2%，年平均增长7.8%；实现利润791万元，为“一五”计划的213.2%。进入第一个五年计划和第二个五年计划的10年中，哈船厂共建造客、货、拖、驳船及工程船264艘、6.9万吨位，基本满足了航运发展的需要。在航道工程方面，“一五”计划期间，修筑导坝、锁坝1130延米，使部分航道水深得到调节，驳船载量提高了15%以上。“二五”计划期间，开辟新航道2554公里，增设航标1512公里，并且重点整治了松花江干线及三姓浅滩。在港口建设方面，从1949—1956年的七年中，黑龙江航运首先全部接管了水系沿岸的公有码头、仓库，实行统一管理。新建和开辟了肇源、同江、奇克、呼玛、漠河等20个港站，并在富锦、莲江口中、佳木斯、哈尔滨等港建立专门掌管外籍轮船进出口业务的办事机构。在1957—1966年中，新港口20处，增设中小航运站35个，增加千吨泊位24个，扩大了港口通过能力。以哈港为例，1966年的吞吐量创历史最高记录，首次突破100万吨。

1949—1966年，是黑龙江航运事业的稳步发展阶段，在黑龙江省公路交通运输尚不发达的艰难时期，为全省经济发展作出了贡献。

1978年以来,在党的十一届三中全会精神指引下,省交通厅航运管理部门把工作重点转移到社会主义现代化建设上来,在实施恢复和制订规章制度、改革管理体制、转换经营机制、港口对外开放等一系列改革的同时,加快水运基础设施建设,使黑龙江内河干、支河流得以充分利用。船舶更新改造成效显著,运量和经济效益稳步增长;江海联运的通道的开辟,实现了几代人出江入海的梦想;港口建设突飞猛进,货物吞吐量逐年增加。

1978—2008年,全省机动运输船舶由137艘、21185千瓦,增加到1094艘、125868千瓦;驳船由296艘、107301吨位,增加到372艘、219923吨位。工程船舶由109艘、8548千瓦,增加到175艘、35735千瓦。客运量和客运周转量由99万人、7159万人公里,增加到256万人、3210万人公里;货运量和货运周转量由314万吨、77880万吨公里,增加到1250.6万吨、18.1亿吨公里。新造航标艇24艘,4224千瓦;新组建15个挖泥船队,生产能力由原来的每小时600立方米,提高的每小时6510立方米。全省共有港口22个(按一城一港设置),客货运泊位336个,年货物通过能力1946万吨、旅客通过能力255万人次;开放港口15个,年外贸吞吐量120万吨,旅客吞吐量100人次。港口货物吞吐量由1986年的620.8万吨,提高到1500万吨。

进入21世纪以来,黑龙江航运各项工作取得了新的突破。

加快实施了松花江航电枢纽梯级开发建设。为了逐步改变松花江持续严重枯水和航道依附自然程度高的现状,2004年9月,松花江大顶子山航电枢纽工程正式开工建设。该工程位于松花江哈尔滨下游46公里处,主要建筑物有船闸、泄洪闸、电站、土坝和连接江南江北重要公路的坝顶公路桥,正常蓄水位116米,总库容19亿立方米,2008年年底竣工。目前,正积极推进松花江第二个航电枢纽工程——依兰航电枢纽工程前期工作,悦来航电枢纽工程也在积极运作之中。航电枢纽梯级开发建设,不仅改变了航道通行条件问题,更重要的是在发电、交通、旅游、灌溉、水产养殖、生态环境、防洪等综合功能利用方面具有良好的经济效益和社会效益。目前,已交工的大顶子山航电枢纽工程在这些方面已经凸现成效。

重点推进了重大装备江海联运。2004年6月,成功组织了黑龙江省至我国东南沿海港口江海联运粮食试运工作；于 2006 年 6 月，开通了同江至哈巴罗夫斯克水路集装箱运输航线。特别是从 2006 年起，积极筹备重大装备江海联运工作，组建了龙航大型设备江海运输有限公司，改造了运输船舶，建造了黑龙江水系最大浮吊——500 吨起重机船舶，成功地组织了两次 438 吨定子的试运工作。黑龙江省重大装备江海联运通道的开辟，彻底打通省内企业重大件外运“瓶颈”。

## 三、道路运输能力显著提高

1912 年冬，侨居齐齐哈尔的俄国人购买汽车 4 辆，由齐齐哈尔开往黑河，才开启了龙江道路运输的先河。新中国成立以后，龙江道路运输在百废待兴中迎来了新的发展时期。“一五”时期，龙江道路运输的特点是保证重点物资运输，开辟延伸营运路线，对私营运输、修理业进行社会主义改造。“二五”时期，根据党中央提出的“全党全民办交通”的方针，全省掀起了广泛的群众性突击短途运输的热潮。各级党委政府加强了对短途运输的组织领导，建立了各级指挥机构，道路运输部门坚持依靠地方，依靠群众，组织各行各业积极投入到短途运输中来，对缓解道路运输的紧张局面作出了贡献。在大庆油田石油会战过程中，省交通厅在安达组建了省直属汽车大队，千方百计组织运力，保证油田开发所需各种物资运输，为松基三井在大庆油田上第一次喷出油流作出了贡献。但是在 1978 年以前，全省境内的汽车营运路线，多数还是车马大道，少数则是人行马走的小道，农村运输仍主要靠人力挑、畜力拉。

党的十一届三中全会以来，黑龙江省的道路运输业紧紧抓住机遇，经过 30 年的不懈努力，形成了“国营、集体、个体”三者一起上，“高、中、低档、大、中、小型”运输车辆配套发展的新格局，使运输能力、运输效率、运输质量、科技创新能力都得到了显著提高，适应了市场经济的需求，实现了“人便于行，货畅其流”，在全行业全面发展中取得了巨大成就，促进了全省经济的发展。

目前，全省道路运输业和改革开放前相比，基本上形成了门类齐全，设施较为先进,通信发达,信息流畅,初步使用现代化理念、现代化管理手段,为全省的市场经济体制建立和经济建设作出了较为突出的贡献。

“十五”期间,道路运输供给能力显著提高。到2007年年底,全省营运客车、营运货车、出租汽车分别达到1.5万辆、16.4万辆、7.8万辆,全省客运线路达到6843条,较2000年增长了52.2%,乡镇通车率达到100%,村通车率达到96.9%。2007年,完成旅客运输量5.5亿人、旅客周转量313.9亿人公里;分别占全省综合运输比重的84.5%和55.6%;完成货物运输量5.2亿吨、货物周转量289.9亿吨公里,分别比2000年增长了38.2%、46%、313%、74%,占全社会运输总量的84.5%、55.6%、71.1%、22.4%。道路运输在社会综合运输体系中的主导作用和连接功能进一步增强。

道路运输发展质量显著提高。2007年年底,高中级营运客车所占比重达到总量的50%,厢式化、专业化货车所占比重达到总量的11%。危险品运输经营业户由1092户下降至363户,下降了66.8%,50%的出租汽车实现了公司化经营。旅游客运、物流、快件运输、连锁维修、汽车租赁、学生接送等新型运输形式方兴未艾,满足了不同的运输需求。

道路运输基础设施保障水平显著提高。1997—2007年10年间,全省累计投入基本建设资金34亿元,加快了道路运输基础设施建设步伐。到2007年年底,全省13个中心城市客运站的站容站貌得到了很大改善,建成乡镇客运站387个、农村客运停靠点近546处,8个区域中心城市建设了较大规模的货运站,11个国家一级边境公路口岸建设了口岸枢纽站,绥芬河、东宁建设了公路口岸,联检设施得到更新或改造,新、改、扩建了61个县级客运站,有效提高了道路运输效率,集疏运功能明显增强。

国际道路运输程度显著提高。与俄罗斯毗邻的5个边区(州)开通了41条国际道路运输线路。其中客运线路21条,货运线路20条,专门从事国际道路运输的企业28户,运输车辆850台。国际道路运输向着专业化、企业化、集约化方向发展,经营管理水平、安全、服务质量普遍提高。

在农村运输市场建设上,2008年龙江启动并实施了农村客运“双百工程”,围绕未通车的行政村、旅游区、林矿区,制订了通车时间表,明确了通车时间,已经通车的行政村进一步给予了必要的政策指导,真正实现了农村客运开得通、留得住、有效益。“双百工程”开展以来,共建设了100个乡镇客运站,开辟了100条农村客运班线。大庆市、齐齐哈尔市实现了所有行政村全部通客运班车。

在道路运输基础设施建设上,列入哈尔滨公路主枢纽建设规划的龙运物流园区已于2008年9月开工建设,一期工程预计2009年投入使用。龙运物流园区是黑龙江省第一个集物流信息、现代仓储、专业配送等功能于一体的现代化、综合性物流园区,建成后将成为龙江物流产业的“主战场”。到2008年年底,按照《哈尔滨公路主枢纽总体布局规划》的要求,全省已累计投入建设资金34亿元。公路主枢纽、区域枢纽、口岸站场、县级客运站、乡镇客运站建设齐头并进。13个中心城市客运站的站容站貌得到了较大改善,8个中心城市建设了货运站,11个国家一级边境公路口岸建设了口岸枢纽站,新改扩建了61个县级客运站。

经过改革开放30年的发展,龙江道路运输行业发生了质的飞跃:营运客车、营运货车从1978年的1315辆、7819辆发展到2008年的10.6万辆、18.9万辆;道路运输完成的客运量、旅客周转量、货运量、货物周转量四个主要经济技术指标从1978年的5560万人、17.53亿人公里、7888万吨、11.1亿吨公里提高到2008年的58413万人、342.16亿人公里、55896万吨、318.32亿吨公里,增长了10.5倍、19.52倍、7.09倍、28.68倍。道路运输在综合运输体系中所占的比重分别达到了84.5%、55.6%、71.1%、22.4%。

## 四、科研教育成效显著

辉煌60年,是黑龙江交通运输整体面貌发生根本改变的60年,也是交通科技发展不断取得重大突破的60年。

60年来,黑龙江省交通建设科技工作立足寒区特点,稳步推进。科研工作紧紧围绕高纬度寒冷地区交通基础设施建设、运输市场及交通信息化发展中的关键技术问题,尤其是围绕寒区特有的技术难点进行攻关,为解决黑龙江省公路病害开展了长期不懈的研究,有力地推动了龙江交通建设的现代化进程。仅“十五”以来，开展的交通科研项目200余项，其中包括交通部西部交通建设科技项目23项、交通部行业联合攻关项目5项。公路建设、养护类项目占75.1%，水路建设养护类项目占0.6%，公路运输类项目占9.5%，信息化类项目占4.2%，安全环保类项目占4.7%，软科学项目占5.9%。在已完成的科研项目中成果水平达到国际领先水平1项、国际先进水平9项、国内领先水平23项，有1项成果获国家科技进步一等奖，22项成果获黑龙江省科学技术进步奖和中国公路学会科学技术奖。科研成果主要表现在以下方面。

公路桥梁建设养护技术研究成果显著。多年来，结合黑龙江省典型的季冻区地理气候特征，开展交通行业科技攻关，取得了一批突破性的技术成果，有效防止和解决公路桥梁质量病害和技术难题，提升了设计质量，优化了施工工艺，为交通基础设施建设提供了强有力的技术支撑，公路桥梁工程的科技含量显著提高。

水路建设养护技术研究取得突破。先后承担了季节性封冻河流航电枢纽工程防冰防冻问题研究、松花江航运建设关键技术研究、松花江梯级开发依兰航电枢纽通航技术研究等课题研究。提出了封冻河流船闸防冰技术，闸室及引航道排冰、枢纽导冰、枢纽下游未衔接河段航道整治原则及措施，整治建筑物防冰、支流入汇口航电枢纽平面布置和通航条件、枢纽变动回水区航道整治、枢纽破冰通航等关键技术有效解决了大顶子山航电枢纽工程建设中遇到的重大技术难题，优化了依兰航电枢纽工程建设方案。科技成果投入使用后，有助于推动松花江梯级建设，为后续项目提供技术储备和保障，为我国类似河流开发建设提供技术借鉴，还可推广到水利、水电及桥梁等领域，促进科技创新和技术进步，将取得显著的社会、经济和环境效益。

交通运输运营管理技术稳步提高。开发了黑龙江省道路运输管理局综合管理信息系统，并在全省主要城市推广应用，极大地提高了服务效率与服务质量。

信息化建设取得突破性进展。以信息资源综合利用和整合为核心理念，以信息化技术综合应用为支撑，交通信息化建设取得了长足进步。在基础网络方面,形成全省交通系统三级网络主体架构,实现省厅、地市交通局、厅直单位及其所属部门共 360 个节点互联互通,具备了数据、视频、音频的网络传输能力。在电子政务方面,建设了省厅及厅直单位的网络 OA 系统,实现远程传送公文,内部办公业务实时流转;建设了协同办公系统,实现不同单位、不同部门间的业务协同和数据共享;建立交通系统广大干部职工视频教育学习平台,收录各类学习教育课件 105 部。在业务应用方面,以设、管、养、征、运为主线,建设了养路费征稽系统、公路建设管理系统、道路运输综合管理系统、高速公路联网收费系统、交通视频会议系统、财务管理系统、交通信息化管理系统和黑龙江省公路地理信息系统等一系列先进信息化工程,实现交通主体业务数字化、网络化流转。

安全环保技术研究发展迅速。针对黑龙江省冬季冰雪给交通安全带来的隐患,开展了公路风吹雪害成因与预警以及防治技术研究,首次研发了风吹雪动态数值仿真软件,并自主开发了公路风吹雪害预警系统,降低了冰雪对交通安全的影响,提高了公路通行能力。

人才队伍建设、国际技术交流与合作日益加强,形成了一支由科研、设计、施工、管理及高等院校各部门联合构建的综合性研发队伍。

国内横向联合及国际交流合作活动日益活跃,全省交通科研工作与省内外 20 多个院校单位开展了合作,同时与美国、日本、丹麦、加拿大等国家开展了国际技术交流与合作,为交通运输科技水平快速提升创造了较好条件。

交通教育培训体系不断拓展完善。开通了交通专网视频培训系统已经覆盖全省各地市和厅直各单位,组织视频专项培训 12 场,培训人数总计近万人次。建立依托黑龙江交通专网的教育视频点播系统,为厅机关和全系统干部职工搭建实用及时、灵活方便的学习媒体。

2009 年,交通运输部以“部省联合科技支撑黑龙江公路建设行动计划”为黑龙江省公路建设提供技术支撑与智力依托,这是交通运输部第一个在省域范围内集多条公路、多项工程、多个领域、多项技术的科技应用示范项目,将汇集全国交通行业科技资源,围绕季节冻土地区高含水量黏性土低路基修筑、路面新材料应用、典型结构和高低温稳定性、桥梁结构耐久性、低温施工与质量控制以及公路安全、环保技术与评价等技术难题，开展科学攻关和现有成果的集成转化应用工作，力争形成一批技术水平高、效果好、前景广，具有自主知识产权的科研成果和典型经验，以引领季节冻土区公路设计、施工与养护领域的科技发展方向。

## 五、精神文明建设硕果累累

多年来，黑龙江省交通运输系统精神文明创建活动“两个文明一起抓、一起上、一起见成效”为指导思想，坚持“重在建设，以立为本；标本兼治、以本为主；管理与建设并重，继承和创新并举”的原则和“抓机关、带直属、促战线”的基本作法。1988年创建活动由系统内部，逐步向全行业扩展。1997年起全面开展创建文明行业活动。在创建活动过程中，涌现出一大批省部级以上先进典型和劳动模范。

1985年10月，省交通厅成立精神文明建设办公室，1987年，省交通厅成立精神文明建设领导小组，厅长赵阳任组长。1988年，全省交通系统共有专职干部110人，从组织上保证了创建活动的顺利开展。

1999年6月，机构更名为黑龙江省交通厅精神文明指导委员会，厅长张铁军任主任，下设创建文明行业评审领导小组，省交通厅精神文明建设办公室为具体办事机构。2000年，全省交通系统已建立起了由党组织统一领导，各级干部为主体，专职政工干部为骨干，党政工青配合参与，责任到人的创建文明行业工作网络。

2004年5月，省交通厅精神文明创建机构第四次更名为黑龙江省交通厅精神文明建设指导委员会，办公室设在省交通厅政策法规处。2005年12月，省交通厅精神文明建设指导委员会主任为段明山，委员会副主任、委员人数、人员均进行了调整，副主任为7人，委员为11人。2008年2月至今，省交通厅精神文明建设指导委员会主任为高志杰，副主任为7人，委员为11人。黑龙江交通系统各单位文明行业创建坚持实行“一把手”工程，党政工团齐抓共管，自上而下都建立了专门机构，配齐了专职人员，形成了创建的组织领导机制和工作网络。领导干部在工作目标上实行“双责”，在工作任务上实行“双下”，在工作评估上实行“双考”，在工作成果上实行“双奖”、“双罚”。

在管理上，1999年6月29日，省交通厅制订了《黑龙江省交通系统文明行业创建实施办法》。2001年6月，省交通厅重新制订了《黑龙江省交通系统2001—2010年文明行业发展规划、文明单位建设若干规定及标准细则》。至2005年，全省交通系统实行开门进行创建，逐步完善了监督制约机制。通过设立意见箱，向社会公示服务项目、规范、质量及相应的承诺，参加行风评比，聘请义务监督员、公布监督电话等形式，接受社会各界、党政机关、新闻媒体和广大人民群众的监督。凡行风评议不理想，群众不满意或被新闻媒体曝光的，属新申报的，取消申报资格，已被授予称号的，给予限期整改或取消荣誉称号等处理。确保了文明行业的质量和声誉，保证了创建活动持续健康稳定发展。

2008年11月，为加强全省交通系统社会主义精神文明建设，努力构建现代交通运输体系，依据《黑龙江省文明单位建设条例》和《全国交通行业“十一五”时期精神文明建设工作指导意见》，结合全省加快公路建设实际，重新制订了《黑龙江省交通系统文明行业规划》。对创建文明行业的指导思想、基本原则、奋斗目标、工作思路、工作标准、保障措施等进一步进行了规范，使全系统的文明创建工作更加科学化、规范化、制度化。

从1985年，省交通厅被省委、省政府命名为省直机关第一批省级文明单位开始，全省交通系统开展了丰富多彩的文明创建活动。1986年开展了有理想、有道德、有文化、有纪律“四有”达标活动。1989年开展了12城市客运汽车出租车文明杯竞赛活动，表彰了6个“出租车管理先进企业、先进集体”、214台“文明出租车”、5个“出租汽车管理先进城市”。是年，省交通系统被省委、省政府命名为第一批省级文明单位建设先进系统。

1991年起，全省交通系统广泛开展了爱国主义、集体主义和社会主义教育，深入开展了职业道德、社会公德和家庭伦理道德教育，干部职工树立了“交通光荣我光荣，我为交通争光荣”的事业心和主人翁责任感。

2001年年初,省交通厅为响应省委、省政府在全省开展的《新世纪黑龙江人新形象教育》活动,与18个厅局联合发出竞赛倡议,在全省交通系统开展了“新世纪黑龙江交通人形象杯”系列活动竞赛。2003年8月,经各市(地)交通局、厅直属单位推荐、省交通厅考核,重新向社会公布了15类,179个单位为全省公路交通系统文明示范“窗口”。

2004年初,省交通厅推出了十项便民服务措施,主要是干线公路和经济、繁忙路段170个收费站匝道全部开通,开辟农副、鲜活产品绿色通道;减征通乡村客运班车规费;养路费征收启动“文明畅通工程”;增设乡镇客运站、村屯客运停靠站等,让百姓实实在在得到好处。在各公路收费站、公路养护道班等公路交通“第一示范窗口”设立“爱心驿站”,为过往司乘人员提供休息、饮水、急救、修车和交通图等服务,在汽车客运站设立了便民服务台、引导员、特殊旅客休息室,并统一文明用语,实行微笑服务等,在加强公路交通窗口建设中传播了文明。

2003及2004两年,由于省交通厅一些领导干部涉及违法违纪的腐败案件,省交通厅在省直单位目标考评中,连续两年排名最后,但龙江交通人经受住了廉政风波的洗礼和考验。

2005年初,全省交通系统深入开展了“诚信负责、和谐规范、科学务实、清廉节俭”为主要内容的“打造新作风、建设新交通、树立新形象”活动,并总结和提炼了长期积淀的交通文化,形成了独具特色的黑龙江交通精神,即“诚信负责、严谨规范、务实高效、清廉节俭”的交通精神,“与时俱进、开拓创新、敢为人先”的创新精神,“顽强拼搏,争创一流”的实干精神,构筑起了“珍惜环境、爱我交通”的共同思想基础。彰显了“创造条件上项目,诚信服务讲奉献,精心管理创效益,抢险救助攻难关”的交通人文明风范。在抗击“非典”、迎战洪水、扑救山火、围堰筑坝阻截污水等重、特大灾难面前,交通人临危不惧,攻坚克难,在公路交通先进文化建设中孕育了文明。当年,在省直单位目标考评中,省交通厅被评为良好单位,排位有所提升。

2008年,在公路建设三年决战中,交通人坚持顽强拼搏,善于攻坚克难,各项工作都取得了显著成效,有力推动了公路重点项目的建设进程,向全社会展示了“特别能吃苦、特别能战斗、特别能打硬仗”的新时代交通精神，受到了社会的一致好评。黑龙江省省长栗战书赞扬交通人“创造了新世纪的大庆精神、铁人精神、北大荒精神。”

至 2008 年年底，全省交通运输系统已建成各级文明单位 1927 个，占应建单位总数的 98.7%。其中：全国精神文明建设先进单位 5 个，省级文明单位 285 个，部级文明单位 44 个，其中，团中央命名的青年文明号 15 个、交通部命名的全国交通文明行业 4 个、文明行业先进单位 7 个、文明示范窗口 10 个、全国交通行业巾帼文明岗 8 个。

# 青春在浪花中闪光

吴江平

从堃同志 1977 年到航道局参加工作,20 多年来,一直工作在挖泥船上,从一名水手成长为挖泥船的船队长,为松花江著名的“三姓”浅滩整治,为确保航道畅通,为航道事业的发展,作出了积极的贡献,从 1983 年起连续被评为航道局优秀共产党员、先进生产者,1991 年荣获黑龙江航运管理局“银帆奖”、1996 年、1997 年在“三姓”整治工程中,荣立一等功、二等功各一次,1998 年荣获黑龙江航道局“双文明”先进个人标兵(劳动模范),1999 年荣获黑龙江航运管理局“双文明”先进个人标兵(劳动模范),2000 年获得全国海员工会授予的“金锚奖”荣誉称号,2002 年又获黑龙江省交通厅劳动模范称号。同时他带领过的船队龙浚 08 挖泥船队、龙浚 14 挖泥船队,也连年被评为航道局、管理局的先进集体。

干一行,爱一行,爱岗敬业志在浅滩。外人可能觉得能与船舶和江水打交道很有意思,实际上这项工作既单调、又枯燥。船舶春天随着冰排出航,秋天又伴着雪花返哈,航期船员只有一次十天的探亲假。同期来的人有的调走了,有的悄悄的放弃了船上的工作,可从堃坚持了下来。他干一行,爱一行,立志献身于航道事业,一干就是 30 多年,从一名水手,逐渐地成长为挖泥船队的船队长。

艰苦的工作环境能够锻炼一个人的意志,同时也能激发一个人的智慧和工作热情。尤其是经历了 15 年的“三姓”整治工程后，不仅在松花江建成了一项永久性工程，而且也培养和造就一批又一批的优秀航道人才。从堃就是其中的优秀代表。“三姓”浅滩是闻名于国内外的著名浅滩之一，从 1983 年国家批准立项，到 1998 年二期整治工程圆满结束，在这十五年中，从堃没有离开过这项工程，在工作中虚心向有经验的老师傅学习，钻研业务，任劳任怨，为工程的全面竣工洒下了辛勤的汗水。

1999 年因工作的需要，从堃被调离了工作多年的链斗式挖泥船，来到了绞吸式的龙浚 08 挖泥船队任船队长。龙浚 08 船是一艘荷兰进口绞吸式挖泥船，他面对完全陌生的工作环境，没有退缩，毅然的接受了挑战。他虚心地向前任船长和现任的大副请教，找来有关资料进行研读，并结合多年来在航道的工作经验，在施工中边摸索、边实践，有时为了解决一个难题整天工作在操作台上。功夫不负有心人，在不到半年的时间里，他已完全掌握了绞吸式挖泥船的性能和操作要领。

2000 年的下半年，龙浚 08 挖泥船去黑龙江 248 号和 254 号两个工地施工，这是中俄第四十二次例会达成的工程项目。船刚一到达工地，他就带领全船人员投入了紧张的施工，但由于这两个工地工况复杂，河床底质大部分属于大颗粒河卵石，对泥泵的磨损相当严重，在不到两个月的施工中就换了三次泥泵壳。10 月下旬的黑龙江、北风呼啸，雪花纷飞，人站在甲板上工作，经常是雪水加汗水的湿透了衣服，再经冷风一吹，衣服被冻得邦邦硬。但为了抢任务，为了我们的国际信誉，他带领全船的同志们发扬了能打硬仗和敢打硬仗的航道人精神，战严寒，斗冰雪，两天的活一天干，三顿饭并做两顿吃。由于他身先士卒，吃苦在前，脏活累活大家都争先恐后的抢着干，为早日完成界江工程赢得了宝贵的时间，同时也为疏浚大队增加了收入。

2000 年，他们船卧在了同江港，第二年开江以前，他就组织了部分船员赶到同江修船，在修船过程中，因为没水、没电、没有取暖设备，他们就地刨冰化水饮用，晚上冻得睡不着，就用热水袋取暖，生活艰苦是可想而知的。

2001 年，从堃工作的船队被安排承担中俄四十二次例会中黑龙江上游奇克浅滩(836 号)的疏浚工程，施工后，发现该工况底质和预想的不一样，颗粒不但大，而且还有卵石，对泥泵磨，如果不采取有效措施，泵壳必会全部磨坏，损失太大。他利用在链斗船干了多年的经验，了解这样的底质最适合链斗挖泥船施工，所以，他及时将工地的情况和他的想法用电话向大队领导进行了汇报，在取得大队领导同意后，他又带领浚08船人员一起到了浚十三船，经过对浚十三船舶进行简单的维修后，开始对836号工地施工，在此期间，面临的困难有很多，首先是人员业务不熟练，他和在链斗式挖泥船工作过的同志手把手地教业务不熟的同志，其次是设备老化，易出故障的，问题采取了轮机长带人进行及时修复。经过五十二天的努力，奇克浅滩施工结束了。由于挖槽与水流不在一条线上，造成挖槽回淤快，所以初验挖槽时发现起槽部位有部分回淤现象，为了确保工程质量，他又组织人员对挖槽进行了清淤，最终高质量地完成了奇克浅滩疏浚工程任务，该工程被评为优质工程。

辛勤的工作，换来了丰硕的成果。在他和船员们的共同努力下，所在的船队多次被评为管理局的双文明先进集体，所在党支部被省直机关工委命名为先进党支部。近几年，随着“三学一创”活动的开展，结合本船队特点，加大了船舶管理力度，形成了一整套的船舶管理办法，1997年所在的龙浚十四船队被航道局命名为“华铜海”式船舶光荣称号。

干一行，专一行，探索创新心系航道。完成一项工作的结果深究起来千差万别，因为当事人的投入是不可能相同的。一样的挖泥船船队长，从堃二十多年的工作中，辛勤劳作的同时，更是积极的、不断的探索创新。经他发明创造和革新改造的施工方法、应对施工问题的施工措施二十多项。正如同事们说的，从堃的心思全在航道上了。

“三姓”浅滩地处小兴安岭和张广才岭的交汇处，河床底质多为花岗岩和风化岩，航道狭窄，水流湍急，施工难度相当大。尤其是挖泥船在施工中出现的脱锚现象一直困扰着施工船队的人们。船一旦脱锚，不但容易出现危险，而且还需要重新送锚固定。每次都要把近六千米的钢丝绳收回来，再送出去。这十几吨绳子的一收一送说起来容易，做起来全船人员就需要近一整天的时间，劳动强度不但大，而且也影响施工的进度。为了彻底解决这一问题，从堃通过查阅资料和认真总结以往的施工经验，经多次试验，发明了“串联抛锚法”，即采取延长主锚绳的长度，直线间抛下三口主锚，以增强拉力和锚的抓力，通过实验效果特别好，从而彻底解决了施工中脱锚问题。

由于主锚绳的延长和河床的高低不平，再加上施工中挖泥船需左右横移，拖得锚绳在江底左右摆动，锚绳在江底磨损相当的快，经常出现钢丝磨断的现象，换一根主锚绳的费用就是几万元。从堃看在眼里、痛在心上，经集思广益和反复摸索，他发明了在主锚绳中间铺设平台，把锚绳架起来的办法，这样一来，避免了主锚绳在施工摆动中的磨擦损坏，而且也提高了施工进度，降低了工程成本。

主锚绳问题解决后，他又开始研究边锚的问题，一是航道狭窄，在石头塘中抛锚十分困难；二是洪水期的锚绳上悬挂物太多，锚绳不堪重负，及易造成断绳的现象，锚漂被挂走的现象也时有发生，给起锚、移船造成了很大的不便。为此，他根据不同时期、不同水流，发明了边锚“迈步法”和“串葫芦法”，不但解决了实际困难，而且降低了船员的劳动强度，为以后的施工积累了经验。

“三姓”浅滩由于是石质河床，要想不提高水位增加航深，就必须采取爆破岩石的形式，然后再用链斗式挖泥船清理，挖出深槽。但链斗挖泥船在施工后都会在挖槽的前部留下一道高约六十厘米左右，宽约一米半左右的楞子，难以消除。这道横楞对沙质河床还无所谓，随着水流的冲刷几天即可冲平，不会对船舶造成什么威胁，可对石质河床问题就大了，必须予以清除，否则后果不堪设想。原来清除的办法采用抓斗船来抓，不仅费时、费力，而且清除的效果也不佳，他根据自己的工作经验，针对砂质河床和花岗岩石质河床底质的不同，先后总结出了“深沟回填清楞法”和“花岗岩石质河床完全清楞法”，经过反复在“三姓浅滩”实践和在多处挖槽完工后的“扫床”验收，经检测和专家论证效果非常好，均达到挖槽验收一次合格、为“三姓”工程的整治早日完工创造了条件。

1999 年的下半年，船在哈船尔滨船坞施工，面对干滩，施工难度较大，对挖泥船的操作系统也损伤很严重。经过反复论证，大胆采用了“分挖泥法”和“抽条挖泥法”，收到了极佳的效果，得到了工程技术人员的认可。这样一来，不但解决了施工难题，提高了工作效率，而且抢在了封江前完成了工程。

在2000年备航过程中，从堃和船员们发现，他们工作的船队大船绞头两边的浮箱多处漏水，有的在底部，有的侧面，要是按照常规堵漏法，不但需要大量的水泥、沙子，而且还十分难堵。经过与船员反复讨论和借鉴他船经验，采取了先从船舱向外穿铁丝固定堵漏器材，然后在仓内绞紧铁丝，再在仓内坎铁处焊上螺丝母，用螺丝顶住漏洞的“内外结合堵漏法”。用这种方法，不但省时，省力，而且也解决了水泥堵漏出现的许多弊端。经过堵漏后不但降低了大船的吃水，减少了阻力，在拖带中，提高了航速。

从堃的文化水平不高，但他能积极地利用时间看书，能虚心地向有经验的同志们学习，钻研业务。同时还降敢于探索和勇于实践，带领船间攻关小组攻克了一个又一个施工难题，其中发表的《如何解决链斗式挖泥船遗留的楞子问题》、《利用斗桥系统增加起重能力》等论文在航道局发表，并获了奖。

干一行，奉献一行，“舍小家，顾大家”，情深为党。船员工作的特殊性，一年有大半年工作在外地，绝不能像陆地工人一样天天居家团圆，上不能在父母面前尽孝，下不能给子女呵护、补课，更不能给妻子花前月下，照料日常生活。自1977年参加工作以来，从堃就全身心地投入到航道事业上，一直到1983年才结婚，因挖泥船要在“三姓”施工，他说服了新婚的妻子毅然在蜜月期间随船出港。1984年5月，“三姓”一期工程会战正酣，他的老父亲的冠心病犯了，直到7月份父亲去世，他也没能在父亲面前尽孝；1997年，78岁的老母亲独自一人在家做饭时不慎将油锅碰翻，致使胸部大面积烫伤，需从腿上植皮，此时的老人是多么的需要他，然而，母亲千叮咛，万嘱咐地对领导说：他工作忙，不要告诉他，让他安心工作。此时也确是“三姓”二期工程收尾的关键时刻，为了“三姓”工程，为了不辜负领导的重托，他还是按照妈妈的意愿毅然地留在了工地，没有回去看母亲一眼。长年的水上生活和高强度劳动也使自己积劳成疾，严重的腰疼病又犯了，指导员张敬亚连续给他按摩了几天都不见效,一天晚上被子从床上掉到地上,然而自己却拣不起来,第二天大家都劝他回哈尔滨去看病,他知道当时正是封江收船的紧要阶段,工程还没有完,他执意坚持,直到工程完成后才随船一起回到哈尔滨,每当谈起这些,他总是说:作为一名党员,又是一船之长,理应“舍小家,顾大家”,否则,怎能对得起多年来党的教育和培养啊。

# 奋战在公路建设一线的专家

李　响

黑龙江省公路勘察设计院建院50年来，几乎承担了全省所有高等级公路和特大型桥梁的勘察设计工作，涌现出众多的优秀设计人物，其中，有一位年过七旬仍然奋战在公路建设一线的老专家，他就是原交通厅副总工程师、设计院总工程师、全国先进工作者、全国五一劳动奖章获得者、省劳动模范、优秀共产党员——张棣威。

1982年，黑龙江省政府决定兴建哈尔滨松花江公路大桥，这是新中国成立以后黑龙江省境内830余公里的松花江上修建的第一座特大型公路桥梁，该工程被列为国家重点建设项目，大桥勘察设计这副重担，也落到省内唯一的甲级公路勘察设计单位——黑龙江省公路勘察设计院肩上。

哈尔滨松花江段江面宽阔，地质条件复杂，冬季温差高达80℃，而且流冰严重，桥位又处于交通流量繁忙的九站公园与太阳岛风景区之间，技术难度非常大，这对于从未搞过特大型桥梁设计的龙江设计院来说，无疑是一个巨大的挑战。张棣威客观地分析了有利条件和不利因素，毅然挑起了大桥设计总负责人这副重担。

根据松花江哈尔滨段的水文特点和地质条件，张总提出采用国内先进的大跨径箱型连续梁桥型。这种一联长度为748米的连续梁桥，在我国高纬度地区还是首次采用。

整整两年时间，他和设计组的同志吃住在现场，认真勘测，反复计算，精心设计，作为大桥设计的总负责人，他不但要提出大桥总体设计的基本观点和方案，还要把大桥从基础到上部的每个细节都考虑周全，装在脑子里。

为了满足高寒状态下桥梁仍能自由变形的要求，他反复琢磨，查阅大量技术资料，经过再三对照、研究，提出了在黑龙江省首次采用适合高寒地区使用的“三元乙丙胶”橡胶支座的方案。采用这种新型支座，既满足了桥梁自由变形的要求，又比采用一般大型钢支座节省钢材 330 吨，节约投资 90 余万元，并为国内大吨位盆式橡胶支座在高纬度寒冷地区的应用，开创了先例。

为了给大桥选用合适的伸缩缝，他又带领设计组的同志，翻阅大量国内外资料，调研了大量国家公路、铁路桥梁伸缩缝的状况，总结武汉、南京两座长江大桥的经验，提出了采用国产“钢梁悬臂疏型伸缩缝”的设计方案。这项设计比原计划由日本进口伸缩缝节约外汇 27 万美元。

1986 年，一道彩虹飞架松花江上，哈尔滨南北两岸天堑变通途，更为哈尔滨这座美丽的城市增添了一道绚丽的风景线。该工程被黑龙江省建设委员会评为“甲级优质工程”并颁发金牌奖，1987 年 11 月获得中国建筑业最高质量奖“鲁班奖”，1988 年荣获国家质量评审委员会“银制奖章”。

在随后进行的齐齐哈尔嫩江大桥设计中，张总针对嫩江齐齐哈尔段江道分岔，地形、水文条件复杂的情况，确定了嫩江大桥一河两桥的方案，解决了嫩江宽滩性河流的桥位合理布置问题，该桥设计荣获交通部优秀设计二等奖，省优秀设计三等奖。

在京哈公路拉林河大桥设计中，他提出在东北地区首次采用顶推 40 米连续梁新技术，为寒冷地区桥梁设计施工开辟了新途径，该桥设计荣获省优秀设计一等奖。

1988 年，张总担任了哈尔滨至大庆全封闭、全立交二级汽车专用公路的设计负责人。该路是继哈阿一级汽车专用公路之后黑龙江省第二条高等级公路，建设规模巨大，设计任务异常艰巨。他带领设计人员，对工程水文地质情况进行深入细致的调查，做了 60 公里比较线，并根据松嫩平原含水量特殊的特点，组织人员做了440个钻孔、5000多延长米的钻探，掌握了沿线水文地质状况的第一手资料，提出了既符合技术标准，又满足施工要求的总体设计方案。

1990年，在设计院首次承担省外工程杭甬高速公路上虞段的勘察设计任务（全长29公里，其中16.5公里需要架桥）时，张总带领几十名同志深入现场，徒步踏察，只用三天时间把承担路段全程踏勘完毕，接着又按杭甬高速公路指挥部的要求，把承担路段的各项具体勘察实施要点和重点分析论证，提出设计方案，在规定时间内优质保量完成了设计任务，既得到工程指挥部的好评，扩大了黑龙江公路勘察设计院的影响，提高了龙江公路设计的知名度，也为院里创造了良好的经济效益。

在张棣威担任设计院总工程师期间，他还主持设计了哈尔滨至阿城一级汽车专用公路、京哈公路哈尔滨至蔡家沟段、绥满公路大庆至林甸段、同三公路哈尔滨至佳木斯段以及佳木斯松花江大桥等道路、桥梁，取得了丰硕的成果。

# 公路客运战线上的楷模

杨　光

潘丽娟同志现任黑龙江省航务管理局黑龙江省海员工会副主席。20世纪80年代,潘丽娟同志担任肇州县运输公路客运站长途汽车乘务班长。从1980—1986年,她先后被授予省劳动模范、全省最佳乘务员、优秀共产党员、全国三八红旗手、全国交通系统两个文明建设标兵等光荣称号,并在1986年荣获全国“五一”劳动奖章。潘丽娟同志对党的事业全心全意的献身精神和身体力行的模范行动,不仅是公路客运战线上的楷模,也是省交通系统广大职工学习的榜样。

把理想倾注于平凡岗位,爱旅客胜似亲人。潘丽娟当年是位普普通通的乘务员,从事着最平凡的服务工作。她热爱自己的岗位,把旅客当成亲人。多年来在工作中做到:宁可自己千辛万苦,不让旅客一事为难。肇州客运站担负着附近几十个乡镇来往旅客的运输任务,从潘丽娟1976年开始做乘务员工作,经她接送的旅客达七十多万人次,帮助旅客找亲人护送生病的旅客到医院三百多人次,收到表扬信一千四百多封。人们都说:潘丽娟就像一团火,温暖着千千万万旅客的心。

乘坐长途汽车,旅客患病、晕车、呕吐是经常发生的事。为了解除旅客旅途中患病的痛苦,她一连几十个晚上跟有名望的陈大夫学习常见病、多发病的诊疗方法和用药常识,又自己拿钱买了去痛片、痢特灵、土霉素、晕海宁、仁丹等十几种常用药。当她得知针灸是治疗一些常见病最有效的方法时，又利用业余时间到公司卫生所胡大夫家学习针灸疗法。为体会针感，她一次又一次在自己身上扎针试验，经过一个多月的刻苦学习，她终于找准了人体三十几个常用穴位，掌握了针灸的基本要领。一次，一位女同志在车上突然病了，头痛、呕吐，时冷时热。潘丽娟先给她用药，效果不明显，就提议给她针灸，经过潘丽娟的针灸治疗，这位病人的烧退了，头也不痛了。几年来，潘丽娟利用针灸疗法治病先后为几近百名旅客解除了病痛。

苦练基本功，掌握过硬的服务本领。乘务工作是一个业务性很强的岗位。乘务员不仅要做到嘴勤、手勤、腿勤、脑勤，还要掌握广博的知识。这对于潘丽娟这个"文革"中毕业的中学生来说，无疑是十分困难的。但是她没有知难而退，而是以只争朝夕的精神去奋斗、去拼搏，不断提高过硬的服务本领。

她坚持利用业余时间学习业务，集中精力熟记了十几万字的《旅客运输规则》、《客运服务质量标准》和旅行常识、安全常识以及全县各乡、村、部分邻近县、乡、村的新老地名，熟记了每一条客运路线的站点、里程、票价等。此外，她还根据服务需要，熟记了全国主要铁路干线的二千多个站名和从哈尔滨市、肇东市、安达市发往各地的火车、飞机、轮船的时间、票价、里程，以及市内主要招待所、旅店、商店地地址等；对肇州城镇各机关、企业、学校、商店、饭店、旅店的地址和电话号码，更是背得滚瓜烂熟。旅客称赞她是"够格的乘务员"、信得过的"活时刻表"、"活地图"、"活电话簿"以及"安全顾问"和"卫生大全"。潘丽娟并没有就此满足，为了做到主动服务，开拓服务工作新领域，她把旅客需要知道的常识，以诗歌、快板、顺口溜、问答等形式编写出三万多字的宣传用语，在旅客上下车和乘车途中主动热情地进行宣传，既是人民的服务员，又是党的宣传员，把客车办成"文明车厢"、"旅客之家"，发挥了"前哨兵"的作用。

从 1980 年开始，潘丽娟每年都要为兄弟单位表演基本功几十次，从来没有出现失误。为了实现更好的服务，她查阅了大量资料，并结合岗位实际和服务规律，编写了两万多字的服务用语，并撰写了《旅客心理浅析》、《为旅客服务的四十五个怎么办》、《三十个怎么说》等文章。精湛的业务本领是创造优质服务的先决条件,许多年来,潘丽娟正是靠自己过硬的业务本领,赢得了旅客的信服,满足了旅客的需求。

一身正气,廉洁奉公,拒腐蚀,永不沾。从 1984 年以来,潘丽娟的班车经常跑大庆和哈尔滨,有的邻居和熟人找她商量合伙贩菜,挣钱平分,她都拒绝了。1986 年 8 月,潘丽娟的一个初中同学找她说:“老同学,我在大庆工作,停薪留职了,跟几个朋友从哈尔滨市往大庆倒卖猪肉,你帮帮忙,一回捎两筐就行,挣了钱少不了你。”说着当面拿出一叠十元的票子送给她,潘丽娟坚决地表示:“车不是我个人的,我绝不能利用工作上的便利条件去为个人牟取私利,我要珍惜党和人民给我的荣誉。”

潘丽娟的班车经常跑农村,很多农民乘车,付钱后下车就走,给票据也不要,这实际上等于往乘务员腰包里塞钱。每遇到这种情况,潘丽娟就当众撕毁票据。十年来,经过无数次客运稽查,一次也没有发现她有票款不符的现象。

人情票是乘务员常有的事,遇到亲朋好友乘车时,潘丽娟总是坚持原则,照章补票。有时一些亲戚、朋友不理解她,说她没有人情味,潘丽娟却一笑置之,不以为然。十多年来,潘丽娟不但没搞过一次人情票,却自己掏腰包为有困难的旅客买票十几次。十多年里,经潘丽娟之手的补票额达二十多万元,票据三十多万张,运送行李上万件,无一差错。

荣誉面前不骄傲,开拓进取不停步。十年来,潘丽娟受到过许多次奖励,从交通部、全国总工会、省委、省政府到地、市、县,奖状、奖品摆满了屋子。有人说:“小潘长了工资,当了劳模,入了党,出了名,这回该安排到办公室了。”可是潘丽娟却坚定地向组织表示:我的荣誉都是组织培养、师傅的支持、同志们帮助的结果,我只是做了自己应该做的事。她经过一番深思熟虑后向公司提出了三条要求:一是自己今后无论得到什么荣誉都不离开乘务员的岗位;二是尽管家中有一些困难,但不要求组织特殊照顾,要和其他同志一起轮大班;三是在以后的工作中,如果服务质量没有新的提高甚至下降,请组织考虑撤销她的劳动模范称号。实践证明,潘丽娟同志在荣誉面前经受住了考验。

为了能集中精力学好服务本领,做好乘务工作,她曾三次推迟婚期,尽管受到男朋友家里和自己家里很多人的反对,但她坚持晓之以理,动之以情,终于说服了亲人们,把自己前进的阻力变成了动力。婚后的 1981 年 6 月,潘丽娟同志遇到了意想不到的问题,一胎生了两个男孩。根据这种情况,站领导打算调她下车到站里工作,潘丽娟以自己的诚意说服了丈夫和婆母,毅然给两个幼小的儿子断了奶,回到了乘务岗位,照常和大家一起轮大班。几年来,她一个月有一半时间外驻,生活是艰苦的,但她没有因为艰苦而动摇当好乘务员的决心。

1981 年,潘丽娟当上了乘务班长,挑起了培养新乘务员带好一个班的重担。尽管她业余时间很少,可每次办乘务员培训班,她都不顾自己工作任务的繁重,主动担任教员,毫不保留地把自己的乘务经验传授给别人。潘丽娟同志虽然是业务尖子,但她性格豪爽,平易近人,从不摆架子,因此,同志们不仅在业务上愿意向她请教,思想上也愿意向她交心,生活上遇到了难题也愿意请她当参谋。很多青年给她去信,讨论人生的价值、理想、信念等问题。她没有把这些当成负担,而是热诚地给他们回信,谈自己的想法和做法。她认为,共产党员要宣传共产主义思想,要宣扬一切美好的事物。同志们在她的言行中,不仅学到了高超的技术和丰富的经验,又学到了艰苦奋斗助人为乐的好思想、好作风。

站里有一台客车固定一天跑一趟哈尔滨,每天下午三点多钟就能回来,不在外边住宿。领导为照顾潘丽娟,让她上这台车,潘丽娟诚恳地提出:“谁都知道我在 25 号车,我还是上 25 号车,在外边住宿有困难,我可以克服。”一些不愿行车在外住宿的乘务员受震动了,她们纷纷表示:“潘姐有两个孩子,家务事挺重,她都拒绝照顾,我们有什么理由向组织再提要求呢?”

一次,潘丽娟背着一位下肢瘫痪的妇女去医院治疗,路上不小心把自己的腿磕肿了,可她第二天照常出车,照样把乘务员的座位让给了老弱病残的旅客。青年们埋怨她说:“你的腿都肿成了这样,你不让座,谁也不会责怪你。”她说:“我是乘务员,旅客站着,我坐着,心里比腿疼还难受。”就这样,几年来,潘丽娟的一言一行像一滴滴春雨滋润了青年一代的心灵。

# 艰苦的年代　难忘的记忆

李炳耀

今年是新中国成立 60 周年。

回顾往事，我想起了新中国成立初期的 1956 年，在黑龙江省公路运输机构进行全面改革时，我们车队为了抢运当时国家重点建设项目急需的一批木材，在深山老林中，冰天雪地里，经历的那场同时间赛跑，紧张艰苦的抢运木材工作，又有激情欢乐的生活情景。

1956 年，正是我国第一个五年计划（1953—1957 年）的关键时期。国家各项重点建设项目，均在突飞猛进。所需各种物质，都急需通过公路运输到铁路所在处，然后装车运往全国各地。运量大，运力小，车辆不足的矛盾日益突出。而我们的国产解放汽车，那时尚在十月胚胎之中。当时所用的汽车都是些三、四十年代外国生产的杂牌车，诸如“日产同和”、“美式福特”、“金刚”、“万国”、“雪弗兰”等。而这些少得可怜的老、破、旧车又都分散于各市、县运输公司，这就造成了调度不统一，车货不平衡，严重浪费运力的现象。

为此，当时省政府针对这一情况，决定对全省公路运输机构进行全面改革。撤销各市、县运输公司，按公路经济路线，在全省设立 16 个地区公路运输总站，其中包括巴彦地区公路运输总站。

同年9月,巴彦、木兰、通河三县运输公司率先完成了机构改革,三县运输公司撤销,成立了巴彦地区公路运输总站,下设巴、木、通三个分站。

总站成立后,便经历了一场运输企业能力和人员素质的严峻考验。

1956年深冬,通河县林务局浓河森林经营所有大约5千立方米左右的木材。(据说是首都"人民大会堂"和"一汽"所需)要从人烟罕至的原始深山老林中的"寒通河"采伐楞点,运往松花江边的浓河码头。待来年松花江解冻开航后,再由水路运出。运距约30公里左右,要求在"桃花水"来前必须运完。那时,林务部门没有运力,更没有汽车,委托巴彦地区公路运输总站承运这批木材。

任务确定后,总站立即开会研究部署,如何完成这批重要木材的运输任务。决定从三个县分站货车中挑选车况最好的车,驾驶技术熟练有山区行车经验的驾驶员入山运木材;对县内各地小量短途运输的运量,运力不足的部分,组织农村畜力车予以补充……会后,全站上下,立刻一齐行动,开始了一场紧张的检修车辆、保证冬运期间有足够的完好车辆投入,特别要保证进山拉木材车的完好。为迎接即将到来的繁重冬运作好各项准备工作。

1956年深冬,由车队长于学忠同志(后在绥棱粮食车队病故)和我、修理工、驾驶员、油料员、炊事员等40多人组成一个车队,代着13台外国杂牌汽车和一些简单的修理工具。迎着皑皑白雪开进了茫茫林海中一处人烟罕至的深山老林中,在一处名叫"四屯"(由此再往前,便是渺无人烟的原始森林)采伐点楞场驻了下来,开始了紧张、艰苦的运材工作。

当时,我们的工作生活条件非常艰苦,住的是四下透风、墙角挂霜的"木克楞"的套子房,睡的是用木板搭成的炕,上面铺上了一层厚草。尽管屋里大铁筒炉子烧得通红,人不敢考前;上面的空气热的叫人难受,可是板炕下面还是冷气逼人,滴水成冰。吃的是一饭(苞米馇子掺少量的大米),一菜(野猪肉狍子肉炖白菜)。车行路线更是艰险,完全是在原始的山林中硬砍出来的只能容一车的通过的小道。不论白天黑夜,返回的空车只要发现前方有重车驶来时,便得赶紧找个错车岔道口开进去,躲起来待重车过后,空车再上道行驶。这一切都必须十分小心,稍不注意车就有跑偏、滑进满是积雪的山沟里的危险。当时，我们这些老旧的外国汽车，没有“汽刹”都是“油刹”制动。因路况太差，制动部门磨损大刹车油用量也相对较大，刹车油有时供应不上我们就用白酒代替，轮胎需要补气时，修理工王玉臣和陈有财就用自己制作的打气筒两人轮流给轮胎补气……克服了各种困难，保证了生产顺利的进行。吃饭更没有早、午、晚之分，炊事员老战同志，保证 24 小时都有热菜、热饭供应，人什么时候饿了就什么时候吃，吃完开车就走接着干，两名驾驶员一台车，24 小时昼夜不停，歇人不歇车。

为了保证按时完成这批重要木材运输的任务，总站决定 1957 年新年春节入山车队一律不放假、不下山、不停车、人员也不放假。就这样，在除夕夜晚我们车队也没有停车，和平日一样的干。这年春节我们没有吃上传统的过年饺子，更无美味佳肴，生活虽如此清淡平常，劳动又那么艰苦紧张，确无一人叫苦，更无人要求请假回家过团圆年的，人人精神饱满干劲十足。

除夕这天，我们大家动手蒸了二锅馒头，菜仍然是人们都有些吃腻了的野猪、狍子肉，白菜、土豆。饭后，除了二班驾驶员休息等候换班外，车队只留下炊事员、油料员、更夫看家，其他人员一律跟车。

除夕之夜，瑞雪飘飘。在 30 多公里的深山峡谷，原始山林中的风雪路上，一辆辆满载木材的汽车，艰难有力地向前行驶，发动机强劲的吼叫声，在远近群山老林中激起了阵阵经久不息的回声，此起彼伏，和两车相会时清脆的喇叭声交织在一起，如一曲美妙的乐曲，特别是悦耳好听。雪亮耀眼的大灯光，如条条白色长龙，在夜幕下的风雪路上往返游动……这一切真不亚于成立除夕夜那万家灯火，爆竹声声的情景。

16 号车驾驶员葛连福(20 世纪 80 年代病故)，还在车上贴了付“一夜连双岁，五更分二年”。横批“多拉快跑”的对联；绰号“小迷昏”驾驶员秦维荣(20 世纪 90 年代病故)，在空车返回的途中，撞住了两只狍子，他还不知道。我们就是在这样一片紧张、欢乐的劳动气氛中送走了除夕，迎来了 1987 年的春节。

经过一百多个日日夜夜的拼搏劳动，我们终于赶在桃花水前运完了国家急需的这批木材。

阳春3月,冰雪开始融化,清澈的桃花水开始从山上缓缓流下。朝阳坡上的冰凌花,顶着还没化净的冰碴,露出了一小片一小片娇嫩鲜艳的金黄色。

我们车队完成任务下山了。当我们和浓河森林经营所的同志们相互道别的时候,经营所里的杨所长(遗憾没有记住他的名字),握着于队长和我的手,十分感慨的说道"……真没想到你们就凭着这些老牛破车疙瘩套(意指车情况太差),就能拉完了这么多一泡大件子活(指所运木材材长均在8~10米以上的大径圆木)。过年不下山,三十晚上也不停车,这事从来没有过"。

这是巴彦地区公路运输总站成立后,也是巴彦县国营运输企业成立以来第一次外出搞大规模运输,它证明了当时省政府对公路运输机构进行全面改革的正确和必要。因为在当时无地区公路运输总站,这一改革后的公路运输机构,要单凭一个县的运输公司力量想完成如此巨大,艰苦的运输任务,无论如何也是不可能的。且在整个运材过程中,由于总站调度统一、指挥措施得当,运材车的完好、工作车率几乎是百分之百。据当时的粗略统计,车吨的月产量达到了四千一百多吨公里。比原计划冬运期间车吨月产高出37%左右。另一方面,这次木材运输也向社会展示了国有运输的企业能力。人员能吃苦耐劳可贵的精神素质,为后来外出搞运输、培养了人才,积累了经验。

随着国家汽车工业的发展,从60年代开始,各市、县陆续有了国产解放汽车,那些老、破、旧的外国杂牌汽车,也逐渐被逝去的岁月老人带走。运量、运力之间的矛盾也日趋缓和开始好转。地区公路运输总站已完成了在那一特殊历史时期的使命,在1962年国民经济实施"调整、巩固、充实、提高"八字方针指导下撤销,恢复市、县运输公司建制。

如今50多年的时间过去了,国家汽车工业有了快速发展。特别是经过30年的改革开放,汽车工业更是突飞猛进,日新月异。

当年深受欢迎的载重5吨、6吨的两轴"解放"、"东风"货车现已不足为奇,载重10几吨、几十吨的各种型号5轴、6轴大型货车,已遍布祖国大地,正满载着各种生产生活物资和人民的希望,开足马力向着奔小康和现代化的目标快速前进。各种大、中、小型的普通和带有空调的高档客车,也在祖国大地、城乡公路上奔驰,这些是我们在 50 多年前都没有想到的,那时我们只有一个念头,就是快干,盼望国产汽车早日出厂,不使用那些老旧的外国杂牌车,就心满意足了。

面对祖国汽车工业这如花似锦的好形势,我更加怀念 50 多年前,为了抢运当时国家急需这批木材在浓河深山老林中,我们同甘共苦付出了艰辛劳动和汗水的那些老同志。随着岁月的流逝,这些可敬的老同志,有的已去了长眠的墓地,现在还能见到的,只有陈有财(修理工,96 岁)、薛明义(驾驶员,89 岁)、于绍忠(驾驶员已过耄耋之年),等几位老同志了。年岁最小的笔者本人也已 76 岁。

# 上海篇

## 大上海的大交通

上海市城乡建设和交通委员会

上海有公路，始于1919年，但直至1949年年底，全市公路总里程仅为202.34公里，路线少，路幅窄、标准低，结构简单。

新中国成立初期，上海重点地整修公路，恢复交通，修建了宝山、浦东的国防公路。在农业合作化时期，新建一批县乡公路。1958年，上海市辖范围扩大后，全市公路总里程达到1053.81公里，其中晴雨通车里程为988.28公里。此后，逐步改造老路、辟筑新路，实现路面黑色化、桥梁永久化、筑路机械化、路树林荫化。1976年6月，建成黄浦江上第一座铁路、公路两用大桥——松浦大桥，新建安亭等外围公路。至1978年，全市公路里程增至1978公里，其中，高级、次高级路面为1789公里；桥梁总数1512座；其中永久式桥梁1505座，由市区辐射市郊各县和沟通外省的干线公路已构成网络。

新中国成立初期，上海公路运输业废除封建把持制度，完成社会主义对私改造，组建国营运输企业。至1955年，国有汽车货运量已占全市汽车货运量的46.5%。1956年实行公私合营，奠定了以国营运输企业为主导的经营体制。

20 世纪 50 年代后期至 20 世纪 60 年代中期，上海公路运输行业，广泛开展技术革新，全面更新运输工具，建立专业运输企业。1965 年同 1957 年相比，专业运输企业完成的货运量增长了两倍。

经过 60 年的发展，特别是改革开放以来，上海交通运输在经济模式、管理方式、市场管理等方面都发生了深刻的变革。交通供应能力大大提升，交通法制建设日趋完善。上海国际航运中心建设取得重大突破，洋山深水港区已具规模，航运要素加快集聚，港口货物吞吐量和集装箱吞吐量分别位居世界第一位和第二位，港口工程、航道工程和港机制造水平等已跻身世界先进行列。上海航空枢纽建设基础已经奠定，浦东机场货运量跻身世界第五位，国际货运枢纽地位初步确立。以高速公路为主干、干线公路为骨架的公路网已经形成；公路建设养护管理的信息化、科技化水平快速提升；公路运输运力结构优化，集约化、专业化程度逐步提高，旅客运输与货物运输成倍增长。公共交通出行比重逐年提高，轨道交通成网运行，市民出行条件明显改善；城市道路交通信息化系统初步形成。邮政业规模进一步扩大。交通行业精神文明建设蒸蒸日上。以中海集团、中远集运、上港集团、东方航空、上海航空等为代表的交通运输企业日益壮大，蜚声海内外。上海交通运输业在科学发展的道路上迈出了坚实的步伐。

## 一、发展进程

### （一）恢复起步阶段（1949—1978 年）

新中国成立后，交通运输业积极恢复公路、航线，更新老旧车辆和船舶，扩大运输能力，客货运输基本保持增长的势头。

### （二）探索发展阶段（1978—1992 年）

十一届三中全会召开后，上海交通运输进入探索发展新阶段。随着国民经济迅速恢复和发展，促使工农业原材料等大宗散货和能源运输需求不断增加，充分发挥各种运输方式优势、缓解交通运输压力，成为改革开放初期交通运输发展的主要思路。上海交通运输业锐意改革，推进运输市场开放，加快交通基础设施建设，扩大交通供应能力，取得了历史性发展。

**1. 以道路运输为标志的运输市场逐渐开放，行业改革初见成效**

道路运输市场实行开放政策，迅速形成多种经济成分并存、多家经营的新局面。根据交通部提出的“有河大家走船、有路大家走车”，“各部门、各行业、各地区一起干”和“国营、集体、个人以及各种运输工具一起上”的准入政策，上海在1983年后迅速推出系列放宽搞活道路运输市场的举措，包括允许非道路交通部门的运输企业进入市场，组建合资企业，发展个体运输户等，使大批非道路交通部门运输企业迅速成为上海运输市场增长最快、市场占有率最大的一支力量；同时推动国有骨干运输企业转变机制，包括下放经营权、推行“以业养业”和承包责任制。经过一系列改革，到20世纪80年代末，上海公路运输运力充足，形成多种经济成分并存、多家经营的新局面，国有骨干企业市场竞争意识逐步加强。作为上海交通运输主体的国有道路客货运输企业抓住机遇，推行以承包经营为核心的经济责任制，划小核算单位、组建内部企业、实行分级分权管理。农村经济改革后，上海跨省市公路旅客运输成倍增长。1982年组建了市长途汽车运输公司，当年新辟沪浙等客运班线11条；1984年和1985年先后开通沪闽、沪鲁、沪赣、沪豫间公路客运业务。到1990年底，全市省际班车客运企业有16家，客运线路286条，营运里程95523公里，形成了以上海为中心、扇形辐射覆盖苏、浙、皖、赣、闽、鲁、豫七省的公路客运网。

(1)公交和出租汽车行业引进竞争机制。公共汽电车行业积极探索社会资金办公交，先后为部分地处郊区的企事业单位开辟公交专线。同时调整内部管理格局，引进竞争机制，增强了公交系统活力。出租汽车行业是公共交通较早进入市场的行业，1983年后，上海推出了多层次、多渠道兴办出租汽车企业的措施，运能快速增长，缓解了市场供需矛盾。1988年，市政府推进出租汽车行业公司化经营，停止发展个体户，并规范个体户经营行为；完善规章、制定规范性文件；理顺运价，调整收费方法，规范计价器；增加运能。大众出租汽车公司率先成立，以全新的管理方法和优质服务，在行业内刮起一股“旋风”。

(2)民航脱离军队建制和实行政企分开,使民航走上快速发展之路。1980 年,民航上海管理局脱离军队建制,实行企业化管理。1987 年 12 月,民航上海管理局的体制实行政企分开,分别组建成立中国民用航空华东管理局、中国东方航空公司和上海虹桥国际机场。

(3)邮政重组,城市现代通信设施建设走上快车道。上海市邮政局于 1978 年重新组建,开始完善法规,拓展邮政业务。1984 年成立了由邮电部和上海市联合组成的上海市通信建设领导小组,加快了城市现代通信设施的建设速度。

**2. 公路和港航建设加快步伐,交通基础设施陈旧状况大有改善**

(1)公路建设加快实施,沪嘉高速公路开启中国内地高速公路建设新阶段。1978 年起,为配合宝山钢铁总厂建设,先后修建了蕴川路、同济路、富锦路、泰和路等外围公路。1984 年起,上海开始兴建高速公路。1988 年 10 月 31 日沪嘉高速公路建成通车,成为我国大陆上第一条建成通车的高速公路,在中国公路史上具有里程碑的意义。1989 年,亭卫公路竣工通车;312 国道曹安公路由三级公路改建成二级公路竣工。1991 和 1992 年,月罗公路和杨高路分别实现改建工程当年开、竣工。1992 年 12 月,崇明岛陈海公路中段改建工程竣工通车。截至 1992 年年底,全市公路总里程由 1978 年的 1978 公里增加到 3625.36 公里,增长 83.28%,其中高速公路 36.38 公里,一级公路 46.85 公里;养护公路里程 1857.58 公里;全部公路好路率达 78.43%;公路绿化里程 2451.47 公里。

(2)港口码头建设再兴高潮,首批集装箱码头建成运营。为发展港口集装箱运输,20 世纪 80 年代初在军工路码头四号、五号泊位和张华浜一号、二号泊位改建或新建了上海港第一批 4 个集装箱专用泊位。1978—1980 年和 1980—1985 年上海港分两期建成共青码头 10 个 3000 吨级泊位;1989 年建成朱家门煤炭专业化码头,形成万吨级和 3000 吨级泊位各 1 个;1990 年建成关港码头(后改称龙吴码头),形成 8 个万吨级泊位和 20 个内河港池泊位;同年建成宝山码头,形成 8 个万吨级泊位,其中包括 3 个集装箱专用泊位。截至 1992 年年底,上海港共有码头泊位近 1000 个,其中港务局的公用码头泊位131个、长17387米，分别比1978年增长32.3%和34%；公用万吨级泊位达到63个。

(3)通航安全技术得到改善，外高桥航道摘掉“危险区”帽子。上海海事局先后主持了黄浦江大桥和隧道等越江工程的通航技术论证和施工组织方案；开展了外高桥“危险区”的调查与勘测工作，摘掉了“危险区”帽子，为浦东的开发开放提供了10余公里黄金深水岸线；主持开辟了外高桥内航道的论证、设计和施工，为外高桥沿江单位提供了一条3万吨级的航道。

救捞船舶和设备极其陈旧的面貌初步改变。上海救捞局相继从国外引进了自航打捞工程船“沪救捞3号”、大马力救助船“沪救101”轮、大马力救助拖轮“德大”轮、“德跃”轮，还有2500吨浮吊船“大力”号等一批大功率救助拖轮和多功能、大吨位工程作业船舶，初步改变了救捞船舶和设备极其陈旧的面貌。

(4)客机扩容和机场扩建，机场能力获得大提升。民航上海管理局在20世纪80年代初购买了一批大中型客机。1984年对虹桥机场候机楼进行了扩建，实际新建候机楼9117平方米，改造老楼6500平方米，总面积达20100平方米，设备全部更新。1991年，建成由荷兰WAEO集团负责设计、面积达2.97万余平方米的虹桥机场国际候机楼。

**3. 水路运输生产力获得解放，运输行业各类业务量迅速蹿升**

(1)远洋航线迅速发展，市属远洋船队开始起航。1979年3月，上海远洋运输公司“柳林海”轮首航美国西雅图港，恢复了中断30年的中美海上航线。从80年代起，上海远洋运输公司对船队结构进行大幅度调整，增添集装箱船、多用途船，减少普通散杂货船。上海海运局打破以往沿海运输企业只从事沿海运输的局限，开始跻身国际航运市场，1978年首次派船参加外贸运输，1984年开始自主经营远洋运输，1990年上海海运局的外贸运输量已超过700万吨。1983年，锦江航运以一艘豪华客货轮从事上海—香港的旅客运输起步，“利用外资、负债经营、借鸡生蛋”，通过境外融资平台，购买二手船舶，建立了一支初具规模的市属远洋船队，开辟了日本、香港、台湾、泰国、韩国等航线，在近洋航运市场上初步站稳脚跟。

（2）沿海客货运输恢复扩展，快速客运开始兴起。20世纪80年代恢复了中断30多年的上海—香港的客货运输，先后开辟了上海—福州、上海—广州（后扩展为上海—厦门—广州）、上海—厦门的客班航线。80年代末，上海沿海客运干线已由改革开放前的4条扩大至8条，年客运量近380万人次。同时，上海与浙江间先后恢复与开辟多条沪浙间客班航线，并从80年代末起投放小型高速客轮，兴起海上短程快速客运。

（3）长江客货运输稳步增长，内河运输步入机动化和拖带化。先后开辟了上海—武汉的申汉快班和上海—九江的申浔快班。1978—1990年，上海长江进出客运量从414万增加至579万人次，货运量从1432万吨增加至2111万吨。内河运输企业积极延伸航线，扩大服务，拓展进江出海运输，创办“运销联营”项目，改善干支直达运输服务。1984—1990年，每年通过内河集疏运进出上海港的物资达6000万吨以上。崇明、长兴、横沙“三岛”客运不断发展，对江轮渡客运量增长迅速，内河水上旅游客运逐步恢复。1979年5月恢复浦江游览，开发了淀山湖水上旅游等项目，受到国内外游客的欢迎。至1990年，上海内河运输已有各类经营性运输企业和个体联户2932家（户），初步形成多种经营方式、多种经济成分并存、多家航运企业竞争发展的繁荣局面；全国运输船舶12564艘，载货能力643976吨，航舶功率246188千瓦，载客能力12925客位。木帆船运输已经废绝，机动化和拖带化成为主要运输方式；内河运输完成货物运输量5306.7万吨，客运量38116.5万人次，其中江河渡运量37114.6万人次；内河港口吞吐量5713.9万吨。1990年，上海在占全国2%的内河航道上，用约占全国总数10%的船舶，完成了占全国22%的内河货运量，航道货运密度高达3.11万公里，是全国密度的10倍；对江渡运量每天100多万人次，渡运量为世界第一。

（4）海港生产能力大解放，货物吞吐量蹿升成为亿吨大港。1984年突破1亿吨，成为当时世界上为数不多的亿吨大港之一。至1992年，全港完成货物吞吐量16297万吨，其中外贸吞吐量3178万吨。

（5）救捞力量不断壮大，经营养救助走出发展新路。上海救捞局开拓了拖航运输、大件装运、水工建筑、海洋石油服务等业务领域,并自筹资金购置了各类救助打捞作业船,壮大了救捞力量,走出了一条以经营养救助的发展道路。1981 年 1 月 28 日,上海救捞局在距长江口 250 海里的黄海海面成功救助了遭到狂风袭击的 13 艘渔船的 180 多名渔民,与风浪搏斗了 120 多个小时。

(6)航空运输进入加速扩张期,地方航空企业展翅飞翔。相继开辟由上海通往乌鲁木齐、成都、昆明、重庆、兰州、沈阳、长春、连云港的 8 条国内直达航线,开辟了上海通往庐山、黄山、厦门等地直达定期航线,国内干线的航班密度不断提高,至 1987 年底,上海民航已有通往 34 个大中城市的 37 条国内航线,以上海为中心的华东地区航空运输辐射网基本建成。上海民航还先后开辟了通往日本、美国、加拿大、意大利、新加坡、香港等地的国际和地区航线。1985 年 12 月,国内第一家自主经营国内航线干线客货运输的地方国营航空公司——上海航空公司成立,有力地促进了上海航空基地港的建设。至 1992 年,上海航空企业拥有飞机 67 架;上海空港完成旅客吞吐量从 1978 年的 41 万人增至 615 万人,其中国际航线旅客从 1977 年的 1.75 万人增至 67.8 万人,货邮吞吐量从 1978 年的 8824 吨增至 187.5 万吨。

(7)特快专递业务率先开办,邮政储汇点多面广。1980 年 7 月,上海邮政成为全国三大邮政特快专递业务试办点之一;1984 年 11 月开办了国内特快专递业务。1994 年 11 月在长江三角洲区域 10 个城市开通了快速邮路,实现了该地区邮件当日收寄、次日投递。1989 年 6 月,台湾当局正式开办寄往大陆函件业务,与上海互换局建立直封航空总包关系。1986 年,恢复了停办 33 年的邮政储蓄业务,并成立上海市邮政储汇局,邮政储蓄点多面广,营业时间长,大大方便了社会用户。截至 1990 年年底,上海邮政储蓄网点达 276 个、储蓄额 11.05 亿元。

**4. 国际集装箱运输开始起步,多式联运初步发展**

1978 年 9 月,上海远洋运输公司所属"平乡城"轮装载着 162 只集装箱,驶往澳大利亚的悉尼和墨尔本,标志着上海口岸国际集装箱运输起步。

1981年1月，中远“张家口”轮首航美国旧金山，开辟了第一条中美集装箱班轮航线。1981年6月，中远“抚顺城”轮自上海港装载集装箱首航神户，开辟了中日集装箱班轮航线。1982年，中远开辟了第一条中欧集装箱班轮航线。

从1979年开始，上海远洋运输公司先后向日本订购建造8艘载箱量分别为430标准箱和753标准箱的滚装船。1982年9月—1985年12月，又先后在联邦德国、日本和国内船厂承接了22艘集装箱船，全部投入集装箱班轮运输。1987—1992年又增加15艘，其中载箱量2700标准箱的5艘第三代集装箱船是代表当时最新科技的全集装箱船舶。

至1992年，以上海港为枢纽，共形成17条国际集装箱航线。其中干线11条、支线6条，每月开出86个航班。

1978年，市汽运公司上运六场自行改装25辆“集卡”，组建上海首个国际集装箱公路运输专营车队。1983年，交通、港务、外运等单位联合成立上海市国际集装箱汽车运输联营公司，1985年改制为股份有限公司，将原来松散的联营企业组成一个独立核算、自负盈亏的经济实体。80年代后期，上海国际集装箱公路运输运力迅速扩大，运输能力不断提高。

（三）重点突破，加快发展阶段（1992—2002年）

1990年4月，党中央、国务院作出开发上海浦东的决策，浦东开始实行经济技术开发区和某些经济特区的政策。1992年10月，党的十四大提出“以上海浦东开发开放为龙头，进一步开放长江沿岸城市，尽快把上海建成国际经济、金融、贸易中心之一，带动长江三角洲和整个长江流域地区经济的新飞跃”的重大战略决策。1996年1月，国务院正式对外宣布，建设上海国际航运中心。这一系列的战略决策，使上海交通运输发展的指导思想、发展战略等发生了根本性的转变。上海交通运输行业紧紧围绕四个中心建设目标，按照上海“一年一个样，三年大变样”的要求，加快建设东北亚国际集装箱枢纽港、亚太航空枢纽港、公路运输主枢纽和城市立体交通网，继续开放和培育发展运输市场，努力提升上海交通服务全国的能力。

**1. 国际航运中心开始起航，城市立体交通设施加速建设**

（1）以上海港为主体，浙江、江苏的江海港口为两翼的上海国际航运中心建设正式启动。上海港确立了“以上海国际航运中心建设为中心，做好发展集装箱优势产业和老港区功能转换两篇文章”的发展思路，加快了集装箱码头建设和老港区改造。1997—2000 年，先后完成外高桥一期集装箱化改造工程、新建二、三、四期工程和配套内支线码头工程，形成大型集装箱泊位 12 个和支线泊位 2 个，码头长 3925 米，实现了外高桥港区集装箱业务规模化运营。

（2）长江口深水航道一期工程实现治理目标。作为上海国际航运中心的重要基础设施建设内容，1992 年国家计委将“长江口拦门沙航道演变规律与深水航道整治方案研究”列入国家“八五”科技攻关项目，经过论证，制定了长江口深水航道水深 12.5 米（理论深度基准面以下）的整治方案，明确了“一次规划，分期建设，分期见效，先治理至 8.5 米”的工作部署。1998 年 1 月 27 日，长江口深水航道治理一期工程正式开工。由交通部、上海市和江苏省三方出资组建的长江口航道建设有限公司同时挂牌成立。2000 年一期工程竣工，实现了 8.5 米目标水深。

（3）海港水上交通管制达到世界先进水平，海区巡视执法快速有效。1994 年，具有世界先进水平的上海港水上交通管制系统（吴淞 VTS）正式启用，2003 年进行了改扩建；2004 年洋山 VTS 系统建成投入试运行。该系统对改善上海港通航环境，减少事故，提高船舶营运率发挥了极其重要作用。1994 年 1 月，上海海事局在全国海事系统中率先对船舶载运外贸危险货物实行申报签证管理；2000 年 2 月，又率先试行 EDI 电子申报系统。2001 年 12 月，千吨级巡视船“海巡 21”轮入役，实现了对海区巡视执法的快速反应、有效监管。

（4）快速道路网络框架基本形成，轨道交通实现“零”的突破。1992 年以来，上海实施了大规模的城市交通基础设施建设。先后建成内环线高架、南北高架、延安路高架和“三纵三横”等主干道，基本形成南北相通、浦东浦西相连、高架地面相接的快速道路网络框架。1990 年 1 月，国务院批准上海轨道交通 1 号线建设，上海轨道交通实现“零”的突破。1995 年 4 月 10

日,地铁 1 号线开通试运营。2000 年 6 月,贯通浦江两岸的轨道交通 2 号线通车;12 月,第一条高架轨道交通线 3 号线一期通车。至 2002 年,上海轨道交通运营线路总长度 63 公里,日均客运量达到 98 万人次。

(5)跨市高速公路网初步构架,公路建设进入了全面拓展和推进期。1993 年建成沪嘉高速公路东延伸段工程、完成沪青平改建工程,实现了上海公路史上一级公路零的突破。1994 年竣工的罗山路立交桥和龙阳路立交桥,开创了本市交通立体化的先河。1995 年竣工沪太公路改建工程和奉浦大桥,其中奉浦大桥是黄浦江上第一座大跨度预应力混凝土连续梁桥。1996 年先后建成南芦公路和沪宁高速公路(上海段)。1997 年竣工的外环线越江工程和郊区环线的大亭公路,为缓解市中心区的交通压力起到了十分重要的作用。1998—2002 年,先后竣工的有:特大型交通枢纽莘庄立交桥、沪杭高速公路(上海段)、莘奉公路、沪南公路改建、嘉浏一级公路(一期)、外环线一期、沪宜公路、同三国道主干线(上海段)、莘奉金高速公路,以及浦东国际机场疏港公路远东大道、龙东大道、迎宾大道。2002 年 12 月竣工的 A30(同三高速公路),是第一条连接沪杭、沪青平、沪宁等上海通往外省高速公路的环状联结线,至此已初步构架起上海通往长三角地区快捷的高速公路网。与此同时,各区(县)政府加大县(乡)公路建设投入,逐步提高了公路等级和通行能力,加快了城乡经济一体化建设。建成了交通大众客运站、交运高速恒丰路站、浦东白莲泾站等一批客运站,进一步提高了公路运输服务能力。截至 2002 年年底,上海全市公路总里程由 1992 年的 3625.36 公里增加到 6286.59 公里,增长 73.41%。其中拥有高速公路 240.23 公里,一级公路 442.03 公里;全部公路好路率达 77.20%,干线公路好路率达 91.52 %,公路绿化里程达 4796.15 公里。

(6)航空枢纽港建设加快推进,上海成为全国第一个拥有两个民用机场的城市。1995 年~1996 年,上海虹桥国际机场投资 2.6 亿元人民币进行改扩建,国内候机楼面积增至 5.2 万余平方米;机坪扩大为 8.1 万平方米,新增机位 11 个。与此同时,国务院批准在浦东新建一个具有国际水准的航空枢纽机场。1997 年 10 月,浦东国际机场一期工程全面展开,总投资

130.56 亿元人民币。1999 年 10 月,浦东国际机场正式投入运营,使上海成为全国第一个拥有两个民用机场的城市。

**2. 交通运输改革全面深化,综合运输竞争能力明显增强**

(1)航运及服务业开始集聚,在沪注册航运企业加快发展。为支持上海国际航运中心建设,1997 年 7 月组建的中海集团将总部设在上海;同时,中远集团对中远航运体制进行资产重组,在上海成立中远集装箱运输有限公司,负责中远集装箱船队的统一经营与管理;随后,中外运集装箱运输公司也入驻上海。由此,逐步吸引了一大批货代、船代、无船承运人、船舶管理公司和外商航运企业,加快了航运要素的集聚。中远集运和中海集装箱运输业务进入发展的高速跑道。1997 年,中远集运承接了 5446 标准箱的"鲁河"轮,这是中国第一艘第五代超巴拿马型全集装箱船。上海长江轮船公司开始跳出长江,购置海轮,开辟了沿海、近洋和江海直达货运航线。上海锦江航运有限公司于 2000 年率先推出以精品航线为载体的品牌战略,将交货时间精确到小时,成功地在海运业实现空运服务标准。

(2)海港货物吞吐量和集装箱吞吐量跻身世界前茅。2000 年上海港货物吞吐量突破 2 亿吨,成为世界第三大货运港。集装箱吞吐量 1994 年突破 100 万标准箱,1997 年突破 200 万标准箱,此后每年上一个台阶,2002 年超过 800 万标准箱。1995 年首次进入世界港口集装箱吞吐量前 20 位,排名 19 位。之后名次不断提升, 2001 年已升至世界第 4 位。

(3)公共客运交通持续发展,出租汽车行业取得突破性发展。至 2002 年,上海常规公交线路数、线路总长度和车辆数分别达到 951 条、22005 公里和 18541 辆,分别比 1992 年增长 174 %、282 % 和 171 %。1992 年以后,上海出租汽车行业取得突破性发展,初步建立了本市出租汽车法规体系,开展了规范服务达标活动,开通 24 小时"出租汽车热线",推出优质服务的星级驾驶员和红顶灯车。1996 年上海开始对出租汽车实行总量控制。2000 年,继五大骨干企业创建品牌后,又推出蓝色联盟和法兰红等第 6、第 7 服务品牌。2001 年率先在国内推出区域性出租汽车。

(4)航空公司集团化规模化发展,上市融资助推上海航空业快速发展。

1993年中国东方航空集团成立，1995年进行重组，成立东方航空集团公司和股份公司，有力地促进了航空运输市场的发展。1997年，民航总局批准中国东方航空集团公司兼并中国通用航空公司。2002年，以东航集团公司为主体、联合云南航、兼并西北航的中国东方航空集团公司正式成立。同年，上海航空公司A股在上海证券交易所挂牌上市，成为国内第一家整体上市的航空企业。除基地设在上海的东航和上航外，20多家国内航空企业和20多家境外航空企业在沪设立了分支机构，开拓了往返上海的客运航班。一批A300、310、320和340、B737、747、757、767、777等先进大型机投入航行。上海航空逐步引入货运专机，开辟货运专线。1998年，我国第一家航空货运专业企业中国航空货运公司在上海组建并投入营运。

(5)上海邮政大力推进邮政通信的自动化和信息化，传统邮政向现代邮政转变。1991—1997年，上海邮政从德国先后引进5台全自动信函分拣机，获美国邮政赠送2台分拣机，自此改变了邮政信函长期以来使用手工分拣的历史。1995年起，上海邮政陆续在全市74个支局(所)安装了"综合业务计算机管理系统"，推广使用业务办理"一席清"。沪、台两地开通信函业务后，上海邮局业务量骤升，1989—2001年，两岸往来信件8992万(封)件。

**3. 对外开放有力突破，体制机制改革成效显著**

20世纪90年代以来，上海交通运输加快对外开放，坚持深化改革，取得了令人瞩目的进展。

(1)加快对外开放和合资合作的步伐。1992年，市公交总公司探索与外资合作办公交，台资长城汽车服务公司和港资汽车服务公司相继成立。1993年8月，上港集箱与香港和记黄埔上海港口投资有限公司合资组建了当时国内最大的港口合资企业——上海集装箱码头有限公司(SCT)，为上海港集装箱运输的发展提供了现代化管理经验，充实了集装箱专用机械。

(2)积极探索投融资体制改革。上海公路管理部门对公路建设投融资体制改革进行了积极的探索。1994年，以股份制形式集资建设的奉浦大桥、以国有企业集资建设的徐浦大桥和1997年以"贷款建设、收费还贷"集资形式改建的沪宜公路(嘉定段)等公路建设项目多渠道投融资模式应运而生。1999年10月,市政府先后对沪青平、同三国道(上海段)和莘奉金三条高速公路项目面向社会公开招商,实行BOT融资建设模式,使高速公路投融资体制改革取得实质性进展。

(3)实施交通建设和管理体制与机制改革。上海市政府成立上海市空港管理委员会,建立起适应"一地两场"的机场管理模式。公路工程建设逐步实施建设项目法人责任制、工程招标投标制和监理制,对构筑"统一开放,竞争有序"的公路建设市场起到了积极作用。同时,公路设施管理事权下放、事企分开、管养分开等一系列改革举措给公路的建设与管理注入了新的活力。上海邮电实行分营,邮政企业从体制和机制上增强了市场化运作的适应力和自觉性,逐步成为市场竞争主体。

(4)积极培育交通运输市场。上海市颁布实施了《上海市道路运输管理条例》,明确公路运输市场运作规则、市场主体权利义务、政府管理职责等;推进市交运局转制改革,组建市交运集团公司和客货运合资公司;建立上海陆上货运交易中心,与市内其他区域性交易市场联网运行。为破解"乘车难"矛盾、减轻财政负担,上海公交实施了以"体制、机制、票制"为突破口的全面改革,通过取消月票,实行普票;变暗补为明补;撤销市公交总公司,将其下辖的13个营运企业全部实行独立核算,实现了公交行业从计划经济向社会主义市场经济的历史性转折。浦东新区政府将浦东公交拆分成三家,建立了竞争机制。到2000年,上海已形成方式多样、运力充足、竞争充分的公路运输和城市公交运输市场体系,使"乘车难"矛盾得到缓解。

(5)积极推进交通运输企业产权制度改革和股份制改革。包括实行资产经营责任制;倡导内部重组,强化二级单位"自主经营、自负盈亏、自我发展、自我约束"的"四自"功能;对投入产出差、资金分散的小单位实施关停并转。上海钢铁汽车运输公司、亚通轮船公司、上港集箱、东航、上航、上海虹桥机场等纷纷进行了股份制改造并成功上市,引入了规范化的公司治理结构,实施了资源配置的市场化。

## (四)统筹协调,科学发展阶段(2002年至今)

进入21世纪后,我国成功加入WTO,进一步融入了经济全球化;党中央确立了科学发展观,提出了区域发展总体战略;中国申请2010年世博会上海举办权获得成功,这些变化再次引导上海交通运输实施重大战略转型。上海交通运输行业认真学习贯彻党的十六、十七大精神和"三个代表"重要思想,自觉实践科学发展观,紧紧围绕上海建设四个中心的目标,突出服务国民经济和社会发展全局,服务社会主义新农村建设,服务人民群众安全便捷出行;坚持建设与养护并重、管理与服务并重、科技与效率并重,坚持区域交通一体化发展,使上海交通运输行业进入统筹协调、科学发展阶段。

**1. 国际航运中心建设成效明显,港航水平跻身世界先进行列**

(1)深水港建设取得突破性进展,吞吐量跃居世界第一大货运港和第二大集装箱港。2002年6月,洋山深水港区一期工程开工建设,2005年12月竣工试运行。接着,2006年12月和2007年12月又先后建成二期工程和三期第一阶段工程。至此,洋山深水港区形成集装箱码头长4350米、泊位13个,设计吞吐能力超过700万标准箱。与此同时,还先后建成外高桥港区五期工程和罗泾港区二期工程,分别形成集装箱泊位4个和散杂货泊位33个。2003—2007年,上海港共完成固定资产投资373.5亿元,其中上港集团完成142.8亿元,2003年后5年完成的投资接近2003年前25年的总量。上海港货物吞吐量连续超过3亿吨、4亿吨大关,2007年达到5.6亿吨,约占全国规模以上沿海港口货物吞吐量的11%,成为世界第一大货运港;港口集装箱吞吐量2003年突破1000万标准箱,2006年突破2000万标准箱,2007年达到2615.2万标准箱,约占全国规模以上沿海港口集装箱吞吐量的23%。2003年,上海港集装箱吞吐量在世界集装箱港口的排名升至第3位,2007年首次超过香港,居世界第2位。已吸引国内外65家船公司加盟国际班轮航班营运,平均每月开出的国际国内航班密度达2182班,其中国际航班1057班。上海港通达世界12大航区,与200多个国家和地区的500多个港口建立了业务往来。全年引领船舶6万艘次。船舶平均在港停泊时间仅为0.38天。

(2)长江口深水航道整治二期工程取得成功,内河高等级航道起步建设。2002 年 4 月长江口深水航道整治工期工程开工,2005 年 3 月 10 米水深北槽双向航道全面贯通,航道水深由 8.5 米增深至 10 米。三期工程于 2006 年 9 月 30 日开工建设,目标是加深到 12.5 米,形成全长 92.2 公里、底宽 350 ~ 400 米的双向航道。长江口深水航道治理工程形成的整套技术获得国家科技进步一等奖,创新多达 74 项,其中原始创新 49 项,极大地推进了我国河口及内河航道整治、港口工程、疏浚工程、海岸及近海工程等相关学科领域的科技进步,被专家誉为“世界河口航道治理的成功范例”。“十五”期间,上海内河航道相继完成了苏申外港线(上海段)、蕴藻浜东段(一期)、平申线(上海段)、浦东运河(南汇段)一期、上海化学工业区内河配套等航道整治工程和蕴藻浜东段(二期)航道疏浚工程等,完成了 135 公里高等级内河干线航道的整治改造。“十一五”以来,上海加快组织开展内河高等级航道建设,先后启动大芦线、赵家沟等航道建设。至 2007 年,上海共有内河航道 196 条,通航总里程 2110 公里。

(3)水路运输发生巨大变化,中海集团和中远集运跻身世界十强。截至 2007 年底,上海共有从事国际海上运输及其辅助业经营企业 958 家,其中国际船舶运输企业 40 家,国际船舶代理企业 111 家,国际船舶管理企业 57 家,无船承运企业 750 家;在沪办理注册登记的经营国际海上运输及其辅助业的外商驻沪代表机构总数达到 295 家;从事国内水路运输企业有 254 家。中海集团和中远集运已成为位居世界班轮公司十强之列的航运公司。其中,中海集团 2007 年末拥有船舶 436 艘,1768.36 万载重吨、44.9 万载箱位、12819 载客位、7165 载车位,完成货运量 3.7 亿吨、货运周转量 6456.4 亿吨海里,集装箱重箱运输量 992.5 万标准箱。中远集运共经营集装箱船舶 144 艘、43.5 万标准箱位,其中包括 5000 标准箱以上超巴拿马型集装箱船 32 艘,完成集装箱运输量 766 万标准箱,其中重箱量 571 万标准箱。中波轮船股份公司全力推进航运主业由“区域性件杂货运输”向“全球重大件设备货专业化运输”的战略转变,目前拥有 22 艘现代化万吨级远洋杂货船舶,总运力近 50 万载重吨。锦江航运以准班准点和优质服务享誉东瀛，上海—日本航线的集装箱承运量名列各船公司前茅，公司拥有集装箱船舶 9 艘。2007 年，上海内河运输货运通过量为 1.48 亿吨，货运周转量 2268152.64 万吨公里，客运量 13102.98 万人，运输船舶 1861 艘，上海内河港口货物吞吐量为 6918 万吨。黄浦江游览船舶数从 1979 年的 2 艘 1000 余客位已发展到 2007 年的 36 艘 8615 客位，游客接待量也从 22 万人次发展到 300 多万人次。世界上最大的 8 个国外船级社在上海开设了代表处。上海航交所已基本确立了中国航运政策研究中心和国际航运信息发布中心的地位，同时成为国家级的二手船买卖平台。中国海事仲裁委员会在上海设立了目前国内唯一的区域性海事调解中心。

（4）集装箱公路运输覆盖东西南北。上海加快推进国际航运中心建设，为集装箱公路运输提供良好的发展机遇。2006 年，上海港通过公路运输集疏的集装箱有 1463 万标准箱，占集装箱总吞吐量的 67.41%。2007 年，公路国际集装箱运输覆盖面南达广东深圳，西南达广西北海，西北达甘肃兰州，东北达黑龙江哈尔滨。

（5）港口实行政企分开，“长江、东北亚、国际化”三大发展战略全力推进。2003 年初，上海港实行政企分开，成立上海市港口管理局，负责港政航政管理；原上海港务局改制为上海国际港务（集团）有限公司。2005 年 6 月，又与招商国际等公司合资成立了上海国际港务（集团）股份有限公司。2006 年 10 月，上港集团吸收合并上港集箱并成功上市，成为全国首家整体上市的港口集团企业。上港集团全力实施“长江、东北亚、国际化”三大发展战略，近年来投资近 30 亿元推进与重庆、武汉、九江、南京、江阴等长江沿岸港口的战略合资合作。2006 年 9 月，上港集团与 A. P 穆勒马士基集团签订了关于比利时泽布吕赫集装箱码头项目的合作框架协议，首次跨出国门参与海外码头的经营和管理。港口现代化程度大大提高，2008 年 1 月 3 日，盛东集装箱公司在对“伊迪丝马士基”轮装卸过程中，创造了船时量达到 850.53 自然箱/小时、桥吊单机最高效率达到 123.16 自然箱/小时的世界装卸新纪录。

**2. 航空枢纽港建设进展顺利，国际货运枢纽地位初步确立**

航空枢纽建设实现阶段目标，国际货运枢纽地位初步确立。2003—2007年，上海航空枢纽建设基本实现了“打牢枢纽建设基础”的第一阶段目标，主要保障资源大幅提升，有41个国家的97个城市和国内82个城市（含香港和澳门）与上海通航，有20家国内航空公司和51家国际及地区航空公司开通上海的定期航班。至2007年底，上海民航2个机场（虹桥、浦东国际机场）共保障飞机起降440577架次，旅客吞吐量5155.34万人次，货邮吞吐量294.79万吨。上海机场的国际航线旅客运量占全国的1/3，国际货邮约占全国的3/5。其中，浦东国际机场全货机货运航线广度、密度不断提升，与42家中外航空公司开通了140条全货机国际航线，每周全货机航班达到1163个班次。2002年，浦东机场货运量首次进入ACI全球货运机场前30名，居第26位，2007年已跃升世界第5位，国际货运枢纽地位初步确立。

（1）航空运输能力迅速扩张，机队结构不断优化。上海地区航空运输能力迅速扩张，基地设在上海的航空运输公司有东航、上航、春秋航、吉祥航、中货航、上货航、扬子江航、长城航8家；运输飞机由1998年的98架增至2007年的311架。东航、上航等通过融资租赁、经营租赁和购买等多种途径积极引进飞机，扩大机队规模，优化机队结构，并与国际、国内等一些其他航空公司进行双向代码共享合作。至2007年，东航股份公司已有飞机221架，而且主要是当今世界上先进的大型远程客（货）运输飞机，开辟航线467条，旅客运输量3916.12万人，货邮运输量94.01万成龙配套吨，运输总周转量771392万吨公里。2004年，隶属空军的中国联合航空公司正式转让上海航空公司。至2007年，上航已拥有波音系列等各型飞机49架，开辟航线73条，旅客运输量869.27万人次，货邮运输量21.30万吨，运输总周转量133852万吨公里。

（2）民营航空起步发展，货运航空建立基地。随着民航市场的进一步开放，一些民营单位积极在沪筹办航空运输企业。2005年，春秋航空有限公司在沪成立，成为新中国成立以来首批获准筹建的民营航空公司之一，也是第一家定位于低成本、引进差异化节约型客舱服务以及把B2C直销作为主要销售渠道和由旅行社筹办的航空公司。至 2007 年,春秋航空拥有空客飞机 8 架,开辟航线 28 条,旅客运输量 235 万人,货邮运输量 1.36 万吨。2005 年,上海吉祥航空有限公司开始筹建,翌年正式运营,致力于向旅客提供"准五星级"服务,努力打造让旅客"如意到家"的高端服务品牌,在航空运输行业中独树一帜。至 2007 年,吉祥航空拥有空客飞机 6 架,开辟航线 14 条,旅客运输量 96.92 万人,货邮运输量 9719.98 吨。此外,基地在沪的中国货运航空有限公司、扬子江快运航空有限公司、上海国际货运航空有限公司和长城航空有限公司,共有波音、空客、麦道等各型飞机 27 架,开辟航线 47 条,2007 年完成货邮运输量 64.98 万吨。

**3. 围绕世博建设大局,城市交通成就显著**

(1)公交线网调整优化,市民出行较大改善。2003 年以后,上海坚持以人为本,着力推进公共交通全面、协调、可持续发展,落实优先发展城市公共交通战略,先后制订了《关于优先发展上海城市公共交通的意见》和《优先发展上海城市公共交通 2007—2009 年三年行动计划》。交通供应能力快速增长,公交线网调整优化,市民出行条件得到改善。2007 年,全市公共交通客运总量达到 45.17 亿人,日均 1237 万人,公共汽电车、轨道交通、出租汽车的日均客运量分别为 726 万、223 万和 288 万人,承运比例分别为 59%、18% 和 23%。出租汽车行业进入稳步发展阶段,运力大幅度提高,至 2007 年,全市有出租汽车 48614 辆,日均客运量 288 万人,日均客运量 278 万人,占全市居民出行总量的 6.5%。企业从 2000 年的 232 家减少到 150 家,行业集中度进一步提高。

(2)轨道交通进入大规模建设新阶段,环线加射线的网络运营格局初步形成。2004 年上海轨道交通建设指挥部成立,组织近十万建设大军,运用集团化管理协同施工建设。通过组成全国 12 家银行展开银企合作,确保建设资金。2003 年 11 月,轨道交通 5 号线通车。2004 年年底,轨道交通 1 号线北延伸段通车。2005 年年底,轨道交通环线 4 号线工程实了"C"字形运营,2007 年年底实现环线运行。2006 年年底,轨道交通 2 号线西延伸段和 3 号线北延伸段通车。2007 年 12 月,上海轨道交通 6、8、9 号线以及 1 号线富锦路停车场(1号线北北延伸段)、4号线修复段同时开通试运营。至2007年年底,上海已建成8条轨道交通线,环线加射线的网络运营格局初步形成,运营线路总长度234公里,在世界各大城市中位列第七。同时,轨道交通在建工程包括7条线路的8个项目,总建设里程194公里。

(3)区域路网建设进一步完善,"153060"目标基本实现。根据"153060"高速公路网规划,2004—2006年,先后建成A1(迎宾大道)、A2(沪洋高速公路)、A5嘉金高速公路、A20(外环浦东、浦西高速公路)、A30(东南环、北环、同济高速公路、南环高速公路)、A7(亭枫高速公路)、A9(沪青平高速公路)和A6(新卫高速公路)。为服务社会主义新农村建设,上海加快农村公路建设。2002—2007年,共建设农村公路4942.35公里,改造农村公路危桥3262座。2007年底,农村公路(乡道和村道)7480公里,占上海公路设备量的67%,其中三级及三级以上技术等级公路里程所占比例达到39%;全市所有的行政村达到"村村通"。至2007年年底,全市公路总里程由2002年5825.66公里增至11162.59公里,其中高速公路634.62公里,一级公路341.58公里;桥梁总数达到8931座;公路密度达到176公里/百平方公里,6.15公里/万人。养护公路里程2932.50公里,其中干线公路782.52公里;全部公路好路率达80.28%,养护综合值79.77;公路绿化里程达5790.43公里。

(4)公路货运向特种货、专用化、专业化发展,道路客运向高速化、联营化、舒适化发展。上海道路运输行业不断完善运输市场机制,调整运力结构,提升服务质量。仅占企业总数4.3%和运力总量54.8%的专业运输企业承担了63%的社会运量。集运力、货源信息、配载、交易信息、验证、中介功能、票据、统计管理为一体的上海陆上交通货运交易中心平台建成投用,为建立国内一流的货物功能性要素市场创造了条件。上海货运车结构向特种货、专用化、专业化发展,形成了集装箱、冷藏、危险货物运输、商品车发送、搬场运输、货运出租、零担货运、汽车租赁等多功能、多方式经营的货运体系;货运车中,大型、重型车占货车总数的29.1%,专用车占7.1%,厢式车占12.4%。危险货物运输车辆全都安装了GPS。道路客运快速发展,通过推进线路整合,提高整体效率,让旅客出行更加舒适、安全、快捷。颁布了《上海市省际道路客运班线经营权管理规定》,行业开始实行线路经营权管理。交运股份、巴士股份、上海交投、巴士长运等公司联手重组上海交运巴士客运(集团)公司,积极创建上海高速客运品牌。在上海—昆山等线路上探索公交化发车模式,在上海—盐城等主客流班线线路上试行联营模式。上海长途汽车客运总站和上海长途客运南站相继建成,正在推进虹桥枢纽长途客站建设。2007 年,上海公路货运量当年完成 35634 万吨,承担全市货物运输总量的 46%;旅客发送量 2872 万人次,承担全市旅客发送量的 28%。全市 10 座以上的公路客运车达到 6995 辆,其中,高中等级客车占 67.3%。公路车辆全部安装了 GPS。

**4. 交通支持保障系统再上新台阶,为交通发展提供可靠保障**

(1)水上交通安全管理预控能力和应急反应能力不断加强。上海海事局先后颁布《上海水上安全监督规则》、《上海港防止船舶污染水域管理办法》、《长江上海段船舶定线制规定》和《黄浦江通航安全管理规定》等规章。完成长江口 AIS 基站网络系统工程建设,形成对船舶全方位的动态监控。至 2007 年,已形成黄浦江内 CCTV 覆盖、长江与洋山港区由 VTS 覆盖、全辖区 AIS 覆盖的局面,构成上海水上安全监管的内、中、外三层管理网络,配上大型巡视船“海巡 21”轮、高速巡逻艇以及租用直升机,已经基本形成现代化立体监控网络。设在上海海事局的中国船报系统对我国海上搜救活动的协调指挥功能日益凸显。自 1990 年 5 月交通部授权对船舶实施安全检查和港口国管理以来,上海海事局至今保持适检船舶开航前检查率 100%,经上海港开航前检查的中国籍船舶在国外滞留率为零的骄人记录。

(2)海上应急反应救助能力进一步增强,远洋拖航、海洋工程及三用船服务产业形成规模。2003 年 6 月 28 日,交通部正式组建垂直管理的东海救助局和上海打捞局。至 2007 年,东海救助局已拥有大小各类专用救助船(艇)21 艘,其中 6000 千瓦以上全天候大功率救助船 3 艘、3200 千瓦以上专用救助船 3 艘、1940 千瓦专用救助船 5 艘、720 千瓦港内救助船 1 艘、沿海快速救助船 2 艘,从英国引进的具有自扶正能力的救生专用救助艇 7 艘。6 支应急反应救助队(分队)配有多型轻、重装潜水装具等装备。交通部东海第一救助飞行队在上海浦东机场部署两架 S－76C ＋救助直升机。2003 年～2007 年,东海救助局共组织完成救助任务 1212 起,营救遇险人员 4964 名,救助遇险船舶 219 艘,获救财产估算 96.195 亿元。上海打捞局加快结构调整和产业延伸,逐步形成了远洋拖航、海洋工程及三用船服务三大核心产业。其中,远洋拖航已进入世界顶级拖航承包商行列,业务范围涉及超大型 FPSO、海上平台、航空母舰、桥吊运输等拖航领域;海洋工程获得"詹天佑土木工程大奖"等多项荣誉称号;"华威"品牌的三用船服务享誉国内外海工和石油服务市场。至 2007 年底,上海打捞局拥有各类救捞船舶 41 艘以及饱和潜水系统、海上溢油回收系统、大型浮筒等一批专业装备,其中,远洋拖轮有 8 艘,6 艘为大马力拖轮;打捞工程船 7 艘,最大单船起重能力 2500 吨;海洋石油三用船 17 艘,1 艘具有动力定位功能;近海和港作拖轮 4 艘;具备整体打捞 4.5 万吨级沉船以及对发生火烧、搁浅等事故的各类难船(设施)实施综合救助的能力,创造了我国商业饱和潜水作业"零"的突破,并保持 124 米的国内作业记录。

(3)道路交通信息化开始系统建设。2004 年建成上海市中心区道路交通信息采集系统工程;2008 年 3 月初步建成上海市交通综合信息平台,实现了以道路车流为主要内容以及与道路通行相关的交通信息资源在交通综合平台上的汇集、整合与交换。

**5. 邮政服务加快走向现代化，快递服务形成发展新格局**

2003 年,上海浦东邮件处理中心竣工投产,进一步实现了邮件分拣自动化、装卸搬运机械化、生产管理标准化、内部处理容器化、邮件识别条码化、数据传输信息化。2006 年,上海邮政南站邮件转运站投产启用,拥有 242 台(套)各类信件处理和自动分拣设备,成为上海邮政的又一现代化标志。邮政 EMS 加快发展。上海邮政不断优化网络、改革作业组织、改造业务流程,加强市场营销,为用户提供"11185"客服热线。至 2007 年,上海邮政营业服务点达到 657 处,邮政函件、包裹业务量达到 112780.49 万件,快递业务量达到347384万件,邮政国际快递业务已通达196个国家和地区,国内快递业务通达1985个市、县地区;邮政业务收入达到104.7亿元,实现了历史性的跨越。2006年,上海邮政实行政企分开,成立上海市邮政管理局,正式建立企业独立自主经营、政府依法监管的邮政体制,标志着邮政体制改革迈出了实质性的步伐。上海快递服务形成了国有、民营、外资企业相互竞争、共存发展的新格局。2005年开放了除中国邮政依法专营以外的快递业务,国际快递公司开始落户上海,四大国际快递企业巨头美国联邦快递(FedEx)、美国联合包裹公司(UPS)、荷兰天地集团(TNT)、德国敦豪(DHL)相继进入中国市场。FedEx、TNT均将中国总部设在上海,UPS、DHL在上海设立了分公司。四大公司通过兼并、收购中国快递企业,在我国境内搭建了快递服务网络。民营快递企业迅速崛起,全国九大民营快递公司,有七大公司的总部设在上海。据不完全统计,截至2007年,上海民营快递法人企业有500余家。

## 二、辉煌成就

### (一)综合运输

2007年与1978年相比,上海综合运输货物运输量和周转量分别增长3倍和11.5倍(见表1);旅客发送量增长了近5倍,旅客周转量比1980年增长17倍(见表2)。

上海市综合运输货物运输量和周转量(**1978—2007**年)　　表1

| 年份 | 单位:万吨 | | | | | | 单位:万吨公里 | | | | | |
|---|---|---|---|---|---|---|---|---|---|---|---|---|
| | 货物运输量 | 铁路 | 公路 | 水运 | 远洋运输 | 民用航空 | 货物周转量 | 铁路 | 公路 | 水运 | 远洋运输 | 民用航空 |
| 1978 | 19645 | 4329 | 7184 | 8131 | 939 | 1 | 1267 | 81 | 7 | 1179 | 698 | |
| 1980 | 20037 | 4484 | 7284 | 8267 | 1098 | 2 | 1487 | 87 | 8 | 1392 | 778 | |
| 1985 | 24243 | 5059 | 9216 | 9965 | 1402 | 3 | 2015 | 102 | 11 | 1902 | 1072 | |

续上表

| 年份 | 货物运输量 | 单位：万吨 | | | | | 货物周转量 | 单位：万吨公里 | | | | |
|---|---|---|---|---|---|---|---|---|---|---|---|---|
| | | 铁路 | 公路 | 水运 | 远洋运输 | 民用航空 | | 铁路 | 公路 | 水运 | 远洋运输 | 民用航空 |
| 1990 | 22848 | 1257 | 8714 | 12864 | 2246 | 13 | 3359 | 111 | 11 | 3236 | 1957 | 1 |
| 1995 | 22531 | 1376 | 6273 | 14845 | 2778 | 37 | 4187 | 143 | 9 | 4030 | 2259 | 5 |
| 2000 | 47954 | 1055 | 28369 | 18442 | 7022 | 88 | 6620 | 122 | 56 | 6430 | 5285 | 12 |
| 2005 | 68741 | 1278 | 32684 | 34557 | 10091 | 222 | 12132 | 47 | 73 | 11986 | 9285 | 27 |
| 2007 | 78108 | 1143 | 35634 | 41041 | 12575 | 290 | 15949 | 35 | 85 | 15789 | 12039 | 40 |

上海市综合运输旅客发送量和周转量(**1978—2007** 年)　　表 2

| 年份 | 旅客发送量 | 单位：万人 | | | | 旅客周转量 | 单位：亿人公里 | | | |
|---|---|---|---|---|---|---|---|---|---|---|
| | | 铁路 | 公路 | 水运 | 民用航空 | | 铁路 | 公路 | 水运 | 民用航空 |
| 1978 | 1763 | 1272 | 140 | 330 | 21 | — | — | — | — | — |
| 1980 | 2369 | 1692 | 200 | 446 | 31 | 49.31 | 15.67 | 1.24 | 32.39 | — |
| 1985 | 3434 | 2320 | 410 | 622 | 82 | 87.20 | 24.30 | 4.32 | 44.63 | 13.95 |
| 1990 | 3835 | 2476 | 605 | 555 | 199 | 113.94 | 26.85 | 8.42 | 40.84 | 37.84 |
| 1995 | 5265 | 2929 | 1257 | 512 | 567 | 170.98 | 34.18 | 8.23 | 31.71 | 96.86 |
| 2000 | 6893 | 2980 | 2482 | 539 | 892 | 234.72 | 35.40 | 16.44 | 6.77 | 176.11 |
| 2005 | 9487 | 4313 | 2468 | 626 | 2080 | 663.93 | 48.86 | 75.06 | 4.52 | 535.48 |
| 2007 | 10371 | 4795 | 2872 | 95 | 2609 | 883.25 | 51.34 | 94.02 | 6.10 | 731.79 |

注：港口旅客发送量从 2006 年起口径不包含海港到内河港区部分。

### (二)港口

2007 年上海港货物吞吐量、外贸吞吐量和集装箱吞吐量分别是 1978 年的 7.1 倍、16.3 倍和 3269 倍。其中货物吞吐量 1984 年进入世界前 10 位,2007 年成为世界第一大货运港;集装箱吞吐量 1995 年进入世界前 20 位,2007 年成为世界第二大集装箱港(见表 3、表 4)。

上海港吞吐量(**1978—2007** 年)　　表 3

| 年　份 | 货物吞吐量<br>(万吨) | 外贸吞吐量<br>(万吨) | 集装箱吞吐量<br>(万标准箱) |
|---|---|---|---|
| 1978 | 7955 | 1573 | 0.8 |
| 1980 | 8483 | 1791 | 3.1 |
| 1985 | 11291 | 2872 | 20.2 |
| 1990 | 13959 | 2593 | 45.6 |
| 1995 | 16567 | 4087 | 152.7 |
| 2000 | 20440 | 7633 | 561.2 |
| 2005 | 44317 | 18492 | 1808.49 |
| 2007 | 56145 | 25574 | 2615.2 |

注:上海港吞吐量 2005 年以前均为海港吞吐量,2006 年起统计口径调整,海港和内河港吞吐量合并统计。

上海港与世界主要大港集装箱吞吐量比较　　表 4

单位:万标准箱

| 港　口 | 1995 年 | | 2000 年 | | 2007 年 | |
|---|---|---|---|---|---|---|
| | 吞吐量 | 上海港与其比较 | 吞吐量 | 上海港与其比较 | 吞吐量 | 上海港与其比较 |
| 上海港 | 153 | — | 561 | — | 2615 | — |
| 新加坡 | 1185 | -1032 | 1704 | -1143 | 2794 | -179 |
| 香港 | 1265 | -1112 | 1810 | -1249 | 2388 | +227 |
| 深圳 | 28 | +125 | 399 | +162 | 2110 | +505 |
| 釜山 | 450 | -297 | 754 | -193 | 1327 | +1288 |
| 鹿特丹 | 479 | -326 | 630 | -69 | 1079 | +1536 |
| 高雄 | 505 | -352 | 743 | -182 | 1026 | +1589 |

(三)航空

2007 年上海航空客运吞吐量、货邮吞吐量分别是 1978 年的 125 倍和 334 倍(见表 5)。

上海航空客运和货邮吞吐量(**1978—2007** 年)　　　　表 5

| 年份 | 客运吞吐量 | 单位:人次 | | | 货邮吞吐量 | 单位:吨 | | |
|---|---|---|---|---|---|---|---|---|
| | | 国内航线 | 国际航线 | 地区航线 | | 国内航线 | 国际航线 | 地区航线 |
| 1978 | 411098 | | | | 8824 | | | |
| 1992 | 6152441 | 4853876 | 677886 | 620679 | 126172 | 61854 | 46946 | 17372 |
| 2002 | 24714789 | 15306959 | 6832101 | 2575729 | 1074871 | 402230 | 573073 | 99568 |
| 2007 | 51553394 | 34295815 | 13257915 | 3999664 | 2947910 | 724129 | 1874928 | 348853 |

(四)公路建设和运输

2007 年上海公路总里程是 1978 年的 5.6 倍。2007 年与 1978 年相比,货物运输量和旅客发送量分别增长了 4 倍和 19.5 倍(见表 6、表 7)。

上海公路总里程对比表(**1978—2007** 年)　　　　表 6

| 年　份 | 公路总里程 | 单位:公里 | | | 国道里程(公里) | 省道里程(公里) | 县道里程(公里) |
|---|---|---|---|---|---|---|---|
| | | 高速公路 | 一级公路 | 二级公路 | | | |
| 1978 | 1978 | | | | | | |
| 1979 | 2134 | | | 151 | | 938 | 1124 |
| 2007 | 11163 | 635 | 342 | 2691 | 316 | 1133 | 2233 |

上海公路客货运输量(**1978—2007** 年)　　　　表 7

| 年　份 | 通车总里程(公里) | 货物运输量(万吨) | 货物周转量(亿吨公里) | 旅客发送量(万人) | 旅客周转量(亿人公里) |
|---|---|---|---|---|---|
| 1978 | 1978 | 7184 | 7 | 140 | 0.9 |
| 1980 | 2116 | 7284 | 8 | 200 | 1.24 |
| 1985 | 2058 | 9216 | 11 | 410 | 4.32 |
| 1990 | 3050 | 8714 | 11 | 605 | 8.42 |
| 1995 | 3787 | 6273 | 9 | 1257 | 8.23 |
| 2000 | 5970 | 28369 | 56 | 2482 | 16.44 |
| 2005 | 8110 | 32684 | 73 | 2468 | 75.06 |
| 2007 | 15458 | 35634 | 85 | 2872 | 94.02 |

(五)公共交通

2007 年全市公共交通客运总量 45.17 亿人次,日均 1237 万人次,地面公交、轨道交通、出租汽车的日均客运量分别为 726、223 和 288 万人次,承运比例分别为 59%、18% 和 23%。

1. 轨道交通

上海轨道交通从无到有,至今已初步成网运行,开通 8 条线路,运营总长达 234 公里(见表 8)。

上海轨道交通运营线路及长度变化表　　表 8

单位:公里

| 年　份 | 合计 | 1 号线 | 2 号线 | 3 号线 | 4 号线 | 5 号线 | 6 号线 | 8 号线 | 9 号线 |
|---|---|---|---|---|---|---|---|---|---|
| 1995.4 - 1997.7 | 15.686 | 15.686 | | | | | | | |
| 1997.7 - 2000.12 | 20.064 | 20.064 | | | | | | | |
| 2000.1 - 2003.11 | 62.863 | 20.064 | 18.319 | 24.48 | | | | | |
| 2003.11 - 2004.12 | 79.476 | 20.064 | 18.319 | 24.48 | | 16.613 | | | |
| 2004.12 - 2005.12 | 92.07 | 32.658 | 18.319 | 24.48 | | 16.613 | | | |
| 2005.12 - 2006.12 | 118.668 | 32.658 | 18.319 | 24.48 | 26.598 | 16.613 | | | |
| 2006.12 - 2007.12 | 140.245 | 32.658 | 24.223 | 40.153 | 26.598 | 16.613 | | | |
| 2007.12 - 2008.9 | 233.726 | 36.889 | 24.223 | 40.153 | 33.835 | 16.613 | 32.657 | 21.873 | 30.475 |

2. 公共汽电车

2007 年全市公交线路 974 条、线路总长 21662 公里、运营车辆 16690

辆,大大改善了市民的出行乘车条件(见表9)。

上海公共汽电车和客运总量(**1978—2007**年)　　表9

| 年　份 | 全市户籍数(万人) | 公共汽电车 | | | | | |
|---|---|---|---|---|---|---|---|
| | | 线路条数(条) | 线路长度(公里) | 营运车辆(辆) | 其中:汽车(辆) | 电车(辆) | 客运总量(万人) |
| 1978 | 1098.28 | 180 | 2952 | 2983 | 2298 | 685 | 250408 |
| 1980 | 1146.52 | 222 | 3584 | 3719 | 3034 | 685 | 340743 |
| 1985 | 1216.69 | 269 | 4213 | 5036 | 4153 | 883 | 500741 |
| 1990 | 1283.35 | 315 | 4926 | 6264 | 5341 | 923 | 543208 |
| 2000 | 1321.63 | 978 | 23260 | 17939 | 17358 | 581 | 264900 |
| 2005 | 1360.26 | 940 | 21794 | 17985 | 17509 | 476 | 278090 |
| 2007 | 1378.86 | 991 | 22375 | 16944 | 16672 | 272 | 265170 |

3. **出租汽车**

2007年全市出租汽车48614辆,日均客运量288万人次,里程利用率60%(见表10)。

上海出租汽车行业发展情况(**1978—2007**年)　　表10

| 年　份 | 营运车辆(辆) | 其中:小客车 | 客运量(万人) | 服务车次(万次) | 行驶里程(万公里) | 运营收入(万元) |
|---|---|---|---|---|---|---|
| 1978 | 1720 | 269 | | 41.23 | 1272.05 | 589.62 |
| 1980 | 1813 | 448 | | 53.44 | 5243.29 | 1717 |
| 1985 | 2033 | 599 | | 281.95 | 5696.83 | 3606.71 |
| 1990 | 11298 | 8095 | | 2128.73 | 37649.55 | 57631.62 |
| 1995 | 36991 | 33968 | | 15536.35 | 225782.42 | 373833.25 |
| 2000 | 41199 | 38800 | 77830 | 37599 | 464832 | 766763 |
| 2005 | 47794 | 45900 | 102889 | 56401 | 581189 | 1154121 |
| 2006 | 48022 | 45959 | 107488 | 58920 | 610508 | 1249676 |
| 2007 | 48614 | 46758 | 105117 | 57764 | 606634 | 1275198 |

### （六）邮政

上海邮政的营业服务点从1978年163处增至2007年657处；邮路长度从1978年4.68万公里增至2006年18.97万公里；上海邮政函件、包裹业务量从1978年13557.33万件增至2007年112780.49万件；上海快递业务量从1990年24.4850万件增至2007年347384万件。

## 三、基本经验

改革开放30年是上海交通运输业加快发展、全面发展的30年；是大胆创新、勇于突破的30年；是依靠科学的政策引导、规划指导和法制规范，各方参与，协同发展的30年；是统筹部署，综合协调，体制和机制不断完善，与时俱进的30年；是交通行业全面进步，两个文明双丰收的30年。

经过30年的建设和发展，上海交通运输业发生了重大转变。交通运输由不适应和被动适应上海社会经济发展到基本适应，对上海社会经济发展的支撑和保障作用明显增强；由改革初期注重数量上的增长转向数量与质量并重，不仅满足客货运输基本需求，而且着力提供高质量、高水平的运输服务；由注重运能和运力总量上的增长，到加快运输结构的优化和交通运输企业国际国内竞争力的提高；由注重建设到建管并举，努力提高综合交通协调管理水平，发挥交通基础设施的系统效能；由注重单一运输方式发展，到着重发展联合运输、内外交通的衔接、交通枢纽换乘和交通资源的优化配置；由外延型和粗放型增长，转向集约化、组织化、集团化、规模化、网络化、信息化发展。

回顾上海交通运输行业30年来改革开放的历程，其基本经验可以归纳为以下“四个坚持”。

### （一）坚持解放思想，将与时俱进、开拓创新的精神贯彻改革开放全过程

解放思想是改革开放的前提。波澜壮阔的改革开放滚滚洪流，使上海交通运输业发生了日新月异、翻天覆地的变化。改革开放的发展成果，来源于改革开放带来的思想解放、理念更新和观念转变。30年来，上海城市交

通管理部门和交通企业，坚持解放思想、开拓创新。一方面，积极推进各项交通运输改革，推进政企分开，引进外资，探索市场化发展道路，努力打破制约上海交通运输现代化发展的体制和机制性制约，如出租车行业改革、航空企业集团化和上市融资、集装箱码头合资经营、大机场下放等都走在全国的前列；另一方面，根据上海特大型城市的特点，积极探索建立与之相适应的交通运输发展模式，提出了举全市之力，大力发展轨道交通的战略部署，提出了在洋山跨海建设深水枢纽港的宏伟规划，制定了“一市两场”的航空机场布局，提出了网络化建设、网络经营的先进理念，并在交通投融资模式方面进行了大胆创新，形成了外国政府和外汇贷款投资、市区两级共同投资、银企、银银联手等投融资新模式，从而确保了上海交通运输改革开放的顺利推进。

（二）坚持国际化标准，围绕“四个中心”目标，努力打造特大型城市综合交通运输体系

定位决定方向，标准决定水平。国际化大都市的发展目标决定了上海交通运输业必须始终坚持国际化高标准，瞄准国际先进的交通运输技术和管理水平，努力打造先进的综合交通运输体系。改革开放以来，上海交通发展的重要特色之一，就是坚持国际化高标准，在发展目标上，鲜明地提出要建设国际航运中心、亚太航空枢纽港和一流的城市综合交通体系；在发展方向上，瞄准国际一流的城市交通、港口和航空枢纽作为参照；在规划建设中，十分注意吸取国外交通现代化的先进经验，在制订轨道交通规划布局、深水港和航空枢纽港建设论证时，都邀请国外同行中顶尖的专业咨询公司参与论证；在交通装备和信息化建设方面，积极引进国际先进的新技术、新装备，迅速提升了上海交通运输的现代化水平，并增强了上海交通参与国际竞争的综合能力。

国际航运中心建设，带动了城市交通布局大幅度调整，促进了集疏运系统的基础设施、各类运输方式和航运服务业的联动发展，提高了上海交通运输业参与国际竞争、推进长江黄金水道建设和服务长江流域的能力，以及支撑和支持上海其他三个中心建设的能力。从 20 世纪 90 年代以来，上海交

通运输配合城市中心东移和深水港、航空枢纽建设，统筹规划并大幅度地调整交通布局，先后实施了一批重大交通工程，确保交通面貌实现一年一个样，三年大变样。尤其是在极其艰难的条件下，在国家有关部委和浙江省的支持下，成功实施了洋山深水港区建设工程，为上海国际航运中心建设奠定了坚实的硬件设施基础。

瞄准国际一流水平始终是上海交通运输现代化发展的动力。上海交通改革开放的30年，就是赶超世界交通先进水平的30年，是坚持"科技兴交"的30年。上海交通行业坚持科技创新，把信息化建设作为交通现代化的主要突破口，把创新完善交通投融资模式作为改革开放的重要内容，引进和自主创新相结合，理论研究和实际应用相结合，使上海交通部分门类的现代化程度达到了世界先进水平。如振华港机、上海航标享誉世界；大型河口治理成套技术、深水海港建设技术和集装箱电子标签应用技术在世界处于领先地位；空港和轨道交通建设达到世界先进水平。

打造符合特大型城市的国际化、一体化的综合交通运输体系，需要前瞻性的交通规划指导，需要统筹兼顾、综合协调和有序发展，而这些工作都离不开科学决策。上海历届政府都十分重视综合交通规划和交通决策咨询研究工作，1985年就成立了上海市综合交通规划领导小组和工作组，开启了上海交通管理科学决策工作的先河。上海市政府组织相关部门和单位，通过编制《上海城市交通白皮书》和《上海市综合交通规划》等交通发展纲领性文件，为综合交通管理决策和构建一体化的综合交通运输体系提供了有力的技术支持，不断推进上海交通规划、建设和管理水平。

（三）坚持以人为本，面向"三个服务"，努力形成长三角交通联动合作新格局

服务全局，方能优化自我。改革开放以来，上海交通运输始终以人为本，把解决市民群众"出行难"问题作为改革发展的出发点；始终坚持上海是全国的上海，把服务长三角、服务长江流域和服务全国作为交通发展的着眼点。"服务国民经济和社会发展全局，服务社会主义新农村建设，服务人民群众安全便捷出行"的宗旨在上海交通发展中具体落实在下述两个基本

点上。一方面，大力建设快速路网、轨道交通网和城乡道路网，完善陆岛运输，改造乡村渡运，优化公共客运服务，通过持续建设不断改善市民出行条件，同时在服务市民的过程中不断提升交通服务水平。另一方面，抓紧建设省际公路，实现与周边省市的交通对接；积极参与长江口深水航道建设，不断提升港口水水中转能力；交通企业通过资本运作参与长三角和长江流域港口及其他交通项目建设，构筑辐射内陆腹地的服务网络。上海交通在辐射全国的过程中也有效地增强了集聚能力，使上海运输业务获得了井喷式的增长。

现代交通是开放式的交通，区域交通一体化是区域经济和社会发展的客观要求。同时，建设上海国际航运中心是长三角两省一市的共同任务，也是推进长三角资源整合、联动发展的和谐工程。因此，上海交通管理部门在改革开放发展过程中，十分重视与江苏、浙江两省交通部门的沟通合作。洋山深水港区建设得以成功，就是上海和浙江合作推进上海国际航运中心建设的典范。近年来，江苏、浙江和上海两省一市共同建立了交通合作协调机制，在省际公路对接、短途省际客运线路开辟、内河高级航道建设衔接等方面加强了合作。区域公交"一卡通"合作项目正在持续推进。在上海组合港管委会办公室的协调下，长三角地区的港口和航运单位提高了交流合作的频率。上海与宁波、南京、南通的港口管理部门共同发起成立了长三角港口管理部门合作联席会议制度，开通了长三角港口合作信息网，并与复旦大学等共建长三角港口发展研究中心。此外，民航、邮政快递、海事管理、港航企业、航运交易等单位都在推进区域合作方面进行了卓有成效的工作。一个合作联动、协调发展的区域交通一体化发展新格局正在逐步形成。

（四）坚持市场化取向，努力培育公平有序的交通运输市场环境

市场兴，交通活，交通的活力取决于市场化的程度。改革开放以来，上海交通行业始终将培育运输市场作为重要的改革内容，予以持续推进，先后对出租车行业、公路运输、公交系统和邮政快递等实行市场开放，大批非国有交通部门运输企业和邮政快递企业冲破部门分割，进入运输和邮政快递市场，成为增长最快、市场占有率最大的一支力量。交通运输和邮政行业逐

步步入市场经济轨道，形成多种经营成分并存、多家经营的新局面，有力地促进了交通运输能力增长和服务质量的提高。公路、港口、机场建设采取项目投融资模式，引入社会资金，逐步形成投资主体多元化、招商形式多样化、项目运作市场化。为适应运输市场发展需求，交通运输和邮政管理部门转变政府职能，加强法制建设；放宽市场准入，加强市场监管，规范市场秩序；创导文明交通，开展诚信建设；发挥行业中介组织作用，引导运输企业加强自律，为全市交通运输企业发展创造了良好的市场环境。

## 四、发展展望

面向新时期新形势，上海交通运输行业将坚持邓小平理论和“三个代表”重要思想，自觉实践科学发展观，把握历史机遇，承担历史使命，站在新高度、新起点，进一步解放思想、改革创新、扩大开放，加快国际化、市场化和法制化，努力创造良好的投资运营环境；继续大力推进世界一流的城市交通建设，努力形成设施先进、功能完善、管理科学、运行高效、人文和谐、生态环保，与“国际大都市”相适应的海空枢纽、公铁均衡和多种方式协调的综合交通体系，在促进上海“四个率先”和建设“四个中心”的伟大实践中实现上海交通运输又好又快地发展，在服务长三角、服务长江流域和服务全国经济发展中作出更大的贡献。

### （一）发展战略

至 2020 年，上海将形成与国际大都市相适应的海空枢纽、公铁均衡和多种方式协调发展的综合交通运输体系，上海交通运输由目前的基本适应社会经济发展到适度超前，交通运输规模和运行质量位居世界特大型城市前列。全市形成“2 +3 +4 +1”的发展格局，即 2 个国际枢纽：国际航运枢纽港和国际航空枢纽港；3 个区域交通网络：公路、铁路和水路区域交通网络，打造服务长三角的集约型复合城际交通；4 个市域交通系统：公共交通系统为主、机动车系统和慢行交通系统为辅、货运交通系统为特色的市域交通系统；1 个交通综合信息平台：面向全社会、覆盖全行业，构建高效、实时的交通综合信息平台。为此，上海将坚持以下三大发展战略：

一是坚持集约化发展战略，实现交通运输又好又快发展。以提高城市运行效率为抓手，建管并举，重在管理，建成各类交通设施平衡发展，各种运输系统协调服务，各个职能部门协同管理的集约型综合交通体系，并且与区域发展、土地利用、经济增长、社会繁荣和资源环境保持动态协调发展。

二是坚持综合交通协调发展战略，实现交通建设与城市规划协调发展，交通运输市场化运营与公共财政公益性补贴有机结合，交通需求管理与环境保护协调发展，交通枢纽和交通网络有效衔接，全面实现交通信息化和智能化。

三是坚持区域交通一体化发展战略。按照国务院对长三角地区改革开放和社会发展的新要求，上海交通运输将主动对接、积极融合到长三角区域交通一体化的发展进程中，把城市交通规划、建设和管理，纳入区域交通一体化发展蓝图中，为建成中国综合实力最强的区域和世界级城市群发挥龙头作用。

（二）发展阶段

（1）2008—2010 年：世博会效应显现，综合交通体系全面进入加速增长阶段。该阶段以满足交通需求量的快速增长为主，交通设施规模和承载容量成倍扩大。

（2）2011—2020 年：以拓展交通功能和提高服务品质为主，各交通系统逐步完善，综合交通体系处于持续加速增长阶段。基础设施建设引导需求，交通发展以质的提高为主，以深水港和航空港为核心，规模扩张和功能开发兼顾，强化国际和国内的双向辐射客货运协调发展，规模继续增长。至 2020 年，综合交通服务水准大幅度提升，满足城市发展对交通服务品质的要求，形成高服务水准的综合交通体系。

（3）2020 年至远景年：上海逐渐步入平稳发展阶段，该阶段上海综合交通以完善交通功能和提高服务品质为主，交通规模和设施保持惯性增长，增速逐步放缓。上海将形成以深水港和航空港为核心，规模扩张和功能开发兼顾，辐射国际和国内的规模巨大、服务一流和管理高效的国际海陆空枢纽中心。

### (三)发展重点

#### 1. 国际航运中心建设

将紧紧围绕建成国际枢纽港的目标,重点建设集疏运体系和航运服务体系。到 2012 年,稳固确立集装箱国际枢纽港地位,基本形成高效快捷、结构优化的港口集疏运体系,形成基本功能完整的航运服务体系,健全上海国际航运中心建设的保障机制。实现协调推进国际航运中心建设的组织、人才、口岸和资金保障机制。到 2020 年,全面建成国际枢纽港,成为航运资源高度集聚、航运服务功能健全、航运市场环境良好的具有全球资源配置能力的上海国际航运中心。

#### 2. 民航现代化建设

将围绕建成亚太地区航空枢纽的目标,继续推进航空枢纽建设,以浦东机场为主构建枢纽航线网络,推进股份制改造,加大市场配置航线资源的力度。至 2012 年,上海航空枢纽基本建设成为融本地集散功能、门户枢纽功能、国内中转功能和国际中转功能为一体的大型复合枢纽,亚太地区航空枢纽地位初步确立;上海两场起降架次将达到 102.5 万架次,比 2007 年翻 1 番。到 2015 年,全面确立亚太地区航空枢纽地位,成为世界航空网络的重要节点,客货吞吐量在亚太地区排名前列,旅客运量达到 1 亿人左右,货邮吞吐量达到 600 万 ~700 万吨;空中交通管制能力达到世界先进水平;主要枢纽运营经济技术指标达到世界先进水平,中转旅客比例约 30%;通航点和航班周频超过世界枢纽机场的平均水平。

#### 3. 公路建设和管理

以推进长三角区域经济联动发展为目标,加大公路设施建设力度,进一步完善上海公路网的形态与布局,推动长三角“3 小时都市圈”城际公路交通体系的构建与运营。至 2010 年,干线公路网主骨架基本建成;郊区公路基本建成高速公路网,公路网总里程达到 10400 公里左右,其中高速公路 880 公里(含外环线),其他国省干线公路约 1220 公里,农村公路总里程达到 8300 公里;公路路网密度达到 162 公里/百平方公里;初步建立现代化管理网络,依法管理、动态管理、应急保障能力和信息化水平进一步提高,ETC

车道覆盖全路网。到2020年，城市道路和公路满足本市450万辆保有量的出行需求；道路交通与设施管理的信息系统更趋完善；形成功能完善、结构清晰、可靠性高、覆盖面广、设施和管理水平先进的现代公路网络，干线公路技术指标达到国内领先水平；公路网总规模达到13000公里。

**4.道路运输**

将抓住优化调整结构、完善市场机制、改进管理方式三大环节，着眼于提高交通供应能力和服务水平，大力建设"以人为本、客畅货通、环境友好"的和谐交通，加强与长三角区域交通体系的统筹协调，全力提升道路运输的整体服务水平和综合管理水平。道路客运努力实现短线公交化、中线直达化、长线驿站化；长途客运站点形成中心城"四主六辅"、郊区新城"一城一站"的新格局。道路货运以建设国际航运中心为契机，以发展现代物流业为主导，构建与口岸物流、制造业物流、城市配送物流相配套的道路货运系统，重点发展道路集装箱运输、省际快运和城市物流配送，形成社会化、专业化、集约化、标准化道路货运体系。

**5.城市公共交通**

将着力构建与现代化国际大都市地位相匹配、市郊协调发展、内外有机衔接的一体化公共客运体系。到2010年，公共交通的硬件设施条件明显改善，职工素质、服务质量、行业风貌和整体形象明显提升，公共交通客运量占机动出行比重达到65%以上，占市民出行总量的比重达到33%以上；实现公共交通站点500米服务半径在中心城和郊区城镇的全覆盖，其中内环线以内区域实现300米服务半径基本覆盖，郊区实现行政村"村村通公交"；服务效能实现"三个1"目标，即中心城两点间公共交通出行在1小时内完成，郊区新城1次乘车进入轨道交通网络，新市镇与所属中心村之间1次乘车到达。

**6.邮政系统**

将加强邮政法律体系建设，完善普遍服务、特殊服务机制，建立邮政市场准入制度，构建竞争有序的市场体系，促进快递服务发展，加强行业监督管理，确保公民用邮寄递渠道安全；改善服务设施，提高装备水平，提升传递速度;形成指挥统一、协调有序、技术先进、运转高效、安全畅通的通信体系,满足城市经济社会发展的新需求。

改革不息,创新不息,上海交通运输行业将在改革开放新的历史征程上争取实现新跨越!

# 抓斗大王包起帆

王沪生

中共党员，现任上海国际港务(集团)股份有限公司副总裁。

包起帆是在港口生产第一线作出重要创新的工人专家。他在20世纪80年代就是一名革新能手，相继发明了新型木材抓斗、生铁抓斗、废钢抓斗系列，被誉为“抓斗大王”，90年代被中宣部选树为全国重大宣传典型。90年代以来，他组织开辟了我国首条内贸标准集装箱航线，引发了我国内贸水运工艺的重大变革，成为同行公认的开拓者。进入新世纪后，在他主持下，成功开展了上海港“集装箱智能化管理技术研究”，首次提出码头集装箱多级优化管理系统，用数字化、智能化来提升港口的核心竞争力(2004年该成果获得国家科技进步二等奖)；开展了“现代集装箱码头建设集成与创新技术研究”，提出了用虚拟技术来建立码头仿真模型和新型集装箱港区功能横断面布置模式等创新理念(2006年该成果再次获得国家科技进步二等奖)；开展了上海市科委“现代集装箱物流与装备集成技术研究与应用示范”项目研究，建成了我国第一个集装箱自动化无人堆场；开展了国家“863”计划子课题“集装箱电子标签系统研究”，开通了世界上第一条带有集装箱电子标签的商业运营的集装箱班轮示范航线，被国外专家誉为“这是一场改变人类运输方式的革命”。他的创新业绩，得到了国内外同行的充分肯定。20 多年来,他与同事们共同完成了 120 多项技术创新项目。

包起帆是党的十四大、十五大、十六大、十七大代表,1997 年被评为全国优秀共产党员,1989 年、1995 年、2000 年和 2004 年先后四次荣获全国劳动模范称号,1986 年、2004 年两次获得全国五一劳动奖章。

# 风云人物杨怀远

王沪生

中共党员，劳动模范。1956 年参加中国人民解放军。1958 年加入中国共产党。1960 年退伍，到上海海运局“和平 14 号”轮当生火工。后历任“民主 5 号”轮服务员、副政委、政委，“长征号”轮政委。出于对平凡工作的热爱，当政委没多久，他主动辞去领导职务，到“长山号”轮、“长柳号”轮甘当一名普通的服务员，用一条自制的小扁担，穿梭于旅客之中，为人们排忧解难。他经常深入到条件最差的五等舱里，为孩子洗尿布，为病人洗疮口，为老人挑行李，为妇女背孩子，20 多年如一日，不怕苦，不怕累，不怕脏，不怕烦。他制定了 120 多项便民措施，自制了多种方便旅客的用具，建立了装有多种物品的方便箱，被旅客赞誉为“老人的拐杖”、“孩子的保姆”、“聋子的耳朵”、“哑巴的嘴巴”、“瞎子的眼睛”、“病人的护士”，在这最平凡的工作岗位上开创了“小扁担精神”。他还运用心理学探索服务规律，提高服务质量，著有《讲点服务学》。

杨怀远是中共十三大代表，曾获得全国交通战线学习毛泽东著作标兵、全国劳动模范、“五一”奖章、上海市优秀共产党员等荣誉近 60 项，受到毛泽东、周恩来、邓小平、江泽民等三代领导人的接见，可谓半个世纪的“风云人物”。

# 始终把乘客放在第一位的马卫星

王沪生

一位在上海自学考试书店工作的营业员，为马卫星送来了参加自学考试的教科书，祝她考试成功；一位被马卫星服务所深深打动的老乘客特地为她送来了胖大海，“让这位辛勤服务的售票员小姐保养好喉咙”；一位外地乘客在来信中称赞马卫星：“踏上 49 路‘全国青年文明号’PC50 号车组，就感到特别亲切”。在上海公交 49 路，有一位深得广大乘客喜爱的售票员，她就是始终把乘客放在第一位的共产党员、全国劳模马卫星。

曾经为动员乘客让座哭过鼻子的马卫星，现已成为上海公交行业破解这道难题的技术能手，那么是什么力量促使她一定要让那些需要帮助的乘客得到座位的呢？还是让我们来听听马卫星是怎么说的吧。

行驶于汉口路到上海体育馆之间的 49 路，与其它公交路线最大的不同之处在于经过的医院有 13 家之多，位于东安路的青松城老干部活动中心又是离休干部经常活动的场所，老人、病人、外地人多成为这条路线的一个显著特点。

在车厢里搞好服务工作，最难的恐怕要数为“老弱病残孕及怀抱小孩者”落实座位了。她曾为此哭过鼻子。一次，一位老年乘客上了小马的车，小马立即搀扶着他，一遍遍招呼乘客让座，但座位上的乘客一瞬间都进入

“睡眠状态”。直到老人下车,也未能给老人找到座位。事后,小马大哭了一场,她哭的不是乘客的“无情”,而是为自己的服务没能打动乘客,未能尽责。正是这异于常人的思维方式,促使了小马的服务技艺突飞猛进。一个闷热的下午,一位抱小孩的乘客上了车,座位上的乘客见状纷纷“闭目养神”,小马从乘客手中抱过孩子,说:“大家看,这孩子长得多漂亮”。一时间,不少乘客睁开了眼睛。小马不失时机走到一位中年男子面前,“这位同志,孩子在叫你伯伯呢,你不想抱抱她?”这位中年男子即刻起身让座。又有一次,一位80多岁高龄的老人上了车,小马不再简单地请大家让座 ,而是招呼道:“谁为这位寿星让个座,沾一份长寿的光”。顿时,有几位乘客同时让座。

多年来的车厢服务实践,使马卫星从中悟出了一个道理:动员乘客让座仅仅有责任心是远远不够的,它还是一门服务艺术,这里既有因人而异的方式方法,也有恰到好处的动作要领和语言感染力,更有整个车厢售票员与乘客之间,乘客与乘客之间的真情互动。由她总结提炼的为需要帮助的乘客落实座位的“五种”操作法,即留座法、领座法、代抱法、夸张法和致谢法,已在上海公交行业全面推广,为倡导文明新风起到了有力的推动作用。

从每年要购买一张新版上海地图了解市区变化,为问询乘客服务,到为提高车队全体司售人员服务整体水平动手编写《49路服务指南》,马卫星这样做的目的只有一个:就是让乘客出行真正无忧。

马卫星认为,售票员工作不仅要售清车票,报清站名,动员让座,而应在更广的领域和范围内,将乘客的事视为自己的事,以不断适应日新月异的城市变化,为方便他们出行提供力所能及的帮助。

为了摸清49路沿线的情况变化,配合车队编写服务手册指南,2003年炎夏,很少骑自行车上下班的马卫星头顶烈日踏起了自行车。每次在上海体育馆下班以后,马卫星不是赶着往浦东家里跑而是开始一个站一个站的走街串巷摸底调查,通过摸门牌、踩步点,为乘客设计最佳的走向。只要对帮助乘客出行有利,只要对提高司售人员服务需要有利的资料,她都会一一认真地记录在《工作手册》上,由于各个站点情况各不相同,起码要1—2个小时才能跑完一个站点，马卫星牺牲了不少休息时间，但她毫无怨言，“这不是我个人的事情，为了乘客和集体的利益，这样做值得。”一个半月下来被写满大半本子的《工作手册》上密密麻麻地收集了各种各样的资料：每个站点附近的企事业单位、主要景观、购物场所和公交换乘路线等统计的一清二楚，就连沿线的15个转弯路口和上下行89只红绿灯数字也都作了精确统计。经过“马卫星服务技艺研讨小组”整理汇编而成的《49路服务指南》，现已成为售票员天天和乘客打交道的不见面的“指路人”。

49路沿线医院多，外地病人到上海大医院求诊最担心乘过站、最怕走冤枉路，马卫星对49路沿线各家医院的走向做到了如指掌，如外地病人到华山医院看病，马卫星会告诉他们，在常熟路站下车往后走，看到华山路再左转弯，3分钟就能到达；又如到五官科医院看病，马卫星会告诉他们，在淮海中路站下车后，先到桃江路再弯到汾阳路大约5分钟的路程；再如要到上海儿科医院看病，马卫星会提醒他们：从汉口路方向去儿科医院是枫林路下，从上海体育馆方向去儿科医院要走小木桥路，这些小事虽然看起来一点都不起眼，但对外地病人来讲至关重要，犹如吃了一颗“定心丸”。他们都对马卫星细致周到的服务佩服不已，“乘她的车，我们一百个放心”。

在一般人眼里，公交售票员只是开开口，买买票，报报站而已，似乎不需要什么文化，但在马卫星眼里，却决然相反，要做好一名让乘客满意的称职售票员，就必须不断充电，提高与乘客沟通和处理人际关系的能力，让车厢服务更加体现包容大度。

据马卫星介绍，自从走上售票员岗位后，她就从未停止过学习的步伐，从中专、大专直至本科，最近，她又开始了向哑语领域进军的步伐。其中最大的收获就是在为乘客提供服务遇到困难时能从心态调整到方式思考，从矛盾处理和办法解决都能从容面对，更加理性地处置。一次早高峰，因交警原因，马卫星值勤的车脱档了，一位老伯伯上车后冲着马卫星就发起火来，“想不到红旗路线也这样不按时到站。”马卫星意识到，现在任何解释都将无济于事。她仍和往常一样，先帮他落实好座位，然后再进行沟通。这位老伯伯一下子似乎变了一个人，当其他乘客上车颇有怨言时，他主动做起了解释工作。这件事给了马卫星一个深刻的启示：在乘客不明就里的情况下，你一定要用一种平和理解的心态去应对，同时要善于把握和调节乘客的情绪，只有这样，才能化被动为主动、化不利因素为有利因素，使车厢一触即发的矛盾迎刃而解。

随着乘客对公交服务要求越来越高，随着科技含量在公交车厢上日益体现，马卫星认为，公交售票员的服务也必须与时俱进。只有这样，才能适应时代潮流对国际大都市窗口行业提出的要求。

公交“一卡通”在全市推广使用后，49 路因乘客要售票员拉卡出现了种种投诉，对这一新的课题，马卫星和她的同伴们又开始了重点攻关，大家各抒己见，根据不同乘客对使用“一卡通”的要求和所处的心态，总结出代看法、重试法、辅导法、主动法、唱额法、婉言法、指引法和信任法等 8 种操作方式，在 49 路汉口路和上海体育馆调度室张贴，积极引导乘客正确使用。遇到老弱病残孕等 5 种乘客，马卫星会将“一卡通”高举，让持卡人看到，余额报好后再给他；对已坐在座位上的年轻人，马卫星承诺帮他们看好座位，让他们放心去刷；车厢拥挤时，对从前门上来又不急于下车的乘客，在乘客到站之前，马卫星会提醒他们不要忘了到后门刷卡，避免了以往卡调错、金额搞错等情况的发生，取得了“双赢”的效果。自从“一卡通”8 种操作方式推出后，49 路由“一卡通”引发的乘客批评投诉到目前为止为零。

2004 年，处处做有心人，以坚持“多说一句，多看一眼，多帮一把，多走一步”为服务特色的马卫星又将目光瞄准了身背沉重书包上学的小学生，提出要为他们“减负”。为小学生动员让座；利用方便钩在车厢内适当地方挂上书包；请就近座位上的乘客代为保管；安排适当位置摆放，使上车学生一下子感到轻松起来，这一做法受到了社会和家长的一致好评。

# 江苏篇

## 建设大交通　当好先行军

江苏省交通厅

新中国成立 60 年,江苏交通事业先后经历了改革开放前的恢复初建和改革开放后的探索发展、跨越发展和统筹发展四个阶段。尤在改革开放的春风吹拂下,江苏交通系统勇立潮头,紧抓机遇,推进改革,扩大开放,锐意进取,推动了全省交通事业进入发展新时代。

### 一、恢复初建阶段（新中国成立后—1978 年党的十一届三中全会前）

新中国成立初,江苏百废待举。国民经济恢复发展,急需交通创造基本条件。因此,迅速医治战争创伤,恢复和重建铁路、公路、水路,成为交通部门紧迫而艰巨的任务。江苏集中人力、物力、财力首先投入到京沪铁路、陇海铁路、宁芜铁路 3 条铁路的恢复与建设。在恢复铁路通车的过程中,对河道进行了整治,并兴建了一批县乡公路。在当时物资、财力极缺的情况下,凭着自强不息的精神,1969 年一座完全由中国人自力更生建造的、作为一个时代象征的南京长江大桥建成通车,成为当时最长的公铁两用桥,并被载入《世界吉尼斯纪录》。在没有任何标准、任何经验可作参考的情况下，1979年建成通车，被誉为中国高速公路雏形并成为交通部制定全国一级公路建设标准参照的宁六公路，在这一时期破土动工。但由于受到“大跃进”和“文革”的严重干扰，江苏交通事业直至1978年年底，仍是公路里程短、等级低，铁路还是新中国成立前的3条，跨江大桥和机场都只有一座，航道等级严重偏低，港口站场规模偏小、设施不全、功能单一，总体运力明显不足，成为国民经济中突出的薄弱环节，影响发展全局。

## 二、探索发展阶段（1978年党的十一届三中全会—1992年党的十四大前）

为了尽快缓解交通“瓶颈”制约，全省交通部门落实“经济发展、交通先行”的重大决策，积极从建设筹资模式、开放运输市场、改革交通管理体制和转变交通管理职能等方面入手，探索推进交通运输事业尽快发展。

### （一）拓展交通建设筹资

从1985年起，江苏公路建设实行“贷款修路、收费还贷”政策，港口建设实施以收抵支的“以港养港”政策，并开展转让、租赁基础设施经营管理权，同时在干线公路以及京杭运河扩建工程等项目上积极争取国家配套资金，扩大了建设资金利用渠道。江苏公路、航道、港口等建设发力起步，先后建成了当时急需建设的一批项目，1989年启动苏南路网成片改造工程，形成了江苏公路建设的第一个高潮。

### （二）放开运输市场

在放宽搞活的政策措施下，车站港口开始面向社会开放，并逐步推行承包经营责任制，全省道路、水路客货运输以及汽车维修业务先后引入市场，初步形成了多形式、多层次、多渠道的运输经济新格局，个体运输从无到有，出行难、运货难的矛盾得到一定缓解。全省客运量、旅客周转量、货运量、货物周转量和港口货物周转量等运输指标每年均以11%以上的速度迅速增长。

（三）推进交通管理体制改革

抓住江苏撤地建市、实行市管县行政体制改革和交通部对沿海、沿江港口政企合一、高度集中的港口管理体制进行改革的机遇，组建市（县）公路、航政管理处（站），成立江苏省交通厅公路局、航道局、运输管理局，同时成立京杭运河江苏省交通厅航务管理局及苏北航务管理处；南京港、镇江港、张家港、南通港、连云港港改为由交通部与地方政府双重领导，泰州、江阴等港口改为由地方政府管理。

（四）转变交通管理职能

两次较大规模地调整交通管理机构，调整企事业单位管理体制，逐步建立了从省到市、县、乡的四级交通管理体制，使交通管理部门从主要抓直属企业加快转向主要抓全行业，从直接抓企业的生产经营加快转向对运输经济进行宏观调控，弱化了微观事务管理，强化了宏观管理职能，交通部门的管理职能不断明晰。

## 三、跨越发展阶段（1992年党的十四大—2002年党的十六大）

1992年党的十四大胜利召开，我国改革开放进入了一个新阶段。江苏交通事业进入跨越发展时期。

（一）基础设施建设大规模推进

20世纪90年代初，按照国家“三主一支持”交通发展规划，江苏集中力量建成了沪宁高速公路江苏段、江阴长江公路大桥、宁连一级公路、宁通一级公路、苏南运河综合整治、南京禄口机场高速公路等六大交通重点工程。1998年江苏省委、省政府又适时作出了“奋战五年，决战苏北，实现全省高速公路联网畅通”的重大决策，江苏高速公路建设进入了全面发展时期，形成了“南北并举、东西共进、滚动发展、规模推进”的局面。

（二）交通市场体系逐步形成

认真贯彻中央《关于建立社会主义市场经济体制的决定》，进一步放开公路、水路运输市场和交通建设市场，允许各种运输从业主体公平竞争。在集中整顿清理客运市场，与邻近省市联手推动交通运输市场有序发展的同时，加强汽车维修与检测的市场监管，积极建立交通工程项目招投标管理体系。统一、开放、竞争、有序的交通市场体系形成。

（三）交通规划和政策法规工作加强

制订了5100公里的干线公路网规划、3500公里的“四纵四横四联”高速公路网规划，出台了《运输管理信息系统市级总体规划》，形成了“两纵两横”内河航运总体规划和重点加强能源、集装箱、主要原材料装卸泊位建设和配套设施的港口规划。出台了《江苏省内河管理条例》、《江苏省公路条例》、《江苏省道路运输市场管理条例》、《江苏省高速公路条例》4部省级地方性交通法规和《江苏省航道管理条例实施办法》等11部省政府规章以及若干规范性文件，制订了《关于实行依法治交通的意见》，交通法制进程加快推进。

（四）交通体制机制改革持续深化

不断完善“政府投资、地方筹资、社会融资、利用外资”的投融资体制，设立江苏省地方重点交通建设资金，将宁沪高速公路股份有限公司成功上市，组建江苏交通控股有限公司和江苏交通产业集团公司作为交通建设的投资主体，江苏交通率先进入了资本运营新阶段。积极采用“省市共建，以省为主”高速公路建设建管模式，为领导和指挥交通重大工程建设提供了保障。积极推进厅属全部18家企业、5家科研应用型和生产经营型事业单位全面改制，为2005年底实现政企分开、政事分离奠定了基础。稳妥推进新一轮政府机构改革，成立交通行业与产业项目招投标管理办公室、交通规划研究中心、交通通信信息中心等，全省港口下放由地方政府直接管理，成立江苏省地方海事局，全省地方海事系统形成省市县三级管理体系。

## 四、统筹发展阶段（党的十六大以后）

十六大以来，江苏交通进入了构建现代综合交通运输体系，推进各种运输方式统筹协调发展的新阶段。

### （一）交通科学发展的方向逐步明确

江苏交通系统坚持以科学发展观指导，立足江苏省情及交通发展实际，在近年来已提出加快推进“三个转变”、“四大创新”、努力实现六个更加协调、在六个方面迈出更大步伐等工作思路的基础上，进一步确立了推进综合交通运输体系建设的五大重点和“四个加快”的工作思路，江苏交通进入了科学发展的快车道。

### （二）综合运输管理体制率先推进

2005年成立省港口管理局，负责全省港口的规划和管理；2006年省铁路建设办公室并入省交通厅，负责全省合资铁路、地方铁路（含专用线）的建设和管理；2007年省交通厅增挂省航空产业发展办公室牌子，负责全省航空产业的规划和管理。至此江苏在全国各省区中率先形成了公铁水空齐抓共管的综合交通运输管理体制。2008年组建“江苏省交通工程建设局”，形成了综合交通运输发展的工程建设管理和质量监督工作新格局。全省高速公路路政管理体制改革取得重大突破。水上统一执法试点工作顺利推进。积极应对成品油价格和税费改革，及时拟订人员分流、机构调整、资金拨付等方案，为建立有利于交通长远发展的体制机制奠定了坚实的基础。

### （三）政府主导推进各种运输方式统筹协调发展

省交通厅适时推出“以路补水”战略措施，省政府出台《关于加快水运发展的意见》，航道建设连续三年保持50%以上的投资增长速度；省政府出台《关于加快航空产业发展的意见》，颁布20条加快航空产业发展的政策措施，明确五年内由省财政每年安排10亿元作为铁路建设专项资金，铁路、航空建设呈加速发展之势；省人大审议通过《江苏省港口条例》，全省万吨级泊位连续7年以每年30个以上的速度增长。同时，各市相应出台了具体实施意见，政府主导交通发展的局面逐步形成。

### （四）交通基础设施建设保持全国领先优势

高标准、高质量、高速度建设了一批事关全局的战略性重点工程和众多惠及民生的基础工程。自2003年—2008年完成公路水路基础设施建设投入 2508 亿元，平均每年 400 亿元以上。实施标准化客运站以来，累计新建成 35 个标准化客运站，并完成 65 个客运站的标准化改造。高速公路密度、港口总吞吐量、万吨级泊位数、亿吨大港数量、航道总里程和铁路场站水平等指标均位居全国第一。

五是交通发展规划体系逐步完善。在全国省级主管部门中率先制定交通规划管理办法，把制定和完善规划摆在突出位置。公路、水路、铁路交通"十一五"发展规划、沿海沿江港口布局规划已经完成，公路运输枢纽总体布局规划、内河港口布局规划、"十一五"农村公路建设规划加快推进，初步形成江苏交通较为完整的长远规划体系。在此基础上，率先制订和完善综合交通规划体系，目前综合交通运输发展战略研究、综合交通体系规划基本完成；《江苏省交通节能减排中长期规划》编制完成。

# 千里江苏一日还

江苏省交通厅

改革开放以来,江苏省高速公路建设取得了辉煌成就,工程建设总量和质量在全国都处于领先地位。

截至到2008年年底,全省高速公路通车总里程达到3725公里,密度3.63公里/百平方公里,居全国各省区之首。首轮规划的"四纵四横四联"高速公路网络主骨架已全面建成,江苏在全国第一个实现了高速公路联网畅通。如今,全省"四沿"产业带中的每一带,均有一条以上的高速公路作支撑;各省辖市之间都有高速公路相连,"千里江苏一日还"成为现实。高速公路建设总体质量达到国内领先水平,有些方面已经达到国际先进,"十年路面百年桥"品牌叫响全国。省内首条高速公路——沪宁高速公路获得了中国建筑工程最高奖"鲁班奖"、全国科技进步一等奖和省科技进步特等奖,较好地解决了水网地区建设高速公路的软基沉降问题。京沪高速公路江苏段首次使用了改性沥青和SMA沥青路面结构,工程质量全国领先。全国首条生态、环保、旅游、景观示范路——宁杭高速公路的建设,推动全省高速公路建设水平进一步提高。

江苏坚持高标准、高质量建设现代化高速公路,大大改善了投资环境,增强沿线地区和全省吸引外资、利用外资的能力,形成了一条条沿路外向型经济带和现代化城市群,为江苏经济腾飞、社会发展插上了翅膀,为工业化、城市化、经济国际化、区域协调发展等战略的实施，提供了强有力的支撑。

## 一、新一轮《江苏省高速公路网规划》——“五纵九横五联”

根据《江苏省高速公路网规划》规划，到2010年底，江苏高速公路通车里程将达4000公里，国家高速公路网在江苏境内路段全面建成；截至2015年，通车里程达到5200公里，基本建成“五纵九横五联”高速公路网。

纵线：“纵一”为赣榆经南通至吴江，全长640公里（含支线100公里）；“纵二”为赣榆经江阴至吴江，全长540公里；“纵三”为新沂至宜兴，全长410公里；“纵四”为连云港经南京至宜兴，全长590公里（含支线50公里）；“纵五”为徐州至溧阳，全长490公里（含支线20公里）。

横线：“横一”为徐州至连云港，全长240公里；“横二”为丰（沛）县至大丰，全长490公里（含支线30公里）；“横三”为南京经泰州至启东，全长340公里；“横四”为南京经南通至启东，全长380公里（含支线10公里）；“横五”为南京至上海，全长310公里；“横六”为南京至上海复线，全长310公里；“横七”为溧水至太仓，全长260公里；“横八”为高淳至太仓，全长300公里（含支线30公里）；“横九”为上海经吴江至湖州，全长50公里。

联络线：“联一”为新沂至宿迁，全长70公里；“联二”为泗洪至泗阳，全长50公里；“联三”为泰州经扬中至丹阳，全长80公里；“联四”为如东至无锡，全长140公里（含支线10公里）；“联五”为南京至高淳，全长90公里。

网络运行将达到“30－4321”的效果。“30”：所有规划节点30分钟进入高速公路网；“4”：省内县或县级市间4小时到达，任意方向4小时过境；“3”：省会与各省辖市间、长三角区域主要城市间3小时到达；“2”：三大都市圈（南京、徐州、苏锡常）内任意两节点间2小时到达；“1”：任意两个隔江相望的县（市）节点间1小时到达。

江苏省高速公路建设情况见表1，江苏省历年高速公路发展概况见图1。

江苏省高速公路建设情况一览表　　表1

| 项　　目 | 通车时间(年,月) | 里程(公里) |
| --- | --- | --- |
| 沪宁高速公路 | 1996.09 | 259.3 |
| 南京机场高速公路 | 1997.07 | 29 |
| 宁马高速公路 | 1998.11 | 26.8 |
| 宁高(一期)高速公路 | 1998.11 | 23.6 |
| 南京二桥南接线 | 1998.12 | 5 |
| 江阴长江大桥 | 1999.09 | 2.9 |
| 广靖高速公路 | 1999.09 | 18.6 |
| 锡澄高速公路 | 1999.09 | 35 |
| 新沭河大桥 | 1999.08 | 4 |
| 扬州南绕城高速公路 | 1999.06 | 17.9 |
| 宁合高速公路 | 1999.11 | 25 |
| 淮江高速公路 | 2000.12 | 153 |
| 沂淮高速公路 | 2000.12 | 107 |
| 宁宿徐高速公路宿靳段 | 2000.12 | 16.7 |
| 雍六高速公路 | 2000.12 | 18 |
| 宁高(二期)高速公路 | 2000.09 | 24 |
| 宁连高速公路 | 2000.11 | 141 |
| 宁通高速公路 | 2000.11 | 181 |
| 南京长江二桥 | 2001.04 | 16.2 |
| 连徐(一期)高速公路 | 2001.11 | 94.1 |
| 宁宿徐高速公路盱靳段 | 2001.11 | 102 |
| 宁靖盐(一期)高速公路 | 2001.11 | 86 |
| 连徐(二期)高速公路 | 2002.10 | 112.7 |
| 汾灌高速公路(除新沭河桥) | 2002.10 | 82 |
| 宁靖盐(二期)高速公路 | 2002.10 | 67 |
| 苏嘉杭高速公路苏州至吴江段 | 2002.11 | 54.3 |

续上表

| 项　　目 | 通车时间(年,月) | 里程(公里) |
|---|---|---|
| 连徐(三期)高速公路 | 2003.06 | 28.7 |
| 宁杭高速公路溧水至溧阳段 | 2003.09 | 34.7 |
| 京福高速公路徐州绕城东段 | 2003.09 | 43.5 |
| 徐宿高速公路 | 2003.09 | 94.7 |
| 锡宜高速公路 | 2003.09 | 63.3 |
| 苏嘉杭高速公路常熟至苏州段 | 2003.11 | 36.1 |
| 苏嘉杭高速公路部分路段 | 2004.08 | 9.6 |
| 苏州西南绕城高速公路 | 2004.08 | 52.5 |
| 南通至启东高速公路 | 2004.10 | 107.6 |
| 扬州西北绕城高速公路 | 2004.10 | 35 |
| 常州至江阴高速公路 | 2004.11 | 30.6 |
| 江阴至太仓高速公路 | 2004.09 | 104 |
| 宁杭高速公路溧阳至宜兴段 | 2004.09 | 79.8 |
| 润扬大桥及南北接线 | 2005.04 | 35.7 |
| 苏沪高速公路 | 2005.08 | 21.2 |
| 南京三桥及接线 | 2005.10 | 15.6 |
| 苏昆太高速公路 | 2005.11 | 33.3 |
| 苏州绕城高速公路 | 2005.11 | 81.4 |
| 宿迁至淮安高速公路 | 2005.11 | 109.7 |
| 盐城至南通高速公路 | 2005.11 | 166.8 |
| 南京至蚌埠高速公路江苏段 | 2006.10 | 10.2 |
| 淮安至盐城高速公路 | 2006.11 | 104 |
| 连云港至盐城高速公路 | 2006.11 | 151.6 |
| 宁淮高速公路 | 2006.12 | 183.5 |
| 无锡环太湖公路高速化改造 | 2006 | 19.36 |
| 京福高速公路徐州绕城西段 | 2007.07 | 51.08 |
| 南京至太仓高速公路南京至常州段 | 2007.09 | 87.186 |

续上表

| 项　　目 | 通车时间(年,月) | 里程(公里) |
|---|---|---|
| 扬州至溧阳高速公路镇江至溧阳段 | 2007.09 | 65.64 |
| 沪苏浙高速公路江苏段 | 2008.01 | 49.947 |
| 宁靖盐盐城北段 | 2008.08 | 16.3 |
| 宁宿徐盱眙南段 | 2008.08 | 27.345 |
| 宁杭南京至溧水段 | 2008.09 | 39.277 |
| 宁常常州南互通二期工程 | 2007.09 | 1.436 |
| 苏通长江公路大桥 | 2008.06 | 32.42 |

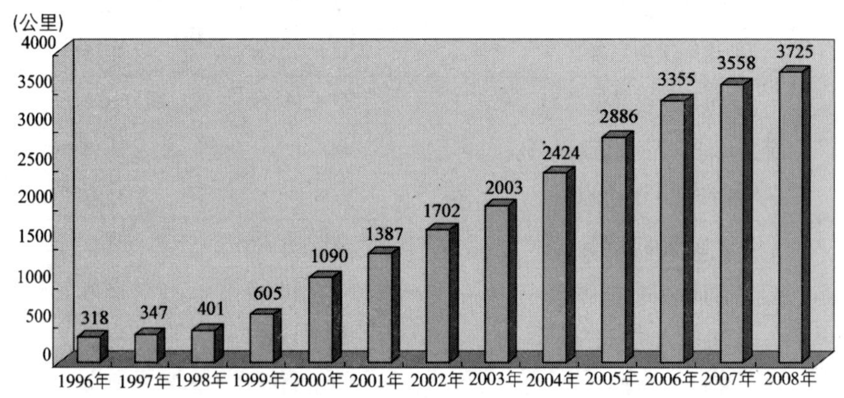


图1　江苏省历年高速公路发展概况

## 二、小康大道

改革开放30年来,江苏公路建设走过了“严重制约”、“初步缓解”、“基本适应”、“支持发展”的四个阶段,现正进入与经济社会协调发展、与其他交通方式共同构筑江苏“大交通”的阶段。

截至2007年年底,江苏公路总里程从1978年的17721公里,跃升至13.37万公里,公路密度从17.27公里/百平方公里提高到130.35公里/百平方公里，增长了 6.5 倍；一级、二级、三级、四级公路里程分别从 1979 年的 24.7、672、2222、10953 公里，提高到 2007 年的 6490、19399、15351、72900 公里；2008 年，高速公路通车里程达到 3725 公里，密度为 3.64 公里/百平方公里，居全国各省区之首。江苏省公路里程情况表见表 2。江苏省公路密度、公路等级变化示意见图 2、图 3。

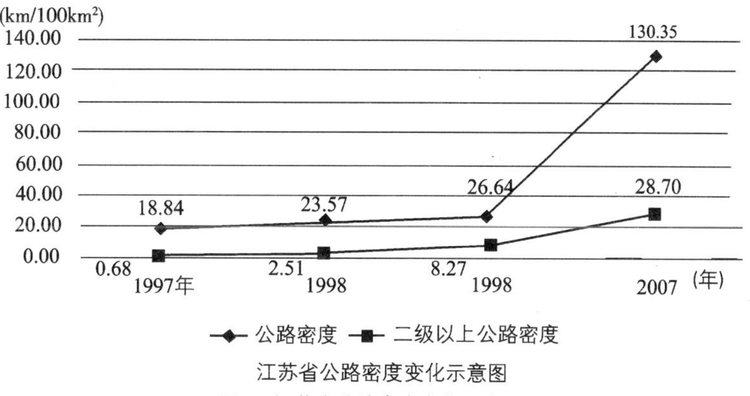


图 2　江苏省公路密度变化示意图

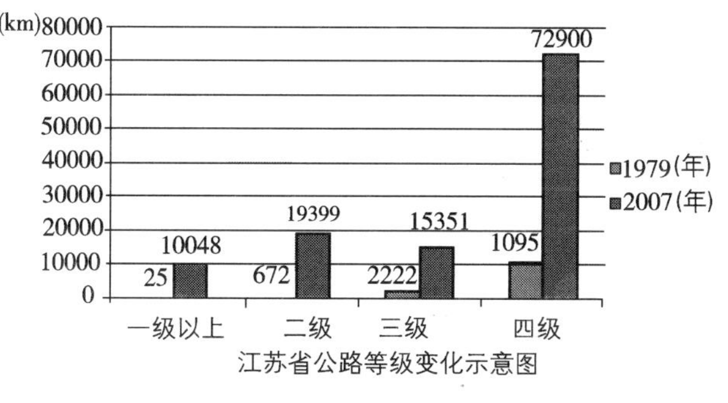


图 3　江苏省公路等级变化示意图

30 年来，江苏在公路的建设养护、路政管理、道路收费、资产管理等各方面注重体制和机制创新。如以突出重点干线公路的养护，以路肩、边沟、绿化、桥头跳车和集镇路段综合整治为重点，大力创建 GBM 工程，加强对干线公路的养护检查考核，大力开展文明样板路创建工作，加强大中修工程管理，积极实施干线公路危桥改造，积极推进公路养护机械化等。

表2

江苏省公路里程情况表(单位:km)

| 项目 | 总计 | 有铺装路面(高级) | | | 简易铺装路面(次高级) | 未铺装路面(中级、低级、无路面) | 晴雨通车里程 | 可绿化里程 | 已绿化里程 | 养护里程 |
|---|---|---|---|---|---|---|---|---|---|---|
| | | 合计 | 沥青混凝土 | 水泥混凝土 | | | | | | |
| 截至2007年底 | 133732 | 96795 | 32106 | 64689 | 5976 | 30961 | 126516 | 96090 | 79235 | 119725 |
| 1. 国道 | 3337 | 3329 | 2678 | 650 | | 8 | 3329 | 3267 | 3264 | 3329 |
| 其中:国道主干线 | 1201 | 1201 | 1201 | | | | 1201 | 1193 | 1190 | 1201 |
| 2. 省道 | 8662 | 8394 | 7589 | 804 | 258 | 11 | 8659 | 8306 | 8252 | 8662 |
| 3. 县道 | 22194 | 19665 | 12103 | 7562 | 1420 | 1108 | 21665 | 21411 | 20227 | 21750 |
| 4. 乡道 | 50150 | 42688 | 6763 | 35926 | 2198 | 5264 | 49519 | 43805 | 35315 | 47764 |
| 5. 专用公路 | 306 | 176 | 98 | 78 | 111 | 19 | 306 | 278 | 277 | 306 |
| 6. 村道 | 49083 | 22543 | 2875 | 19668 | 1989 | 24551 | 43038 | 19022 | 11900 | 37914 |

“十一五”期间，我省将全面推进国省干线公路网建设，计划新改建3000公里，完成投资300亿元。自2006年以来，已累计新改建里程达1100多公里，同时积极推进交通运输部提出的“安全、环保、和谐、耐久、节约”公路建设新理念，建成了一批以340省道、323省道为代表的“新理念”示范工程，为全省经济社会快速协调发展提供“质量一流、使用安全、行驶舒适、环境和谐、资源节约”的公路交通基础设施网络。

# 盛世造桥

江苏省交通厅

跨江大桥是江苏坚持改革开放、推进社会经济迅猛发展的有力见证。江苏跨江大桥建设是广大交通干部职工在改革开放进程中不断推动科学发展、努力建设美好江苏的生动实践。一批世界级现代化大型桥梁的顺利建成是江苏社会经济发展的重要成就和强力支撑，也是江苏交通改革开放30年辉煌成就的显著标志。

改革开放初期，江苏只有一座跨江大桥——南京长江大桥，这是一座经过九年举全国之力于1968年年底建成的公铁两用桥。改革开放后，江苏着手规划跨江大桥建设，从1990年代开始进入实质性建设阶段，先后建成了江阴长江公路大桥、南京长江第二大桥、润扬长江公路大桥、南京长江第三大桥、苏通长江公路大桥等五座世界级现代化桥梁；目前在建的还有泰州长江公路大桥、南京长江第四大桥、崇启大桥和南京大胜关铁路大桥。江苏跨江大桥建设走出了一条自主创新之路，创造了多项“世界之最”，为中国桥梁建设作出了巨大贡献，使我国跨入世界桥梁强国行列。江苏桥梁事业是新时期江苏“创业、创新、创优”精神的真实写照，极大地增强了中国人民的民族自豪感。

事实证明，没有改革开放，江苏交通就不可能发生历史性巨变，更不可能建成一座座世界级的伟大桥梁。

## 一、改革开放后建成桥梁

江阴长江公路大桥——位于江阴市与靖江市间,1994 年 11 月 22 日开工建设,1999 年 9 月 28 日建成通车。江阴长江公路大桥是 20 世纪“中国第一、世界第四”钢箱梁悬索桥,总投资 33.74 亿元。大桥采用一跨过江、大跨径钢悬索桥桥型,全长 3071 米,主跨 1385 米。桥面按双向六车道高速公路设计。

南京长江第二大桥——位于南京长江大桥下游 11 公里处,是国家“九五”重点建设项目,1997 年 10 月 6 日开工建设,2001 年 3 月 18 日交工验收。全长 21.337 公里,双向六车道,总投资 33.5 亿元。其中南汊大桥为钢箱梁斜拉桥,桥长 2938 米,主跨径 628 米,时居同类桥型中“国内第一,世界第三”;北汊大桥为钢筋混凝土预应力连续箱梁桥,桥长 2172 米,主跨为 3 ×165 米,该跨径在国内亦居领先。

润扬长江公路大桥——位于镇江、扬州两市西侧,跨世业洲,是江苏“四纵四横四联”公路主骨架和跨江公路通道的重要组成部分,是当时我国建桥史上工程规模最大、建设标准最高、投资最大、技术最复杂、技术含量最高的现代化特大型桥梁工程。2000 年 10 月 20 日开工,2005 年 4 月 30 日提前建成通车。大桥全长 35.66 公里,双向六车道,总投资 58.1 亿元。其中南汊主桥为跨径 1490 米钢悬索桥,时为“中国第一、世界第三”。

南京长江第三大桥——位于南京长江大桥上游约 19 公里处的大胜关,是江苏省 2010 年前规划建设的五大战略性过江通道之一。全长约 15.6 公里,总投资 30.9 亿元,其中跨江大桥长 4744 米,主桥为跨径 648 米的双塔双索面钢塔钢箱梁斜拉桥,也是当时世界上第一座弧线形钢塔斜拉桥。全线采用双向六车道高速公路标准建设。

苏通长江公路大桥——是我国建桥史上工程规模最大、综合建设条件最复杂的特大型桥梁工程。大桥全长 32.4 公里,主桥采用双塔双索面钢箱梁斜拉桥，主跨径达1088米，列世界第一；主塔高300.4米，为世界第一高桥塔；斜拉索长577米，居世界第一。全线采用双向六车道高速公路标准。2002年10月30日举行奠基仪式，2008年6月30日通车。

泰州长江公路大桥——江苏省“五纵九横五联”高速公路网的重要组成部分。工程采用双向六车道高速公路标准，主桥为2×1080米特大跨径三塔两跨悬索桥，系世界第一，且为世界首创，其结构体系为世界桥梁技术前沿的突破性创新。中塔采用世界上高度第一的纵向人字型、横向门式框架型钢塔，采用世界上入土最深的水中沉井基础。大桥于2007年12月26日正式开工建设，建设工期为5年半。

## 二、正在建设中的桥梁

南京长江第四大桥——全长28.11公里，其中，跨江大桥长6.25公里，全线采用双向六车道高速公路标准设计。2008年年初奠基，计划2011年底建成。

崇启大桥——上海至西安国家高速公路的重要组成部分，全长约52公里，其中长江大桥长约7.2公里。上海段长约31公里，含长江大桥长约2.5公里；江苏段长约21公里，含长江大桥长约4.7公里。采用双向六车道设计标准，项目总投资约76亿元。该项目采用六跨钢连续梁桥的设计方案，其跨度和联长为国内同类桥型第一，是又一项展现我国桥梁建设技术水平的重大工程。工程于2008年8月1日奠基。

南京大胜关铁路大桥——京沪高速铁路上的控制性工程，位于南京长江三桥上游1550米处，全长约9.27公里，为六跨连续钢桁梁拱桥，主跨2×336米，连拱为世界同类桥梁最大跨度，桥上按六线布置，分别为京沪高速铁路双线、沪汉蓉铁路双线和南京地铁双线。施工总承包合同价为38.6亿元，工期从2006年7月到2009年11月30日。

## 三、世界六大斜拉桥

世界六大斜拉桥见表1。

表1

| 序号 | 桥名 | 主跨(米) | 国家 | 建成时间(年) |
|---|---|---|---|---|
| 1 | 苏通长江公路大桥 | 1088 | 中国 | 2008 |
| 2 | 香港昂船洲大桥 | 1018 | 中国 | 2008 |
| 3 | 多多罗桥 | 890 | 日本 | 1999 |
| 4 | 诺曼底桥 | 856 | 法国 | 1995 |
| 5 | 南京长江第三大桥 | 648 | 中国 | 2005 |
| 6 | 南京长江第二大桥 | 628 | 中国 | 2001 |

## 四、三世界六大悬索桥

世界六大悬索桥见表2。

表2

| 序号 | 桥名 | 主跨(米) | 国家 | 建成时间(年) |
|---|---|---|---|---|
| 1 | 明石海峡大桥 | 1991 | 日本 | 1998 |
| 2 | 舟山西堠门大桥 | 1650 | 中国 | 在建 |
| 3 | 大伯尔特桥 | 1624 | 丹麦 | 1996 |
| 4 | 润扬长江公路大桥 | 1490 | 中国 | 2005 |
| 5 | 亨伯尔桥 | 1410 | 英国 | 1981 |
| 6 | 江阴长江公路大桥 | 1385 | 中国 | 1999 |

# 通向新农村

江苏省交通厅

截至2007年年底，全省农村公路总里程已突破12万公里，特别是随着兴化40个行政村通村公路攻坚战的最后胜利，省委、省政府向全省人民作出的行政村“村村通公路”的庄严承诺如期兑现。

我省的农村公路发展主要分为三个阶段：第一阶段，1998—2000年的农村公路通达工程；第二阶段，2003—2007年的农村五件实事工程；第三阶段，2008—2012年的农村新五件实事工程。

1998年，省交通厅组织实施县乡村公路通达工程，计划用三年时间，到2000年实现县到乡公路灰黑化和村村通公路或航道的目标。截至2000年年底，共完成县乡村公路通达工程18344公里，共奖励省补资金13399万元，其中完成县乡公路灰黑化工程2327公里、通村公路9890公里、省扶贫促小康专项计划项目6127公里。

2003年起，省委、省政府将农村公路建设作为“五件实事”之一强力推进。截至2007年年底，全省农村公路建设累计完成投资324亿元，新改建农村公路6.3万公里，100%行政村通公路，实现了“村村通”，同时农村客运班车通达工程建设取得突破性进展。公路部门围绕“有路必养，养必到位”的目标推进农村公路养护管理体制改革，将于2008年年底全面完成。

农村公路交通发展,有力地支撑了农业结构调整,有力地促进了农业规模化产业化和农民增收,有力地推动了农村的城镇化进程,为农村水电、通信、卫生等基础设施建设提供了先决条件,农村公路成为承载农村物流、人流的主要载体,在联系城乡、传递文明、辐射经济、促进发展等方面都发挥了极其重要的支撑和引导作用,成为我省交通发展的一大"亮点"和农民群众直接受益的"民心工程"。

## 一、2008—2012 年全省农村公共交通建设发展思路

2008—2012 年全省农村公共交通建设发展的总体思路是:按照社会主义新农村建设的总要求,进一步加大农村公共交通发展投入,五年拟完成投资 144.2 亿元,新改建农村公路 2.8 万公路,改造桥梁 12000 座,同步大力发展农村运输业,到 2012 年实现全省农村公路网络式连通,全省所有行政村通上公交车,农村公路服务水平由"通达"提升为"畅通",为农村经济社会发展提供更加坚实可靠的交通基础设施保障。

农村公路工作的总体要求是"增加总量、优化结构、消除盲点、加强管养、壮大运输"。以提升农村公路通达深度为要求,以网络化连通为目标,在已建成 6.3 万公里基础上,2008—2010 年重点建好行政村、行政村与集中居住点之间的连接道路,建成农村公路 1.8 万公里,到 2010 年年底在实现所有乡镇、行政村通达灰黑化等级公路的基础上,新增 10000 个农民集中居住点以灰黑化等级公路通达,使全省农村公路的通达深度、服务水平继续保持全国领先地位。

2008—2010 年重点加快推进全省县道公路网规划中 4900 公里不达标项目和二、三级农村公路建设。要按照"路桥同步"、"路运同步"的原则,进一步加大农村公路桥梁建设力度,争取用 5 年时间改造农村公路桥梁 12000 座,完成投资 33.8 亿元,基本消除农村公路危桥。同时,新改建农村公路桥梁 7200 座,其中大中桥梁 2900 座,启动并完成农村公路小桥改造 4300 座。大力推进农村公路管养体制改革,实现农村公路"有路必养、全面养护"。推进城乡客运经营环境一体化,加强农村公路客运场站建设。积

极推进城乡交通管理体制改革，形成省、市、县、乡协调运转一体化的城乡交通管理体制，使政府部门更好地履行农村客、货运市场监管职能。

## 二、全省农村客运班线通车情况

截至2007年年底，全省17466个行政村中，符合通车条件的行政村有16200个，已通班车行政村达16183个，符合通车条件行政村通车比例达99.9%，总行政村通车比例达92.65%。

全省行政村通车情况见图1。全省各市村客运班车通达工程情况见图2。

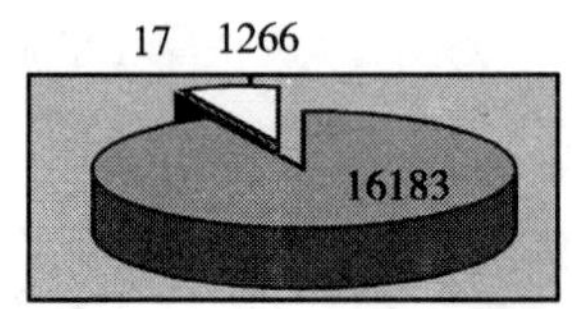


图1 全省行政村通车情况示意图

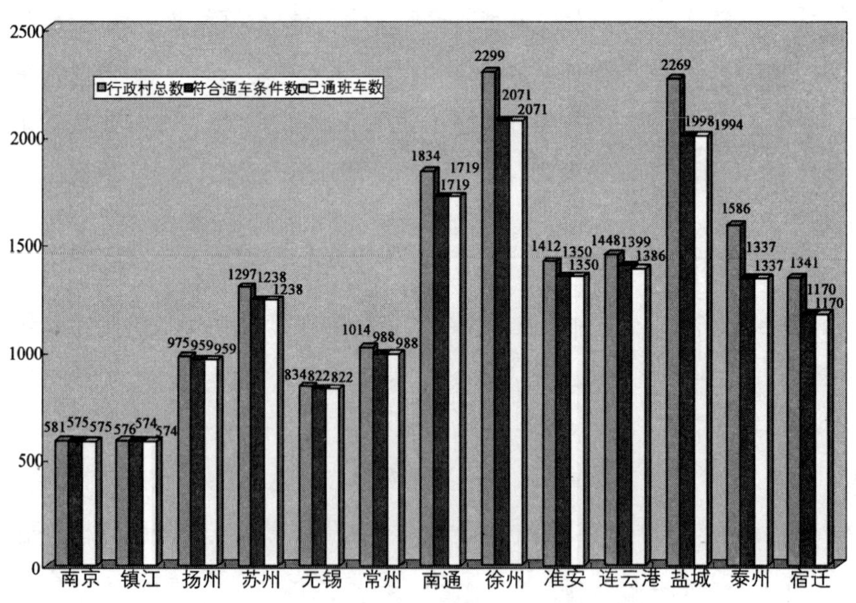


图2 全省各市村客运班车通达工程情况示意图

# 人便于行　货畅其流

江苏省交通厅

交通运输业是国民经济的基础性、先导性产业。改革开放初期,运输行业发展相对滞后,曾经是困扰经济发展的"瓶颈"。针对"行路难、出行难、运货难"的突出矛盾,全省运政机构以解放思想为先导,坚持用改革精神、改革的思路和改革的办法,积极推动运输行业全面、协调、可持续发展,取得了显著的成效。

2007 年,全省公路、水路交通服务业实现增加值 750 亿元,增速超过 15%,年度增幅已连续三年超过全省地区 GDP 增幅。截至 2007 年年底,全省公路客运量 17.92 亿人次,客运周转量 1241.13 亿公里,分别是 1978 年的 9.6 倍和 24.9 倍;全省道路货运量达 9.74 亿吨、周转量达 638.59 亿吨公里,分别是 1978 年的 21.6 倍和 56.8 倍,全省营运载货汽车发展到 35.7 万辆,其中厢式货车、集装箱车等专业货车达到 9 万辆,道路货运能力跃上 200 万吨平台;全省机动车维修业户发展到 1.73 万家,实现维修总产值超 100 亿元,驾培企业发展到 490 家,年培训量突破 60 万人;2003 年以来我省交通系统全面启动了农村客运班车通达工程;截至 2007 年年底,全省 17885 个行政村中,符合通车条件行政村数为 16200 个,16183 个行政村实现班车通达,全省行政村班车通达率达到 92.65%,符合通车条件行政村班车通达率达到 99.5%，累计建成 180 个农村等级客运站、3734 个农村客运候车亭和 37800 个招呼站牌，农村客运通达水平各项指标列均居全国前列。

**1978—2007 年江苏省全社会运输量**

| 主要指标 | | 计算单位 | 1978 年 | 2007 年 | 同比增长 |
|---|---|---|---|---|---|
| 公路 | 客运量 | 亿人 | 1.87 | 17.92 | 858.29% |
| | 客运周转量 | 亿人公里 | 49.93 | 1241.13 | 2385.74% |
| | 货运量 | 亿吨 | 0.45 | 9.74 | 2064.44% |
| | 货运周转量 | 亿吨公里 | 11.24 | 638.59 | 5581.41% |
| 水路 | 客运量 | 亿人 | 0.42 | 0.027 | -93.57% |
| | 客运周转量 | 亿人公里 | 9.01 | 0.33 | -96.34% |
| | 货运量 | 亿吨 | 0.66 | 3.79 | 474.24% |
| | 货运周转量 | 亿吨公里 | 87.97 | 2930.08 | 3230.77% |

江苏省全社会运输船舶

| 主要指标 | 计算单位 | 1978 年 | 2007 年 | 同比增长 |
|---|---|---|---|---|
| 全社会运输船舶 | 万艘 | 7.52 | 4.87 | -35.24% |
| 净载重量 | 万吨 | 150.17 | 249.72 | 66.29% |
| 载客量 | 万客位 | 9.08 | 3.84 | -57.71% |
| 功率 | 万千瓦 | 43.49 | 510.15 | 1073.03% |

货运市场：截至 2007 年年底，全省道路货运量达 9.74 亿吨、周转量达 638.59 亿吨公里，分别是 1978 年的 21.6 倍和 56.8 倍；水路货运量 3.79 亿吨、货运周转量 2930 亿吨公里，分别是 1978 年的 5.7 倍和 33.3 倍；全省营运载货汽车发展到 35.7 万辆，其中厢式货车、集装箱车等专业货车达到 9 万辆，道路货运能力跃上 200 万吨平台。全面放开货物运输市场，充分发挥市场在资源配置中的基础性作用，全面构建统一开放、竞争有序的货运市场体系。大力促进国际远洋运输和内河运输的发展，推动京杭运河船型标准

化工程，拆改钢质挂桨机船22956艘，新建符合交通运输部规定主尺度系列的标准化船舶4700余艘，运输供给能力有效增强。

维修管理：全省运管系统积极引导企业加大维修、检测装备的投入，大力推广安全、节能、环保的先进维修技术。强化维修质量监督管理，全面实施机动车维修记录制度、维修质量保证期制度、竣工出厂合格证制度和维修结算清单制度，切实维护消费者权益。积极推动汽车维修行业结构调整，通过发展专业化经营和连锁化经营，改造传统的维修经营模式，推进建设适应市场需求的新型维修服务体系。

驾驶培训：全省运管系统大力推进机动车驾驶培训行业规模化经营，加强驾校管理，实现统一教材、统一教练车标志、统一计时培训，驾培行业向规范化、智能化方向发展。全省驾培企业年培训量突破60万人。

站场设施：全省运管系统统筹利用全省通道资源和枢纽资源，进一步优化运输网点布局，实施枢纽衔接和集疏运配套。围绕各种运输方式转换的"零换乘"，加强与城市总体规划相协调，与铁路、航空等其他运输方式相衔接的客货运输枢纽建设，运输枢纽的公共服务功能显著增强。

旅客运输：截至2007年，全省公路客运量17.92亿人次，客运周转量1241.13亿公里，分别是1978年的9.6倍和24.9倍。全省运输行业加快推进旅客运输由"数量型"增长向"质量型"增长转变。全省客运班车公司化经营比例、客运企业户均车辆数、运力装备水平位居全国前列。城际快速客运网络、城乡客运网络、区域旅游运输网络、商务客运网络基本实现无缝衔接。

农村客运：全省运管系统不断加大农村客运基础设施的投入，按照"路、站、运一体化"的发展思路，坚持"多予、少取、放活"的原则，进一步改善农村客运发展的环境，加快发展农村客运，最大限度地与城市公交对接，全面改善农民兄弟的出行条件。全省符合通车条件的行政村班车通达率稳定在99.5%。

运输信息化：全省运管系统全面完成运政管理信息系统开放、硬件配备和通讯组网，主要业务全部实现在线管理。全省在线稽查率和异地售票率逐年攀升。

法规建设:全省运管系统加强法规体系建设,推动完成《江苏省道路运输市场管理条例》、《江苏省机动车维修管理条例》立法工作。认真做好行业法律法规宣贯工作。积极推进行政审批制度改革,全省所有市级以上客运线路全面实施经营权服务质量招投标。依法履行监管职能,严厉打击各种违法经营行为,维护运输企业、经营业户和消费者正当权益。

文明创建:全省运管行业涌现出“雷锋车”、“爱心始发站”等一大批先进典型,全面提升运输行业的文明程度和社会满意度。

# 浙江篇

## 造桥铺路建大港　人便其行物流畅

浙江省交通运输厅

在浙江波澜壮阔的改革开放进程中，浙江交通坚持解放思想、创业创新，加快建设、加快发展，实现了历史性的跨越，为社会、经济发展发挥了“先行官”作用。

### 一、浙江交通60年的巨大成就

#### （一）开拓、拼搏、创业，实现浙江交通跨越式发展

新中国成立以来，特别是改革开放以来，在省委、省政府正确领导下，浙江交通人顽强拼搏、开拓创新、埋头苦干、无私奉献，交通基础设施建设突飞猛进，运输生产持续增长，综合服务保障能力飞速提升。年度交通建设投资量从1978年的3002万元上升到2007年的511.1亿元，位居全国首位，增长达1700多倍，占全社会固定资产投资总额的比重从0.5%增大到8%左右。30年共完成投资超过3900亿元，是1949—1978年完成投资量的930多倍。全省公路里程从1.86万公里扩大到10.4万公里，增长5.6倍，密度超过100公里/百平方公里，高级、次高级路面铺装率达到91.7%。

**1. 港口发展世界前列**

1978 年宁波北仑开始建设国内首个 10 万吨级泊位，今年年底万吨级以上泊位将达 128 个，宁波—舟山港实现一体化发展，货物吞吐量今年将达 5.2 亿吨，成为世界级大港。

**2. 高速公路基本成网**

从 1991 年的 7 公里，到 2002 年全省实现“四小时公路交通圈”，纵横条，今年年底预计可达 3074 公里，全省高速路网框架成型。

**3. 农村交通面貌巨变**

从机耕路到简易公路再到乡村康庄工程，等级公路通村率达到 98%，农村客运班车通村率达 90%，有力地推动三农建设。

**4. 桥隧建设再铸辉煌**

桥梁数量增长 30 倍，达到 4 万多座，杭州湾跨海大桥是世界第一的跨海长桥，西堠门大桥居同类型桥梁单跨长度世界第一。隧道增加近 1000 座，诸永高速公路括苍山隧道长度为华东第一。

**5. 航道改造再续新篇**

浙北航道网完成了大规模改造，高等级航道里程超过 1100 公里，杭甬运河改造工程基本通航，使千年京杭大运河连通大海。

**6. 运输生产再创新高**

道路客运增长 14 倍，占到全社会总运量的 94.6%；道路货运增长 47 倍，直达发送全国各地。水路货运增长 10.8 倍，船舶总运力增长 105 倍，居全国省市区首位，沿海港口货物吞吐量增长 108 倍，全省 90% 以上的外贸货物和大宗物资通过水运完成。

（二）改革创新，探索浙江交通科学发展之路

创业需要创新，创新推动创业，解放思想、改革创新始终是浙江交通这 30 年发展的强大动力所在、夺目亮点所在。

**1. 创新交通发展思路，推动了浙江交通又好又快发展**

20 世纪 80 年代，根据“普及与提高相结合，以提高为主”和“先缓解，后适应”等方针，交通基础设施建设开始提速。20 世纪 90 年代初，依托“四自

工程”政策，进一步加快发展速度。20 世纪末期，确立“建设大交通，促进大发展”的指导思想，实施“三八双千”工程，2003 年又实施交通“六大工程”。2006 年以来，全面贯彻落实科学发展观，围绕“两创”总战略，推进现代交通“三大建设”，发展现代交通运输业。

**2. 创新行政管理体制，推动了交通部门职能转变和管理服务水平提高**

1981 年开始推进政企职能分开，在 20 世纪 90 年代全省交通系统全面实现政企分开，并同步完成了交通企业改制，行政审批制度改革不断深化，政务公开、集中办事、网上审批、民主评议等制度广泛推行。尤其是近年来，交通部门职能进一步转变，行业管理和服务水平显著提高。

**3. 创新投资建设体制，推动了交通基础设施的大投入、大建设**

一是积极推进交通投融资体制改革。1984 年开始试行收取通行费，1992 年出台“四自工程”政策，积极拓宽投融资渠道，在全省掀起公路建设高潮。二是推进交通建设体制改革。打破以交通部门为主体的单一建设格局，逐步形成“统筹规划、条块结合、分层负责、联合建设”的建设体制。近年来又大力推行“一路一公司”的项目法人制和政府领导下的指挥部代建制。近年来大力推行建设市场诚信体系建设，从源头上规范建设市场秩序。三是不断深化公路管理养护体制改革。“十五”期间推行以“两合并、两分开、一加快”为主要内容的公路管理体制和运行机制改革，近年来又按照“统一领导、分级管理、以县为主、乡村配合”的要求，深化农村公路养护管理体制改革。

**4. 创新运输管理体制，推动了运输生产力的解放和发展**

1983 年开始逐步放开运输市场，运力运量快速增长。20 世纪 90 年代以后，着力提高运输组织化程度。进入新世纪以来，积极发展农村客运和海上运输，农村客运网络化工作走在全国前列，海运运力总运力 30 年间增长了 76 倍。目前又开展了交通大物流建设，推动传统运输业向现代物流业转型。

浙江交通 30 年的辉煌成就，是省委、省政府正确领导的结果，也是交通系统全体干部职工共同奋斗的成果。30 年的浙江交通发展史是一部可歌可颂的浙江交通人创业创新史。

## 二、浙江交通改革发展的基本经验

通过30年的创业创新，浙江交通取得巨大成就的同时，也积累了许多宝贵的经验。

### （一）必须坚持以发展为第一要务，紧紧抓住发展机遇，实现浙江交通的率先发展

20世纪80年代，抓住城乡经济快速发展的机遇，举全行业之力推进交通基础设施建设。20世纪90年代初，抓住发展社会主义市场经济的机遇，引入市场机制，进一步加快了交通发展速度。20世纪末期，抓住国家实施积极财政金融政策的有利时机，掀起以高速公路为重点的交通基础设施建设高潮。近年来，积极应对宏观形势变化，坚持交通仍处于大建设、大发展时期这一基本判断不动摇，连续五年交通投资保持全国第一，为我省经济保稳促调、转型升级作出了积极贡献。

### （二）必须坚持以人为本，强化交通的公益属性，服务经济社会发展大局

立足于满足人民群众不断增长的交通运输需求，跳出交通、谋划交通，跳出交通、发展交通，增强交通服务经济社会发展和改善民生的主动性，紧紧依靠各级党委、政府，紧紧依靠广大人民群众，调动各方积极性，营造全社会合力办交通的良好局面。在充分发挥市场作用的同时，始终坚持交通本质上的公益属性，妥善解决交通快速发展与政策财力不足的矛盾，努力使交通改革发展成果惠及全省人民。

### （三）必须坚持统筹协调、强化规划的龙头作用，引领交通全面协调可持续发展

准确判断经济社会发展形势，以大视野、长眼光来审视交通工作，高度重视交通规划，编制了一系列综合、区域和专项规划，以交通规划指导交通的全面协调可持续发展。交通规划体系的完善，增强了交通发展的前瞻性、科学性、有序性和指导性。在规划指导下，积极推进公路水路和城乡交通协调发展，推进建设与管理的协调发展，实现了交通发展与经济、社会、资源、

生态的统筹兼顾。

（四）必须坚持科技进步，增强交通科技创新能力，提高交通质量、安全和环保水准

质量、安全是交通的永恒主题，科技是推进交通发展的第一生产力，环保是交通可持续发展的必然要求。浙江交通不断完善科技创新体系，加快交通科技进步，不断提升交通基础设施建设质量和安全水平，走资源节约型、环境友好型交通发展之路。

（五）必须坚持加强行业自身建设，提高服务水平，不断增强交通发展软实力

在推进交通基础设施建设、发展运输生产的同时，加强行业管理和队伍建设，提出并实施了依法治交、科技兴交、人才强交等战略，采取构建惩防体系、实施人才工程、开展交通文化建设等创新性举措，在全行业增强惠民意识，弘扬奉献精神，增强服务本领，提升了行业文明水平和队伍综合素质。

## 三、浙江交通未来发展展望

经过改革开放30年的发展，浙江交通已经站在了新的历史起点上。展望未来，浙江交通将全面贯彻落实科学发展观，深入实施“两创”总战略，围绕全面建设小康社会这一宏伟目标，推进现代交通“三大建设”。

（一）着眼于发挥海洋资源优势，构建对外开放新格局，增强浙江的国际竞争能力，建设大港口

沿海强化龙头“宁波—舟山港”，做大两翼“温台和浙北港”，形成结构合理、功能完善的沿海港口体系；内河以京杭运河为主轴，全面提升浙北航道网和浙东航道网，全面推进钱塘江和瓯江航运开发，形成干支直达、通江达海的内河航道体系。

（二）着眼于融入长三角、辐射周边省，提高区域和城乡发展协调性，增强浙江区域经济实力，建设大路网

高速公路以“省际断头路”、“城际扩容路”、“重要疏港路”为重点，加

快区域大通道建设,构建长三角一体化交通大平台。干线公路以"瓶颈"路段和区域快速通道为重点,加快改建和大中修步伐,提升区域道路综合通行能力。农村公路以欠发达地区为重点,加快通村公路和联网公路建设。

(三)着眼于加快发展现代服务业,促进资源优化配置,增强浙江市场经济活力,建设大物流

通过引导、扶持、支持和培育,形成以物流园区为基础,物流信息平台为支撑,技术标准为手段,龙头企业为示范,全程物流为方向的全省交通物流体系,全面改造提升传统运输产业。

# 30 年圆梦路

## 浙江省交通运输厅

### 一、港口前行动力之源

1979 年 8 月 22 日，一艘名叫"湖山丸"的 3000 吨级日籍货轮缓缓驶进宁波港。

"那是我引航的第一艘外轮，也是宁波港对外开放后进来的第一艘外轮。"现已退休的宁波港高级引航员张锁珍还记得，"湖山丸"是早上到的，下午进甬江时风很大。

那以后，由张锁珍引航的外轮难以计数，最大的载重量是"湖山丸"的 100 倍，可"湖山丸"留给他的记忆却一直不曾褪色。因为和那艘船联系在一起的 1979 年，是宁波港对外开放之年，也是浙江港口真正起步之年。

1978 年 2 月和 9 月，浙江省先后两次打报告给国务院，报告认为，宁波港对外开放不仅条件已成熟，而且有建设北仑港的紧迫需要，建议批准宁波港于当年下半年正式对外开放。1978 年 12 月 4 日，国务院批复同意浙江省关于开放宁波港的报告，希望浙江省抓紧推进对外开放的各项准备工作，同时明确待准备工作就绪后，由浙江省确定开放日期，并告交通部对外公布。

要求开放宁波港的报告，能够在提交当年就获得批复，有着深远的历史背景。

事情还得从1973年说起。那年7月，芦苇密布、野鸭成群的宁波港，迎来了一位特殊的客人——粟裕将军。奉周恩来总理之命，粟裕大将以国务院港口建设领导小组组长的身份，从北到南秘密寻找深水良港。白天坐船考察，晚上研看地图，粟裕大将对宁波港喜出望外：水深18.2米以上，常年不冻不淤，25万吨级以下船舶可以自由进出，25万吨级至30万吨级超大型船舶可以候潮进港。如此天然良港，世界上也不多见。粟裕大将回京不久，国家便确定准备扩建宁波港老港区。

不过，宁波港获准开放，更重要的因素是1978年底，党的十一届三中全会确立了中国改革开放的伟大战略。对内改革，破除观念束缚，国家发展转向以经济建设为中心；对外开放，意味着打开国门，走向世界。宁波港的资源和地理位置条件得天独厚，再加上宁波1200多年的对外贸易历史，所以当浙江向中央提出宁波港对外开放的要求时，很快就得到批复。1979年5月16日，浙江省确定宁波港6月1日对外开放。曾经作为"五口通商"口岸的宁波港迅速被推到了中国改革开放的前台，走出区域性内河港的束缚，重新向世界敞开了胸怀。

1979年1月10日，中国第一个现代化10万吨级矿石中转码头北仑港建设打下了第一桩，主要目的是为上海的宝钢中转进口铁矿石。"对于当时的中国而言，没有经验可循，从设计到施工，很多技术难题我们都通过'走出去、请进来'以及群策群力的方法来解决。"原浙江省交通厅厅长邵尧定回忆说，为了建设北仑港，交通部抽调了全国最强的港口设计、施工队伍，浙江也从各地各部门抽调了200多名干部和相关设计、施工人员。经过4年奋战，建设者们终于在1982年圆满完成了任务。随后，1984年10月，宁波港驶出首条全集装箱远洋船，1991年7月，第一个集装箱专用码头——北仑集装箱公司码头投入试生产。

就在宁波港乘改革之风"大展拳脚"之际，相隔不到1.9海里的舟山港也"嗅"到了改革开放带来的"暗香"。

在一位"老码头"的记忆中，30年前的那个冬天格外寒冷。

"滴水成冰的季节，海风刺骨，我们心里却是暖乎乎的，因为十一届三中全会召开了，舟山港随后开始了新的航程。1981 年，舟山迎来第一艘万吨轮，1.3 万吨级的‘洪阴’号轮满载着水泥驶进舟山港，当时舟山港没有可供万吨级船舶停靠的码头，船只能靠泊在了海军码头。”陈伟丰，舟山引航站站长，在他的办公室里，摆放着许多和外国船长的合影，这些照片的背景是靠泊的巨轮，岸边的景象从荒寂到繁华，定格的影像似乎无声地诉说着舟山港改革开放 30 年来的沧桑巨变。

“当时舟山港属于国家二类开放口岸，进出的只有国内远洋船，应该说是改革开放的好政策帮助舟山港迎来了第一艘万吨轮。”陈伟丰说，“20 世纪 80 年代初期，万吨轮很稀少，谁要是看到了万吨轮，还可以在别人面前‘吹嘘’一阵呢。”

1987 年，这一年成了舟山港历史的拐点，舟山港正式对外开放。之后，进出舟山的船越来越多，吨位也越来越大。那一年，老塘山港区一期 1.5 万吨级码头建成投产，它是浙江地方港口建成的第一个万吨级泊位，舟山有了第一座深水码头，也揭开了建设深水港的序幕。第一艘靠泊的万吨轮是一艘 1.3 万吨的“东光”号秦皇岛轮。现在，老塘山已经从当年的单一泊位发展成为综合性、多用途的港区，万吨轮也不稀奇了，每天都有进出。

无论是宁波港，还是舟山港，两个开放后的浙江港口，一起步就引入了市场经济理念。从进口散装化肥灌包，到原油海上过驳；从与香港龙翔化工成立第一家中外合资企业，到多种经营拓展业务；从利用世界银行贷款建造泊位，到引入和记黄埔共同经营宁波港北仑二期集装箱码头……港口规模不断壮大，管理水平日益提高。

改革开放就像一个强劲的马达，实现了两个港口的华丽转身，催动着浙江港口的全新启航。

## 二、海纳百川的胸怀

宁波港，从一个区域性的内河小港走向国际深水中转港；舟山港，从昔日一个闭塞的地方小港成长为华东沿海重要的综合性港口。两个港口在改革开放春风的吹拂下，经历了脱胎换骨的转变，成为浙江港口崛起的爆发点。

也许，这两个最能代表浙江特色的港口并不知道，20多年后，她们会再次吸引全世界的目光在此聚焦。

“浙江省有什么可以做成全世界和全国之最的？只有港口，港口可以发展成全国之最甚至世界之最。”中共中央政治局常委、中央书记处书记、国家副主席习近平在担任中共浙江省委书记期间曾这样公开言道。事实上，进入21世纪后，浙江沿海港口群躁动难安。在经历了最初的崛起之后，浙江港口逐渐进入快速成长期。面对愈演愈烈的全球化港口竞争，如何在新一轮的发展中抢占优势，成为浙江港口面临的新问题。一时间，岸线布局重组、功能定位细化、港口接通腹地，成为6646公里海岸线上的三大主题。

“浙江必须对太平洋经济时代来临做出积极反应。”不少业内人士表示，太平洋西岸的“长三角”港口群，正处于国际三大东西向骨干航线的“咽喉”之地，随着洋山深水港的建成，这里有可能就是东北亚未来的国际航运中心，机遇触手可及。新一轮的港口竞争就此开始：上海港口布局正从内河走向海洋；江苏做出“三港合一”的决策；韩国釜山未雨绸缪，投资兴建6个集装箱码头。撇开外部竞争不说，浙江经济的迅猛发展同样需要加快港口建设。作为外贸大省，浙江进出口货物95%以上通过港口进出，浙江又是资源小省，每年近亿吨的原油、煤炭、液化气等物资都要通过海上运输来实现。

浙江能不能抓住这一轮发展机遇，真正成为国际航运中心的重要组成部分，优化整合成为了最关键的一步棋。浙江“加快港口开发建设”课题小组通过几个月的调研得出结论，北线的整合是发展的重中之重，可以以金塘岛开发为突破口，加快推进宁波—舟山港域一体化进程，加快开发大港口，建设大通道，发展大物流。

2006年1月1日，浙江省委、省政府突破行政区划限制，正式启用“宁波—舟山港”名称，统一品牌，并成立了“宁波—舟山港管理委员会”负责具体协调管理工作。这是浙江省也是中国港口资源优化整合结出的第一颗果实，也是中国港口发展模式的一个重大创新。这一里程碑式的事件，标志着宁波—舟山港向世界级大港迈出了十分关键的、历史性的第一步。一个世界级大港在浙江、在中国的东方开始崛起。

同年 12 月 27 日上午，宁波北仑四期第三集装箱码头彩炮齐鸣、礼花绽放，统一品牌后的宁波—舟山港第 700 万个标准集装箱开始缓缓起吊。在不到 1 年的时间里，宁波—舟山港年集装箱吞吐量连续跨越 600 万、700 万标准箱两个台阶，增幅居全国领先，其中国际中转箱量更是增长了 185%。

“这标志着宁波—舟山港集装箱运输迈上了既有速度又有质量、规模效应凸显的快车道，标志着宁波—舟山港向建设国际一流深水枢纽港和集装箱远洋干线港目标又迈出了坚实的一步。”对此，浙江省省长吕祖善如此评价。

伴随着两港一体化，世界上最大级别的 30 万吨级散货巨轮频频光顾宁波—舟山港，全球排名前 20 位的集装箱班轮公司都已登陆宁波，航线总数达 210 条，其中远洋干线 118 条，平均月航班数超过 900 班，与全球 100 多个国家和地区的 600 多个港口通航，构成了以欧洲线、北美线、中东线为骨干，南美线、澳洲线、非洲线等为辅助的远洋干线网络，并建立起以东南亚、日本、韩国等近洋支线为支撑，国内支线为补充的集装箱运输体系，成为“中国制造”走向世界的重要“窗口”。

## 三、乘长风破万里浪

“大力发展海洋经济。坚持把发展海洋经济放在更加突出的位置。以宁波—舟山港建设为核心，推进全省港口资源的整合和开发，大力发展海洋运输业，加快建设港航强省。加快规划建设临港产业带，积极发展一批科技含量高、资源消耗低、环境污染少的临港工业。大力开发海洋资源，切实保护海洋生态环境。”

这是 2007 年 6 月 12 日召开的浙江省第十二次党代会上，省委书记赵洪祝所作报告中的一段话。“一石激起千层浪”，这不足 150 字的话语一时间引起的轰动，令浙江交通行业的许多人大为振奋，“建设港航强省”的重大战略决策第一时间被推到了浙江新一轮发展的前沿，浙江港口即将掀开崭新的一页。

作为大力发展浙江海洋经济的突破口,“港航强省”战略如何实现成为省第十二次党代会后大家最关注的问题。两个星期后,来自交通部、浙江省委政策研究室、浙江省交通厅、上海海事大学等单位的20多位领导、专家齐聚杭州,就浙江建设“港航强省”问题进行深入研讨。随后,浙江省交通厅领导带队组成的调研组分赴全省各地,展开调研。不到1个月的时间,加快“港航强省”建设的基本思路“出笼”。

“我们将以宁波—舟山港为龙头,整合全省资源,增强集疏运能力,形成‘一个龙头’(宁波—舟山港)、‘两个区域’(嘉兴港、温台港)、‘三条主线’(浙北航道、钱江中上游航道、杭甬运河)的水运网络,着力培植航运业的发展,以更好地发挥全省港航资源的整体功能。”浙江省交通厅厅长郭剑彪如此描绘浙江建设港航强省的蓝图。为了更好地保障这一蓝图的实施,随后,省交通厅提出了“大港口”的发展思路,通过构建结构合理、功能完善的沿海港口体系,构建干支直达、通江达海的内河航道体系,构建水陆配套、江海联运的集疏运体系,构建安全便捷、经济可靠的航运体系,构建信息畅通、优质高效的服务保障体系,构建临港沿河、相对集聚的蓝色产业支持体系,使浙江省港航发展综合水平进入全国前三强。

事实上,浙江“落子”速度不慢。

万众期待的“东方大港”已初步实现了规划、品牌、建设、管理“四统一”,1+1>2的一体化效应崭露“峥嵘”。强大的“海进江”转运能力使港口吞吐量连上新台阶,拉动区域经济竞争力作用进一步凸显。据统计,2007年,宁波—舟山港共完成货物吞吐量4.73亿吨,居世界港口第3位、全国第2位;2008年11月21日,宁波—舟山港第1000万标准箱起吊,集装箱运输的世界排名从2000年的第67位上升到2007年的第11位,由此创造了国内外航运界瞩目的“宁波—舟山港速度”——8年世界排名攀升56位。

与此同时,2008年1月11日,舟山虾峙门口外航道整治工程通过交工验收。作为我国第一条30万吨级人工航道,它的运行,对于充分发挥宁波—舟山港的资源优势,降低运输成本、提高综合效益,意义深远。最直观的表现就是,30万吨级的“巨无霸”船舶可直接驶入宁波—舟山港,不必再中途转驳货物。

当人们的目光聚焦在宁波—舟山港整合后的无限风光时，身处两翼的温台和浙北港口正在依托自己独特的优势，默默地积蓄力量，以待振翅之机。

67公里的深水岸线资源为温州港的发展建设提供了优良的先天条件，据此，以大小门岛、状元岙、乐清湾等为代表的港口建设正如火如荼地展开着。而随着洞头状元岙深水港的开发，温州港从河口港向近海深水港转型，届时15万吨级巨轮可全天候通航靠泊，20万吨级以上船舶可候潮进港，第五、第六代集装箱船均可全天候进出。乐清湾预测到2010年，温州腹地外贸集装箱生成量将达200万标准箱以上。

台州港的建设也正如火如荼地进行着，大麦屿港区为代表的港口建设不断深入。同时，临港工业也活力无限。2006年，汽车、摩托车及配件生产企业4500家，全年产值超500亿元。台州也有船舶制造企业70家，其中25家能制造万吨级以上船舶，船舶工业正朝着大吨位、大马力、多用途方向发展。

而浙北港口在开港建设20年后，已经成熟地运作了海河联运这一模式。随着港口集疏运需求的日益增加，嘉兴市港务局筹划在年内开建乍浦港内河航道工程，提高乍浦港区内河疏运能力，降低港口仓储和疏运的压力。海河联运也纳入了独山海盐港各码头配套建设的计划之中。预计到2010年，嘉兴港内河货物吞吐量将达到810万吨；到2020年，嘉兴港内河货物吞吐量将达到1450万吨。

……

每落一"子"，浙江离港航强省的目标就更近一步。

至2007年年底，宁波—舟山、温州、台州和嘉兴4个沿海港口，共拥有生产性泊位1107个，港口通过能力4.5亿吨，其中万吨级以上深水泊位115个（不含洋山港区）。水深大于10米的港口深水岸线达471公里，居全国第一位。2007年，沿海港口全年完成货物吞吐量5.74亿吨，居全国第2位，次于广东省，内河港口完成货物吞吐量3.12亿吨，居全国第2位，仅次于江苏省,其中集装箱吞吐量为 987 万标准箱,居全国第 4 位。浙江港口承载着建设港航强省的希望“旗舰”,正在全力提速,乘长风破万里浪。

## 四、蓝色引擎的几何效应

30 年弹指一挥间,在改革开放政策的指引下,浙江港口创造出不折不扣的奇迹,其间,人们为之付出的努力让人动容,收获的成就让人振奋。港口,犹如强劲的蓝色引擎,在引领行业全速奔跑的同时,也助推着经济社会的发展。

数据显示,我省港口生产经营与其他相关产业及间接诱发的经济贡献之比约为 1∶ 5,提供就业比值约 1∶ 9。以一只标准集装箱的港口包干费,即港口企业直接收益部分计算,约为 800 元至 1200 元,而由此带来的拖轮、引航、口岸及港口配套服务的经济收益却可达 4800 元至 7200 元。今年,浙江省集装箱吞吐量已经超过 1000 万标准箱,这意味着仅集装箱一项业务,浙江港口可为浙江省经济带来 500 多亿元的综合效益。

另据世界银行测算,修建一个集装箱码头,92% 的利益归地区经济分享,只有 8% 属码头和船舶公司所有。而 2007 年,全省沿海港口全年完成货物吞吐量 5.74 亿吨,居全国第 2 位,内河港口完成货物吞吐量 3.12 亿吨,居全国第 2 位,其中集装箱吞吐量为 987 万标准箱,居全国第 4 位,全省水运业直接创造的 GDP 达 150 亿元,提供超过 60 万个的就业岗位,由此带来的对区域经济的“几何效应”极为可观,目前仅宁波—舟山港每增加 1 元产值,便能带来 89.64 元的社会效益。

“港口的发展除了会催生运输、仓储、加工、贸易、金融、信息等产业链‘多米诺骨牌’效应外,腹地区域既可以通过为港口服务配套获益,又可以借助港口向世界敞开大门,融入全球经济大循环。”在浙江省港航管理局局长郑惠明看来,港口不仅是集聚和扩散生产要素的枢纽,更是推动着带区域经济发展的核心战略资源,正逐渐成为产业结构调整的助推器。

美国麻省理工学院原院长雷斯特·索罗的话或许更具代表性:“不应该把宁波—舟山港看作是省内或者是华东地区的一部分。浙江的港口应该有一个远大的理想，经过 20 至 30 年的努力，成为中国东部的鹿特丹。”

事实上，值得高兴的是，浙江港口经过 30 年的发展，一个龙头、两个区域所构筑的现代化沿海港口体系轮廓日渐分明，以宁波—舟山港为干线港、温州港为支线港、嘉兴港和台州港为喂给港的层次分明、分工协作的集装箱运输网络呼之欲出。按规划，到 2020 年，浙江将实现港口现代化、航道网络化、航运规模化、服务优质化和产业集聚化。沿海港口货物吞吐量达到 10 亿吨，集装箱吞吐量争取达到 3000 万标准箱。按照国际标准的计算方法，届时，浙江港口项目建设和营运的直接总产出将达到 1565.28 亿元，可提供就业岗位近 60 万，腹地经济效益将随之提升。

# 想不到　不能忘

陶志浩

可以肯定，30年前，谁也想不到浙江交通会有这么大的变化。交通报的记者每每采访或报道交通成就，听到最多的感叹就是“想不到”。

20世纪80年代中期，某权威机构联合媒体邀集各方专家对15年后的中国发展状况作预测，内容涉及政治、经济、文化等社会各个方面。15年后，在多达几十个预测项目中，除环境污染被基本言中外，其余都与15年后的状况大相径庭，令专家们跌破眼镜。

中国发展会这么快，专家们想不到。

不必回避曾经出现过的事实。十几年前，杭甬高速公路计划破土动工，不少人发出疑虑与责难，其中包括一定数量的人大代表。“杭甬已经有铁路萧甬线，外加公路国道线，为什么还要花大钱去画蛇添足造高速?”但以后的事实人人都看到了，杭甬高速不仅需要而且不够，不得不拓宽，如今全省高速公路已成网并逼近3000公里。

浙江公路发展会这么快，一些人大代表也想不到。

30年前，老百姓很少有人知道什么是高速公路。上三高速建成时，交通报记者到沿线采访，只听新昌的一位山农惊呼：“哇，路从天上飞过去了！”山农哪里想得到公路会从山上过去。

曾经，全国交通系统流传着一句很上口又易记的顺口溜：“广大上青天”。说的是全国上规模的五大港口，即“广州、大连、上海、青岛、天津”，这里没有宁波。谁能想到30年后的宁波—舟山港不仅跻身全国大港行列，并向着世界级大港迈进。

全国的交通业内人士也想不到。

隋炀帝千年前就凿通了京杭大运河，再往前通江达海他就没想到了。沉静千年的大运河自己也想不到会鼓起勇气抬起头来与钱塘江接吻。接着更是一发而不可收，竟扭动身躯投入大海弄潮去了。

大运河也想不到自己竟会青春焕发。

舟山岛上的老百姓想不到，他们将打破出门靠船的千年定律，坐着车奔大陆；慈溪与乍浦两岸的人想不到，他们相距原来这么近；山村农民想不到，他们可以坐着班车进城市……

许许多多的想不到变成了许许多多现实，成就的伟大印证了改革开放动力的强大。

不平凡的30年，人们一定记住了许多不平凡的人和事；但30年，我们同样不可避免地忘掉了一些平凡的人和事，然而记者的良知在告诉我，许多平凡的人和事，我们同样不能忘。

一段时间里，一些有成就的能人爱将自己比作铺路石，但我感觉真正的“铺路石”是农民工。交通建设的工地上最平凡的就是农民工，他们吃的最简单：盒饭就算不错；住的最简单：工棚；想的也最简单：能领到该领的工钱就心满意足。试想，哪一段路没有铺路石；同样，哪一段路没有农民工的汗水。

1995年12月28日，浙江第一段高速公路（杭州—上虞）正式开通，通车典礼后，我作为特邀代表随车体验。望着路两边的情景，我的心被重重地撞击：往日的工棚不见了，轰鸣的机械不见了，忙碌的农民工不见了，路建成了，农民工便消失得无影无踪。

我采访过农民工，印象至今还刻在心里。1995年7月19日中午1时，一年中最热的时刻。一台正在杭甬高速路上运作的摊铺机突然发生故障，进料斗的链条断了。这是工程最紧张的时刻，一位农民修理工二话没说，一头钻进刚装过 160℃沥青的进料斗，当场昏倒在料斗里，苏醒过来又钻了进去，直至焊上链条。事后，我与时任交通报采编部主任的赵建面对面采访了这位修理工。记者面前，他显得手足无措，一会儿看看自己的手，一会儿看看自己的脚，对着记者只是憨笑。这就是农民工，只知干不会说。但我们记住了他的名字：陈章泉。

农民工，不能忘。

许多打动人的故事，往往来自普通老百姓，下面是两位年轻记者记录下的故事：

嵊州有一个西湾村，村里有一个患有肝癌的病人，她叫马华珍，村里要建康庄路了，造路要筹款，马华珍对丈夫说：别再给我治病了，把钱捐给村里修路吧，我多活几天没意义……讲的是一点都不慷慨激昂，行动却能感天动地。

这就是普通百姓，不能忘。

2005 年春节刚过，建康庄路的测量小分队来到淳安山区的毛竹园村，天下起雨来。测量队的邵社梅冷得有些发抖。突然雨像是停了，一抬头才发现，头上正撑着一把伞呢！打伞的是村里的一位老人。老人感谢修路的人，他要把心掏出来感谢。这打开的伞就是老人敞开的心。

这就是山里的老百姓，不能忘。

20 世纪 90 年代，我多次去杭甬高速公路建设工地采访。我们曾说，这是一条用血用汗甚至用生命铺就的路。有事实为证：

这是一个让人不敢相信的事实。一个 61 岁的项目经理，从离开工地到住院，到逝世才一个星期，死前医院作过化验：肺癌、心包积水、肝硬化、胆结石。医务人员惊呆了，他们不敢相信，这怎么可能是从工地上下来的病人。病人叫蒋焕水，生前为杭甬高速公路七合同段的项目经理，当时的省路桥工程处第二工程队的队长助理，时间是 1994 年的 6 月至 10 月，他离开我们的日子是 1994 年 10 月 21 日。

在杭甬高速公路建设工地上倒下的还有七合同段的项目部副经理朱卡嘉。

他们是奋战在一线的功臣，不能忘。

写到这里，突然想起魏巍的《谁是最可爱的人》，我情不自禁地想说：

当我们驱车行进在高速公路上，当我们沿着康庄路出山村，当我们坐着高速大巴去远行……我们不能忘了农民工，不能忘了老百姓，不能忘了一线的功臣。

# 梅城古镇的老公路记忆

建德公路段　毛银根

随着岁月的流逝，老公路的旧貌早已装进了金色的记忆盒。每当我驾车行驶在 320 国道和杭新景高速公路上时，总是感慨万千、浮想联翩。装进记忆盒中的一条条老公路的旧貌又重新展现在我的眼前。

## 一、一路风尘　想超车都难

我的老家在梅城古镇车站旁边，每天清晨都会被汽车发动的声音吵醒。驾驶员们戴着白手套，握住方向盘，开车的那种威风潇洒的英姿，使我非常羡慕，心里萌生了长大也要当一名汽车驾驶员的梦想。

1974 年，我被推荐进入浙江汽车驾驶技工学校学习，儿时的开车梦得以实现。1976 年毕业，正式分配到省汽车运输公司建德汽车中心站，成了一名专业驾驶员。我驾驶的是一辆可运载 3 吨重的“小嘎斯”货车。因为运力小，基本上是跑短途，长年累月在县城与农村之间来回运货。

当时农村支线里的县道，大多是三级以下的砂石路，等级低，路况差，几公里之内没有交会点，要想超车、交会，非常困难。因为路太窄，行驶中如跟上一辆车，只有跟在后面“吃灰尘”。

## 二、翻山越岭　做“山大王”

1979 年我换开 10.5 吨的解放牌拖挂车，经常从建德运水泥到温州、乐清、瑞安等地。去温州，从凌晨 4 点多钟出发，经金华、永康、丽水，过温州梅岙渡，到达温州。

一路上行驶的基本上都是灰尘飞扬的沙石路面，单趟需开 10 个多小时才能到达。如果运水泥到温岭、玉环等海边县城，需经过永康石柱翻壶镇大山，经仙居、台州，爬黄岩岭再到温岭和玉环，单趟需要 15 个小时以上才能到达。

夏天气温高，老解放十吨半挂车翻山爬岭，还会碰到发动机化油器气阻，汽油供不上，导致发动机熄火停在坡道上的故障，只有待发动机温度下降，油泵气阻消除，供油正常，才能重新发动起步行驶。如果碰到车子抛锚，不能及时修复，只能停在高山上，做“山大王”了。

## 三、公路建设　改变了时空

1978—2008 年，30 年改革开放，建德公路发生了巨大变化。从 20 世纪 80 年代开始，国省道由原来砂石路全部改建为沥青路或水泥路，并实现了乡乡通公路。90 年代，国省道主要干线公路提升为一、二级公路，县乡公路均拓宽改建为等级公路。

320 国道建德段，从 1978 年年底—2000 年，共进行了两次扩建改线，时速由原来的 40 公里提升至 80 ~ 100 公里；330 国道建德段经过了多次拓宽改造，砂石路拓宽，铺筑了水泥、沥青路面，新建了复线，保留老路，设中央分隔带，全线收到了一级公路的通行效果；2002 年实现乡乡通油路；2006 年实施了县道砂改油工程，实现了乡道以上等级公路，路面全面硬化，彻底改变了县乡公路相对落后的路面状况；2003—2006 年，又掀起农村公路建设高潮，康庄工程建设全面启动。

开着小车走进建德广褒农村大地和山区，找不到一段晴天灰尘满天飞扬、雨天泥水四溅的砂石路面，取而代之的是准四级以上的水泥路和沥青路面。如今,公路通到家门口,实现了新安江主城区与各乡镇“40 分钟交通圈”,农民出行极为方便。从新安江开车回梅城古镇,只需 30 分钟。

## 四、高速公路　开启新时代

2006 年杭新景高速公路建成通车,让建德高速公路实现零的突破,拉近了建德与上海、杭州的距离,山清水秀的新安江,成了杭州的后花园。运输能力大幅提升,缩短了建德到杭州水果、蔬菜、禽蛋、水产等鲜活产品储运的时间。建德莓农早上采摘的新鲜草莓运上高速,1 个半小时就能运到杭州销售。上海的游客 4 个半小时就可以到达建德旅游景点旅游。

梅城 20 世纪 70 年代的那些简陋车站和上下货的站台,如今,已被高楼大厦所取代,车站一派繁忙的景象,显得生机勃勃。

今天,建德大地的公路纵横交错、四通八达,交通的便利不仅带动了农村经济、工业经济,还大力推进了旅游业的大力发展。

我们深信,在当地政府和上级主管部门的大力支持下,在公路人的努力下,建德“十一五”交通发展蓝图,会变得更加完美。

# 发展现代交通运输业　服务安徽加快崛起

安徽省交通厅

俯瞰1949年的安徽,800里皖江没有一座大桥,淮河安徽段也仅有1座桥梁。60年后的今天,3座大桥飞越皖江,12道飞虹横跨淮河,安徽真正成为有机的统一体,人们在全新的天地里互动交流。

正如桥梁沟通江河,一个个交通工程,打通了安徽腾飞的节点。高速公路从零起步,到今年底突破2500公里,重塑了城际交流的新时空。沙颍河、芜申运河整治工程,再现"千船竞发,桅帆林立"的"黄金水道"盛景。"村村通"工程的实施,使千万农民告别泥泞,昂首迈进小康路……

安徽是我国东南沿海地区与内陆腹地的过渡带,也是沟通京、沪、宁的南北重要通道,为水陆交通之要津,交通运输的发展历史悠久。水路交通早在4000多年前就与中原沟通,秦朝大规模修筑驰道,汉唐以后陆上驿运已相当发达。近代交通始于20世纪初叶,但发展非常缓慢。新中国成立后,安徽交通运输工作在国家和省委、省政府坚强有力的领导下,取得了显著进步,尤其在改革开放的历史大潮中,随着国家一系列政治、经济体制改革的实施,富有创新精神的江淮交通人解放思想,与时俱进,科学发展,敢走新路，勇破难题，甘当重任，安徽交通迈入快速、协调发展阶段，有力地支撑了全省经济社会又好又快发展。

## 一、交通基础设施建设取得史无前例大发展

### （一）公路建设突飞猛进

新中国成立前，安徽仅有公路 2088 公里，全省 42 个县不通公路，11 个县虽有公路但晴通雨阻；且由于遭受战争破坏，新中国成立后我省公路几乎是在一穷二白基础上建立起来的。到 2008 年底，全省公路总里程达到 148827 公里，是 1949 年的 71 倍。全面完成国家五纵七横国道主干线和西部开发省际通道安徽段的建设任务；公路密度达到 106. 8 公里/百平方公里，居全国第七位。按照行政等级分，国道 3241 公里（含国道主干线 677 公里），省道 8473 公里，县乡及以下公路 137113 公里；其中国省干线中二级及以上公路占 89%，居全国第 6 位。路网结构显著提升，整体通行能力显著增强。

1991 年 10 月 4 日，我省第一条高速公路——合宁高速公路建成通车，实现了我省高速公路零的突破。随后，又相继开工建设了合巢芜、安界等一批高速公路项目。截至 2008 年年底，全省通车高速公路里程突破 2500 公里，位居全国第九位。基本实现安徽高速公路东西向 3 小时过境、南北向 6 小时过境，合肥至十六个省辖市当日往返。

新中国成立前，全省没有一条跨江、跨淮河大桥。1995 年铜陵长江公路大桥的建成，结束了我省境内 400 公里皖江无跨江大桥的历史。到 2008 年，全省共有桥梁 27362 座，总长 1088633 延米；隧道 87 道 52701 延米。拥有长江大桥 3 座、淮河大桥 12 座，在建各 1 座，真正实现了数千年来人民群众天堑变通途的梦想。

### （二）水运建设步伐全面提速

新中国成立初期，尽管我省地跨淮河、长江、新安江三大水系，长江、淮河自西向东横贯全省，水资源居全国第七位，具有发展水运的优越条件；但全省内河航道基本为原始和自然状态，1 米深以上航道不足 1100 公里，水

运多以木帆船为主，轮驳船仅有152艘，港埠设施简陋。到2008年，全省航道总里程达到6507公里，通航里程5596公里，是新中国成立初期的5.5倍。其中一级343公里，三级391公里，四级350公里，五级688公里，六级2527公里，七级707公里，七级以下590公里。长江、淮河、沙颍河、合裕线、芜申运河被国务院列入全国内河高等级航道里程达1122公里、占全省通航里程的五分之一。

2008年年底，全省完成水运建设投资23.6亿元，创下历史新高。港口吞吐量达到2.7亿吨，列全国内河水运第三位、中部六省第一位；芜湖港口吞吐量达到4680万吨，位居全国内河十大港口行列。沿江1000吨级及以上泊位超过200个，港口数量居中西部地区第一位。芜（湖）马（鞍山）组合港战略稳步推进，力争早日建成内陆省份首个亿吨大港。

### （三）农村公路民生工程取得新业绩

新中国成立初期，我省农村公路基本为自然状态。自2003年以来，全省建成农村公路6.91万公里。2008年，省政府将农村公路村村通工程列入18项民生工程之中，极大地加快了农村公路建设步伐，提升了农村公路的服务能力和服务水平。

截至2008年年底，全省农村公路里程135806公里，占全省公路总里程的91.3%。在农村公路中，县道23941公里，乡道36240公里，村道75625公里。全省乡镇公路通畅率为100%，建制村公路通达率为99.8%、通畅率为82.5%。全省最后3个不通公路的乡分别在2006年和2007年通上了沥青路。

## 二、运输保障水平和应急保障能力显著提升

### （一）运力结构进一步优化

新中国成立初期，全省拥有民用汽车403辆。到2008年年底，全省营运车辆达到37.5万辆，增长了930倍。其中载客汽车7.99万辆，载货汽车26.87万辆，公路运输经营业户达到145092家，从业人员达到735502人；营运客车中，中高级客车1.35万辆，占客车总数的17.2%，省际班线中中高

档客车已经超过 83.9%；出租汽车 46662 辆，出租车公司 222 家，从业人员 15 万多人。安徽省交通集团汽运公司、合肥汽车客运总公司、阜阳汽运集团公司、芜湖汽运输公司 4 家公司相继取得一级客运企业资质。汽车维修业户达到 7999 家，综合性能检测站 61 个，机动车驾驶员培训机构 166 所，汽车租赁业公司 219 家。全省危货运输企业 212 户，从业人员达 13140 人；运输车辆 5382 台，其中危货专用槽罐车 3313 台，厢式车 795 台，集装箱车 64 台，专用车辆比重高达 77.5%。营运船舶由 1949 年的 39.4 万载重吨，发展到 2008 年的 30518 艘、1420 万载重吨、平均吨位达 475 吨，载重吨跃居全国内河前列，较 1949 年增长了 36 倍。民用航空从无到有，合肥、黄山机场共完成年旅客、货邮吞吐量 275.3 万人次和 3.87 吨，合肥机场旅客吞吐量首次突破 100 万人次，并实现扭亏为盈。

(二)运输保障能力显著提高

2008 年，全省完成公路水路客运量 9 亿人次、旅客周转量 683 亿人公里、货运量 8.2 亿吨、货物周转量 1166 亿吨公里，分别是 1978 年的 7.8 倍、21 倍、8.6 倍和 26.3 倍。合肥、黄山、芜湖、安庆等七个国家级城市交通运输枢纽建设进展顺利。完成我省高效率鲜活农产品流通“五纵二横”“绿色通道”网络建设，建成全国鲜活农产品流通“绿色通道”“哈尔滨—海口”安徽示范段示范通道。对从事田间作业的拖拉机免征养路费和农机跨区作业免费通行的政策，切实保障农业增产、农民增收。

(三)应急保障能力显著提升

2008 年初，全省遭遇特大雨雪冰冻灾害，全省交通系统共投入 1.56 亿元专项资金，应急设备 4.8 万台次，出动干部职工约 60 万人次，奋力夺取抗击低温雨雪冰冻灾害全面胜利。“5·12”四川汶川地区特大地震发生后，全省交通系统及时启动预案，抢运抗震救灾物资。先后向灾区派出技术支援组和灾区桥梁安全检测组，投入资金 1675 万元，捐赠价值约 800 万元的公路抢修机械设备。投入专项资金 5000 多万元，选派 14 辆高档客车到京，历时 40 多天，发车 658 台次，运送志愿者 2.2 万人次，做好奥运志愿者通勤运输服务，出色地完成了奥运火炬传递交通保障任务。

(四)农村客货运发展迅速

全省共开通农村客运班线3504条,农村班车17333辆,座位248186座,1340个乡镇100%通了班车,21700个行政村中通班车的行政村达到19681个,建制村班车通达率为96%。

## 三、依法行政和行业管理水平不断提高

60年来,我省交通管理体制经历了由高度集中的计划管理,向市场机制调控转变,建立了市场经济条件下交通管理新机制。

(一)交通行政管理体制日趋成熟

随着安徽省港航监督局和船舶检验局,省公路局、省运管局和省客运出租车管理办公室,路政、运政、水上监管、港航、出租车等管理体制相继确立,各项管理手段日趋规范,地方政府的积极性进一步调动。2008年,国家实施了成品油价税费改革,2009年我省作为全国取消政府还贷二级公路收费试点省份,自2月28日24时,全面停止了71个政府还贷二级及以上公路收费工作。我们将按照国务院和省委、省政府部署,妥善做好改革涉及人员工作,并将一部分人员充实到路政、运政、安全监管和农村公路中去,切实发挥行业指导和监管作用。全省交通管理的重点已经由传统的管人、管事转向统筹规划、掌握政策、信息引导、组织协调、提供服务和监督检查上,管理也由单一的行政手段为主向综合运用法律、经济和行政手段转变,服务型机关已经形成。

(二)依法行政取得重大成果

相继出台《安徽省公路管理条例》、《安徽省公路养路费征收和使用实施办法》、《安徽省道路管理运输条例》、《安徽省高速公路管理条例》、《安徽省水路运输管理条例》、《安徽省公路路政管理条例》等一批地方性法规和部门规章和一批行业管理规范性文件,形成了一套较为完整的交通行政执法规范体系。在全国范围内率先开展路政网上审批和客运业务网上审批,并成功实现路政网上审批系统与交警双向数据对接。

（三）交通运输市场体系日臻完善

改革开放初期，按照“对外开放、对内搞活”的方针，打破单一所有制的禁锢和交通部门包办公用运输的封闭状态，全面开放公路水运市场，逐步形成了多层次、多渠道、多种经济成分和多种经营方式并存的公路运输经济结构。坚定推进政企分开，对系统内国有企业分步实施改制、分流，有力地推进了交通资源的市场化配置，实现了政府职能的有效转变。尤其是省高速公路总公司、省交通投资集团和省港航投资建设集团公司等一批国有企业的建立，逐步完善了以国有企业为主体、民营企业和社会筹资相结合的交通筹融资体制，最大限度地降低了资金对交通发展的制约，有力地推动了交通事业的发展。全省初步形成了较为完善的交通建设市场、筹融资市场、养护市场、机动车维修市场、驾培市场、客货运市场。

（四）科学发展水平不断提高

以科学发展观为统领，编制交通建设发展规划，指导全省交通发展全局，使交通运输性凸显，协调性和可持续性。《安徽省高速公路网规划》和《安徽省内河航运发展规划》获省政府批准实施。全省17个港口总体规划全部启动，其中，马鞍山港、巢湖港、宣城港总体规划已批准实施，安庆港、蚌埠港、芜湖港已通过交通部组织的专家审查，其他港口的总体规划都进入审批阶段。出台了《安徽省“十一五”干线公路建设规划》、《安徽省农村公路建设规划》等其他子规划，交通事业发展更具有科学性和前瞻性。

（五）工程质量监管水平明显提高

以健全、完善、落实工程质量四级监管体系为重点，狠抓重点工程和农村公路质量管理，高速公路实体质量稳中有升，水运重点工程状况良好，国省干线公路质量总体稳定，农村公路质量大幅提高。严把建设项目设计关、审批关、原材料关，规范招投标程序，加大检查频率和整改落实力度，提高工程质量监督管理工作水平。全面贯彻工程建设新理念，以黄塔（桃）路部级典型示范工程为契机，启动了创精品高速公路工程。交通工程建设逐步由“数量型”向“质量效益型”转变。针对“村村通”工程点多、面广、线长和质量监督力量薄弱等特点，逐渐探索和完善了“政府监督为主，群专结合”的质量监管模式；在全省聘请108名农村公路义务质量监督员，各地在村村通实施工程中，也创造了很多好的做法，如邀请沿线村干部和群众参与监督水泥用量、测量混凝土厚度和宽度等。2008年，农村公路总体抽检合格率为92.1%，比2007年提高了4.1个百分点。

（六）路政管理进一步深化

自2004年开始，在全省开展了统一治理超限超载活动。在全省全面推行了计重收费政策，运用经济手段和价格杠杆遏制车辆超限超载的现象，取得了良好成效，受到全国人大代表和交通部的肯定。2006年以来，连续在全省开展以清除非公路标志、纠正错误指路信息为主要内容的“平安公路集中整治活动”。开展了路政评价指标体系的研究，初步建立路政评价指标体系。积极争取地方各级党委、人大、政府、政协的支持，全省17个省辖市均由市政府牵头开展路政达标县创建活动。2007年以来，加快固定治超站点建设，积极探索以政府为主导的治理超限超载常效机制，合六路等重点路段治超成果显著。

## 四、科技教育工作取得重大进步

自20世纪90年代起，安徽交通就提出了“科教兴交”战略，积极运用最新规划成果，吸收最新设计理念，大力推广新技术、新工艺、新材料、新装备，集约利用土地，强化生态环保。在交通科技创新方面，相继取得了软土地基处理技术、斜拉桥养管检测评估技术等一批科技成果；开发应用了公路养护质量管理系统、桥梁结构分析综合程序；安庆长江公路大桥、太平湖公路大桥建设中应用的多项施工工艺和技术成果处于国际领先水平。同时推广应用了一大批先进技术，率先在全国采用信息技术开展计重收费，治理长期困扰交通事业的“双超”顽症；率先在全国采用全球卫星定位系统（GPS）确定通村公路建设规模；率先利用互联网开展“村村通”工程建设计划的衔接工作。2008年，省厅安排科技专项资金首次突破1000万元大关。部省科技联合攻关项目“马鞍山长江公路大桥锚碇新技术研究”通过部组织的验收，成果达到国内领先水平。全面启动交通运输部"省级交通信息资源整合与服务"信息化示范工程,完成长三角区域 ETC 示范工程车道建设和联调工作。多路径识别和交通通讯领域关键技术研究进展顺利,高速公路南北网实现联网收费。我省承担的部省道路运输信息系统联网试点工程通过交通运输部验收,道路运输管理信息系统全省四级联网,合肥等市实现客运市内联网售票。加强系统内院校建设,不断扩大办学规模,改善办学条件,调整办学方向。2001 年 6 月,原安徽大学交通分校和安徽交通学校合并组建安徽省交通职业技术学院,在校生达到 5600 人,初步形成了专业学科齐全,层次结构较为合理,基本适应交通发展需要的交通教育体系。

## 五、精神文明建设取得新跨越

在交通行业文明创建中,安徽省交通系统坚持围绕中心、服务大局,始终把创立安徽交通服务品牌作为行业精神文明建设的着力点,不断提升服务全省经济社会发展大局的能力,不断创新服务人民群众便捷通畅出行的能力,不断增强服务安徽加速崛起的能力,精神文明建设再结硕果,涌现出一大批先进典型。新安江千岛湖至深渡段被交通部命名为"全国文明样板航道",105 国道安徽段顺利通过了交通部"全国文明样板路"验收。全省交通系统有 153 个单位创建成省部级以上文明单位,省厅命名的文明单位 571 个,文明系统 12 个,文明子系统 24 个,文明子行业 20 个,文明示范窗口 2 个,数百人次获省部级以上表彰,千余人次获省厅表彰。涌现出一大批先进典型和模范人物,如入选"全省精神文明十佳人物"的交通职工李道玉、吴长全,职业道德建设十佳标兵周全胜、巩光跃、余瑞青等。六安裕安区交通局、芜湖港确定为全国交通运输系统 12 个交通文化建设试点单位。在全省范围开展文明样板路创建工作,建成 16 条线共 996 公里文明样板路,各市公路局至少建成 1 条省级文明样板路段。先后完成了部级文明样板路 G104、G312,省级文明样板路 G206 合安段、S105、S202 等的创建任务。

却顾所来径,苍苍横翠微。品味 60 年洒落的汗水,滋养创业的激情,安徽交通人必将披荆斩棘,奋然前行,树立起更多更辉煌的里程碑。

# 安徽交通改革

安徽省交通厅

30 年弹指一挥,30 年天翻地覆,从改革之初为了让人们能走得了而苦苦奋斗,到现在,不但是人走得了,而且要走得舒适,不但货运得出,而且运得快捷。

四通八达的公路,通江达海的水运,密集循环的客运班线,拉近了人们在空间上的距离,改变了百姓生活,提升了经济外向度,支撑了产业发展,加快了资源开发,撬动了新农村建设,为安徽加快崛起,提供了强有力的支撑。

## 一、解放思想,是突破桎梏之力

“30 年的实践证明,解放思想是事业发展的前提,改革开放是事业发展的动力,每一时期思想的解放,观念的转变,都会带来交通运输业的全面发展,这是30 年来安徽交通事业跨越发展最宝贵的经验。”谈及安徽交通改革发展成就,安徽省交通厅厅长梅劲感受至深。

30 年前,对贫困落后的刻骨铭心使安徽人内心深深积聚着对富裕进步的渴望。“要想富,先修路”、“要快富,快修路”,成为广大群众的迫切需求。1978 年,改革开放激活了这深藏已久的渴望。

改革之初,在公共财政对交通建设投资一片空白,交通建设资金缺口很大的情况下,安徽省交通厅采取了“民办公助,民工建勤”多渠道集资,通过出台发展政策、减免相关税收等措施，促进交通建设和发展，初步改善了“行路难、运输难”的状况。1978 年萧县公路站率先实行“三包、四定、一奖、一集中”的养路经济责任制并在全省推行，很快取得成效。各地市公路部门结合本地的具体情况，采取联系路况、联系养护成本的多种形式承包经济责任制。1994 年，安徽对全省公路管理体制进行改革，明确了省公路管理局依据交通厅授权，负责全省公路建设、养护和管理工作；国道、省道的修建、养护管理由地、市、县公路管理机构负责；县道的建设、养护和管理由行署、市、县交通局内设县乡公路管理科、股负责；乡道由乡（镇）人民政府负责修建、养护和管理的公路分级管理新机制。公路养护组织改革试点推进，由长期管养一体的格局向以市场为导向的养管分离新模式迈进。

按照“对外开放、对内搞活”的方针，1984 年，安徽撤销省汽车运输公司，将人、财、物三权下放给地方，同时成立安徽省公路运输管理局。这是安徽公路运输发展过程中的一个重要转折，创造了运输市场的开放格局，形成了多层次、多渠道、多种经济成分和多种经营方式并存的公路运输经济结构。在“有路大家行车，有河大家行船”和“国营、集体、个体三者一起上”的原则指导下，单一所有制的禁锢和交通部门包办公用运输的封闭状态被打破，公路、水运市场全面开放，国营、集体、个人运输主体都得到快速发展，尤其是个体运输迅猛增长，至 1990 年，其运力占社会总运力的 50% 以上。1982 年中国远洋运输公司安徽省公司成立，首次开辟了安徽至香港、东南亚、日本、朝鲜等地区和国家的远洋航线，结束了安徽省无远洋航线的历史。全省交通系统以转换经营机制为重点，以建立现代企业制度为目标，开展了产权制度改革的试点工作。省海运股份公司、滁州扬天汽车股份公司、灵璧运输集团等企业的改制、改组、改造均获成功。

1997 年，亚洲金融危机爆发，面对国际国内通货紧缩和有效需求不足的严峻形势，党中央、国务院提出加大基础设施建设、拉动经济增长的战略方针。安徽交通系统抢抓机遇，加快公路建设步伐，建设投资逐年攀升。仅 1998 年当年两次调整交通基础设施建设计划，从原计划 31 亿元人民币调整到57.4亿元,至1998年底,全省实际完成建设投资63.3亿元,相当于第八个五个计划期间交通建设投资的总和。2003—2007年,交通基础设施建设继续保持高速增长,全省完成交通固定资产投资1028亿元,是2003年前5年投资额的2.6倍,投资量年均增长19.1%。各地都紧紧抓住这一历史机遇,把加快交通建设作为促进本地区经济发展的重要因素。不少地方主要领导亲自挂帅抓交通重点工程,使交通建设由单一的行业行为转变为政府行为、社会行为,给交通建设创造了一个前所未有的良好外部环境。

1986年,成立了安徽省高等级公路管理局和安徽省高等级公路工程建设指挥部;同年10月1日,省内第一条全国第三条高速公路——全长136公里的合宁高速开工兴建。当时全国还在争论要不要修高速公路时,安徽交通人就发扬小岗村"敢为天下先"的精神,掀开了安徽高速公路建设的序幕。

2003年,安徽将高速公路建设、经营和管理实行政企分开,并形成了以两大国有交通企业——省高速公路总公司和省交通投资集团公司为主,地方参与,利用世界银行贷款,省内外国有企业、民营企业独资或合作的投融资主体多元化的体制。省交通厅主要履行"规划、监管、协调、服务"的职能。

2005年,安徽省率先在全国采用全球卫星定位系统(GPS)、地理信息系统(GIS)等技术手段,建立安徽省农村公路信息管理系统,以普查的形式获取农村公路现状的基础数据,为优化线路、避免重复建设,提供了技术保障。此举得到交通部的肯定并向全国推广。

回眸30年,安徽交通在不断发展、不断深入、不断成熟的演进与探索中,皆铭刻着"解放思想、实事求是"的时代烙印。

改革开放的过程,其实就是一个不断解放思想的过程。在这30年里,安徽交通事业经历了一次次思想解放,攻克了一道道艰难险阻,大踏步赶上了时代前进的潮流,走出了一条成功的发展之路。

## 二、改革创新，是快速发展之魂

如果说,解放思想是一切发展起点的话。那么,创新理念是一个不可忽视的重要贡献。

改革开放之际,财政压力扮演了关键的角色。交通公共投入与人民群众日益增长的出行需求之间存在较大的差距,成为制约交通事业发展的重要因素。20 世纪,80 年代中期经济迅猛发展,落后的交通设施成了经济发展的瓶颈。但国家能用于公路建设的资金少得可怜,每年只有 1 亿元左右,且都是专项资金,主要用于国防、边防公路的建设和维护,其他公路的建设和维护,主要靠地方收取养路费的方式筹集,数量也相当有限。

社会主义市场经济体制的初步建立为解决这一矛盾提供了新的途径,安徽交通部门打破传统的依靠财政投入的单一交通融资体制,向以市场为基础的社会融资渠道转变,逐步形成了国家投资、社会融资、群众集资、外商投资等多元化的筹资新格局。

20 世纪 90 年代初,安徽通过“贷款修路,收费还贷”公路基础设施建设投融资政策,在贷款修建公路上设立收费站点对过往车辆收取过路过桥费,有效缓解了公路建设资金不足的矛盾,极大地加快了安徽公路建设步伐。截至 2008 年年底,安徽省公路总里程接近 15 万公里,其中高速公路 2508 公里,农村公路 138286 万公里;公路密度 114 公里/百平方公里;乡镇通达率 100%,建制村通达率 99.56%。在安徽现有公路网中,二级以上等级公路主要是依靠收费公路政策建设的。据专家估评,如果没有收费,现在安徽的公路网至少要推迟 10 年才能建成。实践证明,收费公路政策对于推进安徽公路交通的发展,有效缓解公路交通对国民经济和社会发展的“瓶颈”制约,起到了十分重要的作用。

1996 年 11 月 13 日,安徽皖通高速公路股份有限公司在香港联交所成功上市发行 H 股,开创了国内公路企业境外融资的先河。1995 年建成的铜陵长江公路大桥,在结束安徽境内 400 公里皖江无跨江大桥的历史的同时,也是安徽利用日本协力基金贷款,依靠社会融资、收费还贷建设公共交通设施的成功范例。最具有划时代意义的是,1991 年 10 月 4 日,合宁高速公路建成通车,实现了安徽高速公路零的突破。这一时期初步形成了投资主体多元化的公路建设筹融资体系。首次争取到世行项目 I——2500 万美元用于合安路路网建设,世行项目 II——铜陵至汤口公路顺利实施。民营企业开始进入高速公路建设和经营领域,合巢芜、徽杭路安徽段、蚌宁、亳阜等高速公路经营权全部或部分转让给民营企业,并进行了利用 BT 方式改扩建国省干线公路的尝试。省高速公路总公司皖通 A 股成功上市。按照"谁建、谁用、谁受益"的原则,鼓励货主、企业自建码头,逐步将港口建设推向社会,使港口建设的步伐进一步加快。

2004 年,安徽交通将企业的融资理念引入农村公路建设中——建立"安徽省农村公路建设投资中心",建立稳固的融资平台,统筹用于农村公路建设,每年筹资达 10 亿元,专门用于农村公路建设。

为了加快内河航运发展,安徽省在全国率先对内河航运建设投融资体制进行改革。2006 年,安徽省交通厅以现有国有港航优良资产为基础,组建了国有独资的安徽省港航建设投资集团有限公司。以此为载体,搭建全省港航建设的投融资平台,吸引银行、地方政府和社会等各方面的投入,改变了过去依赖政府投资渠道单一的状况,初步建立内河航运多渠道投入的机制,大大加快了全省水运事业的发展。

进入 21 世纪,安徽交通事业发展的科学性、协调性、可持续性得到高度统一,交通行业逐步由传统行业向现代服务业转变,由传统的注重基础设施建设向基础设施建设和管理服务并重方向发展。注重科学规划,用规划指导建设,统筹公路水路交通与其他运输方式的充分衔接和配套,服务于全省国民经济和社会发展的全局。强调"科教兴交"战略,积极运用最新规划成果,吸收最新设计理念,大力推广新技术、新工艺、新材料、新装备,集约利用土地,强化生态环保。注重公路水路同步协调发展,既抢抓机遇加速推进高速公路建设,又把农村公路摆在交通工作的重中之重,在加快高速公路发展和农村公路建设的同时,稳步推进国省干线改造,加大对水运建设投资力度,充分发挥我省水运优势。强调统筹协调各类资源,充分发挥系统整体优势，不断提升运输保障能力，推进交通基础设施建设和客货运输网络协调发展，努力实现社会效益与经济效益相协调、建设规模与发展速度相协调、建设管理养护与运输相协调、运行质量与服务水平相协调。注重以人为本，强化服务意识、质量意识、安全意识，加快构建和谐交通，认真解决好群众反映强烈的突出问题，维护好人民群众的根本利益，最大限度地保护人民群众的生命财产安全。

创新，在每一次改革阶段都生生不息，在每一次改革的"障碍"之时都显出它勃勃生机。改革开放 30 年来，安徽交通部门以解放思想开路，"杀出一条血路来"，并把创新贯穿于交通发展始末。创新是安徽交通快速发展之魂。

## 三、科学和谐，是行业发展之本

改革开放的 30 年间，"发展"这个主题一直贯穿于安徽交通发展的全过程。而在新一轮加快交通基础设施建设的当口，交通发展，将成为安徽崛起的关键所在。

"回顾总结改革开放 30 年的成就和经验，并不是想沉湎于过去，我们要从这 30 年的历程中，总结一些具有普适性的经验，指导我们今后的发展，把更多思考放在当下。"善于思考的安徽省交通厅厅长梅劲说。作为渐进改革策略的一个结果，很多困难而艰巨的改革任务留在了后面。

对当前金融危机的形势而言，1998 年的加快建设是一次非常宝贵的经验。历史和经验表明，越是在形势严峻和经济困难的时候，越能体现出加快交通基础设施建设的重要性和有效性。可以说，加快交通基础设施建设始终是拉动内需的重中之重，始终是扩大内需的前沿阵地。

应对这次的"大建设"，安徽交通厅提出，要紧紧抓住这次机遇，按照"出手要快，出拳要重，措施要准，工作要实"的要求，加快安徽交通基础设施建设，同时，还将围绕安徽省委提出的"推进科学发展、加速安徽崛起"这个主题，真正实现安徽交通事业全面协调可持续发展。

到 2010 年年底，拉动内需所需的 4 万亿资金中，中央明确投资只有

1.18 万亿元，而且这次中央补助资金只是政策性、引导性的，不可能达到 1998 年那么大的比例。

对此，安徽交通围绕拉动内需和促进公路交通网络体系的完善，以加快高速公路网、东向发展路段和省际通道断头路、扩容改造路段，以及农村公路建设为重点，积极推进国省干线公路改造和内河水运基础设施建设，努力扩大交通建设投资规模，促进交通事业再上一个新台阶。

在这样的整体思路下，安徽交通发展的目标已经确定：年内抓紧在建和新开工项目建设，全年完成交通固定资产投资 180 亿元以上，实现全年目标任务。"十一五"后两年，全省力争完成交通固定资产投资 460 亿元以上，其中公路建设投资 400 亿元。

高速公路，确保黄塔（桃）高速公路建成通车，高速公路通车里程超过 2500 公里；"十一五"后两年新开工高速公路 1032 公里，启动高速公路扩容改造工程，新增高速公路 415 公里，至 2010 年通车总里程超过 2900 公里。

国省干线，要全面启动世界银行项目 III——国省干线路网项目，新改建国省道 1000 公里以上。"十一五"后两年完成国省道新改建 2000 公里以上。

农村公路，今年建成"村村通"工程 1 万公里以上，累计达到 3.8 万公里，启动新的一批农村公路计划项目，完成投资 45 亿元以上。"十一五"后两年完成农村公路新改建 2.2 万公里以上。

水运建设，确保颍上船闸、巢湖港巢城港区一期工程、铜陵港横港件杂货码头改扩建工程建成投产，新开工建设芜申运河安徽段航道整治工程。

运输企业，按照安徽省政府提出的"既要加大投资，拉动内需，又要做大做强企业，争取国内市场份额"的要求，到"十一五"末，形成 100 家左右主业突出、市场影响力强的大型骨干道路水路运输企业，其中，一级客货运输企业达到 5 家以上。

到 2020 年，全省高速公路总里程将达到 5500 公里，形成"四纵八横"的高速公路网。高速公路与重要港口均在 20 公里以内，民航机场、铁路枢纽半小时内上高速公路，形成承东启西、连接南北、结构合理、协调配套、高效快捷的现代化高速公路网络体系。改善航道里程约 1000 公里,四级及以上高等级航道里程达到 2000 公里,长江干流航道可通航大型江海直达船舶;港口年吞吐能力超过 6.0 亿吨,运输船舶标准化率达到 90% 以上,长江干流船舶平均吨位达到 1200 吨以上。

实践永无止境,改革未有穷期。站在新的历史起点上,安徽交通人以科学发展观为统领,再扬改革开放的风帆,再创交通事业发展新辉煌。

# 安徽交通运输辉煌成就

安徽省交通厅

## 一、高速公路

### （一）发展历程

从20世纪80年代中叶安徽省第一条高速公路——合宁高速公路开建，到今天全省“十”字形高速公路主干网形成，只有短短的22年，却清晰记录了了一道闪亮的时代发展轨迹。

80年代，当全国还在争论要不要修高速公路的时候，安徽交通人就发扬当年小岗村“敢为天下先”的精神，以1986年合宁路的建设掀开了安徽高速公路建设的序幕。1991年10月4日，合宁高速公路顺利建成通车，实现了安徽高速公路“零”的突破。

1991年夏，安徽遭受特大洪灾，省城合肥通往外地的铁路、公路全部中断，唯有合宁高速公路如长龙卧波，畅通无阻。正是有了合宁路，中央领导得以前往灾区指挥抗洪救灾，大批救灾物资得以源源不断运进灾区，人民群众亲切地称合宁路为“救命路”。1993年，交通部授予合宁高速公路“全国十大公路工程”称号，同时被评为安徽“八五”十大重点工程。

1995年12月，安徽省第二条高速公路——合巢芜高速公路胜利建成通车。

1999 年 10 月，长达 110 公里的高界高速公路，被时任交通部部长黄镇东誉为国内水泥混凝土高速公路中的典范。

2002 年 9 月，安徽第一个利用世界银行贷款的公路项目——合安高速公路全线建成通车。

2003 年 12 月 18 日，合徐高速公路全线建成通车。安徽省高速公路通车里程突破 1000 公里。

2004 年 10 月 18 日起，连接着黄山、杭州这两个驰名海内外旅游城市的徽杭高速公路安徽段横空出世。

2005 年 6 月 29 日，投资最多、建设难度最大的六潜高速公路拉开建设的序幕。

2005 年 10 月 28 日，穿越大别山区腹地，桥隧比例居我省前列的六安至武汉高速公路安徽段正式开工。

2005 年 12 月 28 日、2006 年 10 月 29 日，蚌明段、滁宁段高速公路分别建成通车；南洛高速公路安徽段全线贯通，又一条东西大动脉横亘在江淮大地。

2007 年 9 月 28 日，串联黄山、九华山、太平湖等多个著名旅游景点的——铜黄高速公路通车。

2007 年 11 月 28 日，国家西部大开发八条省际大通道之一的合六叶高速公路正式通车，安徽高速公路通车总里程跃居全国第九。

2008 年 6 月 29 日，省“861”重点工程沿江高速与合淮阜高速同时投入运营。

同年 11 月，安景高速公路安徽段、合肥绕城高速公路全线建成通车。

（二）建设成就

从“八五”到今，17 条（段）高速公路的相继建成通车，国家“九五”期间规划的“两纵两横”国道主干线皖境段全部贯通，全省东西、南北高速公路大通道全线贯通，国家高速公路网规划安徽段也即将全部建成，实现了省内南北 6 小时、东西 3 小时过境的目标。

到 2008 年年底，全省高速公路通车总里程达到 2508 公里，其中，六车道高速公路 165 公里，八车道高速公路 42 公里。

30 年前,八百里皖江,没有一座大桥。1995 年铜陵大桥竣工,皖江架起了第一条南北快速通道,2000 年和 2004 年,芜湖、安庆再架两座跨江飞虹。如今,马鞍山长江大桥已经破土,望东、芜湖、池州还在规划建设 3 座大桥。1978 年,淮河安徽段只有 3 座桥梁,而今天已猛增到 12 座。从此,“一桥飞架南北,天堑变通途”。

“安徽要向东敞开大门,修路首先要瞄准浙江、江苏、上海。”长三角正加快资本外溢和产业转移,安徽当仁不让成为首选。经济融入,前提是要交通对接。向东,联向长三角,沟通苏浙沪,成为安徽高速公路发展的战略选择。

八百里皖江,成为承接长三角产业梯度转移的第一平台。沿江高速公路东连南京,西接武汉、九江,中间串起经济活力四射的皖江城市群。宣黄高速公路一期工程已于近期开工,江北沿江高速已规划立项。全线隧道采取“零开挖”进洞,通透式生态隧道开创国内先河的黄山对接浙江、江西的“861”重点工程项目黄塔(桃)高速,可望年底通车。此外,滁州至马鞍山高速、南京至宣城至杭州高速、淮南至蚌埠高速……十多个待建项目,前期工作在快速推进,外联内引,越织越密,全省高速路网正在不断完善,全面塑造安徽人出行的新“时空”。

(三)开拓创新

长期以来,交通公共投入与人民群众日益增长的出行需求之间存在较大的差距,成为制约交通事业发展的重要因素。社会主义市场经济体制的初步建立为解决这一矛盾提供了新的途径,传统的依靠交通部门一家投入的建设管理体制,逐步向以市场为基础的社会融资渠道转变,逐步形成了国家投资、社会融资、群众集资、外商投资等多元化的筹融资新格局。

1996 年 8 月 15 日,安徽省高速公路总公司以合宁高速总资产为股本,发起设立安徽皖通高速公路股份有限公司,同年 11 月 13 日在香港联交所成功上市发行 H 股,为安徽交通基础设施建设募集资金达 9 亿元人民币,开创了国内公路企业境外融资的先河,被誉为“中国公路境外上市第一股”。2002 年 12 月,皖通高速 2.5 亿元 A 股在上海证券交易所成功增发。

2001年5月，经省政府批准，安徽省交通投资集团有限责任公司正式挂牌成立。

2004年，我省高速公路建设、经营和管理实行政企分开，并形成了以两大国有交通企业——省高速公路总公司和省交通投资集团公司为主，地方参与，利用世界银行贷款，社会资本介入的投融资主体多元化的体制。

在高速公路建设中，安徽交通人按照安全、节约、舒适、环保的最新建设理念建设高速公路，努力打造高速公路精品工程；坚持"以人为本，安全至上，与自然和谐，实现可持续发展"的建设理念，努力达到"环境友好、资源节约"的目标，突出科技创新的推动作用。

黄塔桃高速公路被交通部列为公路勘察设计"典型示范工程"。

我省率先在全国自主研制出高速公路联网收费系统和高速公路综合信息管理系统，把分散的管理体系、管理手段和各种资源、信息进行科学、系统地整合，统一到网络平台上，实现了管理上的统一调度、统一指挥。

2008年11月1日，随着安景高速公路的建成通车，全省高速公路收费南北网正式联网，实现一卡通。

通往江苏、浙江、上海等"长三角"的高速公路交界处收费站不停车收费系统建设，目前已进入实质性阶段。届时驾车者在高速路上开车时，只要车上安装了感应卡并预存费用，选择不停车收费专用道3秒钟即可快速通过收费站，通行费从卡中自动扣除。

随着时代的发展，高速公路建设和发展的改革、创新还将继续下去，将更加注重公益性质，更加注重服务理念，更加注重"以人为本"，高速的"路"会越走越多、越密、越宽、越快……

（四）前景展望

2004年11月，安徽省委、省政府挥出大手笔，安徽省"四纵八横"高速公路网规划正式出台。到2020年，全省高速公路将达到5500公里，密度为3.9公里/百平方公里，东向出口达到24个，相邻长江公路大桥之间的平均间距小于50公里；淮河上新建4座高速公路大桥，相邻淮河公路大桥之间的平均间距小于30公里，高速公路与重要港口均在20公里以内，民航机场、铁路枢纽半小时内上高速公路，形成“两沿、三纵、六横、九连”，承东启西、连接南北、结构合理、协调配套、高效快捷的现代化高速公路网络体系。

## 二、公路

新中国成立前，安徽仅有公路2088公里，全省42个县不通公路，11个县虽有公路但晴通雨阻。到2008年年底，全省公路总里程达到148827公里，是1949年的71倍。全面完成国家五纵七横国道主干线和西部开发省际通道安徽段的建设任务，公路密度达到106.8公里/百平方公里，居全国第七位。按照行政等级分，国道3241公里（含国道主干线677公里），省道8473公里，县乡及以下公路137113公里；其中国省干线中二级及以上公路占89%，居全国第6位。路网结构显著提升，整体通行能力显著增强。

1991年10月4日，我省第一条高速公路——合宁高速公路建成通车，实现了我省高速公路零的突破。随后，又相继开工建设了合巢芜、安界等一批高速公路项目。截至2008年年底，全省通车高速公路里程突破2500公里，越居全国第九位。基本实现安徽高速公路东西向3小时过境、南北向6小时过境，合肥至16个省辖市当日往返的目标。

新中国成立前，全省没有一条跨江、跨淮河大桥。1995年铜陵长江公路大桥的建成，结束了我省境内400公里皖江无跨江大桥的历史。到2008年，全省共有桥梁27362座，总长1088633延米；隧道87道52701延米。拥有长江大桥3座、淮河大桥12座，在建各1座，真正实现了数千年来人民群众天堑变通途的梦想。

新中国成立初期，全省农村公路基本为自然状态。自2003年以来，全省建成农村公路6.91万公里。2008年，省政府将农村公路村村通工程列入18项民生工程中，极大地加快了农村公路建设的步伐，提升了农村公路的服务能力和服务水平。截至2008年年底，全省农村公路里程135806公里，占全省公路总里程的91.3%。在农村公路中，县道23941公里，乡道

36240 公里,村道 75625 公里。全省乡镇公路通畅率为 100%,建制村公路通达率为 99.8%、通畅率为 82.5%。全省最后 3 个不通公路的乡分别于 2006 年和 2007 年通上了沥青路。

高速发展的安徽公路,为全省实现跨越式发展搭建了良好的交通平台,带来了江淮城市的经济融合,商贸物流的繁荣交汇,人民生活的富裕便利,为安徽的奋力崛起,提供了强有力的支撑。

## 三、水运

安徽一省兼有长江、淮河两条"黄金水道",加之河汊密布,湖泊众多,水运优势可谓得天独厚。但天然优势,并不意味着必然"胜势"。新中国成立初期,全省内河航道基本为原始和自然状态,1 米深以上航道不足 1100 公里,水运多以木帆船为主,轮驳船仅有 152 艘,港埠设施十分简陋。

新中国成立以来尤其是改革开放 30 年来,我省大力推进航道等级化、船舶标准化、港口机械化,将安徽水运送上发展"浪尖"。建造上规模、有特色的安徽船队,积极发展集装箱、油品等特色运输,不断优化水上运力结构,加快港口建设。

如今,除了皖江干线,以合裕航线、芜太运河、滁河、涡河、浍河等主要河流为基础的安徽航道网,上抵云贵川豫,下达东南沿海,全省 222 条、6507 公里航道(线),正成为我省外向经济交流的一条条水上高速"传送带"。截至 2007 年年底,全省营运船舶 3 万艘、1500 万载重吨,内河航运船舶总量与总吨位居全国第二位。港口吞吐量达到 2.7 亿吨,位居中部六省第一位。沿江 1000 吨级及以上泊位超过 200 个,港口数量居中西部地区第一位;集装箱吞吐量达到 21.8 万标准箱,其中芜湖港口吞吐量达到 4680 万吨,位居全国内河十大港口行列。

春水奔涌向东流,条条江河正成为安徽崛起的天然通道,为安徽物流大进大出提供了最便捷的走廊;艘艘现代化船舶下水,让安徽的资源、产品通江达海,换来滚滚财源。安徽水运,流"金"淌"银",成为奋力崛起的强有力支撑。

## 四、安徽交通运输

新中国成立初期，全省拥有民用汽车403辆。到2008年年底，全省营运车辆达到37.5万辆，增长了930倍。其中载客汽车7.99万辆，载货汽车26.87万辆，公路运输经营业户达到145092家，从业人员达到735502人；营运客车中，中高级客车1.35万辆，占客车总数的17.2%，省际班线中中高档客车已经超过83.9%；出租汽车46662辆，出租车公司222家，从业人员15万多人。安徽省交通集团汽运公司、合肥汽车客运总公司、阜阳汽运集团公司、芜湖汽运公司等四家公司相继取得一级客运企业资质。汽车维修业户达到7999家，综合性能检测站61个，机动车驾驶员培训机构166所，汽车租赁业公司219家。全省危货运输企业212户，从业人员达13140人；运输车辆5382台，其中危货专用槽罐车3313台，厢式车795台，集装箱车64台，专用车辆比重高达77.5%。营运船舶由1949年的39.4万载重吨，发展到2008年的30518艘、1420万载重吨、平均吨位达475吨，载重吨跃居全国内河前列，较1949年增长了36倍。

到2008年年底，全省完成公路水路客运量12.4亿人次、旅客周转量792亿人公里、货运量16.78亿吨、货物周转量4831.5亿吨公里。合肥、黄山、芜湖、安庆等七个国家级城市交通运输枢纽建设进展顺利。完成我省高效率鲜活农产品流通“五纵二横”“绿色通道”网络建设，建成全国鲜活农产品流通“绿色通道”“哈尔滨—海口”安徽示范段示范通道。

随着社会主义新农村建设进程的推进，农村公路运输也发生了巨大变化。全省1340个乡镇全部通了班车，21700个行政村中，通班车的行政村达到19681个，行政村班车通达率为90.6%。全省共开通农村客运班线3504条，农村班车17333辆，座位248186座，使多年困扰农民的“出行难、乘车难、运输难”的问题开始引起重视并逐步得到解决，加快了地域之间、城乡之间，人员、物资和信息的流通，促进了农村经济发展。

## 五、农村公路

安徽地处华东，临江近海，自古以来即为重要的交通要塞。进入21世纪，现代交通发展一日千里。铁路、高速公路和国省道，串起一座座散落的城市，区域。

但是，在城市之间，是广阔的乡村，农村交通建设不能充分满足城乡社会经济发展的需要。“要想富，先修路”，质朴的语言道出的是被实践一再检验过的交通经济学原理。为了实现城乡一体崛起，为了5000多万安徽农民兄弟的富裕与和谐，安徽交通奏响了以“扶持三农、服务民生”为主题的大建设华彩乐章——构筑通达乡村。

“十五”的辉煌与成就，为“十一五”安徽构筑通达乡村打下了坚实的基础。“十五”期间，安徽省投资177亿元，新改建农村公路33400公里，农村公路总里程接近12万公里。“十一五”期间，计划建设通村公路6万公里，其中部省共建的目标为4.5万公里，建设乡镇客运站1000个，改造1400个农村公路渡口，完成渡改桥600座。到“十一五”末，全省农村公路总里程达到15万公里。其中等级公路13.8万公里，所有县道建成等级公路，所有的乡镇通三级以上等级公路，90%以上的行政村通水泥路和沥青路。2005年开始，在11个县市进行村村通建设试点，将农民兄弟梦寐以求的水泥路、柏油路，铺到他们的家门口。

试点，摸索出路子，积累了经验。2006年，“村村通”工程在江淮大地全面铺开。

创新农村公路建设管理体制。突出县一级实施主体责任，进一步强化县乡政府对农村公路交通的管理职能，完善适合农村公路特点的建设程序。修群众愿意修的路，在自愿的基础上，动员社会资金和力量，广泛参与这一惠民工程，形成“众人拾柴火焰高”的良性建设格局。

创新规划手段。省交通厅采用GPS技术，一个县一个县、一个村一个村地进行测量，杜绝了项目虚报、“一路多报”等现象。在GPS普查的基础上，安徽制定了科学的农村公路发展规划。重点修好“三路”：一是“出口路”，通往经济中心、交通中心，对接国、省干线，加快城市与乡村的经济“对流”，让工业经济、商业文明加快“长”入乡村；二是“经济路”，加快农村资源开发、旅游发展和贫困地区联片开发，将农村的丰富资源尽快变成“票子”；三是“通乡、通村路”，让现代交通网络覆盖千村万落。

创新筹资渠道。“十一五”期间，国家安排45亿元补助安徽村村通工程建设，省补助资金达30亿元。筹资时间短，难度大，但全省各级政府和部门不等不靠，不断创新，形成多层次、多渠道、多形式的村村通工程建设筹资机制。省里建立农村公路投资中心，安徽成为全国第一家使用开行资金用于村村通建设的省份。2008年，农村公路村村通建设列入省十八项民生工程，省财政加大财政转移支付力度，有效地缓解了配套资金筹集难的问题。村村通道路，国家和省里每公里补助12.5万元，在中部省份位居前列。村村通工程得到农民兄弟的衷心拥护，群众踊跃捐款。各级政府也是“八仙过海，各显神通”，通过财政投入、转移支付、土地收益、以奖代补、贷款融资等途径加大对农村公路建设的投入。

创新质量控制体系。省交通厅出台了《安徽省县乡公路工程质量监督管理暂行办法》、《安徽省农村公路补助资金暂行办法》等，进一步规范了农村公路建设和资金监管。2008年省交通厅开展农村公路质量年活动，专门成立了农村公路建设质量年活动领导小组，制订了《安徽省农村公路建设质量年活动实施方案》，落实质量责任制，建立质量档案，实行“省指导、市管理、县（区）监督”的工作模式。结合农村公路建设特点，充分发挥新闻媒体、人大代表、政协委员和群众监督作用。在建设中，全面实施项目法人制、招投标制、监理制和合同制，通过严把工程设计、招投标、材料质量、设备进场、试验和检测、验收等关口，筑起坚实的质量防火墙，将农村公路建设中的“半拉子工程”和“豆腐渣工程”消灭在萌芽状态。为确保质量百年大计，安徽实行省、市、县联动，市、县（区）采取互查、联合检查等方式，频繁开展质量督查活动。省公路局、厅质监站分别委托专业检测机构，对全省农村公路建设项目按30%以上频率进行轮回检查，做到总体评价有数据、质量通病有图片、存在问题有分析、问题整改有措施，坚持质量一票否决制，不合格工程坚决实行返工处理，并进行跟踪督查，切实做到有效监控，不留隐患。

发动群众监督，打一场村村通建设的人民战争，是安徽农村公路建设的一大创新。2008 年在全省范围内聘请了 108 名义务质监员，扩大社会监督面，形成强大的社会合力，促进农村公路建设质量的提高。在一个个实施村村通的村落、集镇，由村民组成理事会，参与管理资金使用、工程建设。施工现场，经过交通部门统一培训过的老党员、老村干部，充当质量监督员，24 小时实行旁站式监理。群众拿木头尺子量水泥厚度，数水泥袋子防止偷工减料，检查每道工序是否符合标准，不符合标准坚决不让进行下道工序。

在确保农村公路质量的同时，安徽高度重视农村公路养护，认真履行“养好公路、保障畅通”工作职责，坚持“建一条、管一条、养一条、畅一条”的工作思路，努力做到“路路有人养、路路有人管”的全面养护局面。2007 年安徽省人民政府出台了《关于推进农村公路管理养护体制改革的意见》，以县为主，乡村结合，省里每年安排一定经费用于农村公路的养护补助。同时，各地还摸索出不少加强农村公路养护的新办法。明光市实行乡村道路家庭承包养护责任制，建立农民道班。芜湖市县乡公路处为各县区配备了治超轴载仪，举办了全市治理农村公路超限运输培训班。宣城市的各县（区）的日常养护资金县级人民政府负责筹集，都按照不低于县道每年 5000 元/公里、乡道每年 2500 元/公里、村道每年 500 元/公里的标准承诺数到位。黄山市对等级较低、自然条件特殊等难以通过市场化运作进行养护作业的农村公路，实行干线支线搭配，建设、改造和养护一体化招标，也采取个人（农户）分段承包等方式进行养护。

全省积极推进“路站运一体化”，农村运输场站与农村公路同步规划、同步建设，力争实现路通车通。加强农村客运场站的规划和建设，加快客运场站的建设进程。采取有效措施，鼓励发展农村客货运输。按照城乡一体化的思路，不断完善农村运输网络，为统筹城乡发展，奠定坚实基础，提供有力支撑。目前，安徽省农村客运网络初步形成。建成农村客运站 419 个，农村客运候车亭 3652 个。

立足省情,开拓创新,带来的是安徽农村公路的跨越式发展。2008 年,全年完成农村公路建设投资 53 亿元,完工里程 1.3 万公里;渡口标准化改造 428 道、渡改桥 46 座,完成 33 座农村公路桥梁的改造。今年,安徽省将投资 42 亿元,建设农村公路 10000 公里以上,让更多农民兄弟告别祖祖辈辈的泥泞与扬尘。

"十一五",国家实施农村公路建设千亿规划,提供了发展的黄金机遇。而当前扩内需、保民生、促增长,更是为交通基础设施升级带来前所未有的机会窗口。安徽农村公路建设,正趁势而上,加快节奏,寻求更好发展,实现更大跨越。

## 六、安徽交通文化建设辉煌成就

春雨,润物无声,滋养万物,孕育生机。文化亦是如此。一旦渗透到行业的发展之中,就会催生和谐的行业生态,化作科学发展的巨大原动力。

1999 年 12 月因六安地区撤地设市成立的裕安区交通局,大力倡导"文化兴局,文化兴所,文化兴企"的文化管理理念,创造出"系统规划,整体推进,融合业务,持续提升"的文化建设模式,"奋进、创新、和谐",这一核心价值不断传承和发展,逐渐成为全系统干部职工共同的价值取向。在其引导下,一批具有文化思维意识和管理实践能力的文化建设人才脱颖而出;《裕安交通文化建设手册》、《裕安模式》等理论与实践的成果图书相继出版发行;全区交通系统各单位的文化理念、文化行为和视觉识别系统得到了规范和统一,成功地探索出了一条基层交通文化建设的新路子,形成了独具特色的裕安交通文化体系,有效地解决了"两张皮"的现象。裕安区交通局连续四年被省委省政府授予文明单位;被省交通厅授予全省交通系统文明子系统;被六安市委授予市先进党委;所属交通执法督察女子中队先后荣获"全国三八红旗集体"、"全国巾帼文明示范岗"、"全国青年文明号"三项桂冠。

"路,是铺下的碑;碑,是筑起的路。路碑之间是文化在延伸。"这是刊登在亳州市公路局直属分局创办《大道》文化丛刊每期封底上的一句座右铭。

把人生的追求写在脚下的大路上，把成功的目标刻在公路的丰碑上。亳州市公路局直属分局自2001年成立以来，始终将公路文化建设作为行业发展的动力源泉。他们从核心层（精神文化）、制度层（行为文化）、物质层（物质文化）三个层面，加强文化导入，注重文化生根，使全行业的价值理念成为职工的主流价值观念，培养了良好的团队合作精神，增强了职工归属感和使命感，激发了职工热情的创造力，为公路事业的健康发展注入了活力。辖区国省道好路率达99.3%，路政执法满意率逐年提高，规费征收每年以10%的速度递增。公路直属分局分别被安徽省政府和省交通厅授予文明单位称号。

1996年以来，芜湖港注重对中国传统文化的吸纳和应用，在治理企业上，他们提出以我为主，博采众长，用传统的“儒、道、禅”三合一思想来提升企业管理的境界和气魄。尤其是借鉴了儒家“内圣外王”的理论，对内用自身的修养、品德、亲和力来感召员工，并注重对员工的培训和修养；对外则用企业和员工的诚信、德行，对市场、客户、社会产生影响力，使其心悦诚服。他们认为，企业文化不仅是一种理念、一种精神、一种习惯，也是一个企业的“DNA”，决定着一个企业的性格。企业必须打造具有自身特色的企业文化，用企业文化提升企业的核心竞争力，才能推动企业持续健康快速发展。凭着对文化的感知、领悟和理解，经营理念、管理模式、港口品牌铸就了一副在市场经济大潮中熠熠生辉的王牌，促进了港口生产经营持续稳步增长，连续12年赢利。芜湖港，从长江最差的港口之一，一跃成为拥有净资产5亿元的企业，2003年成功上市，并在全国港口行业率先通过质量、环境、职业安全健康“三标一体化”认证，是安徽省首家AAA级“全国标准化良好行为企业”；2005年被交通部授予“创建全国交通文明行业先进单位”和“全国交通行业文明示范窗口”等多项殊荣。

近年来，安徽交通依照各区域不同的文化品格，坚持人文理念，融入本土特色，将文化、自然、人文演绎到交通事业的发展之中，以加强职业道德、规范行业行为、提高服务质量、树立行业新风为主要任务，以队伍建设、依法行政为重点，以构建和谐行业为努力方向，全面推进全省交通健康有序的发展，谱写出一曲曲动人的和谐乐章，使今日的安徽交通事业散发出迷人的馨香。

交通，没有文化的支撑，可持续发展会成为一句空话。文化，不仅让安徽交通走向了超越和突破，更让它走向了文明、和谐和灿烂。

# 茶市开进大别山

吴金霍

“我们六安茶全国有名，尤其六安瓜片是中国十大名茶之一。”家住安徽省六安市金寨县油坊店乡朱堂村的村民刘华一边说一边拿出一个茶叶罐，“看，这种形状像瓜子似的茶叶就是六安瓜片，用水泡开后更好看。”果然，用开水沏泡后的六安瓜片，形如莲花，汤色清澈晶亮，浓郁清香，味甘鲜醇。

“这种茶当属咱们六安市的金寨和霍山两县所产的最佳。可这也是近两年才火起来的，前些年销量一直上不去。”刘华把沏好的茶递给记者。

“既然这里茶叶质量这么好，产量又高，为什么销量上不去呢?”记者问道。

刘华指了指她家门前的这条路说，“‘酒香也怕巷子深’！以前这里不通路，茶叶要靠自行车驮或者用担子挑到市里去卖，一趟至少要四五个小时，一年也就能卖 2000 来斤。”

刘华说那时候，通村路还是简易的砂石路，走起路来是“晴天一身土，雨天一身泥”，更别说是运货了。近几年来，国家加大了对老区公路建设的投入，2003 年交通部提出“修好通村路，服务城镇化，让农民兄弟走上柏油路和水泥路”，安徽省交通厅也加大了“村村通”工程建设力度。2006 年开工建设了“村村通”工程项目 695 个，总投资 4.75 亿元，至年底已建成 1671

公里,解决了近200个村的通路问题。

农村公路修通之后,茶农们把茶市直接开到了村子里。油坊店乡朱堂村兴建的皖西朱堂茶叶大市场,短短几年已经发展成皖西第一大茶叶市场,年交易量4000万公斤以上,交易额达1.2亿元。

在大别山区,受益于交通发展的特色产业不仅仅是茶叶,还有那漫山遍野的毛竹。此前,毛竹也遇到和茶叶一样的问题——交通不便一度严重制约了市场的发展。现在,仅何家湾村就有毛竹2万亩,每年纯收入达200万元,每家仅卖毛竹一年就能有近万元收入。

“我们就是要把优势产品通过公路运出去,加速老区的经济发展!”安徽省交通厅厅长宋卫平是这样定义老区新路的。不断发展的老区交通建设,改变着老区贫穷落后的面貌,老区人民正沿着一条条致富路,与全国人民一道奔向小康。

# 福建篇

## 一通百通　海西先行

福建省交通运输厅

曾几何时,“蜀道难于上青天,闽道更比蜀道难”已永远成为历史。

从 1949 年到 2009 年,弹指一挥间。60 年来,在交通运输部的大力支持下,在福建省委省政府的正确领导下,福建省以公路为线条,以桥梁为骨架,描绘航道,点染风帆,大做“通”的文章,勾勒出“通”的壮美画卷,福建交通的辉煌令人震惊。

### 一、金光大道贯八闽

1949 年,伴随着解放大军的胜利号角,福建拉开了交通建设的帷幕。到 1976 年年底,全省公路通车里程从 945 公里迅速增加到 25752 公里。全省 886 个公社中,除海岛外,只剩下 27 个公社不通公路。

进入 20 世纪 90 年代,福建公路建设发生了质的变化。以“公路先行工程”为标志,翻开了福建省公路建设的新篇章。

1992 年 8 月,福建省委省政府作出在约 4000 公里的公路主干线及繁忙路段上实施“公路先行工程”的重大决策,这在福建公路建设史上堪称“史无前例”。这又是一场艰苦卓绝的“攻坚战”，它确立了以打通国省道断头路、提高公路技术等级和路面等级为重点的路网建设，带动县乡公路的等级改造，从而全面提升公路通行能力。

“公路先行工程”的成功实施，不仅使福建公路发生了质的变化，更带来了福建省公路建设投资体制的重大变革。国省道由省里“统一管理、统一筹资、统一建设、统一养护”的旧体制迅速转变为“统一规划、定额补助、逐级分段、承包建设”的新建设体制和“统一收费、比例分成、分段养护”的新管理体制。体制变革，变部门行为为社会行为，举全社会之力建设国省干道，有效激发了市场活力。“公路先行工程”取得了巨大的成功，到1996年底，已经初步形成以国省干线为主骨架、城乡沟通、四通八达的公路网。

1994年6月4日，福建第一条高速公路——泉厦高速公路在爆竹声中破土动工。自那一刻起，高速公路建设日新月异。1997年9月15日，泉厦高速公路建成通车，实现了福建高速公路“零”的突破，此后，从厦漳，到福泉，到罗宁、罗长，到漳诏、福宁，到漳龙、三福，到邵三，到机场一期，再到龙长、浦南、泉三，福建省高速建设势头一浪高过一浪。如今，“一纵两横”高速公路主骨架已与广东、浙江、江西全面对接，“四小时经济圈”形成，全省县区可以在一小时内到达设区市。福建省高速公路建设发展历程，是一个贯穿着体制创新、科技创新、融资创新、管理机制创新的历程，16年的辉煌酣畅淋漓地书写着福建高速开拓创新的实践史、科学发展的丰收史。

2003年12月，“年万里农村路网”工程正式启动，计划用8年时间建设4万公里农村硬化公路，确保到“十一五”末全省每个建制村至少有一条路面硬化的公路通往乡镇或主要干线。

“年万里农村路网”工程的实施，极大地激发了各级政府、广大村民的建设热情，到2008年年底，就提前2年完成“年万里农村路网工程”目标，建立起完善的农村公路交通网络。省交通厅出台的以“库”立项、“三统一标准”、“一县一议”、“代建制”等一系列政策举措，有力地推进了农村公路建设又快又好发展，许多政策举措还是全国首倡。

同步实施的“村通客车”工程、渡改桥和陆岛交通码头建设，缓解了广大岛屿居民“出行难”的问题。

“年万里农村路网”工程让全省 2000 多万农民兄弟在家门口就可以走上水泥路、乘上平安渡、行上平安桥、搭上快捷巴士。越来越多的农民享受着农村公路建设带来的成果,他们称之为“致富工程”、“德政工程”、“民心工程”。

截至 2008 年年底,福建省公路通车总里程为 88607 公里,其中高速公路 1765 公里,国省道干线公路 8499 公里,形成了“四小时交通经济圈”和“一纵两横”高速公路主骨架,79% 的县可在一小时内上高速;农村公路面貌焕然一新,全省 100% 乡镇实现了硬化路面;建制村通硬化公路率达到 96% 以上,99.6% 的乡镇、76% 符合通车条件的建制村通上班车。

## 二、东海明珠:海西港口群

新中国成立以来,福建港口开始了艰苦卓绝的港口及航道恢复、发展、崛起的历程。

1970 年,福州港规划马尾深水港区,兴建高桩梁板式码头 1 座 4 个泊位(万吨级和 5000 吨级各 2 个),1974 年建成,结束了福建省无深水码头的历史。1972 年至 1978 年间,国家对福建港口建设年均投资近 1200 万元,奠定了福建港口建设的坚实基础。1973 年,厦门港确定了“以商港为主,商、军、渔并存”的港口建设目标,改变了以军港为主的性质,推动了厦门港向现代港迈进的步伐。1976 年,东渡港区一期工程被列入国家“五五”建设计划,动工兴建万吨级码头深水泊位及其配套设施。

改革开放以来,福建港口建设进入发展的新时期。1990 年,福州港闽江通海航道二期整治工程开工;1993 年、1995 年,福州港青州作业区一、二期工程相继建成投产;1994 年,福州港松下港区 3 万吨级元洪码头建成投产;2000 年江阴港区动工建设,标志着福州港从此由河口港走向深水海港,跨入了河口港和深水海港并存、共同发展的新时期。

进入 21 世纪以来,福建港口迅速崛起,海港、河港建设比翼双飞,重点建设与深水泊位相匹配的深水航道,围绕“两集两散”建设目标,着力建设厦门港、福州港、江阴港区和罗源湾、湄州湾进港航道，提高通航标准。港口航道基本满足大型船舶到港要求，与公路、铁路、管道等多种运输方式实现有效衔接。目前，以厦门港、福州港为主枢纽港，大中小泊位相结合，与集装箱、散货、石化液体等专业化码头泊位相配套的、规模化、大型化、信息化的海西港口群初具规模。截至2008年底，全省生产性泊位达477个，其中海港391个，分布在福州、厦门、泉州、漳州、莆田、宁德；河港86个，分布在闽江流域。

福建港口投资也在逐年增长。2004年以来，全省港航基础建设投资呈成倍增长态势。2004年投资150643万元，2005年投资290448万元，2006年投资552990万元，2007年投资61200万元，2008年投资更高达616000万元。

2008年是福建省港口建设大发展的一年，港口集约化发展态势进一步形成。全年新增16个泊位、吞吐能力3260万吨，改善航道66公里。目前，万吨级以上深水泊位达到100个，10万吨级以上泊位达到24个，港口吞吐能力达到2.06亿吨。2008年全省沿海港口货物吞吐量、集装箱吞吐量分别达到了2.7亿吨、740万标准箱。港口货物吞吐量近三年的平均增幅达到17.27%。

## 三、客货运输空前繁荣

新中国成立以来，随着公路、港口设施的改善，原本处于瘫痪状态的运输业焕然一新。至1957年年底，全省民用汽车已达2118辆，其中交通部门营运汽车有1409辆，比新中国成立前的863辆增加了63.3%；货运周转量达到14879万吨公里，比1950年增长8.3倍；客运周转量达46975万人公里，比1950年增长28.5倍。

新中国成立后创建了国有水运企业，同时个体、私营水运企业在人民政府的扶持下，恢复了运输生产。江河运输特别是闽江流域的客、货运输空前繁忙。到1965年年底，全省已有民用汽车6304辆，其中交通部门营运汽车2350辆，与1957年相比车辆数量增长66.8%，客运周转量增长71.6%，货运周转量增长 1 倍。1971 年 9 月，乌龙江大桥建成通车，天堑变坦途，进一步推动了运输业的发展。

十一届三中全会以来短短 30 余年间，八闽大地交通发展如火如荼，取得重大成就。

1979 年元旦，全国人大常委会发出《告台湾同胞书》，两岸关系迈出了由对立到对话的第一步，打开了 30 年福建沿海南北不通航的历史，打破了 30 年外贸运输无自家船的窘境，两岸的轮船冲破海峡的阻隔，拉响直航的汽笛，迎来两岸直接“大三通”。

20 世纪 80 年代初，交通部提出“有路大家行车，有水大家走船”的口号，雪藏已久的社会运输潜力脱颖而出。国有、集体、私营、个体多种经济成分并驾齐驱，打破了运输市场“独家经营”、“一统天下”的局面。公路客货运输迎来春天，水运市场形成新格局。国有和民营企业经纬交织，把福建运输线延伸再延伸，遍布省内、走向全国、走向境外。“人便于行，货畅其流”，八闽运输市场一片欣欣向荣。

进入 21 世纪以来，福建省现代化的道路运输在综合运输体系中优势明显。截至 2008 年底，全省营业性客货汽车共有 19.6019 万辆，其中载客汽车 3.4488 万辆、54.6079 万客位，载货汽车 16.1531 万辆、89.1940 万吨位；全省共有机动船舶 2627 艘、396.27 万载重吨、2.49 万客位；全省现有道路客运线路约 5600 条、平均日发约 66700 班次，其中，跨省客运线路约 1290 条、平均日发约 900 班次，跨地(市)客运线路约 1320 条、平均日发约 3580 班次。道路、水路运输业在综合运输体系中地位突出。交通运输业在国民经济发展中的支撑作用日益凸显，交通运输业增加值对 GDP 的贡献率约为 4.15%，交通运输业拉动 GDP 0.6 个百分点。

港口生产规模更是不断扩大，集装箱生产发展尤为迅速。2008 年，全省沿海港口货物吞吐量达 27070 万吨；集装箱吞吐量达 742.52 万标准箱，其中厦门港集装箱吞吐量突破 500 万标准箱，达到 503.46 万标准箱，居全国沿海港口第 7 位，跃居世界集装箱百强的第 19 位。厦门港、福州港已迈入国家主枢纽港行列。泉州港相继开辟了日本、韩国、香港地区等集装箱班轮航线,在港口经济发展方面则大力开发商贸与服务功能,扩大外贸运输,以港口的发展带动外向型企业的发展。莆田港继续加快发展,拥有年吞吐能力20万~30万吨的泊位2个、10万~20万吨的泊位3个、10万吨以下泊位6个。宁德港进入新的发展时期,依托大型深水港口资源优势,以临海产业开发带动港口发展,加快综合交通配套,支持港口资源规模化开发,逐步发展散杂货、近洋集装箱运输。

## 四、搭起海峡两岸"一日生活圈"

福建与台湾,一衣带水,隔着浅浅的海峡互相对望。

1979年全国人大常委会发表了《告台湾同胞书》,首倡"三通",拉开了闽台交流的序幕,两岸间开始尝试"民间小额贸易往来"。

从1986年起,台湾当局允许外籍船舶以经过第三地的方式前往中国大陆港口停泊作业;1997年,解除了大陆挂方便旗船经第三地到台的限制,7月4日,台湾富国新海运公司的巴拿马籍"富国兴"轮承载首批向台湾地区间接出口的河沙由福州港经日本石垣运抵基隆,为两岸三地弯靠不定期散杂货物运输拉开序幕。

在中央和福建省委省政府的直接领导下,1984年起福建积极组织专家、学者对海上双向直航与航务相关的技术操作问题进行了专题研究论证,从福建与台湾率先实现双向直航的优越条件和相关港口、船型、航线的选择以及两岸航运法规的差异等方面进行了深入全面的经济与技术论证,对福建率先实现双向直航的优势及其操作方法从技术层面上提出了预案与对策性建议。同时引导福建省有关船公司及时完成了闽台客货海上直航的航线设计与客货轮选型工作,全面做好海峡两岸直航工作前期软、硬件的准备工作。

1997年1月,两岸确定台湾高雄、大陆福州、厦门为试点直航口岸。当年4月19日,厦门轮船公司所属"盛达轮"驶抵高雄港;5天之后,台湾立荣海运公司所属"立顺轮"从高雄港直航厦门港,两岸试点直航正式启动,中断48年的两岸船舶直接通航重新恢复,两岸"三通"实现重大突破。

1998 年开通了祖国大陆各主要港口与台湾地区主要港口间经第三地弯靠集装箱运输。

2001 年 1 月 2 日,两岸海上直航进入崭新阶段,实现了福建沿海地区与台湾地区金、马、澎海上客运直航。

在两岸往来的过程中,福建创造性地探索出了一个以地方对地方、以民间对民间、以企业对企业、以闽对台的两岸交流交往的"福建模式",探索出了从个案审批、相对固定航次(航班)、定期航班管理到常态化运作的福建沿海与金、马、彭客货运海上直航通道,为两岸全面"三通"积累了宝贵的经验。

根据 2008 年 11 月 4 日海协会与海基会达成的《海峡两岸海运协议》,现阶段大陆开放 63 个港口与台湾 11 个港口进行海上直航,其中福建有厦门港、福州港、松下港、宁德港、泉州港、肖厝港、秀屿港、漳州港 8 个一类口岸。

两岸"三通"以来,福建陆续开通了海上、空中、通邮的定期和不定期航线(邮路)。海上直航方面,先后开通福州、厦门、泉州等港口至高雄、基隆、台中等港口集装箱定期航线 7 条,11 艘船舶参与运营;开通福州、厦门、泉州、宁德等港口至基隆、台北、花莲、金门、马祖、澎湖等不定期航线 12 条,23 艘船舶参与运营;开通福州、厦门、泉州至金门、马祖的客运定期班轮航线 3 条,有 13 艘船舶参与运营,另有布袋至湄洲岛、厦门至澎湖不定期客运航线 2 条。空中直航方面,先后开通厦门、福州至台北(桃园、松山)、台中的客运航线 4 条。直接通邮方面,先后开通福州、厦门至基隆(马祖)、金门、台北等 3 条邮路。

历经近 30 年漫漫求索路的"大三通"终于实现了,打开了两岸客货运直航常态化的新局面。交通的发展,让两岸人民得以冲破重重障碍,走得更近,搭起了海峡两岸"一日生活圈"。

## 五、海西交通明日更美好

雄关漫道真如铁,而今迈步从头越。

2009年5月，国务院出台了《关于支持福建省加快建设海峡西岸经济区的若干意见》，把海峡西岸经济区定位为两岸人民交流合作先行先试区域、服务周边地区发展的新的对外开放综合通道、东部沿海地区吸纳进制造业的重要基地、我国重要的自然和文化旅游中心。作为为海峡西岸经济区发展提供基本支撑的福建交通，面临更加重大的使命。我们将抢抓机遇，迎难而上，加速构建安全、通达、高效的综合交通网络，有力承托起生机勃勃的海峡西岸经济区。

在福建省委提出“科学发展，海西先行”的实践主题下，福建交通运输以“海西发展，交通先行”为指向的“大港口、大通道、大物流”建设尤为重要与迫切，这是在深入学习实践科学发展观活动引领下构建的福建交通事业全新的视角和蓝图。“三大建设”从“大”字着眼，统筹兼顾，构建福建省交通事业发展的长效机制，不仅是为海西“两个先行区”建设夯实基础、提供支撑，更要立足于对接两州、拓展中西部，服务全国发展大局，服务祖国统一大业。

福建省交通厅党组书记、厅长李德金指出，在学习实践科学发展观活动热烈开展之际，必须做到：一要突出主题，我们的主题就是“一通百通海西先行”；二要选好载体，根据交通行业特点，我们把“海西发展、交通先行”作为具体载体；三要注重运作，就是突出“大港口、大通道、大物流”建设，推进交通跨越式发展。在新的历史时期，福建交通人要深化对交通行业科学发展的认识，致力于加快建设现代交通运输业；服务基层、服务企业，把服务项目落到实处；让交通事业在落实海西发展战略服务大局上求先行，在解放思想转变观念上求先行，在着力民生民心、为民惠民上求先行，在转变发展方式改革创新上求先行，在持续运作重“活”重“效”上求先行，在强化队伍建设保障上求先行。

“三大建设”正在勾画着宏伟的交通蓝图，而眼下，一项项民生、民心工程正在谱写新的历史篇章。“四小时交通经济圈”形成，全省县区可以在一小时内到达设区市，“年万里农村路网”工程让96%以上的农民兄弟在家门口就可以直接走上水泥公路、搭上客车，将农产品运往全国各地；水上客货运更加便捷，多样化大小船只千里一日还；大三通正式启动，迎来两岸交流新时代，两岸人民更加亲密地来往于大陆和台海之间……

根据规划，到 2012 年，福建每年将投入 500 亿元建设交通基础设施，在为海峡西岸经济区建设提供交通保障的同时，为社会创造 248 万个就业机会。在未来新的时期，福建交通人将继续高举中国特色社会主义伟大旗帜，以邓小平理论、“三个代表”重要思想为指导，深入贯彻落实科学发展观，弘扬“一通百通海西八方纵横”福建交通精神，践行“一通百通、海西先行”实践主题，为推进海西“两个先行区”建设作出重要贡献。

一架架桥梁飞渡，一座座港口矗立，一条条大道通衢，镌刻着 60 年交通的传奇。回望历史、展望未来，“一通百通海西八方纵横”福建交通精神永在。

# 家乡的路

连允东　谷　林

好几年未回家乡过年,2009 年春节,我便回宁化治平畲族乡和母亲弟妹们过了个年。刚下车,映入我眼帘的是一条平坦、宽畅的水泥公路,往日崎岖的山路不见了踪影。只见那一车车精致的竹木制品从大山深处运往繁华的都市;那一件件实用的家电从城里商场运回寂静的乡村;那一辆辆崭新的摩托车、拖拉机、龙马车来回穿梭……好一幅车水马龙、欣欣向荣的新农村画卷。

眼前的场景并非梦境,而是真真切切的现实。遥望那平坦宽阔的水泥公路,我的思绪飞向童年时代。

记得儿时我老家村子前面有一条长年奔流不息的山溪,沿山溪溯流而上有一条长达 20 余里崎岖蜿蜒的石阶山路。这条路一头连着深山密林的畲族小山村(大燕里、蕉里村、洋里村),一头连着山村外边的陌生世界,路面坑坑洼洼、凹凸不平,山高路陡。自从有了这条曲折山路,村民们无论上山砍柴伐木,还是下田种稻收谷都要在这条窄小滑腻的山路上艰难地行走,它给村民们的生产、生活带来极大的不便,村里流传着“晴天一身尘,雨天一身泥”的顺口溜。这正是当年家乡交通不便的真实写照。曾记得父亲对我说,解放前这条山路宽不足 2 尺,路面长满荆棘藤蔓,青苔累累,毒蛇横行霸道,空手也很难行走,更谈不上肩挑手扛路过。每当青黄不接时,在山路上，常见身背竹筒逃荒要饭的村民步履趔趄；常见被生活所迫妻离子散的村民背井离乡；常见土匪拦道抢劫，谋财害命，以致村民们都很惧怕走这条山路。

“雄鸡一唱天下白”。新中国成立后，村民们翻身作了主人，利用农闲，自发修山修路，在原有山路上劈劈荆藜，填填路基，宽宽路面，让人行走更为方便一些，路况虽有所改善，但因资金短缺，没有得到根本改变。

在这条崎岖山路上曾记写了我两次亲历的悲伤，至今记忆犹新。一次是我 10 岁读小学四年级的那年夏天，连日倾盆大雨，山洪暴发，河水猛涨。我和同村 4 个小伙伴下午放学回家时，天空依然乌云密布，一会儿大雨滂沱，山路两旁山体滑坡，被大雨冲刷的黄泥在山路上恣意蔓延，整个路面湿滑泥泞的，我们小心翼翼地艰难跋涉在泥泞的山路上，一步一滑。突然，听到一声惊叫，年纪最小的小曾不小心滑入山路旁洪水滔滔的河里。我们又惊又吓，束手无策，眼巴巴望着小曾被卷进漩涡。我们痛哭流涕，坐在山路上直喊：“快救命呀！”“快救命呀！”当过路的大人闻声跳入滚滚洪流中捞起小曾时，他嘴唇发紫，四肢僵硬，已停止了呼吸，洪魔吞噬了他年幼的生命。我们痛哭着回到了家，4 个孩子上学，只有 3 个回家。乡亲们望着弯曲湿滑的山路，深深叹了口气，都流下了悲伤的泪。小曾的父母望着被洪水淹死的儿子直挺挺的尸体，悲痛欲绝……

这次因山高路滑、洪水肆虐而失去小伙伴的伤心事在我幼小的心灵中留下了阴影，而另一次 20 世纪 70 年代初“十年浩劫”中发生在山路上的悲痛事更是令我刻骨铭心。

那是 1971 年中秋时节，我任治平村赤脚医生时发生的事。秋风萧萧的深夜，我被一阵急促的敲门声惊醒，起床开门后才知是远离村部 20 多里的蕉里村有一位姓兰的中年男子，半夜突然腹部剧痛，上吐下泻，昏迷不醒，来叫出诊的是他儿子。简要了解病情后，我立即背起药箱，抓起手电筒，沿着崎岖山路急速赶往蕉里村。山路坎坷，寒风刺骨，尽管我们三步并两步赶路，也耗了两个多小时才到达。当我赶到病人家时，已是下半夜 2 点钟。此时病人的妻女哭成一团，邻近的村民们听到哭声都赶来看望。病人躺在床上不省人事，四肢发冷，呼吸困难。我认真检查后发现病人心律不齐，脉搏虚弱。从他妻子口中得知，丈夫因上山干活很晚才回家，她和儿女都已吃过晚饭，临时没菜下饭就煮了从深山里采来的野菇给丈夫吃。她把还未煮的野菇拿给我看，细细辨后确认是一种剧毒野菇，我立即意识到这是严重的野菌中毒。而我所带的药品只是一些常用药，不能从根本上缓解中毒症状，我按常规处理后马上告知家属，病人病情危重，必须马上抬到卫生院洗肠胃、输液进行抢救。病情就是命令，时间就是生命。若有公路，救护车顶多一个小时便能把病人送到乡镇卫生院抢救。可现实只有一条弯弯曲曲、坑坑洼洼的 20 多里的山路。我心急如焚，只能因地制宜，交代来帮忙的村民临时绑扎一个担架，人工抬送病人。大山里的深夜 团漆黑、寒冷阴森，山路崎岖。前面需要有人举着火把引路，遇到上下岭时，一不小心就会摔跤、滑倒。抬病人的村民只能小心慢行，艰难行走。好不容易抬到乡镇卫生院，已是天亮时分，足足在山路上走了 3 个小时。经医生全力抢救，病人最终还是不治身亡。医生说，如果提早 1 个小时送到卫生院，也许还有一线希望。很遗憾，但我们已经尽力了。听到抢救无效的消息，他的妻子和嗷嗷待哺的一双儿女号啕大哭，抬送的村民也泪流满面，唉声叹气地说："只怪山高路远、交通不便。若交通便利的话，这条命是有救的。"那撕心裂肺的哭声催人泪下，那悲痛欲绝的场景镌刻心间，乡亲们是多么渴望能有一条宽阔平坦的公路呀！

乡民们吃尽了没有公路的苦头，深深懂得这崎岖山路步行难走，无法通车，更不能满足发家致富奔小康的心愿。只能把致富愿望寄托于美妙的梦境。

1978 年改革开放的春风吹遍祖国大地，大江南北起了翻天覆地的变化。乡亲们靠勤劳的双手逐渐摆脱了贫困，家乡从此发生了日新月异的变化。但是乡亲们并没有满足于现状，大家心里明白"要致富，先修路"的道理，不谋而合提出要解决"行路难"问题，纷纷提议要修建一条宽畅的水泥公路。特别是近几年勤劳勇敢的畲乡人民在当地党委、政府的大力支持下，村民们个个慷慨解囊，广泛集资，有钱出钱，有力出力，自力更生，艰苦奋斗。

在公路建设工程队的指挥下，劈山路、开路基、扛砂石、铺水泥……战天斗地奋战在修路工地。最终，投资 70 多万元，经过两年的不懈努力，在原有山路上修建起一条长 10 余公里，标准规范的水泥公路。从此，那条记载过村民们忧伤悲痛的弯弯山路，终于走完了自己的生命历程。一条宽畅平坦的水泥公路一头傍着巍巍大山，傍着畲民家门，一头伸向乡所在地，伸向宁化县城。路面坚硬平直，不仅自行车、摩托车、拖拉机、小车可以通行，就连运货大汽车也能畅通无阻。

家乡的水泥公路呀，您从容伸展，坚固平坦。公路两旁那青青的翠竹，那挺挺的杉树，那绿绿的松树……把您点缀成天然绿色的通道，成了家乡一道别致新颖的“风景线”，时时向村民们传递着最新商业信息。您不愧是一条“信息路”！您与改革同龄，与富裕同行，您承载了家乡大嫂那精打细算的生意经，也承载了畲乡汉子那敢拼敢闯的铁脚板，于是村民们的“钱袋”鼓了（2008 年村民人均收入达 4000 余元），家家户户的谷仓满了，新潮家电多了。一座座新房在村民们的笑声中拔地而起；一辆辆新车在平坦公路上飞驰而过；一阵阵歌声在沉静的山村间飞扬荡漾……

家乡的水泥公路是一条“改革之路”，也是一条“致富之路”，更是一条“幸福之路”。在党的阳光雨露沐浴下，家乡的路将越走越宽广。

# 闽北第一路

祝君强

人的一生要走许多许多的路，但我最依恋故乡那条“闽北第一路”。

## 一、山道弯弯

1951年隆冬的一个早晨，我随家人从浦城途经江山迁居上饶，天蒙蒙亮就出发了。这是我第一次走出山门，乘坐汽车和长途跋涉，一切都感到新鲜和好奇。我还依稀记得，那一天北风呼啸，寒气逼人，当我们离家匆匆来到车站，客车驾驶员正提着一篓木炭给汽车生火，车子很久很久才发动起来。客车起动后漫长的旅行便开始了，车子在崎岖的公路上颠簸盘旋，我时而看见村落飘起的袅袅炊烟，时而听到远处传来的鸡鸣犬吠，时而从眼前闪过乔松翠竹、花果田园、飞禽走兽和碧水丹山……途中，我提了不少关于汽车和公路的问题，我父亲给我讲述了一段鲜为人知的故事。他说：我们现在乘坐的“小道奇”木炭车，是解放后政府接管的，大部分破旧不堪，后来经过抢修，车辆完好后才投入运营。至于脚下的这条路说起来话就长了：浦城是座历史悠久的古邑，史前闽越族先民就在这里繁衍生息。自古以来，从浦城到江山这条路就是商贾仕宦北上中原，南下福州的必由之路。相传这条路是唐末黄巢义军披荆斩棘开辟出来的，后经历代改建和修缮，至今才能勉强通车。福建浦城到浙江江山要越过渔梁岭、五显岭、枫岭、大竿岭、小竿岭和仙霞岭等六道峻岭，刚解放时通车里程只有浦城到枫岭的48公里，后来为了支前需要，政府把这条路的改建列为第一期计划，如今这条路已经改建完成，最大纵坡10%、最小弯道半径20米、最窄处路基宽度6米，实现了晴雨双通。

这就是我第一次远行走过的路，尽管重峦叠嶂，峰回路转，坡陡弯急，尘土飞扬，但它是一条感受大自然的路，是一条充满希望的路。

## 二、公路巨变

闽北群山满目葱绿，金色稻穗随风起舞。我第二次踏上“闽北第一路”，已经是1996年盛夏的一天。县委书记介绍说：“1992年8月，省委和省政府发出的关于实施公路‘先行工程’的号召，为全省公路建设指明了方向。公路体制的改革，剪断了束缚生产力发展的枷锁，过去‘修桥铺路’是交通行业的职责，现在‘编织路网’是八闽儿女的追求。我县深感自豪的是，绵延千里的205国道改建工程，浦城境内有120公里。目前，长度近千米、耗资超亿元的五显岭隧道已经交工运营，北起古溪桥、南至蒋溪口水泥路的路基全部达到12米，路面达到9米，公路的等级标准达到和超过了邻省的接线公路，这是我县人民献给205国道拓改工程的一份厚礼。”

听完介绍，我们立即驱车前往浦城的北大门。真是百闻不如一见，以前记忆中弯弯曲曲的砂土路已经消失得无影无踪，浦城城关至三省交界的“三省亭”路程仅51公里，缩短了十几公里，沿线在完成路基和路面施工后，已对公路两侧的违章建筑和非交通标志进行了清理，撤除了所有的违章建筑、路边广告和倚路市场。

与此同时，按照GBM工程的规范，公路的标志、标线、里程碑、轮廓标、绿化以及防护工程全部完善，全程线形流畅，路面平整，路拱适度，达到了畅、洁、绿、美的要求。在这条交通要道上，每一座桥、每一道隧、每一段路，无不饱含浦城人民积极奉献的深厚感情，无不折射“先行工程”造福千秋的五彩光环。

这就是我深感震撼的一次旅行，它使我亲身感受了先行工程的“八千里路云和月”，它生动地体现了路是连接城乡集市和四面八方的桥梁纽带。

## 三、壮丽画卷

2009年初春的一个下午,福建交通厅组织老干部参观浦(城)南(平)高速公路,已经步入花甲之年的我,有幸再回故里北上一游,感到非常兴奋。浦南高速公路“浦城站”至“闽浙站”全长46公里,这是一条闽浙两省南来北往的快速通道,也是一条生态景观兼容并蓄的金光大道。

浦城与浙赣毗邻,这里山峦起伏,沟壑纵横,植被茂盛,风景优美,拥有丰富的生态资源。而浦南高速公路为闽北大地展示的是一条桥隧蜿蜒流畅、花草错落有致、景观舒适宜人的绿色长龙。我们乘坐中巴向窗外望去,不仅秀丽山川一览无余,而且高速公路精心设计的景观也尽收眼底。在绵延不绝的中间隔离带,有枝繁叶茂的红叶石楠、金叶女贞、散本海桐等防炫灌木;在深挖高填的边坡上有狗牙根、高羊茅、弯叶画眉、爬山虎等草本攀援植物;在路基两侧的种植带和挡墙的种植槽有夹竹桃、法国冬青、多花紫薇、云南黄馨、常青藤等乔灌木;在互通立交的绿化坪有层次分明的山茶、紫薇、杜鹃、丹桂、香樟、雪松、木芙蓉和八月桂等名贵苗木;在服务区和收费站有楼台亭榭、红墙碧瓦、鲜花绿草和精美园林……这些赏心悦目的人文景观与千姿百态的自然景观交相辉映,宛如一幅高雅恢弘、清新和谐的美丽画卷。我们亲临其境,恍若“人在车中坐,车在画中行”,欢愉无比,其乐融融。

浦南高速公路既是全省1765公里已建高速公路的缩影,又是2000公里在建高速公路的写照;我非常怀念这次浦南高速公路之行,它不仅令我充分感受了“天路合一”的视觉震撼,而且使我真实地领略到:一条好路同样是文明的使者,进步的象征!特赋诗一首,聊表心怀:

闽道自古多雄关,
千回百转绕山巅。
不挥如椽大神笔,
哪来天路换新颜。
今逢华诞六十载,
抒情写意留心间。

# 感受福建交通60年变化

陈光榕

福建处于多山地区,境内山岭耸立,丘陵起伏,素有“八山一水一分田”之称。由于山高路险,交通十分闭塞,古人云:“闽道更比蜀道难。”在解放初期,全省只有砂土公路945公里,没有铁路和航空,沿海和江河上绝大多数是小码头和木帆船。

新中国成立后,福建以修建支前公路带动全省大规模的公路建设,到1957年,通车里程达6003.4公里,不通公路的县只剩寿宁、周宁、松溪、政和、尤溪5个县。但是,总的来说福建交通还是很落后的。

我的故乡在连江县浦口乡山坑村,顾名思义是个山区小村,东面临海,下山走一个多小时,就是海滩。记得在1955年秋,我9岁时跟随祖母和父亲前往故乡。那时,虽然从福州到连江县已通公路,但从县城到浦口乡(更不用说到山坑村)还没有通班车,我们只好选择水路乘船前往。而当时沿海船舶白天不能从闽江口过马祖等岛屿,都只能夜航,称作“昼伏夜出,分段夜航”。晚上9点,我们从福州台江码头上船,经过7个多小时的航行,清晨抵达官岭码头。一上岸一座光秃秃的高山挡在我们面前。我们在羊肠小道上盘旋攀登了一个多小时,才到山坑村。这是我第一次感受了交通不便之苦。

到1978年,全省公路通车里程达到33920.86公里,其中等外路达

18836.24 公里，公路密度很高，标准很低，绝大多数是砂土路面。记得 1975 年 8 月的一天，我作为省革委会交通局的干部去永安汽车修造厂出差返回福州，乘坐厂长的北京吉普车，晚上 7 点出发，途中恰遇大暴雨，路上碰到多处公路塌方和溜方，在凌晨 3 点多快到闽清县城时，又遇公路塌方，路面一片黄泥浆，看不清路在何方。车停下来，我利用车灯伸头往外一看，吓了一跳，浑身冒冷汗，车轮离塌方处不到 1 尺！我们下不了车，只好冲过去，到了县城已 4 点多，我们在一家豆浆店歇息压惊。到福州总共走了 11 个钟头。我深深感受到“晴天洋（扬）灰路，雨天水泥路”之忧。

1979 年，改革开放后，福建的各项事业如虎添翼，蓄势而上。但是 20 世纪 80 年代公路建设依然缓慢，公路等级标准低，路网功能不完善，严重制约了福建对外开放和经济社会发展。

1987 年 1 月的一天，我和原省交通监理所的同志在泉厦线检查春运安全工作。下午 2 点，接省交通厅值班室电话，说是武平县挡风岭发生客车翻车特大事故，死亡 27 人，厅领导要我立即赶赴现场协助事故调查和处理善后工作。我们立即从泉州出发，一路警笛长鸣，全速前进。但是，由于在三级公路上交会车都很难，想快也快不起来。我们连晚饭也不敢停下来吃，昼夜兼程，到晚上 11 点多才到武平县城。第二天清晨再赶到事故现场。从泉州到武平不到 400 公里的路程，我们还利用交通监理的“特权”，一路闯“红灯”，“超速”行驶，竟也要走 9 个多小时！我又一次感受了交通落后之涩。

1992 年 8 月，省政府作出在约 4000 公里的公路主干线和繁忙路段实施公路“先行工程”，建设二级以上标准公路的重大决策，将当时的国道、省道由省“统一管理，统一筹资，统一建设，统一养护”改为“统一规划，定额补助，逐级分段，承包建设”的新建设体制和“统一收费，比例分成，分段养护”的新管理体制，大大激发了各级政府的修路积极性，形成“要想富先修路”的共识。“先行工程”8 年任务仅用 4 年完成，初步形成以国省干线为主骨架、城乡沟通、四通八达的公路网，从而翻开了公路建设的新篇章，大大促进了我省扩大开放、加快发展的步伐。从此，干线公路畅通了，交通压力缓解了，那时的交通人总觉得“一个交通厅变成了十个交通厅”，有使不完的劲！

我感受到交通发展之喜。

20世纪90年代以来，是福建交通发展突飞猛进的时期。不仅普通公路大为改善，高速公路建设在泉厦段艰难起步并取得“零”的突破后，一发不可收拾，一路突飞猛进，高速公路规划与时俱进，一改再改。从泉厦高速公路建设开始时提出的“一纵两横”高速公路网规划；到2000年，调整为“三纵四横”3234公里的高速公路网规划；2006年又提出“三纵八横三环二十五联”海西高速公路网5300公里的规划；2008年底，再次修编到2020年“三纵八横三环三十三联”6100公里的高速公路网规划。

到2008年全省已建成高速公路1765公里。“九五”期间，福建完成高速公路建设投资141亿元；“十五”期间完成385亿元；“十一五”期间将突破1000亿元。我们只用十几年时间，就走过了发达国家需要几十年才能走完的路程。作为交通人，谁不为此而振奋！我感受到作为交通人之乐。

福建农村公路建设近五年更是日新月异。在实施“年万里农村路网工程”5年来，总投资140亿多元，完成了惠及8000个建制村的4万公里农村公路路面硬化工程，到2008年提前2年完成规划任务，基本实现每个建制村通硬化公路的目标。

如今，我回故乡十分方便，既不用起早摸黑，更无需劳顿。从福州到连江有高速公路，从县城到山坑村有班车经过，半个小时一班，2个多小时就可以到达，免受路途颠簸和爬山之苦。如今，就是从福州到永安及武平，都通了高速公路，只要三四个小时就可以抵达。

现在，我已经退休了。但是，新中国成立60年来，福建交通天翻地覆的变化深深打动了老交通人的心！

# 欣慰的尘土生涯

江宗福

清晨乡间小路格外宁静，层林碧野空旷神怡，濛濛春雨袅袅炊烟，公路踏勘组由老工程师领班，按内业图示线路方案缓步前行，边走边校对边规划。这条路线是从福鼎前岐至沙埕沿着海边走向的国防战备公路，我当时踏勘使用的仪器是一架计步表，抄录表盘显示的步数；一袋小黄豆，匀速跨行，每百步抓一粒黄豆放进另一袋里，这第一次实践学的首堂课，简单易懂，然而稍有走神就出错，所以我丝毫不敢懈怠。

金秋季节，测量队进驻该线工地开测。20 世纪 60 年代野外作业相当艰苦，测设手段落后，生活条件差，上自书记、队长、工程师，下到测工、炊事员，人人动手装卸，个个自挑行囊，住祠堂庙宇，睡通间地铺，吃定粮炖罐，寒冬酷暑更苦更累，特别是大旗组，要披荆斩棘穿越耸山丛林，碰碰划划流点血是常有的，甚至会被害虫毒蛇咬伤。我被安排先跑大旗，后拉皮尺、扛花杆、架仪器，测中桩和横断面，样样过堂一遍。追忆那时与测设队员们融洽相处的日子，感慨万千，从他们身上既学到了专业知识和技能，又被他们长年野外工作生活环境磨炼养成的吃苦耐劳的坚韧品格与一丝不苟的敬业精神所折服。

海西热土欣欣向荣日新月异，国家高速公路大通道建设如火如荼，继福泉厦漳、宁长(乐)、漳诏、漳龙高速公路开工，及公路“先行工程”建设之后，福(鼎)宁、龙长(汀)、三福、泉三、浦南等高速公路前期工作紧锣密鼓展开。1996 年 5 月召开《京福国道干线福建境内段路线规划方案》(现福银三福线)咨询会,我作为专家应邀到会。当年省交通厅领导针对"咨询"意见,为更全面地做好路线多方案比选工作,指定我负责协调,并牵头组织技术小组,跋山涉水,深入现场,对路线走向、隧道进出口位置和重点路段逐一详细勘查,经过约两个月反复研究论证产生了新的优化线路方案,即推荐该线改由闽赣交界处的沙圹隘(邵武)入闽,经将乐、沙县至福州的大内线作为正线实施方案,此方案得到肯定采纳,此时我和同行们也为自己劳动取得丰硕结果而感到欣慰。这条横穿三明市境的东西向高速公路于 2006 年 4 月全线建成通车,不仅进一步合理调整了我省国道干线网格局,而且又新增了一个连接中西部腹地的进出省高速大通道口,同时也解决了三明市公路交通的瓶颈困扰,为海西内陆区域经济社会发展与振兴,发挥了交通的促进和先导作用。

路漫漫,情悠悠,卅八春秋尘土岁月,今已白髯霜发。退休后,我持交通部注册监理工程师证,受聘参与监理了"福宁高速公路 A13、14 标段(霞浦段)"、"泉三高速公路 QJI(QA2)标段(泉州段)",及"入闽通道平和九峰至霞寨二级公路",在监理中自己始终秉持严谨科学的态度,按规范办事,凭检测数据正确处理业主、监理和施工方的关系,视工程质量为监理生命。实地监理的福宁高速霞浦段,竣工质评为优良工程,其中后港特大桥先后荣获"火车头优质工程奖"与"2005 年国家优质工程银质奖"。施工期间,全省高速公路桥梁施工现场观摩会于本工地召开,时任常务副省长黄小晶莅临现场视察工地并给予肯定和赞扬。该桥是福宁高速公路的重点控制工程,全桥长 4320 米、桥基钻孔桩 689 根,桩身最长达 60 米,工程地质复杂,建设规模大,巍然蜿蜒于闽东滨海,宏伟壮观。触景思情,联想新中国成立初期苏联专家援建勘设的与之毗邻的国道 104 线其人和事,不由得令人对跨世纪工程成就惊叹、钦仰、自豪。我很庆幸自己余生之年,有幸遇此机缘,作为施工监理一员投身这项现代化交通建设事业,倍感自豪。

今年是共和国母亲甲子大典,60 年弹指一挥间,祖国在共产党领导下从贫穷落后建成小康盛世。八闽大地，青山秀水葱茏碧波，幢幢高楼耸立，鳞次栉比错落其间，诗情画意仙境乐园。昔日人们翘首企盼的高速公路，今朝群龙腾空，似道道彩虹当空舞，盘山穿洞跨江，串连座座海港城市和海西经济开发区。每当一条高速公路建成通车，一处深水港码头竣工投产，我厅人事处同志就满腔热情地组织机关离退休老同志前往参观学习，此时此刻大家心潮澎湃，感慨交通巨变的辉煌，深受教育鼓舞。

回眸走过的路，是我为之欣慰的尘土生涯。

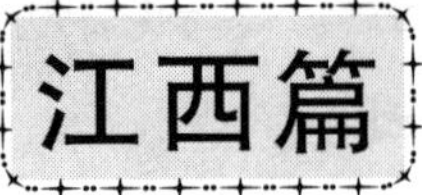

# 辉煌 60 年　赣鄱筑通途

江西省交通运输厅

江西省地处中国东南偏中部长江中下游南岸，东邻浙江、福建，南连广东，西靠湖南，北毗湖北、安徽而共接长江，为长江三角洲、珠江三角洲和闽南三角地区的腹地，与上海、广州、厦门、南京、武汉、长沙、合肥等各重镇、港口的直线距离，大多在六百至七百公里之内，交通区位优势十分凸显。古称江西为"吴头楚尾，粤户闽庭"，乃"形胜之区"、"冲要之地"。

翻阅史册，不难发现，由于北临长江天险，三面群山逶迤，怀抱着广阔的沿江平原和湖滨平原的特殊地理位置，江西历代的盛衰隐显似乎总是与该地水陆通塞的状况密切相关。据史书记载，江西水陆交通很早就得到开发。战国时期，赣江鄱阳湖至长江一线已是漕运通渠。秦开南岭，汉拓东闽，就在江西境内开辟了攀五岭、跨武夷的省际通道，江西的关隘如分水关、白沙关、横浦关等即已开辟。隋唐以后，国家经济重点南移，古运河开凿，大庾岭路重修，江西成为中原与东南沿海的交通走廊。明清以来，江西以南昌为中心，以景德镇、樟树镇、河口镇、吴越镇（今景德镇市、宜春市樟树市、上饶市铅山县河口镇、九江市永修县吴城镇）为基点的水陆交通网络和商品流通网络日趋完善。近代以来,海禁大开,粤汉铁路的通车标志着中国交通进入以陆运特别是铁路运输为主的新时代。全国交通干线的西移导致赣江和鄱湖水运日渐衰落,也意味着赣地作为南北交通要道的地位开始逐渐弱化,江西社会经济发展随之陷于近百年的被动与困惑之中,加之山隔水围的闭锁,突围更加乏力。

新中国成立后,江西省的经济建设与社会发展同全国一样,既有顺利发展的时期,也曾遭受过停滞不前的挫折。但无论处在怎样的历史时期,江西交通运输部门都能力排万难,负重前行,奋勇当先,为江西经济一次次冲出低谷,迈向新高提供了有力的基础支撑。

## 一、全景俯瞰:建国60年江西交通运输事业发展的奋斗历程

建国60年来,随着国民经济的恢复和发展,江西交通运输事业与时俱进,先后经历了改革开放前的曲折前行和改革开放后的全面恢复、加快推进、全面提速等四个阶段。站在新时代的制高点上,俯瞰江西交通运输发展的全景图,其从致富“瓶颈”到崛起“动脉”的变化轨迹尽收眼底——

### (一)漫漫求索,曲折前行阶段(1949—1978年,从建国后到党的十一届三中全会前)

新中国的诞生为江西交通运输事业揭开了新的历史篇章。1949年5月,江西大部分地区解放,水陆交通设施回到人民手中,但由于被仓皇撤退的国民党军队严重破坏,全省16万平方公里土地上能勉强通行汽车的公路仅647公里。为支持配合人民解放军挥师南下,追歼残敌,在物资财力极其缺乏的情况下,广大交通职工奋力抢修恢复,至1949年年底,省境公路通车里程达3102公里,50个县基本恢复公路交通;人民政府组建的交通运输公司开始运营,拥有客货车辆174辆;水运职工通过清障扫床,打捞沉船,恢复了赣江主航道的通航,并从无到有建立了省属国有航运企业。50年代至60年代前期,江西交通部门认真执行“调整、巩固、充实、提高”方针,经过数年努力,修建了大量山区公路,改建了干线公路的部分桥梁,实现了县县通公路,改变了原来交通闭塞状况,公路运输生产逐步走上正常轨道,水路运输

量仍居于各种运输方式之首,江西交通运输全面复苏。

1966 年以后的十年,江西交通运输事业受到“文化大革命”的冲击,交通运输管理制度和组织机构遭受破坏,大批有经验的专业技术人才被下放。尽管如此,广大交通干部职工仍顾全大局,坚守岗位,使交通运输事业克服种种干扰在艰难中运转,在曲折中前进。

(二)踏平坎坷,全面恢复阶段(1978—1992 年,党的十一届三中全会到邓小平南方谈话、党的十四大前)

进入 1978 年,江西低标准的公路越来越不适应改革开放大潮的需要。当时,全省有公路 3.1 万多公里。一级路是个零,二级路 549 公里,三级路 879 公里,四级路 1.48 万公里,其余为等外路。这些数字表明,江西公路大体上是由 1/2 的等级路和 1/2 等外路构成的。公路干线的线型基本上还是 30 年代的水平,县道多是“大跃进”年代修建的。这些路,基础差、路基低、路面表层薄。

党的十一届三中全会以后,在改革、开放、搞活方针的指引下,江西交通运输事业进入一个新的时期,旧的体制渐次改革,新的机制逐步建立。公路向高等级发展,省会南昌和省境周边进出口公路的技术等级全面上升,干支线和县乡公路的通行能力普遍得到提高。围绕加速培育开放有序的运输市场,国营运输企业积极转换经营机制,拓宽营运渠道,继续发挥其专业运输主导和骨干作用。集体和个体车辆迅猛增长,大大缓解了城乡群众乘车难、运货难的现象。

与此同时,全省航道的治理也从局部整治发展到区域性或全流域化开发。昌江渠化工程、赣江尾闾整治工程、信江航运工程、抚河、修河的升船机建设工程等航道开发工程的先后竣工,航标建设的日益现代化,使江西逐步完成由低级航道到高级航道的过渡。多品种、专业化特种运输船舶已形成规模,江西内河顶推船可直达上海,远洋货轮可通航港、澳及亚、非、欧洲。

(三)乘势而上,加快推进阶段(1992—2002 年,党的十四大到党的十六大前)

改革开放为江西交通运输事业注入了新的活力,交通运输事业的发展同时也成为深化改革和扩大开放的有力助推器。进入90年代,江西的区域经济与过去纵向比较虽取得长足进展,但越过关山阻隔,与东南沿海地区甚至周边省份横向相比仍呈明显落后趋势。“吴头楚尾,粤户闽庭”的江西自古本是“形胜之地”,眼下却毫无要道优势可言,紧张拥堵的交通状况桎梏了经济与社会发展,改变现状的强烈呼声,如赣江潮涌此起彼伏。1993年开工建设的京九铁路是建国以来在江西境内投资最大、受益区域最广的重大建设工程。省委省政府抓住机遇、乘势而上,以大京九的兴建为契机,全面启动了江西的公路、水路、港站、航空、市政工程建设,并把修建快捷沟通南北东西的高速公路确定为本省经济发展战略的重中之重。继1996年江西境内第一条高速公路——南昌至九江高速公路全面建成通车后,全省每年都有高速公路建设项目开工,每年都有高速公路建成通车,江西交通基础设施建设以破竹之势,在新的起点上,开始了新的跨越。

20世纪末东南亚金融危机期间,江西交通部门抓住国家实行积极财政政策的机遇,实施公路建设3年决战,构建了全省高等级公路“十”字形主骨架,各设区市至省会南昌的公路全部达到二级以上标准,一大批设计新颖、形态各异的公路桥梁为省内各条通道锦上添花。

江西水运事业同样发展迅速,省境内水运干道通航条件极大改善,航道技术等级显著提高,先后建成国家“八五”期间大中型重点工程建设项目——集航运、发电、防汛于一体的信江航运界牌枢纽工程和南昌港、吉安港、景德镇港等新、改、扩建码头,年新增货物吞吐能力达106万吨,全省内河通航里程已达5537公里,赣江水域再现百舸争流的繁忙景象。

(四)又好又快,全面提速阶段(2002—2009年,党的十六大以来)

党的十六大以来,为策应江西实现中部崛起、构建和谐社会、建设社会主义新农村、建设绿色生态江西等重大战略部署和要求,省交通运输部门坚持用科学发展观统领全局,审时度势,提出了“突出两个主战场、抓好三项建设、做好四个保证”的发展思路,大力加强以高速公路建设为重点的交通基础设施建设。截至2009年4月28日瑞金至赣州高速公路建成通车止,全省高速公路总里程达2433公里。国省道和农村公路建设也同样快马加鞭,分别以每年建设改造 1000 公里国省道和年均硬化 1 万公里农村公路的建设速度向前推进,创造了又好又快的江西速度。

在加快公路建设的同时,按照“路运并举,和谐发展”的方针,大力实施农村客运网络化建设,使“公路修到农民家门口、车站建到农民家门口、班车开到农民家门口”成为江西境内广大农村的真实写照。为充分利用本土丰富的水力资源,从 2003 年起,江西进一步加大了重要港口以及与长江多式联运的集装箱码头建设力度,有力地促进了各种运输方式的协调发展,一个高速便捷的立体交通网从江西版图上跃然而出。

2008 年底全球金融危机爆发,根据中央和省委省政府进一步加大投入、扩大内需、促进增长的重大决策部署,江西交通运输部门迅速行动,及时调整了发展规划,进一步加快了交通重点工程项目建设的脚步,为拉动固定资产投资增长、拉动建材行业发展、拉动城乡劳动力就业,积极应对危机带来的冲击发挥了重要支撑作用。2009 年 3 月,省交通运输厅正式组建,标志着江西省在构建综合交通运输体系,发展现代交通运输业方面进入全面提速阶段。

## 二、精彩聚焦:建国 60 年江西交通运输事业发展的辉煌成就

追寻江西交通运输事业 60 年发展的足迹,几多沧桑,几多感怀,几多精彩,几多豪迈!忆往昔,“立马千嶂西北峰,挥师三万战武吉;力拔山兮气盖世,英雄鞭指傲苍穹。”那铿锵有力的历史足音还回响在耳畔,让人难以忘怀的是决策者的高瞻,是开拓者的艰辛,是奋斗者的豪迈。看今朝,“银练当空舞,天堑变通途。玉带连万家,锦绣赣鄱图。”江西交通人的大气魄、大手笔,让井冈儿女激情澎湃,感慨万千。聚焦纷呈的亮点,正是为着总结成绩,为着收获信心,为着汲取力量,为着更好地开拓未来!

### (一)驰骋纵横,公路建设织密网

江西的现代公路建设是在极为薄弱的基础上起步的。解放前,旧中国 40 年间修成的近代公路,被仓皇撤退的国民党军队严重破坏,全省约 16 万平方公里土地上能勉强通行汽车的公路只有 647 公里。经过人民解放军、

广大公路职工和全省人民奋力抢修,1949年底公路通车里程达到3102公里。中华人民共和国成立后60年来,江西公路建设获得了巨大发展。从羊肠道、断头路到"十"字二级公路网架,到"天"字高速公路网架,再到"三纵四横"立体高速交通网架,全省公路通车总里程从解放前夕的不到700公里飞跃至现在的13.3万公里,翻了190倍。

**1. 速度快、结构优、生态好的高速公路**

"八五"以前,江西始终与高速公路无缘。自"八五"开始,江西进入了以高速公路为代表的现代化交通发展新阶段。高速公路从起步到快步到跑步再到全面加速,从通道建设到网络建设,二十年来赣鄱大地高速公路不断扩展、延伸,不断跨越发展。

1989年7月28日,昌九高速公路铲起第一锹土后,耗时整整6年零6个月,于1996年1月28日全线建成通车,赢得江西高速公路零的突破。之后,一发不可收拾。继昌九高速公路全面建成之后,江西加快了高速公路建设步伐,每年都有高速公路建成通车:1997年昌樟高速公路建成通车,1998年昌北机场高速公路建成通车,1999年温厚高速公路建成通车,2000年九景高速公路建成通车。进入新世纪以来,江西高速公路建设继续一路凯歌,2001年胡傅高速公路建成通车;2002年,梨温高速公路建成通车,江西打开了出省的东大门;2003年,昌泰、泰赣、赣定(赣州至龙南段)高速公路建成通车,江西高速公路通车总里程突破1000公里;2004年,昌金、温沙高速公路建成通车,江西出省主通道和省会至各设区市公路全部实现高速化,江西成为周边省市中率先全部打通出省高速通道的省份;2005年,泰井、乐温高速公路建成通车,结束了我国没有风景名胜区旅游高速公路和江西没有六车道高速公路的历史;2006年,景婺黄(常)高速公路建成通车,成为全国首批典型示范工程之一;2007年,景鹰、武吉高速公路建成通车,江西高速公路通车总里程突破2000公里,实现历史性跨越。2009年,瑞金至赣州高速公路建成通车,全省高速公路总里程达到2433公里。

(1)如果从速度上来衡量,江西高速公路的建设是一个加速跑的过程。从"八五"时期的零公里,到"九五"末的421公里,再到"十五"末的1580公里，尤其是 2002 年至 2008 年全省新增高速公路 1996 公里，新增高速公路里程和通车里程均居全国前列。江西高速公路通车总里程的第一个 1000 公里用了 14 年，第二个 1000 公里只用了 4 年。不到 20 年时间，全省高速公路通车总里程从零起步，一举跨越了 2000 公里，并在周边省市中率先全部打通出省高速通道，实现省会至各设区市公路高速化，全省大部分县（市、区）通高速。

（2）如果从路网上来分析，江西高速公路的建设则是一个从线到网，不断“织网”的过程。从 2002 年底梨温高速通车打通我省第一条浙赣出省通道开始，2004 年，赣粤高速顺着昌泰、泰赣、赣定高速一路南下，直抵粤赣边界；2005 年，温沙和昌金高速又携手在赣鄱大地写出了一个巨大的“八”字，打通了闽赣和湘赣通道。这之后，我省出省通道和省会至各设区市通道全面实现高速化，形成了由九景－景婺黄（常）高速，梨温—温厚—昌金高速，赣粤高速，乐温—温沙高速组成的“天字型”高速公路主骨架。这之后，江西高速再接再厉，迈向了从通道建设向路网建设的战略转折，泰井高速、景婺黄（常）高速、景鹰高速、武吉高速朝着“三纵四横”的目标，在“天”字骨架上不断延伸、扩展，使全省高速公路密度不断增加。与此同时，乐温高速、南昌西外环高速、景德镇外环高速的通车，也像一个个“结”，把纵横交错的高速公路网有效地编织在一起，使中心城市的路网结构大幅优化。

（3）如果从内涵上来品味，江西高速公路建设还是一个品质不断提升、质量不断提高的“升级”过程。江西高速公路建设者始终将建“精品工程”的思想贯穿于项目实施的全过程。全面严格推行招投标制、工程监理制、合同管理制和项目法人负责制，采用国际通行的 FEDIC 管理模式；严格市场准入，实施资质动态管理制、“黑名单”制和重点工程稽查特派员制，建立健全“政府监督，业主管理，社会监理，企业自检”四级质保体系；代表国际先进水平的航测技术卫星地面定位系统、探地雷达等技术的相继应用，也大大提高了工程质量，江西高速公路建设走向了信息时代、数字时代。江西交通人在高速公路建设过程中也不断创新思路，树立“后花园里修高速，不仅要优质、高效、安全、廉洁，而且要环境最美、效益最好、进度最快、质量最优”

的新理念。设计上,追求“自然式设计”、“乡土化设计”、“保护性设计”及“恢复性设计”等先进的设计思路,使高速公路与沿线自然及人文环境和谐统一,线形走向与山川、河流、大地的走势相吻合;施工中,“多保护,少破坏,不留伤痕”,严格落实“三不五隐蔽”要求,建设一处、绿化一处,施工一片、恢复一片,真正做到“施工不流土,竣工不露土”。如今,一条条四通八达的高速公路蜿蜒于江西的青山绿水之间,一条条景观路、生态路、旅游路,把花园城市和田园风光、旅游胜地连成一体,人们的出行升格为舒适、快捷、观光的浪漫之旅。

速度加快、结构优化、品质提升。我省高速公路建设实现了从追求数量迈向追求质量、从通道建设转向路网建设的两大突破。大开放的江西依托承东启西、沟通南北的高速公路凸显交通区位优势,以高速公路的快速对接,加速了与长珠闽的对接,加速了在中部地区崛起的速度。

**2.路更通、行更畅、网更密的干线公路**

江西境内有国道6条,即:105国道九江至中村坳,316国道花山界至全家源,319国道隘岭至东峰界,320国道太平桥至新观,323国道瑞金至小梅关,6条国道总长3261.82公里。这6条国道,按“二纵四横”分布,共有11个省际出口,联通四邻六省及省内11个地市一级以上的中心城市,形成全省主要公路骨架。新中国成立以来,省政府十分重视以上线路建设。新中国成立之初的修复抢建,20世纪50年代的永久式桥梁修建,60、70年代开始的铺筑高等级、次高等级路面,80年代提高公路技术标准、二级公路改建,90年代一级公路的修建,都是在以上线路集中进行的。

江西省道从1983年开始规划,划定省道91条,长6070.3公里。1987又根据公路建设情况、路网的变化,将全省省道调整为94条,长6384.91公里。1989年因新建南昌—高坊岭一级公路列为省道,省道数增至95条,共长6480.47公里。江西省道是全省经济、政治、文化交流的主动脉,是公路交通建设的重点。但是,因为这些省道一部分是建国前修筑的老路,大多数是1958—1960年“大跃进”期间通过民办公助、民工建勤突击修建的公路,技术标准低,路面质量差,临时式桥涵多,经过近50年的整修改善,路况虽有很大改观，但仍不尽如人意。

为适应改革开放以来车流量日益增长、运输市场快速发展的需要，改变国道交通量超负荷、省道行车条件差的状况，从20世纪80年代开始，江西以优先改建105、320国道，形成以南昌为中心纵横交叉的十字骨架为重点，加快国、省道干线公路改造和高级次高级路面建设，大步向高等级公路建设进军。

1978年至1990年年底，江西先后完成了105国道南昌至龙南中村坳段，320国道玉山太平桥至上饶、鹰潭至东乡、万载至宜春、萍乡芦溪至老关4个区段二级公路建设，对206、316、319、323共4条国道择主要路段进行了改建，共建成国道二级公路756公里；通过省投资补助发动群众拓宽改善、铜基地与水电站投资整修改善、省县合力与民工建勤改造省际出口路与交通量较大路段等有效手段，江西集中力量"攻克"省道重要路段，共新、改建省道14条454.8公里(水泥混凝土路15.9公里、沥青路337公里)，大大提高了交通量较大路段的技术等级和行车效率。其中1988—1990年按照"一年缓解，三年改观"的要求，开展公路建设、养护三年大包干，三年完成新、改建公路904.89公里，其中二级公路619.9公里、三级公路269.7公里、高级次高级路面839公里。1989年，南昌至高坊岭一级公路建成通车，成为江西省第一条一级公路。

进入20世纪90年代，江西在"八五"、"九五"经济建设取得快速发展的基础上，抓住国家实行积极财政政策的机遇，全面加速国省道干线公路提等升级。省委、省政府及时出台政策，全面推行按照公路建设技术等级、基数包干的公路改造模式，实行省、地联合建设，由省投资建设路面、桥涵工程，地方配套完成征地拆迁、路基土石方工程，"谁积极，谁先上"、"条件优惠、优先安排"等多项鼓励措施，在全省上下掀起了新一轮干线公路建设高潮。从1995年大力推进地县通油路建设，到1998年实施公路建设三年决战，全省新、改建公路里程由年增500—800公里，迈上年增1000公里以上。同时，全面完成了105、320、323、206国道二级公路改建，建成了昌抚、昌厦一级公路等一批省重点工程。

2003—2007年,全省干线公路新、改建里程继续保持年增1000公里的速度,新改建6283公里,完成投资121亿元,全省六条国道、十条主要旅游景区公路基本完成二级公路改建,一级公路里程大幅增长,全省形成以105、206、320、323国道为骨架的“井字型”高等级干线公路网,各设区市至省会南昌的公路全部达二级以上标准。至2007年年底,国省道干线二级以上公路里程达9316公里,是2000年底的2.1倍,一级公路达687公里,是2000年年底的2.8倍。

**3. 重民生、奔小康、促和谐的农村公路**

新中国成立前夕,江西的农村和山区只有羊肠小道,交通闭塞。到1952年,全省县乡公路只有1343公里。50年代末,江西掀起了一个群众筑路高潮。1958年一年就修建县乡公路6240公里,实现了县县通公路。60年代,围绕着建设“小三线”,修建战备公路,江西县乡公路突破了1万公里大关,1969年有县乡公路16564公里。70年代,在“农业学大寨”的口号下,各地实行山、水、田、林、路综合治理,县乡公路建设主要由地、县负责。交通部门酌情补助资金,并在技术上给予必要的指导。县、市交通行政部门具体掌管设计施工,实行“民工建勤”、“民办公助”方式。到1980年,全省县乡公路达到20342公里,90%以上的乡(镇、场)有了公路。

党的十一届三中全会以来,在改革、开放、搞活的方针指引下,为了适应农村脱贫致富的需要,省交通厅把老区扶贫公路建设提到重要议事日程,并统一于全省公路的技术改造计划之中。30多年来,江西农村公路先后经过了以工代赈建设、县乡油路水泥路建设和大规模建设三个时期,公路通达深度、通畅能力大幅提升,农村公路交通条件发生了天翻地覆的变化。

20世纪80年代中后期,江西农村公路建设开始起步。他们积极利用世界银行贷款和国家拨粮、棉、布和工业品补助,以及交通部专款补助修建、改建农村公路2800多公里。1996年以来,江西在坚持以地方建设为主的基础上,推出了每公里5万—8万元的省资金补助政策,大力推进县乡公路油路水泥路建设,投资规模不断扩大,建设速度不断加快,通达深度不断增加,年建设里程从 500 公里迅速提高到 1000 公里、甚至 2000 公里。特别是加快公路建设五年决战的 1998—2002 年,全省农村公路建设完成投资 40.3 亿元,改造油路、水泥路 8409 公里。

2003 年以来,在党中央、国务院把解决"三农问题"作为推动我国经济社会又好又快发展的着力点,不断加大农村基础设施投入的新形势下,江西按照交通部"修好农村路、服务城镇化,让农民兄弟走上油路、水泥路"的要求,启动了建国以来规模最大的农村公路建设。2003 年以来,农村公路建设一年一大步、连跨四个台阶——2003 年全年硬化农村公路 6895 公里,一年就超过"十五"原定 6000 公里目标;2004 年硬化公路里程突破 1 万公里,为"九五"期年工程量的 8 倍;2005 年完成硬化 14650 公里,基本实现乡镇通水泥(沥青)路;继 2006 年完成硬化 13405 公里之后,2007 年完成 12715 公里,2008 年完成 11532 公里,农村公路建设连续 5 年以突破 1 万公里的速度发展,6 年硬化里程达到 7.27 万公里。截至 2009 年 6 月底,全省农村公路总里程已经达到 12 万公里,全省行政村通畅率和通达率分别由 2002 年底的 18.19% 和 77.8% 提高到 83.3% 和 96.12%,全省乡镇和行政村班车通达率分别达到了 100% 和 86.2%,南昌、新余、景德镇等一批经济条件较好的地市已经提前实现了"十一五"建设目标。

公路"毛细血管"的勃勃生机使我省农村面貌焕然一新。从昔日的羊肠小道到砂石公路,再到硬化的水泥沥青公路,路的形态变了,农民的观念、思想、生产、生活方式也随之有了深层次变化——农民思想活跃了,行为更文明了,生产方式更科学了,生活也越过越精彩。全省 3000 万农民兄弟终于逐步走上了致富之路。

江西水网众多,在农村地区有许多历史形成的渡口,为进一步解决农民出行难题,消除农村渡口安全隐患,自 2004 年开始江西实施农村渡口改渡建桥试点工作。截至 2009 年 6 月底,全省共完成改渡建桥项目 163 个,正在建设 145 座。按照规划,到 2012 年年底前将完成新建 621 座桥梁,撤销 800 个渡口,全力实现全省除大江、大河、大湖、水库外的农村渡口基本改渡建桥的目标。

(二)通江达海,重振水运展雄风

“襟三江而带五湖”。自古以来,水运,一直是江西的交通优势。江西地处长江中下游南岸,在长江流域经济发展格局中,具有承东启西的战略地位。江西拥有156公里长江黄金水道及赣江、信江、抚河、饶河、修河五大水系以及全国最大的淡水湖——鄱阳湖,航道里程达5716公里,居全国第八位,具有发展内河航运的优越条件。

新中国成立以来,尤其是改革开放以来,江西内河航运建设加速发展,赣江、信江等水运主通道得到升级改造,重要港口及与长江多式联运的集装箱码头建设取得了显著成绩,江西丰富的水运资源得到充分发挥,“百舸争流”的景象再现了江西水运大省的辉煌。

**1.加大航道建设力度**

新中国成立以前,江西内河航道完全处于天然状态,水运优势的利用也完全建立在天然航道的基础上。建国以后的60年间,江西的航道建设无论数量、质量、规模、速度都是空前的。航务门类齐全,技术比较配套,力量比较雄厚。航道的建设和维护从人力养护发展到机械养护,从轻便导流发展到筑坝整治,从局部治理发展到区域性或全河流渠化开发,从而开发了航道的天然状态。

由于历史欠账,全省水路一度通航里程少,通航标准低,水资源利用率长期徘徊在低水平。建国以来至1980年,各级财政用于赣江干流航道整治的资金仅为1367万元。然而,令人欣慰的是,江西人并没有甘于落后。1983年8月,以投资6000万元、按五级航道标准建设的昌江渠化工程开工建设为标志,江西拉开了内河航运建设的序幕。

1992—1997年,我省建设完成国家“八五”期间大中型重点工程建设项目——集航运、发电、防汛于一体的信江界牌航电枢纽工程。进入21世纪,全省水运建设实现历史性跨越,“十五”期间,共投入8.37亿元,是“九五”期间的3.5倍。集中投入使我省先后建成了赣江航道南昌至湖口段三级航道156公里,樟树至南昌五级航道92公里,吉安至樟树五级航道151公里整治、赣江(樟树—南昌)三级航道整治工程94公里,南昌港集装箱码头工程，以及 64 个内河港站项目，使全省等级航道达到 3000 多公里。其中，南昌至湖口三级航道的建成，实现了我省高等级航道零的突破，使千吨级船舶可以在此畅通无阻，为江西水运融入长江水运发展提供了一条“黄金水道”。干流航道等级的提高，有力推动了全省运力快速增长和运量大幅度上升，使我省内河水运主要指标在全国名次明显前移，重塑了江西水运大省形象。

**2. 加快港口建设步伐**

河长则港多。港口建设历来受到国家的重视和支持。1949 年新中国成立时，主要通航城镇的港口仅有岸坡码头 117 座，全长 1976 米，均处于无趸船、无站房、无库房、无装卸机械的落后状态。经过 60 年的不断建设，这种“四无”状态已经根本改观。早在 50 年代到 70 年代，全省主要通航城镇港口设施已初步实现由帆船港向轮船港的过渡。

在改革开放大潮的推动下，江西港口建设迎来了新的生机。70 年代到 80 年代，港口的现代化水平更上一层楼。全省港口的生产用码头已有 302 座 26365 延米，泊位 543 个；生产用库场 282 座，面积达 855873 平方米；客运设施房屋为 9358 平方米；起重、装卸、搬运、输送等装卸机械已拥有 377 台。丰城龙头山煤运机械化装卸作业线、吉安港肖家码头、鹰潭港货运码头、景德镇港货、客运码头、九江港外贸港区和客运港区、南昌港一和三作业区、南昌港客运码头，以及南昌港集装箱码头等一大批客货码头的建成投产，极大地提高了江西港口吞吐能力和机械化水平。此外，为适应水上旅游客运迅猛发展的需要，省交通厅还加大了对重点旅游景区、水库库区的客运基础设施投资，先后建设了仙女湖、柘林湖、龙虎山、汉仙岸、陡水湖等旅游景区客运码头。

2005 年 5 月 12 日，项目总投资 1.6 亿元，设计年吞吐能力为 5 万标准箱的南昌港国际集装箱码头建成投产，江西省集装箱专用码头建设实现了零的突破。至此，南昌的港口城市优势得到了进一步发挥，我省水路运输结构得到了进一步调整，并促进了各种运输方式的协调发展，完善了全省交通综合运输体系。

2007年10月30日，九江港核心港区——城西港区一期工程以及沿江20个重大项目正式开工，迈出了与上海洋山港对接的第一步。至此，我省唯一通江达海的外贸港口城市——九江，正式启动了152公里岸线的沿江大开发。以集装箱、件杂货、散货及汽车滚装等货种为主，以物流化、规模化、专业化、机械化为方向，九江港将逐步成为布局合理、功能齐备、分工协作、优势互补的长江中游综合运输核心枢纽港口。

至2007年，全省已拥有年吞吐量1万吨以上港口63个，生产性码头泊位1875个，泊位总长度60462米，最大靠泊能力5000吨级，拥有1000吨级以上泊位121个。港口建设为水运快速发展奠定了坚实的基础。2007年，全省港口完成货物吞吐量14088万吨、旅客吞吐量460.33万人次、集装箱吞吐量12.63万标准箱，水路货运量和货物周转量与1978年比较，分别增长1倍和6.3倍。

（三）有效衔接，综合运输见雏形

新中国成立以来，江西公路运输管理体制的演变，经历了计划经济和市场经济两个不同的时期。计划经济时期，公路汽车运输一直是以各级交通主管部门的直属汽车运输企业为主体，而社会其他部门和单位自办的汽车运输企业（公司、车队）只有自货自运，至20世纪70年代末，全省除省属汽车运输局外，地、县属汽车运输企业有69家。1983年春，交通部提出"有路大家行车、有水大家走船"、"国营、集体、个人一起上"等一系列鼓励和支持交通运输发展的政策，以推进运输投资主体的多元化，使江西道路和水路供给能力持续增强。由此，江西交通运输事业实现了从计划安排向市场运作、从能力短缺向基本适应的重大转变。

进入"十五"以来，各地交通主管部门从当地经济社会发展和人民群众出行需要出发，加强了对运输工作的组织领导，加大了投资力度，道路水路运输的供给能力、装备水平、服务质量和安全状况取得了长足进步，保持了良好的发展势头。交通运输在综合运输体系中的基础性作用不断加强，为经济社会发展、新农村建设和人民群众安全便捷出行作出了贡献。

1. **客货运输快速增长**

新中国成立以来的江西公路旅客运输更是日新月异,发展迅速。1950年底,全省有营运客车116辆,3000个客位,全年完成旅客运量26.23万人,完成旅客周转量2820.38万人公里。

为农村服务、为广大农民服务是新中国建立以来江西公路旅客运输工作的重点。公路运输部门早在50年代初便提出了"路修到哪里,车就开到哪里"的口号。1958年,全省实现县县通班车。1978年底,全省共开行乡村班次近2000个,有86.3%的乡通了客班车,全省客运平均运距为31.3公里。

车站是公路旅客运输的重要设施。新中国成立之初,全省仅有44个车站,23个代办站,20个招呼站。这些车站不仅狭小破旧,多为木板结构,且设施非常简陋,多年露天候车。新中国成立后,党和各级政府为发展公路旅客运输,改善人们旅行、候车条件,对车站建设进行了大量投资。至60年代初期,全省对属于危房的车站全部进行了改建或新建,木质结构的破旧车站换成了砖木结构的新站房。汽车站点设置密度也不断提高。随着旅客运输的发展,尤其是改革开放以来逐渐形成的旅客运输繁忙局面,全省再次对一、二级汽车站进行了较大规模的重点改建、扩建和新建。

截至2009年6月底,全省已建成农村客运站349个,建成农村客运候车亭6195个,全省农村客运班线发展到3327条,农村客运车辆达到9564辆,乡镇班车通达率达100%,行政村班车通达率达86.2%,基本形成"村村互通、乡镇联网、城乡互动"的城乡交通客运网络。广大农民越来越真切地感受到"路修到哪里,车开到哪里,客运网络延伸到哪里"的好处与实惠,从心底里把农村公路誉为德政工程、民心工程。

新中国成立以来,江西公路货物运输在为国民经济建设服务中不断得到发展,已由"保证重点,兼顾一般"的原则,发展到能满足社会各类物资运输需要。60年代后期以来,公路货运量持续保持在全社会货运总量中占明显优势的地位。1950年,江西有公私营运货车622辆,共2014.53个吨位,全年完成货运量9.26万吨,占全省当年铁路、水运、汽运货运总量的

3.2%。

具有数千年历史的江西水路运输事业，在建国以后的50年间发生了巨大变化，在所有制形式上，曾经长期桎梏江西航运业发展的封建把头制度被彻底铲除，创建和发展了国有航运企业，经过社会主义改造，私营轮船运输企业走上了公私合营的道路，并实现了个体民船集体化。十一届三中全会以后，形成国营企业为主体力量、集体企业为辅助力量、个体企业为补充力量的水运企业结构。在管理体制上，由国有、集体航运企业统一运输计划、统一船舶调度、统一运输结算的集中管理，转变为省属国家航运企业和县、市集体航运企业实行分级管理，又转变为省属航运企业、工业企业、港口全面下放给地、市领导管理。在运力结构上，经历了由木质船舶到钢质船舶、由自航船舶到拖带运输船队，又从拖带运输船队到顶推运输船队的转变。

随着改革开放的不断深入和经济的发展，交通运输基础设施不断完善，全省运输市场日趋繁荣，运力大幅增加，运量迅速增长:2008年全省完成公路客运量3.99亿人次，客运周转量226.83亿人公里，货运量达3.31亿吨，货运周转量264.74亿吨公里。省市(县)际公路客运、农村客运、道路货运运力迅速发展。目前，全省已开通跨省公路客运班线1078条，省内跨地市班线1078条;开通高速公路客运班线352条。到2008年，全省民用汽车拥有量达80多万辆，营运客车达24852辆，营运货车达15万辆。水路运输水平也同步提升，与1978年改革之初相比，30年后，全省水上客运的客位增长20倍，货运载质量增长73倍，货运周转量增长5倍。

**2.运输管理逐步规范**

为了适应新形势下运输市场的变化，强化对运输行业的管理，1988年，省交通厅成立了江西省公路运输管理局和江西省航运管理局，分别对公路和水路运输行使全行业管理职能，全省地(市)、县也成立了相应行业管理机构。省人民政府于1996年颁布《江西省道路运输管理办法》，省交通厅相继出台《江西省公路运输客运价管理规定》、《江西省道路快速客运管理暂行规定》、《江西省旅游汽车客运管理暂行规定》等管理规定，使全省道路运输市场管理有章可循。

同时,针对道路运输市场在转机换制初期暴露出来的问题,各级交通运管部门常年组织全省统一的客运市场整顿行动,并陆续开展了汽车维修、汽车客运站、危险品运输市场、打击"黑车"和非法营运专项行动、道路客运安全专项整治等一系列整顿活动,强化了运输市场监督管理,有效维护运输市场秩序,努力构建统一开放、公平竞争、规范有序的道路运输市场体系。

此外,全省港航管理部门也依据省人民政府颁布的《江西省水路运输管理办法》和《江西省港口管理暂行办法》,加强了水路运输市场准入资质管理,强化对水运市场监督检查,规范业户经营行为。建立了老旧运输船舶强制报废制度,促进了航运企业和船舶的结构调整。制定了《江西省水路重点物资运输管理暂行办法》、《江西省水路客运票证管理办法》、《江西省设立港埠企业暂行办法》等 20 项管理办法,使全省水运市场和港口运行秩序进一步规范。

**3. 运输结构日趋优化**

从 2004 年开始,江西在全国率先开展清理营运客车挂靠经营工作。通过清理挂靠,挂靠客车从 2005 年占全省营运班车比重的 81% 下降到目前的 16%,运输企业的公司化经营水平进一步加强,运力结构加快调整,车辆档次明显提升,安全制度逐步完善。到 2007 年年底,全省中、高级客车发展到 5200 多辆,占客运车辆总数的 32%;同时,营运货车平均吨位都在 4 吨以上,其中,大吨位、高效率的大型货车快速发展,吨位在 5 吨以上的货车所占比例达到 41.8%,高出全国平均水平 10 个百分点。2002 年,江西长运股份有限公司在上海证券交易所挂牌上市,成为全国第一家上市的客运公司。

水路运力的大幅度增长,也有力地促进了其运输结构的日趋优化,运输船舶朝着三个方向不断发展:一是钢质化、大吨位、节能性;二是顶推式运输方式;三是快速、旅游、舒适性。在此推动下,从 2002 年开始,全省船舶运力连续五年保持两位数的增长,船舶客位和载质量分别增长 1 倍和 6.3 倍,船舶平均吨位由 1978 年的 26 吨提高到 2007 年的 265 吨,增长 9 倍多。目前,江西已初步形成了省会南昌至周边省会城市 4 小时经济圈,省内 3 小时经济圈,设区市内 1 小时经济圈和县域内半小时经济圈。无缝对接的综合运输网络渐显雏形。

围绕服务"三农"、服务社会主义新农村这个大局,江西交通运输部门按照"衔接为主、并轨为辅、合理配置、方便换乘"的方针,加紧推进农村客运公交化、城乡客运一体化。各级交通部门不断探索发展综合运输体系的新途径,着重在统筹各种运输方式的衔接、现代综合运输枢纽建设、综合运输管理和公共信息服务平台建设、多式联运、无缝衔接、交通运输一体化发展等方面加强调研和准备;突出推进物流和公路运输枢纽项目建设,从规划上加强各种运输方式的衔接,配置好运输资源,积极推动传统运输业改造升级,提高社会物流效益;加强站场建设,提高物流基础设施能力,加快形成便捷、通畅、高效、安全的综合运输体系。2005年8月14日,南昌保税物流中心(B型)项目开工典礼在南昌白水湖工业园区胜利举行,标志着江西现代物资物流业的一个里程碑。2008年12月26日,海关总署、财政部、国家税务总局、国家外汇管理局等四部门联合下发批文,正式批准设立南昌保税物流中心(B型),该中心是我省首家获批的保税物流中心。

(四)优化提升,行业文明结硕果

新中国成立以来,在不断推进物质文明建设的同时,全省交通系统始终把党的建设和行业精神文明建设摆在重要位置,努力为交通改革和发展提供思想保证、精神动力和智力支持,有力地促进全省交通系统两个文明建设协调发展,共同进步。

**1. 加大行业文明创建力度**

一直以来,省交通运输厅高度重视行业文明创建。1996年,江西省交通厅党组下发了《关于加强全省交通系统社会主义精神文明建设的意见》,各单位进一步建立健全了精神文明建设工作机构,加大了经费投入和工作力度。省交通厅党委自2003年成立以来,把精神文明建设纳入党委工作的重要议事日程,在制定交通发展规划和年度任务目标时,把精神文明建设纳入统一规划,做到"两个任务"一起布置,"两项工作"一起安排,"两种成果"一起检查。2006年又专门召开了全省交通系统精神文明建设工作会议,会议讨论并通过了《江西省交通系统精神文明建设工作先进单位和文明示范“窗口”实施与管理办法》、《全省交通文化建设实施意见》、《江西省交通系统“十一五”精神文明建设工作规划》和《江西省交通厅开展“学先进、树新风、创一流”主题实践活动实施方案》等规范性文件，进一步完善了相应的各类行业或单位的创建标准体系。

交通部门注重充分发挥先进典型引导人、教育人、鼓舞人、激励人的示范作用。一方面，以包起帆、赵家富、许振超、陈刚毅、曹广辉、“华铜海”轮、青岛港等全国交通行业的先进典型为榜样，号召和鼓励干部职工广泛开展“学先进、见行动，立足本职，多做贡献”、“干一流工作、树一流品牌、创一流业绩”等典型教育活动；另一方面，坚持用身边的事教育身边的人，先后集中宣传、学习了一批本省交通系统涌现出的先进典型人物。他们之中，有为保护全车旅客安全而英勇献身的烈士晏军生；见义勇为、勇斗歹徒的全国五一劳动奖章获得者郑义强；雷锋式的好渡工余国华；敬业爱岗、默默奉献的养路工吴新沙、简荣兰（女）；为江西公路建设呕心沥血、鞠躬尽瘁的优秀工程师张天佑；优秀驻村扶贫干部赖庆新；不畏艰险，从严重车祸的旅游客车内连续救出27名受伤乘客的中国骄傲人物熊文清等。层出不穷的先进典型为江西交通文化建设熔铸了一座又一座精神的丰碑，使广大干部职工赶有目标，学有榜样，进一步提高了交通行业的创造力、凝聚力和战斗力。

开展文明行业创建活动以来，江西省交通系统深入持久地组织开展文明行业、文明单位、文明样板路、文明示范窗口、高速公路文明畅通通道、青年文明号和巾帼建功文明岗等文明创建活动，行业精神文明建设不断迈上新台阶，喜获新成果。据不完全统计，近30年来，共涌现出全国劳动模范和先进生产者23人，省、部级劳模、先进工作者430人，全国优秀党务工作者1人，荣获全国五一劳动奖章者26人。全系统先后有1个单位被评为全国文明单位，7个单位被评为全国文明创建先进单位。省交通厅机关连续四届被评为省级文明单位，全省交通系统35%的基层单位获市级以上精神文明建设单位先进称号，381个单位被评为省、部级文明单位。2007年，全省交通系统荣获江西省第三届文明行业称号，提前三年实现“十一五”行业文明创建工作目标。

**2. 丰富交通文化建设内涵**

为不断加强对外宣传报道和内部文化建设，省交通厅在紧紧围绕全省交通中心工作，整合调动各种宣传资源，先后创办了一系列宣传载体，进一步提高宣传工作的及效性，扩大覆盖面，增强影响力和渗透力。中国交通报社于1985年3月批准成立驻江西记者站，及时反映江西交通系统广大干部职工的精神风貌和交通改革开放的成就经验。1992年，经省新闻出版局批准，省交通厅创办了《江西交通报》，2003年，《江西交通报》改版成《江西交通》杂志，是全省交通系统两个文明建设和思想政治工作的重要载体。2008年，《江西交通》被评为全省综合质量优秀刊物。1981年3月成立厅史志机构，《江西省志·交通志》1997年荣获全国地方志奖一等奖，2001年、2006年江西交通年鉴分别荣获全国年鉴编校质量评比一等奖。2001年11月，江西交通信息网正式开通运行。截至目前，网站访问量680万人次，已成为宣传江西交通的重要窗口，在“江西省第三届优秀网站评选活动”中，江西交通信息网荣获一等奖。2009年，江西交通信息网荣获“2008年江西省10大优秀政务网站”。各级交通宣传部门坚持以优秀的作品鼓舞人，推出了一批健康向上的精神文化作品。“九五”以来，先后编辑出版了《闪光的铺路石》、《公路的脊梁》、《小康路上的先锋》、《路标》、《时代的英雄——记新时期交通职工的优秀代表熊文清》、《鏖战风雪保畅通——2008江西交通部门众志成城抗灾救灾纪实》等一批反映江西交通系统先进典型事迹的书；出版了《崛起高速路——江西高速公路建设五年决战的辉煌历程》、《崛起的脊梁》、《江西省农村公路比赛作品选》等大型宣传画册；制作了《龙腾赣鄱绘彩虹》、《典型示范的风采——景婺黄（常）高速公路建设巡礼》、《大路丰碑——江西公路系统两个文明建设巡礼》等光盘，全面记录和反映了我省交通建设的光辉历程和成就。

各级交通部门日益重视交通文化建设，注重丰富交通发展的文化内涵，积极组织开展群众性的文娱体育活动，呈现出领导支持，组织落实，因地制宜，形式多样的局面。交通文化社团蓬勃兴起，以省公路管理局、省高等级公路管理局为代表，成立并发展了江西省高速公路文学艺术联合会和江西公路艺术团、江西公路摄影协会、江西高速摄影协会等艺术团体。职工体育活动实现普及与提高并举，全省交通系统每年举办各项比赛活动达100多项次，全年参加健身活动人数达万人以上。省交通厅每二至三年开展一次全省“交通杯”男女篮球赛；先后组团参加了历届江西省运动会和“江西省首届机关运动会”，每次都被大会组委会评为群众体育先进集体，在江西省第十一届、第十二届运动会上连续两次荣获社会部（行业系统）金牌总数、团体总分、奖牌总数分别第一名的优异成绩。

## 三、核心透视：建国60年江西交通运输事业发展的源头活水

问渠哪得清如许，为有源头活水来。新中国成立后，江西交通运输事业之所以能一次次爬坡迈坎、高潮迭起，在全省经济社会发展中发挥重要的支撑和拉动作用，透视其核心原因，追寻其活水源头，不妨以“创新”二字概括其要——面对未来，审视当前，唯有坚持不断创新，才能解决新问题、满足新需求、实现新发展。

### （一）观念创新定出路

江西交通60年来的发展轨迹充分印证了一个道理：观念决定出路。只有坚持解放思想，转变观念，深化创新，才能从不合时宜的传统观念、思维模式中解放出来，从而，通过创新思路，破解发展难题。

#### 1.解放思想，科学发展，突出一个“好”字

“对接首先是交通的对接”、“大开放的江西需要构筑大开放的高速交通网”、“江西崛起，交通先行”。思想在解放，观念在更新，江西交通人站到了全省进一步解放思想、加快发展的前列。

发展要快，但这种发展必须始终行驶在科学发展的轨道上。为此，江西交通始终把握科学发展观的深刻内涵和基本要求，把科学发展观落实到交通事业的各个环节，贯穿于发展的全过程。

为增强交通发展的系统性、前瞻性和科学性，江西交通部门及时编制国家高速公路江西境内路线规划、江西省2020年高速公路网规划、江西省农村公路建设规划、江西省干线公路网规划等，指明了江西交通未来发展的

航向。

为使交通发展实现“以人为本”,江西交通围绕货畅其流、人便于行,出台了一系列扶持交通运输发展的政策措施,健全交通运输服务保障体系。同时,围绕提高交通行业公众服务水平,开展了全省高速公路命名、高速公路服务区综合环境质量整治工作,认真落实“绿色通道”畅通保障措施,对“绿色通道”车辆减免车辆通行费,对旅游汽车、出租车、大中型运输企业的交通规费给予优惠,带动了相关行业的加快发展。

为确保发展“全面协调可持续”,江西交通走资源节约性和环境友好型发展之路,做到交通建设与自然环境和谐统一。按照省委、省政府“生态立省、绿色发展”的战略部署,统筹人与自然和谐发展,大力推进绿色交通、环保交通和生态交通,开展了绿色生态公路建设三年专项行动,全面提高了绿色生态公路建设水平,达到公路景观与自然、人文景观和谐统一,为江西的青山绿水增添新的光彩。

为坚持“统筹兼顾”,江西交通深入实施统筹发展战略,促进城乡和经济社会协调发展。坚持“路、站、运一体化”的发展思路和建管养兼重的原则,把农村路、站、运建设作为交通工作的重中之重来抓,全面组织实施“十一五”期间加快农村公路建设的发展目标和具体措施,使农村交通建设有了新的突破。

**2. 抢抓机遇，率先发展，突出一个“快”字**

机不可失,时不再来。只有牢牢抓住历史机遇,才能不失时机地加快交通发展步伐,在改革开放的大潮中争得头彩。

“八五”时期,国家调整了产业政策,金融宏观调控适度从紧,大力压缩基本建设规模,优先发展交通能源等基础产业,加大了交通基础设施建设力度,交通建设获得难得的发展机遇。省交通厅审时度势,抓住机遇,积极工作,使优先发展交通的产业政策落到实处。与此同时,省委、省政府给予了极其有力的支持,若干具有重要意义的优惠政策相继出台,为“八五”期我省开始大规模的公路建设开辟了新的资金渠道。

20世纪90年代末,省委、省政府从全省经济发展全局出发,把加快公路建设作为贯彻中央扩大内需发展方针、保持经济较快增长的一项重要措施来抓,公路建设迎来了又一次发展良机。交通厅及时调整部署,研究提出了“九五”期后三年加快公路建设的总体目标和“三个加快”的工作思路,全面加快高速公路主骨架、国省道公路改造、县乡公路建设。在遭受特大洪涝灾害、资金严重短缺、项目储备不足的情况下,始终抓住加快发展这个核心,全力以赴夺取了公路建设三年决战的胜利,为新世纪实现交通跨越发展打下了基础。

近年来,国家从紧控制新开工项目,审批程序更加严格,在耕地、资源、水土保护、环境评议要求更高的情况下,交通厅党委主动适应新变化,抓住建设项目向中西部倾斜的机遇,积极主动地做好“十一五”期间重点建设项目的各项前期工作,使我省“十五”计划的几大项目迅速得到落实,为全省交通建设步入一个高起点、起常规发展的阶段奠定了基础。

2008 年国际金融危机波及影响到我国,中央采取积极有效的应对措施,加大投入,扩大内需,同时把高速公路特别是国家高速公路的省级对接路作为一个重点来建设。江西全力强抓政策机遇,及时调整建设目标。在高速公路建设方面,结合交通运输部安排及江西实际,对原 2008—2012 年高速公路建设目标进行调整,把原规划到 2012 年高速公路通车里程达到 3500 公里,调整为突破 4000 公里。到 2015 年,提前 5 年完成《江西省 2020 年高速公路网规划》中高速公路的建设。江西省交通运输厅在加快在建高速公路进度的同时,增强交通重点项目建设投入,着力加大新开工项目力度,争取前期工作靠前、项目指挥靠前、开工时间靠前。省委书记苏荣高度评价交通建设的巨大作用:“省交通运输厅的工作生机勃勃,卓有成效,对保持全省经济平稳较快发展贡献巨大,省委特别满意。”

(二)管理创新添活力

新中国成长的 60 年特别是改革开放 30 年的实践证明,管理创新不断为交通运输事业建设发展注入了新的活力。江西交通行业的发展,也始终是在不断打破旧机制,不断创建新机制的道路上一路走来。在实际工作中,江西各级交通主管部门努力找准管理创新的切入点和着力点,注重在加快政府职能转变,理顺交通管理体制,完善运行机制,提高交通管理效能和服务水平方面下工夫,在深入调查研究,认真制定配套政策,积极落实相关措施上下功夫,切实解决了交通发展中遇到的一系列重大问题,推进交通又快又好发展。

**1. 不断创新交通运输行业管理机制**

江西自有现代交通运输方式以来,省内地方交通行政管理是以地方直接管理为主。新中国成立以后,这种以地方管理为主的交通行政管理,长期以来实行高度集中统一的计经济管理体制,政企不分,条块分割,影响了企业和职工积极性的发挥。

十一届三中全会以后,江西省交通部门遵循改革开放的方针,对全省地方交通行政管理进行了一系列改革。从1982年开始,交通行政管理从抓直属企业转为抓整个交通行业,从直接抓企业和生产事务转为抓行政管理;完善了公路、公路运输、航务、航运、稽查征费五大专业管理体系。省交通厅内部机构也按照"两个转变"原则进行了相应调整。省、地、县、乡四级运输管理机构均属交通局的职能机构。这样便使政府交通部门的职能主要致力于统筹规划、政策法规、经济调节、监督服务等宏观控制上。

为加快推进政企分开,政事分开,企事分开改革,1988年,省交通厅从交通运输体制改革入手,将省属运输企业及其附属工业全部下放给地、市公路,并撤销省汽车运输公司和省航运公司,成立江西省公路运输管理局和江西省航运管理局,分别负责全省公路、水路行业管理。2009年,根据省委、省政府机构改革方案,组建了省交通运输厅,将原省交通厅职责、原省建设厅指导城市客运(含出租车行业管理)职责整合划入省交通运输厅,为加快构建综合交通运输体系,发展现代交通运输业奠定了基础。与此同时,在认真反复调研的基础上,经报请省委、省政府批准同意,成立了江西省高速公路投资集团,将全省高速公路统一划归投资集团经营管理,理顺了全省高速公路管理体制。在省航务局和省航运局基础上组建了省港航局,理顺了水运管理体制。组建了省公路路政管理总队,对全省高速公路路政工作实行统一管理,理顺了高速公路路政执法体制。将省稽征局和省道路运输管理局组建省公路运输管理局。交通体制改革的重大突破,为交通运输事业在新的起点实现又好又快发展奠定了坚实的基础。

依法行政和建设法治交通是构建交通行政管理新机制不可或缺的关键环节。通过近20年的地方立法,江西已基本形成公路水路交通法规体系框架。同时制定了加强交通基础设施建设、质量监督管理、工程定额管理、农村公路建设管理、公路养护管理和整顿规范运输管理秩序的规范性文件50余件。行政许可法颁布后,江西交通部门对行政许可事项和实施主体进行了清理和规范,省级交通部门实施的行政许可项目由原来的100多项精简为43项。

1978年改革开放以来,江西对公路建设管理由传统的计划经济管理模式逐步转向市场经济管理模式。1989年开工建设的南昌至九江汽车专用公路是江西公路建设中首次引入"菲迪克"条款,实行施工招投标制、合同制、工程监理制的项目,这种管理模式逐步在江西公路基本建设项目中推广实行,一直延续到上世纪末。进入新世纪,江西公路已全面推行了工程招投标和工程合同管理,建立了项目法人、项目及技术负责人责任制和全员风险责任制。在全面实行施工招投标的同时,积极推行设计、监理招投标,并试点推广BOT形式、项目代建制、设计施工总承包制、项目业主招投标制等管理模式。

2. 不断完善交通运输安全监管体系

安全生产工作,关乎人民生命财产安全,关乎社会和谐稳定,关乎交通发展大局。江西交通运输部门以对人民群众生命财产安全高度负责的精神,牢固树立以人为本、安全畅行的理念,坚持"安全第一、预防为主、综合治理"的方针,用科学发展观统领交通安全工作,进一步落实安全生产主体责任,进一步加强行业管理和执法监督力度,进一步深化交通安全专项整治,着力建设交通安全管理长效机制,为促进交通运输事业和谐发展创造安全稳定的环境。

各级道路运输部门大力推广GPS安全监控系统,省道路运输管理局建立GPS指挥中心,全省建立125个GPS运管三级监督平台,183家运输企业安装了GPS监控平台,全省7000多台营运客车和1800余台危货车辆安装了GPS车载终端;认真开展安全隐患排查整治,督促企业认真对照排查治理的内容,全面地排查各生产经营单位存在的隐患和认真进行治理及防范,并组织了交叉检查;积极主动进行沟通协调,开创运管、交警、安监三家联勤联动保安全的新局面,联勤联动,联合执法,共同保障道路运输安全,目前已经形成了惯例。新的安全监管模式使信息沟通更加顺畅,安全监管更具合力,在近几年的春运工作、客运超员专项整治等工作中取得明显成效。

20世纪八九十年代,江西水上交通安全监管装备十分落后。但"九五"时期以来,随着技术装备投入的逐步加大,这一状况在"十五"时期开始得到大大改善。截至2007年,全省拥有海巡艇81艘、快艇53艘,并购置了一批配备先进的内视频巡航自动监控检测系统、雷达自动导航系统、GPS自动全球定位系统等设施的海事搜救指挥艇。水域监控、水上搜救、海事设施和技术装备等四大系统已初步建成,应急救援等应用系统、安全监管、水上搜救和应急保障能力明显提高,基本上实现了安全监管系统化、应急反应快速化和行政执法规范化。目前,还正在重点建设全省水上搜救中心及鄱阳湖分中心、赣江(樟树—湖口)VHF安全通信、仙女湖与柘林湖区CCTV监控系统等工程。

**3. 不断强化交通运输党风廉政建设**

始终坚持创造性地开展党风廉政建设和反腐败工作是交通运输事业实现又好又快发展的重要保证。

全省交通系统在各级党组织领导下,坚持正确的政治方向,认真组织干部职工学习马列主义、毛泽东思想,尤其是邓小平理论和科学发展观,用正确的理论武装广大干部职工的头脑。中共江西省交通厅党委坚持中心组学习制度,重点抓好副处级以上领导干部的理论学习,提高各级领导干部的政治理论素质。通过举办理论培训班,组织报告会,座谈会等形式,推动着全系统理论学习持续开展。

江西交通反腐倡廉建设历经了恢复期、稳步发展期、创新完善期等阶段。1980年,省交通厅恢复党组、纪检监察机构,始终注重狠抓党风廉政建设和反腐败工作。

进入新世纪，省交通厅党委始终坚持两手抓、两手都要硬的方针，建立健全和严格执行党委议事规则，制定了《中共江西省交通运输厅委员会工作规则(试行)》、《江西省交通运输厅行政工作规则》，修订了《中共江西省交通运输厅委员会议事规则》、《江西省交通运输厅领导干部谈话制度》、《江西省交通运输厅党委委员谈心交心制度》、《中共江西省交通运输厅委员会中心组理论学习制度》等，对党委、行政的工作规则、议事规则、决策程序、落实措施等作出了明确规定，推进决策民主和管理科学，全面加强各级领导班子作风建设和干部队伍建设。

2003年以来，新设立的省交通厅党委十分重视党风廉政建设，以党的执政能力建设为重点，以预防和惩治腐败为抓手，着力加强党员干部的党性和作风建设，始终坚持标本兼治、综合治理、惩防并举、注重预防的方针，结合交通工作实际，着力构建具有交通特色的教育、制度、监督并重的惩治和预防腐败体系，创造性地开展反腐倡廉工作，构筑了交通系统反腐倡廉的长效机制。一是健全了机构。厅下属各单位均成立纪检监察部门，无机构的设有专职纪检监察员，为交通系统廉政建设提供了组织保证。从1989年昌九高等级公路建设开始，所有交通重点工程建设项目，设立党委和派驻监察机构——政治监察处，对交通重点工程建设实行全过程管理和监督，这一模式延续至今。二是制定交通基本建设管理规定，加强交通基础设施领域的廉政建设。1991年以来，制定《关于加强交通基本建设管理的若干规定》、《江西省交通厅实施建设工程招标投标监督办法》等规章。2003年，颁布全省交通系统廉政建设“六条禁令”，2008年改为全省交通系统廉政建设“八条禁令”，规范交通干部职工廉洁从政行为。2008年在全省农村公路项目建设中建立和实行监察巡查制度，2009年出台《江西省公路水运建设市场从业单位信用管理暂行办法》。三是建立完善了党风廉政建设和反腐败工作的领导体制和工作机制。充分发挥各级党委在党风廉政建设中的责任主体作用和各级纪委的组织协调作用，以完善责任体系为龙头，形成了党委统一领导、党政齐抓共管、纪委组织协调、部门各负其责、群众广泛参与的领导体制和工作机制，认真落实领导班子成员“一岗双责”制和责任考核制、责任追究制。四是开展专项整治活动。2006年开始，对交通领域商业贿赂进行专项治理，查处了一批违纪违法案件。同时开展了为期3年的基层所站作风整顿工作，重点整顿赌博、私设小金库、生活作风不健康这三大突出的作风问题，并在基层所站实行财务集中核算报账制度。五是交通纠风取得扎实成效。1996年，江西省荣获交通部、公安部、国务院纠风办公布的第二批实现国、省道基本无“三乱”的省份。1997年，交通厅监察室荣获“全国纠风工作先进集体”称号。2002年11月，江西省被交通部、公安部、国务院纠风办公布为全国第三批实现全省所有公路基本无“三乱”的省份。

为进一步扩大领导干部选拔任用工作中的民主，从源头上不断强化交通系统党风廉政建设，省交通厅积极探索人事制度改革新路子，引进激励竞争机制，大力推行干部公开选拔和竞争上岗。早在20世纪80年代，江西交通系统率先在干部人事管理中引进竞争机制，改干部委任制为聘任制。1988年，在江西省公路桥梁工程公司首次推行公开选拔处级领导干部，对公司经理职位实行公开选拔。20世纪90年代初，省公路管理局对局机关开展了优化组合、双向选择。2006年8月，省公路管理局面向局机关和直属单位，对5名局机关副处级领导职位进行竞争上岗。2008年，省交通厅制定《省交通厅直属单位部分空缺处级领导职位竞争上岗实施方案》，对江西省交通厅航运管理局局长、江西省交通工程质量监督站站长等空缺的正处级领导干部实行竞争上岗。

（三）融资创新借巧劲

俗话说，巧妇难为无米之炊。随着江西交通建设不断提速，特别是自“八五”时期开始启动大规模的公路建设，建设发展任务与资金总量不足的矛盾日益突出。经济发展，交通先行，但交通先行，钱从何来？手中缺钱的江西交通人，敢为人先，敢闯新路，他们以交通规费（收费）收入为依托，充分利用银行、证券市场和企业等新型融资平台，采用贷款，盘活资产，发行股票、债券，收费公路统贷统还等灵活方式，巧借东风，筹集了大量资金，基本满足了江西交通建设资金的需求。

一是挖潜。不断改善规费(费收)征费手段,增加规费(费收)收入。江西交通规费(费收)系统加大征费力度,不断增大规费(费收)规模。二是借贷。积极落实交通部(车购税)拨款和国内外银行贷款资金。在交通基础设施建设中率先引进银团长期贷款、银行信托贷款及农村公路政策性贷款等新的融资形式,已建成的高速公路共利用车购税投资 119 亿元、银行贷款 359 亿元。三是引资。通过招商引资吸引社会资金参与交通建设。1994 年,105 国道流芳坳至赣州段二级公路改扩建工程,首先采用了中外合资建设收费经营的模式,开创了江西省实行公路建设招商引资的先河。1997 年,我省第一次将省管收费还贷公路 320 国道玉山至东乡段、105 国道南康至信丰段分为三个项目实施收费权转让,为高速公路建设项目筹得资本金 7 亿多元,从而获得银行项目融资。此举为后续高速公路网建设筹融资奠定了基础。四是盘活。实行"以存盘现、以小盘大、以优盘劣"的方式,盘活现有公路资产,目前已置换国有资本金 13.5 亿元。五是融资。充分发挥厅下属的高速公路建设控股公司、赣粤高速公路股份有限公司、江西公路开发总公司等收费公路经营性公司的融资平台作用。通过证券市场进行配股、国有股减持、资产注入和发行公司债券、创新型证券化产品等手段,筹措公路建设资金。截至 2007 年年底,已累计融资逾 150 亿元。六是运作。通过灵活利用金融手段,降低贷款利率、压缩贷款规模;丰富融资品种,充分利用短期贷款、外汇置换等手段,节省财务费用;合理安排贷款资金到位,充分利用交通项目建设用款季节性和时间差,发挥沉淀资金的效用,压缩贷款规模。七是打包。建立省管收费还贷高速公路、普通公路项目与农村公路建设项目统贷统还机制,使收费还贷公路项目作为一个统一单元,提高整体的融资效能。

(四)科技创新上水平

科学技术是第一生产力,科学技术的每一次重大突破,都带来了发展理念和发展模式的重大变革。

新中国成立以来,江西交通科技工作大致可以分为三个阶段:一是前

17 年的初创阶段，二是“文化大革命”10 年的停滞阶段，三是改革开放以来的发展阶段。

新中国成立初期，江西交通科技工作，主要是围绕交通建设和运输生产进行技术革新，以解决生产建设中急切的技术问题。随着第一个五年计划的开展，交通部门的科技工作也获得较快的发展，交通厅所属的企、事业单位相继建立了内部技术职能机构，如设计室、技术科、检验科、材料试验室等。先后开展了木桥防腐、砂石路保护层、沥青路面试验、桥梁基础、片石拱桥、养路机械、拖挂运输、车船节能等项目的研究，并取得显著的成效。到 1966 年 5 月，江西交通科技事业已有了一定的基础。

“文化大革命”10 年，由于“左”的路线干扰，江西交通科技工作基本处于停滞状态。

1978 年，党的十一届三中全会确立了把党的工作着重点转移到现代化建设上来，为科技的发展带来了新的生机。江西交通始终走“科教兴交”之路，始终把科技工作和教育事业放在首要位置。他们以科研、新产品开发和新技术推广为重点，不断强化科技与交通的紧密结合，促进科技成果向现实生产力的转化，充分发挥了科技先导作用，有力地推动了交通运输事业的发展。他们以交通职业技术教育为重点，始终把教育放在优先发展的位置，时刻根据交通建设现实需要，创新教育形式，为经济社会和交通建设培养了大批优秀人才。

进入新世纪，江西交通人善于利用后发优势，在重视原始创新的同时更加注重集成创新和引进消化吸收再创新，在促进科技成果向现实生产力的转化方面取得了显著成效。2003 年以来，全省交通系统切实贯彻实施“科教兴赣、人才强省”战略，坚持“需求引导、科学统筹、重点突破、全面推进”的方针，针对交通生产建设、运输和管理中关键问题、难点问题和共性问题，多次组织开展科技攻关。截至目前，全省交通科技项目共确定科研计划 153 项，其中，3 项被列为交通部联合攻关科研课题，6 项列为省科技厅科研课题；46 项获得省部级以上科技进步奖，其中多项科研成果达到国内甚至国际领先水平，取得巨大经济效益和社会效益。如 2007 年完成的昌九技改工程项目,在施工中采用的“沥青混合料冷再生”技术,把本来要废弃的 54 万吨旧沥青用作铺筑路面的基层材料。该技术不仅实现了旧沥青 100% 的再利用,节约了资源,保护了环境,而且大幅降低了工程造价,一举填补了国内空白;《高速公路填砂路基关键技术研究与应用》开发的新技术,在我国首次成功采用河(江)砂直接填筑长达 46.5 公里六车道高速公路路堤,节约耕地 5000 余亩,取得近亿元的直接经济效益。

在江西交通现代化进程中,交通信息化发挥了不可替代的推动作用。60 年来,江西交通信息化建设从无到有,实现了质的飞跃。特别是“十五”以来投入达到 1 亿元,信息化建设明显加快。目前,省交通厅已建成机关局域网,开发的办公自动化系统在全省交通系统广泛应用。江西交通信息网总访问量已超过 680 万人次,开发各类信息应用系统 120 余项,其中的交通运输安全 GPS 监控系统统一平台,为全国唯一按省级规模集中式架构,已开通至三级运政管理部门;江西公路 GIS 公众出行辅助查询系统作为网上动态电子地图为全国交通类网站上的首创性应用。

## 四、激情展望:江西交通运输事业宏伟蓝图催人奋进

### (一)新起点,新希望

面对新形势,把握新机遇,应对新挑战,江西交通运输发展的总体要求是:坚持以邓小平理论和“三个代表”重要思想为指导,深入贯彻落实科学发展观,按照健全综合运输体系的要求,充分发挥交通运输优势,做好“三个服务”,加快交通运输的结构调整、升级和转型,实现科学发展、安全发展、和谐发展,推进我省交通运输现代化。

——根据调整后的高速公路建设目标,到 2012 年,江西高速公路通车里程将突破 4000 公里,高速公路网规划“三纵四横”主骨架全部建成,全省高速公路网络基本形成;到 2015 年,全省高速公路通车里程可达 4815 公里,提前 5 年完成《江西省 2020 年高速公路网规划》中的全部高速公路网的建设,将打通 28 个出省通道,实现 93 个县(市、区)通高速公路,为实现江西在中部崛起提供交通运输支撑。

——抓好全省“十纵十横”干线公路网规划的实施，以105、316、320国道改造为重点，每年完成改造800公里，实现国省道公路全部达到二级以上标准，主要省际出口路、设区市至各县区市、县至高速公路主通道达到二级以上标准。

——“十一五”后三年，农村公路硬化以每年1万公里以上，国省道改造以每年800公里以上的速度推进，力争到2010年全省全面实现建制村通沥青(水泥)路和建成600座以上大桥、消灭800个以上渡口，从根本上保障人民群众的出行安全。

——加紧推进农村客运公交化、城乡客运一体化，力争到2012年前基本形成“村村互通、乡镇联网、城乡互动”的城乡交通客运网络，为农村经济社会发展提供便捷的交通保障。

与此同时，进一步加大水运投入，加快水运建设，推进公路、水路协调发展，在全省基本形成“三纵四横”高速公路主骨架，干支相连、布局合理、具有较高服务水平的农村公路网，“十纵十横”干线公路网，“两横一纵”国家高等级内河骨干航道体系。

展望2020年，全省将形成通道能力充分、网络结构合理的干线公路网，实现所有的乡镇和建制村通沥青(水泥)路，并逐步实现农村公路的“网络化工程”。航道港口形成以国家高等级航道长江干线(江西段)、赣江、信江为骨架的布局合理、技术先进、管理科学、港航船协调发展的江西内河航运现代化体系。道路运输在综合运输体系中的主导地位进一步增强，与其他运输方式共同构筑布局协调、衔接顺畅、优势互补的现代化综合运输体系。

(二)时不我待，只争朝夕

“一万年太久，只争朝夕”。当前，正进入交通运输事业发展的关键时期。江西省交通运输厅认真贯彻省委、省政府通过抓项目实现保增长保民生保稳定的重大决策部署，精心组织，科学安排，上下互动，加强调度，抢抓机遇，扭住项目建设不动摇，千方百计抓“双抢”。今年年初以来，全省高速公路等重大项目投资增速势头强劲，投资拉动内需取得实效，建设规模前所未有。按照政府工作报告要求，省厅提出高速公路新开工项目保 10 争 11，加上续建项目 7 个、建成项目 1 个，今年安排达 18 个项目以上，全省一年同时建设 18 条高速公路是空前的。目前在建 706 公里，加上今年预计新开工 900 公里左右，全年建设规模将达到历史上前所未有的 1600 公里。省厅突出重点，全力以赴抢抓信贷资金和中央补助，全力以赴抓高速公路重大项目的推进，全力以赴抓事关民生的农村公路和渡改桥建设的推进，全力以赴抓一大四小和高速公路服务区整治的推进。全厅谋发展的干劲空前高涨，厅领导班子坚定不移地按照省委省政府的部署，以中央增加投入扩大内需为契机，抢抓机遇，强力推进，采取超常规措施，超强度工作，超负荷运转，以时不我待的紧迫感和赶超发展、科学发展的精神，在依法依规的前提下，勇于创新，并以机关效能年活动为契机，不让布置的工作在我这里延误、不让需要办理的事项在我这里积压、不让各种差错在我这里发生、不让形象在我这里受到影响，一个项目一个项目推进，一个环节一个环节盯紧，一个难题一个难题协调，明确责任人、细化时间节点和要求、现场观摩、进行考核并通报，全厅已形成“项目跟踪不落实睡不着、问题不解决坐不住、项目不落地心不安”的干事创业氛围。

加快交通重点基础设施建设是省委、省政府应对全球金融危机、确保经济平稳较快增长的重大举措。虽然任务重、难度大，但是江西交通人完全有信心，在省委的领导下，在各级党委、政府和部门的大力支持下，继续保持当前发展的良好势头，牢牢抓住机遇，创新工作，扎实推进，规范运作，对尚未完全完成国家和有关部门审批的项目，进一步抓紧跟踪落实，争取今年拟开工项目尽早落地，尽早开工，尽快形成实物工程量。同时精心操作好机构改革、体制改革、公路税费改革，加强安全建设、效能建设、廉政建设，提高交通运输为“三保一弘扬”目标服务的水平，为富民兴赣、加快江西崛起作出积极贡献。

欲建设大开放的江西，必先构筑大开放的交通。站在新的起点上，江西交通人将在交通运输部和省委、省政府的正确领导下，高举中国特色社会主义伟大旗帜，全面落实科学发展观，进一步增强机遇意识、危机意识、争先意识,只为成功想办法、不为落后找理由、不把困难当借口、不唯条件论成绩,形成想干事、会干事、干成事、能共事、不出事的干事氛围,以怕耽搁了事业、怕耽搁了大事、怕耽搁了项目推进、怕耽搁了群众利益的精神和蓬勃向上的朝气、开拓进取的锐气、不畏艰险的勇气,推进交通建设、养护、管理、服务一体化发展,促进江西交通运输事业全面协调可持续发展,为全面建设小康社会和实现江西崛起新跨越的宏伟蓝图而努力奋斗。

# 沧海桑田三十载 一日千里看交通

程 翔

在人类历史的长河里,30年的时光,只是弹指一挥间。中华文明五千载,悠悠多少30年?在过去的数不清的30年中,我们的祖先创造过无数的文明成果,书写过无数的光辉史诗。我们曾为之骄傲,为之自豪。但是,纵横上下五千年,我们可以更加自豪地宣称,十一届三中全会以来的30年,是中华民族历史上前进步伐最快,取得成果最多的30年;是我们一扫近代中国百年屈辱,逐步崛起于世界民族之林的30年,是振兴中华的梦想得以实现的30年。

30年的求索,30年的奋斗,一个经济繁荣,社会和谐的中国正在迅速崛起。历史告诉我们,是1978年的十一届三中全会引来了改革春风,开启了改革开放的历史新时期,中国驶进了一个高速前进的快车道,从那时起,中国共产党和中国人民以一往无前的进取精神和波澜壮阔的创新实践,谱写了中华民族自强不息、顽强奋进的壮丽史诗,中国产党的面貌,社会主义中国的面貌,中国人民的面貌发生了历史性的变化。

诚然,我们离世界发达国家仍有差距,改革的路上有曲折也有艰难。然而,沧海横流,方显英雄本色。从南水北调到西气东输,从三峡工程到青藏铁路,从神州飞天到嫦娥奔月,一个又一个的壮举、一个又一个的奇迹,改革开放所释放出的巨大能量让中华民族在复兴之路上破浪扬帆。从香港回归到澳门回归,从举办亚运会到举办奥运会,从抗击非典、抗雪救灾到抗震救灾,正是由于改革开放所带来的雄厚的物质基础和不断增强的综合国力,让古老的中华民族能够挺起胸膛,融入世界潮流与先进文明之列,从容应对肆虐的天灾。

改革开放 30 年,也是江西省公路建设发展的 30 年。国省道公路实现砂石路改油路、水泥路与基本达二级以上标准的目标,高速公路从无到有、不断跨越发展、基本完成主骨架建设,农村公路突飞猛进、日新月异,公路交通实现了质的飞跃,公路路网布局日臻完善,公路通达深度大幅提升,通行能力明显改善,全省公路交通条件由瓶颈、制约实现基本适应国民经济与社会发展需要。

1979 年开展的公路普查显示,全省公路总里程 29600 公里。1981 年 11 月国家计委、经委颁发了《关于划定国家干线公路的通知》,全面划定 70 条国道,其中经过江西境内有 6 条长 3474.238 公里。1983 年江西省划定省道 91 条长 6070.34 公里。

1978 年至 1989 年年底,江西省先后完成了 105 国道南昌至龙南中村坳段,320 国道玉山太平桥至上饶等 4 个区段二级公路建设,对 206、316 等 4 条国道也进行了规划,共建成国道二级公路 756 公里。为了尽快改变江西公路落后面貌,1988—1990 年按照"一年缓解,三年改观"的要求,全力改建公路,三年共完成新、改建公路 904.89 公里,其中高级、次高级路面 839 公里,明显改变了江西公路的面貌。1985—1989 年利用第一批世界银行贷款修建农村公路;1985—1991 年国家拨粮、棉、布和工业品补助贫困地区修建设公路;1987—1990 年交通部专款补助井冈山革命老根据地公路建设。全省共利用世行贷款 521.77 万美元,修建农村公路 15 条 287.58 公里;国家拨粮、棉、布和以工代赈新、改建公路 2543.37 公里,革命老根据地公路建设 22 公里,有效地改善当地人民的生产与生活条件。

进入 20 世纪 90 年代,江西经济快速发展,公路建设也取得较快较好发展,历经"缓解"、"改观"、"快速推进"三个时期,进入以高速公路为代表的现代化交通发展新阶段,国省道公路继续加快提等升级,高速公路启动建设并快速推进,农村公路路面硬化不断加速,江西公路的发展提升到一个新的水平。

国省道干线公路加快提等升级。1990 年—2000 年在巩固三年公路建设大包干成果的基础上,江西省委省政府出台相关政策措施,不断加快公路建设步伐。全面推行公路改造模式,实行省、地联合建设。1998 年,抓住国家实行积极财政政策的机遇,江西省政府下发了《加快江西省公路建设的实施意见》,实施公路建设三年决战,改建公路连年在 1000 公里以上。先后完成了部分国道二级公路改建,建成了昌抚等一批省重点工程,完成国、省道投资 108.8 亿元。到 2000 年底全省基本形成以 105、206、320、323 国道为骨架的井字型高等级干线公路网。

高速公路快速推进。1989 年南昌至九江汽车专用公路开工建设,1993 年建成通车,1996 年完成昌九公路拓宽改造,江西省拥有了第一条高速公路。至 2000 年年底,江西省高速公路通车里程达 421 公里。

“十五”以来,江西省紧紧抓住国家加大基础设施建设投资的战略机遇期,围绕江西在中部地区崛起和全面建设小康社会的战略目标,主攻高速公路、农村公路建设主战场,加快国省道、旅游公路、战备公路建设步伐,投资规模快速增长,建设速度持续提速,成为江西省公路建设规模最大、速度最快、质量最好的发展阶段,实现历史性跨越。

2003—2007 年,高速公路以平均每年 300 多公里的速度快速增长,5 年建成里程是前 14 年总和的 2.3 倍,在全国排位由 2002 年的第 15 位跃居第 9 位。农村公路硬化也跨越 6 万公里台阶。

今天,回眸改革开放 30 年的历程,既为国家取得的成就感到骄傲,同时也深感肩上责任的重大,作为祖国发展的中坚力量,青年人唯有加倍努力,以更加坚定的信念,更加豪迈的气势,坚持跟党走,坚持改革开放,把理想融入行动,爱岗敬业,务实奉献,为民族的富强、繁荣、和谐贡献自己的青春热血。

# 道路与梦想

熊　艳

改革开放30周年,公路的变化一直伴随着改革开放的推进而发展。

儿时的印象,路就是田埂小路与羊肠小道,“晴天出门一身灰,雨天出门一身泥”。一件漂亮的衣服也只能在家独自欣赏,不敢出门示人。那时候的梦想就是出门有条整洁宽敞的马路。路上没有灰尘,没有泥水,一直通向县城,通向更远的地方。

伴随着梦想,改革开放的春风吹遍大江南北,全国上下到处发生着巨大的变化,从沿海到内陆,从城市到农村。

几年前,我们家门前的田埂小路修成了大街,到县城的羊肠小道变成了宽阔的昌万公路。以前四、五个小时的车程到现在缩短到了一小时,方便了经商、工作、探亲的人们。落后的乡村也和省城接轨,发展得很快,人们在分享着改革带来的成果,享受着改革带来的便利。

五年前,我也和高速公路结下不解之缘,在梨温高速成为一名普通的收费员,在一个平凡的岗位,做着平凡的工作,却有着许多不平凡的人与许多感动的事情影响着我,给我这份岗位增添很多色彩,点点滴滴引以为豪。身为梨温人,我的职责就是把工作做得更细一些,对过往的车主更耐心一些,让交通更便利一些,让在路上仍牵挂着家人与被家人牵挂的驾驶员朋友们感到更温馨,使改革的春风温暖到每一位司乘人员的心中。

30 年后的今天，一个又一个宏伟计划交替闪烁在电脑屏幕上，一条又一条高速公路马不停蹄地追逐着车轮的速度，一次又一次将社会主义经济建设推向前进。

“雄关漫道真如铁，而今迈步从头越”，在纪念改革开放 30 周年的时刻，我们更欣喜地看到，我们的党始终牢记神圣使命，在新的历史条件下，继续把改革开放伟大事业推向前进。

# 交通改革推动高速公路发展

何　贞

“人事有代谢,往来成古今”,时间在我们身边恍然而逝。蓦然回首,改革开放已经走过30年的发展历程,而这30年,也正是我省交通事业发生翻天覆地变化的30年。

从“八五”时期的零公里,到2007年底全省高速公路通车总里程突破2000公里,江西高速公路建设一路高歌猛进,飞速发展,成为改革开放30年来江西发展变化最大的亮点之一。

这里,我们从梨温高速公路建设折射改革开放的伟大成果,也许挂一漏万,微不足道,但在我眼中这是江西交通长足进步、改革开放成就的一个缩影。作为与改革开放同龄的一代人,我所经历的一切是改革开放所取得辉煌业绩的最真实记载:我不能理解父辈们所说的路就在脚下,我就觉得敢问路在何方?

“大交通,大建设,大发展”,信息决定思路,思路决定出路。思路历史,历史不会忘记,梨温高速这片土地在改革开放前,山峦又叠嶂。2000年12月28日,梨温高速公路破土动工。梨温高速公路建设者创造了一个“梨温速度”。2002年12月28日,梨温高速公路从赣鄱大地上破壳而出,梨温高速公路建成通车,奏响了全省人民解放思想、勇于创新、万众一心、奋力拼搏的时代强音,展示了江西人“求新思变、开明开放、诚实守信、善谋实干”的新形象。

江西交通的改革开放促进了梨温高速文明服务水平的创新，从收费时以机器报价转变为手势与语言相结合的人性化服务给司乘人员带来好评如流。增设便民设施，沿线服务区加以改造，把“金杯银杯不如老百姓的口碑”作为发展的导航，更把为民谋福，为民谋利真真切切地落到实际行动上。从路政、养护到维修，各项制度的完善与改进，使公路维修规范化作业程度和维修质量不断提高，促进维护工作理念从“畅洁绿美”到“畅安舒美优”，从“人车为本”、“精细化养护”到“全寿命周期成本”等不断进步。

改革开放的脚步促进了梨温高速精神文明建设成果丰硕，出现 2006 年度中国骄傲英雄人物熊文清之后，有许许多多熊文清式的先进典型在梨温高速涌现出来。如给沿线各地敬老院的孤寡老人送去温暖、给流浪的小孩找到家人以及对困难家庭开展阳光助学活动、为失主找回丢失的贵重物品、为过往的司乘人员排忧解难，为车主挽回重大经济损失、为四川灾区的重建捐献一次又一次的爱心等等。当全省遭遇 50 年一遇的灾害性冰冻雨雪天气时，梨温沿线村落在外务工人员面对亲人翘首企盼的目光，不得不考虑留在异乡过年之时，梨温高速广大干部职工斗风雪、战严寒，昼夜奋战，确保了他们返乡之路——梨温高速公路的安全畅通，并给所有的司乘人员送上水和干粮，让他们平安回家。乘着改革开放的春风，梨温精神传遍千家万户，梨温高速抵抗天灾人害的综合实力显著增强。

荡然回首，梨温高速发展六年了。正是改革开放 30 年的后六年，六年来梨温高速发生翻天覆地的变化，这是公路人呕心沥血、无私奉献，挥洒汗水，忘我拼搏的结果。如今徜徉在梨温高速路上，注视着来往如梭的车辆，一辆辆形形色色的轿车飞驰而过，一辆辆满载货物的运货车，载着各种设备的施工车、架线车、插满鲜花的接喜车、高歌猛进的广告车、宣传车等各种各样的车辆，比肩接踵、车水马龙、川流不息。触景生情，有说不出的高兴和自豪，同时也有一种感人的成就，一种收获的喜悦！

当岁月的脚步又一次迈向灿烂的明天，身为梨温人，面对昨天，我们身怀感恩之心，铭记前辈们努力拼搏的光辉历程；立足现在，我们深感责任重大，继承前辈们艰苦奋斗的精神，立足工作岗位，为推进梨温高速事业贡献自己的力量；展望未来，我们信心满怀。坚信在梨温人的共同努力下，梨温高速会有更加灿烂的明天。

# 科学发展60年　齐鲁交通铸辉煌

山东省交通运输厅

60年来，山东交通风雨兼程，以解放思想为先导，以改革创新为动力，抢抓机遇，奋发进取，顽强拼搏，交通基础设施建设连续取得突破，管理与服务水平不断提升，山东交通面貌发生历史性深刻变化，取得了令人瞩目的成就，在全省乃至全国树立起品牌，成为展现山东形象的重要标志之一。

## 一、公路建设实现新跨越

新中国成立之初，山东交通基础薄弱、百废待兴。在15.24万平方公里的土地上，能正常通行汽车的公路仅有3152公里，其中绝大部分为土路，晴雨通车里程仅为65公里。60年来，山东公路发生了翻天覆地的变化。“山东的路”成为全国流传最广赞誉山东的话题之一。

### （一）公路现代化水平显著提升

随着经济社会的快速发展，山东公路建设迈入了普及与提高并重、以提高为主的发展阶段，公路建设被摆在了全省优先发展的战略位置。山东省委、省政府明确提出“交通必须先行,交通必须打通,交通必须适应”的指导思想,并相继出台了一系列政策措施,对公路建设实行重点扶持。各级政府高度重视、统筹规划,广大人民群众大力支持、无私奉献,交通部门解放思想、抢抓机遇,全省公路建设不断跃上新台阶,整体水平显著提高。到20世纪80年代末,山东公路建设规模和等级都已名列全国前茅。进入20世纪90年代,全省公路通车里程更以每年3000公里的速度迅猛增长。2005年,全省各市驻地到各县(市、区)实现由二级以上公路相连,100%的乡镇和99.8%的行政村通达公路。在2005年的全国干线公路养护与管理大检查中,山东省获总评分、高速公路和普通干线公路三个第一名。截至2008年底,全省公路通车总里程达到22.1万公里,一级公路6353公里,二级公路23836公里,二级以上公路里程居全国第一位。全省形成了以高速公路为主动脉、以国省道为经络、以农村公路为毛细血管,干支相连、纵横交错、四通八达、畅安舒美的公路交通网络,为全省经济社会发展和改革开放提供了强力支撑。

### (二)高等级公路网基本形成

20世纪90年代初,山东省实行了以高速公路为主的高等级公路建设的战略转移。1993年首条高速公路——济青高速公路建成通车。90年代中期后,山东高速公路以每年新增300公里的速度延伸,在全国率先实现了1000公里、2000公里、3000公里三次历史性突破,2002年在全国率先实现了“市市通高速”。用了不到十年的时间,走完了西方发达国家几十年的发展历程。其中高速公路4285公里,120个县(市、区)通达高速公路,通达率达86%,全省半日生活圈基本实现。一个以省会济南为枢纽,贯通各市、连接周边省份的“五纵四横一环”高速公路网主骨架初步形成。实现了新建高速公路同步开通联网收费系统的目标,高速公路联网里程达4056公里。

### (三)农村公路实现村村通

农村公路是农村经济社会发展的重要支撑。进入20世纪80年代,在国家加快贫困地区公路建设方针的指导下,山东省政府拟定了《帮助沂蒙山区尽快改变面貌的意见》,交通部门迅速行动,打响交通扶贫战役。1992

年11月,沂蒙山区第一条大通道,全长163公里的沂蒙公路全线通车。经过10年的扶贫公路建设,到1994年,革命老区临沂全市实现乡乡通公路(其中92.8%通油路)。自2003年起,按照省委、省政府部署,全面实施了村村通油(水泥)路工程。截至2008年年底,农村公路通车里程达到19万公里,行政村通油路比例达到96.3%,村村通客车比率达到99.7%。山东农村公路网络干支相连、脉脉畅通,全面改善了农村出行条件;广大农民兄弟告别了昔日晴天一身土、雨雪天一身泥、泥泞坎坷、难进难出的道路交通状况,走上了全面建设小康社会的康庄大道。

山东公路事业的蓬勃发展,圆了山东人民世代的梦想,铺就了山东经济腾飞的通天大道。2003年12月12日,中共中央总书记、国家主席胡锦涛同志来山东视察时对山东公路建设给予了高度评价,指出:"山东基础设施建设步伐加快,一批交通、通信、能源项目相继建成,特别是公路建设突飞猛进,成为全国公路最发达的省份之一。"

## 二、港航整体实力显著增强

山东大陆海岸线长3100多公里,位居全国第二位。其中2/3岸线属基岩湾海岸,岬湾相间,具有优越的建港条件,深水岸线多达228公里。新中国成立60年来,山东港航随着中国经济发展而跨越发展,港航综合实力居全国第四位,95%以上的外贸进出口货物通过海上运输完成,为全省国民经济发展,特别是外向型经济发展作出了突出贡献。

### (一)沿海港航基础设施建设快速发展

新中国成立初期,山东只有8处沿海港口,内河通航里程仅有793公里;经过60年的建设与发展,拥有对外开放一二类港口(港区)25个,生产性泊位440个,其中万吨级以上深水泊位171个,初步形成了以青岛、日照、烟台港为国家主要港口,以威海港为地区性重要港口,以潍坊、东营、滨州等港为补充的现代化港口群,成为长江以北唯一拥有三个亿吨大港的省份。

### (二)港航生产大幅度跃升

山东沿海港口吞吐量1995年突破亿吨大关。进入21世纪以来,沿海港口吞吐量更以平均每年超过5000万吨的速度增长,2002年以来先后突破2亿吨、3亿吨、4亿吨;2008年山东沿海港口吞吐量突破6亿吨,达到6.58亿吨,一个月完成的吞吐量就相当于1978年全年的1.7倍。山东从新中国成立到沿海港口吞吐量突破1亿吨用了46年时间,从1亿吨到突破2亿吨用了7年时间,从2亿吨到突破3亿吨用了2年时间,从3亿吨到4.7亿吨用了22个月,而从4亿吨到突破5亿吨只用了短短1年时间。集装箱、铁矿石、滚装运输从无到有,集装箱2008年完成1321万标准箱。

(三)京杭运河山东段成为黄金水道

新中国成立时,全省内河航道等级普遍偏低,京杭运河山东段只能通航50吨以下的驳船、木帆船。经过60年的改造和疏浚,山东内河现有航道2364公里,通航航道1012公里,其中高等级航道400公里。济宁至台儿庄段171公里的主航道,全部改造为三级航道,大部分航段已达到二级通航能力,内河重要支线航道及进港航道都升级为高等级航道,1000吨级船舶可由济宁区域南下达江入海;沿线17处港口的177个泊位,形成了2500万吨的吞吐能力。内河港口自2002年突破1000万吨后,也先后突破了2000万吨、4000万吨,2008年完成5058万吨。

(四)港航服务保障体系日益繁荣

加快结构调整步伐,先后建立了一批大型船公司、港埠企业和服务企业;随着外资的进入,国外办事处、外资公司也迅速发展。至2007年年底,全省已拥有水运、港埠企业1046家,其中运输企业254家、国际船舶代理企业262家、无船承运人141家、船舶管理企业110家,港埠企业278家。积极推动港航现代化、信息化建设,将计算机技术广泛应用于港航管理、数据交换、生产调度、监督监控、装卸操纵等方面,港航生产和管理能力大幅提高,一大批技术指标达到世界先进水平,不断适应了现代管理的发展要求。

## 三、运输经济实力不断壮大

新中国刚成立时,山东道路运力状况与运量需求间矛盾十分突出,全省仅有2700多辆民用汽车,而从事公路运输的只有1800多辆,寒酸的汽车站点甚至租用民房，或借用庙宇、祠堂。60年来，山东公路运输市场逐步开放，各种形式、各种经济成分的运输组织蓬勃发展，国营大中型运输企业进入市场，省、市、县、乡四级运政管理机构和市场管理规则循序健全，一个多种经济成分、多种形式、多家经营，开放活跃的道路运输市场基本形成，在综合运输体系中发挥了主导作用。

（一）综合站场网络体系初步形成

新中国成立特别是改革开放后，山东不断加快了客货运场站建设步伐，对县级以上汽车站逐步进行改造，不断完善运输场站服务功能。进入20世纪90年代以来，按照设施现代化、管理智能化、服务人性化、功能综合化的目标，启动和完善了济南、青岛、烟台、淄博等12个国家公路运输枢纽的规划及建设，统筹安排了区域中心城市和县级客货站场及农村客运站项目建设。大力推广乡镇客运站"站所合一"、"四位一体"等建设模式，2004年以来共建设、改造乡镇五级以上客运站447个，建成6.5万个行政村招呼站、候车棚、站牌，全省拥有等级客运站的乡镇占到全部乡镇的三分之一，行政村通客车率达到99.2%，为农民群众创造了良好出行环境。截至2008年底，山东省等级客、货运站分别达到989个和488个。初步形成了以济南、青岛、烟台三个国家公路运输枢纽为核心，以省级集疏运中心为枢纽，以区域重点城市为中心，以乡镇客运站为节点，以农村停车点为末梢，集疏便捷、辐射城乡的综合站场网络体系。

（二）运输装备水平不断提高

60年来，随着运输市场的放开，道路运输车辆迅猛增长。全省营运机动车达到119.7万辆，其中营运客车11.1万辆，营运货车108.6万辆，客运班车高、中、普比例调整为22.3∶38.1∶39.6，重型货车、厢式货车分别达到12.6万辆、8.6万辆。

（三）道路客货运量迅猛增长

60年来，通过大力提高运力装备水平，全面加快公路运输场站建设，不断调整运输组织和经营结构，积极推进信息化建设，山东省道路客、货运输发展迅速,客货运输量大幅度增加,公路运输市场空前繁荣。自1991年以来,在全省社会新增旅客运量中,道路客运量占到99%;自1995年起,客运周转量占全省总客运周转量的比重也已超过50%。尤其进入21世纪以来,客货运量更是一年一个大台阶。2004年道路客、货运量突破"双十亿"。2008年共完成公路客运量20.59亿人次、货运量21.66亿吨,突破"双二十亿吨"。

## 四、行业管理体系日趋完善

新中国成立60年来,北京省交通管理由高度集中的计划管理、计划指导与市场调节相结合,逐步向运用市场机制调控转变,建立了市场经济条件下交通管理新机制。全省逐步建立和完善了交通四级行政管理体制,形成了路政、运政、航政、港政、交通稽查和水上交通安全为主要职能的交通行业管理体系。交通管理的重点放在统筹规划、掌握政策、信息引导、组织协调、提供服务和监督检查上,管理方式实现了由直接管理为主向间接管理为主转变,由抓直属为主向抓全行业管理为主转变,由单一的行政管理手段为主向综合运用法律、经济和行政手段转变。

### (一)依法管理、依法行政取得重大成果

1991年7月,全省首次交通法制工作会议在养马岛召开,确定了"一手抓建设和改革,一手抓法制"的方针,山东交通依法管理进程正式启动。全面加强交通法制建设。针对行业管理中存在的矛盾和问题,研究制定相应的法规、规章,健全法规体系,完善市场规则,依法规范交通市场,强化行业管理手段。认真贯彻实施了《中华人民共和国公路法》等国家法律法规,先后提请省人大颁布实施了《山东省道路运输管理条例》、《山东省公路规费征收管理条例》、《山东省高速公路条例》、《山东省水路交通管理条例》、《山东省农村公路条例》,提请省政府制定出台了《山东省旅游船舶安全管理办法》、《山东省关于加强水路安全管理的若干规定》、《山东省渡口管理办法》、《山东省航道管理办法》、《山东省水路运输安全管理办法》、《山东省超员和超限运输车辆管理办法》、《山东省港口管理办法》、《山东省渡运

管理办法》等政府规章，为交通依法行政奠定了坚实基础。加强法制宣传教育，积极推进普法进程，在全行业广泛深入学习宣传国家基本法、市场经济法及交通专业法规，增强了广大干部职工的法律意识、法制观念和依法办事的自觉性。加大依法管理力度，强化执法监督检查。以法律为武器，果断处置 104 国道济泰段合作纠纷和烟威高速公路转让经营权问题，有效维护了国家权益和山东形象。加强交通执法队伍建设，建立交通系统行政执法人员全面培训、考试和持证上岗制度，全面推行交通行政执法责任制、执法质量评议考核制和执法公示制等制度，切实提高了依法行政水平。

(二)行业监管有效加强

全面加强安全生产工作，制定实施了一系列加强交通安全生产工作的规定、规范、标准，完善各类应急处置预案，逐步健全安全生产责任体系，深入开展以海上客(滚)运输、内陆水域客渡、道路客运、化学危险品运输、公路安全保障、厅直单位消防为重点的专项整治活动。推进党风廉政建设，认真落实党风廉政建设责任制，突出加强重点领域、重要环节廉政建设和反腐败工作，树立了山东交通清正廉洁品牌。在全系统大力推行以规范化、标准化、集约化、人本化为主要内容的“四化”管理，不断增强管理的针对性和有效性，打造交通管理品牌和亮点。加强规费征收管理，规费收入连年保持高比例增长，为交通建设提供了有力的资金支持。依法加强路政管理，开展路域环境治理，在全国率先开通 96660 路政服务电话，综合服务水平不断提高，路产路权得到有效保护。加大了运输和建设市场管理力度，严把市场准入关，严厉打击倒客、宰客和工程非法转包、分包等行为，促进了交通市场“统一、开放、竞争、有序”格局的形成。

(三)治理车辆超限超载成效显著

2003 年年底，山东省在全国率先开展了集中治理车辆超员超限行动，国家八部委统一部署后，全省又进一步加大了治超力度，先后多次组织开展大规模集中整治活动，始终保持了路面执法的高压态势。建立完善交通、公安联合治超工作机制，各市普遍建立了联合执法队伍。货物集散地派驻监管制度在全省逐步推广，道路运输源头治理得到加强。全省联网高速公路全部实行计重累进加价收费。经过集中治理,超限超载车辆所占比例从治理前的80%以上下降到10%以下,严重超限超载得到有效遏制,道路安全状况、交通秩序明显改观,通行效率有较大提高。

## 五、科技教育成果卓著

新中国成立60年来,山东交通始终坚持科教振兴交通战略,不断加强科技力量建设,加大人才培训和引进力度,为交通发展提供了强有力的技术智力支持。

(一)交通科技进步成效明显

随着交通基础设施建设的步伐加快,山东交通科研发展的步伐也相应加快。1995年党的十四届五中全会确立了"科学技术是第一生产力"的战略思想,省交通厅召开全省交通科技教育工作会议,明确提出加快实施"依靠科教振兴交通"战略。不断加大科技经费投入,由改革开放初期的几十万元,增加到2000年的800万元、2008年的1800万元;2005年企业自筹资金达到8000余万元,2008年自筹资金投入超过1亿元。科技项目由原来的不足50项增加到2008年的80余项。山东交通将科技工作面向交通建设主战场,以满足公路水路交通发展扩充能力、提高质量、降低成本、改善服务、保障安全、缓解制约的需要为出发点,改善科研条件,壮大专业技术人才队伍,深化技术交流与合作,创新能力不断增强。在公路沥青路面技术、黄泛区基层处置技术、公路工程灾害预防与治理综合技术、公路养护关键技术、港口航道工程设计及建设技术等一批关键技术取得重大突破;同时加快先进技术成果推广应用,科技进步对交通发展的贡献水平不断提高,科技对交通发展的引领与促进作用充分发挥。据不完全统计,30年间共完成厅级以上科技计划项目1000余项,评选出厅科技进步奖261项,共有171项成果获省部级科技奖励,10项获国家科技进步奖,这些先进技术的研究应用,有力推动了全省交通现代化进程。

(二)交通信息化建设稳步推进

把交通信息化与高速公路、现代化港口、高速客运、现代物流一同作为代表交通先进生产力发展要求的五项重要内容，作为交通建设的重中之重。大力推进以“三网一库”为基本构架的交通电子政务建设，实现了省厅与17市交通局（委）、厅直专业局互联互通，构建了全省交通信息化建设基础支撑平台。结合交通运输部信息化建设示范工程“省级交通信息资源整和工程”建设，基本建成了以车辆、船舶、路网、航道、港站、组织机构、建设项目、科技项目、行政、人员等十大主题数据库为基本内容的全省交通信息数据资源中心，面向全行业提供数据支持。建成并投入使用全省高速公路信息管理系统、部信息化建设示范工程“公众出行交通信息服务系统”、全省交通视频会议系统等一批先进信息化工程。此外，公路、运输和港航等管理部门针对各自业务开发建设了公路规费征稽网、道路运政网、水上运政网、港口信息网、稽查信息网等，运行良好。立足交通实际，开发应用了各类重点业务信息系统。厅机关、厅直专业局和各市交通局（委）均开发应用了OA系统，有效提高了办公效率。基于全省交通专网，开发了来访管理、交通行政执法综合管理、农村公路改造工程信息管理、审计工作管理、交通行业人才管理、交通行业教育综合管理、生产事故管理、治理公路三乱等二十多项业务系统，应用效果良好。全省高速公路实现新建高速公路同步开通联网收费系统的目标，继续在全国保持领先地位，取得了巨大的经济效益和社会效益。

（三）交通教育发展成绩显著

60年以来，紧密结合交通发展实际，深化改革，调整结构，全面加强人才引进和交通职工培训，大力发展交通职业教育，取得了显著成绩。仅“十五”时期，全省交通系统累计培养各类专门人才2.4万人，累计培训各类干部职工30.9万人次。目前，全省交通拥有各类专门人才16.3万人，占职工总数的60%，比改革开放之前的1977年增长10.9倍。加强交通各类院校建设，扩大办学规模，改善办学条件，调整办学方向，全省交通各类学校发展到54所，28个专业，在校生达到2.3万人，培训规模发展到1万人，初步形成了专业学科齐全，层次结构较为合理，基本适应交通发展需要的交通教育体系。

## 六、精神文明建设成果丰硕

新中国成立以来,山东交通事业大发展的历程,也是行业精神文明建设不断推进的过程。全省交通系统各级党组织始终坚持两手抓、两手都要硬,行业文明程度不断提高,树立了山东交通良好形象。

### (一)创建文明行业成为交通两个文明建设的总抓手

把创建文明行业作为交通系统实践“三个代表”重要思想、落实科学发展观的重要环节,在大力弘扬先进文化的同时,加快发展交通运输生产力,最大限度地满足人民群众日益增长的运输需求,使精神文明建设和物质文明建设有机融合在一起,真正做到了相互促进、共同提高。把创建文明行业纳入交通发展总体规划,做到创建工作长期有规划,年度有计划。切实加强组织领导,层层成立创建文明行业领导小组,落实机构和人员,坚持和完善“一把手两手抓”,班子成员分工抓,党政工团齐抓共管的组织领导体制,形成了创建合力。积极探索创建模式,由点到线,由线到面,点面结合,整体推进,使创建文明行业工作不断向纵深发展。健全完善规章制度,先后研究制定了《山东省交通系统创建文明行业标准》、《检查考核评比办法》、《创建文明行业考评实施意见》及文明示范“窗口”93 项优质服务标准和 43 项保证措施等,健全了文明创建考核机制、内外监督制约机制、投入机制等。

### (二)文明创建活动丰富多彩

在全系统广泛组织开展了各种形式的文明创建活动,公路系统、道路运输系统、港航系统及市县交通局都结合各自实际,细化深化创建内容,努力增强创建工作的广泛性和实效性。工会、共青团、妇女等群团组织,围绕创建文明行业的总体目标,发挥各自优势,组织开展了一系列各具特色、丰富多彩的文明创建活动,形成了全方位、多层次的文明创建格局。大力加强交通各级机关思想作风建设,全面增强了广大干部职工宗旨观念和服务意识。

### (三)交通文化建设迈出新步伐

积极组织开展文化建设年活动,努力在交通文化建设上取得新突破。

广泛开展各具特色的行业文化、系统文化、廉政文化、安全文化等文化研讨活动，推出了一批精品文化研究成果，推动了文化建设实践。启动了交通行业核心价值观、行业精神等征集活动，在全行业逐步形成了体现交通特色、广大交通干部职工普遍认可的交通行业精神。大力选树交通各条战线先进典型，充分发挥先进典型的示范带动作用，先后树立了许振超、陈刚毅、王青云等一批先进典型以及“山东交运”、“情满旅途”、“诚纳四海”、青岛红飘带等服务品牌，在社会上产生了广泛影响。切实加强基层规范化建设，制定了基层规范化建设的具体实施意见，以点带面，在全省全面推开。

（四）行业服务水平进一步提高

注重提高行业服务水平，普遍推行了首问负责制、限时办结制和服务承诺制，开展了“温馨服务”、“微笑服务”和“一站式服务”。积极创新交通服务手段，山东公众出行交通信息网全面建成投入使用，电子营运证、网上审批、高速公路跨区联网收费、交通规费银行代收、道路客运网上售票、船舶登记号网上注册等得到广泛应用，人民群众享受的交通服务更便捷、更通畅、更高效、更安全，逐步树立起了山东交通“责任为民、管理亲民、服务便民、执法爱民”的良好社会形象。围绕解决群众反映强烈的热点、难点问题，抓党风、带政风、促行风，切实转变职能。精简行政审批事项，简化审批程序，缩短审批时限，压缩会议和文件，全面推行政务公开、执法公示，优化服务环境。畅通服务渠道，广泛接受社会监督，有力地推进了行风建设。

2003 年，全省公路系统、交通稽查系统被交通部授予全国交通文明行业，高速公路公司成为创建文明行业先进单位，京杭运河山东段创建成为全国文明样板航道。2005 年，全省交通行业、道路运输系统、港航系统被交通部授予全国交通文明行业，成为全国第一个整体创建为文明行业的省级交通行业。目前，山东交通系统已建成全国文明单位 3 个，全国精神文明建设先进单位 10 个，全国创建文明行业工作先进单位 4 个，全国交通系统文明示范窗口 7 个，全国交通系统先进集体 24 个。省级文明行业、子行业总量达到 95%。培养和树立了新时期产业工人的杰出代表许振超等一大批先进典型，“振超精神”已成为推动我省交通事业发展的宝贵财富和重要精神动力。

# 到了山东，才知路好

有令峻

到了山东，才知路好。这是十几年前就流传的一句外省人夸山东的话。

这30年，特别是近20年，山东的路确实是好多了，是大好，不是小好。路好的一个重要标志，就是修了十几条高速公路。山东的高速公路，大多数我都走过。

在我的印象中，山东的第一条高速公路是济青高速。过去，从济南乘火车要七八个小时才能到青岛，通了高速公路之后四个多小时就到了。如有急事，还可以当天打一个来回。而且，乘车走高速，还可以观看沿途的垂柳、花草、农田、青山、绿水、房舍、牛羊。看着那印着白线的黑色公路从远方延伸过来，如传送带般不断地闪到车后去，很是过瘾。济青高速开通之后，又延伸出通烟台、威海的高速。1986年我在山东工人报当编辑时，一次去威海参加一个读书班，要乘一夜火车到烟台，再换长途公交车，穿山绕岭两个多小时才能到威海。如今乘轿车，从济南5个小时即可抵达。

1980年冬我去菏泽做调查，从济南要乘八九个小时的公交车才能到，中间还要在平阴停车吃一顿饭。那路坑坑洼洼，车况也不怎么样，到了菏泽不仅累得够呛，冻得不轻，还给弄得灰头土脸。2005年我又去菏泽采风，坐上中巴车，四个多小时就到了，时速可达一百多公里。

还有从济南至滨州，过去要四五个小时，现在只需不到2个小时；去聊城，过去要三四个小时，现在只需 1 个小时；去枣庄，过去要五六个小时，现在需 2 个小时；去日照，现在乘 K 字号的火车也要六个多小时，而走高速，3 个多小时就到了。

1980 年冬我去莱芜做调查，天又冷，车又破，路又差，那长途车稀里哗啦地颠簸了足有五六个小时。而前几天我坐朋友的轿车从新开通的南线济青高速去莱芜，回来时开到济南东郊，竟只用了 26 分钟。山东的高速公路还与外省市的高速公路连接起来，如北京、河北、江苏、河南，使道路更加畅通无阻。

当然，建高速，首先是要有雄厚的经济实力。一个省，只有经济发展了，效益好了，财政收入多，才能拿出一大笔钱来修高速。总的印象，我所走过的山东的高速公路质量还是不错的。不像城市里有的路，铺上两三年就坏了，东一块西一块地打补丁。还有的路一下雨陷下去一个大坑，连汽车都掉进去了，脑袋朝着天。

前几年有句民谣，叫“要想富，先修路”。高速公路的一条条通车，首先是方便了人们的出行，至于这些路拉动了经济的多大发展，这要专业人员去统计。但在拥有 9600 万人口的齐鲁大省，起码是提高了人们的办事效率，大学生回家返校方便了，办企业的、搞物流的运货速度快捷了。兵贵神速嘛！大诗人李白有一首诗是写坐船的感受，我女儿两岁时就会背：“朝辞白帝彩云间，千里江陵一日还。两岸猿声啼不住，轻舟已过万重山。”这首诗，如今用来表现在高速公路上行车，也是很恰当的。还有市通县、县通乡，乡通村，山东的公路网可谓是四通八达，纵横交织。昨天去临淄给哥哥过 72 岁生日，回来乘长途大巴走济青高速，已经是晚上 7 点了，只见前方车的尾灯闪闪烁烁，迎面车的灯光呈浅黄、白色的十字形，路边的标志灯时近时远，临近济南时，绕城高速路上一串串白色的灯盏交相辉映，很是好看。

还是那句话，到了山东，才知路好。

# 引航，见证亿吨大港的崛起

权立通　孙曙红

凌晨，迎着海天间的一抹曙光，烟台港引航站引航员登上了停泊在锚地的15万吨级超大型船舶“泰山”轮。

“起锚！”4∶50，引航员发出口令，镇定自若地指挥巨轮慢慢驶入烟台港。

“现在，这只是一次普通的引航；但是在30年前，引这么大的船舶进港我们连想都不敢想。”年过半百的引航员告诉记者，改革开放30年来，烟台港的引航事业发生了翻天覆地的巨大变化。30年间，当年只有三四名引航员的烟台港务监督引水组，壮大成拥有18名引航员的烟台港引航站。30年间，烟台港引航站不仅以自身的发展诠释着改革开放的巨大威力，也见证了一个普通的沿海港口跨入亿吨大港的发展历程。

## 一、从不到100艘次到4000艘次，数量对比彰显引航业变迁

“我刚干上这一行的时候，在烟台这样一个港口城市，引航这个职业很少为外人所知。”说起20世纪70年代末刚刚走上引航岗位的情景，烟台港引航站站长龙启汛记忆犹新。“1982年，引航站最初的雏形才开始形成，在交通部烟台港务监督内部，有一个叫引水组的组织。”在龙启汛之前，引水组只有三名老引航员，引航人才十分紧缺。

改革开放初期的烟台港，每年进出的外国船只屈指可数，而且多数是千吨级的小船。1980 年，一艘美国籍的“奥克塔”号万吨级货轮，满载着 2 万吨化肥停泊在 1 号锚地，被引航员成功引进港口。说起当年的情形，龙启汛掩饰不住内心的兴奋：“那个时候，每年引航的万吨轮最多时也不到 100 艘次，跟今天每年 4000 多艘次的情形根本没法比。”

“是改革开放推动引航事业发生了巨大的变化。”龙启汛介绍，1985 年初，烟台港务监督升格为处级单位，引航组改组为引航科，引航员总数达到 11 人。1987 年，随着烟台港从交通部下放到烟台市，引航科也正式升格为引航处。如今，烟台港引航站已经拥有高级引航员 7 人、一级引航员 3 人、二级引航员 1 人、三级引航员 5 人，高级引航员所占的比例接近一半，引航专业队伍已经从逐步增加，发展到结构优化阶段。

## 二、从不足 500 万吨到过亿吨，吞吐量的变化折射引航人的贡献

作为港口发展最直接的参与者和见证者，烟台港引航站以自身的发展壮大助推港口发展，推动了港口经济向更高层次迈进。

在龙启汛眼里，引航员是港口发展的第一见证人：“1978 年，烟台港年吞吐量只有 457.7 万吨。”1983 年 8 月，他开始独立执行引航任务：“第一艘船广远‘白玉兰’号，是一艘 143 米长的万吨级远洋轮。”那时，进出烟台港的万吨轮开始频繁起来。2001 年 10 月，烟台港三期工程竣工投产，新建深水泊位 4 个，其中集装箱泊位 2 个，但港口的建设还是与生产发展不相适应：“当时，集装箱装卸主要是在 37 泊位作业，码头陆域纵深狭小，集装箱堆场距码头较远且面积不足。” 2004 年顺岸码头工程正式交付使用，2005 年两个 15 万吨级泊位建成以及一系列航道工程竣工投产，大型船舶由过去的港外减载进港，到如今经过深水航道直接进港，彻底改写了烟台港口引航的历史。2004 年，烟台港吞吐量登上 3000 万吨台阶，从一个地区性港口嬗变为全国主枢纽港。去年底，开埠 146 年的烟台港年货物吞吐量突破 1 亿吨大关，成为沿海港口第 11 个亿吨大港。2007 年也因此成为烟台港引航站发展史上具有里程碑意义的一年。

“烟台港跨入亿吨大港行列，引航人作出了巨大贡献。”龙启汛介绍，2007 年，烟台港引航站共安全引领中外船舶 4003 艘次，同比增长 8.42%。其中，引航船长 250 米至 300 米载货 7 万吨至 15 万吨以上的大型船舶 254 艘次，同比增长 34%。

2007 年 8 月 1 日，烟台市成功进行了引航体制改革。面对更多的信任和更大的责任，引航站注重提高引航工作质量，提升服务能力和水平，为港口发展作出了更大的贡献。

## 三、在迈向第三代港口的跨越中，铸造引航辉煌品牌

烟台市港航管理局有关人士介绍，未来的烟台港，将建成生态型、可持续发展的现代化第三代港口，成为中国沿海主枢纽港和国际综合物流的重要港口、国际集装箱的干线港。

“港口发展的宏伟蓝图，给引航人提供了施展才华的广阔舞台，同时也带来相当大的挑战。”对此，龙启汛有着清醒而理智的认识。

为了在将来的发展中占得先机，烟台港引航站开始了一系列前瞻性的战略部署。

创造“烟台港引航”这一安全优质服务品牌，成为烟台引航人的新目标。一系列世界先进的航海技术相继引进，国内外先进管理经验被融入日常管理，引航服务能力进一步提高。保证大型船舶安全进出烟台港，成为引航工作的重中之重。

“今后，我们将加大装备投入力度，积极推广和扩大使用引航仪、AIS 等高端技术手段，为超大型船舶安全进出港提供科技保障。同时，通过研发引航调度软件，实现 24 小时引航业务在线申请、业务咨询、船舶动态查询、服务投诉等功能，让船代、船方、港方等单位能享受到更便捷的服务。”龙启汛说，面向未来，烟台港引航站将陪伴着港口的发展，向更高、更远目标进发，在蔚蓝的海洋上续写新的传奇。

# 乘车的变迁

英山县交通局　杜立钧

令老区、山区两代人心想急盼的“武合”公路，即将通车了。看着眼前这宽阔的现代化公路，不禁勾起我对往事的回忆。

20 世纪 70～80 年代，我们家坐落在大别山的深处，去小集镇十几里路，最宽的也只能通过板车、拖拉机，还沿着山形曲曲弯弯。人们上街下县，都要早早起来走十几里的山路，赶到小集镇，等候客车的到来。那时的客车一天没几趟，还常常误点，有时要等半个多小时或一个多小时。客车一来，人们便蜂拥而上，挤得人不停叫唤，车门赌的死死的，好容易挤上车，车厢里挤得满满的；车子在山区的公路上左弯右弯，车上的人跌跌碰碰叫个不停；遇上热天，大汗淋漓，遇上冷天，寒风飕飕；坐车的人好难受！……记得 1982 年的夏天，我考取了中师，学校通知到县里体检，由于家里比较贫困，无钱搭车，便早早起来赶路，靠双腿行走到 40 里之外的山城，由于带信的人没有说清楚，我忘了带准考证，只好又回去拿，来回小跑步走了三趟，才参加体检。双腿磨出了水泡，痛好钻心，第二天不能下地走路，痛得人咧咧叫…参加工作后，一次外出学习，由于车上人太挤，路况又不好，200 里路车子颠簸了 5 个多小时。当时山里的交通太落后了，可是就这样还有许多人坐不上车，山里的人穷，舍不得坐班车去县城，有的人甚至一生也未到过县城一次，我奶奶就是其中一。老区的干部群众修路的积极性可高了，悬崖峭壁如蜘蛛扒着山凿炮眼炸山路，顶风冒雪像巨松抡锤挥镐修山路，修通一条又一条公路。

随着时代的不断发展，山区的公路便四通八达了。我们县村村都通了公路，大部分都是柏油路。近几年，乡村公路裁直再裁直、降坡再降坡，路变得又宽又直了；特别是那 318 国道，现在改成又直又宽的大道，铺上柏油或水泥，用有的驾驶员话说，闭着眼睛也能开车。山里人随着改革开放，跟着党的好政策走，争先恐后奔富路，一家家富裕了，买中巴车、面包车、小车的越来越多。山里人也爱上街下县了，多数人在家门口就能乘车，常常是手一招，车子就停了下来，轻轻松松坐上车，热天有空调，冷天有暖气，长途车有卧铺，乘车太舒服了，路上没有多少颠簸，人坐在车上可以睡大觉、做梦享清福。单说从杨柳湾镇到英山县城，三四十里路十几分钟就到了，坐车的人别提多爽快！这一些变化是老人做梦也没有想到的！

# 回乡的车

咸安区公路局　陈蓉娟

改革开放30年，虽然我的经历不如前辈们丰富，但很多变化仍然深深地印在我成长的记忆里，感受最深刻的是交通工具的变化。

20世纪80年代初，我家住在小镇上，当时只有几岁的我，每年都要和哥哥、姐姐跟随父母回乡下拜年。大年初一我们一家人就早早地拎着礼品在路边等过路的班车。那时候班车少，线路长，短途的班车没有开通，只能搭过路的班车。等破旧的班车到我们镇上的时候已经装满了人，但我们还是一个个拚命地往上挤，也不管破班车在公路上颠得难受，能挤上车就非常幸运了。我那时很小，一般都是随着人流被抬上车的。记得有一年上车后，实在是没有我的容身之处，全身被挤压得不能动弹，我的脸只能紧紧地贴在车门上，难受极了。现在想起来都觉得恐怖。为什么今天我会写这篇文章，也是因为三十年来，那次乘车的情景经常会在我的脑海中浮现，让我至今难忘。那时路还没修好，下班车之后还需走一段坑坑洼洼的土路，遇上晴天还好，遇上雨雪天那可就遭殃。虽说我们小孩子都喜欢过年，但那时只要父母说回乡去拜年，一个个都很不情愿。

过了几年，自行车就在我们镇上普及了，哥哥、姐姐也长大了。再回乡拜年我们一家人就不用去挤破班车而改乘自行车了，爸爸骑车带着妈妈在前面开道，哥哥带着我、大姐带着二姐紧随其后，俨然就像一个小型的自行车队。免除了挤车的困扰，全家人身心愉悦，一路上有说有笑，眨眼工夫就到了亲戚家。

改革开放的政策越来越好，人们的生活和经济状况有了很大改善。近几年国家大力推进农村公路建设，公路越修越多，越修越好，买车跑运输的人也多了起来，小镇上的车越来越多。在繁忙的十字路口，以前是人挤人，现在是车挤车。特别是跑短途的小面包车，全是崭新的，沿着街道两个方向，一辆接一辆排成长队等客。这种小面包车在小镇上特别适用，既经济又便捷。现在我们每年回乡下，爸爸只需打一个电话，几分钟后就会有一辆崭新的小面包车开到家门口，载着我们一家老小，带着我们精心准备的礼物，顺顺利利地就直达目的地。

现在，国家正在进一步加大农村改革力度，加大对农村、农民的扶持力度，以后还会出台许多惠农、惠民政策，相信我们的家乡会越来越美，家乡人民的生活会越来越好，也许不久的将来我们也能自己开着小车回乡了。

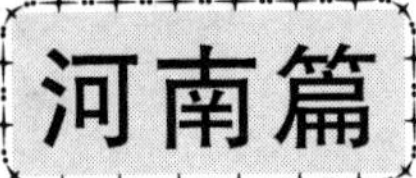

# 交通为河南经济发展提供有力支撑

河南省交通运输厅

## 一、河南交通运输基本情况

河南省地处中原,是我国最重要的陆路交通枢纽之一,连南贯北,承东启西,在全国的经济发展格局中占据着极为重要的战略地位。京广、陇海等五条铁路干线在河南通过,国家规划的北京至港澳、连云港至霍尔果斯、济南至广州、大庆至广州、二连浩特至广州、南京至洛阳、上海至西安、日照至兰考、晋城至新乡等九条高速公路从河南经过。另外,还有105、106、107、207、209、220、310、311、312等九条国道穿越河南。河南交通的发展,不仅关系到河南省经济的发展和人民生活水平的提高,而且还关系到国家交通和经济发展的全局。据统计,在我省境内的国道上,60%以上的都是过境车辆。正是如此,才有了行业中大家常说的"河南通,全国畅"。

## 二、河南交通运输业发展的基本历程

新中国成立以来,在省委、省政府的坚强领导和交通部的正确指导下,河南省的交通运输事业获得了长足发展。总的来看,我省交通运输事业大致经历了“一个缓慢起步、三个伟大跨越”重要发展阶段。

具体来说,从新中国成立到党的十一届三中全会召开(1949—1978 年)为第一个阶段,交通发展处于“缓慢起步”阶段,以全面恢复交通和初级建设为显著特点。

从党的十一届三中全会提出实行改革开放到党的十四大召开前夕(1979—1994 年)为第二个阶段,交通发展处于“全面展开”的跨越阶段,这一阶段主要以改革开放方针为指导,以“集资建设、有偿使用、收费还贷、滚动发展”为政策引领,加速推进交通建设和运输事业实现新突破。

从邓小平同志南巡讲话和党的十四大召开到党的十六大前夕(1995—2002 年)为第三个阶段,交通发展处于“瓶颈突破”的跨越阶段,河南交通人进一步抢抓机遇,加快发展,努力突破交通瓶颈制约,谋求交通运输与经济社会发展相适应。

党的十六大召开以后(2003 年至今)为第四个阶段,交通发展处于“全面提升”的跨越时期,交通运输部门认真贯彻落实科学发展观,进一步冲破思想观念、体制机制束缚和障碍,全面加快了建设速度,致力于推动交通运输业又好又快发展,交通发展水平全面提升,服务经济建设和社会发展的能力得到进一步增强。

用数字可以更好地说明河南交通运输业 60 年来的发展历程。新中国成立之初,经过长年战乱和年久失修,全省交通基础设施处于瘫痪的边缘,百废待兴。1949 年公路通车总里程仅为 3909 公里,且多为土路,标准低、质量差、晴通雨阻,迫切需要整修。公路密度为每千平方公里 23.4 公里,按照人口计算,每万人拥有 0.94 公里,大型桥梁、地方铁路基本没有。运输车辆缺乏,特别是在广大农村地区,短途运输多依赖人背马驮,以手推车、牛马车作为主要运输工具,根本谈不上机械化运输。根据统计,当时全省共有载货汽车 348 辆,载客汽车 4 辆,道路运输基本没有。内河航道为 2312 公里,船舶也只有 2284 艘木帆船。公路旅客运量仅为 1 万人,周转量 80 万人公里。货运量 180 万吨,货运周转量为 5249 万吨公里。

经过近30年的缓慢起步阶段，到改革开放前，河南交通运输业取得了一定成绩。1978年底，全省公路通车里程达到了31549公里，77%的公路铺上了路面，拥有了各类大小桥梁4900多座，公路密度达每千平方公里188.9公里，按照人口计算，每万人拥有4.5公里。全省拥有从事营运货车5650辆，从事客运车辆1724辆。内河航运方面，拥有了61艘拖轮，8艘客轮共2092个客位。客运量增长迅速，到1978年底，公路旅客运输量达到7045万人，旅客周转量达到315030万人公里。货运量11318万吨，货运周转量为26.81亿吨公里。公路、内河和地方铁路等各种运输方式快速推进。

虽然取得了上述成绩，但是河南交通依然十分落后。公路大多是泥土路，能铺上渣油路面就算是高等级的了。河流上桥梁极少，从郑州去新乡主要靠轮渡。后来，黄河上的一座铁路桥加宽了一些，但也只能单向通过，经常在桥头一等，少则需两三个小时，多则需等上大半天，如果哪辆车突然坏在桥上，那其他车都要退回去，等拖车把坏车拖出来后才能通行……

随着改革开放大幕的拉开，国家基础建设投资力度加大，河南交通人抓住这一宝贵的历史机遇，大干快上，迅速迈上了恢复、发展、跨越的征途。

为确保公路建设顺利推进，河南交通人多方筹措资金，依靠各级政府大办交通，创造性地提出并实行公路建养大包干，把原来交通部门一家的事变为全省各地市共同参与的一件大事，充分调动省与地方两个积极性，使干线公路迅速得到了长足发展。1985年，河南省开展了大规模的公路拓宽改造工程，一年内拓宽干线公路3736公里、县乡公路1733公里，使全省80多个城镇的出入口公路达到了二级标准。

在河南公路交通大发展的进程中，有一个工程不能不提。1984年7月5日，郑州黄河公路大桥经过艰难的论证、准备，终于开工建设。经过两年多的紧张施工，1986年9月30日，全长5549.86米的郑州黄河公路大桥竣工通车。正是在这座大桥上，河南交通人在基础工程中创造出钻孔灌注桩方法，并沿用至今。

在实行公路大包干的同时，从1986年开始，河南加大对水运航道的建设力度，相继投资建设沙颍河、涡河等航道，以尽快扭转因闸坝造成的断航。

改革开放之初的点点破冰，使河南交通人的发展思路逐渐开阔，随着国民经济的快速恢复与发展，交通建设逐步加速，公路建设里程不断增加。

进入20世纪90年代，随着市场意识的不断增强，1992年以来，河南省委、省政府借鉴沿海发达省份“贷款修路、收费还贷”的成功做法，先后提出了“政治动员、行政干预，经济补偿、多方支援”和“集资建设、有偿使用、收费还贷、滚动发展”的两个公路建设十六字方针，打破了单纯依靠政府财政发展公路交通的体制机制束缚，极大地推动了河南省公路建设的快速发展。

20世纪90年代初，随着河南经济社会的迅速发展，作为先进生产力的代表，河南省第一条高速公路也出现在中原大地。1991年3月开封至洛阳段高速公路相继分期开工建设。1994年12月26日，全长81公里的连霍高速公路开封至郑州段建成通车，河南高速公路实现了零的突破。至此，河南交通基础设施建设进入了跨越式发展的崭新阶段。

## 三、河南交通运输业取得的辉煌成就

截至2008年年底，全省公路通车总里程达到24万公里，位居全国第一；公路密度达到144.1公里/百平方公里，位居全国第二。一个以高速公路为主骨架，以国、省干线公路为依托，以县乡公路为支脉，纵贯南北、连接东西、辐射八方的河南公路交通网络已基本形成！河南在全国的交通枢纽地位进一步彰显。

### 1. 高速公路建设飞速发展

截至2008年年底，全省高速公路通车总里程达到4841公里，连续三年居全国第一。全省18个省辖市中有17个省辖市形成了高速公路的十字交叉，全省109个县(市)中有99个通达高速公路，通达率92%。全省高速公路已基本形成了以郑州为中心的1个半小时中原城市群经济圈，3小时可达全省任何一个省辖市，6小时可达周边6省任何一个省会城市。目前全省高速公路在建里程596公里，到年底在建里程达到1000公里以上，到

2010年通车总里程将突破5000公里。

2. 干线公路建设继续巩固提高

截至2008年年底,全省干线公路总里程1.78万公里,其中一级公路547公里,二级以上干线公路所占比例达到84.7%以上。

3. 农村公路网络逐步完善

截至目前,全省农村公路总里程已达21.66万公里,位居全国第一。其中二级公路7966.8公里,三级公路1.54万公里,四级公路12.3万公里,等外公路7.01万公里,分别占总里程的3.68%、7.09%、56.84%、32.39%。2007年底在中西部地区率先实现所有建制村通水泥(沥青)路。

4. 道路运输能力不断提升

截至2008年年底,全省道路运输营运车辆已达91.89万辆,其中客车7.94万辆,中高级客车比例达50%以上,货车83.95万辆。全省城市出租汽车5.88万辆,城市公交车1.59万辆。全省现有客运场站2262个,招呼站1.2万个,实现了"乡乡有客运站"的目标。农村客运线路3864条,乡镇客车通达率100%,行政村客车通达率93.5%。2008年全省道路运输完成客运量12.24亿人次、客运周转量808.32亿人公里、货运量11.82亿吨、货运周转量2995.15亿吨公里,分别占全省综合交通运输总量的93.8%、53%、85%和57%。

5. 内河航运稳步发展

全省现有航道1439公里,各类港口泊位49个,其中货运泊位35个,设计吞吐能力407万吨,客运泊位14个,设计吞吐能力433万人次。全省货运船舶4000余艘、200多万载重吨,平均单船载重吨达500吨以上。开展水上交通旅游的库区达141座,已形成水上交通旅游规模的库区有40座。2008年全省水路运输完成客运量190万人次,客运周转量4855万人公里,货运量3964万吨,货物周转量213.7亿吨公里。

## 四、近几年河南交通运输业发展采取的措施

近几年,为推进我省交通运输事业快速健康发展,我们围绕"发展、改

革、质量、廉政、安全”等重点，突出抓了以下几个方面的工作：

**1. 重点抓好高速公路建设**

自2003年以来，全省高速公路建设投资1260亿元，新增高速公路通车里程3423公里，已完成规划里程6280公里的77%，其中国家高速公路网规划河南境路段3057公里，除大广高速省界至南乐段14公里在建外，其余3043公里已全部建成通车。

我们确立了“立足长远、适度超前”的发展思路，加快高速公路建设。一是编制了总里程6280公里的“河南省高速公路网发展规划”；二是改革高速公路建设管理体制，由各市政府作为项目建设主管单位，变过去交通部门一家积极性为多家积极性；三是改革高速公路投融资体制，形成了多元化投资新格局，目前河南高速公路市场的投资管理主体有近30家；四是对个别建设资金不到位、建设工期严重滞后的，果断更换项目业主，使各个建设项目都能够按计划完成建设任务。

**2. 全力加快农村公路建设**

五年来，全省农村公路建设完成投资303亿元，新建、改建农村公路10.5万公里，2007年年底，我省在我国中西部地区率先实现了全省1895个乡镇和所有建制村通水泥（沥青）路目标。

省委、省政府连续四年把“村村通”列为为民要办的十大实事之一。一是不断加大对农村公路建设的资金投入力度，大幅度提高了“村村通”建设补助标准，2005—2008年四年间，国、省补助和市、县财政投入占到了全省“村村通”建设资金的60%以上；二是不断加大检查监督力度，建立完善了“专群结合”的质量管理模式，对每个建设项目的责任单位和责任人进行现场公示和新闻媒体公示，广泛接受社会监督，努力建设“阳光工程”；三是推行农村公路管理养护体制改革，初步建立了市、县、乡、村四级农村公路养护机制。

**3. 着力完善国省干线路网**

2000年以来，为全面加快干线公路建设，我省采取“统一贷款，分责偿还”政策，贷款503亿元，先后对9000多公里国省干线公路实施了大规模的升级改造，极大地提升了公路通行能力。

4. 深化交通体制机制改革

近年来，针对我省交通工作存在的突出问题，我们先后实施了高速公路建设管理体制、高速公路建设投融资体制、干线公路养护管理体制、交通规费征收管理体制、道路运输场站管理体制、工程招投标体制、干线公路建设管理体制、农村公路养护管理体制、厅属企业转换经营机制等几项大的改革，努力从体制机制上解决制约交通发展的突出问题和深层次矛盾，达到了理顺体制、精简人员、提高效益、激发活力的目的，有力促进了我省交通运输事业持续健康发展。

2009 年 1 月 1 日国家成品油价格和税费改革正式实施后，根据国家改革的基本原则，积极配合省有关部门共同做好相关工作；认真抓好取消养路费等 6 费政策的落实，自改革以来全省没有发生乱收费、乱罚款现象；积极做好征稽人员稳定工作，目前全省征稽人员思想稳定，正在进行转岗培训；针对改革中道路运输管理队伍出现的不稳定苗头，各级交通运输部门做了深入细致的思想工作，保持队伍稳定。

5. 大力发展现代运输业

近年来，我们不断强化交通运输行业公共服务理念，大力调整和优化道路运输结构；围绕服务新农村建设，大力发展农村客运；开通了 96520 公众服务热线，提升公共服务水平；制订了河南物流业发展规划，促进现代物流业发展；大力开展高速公路创建“文明示范路”和干线公路、农村公路“好路杯”活动，加强道路养护管理，全面提升道路通行保障能力；加强应急运输管理，完善应急预案，强化应急演练，在 2008 年应对雨雪冰冻灾害、抗震救灾运输和北京奥运会运输保障工作中得到了检验。

6. 狠抓党风廉政，促进交通和谐发展

进一步完善惩治和预防腐败体系；继续深化交通运输基础设施建设领域廉政工作，探索建立交通运输基础设施建设项目廉政评价体系和工作机制；加强对工程建设招标投标等关键环节全过程的监督检查；加大公路“三乱”治理力度，严防公路“三乱”反弹；加大查办案件工作力度，加强对违纪违法案件的剖析和研究，发挥治本功能，为交通运输事业健康发展保驾护航。

另外，在交通运输行政执法、超限超载治理、政府信息公开、科技创新、交通信息化、精神文明建设以及行业行风建设等方面，我们也都开展了大量的工作，取得了比较显著的成绩。

## 五、经验和体会

总结60年来河南交通运输事业的发展和实践，我们有以下几点深刻体会：

**1. 各级党委政府的正确领导和高度重视是我省交通运输业发展的最重要保障**

省委、省政府始终把交通作为优先发展的产业来抓。1978年省政府坚持"改建和新建相结合，以改建为主，普及与提高相结合，以提高为主"的原则，大力开展对国、省干线公路进行技术改造，拓宽工程对解决河南省公路通行能力起到了良好的作用，也为以后提高公路技术等级打下了良好基础。1987年河南省又实施了大包干制度，经过五年的发展，河南公路条件明显改善。2007年河南省政府又把高速公路通车里程突破4000公里列入河南省全面建设小康社会规划纲要，列为本届政府的五项重要目标之一；连续四年把"村村通"作为社会主义新农村建设和改善民生的十大实事之一；省委、省政府领导非常关注交通发展的进程，经常深入交通建设一线，了解工作情况，协调解决困难。地方各级党委政府全力加快交通建设，创造了良好的建设环境，从而在全省形成了全社会大办交通的良好局面，强力构建综合交通运输体系，有力促进了交通事业健康快速发展。

**2. 坚持科学发展是我省交通发展的最基本经验**

尤其是在改革开放之后，我们首先坚持把发展作为第一要务，抓住宏观调控向能源、交通倾斜的有利机遇，乘势而上，在发展中顺应调控，在调控中谋求发展，抓住了发展机遇，赢得了发展主动权，实现了跨越式发展。其次是推进公路建设全面协调发展，坚持"抓两头，完善中间"的公路建设方针，突出抓好高速公路和农村公路,完善提高干线公路,优化了路网结构,提高了通行能力。三是统筹公路运输场站和内河航运基础设施建设,加快推进公路运输场站特别是农村客运基础设施建设,积极实施内河航运基础设施建设,有力促进了交通运输业的协调发展。

**3. 不断深化交通改革创新是我省交通发展的最强大动力**

改革是动力,是解决发展过程中的困难和问题的重要措施。自改革开放以后,改革就贯穿了我们工作的全过程。尤其是近几年,我们先后实施了高速公路建设管理和投融资体制、干线公路养护管理体制等八项大的改革,为交通事业发展注入了强大的生机和活力。一是促进了事业发展。投融资体制的改革,全面放开高速公路建设市场,充分调动了社会力量发展高速公路事业的积极性,有力地促进了高速公路建设快速发展。二是理顺了体制机制。干线公路和农村公路管理养护体制改革实现了管养分离,事企分离,落实了管理责任主体,初步建立起了公路养护长效机制。三是精简了人员。这几项改革任务的完成,使全省公路系统事业编制人员由改革前的 72500 人减为 26560 人,减幅达 63.4%。征稽人员由 2.3 万人精简到 9300 人,减幅达 59.6%。四是规范了管理。改革工程招投标办法,推行合理有限低价评标法,最大限度地减少了人为因素的影响,从制度上有效防治了腐败,确保了交通建设健康发展。

**4. 严抓工程质量是保障我省交通运输业健康发展的关键**

在汲取了经验教训的基础上,我们始终坚持把工程建设质量作为一项中心工作来抓,采取了一系列强有力的措施。尤其是 1991 年之后,工程建设规模越来越大,质量标准越来越严,社会各界对工程期望值越来越高,在这种情况下,我们开展了大量的制度创新,严把工程质量关。一是完善规章制度。出台了《河南省高速公路设计技术要求》、《"村村通"工程建设指导性原则和技术要求》等一系列规章制度,形成了规范化、科学化、程序化的质量管理体系。二是强化监督检查。实行了高速公路三阶段检查验收、一年两次质量大检查,农村公路省、市、县监督覆盖率分别达到 50%、80% 和 100%,发现问题,坚决整改。三是加大惩处力度。实行交通建设市场"黑名单”制度，对违规施工企业和玩忽职守人员坚决清理出河南公路建设市场。四是强化社会监督。通过新闻媒体和设置公示牌向社会公示交通建设项目情况，并从社会各界聘请义务监督员，建立了全省公路建设质量管理的社会监督体系。一系列质量管理措施的实施，使全省交通工程质量有了质的提高，树立了良好形象。

**5. 狠抓廉政建设是我省交通运输业发展的最鲜明特点**

河南交通在廉政建设方面栽过跟头，队伍形象、行业形象受到严重损害。近几年来，我们对此痛定思痛，痛下决心，狠抓了廉政建设。我们始终把廉政建设工作放在突出重要的位置来抓，采取了一系列措施：一是抓宣传教育。借鉴以前发生在交通系统的典型案例，加强对交通干部的警示教育，筑牢拒腐防变的思想防线。二是抓制度建设。制订完善了“五条禁令”等廉政建设规定，严禁违反规定插手干预工程建设行为；改革招投标办法，实行阳光作业；在厅属单位管理的高速公路项目建立党支部，并派驻纪检监察员、财务总监，强化现场监管。三是抓民主决策。对涉及交通发展、改革以及人事任免、大额资金拨付等重大事宜，充分发扬民主，坚持集体决策。四是抓监督落实。切实加强对干部廉政建设的监督检查，严肃查处违规违纪事件。近几年，在交通建设规模逐年加大的情况下，全系统没有发生重大违法违纪案件，有力保障了交通建设持续健康发展。

**6. 培养锻炼一支能打善战的交通队伍是我省交通发展的基石**

河南交通队伍庞大，直接从业者超过30万人。面对新中国成立以来交通发展的艰巨建设任务和资金紧缺的实际困难，面对交通运输业滞后经济社会发展成为发展瓶颈的巨大压力，面对湖南冰雪灾害和四川抗震救灾的重大社会责任，我们始终坚持既定目标不动摇，创造性地贯彻落实省委、省政府的决策部署，大胆开拓创新，勇于战胜困难，高标准完成了各项工作目标；全省交通战线广大干部职工长年累月奋战在工作一线，用辛勤和汗水浇筑了河南四通八达的交通网络，涌现了一批勇于开拓创新的领导班子，锻炼了一支能打善战、攻坚克难的交通队伍，为河南经济社会发展作出了突出的贡献！

## 六、当前河南交通运输业面临的最大挑战

在当前拉动内需、加快建设的新形势下，在燃油税费改革实施之后，如何筹措交通建设资金特别是资本金，以实现公路交通的可持续发展，是我们面临的重大课题。因为随着成品油价格和税费改革的实施，逐步有序取消政府还贷二级公路收费，公路交通建设资金原有筹资模式发生了根本性的变化，急需探索建立新的公路建设投融资平台。

普通公路是具有公益性质的，特别是农村公路根本不具备经营条件，这些公路的建设资金的筹措和使用完全服务于经济社会发展，并不带有逐利的商业色彩。面对改革给公路交通运输部门带来的资金挑战以及未来一段时间内公路发展的艰巨任务，公路建设仍然需要贷款融资来筹集建设资金。在这方面，我们正在进行积极探索，争取克服资金对交通运输业发展带来的制约。

## 七、河南交通运输业下一步发展目标和思路

随着小康社会建设和中原崛起战略的实施，河南交通运输业面临着新的发展任务。我们确立了以建设公路交通强省作为当前和今后一个时期的核心目标。在指导思想上，就是要以科学发展观统领交通工作全局，提高交通“三个服务”的能力和水平，努力建设结构完善、运输高效、服务优质、节约环保、管理科学的交通运输服务体系，推动公路交通大省向公路交通强省跨越。具体来讲：

**1. 路网结构明显优化**

全面完成河南高速公路规划网建设，一级公路突破1000公里，二级公路突破20000公里，公路规模和质量居全国领先水平；高速公路与周边省份基本实现对接互通，国省干线基本消除等外公路和断头路，市县之间通二级公路，平原区县乡之间通三级公路，山区县乡之间通四级公路。

**2. 场站航运协调发展**

建成以9个国家级公路运输枢纽为中心，以县级客运站为骨架，以乡镇

客运站为分支，以农村招呼站为脉络的四级客运网络；建成沱浍河、涡河、淮河、丹江库区等航运开发工程，全省航道总里程达到1675公里。

**3. 交通运输规范高效**

运输管理体系得以完善，运输市场得到规范；形成各种运输方式相衔接的运输枢纽体系，逐步实现货运的无缝衔接和客运的零换乘；全省规划的区域性物流中心基本形成，物流网络布局较为完善。全省道路物流资源得以整合和共享，培育出一批在全国具有较强竞争力的大型运输企业或集团。

**4. 交通管理科学智能**

交通管理基本达到标准化、专业化、市场化、一体化的要求；建成体系完整、结构合理、互联互通、覆盖全省的交通信息平台，全省各级交通运输部门之间实现政务信息化；全省交通运输系统核心业务信息支撑率达到40%以上，科技成果转化率达到50%以上，科技贡献率达到60%以上，人才结构进一步合理、优化，交通形象全面改善。

**5. 交通发展节能环保**

节约和集约利用土地，注重资源保护和节能减排，以最小的资源和环境利用满足经济社会发展对交通运输的需求，走资源节约型、环境友好型的交通发展之路。

**6. 积极适应综合运输体系发展**

公路、水路交通进一步发挥比较优势，拓展新的发展空间，强化在综合运输体系中的基础和骨干作用，与其他运输方式合理分工和优势互补，为发展综合运输体系创造更为有利的条件。

加快公路交通大省向公路交通强省跨越，要在继承以往发展成果、发展经验的基础上，紧紧依靠现代信息技术和管理技术，更新发展理念，增强创新能力，提高管理水平，实现更大规模、更高水平的发展。在措施方面，我们将做到：

第一，坚持科学发展，做到又好又快。继续坚持把发展作为交通工作的第一要务，继续加强交通基础设施建设，积极发展现代化车船装备，不断提高交通运输服务能力。多渠道筹措建设资金，积极探索资本运作方式，为交通事业发展提供良好资金保障。坚持全面协调可持续发展,不断优化发展结构,提高发展效益,增强发展后劲,适应和满足人民群众对交通的新需求和新变化。坚持统筹兼顾,统筹规划布局,统筹结构调整,统筹公路水路运输方式协调发展,统筹城乡、区域交通协调发展,统筹基础设施建设与运输服务协调发展。坚持安全发展,把安全放在交通工作的突出位置,强化交通建设、运输生产的安全监管,完善突发事件应急管理机制,加强应急反应机制建设和预案管理,有效遏制重特大安全事故,服务人民群众安全便捷出行。

第二,转变发展方式,推动产业结构优化升级。在发展方式上要推进“三个转变”,即:交通发展由主要依靠基础设施投资拉动向建设、养护、管理和运输服务协调拉动转变,由主要依靠增加物质资源消耗向科技进步、行业创新、从业人员素质提高和资源节约环境友好转变,由主要依靠单一运输方式的发展向综合运输体系发展转变。在交通结构上要推进“两个调整”:一是调整交通运输基础设施结构。在优化高速公路和农村公路网络的同时,加大国省干线改造力度,优化路网功能结构,提高路网整体服务水平;加强综合客运、货运枢纽建设,提高公路运输服务效率;加快高等级航道建设。二是调整运输结构。优化运输组织和运力结构,发展规模化、集约化、网络化运输,构建由快速客运、干线客运、农村客运、旅游客运组成的多层次公共客运网络服务体系;引导营运车船向标准化、专业化、清洁化方向发展;推进城乡交通一体化和区域交通一体化。

第三,提高自主创新能力,扎实推进创新型行业建设。用现代科学技术改造传统交通,加强交通创新体系建设,整合交通科技资源,建立企业为主体、市场为导向、产学研相结合的技术创新体系。加强行业创新制度建设,健全和完善鼓励交通行业创新的政策措施和激励机制。加大交通科技自主创新投入,加强高新技术和现代管理技术的应用,充分发挥信息技术和管理技术在产业转型中的作用。强化科技成果的转化和应用,推进智能交通技术、现代管理技术等在交通领域的研发和应用,全面提升交通发展的科技含量。加强体制创新,加快运输管理体制和航运管理体制等改革。创新人才引进、培养和使用机制，加强管理人才、专业技术人才和技能人才队伍建设，为发展现代交通产业提供人才和智力支持。

第四，加强管理，提升公共服务能力。要按照建设服务型政府的要求，切实转变政府部门职能，改进工作作风和工作方法。完善公众信息服务体系，提升公共信息服务水平。整合交通信息资源，建立交通信息共享平台，加快电子政务工程建设，开展多方面、多层次的惠民便民信息服务。加大交通工程质量管理和监督力度，建立设计与施工质量事故问责制。强化交通安全监管，加强车辆超限超载治理。完善交通突发公共事件应急预案和应急体系，加快交通应急平台建设，提高应急保障能力。加强和完善绿色通道建设管理，保障农副产品和人民生活必需品运输畅通。

# “村村通”富了经济，浓了亲情

罗山县定远乡中心校　罗荣锦

四年前，年逾五十的我，申请从中学出来到我乡最贫困、教师严重缺编的高冲小学任教。对于我的选择，当时的中学校长和党支部书记都感到惊疑，我那当医生的女儿也一样不理解，她批评我是傻帽儿行为。

见说服不了我，2004年女儿还是给我买了一辆摩托车，让我上班方便些。2005年女儿来我家，赶上下雨天，我从学校骑回的摩托车被泥巴糊得面目全非，身上的白褂子也变成了黄泥花褂。女儿见到这样子，心疼不已，哭着劝我离开。女儿的规劝不由得让我忆起到高冲任教所遇到的事情：

刚到高冲学校的第一年，我丈人去世，在县城工作的小舅子他单位的同事前来吊孝。汽车一拐进村级土路，见天气转阴，有经验的驾驶员都不愿前往，最后推举一位开越野车的驾驶员把花圈送过来。车没到家，雨就下来了，驾驶员把花圈卸下，饭没吃就掉转车头返回，可还是遇到了麻烦，一个小土坡困住了越野车，小舅子召集了十几个帮办丧事的人担着几捆稻草，拿着锄头铁锹赶去帮忙，费了九牛二虎之力才把车移上小土坡。自那以后，祭祖要是遇上阴雨天，小舅子干脆就不回家了。

2004年和我一同到高冲小学的另一位年轻女教师，到校第二天就遇上下雨，崭新的自行车被泥巴塞满，寸步难行。折根树枝挑，车轮没转两圈又塞满了。女教师甩下自行车，狠狠地发泄道：蜀道难，高冲路更难！并赌气：

即使停发工资也不去高冲了！后来她就真的没去，高冲学校到现在还缺编一个教师。

回顾了这些耳闻目睹的往事，我向女儿坦诚地承认到高冲小学的路的确难走，学校的条件的确艰苦。女儿趁势催促着：很艰苦，人家能走，你就离不开？

我平静地对女儿解释，女儿彻底失望了，打那以后，女儿两年没来过我家，这让老伴惦记得心发痛。

得益于省委、省政府“村村通”工程，如今高冲村终于有水泥路了！有了水泥路，老百姓的生意做活了，钱袋子鼓起来了；有了水泥路，我以前的同事郑重其事地对我说，他们已做好准备，下学期到高冲学校任教；有了水泥路，小舅子经常骑车回来转了；有了这条水泥路，我的女儿特意请假回来看我。女儿看我骑的摩托车干干净净，衣服鞋袜也没有泥巴灰尘，灿烂的笑容溢于脸上，以前的愁气一扫而光，一家人兴奋不已。这真是：

致富道路宽又坦，亲情和谐尽欢颜。
丰碑建在民心上，万载千秋光灿烂。

# “新农巴士”助推新农村建设

刘　运

金秋十月，菊海飘香。我在河南农村采访时欣喜地看到，一辆辆满载着瓜果蔬菜和农用物资的车辆在乡间的公路上穿梭，一辆辆崭新的“新农巴士”拉着乡亲们在邻里乡村间串亲访友。村头上、小镇旁，到处是欢声笑语。

发展“新农巴士”是河南省交通运输厅落实交通要服务于新农村建设的具体实践。开封市通许县练城乡杨庄村支部书记赵则先深有感触地说：“开通‘新农巴士’可把大伙乐坏了，出门就上车，下车就到家。我们再也不用为出门难坐车发愁了！”虽然水泥路早就修到了家门口，但在“新农巴士”开通前，老赵至少还得步行3公里才能坐上汽车。“新农巴士”的开通，不仅让农民兄弟实实在在地享受到了同城里人一样便利和舒适的出行，更为河南加快城乡经济社会一体化发展、全面开创中国特色社会主义事业新局面奠定了坚实的基础。

## 一、农村客运网络化建设全面展开

农村公路是直接服务“三农”的重要设施，是推进社会主义新农村建设的重要支撑；而发展农村运输则是实现服务型政府、还利于民的重要措施，是缩小城乡差距、消除两极分化的重要手段。河南省在农村公路实现“村村通”后，加快了农村客运的建设速度，力争路到、站成、车通，切实提高农村客运通达深度、覆盖面、服务质量，彻底解决农民乘车难问题，将农村公路真正建设成为河南农村“步入文明、走向富裕、实现和谐”的“三座桥梁”。

遵循党中央、国务院“加快发展服务业，优先发展运输业”的方针和交通运输部“路运并举，和谐发展”等一系列加强道路运输业发展的政策，河南省交通运输厅党组适时提出了农村交通工作重心由公路建设向道路运输转移，在实现交通大省向交通强省跨越中凸显道路运输基础作用的工作思路。河南省交通运输厅党组书记、厅长董永安强调指出：“要统筹发展，加快推进城乡客运一体化进程，进一步推进农村客运公司化改造，用公司化经营的模式降低农村客运经营的成本，出台相关的优惠政策，鼓励发展农村客运。”

以县城为基础、农村客运站为节点的河南农村客运网络化建设由此全面展开。一分耕耘，一分收获。截至目前，全省建成农村客运站 1945 个，招呼站近两万个，实现了“乡乡有客运站”的目标；农村客运线路达到 3467 条，农村客运车辆达到 1.6 万辆；通车里程达 24.3 万公里，乡镇客车通达率由 92% 增至 100%，县到乡与乡到乡的农村客运线路基本形成规模。

## 二、“新农巴士”　推进农村客运“村村通”

但受诸多因素影响，村到村与村到乡的客运仍是制约农村客运腾飞的“瓶颈”。经过积极的尝试和探索，河南省交通运输厅道路运输局决定全面建设“新农巴士”，真正变农村公路“村村通”为农村客运“村村通”。经过三个多月的试运行，河南省第一个成规模的“新农巴士”运输网络在开封市正式开通。“新农巴士”开通后，充分发挥了以人为本、城乡无缝衔接、高密度发车、多站点停靠、招手即停、就近下车、循环发车、舒适便捷的特点，满足了广大农村群众的出行需求，实现了“人归点，车归站”的目标。

为确保“新农巴士”在全省得到普及并越走越远，河南省交通道路运输局对全省各县客运线路进行了重新规划，使农村客运线路“冷热”搭配，能开得动、留得住、有效益。与此同时，相应的对策也相继出台：从事县到乡、乡到乡之间运输的客运车辆由运营公司在现有客运车辆的基础上统筹安排或购置，其中新增车辆实行统一采购，并统一标注为"新农巴士"；从事乡到村、村到村客运的，根据县（市）面积、人口和线路分布状况，从客货运附加费中拿出资金统一购置车辆，分期分批直接配置给客运公司；按照"一县一网一公司"和统一标志、统一服务标准、统一票价、统一着装、统一管理模式组建农村客运公司，提高线路密度和覆盖面，确保到今年年底全省农村客运覆盖率达 98% 以上。截至目前，河南省 18 个地市已全部开通了"新农巴士"，运营车辆达 1.86 万辆，96% 的建制村通了客车。

"新农巴士"不仅解决了农民兄弟出门坐车难的问题，加快了客流、物流、信息流的流通，更把先进的生产力和先进文化带到广大农村，切实改善了农民群众的生产、生活水平，加快了城乡一体化进程。"公路修到家门口，班车开到村里头，村容村貌焕然一新，文明新风悄然兴起"已成为河南农村的真实写照。

# 从“三快”到“三快”

卫辉市太公泉镇　梁东成

难以相信,短短两三年时间,卫辉市太公泉镇,这个被誉为卫辉西大荒的山旮旯,竟实现了从“三快”到“三快”的飞跃。

先说头一个“三快”。那是“村村通”工程实施前曾流行的“三快”:车辆坏得快,产妇生得快,急病号死得快。碰上危重病人,城里的救护车干着急进不了村,仅以道路尚可的郭坡村为例,几年来因路耽搁救治而死亡的达十多人。路赖,村里的姑娘嫁出山,好小伙子招出山。无能耐的光棍留在山里,只能落得个“太行风光无限好,只见大哥不见嫂”。村里好几年没娶过新媳妇,有一年迎亲喇叭响了,却是夜里响的,原来是娶了个寡妇。

再说后一个“三快”。那是太公泉镇全面实现所有行政村通水泥路的目标之后流行的“新三快”:招商快、致富快、村容村貌变化快。

(1)招商快。太公泉镇是矿产旅游资源富镇,“村村通”工程实施后,四面八方的投资商纷至沓来。

(2)致富快。西部丘陵山区以张王屯、西寺庄两村为龙头,积极发展规模养殖,全镇月出栏生猪稳定在3000头以上。东部平原村成方连片发展优质小麦3.2万亩、优质玉米2.8万亩、优质花生0.48万亩。太公泉镇东西部都成功地淘到“第一桶金”,农民人均纯收入由几年前的700元增长到2006年的1430元。

(3)村容村貌变化快。村容村貌焕然一新,象征农村落后的“三堆”(粪堆、柴堆、垃圾堆)不见了,街道干净了。村里打架斗殴的少了,上访闹事的少了;装电话的多了,出门用手机的多了;买车搞运输的多了,外出经商的村民多了。

太公泉镇从头一个“三快”到后一个“三快”的飞跃,对比鲜明,是省委、省政府为民办实事的缩影,更是伟大时代历史变迁的见证!

# 明天，路会更平坦

郑州大学教育学院　谢郑教

我来自新乡市获嘉县一个普通的村庄,上大学后离开家乡,第一次来到省会郑州。当客车行驶在平坦宽阔的公路上,两旁一片青翠碧绿,连绵不绝地映入眼帘,不禁感慨:这,才是路!

不由想起了家乡村头的那条路。我们管它叫“土路”,顾名思义,它是由土构成的,保持了最原始的颜色,最初的形态,没有现代化柏油沥青修饰的痕迹。这条路,陪伴我走过了6年的中学生活。

那时我最怕刮风下雨。有风的天气,漫天黄沙飞舞,人们像行走在沙尘暴中。而每一次下雨,我都觉得是老天突然重拾童心,玩起了小时候的和泥巴游戏。土路,自然是首选的好地方。雨水和土很快交融,土路就变成了一个浅浅的泥沼。我如红军过草地般艰难前行在这条上学的必经之路上,总有一种很悲壮的感觉。接下来的几天,我就不得不借住在亲戚家。几天后再走这条路,就会发现软软的泥巴已经被无数双脚踩得硬邦邦了。每当此时,我总会对鲁迅先生的那句名言有别样的体会:世上本无路,走的人多了,也便成了路。

去年寒假去二姨家所在的中和镇后寺村,发现她们村的路都变成了平坦的水泥路,干净又漂亮。二姨兴奋地跟我说:“你半年没回家,还不知道吧?国家要建设新农村,省里出钱派人给农村修路,我们村是县里第一批修路的,周围还有很多村子也都新修了路,现在去哪儿都顺得很。”看着二姨高兴的样子,走在新修的路上,我仿佛看到了千万张农民满含笑容的脸,那么兴奋与快乐!

小的时候,经常在村里看到“要想富,先修路”之类的宣传标语,却迟迟未见一点要修路的迹象。村里也曾动员大家集资修路,但都不了了之,因为大多数人都没有多余的钱。乡亲们年复一年地走在凹凸不平的路上,似乎已经习惯了,很少去想要有所改变。于是,路依旧,人依旧,生活依旧,贫困依旧。

而如今,真的修路了。

在学校,由于专业的关系,我不断地学到党的纲领、路线、方针、政策,关注党和国家的每一次会议,每一个报告,更关注党关于农村的各项政策。长期以来,党和国家的领导人在探索建设社会主义的道路上,始终没有忽略中国近 9 亿农民的问题。2001 年全国农村经济计划工作会议提出将“三农”问题作为党和国家工作的重中之重;党的十六大提出了全面建设小康社会的纲领,指出最艰巨、最繁重的任务在农村;党的十六届五中全会明确提出建设社会主义新农村,为农村的发展指明方向和道路;2006 年中央一号文件指导新农村建设,强调加强农村基础设施建设。

在这些方针政策的指引下,2005 年河南省政府提出用 3 年时间全省实现“村村通”,投资 60 亿元,到 2007 年年底全省建制村通水泥(沥青)路的宏伟目标。这项造福一方,有利后人的民心工程、德政工程、富民工程解决了农民世世代代出行难的问题,生产生活条件改善了,农民得到了真正的实惠。

我没有想到,平时只是从书本上看到的理论竟然这么快就变成了可感知可触摸的真实存在,出现在我的身边,出现在家乡的生活里。虽然很多农民还不完全懂得社会主义新农村的内涵,不完全了解“村村通”工程对于农村建设和发展产生的巨大而深远的意义,但从他们欣喜的笑容和淳朴的话语中,我感受到了他们对祖国的由衷赞扬和热爱,看出了他们对于建设新农村的热情和憧憬,似乎也看到了农村美好的未来。

人们总是把人的一生比作一条路，不管是崎岖的小路，还是宽广的大道。我想，国家的建设和发展也是一条不断延伸的路吧。只有农村的路通了，平坦了，国家前进的脚步才会更快更稳，国家的现代化建设才会更顺利；也唯有此，建设有中国特色社会主义的道路，构建社会主义和谐社会的道路才会越走越平，越来越宽广。

我知道，村头的土路很快就会消失了，虽然与我相伴6年，我却没有一丝不舍与留恋。因为在新时代，新的坦途会出现，那才是我们该走的路。我坚信，明天，路，会更平坦！

# 湖北篇

## 打造中部综合交通运输枢纽和现代物流基地

湖北省交通运输厅

新中国成立初期,湖北交通事业百废待兴。长江千古屏障,京汉、粤汉铁路被长江阻隔,公路路况较差,许多路段晴通雨阻。1958年武汉长江大桥通车,天堑变通途。国省道建设开始起步,到上世纪80年代初,在经历了近6个"五年计划"的生产建设和调整巩固提高,已呈现出稳步发展加速前进的态势,逐步建立了由5种运输方式构成的综合运输体系。截至2008年年底运输总里程达到56844公里,比1949年底的9256公里增长5.1倍,其中公路运输占79.5%、航道占15.7%、铁路占27%、民航占1.7%、管道占0.4%。全省拥有民用汽车12556辆,比1949年增长113倍;随着客货运输发展加快和汽车站场建设的提速,交通部门完成货运量、货物周转量、客运量、客运周转量分别增长34.8倍、71.5倍、260倍和1018倍。运输结构比例发生显著变化,形成了铁路客货比重逐步下降,公路比重全面上升的趋势。尽管如此,湖北纳南接北、承东启西和省会武汉"九省通衢"的区位优势仍未进一步发挥。

改革开放把湖北交通发展带入了历史新纪元,湖北交通实现了跨越式发展的历史性巨变。纵观三十年历史进程,经历了三个改革发展阶段。一是1978年至1992年的湖北交通的恢复振兴发展阶段。二是1993年至2002年的湖北交通的加快发展阶段。三是2003年至2008年的湖北交通的科学发展阶段。2005年8月21日,胡锦涛总书记视察湖北,专门听取了省交通厅关于湖北省骨架公路网规划汇报,强调要把湖北打造成中部崛起的战略支点。这一时期内,武汉城市圈被国务院批准为"两型社会"综合改革配套试验区,省委、省政府决定开展武汉城市圈交通网、武汉新港、仙洪新农村试验区交通、鄂西生态旅游圈交通建设。湖北交通全面创新观念、体制和机制,实践科学交通发展观,近几年,连续确立"质量管理年"、"提速创优年"、"服务创新年"、"质量效益年"、"改革创新年",交通发展在"量的突破"与"质的提升"上实现双赢。

到2008年年底,全省公路总里程达到18.8万公里,公路密度达到101.3公里/百平方公里,均为1978年的4倍;高速公路达到2719公里,现代公路交通网络粗具雏形;全省公路桥梁达到2.3万多座、109.3万延米,是1978年的4.7倍和7倍;全省高级次高级路面达到11.3万公里,是1978年的14.7倍;行政村通沥青水泥路比例达到83.3%,通客车比例达到88%,乡镇渡口达标率达到90.7%,农村交通变化翻天覆地;全省港口生产性泊位达到1840个,港口吞吐量达到1.6亿吨,是1978年的4.1倍;内河通航里程8385公里,等级航道5843公里;全省营运汽车达到32万辆,是1978年的46.2倍;船舶运力达到493万载重吨,船舶平均吨位达到1132载重吨,分别为1978年的16.2倍、34.3倍;交通科研项目攻关725项,其中获国家科技进步奖5项,省部科技成果、科技进步奖419项;建成国家级文明单位9个、省部级文明行业10个、省部级文明单位125个、全国青年文明号22个、省部级青年文明号198个。

## 一、交通发展的观念与认识

在学习实践科学发展观活动中,省交通厅始终坚持以"解放思想,推动交通科学发展,为湖北加快构建促进中部地区崛起的重要战略支点当好交通先行"为主题,创新发展理念,理清发展思路,破解发展难题,确立和落实了"六个并举、六个统筹"的科学交通发展观,即:坚持高速公路建设和农村公路建设并举,统筹高速公路、国省干线和各层次路网建设协调发展;坚持水陆并举,统筹公路建设和港航建设协调发展;坚持建设和运输并举,统筹基础设施建设和客货运输协调发展;坚持建养管并举,统筹交通建设、养护和管理协调发展;坚持交通建设与生态环保并举,统筹人和自然协调发展;坚持科教兴交和依法治交并举,统筹交通全面协调可持续发展。

特别是针对有的领导干部对"好"与"快"科学辩证关系的认识不够,认为"好"、"快"难以同时兼顾,甚至以"好"否"快"等模糊观念和片面认识,厅党组就实现湖北交通又好又快发展明确提出了"七个既要、七个又要"的新理念,即:既要依法依规,又要超常规、超常态;既要严格程序,又要好中求快;既要解放思想,又要脚踏实地;既要超越创新,又要尊重科学;既要敢闯敢冒,又要遵章守纪;既要保质保量,又要安全有序;既要做大交通,又要青山绿水,引导交通职工正确认识和处理"好"与"快"的辩证关系,努力在"量的突破"和"质的提升"上实现双赢。

## 二、湖北交通变化的"十大历史性突破"

湖北交通发生显著变化的亮点主要体现在"十大历史性突破"上。一是交通固定资产投资取得历史性突破。新增交通投资1184亿元,是上个五年的2.7倍,相当于建国53年交通投资总和的2倍。二是高速公路和国省干线建设取得历史性突破。新增高速公路20条1422公里,建成7座长汉江公路大桥。全省高速公路网络已经辐射全省86%的县市区,覆盖90%左右的人口和96%左右的经济总量。三是社会主义新农村交通建设取得历史性突破。建设通村沥青水泥路803707公里,覆盖了全省74%左右的农村人口,解决了14603个行政村不通沥青水泥路的问题。四是水运振兴工程取得历史性突破。完成水运投资40.2亿元,是上个五年的6.3倍。全省交通发展史上第一个航电枢纽工程~崔家营航电枢纽建设顺利推进,武汉新港建设全面启动。五是公路水路运输生产取得历史性突破。公路水路旅客运量、周转量、货物运量、周转量分别较 2002 年增长 32.3%、34.2%、41.4%、43.2%，地方船舶运力增长 48.3%，运力结构明显优化，水路交通安全保持稳定态势。六是交通多元化筹融资取得历史性突破。完成规费收入 404 亿元，是上个五年的 2 倍。争取交通部投资 115.5 亿元，同比增长 154%。新增世行贷款 5.5 亿美元，在全国交通名列第一。组织银行贷款 568.1 亿元，楚天高速上市融资 8.1 亿元，引进社会投资 280.4 亿元。七是交通中长期战略规划研究取得历史性突破。省政府颁布了《湖北省公路水路交通发展战略规划》等一系列行业规划。八是交通法制和政策环境取得历史性突破。省人大颁发了《湖北省道路运输条例》、《湖北省农村公路条例》，出台了《关于加快交通发展的决定》等一系列支持交通发展的政策。九是交通体制机制改革取得历史性突破。省厅确立了"六个并举、六个统筹"的科学交通发展观，实施了"四个转变"、"八个转向"改革举措。成立了省交通厅高速公路管理局，探索了企业投资项目"委托管理"新模式，在全国率先实现了高速公路"多元化投资、一体化管理"的新突破。经省政府批准，高路集团对武英高速公路实施代建，开创了全省交通政府投资项目代建制先例。十是交通行业精神文明建设取得历史性突破。

## 三、湖北公路建设成就

2008 年，湖北完成交通固定资产投资 320.5 亿元。据交通运输部统计，投资规模居全国第四、中部六省第一。湖北省高速公路总里程达到 2719 公里，全省在建"十一路两桥"1045 公里，随岳北、武英、武荆等重点工程建设进展顺利，"四纵三横一环"高速公路网络粗具雏形。去年成功启动 25 条、2048 公里的高速公路前期工作和招商引资，新开工建设 4 条、467 公里高速公路，交通建设成为拉动内需的重中之重。

2009 年，为确保总投资约 1390 亿、25 条、2048 公里高速公路前期工作的顺利推进，湖北省交通厅迅速组织召开了前期工作调度会，迅速建立了市州人民政府、省交通厅联合共建新机制，与 17 个市州人民政府分别就加快

2048公里高速公路前期工作和招商引资等签订了共建协议。汉鄂、麻竹、十房等一大批以地方政府为主招商引资的项目前期工作取得实质性进展，去年11月9日随州市政府和楚天公司正式签订了麻竹高速公路大悟至随州段84公里、38亿元的投资协议并于今年6月28日正式开工建设，同年元月9日汉鄂高速公路举行了奠基仪式，标志着我省高速公路招商引资建设由“以省为主”转向“以市州为主”取得了重大突破。

农村公路建设惠农利民。根据李盛霖部长把农村公路建成脱贫路、致富路、小康路、幸福路，做到路通、车通、人通、财通的要求，省交通厅坚持建设是基础，运输是目的的科学发展理念，一手抓农村公路建设，力求通村公路“通达畅、上等级、可循环”；一手抓农村客运发展，力求农村客运班线“开得通、留得住、有效益”，努力打造“网络村镇，人便于行，货畅其流”的新农村交通环境，为服务社会主义新农村建设当好先行。

2008年，建成12000公里农村公路，全省行政村通沥青水泥路比例达到83.3%，以仙洪试验区为重点的新农村交通建设整体推进，农村交通运输环境进一步改善。为进一步加快农村交通发展，省交通厅自加压力，将年初建设12000公里通村水泥路的计划调增为25000公里，建设投资规模达到78亿元，力争年全省行政村通沥青水泥路比例到94%，提前一年基本实现中央关于东中部地区农村公路建设目标。全省行政村通客车比例达到94%、乡镇渡口达标率为100%。

在普遍实现行政村通沥青水泥路的同时，我们紧紧围绕服务社会主义新农村，积极推进农村交通发展由“建设型”向“服务型”转变，提出了“车头向下、村口始发，四定一挂、程序简化，通村达户、平安到家”的农村客运服务新理念，着力引导运输企业“车头向下”，支持农村客运发展，提升农村公共交通服务水平。主要做法一是“车头向下、村口始发”：鼓励本地大中型骨干客运企业采取开节班、赶集班、朝发夕归班等，突出农村客运的特点，满足当地人民群众的出行需求。二是“农村班车进城，公交客车下乡”：着力形成城乡公交资源共享、相互衔接、布局合理、方便快捷、畅通有序的客运网络。三是“四定一挂、程序简化”：定标准车型、定服务承诺、定服务价格、定运行区域、挂牌运行。引导农村个体经营者采取联营、参股的方式组建农村客运专线运营公司，走公司化、规模化、集约化经营的道路，不断提升农村公共交通服务新水平。为鼓励农村运力发展，今年省交通厅再次投入运力发展引导资金400万元，继续对符合规定要求特别是一定三年，为乡镇村组提供连续服务的新增农村客运车辆，按每客座400元标准实施定额补助，支持农村客运车辆更新改造，力争用一年时间实现通行政村农村客运全覆盖。

从2009年4月份起，我厅在全省交通系统组织开展千名公务员“进村入户走村路，十万公里大巡访”专项行动，深入乡村、深入群众、深入田间地头，每人走百公里村路，察百公里路情，大力推行“交通一线工作法”，真正做到在一线了解情况，在一线解决问题，在一线指导服务，推进全省农村交通科学发展上水平。

## 四、湖北水运建设成就

湖北省委、省政府高度重视水运业发展，将航运发展纳入了全省“十一五”经济和社会发展的总体规划，制定了《关于加快全省长江水运业发展的意见》。总的要求是：以航道网络化、船舶标准化、港口机械化、管理信息化为目标，加快航运建设，提高长江“黄金水道”的运输能力和使用效率，尽早建成长江中游武汉航运中心，形成干支直达、通江达海的航运体系，实现由水网大省向水运强省的跨越。

武汉新港是促进武汉城市圈“两型社会”综合配套改革试验区建设的重大战略举措和龙头启动项目。按照省委省政府确立的“亿吨大港、千万标箱”的建设目标，省市交通部门着力完善规划。2月17日，武汉新港总体规划已获省政府和交通运输部批复。阳逻港二期工程、80万乙烯码头工程等启动，武汉新港建设进入实质阶段。

进入“十一五”以来，湖北水运取得了长足进步，新增和改善航道里程1044公里。新增港口吞吐能力1265万吨，增加船舶运力107万载重吨；崔家营航电枢纽工程蓄水通航，发电机进入定子安装阶段，年内将实现三台机组并网发电；汉江航线航道整治、汉江平原航道网一期工程、三峡库区港口淹没复建工程按期完成。

当前,湖北省水运主管部门工作重点:一是主动服务武汉新港、武汉长江中游航运中心建设,加强与沪渝鄂三地航运业交流与合作。二是加快航道整治,全面提高通航标准。建成崔家营核电枢纽工程和引江济汉通航工程,形成长江——江汉运河——汉江 800 公里 1000 吨级航道圈。三是培育市场主体,提高市场竞争力。重点培育若干航运骨干企业,鼓励组建跨地区、跨行业、跨所有制的大型航运企业或企业集团,积极培育新的航运企业,壮大一批民营航运企业。

按照省委书记罗清泉、省长李鸿忠"依托上海国际航运中心建设,推进湖北水运又好又快发展"的批示,5 月 9 日,我带领一个工作专班到上海学习考察,借助上海优势发展湖北水运,与上海市城乡建设和交通委员会签署了《关于加强沪鄂航运业交流与合作的协议》。并实地考察了上海国际航运中心洋山港区、上海航运交易所,与上海市城乡建设和交通委员会、上海市交通运输和港口管理局、上海航运交易所、上海海事局等单位进行了会谈和沟通,就港口资源整合及建设、江海直达运输发展、港航信息平台共建共享、人才和技术交流与合作、物流业发展、建立工作联系协调机制等方面与上海市城乡建设和交通委员会达成了一致意见。

5 月 18 日,湖北省党政代表团访问重庆期间,我们考察了重庆航运发展情况,并与重庆市交通委员会签署了《关于加强渝鄂航运业交流与合作的协议》和《关于推进三峡区域经济与旅游发展加快省市公路通道建设的协议书》。双方表示,将进一步加强协调与合作,共同推动两地集装箱江海直达运输、打造三峡物流中心、推进三峡坝区扩能工程建设、加快载货汽车滚装运输发展、提高水路客运服务水平、促进港航信息平台互联互通。

6 月 23 日,在交通运输部、七省二市人民政府召开长江水运发展协调领导小组第二次会议之际,我厅和安徽省交通运输厅就两省港航海事工作进行了座谈交流,签订了《关于加强皖鄂两省港航海事工作交流和合作的协议》,长江上、中、下游交流对接力度进一步加大,基本形成了互利多赢、共同发展的良好态势。

## 五、湖北生态文明交通建设

湖北成功推进以神宜公路为示范的生态文明交通建设,交通运输部在湖北召开了现场经验交流会,在全国掀起了学习神宜公路经验、建设生态文明交通的热潮。在湖北第一条生态旅游路——神宜公路的建设中,省交通厅按照“路景相融、自然神宜”的建设目标,始终坚持将“保护好生态环境”作为设计的“第一追求”、将“恢复好生态环境”作为施工的“第一原则”、将“科技创新促进生态环保”作为建设的“第一动力”、将实现“自然环境原生态”作为验收的“第一关口”等“四个第一”理念贯穿到项目设计和施工管理全过程,力求打造“路在林中展、溪在路边流、车在景中行、人在画中游”的神宜公路生态新景观。将“美人昭君、诗人屈原、圣人炎帝、神秘野人”等“美、诗、圣、野”文化元素有机地联为一体,丰富神宜公路的文化内涵,打造公路与自然相和谐的神宜公路品牌,实现了“路景相融,自然神宜”的建设目标,为探索资源节约型、环境友好型发展之路树立了成功典范。

根据省委、省政府构建鄂西生态文化旅游圈的战略部署和“既要做大交通,又要青山绿水”的交通科学发展新理念,湖北省交通厅及时开展了鄂西生态文明交通圈规划编制工作,并将武神公路和十房高速公路作为鄂西生态文明交通圈的首要项目,以“时不我待、只争朝夕”的精神和“超常规、超常态”的举措抓前期、抓建设。目前,以武神、赤壁公路和潜江“江汉平原生态文明交通示范市”为代表的“两型交通”建设示范工程深入推进并取得初步成效。

湖北在修建沪蓉西高速的过程中,以科研攻关为先导,成功打造一批科技示范项目,工程中的几十座高墩大跨桥梁、特大隧道工程平稳安全推进,形成了特长隧道(群)建设、高墩大跨桥梁建设、高路堤、高陡边坡防护等一系列成套关键技术。交通运输部为此在湖北召开了沪蓉西科技示范工程技术交流会,为在地质环境复杂、生态环境脆弱的重丘地区修建高速公路,提供了非常有价值的成功经验。此外,鄂东长江大桥、荆岳长江大桥等一批世界级桥梁建设,始终坚持质量安全管理“零起点”的理念,力保大桥建设质量安全处于可控状态。2008 年,我省巴东长江公路大桥获国家优质工程奖银质奖,全省交通系统有 11 项科研成果达到国际先进水平,8 项科研成果达到国内领先水平。

## 六、交通行政效能明显提高

学习实践科学发展观活动,推进湖北交通科学发展,关键取决于我们交通各级领导干部的能力和素质。通过深入开展交通执行力建设、民主评议政风行风和深入学习实践科学发展观活动,大力倡导和培育出以"分内事、马上办,厅内事、主动办,突发事、高效办,重大事、跟踪办,经办事、精细办,交通事、干净办""六种意识"为主要内容的"新型交通办事文化",干部作风有了明显转变,得到了省委、省政府领导和社会各界的肯定和好评。

加强交通能力建设,就是要以深化"新型交通办事文化"为基础,以提高"推动科学发展的能力、应急和谋远能力、创造性工作的能力、统筹协调的能力、团结和谐的能力、廉洁从政的能力、化常为专的能力、服务基层和企业的能力"等八大能力为目标,以增强交通各级领导干部的"学习力、敏锐力、创新力、组织力、团结力、自律力、执行力、服务力"为重点,进一步深化学习实践活动整改工作,着力破解交通高素质人才匮乏之难,奋力推进湖北交通科学发展水平。

值得一提的是,省厅与市州交通部门搭建了交通电子公务服务平台,实现"三项机制"的创新:一是创新交通服务公开机制。机关由办"传统政务"转为办"电子政务"。二是创新交通公共服务机制。帮助群众及时获取有效交通信息,服务群众安全便捷出行。三是创新公共参与和投诉监督机制。围绕群众"最关心、最直接、最现实"的交通问题,凸现政府网站的桥梁和纽带作用。

## 七、交通行业精神文明建设

湖北交通行业坚持"始终围绕一个中心,一段明确一个主题,系统推出一批载体,每年突出一个重点,年年争上一个台阶"的思路,在全省交通行业相继开展了“学刚毅精神，创文明新风气，建和谐交通”等为内容的行业精神文明建设主题活动。针对交通行业特色，在行政执法领域开展了执法达标和争当执法标兵活动，在交通建设养护管理领域开展了争创精品工程、文明路、文明样板路、文明航道、星级公路管理站、星级收费站、重点工程、青年文明号信用建设活动，在运输服务领域开展了争创文明车、船、港、站、文明客运（公交）示范线、出租车创十佳企业、百佳标兵、农村路站运一体化示范线等活动，使文明创建活动载体覆盖了交通各个领域，为全方位、全员参与文明创建提供了平台。全省交通行业精神文明建设呈现出重点突破、整体推进、亮点频出、蓬勃发展的良好态势。

全国重大先进典型陈刚毅、“见义勇为英雄”蒋雪峰、“节油大王”王静、“文明出租车驾驶员”王书凤、“公路养护标兵”王长山等一批“刚毅式英模”脱颖而出。改革开放 30 年来，全省交通系统有 9 人被授予全国劳模称号，51 人获全国“五一”劳动奖章，216 人被授予省劳动模范称号，65 人被授予省“五一”劳动奖章。全省交通行业建成国家级文明单位 9 个，部级文明行业 8 个，省级文明单位 122 个，全国青年文明号 22 个，省部级青年文明号 198 个，青年岗位能手 19 名。

## 八、交通廉政建设

厅党组坚持一手抓交通建设，锁定加快发展不动摇；一手抓党风廉政建设，遏制交通腐败不松懈，努力做到交通发展与廉政建设齐抓并进、相互促进、良性互动。一是坚持“廉政交通”主题教育制度化。每年每季度举办一次全省“廉政交通”主题教育报告会，开展了“廉政交通三做起”（从领导做起，从班子做起，从我做起）、“廉政交通”典型评学和“情系民生、勤政廉政”先进典型巡回报告等主题实践活动，基本形成了“廉政教育大家抓，反腐倡廉大家谈，党纪国法大家守”的浓厚氛围；二是坚持交通建设管理规范化。坚持从改革入手，简政放权，建章立制，制发了厅党组“十不准”廉政承诺、厅机关公务员“十个不准”的廉政守则和《关于建立健全交通系统预防和惩治腐败体系的意见》等 30 余项制度规定，并组建了廉政建设巡查专班，定期不定期深入一线明察暗访,确保廉政建设各项制度落到实处;三是坚持交通市场信用建设系统化。制定印发了市场诚信建设实施方案和奖惩办法,落实了重点工程纪检监察员派驻制度,开展了“诚信杯”劳动竞赛和重点工程源头治腐推进年活动,每年对在湖北交通建设市场从事施工、监理、检测等参建单位进行等级评定并公示;四是部门共建联动长效化。与部省纪检监察部门开展了重点工程领导联系点制度和“廉政阳光示范工程”创建工作;与国家审计署武汉特派办、省审计厅在全国率先签订了交通财务管理与审计工作共建协议,与省检察院联合开展了重点建设项目预防职务犯罪活动,与省公安厅签订了打造“平安交通”共建协议,有效探索了主动介入、事前监督、惩防并举的廉政建设新机制和新途径,取得了新的成效。

## 九、湖北交通美好未来

根据“2009—2012 年湖北高速公路行动计划”,2009 年全省高速公路计划开工项目 16 个、1068 公里,投资额 801 亿元;2010 年计划开工项目 13 个、937 公里,投资额 591 亿元。今明两年全省高速公路建设投资规模达 1400 亿元左右,投资项目之多、力度之大前所未有。力争到 2015 年使全省高速公路通车总里程达到 6000 公里,高速公路通达 96% 的县市区,提前 5 年实现“五纵五横二环”高速公路网建设目标。

届时,湖北全省将形成以国道主干线和国家重点公路为主干的高速公路网、高等级国省干线网、四通八达的农村公路网。实现省内地市级城市间及与周边省市毗邻地市级以上城市公路高速化,全省干线公路网高等级化,县乡公路等级化、黑色化。在武汉市和江汉平原地区率先基本实现公路交通现代化的基础上,初步实现全省公路交通的现代化;汉江主通道达标,以长江为主干,以汉江清江为两翼,平原五级航道为主体的全省内河航道网形成,港口机械化作业水平大幅度提高;规划的二类公路主枢纽建成;综合运输和管理智能化;建成以武汉为半径 1000 公里的客货运输网、物流网络和管理信息网络。

# 构筑高速公路区域化管理新模式

湖北省高速公路管理局

湖北高速公路的管理工作要以全省交通工作会议精神为指引，全面落实科学发展观，认真贯彻交通运输部和厅党组“投资多元化、管理一体化”的指示精神，瞄准改革，锐意攻坚，积极探索高速公路集中统一规范管理的新途径，构筑高速公路区域化管理新模式，形成以高管局为龙头、以路段管理处（公司）为主体的统一集中管理，实现统一政策、统一标准、统一规范，推动全省高速公路平稳、协调发展，倡导“以人为本、规范高效、法治有序、和谐发展”的理念，打造“文明、优质、廉洁、高效”的湖北高速公路品牌，有效发挥高速公路管理和服务功能，有力凸现高速公路骨干网的枢纽地位和作用，推进我省高速公路事业又好又快发展。

## 一、全力以赴抓规费征收，在收好费、服好务上下工夫

### （一）突出科技征费手段的应用

一是完善车牌识别系统。将此系统从简单的进出口车牌识别，逐步引入到解决路径识别问题中，为联网收费清分更加准确提供技术支持。二是完善电子稽查系统。对内促进规范操作，对外打击逃费行为。完善违规车辆黑名单自动弹出等功能，并逐步实现联网管理部和各单位分级操作。三是完善电子支付和不停车收费系统（ETC）。完善服务机构，拓展客户群，使

此项措施既解决少数收费站点通行能力不足的问题，又给司乘人员出行带来便利。四是建立营运资料档案数据库。随着我省高速公路、长江大桥逐步增多，路网逐步扩大，路网构成日趋复杂，为了更好地收集整理我省高速公路、长江大桥项目情况，拟建立高速公路营运资料档案数据库，将项目投资情况、资金构成、性质、里程及交接点情况、收费标准、收费年限、各年度收费及车流量情况、大事记等信息录入到数据库中存档，以便快速查询和有效利用。

（二）强化营运管理工作的规范

一要从完善基础制度入手，强化标准化收费站建设。明确各岗位工作职责、完善基础制度、统一收费设施标准配置、收费流程、服务流程等，不断提高收费管理与服务的标准化、程序化和规范化水平。二要借《湖北省高等级公路管理条例》修订之机，争取补充并完善费收管理相关法律法规和政策依据。重点是站在行业管理的角度，解决在费收工作不断发展变化中出现的新情况、新问题。比如：明确实行委托管理、入网收费资格审查的必要性、费收稽查及处罚的依据、收费服务设施的完善升级、费收管理方面违规行为的处罚、“绿色通道”车辆的查验、部分逃费行为的准确界定及处理标准等。三要切实加强“绿色通道”车辆管理。坚持在各站口设置专用通道，保证运送鲜活农产品的车辆优先免费通行。同时，加大“绿色通道”政策宣传力度，借鉴兄弟省市的成功经验，汇总“绿色通道”车辆信息，加大对“绿色通道”车辆的现场管理力度，推广并完善现场查验“望、闻、问、切”四步法等好做法、好经验，联合有关科研院所研制“绿色通道”车辆识别检验设备，减轻收费人员现场检验难度，提高车辆通行速度，建立堵漏增收激励机制，提高“绿色通道”政策执行水平。四要逐步统一收费标准。尽管路段投资主体多元化，路段建设投资额有所不同，但高速公路肩负着同样的社会服务功能。为此，有必要逐步将我省高速公路收费标准归于统一，根据高速公路投资总额、当地物价指数、偿还贷款或收回投资以及交通量等因素，计算确定不同路段的收费年限。五要加强联网收费和监控管理。第一，要进一步完善联网收费管理制度，明确各成员单位的权利和义务，严格执行通行费征收政策和操作规程，不损害其他成员单位的利益，保证联网收费管理规范，服务优质。在路网紧急情况出现时，要树立大局意识，听从上级主管部门的总体调度和安排，发挥整体联动带来的效益。第二，要进一步完善监控管理手段，充分利用监控资源，逐步实现重点高速公路路段、桥隧的全程监控，实现高速公路路况及时、快速链接功能，让管理者第一时间发现和掌握高速公路运行状况，快速准确地获取交通信息，快速准确地处置交通紧急事件，快速准确地了解收费现场情况，使监控资源最大限度地为高速公路道路养护、路政执法、营运管理服务，真正体现高速公路的现代化管理水平。

### （三）重视总体服务水平的提高

以"安全优质服务创建活动"为有效载体，在全省高速公路系统开展以"满意在费亭、舒适在路途、服务在沿线、安全到终点"为要求的文明创建活动，创新服务理念，丰富服务内涵，提高服务水平。一要增强服务技能。组织开展知识竞赛、业务培训、经验交流、礼仪服务等多种形式的主题活动，增强员工学业务、学技能、强本领、强素质的主动性和自觉性，进一步增强各岗位员工的服务技能。二要优化服务环境。注重服务硬软件建设，继续改造和升级收费设备，着力解决车流量较大路段站口拥堵现象，提高通行保畅能力；积极优化现场服务环境，结合不同路段客户群特点，推行人性化服务，努力营造功能完备、整洁优美、舒适便利的服务环境。三要统一服务标准。加强服务窗口建设，对收费员从服务程序、服务内容、服务标准、服务承诺以及仪容、举止、语言等各方面予以全面规范，逐步形成统一的服务规范标准体系，着力解决各单位落实收费政策和服务标准力度不一的问题；积极推广"微笑服务"、"空勤服务"、"诚信服务"、"温馨服务"等特色服务，精心打造一批叫得出、叫得响的知名窗口服务品牌，全力促进各单位平衡发展，不断提高我省高速公路的总体服务水平，最大限度地吸引更多的车辆通行高速公路，有效保证高速公路费源，实现多收费、收好费的目标。

## 二、全力以赴抓养护质量，在养好路、护好路上下工夫

### （一）逐步实现养护管理的制度化和科学化

根据全省高速公路实际，出台统一的、实际操作性强的一系列养护管理

制度，如养护管理办法、招投标管理办法、养护定额、养护监理、桥梁质量评定办法、大中修工程管理规定、养护目标考核实施办法等，逐步完善管理程序，尽早形成规范化的专业养护新格局。引导各单位建立路面管理系统（CPMS）和桥梁管理系统（CBMS），并建立全省高速公路和长江大桥数据库；在全省推广路况快速检测系统（CICS），保证检测与评定结果准确可靠；组织技术人员和专家开展《复合式路面养护技术》课题研究，推广应用养护新设备、新工艺、新材料，提高养护的科技含量。

（二）有效破解重复频繁养护的难题

高速公路重复频繁养护，不仅加大了每年的养护管理成本，而且影响了行车环境和社会形象。要高度重视，要解放思想、利用科学发展观想方设法破解这个难题，避免重复建设，延长养护周期，提高养护工程寿命。一要强调预防性养护，平时加大道路巡查力度，及时发现萌芽病害，及时解决问题，杜绝病害因为发现不及时而逐步加重的现象。二要科学严谨地制定本单位具有前瞻性的总体养护规划。三要科学严格地制定养护施工方案，利用有机、合理的方法布置养护施工点，避免同一时间全面开花养护这种影响整体行车环境的做法。四要规范养护招标程序，进行全面阳光操作，选择养护成本合理、施工信誉高的施工队伍。五要严把质量和进度关，严格按照可行的施工方案落实施工进度、质量监督、验收决算等程序。不管工程大小，均确保工程优质，从而达到节约养护管理成本、长时间提供良好行车环境的目的。

（三）努力完成高速公路标志更换工作

交通标志更换工作是一项系统工程，涉及面广，协调工作量大。各单位要根据职责和分工，积极主动地推进这项工作。按照省厅制定的《湖北省高速公路网路线命名和编号调整工作实施方案》要求，省局负责高速公路标志更换实施过程中的协调、督促、检查和评比，以及实施后交通标志的管理工作，下一步还将负责建立我省高速公路标志档案和数据库；各单位是本路段标志更换工作实施的具体责任单位，要负责做好方案细化、组织实施、资金投入、加强宣传等各项工作，特别是要主动征求地方交通部门和高速巡警的意见，力求得到各方面的理解和支持。全省高速公路交通标志更换工作要在 2009 年 6 月 30 日之前全部完成，并确保更换后的标志设置合理、内容规范、标志清晰、指示准确，为社会提供准确、良好的车辆通行识别环境，保证广大人民群众安全、便捷出行。

### （四）充分发挥应急养护中心的作用

按照应急养护中心的职责和运作保障机制，在明确工作流程和处置预案的前提下，整合人力和设备资源，在全省范围内调集合适的、平时高速公路管理单位利用率不高的大型养护、检测等设备，由省高速公路应急养护中心实行集中统一使用，使之高效地进行高速公路突发、应急、养护抢修等任务；同时让其承担全省高速公路和桥梁养护检测、研发养护系统、编制技术规范等职责，在紧急情况出现时，能够以较快的速度、较高的效率处理突击任务，有效地履行高速公路应急养护功能，保证高速公路的安全畅通，充分发挥高速公路人力、物力资源优势，从而推进湖北高速公路应急养护管理科学化进程。

## 三、全力以赴抓安全畅通，在管好路、保平安上下工夫

### （一）做好安全维稳工作

各单位要高度重视，围绕“安全优质服务创建活动”，建立安全管理长效机制，切实加强领导，采取得力措施，及时有效地处置安全管理过程中的困难和问题，始终如一地保证车辆、人员、财产安全和高速公路的平安畅通。一要强化安全排查，消除事故隐患。要始终以“铁的手腕、铁的面孔、铁的标准”深入开展经常性的大排查、大整治、大防控，特别是要对大型桥梁、隧道进行巡查，要对事故多发地段进行重点整治，对发现的安全隐患和薄弱环节，必须及时处置、整改和解决。二要强化应急反应，保障道路畅通。要按照省厅《关于加强雨雪低温大风天气安全生产工作的通知》要求，加强应急物资储备，完善应急预案，切实做好应对突发事件的各项准备工作。一旦发生雨雪、低温、大风等恶劣天气，要立即按规定启动应急预案，加强交通疏导，保障道路畅通。如因恶劣天气道路封闭，要及时向社会发布相关信息，便于出行车辆及时改道。三要强化保障措施，做好优质服务。要实行便民服务，提高服务质量，确保高速公路收费站口无车辆滞留，“绿色通道”畅

通，服务区和停车区诚信经营，施工路段管理安全，对非因事故的故障车辆及时免费牵引，营造和谐的出行环境。四要强化值班制度，加强信息沟通。要实行领导带班制度，严格落实24小时值班和重大事项第一时间报告制度，严禁迟报、漏报和隐瞒不报。五要强化矛盾排查，维护行业稳定。要切实做好不同时期的安全稳定工作，确保不引发重大群体性突发事件，要着重抓好矛盾纠纷排查和化解工作，努力打造平安高速、和谐高速。

（二）加强路政制度建设

一是修订《湖北省高等级公路管理条例》。根据省人大代表提出的意见和建议，继续做好《湖北省高等级公路管理条例》修订工作，重点研究路政集中统一管理、路政机构派驻等问题，从法律层面解决影响路政管理的根本性问题。二是规范路政执法机构设置。加强调研，根据部、省有关政策要求，调整和规范路政机构设置，进一步明确人员配置，明确管理层级，明确岗位职责。三是完善路政管理基础制度。按照先急后缓的原则，重点建立路政许可、路政处罚、超限运输、执法监督、目标责任制管理、标准化建设、赔（补）偿费使用管理、信息宣传、队伍建设等制度，切实用制度指导和规范路政管理工作，为维护路产路权、保障平安畅通奠定制度基础。

（三）健全应急管理机制

要认真总结近年来抗击自然灾害特别是去年抗灾救灾的经验教训，坚持突出重点，提高防范和处置突发事件的能力和水平，着力构建应急管理长效机制，做到思想认识上警钟长鸣、制度保证上严密有效、技术支撑上坚强有力、检查落实上严格细致。一要优化应急处置预案。加强案例研究，制定分类指导意见，编印高速公路应急管理手册，为全省高速公路突发事件处置提供指导。二要建立路政应急信息平台。制定路政科技信息化实施规划，完成路政执法网改造升级，建立路政业务垂直联动信息体系，确保2009年底路政应急信息平台初步建立，基本实现全省高速公路应急管理信息的快捷传输、有效处理和远程监控。三要加大安全监管力度。制定全省高速公路治超规划，加大治理超限力度，形成路网联动格局，特别是要加大对特大型桥梁、特长隧道的安全监管力度。四要加强应急预案演练。要加强与高速巡警、沿线地方政府的沟通和协调，完善应急预案，加强应急演练，充分利用部分路段全程监控资源，实行多方联防、信息联通、整体联动，形成合力，提升快速反应和应急处置能力，共同保障高速公路和长江大桥的安全畅通。

（四）完善委托管理模式

近三年来，我们先后对民营和社会资本投资建成的高速公路实行了委托管理，如荆东、荆宜、汉孝、武汉市四条出口路等高速公路，从实践上看，运转顺利，效果良好。今后，以省编办批复成立新的六个事业性管理处为契机，坚持科学、便捷、合理、高效的原则，实行区域化管理，对新建成的政府贷款投资的高速公路，进行直接管理；对新建成的民营和社会资本投资的高速公路，实行委托管理，通过签订委托管理协议，统一派驻运营管理骨干和路政执法队伍。下一步，将加强调研，争取出台《高速公路委托管理指导性意见》，建立委管路段联席会议制度，强化协调和配合，规范高速公路委托管理机制，共同向社会提供优质的服务，共同保证高速公路的安全畅通。

## 四、全力以赴抓节支增值，在添活力、强效益上下功夫

（一）加大管理成本的核算和节约力度

面对燃油税改革的挑战，面对高速公路总体繁重的还本付息压力，要站在高速公路发展全局的高度，在高速公路系统内树立艰苦奋斗的精神，在努力多征费、征好费的前提下，向管理要效益，建立、完善缜密的资金使用制度和流程，科学核算必要的管理成本，合理规划养护资金，避免重复建设和浪费，杜绝大手大脚，节约非生产性日常开支，从而以降低管理成本来实现节支增值。

（二）加大资产资源的规范管理力度

一是完善国有固定资产管理制度和考核办法。充分发挥资产管理系统平台作用，完善国有固定资产管理制度和考核办法，强化资产管理流程，规范资产处置程序，加大监管手段和执行措施，确保国有资产保值增值。二是制定规范服务区对外租赁招标指导性意见和广告经营管理办法。依托《服

务区管理暂行办法》、《服务区星级考核评定暂行办法》以及即将出台的《湖北省高速公路管理条例》，加大服务区管理力度，研究制定规范服务区对外租赁招标的指导性意见、招标示范文本和高速公路广告经营管理办法，充分发挥行业监管和服务作用。三是制定行业统计工作管理办法。加强对从业人员的业务教育和培训，有效提高从业人员的整体素质。

（三）加大资产资源的整合优化力度

充分利用信息化管理手段，采取先进的网络通信和卫星定位技术，整合各业务口资源，加大我省高速公路综合营运管理系统平台建设的研发力度，以推动行业管理的全面信息化，降低管理成本，提高管理效率。加强与高等院校和科研机构合作，科学规划全省已通车高速公路服务区及广告的布局和规模，规范服务区的改扩建、新建、租赁经营等行为。充分利用地域优势、信息优势、技术优势和人才优势，加大高速公路服务区、广告、闲置土地、房屋、光缆、其他资产等资源的开发力度，探索高速公路附属资源、资产开发的新模式，不断培育新的经济增长点，最大限度地实现资产的保值增值。

（四）加大服务区、龙泉山庄综合服务功能的发挥力度

全面落实“安全优质服务创建活动”，制定高速公路服务设施优质服务创建方案，通过实践和创建，更大限度地发挥综合服务功能。一是按照五星级服务区标准，借鉴国内一流服务区管理经验，大力倡导和推广专业化、连锁化、品牌化的经营管理理念，通过改善环境面貌、完善服务设施、规范服务流程、提高服务标准等手段，以创建湖北高速公路示范服务区为重点，以积极引入汽修行业品牌机构入驻服务区为突破口，力争打造一至两个具有特色的星级服务区，培育树立一至两个专业诚信的服务区经营机构品牌，以促进我省高速公路服务区服务质量和水平的提升，把服务区建成为广大司乘休息的“温馨驿站”。二是龙泉山庄要进一步发挥区域服务优势，找准自身的特点，发挥自身的特色，加强服务队伍建设，丰富服务内涵和外延，提高综合服务水平，以文明的服务、优质的接待向市场要效益，创建酒店管理品牌。

## 五、全力以赴抓勤政廉政，在创品牌、树形象上下功夫

### （一）加强职工队伍建设

深入开展学习实践科学发展观活动，创新学习方式，注重学习效果，坚持学以致用，自觉运用科学发展观指导实践、推动工作。同时，通过有计划地抓学习培训，抓岗位练兵和技术比武等活动，培树典型，以点带面，发挥典型示范效应，促进整体业务能力提升，在高速公路系统内形成比、学、赶、帮、超的良好氛围，逐步培养一支业务过硬、精诚团结的管理人才队伍，造就一支高素质、创新型的专业技术队伍，建立一支爱岗敬业、乐于奉献的一线职工队伍。

### （二）加强精神文明建设

进一步弘扬“刚毅精神”，积极实践“王静工作法”，注重实施“一线工作法”，坚持“三个文明一起抓、任务一起下、成果一起要”，努力创建一批文明单位、文明示范窗口、青年文明号手、巾帼示范岗和“刚毅式”所队站，推进文明创建活动向纵深发展。以成立局工会和团委为契机，举办全省高速公路行业首届职工运动会和文艺汇演，培养职工健康积极的生活情趣，增强行业的凝聚力、向心力。办好政务网，开辟网上论坛，打造相互交流平台。加强与门户网站、报刊、电视、广播等媒体的协调沟通，建立宣传网络体系，宣传公共服务成效，树立责任高路形象。

### （三）加强反腐倡廉建设

认真贯彻省委《关于贯彻落实〈建立健全惩治和预防腐败体系2008－2012年工作规划〉的实施办法》，严格落实党风廉政建设责任制，深入开展“廉政交通三做起”（从领导做起、从班子做起、从我做起）主题实践活动，切实履行纪检监察两项职责，加强教育，完善制度，强化对重点对象、重点部位和重点环节的监督，坚决查处违纪违法案件，促进高速公路发展与党风廉政建设良性互动。同时，坚持依法依规理财，进一步加强资金监管和审计监督，确保资金安全、人员廉洁。

# 适应形势，推进湖北公路“两型”建设发展

湖北省公路管理局

建设“两型”社会是国家的一项长期战略，也是建设小康社会的目标之一。2009 年 3 月 5 日省政府与交通运输部签订了《武汉城市圈“两型社会”建设交通发展合作协议》，6 月上旬交通运输部在我省组织召开了神宜旅游公路建设经验交流现场会，在全国交通系统学习推广神宜旅游公路建设经验。神宜旅游公路为我省国省干线建设养护管理提供了有益借鉴，是今后国省干线建设养护发展的典型示范。全省公路系统要深入学习和推广应用神宜旅游公路的建设理念，推进公路“两型”建设，打造新典型，全面提升全省国省干线整体面貌和文明水平。

## 一、打造“一圈一市两条线”生态文明示范公路

2009 年初省厅、省局布置了“一圈一市两条线”生态文明公路创建工作，省局组织相关市县公路部门进行了研究，提出了创建方案，下半年省局将组织对“一圈一市两条线”创建效果的检查。相关单位要积极行动，切实将“适用就是最好的、自然就是最美的”和“五个第一”的理念推广应用到公路建设养护中，努力达到“人为破坏生态环境现象杜绝、公路沿线地质灾害得到治理、公路路况水平更加优良、公路绿化更加完善、公路环境更加良好、养护管理更加规范、行车安全更有保障，建成景观优美、环境和谐的生态绿

色通道”，使“一圈一市两条线”生态文明示范公路成为面上公路新的亮点。

## 二、全面启动仙洪新农村试验区公路建设

仙洪新农村试验区是省委省政府为推进我省社会主义新农村建设而实施的一项重大举措。根据省委省政府制定的《仙洪试验区总体规划实施纲要》及“一年有变化、两年有大变化”的要求，近两年要完成省道及县道上10座危桥、农村公路上75座危桥改造任务，实现无危桥目标；需建设县乡二级公路40公里、通村公路1275公里，使行政村沥青（水泥）路通达率达到98%以上；需对仙洪公路、峰观公路进行升级改造，任务十分艰巨。目前，正加快全面启动，抓紧做好项目前期工作，争取项目加快实施。

## 三、着手推进鄂西生态文化旅游圈公路建设

省委九届四次全会提出要着力构建鄂西生态文化旅游圈，其主要内涵是以丰富的生态资源为基础、以深厚的文化底蕴为灵魂、以发达的旅游产业为引擎，推动鄂西地区资源整合、经济结构调整和发展方式转变，实现经济社会又好又快发展。根据省委这一重要战略构想，省厅按照“两型社会”建设理念，以提升公路综合服务功能为宗旨，以优化公路沿线生态环境为目标，初步拟定了武当山至神农架旅游公路六里坪至木鱼坪段改造方案。初步构想是，将六里坪至木鱼段现有252公里公路进行全面改造升级，根据现有基础，分类推进，分步实施，以期将目前旅程6小时缩短至4小时旅游圈，为发展鄂西生态旅游业创造更便捷的公路行车环境。省厅、省局正积极组织相关人员抓紧启动相关前期工作。

## 四、改革创新，探索公路行业发展思路

创新是推动事业发展的不竭动力。开创公路事业新局面，实现新一轮大发展，必须充分发挥潜能，勇于改革创新，探索新思路。

一要认真研究银行债务问题，继续做好收费还贷工作。各级公路部门应对银行贷款进行全面清查盘底，积极与贷款银行沟通协商，做好到期贷款

续贷、新贷工作。省局对各市州提出的续贷、展贷担保请求，在分级统贷偿还、坚持基准利率、保证贷款期限前提下，予以担保。对贷款修路、收不抵息的情况，目前只能积极争取银行增贷、政府财政支持、社会筹资解决问题。要立足长远，应积极出谋划策，寻求解决银行负债的新思路。

二要认真研究路网工程资金短缺问题，满足重点项目建设需求。各级公路部门对路网工程中重点项目和大中修工程在省局补助拨款计划到位前提下，努力做到地方配套资金足额到位，并实施超前安排，做好下年度养建计划和财政部门预算编制工作，解决路网工程计划资金及时到位问题。

三要认真研究收费体制改革问题，解决好收费公路公益性与经营性矛盾。在继续深入开展“征稽杯”竞赛活动、创新管理方式、挖潜增效、完善用工分配机制、降低征费成本、优化费收环境的基础上，努力探索“权责下移、债务归位、分级管理、依责偿还、政策调节、综合平衡”的收费体制改革思路。一站一策，积极进行先期试点，逐步解决收不抵息、营运困难、社会关注、政府要求的部分收费站点撤并问题。

四要认真研究农村公路养护管理长效机制问题。目前已有 12 个市州政府出台了农村公路管理养护实施方案，明确了农村公路养护责任主体、资金渠道。未出台农村公路养护管理实施方案的市州也在积极行动，尽快落实。

五要认真研究省局机关改革问题，提高公路行业管理水平。省局作为行业“龙头”，要通过这次改革，进一步理顺管理职责，严明工作要求，建立人才合理流动、人尽其才的激励机制；通过改革，进一步提高工作执行力，提高工作效率，增强决策的科学性、有效性，要在服务基层、重大政策研究、依法治路、科学规范管理等方面有更大提高，努力打造一个更加廉洁高效、更加公正透明、更加团结和谐、带领公路系统推动新一轮大发展的坚强集体。

## 五、严格管理，提升公路质量安全水平

公路建设不断加快发展，社会公众对公路的质量安全要求也越来越高，确保质量安全，是公路事业长久稳定发展的根本前提。

一是要确保工程建设质量。后5个月，要以全省交通质量效益年为契机，针对省质检局在《2008年度全省干线路网和农村公路工程质量、安全检查通报》中指出的问题，对全省公路建设项目进行全面回访，查找问题，及时整改，并进一步建立健全质量保证体系，完善工程质量、安全责任追究制和奖惩制。省局将定期组织农村公路建设工程抽查，适时召开农村公路建设现场会。同时，加快全省路网建设项目交、竣工验收工作。

二是确保公路养护质量。加强预防性养护，对路基、路面、防护工程、排水设施加强日常性检查、定期检查和检测评定，对地质灾害、桥梁构造物重点排查，认真分析，制定预防性方案，及时处治质量隐患。结合贯彻《公路技术状况评定标准》，对现行公路养护质量检查、报表制度相关内容进行调查和完善，省局将组织相关技术培训，并先期组织国省干线技术状况评定试点工作。

三是确保道路及渡口安全。继续做好危险路段整治工作，确保“安保工程”项目计划落实，做到危险路段“不危险”；继续加大危桥改造力度，确保桥梁安全。重点加大对长江渡口的安全管理力度，解决好三义寺渡口“人车混渡”问题。加强施工安全管理，特别要加大特大桥隧施工安全管理，安排专人负责安全，落实安全监管各项制度。

四是确保行业稳定。切实增强做好当前维稳工作的政治责任感和政治敏锐性，高度重视行业维稳工作，确保小的问题及时处理、大的问题坚决不出。营造和谐的内外环境，认真处理群众诉求，做好疏导和政策宣传工作。要变上访为下访，及时掌握各种信息动态，及时化解矛盾纠纷，问题不上交、不越级，尽量将问题解决在基层，矛盾化解在基层。

## 六、勤政廉政，取得公路行风政风评议成效

公路要发展，关键是要有一支好的队伍。当前，重中之重是抓好两项工作。

一是不走过场抓好政风行风评议工作。按照省厅的统一部署和“我知晓、我参与、我奉献、我为行评添光彩”的要求，认真组织和积极参与政风行

风评议工作，真心诚意地面向社会征求意见，查摆问题，认真整改。工作中切实贯彻落实“目标责任制、服务承诺制、首问负责制、责任追究制”，切实提高公路部门的责任意识、服务意识、大局意识，提高工作效率，改进工作作风，尤其要改进执法作风。结合“文明执法主题教育”活动，进一步规范执法行为，强化执法为民的举措，构建和谐的执法环境。对在行评中查摆出的问题，认真疏理，及时解决和限时解决；对暂不能解决的，要列出整改计划，作好政策宣传和解释工作，争取社会理解支持。要将行评工作列入今年考核内容，对行评工作效果好、成绩突出的单位予以表彰，对造成严重影响、甚至顶风违纪的单位实行一票否决。

二是不留死角抓好党风廉政建设工作。把加强党风廉政建设放在更加突出的位置，把反腐倡廉作为班子建设和队伍建设的重要内容，坚持“从我做起、从班子做起、从领导做起”；坚持标本兼治，综合治理；坚持靠制度管人管事管权，把规范管理和加强党风廉政建设紧密结合起来，构建反腐倡廉制度体系。

# 推进三大机制改革
# 为水运发展提供强大动力

湖北省港航管理局

发展是硬道理,改革是总动力。要实现湖北水运新一轮大发展,必须要有超常规的改革举措,构建科学发展机制。

湖北水运新一轮大发展的指导思想是:以科学发展观为统领,以“湖北交通改革攻坚年”为主线,贯彻落实全省交通工作会议精神,解放思想,克难攻坚,推进“筹融资渠道、航道建设模式和鄂东组合港”三大机制改革,突出“打造武汉新港核心港区,贯通汉江、江汉运河两条主通道,推进崔家营、陆水节堤两大枢纽建设,开发武汉、宜昌两大物流市场”四大建设重点,加强“结构调整、规费征稽和安全保障”三大行业管理,开展“学习实践科学发展观、行政效能建设和党风廉政建设”三大创建活动,逐步完善服务“两圈一区”的现代水运体系。

## 一、推进三大机制改革,为水运发展提供强大动力

第一,推进筹融资体制改革,在筹集建设资金上增添后劲。按照“整合资产存量、用活补助资金、融资滚动开发”的原则,积极筹建港航投资开发公司,通过合资、租赁、转让、特许经营、地主港开发等方式,形成多元化筹融资格局。鼓励和支持社会各类资本投入港航建设领域,鼓励和支持各类投

资主体以各种形式参与港航建设，大力引导武钢、长航、南车、武港、中石化等大型企业和平煤集团等外来资金投资项目建设。2009 年，全省水运筹融资形式要有实质性进展，筹融资规模要有大幅度提高。

第二，推进航道建设模式改革，在开发资源航道上闯出新路。在新开运河或资源性河流上，积极探索"自行筹资、自行建设、自行维护、自行收费、自行还贷"的收费航道建设模式，实行航道开发与资源利用相结合，提高各类投资主体参与建设航道的积极性。在蕲水等资源性河流上，尝试 BOT 建设模式，探索航道建设与资源的捆绑开发。

第三，推进鄂东组合港改革，在整合港口资源上积极破解难题。开展鄂东港航资源综合开发试点，结合武汉新港建设，探索适合我省实际的组合港发展模式，建立鄂东组合港管理协调机制，统一规划，合理使用岸线，实现港航资源合理开发、优势互补。

## 二、突出四大建设重点，为水运发展提供有力支撑

发展需要项目特别是大项目的支撑。要全力以赴抓大项目、引大项目、上大项目，做强做优项目，以此推动湖北水运大发展。

第一，打造武汉新港核心港区。加快推进阳逻集装箱码头二期工程、80 万吨乙烯配套码头、唐家渡综合码头一期工程等项目建设。加快推进金口重件多用途码头、国家稻米交易中心配套码头、林四房配煤中心码头等项目前期工作，力争年内开工建设。扎实开展亚东水泥码头、花山新城化工码头一期工程、武港集团林四房煤炭散货物流中心一期工程等项目的前期工作。同时，加快宜昌港云池作业区一期工程、黄石港棋盘洲港区一期工程的建设。

第二，贯通汉江、江汉运河两条主通道。加快推进引江济汉通航工程前期工作，力争年内开工建设；加快建设汉江蔡甸至汉川、丹江口至白河航道整治工程；加快推进汉江兴隆至汉川航道整治工程的前期工作，力争早日建成连接"两圈一区"、环绕江汉平原的 810 公里千吨级航道圈（长江 – 江汉运河 – 汉江航道圈）。同时，加快推进巴河航道、汉北河万台 – 南垸航道、

三峡库区支流航道的建设,力争早日投产发挥效益。

第三,推进崔家营、陆水节堤两个枢纽建设。继续加快汉江崔家营航电枢纽工程进度,确保完成5个亿的建设任务,确保崔家营航电枢纽一季度实现二期截流,上半年实现第一台机组发电,全年完成3台机组安装。力争陆水节堤枢纽的船闸、电站厂房全面开工。

第四,开发武汉、宜昌两大物流市场。从政策法规、市场培育、基础设施、信息平台等方面入手,探索水运业融入现代物流的新思路、新模式和新政策。以武汉新港为中心,推进武汉现代物流中心建设,带动华中物流市场发展,提升武汉城市圈经济辐射能力。以三峡航运中转中心建设为重点,完善鄂西物资集散和客货集疏运系统,形成三峡库区物流市场,服务鄂西生态文化旅游圈建设。

## 三、加强三大行业管理,为水运发展提供坚强保证

管理出效益,管理促发展。要积极应对燃油税改革,更加注重行业管理,创新行业管理的理念、方式和手段,协调推进运政港政、规费征稽、安全保障等行业管理工作,促进水运可持续发展。

第一,以优化水运结构为切入点,提升水运规范管理水平。引导运输结构调整、优化运输资源配置、提升运输服务能力是谋求水运长远发展、提高交通运输综合效益的需要。一是加快运力发展和结构调整。统筹研究船舶登记、抵押、检验、规费、许可以及运力发展引导资金的政策,推动企业与银行、保险、担保公司开展四方融资合作,畅通航运企业融资渠道,推进船舶运力结构向标准化、大型化、专业化发展。培育基地设在湖北的航运企业,完善重点航运企业联系制度,支持企业做大做强。二是推动水运市场开发。加快川江滚装客船运输市场开发,积极培育滚装客船运输企业和港口经营企业市场主体。继续支持江海直达运输、长江中游过驳转运、长江中下游滚装运输市场的开发。服务荆楚特色文化旅游,发展水上旅游运输。三是开展水运管理规范年活动。加强水运市场准入管理,逐步建立水运经营资质动态报备制度、监督检查制度和预警制度。推广应用水路运政管理信息系

统，逐步建立全省水运服务企业和船舶动态数据库。组织开展2009年国内水路运输和水路运输服务业核查，对我省拥有万吨以上运力的水运企业试行水路运输信誉考核制度。推进港口规划调整和资源整合，严格港口岸线使用审批，加大老码头的清理整顿力度。推行水运建设项目绩效考核，加强水运工程建设管理。推进文明样板航道建设，加强航道维护管理，加强应急疏浚，打击乱采乱挖、乱设渔网以及盗窃或破坏助航设施等违法违规行为，确保航道通畅。四是推进节能减排。加大宣传、监管力度，强化责任考核，完善政策机制，健全能耗统计报告和分析制度，推动企业淘汰高油耗、高油污生产设施和运输船舶。突出重点领域，抓好示范企业推广，组织开展1～2项节能减排项目科技攻关，确保丹江口水库“零排放”抓出成效。

第二，以完善征费机制为切入点，提升规费征稽管理水平。水路规费是保障水运事业发展的最直接、最基本的资金来源，燃油税费改革后，港务费、航政费征收任务仍责任在肩，征管工作只能加强和规范，决不能削弱和放松。一是创新费收征管机制。以港务费、航政费综合目标为基数，与港口设施维护专项资金挂钩，建立与港口管理协调统一、多征多补、少征少补、欠收抵扣的规费征收新机制。继续推行目标责任管理，将职工的责、权、利有机地结合起来，充分发挥各级港航海事部门和征费人员的主观能动性、积极性和创造性，切实做到应收尽收。二是规范费收征管工作。抓紧时间修订《湖北省港口收费规则》，对港务费减免和返回政策进行调整，增强省市调控能力，逐步取消企业代征，推行港务费直接征收，力争新《费规》在3月底前出台。要不断完善微机征费系统和网上银行解交规费系统，切实加强规费收入专户的监管。研究制定以票证、船舶数据为基础的费收基础工作考核办法，规范票据管理，严禁用其他票据收取交通规费。要严格执行财政四项制度，规范预算资金拨付及管理方式，将所有收支纳入预算管理，科学合理编制部门预算，进一步强化预算约束。三是改进征费服务方式。通过组织管理部门、厂矿和企业供需联谊会等方式，搭建需求及承运平台，以最优质的服务巩固老货源，积极与水利、矿产等部门沟通和联系，争取新的黄砂、矿石开采点，开拓新费源。四是加强规费稽查审计。建立规费征收轮审制度，以3年为一个周期对辖区规费征收情况进行审计，加大对逃费抗费、随意减免、转移挪用规费等违纪违规行为的查处力度；把网络稽查、驻点稽查、交叉稽查、现场稽查与海事公安联合稽查结合起来，建立县所一旬一稽查、市局一月一检查、省局一季一督察的费收稽查机制，严格堵漏增收。五是加强微机征费。加强微机操作人员的资格培训，严格持证上岗，全面巩固微机征费成果。加强费收软件功能开发，对票证的发放、使用、缴销、审核等实行微机管理。

第三，以整治薄弱环节为切入点，提升水上安全管理水平。水上安全是水运发展的重要保障，以人为本、服务民生必须以安全平稳态势作保证。要以"平安水域创建行动"为重要载体，消除薄弱环节、确保水上安全。一是强化隐患整改保安全。健全隐患排查整改责任机制，推动隐患治理从专项化、集中化向常态化、长效化转变。开展在建跨河桥梁水上水下施工作业隐患排查，开展施工船、挖砂船、客渡船专项整治，依法取缔"三无船舶"，开展危险品运输专项检查和港航海事公务船艇安全专项检查。二是加强现场监管保安全。重心下移、关口前移，加强重点水域、重点船舶、重点渡口的一线监管和盯防。以有无持证经营、有无预案演练、有无集装箱超重为重点开展港口安全专项整治。加强在建港航工程质量安全监督。三是深化渡口达标保安全。保质保量完成渡口达标改造，层层督促县与乡、乡与村、村与船主签订安全管理责任书，建立健全达标渡口的后期管理维护长效机制，推动政府和经营者两个责任主体从"我要安全"向"我会安全"转变，形成渡船适航、渡工适任、管理规范的农村渡运新格局。四是构建监控体系保安全。开发港航海事应急管理系统，在部分重点码头、渡口、桥区试点，安装视频监控系统，逐步形成连接省、市、县三级的信息化监控平台。有针对性地开展汉江水工作业安全、库湖区人命救助、船舶碰撞事故应急反应演练。五是加大宣传培训保安全。适时举办县市长水上交通安全培训班，深化和巩固"救生衣行动"成果，开展好"安全生产月"水上安全宣传活动。围绕通航监管、安全检查、船员管理等海事业务开展培训，研究制定《海事业务工作手册》，规范工作流程。六是规范船检管理保安全。完善船检质量管理体系，促进船检各项工作规范化、程序化。市州船检机构要加大对县(市)船检站的指导管理力度,加强重点船舶检验管理。开发适用我省质量体系的船检管理系统,推进船检管理信息化。

## 四、开展文明创建三大活动,为水运发展提供优质服务

行业文明建设是落实科学发展观,推进水运又好又快发展的精神力量和重要保证。要以队伍建设、效能建设、廉政建设为核心,加强基层建设,夯实基础工作,提高基本素质,进一步增强服务意识,转变工作作风,提高能力水平,提升群众满意度。

第一,深入开展学习实践科学发展观活动。围绕"党员干部受教育、科学发展上水平、人民群众得实惠"总要求,牢固树立"合力发展、开放发展、创新发展、融资发展、服务发展"五大理念,继续着力于转变不适应科学发展观的思想观念,着力于提高水运科学发展的能力,着力于解决影响和制约水运科学发展及本部门本单位群众反映强烈的突出问题,着力于构建充满活力、富有效率、有利水运科学发展的体制机制,推动水运发展。要坚持以人为本,狠抓干部队伍基本素质的提高。积极开展"做学习型职工、建学习型机关"活动,加强执法队伍建设,创新干部选拔任用机制,加大干部交流轮岗和教育培训力度,打造高素质的职工队伍。各级港航海事部门要扎实开展创建"五好"领导班子活动,切实增进班子团结和谐,打造廉洁高效、风清气正的领导集体。

第二,深入开展行政效能建设。大力推行政务公开,贯彻落实《政府信息公开条例》,建立港航海事系统的信息公开工作制度,推行承诺制、公示制、考核制、社会评议制等工作制度;简化水运行政许可审批手续,加强电子政务建设,扩大网上行政审批范围。大力推行依法行政,继续加强文明执法窗口建设,巩固民主评议政风行风工作成效,继续推进星级服务大厅创建工作;加强法制建设,争取省人大常委会修订《湖北省水路交通管理条例》。大力推进港航海事文化建设,深化以"六种意识"为主要内容的"港航海事办事文化",抓好创建最佳文明单位这一载体,努力创建一大批文明示范窗

口，推动文明单位上档升级。

第三，深入开展港航海事廉政建设。贯彻落实中央颁布的《建立健全惩治和预防腐败体系2008－2012年工作规划》，认真开展"廉政主题教育"和"廉政港航海事三做起"主题实践活动，坚持教育、制度、监督并重，加强对权力运行的制约和监督，遏制港航建设工程违法分包、转包行为。切实落实党风廉政建设责任制，强化干部任期经济责任审计，增强领导干部的法律意识、责任意识和廉政意识，不断推进港航海事廉政阳光工程。

# 努力建立出租汽车客运行业管理长效机制

湖北省道路运输管理局

出租汽车是涉及民生的重要运输方式，是典型的"窗口"服务行业。促进出租车行业科学发展、和谐发展，是摆在全省运管（客管）部门面前一项光荣而艰巨的任务。我们要以科学发展观为指导，突出提高服务质量和规范市场秩序两大重点，抓住经营权管理这个关键，破解经营者与从业者关系理顺之难，妥善处理出租车运力增长与保持行业稳定的关系，着力构建"机构精简、责权明确、运转协调、工作高效"的出租汽车客运管理组织体系，着力形成"政务公开、管理严格、监督有力、依法行政"的出租汽车客运管理运行机制，着力建立"主体合格、价格合理、行为规范、和谐稳定"的出租汽车客运市场秩序，着力提升"标志齐全、车况完好、诚信经营、文明服务"的出租汽车客运行业新形象。

（一）以规范市场秩序为着力点，努力改善出租车经营环境

良好的市场秩序和经营环境是出租汽车行业稳定健康发展的基础。各级运管（客管）部门要切实履行好维护市场秩序职责，多为经营者着想，多听取他们的意见和呼声，多为他们解决实际问题，努力改善出租车经营环境。

一是深入持久地打击非法营运。认真贯彻交通运输部、公安部《关于开展打击"黑车"等非法从事出租汽车经营专项治理活动的通知》精神，按

照“标本兼治、综合治理、疏堵结合、依法监管”的原则，在当地政府的统一领导之下，与公安等相关部门密切配合，继续深入持久地开展打击非法营运活动。要总结打“黑”专项治理的经验，尽快上报工作总结。巩固打“黑”专项治理成果，做到班子不散、人员不撤、力度不减，促使打“黑”工作的常态化。要充分利用合法有效的方式，充分利用现代科技手段，做好证据收集工作，经常性地在重点区域对重点对象实施重点打击，依法从严从快处理。加大出租车打“黑”工作的宣传力度，充分发挥社会各界和广大人民群众的监督作用，争取新闻媒体的配合，对典型案例公开曝光，使广大人民群众知晓无证经营的危害性，压缩无证经营的生存空间。要在当地政府的领导下，做好依法取缔“摩的”相关工作，逐步把简易机动车清理出出租客运市场。

二是努力为出租车排忧解难。积极争取当地政府和相关部门的支持，采取增设出租汽车停靠点、招呼站、停车场，建立出租汽车综合服务区、增加加气站等措施，努力解决“停车难、就餐难、如厕难、休息难、加气难”等问题；争取当地纠风、财政和物价部门的支持，全面推行收费明白卡制度，依法查处违反规定自立名目收取“风险抵押金”、“保证金”、“换人费”、“手续费”，依法查处利用驾驶员变更、车辆变更以违约金等名义变相收费行为，依法查处擅自立项、超标准收费等违规行为，切实减轻经营者负担；争取当地物价部门的支持，根据出租汽车经营状况和成本的变化情况，选择适当时机按照程序对运价进行合理调整，建立出租汽车客运运价与油价联动机制。

三是切实维护好行业稳定。在当地政府的统一领导下，充分发挥行业协会和工会的作用，抓好行业稳定工作，继续抓好矛盾排查，把矛盾和问题解决在萌芽状态，解决在企业、解决在基层，确保一方平安。

### （二）以推行示范合同为切入点，破解企业与驾驶员关系理顺之难

目前我省出租汽车客运市场还存在着代理公司、挂靠公司、托管公司等现象，经营主体不明确，产权关系不明晰，利益风险不共担，驾驶员合法权益难以得到有效保护，政府对企业、企业对驾驶员监督管理难以有效实施。理顺企业与驾驶员之间的关系，是困扰出租车行业管理的一道难题，必须采取措施，逐步加以解决。

一是全面推行示范合同文本制度。继续推行省统一制定的 A、B、C 三类示范合同。对承包经营的,使用 A 类合同;对挂靠和代理经营的,使用 B、C 类合同进行过渡。要学习推广武汉等地推行示范合同理顺企业与驾驶员关系的有效做法,在全省范围内进行推广。今后要把企业是否按规定签订示范合同,作为签订行政合同的前提条件,新增或延续行政许可的,必须全部签订示范合同。

二是大力推行公司化经营和承包经营。出租汽车客运企业要按照"产权明晰、权责对等、收费合理、风险共担"的要求,建立现代企业制度,提高企业管理水平。对产权不明、权责不清、管理不规范的出租汽车客运企业,一方面要督促企业完善管理制度、明晰产权关系,扼制乱收费行为,理顺企业与驾驶员责权利关系,推动企业向合格市场主体转轨;另一方面对质量信誉考核不合格的企业,要采取中止、调整、减少经营权甚至退出市场等制约措施。推行公司化经营和承包经营过程中,容易引发矛盾,必须注意以下几点:(1)依法行政。要按照《公司法》、《行政许可法》、出租汽车客运专业法规、国家和省有关出租汽车政策,把企业经营机制作为实施行政许可的重要依据,按照相关规定,配置或收回经营权;(2)稳步实施。既要尊重历史,充分考虑现有企业、驾驶员的现状和既得利益,又要充分考虑理顺管理者、经营者与从业者三者关系和建立长效机制的需要,既要积极又要稳妥,不搞一刀切,对部分企业可以采取过渡的办法;(3)把握时机。利用经营权到期、经营权合同到期、车辆更新等契机,大力推行承包经营。全省新增运力要按照相关规定实行公司化和承包经营。

(三)以加强经营权管理为关键点,规范行业管理

加强出租汽车行业管理是运管(客管)部门的基本职能,必须在调控市场、驾驭市场、培育市场、规范市场、服务市场上下工夫,在增强管理能力、规范管理行为上做文章,努力做到严把"六关"。

一是以规范行政许可行为为重点,严把总量控制关。出租汽车客运行业是公共客运的重要补充,必须合理确定和适度控制出租汽车客运运力规模,防止运力盲目增长。各地确需新增运力的,必须进行充分论证,召开听

证会听取意见，严格遵守报批程序，对实行有偿使用的报省政府批准，未实行有偿使用的报省出租办审批。

二是以遏制经营权私下转让和倒卖为重点，严把经营权管理关。要优化经营权配置方式，新增运力要通过服务质量招投标的方式来进行，禁止拍卖行为，制止只注重收取有偿使用费、不加强监管的行为。要全面实行经营权有效期制度和经营权使用合同制度，做到“一权一证”、“一证一车”。要加强对经营权的动态监管，严厉打击擅自转让、倒卖出租汽车客运经营权行为，坚决遏制炒卖出租汽车客运经营权现象的蔓延，一旦发现擅自转让、私下倒卖经营权的，必须依据有关法律法规和行政合同，坚决收回经营权。

三是以落实质量信誉考核制度为重点，严把企业资质关。建立质量信誉考核档案，采取现场核查、随机抽查、上门检查、社会评价等方式，加大质量信誉考核力度。对质量信誉考核优良企业，采取优先评先和奖励经营权等方式来进行鼓励；对考核不合格的，责令整改，采取减少、中止、调整经营权等制约措施，直至依法吊销企业经营资格。

四是以落实车辆技术管理为重点，严把车辆准入关。按照省有关规定和当地人民政府的统一要求，统一出租汽车型号和车辆营运标志标识，保持出租汽车营运标志的合法有效；加大对在营车辆车容车貌的监督，坚决消除“花脸车”、“老旧车”，保持良好的车容车貌；进一步做好 GPS 安装使用工作，稳妥推进车辆“油改气”，提高出租汽车运营科技含量；督促企业落实车辆技术管理制度，车辆技术等级达不到二级的，要强制退出出租汽车客运市场，确保出租车车辆技术状况完好。

五是以落实诚信考核制度为重点，严把从业人员素质关。在严格考核、培训的基础上，把好从业人员进入市场关。在此基础上，要加强对在营的出租汽车客运从业人员资质管理，落实好诚信考核计分制度，建立出租汽车从业人员诚信考核档案。对诚信考核较差的，实行继续教育制度，经培训合格后方可重新上岗；对诚信考核不合格的，进行通报，并视情况责令企业采取解聘措施。

六是以保护乘客权益为重点，严把投诉处理关。完善投诉处理机构，配备专职投诉处理人员,完善投诉处理的程序和制度,公布投诉举报电话、采取电话投诉、网上投诉、来信投诉、来访投诉等方式,畅通投诉渠道;重点解决好驾驶员不怕投诉、投诉处理难的问题,做到“三个落实”、“三个到位”和“三个提高”,即投诉处理机构责任落实、投诉处理人员责任落实、被投诉的企业责任落实;投诉处理时效到位,投诉处理结果到位,投诉处理反馈到位;提高投诉受理率,提高投诉处理率,提高投诉满意率。

(四)以提高服务质量为落脚点,深化文明创建

提高服务质量是出租车行业永恒的主题,开展文明创建是提高服务质量,构建和谐运输的有效载体。认真贯彻 2009 年 4 月 1 日交通运输部、全国总工会联合召开的出租汽车行业文明创建活动动员视频会议精神,落实《出租汽车行业进一步开展精神文明创建活动意见》的要求,坚持一手抓行业管理,一手抓文明创建,开展以“讲文明、树新风”为主题的文明创建活动,不断把出租汽车行业文明创建推向深入。

一是加强组织领导。把创建活动摆在突出位置,列入重要议事日程,把文明创建工作与业务工作同时部署、同步实施、同步考核。制定具体实施方案,明确文明创建的任务目标、主要步骤和具体措施;落实企业文明创建的主体责任,把行业文明创建工作纳入质量信誉考核范畴;充分调动出租汽车企业和驾驶员参与文明创建的积极性、主动性,将活动的各项措施落实到企业、落实到班组、落实到个人,形成全员参与的创建氛围。

二是丰富活动载体。广泛开展“学王静工作法、创王静式标兵、建节约效益型行业”活动,继续组织好“双创”活动。结合实际组织出租车驾驶员开展喜闻乐见的群众性创建活动,在驾驶员中,开展服务竞赛、对手赛、岗位能手、王静式标兵、星级示范车、工人先锋号、巾帼示范岗等创建活动;在企业和班组(车队)中开展创文明单位、品牌企业、文明车队、刚毅车队、文明班组等创建活动;在出租车行业中组织开展的士节、的士运动会、演讲比赛等创建活动,掀起新一轮文明创建活动的高潮,全面促进出租汽车行业整体竞争力和服务水平的提高。

三是培育先进典型。要善于发掘先进个人和先进事迹,及时总结先进

经验，大力培育已经发现的典型，广泛利用现场会、交流会、报告会、座谈会等方式，充分利用新闻媒体和网站大力宣传出租汽车行业文明创建的先进经验和典型事例。省局将在湖北运征网上开辟宣传专栏，继续编好《流动的音符》，宣传先进典型，充分发挥典型示范作用。

四是完善奖惩机制。对于在文明创建中表现突出的单位和个人，要进行精神奖励和物质奖励。要把评选表彰结果作为经营权配置和延续的重要依据，并与质量信誉考核结合起来，对文明创建不力的企业，要给予扣分、予以制约。通过完善奖惩机制，引导企业和广大从业人员积极参与创建活动。

# 湖南篇

## 三湘大地上的先行官

湖南省交通运输厅

新中国成立 60 年,湖南交通风雨兼程,长足发展。特别是改革开放以来,公路和水路交通基础设施建设及运输装备日新月异,对国民经济的支撑和保障能力大幅提升,为湖南经济社会持续发展作出了重要贡献。

### 一、交通基础设施建设实现历史性跨越

湖南公路的修筑始于 1913 年长潭军路的兴建,到新中国成立时,沙石路面和“晴通雨不通的土路面”公路不到 4000 公里,没有黑色路面与等级公路。

经过新中国成立六十年来的发展,至 2008 年年底,省域境内有国道 7 条,省道 77 条,公路总里程已达 184568 公里,居全国第五位,比新中国成立初期增长 19 倍;全省已有 100% 的乡镇和 92.2% 的行政村通了公路。在技术等级方面,等级公路里程达到 118715 公里;高级、次高级路面里程达到 17096 公里;二级以上公路达到 6749 公里。一个干支衔接、四通八达、布局合理的现代化公路网已初步形成。

公路发展的突出成就是高速公路的迅速崛起。湖南省高速公路建设实现零的突破,是从1994年第一条高速公路长永公路(26公里)建成通车实现的。此后,高速公路的建设步伐不断加快,到2008年底,已有莲易、长永、长潭、长益、益常、潭耒、潭邵、湘耒、耒宜、临长、潭邵、衡枣、常张、邵怀、怀新等17段计1765公里高速公路建成通车。其中耒宜高速、临长高速、常张高速分别获得国家"詹天佑土木工程奖"、国家"环境友好工程奖",其建设水平跻身国内先进行列。与此同时,等级公路里程也实现了跨越式增长,路网结构明显优化,整体通行能力显著增强。公路运输在综合运输体系中的基础地位进一步巩固。

新中国成立初期,为数不多的中小桥梁几乎全是石拱、石台木面或木结构单行桥,至2008年底,湖南公路桥梁已达10040座,计29.89万延米,国省道基本实现了改渡为桥。

1959年建成的石门黄虎港大桥位于深山狭谷,是我国20世纪50~60年代跨径最大(主桥单孔跨径60米),净空最高(52米)的石拱桥,创造了当时我国石拱桥建设的新纪录。1972年建成的319国道长沙湘江大桥,主桥由8孔76米和9孔50米组成,总长1532米,创造了当时全国最高纪录。

1986年建成常德沅水大桥(全长1407米),其建设规模和跨度都处于当时的国内领先水平,获国家级优秀设计金质奖、勘察工程金质奖及工程质量银质奖等全国大奖。1990年建成的长沙湘江北大桥(主跨为105米+210米+105米,双塔单索面预应力混凝土斜拉桥)成为这一时期斜拉桥建设的代表之作,曾获国家优秀工程设计金质奖,标志着我国公路斜拉桥建设达到了一个新的水平。2000年建成的岳阳洞庭湖大桥(桥长5747.8米,接线4426米,主跨为130米和2跨310米+130米),是目前世界上规模最大的三塔斜拉桥,也是全国最长的跨湖公路大桥,曾获国家土木"詹天佑奖"、"全国十佳桥梁"之一,其建设水平已进入世界同类桥梁的先进行列。

2006年8月贯通的雪峰山隧道,在我国高速公路隧道设计和施工领域完成了十项创新,全长6.95公里,是目前国内贯通的第三长高速公路隧道。

湖南有湘、资、沅、澧四条干流注入洞庭湖,水运资源丰富,航运条件得天独厚,但新中国成立初期航道基本处于天然状态。

新中国成立以来,航道经历年疏浚整治和渠化建设,水运条件得到显著改善。先后有洞庭湖区开湖航线、澧湘航线、湘江和沅水中下游、资江和澧水下游及洞庭湖区共2000余公里干线航道经过全面整治,达到五级以上航道标准。其中,建成了株洲至城陵矶257公里、株洲至衡阳182公里千吨级(三级)航道;湘江大源渡航电枢纽(获国家工程建设银质奖);株洲航电枢纽(列交通部示范工程);常鲇航线(长192公里)整治后达到四级航道标准。目前湖南水运通航总里程11967.7公里,居全国第三位,已形成了以洞庭湖为中心,“四水”干流为主通道,沟通全省大部分城乡,通江达海的航道网络。

经过60年的不懈努力,湖南内河港口建设已形成了大中小港口相配套,综合性和专业化码头相结合,泊位与船舶装卸相适应的港口群。截至2008年,全省港口年货物通过能力达9500万吨;拥有年吞吐量万吨以上港口105个,其中100万吨以上港口达11个;最大靠泊能力为5000吨级;最大起重能力达45吨;省内长江航线上的城陵矶港拥有两个5000吨级泊位,为国务院批准的对外开放口岸。

新中国成立初期,全省农村大部分不通公路,20世纪50年代“大跃进”时期各地自力更生修了一些农村公路,但建设标准低,几乎全部为机耕道类型的等外路。改革开放以来,特别是2004以后,全省新改建农村公路每年以1万余里的速度增加,至2008年,全省农村公路总里程已达16.2万公里,实现了92.2%行政村通公路。通过实施县、乡道网改造工程、渡改桥工程、汽渡船达标工程,标志标线安保工程,农村公路结构进一步优化,农民出行条件进一步改善,农村公路的发展带动了社会主义新农村建设,为广大农民脱贫致富创造了有利条件。

## 二、交通运输经济迅猛发展空前繁荣

湖南的道路运输业虽起步于1922年,但直至新中国成立前夕车辆不足千台,年运量不到7万吨。新中国成立60年来,特别是改革开放30年来,道路运输实现了历史性的大跨越，一跃成为省内的主要运输方式。至2008年底，全省道路运输企业和经营者已达298356万户，从业人员达653969万人，营运车辆达42余万辆车，年旅客运量及周转量分别达12.43亿人、565.64亿人公里；年货物运量及周转量分别达9.88亿吨、1085.06亿吨公里。

全省客运线路已发展到10446余条，其中省际线路1583条，省内线路8863条；形成了以省会长沙为中心，13个市、州为主枢纽，覆盖全省城乡的客运网络。

随着高速公路的发展和干线公路等级的提高，一大批高档客车相继投入营运，至2008年底，全省共投入的高中档以上客车近17713辆。一个以高速公路为依托，四通八达、便捷舒适的快速客运系统已初步形成。与此同时，各类大型、特种货车的不断涌现，也推动了快速货运系统加速形成，道路运输出现了前所未有的新面貌。

随着客、货运输业的发展，运输站场建设也发生了日新月异的变化，在对县级以上车站进行全面改扩建的同时，一批起点高、功能全的一级、二级客运车站及零担货运站、货运服务中心也陆续建成。至2008年，全省道路客货车站已发展到1359个，大大提高了旅客发送和货物集散的效率。

随着改革开放的深入和运输结构的调整，湖南水运的发展曾一度滞后，但近几年来正在奋起直追。水运船舶规模在奋进中得到了快速发展，船型结构发生了与市场经济相适应的重大变化。至2008年，共有内河船舶1.4万艘，8.14万客位，156万总吨；远洋运输从零起步，已有远洋轮3艘，12.3万载重吨。船舶技术状态不断改善，运输组织结构也不断优化。20世纪80年代初曾在全国率先采用先进的分节驳顶推运输方式，大大提高了运输能力。90年代以来，大型集装箱货船、专用化学品船、大吨位散装货物驳船，以及各类高速客船等特种运输船舶随着市场的需要应运而生，给水路运输注入了生机和活力。集装箱干支直达运输，以平均80%的速度迅速增长。

2008年全省完成水路货运量1.15亿吨，货运周转量283.1亿吨公里。一个多种经济成分、共同发展、多家经营、开放活跃的水运市场基本形成，在综合运输体系中发挥了无可替代作用。交通服务社会，服务人民群众的能力大幅提高，为湖南社会经济发展作出了重要贡献。

## 三、交通行业管理和法制化水平大幅提升

60 年来，交通运输行业管理方式和水平有了很大进步，已从传统管理方式逐步转向现代管理方式，从单一的行政手段管理逐步转向经济、法律、行政、信息引导等手段综合运用的宏观调控管理，并取得了明显成效。现全省有公路建设、工程质监、公路路政、道路运政、航道行政、水路运政、港航监督、船舶检验等八个执法门类。从 20 世纪 90 年代以来，先后提请省政府省人大制定了《湖南省高等级公路管理条例》、《湖南省道路运输条例》、《湖南省交通规费征收条例》、《湖南省水路交通管理条例》、《湖南省实施 < 公路法 > 办法》等八部地方性法规；提请省政府颁布了《湖南省港口管理办法》、《湖南省道路客货运输站场管理办法》等六部省政府规章，作为国家交通法律、法规、规章的细化、延伸和补充，发挥了依法治交的重要作用，初步形成了较为完备的交通法规体系。交通法制建设的加强，为交通建设、运输和管理提供了法律依据，为公民、法人或其他组织投资、经营和使用交通基础设施提供了法律保障。

通过行政审批制度改革，精简了项目的行政审批、行政许可；通过政务公开、联合办公等措施，使办理行政审批的环节减少效率提高，在一定程度上杜绝了暗箱操作和其他腐败行为，使交通行业管理的形象明显改善。

随着我国科技水平不断提高，一些高科技手段先后引入交通行业管理，如交通信息网络系统、GPS 卫星定位导航技术等，使交通行业管理发生了革命性变化，行业管理正朝着更规范、更科学、更人性化的方向转变。

交通行业管理和法制化水平的大幅提升，使交通建设市场和运输市场实现健康有序发展，初步形成了较为完善的交通建设市场、交通养护市场、车船维修市场、客货运输市场、设备检测市场等为代表的交通市场体系，促进了全省社会主义市场经济的发展和繁荣。

治理车辆超限超载成效显著。湖南省交通厅先后多次组织开展大规模

集中整治活动，逐步形成了交通、公安等部门联合执法的机制。实行计重累进加价收费，使严重超限超载现象得到有效遏制，道路安全状况、运输秩序明显改观，通行效率有较大提高。

## 四、交通科技和教育事业硕果累累

新中国成立60年来，湖南交通科技工作始终坚持了科学技术与生产、建设实际相结合；科研单位与设计、施工单位相结合；专业科技人员与工人群众相结合的方向。不断深化科技体制改革，开拓进取，求实创新，攻克了公路、水路交通基础设施建设、运输生产、客车及船舶制造、交通管理等领域的一批关键性技术难题，有力地推动了交通生产力的发展。在科技创新的支持下，临长高速公路、大源渡航电枢纽、常张高速公路、邵怀高速公路、岳阳洞庭湖大桥等一批重点交通建设工程在新技术、新工艺、新材料方面取得诸多成果，创造了诸多“第一”，已成为湖南新形象的标志工程，“路桥湘军”也因勇于创新、成果丰硕，而享誉全国。

交通信息网络系统建设初具规模，已建成厅机关和各专业多个局域网，开通了省内各市、州交通局及厅直14个单位的远程工作站，完成了与交通部、省委省政府及INTERNET网的互联，初步实现了公文处理自动化，数据、报表网络传输和信息资源共享等目标。

湖南交通教育事业在积极引进各类人才资源的同时，大力加强省内的交通基础教育工作。经过60年的努力，现已基本形成了职业技术教育和成人教育两大类，多层次、多渠道、多功能的教育体系。各级各类交通职业院校已达32所；2008年在校学员已达12840人，年培养能力5667人，比20世纪50年代增长了32倍；使全省交通职工队伍素质有了明显提高，文化结构发生了巨大变化。

## 五、交通应急保障能力明显增强

随着公路、水路交通的日益发展和各种自然灾害的频发，切实保障在突发事件中交通畅通和人民生命、财产安全，已越来越受到社会各界的关注，成为摆在各级交通部门面前亟待解决的重大问题。

2008 年,我省遭受了历史罕见的低温雨雪冰冻灾害,公路交通严重受阻。面临特大自然灾害,省交通厅迅速启动交通应急预案,组织精干的抢险救灾指挥队伍,最大限度地整合全省交通救灾资源,大规模征调社会运力,集中力量抢通受灾公路 6909 公里,转运旅客 10 万余人,救助滞留人员 30 万人次,分流车辆 10 万多台,取得了抗冰保通战斗的重大胜利,赢得了省委、省政府和交通部的高度赞扬与充分肯定。

四川汶川地震发生后,湖南交通厅于 5 月 15 日派出首批 150 人的抗震救灾抢修队伍紧急驰援灾区,16 日派出由 11 人组成的抗震救灾技术专家组飞抵成都,是全国交通系统第一支连人带设备抵达震灾中心区的救灾抢险和专家技术队伍。鉴于湖南交通抗震救灾抢险队在四川阿坝州的出色表现,中华全国总工会授予湖南交通抗震救灾抢险队"抗震救灾重建家园工人先锋号"荣誉称号。

2008 年 7 月,北京奥运圣火在湖南传递大多是沿公路进行的。为加强奥运期间的安全防范工作,奥运圣火在湘传递期间,我省各级交通、公路部门精心组织,完善预案,全力做好圣火传递途经线路的安全保畅工作。7 月 31 日,湖南 30 台奥运应急运输车披红挂彩,从长沙出发,前往北京参加奥运服务。为确保"两个"奥运开闭幕式及大量烟花焰火产品安全、按时、有序运抵北京,认真制定了运输方案和突发事件应急预案,精心组织运输,为奥运圆满成功作出了积极贡献,获得北京奥运会开闭幕式运营中心表彰。

此外,省内几乎每年不同程度的洪涝和地质灾害,造成不少公路、桥梁水毁损坏,甚至局部中断交通。为此,省、市、县三级交通部门都制定了公路水毁应急预案,在抢险指挥和人、财、物力储备方面增强了水毁应急保障能力。

新中国成立以来,特别是近 20 年来,湖南省交通部门应急保障和快速反应能力不断增强,现已形成有效应对的联动保障机制,为保障、促进交通运输业持续健康发展创造了有利条件。

## 六、交通精神文明和廉政建设成效显著

60年来,随着交通物质文明建设的巨大发展,行业精神文明建设也取得了丰硕成果。根据党的《加强社会主义精神文明建设的决定》和中央、省委的要求,及时制定了全行业精神文明建设中长期规划和“创建活动”的实施办法。围绕创建“六大文明”(文明公路、文明航道、文明运输、文明港站、文明执法、文明机关)和实现“三个提高”(职工队伍素质、企业文化质量、行业文明程序显著提高)的奋斗目标,坚持两个文明建设同步推进,深入开展了“三学一创”的活动。创建活动开展以来,在全系统纳入规划的3320多个基层单位中,已有22.8%进入了地市级以上文明单位行列。其中,部级文明单位31个,省级文明单位13个,市、州级和厅级文明单位713个。有22人被交通部评为先进个人或劳动模范;8个单位被共青团中央和交通部授予国家级青年文明号称号和38人被评为全国或全省青年岗位能手。

反腐倡廉和干部队伍作风建设成效明显。着力抓教育、重预防、强机制和查处典型案件,初步形成了具有交通特色的教育、制度、监督并重的惩治和预防腐败体系;坚持以治本为主,标本兼治,加大反腐源头的工作力度,努力建设廉政交通,为交通事业健康发展提供了坚强的政治保证。

# 湖南道路运输辉煌成就

湖南省交通运输厅

随着湖南公路建设事业的蓬勃发展,公路网络的日趋完善,道路状况的日益改善,运输基础设施建设的逐步加强,湖南道路运输事业也走向快速发展的轨道。

(一)运输能力明显增强

在30年发展中,全省道路客运量由8371万人次增长到11.67亿人次,增长近14倍;旅客周转量从27.23亿人公里增长到548.12亿人公里,增长过20倍;道路货运量由3560万吨增长到7.4亿吨,增长过20倍;货物周转量由9.07亿吨公里增长到657.74亿吨公里,增长过70倍。道路运输在综合运输体系中的主导作用和连接功能进一步增强,承担了社会新增客、货运量中的95%和55%,有力消化了经济社会发展带来的新增运量,在关系到国计民生的重要物资运输中,发挥着越来越重要的作用。

(二)运输业户明显增加

1978年全行业有从业人员61782人,到2007年年底,我省共有客运、货运、维修、驾培等经营业户240327户,从业人员已达581906人,增长过9倍,在解决社会就业方面发挥了不可替代的作用。

(三)营运车辆明显增加

客货车辆从41862台发展到353285台,增长近9倍,目前全省有营运客车达到 49800 辆,922906 个客位;全省营运货车 303485 辆,856717 个吨位。

(四)辅助业服务水平明显提高

道路运输业的快速发展带动了相关辅助业的繁荣。到 2007 年年底,全省共有驾驶员培训业户 303 户,汽车维修业户 11097 户,运输站场业户 581 户,运输其他服务业户(含客运代理、物流服务、货运代理等)2082 户。汽车维修行业经营模式不断创新,连锁经营、专业维修得到迅猛发展;汽车救援服务发展迅速,区域性救援网络初步建立。驾驶员培训管理体制更加完善,培训监管体系基本建立,驾校数量和培训质量得到明显提高,驾驶员的安全意识和驾驶技能得到有效加强。

# 湖南交通法制建设

湖南省交通运输厅

改革开放 30 年来，随着国家民主与法制建设进程的推进，我省交通法制建设取得了可喜的成果，成为加快湖南交通建设步伐，推动全省国民经济持续发展的有力保障，通过完善组织机构、构建地方立法体系、建立健全管理制度、强化行政执法队伍建设、加大法制宣传力度，深入开展政策研究等手段，进一步规范行政执法行为，促使我省交通法制建设走上科学化、制度化、规范化发展的轨道。

## 一、组织机构建设

湖南省交通厅于 1996 年设置体改法规处，2000 年体改法规处更名为政策法规处，负责全省交通法制建设工作。全省各市州交通主管部门和厅直行业局均设立了法制机构，配备了专职人员。为加强对交通行业依法行政工作的组织领导，成立以交通厅厅长为组长，各部门、各行业局主要负责人为组员的“湖南省交通行业推进依法行政工作领导小组”，确保了交通法制工作的顺利开展。

## 二、立法成果

湖南省交通地方立法工作其发展过程大致可分为三个阶段：“七五”后

期开始起步,“八五”期迅速发展,“九五”期逐渐走向成熟。在省委、省人大和省政府的高度重视和支持下,自1989年以来,省人大常委会和省人民政府先后审议通过了8部地方性法规、6部省政府规章、2部长沙市政府规章,构成了我省交通地方立法体系基本框架,为我省交通事业的发展提供了坚实的法律保障,对推动全省国民经济的协调发展发挥了积极作用。

**1.地方性法规**

(1)《湖南省高等级公路管理条例》　1995.1.1生效

(2)《湖南省道路运输条例》　1995.12.26生效

(3)《长沙市公路管理规定》　1995.10.3生效

(4)《湖南省交通规费征收管理条例》　1997.3.1生效

(5)《湖南省水路交通管理条例》　2000.3.1生效

(6)《湘西土家族苗族自治州乡村公路条例》2000.7.29生效

(7)《湖南省实施<中华人民共和国公路法>办法》2002.10.1生效

(8)《湖南省实施<中华人民共和国港口法>办法》2007.7.28生效

**2.省政府规章**

(1)《湖南省港口管理办法》1989.11.12生效

(2)《湖南省公路养路费征收管理办法》1994.7.1生效

(3)《湖南省水上交通安全管理办法》1995.12.21生效;2008年修订生效

(4)《湖南省道路客货运输站场管理办法》1998.11.1生效

(5)《湖南省机动车驾驶员培训管理办法》2003.10.1生效

(6)《湖南省机动车维修管理办法》2005.10.1生效

**3.长沙市政府规章**

(1)《长沙市道路货物运输管理办法》2003.1.3生效

(2)《长沙市通航桥梁水域交通安全管理办法》2004.11.11生效

## 三、交通行政执法制度建设

湖南省各级交通主管部门及各门类执法机构按照交通部和省政府的

统一要求，着手建立行政执法管理制度，严格规范行政执法行为。

（一）实行执法人员资格审查认证制度，严把执法人员准入关

所有交通行政执法人员必须参加统一的行政执法资格考试，经考试合格，按照规定程序申领行政执法证后，方可上岗，对行政执法人员素质要求严格，新进的执法人员必须具备年龄要求45岁以下，学历大专以上，品行好、能力较强等条件，有效提高了我省交通行政执法队伍的整体素质。

（二）全面执行行政执法责任制

各市州交通主管部门和厅直行业局主要负责人每两年向省交通厅厅长递交《行政执法责任状》，将行政执法责任落实到人。

（三）内外结合，强化行政执法监督

通过建立健全《湖南省交通厅直属单位依法行政考核办法》、《交通行政执法监督检查制度》、《交通行政执法案卷评查制度》、《交通行政许可测评考核制度》、《交通行政执法错案追究制度》、《交通行政复议工作制度》、《交通执法公示制度》、《服务承诺制度》等行政执法监督制度，加强内部监督和管理，促进全省交通行政执法管理工作规范、有序地开展。

1999年《中华人民共和国行政复议法》颁布实施。我们按照交通部和省政府的有关要求，积极开展了行政复议法的学习和宣传活动，先后有15人取得省政府颁发的行政复议、应诉人员资格证。1996年以来，共受理行政复议申请400多件。除少量案件依法转、不予受理外，受理的案件全部依法审结，目前尚无一例因不服复议决定将复议机关作为被告而提起行政诉讼的案件，保障和监督了交通行政机关依法行政，维护了管理相对人的合法权益。

为了进一步加强行政执法外部监督，全面落实治理公路、水上"三乱"工作责任制。自1995年以来，全省各级治理公路、水上"三乱"机构共计处理投诉案件3705件，查处违规违法行为1404起，直接处理或移交其他部门处理972名违纪违法人员。我省实现了公路、水上基本无"三乱"的工作目标，进一步优化了我省经济发展环境。

(四)制定并落实领导干部学法、懂法和用法制度

交通普法教育方面,我省交通部门加大了对执法人员的法制培训力度,以强化政治素质、法律素质和职业道德素质为主要内容,开展了多种形式的法制培训。培训内容除交通专业法律、法规和执法业务知识外,还包括《行政诉讼法》、《行政处罚法》、《国家赔偿法》、《行政复议法》和《行政许可法》等直接规范执法行为的法律、法规。与此同时,为提高全社会的交通法律意识,改善交通执法环境,交通部门投入了一定的人力、物力和财力,组织开展了一系列交通法律、法规的宣传活动。

## 四、行政执法队伍建设

目前,湖南省交通系统有公路路政、道路运政、交通规费征稽、航道行政、水上安全监督、船舶检验、水路运政和港口行政等执法门类,共有行政执法人员 1.7 万余人。为提高交通行政执法队伍整体素质,培养一支作风过硬、素质高的交通行政执法队伍,我们制定了《加强交通行政执法队伍建设的意见》,指导厅直行业管理局和市州交通局执法队伍建设。

(一)法制工作实行一把手工程

从 2003 年起,湖南省各级交通主管部门和执法机构的主要负责人,作为法制工作的第一责任人,每年必须参加组织研究制定本地区、本单位的法制工作规划和年度计划,定期研究法制工作中的重大问题。建立领导干部学法制度,将法制学习列入党委中心组学习的内容,并将法制培训合格作为考核、选拔干部的条件之一。

(二)引入竞争机制,保持执法队伍相对稳定

从 2000 年开始,在执法队伍中积极推行考核评议制。对于考核评议不合格或存在重大执法过错的执法人员,坚决实行下岗培训,培训仍不合格的,坚决调离执法岗位;对于个别违法乱纪、影响恶劣的人员严肃查处,清理出队伍。

(三)强化执法人员法制培训和素质教育

1. 按照《湖南省行政执法条例》和《湖南省行政执法证和行政执法监督

证管理办法》的规定，积极组织全省交通行政执法和监督人员上岗前的持证培训。自 1998 年开始，对湖南省在岗在编的执法人员进行以法制教育、职业道德教育为重点，以任职资格为条件的岗位培训，全省共举办了 270 多期培训班，培训执法人员 5 万余人次，培训班学员经考试考核合格率达到 99.6%。2004 年全省交通行政执法人员组织开展了岗位学法考试活动，内容丰富、覆盖面广、效果良好。

2. 结合交通法律、法规和规章的颁布实施，开展了多种形式的专题法制培训。《行政处罚法》、《国家赔偿法》、《行政复议法》以及《行政许可法》等国家重要的相关法律颁布后，分别举办了专题法制讲座和研讨班 87 期。

3. 积极开展了以理想信念、职业道德、宗旨为主要内容的"三项教育"，使广大执法人员真正树立起"情为民所系，权为民所用，利为民所谋"的公仆意识，不断提高执法人员的文明素质。

4. 严格交通行政执法人员证件管理，确保行政执法队伍文化素质符合上级规定。由厅直接颁发的行政执法证件，其执证人的学历全部达到大专以上水平。

## 五、法制宣传

充分利用各种宣传载体，对现行的和新颁布实施的法律、法规和规章进行宣传贯彻。一是抓好交通系统内部的宣传贯彻工作，通过开展一系列的法规知识竞赛、法制演讲和执法现场演示等活动，有效提高了交通行政执法人员的职业道德素质、法律意识和法律观念。二是抓好社会宣传工作。开展交通法规立体宣传活动。多年来，向全社会发放各种宣传资料 90 万余份，同时，与宣传部门和新闻单位保持良好的沟通渠道和协调机制，及时交换信息，真正做到电视有镜头、电台有声音、报刊有文章、路上有标语、网上有新闻。据统计，我们共在中央电视台、人民日报、人民网、红网、中国交通报、湖南日报、湖南电视台、湖南经视、三湘都市报、潇湘晨报、东方新报、长沙晚报、当代商报、湖南交通频道等主流媒体上发交通稿件 400

多篇。

## 六、深入开展依法办事示范窗口单位创建活动

2003 年 5 月，省依法治省领导小组在全省部分部门、行业部署开展了以“加强法制建设，提高各项事业法制化管理水平”为基本任务的“依法办事示范窗口单位”创建活动。全省交通系统共有 22 个基层单位荣获“依法办事示范窗口单位”，省交通厅荣获“依法办事示范窗口单位”创建活动组织奖。

## 七、政策、立法、综合执法调研等工作的研究

抓好交通政策研究和行业体改工作，继续做好交通部门相对集中处罚权的改革试点工作，对公路超限运输管理、公路路产维护等焦点问题进行深入研究。

认真开展立法调研，积极争取、申报交通立法项目。每年，省厅都要组织厅直行业管理局和部分市州县交通局对本系统需要通过立法解决的事项进行认真调研，重点研究急需交通立法项目的可行性、必要性进行论证，形成初稿，向省人民政府法制机构申报。根据国务院《关于进一步推进相对集中行政处罚权工作的决定》文件精神，积极开展全省交通综合执法调研活动，并正式提出《湖南省交通行政综合执法实施方案》。

# 湖南高速公路成就

湖南省交通运输厅

站在公元2009年新春的山冈上回望,13年前的8月20日,是湖南高速公路发展史册上一个值得永远铭记的日子!

1996年8月20日,长沙至永安高速公路全线建成通车,实现了湖南省高速公路"零"的突破。从此,湖南高速人开始了高速振翅天地间的疾行奋进之旅。在这场长达13年的大考中,湖南高速人交出了一份光彩夺目的答卷;在新中国60周年璀璨成就的交响曲中,湖南高速人唱响了自己的嘹亮篇章。

"我欲因之梦寥廓,芙蓉国里尽朝晖。"当年革命领袖、诗人毛泽东寄予期望的潇湘大地沐浴春风,凸显出一朵朵无比瑰丽的芙蓉,分外妖娆。悠悠岁月,斗转星移,湖南的高速公路在不断发展。在13年的似水流年中,湖南高速人以鲲鹏振翅天地间的姿态,定格着自己独特非凡的辉煌轨迹。

湖南高速公路建设起步较晚,从"七五"末"八五"初至今,大约经历了试点期、起步期、突破期、发展期、加快发展期、科学发展期6个时期,历史的车轮在岁月的土地上碾压出6道深深的辙迹。一道道历史的痕迹,就是一次次量的积聚,一次次质的飞跃,一次次生命的巨变。

## 一、蓄势：筚路蓝缕泽来者

1988年10月31日，当中国内地的第一条高速公路——沪嘉高速公路在上海全线建成通车时，素有江南“鱼米之乡”的农业大省湖南，建设高速公路的梦想还在萌芽状态。此时的湖南交通人，甚至还在为修建一条二级汽车专用公路，上上下下苦苦奔波。

“七五”期末，为了配合国家交通部107国道二级公路新改建工程，湖南省交通厅决定试点修建岳阳二级汽车专用公路，为高速公路这个当时在国内绝对是新鲜事物的建设积累经验。1991年12月，岳阳巴嘴坳到新开塘74公里二级汽车专用公路建成通车，实行全封闭运行与管理。

1989年12月，连接江西、拓宽湖南东大门、全长71公里的莲易高等级公路（时称一级汽车专用公路）开工建设。历经艰难险阻，1994年12月，莲易高等级公路全线建成通车，成为长沙、湘潭、株洲“金三角”地区与东部沿海省份联系交往的枢纽干线。

20世纪80年代末至90年代初，湖南交通人以默默无闻的不懈努力，为湖南高速公路的发轫破题而顽强蓄势。

## 二、起航：云层之上是霞光

1996年8月21日，湖南日报在头版以《长永高等级公路全线通车》为标题报道：湖南长沙至永安这一被称为“省门第一路”的高等级公路悄无声息地举行了全线通车仪式。这条全封闭、全立交的我省第一条高等级公路，起于长沙县牛角冲，止于浏阳市永安镇，全长26公里。它的建成通车，实现了湖南高速公路“零”的突破，宣告了湖南没有高速公路的历史已经终结！

1996年8月20日，这是一个有历史意义的坐标点。以此为起点，湖南高速公路建设开始正式起航。

但20世纪90年代初，湖南的高速公路还是零。而贫穷总是与封闭同在。有人说，湖南的高速公路是逼出来的。这话一点不假。曾几何时，湖南农民的柑橘丰收了,却运不出去,烂在树上无人采摘,有钱挣不了;养猪由于流通不畅卖不起价,心灰意冷的农民把猪栏都拆掉了。要么买难,要么卖难,这对矛盾总是困扰着湖南这个农业大省。

困窘的现实逼迫着湖南人必须立即着手上马建设高速公路。1993 年 5 月,长永高速公路正式开工建设,全线按双向 4 车道、时速 100 ~ 120 公里标准设计。经过 3 年奋战,1996 年 8 月 20 日,长永高速公路全线胜利建成通车。从此,湖南高速公路开始进入"一纵三横"主骨架建设时期。

"一纵"是指京珠国道主干线湖南段,其中长沙至湘潭段于 1996 年 12 月建成通车;湘潭至耒阳段于 2000 年 12 月建成。"三横"是指上瑞国道主干线湖南段、衡昆国道主干线湖南段、1801 省道长沙经常德至张家界高速公路。其中,长沙至益阳高速公路 1998 年 7 月正式通车,益阳到常德高速公路于 1999 年 12 月建成通车。

起航:穿过浓雾云层,那边就是霞光! 湖南高速公路,开始步入了风光旖旎的梦幻现实时代。

## 三、攀升:乘风破浪会有时

从 1998—2007 年,湖南高速公路建设由"一纵三横"调整到"一纵四横",进而发展到"三纵六横",再到"五纵七横"主骨架网络加快发展时期。湖南高速跨越万水千山,把三湘四水带入了一个全新的高速时代。

"九五"期间,全省高速公路按"一纵三横"规划有序推进。1998 年为应对亚洲金融危机,党中央、国务院实施积极的财政政策,加大基础设施建设投入,大力实施交通优先发展战略。1998 年以来,湖南省交通厅根据交通部和省委、省政府的部署,结合实际,及时调整了高速公路建设计划,对"九五"期后 3 年计划进行了战略性调整,把主骨架由"一纵三横"调整为"一纵四横",进而发展为"三纵六横",加大了投资力度,加快了高速公路建设步伐。

1998 年以来,京珠高速耒阳至宜章段、临湘至长沙段、长沙绕城高速公路西南段、上瑞高速湘潭至邵阳段、衡昆高速衡阳至枣木铺段、长沙机场高速等多条高速公路先后建成通车。这个时期，湖南基本实现了每年有一至两条（段）高速公路开工建设，每年有一至两条（段）高速公路建成通车。特别是2002年12月26日，湘潭至邵阳高速公路的建成通车，标志着湖南高速公路通车里程突破1000公里，达到了1012公里，一举跃居当时全国第九位，湖南高速公路建设取得了令人瞩目的成就。

党的十六届三中全会提出了坚持以人为本、加快科学发展的科学发展观。这对于实现交通新的跨越式发展目标，具有重大而深远的指导意义。从高速公路自身发展看，发达国家的经验表明，高速公路的发展必须有赖于科学规划作指导。2004年，交通部编制的《国家高速公路网规划》经国务院审议通过。根据这个规划，2005年年初，湖南省交通厅编制了湖南省“五纵七横”高速公路网规划，并于2006年8月获得湖南省人民政府审议通过。该规划严格按照科学发展观的要求，完善了全省高速公路网规划，调整和优化了路网结构和布局，加大了投入，坚持科学发展。2005年12月衡阳至大浦高速公路建成通车；2005年12月常德至张家界高速公路建成通车；2007年2月长沙至湘潭西线高速公路建成通车；2007年10月醴陵至湘潭高速公路建成通车；2007年11月邵阳至怀化、怀化至新晃高速公路建成通车。至2007年年底，全省已建成通车的高速公路有19条（段），里程总长1765公里。

2007年底，国家批准了长株潭城市群为全国资源节约型和环境友好型社会建设综合配套改革试验区。省委、省政府乘着科学发展的东风，确定了富民强省的战略目标，积极实施“一化三基”战略，大力发展交通基础设施，以前所未有的力度加快高速公路建设，实现高速公路事业的科学跨越发展。

## 四、疾飞：“弯道超车”济沧海

一条条高速公路，穿越历史和未来；一条条高速公路，寄托梦想与期待。

一万年太久，只争朝夕。

2008年，湖南高速公路建设迎来了一个千载难逢的“弯道超车”的历史性机遇。

进入21世纪，我省高速公路建设取得了长足进展，但放眼全国，差距仍然较大。与中部省份相比，湖南高速公路发展有"三个不相称"，即与人口、面积和经济水平不相称。高速公路通车里程到2007年底还只有1765公里，在全国排第17位，在中部排最后一位。而且，与周边省份相连接的21条高速公路，完全建成的只有5条，例如二连浩特至广州高速公路只有湖南境内未通。出省通道少、高速公路通行能力相对不足已成为制约我省经济向又好又快发展的重要因素。

2008年年初，省委、省政府经过慎重研究，决定调整我省"十一五"高速公路发展规划，将2010年全省高速公路通车里程计划由原来的3500公里增加到5800公里以上，2008年要确保18条高速公路开工。

2008年12月30日，是湖南交通建设史册上又一个值得铭记的日子：省委、省政府主要领导分别在衡阳、湘潭、怀化三地宣布：京港澳高速复线衡武段、岳潭段及怀通高速公路开工。这3条高速公路同日动工，标志着省委、省政府2008年初确定的一年开工建设18条高速公路的目标任务圆满完成。

2008年，面对由美国次贷危机引发国际金融风暴而导致全球经济的"寒冬"，我省抢抓国家扩大内需、加快基础设施建设的战略机遇，迎来了"一化三基"的重大成果——高速公路建设的温暖春天。这一年，我省新开工高速公路18条(段)，新开工里程2135公里，投资1450亿元，使全省在建项目达27个，建设里程3014公里，总投资1876亿元。一年内高速公路开工建设项目的数量、在建项目的里程、投资的金额，均创历史新高。2008年，我省在打造中部交通枢纽、力促中部崛起的征程上，又完成了一次精彩大跨越。

2008年12月24日，随着全长13.3公里的韶山高速公路建成通车，湖南高速公路建设史上又一个具有里程碑意义的记录诞生了：全省高速公路通车里程突破2000公里大关。

现在，让我们稍稍停下前行的脚步，对历史进行一下简单的梳理：1996

年 8 月全长 26 公里的长永高速公路全线通车，结束了湖南没有高速公路的历史；2002 年 12 月，湘潭至邵阳高速公路通车，标志着湖南高速公路通车里程突破 1000 公里，达到了 1012 公里，跻身全国前十强；2008 年 12 月 18 日，常德至吉首高速公路通车，不仅结束了我省湘西土家族苗族自治州不通高速公路的历史，更标志着我省 13 个市州政府所在地全部实现以高速公路同省会长沙连通，全省“4 小时经济圈”基本实现；2008 年 12 月 24 日，韶山高速公路的建成通车，则意味着我省高速公路建设再上了一个新的台阶，通车里程突破了 2000 公里大关。

2009 年，省委、省政府审时度势，郑重作出决定：全年要确保开工 14 条高速公路。预计到 2012 年，湖南高速公路通车里程将达到 5800 多公里，21 个出省通道将全部打通，实现高速公路连接省内重要公路、铁路、主要港口及机场等交通枢纽，全省 92% 以上的县城可在 30 分钟内上高速公路，全省 14 个市州政府所在中心城市之间均可实现当日往返。

湖南高速公路建设再次提速全力冲刺，开始历史性的“弯道超车”。

通过湖南高速人的多年努力，湖南的高速公路无论规模、品位、环境与绿化程度都令人称羡，逐步使人感受到湖南这块热土是令人向往的创业天地和生活乐园。特别令湖南高速人感到振奋的是，加快高速公路建设，已成为省委、省政府和全省人民的共同愿望。湖南省各地各部门正抢抓国家着力扩大内需，加大基础设施建设投资的重大机遇，充分利用当前的有利时机和条件，把思想认识统一到省委“一化三基”的重大战略上来，加快高速公路建设进度和发展速度，提高发展质量。

打造中部交通枢纽的宏伟目标，已植根在三湘大地宽阔土地上，湖南高速人的创新发展精神，将永放光芒。

# 湖南交通航运发展成就

湖南省交通运输厅

湖南省地处我国中南部，地理位置承东启西、贯通南北，处于“泛珠三角”经济区和长江经济带的交叉点。湖南省水资源十分丰富，湘资沅澧四水汇洞庭、入长江，形成了一个南通珠三角、内进大西南、外达江海的天然水运网，发展水运的区位优势明显。

湖南航运基础设施建设经历了一个曲折的发展过程。“一五”、“二五”期间，建立航道队伍，开始注重航道建设。主要认为是改善通航条件，发展水路运输。一方面着力对湘江下游及洞庭湖区航道进行维修性疏浚；另一方面对沅水、资水等山区航道进行整治，整治的重点是耒水煤运航道和邵水、志溪河渠化工程。20 世纪 60 年代支援农业成为航道建设的重点，在湘江流域和洞庭湖区相继新建一批水利枢纽。到 70 年代，航道建设的重点转向支援“三线”建设，沅水干流，连接东、西洞庭湖的开湖航道治理被列为“三线”建设的重点项目。从 1954 年到 1973 年的 20 年间，沅水从洪江至常德的 460 公里航道进行了三次较大规模的全面整治，共投资 933 万元。从 1970 年开始，以跌坎航道的整治方法开发开湖航道，到 80 年代初，共完成挖泥 352 万立方米，筑坝 2 万立方米，全线设立一类电气化航标，累计投资 900 万元。进入改革开放后的 80 年代，湖南航道建设投入加大，建设加快。为实施湖南“北水南路”交通建设方针，建设的重点主要是落实开发湘江与洞庭湖"9"字形黄金水道的总体规划。除续建完善开湖航线四级航道整治工程外，对湘江松柏以下的航道、洞庭湖区的澧湘航线、沅水干流凌津滩以下共908公里航道，进行了以提高航道技术等级标准为主要内容的全河段整治和开发。

"八五"以来，湖南以航运基础设施建设为着力点，促进内河航运业全面、快速发展。围绕开发建设湘江、沅水两条水运主通道，着力建设了长沙、岳阳两个主枢纽港，积极探索"航电结合、以电促航、滚动开发"的航运建设新模式，内河航运建设逐步走上了决策科学化、投资主体多元化、实施规范化的良性发展道路。到"十五"末的15年时间里，累计投资近60亿元，建成三级航道449公里、1000吨级以上泊位36个、航电枢纽2座。

"八五"期间，湘江航运建设开发一期工程对城陵矶至株洲257公里河段进行了整治，使之达到三级航道标准；在岳阳城陵矶兴建2个5000吨级外贸码头泊位，使之成为湖南对外开放口岸；同时在岳阳、湘潭、株洲建成了5个千吨级泊位。这一时期，全省航运基础设施建设总投资3亿元。

"九五"期间，湘江二期航运建设开发得以实施，总投资21亿元的主体工程大源渡航电枢纽期末全面竣工投产，"航电结合、以电促航"取得实效；大源渡至衡阳62公里航道渠化，达到千吨级船队的通航标准，并新建了衡阳、株洲两港4个千吨级泊位。在重点开发湘江的同时，还对沅水、耒水航道进行了整治，提高了航道等级。"九五"期间，全省航运基础设施建设总投资为23亿元，比前40年总投资还多。

进入"十五"，国家又将沅水列入全国水运主通道建设项目，"一纵一横一港"重点水运建设工程全面启动。湘江航运建设开发三期工程主体——总投资19.47亿元的株洲航电枢纽2002年8月开工，2005年8月首台机组并网发电，是"航电结合、滚动开发"的建设模式取得的又一成果。2006年8月全面建成，株洲航电枢纽至大源渡航电枢纽96公里河段渠化，形成深水库区航道。2001年12月动工、投资近3亿元的常鲇航运建设工程于2005年底竣工，沅水常德至鲇鱼口192公里达到三级航道标准，常德、沅江、茅草街4个千吨级泊位建成。岳阳城陵矶老港区改造工程投资0.74亿元,改造2000吨级泊位5个,2006年底竣工投产。长沙港霞凝港区一期工程投资2.26亿元,4个千吨级泊位于2004年7月建成投产;投资2.16亿元的二期工程2004年12月动工,2006年9月竣工,建成4个千吨级泊位。投资0.8亿元建设的湘潭港铁牛埠港区一期工程3个千吨级泊位,投资1.1亿元建设的湘潭港河西中心港区一期工程2个千吨级泊位,分别于2005年底和2006年底竣工投产。洞庭湖区益阳至芦林潭航运建设工程是我省"十一五"内河航运建设的重点工程之一。开发建设洞庭湖区益阳至芦林潭116公里高等级航道,配套建设好益阳港、湘阴港、桃江港,工程总概算2.89亿元,于2006年10月22日正式开工,计划总工期48个月。"十五"时期,湖南省航运基础设施建设总投资约为34亿元。

经过30年的建设,湖南初步建成了以洞庭湖为中心,湘江、沅水等水运主通道为骨架,澧资航线、耒水等区域性重要航线为干线,长沙港、岳阳港为主节点的现代化内河航运体系。湖南省现有通航河流373条,内河网络连通全省70%的县市;航道总里程11968公里,占全国内河航道总里程的9.3%,居全国第3位,其中千吨级以上航道610公里。全省年货物吞吐量1万吨以上的港口105个,其中年吞吐量100万吨以上的港口13个;拥有生产性码头泊位1646个,其中靠泊能力1000吨级以上的63个,最大靠泊能力5000吨。湘江、沅水被交通部规划为国家高等级航道,长沙港、岳阳港已列入全国内河主要港口,岳阳港已成为国家一类开放口岸。水上通过能力有了一定程度的提升,至2007年底,全省水上完成货运量8159.51万吨、货物周转量1867553.14万吨公里、港口吞吐量12165.97万吨,比1978年分别增长近20倍、23倍、22倍。

基础设施建设促使水运条件有了一定的改善,从而加速湖南航运业从整体上日渐好转。20世纪90年代后期,湖南内河航运萌发新的生机和活力。进入新世纪,已然开始走出低谷,步入复苏振兴之路。旅游热的悄然兴起,库区、旅游风景区水上旅游客运成为亮点。湘江水运依托深水化的航道和沟通长江的便捷条件,在外贸物资运输尤其是集装箱运输中发挥着重要作用。2000年以来,湘江水运集装箱量占全省集装箱生成量的60%,年均增幅47.6%。集装箱航线挂靠港也由最初的岳阳港、长沙港，逐步增加了株洲、湘潭、常德等港口。运输船舶更新换代步伐加快，正在向标准化、大型化、专业化方向迈进，一批大吨位和适应市场需要的化学品、石油、集装箱、卤水等特种运输船舶应运而生，带动和促进了特种运输、江海直达运输的兴起，大宗散货运输也进一步回升。2007年全省总运力120万载重吨，航行湘江中下游及洞庭湖区的新造货运船舶平均载重吨位已达820吨，最大货船4500载重吨。航运企业改制重组工作稳步推进，多数国有、集体企业完成并已轻装上阵，民营运输初现规模，而且占据主导地位。全省143家水运企业中，非公有制水运企业已达120家，且多数在按现代企业制度运作，规模化、集约化程度明显加强，运力规模占到了全省运力总量的75%。

# 湖南交通科技

湖南省交通运输厅

## 一、基本情况

新中国成立60年来，特别是改革开放30年，湖南交通科技事业得到了迅速发展，形成了一支门类齐全的交通科技队伍，取得了丰硕的科研成果。交通科技工作全面落实"科学技术是第一生产力"的重要思想，坚定不移地实施"科教兴国"、"科教兴湘"、"科技兴交"和可持续发展战略，坚持"经济建设必须依靠科学技术，科学技术工作必须面向经济建设"的科技工作方针，紧密结合交通发展的重点、难点问题，加强科技攻关和成果推广应用，提高了交通基础设施、运输装备和运营管理的整体技术水平，取得了良好的经济和社会效益，有力地推动了交通事业的全面发展。

20世纪70年代，以提高已有公路质量为主，在公路路面方面完成以弯沉值作为路面强度设计指标的设计方法的研究，对渣油性能的改善研制混合沥青材料；桥梁方面完善和发展了双曲拱桥技术，并提出了温度应力和收缩应力的计算方法，在施工工艺方面推广双曲拱桥无支架缆索吊装工艺。"大跨径石拱桥"、"柔性路面设计方法"、"船用对转螺旋桨特种推进装置"、"水力自控翻板闸门"、"气力输送技术"5项成果获1978年全国科技大会奖。开展内河运输技术研究，从美国密西西比河和德国莱茵河引进分节驳顶推技术，并承担交通部下达的“六五”国家重点科技攻关课题：“分节驳顶推成套技术工业性试验”和“内河浅吃水大径深比推船开发研制”。分节驳顶推技术的研究与实施，降低了船舶单位油耗，节约了人力资源，运输成本大幅下降，使全省国有航运企业扭亏为盈，实现了内河运输的一次飞跃。

20 世纪 80 年代，以全面提高公路通行能力的综合性研究为主。重点进行公路修、养、管等方面的综合研究，包括大中修技术指标、公路养护管理信息系统、桥梁试验和加固技术，完成了考虑人、车、路诸因素的交通工程学等方面的研究。结合湘江航运开发建设，开展国家“七五”重点科技攻关项目“湘江航运开发技术的研究”，采用多学科综合研究的方法，系统地研究解决了湘江航运开发建设一期工程的技术难点，取得了丰硕成果，为湘江航运开发建设提供了科学依据。

20 世纪 90 年代，科研工作为适应高速公路的建设，开展路基、路面、新技术、新材料结构类型的研究；新型大跨径桥梁的修建技术的研究、新技术的应用，特别是大跨径连续梁桥和斜拉桥的修建技术和研究工作得到了迅速的发展；工程自动化检测仪器的研究和生产、计算机交通网络的建设研究等方面也取得了令人瞩目的成果。

进入 21 世纪之后，以提升交通基础设施建养技术水平为研究重点，抓住交通建设、管理、运输生产领域的关键技术开展科技攻关。在路基修筑领域，重点开展了岩溶及采空路基填筑、红砂岩路基修筑、洞庭湖软基处理等关键技术研究，较好地解决了不良和复杂地质条件下路基修筑问题。在路面修筑领域，大力推广了滑模摊铺、传力杆、节水保湿膜等新设备、新技术、新工艺和新材料，开展了水泥混凝土路面早期开裂防治技术、干线公路典型路面结构、路面快速修复技术等项目研究，提高了路面性能和使用寿命。在桥梁建设领域，重点开展了大跨径多塔不等高斜拉桥、钢管混凝土拱桥设计施工养护成套技术、超轻型施工挂篮、在役桥梁检测与加固等技术攻关，较好地解决了桥梁建设与养护中的许多技术难题。在航电枢纽与航道建设领域,重点围绕复杂地质构造与微湾分叉低水头航电枢纽设计施工、电站口门区与桥区航道整治、水流流态复杂航段航道整治等技术开展科技攻关,丰富了我国内河航道建设、航道整治和改善通航条件的理论和经验。在水路运输领域,相继研究开发了适合湖南航运实际的四代集装箱船,其中“湘江第三代变吃水、肥大型千吨级集装箱货轮(124TEU)”自成功研发投产以来,已成为湖南内支线至上海航线的主导船型,大大提高了湘江内支线船型的技术等级,开创了湖南内河集装箱运输的新纪元,创造了明显的经济社会效益。该研究成果得到很好的推广应用,已在国内建造了近 20 艘同型船舶。

## 二、科技成果

湖南省交通科研工作取得了大量创新性研究成果,创造了显著的经济、社会效益。1978 年有“水力自控翻板闸门”等 5 项成果获国家科学大会奖、31 项成果获湖南省科学大会奖。30 年来,又获各级各类科技进步奖 242 项,其中获国家、省部级以上科技进步奖 165 项。如:

“柔性墩多点顶推架桥新技术”为我国桥梁建设填补了一项空白,获 1980 年湖南省重大科技成果一等奖和 1981 年交通部科技成果二等奖。

“内河浅吃水大径深比推轮开发”在 1991 年获交通部科学进步二等奖,1992 年获国家科学技术进步二等奖。

“湘江航运开发技术的研究”整体水平处于国内领先地位,其中三个分题项目《东洞庭湖区浅滩成因及整治原则的研究》、《湘江下摄司河段千吨级航道整治效果及其与行洪关系的模型试验研究》、《航道丁坝群对洪水影响的概化模型试验研究》达到了国际先进水平,1991 年获交通部“七五”科技攻关成果三等奖,1992 年获交通部重大科技成果三等奖。

“滑模摊铺水泥混凝土路面施工技术与应用研究”经鉴定达到国内领先水平,其中混凝土路面施工现场抗折强度变异系数达到 20 世纪 90 年代国际先进水平,交通部组织推广。获 1996 年湖南省科技进步二等奖、1997 年交通部科技进步二等奖。

“高等级公路路线综合优化和 CAD 系统”是“七五”国家重点科技项

目,该系统成功地将数字地面模型技术应用于公路路线设计,1992 获交通部科技攻关一等奖。

1988 年完成广东九江大桥的建设,大桥工程有 10 余项施工技术为国内首创,其中 6 项技术达到 20 世纪 80 年代国际先进水平,分别荣获广东省、交通部、国家教委颁发的三项科技进步一等奖,以及 1990 年国家科技进步二等奖。

"铜陵长江公路大桥设计施工成套技术的研究"结合工程实际,创造了 32 项国际或国内领先的技术成果,填补了多项国内空白,5 项成果获得国家专利,2000 年获湖南省交通厅科技进步特等奖,湖南省科技进步一等奖,交通部优质工程一等奖,国家"鲁班工程奖",2001 年国家科技进步二等奖。

"JT6124W 高级公路卧铺客车"研制是国家经贸委新技术创新项目,被国家科技部列入《2000 年国家重点新产品计划》。2001 年获湖南省交通厅科技进步一等奖、省科技进步二等奖。

岳阳洞庭湖大桥是世界上第一座预应力混凝土三塔双索面漂浮体系斜拉桥,"岳阳洞庭湖大桥多塔斜拉桥新技术研究"项目首次对多塔 PC 斜拉桥的基本性能进行了系统研究,探索出了一整套提高多塔结构整体刚度、降低尾索应力幅的有效方法,在国内率先实现了不设稳定索和辅助墩的多塔 PC 斜拉桥结构;提出了确定多塔 PC 斜拉桥合理施工状态的正装迭代法及合理成桥状态的最优化方法;实现了风洞试验测定桥梁颤振导数的强迫振动法;创造性地解决了三塔 PC 斜拉桥建设的多项技术难题,形成了三塔 PC 斜拉桥设计与施工成套技术,为我国桥梁风洞试验技术作出了创造性的贡献。研究成果达到国际先进水平,获 2002 年度湖南省科学技术进步一等奖,湖南省优秀工程设计一等奖;2003 年国家科学技术进步二等奖,国家优秀工程设计金质奖。

"大跨度自锚式悬索桥设计理论与关键技术研究"依托广东佛山平胜大桥进行研究,创造性地解决了大跨度自锚式悬索桥建设中的诸多技术难题,取得了多项创新性研究成果,研究成果整体处于国际先进水平,部分达到国际领先,创造了显著的经济、社会效益,成果获 2007 年湖南省科技进步一等奖。

在开展科研项目研究过程中,始终把提高项目研究质量和加快人才培养有机结合起来,把人才培养作为考核指标之一。科研项目的实施为湖南省交通行业培养了一批博士、硕士以及技术骨干,科技人才大量涌现,2 人入选国家"百千万人才工程"第一层次人选,4 人入选交通部"新世纪十百千人才工程",5 人获交通部授予的"青年科技英才"荣誉称号,1 人获交通部"优秀科技工作者"荣誉称号,4 人分获湖南省委省政府颁发的"科技兴湘奖"和"湖南省光召科技奖",15 人获湖南省交通厅"科技兴交奖"。

# 湖南农村公路建设

湖南省交通运输厅

改革开放30年来，我省抓住了加快基础设施建设的有利机遇，集中力量进行大规模的农村公路建设，取得了辉煌成就。1978年湖南省农村公路只有4.9万公里，到2008年，达到了16.2万公里，增长了231%，里程位居全国第7位。飞速发展的农村公路对全省经济社会发展特别是新农村建设起到了十分重要的推动作用。

特别是2003—2007年，国家持续加大农村公路建设投资力度，大力推进农村公路通达通畅工程建设，我省适时大干快上。到2007年年底农村公路里程达到159937公里，等级路里程77044公里，铺装路面里程73114公里。至2008年年底，全省6年累计将完成农村公路建设投资342亿元，新改建农村公路12.3万公里，是新中国成立后至2002年54年农村公路新改建里程总和的3倍；新增1066个乡镇、1.9万个行政村通水泥（沥青）路；全省乡（镇）通畅率达到94%、建制村通畅率达到65.5%。湖南省农村公路无论是通达深度、技术标准还是路况都有显著提升。

湖南省农村公路建设投资力度之大、农村里程增长之快、社会、经济效益之好、农村交通面貌的变化都是前所未有的。全省1036个乡镇、22000多个行政村和2600多万人直接受益，农民人年平均增收300元以上，农村公路建设受到了广大农民兄弟的热情欢迎和社会各界的高度评价，被大家称作“民心工程、德政工程”。

展望“十一”五末，到 2010 年：湖南农村公路所有的乡镇通水泥（沥青）路，所有的行政村通公路，通达率 100%（不包括不宜通公路的村），80% 的行政村通水泥（沥青）路。基本形成较高服务水平的农村公路网，农民群众出行更便捷、更安全、更舒适。基本适应全面建设新农村的总体要求。我们已经看到：芙蓉国里，平整舒畅的农村公路如缎带彩虹，串连起了一个个明珠般的乡镇村庄，镶嵌在美丽富饶的三湘大地上。

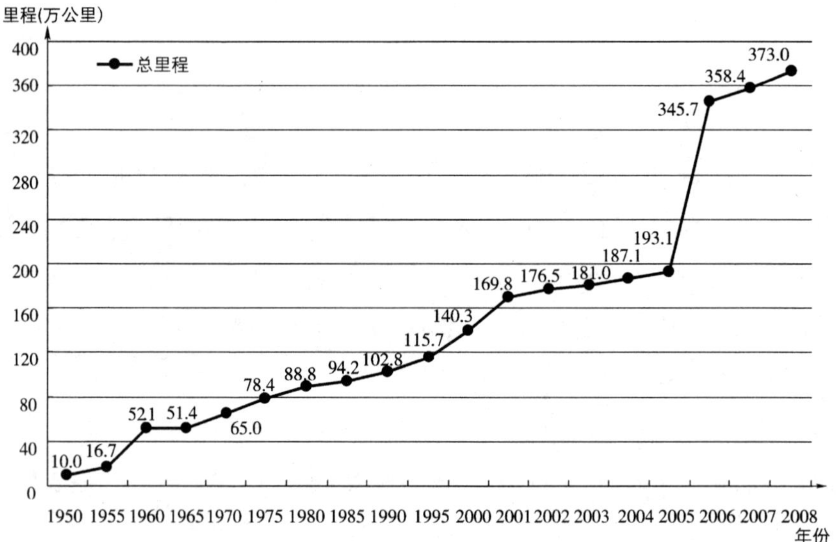


湖南农村公路建设里程 2003—2007 年完成情况图

# 弹指一挥间　交通换新颜

广东省交通厅

## 一、公路建设

2008年年底，全省公路通车里程达18.3万公里，其中高速公路3823公里，一、二级公路里程27323.3公里，公路桥梁总数达到38926座，1911434延米，公路密度103公里/百平方公里。全省公路通车里程、高速公路、公路密度、高级路面里程以及等级公路指标均居全国前列。

1989年，广东第一条高速公路－广（州）佛（山）高速公路建成通车，掀起了全省高速公路建设的高潮。特别是“十五”以来，广东高速公路建设实现了跨越式发展，新建成通车里程达2637公里，是“九五”期的2.8倍。2003—2005年，实现了“三年三大步”战略目标，2003年中心城市到山区通高速公路，2004年地级以上市通高速公路，2005年与陆路相邻各省通高速公路。目前，全省基本形成了以珠三角为中心，连接港澳，以沿海扇形面向山区和内陆省份辐射的高速公路网络，形成了“一日生活圈”。高速公路快速建设，有力地促进了全省经济社会的发展。一是拉动了全省经济的增长，高速公路建设每增加 1 元投资就带动 GDP 增加 3 元；二是带动了工业布局的调整和产业结构的优化升级；三是推动了现代服务业的快速发展；四是促进了区域经济协调发展。

国省道建设以路面质量为中心，建设和改造大踏步前进，10 条出省国道全部建成，实现全部国道建成一、二级公路和所有县（市）通二级以上高等级公路，路面质量和行驶的安全性、舒适性均有了大幅度提高。

农村公路建设促进了社会主义新农村建设，2001 年实现了"村村通公路"及"村委会通机动车"两大目标。2003 年开始实施"镇通建制村公路路面硬化"工程，力争在 2009 年年底全省 4.8 万公里的农村公路实现通水泥或沥青路面，彻底改变"晴天一身尘，雨天一身泥"的状况。到 2008 年年底，全省共投入 200 多亿元，完成了 4.45 万公里，近 17628 个行政村通了水泥或沥青路，其中珠三角完成率为 100%。

## 二、桥梁建设

公路桥梁建设领先全国水平，被誉为"桥梁博物馆"。1981 年，广东省率先在全国实行"贷款修桥，收费还贷"，从澳门南联公司贷款 1.5 亿元，将广珠公路三洪奇、容奇、细滘、沙口四处渡口改渡为桥，拉开了全省桥梁建设的序幕，并不断创造桥梁建设史上的奇迹。1988 年建成通车的江门外海桥和番禺洛溪大桥，代表了 20 世纪 80 年代我国梁式桥的最高水平。横跨南海、鹤山两岸的九江大桥是亚太地区第一座大跨度、独塔双索斜拉桥。1992 年动工兴建、横跨珠江口的虎门大桥，长 4588 米，桥面宽 35.6 米，采用主航道单跨 888 米、高 60 米钢箱悬索桥型，辅航道采用跨径 270 米连续刚构桥。2000 年建成的丫髻沙大桥是当时中国也是世界最大跨径的中承式钢管混凝土拱桥。2007 年底建成通车的湛江海湾大桥，在国际首创了大桥柔性吸能防撞设施，解决了大桥工程抵抗 5 万吨级及以上轮船撞击的世界性难题。2008 年底建成通车的珠江黄埔大桥，既是目前广东省内规模最大、跨径（1108 米）最大的钢箱梁悬索桥，也是国内最大跨径（383 米）的独塔双索面钢箱梁斜拉桥，被称为“华南第一桥”。广东的桥梁风格各异，千姿百态，有T形刚构、连续刚构、连续梁，有刚架拱、系杆拱，有独塔、双塔、斜拉、悬索等各种结构的桥型，堪称“桥梁博物馆”。

## 三、航道建设

目前，全省现有航道里程17535公里，其中内河航道里程13596公里（内河航道1335条，占全国10%，居全国第二位；内河航道通航里程11843公里，占全国9.6%，居全国第二位；Ⅰ－Ⅶ级等级航道4410公里），沿海航道里程3939公里。

珠江三角洲已初步形成了以通航1000吨级及以上标准航道为骨干，以四级航道为基础，江海直达，连通港澳的航道运输网；与西南等省区衔接的省际通航能力大大提高；粤东、粤北山区通航条件得到改善。航道养护能力取得长足的进展，航道维护管理水平稳步提高，并逐步向管理科学化、规范化发展，确保了航道安全畅通。

## 四、港口建设

至2008年年底，全省生产性泊位总数2842个，其中万吨级泊位222个，港口通过能力达到10.33亿吨/年。率先建成了全国第一个30万吨级原油码头，并拥有20万吨级铁矿石码头和10万吨级集装箱码头等一批专业化规模化泊位。2008年全省港口共完成货物吞吐量9.88亿吨，集装箱吞吐量4038万标准箱。

新中国成立60年来，广东省港口事业快速发展，港口面貌日新月异，已基本形成以广州港、深圳港、珠海港、汕头港、湛江港等为沿海主要港口，佛山港、肇庆港为内河主要港口，其他地区性重要港口和一般港口为补充的分层次发展格局。广州港随着黄埔新港、新沙港区和南沙港区的建设和发展，不断做大做强，至2008年年底，广州港货物吞吐量达到3.47亿吨，居全国沿海港口第4位、世界第6位。广州港已从中国古代“海上丝绸之路”的起点，发展成为我国华南地区最大的综合性主枢纽港。深圳港作为中国重要的港口城市和进出口基地，已开辟通往全球各地的国际集装箱班轮航线 200 多条，2008 年集装箱吞吐量突破 2141 万标准箱，连续 6 年居世界集装箱大港第 4 位，是国际贸易和航运网络中的重要枢纽港口。湛江港货物吞吐量突破 9000 万吨，连续五年每年以超 1000 万吨的增量。

## 五、公路水路运输

经过 60 年的发展，到 2008 年年底，全省营运客车 13 万辆，跨省市班线 7200 条，覆盖 29 个省（直辖市、自治区）；客货运营车辆近 100 万台。2008 年，完成公路货运量、周转量 10.14 亿吨和 1225.3 亿吨公里；完成客运量 46.3 亿人次，旅客周转量 1276.12 亿人公里。成为名副其实的道路运输大省，呈现出领先全国的“八大亮点”。

一是机制和体制创新引领同行。推行客运站投融资体制改革和新建客运站业主招投标。2002 年，在全国首次举行了广东省春运公路客运价格听证会；从 2002 年起，客运班线实行公开服务质量招投标。

二是客货运输量连续多年居全国前列。至 2008 年年底，全省高级客车达 1.5 万辆，占全国的 1/5 强，位居全国第一。2008 年，完成公路货运量、周转量 10.14 亿吨和 1225.3 亿吨公里；完成客运量 46.3 亿人次，旅客周转量 1276.12 亿人公里。四项指标均居全国前茅。

三是运输车辆和从业人员数量居全国之最。据统计，目前广东省客货营运汽车已超过 100 万辆，约占全国的 11.5%；道路运输从业人员 200 万人，占全国道路运输业从业人数的 12%。

四是先进的运输装备科技含量水平居同行前列。基本实现了城市间高速公路和国省道主干线客运以中高级客车为主经营，城乡客运逐步以中级客车为主经营。货运车辆逐步向重型化、特种专用化、普通厢式化发展，车辆结构趋向合理，运输装备水平进一步提高。

五运输站场建设与管理水平全国领先。到 2008 年年底，公路客货运输站场共 715 个，其中一级客运站 36 个，一级货运站 50 个。一大批新建、改造的现代化大型道路运输站场相继建成投入使用。全国首家生态环保型的广州海珠客运站和以人为本、打造现代客运文化的全新管理与服务的番禺汽车站，在全国树立了典范。

六是运输企业规模和服务水平位居前列。广东省率先在全国推广航空式高速客运经营服务模式，先后涌现出新锦湖、粤运等一大批快速直达班车客运品牌。目前，有16家客运企业进入全国道路客运100强企业行列，16家道路货运企业进入全国物流100强，企业规模位居全国第一。

七是运输信息化智能化建设全国先进。广州市智能交通系统共用信息平台、深圳市现代物流信息系统和中山市城市交管系统和公交指挥系统被国家科技部列为首批“全国智能交通系统应用示范工程”的试点城市。全省道路运政管理信息系统采用集中式数据库和数字电子签章等技术，实现了省、市、县和部分镇四级道路运管机构联网。

八是机动车维修和救援能力同行最强。至2008年年底，全省共有4.38万多家汽车、摩托车维修业户，占全国的12.5%，已基本形成了跨部门、跨行业、多种经济成分并存的，以中心城市骨干企业为依托，辐射全省、遍及城乡，整车修理、维护、快修、特约维修等门类齐全、分工合理的维修市场体系。此外，4S维修企业和品牌连锁维修企业的数量和规模均处于全国领先地位。

新中国成立60年来，广东水运市场逐步开放，各种经济所有制、各种形式的水运企业纷纷成立，港澳运输企业大量增加，水路货运量稳步增长，港口货物吞吐量、集装箱吞吐量持续大幅增长。至2008年年底，广东省有水路运输企业670家。全省注册的外商独资船务公司分公司有37家、无船承运企业617家、国际船舶代理公司256家，水路运输服务企业576家。船舶管理企业32家，海运集装箱中转站场10多家。全省船舶总运力位居全国前列（总数达10701艘，807.7万载货吨，60515客位）；全省水路客货运量分别达到1902万人次和3.23亿吨。广东省水路运输量在全省综合运输体系中占近20%，货物周转量高达73%。

1980年，粤港直达客运班轮航线和集装箱运输的先后开通，翻开了粤港澳水路运输的新篇章。目前，我省拥有对外开放一类口岸37个，二类口岸 87 个，开通了 21 条航线及 6 条香港国际机场水路客运快速航线。

## 六、交通改革

一是“贷款修路、收费还贷”开启交通建设投融资体制改革先河。1981 年，广东率先实施“贷款修路、收费还贷”，在全国开创了“以桥养桥，以路养路”的先河。20 世纪 90 年代初，在广汕公路改造中，广东又一改过去单靠交通公路部门“包打天下”的做法，由省、市、县层层签订合同，首次实行省给定额补助投资，不足部分由各地方政府自筹解决的方式进行公路建设。1992 年，广东进一步深化交通投资体制改革，把政策性筹集的资金分为经营性投资和非经营性投资两部分，把定额补助为主的投资方式，改变为对经营性项目实行资金有偿使用；对当地经济发展有重要促进作用的项目，除省扶持一部分资金外，不足部分向社会融资解决。广东还率先在高速公路项目开展业主招投标，开创了国有资金、外资、民资全面参与公路建设的新局面。

经过不断发展，广东逐步建立了“国家投资、地方筹资、社会融资、利用外资”和“贷款修路、收费还贷、滚动发展”多形式、多层次、多渠道的投融资机制。新机制极大地调动了全省各地集资贷款、利用外资多渠道筹集资金建桥修路的积极性。

二是创新工程招投标模式，所有交通工程进入建设交易工程中心，规范招投标。2000 年，开阳高速公路第一个进入广东省建设工程交易中心进行招标，使工程全面实现了“两高”（高质量、高效率）、“两新”（新机制、新技术）、“两廉”（造价低廉、干部廉洁）的目标，为全国高速公路建设创造了一种新经验、新模式。目前，广东在交通基础设施建设工程中实行“业主招标、专家评标、业主定标、政府监督”的管理制度，高速公路、国省道改建、航道整治等重点项目设计、施工、监理招标与主要工程材料采购，均进入建设工程招投标交易中心，进行公开招投标。

三是创新客运线路管理模式，实行线路招投标。2002 年，广东颁布实施《广东省跨市客运标志牌招标投标暂行办法》。同年 8 月，在国内首次实施了以为安全生产与服务质量主要内容的客运经营权招投标。2003 年 5 月，与江西联合实施了粤赣两省跨省公路客运标志牌经营权招投标，第一次实现省际客运线路经营权联合招标，打破了省际客运线路经营的“终身制”，实行经营权期限制。至 2008 年底，全省共实施市际、省际客运班线经营权招标 4 次，确定了 63 个项目，共 258 块客运标志牌的经营权。

四是创新公路养护模式，实行大道班养护体制。从 20 世纪 80 年代末，广东在国省道养护上探索一种新的公路养护模式——“管养一体，适度规模”的大道班养护模式。大道班建设使全省公路养护工作逐步实现了“三个转变”——公路养护任务由行政指令养护向合同养护转变；养护形式由分散的小道班作业向大道班（养护中心，工区、站）机械化作业转变；养护生产用工制度由任职终身制向“竞岗、双选”制转变，为公路养护的市场化运作夯实了基础。经过十多年的努力，广东大道班建设任务已经基本完成，至 2008 年底全省共有大道班（养护中心）566 个，实现了科技化、机械化、规模化养护。在有效提高养护水平的同时，也让 3.8 万养护工人共享公路改革成果。

五是创新行政体制改革，政企分开，深化审批制度改革。2000 年，广东省交通厅完成了交通企业与行政单位脱钩工作，组建了广东省交通集团公司，实现政企分开，省厅主要职能转变为“规划、管理、监督、服务”等宏观调控上来。2004 年，省交通厅内设的交通厅港航管理局正式挂牌运作，完善了全省港航、港口管理体制，加强了全省水路交通、港口经营、引航等港口辅助业的管理。2007 年 7 月，省交通厅内设的省交通厅综合行政执法局正式挂牌成立。新成立的综合执法局将承担原来系统内的公路路政、道路运政、水路运政、航道行政、港口行政、交通规费稽查等 6 大执法职能，提高了交通执法效率，降低了执法成本。大力加强行政审批制度改革，建设阳光政务。2000 年以来，按照“合法、合理、效能、责任、监督”的原则，对广东省交通厅里原有的行政审批事项进行清理和改革。经省政府批准，目前，全厅保留了 49 项行政审批事项，取消了 10 项，下放管理了 5 项，还有 1 项转移由事业单位管理，打造廉政、务实、高效、为务的服务型政府机关。

## 七、交通科技

新中国成立 60 年来，特别是改革开放以来，广东交通系统坚持以企业为主体，以工程为依托、以市场为导向，积极开展新技术、新工艺、新材料等方面的研究和推广应用，取得了一批具有自主知识产权的科研成果，许多成果在全国同行业中处于领先地位。公路建设科研项目荣获国家级科技进步奖 2 项；获部级科技进步奖 4 项，其中特等奖 1 项；获省级科技进步特等奖 1 项，一等奖 4 项，二等奖 14 项，三等奖 30 项。水路运输及航道（务）工程科研项目获得国家级科技进步奖 6 项；部级科技进步一等奖 1 项，二等奖 6 项，三等奖 4 项；获省级科技进步奖 13 项。2004 年，以京珠高速公路粤境北段工程建设为依托，形成的一整套山区高速公路建设成套技术，荣获该年度广东省科技进步一等奖；2006 年，省交通厅和省交通集团以广东省高速公路建设为载体，在软土地基处理、山区高速公路岩土工程、大跨度桥梁、沥青路面、高速公路生态防护与排水、收费技术等方面取得了一批创新成果，获该年度广东省科技进步特等奖。

桥梁工程不断引领全国先进水平。1988 年建成通车的江门外海桥和番禺洛溪桥代表了 20 世纪 80 年代我国梁式桥的最高水平。2000 年建成的丫髻沙大桥是当时中国也是世界最大跨径的中承式钢管混凝土拱桥。斜拉桥的代表有崖门大桥和湛江海湾大桥，汕头海湾大桥、虎门大桥以及珠江黄埔大桥都是标志性的大跨度现代悬索桥。

交通信息现代化建设雏形已形成，为交通现代化提供了坚强支撑。在省内施行联合电子收费，实现了不停车收费，提高了公路畅通率；建设了广东省交通厅办公自动化系统；广东省道路运政管理信息系统和广东省港航行政管理综合业务系统，已实现了省、市、县三级联网；广东省交通公众出行信息服务系统可查询出行路径、行车里程、沿路收费站、出入口、参考通行费、立交导向、路况、服务区分布等丰富出行信息；按照航道数字化、航运智能化的总体要求，建设以航道数据库为基础、电子地图为平台的高等级航道信息系统，全面完善了航道保障体系，为水运的畅通提供了保障。

# 不断改革创新　努力构建<br>国际化、一体化、数字化综合交通运输体系

深圳市交通局

城市交通工作事关城市功能定位、空间布局、产业发展、百姓民生、社会和谐、形象文明，点多、线长、面广、体大、事杂，深圳每天有5.9万人次旅客进出深圳机场，5.9万个集装箱在深圳港吞吐，572万人次市民乘坐公交，3万辆货柜车进出口岸，135万辆机动车行驶在深圳的大街小巷，任务重，责任大，这些都对新时期交通工作提出了新的要求和新的挑战。

面对新形势、新挑战、新任务，深圳市交通局认真学习实践科学发展观，以全球领先的交通标准为标杆，继续解放思想，坚持改革创新，加快构建国际化、一体化、数字化综合交通体系，加速把深圳建设成具有国际资源配置功能、国际商务营运功能的全球性物流枢纽城市，成为亚太地区重要的多式联运中心和供应链管理中心，为深圳建成全国经济中心城市、国家创新型城市、中国特色社会主义示范市和国际化城市，提供强有力的支撑和保障。

## 一、瞄准国际化，构建大交通

交通国际化是深圳建设国际化大都市的重要内容，是适应全球经济一体化的必然选择。充分发挥深圳地处太平洋海上交通要道，毗邻港澳、面向

东南亚的重要门户和通道优势，力争深圳在港口、机场、物流等优势领域，建成全球物流体系中的重要节点。

### （一）推进港口国际化，强化国际集装箱枢纽港地位

通过加快建设集装箱泊位，完善远洋与近洋、干线与支线、外贸与内贸相结合的航线网络，实现与国际知名干线大港全面通航，提升国际集装箱班轮航线覆盖率。并借助香港在国际贸易、金融、信息方面的优势，把深圳港建成华南地区超大型集装箱船舶的装载中心，推动深圳港向综合运输中心和国际商贸物流为主的第三代港口转变。

2008 年，面对全球金融危机影响，深圳市交通局加快落实深圳市政府《关于进一步促进深圳港发展的若干意见》，累计发放港航产业资助资金 4400 万元。大力实施珠江战略、内贸战略、国际中转战略三大战略，内贸集装箱吞吐量 97 万标准箱，同比增长 6.2%；国际中转量为 391 万标准箱，同比增长 5.2%；新开深圳至黄埔、株洲、长沙、韶关 4 条海铁联运班列，箱量实现翻番；“华南公共驳船快线”覆盖 14 个地区 29 个码头，开通了 15 条定期、6 条不定期航线，吞吐量增长 25%。继续加快港口泊位建设，全年建成了盐田集装箱码头扩建等 5 个集装箱泊位，盐田国际码头被评为“国际卫生港口”。2008 年，深圳港安全引航船舶 24530 艘次，货物吞吐量 2.11 亿吨，同比增长 6.01%；集装箱吞吐量 2141.6 万标准箱，增长 1.5%，连续六年位居全球第 4，实现高位平稳发展。

### （二）推进空港国际化，打造中国内地品质最优的大型门户机场

通过实施“客货并举、以质取胜”战略，推进体制机制创新，拓展完善国际国内客货航线网络，与香港机场共同打造全球航空网络的重要节点。

2008 年，深圳市交通局颁布了《深圳航空业财政奖励资金管理暂行办法》、《关于深圳空管站财政补贴的实施意见》，发放航空财政扶持资金 5600 多万元。全球最大包裹速递公司 UPS 亚洲转运中心项目落户深圳机场，新开国际航线 6 条，国内航线 6 条，累计 130 条，通达城市 96 个，深圳机场荣获全球航空卓越奖“亚洲及中东地区货运量在 50～100 万吨”机场组别第二名。深港机场签署了客运合作框架协议和货运合作备忘录，启动客运

"深港飞"、"港深飞"等项目,每周开通13班两岸直航客运包机,深港台三地合作日趋紧密。在东莞新设2个异地城市候机楼,累计11个,有力拓展了周边城市航空客运市场。2008年,深圳机场旅客吞吐量2140万人次,增长3.8%,货邮吞吐量59.8万吨,连续七年在全国内地机场位居第4;航空器起降18.79万架次,同比增长3.6%。

(三)推进物流国际化,打造全国物流服务最优城市

通过推进物流制度、功能、技术和服务创新,完善"生产-采购-配送(仓储)-消费终端"一体化供应链服务体系,建成营运成本低、效率高、技术强、服务优的全球物流总部和配送中心集聚基地,推动物流总费用占GDP比值达国际领先水平。

2008年,认定了9家重点物流企业,累计40家;评选了"物流创新服务大奖",发放扶持专项资金共4230多万元,推动物流企业以深圳为总部,向外构建节点、建设通道和布设网络。制订了《深圳市物流项目用地资格审查与监管办法》,建立统一、规范的"大物流、大供地"产业用地供给机制。加快建设六大物流园区,累计完成投资80亿元,引进世界500强和国际知名物流企业60家,推动传统物流园区向现代物流业和供应链管理总部升级转型。完成了深圳电子口岸发展规划,物流舱单数据处理系统全国领先,网上审批项目成为全国电子口岸交流会示范项目。成功举办了第二届中国(深圳)国际物流博览会,430多家国内外知名企业、67000多人次专业观众参展。2008年,全市物流增加值730亿元、物流总费用为1180亿元,分别占GDP比重9.13%和14.75%。深圳市交通局物流运营效率接近中等发达国家水平,有效提升了深圳产业的整体竞争力。

## 二、推进一体化,整合大交通

一体化交通是大都市交通发展的一般规律和必然选择。推进交通一体化就是按照系统工程的思想,遵循整体最优化原则,最大限度发挥体系的集成优势和组合效率,达到多种交通要素的相互匹配,多种交通方式的无缝衔接,多个运营主体的默契协同,交通资源的充分共享,从而实现社会的交通

成本最低和服务的最优。

### (一)促进交通管理体制一体化

深圳是国内最早对交通管理体制改革进行大胆探索的城市之一,从1984 年开始,深圳市率先进行大交通管理体制改革,将公路、水路、城市公交(含出租车)、航空、铁路、邮电等职能集中于交通部门统一管理;2001 年,深圳市运输局和深圳市港务管理局合并,组建深圳市交通局,加挂深圳市港务管理局牌子,以及市物流办、市港口办、市空港办牌子,管理市公路局,形成了综合运输大交通管理格局。同时,除宝安、龙岗两区外,特区内实现了"一城一交"的管理模式,深圳新设立的光明新区也成立了我局派出机构。

2008 年,深圳市交通局进一步加大了内部职能机构的优化调整工作,市公路局局长由市交通局副局长兼任,设立了主要领导高配的交通综合执法支队,理顺了水运、港口、货运和运政管理职能,完善横向板块化整合、纵向专业化指导的运行机制,基本形成"板块化、专业化、扁平化"管理架构。

深圳市交通局将以深化行政管理体制改革和深圳成为"国家综合配套改革试验区"为契机,在交通行政管理架构、管理制度、运行机制等方面进行积极探索,加快大局制改革步伐,对交通系统从政策、规划、设计、投资、建设、管理、服务等各个方面的职责进行一体化纵向整合,在空间规划、土地利用、环境控制、项目立项、空间统筹(土地利用)、资金统筹等环节,对公共资源进行横向综合统筹,构建"以条为主、条块结合"的特区内外交通一体化管理架构,推进交通管理体制一体化。

### (二)促进特区内外交通一体化

深圳市交通局按照整体设计、分步实施、循序推进的原则,推进特区内外交通规划建设一体化布局、交通服务一体化标准、营运体系一体化组织,加速消除交通发展"二元结构现象"。

近年来,深圳市交通局按照"每年建成两条、开工两条"的目标,实行"一周一例会,一周一协调、一周一简报、一月一督办"工作制度,强力推进路网等交通重大项目建设。2008 年累计完成 115 亿元,建成了深盐二通道主线、盐坝高速C段等，新增高快速公路54公里。2011年前将基本完成"一横八纵"高快速路和"二横五纵"国省干道网，2012年基本建成"七横十三纵"高快速路网，2015年基本建成"十横十五纵"国省干道网，形成"高快速路网、国省干道网、局域连通网"三个层次布局合理、衔接顺畅的现代路网体系，打通城市对外和过境、特区内外联系、城市各组团联系、港区与干线路网四大通道，实现103060路网交通时间圈。同时，加快京广深港客运专线铁路建设，建设国家级铁路枢纽城市；总长达150多公里的5条地铁线路全面动工建设，将于2011年大运会建成投入使用。

为破解公交企业多、小、散、弱和服务水平参差不齐的问题，2008年，深圳市交通局大胆开展了公交特许经营改革。按照"先易后难、先进后交、统一标识、统一管理、核算清晰"和"资产整合、经营整合、管理整合、人员整合、品牌整合"两个半步走策略，如期完成了38家企业、269条线路、6600台车辆、35000名员工的公交特许经营改革任务，实现了"100%统一车身标识、100%线路经营权移交"的目标，开创了3家企业良性竞争的新局面。同时，规划实施了"快速公交－干线公交－支线公交"三层次公交线网，规划快线、干线和支线共99条，目前已开通41条，其余58条随后全面开通，初步实现了"网络分层次、线路分等级、车辆分颜色"三层次、多模式、一体化公交体系，力争实现公交优先、公交优秀、公交优胜，努力打造全国公交服务最优城市。

(三)促进交通方式一体化

在建成深圳首个集公交、地铁、长途等换乘为综合性、一体化换乘枢纽——福田综合交通枢纽的基础上，深圳市交通局进一步推进建设客运场站、火车站、口岸交通枢纽陆港等枢纽型公共设施，加快建设福田口岸、深圳湾口岸2大综合交通枢纽和南山、平湖、盐田3大公共交通枢纽，今年动工建设50个公交场站，大力发展规模化、集约化、网络化运输，形成布局协调、衔接顺畅、优势互补的一体化综合运输体系，实现客货运输无缝接驳。

## 三、实施数字化，管理大交通

科学决策、现代管理源于数据和信息。推进交通数字化就是牢牢抓住数据、标准、智能三大要素，推进行业管理数据化、交通服务标准化、监管应急智能化的数字化示范工程建设，不断提升服务水平。

### （一）推进行业管理数据化

深圳市交通局以民生、发展和运营服务为导向，加快推进交通数字化工程，建立覆盖全行业的数据库，尽快形成以数字为支撑的科学量化考核体系、评价体系、监管体系和目标决策体系，实现科学决策、动态跟踪和精细管理。

2008年，深圳市交通局建立了出租车行业营运、服务、经济、监管和预警五大指标，确立了实载率60%为运力投放参考线、出租车驾驶员930元/车/日营收额为启动应急警戒线两条监测线，每月开展了出租车营运指标和出租车驾驶员对企业、乘客对行业的双满意度调查，形成以数字为支撑的考核指标体系，确保了出租车行业稳定。

深圳市交通局将加快推进港口数字化工程，制订实施深圳港量化评价指标体系，港口企业员工对企业、承包商员工对承包商、承包商对港口企业的"三满意度"评价体系和港口危险货物监管体系，确保港口持续稳定发展。推进物流数字化工程，构建物流产业评价指标体系，建设企业车辆、仓库、人员的数据库和行业预警机制，提升物流产业政策的前瞻性和敏感度。推进公交数字化工程，建立特许经营企业年度服务目标、季度公交服务及满意度调查、日常监管指标、线路经营授权书"四位一体"的综合评价与监管体系，大力推进以公交服务质量调查、高峰期运营及调度、日常服务质量为支撑的公交数字化工程，提升服务品质。推进客运数字化工程，制订客运行业量化考核办法和汽车客运站量化考核办法，建立以企业、从业、服务、安全、设施、科技为主要内容的数字化评价体系和监管体系，实施规范企业服务的塑造工程，提升客运管理服务水平。推进安全监管数字化工程，编制《深圳市交通运输行业安全发展中长期规划》，在全市客运行业推广应用道路客运安全管理系统，建立以数据为支撑的动态安全监管体系。推进行业维稳数字化工程，建立行业稳定评价指标、监管指标和预警指标体系，对重大决策、重大项目进行风险评估和预警评价，加大预防力度。

(二)推进监管应急智能化

以深圳举办大运会为契机，依托交通运输应急指挥中心 ETCC、综合交通运营监控中心 TOCC，建立综合协调、专业指挥、具体执行三位一体大交通应急管理架构，形成统一指挥、反应快速、平战结合、整体联动、运转高效的综合交通服务应急体系，提升行业安全应急即动力，实现以大智能提升大服务，以大智能支撑大应急。

2008 年，深圳交通局编制了《深圳市智能交通运输发展总体规划》、《深圳市智能交通运输系统建设近期工作方案》和交通运输应急指挥中心(ETCC)、轨道交通应急指挥中心(TCC)组建方案；改造了局总值班室应急视频监控系统，安装了 DLP 大屏，接入了全市所有出租车 GPS 监管信号和6个重点场站的监控视频，提高了行业智能化监管水平。

深圳市交通局以“一年一中变、两年一大变”为目标，按照“大运优先”的思路，借鉴北京奥运会和上海世博会建设经验，建设公交站点图文系统、智能公交系统和“交运通”、“易行网”，确保在大运会期间提供全面、及时、准确的出行信息服务，高效通畅的交通运行环境，以及坚强有力的安全应急保障。快节奏实施政府管理智能化工程，建设交通政务外网，重塑业务系统和政务系统，全面实现政务信息公开 100% 可在网上查询，行政审批项目 100% 可在网上申请和查询结果等，提升电子政务水平。全方位推进运营视频监管平台，建设 GPS 监管平台二期、重点场站视频联网监管平台，研究交通运输行业车载终端规范，逐步整合公交、地铁、长途客车、高快速路、空港、港口、机场、铁路等领域的应急视频资源，构建运营视频监控平台，实现大管理、大联动、大应急。

(三)推进交通服务标准化

通过树标杆企业，建行业标准，推进交通服务质量目标化、服务方式规范化、服务过程程序化，为经济发展提供优质的品牌服务，为市民提供便利的交通信息服务、快捷的咨询服务和高效的行政服务。一是强化安全隐患排查标准体系建设，完善安全隐患排查、治理、应急处理机制，推动安全监管标准化；二是强化公交服务标准体系建设，实施排名和末位淘汰制，提高行业整体服务水平，扶持优质企业做大做强做优；三是强化路网规划建设养护的标准化，加快建设步伐，提高养护质量，确保道路安全畅通。

（四）自身运作模式制度化

为打造"专业化、制度化、责任化、高效率、创新型"阳光政府职能部门，深圳市交通局从制度安排和模式设计入手，建立实施了"计划、动态、督查、绩效"四位一体工作模式，通过"周一计划、周五动态、过程督查、每月绩效"，形成闭环式工作链条，确保全局自身体系的高效运转和交通系统的正常运营。为确保制度的有效实施，专门成立了督察室和绩效办，构建了"督查 + 绩效 + 全局 37 家单位"的大督查、大绩效工作网络。自 2008 年 4 月实施以来，共完成《一周政务安排汇编》36 期，安排工作 47908 项，平均每周 1331 项；《一周工作动态》36 期，完成事项 78495 项，平均每周 2180 项；汇总重要工作 1527 项，全部纳入三级责任体系，实行编码管理、全程跟踪，按时完成率 100%；《月度工作绩效》8 期，考核 1881 人，73835 项工作。"事事有计划，件件有督查，事事有人做，人人找事做，人人有事做"初步蔚然成风，推动选拔人才由"相马"向"赛马"转变。

# 东莞大力发展港航事业<br>加快推进水路交通现代化

东莞市交通局

东莞地处珠江三角洲，水网密布，江海相连，辖区内江河纵横交错，有河流102条，内河通航航道664公里，海岸线116公里，海域面积79平方公里，港口资源丰富，其中虎门港位于珠江和东江水道出海的咽喉，是国家一类开放口岸，具有发展港航事业的优越条件。近年来，该市按照"建设大交通、促进大发展"的要求，着力于构建立体化综合交通网络，坚持水陆并进、协调发展，大力发展港航事业，加快水路交通现代化建设进程。

目前，全市有在册码头81座，泊位156个，其中，万吨级及以上泊位9个，码头最大靠泊能力5万吨；有水运企业33家，船舶435艘，载重52万吨，船舶最大载货量6.4万吨。去年，全市完成港口货物吞吐量2001万吨，集装箱吞吐量22.5万标准箱。全长42公里的东莞水道是该市的"黄金水道"，年通航船舶26万艘次，货物通过量3900万吨。水路运输在外贸和集装箱运输及港口集疏运中发挥着越来越重要的作用，成为该市综合运输体系的重要组成部分。

## 一、提高认识，科学编制港航发展规划

东莞外向型经济高度发达，是全国外贸出口第三大城市，不仅是全球性

的加工制造基地,更是原材料、产成品的集散和物流基地,迫切需要建设与腹地经济相配套的港航运输体系。因此,该市围绕“推进经济社会双转型”的发展战略,把加快港航基础设施建设、推动水运事业发展,作为增强全市发展后劲、提高城市综合竞争力的重要举措来抓。市党政领导班子把港口建设工程和内河航道整治提升工程列为全市“十一五”规划的重点项目,五年内计划投资达 80.7 亿元。

与此同时,结合城市发展的总体要求,高起点编制港航发展规划。自 2002 年以来,先后编制了《东莞市水运发展规划》、《虎门港总体布局规划》、《虎门港发展定位及策略》、《沿海产业带发展策略》、《沿海经济带基础设施一体化规划》、《东莞水道等五大河口海轮通航论证报告》,以及虎门港岸线利用和五大作业区控制性详细规划等一系列专项规划。通过规划,基本确立了港航事业的发展目标:到 2020 年,建成现代化水路交通运输体系,为社会提供安全、可靠、多样化、个性化的江海物流运输服务。形成以狮子洋沿岸深水作业区为核心,以五大河口作业区和内河作业区为补充,麻涌、沙田、沙角、长安和内河五个港区互相配合,航线覆盖近远洋、沿海、港澳及内河的虎门港港口体系。形成以“一纵三横五河口”千吨级及以上航道为骨干,300 吨 ~ 500 吨级航道为基础的纵横交错、干支相通、江海直达的航道网。

## 二、创新思路,高效推进港口开发建设

虎门港的开发建设自 2002 年正式启动以来,坚持创新发展思路,抓住港口体制机制创新的发展机遇,面向市场需求,引入竞争和民营化同步进行,逐步进入快速发展期。目前已引进投资项目 36 个,总投资额 295 亿元,建成后将新增吞吐能力 5000 万吨。其中,已经建成码头 12 座,泊位 20 个,还有 13 个 5 万吨级以上的泊位获得了国家、省有关部门核准建设。2008 年将动工建设 4 个万吨级以上码头项目。

一是明确港口发展定位。将虎门港定位为地方性港口,立足于为东莞现代制造业基地和外贸出口提供配套服务,对广州、深圳、香港等枢纽港口

起延伸和补充作用,作为区内大型集装箱码头的支线港或喂给港,提供集疏运近洋航线服务,避免与其他港口的重复建设、恶性竞争。同时,确立虎门港的建设重点是:立足腹地经济,发展集装箱运输;依托港口优势,发展临港工业和现代物流业;规划预留岸线,发展深水泊位,实现可持续发展。

二是坚持“政府引导、企业经营”。虎门港广泛吸纳社会上各种投资主体(包括国有、民营和外资资本)参与投资,除必要的集疏运道路等基础设施由市政府投资,极个别重点项目以岸线和土地作价少量入股之外,一般的竞争性项目市政府不直接投资,形成了有效的竞争机制,既缓解了地方政府的资金负担和压力,也显著提高了港口建设和经营管理的效率。政府的工作重点是把港口资源规划好,把建设环境营造好,把基础设施配套好。近年,投入26亿元用于基础设施配套,建成虎门港口岸综合办公大楼、虎门港综合服务大楼,建成常虎高速、港口大道、立沙岛疏港路、麻涌疏港路,实现虎门港和常平铁路两个国家一类口岸的快速连接,确保港口运输与公路运输的有效衔接。

三是坚持“长远规划、分期建设、重点开发”。在港口建设上,立足于保护宝贵的港口资源,坚持合理、适度开发。既考虑财力上的承受能力,更要结合社会经济发展对港口的需要,即货源的增长情况、运能和运量的对比情况,由市场需求来引导和决定码头开发建设的进度。虎门港近期的开发重点是立沙岛石化作业区、西大坦集装箱作业区及新沙南散杂货作业区,这些大作业区全部建成后,虎门港将初具现代化港口的规模。

四是严把建设准入关。对新建的港口项目,严格按照各项规划进行审批,正确处理好发展与保护、利用与储备的关系,提高岸线和土地资源的利用效益。在选择落户投资企业时,均进行严格的筛选,挑选实力雄厚、实践经验丰富、能发挥龙头效应的大型知名企业。如:在选择虎门港首个深水码头5号、6号泊位项目合作企业时,最终选定与新加坡港务集团合作。因为该集团是世界第一大港口运营商,在港口管理、经营、运作等方面具有丰富经验,能有效解决新建港口货量不足、航线选择少、航班相隔时间长等一系列难题。同时,严把安全关,落实工程建设安全“两项达标”、“四项严禁”以及“五项制度”，完善重大施工安全事故预控机制，建立安全综合监控体系，有效地保障了港口建设安全。

## 三、真抓实干，扎实开展航道项目建设

2004 年“五一”黄金周省部领导踏察航道，提出加快发展广东内河航运事业后，东莞市快速反应，确立了依托优良的内河航道条件推进涉航产业新一轮发展的工作设想，主动配合开展好辖区内的航道建设项目。

一是全力开展整治东莞水道和创建文明样板航道工程。成立了以分管交通的副市长为组长的创建工作领导小组，明确了交通、国土、航道、海事等涉航单位的职责分工，于 2004 年 11 月启动了整治创建工程。航道整治工程及基础设施投资 3820 万元，市政府出资了 70%，开了全省航道建设以地方出资为主的先河。目前，整治创建工程的炸礁、疏浚、清障、航标改造工程已全部完工，航道生产业务楼、工作码头、航标遥测遥控系统建设等支持保障系统工程正在加紧进行中，预期年内完成。

二是全力配合开展东江下游航道整治工程。东江下游航道整治实行省、地共建，由省航道局、广州市政府、惠州市政府和东莞市共同组建的项目领导小组负责建设。本工程涉及该市岸线 73 公里，将为东莞再造一条高等级航道。对此，市政府十分重视，除按省的要求按时足额到位地方配套资金 1550 万元外，还积极参与、协助项目部解决征地、报批等难题，保障各项工作的顺利开展。目前，该工程正在紧张施工，预计年内主体工程可以完工。

三是大力支持驻地航道部门开展工作。对于省航道部门派驻该市的航道管理机构，给予全力支持和配合，谋求公路、航道、海事、铁路等综合大交通管理的协调、高效。如近期，航道部门提请解决航道生产业务楼建设资金问题，市政府同意安排了 1100 多万元，并统筹解决该项目的用地指标。在日常工作中，交通、航道、水利等部门通力合作，共同开展好采砂、桥梁设标整治等专项活动，加强航道的综合监管，确保了辖区内航道的安全畅通。由于通航环境的改善，水运经济效益得到了有效提高，去年新注册的船舶吨位总数增加了 8 万多吨，航道规费征收达到 1896 万元，比 2004 年增长了

34.3%。

## 四、统筹部署，谋划东莞水运发展新蓝图

尽管东莞市在港航建设方面取得了一定的成绩，但是与先进地区相比，仍然存在不少差距。如：港航基础设施仍然不足，水运企业规模化、集约化程度低，水运的比较优势尚未充分发挥。下一阶段，将进一步贯彻省委、省政府"建设大交通、促进大发展"的部署，抓好"五个结合"，加快推进水路交通现代化。

一是加快水运发展与完善综合运输体系相结合。将着力于构建综合交通体系，统筹规划公路、水路、铁路等各种运输方式的内外衔接。"十一五"期间，计划投入460亿元实施28项综合交通工程，其中港航工程11项，投资80多亿元。通过加大投入，加快水运基础设施、运输装备和支持保障系统建设，处理好综合运输大通道、综合性交通枢纽与水运通道、港口枢纽的关系，逐步加大水路交通在综合运输体系中的比重。

二是加快港航建设与水运结构调整相结合。加快水运企业的结构调整，引导并培育组建企业集团，促进水运的集约化、规模化和规范化经营。调整运力结构，加快船型标准化工作，发展新型的集装箱运输船舶，推进船舶向大型化、专业化发展。积极发展内河航运和海洋运输，拓展港口货运航线网络，开辟集装箱国际班轮航线，发展近洋中转运输航线，壮大沿海集装箱、油气化工运输业，提升港口运输吞吐量。发展港澳快速客轮运输，逐步开发水上旅游运输线路。

三是加快港口建设与发展沿海产业带相结合。把虎门港作为推进产业结构调整和升级的龙头之一，以虎门港为依托规划建设沿海产业带，将虎门港自北向南规划建设为五大产业区：麻涌粮油仓储和食品加工区、立沙岛石化仓储加工和临港工业区、西大坦商贸主港区、威远岛休闲旅游度假区、长安－沙角深水泊位及临港工业区。大力发展临港工业和物流业，以此推动工业结构的适度重型化，发挥港口的产业集聚效应，改善外贸出口运输格局，增强城市综合竞争力。

四是加快内河航道建设与水利防洪等水资源综合利用相结合。航道建设应定位于水资源的综合开发利用。这几年，东莞把航道建设与水利防洪、城市景观规划相结合，先后投入资金约17亿元，疏浚河道30多公里，整治航道40多公里，加固江堤130公里，海堤120公里，沿东莞水道修建路堤结合的东江大道，搞东莞水道一河两岸的护岸建设，取得了一定的成效。今后，将进一步加强与相关部门的协调，争取市政府加大这方面的综合统筹建设，合理开发、利用水资源。

五是推动水运发展与促进区域经济合作相结合。东莞处于珠三角的重要地理位置，有优越的内河和出海航道，发展水运要以整个珠三角区域的水运发展为依托，加强区域间的协调与衔接，使水运成为促进区域经济合作、协调区域间港口合作、紧密连接“泛珠三角”和港澳地区的重要通道。

# 积极推进农村客运　实现惠民交通

惠州市交通局

近年来，惠州市农村客运发展迅速，农村客运站（候车亭）建设突飞猛进。全市1041个行政村中，已通客车的达到923个，现有农村客运班线90条737辆客车，班车通达率88.66%。全市建设完成13个乡镇农村客运站，679个候车亭，按计划2009年底将完成其余417个候车亭和458个招呼站的建设。

## 一、领导高度重视，明确思路，科学规划布局

一是惠州市交通局历届领导班子十分重视农村客运工作，明确提出了惠州市农村客运发展的总体思路和目标：以农村客运管理区域化、运营公司化、服务人性化为目标，以县（区）为重点，明确职责，狠抓落实，构建安全、优质、便捷的农村客运体系。一方面为加强领导，市交通局专门成立农村客运路、站、运一体化协调工作小组，加快推进惠州市农村客运业发展。另一方面，考虑到农村客运班线主要是县（区）内的班线，相应的许可权限和管理职责均在县级交通管理部门，因此，惠州市统一各县（区）交通部门思想，明确并要求其承担起发展农村客运的主要职责，重点做好辖区农村客运规划建设、市场培育、发展线路及市场监管工作。

二是早在2004年惠州市交通局委托湖南长沙交通运输学院修编《惠州

道路运输发展纲要》、《惠州市道路客运发展规划》及《惠州市公路客货运输站场总体布局规划》等道路运输发展规划时，就对惠州市当时农村客运发展状况进行调查、分析和诊断，并着重对农村客运发展规模、线网布局、站场（候车亭）建设等进行了规划，确立构建以乡镇农村客运站场和县（区）主枢纽站场为节点，合理布局农村客运班线，逐步形成以一般干线与县乡公路为依托，以班车客运为主导，以短途客运为主营方式的县到镇和镇到行政村两级农村客运网络体系。

三是积极争取上级支持，部门协调，县（区）配合的齐抓共管的农村客运良好发展局面。在2004年修订相关农村客运发展规划时，取得市政府的100万元拨款；2008年石油价格改革财政补贴属市级政府分担部分的近200万元也及时足额拨付。惠州市委、市政府确定2008年为惠州交通建设年，其中农村客运工作是重点之一。同时，我们每年均主动邀请人大代表、政协委员进行考察、座谈，听取他们对农村客运发展工作的意见和建设，自觉接受监督。

## 二、立足现状，创新发展

一是立足现有经营企业，鼓励客运企业实行片区化专营。对目前正在运营的企业有能力有兴趣参与农村客运的，原则上不再发展和引入新的经营企业；对通过增加运力延伸现有客运线路可以覆盖的区域，原则上不再投放新运力。如龙门县全县农村客运由两家企业承担；惠阳区新圩镇、博罗县园洲等镇内农村客运线路均由一个企业经营。2008年新增的25条农村客运线路中，通过增加运力延伸方式开通有20条，新投放线路只占5条。通过以旧带新、肥瘦搭配，全市初步形成一个片区或一条线路一个公司经营的模式，农村客运企业通过基本保本经营稳步发展。

二是推行灵活多样的农村客运经营新模式，实现服务人性化。允许循环运行、预约发班、设置临时发车点等灵活的运营方式，提高企业经营自主权，提高农村客运班车的利用效率和经济效益，减少经营风险，真正实现农村客运开得通、留得住。如惠东粤惠运输有限公司、惠州市金达运输有限公司为方便农民出行，专门走访相关村委，因地制宜制订定时定点和循环对开排班发车计划，既节约资源、减轻负担，又满足群众出行，深受当地老百姓欢迎。

三是稳步推进农村客运“公交化”。对经营范围城乡一体化程度较高、客源较多的农村客运班线，我们适时引导经营企业走“公交化”路子，实现经济效益和社会效益双丰收。全市已有13个乡镇（近郊街道办）完全实现镇内农村客运公交化，共有16条农村客运线路和263辆客车。

## 三、争取补贴，解决困难，不断推进农村客运协调可持续发展

### （一）惠州市在落实农村客运优惠政策方面做了大量工作

一是严格执行农村客运车辆客运附加费减免政策，2006年以来减少企业负担约4000万元。二是对全市农村客运车辆落实石油价格改革财政补贴政策，2007年以来，省市财政分别下达补贴2178万元和185万元，共3363万元。三是积极争取省交通厅的农村客运建设补助资金，近3年来，全市共争取省交通厅的补助资金1297万元。相关补助资金的落实到位，有力地支持了惠州市农村客运建设和发展。

### （二）强化农村客运市场的监管力度，营造良好经营环境，不断提高农村客运服务水平和服务质量

一是着重整顿和打击农村客运市场中无牌无证和货车载客等非法经营行为。二是按“三把关，一监督”要求，强化了源头管理。由中心交管所落实对农村客运站场和经营企业的安全生产进行日常监管，确保了安全生产不放松，实现全市农村客运的良好局面，近年来没发生重特大交通事故。三是加强企业管理，引导企业树立以人为本、以客为尊的经营服务理念，规范农村客运经营行为。对农村客运线路实行了“五统一”，即统一车型、统一外观、统一标识，司乘人员统一着装、持证上岗，统一调度排班。广大农村客运司乘人员在工作中热情、有礼，安全、文明行车，优质的农村客运服务深受群众的好评。

# 实践科学发展观　积极创新体制机制<br>努力做大做强企业

广东省航运集团有限公司

## 一、组建十年，主业突显，成绩斐然

广东省航运集团有限公司于1997年1月18日组建。经过十年的改革发展，集团已渡过国企改革阵痛期，解决了生存和稳定的问题，夯实了进一步发展的基础，成为了总体资产优良、主业突出、盈利能力较强、有相当竞争力的全省内航运龙头企业，走上了由传统航运企业转向现代航运企业的发展轨道。

2000—2007年，航运集团国有资本保值增值率分别为103.62%、109.2%、108%、109%、109.22%、109.02%、106.46%、107%，均处于同行业的大型企业较高水平。2007年集团克服了汇率变动、利率上升、油价高企、成本上升等困难，不断开拓创新，取得了较好的经营业绩。全年集装箱承运量、港口散货吞吐量、港口集装箱吞吐量、客运量等四项指标创历史新高。全年实现利润总额3.5亿元，净利润2.34亿元，超额完成国资委下达的净利润1.9亿元的经营目标，净资产收益率10%。

2002年、2006年集团连续被省政府认定为广东省现代物流龙头企业；连续几年被评为“全国交通百强企业”、“广东省百强企业”；2006年被评为全国第四家以航运业务为核心的5A级综合服务型物流企业、“2006年度中国最具竞争力物流企业50强”等，在粤港澳地区有较高的知名度和影响力。2005年5月，省委副书记、省长黄华华到集团公司考察调研，给予充分肯定：“经营有方，管理有序，改革稳妥，成效良好”。

## 二、主要做法和工作体会

### （一）坚持深化企业改革，努力推进体制机制创新，使企业形成新的活力

集团认真贯彻中央和省关于国企改革抓大放小、减员增效、劣势企业退出市场、主辅分离等一系列方针政策，抓得早、抓得紧，比较稳妥地推进了各项改革。通过积极创新体制机制，抓好劣势企业退出工作，分离企业办社会职能，放下历史包袱，轻装前进，适应了市场经济发展的形势，产生新的活力。

### （二）坚持解放思想，紧紧追随市场，围绕主业积极开拓，使企业赢得了新的发展空间

面对竞争更加激烈的形势，抢抓机遇，坚持巩固主业、发展主业、突出主业，抓到了市场，抓出了效益。

**1. 重点发展集装箱运输业务**

集团继续依托香港航运中心的地位，重点发展集装箱支线运输业务，并与一些国际知名班轮公司合作，开展集装箱的国际中转业务。目前经营27条粤港定期班航线。

**2. 调整发展高速客运和旅游客运业务**

面对陆路客运高速发展对水上客运的冲击，及时调整发展战略。一是采取有退有进的策略，对省内部分缺乏竞争力的客运航线和客运口岸退出经营或采取挂港的经营模式，对具有发展前景的部分客运枢纽港口实施了控股。二是创新发展业务模式，并积极开拓有发展潜力的新项目。2004年，与香港信德集团在香港国际机场合作经营的世界首创的海空联运客运海天码头顺利投产，几年来客运量增长迅速，2007年客运量达到200万，

取得了良好经济效应。不断开拓港澳高速客运航线,金珠港澳航线已于 2007 年 11 月 30 日正式开通运作,在港澳两地取得了良好的社会效应。三是积极发展水上旅游项目,在广州地区率先开拓了“珠江夜游”新业务。2007 年接待游客约 29.36 万人次,属下的“海豚”品牌成为珠江夜游的知名品牌。

**3. 开辟发展专业化的油品和化工品运输业务**

集团积极开辟国际棕榈油、化学品运输市场,成功地组建为国际近洋散化船队。2005 年,集团的散化运输船队取得了全国仅有 5 家、省内唯一的化学品船舶的安全符合证明(DOC)和安全管理证书(SMC),同年集团投资 2 亿多元购置的两艘万吨油轮投入营运,为集团进一步发展近洋专业化油品和化工品运输业务打下了基础。

**4. 继续发展内河运输市场,不断优化更新老旧运力**

2006 年,新建成两艘 2000 吨级内河集装箱船投产,另四艘 1600 吨级的集装箱船将陆续建成投产。同时,航运集团对老旧的运力规模进行优化、调整重组,投入 4000 千多万元新造 12 艘 1700 载重吨内河散杂货船舶,努力巩固、拓展内河散杂货运输业务。

(三)坚持推进企业向现代物流业转型,有效构建了企业发展新平台

集团认真落实省委省政府关于大力发展现代流通业的战略部署,提出“以信息化带动物流化,以集团化整合物流化”的“三化”发展战略,制订了现代物流发展规划、信息化建设规划,并认真组织实施,推动集团加快从传统的航运企业向现代物流企业转型。

**1. 加大对港口码头和物流基地的投资建设,增强了航运物流网络功能**

陆续增持或收购了省内清远港、莲花山港、鹤山港、高明港、三埠港和高要港等港口的部分或全部股权,对集团在香港全资拥有的货运码头进行了物流化改造,投标经营香港政府公共装卸区 18 个泊位并获得香港国际机场海天货运码头的专营权,在省内设立了 28 个货运分公司或代表处,在新加坡设立了分支机构,构建了一个境内外相互支持,以航运物流业务为支撑,

覆盖粤港澳地区,并向世界各地辐射的物流服务网络。

**2. 加快信息化建设,增强了企业的竞争优势**

按照“统筹规划,分工建设,效益驱动,资源共享”的原则,确定了建设综合管理信息平台和电子商务平台的两大任务,取得了明显的进展,达到了“提高服务素质、提高工作效率、提高管理水平、提高经济效益”的目的。

(四)坚持生产经营和资本运作并举,使企业发展形成了新功能

目前集团已经打造了一个较为成功的融资平台,并已基本完成对货运板块业务的整合,培养了一批熟悉资本市场、具有资本运作经验的人才,并与资本市场各方参与者建立了合作关系,为今后的资本运作奠定了良好的基础。2007年5月,集团属下珠江发展公司以“先旧后新”的方式配售1.5亿股份,集资3.14亿港元,珠江集团的持股量摊薄至62.5%。通过资本运作,不仅为公司发展筹集了新资金,改善了公司股权结构,实现了国有资产增值,而且为公司下一轮资本运作积累了经验和资源。

(五)坚持强化内部管理,依法经营,规范运作,使企业安全生产和经营效益形成了新保障

集团一直坚持依法经营,规范运作,从严治企,不断提高经营管理能力。一是建立健全法人治理结构,健全了集团的决策程序和议事规则,凡属“三重一大”的问题都能按照集体决策、民主决策的原则研究决议。二是加强制度建设,规范运作。按战略管理、资产管理、财务资金管理、成本管理、质量管理和安全管理等要求,制订了一系列规章制度,并汇编成册,坚持做到按制度办事,按程序操作。三是进一步加强资金管理和财务监控力度。完善了财务和监督办法,加强了监管,并成立了预算委员会,积极推进经营预算管理工作。四是重视加强质量管理,积极实施品牌战略。集团本部和下属有七家公司获得ISO9001:2000国际质量管理证书。五是抓好安全生产,全面推行国际安全管理信息系统(ISM)、国内船舶安全营运和防止污染管理规则(NSM)和安全管理新机制等安全管理体系,加强全方位的安全管理,连续八年实现了安全生产管理和治安综合治理工作达标。

### （六）坚持加强党建工作，推进企业文化建设，使企业发展形成了团结和谐的新氛围

一是加强领导班子建设，不断完善法人治理结构。坚持团结干事、干净干事的一贯工作作风，积极开展“四好”领导班子创建活动。二是加强基层党组织建设。制订了《广东省航运集团关于加强和改进企业党建工作意见》，《广东省航运集团党建工作基本制度》，进一步探索党建工作的新方法新途径，加强了对联营公司党员的规范管理，充分发挥党组织和党员在基层的战斗堡垒和先锋模范作用。三是重视引进人才和改善结构，加强人才队伍的培养。以提高能力为核心，抓好经营管理人才、国际化经营人才（外派人员）、专业技术人才和高技能人才等四支队伍建设。四是大力倡导以“共同创造财富、共同创造未来”为核心价值观的有特色有气派的企业文化，推动和谐企业建设。

# 闪光的铺路石

张路仰

李远存，江门市新会公路局环城养护中心管理员，从1974年当上公路养护工开始，他一干就是33年。李远存说，他只想做一块普通的铺路石，但认识李远存的人都说，他是一块闪光的铺路石。

## 一、33年如一日坚守公路养护

新会公路局环城养护中心负责管理养护省道十水线江会公路以及南环公路，养护里程16.17公里。这些公路都是6车道一级水泥混凝土公路，昼夜车流量达70000多车次，又是新会出入口的重要交通要道，路面宽、流量高，管养难度大。

33年来，李远存风里来、雨里去，每天工作在公路上，负责清扫公路，清理沙井，修补公路，保持公路的畅通。一年365天，有百分之九十以上的时间都从早到晚在公路上露天作业，早出晚归。李远存爱岗敬业，积极工作，为公路事业献出了青春年华，经过多年的锤炼，这颗"铺路石"现已闪闪发光，熠熠生辉。2002年，他被评为江门市劳动模范，2005年荣获广东省五一劳动奖章，2006年荣获全国五一劳动奖章。今年5月被选为中共广东省第十次代表大会代表和中共第十七次代表大会代表。

33年坚守公路养护岗位，对于这种坚持，李远存只是轻描淡写跟我们打了个比方:农民不种田,我们就没有饭吃;如果没有人养护公路,车就没有好路走。

## 二、一马当先抢着做最脏最累活

李远存曾担任过环城道班班长,公路养护进行体制改革后,道班实行分段承包,责任到人,他不但负责管理全班工作,个人也要承包一路段。李远存觉得,凡是要求别人做到的,自己一定要先带头做好。他不是坐在值班办公室,而是走出去,深入到各养路责任段,同全班养护工人打成一片,并坚持大雨出勤巡路,做好路面排水,中小雨照常工作,保障公路安全畅通。职工们感慨地说:"李远存不仅是一位出色的指挥员,也是一位优秀的战斗员。"

当有职工因事因病不能按时完成责任路段生产任务时,李远存便会主动给予帮助,使全班管养的公路保持干净清洁和安全畅通。有一位同事因摔伤了脚不能依时清扫责任路段,他就利用晚上的时间主动帮助他清扫。前年在迎接国家卫生城市检查期间,李远存和同事们冒着暴雨正紧张地在南环公路清水沟排洪水,而他居住在台山市的母亲突然患病住院,同事们都劝他回家照顾母亲,但他一直没有离开工作前线,一直到下班后才赶回台山探望母亲。

多年来,李远存在工作中一马当先;跳下污水沟清理,他冲在最前面;最累的补沥青工作,凌晨3点钟就要起床热炉,他抢着干。节假日里,他都安排别人先休假,自己坚守岗位,白天坚持路面作业,晚上还经常回道班加班加点整理各种资料,从不计较个人得失。

## 三、钻研实用有效的沥青灌缝技术

李远存虽然学历不高,但他肯钻研,勤思考,锐意创新。环城道班管养的省道十水线江会公路和古崖线南环公路都是双向6车道一级水泥混凝土公路,对于新水泥混凝土公路的养护,伸缩缝的养护是其中一项重要内容,按现在公路养护技术要求采用沥青灌缝填充,灌缝工艺质量的优劣,将直接影响路面的平整度以及使用寿命。此前都是采用人工操作灌缝,效率低且质量没有保证,很容易将沥青淋在路面上,人工操作在施工时要封闭半幅路面,妨碍正常行车,施工人员也不安全。在这种情况下,李远存设想:若能用机械代替,这些问题就可以解决了,因此,他建议研制灌缝机。在局领导的重视支持下,李远存很快就制造了一台沥青灌缝机,经多次在环城道班试验,效果很好,既节省材料又保证质量,工作效率提高5倍,这项改革也得到上级技术部门的肯定。

在李远存同志的带领下,这颗闪光的"铺路石"铺出了新会区闪光的"阳光路",其所在的环城道班养护中心近几年均被公路局评为先进集体。

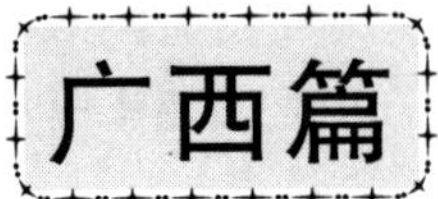

# 八桂交通的历史跨越

广西壮族自治区交通厅

广西交通的发展,与人们的生产生活紧密联系,更与广西经济社会的发展息息相关。60 年广西交通成长的足迹,激励着广大交通人满怀激情建设广西交通,抓住机遇,加快把广西建设成为连接多区域的国际大通道、交流大桥梁、合作大平台,推动广西交通又好又快发展,为建设富裕文明和谐新广西作出新的贡献。

## 一、交通固定资产投资完成情况

1949 年 12 月 11 日,广西全境解放。解放后,为迅速改变广西交通闭塞状况,国家不断增加广西交通建设投资,建设规模逐步扩大。1950—2008 年的 59 年间,固定资产投资累计完成 1482 亿元,平均每年完成 25.1 亿元。

### 1. 改革开放前

改革开放前(1950—1978 年),累计完成投资 7.44 亿元,仅占 1950—2008 年累计完成投资的 0.5%。其中:“一五”期间完成 3528 万元;“二五”期间完成 13488 万元;“三五”期间完成 18750 万元;“四五”期间完成 19263

万元。

2. 改革开放后

改革开放后(1979—2008 年),累计完成 1474.97 亿元,占 1950—2008 年累计完成投资的 99.5%,为改革开放前的 198.2 倍,平均每年完成 49.1 亿元。其中:“五五”期间完成 2.11 亿元;“六五”期间完成 3.86 亿元;“七五”期间完成 14.87 亿元;“八五”期间完成 77.06 亿元;“九五”期间完成 289.22 亿元;“十五”期间完成 500.81 亿元;“十一五”期间前 3 年完成 588.25亿元。

2004 年,广西完成交通固定资产投资首次突破 100 亿元,达到 133.6 亿元;2006 年突破 150 亿元,达到 154.18 亿元;2007 年突破 200 亿元,达到 203.88 亿元;2008 年达到 230.18 亿元。

1992 年,党中央确定把广西作为西南地区出海通道,为广西交通建设带来了前所未有的发展机遇。各级交通部门按照自治区党委和政府“建设大通道,服务大西南”的决策,始终紧紧抓住“通道”建设不放松,进一步加大投资力度,加快建设步伐。“八五”期至 2008 年,18 年累计完成固定资产投资 1455.35 亿元,占 1950—2008 年累计完成投资的 98.2%;占改革开放后累计完成投资的 98.6%,为改革开放前总投资的 195.57 倍,平均每年完成 80.85 亿元,是广西解放以来交通建设发展最快的时期。尤其是党的十六大以来的 6 年(2003—2008 年),累计完成投资 960.8 亿元,平均每年完成 160.1 亿元,成为广西交通发展史上投资规模最大、建设项目最多、发展速度最快、建设成就最显著的时期。

3. 基本建设投资完成情况

基本建设投资在整个固定资产投资中占有绝对优势。1950—2008 年,基本建设投资累计完成 1432.2 亿元,占全部固定资产投资的 96.6%,平均每年完成 24.2 亿元。改革开放前(1950—1978 年)29 年累计完成 7.44 亿元,仅占 1950—2008 年基本建设累计完成投资的 0.5%,平均每年完成 0.26 亿元;改革开放后(1979—2008 年)累计完成 1424.8 亿元,占 1950—2008 年基本建设累计完成投资的 99.48%,为改革开放前的 191 倍,平均每年完成 47.4 亿元。

4. 更新改造及其他投资完成情况

更新改造投资和其他固定资产投资有较大的增长。1980—2008 年，更新改造投资累计完成 45.8 亿元，占同期固定资产投资的 3.1%，平均每年完成 1.52 亿元；1979—2008 年，其他固定资产投资累计完成 4.26 亿元，占同期固定资产投资的 0.28%。

## 二、交通基础设施建设

1. 改革开放前的公路基础设施建设

长期以来，广西经济发展滞后，交通十分闭塞。民国时期，广西已建成公路 5539 公里，由于战争的破坏，到 1949 年广西解放前夕，实际通车里程只有 555 公里，公路交通基本处于瘫痪状态。1949 年 12 月 11 日，广西全境解放。1950 年 11 月梧州至信都公路动工，揭开了解放后广西新建公路的序幕。1952 年年底，广西公路里程达到 5067.6 公里。1957 年年底，广西公路里程达到 9634 公里。1958 年到 1960 年期间，新建公路 7456 公里，平均每年建成 2485 公里。但由于受到“左”的思想影响，盲目追求数量，导致一些新建公路工程质量低劣，有的甚至不能通车。1961—1962 年间，公路建设基本处于停顿状态，1963 年开始，对公路基础工作进行填平补齐，循序渐进，陆续复工修建原已停工缓建的工程。至 1965 年年底，广西公路里程达到 18181 公里。

1966—1976 年，尽管受到“文革”的冲击，公路建设事业仍得到较快发展。1978 年年底，广西公路总里程为 29773 公里，其中干线公路 10720 公里，县乡公路 18158 公里，专用公路 895 公里；沥青路面 4272 公里；桥梁 4508 座 118177 延米，其中永久式桥梁占 98.37%，基本上实现桥梁永久化。

2. 改革开放后的公路基础设施建设

1978 年 12 月党的十一届三中全会召开后，在“改革、开放、搞活”的总方针的指导下，广西公路交通工作进入开创新局面时期。对“文革”所造成的混乱局面，进行了一系列的拨乱反正和调整改革工作，把工作重点转到生产建设上来，使广西公路建设有了新的发展。1985 年年底，广西公路总里程达 32972 公里，其中干线公路 10897 公里，县乡公路 21196 公里，专用公路 879 公里。

1986 年以后，国家经济改革从农村转向城市，公路运输市场开放。1990 年底，广西公路总里程达 36214 公里，其中国道 4336 公里，省道 5076 公里，县乡公路 26107 公里，专用公路 695 公里。公路总里程中，一级公路 8 公里，二级公路 358 公里，三级公路 2031 公里，四级公路 17701 公里；高级、次高级路面 8461 公里；公路桥梁 5492 座 167032 延米。

1992 年，党中央确定把广西作为西南地区出海通道，为广西交通建设带来了前所未有的发展机遇，各级交通部门按照自治区党委和政府“建设大通道，服务大西南”的决策，始终紧紧抓住“通道”建设不放松，投资力度进一步加大，建设步伐不断加快。到 2008 年年底，全区公路总里程达到 99273 公里，其中等级公路 73052 公里、等外公路 26221 公里。等级公路中，高速公路 2181 公里、一级公路 819 公里、二级公路 8115 公里、三级公路 6312 公里、四级公路 55625 公里。二级以上公路突破 1 万公里，达到 11115 公里，占全区公路总里程的 11.19%，公路密度达到 41.9 公里/百平方公里。基本实现县县通二级公路、乡乡通油路，89.8% 的建制村通公路、44.43% 的建制村通油路。公路事业的发展，公路质量、技术等级的极大提高，为建设西南地区大通道和发展广西经济作出了新的贡献。随着交通建设步伐的不断加快，广西公路建设将再创新辉煌。

**3. 高等级公路发展概况**

广西的公路基础差，底子薄，高等级公路起步较晚。

1960 年 1 月—1963 年 12 月修建的南宁至吴圩机场二级公路全长 23.4 公里，是广西最早建成的二级公路。“文革”期间，又建成了南宁至里建、里建至武鸣全长 57.1 公里的二级公路，此后二级公路进展缓慢，截至 1979 年底仅有 83 公里。

为适应对外开放和发展经济的需要，广西公路部门对主要干线公路进行技术改造，先后将南宁市明秀至五塘、桂林至阳朔等公路改建成二级公路。1986 年动工兴建南宁至北海 204 公里二级公路，拉开了广西高等级公路建设的序幕，并于 1990 年 10 月 1 日建成通车。1990 年又动工兴建广西第二条远距离的高等级公路——南宁至梧州 400 公里二级公路。

1992 年，党中央提出要“充分发挥广西作为西南地区出海通道的作用”后，广西交通部门抓住机遇，围绕“建设大通道，服务大西南”的战略决策，积极筹资，以加快西南出海通道建设为重点，不断加大投资力度，狠抓交通基础设施建设。至 2000 年年底，相继建成南宁至梧州、南宁至百色、岑溪至广东罗定（广西段）、信都至源头、信都至灵峰、玉林至博白、马路圩至陆川、陆川至盘龙、南丹至天峨、大江口—乐民—石塘—灵山—陆屋—钦州、防城至东兴、钦州至三娘湾、荔浦至阳朔、阳朔至源头等二级公路，广西二级公路里程达 2628 公里；建成桂林至全州、玉林—容县—岑溪、玉林至石南、金城江至宜州等一级公路，广西一级公路里程达 442 公里。2001 年 12 月，随着连接贵州的六寨至水任二级公路的通车，西南公路出海通道工程广西境内路段实现全线贯通。从 1993 年 10 月开始，8 年间建成西南出海公路 749.41 公里，使西南出海公路运输实现了从南丹六寨经柳州、南宁到达广西沿海。其中，建成宜州至柳州、柳州至南宁、南宁至钦州、钦州至防城港、钦州至北海等高速公路 602 公里；建成六寨—水任—金城江二级公路 124.76 公里、金城江至宜州一级公路 66.73 公里。这条通道，连通广西 6 个中心城市、10 余个县市、沿海 3 大港口、3 个飞机场和 6 条铁路，成了贯通桂西北、桂中、桂南和直接通向西南内陆的大通道，为 2004 年 9 月西南公路出海通道全线通车奠定了基础。

2002 年 10 月，总投资 15.41 亿元、建设总里程达 2735.7 公里、对广西经济社会发展和睦邻富民兴边以及加强国防建设有深远影响意义的边境公路顺利建成通车。2005 年 8 月，总投资 14.5 亿元，建设总里程 1000 多公里的东兰、巴马、凤山革命老区基础设施大会战胜利结束，极大地改善了老区交通条件。2007 年年底，广西一级、二级公路里程分别达到 734 公里、7326 公里。

广西高速公路建设从 1993 年开始，至今已走过 15 个年头。15 年来，高速公路从无到有,发展到今天的1879公里,累计完成投资达460亿元人民币,平均每公里造价约2450万元,远低于全国及东部沿海省份的平均水平。1997年5月1日,广西第一条高速公路——桂林至柳州高速公路通车,结束了广西没有高速公路的历史。2000年8月19日,随着长35.6公里的桂海高速公路星岛湖至北海段正式通车,造价为126亿元人民币、全长652公里的桂海高速公路全线贯通,广西有了全国单线最长的高速公路。2003年8月,广西交通史上第一个以BOT模式(即建设-经营-移交)建设的六景至兴业高速公路正式通车。2003年广西高速公路里程达到1011公里,成为全国第一个高速公路里程突破1000公里的少数民族自治区、西部地区第三个高速公路通车里程突破1000公里的省区。2004年9月西南出海公路通道全线贯通。2005年12月建成我国连接东盟的第一条国际大通道——南宁至友谊关高速公路。2007年12月提前半年实现南宁(坛洛)至百色高速公路建成通车。

1998年广西高速公路通车总里程在全国各省区最高曾排名第6位,1999年、2000年两年均排名第7位,2001年、2002年分别排名第8和第13位,2005年排名第14位,2003年、2004年、2006年、2007年均排名第15位,2008年排名第13位。在西部12个省区市中,1997、1998年广西连续两年均排名第1位,1999—2002年连续4年均排名第2位,2003年、2004年、2008年均排名第3位,2005—2007年连续3年均排名第4位。

广西地处中国与东盟自由贸易区的中心位置,是华南经济圈和西南经济圈的结合部,是沟通中国与东盟的重要桥梁。随着中国—东盟自由贸易区进程的建立和泛珠江三角经济圈的构建,广西的区位优势和地缘优势日益彰显,尤其是从2004年起每年在广西南宁市举办中国与东盟博览会,从国家战略高度把广西推向全国对外开放的前沿,同时也把广西由西南出海通道提升为中国通往东盟最便捷的国际大通道。广西交通从“神经末梢”逐步成为连接中国与东盟的“国际枢纽”。

**4. 内河航道建设**

(1)主要航道。广西河流众多,水量充沛、水运资源丰富,行政区划航道里程6156公里。按流域、水系划分，广西河流主要可分为珠江流域西江水系，长江流域湘江水系，独立入海水系三大部分。

珠江流域西江水系是广西主要水系，河流贯穿广西大部分地区。西江、浔江、黔江、红水河、南盘江构成西江主干流，全长2206公里，其中广西境段长1233.5公里（含两省界河377公里），郁江、柳江、桂江、贺江、绣江是西江干流上的主要支流。

长江流域湘江水系，分布在广西东北部，较大的河流有湘江、资江、灌江3条。

独立入海水系的河流以南流江、钦江、茅岭江、防城河、大风江、北仑河等为主要河流。

广西主要内河航道有西江、浔江、黔江、郁江、柳江、桂江、红水河、融江、右江、左江10条，均属西江水系。

2008年年底，广西通航里程达到5591公里，其中等级航道3506公里、等外级航道2085公里。等级航道中，Ⅲ级航道573公里，Ⅳ级航道247公里，Ⅴ级航道107公里，Ⅵ级航道1837公里，Ⅶ级航道742公里。

（2）航道治理。建国近60年来，广西航运管理部门根据不同时期各航线运输的需要整治航道。主要整治的航线（河道）有南宁—梧州、柳州—桂平、梧州—桂林、南宁—百色、柳州—融安及红水河、左江、贺江航道。

红水河航线指蔗香双江口至石龙三江口河段。20世纪50年代末，曾投入360多万元，对全线滩险进行疏炸整治，使蔗香至都安红渡的航道尺度为1.5米×20米×180米，红渡至三江口航道尺度为1.7米×20米×180米。20世纪70年代初投资245万元整治了恶滩以下航道。20世纪70年代末，又重点整治了迁江至大湾河段，使都安红渡以下河段可常年通航120—250吨级的拖驳船队。20世纪80年代起，红水河航线以梯级开发为主。2001年开工建设西南水运出海通道中线起步工程（恶滩至石龙三江口河段175公里），2003年7月工程全部完工。

西江是一条仅次于长江的黄金水道。西江航运干线西起南宁，东达广州，全长854公里，是横贯两广的水上运输大动脉，水路上溯右江、柳江、红水河与云、贵相连，下达珠江三角洲直通深圳、珠海、港、澳；陆路与黔桂、湘桂、黎湛、枝柳、南防、南昆等铁路和多条公路干线纵横交汇，形成良好的水陆交通运输网，是资源丰富的大西南与经济发展较快的华南沿海地区的交通连接纽带和便捷的出海通道，是国家计划在2000年前重点建设的"两横一纵"水运主通道之一。1981年6月，国务院批准建设西江航运干线，通过渠化及整治工程措施，使南宁至广州854公里航道达到通行2×1000吨级船队的国家Ⅲ级航道。工程分两期实施。第一期工程于1985年开始动工，主要工程项目包括桂平航运枢纽、贵港猫儿山中转港和桂平至梧州航道整治三大部分，工程总投资42648万元人民币。第二期工程于1993年12月开始动工，主要工程项目包括贵港航运枢纽、库区防护工程以及贵港至西津、西津至南宁的航道整治和航标与通信工程等，工程总投资20.08亿元，其中利用世界银行贷款8000万美元，是我国内河航运建设首批利用世界银行贷款的项目。

1986年动工、1991年完工、共投资3亿元人民币的桂平航运枢纽工程，提高水位11米。结合库尾航道整治使贵港至桂平110公里河段从通航250吨级船舶提高到千吨级船舶。

1996年3月完成西江航运建设一期工程桂平至梧州段169公里的航道整治，1997年底完工的西江航运建设二期工程贵港至西津段104公里、2000年7月完工的西津至南宁段169公里的航道整治，共新增Ⅲ级航道442公里。

1993年动工、1998年1月船闸通航、工程动态总投资20.08亿元的贵港航运枢纽工程，使西江航运干线桂平、贵港、西津3个航运梯级相衔接，南宁至广州854公里全线实现Ⅲ级航道，可常年通航千吨级船舶。

那吉航运枢纽工程为郁江综合利用规划10个梯级的第4级，是国家重点工程，也是世界银行贷款项目、百色水利枢纽的反调节工程。该枢纽以航运为主，兼有发电、灌溉和其他效益的水资源综合利用工程，是广西继桂平、贵港航运枢纽工程之后又一个以电促航、航电结合的内河建设重点项目。工程主要包括1000吨级船闸和总装机容量6.6万千瓦水电站各一座，渠化航道 56 公里，整治Ⅳ航道总里程 372 公里。工程总概算为 11.8 亿元人民币，其中利用世界银行贷款 4500 万美元。工程于 2005 年 1 月动工，2007 年 10 月实现船闸试通航，同年 12 月实现第一台机组发电，第二、第三台机组分别于 2008 年 3 月、6 月正式并网发电。至 2009 年上半年工程已全面完成。

西江航运干线贵港至梧州航道工程 2006 年 3 月开工建设。西江径流量在全国内河中仅次于长江，素有"黄金水道"美誉。贵港至梧州航道属于西江航运干线的中下段，是广西最繁忙的航道，90% 的广西内河运量通过该段航道。航道全长 290.5 公里，起于贵港罗泊湾码头，止于梧州界首。整个工程包括航道整治、护岸工程、航运航标基础设施三大部分，按照Ⅱ级航道标准建设，设计航道尺度航深 3.5 米、航宽 80 米、曲度半径 550 米，计划工期 3 年。工程总概算为 5.95 亿元人民币，预计于 2009 年年底全部完成。工程建成后，结合西江广东段的航道建设，2000 吨级船舶将畅通无阻，从贵港通过梧州直航广东，连通港澳，缓解大西南与粤港澳之间公路铁路运输压力，大大降低运输成本。

**5. 内河及沿海港口建设**

解放前广西内河港口较落后，几乎都是自然斜坡式码头，装卸全靠肩挑人抬。解放近 60 年来，内河港口得到较快发展，先后建成了百色、南宁、柳州、梧州李家庄、富民、河西和贵港、武林、李家装码头二期工程、华润水泥（贵港）有限公司码头工程等一批千吨级和 500 吨级以上的港口码头。2008 年底，港口综合通过能力超过 13800 万吨。沿海也建成了防城港、北海、钦州三大港口，以及一批与之配套的中小港口群。特别是防城港市已建成生产性泊位 105 个，其中万吨级以上的泊位 21 个，年综合通过能力超过 4400 万吨，成为广西最大的一个海港。钦州港 1994 年建成投产两个万吨级起步码头，现在该港已建成了一批万吨级和千吨级码头泊位，其中万吨级以上的泊位 13 个，年综合通过能力超过 3500 万吨。北海市港口目前有生产性泊位 50 个，其中万吨级以上的泊位 6 个，综合通过能力超过 1200 万吨。2008 年，沿海港口和内河建设分别完成固定资产投资 26.6 亿元和

5.15亿元,沿海港口完成投资持续保持高位增幅。

2008 年全年新增港口泊位 17 个,新增吞吐能力 1542 万吨、5 万集装箱。其中新增万吨级以上泊位 6 个,全区万吨级以上泊位达到 40 个,港口综合通过能力达到 1.3 亿吨,其中沿海港口吞吐能力突破 8700 万吨,内河港口吞吐能力突破 4300 万吨,在朝着建设沿海亿吨大港和内河亿吨"黄金水道"的目标上迈出了坚实步伐。

**6.汽车运输站场建设**

广西汽车运输始于 1923 年,但发展极其缓慢,到 1948 年仅有客货汽车 1036 辆。新中国成立后,公路运输获得了新生。特别是改革开放以来,运输市场一片兴旺,人便于行,货畅其流,广西公路运输发生了巨大的变化。

(1)运力今非昔比。1950 年,广西只有汽车 1246 辆。其中,交通部门国有和集体 183 辆,非交通部门国有 17 辆、私人 1052 辆,载质量多为 2.5 ~ 3 吨,绝大多数已残旧破损。当时仅有的 17 辆客车,也是由一些外国车辆简易改装而成的。现在广西汽车的拥有量和质量已今非昔比,2008 年底,广西拥有民用汽车 98 万辆,其中客车 67.70 万辆、货车 24.47 万辆。运力结构已由单一车型向大、中、小型及高、中、低档型发展,结构进一步优化,布局更趋合理,基本满足市场的需要。

(2)人便于行 货畅其流。解放初,广西公路运输站点少而残破,20 世纪 50 至 60 年代建设也少。站点场地窄小,设施简陋,多为砖木结构的平房。改革开放以后,公路运输站点建设迅速兴起。1981—1985 年,广西公路站场建设进入一个新时期。新建汽车客运站 13 个,总面积 27279 平方米。这些新建成的车站造型较新,功能比较齐全。1986—1990 年,公路站场建设步伐加快。5 年共建成客、货运输站场 18 个,总面积 97220 平方米,这些站场规模大、设施好、功能较齐全,融吃、住、行等综合服务功能于一体。1991—1995 年,广西公路运输站场建设跃上了一个新台阶,5 年共新建和扩建站点 111 个,总建筑面积 310741 平方米,总投资 3.4 亿元。1996—2008 年公路运输站场建设投资力度不断加大,累计完成投资 23.02 亿元,新增客运站(含农村客运站)377 个,50.55 万平方米;新增货运站 40 个,13.4 万平方米。2008 年年底，全区公路运输站场达到 655 个，建筑面积达 93.4 万平方米。随着运输网点的覆盖面进一步扩大，群众的乘车条件和乘车环境得到较大的改善，人们的出行从“走得了”向“走得好”、“走得舒适”转变，货物的流通从“运得出”向“运得及时”、“运得经济”转变，真正实现了“人便于行、货畅其流”。

2007 年，交通运输部已将广西的南宁、柳州、桂林、梧州、北海、钦州、防城港、百色市等 8 个地级市和凭祥（友谊关）纳入国家公路运输枢纽布局规划，其中北（海）钦（州）防（城港）为组合枢纽。目前，公路运输枢纽总体规划正有计划地付诸实施。

## 三、交通先行　掀起交通建设新高潮

随着国家西部大开发战略深入实施，中国—东盟自由贸易区加快建设，大湄公河次区域合作、中越两国“两廊一圈”合作、泛北部湾经济合作加快推进，泛珠三角区域合作、西南地区经济协作不断深化，特别是广西北部湾经济区发展规划正式通过国家批准实施，广西交通建设迎来了黄金发展期，正面临前所未有的重大历史机遇。为抓住机遇，加快把广西建设成为连接多区域的国际大通道、交流大桥梁、合作大平台，全力推进交通事业又好又快发展，为建设富裕、文明、和谐新广西奠定现代化交通基础，为广西经济社会发展和对外开放提供良好的交通保障，自治区党委、政府 2008 年作出了掀起交通建设新高潮的重大决策部署，明确了今后 5 年和更长时期广西综合交通体系建设目标。计划 5 年内投入 4000 亿元以上资金，加快交通重大项目建设。2009 年全年公路水路交通固定资产投资增长 70% 以上，确保完成 400 亿元。全年计划开工高速公路 7 条，力争多开工 7 条，开工高速公路 500 公里以上；计划建成 4 条 200 公里以上的高速公路，年末高速公路通车里程达 2300 公里以上。计划开工路网项目 500 公里、建成 700 公里；开工农村公路 7200 公里以上；开工水运重大项目 11 个，力争多开工 4 个，完工 6 个，年底新增沿海万吨级泊位 9 个。同时，千方百计加快西江亿吨“黄金水道”和沿海亿吨港口群建设，增强区域经济发展和北部湾开放开发的支撑力。

可以预见，在不久的将来，一个“以南宁国际综合交通枢纽为中心，以海港、空港为龙头，以泛北部湾海上、南宁—新加坡陆路和南宁通往东盟国家航空三大通道为主轴，以广西通往广东、湖南、贵州和云南方向运输通道为主线的‘一枢纽两大港三通道四辐射’的出海国际大通道，以及各种运输方式布局合理、结构完善、便捷通畅、安全可靠的现代化综合交通体系”将呈现在人们的面前。

# 那村　那路　那人

隆安公路局　农青玉

离家很多年了,村前那条小路还是记忆犹新:十几里长的路程,3米余宽的路面,弯弯曲曲,穿过稻田,横越山坳,伸向山外。下雨的时候,行人车辆在泥泞坑洼中举步维艰的背影,酸楚地诉说着乡下生活环境的艰辛;烈日当空的时候,父老乡亲在滚滚尘土中挑着担子奔波,脸上的汗滴滚落时丝毫不见痕迹,我站在山头眺望远方那绵延的柏油公路,畅想着山外的平坦公路何时延伸至村前,村前的小路不再泥泞坑洼,不再尘土滚滚……

梦,一直伴随着我成长,也一直激励我发愤图强,为明天的新希望而艰难拼搏着。

多年后,我走出了大山,离开了家乡。花开花落,时过境迁,许多事随着时光流逝而变得模糊不清,可村前那条小路,一直在我的脑海里若隐若现。父老乡亲面容上爬满层层叠叠的皱纹,那里透出的沧桑与无奈和村里那几十户遥遥欲坠的土坯房子,一直深深地刺痛着我的心,令我心绪难宁以至默然无语。那一群传承着传统成长方式、在田边放黄牛在山里摘野果在草堆里捉迷藏的娃娃们,尚无生活之重负,却不知他们长大后,是否都会有个新的生活前程?

山外的公路愈来愈高级,沥青路、水泥路,二级公路、一级公路、高速公路,应有尽有,泥泞坑洼的路已很少再见,尘土滚滚的砂土路也已日渐消失,

“人在车中坐,车在画中行”的画面随处可见,触手可及。“乡乡通油路,村村通公路”的喜讯也频频传来,发达的公路网络正在为人们打开富裕生活之门,新农村建设依托交通的便利正在如火如荼地走向高潮。

社会不断发展变化,不知老家村前那条小路如今是否也变了样呢?一日,恰逢老家有事相邀,我决定动身回去一趟。

一路上,我一直保持高昂的兴致尽情观赏沿路的风景,与驾驶员畅谈着改革开放给公路交通带来的新变化,交通的飞速发展给老百姓带来的很多实惠,生活的今非昔比和人们思想文化的进步……当车子从县道拐进老家的方向时,我却不由地安静下来,感觉心底似有潮水隐隐流动着,细细想来,哦,原来,那一缕深藏于心底不易触及的乡情,轻轻地撩拨了我的心弦。于是,我童年的记忆瞬间便被激活,记忆中村前的那条小路也跃然眼前,变得清晰起来……生活中,总有一些岁月,一些经历,一些故事,是人的一生无法抹掉的,它犹如烙印,深深地刻在心底!

穿过稻田,穿越山坳,车子嘎然而止,转眼便到了村口。“到了?”我倍觉惊讶!我竟然没有感觉到当年一路的颠簸摇晃,一路的担惊受怕,一路的漫长煎熬!再回头,才发现我们脚下已是一段平坦的水泥路面,完全不见了当年的泥泞坑洼,滚滚尘土。路上的货运车、摩托车、农用车忙碌地穿行着。再放眼村民住处,映入眼帘的,亦是一栋栋拔地而起的两三层高的砖混结构楼房,那一排排的土坯房子不见了踪影,穿入房前屋后的小通道也是水泥铺筑的,排污沟也按标准砌起来……

“这些变化都是得益于大石山区大会战。政府把路修到了家门口,我们的生活条件因此改善了很多。”见我惊异的表情,叔伯们从家里迎出来笑呵呵地说道。我顿时释怀,也跟着父辈们开心起来,之前的忧虑一扫而光。一股绿野的清风扑鼻而来,很舒爽。

“少小离家老大回,乡音无改鬓毛衰。”见有陌生车辆进入村里,一群小孩围了过来,我却一个都不认识。他们也露出好奇的神色,有的还躲在父母的背后露出半个头看着我,我一声叫喊,却又急忙把头缩回去,那一刹那的天真触动了我在社会摸爬滚打变得有所麻木的心,不由在这帮孩子当中搜寻一个女孩的身影，却没有结果。经询问，父辈们又呵呵地笑我老糊涂，原来那小孩已长成大姑娘大学毕业了，现正在攻读研究生，怎么可能还那么小呢。此时我才幡然醒悟，原来我的思绪一直停留在当年。当年我离开家的时候，邻家有个七八岁的小女孩成绩非常优异，却因家庭贫困而几度面临失学。我走的时候，她正收拾院子里零散的稻穗，看着我背起行囊，流露出了无比羡慕的神情，说了一句本不是她这个年龄所应该有的话语："我所有的努力都变得徒劳——只因我生在了农村，我痛恨命运的不公！"这一句话让我带着满身的沉重离开了家，多年来我一直在感叹城乡差异带给许许多多小孩巨大的命运差别。

我不由自主地走进了邻居的家里。呈现在我面前的，是具有现代色彩的家具，当年一贫如洗的窘境已不见了踪影。一张女孩在大学校园门口拍的大照片挂在墙上非常引人注目。邻居伯母指着照片笑眯眯地说："这闺女可要强了，硬是边干活边把书读得每门功课都考100分，我真不忍心让她辍学啊。后来山区公路大会战修到了家门口，我们把丰收的农产品外销出山。有了钱，娃娃们终于得以继续读书，你看，如今都上大学了。"我再看照片，女孩的脸上透出着一种刚强坚毅的表情，早没有了当年感叹命运的悲观情绪。

返城的路上，我一路哼着歌儿，感到前所未有的轻松与惬意。

# “群虹”落邕江 最忆第一桥

广西路桥建设有限公司 何国成

南宁是一座亲水城市，蜿蜒曲折的邕江穿城而过，把城区分成南北两片，留下绵长的河岸线。近几年，随着“西建东扩”建设区域性国际大都市规划的实施，一座座跨江大桥像雨后长虹般飞落邕江。这些越江大桥造型各异，雄伟壮观，给南宁增添了一道道靓丽的风景线，凸显了城市发展的活力与生机。这当中，位居南宁市中心轴线的一座大桥，车水马龙，川流不息，与江畔的冬泳亭和绿树繁花交相辉映，相比其他大桥，壮观之外显得多了几分妖娆。这就是素有“南宁第一桥”之称并为南宁人所钟爱的邕江大桥。邕江大桥是南宁市最早建成的跨江公路大桥，故也称邕江一桥。它以南宁乃至广西跨江公路大桥的始创意义载入了广西公路史，更因其桥址选定于纪念毛主席冬泳邕江而建立的冬泳亭旁而成为具有历史纪念意义的经典桥梁建筑。

邕江大桥是广西壮族自治区成立后南宁市修建的首座跨江公路大桥，也是广西大江大河的首座公路大桥。在20世纪60年代初我国国民经济困难时期，邕江大桥历经兴建—停建—续建的曲折过程，前后历时4年才得以建成。“一桥飞架南北，天堑变通途。”邕江大桥的建成，结束了邕江千百年来无公路大桥的历史，使南北市区的人民第一次体验到了出行的方便快捷。

1958年12月广西壮族自治区成立时，南宁市还是以轮渡和舟楫运送过江的车辆行人，进入 20 世纪 60 年代，为了连接吴圩机场公路以及友谊关边防公路，国家决定兴建邕江大桥。当时，刚成立不久的新中国一穷二白，百废待兴，经济建设中的许多重点项目都由苏联援建，邕江大桥就是当时苏联援建的项目之一。苏联派出了专家指导确证桥址和设计施工，经过反复研究，最后确定大桥为钢筋混凝土箱型薄壁悬臂梁桥，选址于南宁市中心轴线位置的冬泳亭旁。大桥由广西交通设计院负责设计，施工由当时广西交通厅属下刚建立不久的公路专业施工队伍——公路工程队、桥梁工程队和筑路机械队（厂）以及柳铁第三工程队和国家建工部上海基础公司水工处共同负责，并于 1960 年 1 月破土动工。开工不久，由于苏联政府单方面撤走专家，中止援助我国的项目合同和物资，加之我国因遭遇连续三年自然灾害而造成严重经济困难，大桥工程于同年 11 月停建，在我国国民经济形势好转后，又于 1963 年 3 月复工。当时广西交通厅决定立足于厅内自己的力量，把大桥的续建任务交由属下刚组合完毕的广西公路工程大队独力承担。

广西公路工程大队是广西交通厅为加强管理和集中力量，便于恢复发展广西公路建设，由上述首次参加大桥施工的几个厅属小型施工队伍于 1961 年 10 月合并而成的公路专业施工队伍，这支队伍就是当今广西路桥建设的主力军——广西路桥总公司和广西路桥建设有限公司的前身。而在当时，该工程大队还十分稚嫩和弱小，其机械装备仅有十多辆解放牌汽车、数台推土机、一辆吊车和少量拌和机、卷扬机和车床等，技术力量薄弱，施工经验也很欠缺，此前只修建过小董桥、濑江桥、丹竹江桥和田洲桥 4 座小桥，因此修造邕江大桥这样大型的跨江大桥，面临着巨大的压力和挑战。

施工开始后，由于广西公路工程大队同时还承担石武路等其他工程任务，所以投放在大桥工地的机械设备非常之少，仅有几辆汽车、一辆吊车和少量拌和机、抽水机、手摇卷绞机等简陋机具，以及手推铁斗车、锄铲、泥箕、扁担之类的原始工具，这就决定了邕江大桥的建设要通过艰难沉重的劳动才能完成（竣工累计使用劳动力约 60 万个工日）。

大桥南北两个桥台采取人工挖基，由手锄肩挑开挖和清运土方，然后用浆砌片石筑成桥台。6 个桥墩水下结构为大型沉井基础，其中 1、2、3、4、6

号墩采取筑岛预制沉井,5 号深水墩先在南岸原南宁造船厂预制沉井,之后用轨道滑动下水,运至江上就位。上构浇筑时,由于没有现成的吊装设备,技术人员和工人师傅对南宁机械厂提供的万能杆件进行技术改造,制成能用作浇灌支架的“土设备”。大桥施工实行 4 班人马 3 班倒,昼夜不停,连续作业。当时我国刚度过 3 年经济困难时期,物资匮乏,生活艰窘,各种生活必需品实行票制限量供应,每人凭票供应粮食、猪肉、豆腐和棉布等。野外施工作业粮食定量较高,米饭稍可吃饱,但加一次菜则是极大的奢望。头戴柳条安全帽或草帽,身穿粗布衣服,每天简单进食后就投入紧张繁重的劳动,夏天炎阳烘烤,冬天寒风刺骨,大桥建设者就是在这样艰苦困难的条件下,凭借自力更生、吃苦耐劳的精神和坚韧不拔的意志,成功建造了南宁市首座跨江公路大桥,用热血和汗水谱写出广西建桥史的壮丽篇章。

邕江大桥于 1964 年 7 月 15 日竣工通车,全桥长 394.6 米,其跨度在当时居全国同类桥梁之首,至今仍居全国第一。建成后的邕江大桥成为连接南宁南北市区的必经之途,对南宁市的经济社会发展和国家边防建设起到了不可估量的作用,是南宁市一个时代的标志性成就。邕江大桥通车至今已有 44 年,虽然历经几十年风雨和运行重压,其桥身依然结实硬朗,不显老态。它经受过 1968 年百年不遇的汹涌洪水漫过桥面的特大冲击而岿然不动,立于江中,令全市人民无不为之称叹。

自邕江大桥之后,南宁市长时间未能再建新桥。改革开放揭开了南宁市桥梁建设新的一页。在计划经济向市场经济过渡的 1988—1996 年,中兴大桥(曾称邕江二桥)、白沙大桥(曾称邕江三桥)和蒲庙大桥先后建成通车(上述 3 座大桥均由当年广西公路工程大队的演变单位承建)。之后,随着改革开放的深入,南宁市又加大投入加快桥梁建设,清川大桥、永和大桥等一座座越江大桥横空出世,至今已建造 12 座大桥,使不断扩展的南宁市区构成了四通八达、便捷快速的立体交通网络。

这几年,南宁市经济社会持续高速发展,已初步建成一个现代化的、功能齐全的大都市。登上清秀山顶举目远望,一幅绚丽多姿的南宁市全景图映入眼帘,全景图中 12 座跨江公路大桥以优美的造型、磅礴的气势从不同的河段飞架邕江两岸，在阳光的照射下闪耀着虹一般的光彩。桥虹辉映，盛世华章。南宁市桥梁建设的巨大跨越，反映了城市建设的飞速发展，折射出广西成立50年以来、尤其改革开放30年以来首府南宁翻天覆地的变化。而邕江大桥以其独有的最长“桥龄”见证了南宁的昨天和今天，也将继续见证南宁更加美好、更加壮阔的明天。

值得一提的是，当年建造邕江大桥的广西公路工程大队，伴随广西50年前进的脚步，投身改革开放大潮，经过几代人的努力奋斗，至今也已发展成为广西最大的现代化路桥施工企业——广西路桥总公司和广西路桥建设有限公司。广西路桥人以建造邕江大桥为起点，几十年来在祖国大地留下了无数辛勤劳动和智慧的结晶，至2006年，在区内外累计建成了近260座桥梁，其骄人业绩与日月同辉，与江河共存。如今，他们正在励精图治，团结奋进，大踏步地追赶时代发展的潮流，在架桥铺路、为民造福的征途上不断开拓新的前程。

# 大山深处的铺路石

黄旭胡

一条蜿蜒盘旋的山区公路静静地向远方延伸，平整的路面，整洁的路肩，标准的水沟，整齐的路树，南来北往的车辆川流不息。疾驰而过的路人没人想到，在这精致的山区公路风景背后，有一位普通的养护工人，30多年如一日风里来雨里去，精心呵护着这道美丽宜人的山区公路风景线。他，就是获得2007年"全国五一劳动奖章"的广西昭平公路局昭平养护站养护工人林仕东。

## 一、爱洒黄连 创造神话

34年前，从修建昭平车(田)文(潭)公路开始，林仕东就开始与山区公路结下了不解之缘。

1990年，36岁林仕东远离家乡和亲人，出任昭平公路局黄连养护站站长。

有人说，黄连养护站的工作比黄连还苦！这话不假。黄连养护站地处深山环绕之中的昭平车(田)文(潭)公路边上，该站所养护的地段路况质量差。全站管养的10公里砂土山路，只有1公里良等路，却有4公里的差等路！

初生牛犊不怕虎。林仕东赴任前立下誓言："不把黄连养护站建设好，就一辈子扎在那里。”为了践行这句话，他默默地付出了 10 年的心血。

虽然年轻，但已在公路养护战线上奋斗了 10 多年的林仕东，却积攒了比较丰富的养护技术和经验。到黄连站后，他首先把消灭差等路、开挖标准水沟和加强路面养护作为工作重点来抓。随后，他烧出了上任第一把火——科学调整、统筹安排工作：春夏雨水多，重点放在整治路肩积土和清理水沟淤泥、杂草的工作上，同时按要求开挖标准水沟；秋冬季节是施工旺季，重点加强采备路料工作和修复水毁损坏的路面。仅前 3 年，在他的带领下，黄连站共完成采备碎石 7461 立方米，片石 829 立方米，清除路肩积土 3300 立方米，清理开挖标准水沟 10 公里，处理翻浆路段 8000 平方米，疏通、修复涵洞 35 座/次，新挖排水沟 1000 余米，为改变黄连站所有路况打响了第一炮，当年便首次消灭了黄连岭差等路的历史。

随后的漫长日子里，林仕东不仅为黄连站建设付出了汗水，更付出了常人无法理解的心血！翻查历年原始记录表可以看出，他每年出勤都在 300 天以上。1998 年夏，昭平发生数十年不遇的特大水灾，该站管养的 10 公里路段中就出现了 30 多处边坡塌方，交通被中断。为抢修公路，林仕东和全站职工一起放弃了周末、节假日，争分夺秒抢修，每天工作达 12 个小时以上，抢修 3 个月他没休过一天，没回过一次家。“那段时间他像着魔一样，根本不顾家！”说起当年，林仕东家人至今仍耿耿于怀。

天道酬勤。到 1997 年底，该站路况全面提高，好路率从当初的 10% 上升到 90%，一下跻身到昭平公路局 20 多个养护站的前列。从 1996 年开始，黄连养护站也成为昭平公路局文明建设检查免检单位，原梧州地区公路管理局也向全地区公路系统发出了“普通站学黄连、砂土路学黄连”的口号，“黄连精神”因此而诞生。

## 二、情注走马 打造第一

1999 年秋，林仕东告别了凝聚他 10 年汗水和辛劳的黄连养护站，调到走马养护站任站长，承担更艰巨的任务：整治过境路，消灭绿化空白路段，把走马养护站建设成双文明养护站。

走马养护站管养的走马乡驻地到裕路大桥段,不时出现路边村民侵占公路种菜、种瓜果,甚至把一些生活垃圾、建筑垃圾等随处倒在公路边的现象,导致这段2公里多的过境公路集脏、乱、差为一体,严重影响了昭平公路形象。为了彻底扭转这种局面,他带领职工加班加点对垃圾一而再、再而三地进行清理,同时还走家串户做了大量的宣传工作,循循善诱讲明利害关系,教育引导附近居民讲究卫生、爱护公路,最终得到了群众的理解和支持。同时,他带领职工争分夺秒补种空白路树4000多株,使管养路段呈现出绿、洁、畅、美的新景象。现任走马养护站站长王朝明无不自豪地告诉笔者:"现在公路边10多米高的速生桉树,就是林仕东任站长时带领我们种下的!"

在林仕东的带领和努力下,走马养护站管养路段当年就成为全县文明示范路,养护站也成为名副其实的双文明养护站。从1999—2003年,走马养护站连续被昭平公路局和原梧州公路局评为先进养护站,被誉为"昭平第一站"。1999年,该站不仅被县、地局评为先进集体,还被广西总工会评为"模范职工小家",林仕东也荣获"自治区劳动模范"称号。

2004年,林仕东接受组织的调遣,回到了昭平养护站。由于多年积劳成疾,他落下了关节炎、腰椎病和高血压等疾病,不再担任站长职务。

在别人眼中,这时的林仕东带着一身的花环和荣耀,年纪又大,完全可以不那么"卖命"了,可林仕东并没有让自己轻松下来。昭平养护站8个职工中有4个是女职工,除了开车,从打碎石、装料、运料到摊铺路面等重活、脏活总少不了他。他还积极协助站长谢运娇做好每月的生产计划,加强职工内业管理,坚持卫生值日制度,保证站内站外的干净卫生。已在公路养护一线工作20多年的谢运娇用"认真、负责、吃苦、助人"8个字评价林仕东。

在多年的站长任期中,林仕东把关心职工、乐于助人当成自己义不容辞的责任。在1998年和2005年昭平遭遇特大洪水期间,林仕东不顾自家受灾损失,分别捐款500元和800元,支援受灾群众重建家园。在黄连站任站长期间,他还主动帮助邱宗先等职工渡过经济难关。"没有林仕东的大力帮助,2002年我母亲急病住院就被拖延了!"走马养护站的黄国发感慨万千。

林仕东历任站长期间，在带领职工出色完成生产任务的同时，主动联系承包了黄连林场 12 公里的林区公路养护工作，与林场联营开发竹苗基地，同时承接林场枝材运输和部分社会运输工作，每年使职工人均增收 5000 元以上，足足多了一份工资！当时的梧州公路局对该站"养好路子、创下面子、挣得票子"的做法给予充分肯定，并特别给予业外创收大奖 10000 元！到走马养护站后，他开发了 1000 多平方米的鱼塘，此项收入达一万多元，不但结束了走马养护站没有业外创收的历史，职工的收入增加近一半，进一步激发了职工养路护路的热情。

在林仕东的感召下，无论是在黄连养护站、走马养护站还是昭平养护站，近年来职工们都团结协作，共同奋战，艰苦创业，把各站的辉煌成绩发扬光大。昭平养护站 18 公里的养护路段好路率保持 100%，从 2004 年至今一直被昭平公路局和桂东公路管理局评为"先进单位"；走马养护站、黄连养护站连年被评为"先进养护站"，站长被评为"优秀站长"，继续成为闪耀在昭平山区公路线上的鲜艳旗帜。深深被林仕东人格魅力和工作能力折服的凤立养护站职工徐明伟告诉笔者："如果林仕东还做站长，无论到哪个站，一直到他退休我都愿意跟着他做！"

如今，53 岁的林仕东仍然奋战在公路养护一线，为山区公路事业默默地挥洒着汗水和心血！

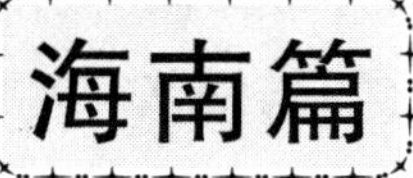

# 天涯不再遥远

海南省交通运输厅

新中国成立60年来，尤其是海南建省办经济特区后，在省委省、政府直接领导和交通运输部的大力支持下，省交通运输厅始终高举中国特色社会主义的伟大旗帜，坚持以邓小平理论、“三个代表”重要思想为指导，全面贯彻落实科学发展观，紧紧围绕省委省政府提出的“一省两地”战略目标和交通运输部提出的“三个服务”理念，解放思想、转变观念、敢闯敢干、锐意创新，交通运输生产持续快速增长，应急保障能力大幅度提升，为海南经济社会发展提供了重要基础支撑。现在，“飞机纵横翱翔、公路四通八达、火车跨海通行、邮轮畅游世界”已成为海南安全、快速、便捷的立体大交通格局。

60年来，海南投入350多亿元，交通基础设施实现了新的跨越式发展。从尘土飞扬的乡间小道到四通八达的公路网络，公路通车里程从解放前的1045.3公里发展到现在的1.86万公里，增长了178.5%；高速公路从无到有，已建成高速公路660公里。1999年9月26日，环岛东、西线高速基本贯通，海南成为全国目前唯一高速公路环省的省份。“一环三纵四横”的路网主骨架已形成，“3+1小时交通圈呼之欲出”；从简陋的小码头到现代化的国家一级开放口岸和主枢纽港,“四方五港”的水上运输格局基本形成;从吱吱作响的短途运力——牛车到用零配件拼装的海南第一辆客车“胜利号”,再到安全舒适的豪华大巴,客货营运车辆从“零拥有”发展到 8.22 万辆,全省民用汽车达到 275370 辆,实现了零的跨越。体制改革使交通行业活力倍增,“一脚油门踩到底”成为一张饮誉全国的交通名片;“车在景中行,人在画中游”,生态建设把海南公路演绎为一道道亮丽的风景线;1995 年开通了我国第一条鲜活农产品运输绿色通道,海南成为全国人民的“菜篮子”、“水果店”……

## 一、公路建设突飞猛进,实现了历史性的跨越

人们都说,碑是竖起来的路,路是延伸着的碑。新中国成立 60 年,海南交通人在自己的脚下一笔一画地书写着不朽的碑文。

### (一)路网结构明显优化,通达深度明显提高

1950 年 5 月 1 日,海南岛全境解放时,社会经济濒于崩溃,公路交通几乎瘫痪。新中国成立后至“八五”初期,海南公路建设发展还是十分缓慢,难以适应经济社会的快速增长。为了实现海南经济建设的整体布局,1993 年,海南省交通运输厅制定了公路建设目标,决定投资 3 亿元对“三纵四横”干线公路及山区县城出口路进行改建,使海南公路总量大幅增长,路网结构得到优化,通达深度有所提高。1995 年底,海南“三纵四横”主骨架网络基本形成。“十五”期间,公路建设继续以提高工程质量和公路等级为重点,完善了全岛公路网络,提高了通达深度。

### (二)高速公路主动脉基本建成,为社会经济发展提供强有力支撑

环岛东线高速公路是海南第一条高速公路,全长 258 公里,是国家“五纵七横”路网主骨架的重要组成部分,其中,海口至黄竹段 65 公里 1987 年动工建设,1992 年 12 月竣工。它的通车,标志着海南高速公路建设实现了零的突破。

“九五”期间,为实现建成以高速公路为主动脉,以“三纵四横”为主骨架的公路网,高等级公路沟通市县,辐射开发区和旅游区,乡乡通油路,村村

通公路的岛内公路网的目标,1995年11月29日,西线高速公路动工兴建,该路是我省第一条全封闭、全立交、鲜花与绿叶簇拥的全幅高速公路。1996年12月28日,开始实施环岛东线高速公路扩建工程。至1999年9月26日,西线高速公路建成,实现了环岛高速公路贯通,提前两年实现“九五”计划目标。

截至2008年底,全省公路通车总里程达1.78万公里,其中高速公路通车里程为660公里,一、二级公路1522公里,“一环三纵四横”的路网主骨架已形成,“3+1小时交通圈呼之欲出”;全省18个市县都建成了二级标准以上的出口路,乡镇通达率100%,行政村基本通达,公路等级和路网服务能力明显提高,为社会经济发展提供强有力的基础支撑。2008年4月,海南建省办经济特区20周年前夕,环岛高速公路被评为海南十大建设项目之首。

### (三)从解决民生问题入手,加快建设一批通惠民工程

新中国成立前乃至建省之前,海南公路通车里程为12791公里,截至2008年年底,全省公路通车总里程达18563公里,比1987年增长445.13%;高速公路通车里程达660公里,占全省公路通车总里程的3.6%;公路密度达53.04公里/百平方公里;新、改建农村公路3200公里,全省92%的乡镇通沥青(水泥)路,全省乡镇、行政村通公路率均达100%。2008年,海南计划投资34.8亿元,其中农村公路建设要完成3896公里。

“十一五”期间,海南将投入补助资金28亿元,把农村公路全部改造为水泥路面。届时,一批农村公路通达、通畅工程的建成通车,将惠及海南百万农民兄弟。值得一提的是,近几年来,随着农村公路的大规模建设,农民的思想观念得到改变,不少农民变过去的人挑牛驮方式,放下扁担绳索学习驾驶,考驾照买车成为海南农村新时尚。

2008年4月,建省办特区20周年前夕,全省农村公路建设工程列为海南十大建设项目之一。

### (四)公路养护体制改革取得突破性进展

新中国成立以来,海南公路养护顺应改革开放的历史潮流,大胆对公路

养护体制进行改革创新，加强行业管理，注重养护质量，积极采用新技术、新工艺、新材料和新设备，公路养护取得了突破性的进展。

新中国成立后至建省初期，海南公路等级低、砂土路面多，质量低、抗灾能力极差，沥青路数量少、比率低，危桥多，公路建设与养护资金严重短缺。当时，公路行业实行的是“生产按计划安排，经费按人头划拨”的养护模式，随之带来了管养不分、职责不清、效益低下，干部职工安于现状、不思进取等弊端。

为了迅速适应经济发展需要，1983 年，海南从公路养护体制改革着手，引入竞争机制，打破劳动分配和用工制度的旧框框，改革道班生产管理和劳动分配制度，实行养护承包责任制，以承包的形式明确道班的责任，并按承包内容核算道班完成的生产任务，采取“定额记分，以分计酬”的分配形式进行工资分配，大胆进行公路养护单位内部分配制度改革，做到按劳动生产实绩分配，打破“大锅饭”，拉开分配差距。

1994 年，按照公平、竞争、择优的原则，对道班劳动力实行双向选择，优化劳动力组合结构，增强了职工的责任感和事业心，提高了工作效率。同年，在全省开展了以落实各项经济责任制为中心的各项竞赛活动，采用百分考评，逐一将各项工作分解为若干指标要求，每年坚持定期进行综合检查评比，奖优罚劣，全省公路好路率连续五年保持全国最高水平。

“九五”期间，为彻底改变“重建设轻养护”的观念，建立与社会主义市场经济体制相适应的公路养护管理新体制，1996 年 4 月，海南撤销了省公路局，将其原有路政和养护管理职能并入了省交通运输厅。

1998 年后，针对公路等级低，砂土路面里程多，油路超期使用老化严重，抗灾能力差的特点，海南公路部门贯彻“建养并重、协调发展、强化管理、提高质量、保障畅通”的方针，坚持“修、养、管并重，以养管为主”的原则，以国道、省道干线公路为重点，加大投资力度，把公路养护管理推上了一个新台阶。1999 年 6 月，在全省范围内又推行以内部招标抵押承包养护为主要内容的养护体制，在全省 25 个道班进行“减员增效”和“打破用工等级，实行同工同酬”的试点，增强了道班工人的主人公意识；2000 年，又实行以“风险承包、双向选择、优化组合”为主要内容的养护体制改革，激发了公路职工的竞争意识、忧患意识，公路养护效益得到进一步提高，为“九五”公路养护划上一个圆满的句号。

2006 年 7 月 13 日，省交通厅转变职能，实行建管分离、政企分开，恢复设立了省公路管理局，并将公路养护职能从省交通运输厅划分出来。从 2006 年下半年起，省公路局实行了一系列养护体制改革，开始探索市场化养护的新路子，并相继对省养公路实行内部招投标，招投标里程占养护里程的 80%，以梁才兰为代表的一批养护项目经理脱颖而出，活跃在我省公路养护市场；实行招投标养护后的公路好路率明显提高，实现了畅、洁、绿、美的目标。从 2007 年 1 月 1 日起，省交通厅将环岛西线高速公路和海文高速公路委托海南高速公路股份有限公司实行养护，这是我省公路实行市场化、专业化、集约化和规模化的重要里程碑。

### （五）积极开展文明创建活动，展现了良好的行业风貌和社会形象

新中国成立以来，海南公路部门积极开展“文明公路分局”、“文明养护道班”、“文明样板路”、“GBM 工程”和多种形式的劳动竞赛活动，一批养护工被评为全国劳动模范，有的还获得了“五一”劳动奖章，一批“十有道班”、“先进道班”等纷纷涌现，充分展现了海南公路行业良好的精神风貌。1988 年，为适应建省后公路发展的需要，省公路局开展文明创建活动，推行“四绿三白两平台”标准文明路，开创海南公路养护史上用“公路整体美”理念进行养护的先河。

### （六）生态建设大大提升了海南公路整体形象

新中国成立以来，尤其是建省后，海南公路部门全力建设多层次的热带生态长廊，已建设生态公路 2250 公里，国省道绿化率 97.2%，县道绿化率 96.15%，已建成省级文明样板路达 600 公里以上，国、省、县道绿化里程达 4800 多公里，绿化率 95% 以上。生态公路成为海南一道亮丽的风景线，大大提升了海南公路的整体形象。

#### 1. 生态景观高速公路通向世界

环岛东线高速公路是海南东部沿海的一条“经济走廊”，也是我国第一

条颇具热带特色的生态景观长廊。它不仅是海南的黄金旅游通道、瓜果蔬菜运输要道,还是博鳌亚洲论坛年会、世界小姐选美等国际国内重要活动的必由之路。2002年4月,出席博鳌亚洲论坛的韩国总理李汉东途经该路时,欣然提笔写下"良好高速公路,美丽农村风景"12个汉字。不少出席博鳌亚洲论坛年会的政要称:这是"通向世界的生态景观之路";2007年11月10日,国际自行车联盟副主席豪里捷克先生说:"我去过很多国家,就海南提供的比赛路况最棒!无可挑剔!"

**2.生态公路成为传播交通文化的重要载体**

新中国成立以来,全省已投入数亿元,在环岛高速公路及国省道等干线公路建设公路生态景点500多个,生态公路成为海南又一张交通名片,公路变成风景,行车成为一种享受。正在实施高速公路生态战略,对环岛东线、西线和海文线三条高速公路进行规划,实行一路一景,把它们作为生态景观长廊建设和传播公路文化的主要载体,并结合沿途人文景观、风土人情、自然风貌、历史故事、神话传说等元素,凸现沿线景物的层次感,使山景活起来,海景露出来,风貌亮出来,气势造出来,文化显出来,形成有地域标志的特色公路。

**3."美丽经济"沿路崛起**

近年来,岛内外花商依托全省发达的公路网发展热带花卉业,把富有生命力的"美丽经济"演绎得色彩斑斓、多姿多彩,并在高速公路及不少国省道沿线迅速崛起。

(七)公路管理体制改革活力倍添

体制改革是海南公路部门的重要改革,它主要分三步进行:第一步,1988年5月初成立省交通运输厅,下辖省公路局(副厅级,1996年4月撤销后,改名为公路养护质量监督中心)、省交通规费征稽局(1993年年底成立)、航道管理局、交通工程质量监督站、公路勘察设计院、公路职工中专学校等8个单位,由省交通厅管理;第二步,1993年下半年,批准海南公路局公路勘察设计院和公路职工中专学校与省公路局脱钩,省公路局下辖的三个工程队,改制为三个具有独立法人资格的工程公司,从1994年1月1日起挂牌运作，对外承揽工程，利用自己的资金、设备、技术优势走向市场，实行自主经营、自负盈亏、自我管理和自我发展，迈出了市场化改革的第一步；第三步，1996 年 4 月，省政府撤销了省公路局，在省交通厅内增设公路养护管理处和安全路政处，其原有的路政管理职能分别并入省交通厅路政安全处和公路养护管理处。

## 二、交通投融资体制改革成效显著

新中国成立以来，为了解决公路建设资金严重短缺和管理体制不顺等问题，省交通厅以交通投融资体制改革为切入点，开始踏上了大规模为公路建设资金融资的征程。

### （一）在全国率先实行基础设施建设股份制，为公路建设筹集大量资金

1993 年，海南省委、省政府审时度势、果断决策，在全国率先实行基础设施建设股份制，设立海南高速公路股份有限公司负责建设环岛高速公路。1993 年 4 月，海南高速公路股份有限公司成立，并募集股金 14.65 亿元，保证了环岛东线高速公路于 1995 年 12 月 27 日全线贯通，结束了海南多年不通高速公路的历史。为了筹集更多的公路建设资金，1997 年 12 月，海南高速公路股份有限公司社会公众股 7700 万股在深圳证券交易所上网发行成功，并于 1998 年 1 月上市，“海南高速”从而成为世人瞩目的公众公司。

此外，海南还通过贷款、发行公路建设债券和采用 BOT 等方式筹资，成为除通过股份合作制筹资外的重要高速公路建设资金来源，仅贷款项目就筹措资金近 20 亿元。

1993 年 4 月，海南省政府颁布了《海南经济特区基础设施投资补偿条例》，吸引了一批企业参与海南公路建设。省交通主管部门也适时向社会各界推出首批 19 个项目，其中公路项目 9 个（其中高速公路项目 6 个）。

### （二）在全国率先实行燃油附加费征收体制改革

1993 年 6 月，海南参照国际通行的做法，决定将公路养路费、过桥费、过路费和公路运输管理费“四费合一”为机动车辆燃油附加费，在全国率先

征收燃油附加费。1993年12月19日,省政府以第39号令发布了《海南经济特区机动车辆燃油附加费征收管理办法》,以立法的形式决定,自1994年1月1日起,实行"四费合一",征收燃油附加费,撤掉全省公路上所有收费站和路卡,实行"一脚油门踩到底",此举充分体现了"用路者付费、多用路者多付费"的合理、公平原则,并大大提高了公路通行效率。"一脚油门踩到底"已成为海南饮誉全国的一张"交通名片"。

燃油附加费改革,在全国独树一帜。截至2008年,全省燃油附加费累计征收100多亿元,并以燃油附加费征收权作为质押,向银行贷款用于公路建设的资金超过100亿元,为我省经济社会发展提供了重要的交通保障。同时,海南撤销了所有公路沿线收费站卡,从源头上根治公路乱设卡、乱收费、乱罚款"三乱"现象,海南成为全国唯一没有公路收费站卡的省份。车辆畅通无阻,大大缩短了通行时间,提高了通行效率,实现了"一脚油门踩到底",深得人民群众的拥护和岛外游客的赞誉,在全国产生了深远的影响,取得了显著的社会效益。1998年海南建省十周年之际,燃油附加费改革被企业评为"最满意的政府十件事之一"。2008年4月,又被评为建省办经济特区20周年十大新闻事件。

2008年12月,为了与国家实施的成品油与费税改革有效衔接,经国务院及其有关部门批准,保留了海南省交通规费征稽局,并停征燃油附加费,改征车辆通行附加费,"一脚油门踩到底"的改革成果得以巩固。

(三)创新融资理念,在全国率先向银行贷款修建高速公路

1997年7月,省交通运输厅大胆解放思想,创新融资理念,在全国率先向海南省农业银行贷款9亿元建设环岛西线高速公路和海文高速公路等交通基础设施项目。这是当时国内最早也是最大的一笔投向公路交通基础设施建设项目的专项贷款。1999年9月26日与环岛东线高速公路实现对接。

此外,为了改善侨乡文昌的交通条件,省交通厅建设了岛东北部地区的重要通道海口至文昌高速公路。海文高速路全长51.66公里,是海南公路主骨架的重要组成部分和东北部地区的重要交通走廊,是我省"九五"跨

“十五”期间的交通重点建设项目。1998 年,省交通厅从海南泛华高速股份公司手中收回建设权后,通过与大银行携手,2000 年 3 月 28 日开工建设,2002 年 9 月 30 日竣工。它的建成通车,大大改善了沿线地区的交通和投资环境,促进了文昌市工、农、商、贸、旅游和城镇建设等多项事业的发展。

（四）加快主通道和大路网建设,促进社会经济迅猛发展

作为琼州大地的主通道,海南环岛高速公路建成后,沿线产业带迅速崛起,出现了“一路通达,百业欲兴”的势头。一是沿线工业迅速崛起。依托海口、八所、洋浦等大型港口,澄迈、临高、儋州、东方等市县规划为我省西部工业走廊,“大企业进入、大项目带动”商潮涌动,一批投资超过 10 亿、上百亿的特大型工业项目在海南西部崛起;二是沿线热带高效农业开发热渐成规模。每年都有数百吨反季节瓜果菜运往国内各大中城市和港澳地区;三是旅游大省建设步伐加快,正在朝着具有热带特色的国际旅游岛迈进;四是区域经济高速发展。沿线各市县都着手研究本地区经济规划和发展战略等问题,形成“东西联动,南北响应,沿线开发,整体推进”的格局。

新中国成立 60 年以来,尤其是近年来,交通行业对经济社会发展的贡献率逐年增加,交通物流成本不断降低,为全社会提供了大量的就业岗位,也极大地促进了服务业等第三产业的发展。

## 三、统一开放、竞争有序的运输市场基本建立,规模化经营大幅提高

新中国成立以来,尤其是建省后,为规范市场经营管理,省政府相继颁布了《海南省道路运输管理暂行规定》、《海南省汽车摩托车驾驶员培训管理办法》等地方性法规,为我省道路运输业和各级交通主管部门、运政管理机构提供有力的法律保障。2004 年 7 月 1 日,《中华人民共和国道路运输条例》颁布实施,成为海南规范道路运输市场的重要法宝。2007 年 8 月 1 日,省道路运输局正式挂牌成立。从此,我省道路运输行业迈上了新的征程。道路客运集约化、规模化经营程度大幅提高,安全性、舒适性和快捷性得到显著提升。

（一）道路客运运力大幅度增长

新中国成立以来，海南客运运力从无到有，从少到多，得到了大幅度增长，实现了跨越式发展。尤其是建省 20 年间，全省客运车辆已发展到 2.91 万辆，其中，班线客车 3374 辆、出租车 3934 辆、旅游车 2188 辆（含三亚一日游车）、公交车 1640 辆、货运车辆已发展到 5.3 万辆。2008 年，全省完成客运量 3.66 亿人次、旅客周转量 120.91 亿人公里，货运量 0.948 亿吨、货物周转量 66.38 亿吨公里，分别为建省前的 12.14 倍、139.59 倍、2.90 倍和 22.2 倍。

2008 年以来，一批大型化、规模化、专业化程度较高的货运企业开始筹建。此外，我省已开通的省际快车班线达 20 多条，到达内地 60 多个城市，每年运送旅客 50 多万人次；在驾驶员培训行业管理方面，用新理念、新举措，创新了信息化条件下培训业务管理模式。按照"有条件录入，无条件审批"的原则，率先在全国驾培行业实行培训业务审批信息化。全省现有驾校 30 多家，教学车辆 808 辆，年培训能力达 8 万人次以上。

（二）统一开放、竞争有序的客运市场健康发展

新中国成立后，随着经济社会的进一步发展，运输行业不断发展壮大。到了 20 世纪 90 年代初期，运力增长明显加快，客运市场无序竞争的局面逐渐显现。为了改变海南客运市场日趋混乱的局面，1999 年 8 月，我省在全国率先实施客运班车滚动发班管理模式，实行"风险共担、营收共享"，做到了"车进站、客归点"，大大提高了客运班车实载率，客运市场秩序明显改观，实现企业满意、社会满意、行业满意的目标。2007 年 6 月，滚动发班模式被交通部确定为全国交通行业首批节能示范项目，并在全国推广。目前，全省已有 30 多条客运线路 1027 辆班车实行滚动发班。

（三）市场开放程度有所提升，服务水平明显改善

为适应经济社会的飞速增长，海南加快了道路运输业改革发展的步伐，运输结构优化调整，基本建立起一个符合社会主义市场经济体制要求的统一、开放、竞争、有序的道路运输市场体系。

**1. 运输能力和服务水平不断提升**

一是民用汽车拥有量不断增加，运输结构逐步完善。1987 年，全省只有机动车 23896 辆，其中载客汽车 8429 辆、载货汽车 14862 辆。到 2008 年底，全省机动车发展到 82750 辆，其中载客汽车 49449 辆、载货汽车 22123 辆，分别增长了 246.3%、486.7%，全省民用汽车达到 145548 辆，是建省前的 6 倍多；现有道路营运客车 12275 辆，196603 客位；营运货车 19446 辆，56907 吨位；设有公路客运大小车站或站点 127 个，年平均日旅客发送量达 68865 人次。二是站点设置逐步优化，运输工具向高质量转化。建省前，海南各市县汽车站简陋、狭小，条件落后。近年来，海南汽车运输集团创建了"海汽快车"、"海汽商务车"、"省际直通客车"、"李向群班组"等一批为民、便民、利民等颇具市场竞争力的品牌，实行了航空式服务。同时，加大对站点设置的投入。先后新建了海口南站、三亚、屯昌、澄迈、文昌、儋州车站；扩建改造了琼海、万宁、琼中车站和海口东站。为了实现生态车站建设目标，在全省车站进行规划，已建成一批高档次，服务设施齐全、环境优美的生态车站。道路客运集约化、规模化经营程度大幅提高，安全性、舒适性和快捷性得到显著提升。

**2. 加强法规建设，规范行业管理**

新中国成立初期，海南农村为数不多的牛车被称为"短途运力"，并很快发展成为海南城乡道路运输的主力军。建省后，海南道路客货运输得到长足发展，各种车辆增长迅猛，但道路运输市场一度陷入混乱。为了规范道路运输市场，海南相继颁布《海南省道路运输监督检查与违章处罚暂行规定》、《海南省道路运输管理暂行规定》、《海南省汽车、摩托车驾驶员培训行业管理办法》、《海南省旅游汽车客运管理办法》、《海口市出租汽车定线汽车客运管理条例》、《海南省交通行政执法人员行为准则及违规处理规定》等，交通法规的不断健全和完善，依法管理行为得到强化，道路运输市场经营行为得到进一步规范，有效地维护了货主、旅客的合法权益。

**3. 客货运输市场整顿成效显著**

随着道路运输市场的日益完善，我省道路客货运输业发展迅速。但由于市场机制不健全，经营行为不规范，客货运市场比较混乱，宰客、甩客、卖客、超载现象和治安问题比较严重，无证无照经营客货运的车辆屡禁不止；客运车辆、中巴有站不进、当街乱停乱靠；部分营运车辆随意压价或抬价，欺行霸市等。为了加强管理，1993年，省交通运输厅引导运输业户优化运力结构，提高整体素质和管理水平，有效地促使海南道路运输业步入统一开放、竞争有序的市场化发展。同时，大力推行"三制"服务（直接办理制、窗口服务制、社会承诺制），为经营者创造更加良好的市场环境。

1999年，省交通厅加强了运输市场宏观调控，按照"一年不更新运力，两年不新增运力"的原则对道路运输市场整顿，严格市场准入管理，规范运输市场无序竞争的行为。在省政府的支持下，全省各车站实行"车进站、人归点"，遏制乱拉客、乱刹价现象，清理了一批不符合规定的临时性客运站场，促进了客运站场规划布局和管理科学化、合理化、规范化。同时，全面整顿旅游客运市场，组建了12家上规模的旅游车客运公司，共收编296辆旅游车，解决了旅游车数量不足和结构不平衡的问题。

**4. 绿色通道运输成为享誉全国的绿色品牌**

从1996年5月开通第一条绿色通道开始，海南已相继开通到上海、西藏等数十条绿色通道，总里程达13000多公里，鲜活农产品源源不断运往内地，运输量从当年的75万吨增加到2008年的540多万吨。13年间，共运输3021.54万吨，既满足了国内各大中城市对海南农产品的需求，也给海南农民带来了近600亿元的整体经济效益。绿色通道已成为全国开展的"三绿工程"之一，海南也成为全国人民的"菜篮子"、"水果店"。

1998年，绿色通道被评为"建省十周年企业最满意的政府十件事之一。"2002年~2003年，省交通厅绿色通道办公室连续两年被评为全国先进单位。

（四）以科学发展观为统领，交通应急保障能力明显提升

一是抗击雪灾、确保畅通取得重大胜利。针对2008年罕见的大面积雨雪冰冻灾害，省交通厅有效地整合全省运力资源，集中力量优先保证电煤和成品油运输，同时储备50辆大、中巴车，随时支援灾区。二是抗震救灾运输

保障迅速有力。“5.12”汶川特大地震发生后,省交通运输系统以科学发展观为统领,以最快的速度落实中央和省委省政府的决策部署,第一时间向灾区捐款捐物,并调剂运力,确保救灾物资第一时间运往灾区,四川省交通厅为此发来了感谢信。此外,2008 年 5 月 4 日,根据交通运输部的部署和安排,省交通厅第一时间选派专业对口的优秀干部到映秀帮助开展路桥重建工作。三是认真落实奥运安保措施。奥运火炬在海南传递期间,省交通厅认真做好安全保障工作,全面加强对车站、码头等人员流动频繁场所的安检和隐患整治,层层组织开展了港口设施保安演习和船闸、车站反恐演练,受到了交通运输部和省有关部门的表彰。

## 四、大力拓展出岛通道,港航业发展一日千里

海南是典型的岛屿经济,进出岛交通是全省经济社会发展的命脉,特殊的地理条件决定了海运是海南对外经济联系的主要运输方式,共进出岛 90% 的货运量和 60% 以上的客运量是通过港口来完成的。

新中国成立乃至建省之前,海南水运业十分落后,列入统计的港口(含港区、码头)只有 9 个,48 个泊位,其中万吨级深水泊位仅有 3 个,自有运输船舶 241 艘,其中钢质船 45 艘,大部分为木质船,有 192600 吨位、3186 客位,1 千吨左右的船舶仅 5 艘,其余多为百吨级小船,绝大多数是几吨、十几吨的木帆船和机帆船,铁壳船最大的只有 1000 载重吨,总货运能力不足 4 万载重吨。即便是建省初期,海南也只有 117 个泊位,3 个万吨级泊位,全省年货运吞吐量仅 1000 万吨,港口装卸和通过能力难以满足经济社会发展要求。

1988 年 7 月,刚组建不久的省交通厅坚持全方位开放水运市场、坚持超前发展运力,探索发展大特区水运业的新路子。经过几十年的努力,现在海南注册的航运企业有 130 多家,总运力 140 多万吨,比建省初期增长 30 多倍。全省已开发港口 24 个,形成北有海口港、西有洋浦港和八所港、南有三亚港、东有清澜港的“四方五港”分布格局。北部实行“三港合一”,建成全省的主枢纽港和物流中心;南部三亚凤凰岛已建成大型国际邮轮码头。

1996年,新加坡丽星邮轮公司开辟了香港至三亚旅游航班;2006年11月10日,意大利邮轮“爱兰歌娜”在三亚国际客运码头靠泊;近几年来,世界第一、亚洲第二的意大利大型邮轮“歌诗达”号每个月都定期停靠该码头;标志着邮轮航线有了新的发展。

目前,全省拥有港口泊位135个,其中万吨级以上的深水码头31个,2008年货运吞吐量7692万吨。截止2008年底,海南已建立起一支多种类、多层次、多功能,沿海、近洋、远洋运输相结合的初具规模的船队。航运船队国内航线可到达沿海、珠江三角洲及长江中下游各港口,还开通了海南至广州、香港、湛江、北海集装箱航线;国际航线到达港澳台、远东、东南亚、非洲和欧洲国家和地区,和世界24个国家和地区经常有航运业务往来,与俄罗斯、日本、韩国、东南亚各国往来密切。2007年,全省靠泊30万吨超大型船舶139艘次,码头靠泊能力位居国内前列。

根据海口港总体规划,马村港区为未来海口港的中心港区,可建设50个左右的深水泊位,整个港区年吞吐能力达亿吨,未来将发展成为以能源、集装箱、散杂货及危险品运输为主,设施先进、功能完善、文明环保的现代化综合性港区;海口港是国家级枢纽港和集装箱干线港。其二期将扩建2个3万吨级集装箱泊位,其中一个泊位可兼停靠国际大型豪华邮轮。

海南是我国最早接待国际邮轮停靠的省份之一。新中国成立以来尤其是建省之后,许多世界大型豪华邮轮停靠过马村港等港口。与马村港遥相呼应的三亚凤凰岛国际邮轮码头,是我国第一个4万总吨级的邮轮码头。2006年11月,该码头投入使用,结束了海南不能停靠国际邮轮的历史。三亚建成了我国首座最大的国际邮轮母港,其凤凰岛国际邮轮码头成为世界级高端豪华邮轮定期停靠的码头。

洋浦港是海南西北部工业走廊出海通道的重要出海口,是自然条件最好的深水港区,也是区域性重要港口,国家一类对外开放口岸。2007年9月24日,国务院正式批准在洋浦设立我国第四个保税港区,一度沉寂的洋浦开发区如今再次成为世界瞩目的“亮点”。这表明,洋浦是在环北部湾经济圈和我国南方形成的一个新的对外开放平台及新的发展制高点,是连接我国和东南亚、中东的枢纽。2008 年 9 月，洋浦港三期工程的如期完工，将使洋浦经济开发区成为我国南方重要的石油加工与石油化工、林浆纸一体化基地和全省集装箱专用码头的步伐明显加快。

此外，海南还编制了《海南省“十一五”公路水路发展规划纲要》、《海南省港口总体布局规划》、《海口港总体规划》、《八所港总体规划》，编报了《洋浦港总体规划》等。

## 五、理顺公路建设体制，切实转变政府职能，大力推行公路建设项目代建制

新中国成立以来特别是建省后，海南公路建设一直实行由省政府“统贷、统建、统管、统还”的体制，省政府因此背上了沉重的债务包袱。

### （一）进一步理顺农村公路建设体制

2005 年 6 月，省交通厅作出了将农村公路“通达工程”和“通畅工程”交由各市县政府组织实施的决定。2006 年 3 月，省政府办公厅印发了《海南省农村公路建设养护与管理体制改革实施意见》，明确农村公路建养以市县政府为主；2006 年 12 月，省政府《关于加快公路建设的决定》正式颁布实施。这两份文件都进一步确立了海南公路建设“以省为主、受益市县分担”的投入机制和分级负责的管理体制，进一步改变了我省多年来公路建设由省政府“统贷、统建、统管、统还”的体制，建立了可持续发展的新机制，明确了市县政府作为农村公路建设的主体责任，充分调动了全社会加快公路建设的积极性，形成了“政府主导、群众参与、社会支持”的新格局。同时，各市县可制定鼓励社会资金投入公路建设项目的办法。《决定》实施后，各市县政府不断加大资金投入，积极性进一步提高。

### （二）大力推行公路建设项目代建制

公路代建制是公路建设管理体制与国际接轨的体现，对提高投资效益、降低工程投资、遏制腐败具有重要意义。2005 年以来，省交通运输厅积极转换职能，提出“只当裁判员，不当教练员”的理念，积极推行公路建设项目代建制，公路建设按市场化模式运作，先后将海口绕城高速公路、东线高速

公路陵水至万宁路面改造工程、陵水大桥、博鳌南港大桥、新雅亮大桥和三亚绕城高速公路实行代建，产生了良好的社会效益和经济效益。2006年，对新开工的57个公路工程项目全部实行代建制。这种作法既培育了公路建设市场，提高了企业竞争力，也大大促进了反腐倡廉工作。

（三）构建"一厅四局"交通行政管理新格局

从2006年起，省交通厅积极转变职能，对管不好、不该管的事坚决不管。2006年7月13日，恢复了省公路管理局，把公路养护职能从厅机关划出去；2008年8月1日，成立了省道路运输局，具体负责全省道路运输管理工作；2008年1月，经省编办批准，原海南省航道管理局更名为海南省港航管理局，承担我省省级港口、水路运输、航道管理等职能。2008年8月6日，省港航局正式挂牌成立，这标志着我省在推进港口建设、加强航运管理，完善港航管理体制、促进水运事业发展等方面进入了一个新阶段。2008年12月，经国家有关部委同意，海南停征燃油附加费，开征了车辆通行附加费，保留了海南省交通规费征稽局。2009年5月，海南省政府新一轮机构改革拉开了帷幕。经批准，海南省交通厅更名为海南省交通运输厅。

（四）切实转变职能，下放11项交通行政审批事项

2008年8月1日，在对45项交通行政审批事项实行集中办理之后，根据省政府的统一部署，从9月初起，省交通厅开展相应的培训，以确保下放的行政审批项目放得了、管得住、不缺位。从10月1日起，海南又把涉及农村公路建设、运输、驾驶员培训等内容的11项行政审批事项下放给全省各市县审批。

## 六、交通职业教育、精神文明建设和党风廉政建设成果丰硕

一是大力推进人才强交战略。新中国成立初期，海南交通职业教育一片空白。1975年10月，海南工人技术学校第五分校在文昌文教公路建设工地上诞生，始设"公路与桥梁"专业，后增设了"汽车驾驶"和"筑路机械"等专业。1978年9月，更名为广东省交通技工学校海南公路分校。

新中国成立尤其是建省以来，省交通学校共已发展成为我省集交通类

大中专学历教育、专业证书教育、岗位业务培训、交通特有工种职业技能鉴定于一体的多层次、多形式、多功能的重要的综合教育培训基地，先后为社会培养了6000多名大中专毕业生，为我省交通行业开展岗位业务培训20000多人次，完成交通行业特有工种技术工人技能鉴定2000多人。2008年9月，该校新校区建成并投入使用，成为我省交通职业教育的重要平台，培养交通技术人才的摇篮和海南中等职业教育样板基地。

二是精神文明和文化建设成果丰硕。长期以来，省交通厅重视精神文明建设，出台了全省交通行业精神文明建设规划纲要，推出“三学一创”典型，出现了一大批全国劳模、五一劳动奖章获得者、典型先进人物，全省交通系统不少单位先后被评为交通部及省文明单位、全国交通系统文明单位等。1998年3月，举办了“爱我交通、树我形象”巡回演出；2006年12月举办了《我为交通献一计》演讲比赛；2007年9月，在全国交通行业率先成立了海南省交通文化研究会，多层次、宽领域、全方位加强交通文化建设，编辑出版了《海南交通报》等书刊以及电视专题片等。

三是反腐倡廉和党风廉政建设富有成效，行业风气明显好转。先后制订出台《省交通运输厅制度建设规划》、《关于加强厅直属各单位领导班子建设的意见》等五十项反腐倡廉制度；率先提出并实施重点工程建设纪检监察派驻制，建立农村公路建设监督员制度；整合了纪检监察资源，在厅直属各单位配备了纪检员；改革公路建设管理体制，实行建管分离、管养分离，变同体监督为“只当裁判员”，从体制上铲除腐败滋生的温床。2008年12月，《海南省交通厅专心当好裁判员》被中纪委办公厅评为党风廉政建设好新闻三等奖；出台《省交通行政执法行为规范》、《交通征稽执法人员“十项禁令”》等一系列文件，切实纠正损害群众利益的突出问题；1996年，成为全国第一批所有公路基本无“三乱”省份；全省干部职工思想作风建设富有成效，交通行业风气明显好转，对外形象和影响力大幅度提升。

实践永无止境，历史昭示未来。在过去60年里创造出无数辉煌业绩的海南交通人，必将在改革开放的道路上阔步前行，谱写交通运输发展新的壮丽诗篇！

“十一五”期间,是海南全面落实科学发展观,建设小康社会的关键时期。这一时期,全省经济建设将进入持续快速发展阶段,经济规模不断扩大,市场更加活跃,物流人流加快,交通运输将保持增长势头。在省委、省政府的正确领导和交通运输部的大力支持下,省交通运输厅将紧紧围绕“三个服务”、“四个创新”的发展理念和服务全省社会经济发展大局,实践科学发展、推进交通先行,努力构筑由公路、水路、铁路、航空等多种运输方式组成的立体化交通运输体系,为海南经济社会又好又快发展提供交通保障。

# 33 道班：永恒的旗帜

李　琼

“现在道班变美了，像公园一样。它是我们道班工人收工后的休闲场所。”蓝保才高兴地对我们说。

蓝保才 1980 年从广东罗定县老家来到海南省琼中公路工区廷安道班。那时，道班非常简陋，只有一排瓦房和一排茅草房；瓦房住人，茅草房作厨房。当时养护的公路都是沙土路，养护工具很落后，括沙用牛车，挖土用锄头，运料用担子，铺补路面用铁铲，全部都是人工作业，跟当地农民耕地差不多。

蓝保才说，他 1989 年被推选为 33 道班班长。那时，道班虽然建了一栋两层的楼房，但是职工居住所需的物质很缺乏。当年，招了一位外县的临时工，工资低，每月还要寄钱回家，自己舍不得吃用，经常不吃早饭就上路工作，天冷了，还是用一块床板垫在地上睡觉，他很感动，便同他一起睡床，一起合伙吃饭。

蓝保才说，那时养路工作辛苦，而且还经常被人看不起。为了改善生活，他鼓励工友，努力把路养得最好，争取拿到年终奖金。他每天一早就带领工友上路，苦干加巧干，积极创造标准化公路养护样板路，调拱路面，添沙括沙，稳固路基等。在多次雨天过后，他利用晚上时间带领工人们打着手电筒照明上路添加沙料，保护路面磨耗层，第二天再用拖拉机先左右、后中间来回括沙找平。33 道班管养的 10 公里沙土路,路面平稳,沙层均匀,水沟畅通,三白四绿线形整齐划一,在太阳光照射下白茫茫一片,像一条白绸缎蜿蜒延伸,美丽壮观。1990 年,道班被全国总工会授予“全国先进班组”和“五一劳动奖状”称号,连续 4 年被交通部授予“两个文明建设先进集体”称号,连续 6 年荣获全省砂土路养护竞赛第一名,多次荣获全省公路系统“高级养路道班”、“先进文明道班”称号。33 道班从此成了全国公路系统学习的榜样。交通部领导和全国各地的兄弟单位纷纷前来考察参观。

20 世纪 90 年代后,海南公路事业飞速发展。环岛高速公路建成通车,主干线公路全面改造,“三纵四横”公路网不断完善,公路质量明显提高,公路养护逐步向机械化迈进,道班建设也分阶段进行。截止 1996 年,原海南省公路局投入近千万元,在各道班建设新楼房,平整庭院,砌围墙,修建大门,全部安装上电灯和自来水,解决了道班工人的基本生活需要。2003 年,海南省交通厅在公路系统提出建设“十有道班”和“生态文明道班”目标。全省各公路分局因地制宜绿化亮化美化道班庭院,改善职工生活环境,树立公路新形象。2007 年,全省已有 50% 的道班被评为“十有道班”,有 20% 的道班被评为“生态文明道班”。近两年,省公路管理局安排近 1000 万元对各道班的危房进行改造,改善民生。经过多年的建设,如今 33 道班,又展示出了新的风采。美丽的大门,崭新的楼房,宽敞的庭院,工具房、车库、羽毛球场、学习室、办公室、娱乐室等几乎俱全;花园、果园、菜园、鱼塘,绿色盎然,呈现一片生机的景象。

蓝保才说,“现在,道班工人的待遇提高了,居住生活环境得到了明显改善,养路工作基本实现机械化,我们的公路变得越来越美了,我希望 33 道班这面旗帜永远飘扬在全国公路系统。”

# 品牌就是市场

刘学壮

“当年我从巴山蜀水来到海南这块热土，是因为对大海的向往和对海南岛的热爱。”戴启元说，他是四川省石壁县人，20 世纪 60 年代毕业于重庆交通大学。

戴启元 1992 年 10 月出任海南省汽车运输总公司（下简称海汽）总经理、党委书记。当时，海南客运市场十分混乱，销价、降价竞争现十分突出。海汽作为老国企存在着人员多、包袱重、车辆旧、资金缺等诸多问题，在竞争中处于劣势。

“海汽快车是逼出来的品牌，没有品牌的日子，使海汽吃尽了苦头。”海汽原总经理戴启元感慨地说。20 世纪 90 年代，计划经济向市场经济转轨，海南客运市场逐渐放开，社会上的车辆以车型新、成规模冲击着客运市场，残酷的市场竞争使具有 50 多年历史的海汽陷入了困境，企业连续 3 年亏损达 2000 多万元，海汽被推到了崩溃的边缘。在这个危难的时刻戴启元出任了海汽总经理兼党委书记。

“在对全省各分公司的调查摸底后，提出以‘稳’治‘乱’的管理办法”。戴启元说，一是改革经营体制，划小核算单位，实行模拟法人管理，落实经营责任制，推行单车租赁经营，稳住了运输主业。二是进行机关机构改革，精简机构，裁减冗员，建立一个高效率、满负荷运转的机关工作机制。三是瞄市场，推出“省汽快车”新品牌，抢占市场份额。

“加快车辆更新，重塑海汽形象是海汽打造品牌的一着活棋”。他说，1997 年 7 月，海汽融资 2000 多万元购置了 22 辆“大富豪”和大宇牌豪华客车，冠名为“省汽快车”（后更名为海汽快车）投放我省西线高速公路营运。这批车辆外型包装美观大方、车厢豪华宽敞、配备航空式座椅，实行航空式服务，一时成为客车族中的“宠儿”。投放我省西线高速公路营运后，立刻产生了轰动效应，两个月，车辆实载率达到 70%，比一般空调客车增加 30 个百分点，备受广大乘客欢迎。尔后，几年间海汽共向国家上缴各种税费 1.8 亿元，公司固定资产由 9607 万元增长到 6 亿元，海汽走出了低谷重新崛起。1998 年 5 月 1 日，戴启元荣获全国“五一”劳动奖章称号。1998 年下半年，被海南省政府任命为省交通副厅长。

戴启元说，为进一步提升海汽快车的品牌竞争力，满足高层次旅客的出行需求，2005 年，海汽又推出“海汽商务车”，为旅客提供个性化的超值客运服务。目前已有 30 多辆“海汽商务车”投入营运，先后开通了海口至那大、八所、兴隆、陵水、屯昌及三亚至琼海班线，日发班 100 多个，上座率较高。

“一晃 10 年过去了，海汽快车实现了规模扩张，车辆已由 10 年前的 22 部增至目前的 286 部，营运线路由东、西线高速公路延伸到琼中、乐东等五指山腹地和老少边穷地区，贯通全省 18 个市县近 67 条线路。并开通了至广东、广西及香港特别行政区的海汽快车班线。目前，海汽快车日均发 900 多个班次，收入和利润增长了 15 倍，占全公司总收入的 40%，使海汽扭亏为盈，连续 10 年保持增长势头”。

坐过海汽快车的人都被抢眼的海汽快车标徽、独具创意的车体包装和温馨备至的情感式服务所吸引。近年来，海汽快车频频被国内、国际性会议指定为接待专车，全面展示了海汽新形象。海汽总公司先后被授予“公路旅客运输和国家一级资质企业”、“中国交通百强企业”、“全国道路客运 50 强企业”和“全国用户满意单位”等殊荣。

# 海南已变得越来越“小”

王　雄

家住五指山市的好朋友阿标，今晚兴高采烈地打来电话说，他买小轿车了，明天要到海口和我聚聚，然后当天回临高老家过清明节，就不再到我家借宿了。

阿标家境贫寒，自小没了父母跟着亲戚住在通什，以前由于路不好走，每年清明节他都要途经海口，在我那“中转”后才回临高，每次往返都要花上4天时间（当时通什到海口需8个小时，海口到临高100公里的路程也需3个小时）。海南建省办经济特区后，道路交通事业得到长足的发展，东线、西线高速公路和中线高等级公路相继建成，交通条件的改善，显示出勃勃生机和活力。路通财通，阿标因地制宜作起了山货生意，这几年收益不错，最近还买了私家车，过上了小康生活，我打心底为他高兴。

挂了阿标的电话，我是“意犹未尽”，细细想来，二十年来，海南的交通切切实实发生了巨大变化，且不说让海南人圆百年之梦的粤海铁路，不说一个小小的海岛却拥有南北两个国际机场，也不说正在建设将于2011年通车的东环铁路，就说岛内这“一环三纵四横”公路网，它给人们的出行带来多大的便利啊！特别是环岛高速公路和农村公路，连接了城市和农村，让更多的货物尤其是鲜活农产品流通起来，让更多的农民兄弟富起来。记得1996年，许多家媒体联合进行环岛世纪行采访，我们一大早从海口出发，第一站是白沙，经过 5、6 个小时的颠簸，我们走国道到了白沙出口路。那一天，天公不作美，下起了暴雨，整条黄土路变成沼泽地，我们的面包车根本走不了，我们只好在车上等，直到下午 7 点多才换乘从海口回白沙的班车，到了白沙县城已是晚上 9 点钟。真是起了个早身去，却赶了个晚集！

老同事、老前辈告诉我，以前，他们每次去三亚或到中部山区市县采访都是自带干粮的，那时坐车往往都是坐一整天，坐得腰酸腿疼的，下乡很辛苦。现在，我们都把到市县采访当成在都市紧张工作之余的休闲度假活动；路好走了，交通工具也好，而且公路沿线的风光又美。今年春节，我去了趟五指山，从海口出发走中线，开车在中部高等级公路上驰骋，3 个多小时便轻松抵达了。驾车盘旋在阿陀岭平坦的水泥路面上，望着山坡上错落有致的村舍民房，望着公路两旁林木葱茏，满目苍翠，山泉飞泻的景致，真的让人心旷神怡。打开车窗，一阵清新并带着意想不到的凉爽扑面而来，空气好像被过滤过，吸一口一阵通泰，令人神清气爽。要是在以前，哪有这等心境。那时，不仅坡陡弯急，而且路面也不好，每次坐车路过都被甩得头昏脑胀，狂吐不止，去一次怕一次。记得也是在 20 世纪 90 年代初，我到五指山市过年，年初三要回海口，晚一点就没有班车回。原因是路不好走，旅客太少，运输公司临时取消了过年期间安排的班次，我只好坐车从三亚绕道返回海口，现在都还清清楚楚地记得，那天着着实实坐了 10 多个小时的车，真的疲劳不堪。

如今，可以说，我们每一天都在充分地感受着海南交通事业高速发展给人们安全出行带来的便捷。你看这几年，我们的城市好像突然间变得拥挤起来，从省会城市到山区小镇都可以看到快速行驶的豪华、高档车辆，步履匆匆的人们。

交通的变化改变了人们的习惯，缩短了城市间的距离。交通在变，城市在变，经济在变，家乡在变，老百姓的观念也在变，一切都在日新月异地变化；城市在不断扩大，公路在不断延伸，而海南却似乎越来越“小”。

# 海口港的变迁

杨一兵

我1969年从上海海运学院毕业后，就与港口建设结下了不解之缘，自1984年调入海口港工作，目睹了海口港二十多年来从小到大，从简陋码头到功能齐全的商业大港的巨大变化。

海口港又称书场港，是一座有58年历史的商业大港。1952年前，海口港仅靠一条简陋的396米长堤岸石筑埠头装卸货物，旅客进出港口用小舢板或小船接送，港口基本上没有任何机械装卸设备。“一五”期间，国家交通部投资修复秀英港后，年通过能力15吨。20世纪60年代，海口港再次扩建，到1960年港口吞吐量达96万吨。70年代，海口港继续扩建，1972年吞吐量增加50万吨。80年代初期，海口港再次扩建2个5000吨级泊位码头，港口总的核定已时力达到170万吨。1987年海南建省前一年，海口港吞吐量190多万吨；1988年海南建省后修建了2个万吨通用泊位码头，港口吞吐量达到220多万吨。建省20年来，海口港年吞吐量增长了10倍，突破了2000万吨大关。

位于海口市南渡江海甸溪入海口处的海口新港，50年代是现今海口港的旧港址，后来海口港搬迁到秀英港后，新港成为海口港一个装卸点。60年代海南港航体制改革后归海南航运局管理，改名为海口新港。

海口港和海口新港是兄弟港，海南建省20年来，随着港航体制改革不断深化，这两港合合分分，分分合合，直到2005年海南省政府按照"一城一港"的总体要求对琼北地区的海口港、海口新港和马村港进行整合，三港合一，成立海南港航控股有限公司，从客观上消除了三港的恶性竞争，规范了各港口的职能，促进了琼北地区港口和谐发展。

港口是地区经济发展有晴雨表。海南建省前，从海口港出口的货物为大多数是矿石、木材、白糖、橡片等原材料。海南建省以后港口出口的货物有：汽车、医药、化工产品、绿色无公害农产品和海洋产品等。海口港出口的货物从原材料向成品货物这一变化足以说明，海南经济发展已进入快车道，进入良性的发展时期。

# 与共和国共同发展进步的重庆交通

重庆市交通委员会

重庆位于中国经济发达的东部地区与资源富集的西部地区的结合部，具有承东启西的战略地位。解放初期，重庆交通极其落后，严重制约着地方经济的发展。新中国成立后，在重庆市历届市委、市政府和交通部的领导、关怀和支持下，经过一代代交通人的艰苦奋斗，重庆交通经历了从小到大、从低速向高速的发展历程，交通面貌发生了翻天覆地的变化。特别是直辖12年来，重庆交通步入了蓬勃发展的黄金时期，交通运输对经济发展的"瓶颈"制约得到了明显缓解，为全市经济增长、社会和谐发展提供了有力的基础性保障，作出了突出贡献，取得了辉煌业绩。

## 一、交通建设60年

重庆交通60年发展变化，大致可以分为三个阶段。

### (一)从1949年重庆解放到1977年改革开放前

1949年11月30日，重庆获得解放，重庆的交通事业也获得了新生。当时，全市公路仅836.5公里，多是标准很低的泥石路。重庆市人民政府把发展交通特别是公路事业当作一件大事来抓，一方面抢修被战争损坏的道路，一方面加紧修筑新的公路。1953年建成了重庆解放后的第一条干线公路——131公里的渝南(充)路重庆段。各区、县、乡公路也得到较快发展，到1957年公路已达2236公里。同时，道路运输也相应发展。1950年6月1日国营西南运输公司成立。之后，民营汽车业通过社会主义改造，逐步走上国营，一批大中型运输企业相继成立。到1957年，重庆客货汽车发展到2808辆。1958年后，重庆公路建设、道路运输进一步发展，特别是党的十一届三中全会后，公路建设、道路运输都形成了新的发展高潮。重庆的水运事业，在解放后的一个时期，由于当时西南地区客货进出的主要通道是长江航运，曾有迅速发展，但随着宝成、湘黔、襄渝等进出西南地区的铁路建成和公路的发展，客货运输分流，使水运发展一度处于停滞状态。这一时期，重庆交通的重点在恢复、重组，并有适当发展。当时公路总里程为15421公里，有公路桥梁501座，交通面貌有所改善，但发展速度不快。

(二)从1978年改革开放到1997年直辖市

改革开放前，重庆交通运输基础薄弱，设施落后，运输结构不合理，再加上辖区主要分布在长江沿线，以丘陵、山地为主，地势从南北两面向长江河谷倾斜，起伏较大，受地理条件等因素制约，交通基础设施建设严重滞后，广大地区处于十分闭塞的状态。1978年改革开放以来，随着经济的快速发展和对内搞活对外开放的不断扩大，运输需求急剧增长，运输矛盾日趋突出。解决经济发展的制约问题，成为交通的中心工作。彻底改变交通落后面貌，当好经济发展的先行者，助推重庆经济的起飞，既是时代发展对重庆交通的迫切要求，也是重庆交通责无旁贷的历史使命。为此，重庆交通在各级领导的关心和支持下，全系统励精图治，社会各界广泛参与，交通彻底走出了“漫步”阶段，步入了正常发展时期，这也是重庆交通打基础、筑平台、求发展的重要时期。通过20年的发展，截止到1997年，全市公路总里程达到27045公里，比1978年净增11624公里，其中等级公路16886公里；成渝高速公路建成通车，实现了高速公路“零突破”；域内通航里程2468公里，港口码头达到1122座，其中年吞吐能力100万吨以上的港口共5座，100万人次以上的港口共9座;市域铁路形成了“一枢纽三干线二支线”的布局;重庆江北国际机场建成投入使用,重庆民航实现历史性跨越。重庆交通初步形成了公路、水路、铁路、民航同步发展,相互促进、相互衔接、互为补充,各种运输方式较为齐全的交通体系,为重庆直辖后加快发展打下了坚实基础。

(三)从1997年重庆直辖市成立至今

虽然改革开放至直辖市成立的20年,重庆交通状况得到了有效改善,但交通的落后面貌仍未根本改变。直辖市成立之初,重庆交通发展极不均衡,骨架公路建设处于起步阶段,出口通道仍然不畅,县际干线公路等级低、路况差。当时城口县至重庆需要3天时间,巫溪、巫山、秀山等县至重庆也至少需要1天以上的时间,同时水运等交通发展十分缓慢,交通成为重庆经济社会发展的重大制约。直辖市成立12年来,重庆交通紧紧抓住西部大开发、三峡移民和直辖等重要战略机遇,负重自强,大胆创新,注入了新的生机与活力。历届重庆市委、市政府主要领导对重庆交通发展呕心沥血,倾注了无限精力与关爱,将1998—2000年作为“交通建设年”,并提出了“五年变样、八年变畅”的目标,同时将地方公路建设权限下放,由区县政府负责实施,提高了各区县建设地方公路的积极性。2000—2002年期间,提出了“8小时重庆”目标,重点解决秀山、巫山、巫溪、城口的交通落后状况。依托渝长、长涪高速公路和长万高速公路,重点建设国道319涪陵至秀山、省道103万州至巫山以及省道202万州至城口的公路,总里程为922公里,加上三条高速公路的资金,总投资约为115亿元,工程于2001年全面开工建设,2003年底“8小时工程”全部竣工,“五年变样”的目标顺利实现。2000年8月,在原市交通局、市公用局、市经委交通处、市港口局的基础上组建了重庆市交通委员会,统一主管全市城乡公共客运交通及公路、水路交通行业。目前,重庆市交通委员会下设重庆市公路局、重庆市道路运输管理局、重庆市港航管理局3个直属事业管理局和交通行政执法总队,另有高发司、航发司等企事业单位10余个,大交通的管理体制得到建立和完善。

2002—2005年期间,将原规划2020年建成的“二环八射”2000公里高速公路,全部提前到2010年前实施,并实现了全面开工,同时全面加快农村公路建设并取得了显著成绩，交通步入了大建设、大发展时期。2005—2007年期间，全市“十一五”规划顺利推进，市委、市政府提出了“一圈两翼”发展战略，继续加大对交通的支持力度，专门出台《进一步发挥黄金水道优势，加快建设长江上游航运中心的决定》，对加快长江黄金水道建设起到了极大推动作用。2007 年 3 月 8 日，胡锦涛总书记提出“314”总体部署，为重庆市经济社会发展导航定向。2007 年 6 月，中央决定将重庆作为统筹城乡综合配套改革试验区，交通被赋予新的历史使命。2007 年以后，市委、市政府提出：“重庆要建设长江上游经济中心，必须形成长江上游交通枢纽。”市委三届三次全会通过的《关于进一步扩大开放的决定》，把“建设大西南综合交通运输枢纽”作为加快发展、扩大开放首要任务，重庆交通建设与发展迎来新的机遇。目前已建成高速公路 1200 公里，在建高速公路约 860 公里，到 2009 年底将有 8 条高速公路总计 412 公里建成通车，到 2012 年“二环八射”近 2000 公里高速公路将全部建成通车。

改革开放是中国经济社会发展的“分水岭”，直辖市成立是重庆经济社会发展的“里程碑”。改革开放特别是直辖以来，重庆交通建设驶入了“快车道”，保持了持续快速健康发展的良好态势。交通固定资产投资规模持续扩大，公路水路交通基础设施建设投资总量持续增长，1997—2008 年共完成交通投资 1752.5 亿元，其中 1997 年固定资产投资为 29.7 亿元，到 2008 年达到 322.5 亿元，增长了 10.9 倍，保障了大规模交通建设的顺利推进，为全市投资增长和经济发展起到了强有力的拉动作用。持续扩大的固定资产投资规模，带来了重庆交通基础设施建设的突飞猛进，具体体现在以下几个方面。

（一）公路供给总量显著增加、路网结构不断改善

1978 年重庆公路总里程共 15421 公里。2008 年末，全市公路里程达到 108632 公里（含村道 70746 公里），增长 7 倍，年平均增幅 7.8%；等级公路 58978 公里，占总里程的 54.3%；等外公路 49654 公里，占总里程的 45.7%。等级公路中，高速公路 1165 公里、一级公路 420 公里、二级公路 6573 公里，比直辖之初的 1996 年分别增加 1051 公里、396 公里和 5971 公里。每百平

方公里国土面积上拥有公路通车里程由直辖初的32.6公里提高到132公里。

(二)骨架高速公路建设快速推进、运输大通道内畅外联

1994年,全长114公里、总投资18亿元的成渝高速公路建成通车,重庆告别了没有高速公路的历史。直辖市成立以来,重庆高速公路开工项目之多、通车里程之长、在建规模之大前所未有。“二环八射”2000公里高速公路全面开工,先后建成了渝万路、渝涪路、渝黔路、万开路、渝遂路等高速公路项目,形成了“一环七射”的高速公路骨架网,高速公路对外出口通道达到6个,高速公路通过或直接服务的区县达到28个。截至目前,全市高速公路里程已达到1200公里。

(三)干线公路网加快完善、通行服务能力明显提高

1999年,伴随着交通部启动西部通县油路工程和县际公路建设工程,重庆市启动了“8小时重庆”建设工程,2001年至2003年投资近115亿元,顺利完成“8小时重庆”工程,三峡库区和渝东南地区的交通条件得到极大改善;2004年全面启动县际联网公路建设,目前纳入规划的36个项目2000公里基本建成;全市所有区县之间、省际之间至少有1条高等级公路相连,有力促进了区域经济互动、协调发展。截至2008年底,全市一、二级公路里程达到6993公里,占总里程的比重为6.4%,比直辖初增加6367公里。

(四)农村公路建设成为社会主义新农村建设的最大亮点,农村交通面貌得到根本改变

2003年,重庆市启动了大规模农村公路建设,全市各级党委、政府及市级相关部门紧紧围绕“修好农村路,服务城镇化,让农民兄弟走上油路和水泥路”的建设目标,加大投入、齐抓共管,农村公路建设取得了显著成绩。2005年至2008年,全市共建设农村公路15525公里,实现749个乡镇通畅、7769个行政村通达、3525个行政村通畅。2008年底,全市乡镇通畅率为83.5%,行政村通达率为85.7%、通畅率为38.9%。农村公路建设改善了

广大农村地区长期以来的对外封闭状况，惠及了千百万农民群众，被称为服务“三农”的民心工程和社会主义新农村建设的最大“响动”。

（五）水运建设实现长足发展，水运聚集辐射能力显著增强

改革开放初期，重庆市的内河航运基础薄弱，全市内河航道通航里程444公里，其中能通机动船的只有177公里，水运总体水平较低，重庆港年货物吞吐量仅为369.8万吨。改革开放特别是直辖以来，重庆水路交通日益受到重视，建设投入成倍增长。三峡工程建设为重庆水运发展创造了重要发展机遇。重点推进了嘉陵江草街、利泽航电枢纽工程和乌江彭水、银盘航电枢纽工程建设。截至2008年底，全市内河航道通航里程达到4337公里，比1978年增长9.0倍；港口建设方面，28个库区淹没复建码头项目先后建成并投入使用，完成了寸滩集装箱码头一期、郭家沱重载汽车滚装码头、万州红溪沟散货码头、奉节宝塔坪和巫山龙门旅游码头等一批大型化、专业化、机械化的码头建设。截至2008年底，全市港口货物吞吐能力达到11186万吨，集装箱通过能力达到96万标箱，已基本形成以主城、涪陵、万州3个枢纽港区和江津、永川、合川、奉节、武隆5个重点港区为龙头的港口体系，拥有各类生产性码头泊位870个，码头岸线长度72522米。重庆内河航运的竞争力明显提升。

（六）铁路、民航协调发展，综合交通体系日趋完善

直辖市成立以来，重庆市相继新增了达万、渝怀和遂渝3条干线铁路，形成“一枢纽六干线二支线”的布局。铁路出境通道由直辖市成立之初的3个增加到了6个，路网密度达到每百平方公里1.47公里，改变了渝东南和渝东北地区不通铁路的历史。1978～1990年重庆市只有小型的白市驿机场，1985年，重庆江北国际机场开始兴建，1990年投入使用，至此重庆市的民用航空开始了跨越式的发展。2003年万州五桥机场建成并投入使用，2009年黔江舟白机场即将建成投入使用。截止2008年底，从重庆起飞的航班已通达国内58个城市、国外7个城市和地区，同时江北国际机场年旅客吞吐量突破1000万人次，跻身全国十大机场之列。

## 二、交通运输成就

改革开放30年来，重庆市道路运输企业规模化、集约化经营水平有效提高，运输装备数量大幅增加，运力加快升级换代。1978年重庆市载货汽车仅1321辆，大客车128辆。2008年重庆市公路营运载客汽车34270辆，比1978年增长267倍，年平均增长20.5%；公路营运载货汽车173849辆，比1978年增长131倍，年平均增长17.1%；主城区各类公交和班线客运的中高级车比重达36%，营运质量明显提升；龙头寺换乘枢纽及江北机场旅客换乘汽车站等一批客运设施建成使用，公共交通和长途班线客运线网布局不断优化，群众出行方式选择更具多样性、舒适性、快捷性。

农村客运加快发展，截止到2008年底，全市已实现所有乡镇通公路，通公路的行政村达到7769个，已开行客车的乡镇和行政村分别为867个和5550个，通车率分别为96.3%和61.2%，农民出行条件得到根本改善。

依托长江黄金水道，抓住三峡工程建设的机遇，重庆水运发展实现历史性飞跃。水上运力向大型化、标准化、专业化方向加快发展，目前大型自航船已经成为运输主力。到2008年，1000吨以上过闸船舶达到66%，2000吨级以上过闸船舶达到33%，集装箱、滚装船、油船及液货危险品船等专业化船运能比重达到28%；长江干线普通客运已基本转为旅游客运。

2008年，重庆全市水运货运量由1978年的4816万吨增长到6961万吨；完成货物周转量总计1291.1亿吨公里，比1978年的119.0亿吨公里增长10.8倍，年平均增长12.6%；港口货物吞吐量7892万吨，比1978年的369.8万吨增长21.3倍，年平均增长16.5%；客运量总计87450万人次，比1978年的5294万人次增长16.5倍，年平均增长15.1%。水运货运平均运距已达1268.9公里，成为综合运输体系中平均运距最长的运输方式，全市90%以上的外贸物资是通过水路运输完成的，水路货运周转量占重庆全社会总量的68.41%，位居综合运输体系第一位。同时，水运旅客周转量总计10.6亿人公里，比1978年的2.3亿人公里增长4.6倍，年平均增长7.9%。

## 三、交通安全保障

重庆交通行业始终坚持把人民群众生命财产安全放在首位，认真落实安全源头管理，健全安全生产领导责任制和目标考核制，针对薄弱环节和突出问题开展专项整治，实施了“五大工程”，有效改善了安全基础设施条件。

### （一）安保工程

投入10.6亿元，实施“生命工程”6519多公里，在全国率先对所有国省道危险路段安装防护栏，国省道危险路段“安保工程”实施率达到100%，县乡道危险路段“安保工程”实施率达到45%。2004年4月，交通部在重庆召开公路安保工程现场会议，总结和推广重庆经验。

### （二）渡船标准化改造与渡口整治工程

累计投入约4.3亿元，改造渡口码头1210个；投入专项资金补贴4000万元，完成标准客渡船改造903艘，同时淘汰老旧客渡船约1000艘，并调整优化了水上交通布局；陆续新建并投放了一批库周渡船，重庆水上交通特别是三峡库区的安全航行与渡运安全条件得以改善。

### （三）车船GPS监控工程

从2004年起连续5年，全市水上交通投入1500余万元，应用GPS技术建设“重庆市水上交通管理监控系统”，并逐步发展成为涵盖2466艘船舶和335个港航、海事、航运企业监控分中心终端的完善网络，创新了监管模式，实现了对船舶的远程动态监管。同时，对全市超长途客车、高速路客车和危险品货车实施了道路运输“两客一危”车辆GPS监控系统工程建设及全市42个区县运管部门二级平台建设。截止到2008年末，安装GPS车辆6377辆，为企业提供适时监控手段，实现了车辆安全运行的全天候监控。

### （四）桥梁安全隐患整治工程

2001—2008年投入专项补助资金2.659亿元，完成了国、省道及县乡道危桥改造470座（危隧5个）。

（五）航道整治工程

改革开放特别是直辖以来，重庆航道条件不断改善，2003 年三峡成库至库区蓄水 156 米，重庆新增航道 54 条，新增通航里程 225 公里，全市航道总数达到 190 条，通航总里程达 4337 公里，成库后改善航道里程 854.3 公里，形成深水航道 72 条 1079.65 公里；长江干线涪陵李渡至大坝成为常年深水库区航道，3000 吨级船舶畅行其间；大宁河、小江、乌江等支流航道变宽变深，船舶通行能力增大；库区实行定线制，船舶分边通行，航行秩序更加规范，大大降低了事故发生率。

## 四、交通科技

重庆交通系统紧紧围绕建设创新型、节约型交通行业这条主线，认真组织实施科技攻关，积极推广应用新技术、新成果，深化科技改革，大力完善行业科技创新体系，交通科技工作取得显著成绩，引领和支撑着交通基础设施建设又好又快发展。

（一）特大桥梁建设技术取得突破性进展

特大桥梁集群监控技术、特大桥梁钢管混凝土拱桥的设计施工关键技术、大跨度宽桥面结合梁斜拉桥设计与施工关键技术等项目的研究，解决了重庆公路桥梁建设中的关键技术难题，为建成“一环七射”和“8 小时重庆”提供了有力的技术支撑。

（二）长大隧道通风照明技术成效显著

围绕隧道通风、照明、智能控制、防灾减灾方面开展研究，提高了隧道建造技术水平，有效节约了能源和资源。

（三）路面新材料研发取得创新性成果

为解决现行普通水泥混凝土路面刚度大、行车舒适性差的技术难题，组织研究的聚合物改性水泥混凝土路面采用水泥作原材料，却具有沥青路面的使用效果，被称为“第三种路面形式”。

（四）交通运输技术发展迅速

通过现代船舶建造技术改造船舶，长江干线货运平均吨位达到 1300 吨以上。

(五)交通行业节能减排新技术取得明显成效

开展了LNG、CNG清洁燃料汽车研究与推广应用、工业固体废弃物作为路面修筑材料的再利用、沥青与水泥路面的再生与利用等研究,有力推进了交通行业节能减排工作。

(六)交通现代信息技术水平明显提升

交通营运领域信息化建设成效显著,建成了"高速公路联网收费系统"、"公交IC卡系统"、"重庆高速公路养护综合管理系统"、"重庆市港航综合信息管理系统"等。信息化建设步伐的加快,极大提高了管理水平、工作效率和服务质量。

(七)交通科技创新体系不断完善

坚持"大胆创新、积极开拓、强化服务"的理念,以创新的思维方式,引入多种管理机制和模式,整合科技资源,促进产学研结合;开展重大科研项目招标探索,吸引更多优势科研资源,提高科研水平;成立专家咨询委员会,设立"重庆交通科学技术奖"和"重庆交通金点子奖",营造了交通行业勇于创新求变的良好氛围。改革开放以来,重庆交通系统研发的科研成果获国家、部市级以上科技进步奖120多项,其中获国家科技进步一等奖1项;获重庆市科技进步特等奖、合理化建议特等奖各1项,一等奖12项,二等奖34项,三等奖73项。

## 五、交通精神文明建设

重庆市严格按照干部"四化"方针和德才兼备原则及选拔程序任用干部,加大干部调整交流力度,制订了一系列干部交流的规定和办法,适时进行领导干部的调整和充实配备工作,增强了领导班子的整体素质和领导水平。此外,我市还大力推进干部能上能下的竞争激励机制,加强对领导干部的监督管理,建立健全了干部谈话等10个制度和办法,增强了干部的自我约束能力和领导班子的凝聚力和战斗力。通过积极推进干部人事制度改革,30 年来推出了一系列干部人事制度的重大改革,为重庆交通持续发展提供了有力的人才支撑。

大力宣传交通发展成就,认真开展“学、树、创”、社会主义荣辱观教育、先进性教育,以及“执政为民,服务发展”和“作风建设年”等活动,积极培育交通人文精神,行业作风明显改进,并且塑造了一大批全国和全市先进典型。截至 2008 年末,全市交通行业创建国家级文明单位 1 个,全国精神文明建设先进单位 1 个,全国交通文明行业 4 个,全国交通文明行业先进单位 1 个,全国交通行业文明单位 4 个,全国交通文明示范窗口 13 个,市级文明单位标兵 23 个,市级文明单位 101 个,委级文明单位 123 个,全市交通系统文明行业 15 个,区县交通局(委)创建文明单位的覆盖面达 96% 以上。

认真落实党风廉政建设责任制,建立完善学习与教育、制度与监督并重的具有交通特色的惩治和预防腐败体系,切实开展商业贿赂专项治理,强化交通基础设施建设领域廉政监督和审计,向重点项目派驻纪检监察员,实现了廉政建设关口前移。全面推进政务公开工作,始终确保交通系统党风廉政建设和反腐败工作始终朝着健康方向推进。

## 六、交通发展前景

2007 年 3 月,胡锦涛总书记寄语重庆,明确重庆要加快建设成为西部地区的重要增长极、长江上游地区的经济中心、城乡统筹发展的直辖市,在西部地区率先实现全面建设小康社会。2007 年,国务院批准重庆为全国统筹城乡综合配套改革试验区,并通过了《重庆市城乡总体规划》。2009 年 1 月 26 日,国务院正式出台《关于推进重庆市统筹城乡改革和发展的若干意见》(下简称《意见》),把重庆的改革发展上升为国家战略,赋予了重庆新的历史使命,也给重庆带来了新的战略机遇,对于促进重庆改革发展和全国区域发展都具有里程碑式的意义,对重庆交通发展影响深远。《意见》对重庆的黄金定位共 13 个,很重要的两个就是“长江上游地区综合交通枢纽和国际贸易大通道”、“长江上游航运中心”。《意见》共计 38 条,其中有 5 处直接提到公路、水路交通发展的目标任务和支持政策。如要求“加快重庆辖区国家高速公路网络建设”、“支持重庆‘通村油路’建设试点”、“推动长江航运中心建设”、“支持重庆进行综合交通体制改革试点”等，这些既是中央对我市交通建设的具体支持，同时也指明了我市交通发展的新目标和新方向。

按照科学发展观的要求，结合重庆交通实际，我们提出到2012年基本建成长江上游地区综合交通枢纽，2020年交通基本实现现代化的发展目标。

公路交通。高速公路：2012年前，建成以都市圈为中心，连接全市40个区县的“二环八射”高速公路网。通车总里程达到2100公里，除城口外的所有区县通高速公路，建成“4小时重庆”；与周边省市接壤的主要城市全部实现高速公路连通，重庆主城在8小时内能直接抵达成都、贵阳、昆明、西安、武汉、长沙6个省会城市，建成“8小时周边”。到2020年使高速公路总里程达到3600公里，形成“三环十射三联线”高速公路网。县际和农村公路：到2012年使乡镇通畅率达到100%、有条件的行政村通达率达到100%，公路里程达到11.5万公里，公路密度达139公里/百平方公里、居西部第1位；一、二级公路里程达到8000公里；等级公路比重提高到67%。到2020年实现县与县之间连接公路全部高等级化，农村公路实现乡乡、村村通水泥路或沥青路。

水路交通。到2012年，基本建成长江上游航运中心，使四级及以上航道里程达1400公里，高等级航道比重达26%，长江干线航段可通行3000吨级船舶和万吨级船队。港口货物吞吐能力达1.4亿吨，集装箱达220万标箱，船舶运力达550万载重吨，主要水上运量指标在2006年基础上翻一番。到2020年，形成便捷、高效的内河航道体系，完善的支持保障系统和现代化的重点枢纽港区，形成以水运为载体，以腹地为支撑，充分依托铁路骨架、高速公路网和机场的强大辐射作用，通过各种运输方式之间的有机衔接，利用长江、嘉陵江、乌江“一干两支”国家高等级航道的巨大通行能力，以高密度的集装箱班轮产生的聚集效应和优越的航运、金融、贸易、信息、口岸等服务，带动临港经济发展，使重庆港形成对周边地区的产业聚集优势，将重庆建成长江上游辐射西部地区最大的集装箱集并港、大宗散货中转港、旅游客运集散中心、汽车滚装运输主通道、船舶生产基地和交易中心、航运信息中心和人才高地，全面建成长江上游航运中心。

公共交通。到2012年，主城公共交通压力进一步缓解，服务水平明显提高，公交分担率提高到43%；区内公交线网覆盖率提高到87%；平均换乘次数下降到1.1次；平均出行时间不超过40分钟。完善与高速公路、水运、铁路、民航等相配套的客货运输站场，实现全市所有区县政府所在地都有客货枢纽站；大力发展农村客运，全市100%的乡镇和90%的行政村实现通客车。到2020年，建成安全、便捷、舒适、安全的城市公交体系，全市所有乡镇、行政村通客车，形成城乡运输一体化格局。

铁路交通。到2012年，基本建成西部地区最大的铁路枢纽，形成“一枢纽八干线三支线”（“一枢纽”为重庆铁路枢纽，“八干线”为成渝线、渝黔线、襄渝线、遂渝线、渝怀线、兰渝线、达万线、万宜线，“三支线”为三万线、万南线、南涪线）的铁路网布局，营运里程达1500公里、运输能力达240对/日；货运能力达15000万吨/年。到2020年，形成“一枢纽十干线三专线六支线”铁路网布局（“一枢纽”为重庆铁路枢纽；“十干线”为成渝线、渝黔线、襄渝线、遂渝线、渝怀线、兰渝线、达万线、万宜线、渝利线、安常线；“六支线”为三万线、万南线、南涪线、涪万线、渝石线、渝滇线；“三专线”为成渝、渝万、沪汉渝蓉客运专线），铁路营运里程达2420公里，单位面积拥有铁路294公里/万平方公里，复线营运里程达1430公里，复线率达59%，电气化营运里程达2191公里，电气化率达91%。

民航交通。到2012年，形成由重庆江北国际机场、万州五桥机场、黔江舟白机场组成的“一大两小”的机场布局，旅客吞吐量达到2000万人次，货邮吞吐量达到23万吨。到2020年形成由重庆江北国际机场、万州五桥机场、黔江舟白机场和巫山旅游支线机场组成的“一大三小”的机场布局。

回顾过去，重庆交通成绩斐然；展望未来，重庆交通任重道远。重庆将继续以党的十七大精神为指导，深入贯彻落实科学发展观，按照“314”总体部署，紧紧抓住国发三号文件等推动交通大发展的战略机遇，继续解放思想，深化改革开放，努力把重庆建设成为长江上游地区综合交通枢纽，为重庆市经济社会又好又快发展提供坚强有力的交通运输保障。

# 八百里路云和月

陈永忠

1997 年,对每一个重庆人来说,都有特别的记忆——重庆直辖市成立了。对我和妻子来说,1997 年还有一件永远难以忘怀的人生大事——这年的元月 6 日,我们结婚了。我的婚龄与直辖同岁,真是双重喜庆呀!不禁想起了八百多年前"重庆"之名的由来。岳父家住在重庆八百多里以外的彭水县郁山镇,结婚十年来,我曾多次前往。云和月可以作证,这八百里路十年前需要 30 多小时才能走完,而今 4 小时就可到达。

1997 年的春节,是我们结婚后的第一个春节,我随妻子第一次去了岳父家。这一年腊月小,没有大年三十,我清楚记得是腊月二十八日上午 11 点从朝天门码头坐船回去的。那时的陆路交通非常不便,虽有一条 319 国道,但必经的白马山初冬以后便大雪封山了,于是轮船成了唯一的交通工具。在长江上航行 5 个多小时后抵达涪陵,准备沿乌江逆江而上,由于乌江枯水季节航道狭窄,险滩、急流密布,部分航道按规定严禁夜间通过,于是轮船在涪陵要等到凌晨 2 点再开航。乌江真是一幅天然画廊,可是,小船被急流冲打得颤颤巍巍的,我的心也跟着悬了起来,随时准备着抓救生衣,完全没有心思去欣赏两岸绚丽的风光。到第二天下午 3 点多,船抵达了彭水码头。由彭水县城到郁山镇,还有 50 多公里,是老 319 国道,坡陡、弯急、路窄、坑多,我们转乘汽车经过 2 个多小时颠簸,终于赶在年夜饭前到达了岳父家。

从重庆到郁山，共花了30个小时。“养儿不用教，酉秀黔彭走一遭”，这次彭水之行，我深深领会到了交通闭塞与贫穷落后的关系。当时管辖彭水等5个县的黔江地区为了寻求发展，首先着手的就是交通问题，震撼人心的“宁愿苦干，不愿苦熬”的黔江精神就是在修路过程中总结提炼出来的。

十年来，云还是那片云，月还是那个月，路却不再是那条路。每一次回郁山，总有新变化。先是涪陵到彭水的沿乌江公路通了，冬天不再担心大雪封山，一年四季均可通行，我们只需坐船到涪陵，再转汽车就可直接到达郁山，路途时间约为8小时。后来渝涪高速公路建成了，再后来彭水到黔江的319国道新线也建成了，交通条件越来越好，八百里路也缩短成了七百里，路途时间则缩短到了4个多小时。除公路外，经过郁山的渝怀铁路客运已于去年底正式开通，我们再要回去，不仅快捷方便，而且有了多种选择。交通条件的改善，使纯农业的山区有了工业，沿线的矿山、建材等企业正在兴起，养在深闺人未识的乌江画廊等旅游景点也撩开了诱人的面纱，最让妻子高兴的是郁山镇特产的晶丝苕粉竟然进入了重庆主城区的商场……是啊，没有交通，哪来的流通？没有流通，哪来的发展呢？

看到新319国道沿途的隧道、桥梁以及镶在悬崖中的公路，我不禁感叹，这是一项多么浩大的工程呀！同时，也对十年前落后的交通状况多了一份理解——没有先进的筑路架桥技术，没有足够的财力，没有决策者们的雄心壮志，没有国家和广大人民群众的支持，又怎么能够改变落后面貌呢？今年4月2日和4日，一场暴雨后接连发生在彭水境内公路上的三次滑坡，造成了7人死亡和319国道中断的重大损失，让我对沿途恶劣的地质地貌有了基本认识，要战胜大自然，根本性地改善交通条件，真是太不容易了。看到这条黑油油的、闪闪发光的公路，这不正是资金密集型、技术密集型和劳动密集型的结晶吗？崇敬之意油然而生。

十年前的八百里路，已经成为记忆，随着渝怀铁路提速和渝湘高速公路的建成，让我感慨不已的“八百里郁山4小时还”也将成为历史，“30小时”变“2小时”不是神话，我们已经听到了“2小时”的脚步声。到岳父家交通条件的变化，只是直辖十年来重庆交通变化的一角，这种变化仍在继续……

# 回家的路不再漫长

杨　红

我的家乡在重庆永川大安镇农村，高速公路就从我家门前通过。

10 年前，18 岁的我应征入伍离开永川，来到千里之外的辽宁驻军某部。由于当时的交通条件只有火车供长途乘坐选择，每次请假回重庆永川探家时，中途得辗转换乘 3 次，一路颠簸，花上 4 天才能风尘仆仆回到家，长途乘车带来的疲惫自然不必细说。

20 世纪 90 年代，高速公路如雨后春笋般在神州大地迅猛发展。作为一名生活在异乡的永川籍人，我迫切希望早日有一条高速公里通往家乡。

记不清是哪年的哪天了，我的老母亲突然从永川家乡打来长途电话兴奋地告诉我说："家乡正在铺设高速公路，白天晚上都在施工，灯火通明，机声隆隆，速度真快，乡亲们像过年一样高兴。"听了母亲的话，我心里为家乡日新月异的发展感到欣慰。今年春节，我迎来了探家的日子。为了体验高速公路带来的快捷，体验那份社会进步、经济发展的喜悦心情，我携带妻儿，开上自己心爱的轿车，从沈阳出发，一路高速公路，走锦州、经唐山、过北京一直南下，从陕西进入四川的成渝高速公路，很快就到了永川。我们日夜兼程，一路畅通无阻，只花了 40 个小时，就开到了家乡。当我们这么快就出现在父母面前时，年迈的老母亲激动地老泪纵横，拉着我和妻子的手说："快看看吧，这几年家乡的变化太大了！"

想想看,高速公路这个10多年前连听都没听说过的新名词,只短短的几年就变成了现实,出现在人们的视线里、生活中,对于祖祖辈辈在这片古老的土地上生息繁衍的父老乡亲来说,那将是一种怎样的心情?

高速公路通到家乡,不仅为发展当地经济插上了腾飞的翅膀,而且对方便人民生活开辟了便捷的途径,正改变和影响着他们的生活。我大哥高兴地说:“如今有了高速公路,交通不用愁,我买了台汽车,把果园里的水果直接拉到周边城市的重庆、成都卖了好价钱。”我的母亲却说:“俺这把年纪还没有去过北京,今年,我要到北京去看看。”而父亲则有自己的远景打算:“如何依靠高速公路的优势,把家里经济搞起来。”

望着村里一排排正在建设中别致的新楼,看着乡亲们丰衣足食的幸福和对精神生活的渴望,再回头看看那川流不息的高速公路,我由衷地感慨道:“生活,在变得越来越好了!”

# 老驾驶员迷路

刘　恋

我父亲原是重庆某公交公司的一名客车驾驶员，在公交公司开了30多年车，算正宗的“活地图”，几年前退休后到广东姐姐那里生活。今年春节，父亲回到重庆，为了直观感受重庆直辖十年来的变化，他从朋友处借了一辆小车，准备绕主城看一看。父亲从早晨出去，直到黄昏也不见回来。出发时，父亲忘带手机，急得我们全家疯狂地四处寻找。夜幕快降临的时候，父亲终于疲惫不堪地回到家里，我们脑子里紧绷的弦总算松了下来。大家问父亲，是不是车出了毛病，或是违章被交警逮住了。父亲哈哈哈大笑，有些不好意思说：“我迷路了，上了五黄路，我就摸不清方向了。”这怎么可能？大家非常惊讶，因为父亲是“活地图”啊！父亲感叹道：“看来，我这个活地图真的该淘汰啰！几年不见，重庆修了这么多四通八达、纵横交错的高速公路，我哪里分得清东西南北嘛！像这样发展下去，以后出门我可能真的找不着回家的路了。”

的确，父亲此言不虚。重庆直辖十年，城市变化可谓日新月异，特别是交通建设更是发生了翻天覆地的变化。一条条高速公路辐射到了重庆的每一个角落；一座座气势磅礴的桥梁横跨江河，如彩虹飞渡。通往远离重庆主城的秀山、城口等偏僻区县，也由以前一周的颠簸旅程提速至24小时之内；去重庆主城周边区县正浓缩成几小时的快乐之旅。以前的乘车难、出行难已成为了历史。重庆交通的巨大变化不但让市民们真切感受到了方便和实惠,也让外地来渝的人们对年轻靓丽的重庆直辖市有了全新的认识。

交通的巨变、观念的更新,让崛起的重庆直辖市独具都市风采与现代魅力。浓缩成一句话就是:生活便捷了,节奏加快了,城市变美了,经济提速了。也许,当“一小时”重庆变为现实的时候,像我父亲那样久违的老驾驶员还会迷路,但城市与家的距离会变得越来越近,越来越近……

# 天堑变通途，蜀道换新颜

四川省交通厅

山川秀丽、物产丰富使四川享有“天府之国”的盛誉，但崇山峻岭、险峻复杂的地形又使四川留下“蜀道难”的印象。千百年来，由于交通条件的限制，丰富的物产、秀丽的山川得不到开发利用。为了改变落后面貌，进而摆脱贫困，四川人民积极投身于交通建设。从新中国成立到改革开放之前，四川交通建设虽有初步发展，但始终落后于四川经济建设的步伐。

党的十一届三中全会以来，我国进入了社会主义现代化建设的新阶段，社会生活的各方面均取得了历史性的突破。四川交通系统在省委、省政府的正确领导下，在交通部的大力支持下，紧紧围绕改革这个中心环节，推进对外开放，抓住历史机遇，积极调整发展战略，更新建设理念，创新管理机制，强化服务意识，缓解了交通的“瓶颈”制约，实现了四川交通快速持续健康发展，为四川国民经济和社会发展作出了重大贡献。

新中国成立以来，四川交通发展大致可分为以下几个历史阶段：

## (一)第一阶段(1949—1978年)初创时期

新中国成立初期，四川的公路少得可怜，川、康两省只有简易公路8581

公里，破烂不堪而且缺桥少涵，能通车的里程不足一半。到1978年年底，全省有公路82391公里，桥梁12911座，计32996延米，但依然标准很低，晴通雨阻现象普遍。全省仅有4000余辆汽车，且运输车辆性能落后、运效低下，全省60%的县不通汽车，大部分地区依靠人力和畜力运输。

（二）第二阶段（1978—1990年）大转折时期

改革开放以来，国家工作重点转移到以经济建设为中心，四川交通事业进入了历史上新的发展时期。四川交通加快建设进程，路网结构逐步完善，等级质量不断提高，蜀道难的面貌逐步改观。在这期间，四川多渠道筹集建设资金，加宽干线公路和大中城市进出口公路改造，兴建高等级公路，修建大型公路桥梁，加快老、边、少地区的公路建设，建设"标美路"和"整型路"。先后完成了岷江、大渡河整治，改善航道400多公里，建成38处重点船闸、70座大小码头，整治小河航道780公里。

为改变制约盆周山区经济发展的公路落后状况，省委、省政府把发展山区公路交通作为"富民升位"和全面开创四川经济工作新局面的战略决策来抓。1984年，我省最后一个不通公路的甘孜州德荣县通车，实现全省县县通公路。至1985年年底，全省加宽改造公路30841公里。1978—1988年10年间全省共新建山区公路12737公里，从而使全省的县乡公路由1978年的63982公里增加到1988年的76719公里，其中绝大部分是在盆周山区和甘孜、阿坝、凉山三州。

由眉山倡导并推广到全省的公路加宽改造，拉开了公路技术改造的序幕，使四川公路建设开始从"数量型"到"质量型"的转变。全省16个地、市、州的大部分县（市）以国、省道为重点进行加宽改造工作。干线油路整治完成700公里，建成标准路1700公里，路况太差的状况有所改变。全省先后完成成灌、成温邛、大件路北段、成都—乐山—峨眉路段，18个大中城市进出口公路改造以及20座特大桥等重点公路建设项目；新（改）建山区公路1万公里，新建桥梁1 821座69 000延米，重点整治油路2 597公里，公路好路率由1985年的37%提高到56.8%。其中大件路北段（成都至德阳）51.67公里高等级公路，是全国设计承载能力最大、省内技术标准最高的公路,可通行总荷重 720 吨平板拖车,解决了特大重装设备的进出川运输问题。"七五"期间新建公路 6135 公里,1990 年底全省公路总里程达到 9.7 万公里,建成二级以上高等级公路 717 公里,新建 100 米以上的大桥就有 130 多座,2.6 万延米。

1984 年,国务院在专门研究公路交通建设的会议上作出三项规定:养路费由 12% 提高到 15%,增加部分全部用于公路建设;开征车辆购置费,用于公路发展;允许利用外资、贷款、集资、发行债券等办法,筹集公路建设资金,建成后收费偿还。同年省交通厅请示省政府同意后决定:对渡运量大的 10 处重点公路渡口征收过渡费,集资建桥。1985 年 2 月 1 日,四川省第一条收费公路:宜宾吊(黄楼)白(沙)路收取过路费。1986 年 11 月 1 日,四川省第一座收费桥:眉山岷江桥,收取过桥费。

这一时期,我省公路桥梁建设有了很大的发展。1978 年全省公路桥梁为 12911 座 323996 延米,1988 年发展到 14927 座 434089 延米,增加 2016 座 110093 延米,其中建成特大桥 33 座 12731 延米,建成大桥 431 座 52308 延米。1979 年建成的宜宾马鸣溪金沙江桥,主孔净跨 150 米,是国内跨径最大的无支架吊装箱型拱桥;1983 年建成的铜街子大渡河桥是国内承载力最大的钢筋混凝土箱型拱桥;1980 年建成的重庆长江公路桥,主孔净跨 174 米,是国内同类型桥梁中跨径最大的;1982 年建成的泸州长江公路桥,桥总长 1255.6 米,是我省跨越长江最长的公路桥;1986 年在巫山龙门峡首次应用无平衡重转体施工法建成的单孔净跨 122 米的钢筋混凝土箱型拱桥,在全国是一次新的突破。

纵观这一时期我省交通的发展变化,走的是顺应商品经济发展之路,解放了思想,更新了观念。"要想富,先修路","交通需先行"已成为各地政府发展经济的一个前提条件或重要手段,成为群众自觉的行动,成为社会各界的共识。根据我省财政困难、贫困地区面大、地方财政拿不出多少钱修公路的实际情况,走出了一条以路养路滚动发展的路子,改变了长期以来单一依靠国家投资办交通的格局,多形式、多渠道集资或贷款修建公路和桥梁。坚持"民工建勤,民办公助"的方针,提出"谁修建,谁受益"的原则,实行交通补一点，单位筹一点，地方拿一点，政策放宽点，群众辛苦点的办法，调动各方办交通的积极性。

这一时期，交通部门广大职工艰苦奋斗，涌现了养路为业、艰苦为荣、扎根高原、助人为乐的甘孜州养路段雀儿山五道班，按科学规律养路、用共产主义精神工作的雅安总段天全养路段二郎山道班，自力更生、艰苦创业20年使公路面貌大改变的万县总段同乐道班和自强不息养好“双超”油路的乐山总段峨眉养路段九里道班。同乐道班、二郎山道班、雀儿山道班先后被交通部授予“双文明”单位。

（三）第三阶段（1991—2000年）深化改革时期

“八五”期间，通过采取“以工代赈”、“公路建设大包干”和开展“交通发展年”等活动，全省新（改）建公路10 458公里、桥梁167座24 919延米，新建标美路5 071公里、水泥路2 934公里，公路好路率比“七五”期末提高17%。大件汽车运输专用公路，纳（溪）大（方）、绵（阳）江（油）等高等级公路先后建成通车。同时，成绵高速公路、国道108线广元北段、内宜高速公路、广邻高速公路等一大批高速公路相继建设。“八五”期间最突出的成果是：全长340.2公里，投资40亿元，历时五年的成渝高速公路如期竣工通车，结束了四川没有高速公路的历史。

“九五”期间，四川公路交通发展速度明显加快，以高速公路为主骨架的三级公路网络（国道干线建设、区域路网建设与改造、农村通达工程）初步形成。不仅建成成绵、成都城北出口、成都机场、内宜、成乐、成灌、国道108线凉山段、隆纳、成雅、达渝路罗江至大竹段、广邻等11条高速公路，还有在建高速公路里程500公里。至2000年底，行政区划调整后的新四川，公路总里程达108529公里，居全国第二位，建成高速公路1000公里，居全国第六位，西部第一位，基本形成以成都为中心、以高速公路和国省干线公路为骨架，连接城乡、沟通山区、贯通相邻省区的公路网。

“九五”期间，全省建成航电枢纽工程2个，渠化航道里程108公里，整治航道里程491公里，整治险滩73个，使全省3级~7级航道达2383公里，占航道总里程6089公里的39.14%。2000年6月竣工的乐山大件码头，码头岸线长115米,设计750吨泊位1个。其直立式桥吊跨度39米,高28.5米,起重最大单件550吨,是当时国内内河起重和跨度最大的桥吊,被誉为“岷江大力神”。

这一时期是我省交通建设快速发展和改革创新的重要历史时期,成为四川交通建设的重要里程碑。

进一步深化投融资体制改革,形成多元化投资新局面。省委、省政府高度重视高速公路的建设,制定了以高速公路为龙头的三级公路网络宏伟蓝图;省政府出台实施了收费公路政策,使我省公路建设融资能力大大增强。“九五”时期,除了交通规费、国家补助和地方投入外,银行贷款、招商引资、政策融资和社会集资占了交通建设总投资的65%以上。

1995年9月21日,我省第一条利用世界银行贷款、实行国际竞争性招标和实施中外工程师联合按“菲迪克”条款进行工程监理的大型公路建设项目成渝高速公路如期竣工通车,结束了四川乃至西部没有高速公路的历史,成为四川公路建设史上的里程碑。成渝高速全长340.2公里,投资40亿元,历时五年,连接成都、内江、重庆三大工业城市,途径14个市县区。成渝高速的建成使成都至重庆的行车时间由12小时缩短为4小时,比原成渝公路缩短98公里,比成渝铁路里程减少164公里。成渝高速的建成通车,改善了沿线的投资环境,带动了产业结构的调整,连通了旅游网络,对于加强四川的对外交往,带动成渝社会经济发展,具有重要的意义。1994年12月,时任国务院总理李鹏来川视察,为在建中的成渝公路题词“巴蜀坦途”。1995年9月,时任国务院副总理邹家华为已建成的成渝高速公路题词“昔日蜀道难如上青天,今朝穿隧立交高速行”。

中国西部第一条中外合资高速公路——成绵高速,是新加坡、中国、香港地区41家企业联合组成的新中港集团投资12.8亿元建成的,于1998年12月21日正式全线贯通并投入运营。成绵高速是交通部规划新建的国道主干线GZ040二连浩特—河口的一段,是四川省高等级公路主骨架的重要组成部分,是四川省南北向的一条主要经济干线。该高速公路从成都至绵阳全长92公里,设计时速为100公里,是全封闭、全立交、高标准配套的现代化高速公路，途经广汉、德阳，穿越川西平原经济发达区。成绵高速公路的建成对提高四川南北交通通行能力，促进沿线的经济发展，发掘成（都）、广（汉）、德（阳）、绵（阳）一带的潜在资源，使中国西部电子高科技城绵阳、工业重镇德阳与省府成都连成一片，在商贸、科技、文化、旅游等诸方面优势互补，对于改善投资环境，拓展旅游事业等，都起到不可低估的巨大作用。

自 1995 年成渝高速和 1998 年成绵高速建成通车后，成都城北出口、成都机场、内宜、成乐、成灌、国道 108 线凉山段、隆纳、成雅、达渝路罗江至大竹段、广邻等高速公路陆续完成，同时还开工建设成南、绵广、成都绕城等多条高速公路。

进一步深化公路养护体制改革，发挥地方和群众的积极性。通过权、责、利的重组和调整，实现养护生产力的解放，调动地方管养公路的积极性，为新的公路管养体制和运行机制创造条件。我省旧的公路养护体制存在条块分割、机构重叠、管理交叉、生产效率低、“养路”与“养人”的矛盾突出、地方积极性难以发挥等问题。1988 年实施的第一步改革就是将省属 18 个总段、109 个分段，18000 公里国省干线公路和 4 万多名养路职工成建制地下放给地方管理。1993 年 12 月，省政府批准实施第二步改革。改革的核心内容是改养路费“切块包干、超收分成”为“全额分成或定额补助”，进一步下放计划权和财权。各级政府和交通部门积极参与，初步建立了“统一领导、分级管理、市（地、州）为中心、县为基础”的公路管养体制，较好地理顺了省、市、县三级公路管养关系，明确了各自的职责。到 1995 年年底，全省各地养护体制改革基本到位，调动了职工积极性，提高了公路养护工程投资效益。全省养路部门积极实施“拓展工程”，分流富余人员，多业并举，既提高了技术人才和设备的服务效率，又增加了养路部门的生存能力和竞争能力。据统计，全省精简科（室）668 个，新办经济实体 99 个，分流富余人员 5998 人。公路养护机制转换取得实质性进展，养护生产向企业化迈进，事企分开，管养分离，职工思想观念更新，工作积极性和主动性明显提高。至 1995 年年底，全省建成标美路 6000 多公里、整形路 30000 多公里，宜林路段绿化 35609 公里，达到 64.8%。全省公路养护行业在改革中推行了多种模式,都取得了较好的效果。1993 年建立了“统一领导,分级管理,市(地、州)为中心,县为基础”的框架。推行“一县一段,建立直属段,分流人员,离退休包干,管理企业化,建立大道班”的管理模式。在公路养护生产中,1996 年 10 月,在全省推广大竹县撤销道班,组建机械化养护中心的试点经验,是全省公路养护机械化的新起点。1998 年进一步推行“事企分开,管养分离,养护生产企业化”。为提高公路质量,开展了标美路、文明样板路、整治烂路、整治危(病)桥等养护工程和安保工程建设。

进一步深化交通行业管理体制。逐步重视对交通行业的管理和规范,初步形成以改革促发展、以法制为保障的交通行业发展体系。交通法制建设进一步加强。省人大先后颁布了《四川省公路路政管理条例》、《四川省水路交通管理条例》、《四川省道路运输管理条例》、《四川省公路养路费征收管理条例》、《四川省水上交通事故处理条例》等地方性法规,初步形成了我省交通法规体系大体框架。1997 年,省交通厅印发了《交通行政执法工作报告》、《交通行政执法监督检查制度》等七项制度,全面实施行政执法责任制,规范执法行为、执法文书和执法程序,执法人员全部培训上岗,执法监督体系基本建立。

(四)第四阶段(“十五”期间至今)大发展时期

“十五”期间,四川交通发展任务重,投资规模大,增长速度快,建设质量好,成绩优异。其主要表现为:全省交通基础设施建设完成投资 751.6 亿元,比“九五”期间增长 59%,超过新中国成立至“九五”期末完成投资的总和;建成成南、绵广、南广、达渝、成都绕城、成彭、成温邛等 759 公里高速公路,高速公路通达 17 个市州;全面完成 47 个项目、4276 公里三州通县油路建设任务,使三州州府所在地与各县城间全部以油路相连,行车时速平均提高一倍以上,实现三州交通事业一步跨越 20 年。至 2005 年底,全省公路总里程达 11.5 万公里,比“九五”期末增加 2.4 万公里。其中,高速公路通车里程达 1759 公里,新增 759 公里;二级以上公路达 1.3 万公里,新增 4000 公里;公路密度为 23.5 公里/百平方公里,增加 5 公里;高级、次高级路面铺装率达 42 %,提高 7.6 个百分点。2006 年,四川公路交通保持持续快速健康发展势头，全省公路总里程达 16.6 万公里，其中高速公路里程达 1788 公里。2007 年底，全省公路总里程达到 18.9 万公里，高速公路达到 1939 公里。

水运方面，“十五”期间四川内河航运基础设施建设的重点是嘉陵江航道梯级开发、渠江渠化、二滩库区港口、南充港和宜宾菜园沱码头建设，并充分借用长江“黄金大通道”，建成与高速公路衔接的水运主通道，以形成港航配套、干支相通、通江达海的水陆联运网络。至 2005 年底，嘉陵江渠化开发初见成效，规划建设的 13 个航电枢纽，已建成 4 个，在建 7 个，渠化四级航道 112 公里；建成渠江金盘子航电枢纽；完成岷江大件航道续建工程和岷江成都至乐山段航道整治工程，整治航道 348 公里；建成泸州集装箱码头、二滩库区港口、广安港、南充港一期工程等重点项目，新增港口泊位 19 个，全年港口新增年吞吐能力 318 万吨、200 万人次、集装箱 2.5 万标箱，建成农村渡口 1 307 座。

这个时期是我省交通建设取得辉煌成就的重要时期，以投入最多，发展最快，质量最好，改革成果最显著，精神文明建设成效最大，对四川经济社会发展成就最突出，在四川交通史上写下了崭新的一页。

**1. 进一步加大高速公路建设力度**

按照交通部和国家高速公路网规划，四川克服在山岭重丘修建公路技术难度高、投资大等困难，抢抓机遇，加快发展，在社会各界的大力支持下，实现了高速公路建设的高速度，在 2000 年高速公路通车里程达到 1000 公里的基础上，又相继建成成都绕城、成南、绵广高速等具有重大影响和经济作用的多条高速公路。两年内四川高速公路通车里程达到 1500 公里，先后建成成南、绵广、南广、达渝、成都绕城、成彭、成温邛、宜(宾)水(富)等高速公路，高速公路通达 17 个市州；西攀路、都汶路、遂渝路、邻垫路、南渝路、攀田路、广巴路、海竹段、郎川路、沐新路等续建项目按计划有序推进，达陕、广陕、雅西、纳贵、宜宾经泸州至重庆高速等已进入实施阶段。

**2. 加强了对农村交通的建设**

2003 年交通部提出“让农民走上油路、水泥路”的号召。四川省政府作出规划并实施补助政策，通乡沥青路(水泥路)每公里补助40万元，通村公路每公里补助10万元，通村水泥路(沥青路)每公里补助10万元，推进了农村公路的快速发展。近5年时间建成农村公路8.4万公里，完成投资314亿元。其中建成通乡沥青路(水泥路)1万公里，通村水泥路(沥青路)2万公里，修建通村公路5.4万公里。全省实现了乡乡通公路，有54.8%的乡通沥青路(水泥路)，60%的村通公路。我省农村公路建设的发展速度跃居全国前列。我省先后召开两次邛崃会议和元坝会议，放手发动群众，掀起农村公路建设高潮，创造出"元坝模式"和"仪陇模式"，促进了我省农村公路建设的顺利进行。同时交通建设积极服务"三农"，实施了农村公路、农村客运、农村小码头和"绿色通道"等四项民心工程。2006年，省政府出台了《关于加快四川农村公路发展的实施意见》，明确到"十一五"末，四川省除三州外的其他地区将基本实现村村通公路，全省90%的乡、50%的建制村通水泥路或油路。

**3. 民族地区交通建设取得突破**

2001年6月，国务院总理朱镕基来四川视察，决定由国家资助孜、阿坝、凉山三个州州府所在地到各县的油路建设，立项47个项目4276公里，按三、四级公路标准实施，每公里补助50万元，不足部分由省、州自筹。工程建设分四个阶段：第一阶段为工程项目前期准备。时间是2001年6月到2002年春节前，落实建设方案，成立组织机构及大会战动员，抢在冬季冰冻之前完成全部工程项目的测设和招投标工作。第二阶段是狠抓工程项目的全面开工，时间是2002年春节至6月以前。第三阶段是展开以工程质量、工期、投资控制为核心的全面攻坚战。2002年6月、8月、12月分别在甘孜州康定、阿坝藏族自治州川主寺、凉山州西昌召开通县公路建设工作会议，交流经验，解决存在的问题。第四阶段从2002年底到2003年9月底，进入最后决战阶段，调整和加强了组织管理力量，对工程质量进行拉网式大检查；对检查出来的问题，下达整改通知，约谈部分施工、监理单位法人。通过各项有效的监管措施，2003年9月，全部工程项目交工，验收均达到合格及优良工程标准。

四川自身也加大了对甘孜、阿坝、凉山三州公路建设资金的投入，改造了九寨环线旅游公路，打通了二郎山、鹧鸪山公路特长隧道，分段实施了川藏南线改造工程和川藏北线油路工程，全面完成47个项目、4276公里三州通县油路建设任务。三州州府所在地与各县城间全部以油路相连，行车时速平均提高一倍以上。今年通车的攀西高速公路南北贯穿凉山州，建成九寨黄龙机场、二郎山隧道、鹧鸪山隧道、川九路、二康路等重点项目，基本完成三州通乡公路建设任务。三州通县公路建设极大地改善了民族地区交通条件，使三州交通事业一步跨越20年。

**4. 日益重视交通的服务功能**

及时调整高速公路发展思路，重点突出进出川大通道建设，服务“大通关”；实施了农村公路、农村客运、农村小码头和“绿色通道”等四项民心工程，服务“三农”；加大了旅游公路建设力度，如川九路和九寨黄龙机场的建成开通，九寨沟旅游环线的改建，从成都进景区500多公里，1天就可朝发夕至，深受社会各界和中外游客的赞赏。四姑娘山、贡嘎山、乐山、峨眉山、青城山、稻城亚丁、泸沽湖、蜀南竹海等近20个重点旅游景区的公路通过新建和改建，基本适应了旅游业发展的需要；全面推行政务公开，强化优质服务，推出各项交通便民利民措施，服务群众；政府回购公路债务、撤并收费站点，向群众提供免费通道，服务公众出行，如2006年，成都市金堂县和青白江区出资8000万元回购公路债务而使唐巴路成都段成了一条全免费通道，成都绕城高速、成彭高速、成温邛高速也已陆续对本地车辆免收通行费。

# 新中国成立60年来四川港航建设

四川省交通厅

四川，地处中国西南腹地，长江上游。数亿年的地质运动，使全省境内的河流大多穿切盆周山地汇入长江，形成雄奇瑰丽、灵秀绝顶的巴山蜀水。四川境内河流多达540余条，流程44000多千米，加之河流水量丰沛，长年不冻，因此，四川自古以来就是水运大省之一。

新中国成立后，在中国共产党的领导下，四川内河航运事业，取得了过去任何时期都不可比拟的伟大成就，古老的川江终于迎来了千帆竞渡、百舸争流的新时期。

## （一）四川水路交通的恢复和发展（国民经济恢复和社会主义改造时期1950—1957年）

1949年年底，四川解放，在共产党的领导下，揭开了航运事业的新篇章。在内河航运全面恢复的基础上，自1953年起，交通部和各级政府先后对长江干流和运输任务重的中小河流，有重点地进行建设。由交通部投资整治长江“日航困难，夜航危险”的航段，配置了“锁链”式航标，使重庆至宜昌的轮船实现了分段夜航，适应了每年100多万吨粮食外调和大批工业进川运输的需要。由省里投资将金沙江屏山至新市镇，乌江涪陵至彭水，岷江乐山至宜宾开辟为轮船航道。同时，大力开辟和整治小河支流，使其与干流衔接。从1952—1957年，共开辟与整治了26条小河，总计1385公里。河道修通后，水运运价一般较汽车运输低一半以上，使山区经济的恢复与发展出现了生机。1950年，初建重庆港九龙坡码头。市政建设部门对重庆港口码头的石梯道和道路进行了翻修，港区还规划出危险品、轮船、木船的枯洪水停泊或作业锚地等，使满目疮痍的码头发生了蜕变。1952年7月1日，成渝铁路全线通车，重庆港九龙坡开展水陆联运。

（二）四川水路交通的曲折发展时期（“大跃进”和“调整”时期1958—1965年）

1958年开始的“大跃进”使航运事业的发展受到一定程度的制约，但在“大跃进”期间，长江航务局和四川省交通厅先后对长江干流航道进行了大规模整治，并增加绞滩、航标、信号台等助航设施，对嘉陵江南（充）渝（重庆）段进行了大整治，对渠江航道开始进行渠化，对乌江进行炸滩与绞滩，对金沙江进行试点开辟，使重庆至宜宾段航标实现了电气化，上下水轮船全面推行夜航，乌江绞滩实现了机械化，还发动群众开辟和渠化了不少小河支流。通航里程增长较快，1961年四川航道里程达到17181公里，比1957年净增5073公里。

1958年“大跃进”开始后，长江上游航运日趋繁忙，进出川物资源源不断涌向重庆、宜宾、涪陵、万县等港口中转、集散。为扩大港口通过能力，改变港口的落后面貌，加快了长江宜宾港、重庆港、涪陵港和万县港四大港口的建设。四大港口进行兴建、扩建工程，增加泊位、锚地，加强各类装卸运输机械缆车、浮吊、岸吊等设备，大大地改善了码头装卸条件，基本适应了运输需要。

（三）四川水路交通在动乱中求发展（“文革”时期1966—1976年）

1966—1976年“文革”时期，广大航运职工排除动乱干扰，坚持生产，努力工作，使四川水路交通在某些方面还有较大发展。对长江大渡口至江津蓝家沱航道进行了全面整治。将嘉陵江南充至广元木船航道开辟为轮船航道。长航局在重庆蓝家沱、猫儿沱新建两个大型装卸作业区。省里建成了乐山王浩儿大件码头、四川维尼纶厂黄磏中转站码头、泸州天然气化工厂尿素码头。同时，各地集体航运企业自力更生，艰苦奋斗，发展机动船舶，使全省 70% 的木船实现了运输机械化，并由此而带来了水运工业的迅速发展。到 80 年代，四川全省各港逐步建成了 60 多家大、中、小相结合、协作配套的水运体系，形成了四川船舶能够自造自修，不必再出省的新局面。这段时间，四川还接受了国务院的特殊运输任务。长航和省属轮船公司，克服航道弯曲水浅，船小设备大等困难，为四川、泸州、赤水、云南四个天然气化工厂，将从日本、美国、荷兰引进的成套大件设备 5 套、55057 吨，安全运进厂，保证了及时投产。在完成这项特殊任务中，持续时间之长、投入人力和运力之多、联运协作配合之好，都创造了川江航运史上前所未有的业绩。

(四)四川水路交通新时期(改革开放时期 1977—2009 年)

1976 年 10 月，粉碎"四人帮"，结束了 10 年动乱，四川航运进入了新的历史时期。改革开放以来，全省完成水运基础设施建设投资 116 亿元，整治航道 1199 公里，渠化七级以上航道 691 公里，新增港口吞吐能力 4921 万吨。全省七级以上航道里程由"七五"末的 3511 公里增至 2008 年的 4026 公里。1980 年，全省完成水运基本建设投资 625 万元，2009 年，全省预计完成水运基本建设投资 15 亿元，是 1980 年的 240 倍。全省目前有通航河流 176 条，通航水库、湖泊 147 个，七级以上航道 4026 公里，港口 17 个，1000 吨级泊位 37 个。长江、嘉陵江、岷江"一横两纵"水运出川主通道，以及涪江、渠江、沱江、金沙江、赤水河等支线河流，与泸州、宜宾、乐山、广元、南充等节点，构建起贯通南北、连接东西、通江达海的水运网络雏形。

**1. "一横两纵"水运主通道日益通畅**

(1)长江川境段通航条件大大改善。1978—1992 年，经过炸礁、水下清渣、疏浚、筑坝、护岸并配套完成航标、通信、站房、信号台房、船舶修理所和配套生产生活用房等设施，蓝叙段(宜宾至重庆蓝家沱航道)航道尺度和通航条件显著改善，达到三级航道标准；1996—1997 年两个枯水期，通过对东洋子、胡家滩等滩险的整治，蓝巴段(重庆蓝家沱至湖北巴东航道)航道通航条件得到明显改善；四川、重庆行政区划调整后，长江黄金水道泸渝段(泸州纳溪至重庆娄溪沟段航道)航道整治工程从 2004 年开始，达到三级航道标准。目前，四川长江宜宾以下航道已实现千吨级船舶昼夜通航。

(2)嘉陵江渠化开发闯出新路。1997年3月,面对重大行政区划调整,四川适时调整水运发展战略,提出了"综合利用水资源,航电结合,联合建设,滚动开发,全江渠化,发展航运"的内河水运发展新思路,渠化开发嘉陵江。自2000年以来,嘉陵江渠化开发以平均每年开工一个枢纽的速度创造了内河渠化上的"嘉陵江速度",成为四川航运发展的新亮点,得到省委、省政府和交通部的充分肯定。目前,嘉陵江已建成航电枢纽6座,在建枢纽6座,工程完工后13座梯级回水基本衔接,可实现2×500t级船队由广元直航重庆,通江达海。

(3)岷江航运综合开发加快推进。随着国家西部大开发战略的实施,我省的龙头项目——重大技术装备制造业得到蓬勃发展。进入21世纪,岷江航运在经济发展大环境的带动下,呈现稳步上升势头。目前,岷江被列为国家批准的18条高等级航道,纳入了长江黄金水道建设方案,成都至乐山段复航工程顺利完成,乐山至宜宾段航道常年可通行500t级驳船,中水时可通行大件专用船队。2007年,省政府已通过《岷江综合开发研究报告》。2009年3月省政府批准《岷江(乐山~宜宾段)航电规划》。随着岷江综合开发的推进,岷江乐山至宜宾航道的作用将越来越凸显,岷江航道将成为四川重大技术装备制造业产品进出川的大动脉和生命线,成为连接成都经济圈与中东部地区的主通道。

**2. 主要港口吞吐能力明显提高**

改革开放以来,特别是西部大开发以来,我省创新港口建设机制,采用股份制合资、BOT等多种模式,积极引导民营资本投入部分有效益的港口建设,同时注重水路与公路、铁路的衔接,使水运节能、环保、经济的优势得到充分发挥,推动流域经济发展。

泸州港位于川、滇、黔、渝四省市的结合部,地处四川通江达海物流大通道的关键位置,被确定为全国28个内河主要港口之一,是四川向东、向南开放发展战略的"桥头堡"。改革开放以来,港口生产经营呈现出前所未有的喜人局面,经营企业逐步走向大型化、现代化。目前,年吞吐能力为5万标箱的集装箱码头一期工程已于2003年完工,二期工程于2007年开工,计划

2009 年建成投产。开工建设的泸州港多用途码头二期续建工程拟建 1000 吨多用途泊位 3 个,设计年吞吐能力为集装箱 11.5 万标箱、重件 25 万吨、件杂 75 万吨,投资约 14.8 亿元,建设工期两年半。泸州港多用途码头二期续建工程建成投产后,港口总吞吐能力将达到 100 万标箱/年;此外,泸州港还建成了金鸡渡码头、密溪沟煤炭专用码头等一批比较先进的码头泊位。

宜宾港地处长江、金沙江和岷江三江汇合处,有“万里长江第一港”之称。凭借长江黄金水道、岷江大件运输航道、金沙江航道的水运优势,经过改革开放以来的建设发展,码头利用率和通过能力得到较大提高,后方集输运条件大大改善,已发展成为四川省重要港口。宜宾港志城作业区位于宜宾市翠屏区沙坪镇,共规划建设 20 个多用途泊位、3 个滚装泊位,规划岸线长度 3500 米。一期工程建设 1000 吨级多用途泊位 4 个、滚装泊位 1 个,设计年吞吐能力为集装箱 21.5 万标箱、件杂 190 万吨,重载滚装车 10 万辆,投资约 13 亿元,建设工期 2 年。目前,宜宾港志城作业区 100 万标箱建设项目正开展前期工作,一期 50 万标准箱工程于 2008 年底开工。此外,宜宾港还建成了二龙口码头等一批装卸机械化程度均较高的码头。

乐山港在改革开放后,特别是“九五”以来,先后建成了乐山大件码头、乐山肖坝客运码头等专业化泊位,运输能力和服务水平得到一定的提升。其中,乐山大件码头,采用直立式桥吊装卸工艺,可一次起吊 550 吨特大重件(单件)。乐山大件码头建成以来,先后承运了以三峡转轮为代表的多批次国家重点工程大件物资,为四川重大装备制造产业提供了重要保障。

**3. 乡镇客渡码头建设硕果累累**

四川河流纵横,乡镇渡口众多,但乡镇渡口码头基础设施落后,多为利用自然岸坡搭建的简易梯步台阶码头,安全性能差。为改善农村交通条件,消除安全隐患,解决农民出行困难,切实服务“三农”建设,从 2001 年开始,各地本着“突出重点、量力而行、分步实施、示范建设”的原则,采用上级补助、本级自筹、业主投工投劳的办法,在全省范围内展开了乡镇客渡小码头建设。2004 年,为补助西部地区小码头建设,交通部车购税补助资金到位,全省乡镇客渡小码头建设规模得到提高。新建后的乡镇客渡小码头完善了

“两线一牌”、安全须知、码头引道和候船亭等较为规范的设施，大大提高了安全性。2001年以来，全省共实施农村渡口改造、建设乡镇客渡码头2109座；总投资近4.4亿元。乡镇客渡码头的建设，极大方便了老百姓的出行，促进了农村经济的发展，也在一定程度上改变了我省水运基础设施落后的现状。

**4.水路运输蓬勃发展**

改革开放后，我省水运取得了较大发展。船舶平均吨位逐步提高，船舶向大型化、专业化、标准化方向发展；水路集装箱和成品油运输从无到有，重大件、危险品等专业化运输发展迅速。截至2008年年底，全省运输船舶达9426艘、61万吨、15万客位、31万千瓦。水路运输货运量、周转量及港口货物吞吐量逐年攀升，2008年完成水路货物运输量3736万吨、货物周转量70.01亿吨公里、港口货物吞吐量4918万吨。

(1)船舶工业取得长足进步。改革开放后，四川修造船厂蓬勃发展。我省修造船厂既能建造适合航行中小河流的拖轮、客轮、驳船，又能建造行驶长江等大河的大型客货轮和高档豪华旅游船舶、高速气垫船舶，实现了船舶建造不出省。20世纪80年代后期至1997年长江三峡工程蓄水，四川船舶建造充分结合川江航道特点，普遍采用“双尾”和“平头涡尾”船型，航速快，吃水浅，拖力大，载量多，操作灵活，设施完善。1997年长江三峡工程蓄水后，三峡库区逐步形成，长江川境段航道上的急流险滩消失殆尽，沿江多个大型企业和沿江城市群的发展，大量原材料和产品运输开始从业水运，运输船舶结构发生了根本性变化，船舶向标准化、大型化、专业化方向发展。近年来，我省先后组织了长江干线货船、液货危险品船、长江特大件运输船、危险品运输船、干散货船、集装箱船、砂石自卸船和系列客渡船简统船。截止2008年年底，全省拥有1000吨级以上船舶136艘，货船单船生产能力达到4000吨级；全省拥有液货危险品船44艘，集散两用船25艘。

(2)长江进出川货物运输取得辉煌业绩。十一届三中全会后，长江黄金水道开放，江区分割彻底冲破，长江上游省、市与长江中、下游省市的物资交流不断扩大，黄金水道上呈现出一派“千帆出夔门，百舸入川江”的繁荣景象。出川船队发挥船小好调头的优势,除长江干线外,出川运输深入长江沿线及运河的 6 省、市,13 条支流,67 个县市站点,实现了干支直达,送货上门。随着出川船队的蓬勃发展,航行路线的逐步下延,进出川货运量成倍增长。

区划调整后,全省货运,包括进出川货运量、货运周转量大幅减少,面对这一困难,四川航运人没有消沉,他们振奋精神、勇敢挑战,经过短短几年的调整、发展,货物运输实现了较快增长。

(3)集装箱运输从无到有,发展势头迅猛。我省主要港口腹地经济发达,经济总量大,资源富集度高,给泸州集装箱码头带来丰富的货源。2003 年 7 月,泸州港国际集装箱码头正式开港,四川水运集装箱吞吐量实现了零的突破。泸州港国际集装箱码头自 2003 年开港以来,年均增长 137%。集装箱运输以难以预见的势头迅速壮大,以便捷畅通、安全高效的优势成为当前长江水路运输的重要运输方式。

(4)重大装备运输稳步增长。大件运输,展示了四川水运独有的优势,极大地支持了地方经济建设,取得了良好的经济效益和社会效益。1984—2000 年期间,四川水运企业陆续承运了一批公路、铁路、航空不能运输的超高、超长、超重的重、特大件设备。进入新世纪,大件运输绽放出更加夺目的光彩,乐山大件码头成为四川大型设备水路运输的重要依托。2000—2008 年,水路完成重大件运输共计 538 批次、13.38 万吨。2003 年 8 月 15 日,国家重点工程建设项目——三峡电站所需的重要发电设备,也是第一台我国自行研制、世界最大转轮,净重 439.4 吨的三峡发电机组转轮从乐山大件码头装船起航,经过岷江、长江上游、三峡库区安全航行 1100 多公里,将价值上亿元的转轮按时运到三峡,开创了我省水上大件运输的新篇章。2006 年首次成功运送单件净重 497 吨三峡右岸第一台转轮,创造运送重大件单件最重的记录,2008 年大件运输单件重量突破 530 吨。

### (五)四川水路交通发展蓝图

未来一个时期,四川水运发展将以科学发展观为指导,以构建西部综合交通枢纽为纲,以提高出川水运通道能力为基础,以加快主要港口建设为重点，强化铁路、公路和水路的有效衔接，完善港口集疏运网络，为建设西部经济发展高地提供坚强支撑。

到2012年，长江川境段航道通过能力将进一步提高，可望常年通行1000吨左右船舶；岷江航道有望初步打通，嘉陵江川境段基本实现全江渠化，可常年通行1000吨船舶。泸—宜—乐港口群初具规模，吞吐能力力争达到230万标箱，基本满足四川经济社会发展需要；临港工业蓬勃发展，港口的资本、技术、人口等集聚效应初步显现。水运港口改变成都经济区的区位劣势，成都经济区与港口群之间形成强势物流集聚效应，有效辐射西部地区；水运的比较优势初步体现，铁、公、水多式联运有效降低综合运输成本，为我省主动承接产业转移赢得先机，助推我省外向型经济发展，服务西部经济发展高地建设。

到2030年，全面实现航道高等化和港口规模化、集约化、现代化，四川丰富的水运资源得到充分利用，水路运输的比较优势得到有效发挥，形成以长江为干线，嘉陵江、岷江为支线，宜宾—泸州—乐山港口群、广元—南充港口群为基础，层次分明、功能完善，与铁路、公路有效衔接的西部航运中心枢纽，成为西部经济发展高地的重要支撑。

# 赞美你——海事之花

资阳市航务管理局

资阳山青水秀、人杰地灵,早在35000多年前,一群勤劳勇敢的"巴蜀人"就在此开创了伟大的"资阳文明"。而今,资阳有这样一群人,她们的工作没有轰轰烈烈,她们的付出从不报奖,但她们的汗水洒满山川大地,她们的足迹遍布每一条河流小溪,她们就是资阳海事系统的一群女海事工作者。

资阳海事系统有女职工17人,就是这样一群海事之花,无怨无悔地选择了与沱江为伴,舍小家,顾大家,默默无闻地战斗在水运交通管理的第一线,无私的倾心于资阳水运交通安全事业。

当她们进入工作岗位时,面对形形色色的管理对象和错综复杂的管理程序,她们有过恐惧、有过无奈。但她们坚信,监护水上交通安全是自己生命的全部,是党和人民赋予她们光荣而神圣的职责。她们克服了女性生理和心理的弱点,铸就了坚强的意志,为了自己钟爱的事业,为了当地群众生命财产安全,她们兢兢业业,展现出一代海事人的风采。

我不想用激情飞扬的诗句来讴歌她们,我只想用朴实的话儿和深深的海事情怀来叙述她们的点点滴滴。

姜小梅是我所见到的海事之花中的女强人,长期忘我的工作使她积劳成疾。手术治疗的前两天,她还坐在办公室前清理船舶档案;手术后还需休养的她,却又毅然地投入了工作。风雨中,常能看到一个身体孱弱的海事人员一边喝着中药，一边忙碌工作的身影。

孙志琼是我所了解的海事之花中的“求知狂”，她怀胎十月期间毅然报名参加法律专业学习，专修海事法律法规。她还笑称，以后宝宝一生下来就懂得了海事的法律法规，懂得海事工作的重要性。产后，小孙的身体还很虚弱，但她又迫不及待地走上了安全监督的第一线。小孙自己说，每当她离开还在襁褓中的孩子，是她最难受的时刻。听到孩子撕心裂肺的哭喊、对妈妈的呼唤，每次眼泪就会控制不住地掉下来。是啊，世上哪位母亲不疼爱自己的孩子，不希望多点时间陪陪孩子，毕竟孩子只长大一次。但是，为了光荣而神圣的海事事业，为了更多的人们能够平安幸福，年轻的妈妈只能作出这样的选择。

张红和她的丈夫是资阳市交通系统有名的海事夫妻。对张红来说，丈夫工作在水上监管第一线，自己不能拖他的后腿。为了能让丈夫工作得安心、放心，她挑起了家庭的重担，照顾家中体弱多病的老人，辅导还在上小学的孩子。但是繁重的家庭事务并没有让张红放弃对海事事业的追求。每个清晨，在安顿好家里的一切后，她都会准时地站在船到码头的第一岗。

练丽是海事之花中最小的一个。新婚那段时间，她天不亮就要离开家，沿着火车轨道，走在沱江边，坚守在沿岸的渡口，护送上学的孩子平安过渡。朋友们都很奇怪，你不要婚假也就罢了，还要每天那么早就离开家去工作，你的新婚也太不浪漫了。练丽浅浅一笑，这就是我的工作啊，守护孩子们安全上学比什么都重要啊。没有更多的表白，却用实际行动表现出海事工作者的崇高风范；没有更多的豪言壮语，却用闪光的青春塑造了海事人无穷无尽的追求。

从成为一名光荣的海事人那天起，这些巾帼英雄就抛开了合家团圆的奢望，忘却了花前月下的浪漫，时时刻刻把老百姓的安危记挂在心间，平安成为了她们最大的心愿。作为一名海事队伍里的新兵，我时常这样想，作为一名海事女性，怎么做才能体现人身价值呢？我身边的这些同行，资阳海事之花以她们的实际行动作出了精彩的回答。她们以对事业的使命感、责任感，忠实地履行着自己的职责，换来了资阳市建市以来，未出现重特大水上交通事故的优异成绩。笑意荡漾在每位海事之花的脸庞上，功劳铭记在人民群众的心坎上。

“云水间铸造忠诚，风浪里尽显本色，把爱溶入浩瀚的碧波，我们就是江河湖海的魂魄……”《海事之歌》在海事之花中越唱越嘹亮。

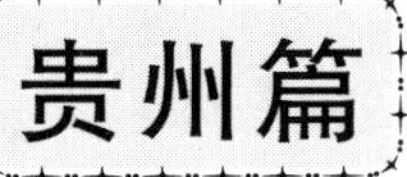

# 新颜迎六十华诞　天堑变十万通途

贵州省交通运输厅

贵州地处云贵高原东麓，境内山高谷深，沟壑纵横，山地占全省总面积的87%，自古有“八山一水一分田”之说。特殊的地形地貌决定了贵州交通发展的复杂性和艰巨性。新中国成立以前，贵州封闭、半封闭的交通状况一直没有得到根本性改变。中华人民共和国成立后，党中央、国务院高度重视贵州的经济社会发展问题，特别是交通运输部等国家有关部委大力支持贵州加快交通基础设施建设，在贵州省委、省政府的正确领导和全省人民的共同努力下，贵州交通事业取得重大历史成就，有力地促进了全省经济社会发展。

## 一、60年基础建设成就显著

60年励精图治，60年沧桑巨变。新中国成立60年来，贵州交通立足实际，紧紧抓住各种有利机遇，自力更生，艰苦奋斗，求真务实，开拓创新，逐步走上了全面发展、加快发展、科学发展、和谐发展的良性发展道路，交通面貌的改善实现历史性突破。

### (一)固定资产投资跨越式增长

从1949—2008年,全省公路、水路交通建设累计完成投资1194.91亿元。特别是改革开放30年来,全省公路、水路交通建设累计完成投资达1190.52亿元,是1949年到1978年完成投资总和的271倍。回顾60年的历史,贵州交通固定资产投资实现了四步大的跨越:1988年完成投资上亿元(1.29亿元),1996年上10亿元(11.87亿元),2004年上百亿元(105.3亿元),2008年上200亿元(208.83亿元)。2008年完成投资是1978年完成投资1799万元的1160倍。西部大开发战略实施以来,全省公路、水路交通建设每年新增投资均达到数十亿元,年均增幅为16.39%,年完成投资额占当年全省固定资产投资总额的10%以上,为拉动贵州经济社会发展作出了重要贡献。

### (二)公路通车里程大幅增加

新中国成立时全省公路通车里程仅3943公里,其中能够维持基本通车的仅有1950公里。从第一个五年计划实施开始,贵州先后改建黔桂、黔滇两条国道,建成一些通往边远少数民族地区的公路。1964年,全省实现县县通公路。1978年,全省公路通车里程30558公里,公路密度为17.98公里/百平方公里,其中大部分为等外级公路,近5000公里公路晴通雨阻不能正常通车,路面主要是泥结碎石路面,仅有高级、次高级路面2473公里。改革开放后,贵州公路建设高潮不断掀起,通车里程大幅增长,特别是实施西部大开发战略后的几年,每年均以10000多公里的速度递增。到2008年,全省公路通车总里程达到125365公里,公路密度达到71.16公里/百平方公里,比1949年分别增长121422公里和70.06公里/百平方公里。等级公路里程大幅增加,全省64044公里等级公路基本均为改革开放后30年建成,高级、次高级路面里程达到29040公里,2001年全省实现了县县通沥青路,2006年消除了全省国省干线公路上的所有等外级公路。全省公路通行条件显著改善,干支结合、四通八达的公路运输网络基本形成。

### (三)高速、高等级公路从无到有

1986年贵阳至黄果树高等级公路的开工建设,拉开了全省高速、高等级公路建设的新篇章，特别是西部大开发战略实施以来，建设步伐不断加快，建设里程快速增加。到2008年年底，全省已建成二级以上公路3769公里，其中高速公路924公里，在建638公里，省会贵阳到各市、州、地政府所在地实现了高等级公路连通，国道主干线重庆至湛江公路和上海至瑞丽公路在贵州省境内路段全部建成，"一横一纵四连线"高速、高等级公路主骨架网成为贵州省公路运输的主动脉。公路快速通道的加快形成，缩短了全省城乡以及周边邻省间的时空距离，突破了山区地形地貌制约，更加凸显了贵州作为西部公路交通枢纽的战略位置。

### （四）农村公路建设成就显著

新中国成立初期，贵州省仅有沿国省道公路的农村连接公路，其他地区基本依靠人扛马驮，没有公路与外界连接。到1978年前，全省农村公路的通达率也很低，即使已建成的农村公路标准也不高，抗灾能力很弱，晴通雨阻问题十分突出，农村群众运输出行非常困难。改革开放后，国家加大了对农村公路建设的投入力度，从20世纪80年代后期到90年代中期，依靠"以工代赈"、"民工建勤"、"民办公助"建设了一批农村公路，特别是2003年后启动了大规模的农路公路建设工程，每年农村公路建设里程均在10000公里以上，公路通达通畅率迅猛增长，2003年全省实现了乡乡通公路，到2008年，全省实现了79.11%的乡镇通沥青路、78.78%的建制村通公路、25.33%的建制村通沥青路。实施了渡口改造和渡口改桥梁工程。农村公路建设成为群众欢迎、社会满意的民心工程和德政工程，有力地支持了"三农"发展和社会主义新农村建设。

### （五）汽车站场建设快速推进

新中国成立初期，贵州省没有专用的汽车站场，仅有联运社或运输公司修建的简易停车场。1955年2月贵阳客车站建成投入使用，各地客车站开始逐步建设，但建设标准不高，发展速度缓慢。直到1978年，大多数县（市、区）建有公路客运站，但都是场地窄、设施差、功能单一的简易站场。从1982年开始，省交通厅开始投资新建、改造客运站场，截至2008年，共新建、改建县级以上客运站295个，总投资达到11.08亿元，全省县、市、区以上城市均建有等级客运站。公路主枢纽和各市、州、地公路枢纽项目开工建设,部分项目已建成投入使用,客运站的面貌和功能得到极大改善。从 2004 年起,全省还启动了农村客运站场建设工程,截至 2008 年,建成乡镇客运站 400 个,农村群众乘车条件逐步好转。

(六)公路养护水平不断提高

新中国成立初期,贵州省公路通车里程短、标准低,以泥结碎石路面和无路面公路为主,仅对少数主要干线部分路段作沥青表面处理,每年能够投入用于养路的资金十分有限。直到 1978 年,全省公路养路费总计年支出仅为 6102 万元,公路养护技术含量较低,专业技术人才较少,设施设备简陋,公路通行能力较差。改革开放后,随着公路建设里程的不断增加、建设标准的不断提高、全省汽车拥有量的大幅上升,全省投入公路养护的资金快速增加,公路养护技术含量和养护水平飞跃发展。2008 年,全省投入用于公路养护管理的资金达到 14.37 亿元,是 1978 年的 23.55 倍。全省公路养护管理系统共有各类专业技术人才 1915 名,其中高级职称 171 名;拥有各类专业养护设备近 6000 台(套)。国省干道优良路率、县乡公路好路率分别达到 61.4%、81.57%,公路通行能力显著增强,"畅、洁、绿、美、安"的管养目标正在逐步实现。

(七)内河航道等级全面提升

新中国成立初期,贵州内河航道均为自然航道,航程短,通航能力差,安全系数低,只有 1753 公里的航道能通行小吨位的木船和木帆船。从第一个五年计划起,全省开始对内河航道进行整治,炸开了赤水河中的吴公岩千年顽石,整治乌江三大断航险滩,结束了千百年来乌江、赤水河分段通航的历史。到 1978 年,全省通航里程 2802 公里,但全部是没有水运配套设施的自然航道,其中能够通行机动船的航道里程只有 1257 公里。改革开放后,尤其是实施西部大开发战略以来,贵州省航道建设突飞猛进,乌江、赤水河和"两江一河"(南、北盘江,红水河)3 条出省水运主通道全部整治完工,其他航道等级全面提升,新增五级以上航道 619 公里,全省通航里程达到 3625 公里。港口码头客运年通过能力达到 1100 万人次,货物通过能力 1000 万吨。2008 年开工建设贵州省第一条高等级航道——南、北盘江，红水河四级航道整治工程。水运建设工程的快速发展，有效地改善了沿江地区人民群众的生产出行条件，加快了贵州省立体交通网络构建进程。

## 二、60 年运输能力发展迅猛

公路、水路运输发展迅猛。1949 年，全省仅有各式汽车 1269 辆，公路运输简单分为交通部门以营业为目的的专业运输和厂矿企业自运自货的非专业运输，运输量小。1978 年，全省民用汽车发展到 32459 辆。改革开放给贵州公路运输业的发展注入了生机与活力，促进了公路运输市场的繁荣与兴旺。到 2008 年，全省民用汽车已增至 771504 辆，是 1978 年的 24 倍。其中，全省道路客、货营运车辆分别从 823 辆和 2892 辆增加到 25534 辆和 120230 辆，年均增长率为 12. 13% 和 13. 23% 。1978 年以前全省没有中高级客车，2008 年全省中高级客车已达 8601 辆，占客运车辆总数的 33.7% ，与周边省区和东、中部许多省区均开通了公路直达班线。随着基础设施建设的不断加快和运输车辆的不断增多，公路客货运输量增长迅速，客运量和旅客周转量年均增长率分别达到 12.3% 、8.8% ，2008 年完成客运量 7.36 亿人次和货运量 2. 62 亿吨，分别是 1978 年的 32 倍和 13 倍。公路运输占综合运输体系的比例从 1978 年的 69. 39% 上升到 2008 年的 96. 39% ，公路运输逐步向快捷、舒适、安全、高效转变，成为各项运输方式的排头兵和主力军。贵州航运历史悠久，但直到 1961 年，才组建了一支有两个水上航运公司、两个船舶修造厂、3 个航道工程队等以全民所有制为主体的水上航运队伍，运输工具以木船为主，仅有拖轮 31 艘。改革开放后，尤其是“七五”以来，安全性更高、运输能力更强的机动船舶得到大力发展，曾经作为主要运输工具的专业木船全部退出运输市场。水运建设工程的快速发展，有效地改善了沿江地区人民群众的生产出行条件。2008 年全省机动船舶总数为 1948 艘，比 1978 年增加 1841 艘。完成水运客运量 1507 万人次和货运量 737 万吨，分别是 1978 年的 27 倍和 12 倍。水路交通的快速发展，促进了立体交通运输网络的加快形成，有效地解决了沿江地区人民群众的生产出行困难问题。

## 三、60年发展历程体会

贵州开发时间较晚、发展基础较差、经济总量较小，全省交通建设能够取得当前如此巨大的成绩，离不开中国共产党的坚强领导，是社会主义优越性的具体体现，是交通运输部和贵州省委、省政府正确领导的结果，也是贵州全省人民顽强拼搏、艰苦努力的结果。

回顾60年的发展历程，我们更加深切地感受到，贵州交通发展，必须始终坚持解放思想、开拓创新，在思想解放中探索交通加快发展的良策；必须始终坚持自力更生、艰苦奋斗，以"人一之我十之，人十之我百之"的锲而不舍拼搏精神推进交通加快发展；必须始终坚持抢抓机遇、求真务实，充分利用好各种有利条件促进交通加快发展；必须始终坚持统筹兼顾、适当超前，在重点突破基础上促进交通全面发展；必须始终坚持科技为先、人才为上，努力为交通加快发展提供强有力的技术支持；必须始终坚持依法治交、规范行为，不断提高交通行业管理水平。

回顾60年的发展历程，我们更加清醒地认识到，推进全省交通事业又好又快发展，必须坚持不懈地贯彻落实科学发展观。一是要紧密结合自身实际，抓住一切有利因素加快发展，就如胡锦涛总书记在贵州视察时所说，"像贵州这样的西部省区，只要符合科学发展观的要求，有条件、有效益，就要加快发展。"二是要坚持统筹兼顾，注重发展的系统性和规划性，坚持规划先行，以成熟的规划指导实践。三是坚持以人为本，高度重视群众利益，让改革发展成果由广大人民群众共享。四是正确处理好与自然和谐的关系，坚持走资源节约型和环境友好型的交通科学发展道路。五是正确处理好与社会和谐的关系，加强协调沟通，畅通诉求渠道，提高服务水平，维护社会和谐稳定。六是正确处理好交通自身和谐发展的问题。坚持党对交通工作的领导，大力推进党的基层组织建设、党风廉政建设和行业文明建设，努力营造风清气正、团结奋进的良好发展氛围。

## 四、当前和今后一个时期发展展望

当前和今后一个时期,是努力推进全省交通运输工作又好又快发展的关键时期。我们要紧紧抓住国家扩大内需的有利时机,继续加快交通基础设施建设,尽快从根本上改变贵州交通落后面貌。积极协调省直有关部门认真做好综合运输体系规划,强化公路、水路运输与其他运输方式的衔接配合,努力构筑符合本省发展需要的综合运输体系。结合城市客运管理职能划转交通的实际,统筹城乡客运一体化建设,促进城乡客运协调发展。大力推进交通运输体制改革和机制创新,不断提高交通运输系统发展活力和后劲。大力加强交通运输系统自身建设,坚持依法行政、依法治交,不断提高交通运输行政能力和执法水平,努力为社会提供优质服务。

在加快交通基础设施建设上,我们要重点做好以下几方面的工作:

进一步加快高速公路建设。紧紧抓住国家实行积极财政政策和适度宽松货币政策的机遇,紧紧抓住省政府加大财政投入、交通运输部等有关部委加大支持力度、地方积极性高涨等有利因素,全力推进新修编的高速公路网规划,力争到2012年贵州省境内国家高速公路网项目全部建成,到2018年全省高速公路通车总里程突破4000公里,其中国家高速公路2332公里,地方高速公路1700公里,实现全省"县县通高速公路"的目标。2030年前完成路网规划的所有项目,建成总规模约6851公里的高速公路,形成"六横七纵八联线"的高速公路网络,实现高速公路联片成网。

进一步加快公路网改造和农村公路建设。积极推进国省干线公路改造,继续做好安保工程、危桥改造等项目建设。大力实施农村公路通达通畅工程,力争2010年实现96%的乡镇通沥青路、95%的建制村通公路,建制村通沥青路比例有明显上升,争取到2012年实现乡乡通沥青路,所有具备条件的建制村通公路,全省公路通车总里程达到150000公里。

进一步加快汽车站场建设。抓紧完成贵阳公路主枢纽和各市、州、地枢纽项目,积极推进县级汽车客运站建设,大力推进农村客运站建设,确保到2010年实现75%的乡镇建有等级客运站。

进一步加快水运基础设施建设。加快实施洪家渡库区航运建设工程和“两江一河”高等级航道工程。尽快开工建设乌江航运高等级航道建设工程，使贵州省一南一北都建有一条较高等级的水运出省通道，水运落后面貌得到极大改变。到 2010 年，建设农村渡口 900 个，农村通航条件取得明显改善。

进一步加快公路、水路运输业发展。积极推进道路运输产业转型优化升级，加快构建由快速客运、干线客运、农村客运和旅游客运等组成的多层次客运网络体系，推进城乡交通一体化和区域交通一体化；研究促进货运业加快发展的政策措施，改造和提升传统货运业，大力扶持现代物流业发展，加快构建“人便于行、货畅其流”的公路、水路交通运输网络，适应经济社会发展和人民群众生产生活出行对交通运输的需求。

# 加强党风廉政建设<br>为交通发展提供政治保证

刘　艳

交通厅坚持一手抓交通建设，一手抓党风廉政建设和反腐败工作。截至今年6月，已完成重点公路建设招标项目近200个，累计招标金额559亿元，没有发生违规违法案件。2005年7月《贵州日报》刊登了《交通厅靠制度打造“质廉双优”工程》的报道。2006年，西南水运出海通道中线起步工程（贵州段）和清镇至镇宁高速公路建设项目被评为全国交通系统基础设施建设廉洁工程项目。

## 一、加强教育　筑牢思想道德防线

一是深入开展警示教育活动。二是深入开展各种主题教育活动。三是召开廉政专题会议。四是进行廉政谈话教育。组织干部职工参观全省反腐败斗争成果展，观看《绝路》等警示教育片，听服刑人员现身说法，做到引以为戒、警钟长鸣。每年召开一次全系统的廉政工作会议，总结部署党风廉政建设工作。根据干部的不同情况，在提拔任用干部时、发现干部有违纪苗头时、群众有反映但一时难以查清时，都进行廉政谈话，及时打招呼，并形成制度。2003年以来，对提拔任用和重要岗位交流调整的203名处级干部进行了廉政谈话。

## 二、健全制度 用制度管人管事

一是坚持和完善党风廉政建设制度。二是坚持和完善领导班子议事决策制度。三是坚持和完善交通建设工程管理制度。四是坚持和完善纪检监察派驻制和预防职务犯罪工作联席会议制度。针对交通基础设施建设中容易发生腐败问题的重要环节,先后制订完善了《基础设施建设领域廉政工作的意见》、《廉政合同考核办法》、《重点公路建设项目派驻纪检监察人员的实施办法》、《工程建设项目招标投标监督管理指导意见》、《农村公路建设廉政巡查制实施办法》、《交通建设信用评价管理制度》等 40 多个制度规定。向在建重点公路建设项目派驻纪检监察人员,实施对工程建设过程的现场监督。与检察机关一道,在各重点公路项目中成立了预防职务犯罪协调小组,共同开展预防职务犯罪工作,开展"双优"创建活动。

## 三、强化监督 完善约束机制

一是进一步规范工程招投标管理。二是对工程建设实行廉政工作"三介入"、"三同步"和"三查"的监督机制。三是严格工程中标后的监管。四是加强建设资金的监管。五是畅通信访举报渠道,加大案件查处力度。六是自觉接受社会监督。凡属国家规定的招标范围并达到招标规模标准的,其勘察设计、施工、监理以及重要设备、材料采购等,都要进行公开招标。设立交通工程建设交易中心,严格执行"专家评标,业主定标,政府监督"制度,制定"五个不准"规定,严禁领导干部插手和干预工程招投标活动,基建管理部门和纪检监察部门对开标、评标全过程进行现场监督,真正做到公开、公平、公正。

"三介入"即重点工程廉政监督全程介入、一般工程廉政监督重点介入、拟建工程廉政监督提前介入;"三同步"即廉政合同与工程合同同步签订、廉政监督与质量监督同步进行、廉政建设与工程建设同步验收;"三查"即实行重点公路建设项目派驻纪检监察人员现场督查、一般公路建设项目进行廉政巡查、农村公路建设进行重点抽查。

加强对中标单位履行合同的检查，严格工程质量管理，实行阳光操作。建立健全交通建设市场信用体系，对交通建设从业单位实“三信用”评价机制，将廉洁纳入信用评价内容，定期考核发布公告，凡被评价为D级的，考核期内禁止进入贵州交通建设市场。

提取现金支付民工工资须严格审核，防止挪用和拖欠民工工资。征地拆迁补偿经费与工作经费分别开设财务专户，严格按会审程序定向拨付。与重点公路项目沿线政府签订《征地拆迁工作廉政协议书》，防止征拆经费被截留、挤占、挪用，实行“五公开”，即：征拆政策和补偿标准公开；征拆办法、措施公开；征拆补偿经费和工作经费使用情况公开；征拆补偿范围、对象公开；勘丈类别、数量和补偿金额公开。

针对交通基础设施建设领域出现的问题，完善信访举报机制，健全来信来访实名举报办理规定，完善案件督办机制，严肃查处各类腐败案件和商业贿赂案件。成立招标投诉举报调查处理工作组，负责组织开展调查核实，发现问题及时纠正，做好对举报人的解释答复工作。

邀请人大代表、政协委员视察，新闻媒体走访，请有关政府部门和服务对象帮助查找问题。聘请党代表、人大代表、政协委员和民主党派的同志参加交通建设工程廉政巡查。强化内部审计监督，对纪检监察、检察、审计等监督机关提出的问题和建议，高度重视，认真落实整改。

# 高原织玉带　黔岭写华章

贵州省公路局

贵州从 1926 年开始修建第一条公路，历经 80 多年，从无到有，从小到多，从低等级到高等级，目前基本形成了横跨东西、纵贯南北、辐射全省、联结周边省份的公路网。

回顾贵州公路发展的历程，1928 年我省建成第一条公路；1949 年新中国成立时我省共有公路 3943 公里，能够维持通车的仅有 1950 公里；1964 年，全省才实现县县通公路。1978 年，全省公路总量仅为 27354 公里，且公路技术等级普遍偏低。到 2008 年年底，全省公路通车里程刷新为 125365 公里，是 1949 年新中国成立时通车里程数的 64 倍。除了全省各地州市均通高速公路以外，全省实现县县通油路、乡乡通公路、68.8% 的乡镇通油路或水泥路、78.8% 的行政村通公路。国省道干线公路技术等级，县乡村公路通达深度，全省公路密度均大幅度提高。

数据清晰地反映的是成就，是变化。而这些数据浓缩的，是新中国成立 60 年来，尤其是后 10 年中，贵州公路发展长河中所涌起的干线公路“保畅工程”、公路路网改造工程和农村公路建设工程、高速公路建设工程等一层层巨浪。

## 一、保畅工程 历史困境中的成功突围

贵州不沿海、不沿边、不沿江，公路是主要的交通运输方式，承担着90%以上的综合客运量和80%以上的综合货运量。为了改变落后的公路交通状况，促进贵州经济社会发展，1978年以后，在“改革、开放、搞活”总方针的指引下，贵州不断加快公路建设步伐，从1984年开始，积极抓住国家采取粮棉布“以工代赈”帮助贫困地区修建县乡公路的政策，开展交通扶贫工程，大力修建县乡公路，使贵州公路交通跃上了一个新的台阶，全省公路通车总里程到1995年底达到32487公里。

然而，在当时历史欠账较多，投资紧张的历史条件下，“先求通后求好”成为主流思路。尽管95.3%的乡镇通了汽车，但“好”的问题却迟迟没有解决。到1996年初，6万多公里中黔沥青路、水泥路仅占11.2%，且超龄油路高达77%，等级公路比例不到40%。再加上随着交通流量迅猛增长，路况急剧下滑，主要干线和大部分繁忙的经济线路近于崩溃。

“当时县乡公路修建标准很低，国省干线又因为养护投资不足，我们每公里的养路费收入不及全国平均水平的一半，重车流猛增，公路不堪重负，造成全省公路破烂不堪，难以维计的局面。”经历了那段历史的省公路局原局长龚明福介绍说。

“贵州到，汽车跳”、“昔日蜀道难，今日黔道烂”的印象使不少投资商、开发者视贵州路为畏途，贵州社会经济发展也因此而受到严峻挑战，人民生产生活受到严重影响。

中央领导对此十分重视，朱镕基同志指示，哪怕少搞一点其他项目，公路建设一定要加快。胡锦涛同志强调，要把公路的建设发展摆在各项工作的重中之重，一手抓建设，一手抓养护。

1996年，针对贵州公路交通出现的状况，贵州省委、省政府决定实施公路“保畅工程”，对全省干线公路和重要经济线路进行重点治理，力争用三年时间改变贵州“路难行”的局面。

省交通厅、省公路局迅速行动。1996年6月12日，《关于加强贵阳至

各地(州市)干线公路及省际间干线公路养护管理工作的紧急通知》发至各地(州、市)交通局、公路养护总段(后更名为公路管理局),号召全省公路职工艰苦努力,用两个月时间,对贵阳通往各地的主干线公路共 1660 公里进行全面抢修和治理,由此打响了贵州公路“保畅工程”的大会战。

“保畅工程”以油路大、中修工程为主,加强干线公路的修补和养护。时间紧、任务重、资金缺,全省公路职工硬是在两个月中将 1660 公里保畅“硬骨头”啃掉。第一年“保畅工程”成效显著,贵阳通往各地(州、市)的公路路况明显回升,社会反应良好。省交通厅、省公路局根据省委省政府要求乘胜追击,将公路“保畅工程”连续进行到 1998 年,而此后的两年中每年保畅里程均提高到近 9000 公里,3 年累计完成大中修里程 3000 余公里。交通部也在 1996 年至 1998 年 3 年中每年专项补助 5000 万元。

公路“保畅工程”无疑是贵州公路交通陷入困境后的一次历史性突围,全省干线公路和重要经济线路路况通过大、中修和强化养护大幅回升,“黔路烂”的矛盾终于得到缓解。

## 二、路网改造 黔路发展的崭新诗篇

新中国成立以来,贵州公路不只是通车里程少,基础薄弱,技术等级偏低,抗灾能力差,是导致贵州公路陷入“黔路难、黔路烂”困境的根本原因。自 1996 年起,贵州连续 3 年实施了公路保畅工程,的确成功缓解了贵州公路交通的燃眉之急,然而这不是一劳永逸之举,只不过是历史困境中不得已而为之的治标性补救措施。

如何才能标本兼治?在“保畅工程”实施过程中,贵州公路交通部门的决策者们认为给公路“强身健体”,通过改造提高现有公路等级和技术标准,增强其通行能力才是强基固本,避免重蹈覆辙的唯一途径。而且,就贵州的情况而言,这项工作刻不容缓。但是,贵州由于欠账多底子薄,还有大量乡镇连通公路的问题没解决,亟待改造的公路点多线长面广,需要大量人力、物力、财力。

公路要改造,怎么改?

探索，从1997年马（场坪）遵（义）公路龙（昌）至牛（场）段20公里公路改造开始。这段公路是翁福磷化工业区重要的经济干线，当时路况破烂难以满足地方经济发展需求，如果按"保畅工程"要求修复，只需资金500万元，然而，工矿区重车流量巨大，不出两年，肯定又会瘫痪。必须改造成二级以上公路才能满足需要，但需资金5000万，省地财政也无力承担，"保畅工程"资金尚且捉襟见肘，这笔钱哪里去找？经过论证，省公路局提出学习发达省区"贷款修路，收费还贷"的方案，经省政府批准，向银行贷款4830万元，将20公里公路改造按山岭重丘二级标准改造为收费公路，利用收取通行费偿还贷款。1998年工程建成通车并成功建站收费。

马遵公路龙牛段贷款改造的成功是"贷款修路，收费还贷"的资金筹措模式在贵州的首次尝试，它证明了贵州如果要大面积改造公路路网，有一部分项目资金可以这样解决。同时它也拉开了贵州公路大规模路网改造的序幕。

就在龙牛段公路改造即将竣工之际，1998年，中央决定实施积极的财政政策，加快以公路为重点的交通基础设施建设，以此扩大内需，拉动经济增长。当年6月，全国加快公路建设工作会议在福州召开，提出逐步建立"国家投资，地方筹资，社会融资，利用多资"和"贷款修路，收费还贷，滚动发展"的投资机制，这无疑给贵州公路建设者增添了信心和决心。

1998年，省政府作出决定，在继续实施保畅工程和利用以工代赈扶贫资金加快县乡公路建设的同时，采取国内贷款、引进外资、社会集资等多种筹资方式，加快公路改造力度，提高现有公路的技术标准和通行能力。贵州省公路局当年安排改造工程27个，改造里程达731公里。其中贷款收费公路项目8个。1999年，省政府再次提出"力争完成1000公里干线公路改造任务，提高贵阳通往各地（州、市）公路等级"等级，全省公路工作重心开始由"保畅工程"向"路网改造"转移。当年，独山至荔波公路、320国道一碗水至凯里段、凯里至杨柳塘等30个以国家投入、行业贷款、地方配套等不同投资模式开工上马的干线改造工程达1798公里。

此前的公路改造为贵州公路部门积累了不少资金筹措、征地拆迁、施工组织管理等方面的经验。省委省政府乘势而上,任务不断加码,2000 年,全省实施 3000 公里公路路网改造,2001 年至 2004 年,每年以 5000 公里的规模继续推进。并且连续五年,路网改造工程列为省委省政府当年必办的"十件实事"之一。

这一阶段的路网改造已经不仅限于干线公路,还包含通县油路、通乡改造和新增通乡公路建设。2005 年,全省实施 3000 公里油路改造。

2006 年贵州省委省政府提出的"交通引领经济"的科学理念和大力转变交通增长方式,加快建设资源节约型、环境友好型交通,加快形成便捷、通畅、高效、安全的公路水路交通运输体系的要求,省交通厅、省公路局在干线改造上再上新台阶,大力推进二级公路建设工程,以更高标准提高公路通行能力。

按照"条块结合,分层实施,联合建设"和"抓住机遇,解放思想,分门别类,因地制宜"的原则,全省各级政府、交通公路部门、社会群众修路建路热情高涨;一时间,"让泥石路早日变成沥青路"、"把等外路变成等级路"、"把低等级公路变成等级高的公路"成为干部群众的热门话题,也成为各级政府和交通公路部门的共同目标。

八年来,全省共实施公路路网改造 30000 余公里,公路路网技术等级大幅度提高,截至 2007 年底,全省公路通车总里程达到 123247 公里中,高速公路 923.5 公里,一级公路 119.9 公里,二级公路 2658.4 公里,三级公路 8649.7 公里,四级公路 43165.1 公里,而其余 67730.4 公里等外公路则主要是通村公路。

八年路网改造的业绩,对于经济欠发达的贵州而言,无疑是贵州改革开放经济建设大潮中的一峰巨浪,是贵州开发史上镌刻下的一页壮美诗篇。

## 三、农村公路建设 泽被高原的德政工程

贵州是山的海洋,城镇人口比重较小,绝大多数人口生活在崇山峻岭中星罗棋布的乡村。无论是高速公路还是国省道干线公路,大多数都不能直接为广大山民提供现代交通的便利,因此大力发展农村公路对于贵州来说,

其意义不言而喻。

为了打通山门,让农村老百姓早日告别肩挑背驮的历史,改革开放以来,贵州交通部门始终没有放慢农村公路建设的步伐,而是一次次抢抓机遇,不断加快发展。

1984 年,国家开始实施粮棉布以工代赈帮助贫困地区修建县乡公路。贵州连续 17 年,积极利用这一政策主打交通扶贫攻坚战。1985 年至 2001 年,全省公路共投入以工代赈资金等交通扶贫资金 28 亿元,共修建县乡村公路 1830 条 22630 公里,这期间,新增了 23 个县通油路,新沟通 419 个不通公路的乡。

2000 年开始全省在大规模路网改造项目中,除了干线公路之外,大量把县际公路、乡公路纳入提等改造内容。同时,继续加紧实施通乡公路和通县油路建设工程。

2002 年,贵州最后 9 个不通公路的乡镇相继打通公路。11 月 30 日,当从江县光辉乡的同胞们生平第一次在自己家门口见到汽车时,贵州在这个美丽的冬天实现了乡乡通公路的目标。

在交通部"建好农村路,服务城镇化,让农民兄弟走上柏油路、水泥路"要求的指引下,我省继续在路网改造中推进油路通县的进程。2003 年,还是在最边远的从江县,交通部门向省委省政府和全省人民交上了县县通油路的答卷。

2003 年,全省启动农村公路通达工程,当年就建成通村公路 6000 公里,2004 年建成 8000 公里,随后的 2005 年至 2007 年,在交通部"五年千亿元"农村公路建设工程的扶持下,全省平均每年建设通村公路不少于 10000。

2003 年来的五年,全省累计完成农村公路固定资产投资 151.9 亿元,建成农村公路 75130 公里。其中,累计建成通乡油路 8200 公里,通村公路 58900 公里,通村油路 1500 公里,按照交通运输部的最新统计口径,全省实现了 64.8% 的建制村通公路,68.8% 的乡(镇)通油路或水泥路,23.7% 的建制村通油路。

道塞山河旧，路通天地新。农村公路建设切实改变了农村群众的生活环境和发展环境，“晴天一身灰、雨天一脚泥”正逐步成为历史。扶贫路连接了千家万户，旅游路延伸到千山万水，产业路遍布了千村百寨，加快发展的农村公路越发显现出了它特有的社会主义新农村建设的重要的地位和作用。

# 贵州航运：风雨 60 载风光无限

韦世荣

“天无三日晴，地无三尺平”的贵州，连绵群山营造了树林四季常青。风调雨顺造就了江河湖泊众多，长度在 50 公里以上的河流有 93 条，为发展航运创造了优越的条件，贵州航运应运而生。

新中国成立 60 周年，贵州航运沐浴共和国的阳光雨露茁壮成长，焕发出青春活力，正是这 60 年的风吹雨打的历练促成了今天航运的成就。60 年弹指一挥间，忆往昔峥嵘岁月稠。许多事至今难以忘怀，让人津津乐道。

（一）航运实现由个体经营向国营的历史转变

新中国成立以前，贵州航运生产工具简陋，大多为木质船。船工世辈以船为家，生活漂泊，全靠人力拉纤，生产力低下，乌江、赤水河沿岸深谷绝壁上的纤夫道遗迹，铭刻了千百年来船工的心酸血泪史。新中国成立后，贵州航运换了人间，党和政府组织船工进行社会主义改造，实行公有制经济和走集体合作化道路，实现了由个体经营向国营的历史转变。

新中国成立以前，管理机构空白，航运事业百废待举。1951 年贵州省交通厅设立航务科，结束了贵州无省级航运管理机构的历史。1959 年贵州省内河航运管理局成立港航监督科，负责全省水上安全管理工作。从此，贵州航运无政府专门管理的历史一去不复返。

### (二)天堑变通途梦想成现实

赤水河茅台下游的吴公岩原名为文公岩,因崩岩壅塞达 2 米多高跌流,达 9 公里不通航河段。清乾隆年间工务总揽吴登举修赤水河到此望石叹息忧郁病故,后人为纪念他改名为吴公岩。货船到此受阻,货物全靠人力绕山路转运搬滩,搬运费竟占赤水至茅台全程运费的 40%;受潮砥、新滩、龚滩三大滩险阻碍乌江千百年来只能分段通航。20 世纪 50 年代大跃进时期,贵州航运人炸开了吴公岩盘踞河中阻断航道的千年顽石,乌江分别整治了断航的龚滩、新滩、潮砥滩后,天堑变通途,结束了千百年来赤水河、乌江分段通航的历史。独创的山区航道整治施工技术在当时国内山区航道整治工程中处于领先地位,曾编入航道专业教科书,载入中国交通史册。

### (三)改革开放开辟航运新天地

改革开放方针政策指引贵州航运步入新时代。在交通部的关心支持和贵州省委、省政府的重视下,加大对全省港航基础设施建设的投资力度,从"七五"期开始,交通部给予贵州航运建设专项补助资金,贵州省委、省政府制定了发展水路交通的优惠政策,省政府提高了交通发展基金中用于内河航运建设部分的基金比例,由原来的 10% 提高到 14% 。同时,将交通建设的扶贫资金、以工代赈建设基金的 10% 用于内河航运建设。从 1985 年开始,贵州航运建设如日中天,交通部和贵州省共同投资近 3000 万元,实施了南盘江、北盘江、红水河(简称"两江一河")航道二期整治工程,唤醒了沉睡多年"两江一河"航运复苏。"九五"期,投资近 1 亿元,对乌江大乌江至龚滩 264 公里航道进行系统整治,提高了乌江航道等级,兴建了一批港口码头及配套设施,乌江航运披新装。中央实施西部大开发战略,给贵州内河航运建设注入新的动力。在"十五"期间,国家共投入航运固定资产资金 3.70 亿元,重点投向赤水河航运建设和西南航运出海中线起步工程,使赤水河岔角至狗狮子 80 公里航道由七级提高到六级、狗狮子到长江合江段 78 公里航道由六级升为五级,通过能力由 200 万吨提高到 400 多万吨。南盘江、北盘江、红水河通过再次整治后 365 公里航道由过去六级提高到五级,相应建设了重点港口码头和通信助航设施,基础设施落后面貌有了明显的改善。

(四)出省航运势如破竹

1982年11月27日,赤水航运公司(今赤水轮船公司)组成远航船队,装载煤炭693.6吨、木材986立方米,从赤水河口合江港起航,到达江苏江阴港。此举打破了当时长江航运干流独家经营的体制。从此,航行在乌江、赤水河上的各类运输船舶将贵州的烤烟、化肥、煤炭、磷矿石等大宗物资运往长江中下游各地;清水江大宗木材运到长江中下游各地;都柳江批量原木、农副产品和北盘江、南盘江、红水河沿岸的煤炭等物资,南下广西到珠江三角洲……为贵州出省物资运输,合理分流,缓解运输压力,发挥了积极作用。航运新格局的形成,改善了沿岸交通条件,为保障区域间人民群众的生活必需品,确保重点物资运输的完成,抢险救灾以及支农货物的运输,加快贵州经济发展,作出了重要的贡献。同时也为促进沿岸老、少、边、穷地区群众早日脱贫致富,发挥了积极作用。到20世纪90年代中期,水路社会运输量已赶超国有航运企业运输量,成为航运业的主力军。各地区间短途客运、水上船舶旅游发展迅猛,已成为航运新的经济增长点。

(五)水路运输潜能裂变

全省航运多元化格局的形成,促进了出省长途运输,省际区间运输、水上旅游运输、水上漂流、渡口运输稳步协调发展。2008年全省完成客运量1500万人次、旅客周转量22932.75万人公里、货运量完成720万吨,货物周转量完成94182.15万吨公里。与新中国成立初期相比,水路运输发生核裂变,现在一天的客运量相当于有统计记录的1951年全年的客运量;现在两天的货运量相当于1951年全年的货运量,航运对社会贡献率由原来的3%上升到9%。

(六)安全监管今非昔比

过去贵州水上交通监管装备一贫如洗,管理手段落后。出门靠双腿,监管靠吆喝,船检一把尺,办公一支笔,是当时海事人工作的真实写照。而今全省各海事执法部门实施微机管理,基层海事处所配备了交通安全专用车、安全巡逻艇,市(州、地)局配备了测厚仪、GPS仪等船舶检验设备。过去一个海事人员要承担一个县的水上安全监管工作,甚至有的要负责5~6个县的水上安全管理,被人戏称"安全县长"和"安全专员"。现在各县都设置海事处,航运发达的县还设置海事所,人员由过去不足百人扩编到600多人。建成了赤水河、天生桥库区CCTV视频监控系统,实现了贵州省水上安全监管由传统监管向信息化监管的大跨越。到2015年前全省重点水域、主要通航河流将基本实现安全监管信息化。

(七)贵州航运将再续辉煌

高等级航道建设把贵州航运提升到新的高度。贵州省委、省政府十分重视内河航运的建设和发展,作出提高乌江航运北入长江,南盘江、北盘江、红水河航运南下珠江战略部署,贵州交通正掀起新一轮"县县通"高速公路建设高潮,贵州航运乘势而上,顺势而为,港口码头建设与高速公路连接,提高航运功能和辐射力。

2008年,贵州省第一条国家规划的高等级航道——南盘江、北盘江、红水河航道开工建设,"十一五"末北入长江的国家高等级航道——乌江航运建设也将开工兴建。随着贵州南下珠江、北入长江两条出省航运通道的建成,如同雄鹰展翅,将托起贵州航运发展的希望,船舶标准化、大型化,水上安全监管信息化的目标将同步实现,社会对航运的依存度明显增加,将承担大物流、大流通的历史重任。届时,贵州省水路运输能力将突破3000万吨,水路运输在综合交通运输体系中的地位将不断增强,服务国民经济社会发展的能力将不断提高,我们对贵州航运的未来充满信心,相信贵州航运前程似锦。

贵州航运厚德载福。贵州航运天道酬勤。贵州航运的明天更加灿烂辉煌。

# 贵州省高速公路建设纪事

李黔刚

近日，笔者在厦（厦门）蓉（成都）高速公路贵州境水口至都匀段建设工地上看到，上万名公路建设者只争朝夕，加快重点公路建设步伐，在崇山峻岭、江河沟谷间发起了气势磅礴的攻坚战。与此同时，沿线政府和人民为依托这条将通江达海的大通道，正编织着理想之梦，描绘着富民兴黔的蓝图。目睹这一切，作为在交通战线工作20多年的一名普通职工，不禁思绪飞扬，感慨万千。

"不是夜郎真自大，只因无路去中原"。贵州境内山高谷深，沟壑纵横，因交通落后历来被视为畏途。山阻水隔的封闭环境也给贵州带来了经济社会相对"欠发达、欠开发"。全省人民迫切盼望交通加快发展，历史上多少仁人志士不屈不挠奋斗与开拓，试图改变贵州交通落后面貌。

党的十一届三中全会明确了解放思想、实事求是的思想路线，作出了改革开放的战略决策，给贵州交通发展注入了强大的动力，在贵州省委、省政府的正确领导下，经过全省上下30年来的艰苦努力，贵州交通发展实现了重大突破，坦途连万家，彩虹跨涧溪，交通正以前所未有的发展步伐推动全省经济社会全面进步。

近年来，国家实行积极的财政政策和实施西部大开发战略，加大对基础设施建设的投入，这一千载难逢的机遇使贵州重点公路建设驶入了发展的快车道。2008 年全省将确保完成固定资产投资 200 亿元，其中，重点公路建设计划完成投资 120 亿元，为历年来之最；在建项目数量及里程也超过往年。

过去，人们常用“地无三里平”形容贵州的道路。现今，贵州公路建设进入了一个新的发展时期，全省交通已经发生了脱胎换骨的巨变。

沧海横流，方显英雄本色。从 20 世纪 80 年代末期建设贵阳至黄果树高等级公路开始，在 20 多年我省重点公路建设的日子里，不论是工程管理者还是设计、施工单位的员工，都把能够参与高速高等级公路建设视为殊荣和提高锻炼自己的极好机会。为按时保质完成设计、施工任务，建设者们基本上没有节假日，日夜奋战在岗位上，在当地政府和群众的紧密配合下，谱写了一曲曲荡气回肠的英雄赞歌，铺筑了一条条环保之路、和谐之路、发展之路。

1949 年，贵州省仅有公路 3943 公里，其中勉强能维持通车的 1950 公里。经过 30 多年的艰苦努力，至 1985 年，贵州省公路通车里程达 27999 公里。然而，“量”的改观并没有带来“质”的发展，贵州仍然没有一条一级公路。

1986 年是贵州公路发展的一个转折时期。这年的 8 月 15 日，贵阳至黄果树汽车专用公路破土动工。有关人士分析，这在经济落后的贵州修建高等级公路，从历史和现实的角度看都是一个大胆而又必需的决策。

曾经有一位学者将贵黄公路誉为贵州公路交通发展的时代分野，这一点都不为过。事实证明，贵黄公路开启了贵州公路建设的新纪元，是贵州公路建设从此走向现代化的标志。

全长 137 公里的贵黄公路作为我国西部地区最早开工建设的一条高等级公路，从开工至 1991 年 5 月 16 日竣工通车，它一直受到多方面的关注。交通部领导曾数次来黔考察，贵州省四大班子的领导多次到工地现场办公，为建设排忧解难，因而也出现了不少“路专员”、“桥县长”等的代名词。省政府专门出台优惠政策，沿线有关单位和群众也为它的早日建成作出了很大的贡献，公路建设者更为它的诞生奉献青春年华。

现在回想起来,公路建设者修贵黄公路时,蔡家关大拉槽最为艰苦。这道长 196 米、高 62 米的拉槽开挖的石方就达 25 万立方米,相当于平原地区修建 20 公里一级公路的土石方量。这条公路建成通车时,交通部致信祝贺,《人民日报》载文称赞“美哉,贵州路”,《中国交通报》发表评论称其“贵州人的骄傲”。该路还荣获交通部“全国十大公路工程(1978—1993 年)”殊荣。据统计,贵黄公路总造价 3.03 亿元,通车后每年直接经济效益近 1 亿元,3 年产生的经济效益相当于修路的全部投资。如果没有贵黄公路,贵州的西线旅游和黔中腹地的经济不会有今天这样大的发展;没有贵黄公路,贵州的高等级公路建设不会像今天这样受到各方面的关注。

继贵黄公路后,1992 年 6 月,贵州第二条汽车专用公路——贵阳通往历史名城遵义、全长 155 公里的高等级公路动工。

当时,国家关怀贵州,但国家的资助与实际需要仍有很大距离,本省财政困难抽不出配套资金,怎么办?时任贵州省省长的王朝文在《人民日报》上亮出了贵州人的招数:“用优惠政策促交通发展。”公路建设用地实行低价征用,拆迁构造物“各家娃娃各家抱走”,由地方政府负责;工程材料实行优惠价格;抽调到工程指挥部的工作人员工资由原单位发给,尽可能地采取一切措施让有限的资金用到非用不可的地方,让最少的投资发挥最大的效益。历经 5 年多的时间,1997 年 11 月 29 日上午 10 时 30 分,在新近贯通的贵阳至遵义高等级公路乌江大桥南岸桥头“贵遵公路通车典礼”上,时任国务院副总理的邹家华下达了“贵遵公路正式通车”的命令并为公路通车剪彩。至此,黔北没有高等级公路的历史宣告结束。

1998 年 12 月 18 日,贵阳东北绕城高速公路通车。这条公路是大西南出海通道的组成部分,它将贵遵和贵阳东出口(贵新高等级公路贵阳出口段)两条高等级公路连在一起,主线及匝道全长 27 公里,投资概算 6.07 亿元,全线按高速公路标准建设;路基宽 21.5 米,路面主要为水泥混凝土路面,最大标准车流量达到每小时 3.5 万辆。

当时,驱车于贵黄、贵遵和贵阳东北绕城高速公路公路上面,你会明显地感觉到一条比一条好,一条比一条舒适惬意。

2001年6月25日上午，贵阳至新寨高等级公路全线通车。贵阳至新寨高等级公路是国家规划的GZ50国道主干线西南出海通道贵州境内南段，也是贵州省规划建设的“二横二纵四联线”公路主骨架中的重要路段。起于贵阳市花溪区下坝，向南途经龙里、贵定、马场坪、都匀、独山、麻尾，在黔桂交界的新寨与广西六寨至水任公路相连接，全长260公里。其中，贵阳至都匀段143公里为四车道全封闭、全立交高速公路，都匀至新寨段117公里为全封闭、全立交二级公路。全线设互通式立交13处与区域路网和交通源点连接。全线设有标志、标线、防撞护栏、隔离栅以及夜间视宽轮廓标和反光道钉等较完善的交通安全设施和光缆传输、程控交换及紧急电话系统，对收费广场、收费车道实施全方位监控。中央分隔带及边坡采用生物绿化工程加以防治。

贵新公路项目总投资为48.46亿元，1997年11月28日开工建设，批准建设工期5年。其中，贵阳至都匀段高速公路已于2000年12月30日建成通车试运行，全线正式建成通车时间比计划工期提前了一年半。经国家交工验收委员会组织交工验收，质量等级优良。贵新公路是当时贵州省已建成的高等级公路中投资最多、标准最高、工程地质条件最为复杂，工程量最大，采用新工艺、新技术以及防护工程、生态保护工程、环保工程最多的公路工程，也是贵州首次采用国际通用的“菲迪克条款”进行施工建设管理的高等级公路。

可以这样说，2001年是贵州高等级公路建设喜结硕果的一年。贵阳至新寨高等级公路全线建成通车后，同年10月，全长179公里的贵阳至毕节高等级公路竣工。贵毕公路仅扎佐至大方142.27公里的路段，就有特大、大、中、小桥157座。总长564.2米的六广河大桥为预应力混凝土连续刚构桥型，最大墩高90余米，桥面距水面306米，站在这座桥上往下看，真有些心惊胆寒。建设者们却在不到两年时间里，将它建成。贵新和贵毕两条高等级公路的建成，使全长539公里的西南公路出海通道贵州段全线贯通，贵州有了一条贯通南北的高等级公路大通道，使数代贵州人梦寐以求的乘汽车一日之内通江达海的愿望成为现实。

同年底,全长50多公里的凯里至麻江高速公路建成通车。这条公路是在麻江与贵新高等级公路麻江联络线相接,加快了贵州公路主骨架体系的建设,加速推进西南地区与华南地区的经济合作与交流,带动沿线地区经济社会发展和人民脱贫致富。

2002年年底,玉屏至铜仁高等级公路全线建成通车。全长68公里的玉铜高等级公路是我省规划建设的“二横二纵四联线”公路主骨架的重要路段,起于玉屏七眼桥,经三块碑、南宁镇、大龙、抚溪江、长岭、茶店,止于铜仁市谢桥。

2003年,关岭至兴仁、镇宁至水城两条高等级公路建成通车。至此,从省城贵阳通向8个地、州、市政府所在城市基本实现高速和高等级公路相连。关兴公路、镇水公路同属贵州省高等级公路网规划“二横二纵四联线”中的“四联线”。关兴公路是黔西南州通往贵阳的主要通道,全长114.25公里,总投资18.9亿元;镇水公路是六盘水市通往贵阳的主要通道,全长124.54公里。两条路均采用二级公路标准。两条路的建成通车,使兴义和水城两个州、市政府所在城市乘车4小时内抵达贵阳成为现实,改变了贵州西南部交通落后状况,使贵州省中部与西部两大片区实现了高等级公路连接,对黔西南州和六盘水市的矿产、旅游资源开发,产业结构调整和经济社会发展产生了重要的促进作用。

2004年9月,清镇至镇宁高速公路建成通车。清镇高速公路是上海至瑞丽国道主干线在贵州的一段,全长90公里,投资概算31.24亿元,按双向四车道标准建设,设计时速120公里。这条路在建设中,从质量、安全、绿化、生态保护到人文关怀,均体现了以人为本的理念,是贵州省迄今为止已建成高速公路中设计标准最高、服务设施最完善的高速路,因此被人们称为“贵州第一路”。这条路串连了黄果树瀑布、龙宫、红枫湖、织金洞等风景名胜,是黔中大地上一条重要的旅游线和经济线,对当地社会经济和旅游事业的发展起到积极的促进作用。

2005年12月26日,全长118公里的崇溪河至遵义高速公路建成通车。这条公路是贵州省首条利用亚洲银行贷款建设的项目,采用高速公路标准设计，设计行车速度为每小时 80 公里，采用双向 4 车道，概算总投资 67.615 亿元。该路横穿大娄山脉，山势险峻，沟壑纵横，全线海拔高差达 1030 米，有各类桥梁 121 座，各类隧道 19 座，桥隧合计占总长的 38%。2006 年，全长 130 多公里的玉屏至凯里高速公路全线建成通车，与已建成的凯里至麻江高速公路相连，打通了贵州连接东中部地区的快速通道，从贵阳驾车至黔湘交界处只需 4 个小时。

2007 年年底，重庆至湛江国道主干线贵州境贵阳至遵义公路扎佐至南白段改扩建工程建成通车，上海至瑞丽国道主干线贵州境镇宁至胜境关公路主体工程完工，贵州省与全国同步实现了国道主干线基本贯通，贵州高速公路通车里程达 924 公里。这是贵州高速公路建设史上的又一盛事，也是贵州人民的一件喜事。

渝湛高速公路从北到南、沪瑞高速公路从东至西在贵州省形成了十字交叉的“一纵一横”主骨架高速公路网，在黔境内总长 1179 公里（含重复里程 108 公里），总投资约 454 亿元。“一纵”即渝湛西南出海快速大通道，从崇溪河入贵州境，经桐梓、遵义市区、遵义县、息烽、修文、贵阳市区、龙里、贵定、马场坪、麻江、都匀、独山，从新寨出省进入广西，路线全长约 528 公里；“一横”即沪瑞国道主干线。从鲇鱼铺入贵州境，经玉屏、岑巩、三穗、剑河、台江、凯里、麻江、马场坪、贵定、龙里、贵阳市区、清镇、平坝、西秀区、镇宁、关岭、晴隆、普安、盘县，从胜境关入云南境，全长 651 公里。

“一纵一横”国道主干线覆盖了我省 36 个县、市、区，千余公里的大通道穿过的是贵州地质环境较为复杂、修建技术较为困难、生态保护最迫切的地区之一，就是在这样的环境里，交通建设者倾注了无数心血。从“峰际连天兮，飞鸟不通”，到“踏平坎坷成坦途”，再到实施西部大开发以来，贵州省水陆空立体交通网络构架日渐清晰。

交通的发展不仅在改变着贵州的地理，也改变着贵州的形象，交通已成为提升贵州形象的一扇窗口。贵州交通的巨大发展，正以惊人的速度缩短着贵州版图的时间距离，也在不断加快贵州与邻近省份的相互交往，使贵州省加大了区域经济圈的融入程度。

现在每天通过贵新高等级公路南下、北上的客车和货车都成倍地增长，到荔波、都匀去旅游的人也比以前增加了一倍多。通过这条路，福泉的魔芋丝、都匀的毛尖茶、独山的盐酸等有特色的农副产品都可以很快地运送到贵阳以及销往省外。贵新高等级公路建成通车后的第一年，黔南州招商引资到位资金就达7.8亿元，比上年增加了1亿多元。

清镇高速公路开通以来，安顺经济发展速度明显加快：全市2005年招商引资到位资金14.97亿元，较2004年增长57.9%；全市GDP总量2004年比2003年增长10.1%，2005年比2004年增长了12.7%。清镇高速公路已成为安顺经济发展的强大动力。游客过去到贵州，一日游完黄果树瀑布、龙宫、红枫湖、织金洞、马岭河峡谷等国家级风景名胜区，只能是梦想，然而，清镇高速公路建成后，这个梦想变成了现实。

70多年前，红军在娄山关击溃黔军、夺取遵义后，毛泽东同志写下了"雄关漫道真如铁，而今迈步从头越"的著名词句。现在，人们乘车不到一个小时就穿越了崇遵高速公路酒店椏、清杠哨、"七十二拐"和娄山关等四大险关。过去，一辆大型车辆在气候及车辆技术状况正常时经过"七十二道拐"路段大约需要一个多小时，而今经过崇遵高速公路凉风垭隧道用时只需4分钟。难怪那些老驾驶员们会说："驾车经过凉风垭隧道感觉就像钻进了时空隧道。"而高速公路两旁的"遵义会议"、"娄山大捷"、"四渡赤水"、"抢渡乌江"的雕塑仿佛在轻轻述说当年在这片土地上发生的令人难忘的故事。

如今，东接湖南，西连云南，北上四川、重庆，南下广西的"十字型"高等级公路框架建设的贵州公路，不但让贵州经济社会发展驶上了快车道，也使西南内陆各省盼望多年的"通江达海"之梦得以实现。一条充满活力的大通道，一个充满朝气的大市场正向我们走来。贵州高速公路的畅通产生了许多沿路的经济点、经济带、经济圈，促进了资源优势转化经济优势，改善了投资环境，从而带动了经济社会的发展。据了解，随着西南外向型经济的快速发展，特别是在我国与东盟经贸往来日益密切的背景下，西南地区每年有2000多万吨货物出口，贵州省"二横二纵四连线"逐步建成，使四川、重庆、云南、湖南、广西与贵州省连为一体，无疑会使新一轮人流、物流、信息流、资金流在贵州省产生“通道效应”，形成新的投资热潮，为贵州带来新一轮发展机遇。一条条形象路、致富路横空出世，一条条希望路、发展路拓展延伸。

贵州交通运输的发展缩短了时空距离，也促进了物流企业的发展。与10 年前相比，贵阳东站附近新增了大约一半的物流企业，运力、运量也足足翻了一番。汽车运输可以直接送货上门，不像火车，两头都要转运，所以最近几年不但零单增长快，大宗运输增长也快。从贵州省出发到广东、浙江等周边省份都有货运线路，贵州的不少新鲜农产品、药品制剂、辣椒制品等走上了高速公路。此外，来自外省的新鲜蔬果、海鲜、电器等产品，不但丰富了贵州人民的日常生活，也有力地促进了物资交流，带动了贵州地方经济的发展。更为重要的是，随着全省道路交通条件的改善，贵州加大了区域经济圈的融入程度，通过人流、物流、资金流的促进，实现优势互补，在区域经济一体化进程中提高了竞争力。

从贵阳驱车前往广西北海将近 1000 公里，过去这段里程的行驶时间是两到三天，现在沿西南出海大通道行驶却只需 10 余个小时。公路条件的显著改善也在悄然改变着贵阳市民的消费习惯和口味，前些年在贵阳市场上卖到 100 多元一斤的基围虾，随着贵新路的开通，现在每斤售价不到 20 元。位于贵阳市繁华路段的新路口海鲜市场，过去这里的海鲜靠空运，价高量少，生意不冷不热。西南公路出海大通道贯通后，绝大多数海鲜走了陆路，下午 3 时从北海出发，第二天天不亮就到了贵阳。市场里的海鲜经营户从10 多家增到 50 多家，消费者从实实在在的降价中，尝到了海鲜“飞入寻常百姓家”的喜悦，有些海鲜的价格甚至比广东、广西等沿海城市还要便宜。

贵州，崇山峻岭，沟壑纵横，给筑路建桥带来了许多难题。但通过科技攻关，贵州省高速公路照样穿山越岭，不断延伸。

今天，人们乘车行驶在贵州清镇高速公路上，公路笔直宽阔，蜿蜒于群山之中，路旁山坡上满目苍翠，看不见裸露的岩石。湖光山色与田野上成片的油菜花构成一幅山水画，让人感受到路与大自然已融为一体。这是我省承担的西部交通建设科技项目研究成果 8 年来应用在黔中公路建设中的一个缩影，西部交通科技让贵州公路建设更好更省钱。

“实施西部交通建设科技项目计划是顺时之举，符合西部交通建设的实际。抓住这一千载难逢的机遇，围绕全省‘二横二纵四联线’的公路网建设，坚定不移地实施‘科教兴交’战略，针对交通基础设施建设中的关键技术和难点问题，开展交通科技项目研究，借此培养人才，提升全省交通的整体科研水平。”这在贵州省交通厅决策层形成了共识。

贵州省“西部交通建设科技项目”领导小组于 2001 年成立后，根据交通基础设施发展规划和建设实际需要，加强对科技项目的规划，制定科技项目管理办法，规范科技项目管理工作，协调科研与生产的关系，检查督促项目的研究工作，实行对项目全过程管理。

到 2006 年年底，贵州省已推广的项目研究成果累计在 9 条公路、13 座桥梁、30 多座隧道中得到应用，应用里程达 160 多公里，参加项目的科技人员有 500 多人次。贵州省交通厅还同国内外 21 家大专院校、科研单位进行合作。这些科技项目围绕交通基础设施建设中的公路、桥梁、隧道、环境工程等实用技术和关键技术展开，一大批新技术、新材料、新工艺得到广泛应用，确保了工程质量和进度，为交通建设提供了有力支撑。过去贵州省交通科研专项经费每年才 50 万元，现在仅贵州省交通科学研究院实施的几个项目，科研经费就有 1000 多万元。

为确保镇宁至胜境关高速公路坝陵河特大桥顺利建设并提升大桥的建设质量，贵州省交通厅、贵州高速公路开发总公司组织了国内一批具有较强实力的设计、科研及施工单位联合对坝陵河特大桥开展关键技术研究。该大桥需横跨坝陵河峡谷，桥址位于我国西南地区康滇地带东部边缘，两岸地势陡峭，雷雨、强风、大雾等又对大桥建设和运营安全影响较大。经论证，坝陵河大桥最终选用主跨为 1088 米的钢桁加劲梁悬索桥方案，在无通航河道的西部山区修建跨径超过千米的大跨径钢桁梁悬索桥，这在国内尚属首例，该桥的建设对缩短我国和世界先进桥梁技术水平具有重要意义。

多年来，在贵州高速公路建设中，工程技术人员遇到了相当数量的边坡失稳和环境破坏问题。传统的加固防护多采用挂网喷射混凝土的方式，不仅成本高,而且对自然景观破坏较大,施工质量也难以保证。由贵州省交通科研院承担的"公路石质边坡防护与环境保护研究"项目成果,应用在从镇胜高速公路选取的10段边坡上,采用植物防护的边坡坡面平整、美观、环境效果突出,减少了公路沿线的水土流失,生态恢复正常。由贵州省交通勘察设计院承担完成的"边坡加固新材料的研制与开发"项目,是一套施工方便、行之有效的边坡加固技术。该项目成果中"灌浆加固"、"聚丙烯纤维水泥砂浆"及"植被混凝土"技术在崇溪河至遵义高速公路上的5段边坡处置中得到应用,解决了深层、中层、浅层边坡加固的难题。在建成的凯里至麻江高速公路上使用了边坡加固新材料,解决了鹅山冲大型边坡滑坡问题。该技术在贵州公路建设中已推广应用,产生了明显的经济和社会效益,其成果已申报国家专利。

清镇至镇宁高速公路由于使用了"路用防排水材料的开发"项目研制的路用防排水材料,修建成本降低了50%。该防水材料可以大大提高路基防排水的性能。项目成果还在玉屏至凯里高速公路改线中得到广泛应用,使该处的高填方路段顺利实施,节约投资1000万元。该公路通车到现在有一年多的时间,路基稳固,没有发现淤堵的现象。

"西部地区公路地质灾害监测预报技术研究"项目应用在三穗至凯里高速公路的勘察中,为设计提供了可靠的依据,减少了工程投资。

目前,交通部西部交通科技项目——"岩溶地区公路工程地质勘察技术"的最新成果已应用在贵州多条高速公路建设的工程勘察上。电磁波层析成像和三维电法,使溶洞、暗河的位置一目了然,节约了工程施工的成本和时间。这项"岩溶地区公路工程地质勘察技术"项目已产生经济效益约2000万元,预期经济效益约为1亿元。

千里长路千里绿,这是交通建设者奉献给大地母亲的礼物。在黔中大地上,绿色环保举措始终贯穿了一个理念:长路与大地母亲融为一体,不破坏就是最大的保护,让行车人如同穿越一条千里生态长廊。

在贵州建设中的高速公路工地,人们不难发现,为数众多的高边坡、高挡墙、高路堤、高桥墩以及相对集中的桥梁群和隧道群随处可见,愈加衬托出贵州高速公路沿线地势的险峻，工程的险、难程度令人惊叹，蜿蜒于崇山峻岭间的高速公路因而显得更加雄伟壮观。建设者们宁愿多打隧道、多架桥、多砌挡墙护边坡，也要多保留耕地，多进行绿化。

为了保护环境，建设者们在工程选线过程中，经过多次实地勘察，严格比选论证，尽量使用荒地、非耕地，尽量少占用基本农田，绕避环境脆弱、环境特别敏感、地质灾害频繁等区域，并采取切实可行的环境保护措施，避免产生新的生态环境问题，防止水土流失，加强对森林资源、水资源、风景名胜以及文物的保护。注重大型工程构造物与自然景观的协调，如坝陵河特大桥、北盘江特大桥等与贵州特有的山河风光协调较好，工程与景观相得益彰、相互辉映。

贵阳至遵义公路扎佐至南白段由二级汽车专用公路改扩建为完全控制出入、全立交的双向 4 车道高速公路。该项工程新建仅 36.21 公里，利用老路改扩建 48.29 公里，可少占 5000 亩土地，节约投资约 6 亿元。这种合理选择、利用线位资源和线形指标节约土地，节约能源资源，大力发展交通循环经济的做法，在贵州重点公路建设中随处可见。

征地拆迁是一个复杂的系统工程，尤其是在贵州地质情况复杂和少数民族居住的山区，处理不好更容易出现问题。征地拆迁不仅涉及沿线群众和有关部门的切身利益，更关系到工程的进展以及社会的稳定。各项目办和总监办树立全局和发展的观点，以人为本，服务“三农”，情系群众。不论是工程设计，还是制定征地拆迁的补偿政策和解决施工中的涉农问题，工作都有一定的预见性，掌握主动，把握全局，尽量减少和避免了失误。

贵州交通部门时刻牢记“和谐”二字，创新工作思路，主动与当地政府积极配合，将拆迁安置工作与全面建设社会主义新农村相结合，与党的富民政策相结合，与当地经济发展相结合，进行深入细致的前期调查，广泛听取当地政府和群众的意见，合理和科学地进行处理，共同营造和谐良好的施工环境，使许多安置点成为社会主义新农村建设的新亮点，成为农民致富的新起点。

20 多年来，贵州重点公路的建成带动贵州经济社会实现跨越式发展。

这是一条条经济贸易往来的大通道，是一条条带动沿线群众实现小康目标的大通道，是一条条黄金旅游的大通道，是一条条民族团结、民族融合、文明进步的大通道，是一条条交通科技创新、绿色环保的大通道。

自 1927 年贵州修建第一条公路以来，全省公路交通经历了从无到有、从少到多、由通到好、由低等级到高等级的发展历程。贵州正全面推进“三横三纵八联八支”骨架路网规划项目，力争在 2010 年前开工建设国家高速公路网在我省境内的所有项目，确保到 2012 年我省高速公路通车里程达到 1700 公里，全省市、州、地政府所在地与省会贵阳实现高速公路联通。积极调整全省骨架公路网规划，力争利用三到五个五年计划，实现全省县县连通高速公路。

目前，在贵州 17 万平方公里的大地上，贵州交通人结合山区公路建设实际，坚持科技攻关，加大科技创新力度，培育自主创新意识，积极主动引进、消化国内外先进的交通科技成果，以百倍的信心努力缩短与邻省区的差距。随着一条条高速公路不断向前延伸，必将大大加快贵州的现代化进程。雄浑壮美、大气磅礴的高速公路将承载着贵州人“富民兴黔”的梦想，也寄托着奔向未来的无限希望。

历史将记住为之作出了贡献的人们。

# 跳出交通看交通　发展和变化交通首冲

张　兴　万　群　赵　拴

从“峰际连天兮，飞鸟不通”，到“贵州到，汽车跳”，再到实施西部大开发五年来，全省水陆空立体交通网络构架日渐清晰，“黔道更比蜀道难”的旧说渐行渐远。这是一种历史性的变化，在变化中，人们感受到了交通对经济社会发展的强大托力。

参加十届全国人大三次会议，交通仍是我省代表的热门话题，然而他们跳出交通看交通，对新形势下如何依托基础设施条件的改善，推动经济社会发展，有了新的思考和感悟。

## 一、交通是招商引资的一张名片

来自铜仁地区的一串数字耐人寻味：

2002 年引进项目 76 个、外资 7.3 亿元；

2003 年引进项目 252 个、外资 14.3 亿元；

2004 年引进项目 222 个、外资 25.3 亿元。

2004 年，外来资本催生的生产总值已占全区总量的 60% 以上。

一个昔日被认为进不去、出不来的偏远地区，如今却把外向型经济作为经济发展的主导方向。底气何来？铜仁地委书记杨玉学代表说：“变化和发展着的铜仁交通，就是我们发展开放型、外向型经济的一张亮丽名片。”

来自铜仁的另一组数字让人兴奋:2000 年起,等级公路每年以 600 ~ 700 公里的速度延伸;经过铜仁的渝怀铁路将要通车;铜仁机场去年同首都国际机场集团重组,有 8 条航线开辟或将开辟;乌江航道思南至重庆段开通……铜仁不再偏居一隅。

"交通的改善,使铜仁有条件有能力把地区的发展融入全省乃至全国的大格局。"杨玉学代表用事实诠释着交通这张名片。

运用交通名片,壮大发展实力,杨玉学代表妙语连珠:交通一通,一通百通,能给铜仁拉来信息、拉来旅游、拉来通道经济、拉来一座又一座新兴的城市。有了铁路就连通了城市与乡村,有了公路就能带来强大的货流,有了航空就拉近了铜仁与东西部乃至全国的距离。立体的交通网络不仅能给铜仁引来资金、引来技术、引来市场,更重要的是能引来观念的变革。我们敢于提出多组、多线、多点、多次、高效招商引资,底牌就在这里。

## 二、交通是旅游开发的一把钥匙

安顺公路的变迁,是贵州交通发展史上颇能给人启示的实例。

在镇宁自治县城关丫口山峦间,平行着三条不同时代的路:由中国近代第一条公路演变而来的 320 国道,贵州第一条高等级公路——贵黄公路,贵州第一条标准最高的高速公路——清镇公路。

曾任安顺市"铁(路)、公(路)、机(场)"办公室主任、现任安顺市市长的慕德贵代表以此作为切入点,细数交通建设的今与昔。在他看来,已经迅速构建起来的立体交通网络,是安顺把得天独厚的旅游优势转换为经济优势的一把金钥匙。

黄果树瀑布游客多年来徘徊在四五十万人,去年迅速攀升到 130 万人。织金洞、龙宫、新兴景区格凸河的旅客人数和旅游收入也成倍增长。2004 年,全市旅游收入达到 6.5 亿,已占安顺生产总值的 7.5% 左右,旅游成为安顺的支柱产业已为时不远。

慕德贵说,正是交通的不断发展,才使安顺市有信心、有勇气响亮地提出:把旅游经济作为主攻方向,使安顺尽快成为西部地区旅游中心之一。为此,安顺亮出了一连串漂亮“招数”,把黄果树、龙宫、格凸河联合申报为格凸河喀斯特世界自然遗产和世界地质公园。正是认准了交通是旅游开发的一把金钥匙,安顺市今年准备新增四条航线,通过空中路线吸引国内外游客;加大投资规模,完善境内旅游公路;以旅游业的勃兴带动其他产业发展。

## 三、交通是农民致富的一双翅膀

务川自治县是遵义市的一个边远县,县城距中心城区红花岗区 198 公里。20 世纪 90 年代,因交通的闭塞,从务川进遵义要花 8 个小时,到贵阳要用 2 天时间。实施西部大开发以来,这个没有省级公路依托的县,依靠政策扶持和自筹资金,对原有公路进行了大规模的改造。如今从务川坐车到红花岗区的时间缩短到 4 个小时,到省城贵阳也只需 6 个小时。

“别小看这几个小时,它让老百姓的生活发生了很大的变化,交通的改善为农民致富插上了的一双翅膀。”

务川自治县副县长陈世平代表说,随着交通基础设施的改善,来务川开发的外来投资者越来越多,这是改造公路前很难想象的事。外来投资者相继涌入,不仅使务川三次产业的结构悄悄地发生着变化,推动县域经济发展,更让贫困群众有了就业机会,增加了收入。交通的便利也让当地农民通过“车轮滚滚”的经济,改变着传统的耕种方式和生活方式。例如,务川最北边的泥水镇,因为交通条件的改善,当地农民通过种植反季节蔬菜,去年实现人均收入比 2003 年人均增加 100 元。

“道路通了思路也就通了,老百姓奔小康的路子开阔得很!”陈世平这样说。

## 四、交通是提升形象的一扇窗口

省交通厅厅长彭伯元代表说,交通的发展,不仅在改变着贵州的地理,也改变着贵州的形象,交通成为提升贵州形象的一扇窗口。

近几年来,加速构建的“一横一纵四连线”将贵州纳入全国交通骨架网,加上快速发展的贵州民航、铁路与内河航运,一个借助交通建设筑就的发展大平台、大通道、大市场逐渐形成。交通促进了贵州内外部信息流、商品流、资源流、人才流、资金流等更开放的交流,加快了贵州经济和社会整体演进的步伐,也让贵州迷人的自然风光和独特的民族文化走向世界大家庭。

交通这扇提升贵州形象的窗口将被擦得更亮——2007年,连接广西、云南、湖南、重庆的高速公路将全面建成。2020年,省会到各地州市间用高速公路勾连,地州市与各县有二级公路相通,最边远的地方上高速公路不超过两个小时。彭伯元代表说,我们深感使命光荣、责任重大,将竭尽全力去书写贵州交通历史性跨越的新篇章。

# 云南篇

## 彩 云 之 路

云南省交通运输厅

新中国成立60年来,经过几代交通人的努力,云南交通发生了翻天覆地的变化。特别是改革开放以来,云南省交通厅坚持以邓小平理论和“三个代表”重要思想为指导,坚持科学发展观,坚持以发展为第一要务,以实现好、维护好、发展好最广大人民的根本利益作为交通工作的出发点和落脚点,认真贯彻落实省委省政府和交通运输部的战略部署,着力推进全省交通的改革与发展,走出了一条具有云南特点的交通发展道路,取得了辉煌成绩,交通的服务功能和水平明显提高,交通在经济社会发展中的“瓶颈”制约得到了明显缓解,交通运输对经济社会发展的基础和主导作用显著增强。

云南毗邻东南亚诸国,山区占国土面积的94%,海拔高差达6664米。云南民族众多,不同的民俗风情构成了炫丽多姿的民族文化。但因高山阻碍、江河阻隔,生活在这片土地上的各族群众,自古以来就生活在封闭落后的环境中。

云南公路建设始于1921年。到1925年10月,昆明西车站至碧鸡关公路通车,云南终于有了第一条现代公路。抗战爆发后,滇西数十万各族群众勇赴国难，以牺牲 3000 多人的生命为代价，仅用 9 个月时间抢通了滇缅公路，成为我国抗战时期唯一通向外界的陆上国际运输通道，担负着全国抗战物资的运输任务。滇缅公路也因此成为与中华民族命运紧密相连的英雄之路。

到 1949 年年底，云南断断续续修建公路 4000 多公里，而真正通行汽车的只有 2783 公里。党中央非常重视云南公路的建设，毛泽东主席和朱德委员长分别为当时的昆洛公路题词（毛泽东主席的题词是：为了帮助各民族兄弟，不怕困难，努力筑路。朱德委员长的题词是：以一往无前的精神，战胜天险，打通昆洛交通，实现巩固国防、繁荣经济的光荣任务），极大地鼓舞了云南人民加快公路建设、改变交通落后面貌的信心和决心。

1950 年 5 月，云南首先抢修了碧色寨到河口公路，以支援印度支那人民的抗法斗争。同年 8 月又安排修建了滇藏公路，支援中国人民解放军进军西藏。1951 年、1952 年相继抢修昆（明）（打）洛、南（涧）大（理）、个（旧）金（平）三大国防公路和铜矿、锡矿、弥度至宁洱等经济干线，揭开了云南大规模公路建设的序幕。

1958 年 6 月 28 日，云南省交通厅召开全省地方交通会议，历时 18 天，贯彻交通部提出的“全党全民办交通”和“依靠地方，依靠群众，普及为主发展地方交通的‘地、群、普’”方针，以云南省提出的“苦干三年”县县通公路、区区通公路、乡乡通公路或马车路的号召，从而掀起了云南地方公路建设大普及、大发展的高潮。

1967—1973 年 7 年间，云南建成的县乡公路总里程达 10741 公里，年均增长 66.2%。1978 年，云南公路通车里程为 4.18 万公里，民用汽车 4.3 万辆，水运通航里程 1006 公里。交通条件虽然有了改善，但出行难的状况仍然没有得到根本改变，绝大部分群众出行仍然靠步行，运输仍然靠人背马驮，交通成为制约云南社会经济发展的瓶颈。

改革开放后，云南公路建设实现了新的跨越。到 2008 年年底，全省公路里程达 20.375 万公里，居全国第 4 位，其中高速公路里程达 2512 公里，居全国第 9 位、西部省区第 1 位。

在公路建设突飞猛进的同时，水路运输也取得突破性进展，澜沧江—湄公河国际航道开通，云南船队扬帆出国门。

云南交通的大发展，得益于改革开放。改革开放以来，云南交通建设飞速发展，云南交通发生了巨变。云南各族人民正在踏上彩云之路，走出深山峡谷，扬帆出海，走向世界。

## 一、公路基础设施跨越发展

改革开放后，云南公路建设在困境中走过了艰难的历程。由于财力拮据和观念的桎梏，云南公路建设步履维艰，是改革开放和解放思想的春风让云南人形成了共识：要致富，先修路；要快富，修大路；借钱也要修公路。这些观念逐步成为各级党委、政府和全省人民追求的共同目标。

1986 年 7 月，云南第一条高等级公路——石安公路（石林至安宁）开工建设，1990 年 12 月 29 日建成通车。当时修高等级路的艰辛在今天是难以想象的，用时任交通厅厅长杨弼亮的话来说是“连滚带爬，吃尽了酸甜苦辣”。但石安公路建成通车后显现的效果，使全省各级党委、政府和社会各界认识到，云南的经济发展和社会进步，需要更多更好的高等级公路。石安公路的建设开创了云南公路的高等级时代。

1992 年，邓小平同志南巡讲话掀起了中国改革开放的新高潮，也掀起了云南交通建设的第一轮高潮。交通部出台了“贷款修路，收费还贷”的政策，云南省委省政府作出了“大干 3 年，基本完成 6 条干线公路改造任务”的重大决策，出台了《关于加快公路建设的决定》，省财政每年投入公路建设的资金达 5 亿元，拉开了打通昆明通往景洪、曲靖、水富、罗村口、河口等通边、出省、入海重要通道的建设大幕。

1994 年 9 月 27 日，云南第一条高速公路——昆明至嵩明高速公路开工建设，经过全体建设者两年半的艰苦鏖战，1996 年 10 月 25 日建成通车。高速公路的安全舒适和方便快捷，极大地提升了社会各界对交通的认识，推动了云南高速公路的建设步伐。从此，云南高速公路实现零的突破，迈入高速时代。

这一时期,省交通厅通过开展"解放思想,更新观念"大讨论,破除了对恶劣自然条件的畏难情绪,确立了建设高等级公路的发展思路,拓宽了建设资金融资渠道。筹集公路建设资金的渠道逐渐增多,发行公路债券、银行贷款、引进外资、股份制建设、经营权转让等建设模式齐头并进,推动了云南公路建设事业的突飞猛进。"八五"期间,全省新增公路11700公里,其中二级以上公路就增加了722公里,完成公路建设投资70.7亿元,是"七五"期间的5.5倍。

"九五"期间,亚洲金融危机爆发,云南抓住国家扩大内需的机遇,加快了公路建设步伐。昆明南过境高架公路、曲靖至陆良、玉溪至元江、昆明至玉溪、楚雄至大理、大理至保山、昆明至石林、玉溪至江川、鸡街至石屏、通海至建水等高速公路相继开工建设。全省完成公路建设投资达362.38亿元,是"八五"期间的5倍,一年完成的投资任务就超过了"八五"期间的总和,2000年,云南交通基础设施建设首次突破了百亿大关。

进入"十五"以来,云南再次抓住中央实施西部大开发和国道主干线建设的战略机遇,省委省政府确立了"建设旅游大省、民族文化大省和建设国际大通道"三大战略目标,2002年11月,再次出台了《关于加快公路建设的决定》,提出了以"三纵"、"三横"、"九大通道"为主的云南高等级公路网建设目标。云南省交通厅通过深入调研和分析,提出了"市场化、集约化、生态化、社会化"的交通发展新思路,在公路建设领域推行了第三方监理制、会计委派制和党内三项派驻制等十项改革措施,有效规范了交通建设领域项目管理工作,推动了全省交通建设的健康发展。

这一时期的公路建设呈现出三大特点:一是公路开工项目越来越多;二是把绿化、环保、生态的理念融入公路建设;三是向地形地貌更为复杂的地区推进,技术含量越来越高,建设难度越来越大。

元江至磨黑、曲靖至胜境关、安宁至楚雄、思茅至小勐养、水富至麻柳湾、昭通至待补、昆明至安宁、保山至龙陵、罗村口至富宁、砚山至平远街、平远街至锁龙寺、高峣至海口、昆明东绕城等高速公路相继开工建设,云南交通基础设施掀起了又一轮建设高潮。

这一轮高潮一直持续至今。在这期间，一条接一条高速公路相继开工，甚至有10条高速公路在同一天开工的纪录。仅2007年底至2008年初几个月的时间，就有十多条高速公路相继建成通车，云南高速公路通车里程首次突破2000公里大关，达到2513公里，完成年度投资先后突破200亿元、300亿元大关。2003年至2007年，全省交通建设投资达1248亿元，在全国名列第6位。

至此，云南打通“四出境、七出省”通道的任务基本完成。中越公路通道、中老泰公路通道、中缅公路通道和南亚公路通道国内段全部实现高等级化；通向邻近省区的7条出省通道，除滇藏线外基本实现了高等级化。

同时，国省干道和西部开发通道改造建设同步推进，213、214、108、320等国道主干线，西部开发通道以及全省经济干线绝大部分建成二级以上高等级公路。它们与高速公路主干线连接，初步形成了连点成线、连线成面、结构合理、全省覆盖的公路网络。

随着社会主义新农村建设的不断推进，云南农村公路建设也呈现出跨越式发展的局面。改革开放30年间，云南农村公路建设经历了三次高潮。特别是2003年以来，国务院、交通部和省委省政府相继出台了加快农村公路建设的规划和实施意见，提出了“修好农村路，服务城镇化，让农民兄弟走上柏油路和水泥路”的工作目标，大力实施“富民兴边”工程，把云南省农村公路建设推向了快速发展的新时期。仅2003年至2007年的5年时间里，全省就新建和改建农村公路34800公里，有1078个乡镇实现了路面硬化，占全省乡镇路面的82.1%。到2008年年底，全省农村公路通车里程达180188公里，加上其他各等级公路，全省公路通车里程突破20万公里大关。

如今，云南的公路能出省、通边、入海。汽车从昆明出发，可东出黔桂粤，西达缅印孟，南连老柬泰，北上川渝藏。四面八方的旅程以前要几天才能走完，现在一天内均能出境出省。

## 二、科技教育成果显著

云南省交通事业的发展，科技进步和人才支撑发挥了重要作用。“六五”和“七五”期间，全省开展了在用汽车技术研究、代用燃料技术研究，以及新技术、新工艺的推广和新产品的开发，并对科技体制进行了改革创新。“八五”期间，以昆玉、安楚、昆河、大丽等六条公路干线建设为主战场，公路科技主要围绕高等级公路建设和道路养护生产的需要，研究解决建设和养护生产中的技术难题。“九五”期间，以山区高速公路建设为主线，围绕高速公路建设和公路养护及交通运输中的技术难题和需求，积极开展科技攻关、科研试验、推广应用和技术引进的消化吸收工作，为我省“九五”期间高速公路的顺利建成提供了科技支撑。“十五”、“十一五”时期，科技工作紧紧围绕交通工作重点，组织行业急需的关键技术和行业共性难点问题联合攻关，完成的水泥路面成套技术，改性沥青、桥梁、长大隧道、连拱隧道设计施工关键技术，为相继建成的“世界第一公路连续刚构高桥”和“亚洲第二大跨径桥梁”红河大桥、牛栏江大桥、亚洲第一座重载中承式钢箱拱桥小湾大桥、云南最长隧道个屯隧道等一大批达到国际国内先进水平的公路桥梁隧道提供了强有力的技术保障。有了科技的支撑，云南建成了以思小高速公路为典型范例的一批“生态化”公路。除此之外，小磨公路是我国部省联合实施的六条典型示范工程之一，其二级公路的安全营运专项研究填补了国内空白，为我国二级公路的设计建设积累了宝贵的经验。

思小公路是我国唯一一条穿越热带雨林的高速公路，全线有37.21公里从小勐养自然保护区边缘次生带穿过，其中18公里穿过自然保护区的试验区，建设中注重“四个突出”——突出环境保护、突出安全新理念、突出服务功能、突出民族文化特色。野象谷是思小高速公路环保的重点区域之一，为了不影响野象的生活，这段4.437公里的公路，桥梁和隧道占了75%。思小高速公路在细微处精心打造，成了一条高品质的生态大道、旅游大道，成为云南最美的一条高速公路。中共中央总书记、国家主席、中央军委主席胡锦涛，中共中央政治局常委、中央书记处书记、国家副主席习近平，中共中央政治局委员、国务院副总理回良玉等国家领导人先后视察过思小高速公路。

2008 年 2 月 19 日，思小高速公路通过国家 AA 级旅游景区评定，成为我国第一条也是唯一一条国家 AA 级旅游景区高速公路。

改革开放以来，云南交通系统有 355 项科研成果获得各级政府科学技术奖励，包括国家科技奖 4 项，部、省级科技奖 130 项，省交通厅科技进步奖 221 项。其中“楚大高速公路西洱河一级电站单悬臂悬空桥设计施工研究”、“元江高墩特大桥施工关键技术研究”、“新建公路路域环境生态恢复技术研究”、“硅藻土改性沥青路面应用研究”4 项成果获云南省科技进步一等奖。

云南省交通厅还重视信息化工作，以行业专网为主干，以电子政务和综合业务系统建设为龙头，整合“电子政务、公路管养、运输管理、规费征收、高速公路、水运管理”六大系统的信息资源，实现全省交通行业内的政务信息互通、业务资源共享、办公平台统一、信息化建设自上而下有序而又同步，打破了行业内长期形成的各“信息孤岛”，使云南省交通行业信息化建设走到全国的先进行列。

改革开放后，云南省交通厅建立起一个适应于交通人才培养的云南交通行业职业培训体系，职工培训总数量由“六五”至“八五”期间每年不足 2 万人次提升到“十五”至“十一五”期间每年近 12 万人次。

2001 年 4 月 10 日，经省政府批准成立云南交通职业技术学院，将省公路局职工大学、云南省交通学校、云南省交通职工中专等三所学校合并成为云南唯一的交通类高等职业技术院校。2007 年云南交通职业技术学院率先通过国家教育部评估，成为全省唯一进入全国 100 所示范性高职高专行列的院校。

2001 年 5 月，云南交通技工学校正式升格为云南省交通高级技工学校，同年 8 月增挂云南省交通职业技术培训学院校牌。

科技创新的丰硕成果，为云南交通的飞速发展插上了腾飞的翅膀。

## 三、道路运输迅猛发展

对 92% 以上的客货量都要依靠公路运输来完成的高原山区省份来说，道路运输业具有举足轻重的地位。“山间铃响马帮来”，这是旧中国云南交通运输的写照。新中国成立以前，马帮曾经是云南交通运输的主要方式，从人背马驮到今天客运班车开到省外、国外，客货运网络遍布城乡，云南的交通运输发生了翻天覆地的变化。1978 年，全省民用汽车约 4.3 万辆，汽车货运量 1145.7 万吨，货物周转量 14.9 亿吨公里，汽车客运量 2056 万人，客运周转量 11.1 亿人公里。

改革开放初期，云南客货运输滞后的问题日益显现，运货难、乘车难的矛盾十分突出。但云南运输企业不等不靠，积极应对挑战，出现了不少创新之举。缺少载客班车就把解放牌货车改装成客车，被群众形象地称之为“大篷车”；1985 年，文山汽车运输经贸总公司率先开行了夜班车；1989 年，昆明汽车运输经贸总公司在全国率先研发出卧铺客车，并获得了国家专利。1989 年 3 月 9 日，《人民日报》将卧铺客车称为“公路运输史上的新创举”。

20 世纪 80 年代初，云南交通运输力量严重短缺，远远不能满足经济社会发展的需要。云南省坚决贯彻执行国家“放开、搞活”的方针，逐步放开道路运输市场，全民、集体、个体一起上，基本形成了各种经济成分共同参与的运输市场。这对国有运输企业形成了强大冲击，为做大做强国有运输企业，云南对全省运输企业进行了战略性改组，组建了 16 个区域性交通运输集团，保持了国有运输企业在运输市场中的主导地位。

为配合我省建设旅游大省的目标，云南还大力发展了旅游快速客运，一辆辆豪华快速客车行驶在云岭高原的一条条高速公路上，不仅节省了游客宝贵的时间，提高了舒适性，还极大地提升了云南旅游的形象。

云南道路运输走过了从 20 世纪 50、60 年代马车和煤气包汽车到改革开放后的“大篷车”，又到现代的高速客车的发展历程。至 2008 年年底，全省有营运线路 5384 条，其中跨省区客运线路 256 条，跨州市客运线路 986 条，跨境运输线路 16 条，汽车客运线路连通了全省城乡和周边省区，实现了群众出行“走得好、走得舒适、走得安全”的目标，实现了货物流通“运得及时、运得经济”的目标，改革开放初期交通运输滞后的局面得到极大改善。近几年，省交通厅积极推行“路、站、运、管、安”五位一体的发展模式和等级多标准、路面多形式、安保多样化、融资多渠道的“四多”原则，加快了农村客运建设步伐。至2008年年底，全省有农村客运站377个，乡镇通班车率达99.04%，同比增长0.44%；行政村通班车率达60.62%，同比增长5.85%；全省共开通农村客运班线3194条，同比增长10.17%；日发班次3.34万班，同比增长5.1%；投入农村客运车辆2.49万辆，同比增长3.6%。

## 四、文明建设成果丰硕

新中国成立以来，云南交通事业大发展的历程，也是行业精神文明建设不断推进的过程。1998年以来，全行业精神文明创建活动卓有成效，硕果累累。

“十五”期间，全行业按照“条块结合，以块为主，系统建设”的思路，深入扎实地开展了精神文明创建活动并取得积极成果。“九五”以来，全行业获得国家级文明称号的单位达到24个，获得部级文明行业称号的2个，获得部级文明单位和窗口称号的14个，获得省级文明行业称号的2个，获得部级巾帼文明岗称号的4个，获得部级巾帼建功标兵个人称号的4个，获得省级文明单位称号的52个，获得厅级文明称号的单位74个，80%以上的部门(单位)已建成县级以上文明单位。全省交通行业积极参与地方精神文明建设的同时，还结合云南的实际，开展了突出交通行业特点的创建活动，受到了省、部的肯定。

一是开展了创建省级文明运输线的活动。通过“九五”和“十五”的不懈努力，我们先后建成了国道320线昆明至胜境关段、国道324线昆明至罗平段、昆明至丽江段、昆明至河口段4条“文明公路运输线”。2008年4月，我们又建成了德宏州省级文明公路运输网，达到了“路况好、路风正、路貌美、行车畅、效益高”的标准，实现了建设安全、畅通、有序、美化，人便于行，货畅其流，无“三乱”的文明样板路的目标。

二是广泛开展了“三学四建一创”为主要内容的创建文明行业活动。全省公路、客运、征稽、运政、路政、收费等窗口单位，广泛开展了争创文明收费员、文明窗口、青年文明号、文明车、船、港、站、厅级文明单位、文明子行业、文明行业活动，提高了全行业职工的职业道德水平，提升了行业形象。

三是探索精神文明建设的新路子，努力开拓新局面。经省文明委立项，2004年启动了澜沧江—湄公河省级文明航道的创建活动，年初进行了初验；2008年初又启动了滇西公路文化走廊和滇南绿色生态走廊的公路文明创建活动，在推进云南省精神文明建设“由点到线、由线到面、全面发展”方面进行了积极的探索和实践。滇西公路文化走廊和滇南绿色生态走廊的建设，充分体现了云南交通行业文化建设的新理念。

四是抓典型，树旗帜，以榜样的力量教育鼓舞干部职工。“十五”期间，我们先后树立了赵家富、杨晓川两位放射着时代光芒的楷模，组织了赵家富、杨晓川两个先进事迹报告团，在全省交通系统巡回演讲60余场，听众达几万人次。交通系统干部职工普遍反映，赵家富、杨晓川同志的先进事迹，感人肺腑、催人奋进，听完他们的先进事迹报告，受到的是心灵的洗涤，得到的是境界的升华。以典型引路，用榜样的力量教育鼓舞广大干部职工，成为我省交通行业精神文明建设的又一突出亮点。

五是建设先进文化，丰富文化内涵。省公路局系统在创建文明行业过程中大力弘扬的“铺路石”精神；省征稽局要求全体征稽人员要尽职业责任、讲职业道德、守职业纪律、懂职业技能、树行业新风；省航务（海事）局开展的“郑和下西洋与海事精神”研讨，都在建设云南交通精神文化方面做了积极的探索。

六是加大行风建设力度，树文明新风。全省交通行业积极探索从源头上治理公路“三乱”的长效机制，撤销公路收费站点46个，取消了各种不符合规定的机动车收费项目，全省实现了所有公路基本无“三乱”的目标；坚持执法为民、文明执法，开展了综合执法大检查，加强了行政执法队伍建设，进一步规范了执法行为，提高了行政执法水平；认真开展专项治理，较好地解决了拖欠征地拆迁补偿费和农民工工资等损害群众利益的问题；完善监督机制，开通了举报电话和网站，由厅长和各部门主要负责人到云南人民广播电台“金色热线”节目接受群众的投诉，强化了行风监督；参加了省级国家机关组织的行风评议活动，采取内外结合、以评促建的方式，推进了全省交通行业的行风建设。

同时，通过开展文明创建活动，云南建成了一批“文明公路运输线”和“文明公路运输网”，实现了建设安全、畅通、有序、美化，人便于行，货畅其流，无“三乱”的文明样板路的目标，服务质量得到了社会各界的广泛认同。

## 五、云南水运扬帆起航

云南河流众多，水资源丰富。全省 6 大水系，主要支流有 68 条，还有大小湖泊 30 多个。

1978 年，云南省通航里程仅 1006 公里。改革开放后，云南加大了金沙江黄金水道的整治力度，兴建了绥江港和水富港。1983 年 4 月，云南船队从水富港出发首航至上海，开通了我国内河最长直达航线，打通了云南水运出省通道，实现了云南水运从短途到长途的重大突破。

云南不断对澜沧江—湄公河这条“东方多瑙河”景洪以下航道进行整治，使其达到了五级航道标准，建成了思茅港和景洪港，并经国家批准为一类口岸，景洪港关累码头成为云南对外开放的第一个“水路窗口”。

20 世纪 90 年代，云南加快了在澜沧江—湄公河流域开展国际航运的步伐。1990 年，中、老两国首次联合对航道进行了考察，进行了联合载货试航。1993 年，中、老、缅、泰四国联合开展了上湄公河航道考察。

进入 21 世纪以来，我省以建设“两出省、三出境”水运通道为突破口，大力发展澜沧江—湄公河国际航运，全力建设长江黄金水道，积极开发右江—珠江水运通道，努力发展库湖区旅游航运，使全省水运建设取得了较为显著的成绩。“十五”以来，全省水运建设共投资 5.78 亿元，超过了新中国成立以来 50 年的总和，新增航道 1184 公里，全省通航里程达到 2764 公里，水路客货运量年平均增长两位数以上，完成了上湄公河航道改造、景洪港关累码头、思茅港、大理港等港航、海事基础设施建设，水富港、富宁港相继开工建设，水运基础设施工程建设质量稳步提升。上湄公河航道改善工程获国家“优质工程”奖，中、老、缅、泰四国专家认为，上湄公河航道改造工程对沿线生态系统实施了严格的环保措施，保持了当地植被、生物、水环境、环境空气的良性循环。2000 年，中、老、缅、泰四国签署《澜沧江—湄公河商船通航协定》，正式开通了澜沧江—湄公河国际航运，船舶通航能力由过去的 100 吨提高到 300 吨，通航时间由过去的半年提高到 11 个月以上，开展了澜沧江—湄公河冷藏集装箱大件运输，开通了云南景洪至泰国清盛的国际旅游客运，运量逐年不断攀升。至 2008 年年底，从事国际航运的船舶近百艘，总运力达到 1256 吨、570 客位。

## 六、行业管理水平明显提高

新中国成立 60 年来，我省交通管理由部门管理，逐步向市场经济条件下交通管理新机制转变，逐步建立和完善了交通分级行政管理体制，形成了运政、港航、路政、交通征稽和水上交通安全为主要职能的交通行业管理体系。管理方式由部门直接管理向行业管理转变，由单一的行政管理手段向综合运用法律、行政和经济手段转变。

1995 年 7 月 21 日，《云南省收费公路管理条例》颁布实施。此后，《云南省澜沧江航务管理规定》、《云南省公路绿化管理规定》、《云南省高等级公路管理规定》、《云南公路路政管理条例》、《云南省航道管理规定》、《云南省道路运输管理条例》、《云南省高等级公路快速旅客运输管理规定》等政府规章和法律法规相继实施。其中，《云南省收费公路管理条例》，《云南公路养路费征收管理条例》为全国首家颁布实施，为交通依法行政奠定了坚实基础。

加强交通执法队伍建设，全面推行交通行政执法责任制、执法质量评议考核制和执法公示制等制度，建设了一支纪律严明、作风优良、训练有素的交通执法队伍，为维护运输市场的良好秩序发挥了重要作用，为保护公路和水路产权提供了有力保障。公路超载治理和道路运输管理取得了显著成效，超限率由治理前的 83% 下降到目前的 7%；规范了公路路政管理，路政案件查处率达99%；交通规费征收历经3次重大管理体制改革，实现了大改革大发展，打破了征费多年徘徊的局面，连续5年实现两位数增长。

开通了覆盖全省的鲜活农产品运输“绿色通道”，共减免通行费近5亿元；在公路养护方面积极探索了公路管养体制改革，逐步推行了养护生产经济责任制和市场化、公司化养护体制，实现了养护工作的规范化、制度化和专业化，道路好路率连年提升。广大养护职工长年奋战在雪域高原、高山深谷，为养好公路默默奉献，建设了“通、平、美、绿、安”的公路网络体系，保障了交通大动脉的完好畅通；交通节能减排水平提高；各项安全生产责任制落实到位，保持了行业安全形势的稳定，水运连续15年无特大事故发生。交通的对外交流与合作进一步扩大，开通了中越、中老国际道路运输线路11条，配合国家开展GMS便利跨境运输公约的制订和实施，建设了中越红河公路大桥；积极参与《大湄公河次区域跨境便利运输协定》的谈判、培训和孟、中、印、缅地区合作。

推进党风廉政建设，2005年明确提出了“质量、安全、廉政”为云南交通建设的“三根高压线”，并把“提高反腐倡廉能力”作为加强党的执政能力建设必须切实提高的五种能力之一；同时进行云南交通建设的“十项制度改革”。

交通体制改革也取得重大成效，20世纪80年代初，我省坚决贯彻执行交通部“有路大家行车、有水大家行船、全民集体个体一起上”的开放政策，经几年磨合调适，基本形成了各种经济成分共同参与的运输市场，有效缓解了因国有运输企业运力短缺，运输市场供给不足的矛盾。之后，坚持以服务社会主义市场经济为中心，道路运输市场完成了过渡、培育、规范、发展几个阶段，国有运输企业、集体企业、个体车辆3种所有制形式的经济实体一起投入运输市场，彻底改变了运力不足的状况，市场格局初步形成，并逐步完善了运输保障机制和运输保障体系，加强了道路水路运输市场监管，运输保障能力逐年增强。

2001年，以调整结构、深化改革，把企业做大做强为契机，对全省运输企业进行了战略性改组，组建了16个区域性交通运输集团。2002年，按照中央和省建立现代企业制度、实行政企分开的要求，经反复调研充分论证，将省属交通企业移交属地管理。其中省交通厅直属的 16 户交通运输集团、4 户工业企业、1 户供销企业共 21 户，一次性移交给 16 个地州市；以省公路局为主管理的 7 户公路施工企业，分别移交给昆明、楚雄、大理、思茅、红河 5 个地州市，完成了全省交通历史上一次重大的管理体制改革。为深化我省交通建设投融资体制改革，2006 年省政府决定成立了云南省公路开发投资有限公司，对于转变政府职能，实现政事分开，促进全省公路交通事业的可持续发展发挥了促进作用。

云南交通 60 年，是科学发展的 60 年，是云南交通人创造辉煌业绩的 60 年，一条条公路、水路在彩云缭绕的云岭高原穿行，似彩练，又似彩虹。我国最早的陆上国际大通道——西南丝绸之路，焕发出新的荣光，云南交通人创造了辉煌的人间奇迹。

# 车过怒江大峡谷

龙陵县工业交通局　王仲杰

年过六十，多次人生历程上不灭的记忆，竟是与车过滇西怒江大峡谷的公路和桥梁有关联，经历了一个从感叹嘘唏到赞美不绝的心路历程。让我目睹了祖国日月换新天的巨变，也看到改革开放30年来云南交通与祖国一样飞速发展的身影。

怒江从青藏高原启程，一路北来，其势怒猛，其声怒吼，澎湃于怒山和高黎贡山之间。湍流如飙，于千山万岭中飞腾奔泻，扫出一片雄威；惊涛似剑，于千谷万壑间裂岸切壁，劈出一个大峡谷。此怒江大峡谷，排名世界第二，其大其险难以想象！民国时期《龙陵县志》桥梁篇载："龙陵避居荒服，左有怒江，右有龙江，奔流急湍，舟楫难施，其余河道亦多歧出，或藤桥高跨填喜鹊于银河，或铁索横牵架飞虹于古渡"。用科学的目光把这这段优美的文字透视，就能看到所谓高跨银河、横牵古渡的，不过是常建常毁的藤桥铁索而已，与怒江大峡谷的魔掌相比，它们不过是风中之一叶，随时会被摧毁得毫无踪影。滇西行路难，怒江大峡谷，成了阻碍怒江两岸沟通的天堑！

千百年来，滇西人盼望着与中原九州牵手共兴繁荣，华夏翘首西顾筹谋通向南亚的内陆通道。因为怒江大峡谷横亘滇西千里，这两种愿望都成了梦想，人们在它面前只留下一串串哀叹，被怒江的惊涛骇浪卷得没有一点余音……

1942 年 4 月,在龙陵即将沦陷的战争风火中,龙陵人纷纷奔向怒江以东的施甸、保山避难。成百上千的难民,沿着 1938 年 20 万滇西人民用血汗和生命抢修成的滇缅公路西段,踏过爱国华侨梁金山捐资修建的惠通桥,穿越了怒江峡谷。我那怀孕 7 月的母亲,也是这难民中的一员。十几天后的 5 月 5 日,惠通桥在日军的伪装部队汽车驶到桥中间的危急时刻被炸毁。从此,中国军队凭借怒江峡谷天险,止日本侵略军的铁蹄于怒江以西,保住了怒江以东国土的平安。三个月后的 7 月,我在施甸出生,从此,我更视惠通桥为生命桥。

19 年后的 1961 年 7 月,我到保山参加高考时,第二次通过惠通桥过怒江峡谷。车在桥的西岸停下,旅客下车步行过桥,接受边防公安检查。利用这个机会,我才有幸目睹了我的“生命桥”的模样,那经历过抗战烽火考验的根根钢索、棵棵钢梁,从此移植到我的心中,成为我记忆花园中开不败的鲜花。过桥后的东行里程,尽是枯燥的上坡,在“S”形的迷宫中翻越一个又一个山岭,在山顶回眸怒江和惠通桥,从一条带子变成了一根绳子,继而已成一丝,最后便飘散在氤氲云烟中了;而那惠通桥,起先如一个文具盒,而后就是一个火柴盒,直到在视线中消失。从西边的龙陵县腊勐街到东边的施甸县一丘田,阳光中可清晰对视,然而一上一下怒江峡谷,却是 2 个小时近 50 公里令人头晕眼花的行程。我从心中感叹、敬畏怒江峡谷的艰险,每当客车转弯时,就感觉到客车仿佛是在悬崖峭壁上凿出的公路上行驶,让人不敢一视,不提防从车窗瞥着一眼那深不见底的峡谷,就令人头皮发麻、心跳加速,会情不由禁地在心中祈祷,赶快驰过这魔鬼般的峡谷吧!20 世纪 60 年代初,我们的省情,我们的财力、技术、装备,还不能应对怒江峡谷的严峻挑战,还不具备遇水过洼搭长桥,逢山碰岭打隧道的实力,我们只能在它摆下的魔阵中,沿着当年滇缅公路的路线穿行。

1974 年 6 月 1 日,红旗桥建成通车,与惠通桥相距不过 200 多米。这座箱形拱桥,桥形美观,犹如玉石雕琢而成的一道银虹,美丽、圣洁;站在惠通桥上看它,还犹如站在历史的位置看今天,看到了时代的进步和发展。当时,我也有幸参加了通车典礼,近千辆汽车连成长龙,上万人沉浸在怒江上添了一座现代化公路桥的欢庆氛围中。应该说,龙陵县志中所记的“架飞虹于古渡”,是到 1974 年 6 月 1 日才真正实现的。然而,遗憾的是新桥旧路,长龙车队通过红旗桥后,依然在原来的滇缅公路老线上行驶,行程的艰险和劳累依然如故。心中对怒江峡谷敬畏之情,依然没有消失。

到了不惑之年,我们走进了 20 世纪 90 年代的中期,改革开放的春风,让彩云之南收获着公路建设的繁花硕果,滇缅公路终于像一个历经沧桑的老战士,带着一身的光荣和伤痕,从云南交通运输的前线退了下来,走进了中华民族为独立解放而英勇斗争的历史画廊,担负起为滇西抗战历史作证的另一种历史使命。惠通桥作为抗战历史的雕塑物,空悬于怒江之上,它的钢缆铁索,在阳光下闪烁着历史的光辉。红旗桥没有了昔日的车水马龙,在离它不远的上游的三达地,另一座全长 416.44 米而更加雄伟的怒江大桥,取代了它牵手怒江两岸。怒江大桥比红旗桥更长更大更宽,承载能力也得到进一步提升。那独塔双索面斜张的巍峨形象,远望宛如张开巨帆的一艘过江之舰,给人稳定、安全的感觉。

1994 年 12 月 26 日,那是三达地怒江大桥通车后的第二天,我们从龙陵到保山开会,所走的里程比经过红旗桥的滇缅公路线 164 公里缩短了 33 公里。新的 320 公路线,甩开了陡峭峥嵘的怒江峡谷,而是从平缓宽阔、美丽富饶的潞江坝过江。甩开了陡峭峥嵘的怒江大峡谷,也就甩开了惊悚和不安,甩开了烦躁和压力。车过怒江大桥,美丽富饶的潞江坝就拥入胸怀,蕉林似海,绿浪映大江;繁花似锦,香飘入车窗。不仅是车子进入了大花园,而且你的心灵也融进了大花园,这是快乐,更是享受,你会情不由禁地哼起那首歌来:“美丽富饶的潞江坝,人人见了人人夸,稻田翻金浪,棉桃吐银花……” 我们都沉浸在了一种幸福中。当汽车驰上山岭,回望绿宝石似的潞江坝已在身后时,我的感受是:生活在一个伟大的时代,如果你要触摸这个时代的脉搏,你就去看公路和桥梁的变化,它是一个时代前进的身影,也是一个时代留给未来考量历史价值的足迹。在怒江大峡谷,我感受到了我们的时代正在做着超越怒江大峡谷的冲刺,我相信有一天我们会为怒江大峡谷插上翅膀,车过大峡谷,就如“飞”一样。

这一天真的到来了。2008 年国庆长假时，我们全家三代人驾车从龙陵出发，在正安驶上了渴望数月的保龙高速公路。平生第一次在高速公路上乘车行，将概念变为实感，将梦想变为亲身享受，心情难免是兴奋的。每一个宽敞明亮的隧道都让我感到新奇，每一座或依山或跨壑的路桥都让我震惊，正是这些隧道路桥，缩短了跨越怒江大峡谷的里程。新奇之余，我对公路建设者由衷地钦佩，为他们"穿山过洼"的神力感到自豪。云南是山区省，滇西更是"山区王国"，在"山区王国"中修建高速公路，应是如李白所咏之蜀道一样"难于上青天"，但是"青天"最终还是踩在了公路建设者的脚下。

"看，前面就是怒江特大桥了！"孩子们的惊呼声把我从遐想中拉回来，眼前出现了比彩虹更壮观的怒江特大桥的伟岸身影。女婿从保龙高速公路开通后已多次往返于昆明与龙陵之间，对这条高速公路相当熟悉，他说大桥全长 2208 米，为云南跨江第一大桥。当我还在玩味着 2208 米这个代表吉祥和幸福的数字时，轿车驶上了大桥，富饶美丽的潞江坝成了我们脚下的彩色风景；而我们疾驶而过的特大桥，已多次从潞江坝上眺望过，是一道现代化交通的风景，两种风景融合在一起，组成了一幅立体而又绚丽、内含新时代特质的山水画。这幅山水画从不同的视角看，有不同的精彩，淋漓尽致地展现着现代文明给大自然增辉添彩的魅力。大桥东岸备有泊车地带，我们下车西望大桥，并与美丽的大桥合影留念，先全家人照，又一对对地照，再一个个地照，数码相机记录着我们激情的波涛也如江水一样奔腾千里。要驱车告别时，我在心中说：怒江特大桥，我们留下的是心中对你的赞美，带走的是你的魅力，与美丽相伴，此生足矣！

2208 米的怒江特大桥，两分钟就飞驰而过，使我感叹不已，那久藏脑海的历史记忆，又如电影一样在眼前掠过：1942 年出生就沿简易公路逃难，惊恐中车行怒江大峡谷，爬行半天，风云欲变路更险！1961 年沿滇缅公路到保山高考，车行怒江大峡谷，直累得眼花头晕，不怕考难畏路难！1994 年沿 320 国道赴保山市开会，车行怒江大峡谷，万紫千红春满园，旧道换新颜！2008 年国庆长假上高速公路去大理旅游，车行怒江大峡谷，天翻地覆慨而慷，天堑成笑谈！

于是，我对2208米的怒江特大桥，有了融进自己一生体验的认识：2208米这个数字，对于怒江特大桥来说，传递的信息不仅是说明它的长度，更应该是展示在复杂地质条件下让它巍然屹立的难度，还应该是体现它融各种先进科技手段于一体的高度，也应该是表现中国公路桥梁建设者征服怒江大峡谷决心的深度。

从此，怒江大峡谷有了翅膀，云南驶上了高速公路，开始腾飞了；滇西驶上了高速公路，开始腾飞了，目标，直指南亚、东南亚。一条国际大通道，就从我的故乡、我的身边通到天际，连接着理想与幸福。

# 两代船长　两种情怀

梁　洪

事过境迁，已经30多年过去了，红土高原上的水运事业有了飞速发展。但是一代又一代，无论是在金沙江、澜沧江、洱海还是滇池上，那些驾驶着大船，走出大山、奔向东海、驶向国外的船长们，始终都萦绕在我的脑海里，挥之不去，难以忘怀。而且，时间越久，对他们的思念越深。

20个世纪70年代初期，当我第一次背上行囊，乘坐3天的汽车，翻山越岭去西双版纳澜沧江采访时，我心里一直憧憬着，那里的船是什么样？那里的船长技术怎样？那里的江河宽阔吗？

让我至今都记忆犹新的是，当我到了景洪的当天晚上，我就急急忙忙跑到澜沧江边，看着一艘艘停靠在码头上长不过20多米，宽不到4米的货船，我的心凉了。这与我儿时在东海之滨看到的飘扬着五星红旗、能漂洋过海的万吨巨轮是天地之别。然而，第二天一早，我还是急急匆匆地走上了“沧江1号”轮船，逆水而上，去离景洪城上游81公里的小橄榄坝装运矿石。在船上我认识了船长李文彩，这是我有生以来结识的第一位，也是我至今都忘不了的一位老船长。尽管，他已经离开我们18年了，但他留给我的故事却很多。

是李船长告诉我，20世纪50年代澜沧江上只有小木船，他是第一代划船人，由于陆路交通不便，运进景洪的盐巴和生活日用品，全靠小木船运输，每次在澜沧江上70多艘小木船全部出动，一次才能运回3吨左右的货物；1961年5月，澜沧江上开始有了第一艘钢质机动船，一次可以载货30吨左右，到1978年，澜沧江上已有3艘客货轮了，李文彩也是这条江上第一代船长。

澜沧江上的滩险很多，水急浪高。每到过滩时，李船长都要交代我坐稳，他双目紧紧盯着江上水流的变化，“左满舵”、“右满舵”、“稳住”，一个个口令、一次次手势，他沉着冷静，指挥着舵工安全地过滩。在景洪至小橄榄坝81公里的航道线上，当时就有浅滩2个、急流滩6个、溪口滩3个，滩险总长达9.8公里之多。然而，李文彩说，每道滩险都在他心中，船怎么走，舵怎么打，上滩和下滩走什么水，他心中都十分有数。那时沿江两岸的坡地上都长满了香蕉林、芭蕉林，由于交通不便，无法运到外面的集市上去卖，眼看着金黄色的香蕉压弯了树干，掉在了地下，烂了、坏了没人捡，我几次随老船长下船，去香蕉林摘香蕉、吃香蕉，带走大串的芭蕉。那时，沿江没有港口、码头，船就停在沙滩上，我们踩着很长的跳板下船，每当这时，李船长都要扶我一把。李船长告诉我，由于交通闭塞，在通航前，沿江居住的傣、拉祜和哈尼族等几万人口的民族百姓，年人均收入仅有100多元，过着日出而耕、日落而息、满目疮痍的生活。所以，每次出航的前一天，李文彩都是最忙的一天，他除了要采购出航3天船上的生活用品外，还要帮助沿江百姓购买手电、电池、盐巴、纽扣、药品和化肥等生活必需品。

然而，20世纪80年初，云南省人民政府和交通部致力开发澜沧江航运。随后的20多年里，澜沧江国际运输、航道建设、港口建设都走上了发展的快车道。水上运输不再是国内段158公里的区段、短距离航线，已经延伸到国外上湄公河701公里航程，年货运量也从20世纪70年代的3万多吨，增加到现在40多万吨，运输船舶从3艘增加到了89艘。

1978年，澜沧江下游158公里航线还是六级航道标准，而今已有72公里建设成五级航道标准，通过船舶从100吨增至300余吨。2008年6月19日，景洪电站首台机组正式发电，通航建筑物采用世界首创的水利驱动式垂直升船机，实现澜沧江—湄公河高坝通航，成为中国第一座拥有自主知识产权的新型升船机,300 吨级船舶可以通航。在澜沧江国际航线上,目前有 2 个国家级一类对外开放口岸——景洪港和思茅港,成为年吞吐量都在 10 万吨、30 万人次以上的水上大型客、货集散地,另外还有关累、勐罕和虎跳等 4 个大型码头。

令人高兴的是,改革开放 30 年,云南水运业的发展,一大批年轻的船长成长起来。在这批新一代船长中,80% 在 35 岁以下,他们或经过培训,或是学校毕业,有专业知识的占 45%,但更重要的是他们都有广阔的胸怀、无私奉献的精神。我曾经 3 次去湄公河上采访,无论是在老挝、缅甸、泰国,站在不同的地域,面对不同的肤色,听着不同的语言,但他们都用各自的方式,表达着同一个声音:中国的船员了不起,中国的船长好。

2007 年 10 月,我在澜沧江"东龙 3 号"货船上见到了李文彩船长的两个儿子,大儿子李向东、小儿子李向刚,而今他们都子承父业,成了新一代的船长。他们告诉我,今天正在完成父亲没有完成的事业,走父亲没有走过的路。

平静的海洋造就不了熟练的水手。李向东、李向刚和李文彩都是船长,而他们的思想、思维和奋斗目标却完全不同。儿子是想开大船,走向国外,有朝一日他们能到大海上去闯荡。尽管今天他们开的船的载货量,是父亲那时的 10 倍,但他们还想有一天能开上更大的船,去闯荡外面的世界。2001 年 6 月,澜沧江—湄公河正式通航,当李向东开着船第一次走出国门时,他说想起来至今还心有余悸。在上湄公河 331 公里航道上,有大小险滩 40 余道,每过一道滩险,心都提到嗓子眼。李向东说,在澜沧江山区河流上除了要有熟练的驾船技术外,还要胆大、心细、沉着、冷静。

李向东说的一点都不夸张。1990 年 5 月 8 日,中、老两国水运专家第一次考察上湄公河航道时,专家的结论是:上湄公河航道必须通过整治,如不整治通航,很难保证船舶的安全。2002—2004 年,中国政府投资 500 万美元,中、老、缅、泰四国政府共同成立上湄公河航道改善建设指挥部,对航道内主要碍航的 21 道险滩、礁石进行整治和炸除,使船舶通过能力由 150 吨增加到 300 吨,由季节性通航到常年通航,使中、老、缅、泰水上贸易额不断增长。1998 年，泰北地区通过水路与中国贸易额仅有 3.86 亿泰铢，2003，年贸易额就上升到 41.625 亿泰铢，推动了泰北地区 10 个府的经济发展。

当记者问李向东，今后有什么新目标时，他毫不犹豫地说："我父亲在澜沧江上开了一辈子船，只能在区间、短距离地开展水上运输，而我的目标是要开着大船，走出大山，走出云南，驶向海洋，让飘扬着五星红旗的船舶，在世界每个国家的港口停靠，促进云南航海事业的发展。"我从李向东的眼神里看出，他对未来充满自信、希望和力量。

是啊，两代船长，两种情怀。改革开放 30 年，云南水运从省内走向省外，从国内走向国外，这不仅有几代航运人的功劳，更有几代船长们的努力。云南航运人还梦想着，有朝一日驾着大船驶向海洋，走向五大洲、四大洋。

# 改革大潮中的几朵浪花

大理白族自治州洱源县职业高级中学　杨玉藩

“谁道洱河千胜景，源头此处更澄清。”大理白族自治州洱源县，古称浪穹诏、浪穹县，是白族发祥地之一。

“忽如一夜春风来，千树万树梨花开。”1978年的十一届三中会以后，党的一系列富民政策，犹如和煦的春风，吹去了多年笼罩在人们脸上的愁云。仿佛一把把金钥匙，打开了多年束缚人们手脚的锁链。三十年的风雨历程，写就三十年的华彩乐章。洱源县的交通事业，同样是日新月异，变化喜人，我这里采写的，只不过是洱源交通行业改革大潮中的几朵浪花。

## 一、洱周路，洱源的腾飞之路

“洱海有源，物阜民丰称邓赕；
茈湖多士，地灵人杰号浪穹。”

这是云南大学中文系教授、著名白族学者张文勋，为洱源县“洱周公路”大门门楼撰写的一副楹联。自唐代南诏国和宋代大理国以来，今天的洱源县城，一直是县府所在地。新中国成立后，尽管214国道线上的滇藏公路贯穿洱源坝子南北，但却与县城“可望而不可即”，被人们戏称为“肠梗阻”，这在很大程度上制约了县域政治、经济、文化、科学、信息的发展。

进入20世纪90年代后，为了加快县域经济的发展，加快改革开放的步子，让洱源县城与214国道滇藏公路"接轨"，一条由"老县城"延伸到周里营滇藏公路的"洱周公路"工程，很快上马并提前竣工了。这条四车道、两边是花坛和人行道的高等级公路笔直宽敞、壮观气派。之后，一些部门单位的办公大楼、商店超市、农贸市场、住宅小区，以及政府、人大、政协的办公大楼，都相继在洱周公路两边建成并投入使用。

如果说，过去从滇藏公路到洱源县城，乘车需要40分钟左右，那么，现在无论从滇藏公路进入洱源县城，还是从新县城到滇藏公路，只是"来去说话间"了。洱源县城"肠梗阻"的现象不复存在了，人流量、物流量、信息量都有了大幅度提升，人们将"洱周公路"称为"腾飞之路"。

## 二、福寿桥，令人刻骨铭心的公路桥

沐浴着夕阳的余晖，我沿着洱乔公路，信步来到洱源县城南郊的凤羽河边、福寿桥上。

正是金秋时节，天高云淡，晚风习习，稍有凉意。站立于宽阔平坦、坚固壮观的福寿桥上，环视四方八面，风光景致尽收眼底。金色的田野上，呈现出一派"喜看稻菽千重浪，遍地英雄下夕烟"的景象。发源于凤羽清源洞的凤羽河，唱着乡村的晚歌，款款南来，向北注入茈碧湖……

徜徉流连于横跨凤羽河的福寿桥上，抚今思昔，思绪如同潮水般翻腾。

洱源县，旧称浪穹诏、浪穹县石。翻开《浪穹县志略》，就能读到这样的文字："凤羽河，源出清源河……夏秋水发，自大埂村上下，年年溃决。溃于西则淹没城市，溃于东则冲毁田亩。"在长夜漫漫，岁月峥嵘的旧中国里，凤羽河一次又一次地把河堤溃决时惊心动魄的报警声，刻骨铭心地留在人们的记忆之中。又据《浪穹县志略》记载，"福寿桥，据城南要冲，乃往来必由之地。而凤江水自南而来者，直流其中，屡建屡圮。凡三易而更以其名，盖取悠久之意也。"然而，严峻的水患却与人们的心愿大相径庭，往往是"值阴雨暴作，水辄争于桥上"。

不必再从地方志中查找有关堤溃桥毁、人畜伤亡、田园荒芜的方字记载了。我在距福寿桥一里许的洱源一中读书求学期间，以及在这所中学执教授课期间,也曾不止一次地耳闻目睹发生在福寿桥上的悲剧。20世纪60年代初期,有一个以优异成绩考取昆明一中的洱源籍初中生,当他搭乘的货车驶离洱源县城不到三分钟,就从福寿桥上翻落进凤羽河了。时值多雨季节,滔滔洪水如猛兽吞没了货车及这位品学兼优的初中生。从那以后,他的父母每次从福寿桥上过,总是心痛神悲、泪不能禁,总是一声接一声地喊着他的名字,为他“喊魂”……难怪有人把福寿桥叫做“无寿桥”、“折寿桥”。

当然,由于受各种条件的制约,福寿桥也总是“时毁时建”,“时建时毁”。光阴荏苒,岁月如流,凤羽河终于流到了政通人和、物阜民丰、改革开放的年代。1989年,洱源县人民政府及有关部门拨出专款,重建福寿桥。在福寿桥两则设置了金属栏杆,加宽了福寿桥两端的公路,并在桥西的公路两侧修筑了安全墩。从“新福寿桥”工程竣工到如今,往昔那种因桥窄、水漫、弯急、坡陡等客观原因造成的交通事故没有发生了。每天傍晚,凤羽河边、福寿桥上,成了人们小憩、散步的理想之地。

清晰、嘹亮的车笛声在我的耳畔想起,只见一辆大客车徐徐驶上了福寿桥,我看到了乘客们那怡然的笑脸,听到了乘客们那舒心的笑声。凤羽河仿佛也在笑了,那哗哗的流水声,不正是凤羽河的笑声?那层层的涟漪,不正是凤羽河的笑靥?

## 三、校门外,那小客车的长龙

每当周末放学时节,洱源一中、洱源二中和洱源职中校门外的公路上,那型号不同、形状各异的小客车的“长龙”,犹如一道道色彩绚丽、气韵流动的风景线,格外引人注目。看着各族学子怡然的笑脸,听着那清晰欢畅的车笛声,我心潮难平,思绪万千。

40年前,我的中学时代是在洱源一中度过的。星期六回家,星期天返校,都靠步行,草鞋咬脚,饥肠辘辘。晴天一身灰、一身汗,雨天一身泥,一身水。间或也有响着铃铛的马车经过,赶车人问“格座马车?”但囊中羞涩、口袋空空的穷学生,也只能“望车兴叹”。那情景、那滋味,至今记忆犹新。

“光阴荏荏弹指间,斗转星移岁月新。”十一届三中会以后,从洱源县城到各乡镇的乡村公路陆续修通了。老师学生周末回家,星期天回校,可以去“挤”中巴车(那时叫“支农班车”),或者乘坐手扶拖拉机。随着时间的推移和城乡经济、交通运输事业(包括非公有制运输事业)的不断发展,往返于县城和各乡镇间的大小客车越来越多了。与此同时,一条条土路变宽了、变直了,成了水泥路,成了弹石路。摩托车在学校的中青年教师中基本“普及”,一些教师还有了自己的小轿车……

从穿草鞋步行,到挤“支农班车”,再到一出校门就坐上小客车。透过这些“阶段性”的变化,透过生活中的这一个“窗口”,我看到了也深切感受到了十一届三中全会以来,农村的非公有制经济不断地发展,人们“衣食住行”中的“行”不断地改善,人们的生活质量不断地提升。

# 西藏篇

## 献给“太阳”的哈达

西藏自治区交通厅

西藏自治区成立50年来，在党中央、国务院的亲切关怀和全国人民的无私援助下，在自治区党委、政府的正确领导和全区各族人民的共同努力下，经过几代交通人的艰苦努力，西藏现代交通从无到有，由小到大。特别是党的十三届四中全会以来，经过“一个转折点，两个里程碑”的历史进程，交通建设取得了举世瞩目的巨大成就，为全区经济发展、社会进步、人民群众生活水平提高和祖国西南边疆巩固发挥了重大作用。

### 一、中央关怀，全国支援，为西藏交通事业的发展提供了强大动力

#### （一）中央三代领导集体高度重视、亲切关怀西藏交通事业发展

漫漫长路，步步艰辛；条条公路，片片深情。50年来，西藏交通事业的建设与发展，始终倾注着党中央、国务院、中央军委的亲切关怀；凝聚着全国各族人民的无私支援。以毛泽东、邓小平、江泽民同志为核心的三代中央领导集体和以胡锦涛同志为总书记的党中央，历来十分关怀西藏人民，高度重

视西藏各项工作,特别关注西藏交通事业的发展。在西藏社会主义革命、建设和改革开放的各个历史时期,中央三代领导集体和以胡锦涛同志为总书记的党中央,都对西藏的交通事业做出了一系列重要指示,为西藏交通建设指明了方向。

和平解放初期,以毛泽东同志为核心的第一代中央领导集体,高瞻远瞩,英明决策,针对进军西藏最大的困难是交通和补给的实际,把修筑公路作为进军西藏、解放西藏、巩固边防、发展西藏的重要条件,发出“一面进军、一面修路”的训令,并亲自选定进藏公路线路。解放军进军西藏,修筑川、青藏公路时,毛主席发出了“为了帮助各兄弟民族,不怕困难,努力筑路”的号召。1954 年川、青藏公路通车拉萨前夕,毛主席欣然命笔,题写了“庆贺康藏青藏两公路的通车,巩固各民族人民的团结,建设祖国”的贺词。在党中央和毛主席的亲切关怀下,修通了川藏、青藏公路。而后,打通了西藏连接云南、新疆的国道主干线,修筑了区内省道和县乡公路,初步建立了西藏现代交通运输体系。

邓小平同志作为我们党第一代领导集体的重要成员和第二代中央领导集体核心,高度重视交通对西藏革命和建设的战略意义。在进军西藏途中,邓小平同志为进藏部队确定了“政治重于军事,补给重于战斗”、“必须解决补给之公路”的原则,命令进藏部队“要坚定不移地执行党的民族政策,不惜任何代价,解决好补给问题”,亲自指挥了川藏公路的勘修工作,题词鼓励筑路军民“为巩固祖国的西陲国防而努力”,为西藏交通事业的奠基和发展,倾注了大量心血。在改革开放和社会主义现代化建设时期,邓小平同志在《立足民族平等,加快西藏发展》这篇光辉著作中,提出判断西藏工作“关键要看怎样才能对西藏人民有利,怎样才能使西藏很快发展起来,在中国四个现代化建设中走进前列”,为西藏各项事业的发展指明了方向,成为西藏交通事业发展的根本指导。正因为有了邓小平同志的亲切关怀和英明论断,正是我们坚定不移的贯彻落实了党中央一系列的方针、政策、指示,才有了西藏交通事业的长足发展。邓小平同志还多次询问进藏铁路建设等问题,指示“还是走青藏线吧”。关切之情,溢于言表。

以江泽民同志为核心的中央第三代领导集体，继承和发扬老一辈无产阶级革命家高度重视西藏工作，深切关怀西藏人民的光荣传统，从战略全局的高度重视和指导西藏工作。十三届四中全会后，党中央于1989年10月，听取西藏自治区党委关于西藏工作的汇报，形成了中央政治局关于西藏工作的《十条意见》，从根本上扭转西藏局势，使西藏工作步入正确轨道，实现了新时期西藏工作的重大转折；党中央分别于1994年和2001年召开第三次、第四次西藏工作座谈会，制定了新时期西藏工作指导方针，提出了新世纪初西藏工作的历史任务，制定了加快西藏发展、维护西藏稳定的政策措施，作出了全国支援西藏的重大决策。中央第三次、第四次西藏工作座谈会，是新时期西藏工作的两个重要里程碑。

在"一个转折点、两个里程碑"的历史进程中，以江泽民同志为核心的中央第三代领导集体，把交通作为西藏跨越式发展的基础性工作，列为援藏工作的重要领域，重点解决西藏经济"瓶颈制约"问题。1990年7月，江泽民同志视察西藏时指出："公路运输是西藏经济的命脉，根据西藏目前的情况，交通运输仍以公路运输为主，积极发展航空运输。在公路建设方面，重点要加强现有公路的整治、养护和管理，在保证通车的前提下，逐步提高公路的等级"。1994年纪念川、青藏公路通车40周年时，江泽民同志题词"加强民族团结和军民团结，发展交通，开发边疆，建设西藏"。在中央第三代领导集体的关心重视下，1989年以来，国家对西藏交通建设的投资力度逐年加大，支持西藏交通建设全面提速，实现跨越式发展，西藏交通与各项事业一道进入了持续、快速、健康发展的好时期，交通事业又迎来了新的春天。

胡锦涛同志在主持西藏工作期间，十分重视交通建设。1989年他亲自视察西藏交通运输企业，对西藏交通工作给予了高度评价："四十年来的历程证明：我们西藏交通运输战线的这支队伍确实是一支能吃苦耐劳，能打硬仗的队伍，是具有优良传统的队伍，是在革命和建设的每一个关键时候都作出突出贡献，发挥重大作用的队伍"，给我区广大交通职工以巨大鼓舞。胡锦涛同志调中央工作后，依然十分关心西藏工作，依然十分关心西藏交通事业发展。

### （二）全国支援为西藏交通事业的发展提供了强大动力

西藏半个世纪以来的发展历史，就是一部与全国人民同呼吸、共命运、求发展的历史。和平解放初期，进藏人民解放军和一些专业技术人员就积极投身西藏的革命和建设事业。以后，又有大量的内地干部、科技人员、教师、医生、文学艺术工作者和技术工人响应党的号召，奔赴西藏，为西藏各项事业的发展作出了巨大贡献。西藏和平解放至1989年，中央对西藏公路交通建设投资约70亿元；党的十三届四中全会以后，中央对包括交通在内各项事业的支持力度逐步加大，“十五”期间中央对西藏公路交通建设投资将超过120亿元，约占全区基本建设投资的三分之一，其中，“十五”前三年已完成投资70多亿元。几十年来，全国交通战线的人力和技术援藏持续不断，数以万计的进藏干部职工为西藏的公路建设事业作出了巨大贡献。

修筑川、青藏公路时，中央调集兄弟省市工程技术人员和大量民工参与建设。1950年，西南军区组织全国1000多名工程技术人员踏勘和测量1万多公里川藏公路初选路线，取得大量科学数据，为修筑川藏公路打下基础。其后，广大筑路军民用5年时间修通川藏公路。修筑青藏公路时，由来自祖国内地1200名驮工组成6个工程队，担负从格尔木至霍霍西里300公里的试修任务；西北军区拨给10辆大卡车和部分工兵技术人员，加入了修筑公路的行列。后来，西北军区还派出工兵1000名、十轮卡车100台；总后勤部拨给汽车100辆及部分机械、机具、帐篷等，有力的支援了青藏公路的建设。同样，为修筑新藏、中尼等公路，来自祖国各地的工程技术人员和筑路军民也作出了无私的奉献和牺牲。

组建汽车运输机构时，国家先后购置并从部队和有关省市抽调汽车1200多辆，从山东、辽宁、山西、江苏、安徽、河南、四川等省市调派干部职工2000多人，帮助西藏组建汽车运输队伍和汽车修配厂，来自祖国各地的数千名援藏干部职工，离开家乡和亲人，投入到高原火热的生产建设一线。

改革开放后，在新的历史条件下，根据中央的部署，全国援藏工作再掀高潮，国家有关部委和全国交通系统支援西藏交通力度逐步加大。20世纪80年代中期和90年代中期，在轰轰烈烈的四十三项和六十二项援藏工程建设中，拉萨汽车货运总站、格尔木西藏汽车运输总站等一批现代建筑拔地而起，改建后的拉萨至贡嘎机场公路平坦流畅，西藏交通基础设施服务水平和能力得到新的提高和完善。

中央第三次、第四次西藏工作座谈会后，全国交通援藏结出丰硕成果。在交通部的倡导下，交通部及全国28个省、市、自治区和计划单列市于1995和1996两年投资3945万元，为西藏养路工人援建156座道班房，部分养路职工住上新房、看上电视。2001年，交通部又组织全国交通系统投资1950余万元，为西藏公路养护部门捐赠养护机械75台套，减轻了养路职工的劳动强度，提高了劳动生产效率。

党的十一届三中全会以来，随着国家财力的不断增长，在特殊优惠政策支持下，西藏公路交通基础设施建设的投资力度也在不断加强，西藏交通事业发展逐步迈入快速发展时期。1979—2007年国家投资290.93亿元，改建完善区域内5条国道和重要经济干线，新建通县、通乡、通村公路32800多公里；公路总里程达到48611公里，等级以上公路占40.1%。一个以拉萨为中心，“三纵、两横、六个通道”为主骨架，东联四川、云南，西接新疆，北通青海，南连印度、尼泊尔，区内省道相接、地市相通、县乡连接的公路交通网雏形渐显。

以公路运输为主，航空、铁路、管道运输为辅的立体交通运输格局基本形成，服务能力和水平快速提高，拉近了雪域西藏与内陆省市乃至世界的时空距离，有力促进了区域经济社会全面快速发展，改革开放成果惠及西藏各族人民。

## 二、辉煌成就举世瞩目

改革开放以来，中央对西藏实行了一系列特殊优惠政策，公路建设步入不断加快发展期，取得了举世瞩目的辉煌成就，公路通车总里程从1978年的15852公里增加到2007年的48611公里，等级以上公路达到40.1%，国省道等级以上公路分别达到4455.03公里和3093.43公里，占国省道公路总里程的79.2%和49.4%。技术等级和行车条件不断提高改善，公路交通面貌发生了翻天覆地的变化，西藏各族人民的出行更加便捷。

——国道干线公路技术等级明显提高。1980 年 3 月，中央第二次西藏工作座谈会要求“尽快铺完青藏公路的黑色路面”，国家加大资金投入和技术支持力度，抽调工程兵部队和大型机械设备参与工程施工。经过两万余名军民的艰苦奋战，世界上平均海拔最高、里程最长的二级沥青公路青藏公路改建工程于 1985 年完成，拉开了西藏公路建设黑色化改建的序幕，为高海拔、低纬度多年冻土地段铺筑沥青路面积累了宝贵的经验。

“十五”以来，在西部大开发和中央第四次西藏工作座谈会精神指引下，西藏公路建设步入跨越式发展时期，建设投资成倍增长，建设步伐全面加速，路网布局不断完善，通达深度逐步延伸，技术等级明显提高，通畅状况有效改善。全区高级、次高级路面从 1978 年的(青藏公路羊拉段)75 公里发展到 2007 年的 4714 公里，5 条国道“十一五”末将基本实现黑色化。全区有 5 个地市、43 个县以及贡嘎机场、邦达机场和米林机场均通了沥青路。7 年间新建、改建公路 19935 公里，新增里程 10112 公里，完成投资 146.92 亿元，是“九五”时期的 3.6 倍。2006 年、2007 年分别完成投资 40.58 亿元和 41.5 亿元，完成了青藏公路三期整治改建和川藏公路整治改建 16 个项目，新藏公路整治改建 4 个项目共 440 公里，中尼公路对曲水至大竹卡、日喀则至拉孜、拉孜至老定日、聂拉木至樟木段整治改建，新改建了拉萨至贡嘎机场公路“两桥一隧”等一批重点公路建设项目。国省干线公路通畅水平得到有效提高，川藏、青藏两条重要进出藏公路实现无特大自然灾害情况下全年通车，滇藏公路、新藏公路、中尼公路、川藏北线的通行能力也得到大幅度提升。有效延长了通车时间、改善了行车条件，增进了区域间的经济联系，为西藏经济的快速、协调、均衡发展和人民群众生活水平提高奠定了坚实的基础。

——农牧区通行条件快速改善。改革开放以来，农村公路建设持续发展，特别是“十一五”以来，交通部实施农村公路通达工程，西藏农村公路建设实现了历史性突破，安排农村公路建设项目 543 个，总投资 38.52 亿元，建设农村公路 15500 公里，解决了 137 个乡镇和 1394 个建制村通公路问题。截至2007年年底,全区683个乡镇、5900个建制村中已有612个乡镇和3525个建制村通了公路。2008年,西藏农村公路建设投资7.82亿元,可解决32个乡镇和423个建制村通公路问题,年底前全区乡镇和建制村通公路率将达到94.3%和67%,西藏农村公路网络基本形成,路网布局日趋完善。在实施农村公路通达工程的同时,拉萨、林芝等地市的农村公路通畅工程建设已经启动,198个乡镇通了沥青(水泥)路。农村公路投资力度之大、建设里程之长、经济社会效益之好前所未有,农村公路工程被西藏各族人民称赞为"民心工程"、"致富工程"、"德政工程"。

——公路建设管理体制不断完善。在从计划经济向市场经济转变的过程中,西藏的公路建设管理模式也发生了根本性变化,公路建设管理体制逐步完善。形成区、地两级公路建设管理体制,为进一步强化公路工程组织实施能力,先后开展了成建制项目法人援藏试点、项目代建制试点工作,积极探索适应西藏公路建设的新管理模式;公路建设市场准入制度初步建立,引入市场竞争机制,建立了参建资格审查制度;招投标制度不断完善。1985年首次对工程建设项目进行公开招标,1989年西藏交通厅制定《关于公路建设工程对外承包工程的规定》,招投标制度的确立和完善,有效加强和改善了项目建设管理工作,提高了投资效益;三级质量管理体系基本建立,1990年,西藏交通厅设立了公路基本建设工程质量监督站,依法对全区在建公路基建项目进行质量监督,并制订了一系列规范性文件,有效地促进了公路工程质量的提高,同时健全了前期工作、招投标、项目建设、交竣工验收等过程中的质量管理制度。

——公路管养服务水平大幅提升。改革开放以来,西藏不断完善公路管理养护体制和运行机制,提高管养能力和水平。为适应新形势下的公路管养服务需求,西藏交通部门不断深化养护运行机制改革,结合西藏公路养护与管理自身发展的实际,实行按交通量、养护里程、海拔高度、养护难易程度定公路养护责任的"三定一包"(定公路养护等级、定人员编制、定养护经费、包公路养护责任)目标责任制等系列改革。先后出台了《关于进一步改革和完善公路养护管理运行机制的实施意见》、《西藏公路管理局公路养护管理运行机制改革安排意见》。2007 年自治区人民政府出台了《关于加强农村公路养护管理的意见》，进一步规范了西藏公路管理养护工作，为养护运行机制改革指明了方向。

在交通运输部的大力支持和全国交通系统的援助下，西藏国省干线公路养护初步实现机械化，养护和管理能力大幅提高。到 2007 年年底，全区公路设养里程达到 50038 公里，其中农村公路 39879 公里，沥青路好路率达到 84.08%，砂土路好路率达 52.1%，基本达到了路况良好、路容整洁、排水畅通、沿线设施完善等标准。2007 年，自治区财政投入补助养护资金 9467 万元，大部分农村公路得到养护，通行条件明显改善。同时积极实施公路安全保障工程。

——道路运输事业蓬勃发展。随着公路里程的不断延伸，西藏的客运车辆数量迅速增加，车辆档次明显提高，服务水平得到提升，客运线路覆盖面不断扩大。全区民用车辆拥有量从 1978 年的 3733 辆增加到 2007 年年底的 15 万辆，建成国家一级客运站 3 个、二级客运站 7 个、三级客运站 22 个、货运站 17 个（其中等级货运站 4 个）。开通客运班线 137 条，县级覆盖率达 98.6%，开辟了拉萨至加德满都国际客运班线。加强市场准入制度，较好地规范和改善了客货运市场，促进了道路运输业的健康有序发展。2007 年，全区完成客运量 460 万人次，货运量 360 万吨。城市公交和汽车出租业亦得到快速健康发展，方便了人民群众便捷出行，基本适应了区域经济发展的需要。

公路建设步伐的加快和现代运输业的发展，密切了农牧区与外界的交流、沟通和融合。公路沿线的不少乡村形成了“一乡一特色，一村一品牌”的布局，以公路交通为支撑的区域旅游产业呈现出蓬勃发展之势，住宿餐饮、文化娱乐等相关产业得到大力发展，农牧业占绝对主导地位的传统产业格局被打破，经济社会充满生机和活力。

——交通环保工作有效加强。根据国家和自治区有关规定，西藏交通部门在交通建设发展中高度重视环保工作，坚持施工与环境保护并重，强化建设项目环保审查，认真落实环境影响评价和“三同时”制度，制订了《西藏自治区交通建设项目环境保护管理办法》,积极开展环保监理试点。2007年召开了交通系统环境保护会议,出台了加强交通环保工作意见,明确了交通环保工作的指导思想、目标任务、各项措施和长效机制,为交通环保工作更加规范有序提供了保障。

## 三、宝贵经验熠熠生辉

回顾西藏交通发展50年,自治区党委、政府充分运用国家宏观经济政策和中央对西藏的一系列特殊优惠扶持政策,紧紧抓住历史性发展机遇,在交通基础设施建设取得巨大成就的同时,积累了宝贵的经验。

中央关怀和全国支援,是实现交通基础设施建设新的跨越式发展的强大动力。西藏基础设施建设与发展,始终倾注着党中央、国务院的亲切关怀,凝聚着全国各族人民的无私支援。在西藏社会主义建设和改革开放的各个历史时期,党中央十分关心西藏基础设施建设,分别于1994年和2001年召开第三次、第四次西藏工作座谈会,明确了新时期西藏工作指导方针和新世纪初西藏工作的历史任务。制定了加快西藏发展、维护西藏稳定的政策措施,确定了一批批交通基础设施建设项目,有效改善和提高了西藏的交通基础设施服务水平和能力,增强了西藏的自我发展能力。

持续稳定的政治环境,各级党委、政府的坚强领导及广大人民群众的积极参与,是西藏交通基础设施建设加快发展的关键所在。1989年以来,自治区党委、政府始终坚持“一手抓发展、一手抓稳定”的方针,西藏实现了18年的持续稳定,为基础设施建设提供了有力的发展环境。自治区政府先后出台了一系列优惠政策,并多次与国家有关部门积极衔接。项目所在地政府、群众在征地拆迁和材料取用等方面给予了大力支持。广大交通系统干部职工立足各自岗位,兢兢业业,扎实工作,为基础设施建设作出了巨大贡献。

紧紧围绕“一加强、两促进”的历史任务,抓住机遇,深化改革,不断适应社会主义市场经济发展需要,是加快基础设施建设的有力保障。全区各级政府和有关部门认真贯彻落实中央第三次、第四次西藏工作座谈会精神和区党委、政府各项方针政策,紧紧抓住国家实施积极财政政策和西部大开发战略机遇,以建立覆盖全区的综合交通运输体系为目标,大力解放思想,积极推进体制机制改革,按照经济发展规律不断完善市场化操作手段,提高基础设施建设能力。

坚持科学发展观,实现项目建设与自然社会相和谐,是基础设施建设可持续发展的客观要求。交通部门在基础设施建设中始终重视生态环境保护工作,实行最严格的耕地和生态保护,重视基础设施内外关系的和谐,注重"以人为本",对内关心职工,对外沟通协调,注重安全生产,为基础设施建设全面发展营造了良好的社会环境,使工程建设项目发挥出最大的社会效益、经济效益。

坚持强化科技、人才工作,是基础设施条件不断改善的智力支撑。西藏交通部门坚持在基础设施建设领域提高科研水平,不断将科研成果转化为现实生产力,并坚持人才培养、引进工作,实施人才"走出去、引进来"的特殊培养模式,努力提高干部职工的整体素质。同时,依靠各兄弟省市的人才、技术的支援,不断引进先进的管理模式和经验,为基础设施条件改善提供了智力支撑。

## 四、交通发展任重道远

改革开放30年来,西藏交通基础设施建设得到了前所未有的发展,但与经济社会的发展需求和全国发展水平还有较大差距。由于区域经济自我积累能力弱,加速发展仍然存在资金不足、人才匮乏等诸多问题和困难,交通基础设施依然是制约西藏经济社会发展的"瓶颈",建设任务还很重。

面对的问题主要有:公路总量不足,技术等级低,通达深度不够,整体行车条件差,公路建设投入不足,管理难度加大。地区间发展不平衡,农村公路建设滞后;公路管理养护体制改革进展缓慢,公路养护规模大、养护资金不足、机械化水平低等;道路运输规模不大,结构不合理,运量分布不均衡,导致运输成本高、效率低等。

随着西部大开发战略的进一步深入,中央对西藏基础设施建设投资力度将进一步加大。西藏交通部门将统筹规划各种交通运输方式的发展,抓好交通运输统一调度指挥体系建设，实现各种交通运输方式的无缝对接，努力提高综合交通运输体系的服务能力和水平。

“十一五”期间，国家对西藏公路建设投资将超过 200 亿元。到 2010 年年底，全区公路总里程将达到 5 万公里，高等级公路实现零的突破，高级、次高级路面达到 15%，公路技术等级、抗灾能力和服务水平得到显著改善，公路交通对西藏经济发展、社会进步和国防建设的瓶颈制约得到有效改善。国道公路的技术等级将明显提高，通行能力得到明显改善，路面基本黑色化，公路网主骨架大部分路段达到三级及三级以上标准。完成覆盖“一江两河”流域的藏中经济干线的建设，重要省道和经济干线技术等级达到三级及三级以上标准，口岸公路和边防公路建设进一步加强，连通国家一类口岸公路全部实现等级化，加快口岸公路路面黑色化建设，具备条件的边防站点通公路，修通墨脱公路。乡村公路建设取得明显进展，以“通达”工程为重点，兼顾“通畅”工程建设，具备条件的乡镇和 80% 以上建制村通公路。

到 2020 年，西藏公路网主骨架将进一步完善，在已建“三纵、两横、六个通道”骨架公路网基础上，修编路网规划，增加连通林芝、山南和日喀则南部主要边境县到达仲巴县里孜口岸的第三横，逐步形成“三纵、三横”功能更为完善的公路网主骨架。五条进出藏公路通道和藏中经济干线公路有条件的路段建成二级及以上技术标准，按照国家高速公路网规划，启动青藏高速公路建设。

随中央进一步加大西藏基础设施建设的投入，交通公共服务保障能力将进一步提高，必将为建设小康西藏、平安西藏、和谐西藏作出更大贡献。

# 公路改变西藏

西藏自治区交通厅

一亿年前还是波涛汹涌的古地中海一部分的青藏高原，由于印度洋扩张、地壳运动、大地抬升，印度次大陆一头扎进一马平川的欧亚大陆之下，惊天动地的碰撞使青藏高原横空出世，成为千沟万壑的“世界屋脊”。

由于特殊的地理和气候环境，青藏高原长期少为外人所知。直至20世纪初，青藏高原的主体——西藏仍是外界遥不可及之地。1930年出版的《西藏始末纪要》一书形容西藏的交通是“乱石纵横，人马路绝，艰险万状，不可名态”，那时人们出行主要靠两条腿艰难跋涉，运输全凭人背畜驮。

新中国成立前，整个西藏除拉萨城内布达拉宫到罗布林卡不到1公里的土路外，没有一条现代意义的公路。西藏和平解放50年来，雪域高原西藏的公路从无到有，从旧到新，通车里程逐年递增，到今天，庞大的公路网像血管一样，将人流、物流、信息流等源源不断地输送到藏区各地，使落后的西藏紧随祖国内地的蓬勃发展而发展。

## 一、五十年后“八万里”

西藏公路从无到有，从短到长，经过短短50年，现代化的交通格局目前已基本形成。

据刚刚卸任的西藏自治区交通厅厅长加措介绍，1951年，11万中国人民解放军响应毛主席“一面进军,一面修路”的号召,兵分两路,于 1954 年修通了平均海拔 4000 米以上、总长 4360 公里的川藏、青藏公路,从此改变了西藏人背畜驮的原始运输方式。

加措说,截至 2003 年年底,西藏公路总里程已达 41302 公里,其中油路里程达 3000 公里,达到二级标准的路面 1200 公里,县道以上公路通车里程 3268 公里,乡村公路通车里程 32195 公里。其中,全区 683 个乡镇和 5956 个行政村,有 627 个乡镇和 4214 个行政村通了汽车,通车率分别达到 92% 和 71% ,西藏公路辐射全区的“三纵两横,六个通道”框架基本形成。

加措说,以前,西藏农牧区许多地方的农副产品卖不出去,偏远地区经济不能很好地和中心城镇衔接起来,如今随公路交通情况的改善,这一矛盾正得到缓解,一些原本因西藏交通条件落后而不愿投资的客商,也开始光顾偏远农牧区。

据统计,目前全区已开通的省际班车线 15 条、区内客运班线 135 条,日发班车 283 次,日均客流量 8000 人次,已形成大中小车辆、高中低车型结合的公路客运新格局。同时,道路货运市场完全放开,全区货运车辆已达 2 万多台,保证了进出藏物资的运输和西藏经济社会发展的需求。

半个世纪以来,国家不断加大对西藏公路建设的投资补贴力度。从和平解放到 1989 年,中央对西藏公路交通建设投资达 70 亿元,此后扶持力度更大,尤其是“十五”期间,总投资额将达 140 亿元,约占全区基本建设投资总额的三分之一。目前,墨脱公路正在利用有利施工季节抓紧施工,预计 3 年后正式通车。这个被人们称之为“高原孤岛”的西藏墨脱县,有重山阻隔,是我国目前唯一不通公路的县。根据规划方案,波密县扎木镇至墨脱县的扎墨公路全长约 117 公里,计划总投资 9.5 亿元。这条新建的公路将成为唯一一条进山墨脱的公路,这对于门巴、珞巴族等百姓是脱贫致富具有重要意义。

“四通八达的公路让农牧区许多地方的农副产品走向世界,城乡经济有机结合起来,整个西藏的经济、社会必然会随公路交通的发展而逐步壮大”,加措说。

## 二、“西藏生命线”青藏公路

长期承担着90%以上进出藏物资和85%以上客运任务的青藏公路，被誉为“西藏生命线”。今年8月24日，这条跨越众多高山大河、平均海拔4000米以上的进藏大动脉三期改造工程通过验收，全球海拔最高的二级油路从此诞生。

青藏公路建成通车50年来，公路等级不断提高。1954年简易公路建成，此后，国家相继投资近30亿元，进行了三次大规模整改，并于1985年实现全线黑色化沥青路面、1999年实现消除冻土和水毁等病灾隐患；今天，全长1156公里的青藏公路拉萨至格尔木段达到国家二级油路标准，青藏公路管理分局局长李留丰说，这是“‘高原天路’伴随社会发展的一种质的飞跃”。

在青藏公路最高点、海拔5231米的唐古拉山口，甘肃省定西市一位温姓驾驶员说，5年前他开大货车从格尔木到拉萨，来回用了两天多时间，现在17个小时就能赶到。

祖籍甘肃张掖的八旬老人刘光繁是新中国第一批筑路工人。当年他牵着骆驼参与青藏公路建设，从格尔木到拉萨整整走了3个月。“住地窝子睡帐篷，吃炒面喝酥油茶、一洋镐一铁锹、一筐土一担石”，和同伴们建起了世界屋脊上的第一条公路。如今，经过3次整改、已达二级标准的青藏公路，仅用一天就可将客货物资从格尔木运到拉萨，实现了朝发夕至。

记者发现，不管是穿越茫茫草原，还是跨越海拔5231米的唐古拉山口，在青藏公路上来往穿梭的车辆速度均在八九十公里以上，平整的路面使驾车的感觉十分惬意。

青藏公路“提速”使雪域高原不再遥远。近两年，自驾车穿越青藏公路到拉萨旅游的人明显增多。西藏自治区公安厅驻格尔木交警支队提供的材料表明，今年以来已有大约3000多自驾车旅游者经此路进藏，这其中还不包括骑摩托或自行车进藏的旅游爱好者。

青藏铁路开工建设后，青藏公路还成了铁路建设材料和物资运输的重要通道。已达二级油路标准的青藏公路不再脆弱、不再时常堵车，完全可以承载铁路重型用车的需求。加措认为，如今的青藏公路“把边远西藏与祖国内地联系得越来越紧、越来越近”，必将极大地推动西藏经济社会的全面发展。

## 三、亚洲第一“公路滑坡群”变通途

世界第三、亚洲第一的102滑坡群历来是川藏公路上最难逾越的“天险”，困扰了西藏交通近半个世纪102滑坡群，经过两年多的整治和观测，如今天险终于变通途。

102滑坡群有一段流传甚广的真实故事：一位军人回家探亲，步行路过102滑坡，时值正午，烈日当头，他在极其困乏之下躺到山顶的一棵树下休息，不知不觉沉沉睡去，但醒来时，却惊骇地发现自己身处山腰，流动的砂石竟连人带树向下滑了几十米！

走过川藏路的驾驶都深知102的凶险。这段路位于川藏公路西藏波密县通麦镇以东9公里左右，因附近驻有102道班而得名，由于沿线山体疏松，附近遍布雪山河流，遇有风雨或冰雪融化，极易发生泥石流和塌方，因而有“死亡路段”之称。据不完全统计，1991年6月至2000年12月，102路段发生翻车事故20起，两台推土机报废，9人死亡。1995年以后，因滑坡出现断道年均50天以上。用加措的话说，102是“总修总烂，像块治不愈的疮”。

2001起，经过两年多的全面整治，这段路终于“起死回生”。加措厅长认为，尽管102的问题没能根本解决，但如再有滑坡等类似事故发生，护路人员可以尽快将水泥路上的障碍清除，保持道路畅通。事实上，102整改工程已经受了两年雨季的考验，未发生滑坡、塌方等灾害，而且，目前这一路段已成为川藏路上一处独特的人文景观。

## 四、五路连周边 两线通邻国

最近记者从西藏自治区交通厅重点公路建设项目管理中心获悉，青藏公路格（尔木）拉（萨）段改建完善工程、新藏公路门（土）巴嘎、桑（桑）拉

(孜)整治改建工程即将开工建设。这标志着西藏北翻唐古拉山、南穿喜马拉雅山、东跨横断山、西越昆仑山与周边相邻青海、四川、云南、新疆4省区和印度、尼泊尔两国间7条出藏公路通道改造进入全面实施阶段。

据西藏交通厅相关人士介绍,西藏与相邻省区、国家间交界路段大都布线在山壑沟谷处和公路病害多发处,也是交通"肠梗阻",致使西藏公路网络整体效益难以发挥应有的作用。为此,西藏将改造与相邻省区交界段的"关键点",黑色化改建所有路段,确保客货运输进得来、出得去、走得好,使区域资源优势更好地为经济发展服务。

西藏"十一五"规划改造的主要出藏公路通道包括青藏、川藏、滇藏、新藏、中尼5条国道和省道204线、207线,共有29个项目,总里程达3986公里。所有项目按二级或三级公路标准设计。目前,建成和在建项目过半,即将开工建设项目3个,其余正在积极申报待批。其中与周边相邻省区和国家通道交界路段整治改建项目8个,总里程1866公里,已交工一个(116公里)、正在实施5个(566公里)、即将实施一个(1137公里)、规划实施一个(47公里)。

青藏相接的两条公路中,国道109线格尔木至拉萨段1137公里二级公路改建完善工程即将动工,届时小型车辆可朝发夕至。国道214线类乌齐至多普玛段116公里改建工程已交付使用,使西藏昌都到青海西宁的行程比绕行国道318线经八宿、波密、林芝,在拉萨折国道109线经那曲、格尔木至西宁缩短行程1000余公里;比走国道317线经类乌齐、巴青、丁青、那曲、格尔木至西宁缩短行程800余公里。

川藏相通的两条公路中,国道317线江达至妥坝段120公里整治改建工程已开工建设,国道318线竹巴笼至海通沟兵站段47公里整治改建项目已完成工程可行性报告。到2010年,有望实现川藏线通畅,有效缓解青藏公路运输压力。

滇藏唯一的通道国道214线芒康至隔界河段115公里改建工程已开工,顺接云南段,与川藏公路形成滇、川、藏3省区大香格里拉旅游经济圈。

新藏公路国道219线日土至狮泉河段、困沙至门土段、国杰段至桑桑段

3个项目360公里改建工程即将交付,门土至巴嘎、桑桑至拉孜两个项目296公里改建工程即将建设。到"十一五"末,西藏阿里将融入新疆经济圈。

中尼(泊尔)相连的国道318线聂拉木至樟木口岸段38公里改建工程已开工建设,巴嘎至普兰段167公里改建工程开工在即。中印对接省道204线康马至亚东段164公里整治改建工程今年年底交付使用。这3个项目的改造,将使西藏与南亚国家传统贸易运距比走内陆经海上缩短1000多公里,有力促进西藏,乃至我国西北地区对南亚进出口贸易往来。

西藏地处青藏高原腹地,群山巍峨、迤逦交错;江河湍急、湖泊密集,120多万平方公里的区域被封堵在与外界沟通难、交往少的窘境。公路交通的发展,远远落后于区域经济增长的速度,成为西藏经济社会发展的"瓶颈"。由于西藏经济发展水平较低,自我积累少,公路交通建设均为国家全额投资,"十一五",中央将在车购税、国债、预算内资金等方面进一步向西藏公路建设倾斜。

同时,西藏自治区政府出台建筑营业税全额用于公路养护,无偿征用荒山、荒坡、河滩等系列优惠政策强化公路养护管理,加快公路建设。

# 西藏交通英模辈出　行业精神发扬光大

西藏自治区交通厅

## 一、顶天立地的西藏交通人

50 年来,一代代高原交通人,以“特别能吃苦,特别能战斗,特别能忍耐,特别能团结,特别能奉献”的老西藏精神和“人在路上,路在心上”的高度责任感,逢山开路,遇水架桥,维护公路,保障畅通,以自己的热血和汗水铸就了“高原天路”,把自己的青春乃至终身献给了西藏交通事业,培育造就了内涵丰富的高原交通精神,涌现出了一大批先进集体和模范个人。

在修筑川、青藏公路的艰难岁月里,11 万筑路大军以让“高山低头,河水让路”的英雄气概,立下要把公路修到西藏,誓把红旗插上喜马拉雅的坚强决心,卧冰雪,斗严寒,克服重重困难,战胜千难万险,以简陋的施工机具修通了公路,创造了人间奇迹。涌现出了以“张福林班”为代表的一批英模群体和以探路英雄任明德为代表的先进个人。在改革开放的新时期,西藏交通人胸怀大局,勇于献身,涌现了以党的十四大代表、全国劳动模范、优秀共产党员巴恰为代表的一批先进个人和以“天下第一道班”为代表的先进集体。

50 年的西藏交通发展史,是一部高原交通人无私奉献的历史,是无数交通干部职工用忠诚、青春和热血谱写的奉献之歌。长期在青藏线上工作的郑希周,1956年参加工作,到那曲养护段当养路工人,当年带领两个民兵奋勇追击叛匪两天两夜,夺回了被抢走的500多头牦牛。1960年他调到海拔更高的安多养护段,到20世纪80年代任副段长,一直干到1989年退休,三十余年如一日。郑希周的儿子郑玉文,生在安多,长在安多,继承父业在安多段工作,郑玉文才30岁,牙齿已脱落了。“献了青春献终身,献了终身献子孙”。在西藏交通队伍里,绝不仅是郑氏父子,更有一批又一批长年坚持在青藏线工作的人,默默地奉献着青春、奉献着一生。他们多数患有高原性心脏病、风湿性关节炎、高血压、肺气肿、雪盲、白内障等疾病,默默为西藏的交通发展作出了历史贡献。他们是西藏交通的路石,是耸立在高原大地的丰碑。

## 二、“道班为家,甘当路石”的无私奉献精神

西藏的公路多修在羌塘戈壁或高山峡谷,筑路难,养路更难。青藏公路安多养护段109道班,坐落于海拔5000多米在唐古拉山,年平均气温零下8℃,最低达到零下40℃,空气含氧量仅为海平面的50%,一年有120天以上刮八级大风。109道班全体人员就长期奋战在这种恶劣的环境中,遇大雪封山,车辆受阻,旅客被困时,夜以继日挖雪开路,疏通车辆,并为司助人员和旅客提供食宿;车辆出事、抛锚时,奋力抢救伤员,排忧解难;当地牧民遭受雪灾时,抗雪救灾保护群众的生命财产。1990年,109道班被交通部命名为“天下第一道班”,成为全国交通系统学习的先进典型。生前任青藏公路分局23工区长的优秀共产党员扎郎,工作35年来只休过5天假,当班长10年来平均每天工作14小时以上,身患多种疾病、10余次昏倒在工作岗位上,却只住过3天医院,养活1家9口人,却为希望工程、灾区捐款1万余元,以实际行动实践了“甘当路石,无私奉献”的闪光誓言。

## 三、“自力更生,艰苦奋斗”的创业精神

20世纪50年代,西藏交通人以“地窝”当房屋,在大漠戈壁建起了格尔木第一栋楼房——“将军楼”,盖起了一排排窑洞式砖房,栽下了第一片柳

林，建起西藏驻格尔木汽车运输队、格尔木汽车大修厂及砖厂、皮革厂、硼砂厂等一批企业。在国民经济困难时期，交通系统干部职工，以大无畏的英雄气概和自力更生的拓荒精神，在搞好运输、修理主业的同时，搞副业，种粮菜，大力开展社会主义劳动竞赛，不断进行技术改造革新，开辟了西藏交通事业新天地。特别是按时完成了国家下达的抢运硼砂任务，支援了国家经济建设，许多职工为此献出了宝贵的生命。国道219线加加养护段全国劳动模范普赤，带领女子道班的姐妹们，吃住工地，牺牲节假日，取直线路，修筑涵洞，改善公路通行条件，成为西藏交通战线一面旗帜。

## 四、“关心他人，奉献社会”的交通行业精神

西藏现代交通从诞生那天起，就把为人民服务当作自己的宗旨，特别是近年来，这种精神在“三个代表”重要思想指引下，不断赋予新的内涵。通过开展创文明窗口，树行业新风活动，大力培育“关心他人，奉献社会”的交通行业精神，提高了西藏交通队伍的整体素质和社会形象，涌现出了一大批先进集体和模范个人。1999年以来，交通厅被自治区评为民运会、五十大庆活动先进集体，被国家评为全国群众活动先进集体和“送温暖”先进单位。全区交通系统21家单位被授予省部级文明单位，5个部门授予省部级文明行业。与此同时，先后有5名同志被评为全国劳动模范、全国民族团结先进个人，受到国务院的表彰；61人被评为省部级劳模、青年岗位能手、先进工作者等，受到国家以及交通部、人事部等国家部委的表彰；24人被自治区党委、政府授予优秀共产党员、“五一”劳动模范、先进工作者等光荣称号。

## 五、“水乳交融，血肉相连”的军民团结精神

川、青藏公路通车拉萨，是民族团结和军民团结的结晶。50年来，驻藏人民解放军和武警部队与西藏各族人民建立血肉相连的关系，通过积极开展军民共建川、青藏公路文明运输线等活动，为西藏交通系统精神文明建设作出贡献。奋战在西藏交通战线的武警交通一总队，牢记“永远做党和人

民忠诚卫士”的宗旨，始终做到进驻一方，平安一方，富裕一方，塑造了“威武之师，文明之师”的良好形象。驻藏部队在筑路架桥的同时，积极开展抢险救灾、扶危帮困、捐资助学和便民服务等多种形式的拥政爱民活动，受到驻地党政部门和人民群众的热烈拥护和高度赞扬，不少单位和官兵被评为先进典型，立功受奖。

# 亲历巨变　见证辉煌

原墨竹工卡县人大副主任　贡嘎

今天,我作为一名老干部代表同大家欢聚一堂,共同庆祝这个来之不易的光辉节日,感到非常荣幸和激动。回顾西藏自治区成立50年走过的历程,我深深感到,只有在党的领导下,才能使西藏劳动人民从黑暗走向光明,当家作主人。历史证明,党的恩情比天高、比地厚、比海深。我们永远不能忘记。

回顾20世纪50年代初期,我们一批热血青年积极响应党的号召,报名入伍,成为光荣的解放军战士,走上了革命的道路,亲身投入到和平解放西藏的伟大事业之中。我们当年的18军战士,都是普通农牧民的子弟,是党把我们培养成为具有一定藏、汉文化水平的国家干部、共产党员,在和平解放西藏、民主改革和改革开放社会主义革命和建设中,我们不断得到锻炼和成长,为西藏的起步发展做出了自己应尽的义务和微薄的贡献,有的同志还献出了自己宝贵的生命。

在和平解放西藏的过程中,我们还肩负着修通进藏公路的重任。1954年,我们进藏部队把川藏和青藏两条公路先后修通到达拉萨。这两条公路的修建,修路部队和民工都付出了巨大的代价。正如人们所说的那样,这两条道路处处都有战士和民工付出的鲜血和生命。当庆贺公路通车时,群众喻之为"五彩道"、"幸福路",这两条进藏公路就像雪白的哈达,把北京和拉萨连起来了。

1959 年以前,根据西藏的实际情况和党中央对西藏工作的指示;我们主要开展了四个方面的工作:一是搞好爱国统一战线工作,并在基层群众中宣传党的民族政策、宗教政策,发放无息贷款、贷粮。二是把原军干校改为西藏地方民族干部学校,即现在的西藏大学的前身,还新建了色兴小学,现在的拉萨第一小学、拉萨中学,利用这些学校培养出了大批民族干部和优秀人才。三是修建了现在的自治区人民医院。四是在八一农场、七一农场等地种蔬菜、养猪、养鸡。当时我们的口号是肉菜自给,自力更生,不吃地方,不给人民群众增加负担。对此西藏爱国上层人士与基层群众很拥护,我们的脚跟也站稳了。当时群众所唱的军爱民、民拥军、军民鱼水亲,就像《洗衣歌》所唱的那样,干群关系、党群关系非常密切。但是,西藏上层反动集团不甘心他们的失败,1959 年他们发动了大规模的反革命武装叛乱,进行了一系列反对共产党,反对社会主义,反对祖国统一的反革命活动,大肆进行破坏与暗杀。在这种严峻的形势面前,英勇的人民解放军和西藏百万农奴在党中央正确领导下,一举把反革命叛乱予以平息。从此,西藏开始了翻天覆地的民主改革和跨越式的社会建设,西藏历史翻开了崭新的一页。

修筑康藏公路,还有一条西部战线,一般称为西线,任务是从拉萨往东修。他们的人数和所担任的工程量,虽然同东线不能相比,但也是相当重要的一环,贡献很大的工程,不可缺少的举动,很有意义的战斗。

我没有参加西线的筑路,没有能够目睹那里的情景。因此,如果从“亲历记”的角度出发,我是无法写的。但是,既然写的是康藏公路,要兼及它的修筑全貌,就不能完全省略西线不提。这也是对读者和历史负责。为此我只好借助权威的文字记载和亲历者的文章,在学习、参阅中进行摘录、综合。其中主要有:《西藏公路交通史》第一章第二节中的《西段施工》;乔学亭、刘广桐的《军民同心架‘金桥’》(贾鉴执笔);李传恩的《回顾西线筑路》;马金山的《藏族自愿民工队筑路记》;还有陈明义司令员和我的谈话等。

1950 年开始进军西藏时,52 师 154 团是先遣队,团长郄晋武,政委杨军。之后，由张国华、谭冠三率领部分部队进驻拉萨，陈明义则被留在东线担任了十八军后方部队司令员，并指挥修筑康藏公路，与前方的战友分手长达4年之久。陈司令员后来告诉我说，他于1954年8月骑马去拉萨的途中，到达西线工地时，才见到了久别的155团的同志们，“到了太昭才和杨军、乔学亭等见了面。”语气中透露出同志间的思念之情。

1952年5月5日，十八军已经进驻到拉萨的部队，包括52师师直、155团、军直炮兵营和1800名藏族民工，开始由拉萨往东修筑康藏公路。

1953年1月，西藏军区和地方专门成立了筑路委员会，军区政委谭冠三为主任，西藏地方政府的噶伦索康·旺清格勒、军区参谋长李觉、军区政治部主任刘振国为副主任，负责领导西线的筑路工作。下设筑路指挥部，由苏桐卿和西藏地方政府官员吞巴堪穷分任正副指挥长，李传恩、杨军、程培兆先后任政委。再往下又根据所分的三个施工段，设有三个分指挥部，分别由张铭、王磊（后由曹士炎继任）、潘汝扬任指挥长，西藏地方政府官员夏江索巴、罗珠朗杰、马雅分别任副指挥长。中共西藏工委和西藏军区还抽调了一些干部到指挥部工作。

1953年4月20日，西南公路工程局第一施工局（按：第二施工局在东线，含在了康藏公路修建司令部内。）迁至太昭。局长程培兆，总工程师谢元模。归西藏军区领导，由李觉参谋长分管。

李觉同志是山东人，我的老乡。他身材高大，体格健壮，智勇过人。说话声音洪亮，性情却很柔和。后来调到中央某机械工业部担任领导工作。离休以后住在北京，多年没有见到他了。1991年4月，我在北京为中央电视台编写《雪山丰碑》时，曾去采访、看望过他，见他身体极好，仙风道骨，我真是高兴。1997年，我还写过一首小诗《怀李觉参谋长》，诗云：“山东大汉李将军，笑傲强虏驾风云。道骨仙风隐于市，丰功自有山河存。”

经过中央人民政府驻西藏代表张经武与西藏地方政府的交涉，加上西藏爱国人士的热情协助，从48个宗陆续动员农牧民参加筑路，到1954年，多达8061人。

这么多藏族民工在西线参加筑路，也有它的特殊困难。那里远离后方，公路不通，供应十分紧张。为了保证他们的生产、生活、看病等方面的需要，西藏军区特地从国外购进了部分土石方工具，调配了帐篷和卫生员、药物、医疗器械。西藏贸易公司还在筑路工地设点，供应民族用品。

藏族民工来自四面八方，许多人没过惯集体生活，需要做大量的组织工作。首先，在指挥部的统一领导下，将他们编成班、队，每 20 至 30 人编成一班，若干班编成一个队。因为他们没有修过公路，不懂得修路技术，又派了相当数量的解放军战士去关照、去带领。他们同解放军一起生活、一起劳动，是破天荒的事。施工的过程，正是他们认识和了解解放军的过程，也是彼此建立深厚感情的过程。

这些民工，大多数是西藏地方政府作为“乌拉”派来的，支“乌拉”是旧西藏的一种无偿的差役制度，可以说他们是以农奴和奴隶的身份来的，都是些受尽了压迫剥削之苦的人。同时，由于历史上形成的民族隔阂较深，对解放军也缺乏了解，语言又不通，再加上坏人的造谣挑拨，很容易产生误会和怀疑。譬如，有的战士帮他们烧茶，他们不但拒绝，还竟然把锅守护起来，怕战士往他们的锅里下毒。

战士们用十分真诚的爱，用一系列具体的行动，从各个方面表达了对他们的情谊：看到他们累了，就立即让他们休息；看到他们的鞋子破了，就找来皮子补好；知道他们渴了，就去给他们烧水喝；发现他们没有酥油吃了，就用自己的钱为他们买来酥油；发现他们有谁病了，立刻找来卫生员给予治疗，有的还背上病人去卫生队，日夜守护；下雨了，将自己的雨衣盖到他们的衣服和糌粑上；用具不够了，还为他们编了大量的背斗；怕他们睡觉时受潮，为他们搭起高床，还铺上树枝；有的要去念经，就让他们提前下工；本来定了转移工地的时间，但他们打卦后认为“不宜”，就更改日期；七月份，西线工地也遭到了洪水袭击，有的民工不会水的战士都跳进急流去抢救。类似的事例，是多得说不完的。

这就应了“精诚所至，金石为开”那句老话，藏胞们不但消除了对于解放军的误解，而且加深了对解放军的了解。双方建立的亲密感情与日俱增，弥足珍贵。

当工程结束，民工们返回家乡的时候，战士们替他们扛着行李，尽可能地往远里送，道不尽惜别之情，民工们对战士们更是难舍难分。俗话说："送君千里，终有一别，"他们在不得不分别的时刻都流下了热泪，这泪水是如此滚烫，它迅速地融化着往日冻结在汉藏军民之间的坚冰，迎接着西藏暖春的到来。

在西线，藏族民工参加筑路的意义是非常巨大的。1953 年 8 月 28 日我路经成都时，正在那里的 154 团团长郄晋武在对我谈起这件事的时候说："上万藏族民工一起劳动，是历史上空前的。这对帝国主义一贯的挑拨是一大抗拒。"

的确，受到帝国主义挑拨的民族分裂分子，一直在进行着各种大大小小的破坏活动。在西线，由于更加靠近他们的大本营，就更不平静。

1952 年 3 月，西藏上层反动分子拼凑了一个"人民议会"，趁我军立足未稳，一面进行粮食封锁，企图"饿走"我军，说什么"挨饿比打败仗更难受。"一面制造骚乱，进行示威，聚众包围我中央代表的住处。在中央的指示下，由于我军的严密防范，通过张经武代表以大智大勇所做的工作，达赖喇嘛终于在 4 月宣布"人民议会"为非法组织，下令解散。并撤消了两名领头者的职务。这次斗争的胜利，对于在西线筑路的军民无疑是一大喜讯，对他们的情绪起了鼓舞作用。

藏族民工参加筑路劳动，我们都是给工钱的。平均下来，每人每月可得 80（银）元左右。民工们拿到了工资，而且如此之多，都不敢相信，他们双手颤抖，热泪盈眶，有的竟然跪了下去。他们祖祖辈辈给三大领主（政府、寺院、贵族）支差服役，何曾领到过半文报酬啊。而有些西藏上层人物对此却非常不满，因为对比之下，他们不但得不到好处，反而会失去民心。但是对他们大部分人来说，何尝考虑过民心，物质的贪婪总是占据上风的。他们在民工们领到工钱的第二天，就滥用权力、编造理由把钱掠夺走了。我们发现这种情况之后，采取了两个对策，一是将发银元改为发放布匹、衣服、毛巾、茶叶、糌粑、酥油等实物，一是在发放工资的同时，让他们立即到贸易点去买东西。

有一个女巫曾经到工地上来装神弄鬼，哭喊着："修路的人把我的宫殿挖光了，把我的头发拔光了。我要让修路的全病死！"民工们被吓哭了，再不敢去工地上班。民工旺堆·阿都让玛（即马金山，后来担任了西藏公路管理局副局长的职务）上前问她："连佛经里都说修路是好事，你为什么不让修路？"他一面叫多杰旦增去点炮，一面正告女巫："如果你是神，炮就不会响；如果你是鬼，炮就把你轰掉；如果你是人，就把你抓起来！"女巫一听赶紧逃跑了，民工们全都恢复了上班。这个幼稚可笑的女巫显然是受了反动势力的指使。

西线最艰险的工程是征服敏拉（即米拉山）。敏拉是康藏公路西通拉萨的最后一座大山，它的垭口海拔4976米，山上石怪崖悬，夏日飞雪。尤其是皮康崖，几十米高的陡壁犹如刀削，下面是水吼如雷的尼洋河。有人说；"那是山羊也爬不上去的悬崖，除非是神才能在那里修出公路来。"还有人甚至说："公路触犯了神山，永远也修不通的。"

在那里修路，使用"苦战"二字来概括是不为过的。譬如有一次，部队的帐篷一夜之间就被大雪压垮了37顶。粮食不够，他们只好抽出四分之一的人员去挖野菜，每人每天靠两三斤野菜维持体力。各种用品十分匮乏，没有盆子，他们就在地面上挖个坑，铺上油布，倒进水去洗脚。

从8月到9月，军民并肩战斗了30多个昼夜，终于把公路修成在敏拉山上。

西线军民，从拉萨到巴河，一共完成的筑路任务是323公里。

# 陕西篇

## 发展现代交通　奉献一流服务

陕西省交通运输厅

### 一、高速公路

1990 年，陕西第一条高速公路西安至临潼高速公路建成通车。2003 年，陕西省高速公路通车里程突破 1000 公里，2007 年突破 2000 公里。截至 2009 年，陕西高速公路建成里程达 2510 公里，在建里程 2300 公里，完成四年通五市高速公路目标，提前两年完成市市通高速的目标。60 年来，陕西高速公路从无到有、从有到优，高速公路建设实现大跨越，通车里程居西部第一、全国前列。从最初的“米”字型到“三纵四横五辐射”再到“2637”高速公路规划，形成以西安为中心的 9 条国道主干线，17 个出省通道，加之西安国际港务区和多条铁路专线的建设，陕西成为全国交通网的枢纽省份，交通强省的地位逐步确立。

西安绕城高速公路是西北首条六车道高速公路；榆林至靖边高速公路是我国第一条沙漠高速公路；机场高速公路开创了我国第一条排水性沥青路面建设的先河；“省门第一路”的机场专用高速公路是西北地区标准最高

的高速公路。200 多条、长 500 多公里技术先进的高速公路隧道，奠定了陕西隧道大省的突出地位。2006—2008 年，陕西高速公路 3 年 3 次穿越秦岭，其中秦岭终南山公路隧道建设规模世界第一，单洞长度世界第二；西安至汉中高速公路打通千年蜀道，成为抗震救灾"生命线"；商州至陕豫界高速公路是陕西省第一条双向六车道山区高速公路。一批连通南北、横贯东西的高速路、大跨桥、大隧道成为陕西走出去的"名片"。

## 二、道路运输

运输新格局成效突出，大交通惠及千家万户。道路运输积极推行规模化、集约化经营，加快公司化改造，客运班线实现"路通车通"。目前全省高速公路和国省道主干线实行集约化改造、公司化经营班线达到 90% 以上，全省高速、国省道主干线和普通支线集约化改造、公司化经营班线综合指数达到 60% 以上，居西部之首，走在全国前列。

加快发展通村客运网络，提高通村客运班车通达率。全省道路运输管理机构坚持与路俱进，积极建设和培育通村客运市场，努力提高通村班车通达率。通村客运采取一系列优惠措施，统筹安排线路、班次、运力和站场。截至 2008 年，共建成通村客运五级站 458 个，招呼站 2795 个。99% 的乡镇、83% 的行政村通班车。运输结构趋向合理，交通需求基本满足。货畅其流，人便其行，为区域协调、城乡统筹发展提供了有力支撑。

陕西道路运输不断强化运输市场监管，积极开展专项整顿活动；加大隐患排查力度，道路运输安全生产形势平稳有序；加强驻站巡查监管，稳步推进道路运输源头治超工作；多措并举，扎实推进道路运输节能减排工作。道路运输应急保障、驾驭市场全局和处置突发事件的能力显著提高，在综合运输体系中的作用进一步增强，优势明显。

## 三、农村公路

从"雨天泥水路"到"出门水泥路"。新中国成立 60 年，陕西省农村公路的显著变化有目共睹。农村公路不断加快发展，截至 2008 年，全省农村公路总里程达到11.9万公里,成为新农村建设最大亮点。

“十一五”前两年,农村公路累计投入达108亿元,相当于整个“十五”期间的投资总和,农村公路路网骨架基本形成。尤其从2006年以来大规模、高标准建设通村公路,每年建成通村公路1.5万公里,全面提高农村公路通达深度和通达质量,农村公路“通达工程”深入人心,交通面貌焕然一新。全省乡镇、行政村通畅率分别达到90%和71%,行政村通达率达到86%。通达率和通畅率均超过全国平均水平,使1.4万个乡镇、2.2万个行政村通了公里,1.7万个行政村通油路,惠及1700万农民兄弟,农村公路发生了显著变化。因为农村公路建设、养护、管理的做法和思路科学求实,成效显著,2009年,交通运输部将全国农村公路建设现场会定在陕西召开。

如今,告别无路可走,人民群众出行走出新天地。密织于三秦大地的农村公路为服务农业生产、繁荣农村经济发挥了催化剂的作用,成为实践科学发展观,新农村建设的重要支撑。

## 四、养护管理

陕西交通树立大公路、大养护、大服务的行业管理理念,强力推进养护体制改革,养护资金变“尽铁打镰”为“按需投入”,坚持有路必养、有路必管、养必优良、管必到位。通过强化对公路产品、产业、行业的认知,把公路作为公路行业生产的产品,陕西公路人提出了打造合格公路产品的理念,提出了“三化两全”的养护管理举措,用精心化养护、规范化管理、人性化服务来实现全年全路线好路。在实施“三化两全”过程中,陕西公路部门提出了高标准的行业要求,打造用心的公路产品、精心的公路养护、尽心的公路服务的“三心”陕西公路品牌。这些新理念深入人心,极大地改变了养护管理的工作方式。在不断努力提高公共服务质量的基础上,通过养护管理示范路的实施,实现陕西公路长效管理机制。干线公路紧紧围绕“一年打基础、两年变面貌、三年树形象”的工作目标,加大养护投入,强化行业管理,公路路况得到极大改善,全省国省干线公路51%达到二级以上标准,好路率近九成,312、210国道获得全国文明样板路第一名,并精心打造了3400多公里养护管理示范路。

农村公路推行“四主体”管理养护新体制:即责任以县级政府为主体,投入以公共财政为主体,养护以市场机制为主体,落实和监管以交通部门为主体。全面加强农村公路管理养护制度建设,完善养护质量标准、操作规程、检查评定标准等,做到责任落实,机构落实,人员落实,资金落实,制度落实,实现农村公路管理养护的正常化、制度化和规范化。2009年全国农村公路建设现场会认为陕西农村公路的发展理念和实绩赶上甚至超过了中东部地区。

从“走得了,走得通”到“走得舒适,走得畅快”,老百姓出行环境发生了显著变化,“畅、洁、绿、美、安”已成为陕西公路养管的自觉追求。安全、便捷、舒适的交通环境,有力推动了全省经济社会的快速发展,为西部强省战略的实施奠定了基础,全省交通工作呈现出全面、协调、可持续的发展态势。

## 五、航运

陕西省属非水网地区,地理位置横跨长江、黄河两大水系。全省主要通航河流有黄河、汉江、嘉陵江、丹江,境内水资源丰富。全省通航里程达1100公里,港口28个、码头泊位255个,共拥有各类船舶4000余艘。

近年来,陕西交通航运部门进一步加大了港航基础设施的投资力度,先后新建和在建了许多港口、码头、停靠点,极大地方便了人民群众的出行和物资的流通,有力的促进了区域经济的发展。

“十五”、“十一五”以来,全省新建或改建了90多个社会和经济效益较为显著的中小型工程项目,治理航道38公里。农村渡口改造和渡船改造成效突出,极大地改善了渡运条件,使沿江沿河群众的出行更加便捷和安全。全省水路客运量和货运量逐年攀升。2008年,全省完成旅客运输量388万人,旅客周转量6568万人公里,货物运输量128万吨,货物周转量3556万吨公里。特别是随着快艇、摩托艇、水上飞机、高速船等技术先进的水上运输工具的出现,水上旅游运输业发展迅速。目前全省新组建水路运输企业31个。沿江沿河的老百姓从水路运输的发展中,体会到了实实在在的实惠和便利。

## 六、交通科教

60 年风雨历程，科技创新硕果累累，交通人才济济。“科技兴交、人才强交”，陕西交通信息化助推交通现代化，支撑交通建设全面提速。有 47 项科技成果取得省、部科技成果二等奖以上奖励，其中，4 项获得国家科学技术大奖，6 项陕西省科学技术最高奖，2 项获得国家行业最高奖。陕西省交通厅落实“科技兴交”战略，投巨资整体迁建了陕西交通职业技术学院，并使其成功晋升高等教育行列。培养交通人才近万名，培训交通干部职工 2.3 万余人次。科技为加快护航，卫星遥感与 3S、航测技术全面应用于公路勘察设计，沙漠地区高速公路修筑技术、特长隧道通风、防灾、监控等技术的研究和黄土地区公路成套技术研究、高墩大跨设计施工关键技术等建设难题被攻克。信息化加速现代化，专用的“信息高速公路”铺设的行业信息专网、电子公文交换和高清视频会议系统、征费稽查系统、联网收费系统、道路运政管理系统、GPS 车辆监控系统等信息技术广泛应用。公路路况信息服务系统和高速公路信息出行服务系统为公众提供了极大的出行便利，交通信息化专项规划、规章制度等行业管理也不断得到完善。科技信息化提升了行业管理服务水平，为交通发展全面提速提供了有力的技术保证、智力支持。

## 七、文明创建

交通文化扮靓行业形象，精神文明驱动一流服务。明确“发展现代交通，奉献一流服务”的发展理念。行业文化异彩纷呈。一流路况、一流服务成为陕西交通人的共同追求。

2007 年陕西省交通作家协会成立，首开全国省一级行业作协之先河。2008 年陕西交通代表队在全国“迎奥运、讲文明、树新风”礼仪知识竞赛活动中代表全国交通行业勇夺铜牌。2009 年《我们一直在路上》音乐专辑公开出版发行，“人文交通 · 诗意旅程”交通诗歌征集和朗诵活动举办。《激情跨越》、《长安大道通九天》等上百本书籍、画册先后编辑出版。一批交通文化示范产品陆续建成，饱含着交通文化产品为社会添光加彩的心血，彰显着陕西交通坚实的文化内涵。

结合交通建设发展，陕西交通始终坚持以人为本，不断强化公共服务职能，拓展服务领域，行业面貌焕然一新。“微笑在红亭，满意在高速”为主题的文明服务活动；22个干线公路综合服务区；完善路况信息服务组织体系，全面提升公路出行信息服务能力。

陕西省交通运输厅连续13年被评为全省“最佳厅局”，2008年荣获陕西省年度目标责任考核优秀单位，位列省政府组成部门第二名，同年被交通运输部授予全国交通行业“文明单位”。全行业创国家级先进单位11个，获得省部级先进单位荣誉称号70个，6个集体被全国总工会授予“工人先锋号”。2009年，陕西省交通运输厅荣获全国“五一”劳动奖状。

# 我本平凡

李陕宁

2009年5月底的一天，记者和陕西宁陕公路段几位同行一起来到了位于秦岭高寒山区，海拔2800余米的宁陕县公路段的新路道班。此行的目的，是采访2009年被中华全国总工会授予“全国五一劳动奖章”的李德现。

## 一、平凡工作中的不平凡

新路道班离宁陕县城40余公里，环境气候复杂，昼夜温差20余度，一年有210余天的霜冻期，条件十分艰苦。五月的西安已是夏日炎炎，可一到道班，清冷的山风夹着细雨扑面而来，同行者们冷得纷纷穿上了外衣。听道工们说，山上太冷，前几天晚上下的一层霜把后院小菜园里的土豆苗全冻坏了，今年已经没法再种菜了。

除了全国五一劳动奖章，李德现2006年度被陕西安康公路局授予“十佳”道工，是中共宁陕县第十三届党代会代表。2009年元月被陕西省交通厅授予“全省十大养护标兵”和“全省交通系统十大杰出青年”。原以为获得了众多荣誉的李德现见多了大场面，表达能力会很强，见到了他本人，才发现他与路上千千万万的桔色身影一样，外表平凡，不善言辞，腼腆憨厚。自始至终，他没说几句话，采访是在与他同事的交谈中进行的。

从1990年7月参加工作以来,李德现就一直在秦岭深山的国道210线西万路宁陕境内从事公路养护工作,至今已18年了。李德现现任新路道班班长,新路道班是陕西省交通系统闻名遐迩的先进道班,曾获得省交通厅、省公路局"文明道班"、全国交通系统"百佳文明道班"称号,被中华全国总工会授予"模范职工小家"、被交通部命名为"学习华铜海先进集体"等荣誉称号。这个道班的老班长就是被誉为"当代养路工的楷模"的优秀共产党员徐良成。为让这个先进道班的红旗更鲜艳,李德现付出了艰辛的努力。

新路道班养管的路是18公里超龄的盘山路,坡陡弯急,再加上近年来越来越多的超限超载的大吨位车辆的碾压,路况是雪上加霜,这里的道工长年累月承担着超负荷的劳动。

1996年7月,李德现养护的路段严重塌方,在清理塌方的炸药雷管都装好后,他突然发现山上有石头滚下来。情急之中,他冲上前去,拼命托住石头。就是因为他这一托,石头才未砸向炸药和雷管,一场事故避免了,周围滞留的车辆和人员安全了,而他的右手拇指却被砸掉了一节,落下了永久的残疾。

2007年7月,宁陕县下了快一个月的暴雨,西万路上有一百多个地方出现了塌方,坍塌的土方总量达4万余立方米,为早日恢复路况,李德现一直坚持在塌方清除现场,不是浑身淋湿,就是满身污泥。那些天,一下雨他就辗转难眠,不仅是因为担心路上再次出现塌方,十几年来风里来、雨里去,他身上落下的风湿病也折磨得他睡不安稳,浑身都贴满膏药。可他照样天天上路,常常连饭碗都端不安稳,直至路况恢复。

2008年元月,一场突如其来的雪灾袭击了大半个中国。近20天时间里,处在高寒山区的西万路宁陕境内一直被大雪覆盖,最低气温零下11度至零下15度,最厚积雪达半米多,同时还伴随着塌方。为确保春运期间的道路安全畅通,李德现带领着道班同事,一直坚守在防滑一线,抛洒防滑砂200余立方米,融雪剂30余吨,清理冰雪路段20公里。采取人海战术、人机配合战术、小分队机动战术,调集装载机等机械,铲除路面冰雪,救助遇险车辆,为旅客、司乘人员提供便民服务,为春运提供了道路安全保障。

## 二、平凡人的高尚情操

常年在路上忙碌,李德现和过往的很多驾驶员都成了熟人,他帮助过的人不计其数,西万路上的驾驶员都亲切地喊他“胖哥”。

2005 年 6 月,李德现在安康开会期间,家中突然来了一位陌生人,硬要塞给他妻子 200 元钱。原来,此人是宁陕县江口镇人,到安康办身份证准备和新婚妻子出外打工,在付出租车钱时才知道自己的钱被偷了。当他和出租车驾驶员争执时,遇到了李德现,素不相识的李德现替他付了车钱、办证和回家的费用。像这样的事情还有很多,只要是困在路上,来道班寻求帮助的人,李德现都会解囊相助。有时深更半夜,有时大雨滂沱,但他都尽自己所能帮助别人,不求回报。为此,他的妻子也经常深更半夜跟着起来给来人做饭、沏茶,收拾床铺让来人留宿。

1999 年春节,李德现在长坪道班值班。腊月二十八的一场大雪给他们的养护工作增加了不少麻烦,在西万路月河梁撒防滑砂时,他发现一辆拉苹果的车翻于公路下,还好,驾驶员无大伤。看到这种情况,李德现家也未回,立即找来村民帮忙将车弄上路,硬是花了一天一夜时间,赶在除夕前将车拖上路。驾驶员虽然赶回去过年了,但李德现却得了重感冒。这个年,妻子充当了很久的“土医生”,天天给他熬生姜、子苏汤,很久之后,他才痊愈。

这类事太多了,李德现和道工们早已视此为平常。

## 三、平凡的“傻”人

李德现人勤口拙,说不出大道理,却能实诚地对待任何人。大家常说他是个“傻哥”。

有一次,单位财务人员疏忽,发工资时多给他发了 200 元钱。李德现发现后,立即跑到几公里外打电话报告:“发工资多数了我 200 元”,如数退还给单位后他心里才踏实。

2006 年,有位亲戚让李德现到高速路工地上帮忙带工人,并许诺两年给他 50 万元。面对这么丰厚的酬劳,他婉言谢绝了,他是舍不得离开自己的养路工岗位。他常对妻子说的话就是:“我们穷日子穷过,钱财乃身外之物。”

李德现非常敬老,经常教育妻儿要善待孤寡老人。大堰沟道班境内曾住着一对柯姓老夫妇,膝下无子女。他每年腊月都要送给他们一袋米,为了让老人不要有心理负担,他还说:“这是单位发的,我们双职工吃不完,送给你们过年吃。”这大米,他一直送到柯老夫妇过世。

“怕艰苦就当不了个好养路工!”是李德现常挂嘴边的口头禅。这份不怕苦的精神让他坚守平凡,并做出了不平凡的事迹,平凡中孕育了伟大。

# 故乡路伴我一路走来

吴　陇

一座小小的土崖上矗立着老屋，那里住着我的兄弟姐妹和母亲。村前是一条长长的砂石路，转弯处有一座窄窄的小桥连接着陇县千阳。一条小河依偎在公路边悠然东去，夏天金色的阳光下，我和全村的孩子一起在河里游玩戏耍。

这一切组成了1974年我童年的画面！

听二姐说，我生下来的时候不哭，有人拎着我在屁股上拍了两下，我才哇哇哭出声来。还听大姐说，她拉着我的手去上学，她一松手，我就飞快钻进玉米地里躲起来逃学……这些陈年往事大都已随着岁月的轮痕烟消云散。印象最深的，是自打我记事起，每天都要问姐姐礼拜几了，如果是礼拜六，我就站在厨房后面远远眺望村边那条公路。因为每个礼拜六父亲下班回家，总会穿过那条公路，给我带回几块甜甜的水果糖。而我，则会飞奔在那条路上，去品尝水果糖的美味。

那时候，村边的那条公路很窄，凹凸不平的路面上布满料浆石和青石子。车很少，每天只能见到几辆大卡车和班车。有一次母亲下地干活把我锁到了家里，我一觉醒来大哭着从窗户爬出来，手里拎着鞋一边哭一边顺着那条公路去找母亲。交界村离窑场大队不到一公里，但我觉着那条公路好长好长，总也走不到头。

1979 年我 8 岁的时候,我们一家人顺着那条望不到头的砂石路搬进了陇县城。那时候,路上来来往往的车辆多了起来,锃亮的小车已不是稀罕物。那时我百思不得其解,修路人为何要把“碳”铺在路上?这个问题一直到我 1987 年考入省城一所交通学校才迎刃而解。冥冥之中似乎是天意的安排,1991 年我毕业后分到了陇县公路段的窑场道班,魂牵梦绕的交界村、窑场大队那段公路正好是我们道班的养护路段。1998 年,宝鸡市公路局对陇县城以东的 30 公里进行了加宽改造,我有幸被聘为技术员。于是,我 27 岁的生命第一次走进了自己童年生活过的地方。

土崖还在,那几株高高的松树还在,老屋还在。只不过土崖已没有往日的苍翠,老屋残旧而萧条。我站在坐西朝东的厨房背后深深感受童年的气息,但父亲已逝,水果糖的美妙荡然无存,儿时砂石路的神秘已不再有。我看到的是一条长长的柏油路伸向远方,感受到的是一种归于平静和自然的公路,还有一种历史的沧桑巨变。近 20 年来,这条公路已从一条窄窄的、车流量仅为十几辆的砂石公路,变成一条车流量一千多辆的省二级公路。

一条宽阔平坦的柏油公路,

一座崭新坚固的混凝土桥。

一院打开记忆之窗的老屋,

一个欢欣改革开放的故乡。

1998 年的故乡又一次勾起了我的童年往事,故乡的公路也远离幼嫩走向了成熟。而当我再次感受到一个公路人奉献愉悦的时候,时光已飞速到了 21 世纪的 2006 年。

那年,S212 线被陕西省公路局列入了“养护示范路”创建工程。我们在故乡那段公路上先是把路边的空闲地方整平、挖低、填换新土,种上草籽。然后是在局部路段修建了花坛和小花园,移植草坪。种植了三叶草、金叶女贞、万寿菊、紫叶矮樱、洒金柏、雪松、火棘球、火炬树等绿色苗木和好些开花苗木。于是,交界村、窑场村、秦源煤矿、陶瓷厂,故乡的公路在我们的汗水中开始孕育着一场空前的革命。因为我知道,对全社会提供“畅、洁、绿、美、安、舒”是这次工程的目的,也是我们公路人今后工作的最高境界。

2007 年 8 月，我们公路两边的绿化工程终于开花结果。从县城顺直而下，沿路春色看不尽，人神俱在画中游。故乡那段路也是花草红红绿绿，垂柳婆婆娑娑。远处的山脚下是规模宏大的秦源煤矿建筑群，眼前公路边是美丽的小康村。人们纷纷从山坳坳里搬到了公路边，还有几家利用门面房做起了生意。但那个小小的山崖还在，生我养我的三间老屋还在，走向生命终结的几棵老松还在，虽然显出几分凄荒，但我的内心却感慨万千。因为村前那条公路已给家乡带来了翻天覆地的变化和巨大的发展。故乡的路与我 37 岁的生命一路走来，她让我打开记忆之门的同时，让我看到了希望，看到未来，看到了生活的美好。

# 通往家乡的路

李　蓝

我的家乡灞源镇，位于林深叶茂的秦岭腹地，是一个被称为鸡叫听五县的地方（与渭南、洛南、华县、商县、蓝田相毗邻，当地有一鸡头状巨石，被称为鸡冠石）。这里是灞水的源头，清澈的灞水由这里奔流出山，养育着灞河两岸的人民。灞河旁边有一条依山傍河的三级公路——九灞公路，这就是通往家乡的路。提起这条路，在我的记忆里，印象最深的还是孩童时代。

那时候，我家门前就是一条能拉架子车的大路。我们村的人大都依路而居，门前大都有一、两小块菜园。在我七岁那年秋天，当我和父亲、母亲走亲戚回来时发现我们村整个变了样，门前的小菜园全被铲平。我家邻路的两块种着小白菜、韭菜的菜园子也未能幸免，围菜园的木篱笆被横七竖八地乱扔在一边。

邻居告诉我们，这是公社民兵修路专业队为拓宽路面而采取的“大会战”。在“以阶级斗争为纲”的那个年代，这种会战是任何人都不敢阻挡的。但此后，我家门前的道路变宽了，变平了。

有一次，好像从天而降似的，放学后，我们发现村东头停着一辆和“看图识字”上一样的银灰色小汽车，我和小伙伴们全都跑去，围着车转，胆儿稍大的还用小手摸摸。又一次村头的大核桃树下停了一辆绿色的大卡车，小伙伴们发现后先围着看、胆儿大的就爬上了车厢，见没人制止，我们就全都爬上了车厢。这时,同学高波和他爸爸走过来,高波自豪地告诉我们,他爸爸是护路队的,这是他爸爸开的大汽车。高波的爸爸说:“你们在上面抓好,叔叔拉你们转二圈”。高波神气的坐在驾驶室,汽车拉着我们在生产队的打麦场上转了几圈后,我们意犹未尽地下了车。

到了 20 世纪 70 年代末,公社组织了一次公路改造,从各村抽调大量青壮年劳动力,不但我们村口的灞河上架起一座石拱桥,还将通往山外的简易公路进行了路面拓宽,并组建了两个护路队常年养护。从那以后,从山外给供销社、生产队运送物资的马车、拖拉机、大卡车等时不时从门前的路上经过。又装着山里的木材、药材等出山。

改革开放后的 80 年代第一个冬天,已高中毕业的我响应祖国的召唤,穿上了绿军装。临走时,乡下用县上刚分配的一辆“东方红”大拖拉机送我们去县城,拖拉机翻越出山公路上的最高点“门坎岭”地段时,由于“门坎岭”弯急坡陡,路面上又有冰雪,为了安全,驾驶员让我们十五名新兵下车步行,让送兵的干部拿着铁锨跟在车旁给轮胎下撒砂防滑,驾驶员将拖拉机开上岭端等我们。当我们气喘吁吁地爬到岭上,我站在车厢上,望着身后的家乡,号召战友们给家乡敬一个军礼,说声“再见吧、故乡!”

四年的军旅生涯结束后,我成了一名公路养护工,担负着国、省道公路的养护工作。我常常要回老家,当年参军时走的那条路已成为家乡人民生产、生活中的“生命线”,但这条“生命线”却每遇雨、雪不是塌方,就是冰雪封路,让车辆十天半个月难以通行,特别是每年的春节,如遇降雪,我们只能步行翻越“门坎岭”回老家过年。

80 年代末,家乡人民在县、市公路部门的支持下,利用两年多时间,顺着灞河峡谷又修通了一条绕开“门坎岭”的砂石路——九灞公路。从此,我们再也不用翻越“门坎岭”了,不但方便了家乡农副产品的交易,也方便了我们这些常回老家的人。

千禧之年,在西部大开发的号声中西安至合肥铁路又途经家乡,家乡人民积极参与和支持铁路建设。前年西合铁路客车正式运行,并在村口设有小站,家乡许多从未走出过大山,坐汽车怕晕车的老人在子女的陪同下,喜滋滋地坐着火车逛西安、去商州，回来直夸山外好。

2008年“五一”节，我又一次回老家时，只见九灞公路上、机器轰鸣、沿路都是筑路大军，据了解，按照省、市交通部门的安排，年内九灞公路将被改造为三级黑色沥青路。

2009年清明前夕，我们全家乘车踏上了回家扫墓祭祖的旅途。出蓝田县城沿新修建的关中环线旅游公路东行，但见灞河两岸麦苗青青，油菜花飘香。下关中环线，入秦岭峡谷，标志、标线等安保设施齐全的九灞公路如黑色的缎带傍着青翠的峡谷穿山跨河，蜿蜒而去，我记忆中尘土飞扬的砂石路再也找不到了，过去三个多小时的路程，现在一个多小时就跑完了。

回到老家后，当村主任的表哥又告诉我，现在全镇29个行政村，每个村都修建了一条与九灞公路及镇主干公路相连接的水泥路，七沟八岔一面坡的灞源镇村村都通了路，通了车。村村都有“农家乐”。

我的家乡，随着道路交通条件的改善，在社会主义新农村的征途上将走向更加富裕和谐的新时代。

# 我记忆中的路

温西设

那是 1979 年，恢复高考后，我有幸由陕西最北边的神木到西安上学，很幸运我所学的专业是公路工程。记得那是我有生以来第一次离开家出远门，父亲为我扛着行李，我背着一大包零碎的东西。我和父亲在天不亮的时候就从家里出发，走了有四个多小时的路程到了离家最近的一条公路上，这是一条从陕西的府谷县通往内蒙新街镇的砂石路，当地人称其为“国防路”、“反修路”，我们原计划是要赶上从内蒙通往县城的一趟班车搭车到县城。在我记忆中，那天我们没有赶上那趟车，听路边的人说当天的班车刚走过。显然，父亲的计划落空了，记得父亲非常着急。原因是当时离录取通知书上学校要求我报到的时间没几天了(那时因为交通不便，我很晚才收到录取通知书)。因此，父亲和我商量是不是要步行到县城，我因为第一次出门，一切听从父亲安排，只是想父亲扛着那么重的行李能行吗？不过为了我能按时到学校报到，我们还是决定步行了。这样我和父亲又走了大半天加一个晚上，终于在第二天凌晨赶到了县城。可没想到县城通往榆林的公路因为没有路面，下雨不能通车，把所有的旅客，包括好多要去榆林、西安上学的像我一样的学生都留在了县城。我们只有在县城再等一天，第三天才搭车大半天(约八个小时)到了榆林，第四天换乘长途班车又用两天时间(约二十四小时)到了西安。现在想起来，那时从神木到西安真是不容易，整整用了五天时间。

今年春节，我和女儿一起回神木老家看望父母，我们早上八点从西安走，下午四点多就到家了，用了不到一天时间。为此，我便很有感慨地给女儿讲述了我过去的回家之路，没想到女儿不以为然，似乎觉得不可思议。也难怪，这一代人出门看到的是全省高速公路基本连接了各地市的现实，看到的是2007年底全省高速公路突破了2000公里的现实，看到的是包（头）茂（名）高速公路（西安至榆林、西安至柞水），西（安）汉（中）高速公路，秦岭终南山特长隧道……看到的是使黄土冲沟天堑变通途的亚洲第一高墩大跨桥——洛河特大桥，看到的是使荒漠变坦途、变绿洲的榆（林）靖（边）沙漠高速公路……

非常幸运，我从参加工作那天起，就能投身陕西高速公路建设，参加了国内第一个世行贷款项目——西（安）三（原）公路的勘察设计，参加了西临高速公路、西宝高速公路、铜黄高速公路的勘察设计，负责设计了西安绕城高速公路北段、榆（林）靖（边）高速公路，子（洲）靖（边）高速公路、榆（林）蒙（陕蒙界）高速公路、安（康）毛（坝）高速公路。

陕西高速公路建设的突飞猛进，不仅为陕西经济腾飞奠定了基础，也为我个人自身的发展带来了机遇。

记得我主持设计的第一个高速公路项目是榆林至靖边高速公路。沙漠里修建高速公路，在我国尚属首次，这对我来说应该是一个很大的挑战。有许多技术难关需要攻克，例如：防风固沙、路基压实等。那时我和我的同事们熬过了一个个不眠之夜，如今回想起来仍然感慨万分。当时，为了攻克防风固沙的技术难题，我们多次走访内蒙、新疆、宁夏、甘肃和本省的治沙专家，召开专家咨询会，一次次访问祖祖辈辈和沙漠打交道的农民兄弟，并通过实验段工程确定了适合当地公路路基防风固沙的方案，选用了80多个树（草）种，取得了沙漠公路防风固沙的新成果。为了攻克沙漠路基压实的技术难题，我们和长安大学共同成立了课题组，通过大量的试验研究，取得了振动压实天然含水量风积沙的技术成果，不仅为项目的顺利实施奠定了坚实的基础，还填补了国内风积沙干压技术的空白。如今，我每次走到榆靖高速公路上，总会有好多回忆涌上心头……

陕西的高速公路在不断延伸，目前又进入了新的一轮建设高潮。按照省委省政府的总体部署，全省高速公路规划总里程将达到5000公里，目前的通车里程只占规划里程的百分之四十，在未来几年里，全省的“一日交通圈”目标将实现，到那时，我们每个人的回家之路将会更加顺畅，我们每个人的出行之路会更加便捷。等到规划的高速公路全部建成后，西安到各地市、各县、各旅游点和周边省会城市都将由高速公路连接。面对陕西交通迅猛发展的大好形势，我感到非常庆幸，庆幸我们是交通人，庆幸我们遇到了一个好时代，庆幸我们能在这样一个时代为国家为人民做这么多的工作。

回想起我记忆中的好多路，当时都是晴通雨阻，水“泥”扬“灰”，经过近二十年的建设，有的已变成高速公路，有的已变成柏油路，有的已变成了真正的水泥路，它在给人们出行带来方便的同时，也为陕西省的经济发展增添了活力。给我感受最深的是，近年来我们的路不但在数量上增加，质量也在不断提高。为了适应人们生活水平不断提高的要求，我们交通人在公路建设的过程中也在不断更新理念，创新设计。相信我记忆中的路会更加宽畅，更加环保，更能满足人们生活的需要。

# 乡　路

刘　风

乡路是条扯不断的纽带,一端系着远处的故乡,一端牵着我的思情。无论是在山之南,海之北,天之崖,地之角,总也割舍不去。

中观山下,扶风城北,法门寺东,天度镇南,家乡齐横村就东西一溜散落在那原野上。那是生我养育我的故乡。没有山的巍峻,无有河的灵秀,亦少林的葱郁,更没什么名人的光耀。那里有的,是人均两亩多的土地,是土地上年复一年的耕种与收获,更有我的爹娘,我的兄弟姐妹,我的乡亲和儿时伙伴。那里深厚的黄土上,藏着我成长的岁月和儿时的梦;东庄西户里,有人老几辈吃不腻的浇汤面和豆面糊;砖屋瓦舍间,有秦腔的粗犷和眉户的委婉;村前的学校和小庙沟,有被毁了的佛庙,还有遗失了的隋碑,以及渐渐淡远的传说……30多年前,自招工到公路四队当筑路工起,不论是走陕南,上陕北,到省城,还是修公路,筑铁路,架桥梁,亦或是上大学,进机关,家乡总是常常的牵挂。那铺在我和家乡之间的路——土路、公路和铁路,便托着一个游子的思情归意。探亲、回家,乡路上留下许多苦涩和欣慰,艰辛和快乐。

光阴荏苒,沧海桑田。这些年来,工作地方换了几处,人变了很多,乡路也改了许多,唯独不变是对家乡的眷念。不管身在何处,回家总是日子里必修一课。20世纪70年代,回乡的路既少又差。那时还是三级路的西宝北线,才开始上渣油路面,西宝南线断断续续按三级路改造,而西宝中线才谋划动工宝鸡至虢镇一段。公路客运那时按区运营，车以区内短途为主，尚无宝鸡、西安到扶风的长途客车。扶风南北虽有东西两条砂石路，但都窄小不平，人难走，车亦不好行。从动了回家心思起，就开始为上路熬煎；休完假回单位时，又总为坐车发愁，这便是那时回家的心路。凤县修路时回趟家，百多公里路要汽车火车地倒个四五回。七十年代后期，在泾阳和三原修桥。从泾阳回家，先要从修石渡搭渡船到渡口南坡头，换上汽车到咸阳，再坐火车到降帐；若从三原回家，要从县城坐汽车到西安，再乘一元七角钱的火车到降帐。降帐是铁路一个小站，列车是一天两趟的慢车。下火车后，若东路宝鸡运输公司有车去天度镇，可坐到村东路边下车，再步行两公里到家；若东路无车或没赶上，只有坐西路县运输公司车到县城，再换去天度镇的车到村西路边下，然后步行一公里多才能到家。西安到老家就 130 公里路，车顺时也要走上大半天或一整天；若赶不巧，就得在降帐住一宿旅馆大通铺，第二天方能到家。一路掂着大包小裹，几番颠簸辗转，到家常常已是身心俱疲。概因回乡行路不易，便觉乡路很长很长，家乡很远很远。于是，积攒了许久的乡情，便如陈年老酒般地浓。

岁月更替和乡路变迁，磨消着昔时乡情的浓烈。如今，乡路还是那么长，只是路密了畅了，车多了快了，于是感觉与家乡接近了，近得似乎少了时间与空间感，乡情便也渐淡了些。现在回趟家，用不着太久筹划，也用不上体力准备，说走就走。自西安到老家，坐汽车只要两个多小时，用老话说就是几袋烟的功夫。村里人来西安办事，不爱城里逛的，早晨出得家门，晚上便可家住，犹如过去走趟县城。陇海铁路，西宝高速公路，标准二级的西宝公路北线、中线、南线，还有新建一级标准的关中公路环线，在关中西部平原上纵横交织，沟通了大大小小城镇乡村，于是封闭的便不再封闭，遥远的也不再遥远。从降帐镇到县城再到村里，东西两条公路和村道，都已是标准的柏油路和水泥路。走西宝中线、南线或者北线，过村镇穿街市，可一睹关中城乡容颜；走西宝高速，一路风驰电掣，可体验现代交通快捷。望车窗外掠过的麦田果园，瞧日新月异的城镇村庄，往事依稀，恍若一梦。

路好则路上车就好；路好车好，回家心情才好。过去，路差车少车况也不大好，扶风东西两路还是大卡车架个帆布篷的代客车，坐车不仅需要钱，还需要勇气、力气和耐心。多少次等车坐车，从不敢奢望车要多好，只想着能上得了车，车上有地儿站，那就是烧了高香；只要车半道上不抛锚，能颠簸到去的地方，那就是阿弥陀佛。历史将这一页留在了那个年代。如今，遍看关中平原大地，公路客运一统天下。路上豪华大巴、中巴、面包车，让人们拥有了出行选择的权利。车上还有过去未曾闻说的电视欣赏，让旅途有了享受。随着公路客运的热火，曾经热闹的降帐火车站风光不再，早被撤销了去。扶风与西安之间，公路客运撑起一片天，十几分钟就有一趟班车。村东村西公路边，一天也有好几趟去宝鸡和西安的客车。村里还有了小面包车，不仅自用，还供租用。县城出租车还不时窜来村里寻客。从西安回老家，再也不用早起早走早排队，也用不着担心赶不上或挤不上，尽可随走随到随上车。西客站直达天度小镇经村里的班车，能一气儿坐到家。一次坐依维柯客车自老家到西安，问及开车师傅生意如何。那汉子哼一声说：七十年代讲“手术刀方向盘，人事干部采购员”，那一阵咱是爷，坐车的求开车的；如今世事变了，咱快成孙子了。你看半天才拉了半车人，有几个还是叫舅喊叔的！也真是，如今关中大路小道，好像车比客稠，客比车稀。相比曾经客运短缺和出行艰难，运输经济学家说，这叫卖方市场变成买方市场。不论是回乡、探亲、访友，还是旅游、商务，出行人成了拿钱选车坐的买主，那还能没点牛气！你到汽车站搭车，那停在站里等客的，或在站外马路上兜圈的客车，好像专恭候你似的；你若到车前或在车头一晃，车主连招带呼的热情，甚至连拉带扯的劲儿，叫你觉着自己真像是上帝，回家心情也如去乡下旅游般惬意。

行文至此，闻说西宝高速公路要扩建，西宝快速铁路客运专线也要修建，看来乡路还会发生新的变化，将变得更宽广、更顺畅。说不定有一天，这百十公里外的西府老家，将成为西安这大都市一处近郊。倘如此，那时，乡情还会再淡一些去么？真不敢说。

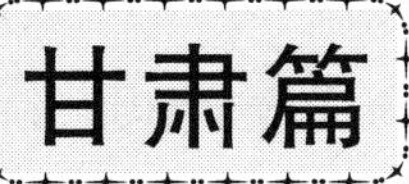

# 三千里古道犹存汉唐雄风<br>六十年巨变传唱大路飞歌

甘肃省交通运输厅

如果要谈甘肃的古今变迁，你就不能不谈从丝绸古道到朝发夕至的沧桑巨变。甘肃现代交通在新中国的摇篮里起步，在改革开放中飞速发展。高速公路，就像一条横空出世的巨幅彩练，让古老的丝绸之路再现东西交融的神奇魅力，承载着陇原大地摆脱贫困展翅腾飞的宏愿和希冀。

## 一、驼铃声中的回忆

在相当长的岁月里，人们对甘肃的印象总离不开大漠、戈壁、古道，“大漠孤烟直，长河落日圆”的景致，“羌笛何须怨杨柳，春风不度玉门关”的哀怨，伴随着驼铃声中的沉重脚步，给甘肃这片热土蒙上了层层神秘的面纱。

其实，汉唐时期的甘肃不仅曾是水草丰美的绿洲，蕴藏着丰富的地下宝藏，而且自古以来就是中国西北重要的交通枢纽。她的重要地位在于其具有连接中国中东部与大西北，沟通欧亚大陆桥纽带的独特作用。

翻开地图，狭长的甘肃版图犹如一条伸开的臂膀，一头深达中国陆地版图的中心，一头直抵中国陆地版图的“腰肢”，将广阔的新疆和广大内地紧紧地牵在一起。甘肃的交通构架高度融合在这种独特的地理位置和地形特色之中。因此，它长期承担了东西方文明交流的通道功能，其交通事业也深深打上了古丝绸之路的历史和文化烙印。

古丝绸之路是古代中国与欧亚各国经济、文化交流的友谊长廊，人类文明的古老运河。这条通贯古今、名闻遐迩的古道在汉唐时是一条最长、最壮观的中西交往的陆上交通线，在甘肃境内东西长达 1600 多公里。

今天，当“古道驰马”、“驼影憧憧”的丝绸之路的繁华渐渐没在历史的烟尘中时，地处中国西北的丝绸之路故地甘肃正以一种完全现代化的交通方式，向世人宣布着它在延续丝绸之路辉煌、推进世界经济一体化进程中的重要地位和雄心壮志。

## 二、 60 年的沧桑巨变

古丝绸之路历经千百年繁华，在古代中西方交往中完成了它属于那个时代的使命。当历史发展到 20 世纪的 1949 年时，新成立的中华人民共和国却面临着旧中国千疮百孔、百废待兴的局面。甘肃交通不仅没有了昔日丝绸之路的辉煌，而且一度成为制约当地经济发展和社会进步的“瓶颈”。新中国成立后，甘肃公路交通事业得以长足发展。从 1953—1957 年，甘肃交通部门重点整修了总长 1499 公里的甘新、兰包、甘青 3 条国省干线，同时新建、改建了兰郎、江武等 13 条公路，总长 1952 公里，并修建了一批通往林区、牧区、矿区的公路，大大改善了甘肃交通基础设施，为全省社会经济发展奠定了基础。1964 年，省交通厅先后改建、续建和新修西兰、甘新等一批重点公路工程，至 1965 年年底，全省干线公路通车里程达到 7515 公里。从 1986 年开始，甘肃交通进入较快发展时期，经过“七五”、“八五”、“九五”三个阶段的发展建设，甘肃公路实现了质的飞跃，全省二级以上高等级公路建成 2522 公里，高速公路实现了零的突破，全省干线公路网已逐步完善，开始进入高速公路建设阶段。至 2008 年年底，甘肃公路通车里程达到 105638 公里，其中二级以上公路 6539 公里，公路密度达到 23. 25 公里/百平方公里。特别是高速公路从无到有，实现了跨越式发展，建成和在建突破2300公里，通车里程达到了1316公里。一批施工难度大、科技含量高的公路桥梁和长大隧道建成通车。甘肃99.74%的乡镇、84.39%的行政村通上了公路。

## 三、春满陇原高速路

1949年以前，甘肃公路运输十分落后。省内最早修建的西(安)—兰(州)公路，于1924年勘测，1928年动工，1937年建成通车，在省境内长仅430公里。以后国民党政府虽修建、续建了10多条干线公路，但技术标准低，质量差，加之无人养护，多是晴通雨断。到1949年新中国成立前夕，全省通车里程仅有3273公里，其中干线公路3203公里，县乡公路5公里，晴雨通车里程仅有2117公里，低级路面3025公里。当时全省有民用货车1809辆，其中交通部门的货运车1209辆，客车22辆。全省货运量158万吨，货物周转量6110万吨公里，而交通部门的货运量只有28万吨，周转量4148万吨公里，分别占全省货运总量和周转量的17.7%和67.8%。

中华人民共和国成立以后，党和政府对甘肃公路运输事业十分重视，投资修建和新建了许多公路，使甘肃的公路交通得到了迅速发展，公路整体质量有了明显提高，运输条件得到了极大改善，初步形成了以省会兰州为中心，西兰、兰新、包兰、甘川、甘青等国道、省道为干线，连接全省城乡的不同层次的公路网络。尤其经过“八五”以来的建设，公路等级有了明显提高，建成了天水至北道高速公路、张掖过境公路等一大批高等级公路。截至2008年底，全省公路通车里程达105638公里，公路密度23.25公里/百平方公里，其中高速公路从无到有，达到1316公里。全省营运性客货运输车辆达到14.53万辆，其中客车4.15万辆，货车10.38万辆。全省运输产值达到291亿元。全社会公路运输完成客运量1.98亿人次，旅客周转量129.62亿人公里。货运量2.73亿吨，货物周转量169.04亿吨公里。

新中国建立后，甘肃交通运输有了很大的发展。基本奠定了甘肃交通以铁路、公路为主的路网框架，兰州成为西北地区的交通枢纽。改革开放以来，特别是“八五”期间，在国家进一步实施向中西部地区基础建设倾斜的投资政策下，甘肃境内铁路及公路干线的建设又进入了一个全面的建设时期，进一步推动了交通基础设施的建设与发展。全省建成和在建的高速公路里程达到2380公里。

甘肃省高等级公路运营管理中心是伴随着甘肃高速公路事业的蓬勃发展而诞生的，是伴随着改革开放的步伐而发展的。甘肃省高等级公路运营管理中心自2002年12月成立以来，始终坚持以人为本，坚持改革创新，坚持科学发展，努力推动我省高速公路事业持续、快速、健康发展。

## 四、联网收费上水平

对我省高等级公路的建设和发展，跑了30年货运的王师傅感慨颇多。他对记者说："原来跑一趟酒泉最少也要三四天，现在只需一天就到了。路平坦了，车也好走了，出门家里人放心多了。另外，车辆磨损和油耗也相应减少，运营效益一年比一年好。前年，我家还盖起了一座小洋楼。那些年跑运输的艰辛，现在想起来都害怕。如今好了，日行千里不再是神话。"

1994年7月，我省第一条全长13.15公里的天北高速公路建成通车，但高速公路对大部分人来说，依旧很遥远。14年后的今天，甘肃建成及在建高速公路总里程已经突破2000公里，达到2026公里。其中，纳入收费范围的高速公路总里程达到1316公里。高速公路的飞速发展，不仅使我省路网结构发生了显著变化，也使国道主干线在我省境内路段的等级提高到了一个新的水平。

建好路，还要管好路。为此，省交通厅成立了甘肃高等级公路运营管理中心，专门负责高等级公路的运营管理工作，使高等级公路更好地为车主服务、为社会服务。目前，省运营中心管辖着横贯甘肃东西、南北的两条大动脉。这两条大动脉使我省与青海、宁夏两省区实现了高速公路连接，丹拉国道主干线在我省境内全部实现高速化，连霍国道主干线在我省境内路段基本实现高等级化。

为方便管理、更好地为过往车辆服务，省运营中心针对甘肃地域狭长的实际，按照"建成一条、并网一条"的原则，先后组织实施了8次联网收费工作，并规划建设以兰州为中心的中部路网、以张掖为中心的西部路网和以天水为中心的东部路网，目前中部路网和西部路网已建成，初步形成了全省高速公路运营管理收费路网。联网收费较好地解决了过去开放式收费监控跟不上、手工票漏洞多等问题，为实现“贷款修路、收费还贷”的目标和树立高速公路运营管理良好社会形象打下了坚实的基础。

我省联网收费建立了“总中心—分中心—收费站”三级监控体系，依靠先进的监控设施和通信系统，对全省所有高速公路收费路段收费运营情况进行全方位监控，并及时准确地将各种通行指令在网内传达，使各种车辆在高速公路安全、快速通过。

“现在，从古浪到瓜州是一站通。一卡过五市，只领一次卡，只交一次费，中途不用停车，一路畅通，既节约了时间，又节约了成本。”经常跑河西的张师傅深有感触地说道。来自新疆的艾里师傅提起甘肃高速“96969”服务热线，竖起了大拇指，称赞道：“‘96969’交通服务热线，不仅为我们驾驶员提供路况信息、收费标准、沿线服务区设施等信息，还为我们提供协助和救援，成了我们驾驶员的知音。”

随着甘肃高速公路里程的增加和运营服务水平的提高，高速公路上的车流量快速增长，车辆吨位不断增加。据统计，2003 年全省运营的高速公路有 7 条 393 公里、联网收费公路 4 条 365 公里，到了 2008 年，全省运营的高速公路达 16 条 1316 公里，运营的高速公路里程比 2003 年增加了 234.86%，联网收费公路 17 条 1625 公里，比 2003 年增加了 345.21%。2003 年联网收费公路日平均交通量 14138 辆，2008 年当年年底日平均交通量达 56332 辆，比 2003 年增加了 300.9%。目前，我省高速公路已经贯通了宁夏、青海两省区三个省会城市，省内已经连通定西、兰州、白银、武威、张掖、酒泉、嘉峪关等市。高速公路的快速增长，联网收费后收费站点的减少，大大方便了人民群众的出行，为甘肃乃至周边省区经济发展提供了便捷、快速的交通条件。

今年，省运营中心投资 300 余万元，在西北地区率先实施了高速公路电子不停车收费系统工程（ETC）。该系统建成后，车辆将在收费车道实现电子支付，车道的通行效率将大大提高。

# 雄关漫道真如铁　而今迈步从头越

甘肃省公路运输管理局

“衣、食、住、行”是人类生存繁衍与社会发展的四大基本需求。解决“行”的问题,需要公路、铁路、水运、民航等综合运输体系各部门的共同努力,但道路运输的作用是基础性的。尤其是在甘肃这样一个内陆省份,境内铁路密度小,水路通航河流少,航空能力有限,道路运输是占主导地位的运输方式,全省 85% 上的客货运量由公路运输来完成。自古以来,道路运输在甘肃经济社会发展中就发挥着举足轻重的作用。文明中外的古丝绸之路横贯甘肃全境,曾是东西方政治、经济、文化交流和联系的桥梁,为世界的繁荣与进步作出了重要贡献。如今历经沧桑的陇原大地已经不现古老的骆驼商队,但是传承了古丝路文明的甘肃道路运输业正以它崭新的姿态谱写着甘肃道路运输新的华章。

新中国成立初期直至我国国民经济恢复时期,随着国家运输经济政策的确立,我省采取多种途径提高公路运输企业的运输能力,一是通过旧车修复,改装拼装,大力修理回收国民党政府遗弃的大批旧汽车;二是通过汽车修理部 制造大批汽车配件;三是从政策,资金,物资供应等方面扶持私营运输企业,使其尽快恢复,投入社会运输。特别是改革开放以来,我省道路运输事业蓬勃发展,取得了显著成绩。尤其是十六大以来,甘肃道路运输行业在交通部、省委、省政府和省交通厅的正确领导下,立足实际,充分利用甘肃的交通区位优势，抢抓机遇，改革创新，锐意进取，使甘肃道路运输经济保持了又好又快发展的良好势头，甘肃道路运输面貌发生了翻天覆地的巨大变化，道路运输服务国民经济和社会发展全局、服务社会主义新农村建设、服务人民群众安全便捷出行的能力不断提升，道路运输为甘肃社会经济的全面协调可持续发展发挥了重要作用。

## 一、时光见证了甘肃道路运输业的不断成长

新中国成立后，我省道路运输可以说从无到有发生了翻天覆地的变化，道路运输市场的建立、发育、形成及其发展的历史轨迹，基本上与经济体制改革的步伐同步，其市场化进程大致经历了四个时期：

第一个时期：道路运输市场雏形期。新中国成立初期，随着我国明确了国民经济恢复时期的运输经济政策，甘肃公路运输企业在经历了社会改造和“大跃进”两个时期后得到了较快的发展，建立了集中统一的计划运输企业管理体制，实行了严格的“三统”政策，即统一货源、统一运价、统一调度。各地都成立了“三统运输办公室”，对公路运输企业的货源、运价和车辆进行计划管理，公路运输企业被纳入了计划经济的轨道。交通部在 1950 年 4 月成立了汽车运输总公司，政企合一，负责全国的公路运输工作。同时，各行政区域也成立了公路交通管理结构，并下设汽车运输公司。1956 年，交通部向全国发出了《对私营汽车运输企业（包括私营汽车修理企业）实行全行业定息合营的要求》，我省也将私营畜力和驮畜、各种人力车全部纳入运输合作化的轨道。从而，完成了对私营公路运输企业的社会主义改造，形成了由国有汽车运输企业独家经营，以直接管理、微观管理、封闭管理为主的经营管理模式。

第二个时期：道路运输市场化初期。道路运输行业是开放较早的一个行业。在改革开放初期，为了解决人民群众“出行难”、“运货难”的问题。1982 年，国家经贸委和交通部联合发表声明，实行“有路大家行车”、“国营、集体、个人一起上”的开放政策。1985 年，为打破我省交通运输业“政企不分、统得太死、集中过多”的局面，省交通厅将直属 27 户国有道路运输企业

下放地方管理,使全省道路运输业形成了“一家管、多家办”、“国营、集体、个体运输业户一齐干”、“各种运输工具一起上”的新局面,道路运输对国民经济的瓶颈制约得到明显缓解,基本上做到了使企业由单一生产型转为经营开拓型,真正成为按经济规律办事的经济实体,进一步扩大了企业自主权,增强了企业活力;交通运输管理也基本实现了从微观上只抓直属企业,转变到从宏观上抓全省运输行业的管理,积极发挥了运输管理部门的统筹、协调、监督、服务的作用。

第三个时期:道路运输市场培育期。道路运输市场的全面开放,使大量私营、个体经营业户涌入市场,道路运输供需矛盾在得到了有效缓解同时,也出现了运输企业“多、小、散、弱”、道路运输市场秩序混乱等突出问题。为适应社会主义市场经济要求,维护道路运输市场正常秩序,引导道路运输企业规模化经营和规范化服务。在随后的几年中,我省道路运输行业重点抓了道路运输市场的整顿治理,以培育统一开放、竞争有序的道路运输市场为目标,建立健全行业宏观调控和监督体系,促进道路运输资源合理配置;正确引导、促进市场主体健康发展,加快道路运输市场培育;加大监管力度,规范经营行为,切实维护市场秩序;完善法规体系,加强队伍建设,不断提高执法水平。道路运输市场由单一的客货运输市场发展为以客货运输、运输站场、驾驶员培训、汽车维修市场为主,出租车、汽车租赁、物流、信息等为辅的完备市场体系。

第四个时期:道路运输快速发展期。1998 年国家实施西部大开发特别是党的十六大以来,全省道路运输行业紧紧抓住国家实施积极财政政策、扩大内需、加快基础设施建设带来的历史机遇,坚持以科学发展观为统领,认真贯彻省委、省政府“发展抓项目、改革抓创新、和谐抓民生、保证抓党建”的战略部署,落实省交通厅“运用现代科学技术改造传统运输产业”和“建运并举、和谐交通”的指导思想,全力实施道路运输跨越式发展战略和十一五“提速中部、东联西拓”规划部署,以结构调整为主线,以规范市场为重点,以培育市场为己任,以深化改革为动力,以提高公共服务和市场监管能力为目标,有力推动了甘肃道路运输业的持续快速健康发展,道路运输各项事业都取得了历史性突破和重大进展。过去的五年，是甘肃道路运输史上投资规模最大、发展速度最快、人民群众得到实惠最多的五年。甘肃道路运输业的显著成绩为行业的改革发展奠定了坚实基础。

## 二、数字凸现了甘肃道路运输业的急剧变化

经过60年的发展变化，甘肃道路运输基础设施明显改善，企业结构明显优化，运输装备水平不断提高，行业管理力度进一步加强，公共服务水平和保障能力进一步提升。60年来，一个个鲜活的数字诠释了甘肃道路运输业的急剧变化。

60年来，道路运输经济稳步增长，对国民经济的贡献率进一步提高。1949—1978年，当时的甘肃道路运输市场还处在雏形阶段，带着浓重的计划经济特色从无到有逐步发展成长。从1985年开始，我省对公路交通管理体制进行了改革，从下放运输企业，放宽政策，鼓励竞争，到全面放开道路运输市场这一系列举措，促使全省道路运输经济保持持续、快速、健康发展的良好势头，尤其是在过去的5年内，甘肃道路运输产值以年均8.7%的速度增长，到2008年年底，全省道路运输产值达到291亿元，增加值140亿元，同比增长7.8%和7.7%；全省道路运输行业从业人员达到32.33万人，新增社会就业岗位24076个。道路运输在服务业中处于主导地位，已成为我省经济社会的支柱性产业。

60年来，道路运输生产能力持续增强，基本满足了国民经济和社会发展需求。由新中国成立初期最为普遍的人扛畜驮，发展到改革开放前的运输合作社，道路运输对国民经济发展的瓶颈制约十分突出。特别是改革开放初期，在全国经济建设飞速发展的大背景下，我省道路运输发展的矛盾主要表现在“出行难、运货难”两方面。自1984年开始，我国经济建设政策逐步向西部地区倾斜，我省道路运输“两难”局面得到进一步缓解。当时全省已发展到营运车辆0.6万辆，其中，客车0.1万辆，货车0.5万辆；年完成客运量0.4亿人次，旅客周转量22.03亿人公里，货运量0.7亿吨，货物周转量29.4亿吨公里。到2008年底，全省营运性车辆已达到14.53万辆（其中

客车4.15万辆,货车10.38万辆);年完成客运量和旅客周转量4.40亿人和196.71亿人公里、货运量和货物周转量1.82亿吨和474.84亿吨公里。60年来,道路运输生产能力的持续增长,彻底改变了运力不足的局面,为社会提供了广阔的就业市场,提升了道路运输对国民经济和社会发展的保障能力。

60年来,道路运输网络不断完善,社会公共服务能力显著提高。新中国成立初期,甘肃公路、车辆条件极其缺乏,无从谈起道路运输对公众的服务。1978年改革开放后,受公路条件等因素局限,全省道路运输也仅仅处于基本保障国道主干线和各地(州、市)中心城市的运输需求。但随着全国经济建设步伐的加快,进入1984年后,我省已发展客运班线820条,营运里程约22万公里。到2008年底,全省已开通客运班线3913条,营运里程达70万公里,延伸到了全国24个省、自治区、直辖市,货运遍布全国;全省乡镇通班车率达到99.84%,建制村通班车率达到87.49%;全省76%的县(区)开通了快客班车,省内快件运输已实现24小时送达。道路运输网络的不断完善,提升了道路运输保障能力,基本满足了不同层次、不同地域的运输需要,适应了人们出行从“走得了”向“走得好”、“走得舒适”的转变,货物流通从“运得出”向“运的及时”、“运的经济”的转变。

60年来,道路运输基础设施明显改善,基本适应综合运输网布局需要。新中国成立后,由于甘肃地处西北偏远地区,道路运输最普遍的方式还是人扛畜驮,当时的道路运输基础设施是以马车、马棚、草房为主。改革开放后,随着地方工农业的发展,为了适应当时经济建设的需要,甘肃逐步加大了对道路运输基础设施设备的投入和发展。自1988年我省开征客货运附加费以来,全省共投入站场建设资金5.5亿元,有力地引导和推动了行业基础设施建设。尤其是近年来,我省道路运输行业积极深化站场投融资体制改革,开放站场建设市场,推行站运分离,探索经营权有偿转让,实施项目法人招投标,充分调动社会资金、民间资本和外资投资站场建设,全省道路运输基础设施面貌焕然一新。截至2008年底,全省等级汽车客运站达到1276个,其中,一级站18个,二级站44个,三级站66个,四级站256个,另有农村乡镇客运站620个、行政村停靠站和招呼站4548个;全省等级汽车货运站达到49个,其中,一级站3个,二级站15个,三级站10个,四级站21个,基本形成了以兰州公路主枢纽为中心,市、州区域性枢纽为依托,县、乡、村三级站场为基础的点线相连、辐射到面的道路运输基础设施网络。

60年来,道路运输企业竞争实力逐步增强,为繁荣地方经济作出了积极贡献。新中国成立初期,甘肃道路运输以私营畜力和驮畜、各种人力车为主。改革开放后,我省道路运输企业经历了从20世纪八十年代实行的单车承包经营、风险抵押承包经营和融资租赁等以单车为核心的改革办法,到2002年以来"职工身份置换、产权置换"等以产权制度为核心的企业改制,逐步适应了从计划经济体制向社会主义市场经济体制的转变。特别是2002年以来,通过实施"国推民进、发展优先"、"小企业、大集团"、"抓两头、带中间"三大战略,加速了企业改革和结构调整步伐,使运输企业逐步走出了困境,焕发了新的生机和活力。到2003年年底,全省运输企业整体实现扭亏为盈,实现利润1.9亿元。2006年年底,全省国有86户客货道路运输企业全面完成改制,民营经济成分主导起了全省道路运输市场。目前,我省已经形成了以东运、兰运集团为龙头,20家区域性运输企业为骨干,300家客货运输企业竞争发展的合理格局。运输企业竞争势力的提升,为繁荣运输经济、推动行业发展起到了很好的主体引导作用。

60年来,道路运输管理部门依法行政水平不断提高,为道路运输发展起到了积极的引导和促进作用。20世纪60年代初,随着交通部成立了汽车运输总公司,我国各行政区域也成立了公路交通管理雏形机构,并下设汽车运输公司。1984年12月7日,自甘肃省政府批准成立省、市、县、重点乡镇四级道路运输管理机构以来,我省有了职责明确、机构健全的道路运输管理部门。也就是从这时起,全省道路运输管理机构在地方各级党委、政府和交通主管部门的正确领导下,沐浴着改革开放的春风,以昂扬的姿态和锐意进取的精神走在改革发展的前沿,开拓创新,团结奋进,在道路运输市场培育、法制建设、结构调整、科技进步、市场监管、运输保障、区域合作等各个方面都取得了显著成绩,在运政管理、队伍建设、体制创新、依法行政等各个方面付出了艰辛努力，有力地引导和推动了道路运输行业发展，为全省道路运输行业的全面协调可持续发展作出了巨大贡献。

60 年来，道路运输市场秩序日益规范，道路运输行业文明诚信水平不断提升。我省道路运输市场从无到有、从小到大经历了一个漫长而曲折的发展过程。但自打成立之日起，全省道路运输管理机构就以建立统一、开放、竞争、有序的道路运输市场为己任，努力打破市场壁垒和地方封锁，消除违背市场规律、盲目保护辖区内企业、设置不公平条件、扰乱市场经营秩序的行为；着力取消影响市场开放的限制性规定，给予道路运输企业平等的运输市场主体地位，享受平等的国民待遇，创造一个公平、公正、公开的市场竞争环境。认真履行行业监管职责，严厉打击各种违法违规经营行为，保护运输消费者和经营者的合法权益，规范运输市场秩序；强化安全生产源头管理，努力消除安全事故隐患，保障国家和人民生命财产安全。努力提升行业文明诚信服务水平，积极开展各种形式的文明创建活动，涌现出了一批具有道路运输特色先进典型，初步建立起了文明诚信的运输服务体系，省文明委已把全省道路运输行业纳入十大文明诚信创建行业。

## 三、亮点频闪出甘肃道路运输业的科学发展

60 年来，甘肃道路运输业取得了显著的成就，充分印证了改革开放国策的正确和小平同志“发展才是硬道理”的英明论断。在这些发展成就中，让甘肃道路运输人最引以为豪的是六大亮点。

产权制度改革为重点的运输结构调整。全省 86 户国有道路客货运输企业已全部改制为多种经济成分混合体。全省 5000 户客货经营业户完成了公司化改造。全省营运客货车中高级（大型）以上客车（货车）占到了客（货）车总数的 42%（43%）。企业经营结构优化，实施“抓两头、带中间”战略，实行客运多样化、货运专业化、辅助业集约化；在客运多样化上积极引导发展快速客运、农村客运、旅游客运等特色优势运输业务，树立了“陇运快客”品牌。

此外,“村村通班车”试点工程和“千乡万村农村客运网络”工程建设,有力促进农村客运和干线客运的协调发展,推进了城乡运输一体化进程。2003—2008年,我省交通系统共安排部省专项资金1.59亿元用于农村客运站点建设。到2008年年底,全省共建成乡镇客运站588个,行政村停靠站和招呼站3048个,农村客运站点覆盖了全省47.92%的乡镇和18.51%的行政村。全省农村客运车辆达到6548辆,客运班线达到2224条,全省乡镇通班车率达到99.84%,建制村通班车率达到87.49%。

站场资产监管为重点的投资体制改革。推行站运分离,将运输场站的所有权与经营权相分离,把企业客运站与所属企业分离、公用型车站与管理部门分离、汽车客运站与直接经营的车辆分离。

国家投资站场形成的国有优良资产7.3亿元,组建站场资产监管机构,授权担负国有资产保值增值的责任,对国有资产投资实行授权经营,形成了滚动发展模式。按照“谁投资,谁收益”的原则,推行站场项目法人招投标制,建立面向社会开放、具有较强资金吸引能力的站场建设融资体制。从甘南大草原到河西走廊,从白龙江畔到陇东高原,多元化投资让更多站场在陇原大地上星罗棋布。

科技信息为重点的道路运输产业改造提升。目前,全省建成连接交通部,覆盖省、市、县三级运政管理部门的运政监管平台和覆盖运输企业、场站、驾校、检测站、营运车辆的企业运营平台。

通过办公自动化、运政管理信息、视频会议系统的应用,实现了全省运管机构的网上办公、运政业务的网上受理、会议的远程召开,提升了行业管理水平。通过GPS监控、应急救援指挥、智能IC卡、客运信息、物流信息和驾校和检测站管理等系统的开发应用,实现了运输车辆和场站的实时监控及调度管理,逐步实现货运信息共享和客运联网售票,提升了行业监管能力。通过网站、96779综合语音服务系统等应用,实现了社会公众的网上投诉咨询、信息网上告知,提升了运输服务质量。目前,正在整合交通运输信息资源,构建甘肃交通一张交通通信网、一个共享数据中心、一张电子地图、一个服务短号码、一个公共服务平台。

扩大开放为重点的区域运输合作。在兰州组织召开西部道路运输新概念论坛，签订12+1框架性合作协议，形成甘肃道路运输的东联西拓、南连北展的对外开放格局。东联上海，西拓新疆，加快新亚欧大陆桥沪甘运输合作和甘新运输协作，探索建立新亚欧大陆桥4300公里8省市运输大通道，推动互惠便利运输。南连陕甘川，加强三省十六市运输协作，签订《陕甘川三省十六市道路运输合作框架性协议》，建立道路运输区域合作机制、行政联合执法机制、信息共享机制和维修救援机制。北展甘青宁，签订《关于建设黄河上游甘青宁三角黄金运输线的协议》，开通甘青宁城际物流配送专线，甘宁两省"96779"汽车维修救援网络联网运行。

依法行政为重点的行业管理。广大运政人员为运输市场的发展作出了不可磨灭的贡献。当运输市场的深入发展需要他们自身变革时，定西、甘南运管部门率先挑战自我。

甘南、定西运政体制改革的成功将会大大鼓励其他市州推行道路运输管理机构垂直管理，运政人员公务员管理。加强市场监管，实行客运资源信息发布制度和服务质量招投标制度，在全省推行"阳光运政"工程，实行集中受理和"一站式"办公。

加强队伍建设，开展运政大练兵、执法大比武，树立"三学一创建"典型。提升应急保障能力和服务水平，积极应对冰雪、地震灾害，经受奥运、交通战备、维稳保障考验。

以保畅通为重点的应急运输体系。面对冰雪自然灾害及时启动道路运输应急预案，确保春运安全有序畅通，实现了春运期间"无事故、无滞留、无投诉"。面对藏区不稳定事件、抗震救灾、奥运保障的严峻挑战和考验，全省道路运输行业出色完成了各种运输保障任务，保障了国民经济发展和人民群众出行运输需求。经受住了"3.14"打砸抢烧暴力事件影响，保证了藏区运输市场稳定。全力抗震救灾，保证了灾害期间人员、物资的及时运输，出色完成了3次赴四川灾区的运输救援及支援我省灾区的6万套活动板房运输任务，开辟3条跨省运输通道，保障灾后重建运输需求。省运管局被全国总工会授予省运管局被交通运输部授予"全国交通行业抗灾保通先进集体”、“抗震救灾,重建家园‘工人先锋号’”和“全国五一劳动奖状”,甘南州运管局局长石华雄同志被中共中央、国务院、中央军委授予“全国抗震救灾模范”荣誉称号。全力做好火炬省内传递转场物资运输车辆维修保障工作,组建40辆车的北京奥运志愿者通勤保障甘肃车队,圆满完成奥运赛会志愿者通勤保障任务。

成绩属于过去,新的使命又召唤我们继续前行。当前和今后一个时期,是我国改革发展的关键时期,也是推进交通运输科学发展的重要战略机遇期。甘肃道路运输行业将准确分析和把握经济社会发展中呈现的新趋势、新特点,深刻认识道路运输发展面临的新形势、新要求,按照国家加快发展服务业和交通部加快发展现代交通运输业的战略部署,积极推进甘肃道路运输业由传统产业向现代服务业转型,为全省经济社会发展提供强有力的道路运输保障,以更大的工作业绩续写甘肃道路运输新的辉煌一页。

# 量变　质变　甘肃公路的新跨越

杨甘立

新中国成立60周年以来，迅猛发展的甘肃交通事业犹如映日荷花一般红红火火、光芒四射，让甘肃交通人倍感自豪。

现如今，在甘肃的土地上，大道如网、纵横交错；走进今天的陇原，长路似虹、车流如织。欧亚大陆桥蜿蜒而过，四通八达的国道主干线如“经络”般延伸到四面八方，将甘肃与外界有机地连接起来，以全国12大交通枢纽之一的兰州为中心，以连霍和丹拉国道主干线为主骨架，以国省干线为支脉，以农村公路为末端的公路网铺就在陇原大地，甘肃重点打造的“四纵四横四个重要路段”的交通框架已初步形成。

## 一、高速公路撑起骨架

就在这纵横交错、四通八达的国省主干线公路网中，横穿东西的连霍国道主干线和纵贯南北的丹拉国道主干线撑起了甘肃路网的主骨架，仅以连霍国道主干线在我省的河西走廊段也就是兰州至星星峡段为例，就能看出主骨架路这些年发生的变化。

兰州至星星峡段公路，历来是省会兰州联系我省河西走廊地区乃至新疆的重要通道，各级政府对这段路的建设和发展都十分重视。新中国成立后，尤其是50年代初期，这条公路在人民解放军进军大西北、玉门石油东运,以及内地同新疆物资交流中,都处于十分重要的地位。1949 年,人民政府为了配合人民解放军能顺利进军新疆,成立了甘新公路工程处,对路况和桥涵现状进行普查,接着组织人民群众在养路职工的配合下,对公路进行全面整修,改善了路况。从 70 年代开始,河西 3 地区公路部门在改造路基的基础上,掀起了油路建设高潮,使油路里程增加到 1032 公里,占甘肃境内全线里程的 87.5%,至此,这条公路基本上实现了路面黑色化。至 80 年代中期,甘新公路不仅实现了黑色化,而且已有 304.4 公里的二级公路。随着国民经济的发展,我省公路部门又对这条公路分期、分段逐步地进行了全面的改造。

记得 1992 年我刚参加工作时,被分配在位于河西走廊中段的金昌公路总段工作。由于搞的是财务工作,因而对于公路工程上的一些术语总是云里雾里的。一些搞工程的同事常常提到 GBM 工程,这着实让我好奇了好一阵子。后来,由于工作需要,我专门查了相关资料,才知道 GBM 工程是交通部为改善当时公路的技术状况,推进公路标准化、美化建设而采取的一项重要措施。GBM 就是实施具有中国特色的公路(G)标准化(B)美化(M)工程的简称。从 1992 年开始,我省曾用 10 个月的时间,投资 6000 万元,将原国道 312 线兰州至安西段及安西至敦煌公路 1100 余公里全部进行了标准化、美化工程改造,也被称为“千里河西窗口路”建设。这在当时来说,其建设规模相当大了。

自 1998 年以来,国家实施的西部大开发战略为我省高速公路建设创造了历史性的发展机遇。还是同样在这段路上,连霍国道主干线的高等级化建设拉开了帷幕,相继建成的柳沟河至忠和、忠和至树屏、树屏至徐家磨、古浪至永昌、武威过境段、永昌至山丹、山丹至临泽、临泽至清水、清水至嘉峪关、嘉峪关至瓜州等高速公路的总投资已超过 200 亿元。“十一五”期间,已经和即将建设的永登(徐家磨)至古浪、瓜州至星星峡等高速公路项目完成后,将彻底打通甘肃中部通往河西地区乃至新疆的高速通道,将为西陇海兰新线经济带插上腾飞的翅膀。

金秋十月,我驱车从兰州前往金昌。一路上翻乌鞘岭、穿古浪峡、过凉州城,打了个盹儿的工夫,车子已经驶入了金昌市区,一看表,整整4个小时。然而,十几年前的一次乘车经历,依然让我记忆犹新。那是1992年9月30日,还在金昌工作的我,准备乘夜班车回兰州同父母一起过国庆节。下午6点多钟,我收拾好行李,匆匆忙忙地赶到河西堡汽车站,乘坐了7点发车的夜班车回兰州。长途汽车一路颠簸,晚上10点多钟,驶入了武威。谁成想,长途汽车刚出武威便熄火了,驾驶员检修了半个多小时,汽车才又重新启动了。乘客们都有些无奈,但谁也没说什么,可是突然,"嘎"的一声,车子抛锚了。这时,大家七嘴八舌,像炸开了锅一样。"这是什么破车呀,照这样下去,什么时候才能到兰州啊?""现在这路,也真够呛,修了坏、坏了修,没有好走的时候。"过了好长时间,车子终于上路了。而此时,我的内心却始终无法平静,摊上这么一辆破车,行使的公路又是这样的路况,什么时候才能到家呀。等长途车摇摇晃晃驶入兰州的时候,已经是第二天的中午了。就这样,从金昌到兰州用去了我将近1天的时间。

据了解,在刚刚过去的国庆黄金周里,自驾车出游人数再次破纪录,通过高速公路前往各旅游景点放松心情成为很多市民的假日首选。

在旅行社工作多年的耿莉体会很深,她说:"刚进入旅游行道的时候,甘肃还没有高速公路,出门动辄就要坐上十多个小时的车,当时从兰州到敦煌需要3天时间,到天水、平凉、武威等至少1天以上的时间,旅游不是享受而是受罪。高速公路建成后,我们的旅游大巴可以快捷地前往全省的大部分景点,这着实让我们旅行社高兴了很久。"

四通八达的高等级公路网,为人们的出行带来了便利。从兰州驱车至天水已从十几个小时缩短为3.5小时;驾车从兰州市区走机场高速公路到达中川机场,现在只需要50分钟;连霍国道主干线甘肃段现在全线贯通高等级公路,全长1500余公里的路程,只需要10多个小时的行程。

我省以兰州为中心、以丹拉国道主干线和连霍国道主干线高速公路为主骨架的运输网基本形成,省会兰州的6个出口路全部实现高速化。丹拉国道主干线甘肃境内路段全部高速化,宁夏、甘肃、青海3省区省会之间全部以高速公路连接。一条条高速公路建成通车后,对省会兰州乃至全省各市州经济的拉动作用开始显现，同时也为西部大开发和西陇海兰新经济带的崛起注入了新的活力。丝绸古道上的敦煌、酒泉、嘉峪关、张掖、武威等城市的工业、农业、旅游业等各项产业，正随着高速公路的建成呈现出蒸蒸日上的发展势头。

## 二、国省干线通州达县

兰州张苏滩蔬菜批发市场一大早就熙熙攘攘，来自省内蔬菜基地张掖的一辆运菜车正在卸菜。驾驶员说："从民乐到张掖再到兰州，一路宽阔平坦。我昨晚从地里摘的菜，现在还鲜着呢。"

从整体上看，甘肃省由于历史原因、地理环境以及经济欠发达等客观因素的制约，公路发展现状与经济建设的要求相比，还存在一定的差距。改革开放前，虽然全省干线公路的通车里程已达 1.07 万公里，但大部分公路路况差、等级低，特别是边远山区、贫困地区和少数民族地区。

"八五"末到"九五"期间，我省交通部门先后对酒泉、嘉峪关、天水、白银、张掖、平凉、金昌、庆阳等地市的过境路和出口公路进行了改造，改建了永登至窑街、西和至成县、武威至双城、酒泉至双城等公路，建成了一批二级以上标准的重点公路项目。到 1995 年底，全省省养公路里程比"七五"末净增 486 公里，等级公路里程比"七五"末增加 1134 公里，二级以上公路的比重由"七五"末的2.1%提高到7.1%。然而在新中国成立初期，我省还没有 1 公里油路，直到 1953 年我省才在嘉峪关铺筑了第一段长 3.94 公里的油路。两年后，又在交通量较大的酒泉、高台、张掖附近试铺渣油路面，此后又在西兰、张火、河雅等公路上开始试铺。由于沥青材料供应不足，施工机械缺乏，油路发展缓慢。截止 1959 年年底，全省实有油路里程为 104.9 公里。70 年代开始后，根据石油工业的发展和战备公路建设的需要，油路建设进入大发展时期。1971 年，全省 11 个地、州(市)，44 个县(市)，332 个公社的公路职工和广大农民，经过一年的努力，在主要干线和运输繁忙的路线上，铺筑油路里程达 1462.5 公里。并对原有油路修补罩面达 56 公里。共投资 1242 万元，平均每公里 8713 元。此后 4 年，又完成油路里程 2976 公里，至 1975 年年底，全省油路总里程已达 5162 公里，平均每年铺筑油路 880 公里。至此全省已有 10 个地、州(市)的油路直接与兰州相连，有 86.7% 的县(市)境内有了油路，87% 以上的主要干线和重点物资运输线路已实现了油路化。在此基础上，自 1976—1979 年，平均每年以 532 公里的进度递增，其中仅 1976 年就新建油路里程达 786 公里。截至 1979 年年底，全省共有油面公路里程为 7290 公里。

2001 年，省交通厅根据国家计委、交通部的安排意见，利用国债资金 32 亿元，重点解决了庆阳、甘南、临夏、陇南及肃南、民勤等 31 个县不通油路的问题。

民勤到武威的民武公路是民勤县的唯一出口，原来的民武公路年久失修，等级低、路况差、坑洼不平，雨天一路泥，晴天一路灰，90 多公里路段，一般车辆往往要行驶 3 个多小时，交通不便成为制约民勤地方经济发展的瓶颈。2001 年，民武公路作为我省国债路网改造重点项目开工建设，于 2002 年 9 月建成通车。民武公路改建前，跑这条路的车辆每年需要换 3 副轮胎，一辆货车平均每 4 个月就要换一副减震钢板。民武公路改建以后大大提高了客货车的使用寿命，平均每辆车每年节约材料费和修理费 1 万元左右，客货车通行时间由 3 个多小时减少到 1 个多小时，客货运输效益明显提高，促进了交通运输业的大发展。

从 2001 年开始，我省公路部门重点加大了对不通油路县、乡的公路改造，不断优化路网结构。先后建设了 22 条 1189 公里国扶县连接国道公路、19 条 1561 公里通县油路、43 条 3528 公里县际公路。2005 年又实施了 10 条计 619.8 公里二级公路大中修改造工程。截至 2005 年底，全省公路高级、次高级路面总里程达到 1.96 万公里。

2007 年，我省交通部门加大了对国省干线公路的改造力度，更加突出了公路养护的基础性地位，全省公路路况整体质量进一步提升。全年投资 1.57 亿元对全省 350 公里高等级公路和国省干线公路进行大中修改造，对部分桥梁进行加固维修。其中，投资 5197 万元在天巉、白兰、尹中、徐古、永山等高速公路上实施了养护维修工程，对病害比较突出的高速公路部分路段进行集中处治;投资5000万元对国道309线、省道101线、省道209线等18条国省普通干线公路实施养护维修工程;投资4500万元对全省普通干线公路128座桥梁进行了加固改造;投资1000万元对全省9条铁路69处可能造成铁路运营安全的公铁立交、并行路段实施加固和完善,使我省公路的整体服务水平进一步提高,为社会提供了优质的道路交通条件。

截至2008年年底,全省公路通车总里程达到105638公里,公路密度23.25公里/百平方公里,比1978年增长3倍多,其中,二级以上公路达到6539公里,比1978年增长25倍,高速公路从无到有,达到1316公里。全省市、州到县全部实现了通油路,县到所有乡镇全部通了公路,79.49%的乡镇通了油路(水泥路),92.49%的建制村通了公路,27.24%的建制村通了油路(水泥路),在全省境内形成了以连霍和丹拉国道主干线高速公路为主骨架、以12条国道38条省道为骨干、1083条县乡公路和145条专用公路为支脉的公路交通网络。我省国省干线公路的等级普遍提高、技术状况进一步得到改善,甘肃公路发生了质的飞跃。

经过60年的艰苦努力,甘肃公路东拓西展、南连北接,一条条新路跨越万水千山,通到了甘肃的各个角落,初步形成覆盖全省42万平方公里土地的公路网络,是一张连接2600万甘肃各族人民的连心网,为甘肃经济和社会发展打下了坚实的基础,有力地促进了社会进步、经济发展,改变了甘肃的面貌,也正在改变甘肃人民的生活方式。

# 新农村　幸福路

张　旺

1978 年 12 月,党的十一届三中全会以后,甘肃省公路交通系统根据甘肃省委、省政府提出的"力争到 1985 年以前,把甘肃建设成为有稳固的农业基础,以有色金属、石油化工为主要特点,农、轻、重协调发展的工业基地"以及交通部制定的"全面规划,加强养护,积极改善,重点发展,科学管理,保证畅通","普及与提高相结合,以提高为主"的公路建设方针,进行了一系列的调整、改革、整顿、提高的工作。

1978 年 5 月 11 日,甘肃省交通局颁发《甘肃省县社公路修建技术标准和管理办法》。1978 年 8 月,经甘肃省革命委员会批准,省交通局对全省公路养护管理体制进行改革,对养护范围进行了调整,实行"统一领导,分级管理",县乡公路由各地、州、市统一管理和养护的职责范围。到 1978 年年底,全省县乡公路已达 19425.5 公里,晴雨通车里程达到 18844.3 公里,甘肃省在全国第一个实现了乡乡通汽车。

改革开放以来,甘肃省更是以前所未有的步伐振兴交通,公路建设揭开了崭新的一页。特别是农村公路里程的不断增加,切实改变了农村群众的生活环境和农村地区的发展环境,"晴天一身土、雨天一脚泥"逐渐成为历史,扶贫路连起了万户千家,旅游路延伸到山山水水,产业路遍布了千村百乡。

“要致富,先修路”已成为广大农民群众的共识,农民群众建设农村公路的热情空前高涨,全省农村呈现出“各乡各村有项目、家家户户得实惠”的喜人景象,农村公路建设亮点纷呈。

亮点之一:农村公路网络逐步完善

1977—1990年,全省按照民工建勤、民办公助的“双民”方针,加大农村公路建设的投资力度,加强了农村公路的养护工作,全省农村地区交通状况显著改善。“十五”以来,全省公路交通系统抓住国家实施“五年千亿元工程”的大好机遇,全面实施了农村公路建设“中东部通达会战、西部优化改造”战略。2000—2006年,全省共建成扶贫公路22条1226公里、通县公路19条1560公里、县际公路42条3504公里;实施农村公路通达通畅工程3188项,建设规模达26311公里。2007年,围绕完成省政府下达的“新建、改建乡村道路6000公里”的任务,全省新建、改建农村公路2320条13904公里。截至2008年年底,全省农村公路总里程为90817公里。全省所有乡镇通了公路,1004个乡镇通了沥青(水泥)路,占总数的79.5%。15737个建制村通了公路,占总数的92.5%;4633个建制村通了沥青(水泥)路,占总数的27.3%。仅2008年全省就新增166个乡镇、1216个行政村通沥青(混凝土)路,新增沥青(混凝土)路路面7504公里。

亮点之二:农村公路建设质量提高

近年来,全省交通部门按照社会主义新农村建设的要求,全面加强管理,使农村公路建设质量进一步提高、安全状况明显改善,全省农村公路建设的总体质量合格率达到95%以上,逐步实现了农村公路建设由速度规模型向质量效益型的转变。

亮点之三:全社会办交通的氛围形成

修这么多的农村公路,需要的资金仅靠国家补助是远远不够的,靠农民集资难度更大。庆阳市环县的领导多次赴市进省衔接汇报,为县里筹集修路资金。他们还一次又一次登门拜访辖区的企业,积极争取各企业对公路建设的支持,仅在甜木公路的改建中,电力、电信、移动、联通、石油等单位的无偿支援就达6000多万元,保证了全县公路建设的顺利实施。

"国家投一点、地方筹一点、社会捐一点、群众出一点"的农村公路投资融资机制在各地逐步形成。近3年企业捐资、个人捐款、群众投工投劳折算资金将近50亿元,极大地支持了各地农村公路建设。

亮点之四:农村公路管养体制初步建立

《甘肃省农村公路管理养护体制改革实施方案》确定了"先试点、再完善、后推广"的思路。2007年,全省确定了13个县(区)进行农村公路管养体制改革。2008年,改革试点扩大到3市23县(市、区),重点建立健全以县为主的农村公路管理养护体制和以政府投入为主的长期养护资金渠道,保障农村公路日常养护和正常使用。2009年,全省将全面推行农村公路管养体制改革。

亮点之五:有力推动新农村示范点建设

从2006年开始,根据省委统一部署,我省用3年时间实施了100个728公里社会主义新农村试点村公路建设工程。目前,这些工程已全部通过省交通厅的验收,且大多数为优良工程。这些公路的建成,改善了试点村的公路通行状况,方便了农民群众的出行,进一步加快了农林经济、路域产业开发,农村地区人流、物流、信息流更加畅通,干群关系进一步和谐,有力推动了新农村建设。在农民持续增收、区域经济快速发展的形势下,各县区政府对农村公路建设的认识更加明确,对农村公路建设的支持力度明显加大。

"村村牵玉带,组组通坦途"。一条条农村公路的建成通车,推动了社会主义新农村的建设进程。

成效之一:农村基础设施建设有了新突破

"由于原来路不好,到这里念书的娃娃少,上级分来的老师不愿意到我们这个偏远的小山村里来,所以我们这里的好多村民从小就没有文化。现在好了,自从政府修了这么多公路,娃娃们上学路好走了,来念书的娃娃们一下增多了。现在这个学校有300多名学生、8名教师,其中有3名年轻教师是不久前分来的,1个家在县城,坐班车回家;另外2个家在云田镇,骑摩托车上下班。如今,条件真是比那会好多了。"家住陇西县渭阳乡小学边的69岁老人杨茂林激动地说。

农村公路作为公路网络中的“毛细血管”，对外连接着国省干线，对内通往各乡镇、各行政村，是农村与城市的桥梁，是连接农村生产和消费的纽带，它直接服务于农业和农村经济，对加快农村人流、物流、信息流、优化资源配置、促进思想观念的更新和繁荣农村经济起着至关重要的作用。随着我省农村道路的大力建设，一大批与之配套的水利、电力等基础设施也同时建成，有效地改善了农村的生活环境。同时，农村公路建设也促进了村镇建设。各试点村道路工程的完工，不仅培育了农村路域文化产业，而且也丰富了群众的文化生活。

成效之二：村容村貌发生了新变化

农村公路的不断发展，改善了农民的生产生活条件，更新了思想观念，缩小了城乡距离，改变了农村面貌。以路容路貌的整治为突破口，各地大力开展了以“三清四改”为主要内容的村容村貌整治活动，着力净化农村居住环境，各地村容村貌有了翻天覆地的变化。

兰州红古区下海石村在新农村建设前被人们戏称为“鞋湿湾”，这里道路泥泞，垃圾遍地，给人们出行带来极大不便。现今，下海石村“绿、洁、整、美”已显雏形。地处黄河石林的白银市景泰县龙湾村村民们由原来的庄稼汉变成了如今靠经营“农家乐”发家致富的能手，该村经济结构由出售农作物主导型转变为旅游带动型，经济面貌有了很大改观，村里以前的土坯房不见了，取而代之的是红砖房。肃南的丹霞地貌、肃北的冰川、临潭县的冶力关、宕昌县的官鹅沟、景泰县的石林等许多自然景观，通过新建的一条条旅游公路，使更多的人了解了这里，吸引了大量的游客，促进了当地旅游经济的发展，实现了“一个旅游点、一条旅游路、带动一片富”的目标。

成效之三：农村特色产业有了新发展

发达的农村公路，不仅解决了农民“出行难”、“运输难”的问题，而且还带动了一大批农村特色产业的发展。如临夏回族自治州永靖县四通八达的农村公路就带动了粮食、畜牧、大棚蔬菜等农副产业的发展，为农副产品走向市场开辟了绿色通道。如今，这个县依托公路已形成一条集种养、贩运、销售为一体的农副产品产业链条，“绿色循环经济圈”已初具规模。

河西地区的葡萄、兰州的百合、天水的苹果、陇南的油橄榄等特色农产品依托农村公路,加快了产业化进程。静宁县采取以路挂园的办法,将通往标准化果园生产区的水泥路进行了硬化。在过去道路不通的半山腰,新植优质红富士苹果近 6000 亩,并对主干道路旁灌溉水渠进行全面维修,有效解决了果园灌溉难题。新植的 6000 亩果园在挂果后按每亩产量 4000 斤、每斤 1.25 元计算,仅此一项可增加收入 3000 万元。静宁县、秦安县、泾川县等全省果品大县村民依路而建的 600 处通风式果品贮藏窖,年贮藏能力达到 8750 吨。当地村民通过反季节销售,每斤苹果销售价格比刚采摘下来的增加 0.2 元,仅 2007 年一年,三县增加果品销售收入 1100 万元,人均达到近 550 元,增收效果十分明显。定西市全长 40 多公里的马塬路,连通了马铃薯主要产地——石峡湾、葛家岔、青岚 3 个乡镇 32 个行政村 2 万多户 10 万余人。这里过去因路基狭窄、坡陡弯急,大型运输车辆难以到达,从生产基地到城区市场,马铃薯的运输成本每公斤高达 0.04—0.06 元,现在降至 0.02—0.03 元,粗略计算,仅马铃薯每年给农民直接增加人均收入可达到 100 多元。

在镇原县,西峰至镇原的公路修通后,吸引了上海奇福食品公司投资的 1280 万元,当地下岗职工刘勇与该公司合作办起了庆阳市澳恺食品有限公司;镇北通乡公路建成后,陕西蓝马啤酒公司投资 1220 万元对镇原县啤酒厂进行技改。据不完全统计,伴随着农村公路的发展,镇原县引来相关产业投入 3 亿多元,受益乡镇农民平均就业率提高了 8.6%,农民年平均增收 600 余元。

成效之四:农村社会事业形成新局面

大批农村公路的建成,有效地改善了农村的交通条件,特别是一些偏远山区,学生们大部分已告别了步行的历史,自行车走进了大山,成了山里娃上学的主要交通工具。

通达工程的建成,极大地改善了当地老百姓的就医条件,为一些突发病病人争取了救治时间。今年 4 月,武山县黑池殿村村民王老汉突发阑尾炎,经黑池殿试点村道路到县中医院只用了 30 分钟,病人得到及时治疗。而在该路未修通之前,这段路程要 2 个半小时才能到达。

庆城县为了更好地发展当地农业,聘请有关专家到当地 8 个乡镇为农民举办巡回技术讲座。以前,走完 8 个乡镇需要整整两天时间。随着庆城县"十一五"路网建设的提前完成,所有路程仅用一天时间就跑完了。

通畅工程建成后,有线电视进村了,互联网进户了,信息收集、发布及时了,进村拉运农产品的车辆更多了,村域经济也更有活力了。全省各地积极组织广电、卫生、文体等部门开展送技术、送戏、送医到村活动,丰富了广大群众的文化生活。

成效之五:农村基础工作展现新气象

农村公路通达通畅水平的不断提高,使广大农民群众真正感受到了党和国家的关心。农村公路建设凝聚了民心,顺应了民意,拉近了政府与群众的距离,同时也使农村的基层组织建设得到加强和巩固。泾川县公主村地处陕甘两省交界处,这里群众工作一直很难做。公主村试点道路建成后,老百姓主动找乡村干部交流思想说:"以前,看到陕西人走水泥路,自己走泥水路,老觉得矮人家半截,我们现在也有底气了。"

配合村级文化活动阵地建设,各地农村纷纷建起了高标准的村委会活动阵地。随着以加强村级公共基础设施管理为内容的《村民公约》的出台,道路管护责任也落到了实处,农村民主政治建设成效明显。

成效之六:农村公路试点工作有了新进展

随着全省 100 个新农村试点村道路建设的逐渐完工,试点道路的示范作用显现出来,成为各地道路建设的亮点。新农村建设不仅使农民群众得到了实惠,其最大的效益还在于给通畅工程结合新农村建设工作探索出了新路子。在项目建设过程中,各地还组织乡镇干部群众进行参观学习。在试点村道路建设的带动下,各乡镇及村民也纷纷要求建设自己的乡道、村道。各地积极筹措资金,依托通畅工程自行安排与新农村建设、旧农村改造相结合的示范村,扩大试点范围。新农村道路建设真正成为引领新农村建设的一面旗帜。

成效之七:农村客货运输业迈开新步伐

农村公路建设还极大地支持了农村客货运输业的发展。各地积极贯彻“路运并举、和谐发展”的理念，新建了一批乡、村客运站点，形成快速货运、集装箱运输为一体的物流配送中心和以县区为中心、辐射各乡村的农村客运网络。近5年来，我省道路运输业产值以年均13%的速度持续增长，2007年达到93.4亿元。

路似彩虹，绽放着一束束和谐的光芒；路如琴弦，演奏着一曲曲发展的乐章。改革开放30年来，农村公路建设的快速发展为促进农村经济社会发展起到了重要作用。农村公路建设合民意、帮民富、得民心，受到了广大农民群众的欢迎和社会各界的高度评价，被大家称作“民心工程、德政工程”。

# 陇原江河60年　凤翥龙翔正扬帆

刘黄胜

年逾七旬的老船员张作义从小就跟随父辈在黄河上开渡船。60年前，从永靖县城坐船到炳灵寺，一大早就得出发，天黑的时候才能到达。现在，乘坐快艇3个多小时就能往返一趟。这60年间，黄河老船工真真切切地感觉到甘肃水运事业在黄河水面上发生了沧海桑田的巨大变化。

省水运局退休干部、原总工郭天兰感慨地说："60年前，在甘肃说水运和海事，很多人都会觉得有些遥远和陌生。如今，甘肃水运海事部门已经成了全省交通行业学习实践科学发展观的一支重要力量。"

正如以上两位所说，甘肃解放60年来，水运海事事业真是从无到有、由弱到强，发生了翻天覆地的变化。60年前的羊皮筏子，到40年前的小小木船，30年前70余艘简单的机动木船到现在拥有了500余艘客船、滚装船、高速快艇……这就是新中国给黄河上游人们带来的实惠与变化。

"由于甘肃地处内陆地区，干旱少雨，径流量较小，解放以前，水运海事事业发展滞后，水运海事事业的基础设施基本处于零状态。直到文革后，甘肃的水运管理机构也只是在市内租用几间狭小的房间办公。60年后的今天，省水运局不但有了自己的办公场所，而且办公地就位于兰州黄河风情线上。"谈到甘肃水运海事事业的发展变化，省地方海事局退休干部陆田激动的心情溢于言表。要是没有新中国的建立，哪有今天甘肃水运事业的发展和壮大啊。

甘肃解放以后的几年里，甘肃的水运事业都一直未能列入议事日程，直到改革开放后的近 30 年来，我省交通主管部门和水运部门才更新观念，创新方法，选准工作的切入点和着力点，不断加快基础设施建设步伐，使甘肃水运海事事业的发展驶上了快车道。在“九五”和“十五”期间，甘肃全省的水运基础设施建设累计完成投资达 2069.45 万元。“十一五”前两年，全省水运基础设施建设投资达到 10331 万元，相继完成了黄河兰州段航道延伸整治建设工程、盐锅峡库区航运建设工程、兰州港客运码头改造工程、刘家峡库区海事码头改建工程、陇南市碧口库区大坝码头及 74 处渡口改造和安全设施建设工程等项目。到 2008 年年底，全省水运基础设施共完成投资 5004.64 万元，比改革开放前数十年的投资总额还要多。直到 20 世纪 70 年代初，全省也才仅有 70 余艘简单的木船和皮筏营运，经过 30 多年的发展，全省目前已经拥有客船、滚装船、高速快艇等各类营运船舶 500 余艘。2008 年，全省从事水路运输的企业达到 45 家，全年完成客运量 260 万人次，完成货运量 60 多万吨。

## 一、 从水上安全基本无人监管到安全工作常抓不懈

2007 年 5 月 2 日与 9 月 16 日，刘家峡库区 2 次遭遇大风，数百名游客被困。险情发生后，当地交通和海事部门立即启动应急预案，成功实施了 2 次水上救援行动，共解救因风浪遇险船舶 27 艘，解救旅客 561 名，受到了社会各界的一致好评。2 次成功地实施水上救援，也对我省水运海事部门的水上安全监管和处置突发事件的能力进行了检验。

甘肃解放前，水上根本无人监管。解放以后，我省水运海事部门始终将水上安全摆在重要位置来抓，做到了水上安全常抓不懈、突发事件及时处置。为确保人民群众水上出行安全，保障水路客货运输健康发展，近年来，省水运局结合甘肃水运管理工作实际，提出了水路交通工作的“三个结合”和“一个确保”，即安全管理与城市旅游业发展相结合、与国家和我省战备布局规划相结合、与满足人民群众出行需求相结合，确保实现水上交通安全

畅通的目标。在工作中,我省水运海事部门坚持落实乡镇船舶安全生产责任制,层层签订了责任书;坚持加强现场监管,在节假日、集会等特殊时段,各地水运海事人员全部到岗,确保水上交通安全;坚持既保护传统文化又确保安全运输的原则,加强了羊皮筏子漂流管理,实施了羊皮筏子漂流公司化经营,并对筏工进行了培训;启动了水上交通"安保"工程,投资数十万元购置了救生衣、救生圈等,无偿配备给偏远地区渡船和主要航线上的重点船舶;制定了《甘肃省水上交通事故应急处理预案》、《甘肃省水路交通突发公共事件应急体系建设规划》,同时开工建设了兰州市水上搜救中心,建立起了现代海事监管的长效机制。

## 二、从没有1名海事执法人员到现在有了近200名海事执法工作者上岗

我省是非水网省份,但省委、省政府从整个国民经济发展、战备工作等方面的需要出发,在改革开放初期批准成立了甘肃省水运处,后来又成立了甘肃省港航监督处和船舶检验处。1995年,甘肃省水运处更名为甘肃省水运管理局。2001年,又增设了甘肃省地方海事局。2002年,省水运管理局、省地方海事局、省船舶检验处进行机关内部机构改革,实行三块牌子一套机构的管理体制。目前,全省有持证海事执法人员168人。

近年来,全省水运海事部门加强队伍建设,制定实施了《甘肃省地方海事局海事工作人员行为规范》,从形象规范、行为规范、语言规范三方面作了严格要求;印发了《甘肃省水运海事执法人员行政执法手册》,倡导建立"为民、务实、清廉"的清新海事作风;制定实施了《甘肃省地方海事局实名举报制度》,并利用网络等媒体进行了公示;开展了科级干部竞聘上岗,实现了干部交流,形成了能者上、庸者下的良好用人机制。

## 三、从原本没有正式通航航道到通航总里程近1300公里

甘肃地处内陆,属非水网省份,改革开放以前,境内江河中没有正式通航航道。改革开放以来,经过全省水运海事工作者的不懈努力,到2008年

年底，全省已经疏浚通航航道的总里程达 1300 多公里，其中等级航道 350 多公里，主要集中在黄河、洮河、白龙江等 12 条河流上。截至 2008 年年底，全省有 27 条水上航线投入营运，有 4 个港口、41 家航运企业、116 处渡口。

随着航道通航里程的延伸，近年来我省水上旅游业呈现出蓬勃发展的势头。省水运局以市场需求为导向，大力调整水上运力结构，优先发展旅游船舶，积极开辟景区航线，先后对刘家峡库区至炳灵寺、兰州 40 公里黄河风情线水路航线进行了扩容和游船升级增量，并在景泰黄河石林、白龙湖风景旅游区及河西地区的众多库区开发了水上旅游航线。炳灵寺石窟码头建成后，当年游客人数就突破了 10 万人次。2002 年，随着黄河兰州段 38.4 公里航道的正式通航，兰州 40 公里黄河风情线以全新的面貌喜迎八方宾客。2008 年，为配合社会主义新农村建设，由中央财政补贴 740 万元、省水运局筹资 740 万元，对全省 74 个农村渡口进行了改造，大大方便了全省人民群众的生产生活。

陇原江河 60 年，凤翥龙翔正扬帆。60 年黄河两岸旧貌换新颜，60 年陇原大地山青水也秀。甘肃的水运海事事业正如扬帆远航的巨轮，不断地改变着这里每一条江河水面的通航条件，为西部经济不发达地区的振兴与崛起贡献着力量。

# 青海篇

## 风雨历程60载　青海交通铸辉煌

青海省交通厅

### 一、新中国成立后的30年（1949—1978年）青海交通发展成就回顾

在贫穷落后的旧中国，青海交通运输极其落后。1949年，青海没有铁路、民航、现代水运，公路虽有3143公里，但虚有其名，勉强可以通行汽车的公路只有472公里，其中有路面公路290公里，无路面公路182公里，养护里程为110公里。这些公路在马步芳溃退时，又遭到严重破坏，千疮百孔，破烂不堪，汽车也极有限，全省216辆汽车为马步芳所垄断，大部分报废。解放时，人民政府接管的14辆汽车中，只有4辆可以勉强行驶。交通工业是个空白，车辆修理全部依靠外省。青海各族人民只得沿用人背畜驮的原始运输方式，行走在千百年来由人畜自然走出来的崎岖小道或略有整修的少数大车道路上，交通闭塞，使得青海几乎长期处于和兄弟省区隔绝状态中。解放前，青海人民在旅行中，常有冻饿死于荒漠，失足毙于险隘的情况。“山高鬼见愁，悬崖伴激流，行人攀石壁，走路栽跟头，轻者被跌伤，重者把

命丧”的民谣就是对青海交通运输的形象总结。交通发展落后,也是解放前青海经济萧条、人民生活贫困的主要原因。农业区的山货水果,牧区的羊毛、皮张及药材等土特产品运输不出去,当地人民需要的生产生活资料运不进来,致使当地产品与外来商品间形成很大的剪刀差。比如果洛地区 100 斤羊毛只能换到 1 包茯茶。不少地区每年都有大量的畜产品、瓜果等腐烂变质。这种因交通阻塞以致经济封闭、生产凋敝,进而形成人们思想封闭、社会发育迟缓的恶性循环,使得青海各族人民过着食不糊口、衣不蔽体的悲惨生活。解放初期,青海人民对解放前交通运输状况曾这样形容“牛拉的汽车、人传的电报”。

新中国建立后,党和政府十分重视边远省区的公路交通建设,在发展公路交通过程中,青海大体经历了四个阶段:以恢复原有公路,组建专业运输队伍,配合建政、进军的 3 年恢复时期;以支援柴达木开发,初通盆地公路干线和牧区干线,扩大专业运输队伍的“一五”发展时期;以普及公路交通网和汽车运输大发展的“大跃进”和 3 年调整时期;以发展黑色路面,改建旧路为主和专业、社会汽车同时发展的“文化大革命”时期。通过 30 年的努力奋斗,青海省公路交通面貌焕然一新,昔日交通闭塞的青海,已是处处变通途。截至 1978 年,青海公路行车里程 13675 公里,与 1949 年 3134 公里相比增加 3.35 倍,晴雨通车里程 9837 公里,与 1949 年 472 公里相比增加 19.84 倍,民运汽车 19289 辆,与 1949 年的 4 辆相比提高 4821.25 倍。

## 二、改革开放 30 年(1978—2008 年)青海交通的辉煌成果

### (一)公路、水运、地方铁路事业 30 年的发展成就

改革开放以来,青海省交通厅在青海省委、省政府的正确领导下,带领全省交通职工解放思想、实事求是,乘全国改革开放的春风,抢抓西部大开发历史机遇,发扬“扎根高原、艰苦创业、献身交通、造福人民”的交通行业精神和“特别能吃苦、特别能战斗、特别能忍耐、特别能团结、特别能奉献”的青藏高原精神,全省交通事业获得了快速发展,取得了累累硕果。

1. **公路发生巨变**

1978年，青海公路行车里程13675公里，其中晴雨通车里程9837公里。干线公路8853公里，县乡公路4337公里，专用公路485公里。按技术等级状况划分，二级公路1108公里、三级公路1144公里，四级公路5786公里，等外公路5637公里，合计等级路8038公里。按路面技术状况划分，高级、次高级路面1947公里，无路面公路3838公里，养护里程11262公里。改革开放30年来，青海省共完成交通固定投资446.892亿元。到2008年年底，全省公路通车里程56642公里，其中国道主干线1487公里，国道4459公里，省道8852公里，县乡道路21439公里，专用公路876公里，村道21016公里。按技术等级分，高速公路215公里，一级公路206公里，二级公路4984公里，三级公路6095公里，四级公路21149公里，等外公路23993公里。按路面等级分，沥青混凝土路面7155公里，水泥混凝土路面4930公里，次高级路面5245公里，未铺装路面（中级、低级、无路面）39312公里。2008年与1978年相比，公路行车里程增加2.8倍，高级、次高级路面增加了7.2倍。“十五”期间是青海省县乡公路发展最快的时期之一。呈现出规模大，建设速度快，建设质量高，群众得到实惠最多的局面。五年间全省县乡公路建设总投资达到46亿，新建县乡公路6391公里、改建县乡公路5759公里。至2005年，全省县道总里程达到10713公里，乡道总里程达到9873公里，县乡道路桥梁1380座31142延米，全省398个乡镇全部通了公路，3968个行政村通了公路。特别是从2004年开始启动的农村公路建设，按照交通部“修好农村路、服务城镇化，让农民兄弟走上沥青路或水泥路”的目标，投资16亿元实施的“通达”、“通畅”工程，使全省841个村、近百万人从村道硬化中得到实惠。至“十五”末，全省实现县县通油路、乡乡通公路（东部地区乡镇通油路）、行政村基本通公路的目标。2008年，全省州县通公路率达到100%，乡镇通公路率达到100%，乡镇通油路率达76.9%，建制村通达率达62.03%。初步建成了“两纵三横三条路”的公路主骨架网。2001年7月，首条高速公路平安——西宁高速公路建成通车，突破了青海高速公路零的历史，为今后青海高等级公路建设奠定了基础。总之，全省公路交通事业实现了青海人民企盼已久的大繁荣、大发展，大部分地区人民群众享受到了畅通、整洁、舒适、优美、快捷的公路交通环境，极大地促进了全省经济社会的发展。

**2. 水运事业蓬勃发展**

1995 年，黄河龙羊峡库区开辟通航里程 108 公里，组建三家运输企业，共有驳船 21 节、趸船 4 艘、机动船舶 13 艘，结束了无现代水运交通的历史。至 1997 年，青海湖、黄河龙羊峡及李家峡库区 3 个水域通航里程达到 216 公里，机动船舶发展到 69 艘，载重吨位 2535 吨，总客位 760 个，船舶总功率 3682 千瓦。至 2008 年，青海湖、黄河龙羊峡等 5 个水域通航里程达 317.74 公里，机动船舶发展到 124 艘，年完成客运量 21 万人，旅客周转量 226.62 万人公里。全省共建海事机构 11 个，配备海事人员 82 人，水运事业蓬勃兴起。

**3. 地方铁路开始起步**

“十一五”开局之年，青海地方铁路筹建办公室启动了青海省首条地方铁路——柴达尔至木里铁路（简称柴木铁路）建设。柴木铁路全长 142.04 公里，隧道 4495 延米/1 座，桥梁 19747 延米/46 座，区内设 5 个车站，预算总投资 25.8 亿元，设计年运输能力 1400 万吨，2009 年 8 月全面建成，并试运营。柴木地方铁路建设，对加快青海重点资源（煤炭、铁矿等）开发，为青海交通事业改革开放 30 年的辉煌成就增添了新的色彩，对促进地方经济发展和加强对外交流具有十分重要的意义。

（二）公路养护、运输管理事业的发展和干部职工队伍建设

改革开放 30 年来，青海公路养护和运输事业也取得了令人瞩目的成就。

**1. 生产用固定资产及机械设备的发展**

省公路局前身为青海省交通厅公路养护处，1978 年有固定资产 30370746.64 元（原值）。公路养路工人工作住房大部分为砖木结构的平房；养护工具为铁锨、人力车、双牛或双骆驼、手扶拖拉机牵拉的钢板式刮路机；养护路面大部分为砂砾路面和土路面；局属每个公路总段北京吉普车不

足3辆。2008年底，省公路局固定资产达到129588539.79元（原值），比1978年增加3.3倍；大部分公路养护工人住上了漂亮美观砖混结构的公寓化工区；养护工具新增了装载机、压路机、修路王等机械化设备；养护职工上下班均乘坐上了农用车或中巴面包车；养护路面大部分为沥青混凝土、水泥混凝土路面，劳动强度大幅度降低；省公路局所属各单位固定资产、机械设备大幅度增加；各总段、养路段办公楼建设均成为当地文明建设的亮点。

**2. 运输管理事业的发展**

1978年，青海省民用汽车19289辆，其中载客汽车3057辆，货车13922辆，客运量158万人，客运周转量17982万人公里，货运量780万吨，货物周转量47212万吨公里。2007年底，青海省民用汽车达到270287辆，与1978年底相比，增长13倍；其中载客汽车99111辆，比1978年年底增长31倍；货车52162辆，与1978年相比增加2.7倍；客运量8996万人，比1978年增长57倍，客运周转量42.46亿人公里，比1978年增长23.61倍；货运量6805万吨，比1978年增长8.7倍，货物周转量186.6亿吨公里，比1978年增长39.5倍。改革开放30年，运输业快速发展，有力地支持了青海经济社会的大发展。

**3. 职工队伍建设**

截至2008年底，省交通厅直属处级、副处级以上单位43个（内含临时机构1个），职工8296人，有副处以上干部141人，高级工程师、高级经济师等高级职称人员252人，工程师、会计师等中级职称人员629人。职工中大专以上文化程度2802人，占全部职工的33.7%。改革开放30年来，省交通厅坚持“科教兴青”战略，认真贯彻落实人才是科教兴青之本、是科技的载体、是第一生产力的开拓者、是现代化建设骨干力量的精神，促进职工队伍建设，取得了可喜的成绩。形成了一支公路设计、建设、养护、管理技术过硬的专业化的队伍，值得一提的是，公路养护部门圆满完成了七届环青海湖国际公路自行车赛的公路保通任务，受到省内外人士及国际自行车联盟官员的好评。交通职工队伍用自己的实际行动提升了青海形象，向青海、向全国、向世界充分展示了良好的精神风貌。

### (三)规费征收事业的发展

青海省交通征费稽查局成立于 1987 年。20 年来,广大征稽职工在省交通厅的领导下,坚持规范、文明服务,紧紧围绕年度目标任务,创新思路、奋力拼搏,取得了骄人的成绩。

**1. 规费征收持续增长**

青海省征稽局以"征好费、带好队"为目标,克服自然条件差、工作条件艰苦、征费点多线长、人员少等困难,坚持规范执法与文明服务相结合,促使交通规费征收不断增长。1987—2008 年累计征收各种交通规费 66.93 亿元,为青海交通事业的发展提供了可贵的资金保障。

**2. 服务水平不断提高**

坚持在规范服务、文明服务上狠下工夫,从 1998 年告别手工开票到"十五"末实现覆盖全省 50 个处所计算机网络征费、电子智能稽查等现代化管理,从根本上强化了征稽体系的建设,规范了行政行为,提升了服务水平。同时,通过公开征费依据、咨询投诉电话等方式,落实了首问负责制、限时办结制、逢"1"值班制、延时服务制,推广"一次性告知",缴费告知卡等制度;采取短信提示、上门征收、邮寄养路费票证等办法,把便民措施落到了实处,赢得了车主和广大群众的好评。

**3. 征稽队伍素质明显提高**

截至 2008 年年底,青海省征稽局共辖 10 个征稽处(副县级单位),42 个征稽所(科级单位),在册职工 350 人。省征稽局高度重视干部队伍建设和干部职工素质的提高,通过职工培训、在岗学习、继续教育等方式提高干部职工的业务能力和综合素质,培养和锻炼了一支纪律严明、作风过硬、业务精湛的交通征稽队伍。到 2008 年年底,全局具有大专以上学历 235 人,占职工总数的 67%。

**4. 基层处所办公条件进一步改善**

改革开放以来,在青海交通厅的关心下,征稽系统基础设施建设力度逐年加强,基层处所 95% 以上的办公场所及职工宿舍得到新建和改造,职工办公和生活条件大大改善,征稽部门对外形象显著提高。2008 年,青海省征稽局征收公路养路费4.659亿元，征收货运附加费3953万元，“两费”上解率100%，及时率100%，实现了交通规费征收20年以来的最高点。

（四）交通融资呈现良好势头

2003年，青海省交通厅成立了青海省交通投资公司，拉开了青海交通融资工作序幕。天竣至木里二级公路是开发木里煤炭资源的先导性工程，2004年3月，本着效益与风险共担的原则，由青海交通投资公司、义马煤业集团、青海义海能源有限公司、青海庆华矿业有限公司、青海紫金矿业煤化有限公司五家发起人共同出资成立了海西州天木公路建设管理有限责任公司，开工建设，2006年10月15日建成通车。截至2008年底累计完成车辆通行费收入6137万元，实现利润4143万元。天木公路交通融资的成功，为经济发展滞后的青海开创了交通融资的先例，探索了经验，也为后来的交通建设快速发展奠定了基础。2008年启动了以交通企业投资实施的湟源至西海公路二期工程，政府与企业合作共同出资的省道冷湖至涩北二级公路也已正式开工建设。

（五）精心打造青海高原知名品牌——高原千里文明通道

2002年5月，青海省交通厅制定了创建高原千里文明通道的计划。高原千里文明通道是指东起民和马场垣、西至格尔木的109线国道，包括西宁至湟中、西宁至大通、西宁至互助、西宁至共和以及环青海湖等干线公路在内的青海省主要公路。高原千里文明通道以省会西宁为中心，辐射涵盖了青海省东部农业区和西部重点开发区，是青海经济发展的主动脉，也是青海对外开放的主要走廊，对于全省经济、文化的发展和社会的进步都产生了极大的促进作用和带动作用，其意义十分重大。

创建高原千里文明通道的目标是：“线形顺直流畅，设施配套完善，工程优质廉洁，养护争创一流，运输文明畅通，服务规范礼貌，管理有序有效；行业效益好，沿线重环保，无‘三乱’，军民关系、民族关系融洽，为国内外乘客和过境车辆提供安全、文明、便捷、高效服务”。主要任务和措施是：实施“四项工程”，即建设“交通基础设施优质廉政工程”、“交通行政执法素质形象工程”、“交通运输通道文明畅通工程”。“交通运输企业安全效益工程”。

在深入开展高原千里文明通道创建活动中，省交通厅成立督导小组，召开动员大会，出台建设计划，印发宣传提纲，分解年度目标，落实单位责任，广泛发动强化文明施工、文明运输、文明执法、文明养护、文明收费、文明管理，大力开展与公路沿线政府和军警民共建活动，使高原千里文明通道建设活动在公路沿线职工群众中家喻户晓，在全社会引起积极响应。2006年7月6日，青海省人民政府和交通部共同命名为“高原千里文明通道”，这是共和国历史上由省、部联合命名的第一条文明通道。创建高原千里文明通道，给我省带来了巨大的社会效益和经济效益，为青海交通改革开放30年谱写了新的篇章。

（六）廉政建设工作卓有成效

改革开放30年来，青海省交通系统反腐倡廉不断迈上新台阶。特别是进入“十五”以来，省交通厅党委带领全系统广大干部职工围绕青海交通事业发展，解放思想、抢抓机遇，紧密结合实际，狠抓党风廉政建设和反腐败工作，不断创新机制，采取有力措施，突出交通基础设施中廉政建设工作重点，在治本抓源头，构建教育、制度、监督并重的预防和惩治腐败体系方面取得了明显成效。强化廉政教育，利用多种形式进行党风党纪、政风政纪和廉洁自律教育。特别在党员干部中进行重大案例专题讲座和领导干部廉洁自律知识讲座，巡回播放警示教育片，组织党员干部到省警示教育基地接受教育，与检察机关共同建立预防交通基础设施建设中职务犯罪工作机制，坚持领导干部上任前廉政谈话制度，开展“廉内助”各项活动，拒收礼金达160多万元，干部廉政意识不断增强。多年来，先后出台《青海省交通厅八条禁令》等有关制度和配套制度30多个，出台了《青海省交通厅领导干部廉洁从政监督办法》，坚持实行双合同管理，对新开工的公路建设工程在签订《工程合同》的同时签订《廉政合同》。把工程质量与进度、建设资金管理情况与《廉政合同》贯彻情况结合在一起。从2000年实行公开招标以来，对1335个施工、监理合同段全部进行了依法招标，招标金额达246亿元，依法招标率为100%。以治理公路“三乱”为重点开展纠风工作，省交通厅履行牵头责任，每年都会同省政府纠风办、省公安厅、省林业局多次深入基层和线路明察暗访，查处和纠正了一些违规行为，巩固了全省公路基本无“三乱”成果。省交通厅领导班子连续 6 年被省纪委评为全省党风廉政建设责任制工作考核优秀领导班子，并受到表彰。党风廉政建设和反腐败工作成就多次在《中国纪检监察报》、《内参》、《青海日报》、《昆仑之剑》等刊物上刊登。2005 年 8 月，时任国家副主席曾庆红同志视察青海期间曾讲：“……青海的路修得好，队伍不出事，很值得肯定，需要重视他们的经验。什么是党的先进性，对基层交通部门来说，就是要全面发挥部门的职能作用，重点抓住修好路，管好路，养好路。有了这三条，再加上一条严格管理不出事，可以讲就体现了党的先进性，也是人民群众对交通部门的基本要求。”曾庆红同志的讲话对青海交通改革开放 30 年反腐倡廉、党风廉政建设给予了高度的评价和总结。

（七）行业文明建设成绩突出

改革开放 30 年来，在省委和部党组的正确领导下，省交通厅高举中国特色社会主义伟大旗帜，以邓小平理论和“三个代表”重要思想为指导，坚持理论联系实际的原则，全面贯彻落实科学发展观，不断创新行业精神文明建设工作活动载体，大力加强行业精神文明建设，取得了显著成效，树立了交通行业新形象。

**1. 创新机制、统筹安排，为行业精神文明建设提供强有力的组织保障**

多年来，厅党委始终坚持“两手都要抓、两手都要硬”的方针，以树立文明行业新风，建人民满意交通为总体目标，按照“围绕大局、服务中心、加强领导、健全机制、抓好示范、整体推进、创新理念、打造品牌”的工作思路，确立“以人为本、以德兴业、内强素质、外树形象、服务人民、奉献社会”的基本原则，大力弘扬“扎根高原、艰苦创业、献身交通、造福人民”的交通行业精神，建立健全文明创建领导体制和工作机制，明确党委书记是第一责任人，行政领导一岗双责，政工部门牵头组织，工会、共青团紧密配合，每年都分解落实单位责任，实行严格考核，同时发挥职工群众在精神文明建设中的主体作用，形成了上下一心、左右联动、目标明确、措施得力的文明单位创建领导机制和工作机制。建立了精神文明建设目标责任制考核评价制度，并延伸到全省交通行业的最基层单位，许多段、队、站、所、项目经理部都有量化考核指标，形成了全行业层层坚持三个文明建设任务一起下达、一起检查落实、一起考核评价、一起兑现奖惩，积极争创文明行业、文明单位的可喜局面。

**2. 服务大局，勇于创新，为精神文明建设工作注入不竭动力**

交通"窗口"单位联系千家万户，是创建文明单位的一个重要阵地。多年来，省交通厅大力加强厅级文明示范窗口单位创建工作，在"窗口"单位广泛开展"创优美环境、优良秩序、优质服务、使人民满意交通"活动，建设"六个一"工程（即建设一流班子、培养一流队伍、创造一流管理、提供一流服务、树立一流形象、争取一流效益），大力推行优质服务承诺制、限时办结制、首问负责制、公示制、举报监督制，并出台了20多条便民措施。截至2008年底，全省交通行业共建成文明示范窗口单位243家。文明示范窗口单位的创建有力地促进了文明行业、文明单位的创建工作。

**3. 各具特色，效果显著，精神文明建设工作保证了交通事业又好又快发展**

多年来，全省交通行业各单位根据省厅安排，积极开展"三学一创"、"学树创"、"讲文明、讲卫生、讲礼仪、树新风"、"向许振超同志学习，为交通大发展建功立业"、"十五创新立功"、"安康杯劳动竞赛"，"岗位练兵比武"、"红旗客车"等各具特色的系列创建活动。如西宁市交通局开展的"精品线路"、"服务明星"、"百名形象大使"、"服务人性化，满意在交通"活动，省高管局开展的"同心铸就文明路"，"星级收费员考核达标"、"爱高速、展风采"活动，省公路局开展的"奉献在高原，奉献在柴达木"活动，省运管局系统开展的"岗位大练兵"活动，交通执法部门开展的"半军事化管理"活动等等。截至2008年年底，省交通厅相继被国务院命名为"民族团结进步先进集体"，被中央文明委命名为"全国精神文明建设先进单位"和"全国文明单位"，被省委、省政府命名为"军民共建高原千里文明线"先进单位、青海省"文明单位标兵"、"青海省文明机关标兵"，全省交通行业被省文明委命名为"青海省文明行业"。全省交通行业共建成县级以上文明单位180家。

2005 年全省交通行业 10 家单位被中央文明委命名为“全国文明单位”和“全国精神文明建设工作先进单位”，厅直属单位全部建成省部级文明单位。2007 年全行业又有 12 家单位被省文明委命名为“青海省文明单位标兵”，占全省标兵单位总量的五分之一。2009 年 1 月 20 日，中央文明委召开精神文明建设工作表彰大会，我省交通行业又有 14 家单位被中央文明委命名为“全国文明单位”和“全国精神文明创建工作先进单位”，占全省受表彰单位总数的 20%，占全国交通运输行业的 7.5%。青海交通系统精神文明建设工作成绩取得了历史性的辉煌，为青海交通事业大发展注入了强有力的精神动力。

（八）科技教育成效喜人

回顾改革开放 30 年来，青海省交通科技教育紧紧围绕全省交通建设和运输生产中的关键技术问题开展技术研究，使多年困扰交通发展的一些重大技术问题得到解决，产生了较好的社会效益和经济效益。交通教育促进了交通人才的培养和成长，为发展现代交通事业提供了人才和技术支持。

**1. 交通科技投入逐年加大**

30 年来青海交通系统共完成各类交通科研和技术改造项目 150 多项，投入经费达 9600 多万元。尤其是“十五”以来所投入的科研经费是前 20 多年经费总和的 8 倍。从项目立项范围来看，从改革开放初期的以企业技术改造为主，到现在的技术创新和再创新为主，研究方向已延伸到新技术、新材料在实践当中的应用，交通信息化技术，公路水路交通运输技术，交通可持续发展，特殊地质条件下的筑养路技术研究。通过多年的发展，青海交通科研基础设施建设也得到了一定程度的改善。20 世纪 90 年代中期，为了对全省多年冻土进行长期观测，省交通厅在海拔 4000 多米的花石峡修筑了冻土观测站，建起了自动气象观测站，通过科研，配置了大量的试验设备和设施，为进一步实施科研项目奠定了一定的基础。

**2. 科技成果获奖情况**

30 年来，几代青海交通科技工作者爬雪山、穿戈壁、走沙漠，驻无人区，足迹遍及省内个个角落，矢志不移地为青海交通科技事业辛勤工作。通过多年的努力,有40多项科研成果获得了省部级和行业奖励。其中获得国家级科技进步一等奖2项,中国公路学会特等奖1项,一等奖4项,二等奖6项,省政府科技进步奖8项,其他各种奖励20多项。

**3. 人才队伍建设状况**

30年来,青海省交通厅实施"科技兴交"战略,把吸收人才和人才培养作为技术创新和日常工作的重点,常抓不懈。通过实施交通建设科技项目,极大地推动了青海交通行业技术进步,促进了青海交通科研水平的提高。据不完全统计,通过科研项目,尤其是西部交通科技建设项目培养出研究生多人,近百名专业技术人员参加了项目的研究工作。通过科研工作,有多人晋升为高级职称和中级职称,有2人成为享受省政府特殊津贴的专家,有1人以基层科技工作者的身份当选为党的"十七大"代表。通过科研,提高了科技工作者的理论水平和实践工作能力,大部分科技工作者成为工作岗位的骨干,全省交通科研梯队初步建立。

**4. 职工培训方面**

坚持为广大职工创造多层次、多样化的学习机会,疏通渠道,创新培训方式,狠抓培训成果和质量,确保全省交通专门人才比例和素质稳步提高。交通教育与岗位培训工作多年坚持教育培训为交通建设服务的方针,以人为本、多方位、多层次、多渠道开展培训,全力培养交通事业发展所需的建设和管理人才,采用送出去、请进来多种方式,立足省内培训基地,同时积极争取交通部支持西部地区干部培训项目,邀请"名师西部行"来青海讲课。2000年以来,青海省交通厅投入各类培训经费630万元,有34953人接受了各类岗位培训,每年超过培训指标的20%。截至2007年年底对全省交通职工调查统计,专门人才的比例为53.33%,比"九五"以来提高了28.7个百分点,为青海交通的快速发展提供了有力的人才支持和智力保障。

**5. 青海省交通职业技术教育院校**

1976年12月青海省交通厅批准成立青海省交通技术学校。1979年7月更名为青海省交通学校,属中专性质。2001年2月,省交通厅决定省交通学校与省交通职工中专学校合署办学。2002年4月经省政府批准、教育部备案组建为青海交通职业技术学院，属专科层次普通高等职业院校。学院现有三个校区，五块地方，占地总面积123559平方米，现有在校学生4577人，在职职工281人，其中专兼职教师177人，高级职称68人，中级职称98人，硕士研究生57人（含在职硕研），本科学历144人；近年来学院教师共发表论文100多篇，主编和参编教材13种，承担地（厅）级科研项目10多项；学院主办有《青海交通职业技术学院学报》。30年来，学院为全省交通系统和其他行业培训各级各类干部、职工、技术人员12万人次，公路、汽车运输、计算机行业技能鉴定近4万人次。建校以来为青海交通建设事业培养了17000多名中专、高职合格人才。1991～2007年学院举办长安大学、北京交通大学、联合职工大学等函授专科、专升本教育毕业生1500多人。近年来毕业生就业率平均保持在95%以上，毕业生中涌现出了一批颇有影响的交通建设人才，一大批毕业生立功受奖，有的被授予全国劳动模范、全国"五一劳动奖章"、全国优秀企业工作者、全省十大杰出青年等荣誉称号，绝大多数毕业生成长为全省交通战线各级领导和技术骨干。30年来，交通学院在人才培养方面做出了有目共睹的骄人成绩，为青海省交通事业输送了一大批合格的专门人才。

## 三、蓬勃发展的交通业为青海经济腾飞奠定了坚实的基础

改革开放30年来青海交通业的大发展，犹如丝丝春风吹绿了青海大地，有力地促进了青海经济的大发展。在旅游业发展方面，自1979年12月建成全长55.5公里龙羊峡专用公路，先后建成李家峡专用公路、互助北山、清孟、李坎、环青海湖、玛多黄河源旅游公路、西宁至湟中高速公路以及马平西高速公路，为推进全省旅游业蓬勃发展夯实了基础。截至2008年，青海旅游总收入47.51亿元，经抽样调查，2008年进入我省自驾车约12.32万辆，旅游人次约36.73万人次，直接从业旅游人员3.6万人，既解决了就业门路，又增添了地方经济收入，这在改革开放以前是无法想象的。在引进外资方面，随着青海公路建设力度的加大，公路等级的提高，路面质量的提高，外资企业，外省企业在青海投资力度也随之加大。据有关资料统计，2008

年引进外资(签订合同外资)达 4.16 亿美元,而在 1978 年,在引进外资方面为零。在地方经济发展方面,据统计资料有关数据显示,1978 年全省国民生产总值 15.54 亿元,人口 364.86 万,人均收入 428 元人民币。2008 年年底全省人口在 554.3 万的基础上,全省国民生产总值 961.53 亿元,人均总收入 17389 元。与 1978 年相比,国民生产总值同比增长 62 倍,人均总收入同比增长 40.5 倍。交通事业的高速发展,为青海经济又好又快发展奠定了坚实的基础,使全省人民充分享受到了改革开放、西部大发展的成果。

经济要发展,交通要先行。在青海交通发展历史当中改革开放 30 年是最精彩、最令人骄傲的 30 年。30 年用于交通建设的投资超过千百年的投资。这 30 年也是青海交通发展最快,青海人民最受益的 30 年。30 年当中,公路建设实现了跨越式发展,发生了翻天覆地的变化。高速公路、现代化水运交通、地方铁路交通事业实现了零的突破,交通基础设施得到了更新,职工队伍建设跟上了历史发展的需求,交通运输事业达到了青海省有史以来最高点。交通事业发展带动了青海经济大发展,同时为今后青海地方经济腾飞,实现小康社会注入了强大的后劲。历史会永远记住这辉煌的瞬间,全省人民会永远记住青海走向繁荣、走向富裕的历史阶段。

纵观中华人民共和国成立 60 年青海交通发展发生的沧桑巨变,令人喜悦,令人激动。青海交通由闭塞、落后走向了繁荣、辉煌,航运、现代水运、铁路、黑色公路、等级公路、高速公路实现了从无到有及大发展。特别是西部大开发战略决策实施以来,全省"两纵三横三条路"公路网主骨架初步形成,公路交通事业实现了青海人民期盼已久的大繁荣、大发展,全省人民享受到了畅通、整洁、舒适、优美、快捷的交通环境。青海交通发展的惊人成就推动了青海省国民经济的大发展,青海在中国乃至世界的知名度大大提高。60 年用于青海交通的投资,超过了青海历史上用于交通的投资。回顾 60 年翻天覆地的交通巨变,使青海人民更进一步感受到了中国共产党伟大、光荣、正确。

# 路似飘带向远方

青海时报记者　星　子

开展民族团结进步创建活动是全面贯彻党的民族政策，巩固和发展各民族团结互助的社会主义新型民族关系的一项重大举措。省交通厅党委立足于求真务实，落脚于为民办事，通过创建活动的深入开展，强化为人民服务、为少数民族地区服务的意识，有力地推动了少数民族地区经济社会的发展。

我省是一个多民族聚居的地区，实行民族自治的地区占全省总面积的98%。长期以来，由于地理和历史的原因，少数民族地区经济欠发达，偏远闭塞的交通条件更使少数民族群众难以摆脱贫困的阴影。省交通厅作为主管公路交通的政府部门，在民族团结进步创建活动中担负着义不容辞的责任。“要想富，先修路”，省交通厅以加快民族地区公路建设、造福全省各族人民为己任，先后改建青藏、青康、青新、宁果、平大、阿赛等通往玉树、果洛、黄南、海西、海北、海南6个自治州、循化撒拉族自治县、化隆回族自治县少数民族地区的干线公路，同时在少数民族地区实施了通县油路工程，县际公路工程和农村牧区公路通达工程，为解决少数民族地区“出行难”问题作出了巨大贡献。如今，深受交通闭塞之苦的各族人民群众，由于公路的通达，生活水平提高了，思想观念活泛了，致富的门道拓宽了，真正地尝到了交通便利带来的实惠好处。

## 一、脱贫致富的纽带　共同繁荣的桥梁

交通的发展与带动地方经济密切相关。省交通厅从实际出发，结合行业特点，在交通系统内掀起了“大力发展交通，为民族团结进步作贡献”的宣传教育活动，并以公路建设为重点，全面启动了少数民族地区农村牧区公路建设，加大对我省民族地区公路建设的投资力度，着力解决我省农村牧区公路的通达和通畅问题。

为加快全省民族地区公路建设和农牧民群众脱贫致富的步伐，省交通厅在今年的交通工作会上，明确提出了农村公路建设的目标：尽快解决不通公路的 5 个乡和 405 个村的通公路问题，重点改建季节性通车的 76 个乡、541 个村的道路，争取到“十五”末实现乡乡通公路，行政村基本通公路；加强人口稠密地区乡镇公路建设，使东部 80% 以上的乡镇通油路。到“十一五”末，实现全省乡乡通等级公路，行政村通公路，东部地区、资源开发区、现代牧区示范区实现乡乡通油路，有条件的村通等级公路或油路，从而改善少数民族地区生产生活条件，为少数民族地区小康社会建设服务。

针对民族团结进步创建活动中查摆出的问题，省交通厅又把重点放在公路建设、养护保通、依法行政、文明执法、治理公路“三乱”、建设千里文明通道等项工作中。厅党委、厅创建活动领导小组高度重视省创建办面向全省征求的对省交通厅的 9 条意见和建议，采取不同形式进行了专题研究，并制定出台了相应的整改方案和措施。厅里进一步加大了扶贫对象杂多县公路建设重点扶持工作，除了每年筹集 100 万元资金安排该县的公路建设项目，建设 20 户牧民定居示范户外，还发动厅系统处级（含副处）以上干部从 2003 年起，对口帮助一名困难户的学生直到小学毕业。与此同时，厅里结合交通行风建设，立足为全社会服务，特别是为少数民族群众解决一些实际问题，推行了首问负责制、行政事务公示制、建立限时受理制、上门服务制、投诉受理制等 20 项便民措施。

## 二、绽放在高原的,“民族团结之花”

省公路建设管理局是以公路工程建设业主身份,负责对全省国省道干线公路建设实施、进度、质量、造价等进行全过程管理的社会公益性事业单位之一。近几年来,面对逐年递增的建设规模,该局精心组织,科学管理,真抓实干,使我省唯一没有通油路的玉树藏族自治州通了油路,13个县新通了油路,提前3年实现了丹拉国道主干线日月山至格尔木段、国道315线湟源至察汉诺段全线贯通,如期实现了国道214线姜清段全线贯通。

2003年,该局承担的多数施工项目在青南少数民族地区展开。在阿赛公路公伯峡水库淹没区路段改建过程中,为努力改善与当地藏、回、撒拉族之间的关系,局里先后赞助当地政府及有关部门16000多元,帮助地方清除泥石流3000多立方米、抢救危车1辆,为群众平地修便道、做好事16件,安排当地民工162人,用实际行动维护了民族团结。在平大公路施工时,正赶上当地群众实施农田春灌,为不耽误农时,项目代表处立即组织人手增设简易过路水管8道,使800亩水地及时浇上了苗水;项目部还主动为群众修了近1公里的通道,以方便出行和农机行驶,受到各族群众交口称赞。

214线是玉树藏族自治州通往西宁的唯一一条交通要道,也是玉树州实现富民强省奔小康的经济线、生命线。担任该路养管工作的青海省玉树公路总段,把养好公路作为促进民族团结进步的政治任务来抓,特别是在去年重点整治超期服役的雁口山路段工程中,与当地群众团结一致,协同作战,保持了公路好路率、综合值稳步增长,为加快民族地区经济发展提供了有力保障。2003年7月29日,玉树州结古地区遭受特大暴雨袭击,数十家房屋被冲毁,街道、广场上洪水泛滥。接到灾情通知后,总段迅速调配4辆翻斗车、1台装载机投入到清淤泄洪工作中。他们发扬“一方有难,八方支援”的精神,向受灾群众捐款1000元,赢得了藏胞的好评。清水河公路段白日卡玛工区和夏莫地工区及周围牧民饮水十分困难,为此总段积极筹措资金2万元,打了2口水井,使当地群众告别了吃水难的历史……

省交通厅正是利用公路和公路建设者在促进民族地区的经济发展和增进民族团结中所起的桥梁纽带作用,与各民族同胞携手并肩,一起踏上了全面建设小康社会的大道。

# 青藏线串起璀璨夺目的文明之珠

井　石

莽昆仑，如一条巨龙，以千万年前的姿态昂首俯瞰着八百里瀚海的柴达木。公元1954年，筑路将军慕生忠带领着他的筑路战士们，沿昆仑山脉开通了举世闻名的青藏公路线，而使天堑变通途。经过几十年的建设和维护，如今，这条被称之为国家动脉的国道109线，以它的通畅洁美，为世人所称颂。

2002年5月，青海省交通厅制定建设高原千里文明通道计划，要求在3年之内将这条连通青藏的大动脉建成高原千里文明通道。如今，3年过去了，就在高原千里文明通道建设快要进入验收时段之前，我们应厅领导之邀，驱车前往格尔木，采访格尔木总段所属的茶卡、都兰到格尔木500多公里路段上的养路工人。

白色的丰田越野车载着我们，高速行驶在宛若青丝的青藏线上，车身稳如行驶在风平浪静的大海上的游船，不到8个小时，我们便赶完了800多公里的路程，从省城西宁到达了格尔木市，而乘火车，从西宁到格尔木，却需要13个小时！

我曾在一篇名为《神话柴达木》的散文诗中写下过这样的文字："走进柴达木，就走进了神话的王国；走进柴达木，就走进了华夏中国神话的源头"。如今，在西王母神话之源的昆仑山下，又产生了许多的比远古神话更美丽更神奇的故事,这些故事因被身着橙红色标志服的养路工人们之心所照亮,而美如一颗颗文明之珠,由青藏线串起后挂于昆仑的胸前,晶莹剔透而又璀璨夺目。

## 一、拜谒将军楼

到格尔木一定要去拜谒将军楼。

因为将军楼的主人,就是被称之为青藏公路之父的慕生忠将军。

将军楼静静地坐落在一个平常的院落内,被四周林立的高楼所包围。这是一座典型的中式建筑,坐北朝南,砖墙瓦顶,门窗在岁月风霜的侵蚀下变得斑驳脱落,几块破损的玻璃,在诉说着半个世纪的风雨沧桑,楼门上了锁。

我没让人打开楼门,我怕我鲁莽的行为破坏小楼静谧的气氛。轻轻走到楼前,从小格子的窗玻璃看进去,心中便暖暖一动。我看见房间的中央,耸立着慕将军的半身塑像,一束从窗玻璃投进的阳光,正好照在他那凝神的双眸上,将军的神情似乎还沉浸在50多年前他们为开通青藏线浴血奋战的那一幕当中。

1953年11月,就是他派探路队从香日德出发,沿着商贾驼队行进过的路线勘察,风餐露宿,夜以继日,终于绘制出一幅横跨世界屋脊的公路蓝图。1954年5月,在昆仑山下,雪水河畔,青藏公路破土动工。慕将军望着茫茫戈壁,对身边的战士说,只要我们的路一开通,这里就会出现一座城市,它的名字叫格尔木!小战士瞪大了圆眼:城市?格尔木?在哪里?慕将军将手中的铁锹奋力地往地下一插,说,就在这里!

也就在那一年,一个新的神话在这里产生了:在筑路物资极端贫乏的条件下,慕将军率领的筑路大军仅用了7个多月的时间,便用铁锹铁镢,人拉肩扛,在世界屋脊上架起了一条1200多公里的飞虹!1954年的12月20日,随着新中国第一辆汽车行驶在布达拉宫前的街道上,慕将军便向世界宣布:青藏公路全线贯通了。为此,这条路便成了当时世界上海拔最高、施工条件最差、工程进展最快的公路。

让人所敬仰的是,为了这条青藏动脉的建成,762 名烈士将自己年轻的生命永远留在了这里。养路工人告诉我,这条线上的一块里程碑,就代表着一个年轻的生命。而我想,这些年轻的战士,已经化成了青藏公路边上那一簇簇旺盛的骆驼草,他们的灵魂就是昆仑之魂、青藏线之魂!

谁也不敢忘记筑路将军慕生忠;

谁也不敢忘记为了青藏公路而献身的那 762 名格桑花一般令人炫目的生命。

哦,筑路将军,你看见那些为养护好你开辟的青藏线而继续奋斗着的养路大军了吗?你看见现在变得比绸缎还美丽的青藏公路线了吗?

## 二、公路小区:那一汪令人心动的海蓝

清早,我站在格尔木总段的院子里。

阳光暖暖地照在崭新的办公大楼上,花园般整洁的院落里那葱绿的草坪之边,醒目地立着几块昆仑石。昆仑石旁,是一盆盆争奇斗艳的鲜花,一位女工在为花草浇水,水珠儿快活地在花叶上滚跳着。

看着眼前这花香阵阵留蜂鸣,杨柳青青掩亭槛的花园式办公环境,我问总段长贺永宁:昔日那“晴天三尺土,雨天一地泥”的院落在哪里?我问总段党委书记赵文选:过去那“焦壁斑驳屋顶黑,风起堂中尘沙舞”的土坯平房又在哪里?

贺总和赵书记相视而笑。经了解才知道,全省六个公路总段中,论环境建设,办公设施,格尔木总段是最好的。

不光是总段,就是在沿线的道班,再也见不到那集脏乱差为一身的道班房了。总段下属的 3 个段和沿线所设的 9 个公路养护道班(工区),哪一个不是花园般美?特别为养护道班所修的综合楼,根据环境,总段要求设计单位对每个道班都出了一套设计图,这些设计既各具特色,又一个赛过一个的漂亮,清清爽爽地排列在公路沿线,成为千里戈壁青藏线上一道靓丽的风景。

看着这些建筑,不由人想起传说中西王母修在昆仑山的“阆风巅”、“天

墉城”;想起王母接待贵客的“碧玉堂”、“琼华宫”;想起王母的别墅“紫翠丹房”、“悬圃宫”。

过去的人说养路段“远看垃圾站,近看养路段”,而如今的呢?“远看是花园,近看是道班”了。

人们说,现在从茶卡到格尔木的沿线上,最漂亮、最夺人眼目的建筑,是公路段的;最有建筑特点、配有最好的生活设施的公寓,是养护道班!

贺总和赵书记要我去他们的公路小区看看。

十几栋住宅楼出现在我的面前。

而最吸引我的目光的,是那楼面上耀人的海蓝。

蓝色象征着生命,象征着勃勃的生机。我们的养路职工与戈壁与风沙与荒野打了一辈子交道,那心里最渴望的,不就是这样的一个如青海湖般清新湛蓝、充满着生机和活力的居住环境吗?

小区的环境还在建设中,但从那设计来看,完全建成后的格尔木公路小区,又该是格尔木最漂亮的景点了。一座不同于其他建筑的粉红色小楼出现在我的眼帘中,这是集小区娱乐、健身为一体的综合楼。楼面的顶部有四句红漆大字描就的诗:

终身奉献柴达木,
老有所乐乃此家;
皓首白发心犹壮,
笑傲昆仑再奋发!

副总段长谢敏见我在揣摩这四句诗的意思,告诉我,这四句诗是赵书记专门为小区写的。我把脸转向赵书记,问:是吗?赵书记说,什么诗,顺口溜罢了,不过,这些话倒是我们养路工人心中所想的。我点头,“皓首白发心犹壮”,真是不错的句子。

我们走进了棋牌室。十几位退休职工在下象棋玩扑克打麻将。我注意到了老人们那干柴般蜷曲着的一双双大手,那拿了一辈子铁锨,搬了一辈子石头的大手;我注意到了老人们那粗糙的面部,面部那被戈壁的风霜侵蚀出的沟壑般深而密的皱纹;他们都笑着,笑意快活地荡漾在他们那刀砍斧凿般的脸上,如孩童般没有一点掩饰。无须询问,无须怀疑,安居于如此美好的环境中,他们是满足的,幸福的。

听说今年4月22日,省政府副省长马建堂同志在交通厅副厅长杨伯让陪同下视察了格尔木总段办公区和住宅小区后,感慨万千,连说好,好,很好。

离开小区,我又回头望了一眼,那一汪令人心动的海蓝又出现在我的眼前。我突然想,这一排排海蓝色的楼,该是一首首海蓝色的诗,纯净如那些饱经沧桑的养路工人的心,温馨如这些战胜了困苦和孤独,为青藏线献出了一生的养路工们心中对晚年生活的美好憧憬。

“我们在西宁还有一个小区,480多位离退休人员,160多位遗属,全安排好了,他们的生活安定了,我们的工作也好做了。”贺总说。

看我不解,赵书记解释:“由于历史的原因,这些离退休职工的子女大都继承了父业,有些人家几个孩子全在养路岗位上,甚至有的一家三代全是养路工。所以说,关心好一个老人,就等于安定了几个家庭,老人们会让他们的孩子们好好干,会帮我们做好我们没法做到的工作。我们的工作原则是不求轰轰烈烈,但求平平安安。”

我心里想,怪不得总段一班人在职工生活方面的安排上肯下如此大的工夫,原来那海蓝色的小区,就是养路人稳定军心的大后方啊!

## 三、军民共建,该从慕将军算起

从慕将军的筑路大军驻扎在格尔木的那天开始,格尔木就成了一座兵城。

从青藏公路通车那天起,军人和养路工就结下了不解之缘。

老一代的养路工说,青藏线有多长,我们和汽车兵的友谊就有多长;

新一代的养路工说,青藏线上的里程碑再多,也是有数字的,可我们军民、警民共建文明线的故事有多少,却谁也说不清。

这我信,因为我的手头就有一大堆数字和资料在替他们作证。他们挂在荣誉室里的那些由省、州、市有关单位颁发给他们的烫金的奖状、鲜红的锦旗为他们作证。

年轻的养路工受不了夏日的高温酷暑、蚊虫叮咬,冬日的天寒地裂、狂风肆虐,有了想跳槽另找出路的思想。总段领导掌握了这些思想动态后,第一个想到的,便是子弟兵,他们请来共建对子单位,某部获“边陲优秀儿女金质奖章”的邓国章同志,为大家做“有理想、爱高原、献青春”的专题报告;和结对子单位举办“军民共建文明演讲会”,让军人和养路工共同谈理想、讲奋斗;让年轻的养路工树立了正确的人生观、价值观。

在格尔木,每当有重大节日,看望慰问子弟兵,向子弟兵献爱心,和军人搞联欢,成了总段的传统,从来没有间断过。民拥军,军爱民的热情,在这里永远是高涨的。不信,你去看战士们的那一床床被养路女职工洗得馨香洁净的被褥吧,不信,你去看那被战士们当成宝贝藏在箱底的由养路女工们一针一线绣成的鞋垫吧!

诺木洪、察汉乌素两个公路段所辖路段,是柴达木监狱和香日德劳改农场必经之道。在有犯人逃脱,监狱方面要求道班帮助缉拿逃犯的情况下,养路职工义不容辞地出面协助。有几次,逃犯因饥饿口渴而找到道班时,被机智勇敢的道班工人擒获,押送到犯人所在地。还有一次,为一重大抢车杀人案,格尔木刑警队的警员们追犯罪嫌疑人,一直追到了茶卡公路段所属的小水桥工区,该工区积极主动提供了重要线索,将犯罪嫌疑人的体貌特征、经过时间等详细情况给予汇报,并派人前往抓捕,使得这一案件短时间内告破,受到了格尔木市公安局的奖励,将一面“警民一家 鱼水情深”的锦旗送到了茶卡段。

警民共建,又让道班工人变成了逃犯难以逾越的铜墙铁壁。

而部队对总段的帮助支援,又如何能说得清呢?去年 12 月,在全局路政队伍队列、风纪比赛中,总段路政大队以严谨有序的队风队纪,取得了全省第一名的好成绩,其功劳,该归功于严格训练了他们的 35 团的教官们;无论春夏秋冬,军车上路执行任务时,只要遇见道班工人挡车,战士们总会停下车来,满足他们的要求;无论部队任务多紧张,只要是总段求援的事,他们从不打折扣……他们说,只要有军车行驶在青藏线上,昆仑山下军民共建的旗帜，就会永远飘扬下去。

## 四、科学图：为道班工人所牵念的南保老人

都兰公路段党支部王书记将一条哈达献给南保。72 岁的藏族孤寡老人南保抖动着双手，抖动着双唇，眼泪就溢满了眼眶。她抓住了王书记的手说，你看，这哈达太长了……太长了……我都拖不起来了。半天后，她才找到了她最想说的那句话："我想你们，我想道班哪！"

"我想你们，我想道班"，这句话发自南保老人的肺腑。

她记得 20 多年前，一个孤寡又多病的老人，如何在科学图道班那些"尕娃""丫头"们的帮助下有了自己定居的房子；她忘不了那些被她视为儿女的"尕娃""丫头"们，又如何地让她感受到了生活的乐趣。没有水，他们给送过来了，没有面，他们给送过来了，有了节庆的日子，道班工人就请她去一块儿联欢。

南保老人的酒量大着呢！她喜欢喝酒，因为喝了酒，她就可以给这些"尕娃""丫头"们唱拉伊，因为喝了酒，她就可以领着道班的年轻人跳锅庄舞。她有事出门了，家门的钥匙就放在道班，而道班工人也把她当成了自己家的老人，不要担心在出外施工的日子里道班上没有人，有南保老人看着呢！

道班上的班长换了又换，可没有人在走前忘记和南保老人打一声招呼，道班的工人老的去了新的来，老工人也不会忘记将南保老人托付给新工人……

南保老人忘记了自己是个无人扶助的孤寡老人，道班上那些围着他叫老阿妈的"尕娃""丫头"们，让她享受了天伦之乐。

昆仑山里的雄鹰飞得有多高？你去问问山顶的岩羊吧！

科学图道班的工人对南保老人有多好？你去问问附近的牧民吧。

然而，科学图道班要撤了，他们要合并到伊克高里工区去。和老人相处了 20 多年的道班工人们咋舍得丢下老人不管哪！将道班当家的南保老人又如何舍得离开那些照顾了她 20 多年的"尕娃""丫头"们呀！

都兰公路段的领导出面了。他们积极和当地乡政府联系,将老人安排在了乡政府的养老院。

伊克高里太远了,南保老人去不了那里。可她太想道班,太想道班工人了。

那一天,我问南保老人:你为啥想道班?南保老人将两个大拇指举起来:好啊,道班好哇!那些尕娃丫头们好哇!我家里亲戚也有,干蛋!就是道班上的人想着我……可他们搬家了……你看现在就我一个人……我的牛犊跑了,也没有人给我追回来……老人的眼中溢满了泪花。

当王书记了解到南保老人现在的房子漏雨的情况后,马上对老人说,老人家,你放心,虽然我们不在一起了,可我们不会丢下你不管,你等着,我们这就派人来,给你把房子收拾好。

见我们要走,南保老人挡住我们说,你们不要走,我给你们煮肉,我给你们喝酒。可我们还要赶路,就谢绝了老人。

路上,王书记给我说,南保老人的房子,可得尽快收拾好啊。

## 五、橡皮山:风雪掩盖不了的真情

2005 年 3 月 23 日。一场罕见的暴风雪阻隔了 109 国道 K2148 —K2193 路段。这一路段正处在由茶卡公路段异地养护的橡皮山!

肆虐的风裹着雪横行在橡皮山,气温骤降,路面结冰打滑,没过多长时间,几百辆车便梗阻于山上。

茶卡路政大队与公路段得知险情,马上行动,组织派清障车辆及人员,立即赶赴橡皮山,到了现场后,路政人员立即对受阻车辆进行疏导,养路工人在危险路段撒铺养护料。但由于坡陡雪大车又多,疏通的速度无法提高。

夜如漆。寒风像魔鬼般打着尖利的口哨在山上乱窜,如刀般刺向路政人员和养路职工。手冻僵了,搓一搓再干;脚没了知觉,跳一跳再干,为了早点通车,他们能抢一分是一分,能抢一秒是一秒。

然而,由于一天一晚上的塞车,被阻车上的驾驶员们又饥又饿,特别是来自内地的驾驶员们,哪受过这样的阻困,瑟瑟发抖,束手无策。嗅觉灵敏的小商小贩们赶来了，他们拿来了矿泉水和方便面，谁想买吗？方便面 10 元一包！矿泉水 10 元一瓶！

这不是趁火打劫吗？路政大队的领导看到此种情况，立马派人专程到茶卡，买来了大饼和矿泉水，亲手往驾驶员们手中送。

驾驶员问：大饼多少钱一个？

他们说：不要钱，是免费送的；

驾驶员问：矿泉水多少钱一瓶？

他们还是笑着说：不要钱，也是免费送的！

驾驶员们不相信：在现在的年代，还有这样的好事吗？

他们点点头说：有哇，就在我们的千里文明通道上。

驾驶员们连声称谢，几位外地司乘人员拿着路政人员送给他们的大饼和矿泉水，感动得泣不成声……他们纷纷跳下车，加入到铺撒养护原料的养护职工队伍中干了起来。经过大家的齐心努力，第二天上午 7 时，所有受阻车辆全部通行。

对于高原养路人来说，这只是一件小事。因为在千里青藏线上，这样的事，经常发生。

## 六、与青藏线并行的，还有心路

我又想起了立在格尔木总段院子里的那几块坚挺如玉的昆仑石。记得当时我问赵书记立这昆仑石的含意，赵书记说，在青藏线上搞公路养护，没有昆仑般的意志，昆仑般的心态，谁也干不下去。

我的心中一动，是啊，格尔木总段担负着青藏线 109 国道 516.7 公里，柳格线（215 线）124.7 公里，察茶线（省道）17.3 公里，共 653.7 公里的公路养护任务。这些平均海拔 3000 米的公路穿越草滩、戈壁、荒漠和盐碱地，地质情况复杂，风沙肆虐，自然条件严峻，那些常年奋战在青藏线上的养路工人，一个人不就是一块风吹不倒，雨淋不垮的昆仑石吗？

谁将长长路，护得展展平？是青藏线上那些可爱的养路人！

保持青藏线的畅通无阻，成了他们的天职，在他们的眼里，公路就是他们身体的一部分，不通畅整洁，他们就食不安，睡不宁。

而如果你以为我们的养路职工所保养的只是一条路，那就错了，他们精心养护的除了公路外，还有一条心路!

已经讲过南保和道班的故事，而这样的故事在青藏线上比比皆是。牧民当周，因病去西宁住院治疗，家中年过六旬的老母和14岁的妹妹无人照顾，茶卡工区的职工了解情况后，从2公里外拉生活用水给当周家，家里缺什么，他们就替老阿妈买来什么。当周住院8个月，工区的职工们照顾了他的家8个月，当周的母亲逢人便说："工区的同志，达萨格(太好了)"。

2004年9月，茶卡段领导了解到茶卡镇茶卡村的通村道路破损，严重影响了村民出行的问题后，马上和茶卡村村委会取得联系，出动养护机械5台，完成了2公里的道路修整工作。村民们激动地说，感谢你们，感谢你们，可爱的养路工圆了我们做了几十年的梦。现在，我们终于有好路走了! 2005年5月29日，格尔木总段为乌图美仁乡乌图美仁村修筑的宽3.5米，全长1.5公里的通村公路也正式通车。

格尔木总段异地养护队在贵德罗汉堂进行公路养护期间，为罗汉堂小学清理多年的垃圾，改善了学校环境。特别是他们利用休息时间，义务为省级文物保护单位——罗汉堂村寺院修通了道路和水渠，并平整土地、植树种草，改善了寺院的环境。罗汉堂村委会和寺院僧侣特别感动，写感谢信给格尔木总段，说：寺院乃是体现藏族灿烂文化的神圣之地，你们主动伸出援助之手，为这个省级文物保护单位营造了良好的庭园环境，我们全体僧侣向你们表示最衷心的感谢……

2005年5月25日，宁夏回族自治区吴忠市政协机关干部完成在新疆、西藏的考察调研任务回单位途中，在格尔木所属109国道2595公里处，所乘汽车发生严重的机械故障，将考察组19位政协委员阻隔在前不着村、后不着店的茫茫戈壁滩上。他们在用手机经多方联系求助没有结果的情况下，抱着试一试的心理给格尔木总段打了电话。接到电话的马建坤同志急他人所急，一边安慰他们，让他们不要着急，一边联系有关部门。没有联系到道路清障车后，马上与西藏驻格交管部门联系，讲明了情况后，西藏驻格交管部门马上派出一辆道路清障车，赶到出事地点，将出事车辆和被困人员带回了格尔木。按后来吴忠政协给格尔木总段的感谢信上的话说："如果没有马建坤同志无私的援助和热心的帮助，其后果不堪想象"。

还有在他们的帮助下重回校园的那些失学儿童，还有他们捐款帮助的那些贫困牧民，还有为牧民寻找回来的羊群……为过往车辆的司乘人员送温暖，急他们所急，成了每个道班养路职工的习惯。不要认定这些全是养路工们所做的好人好事，如果这样认定，便低估了这些事迹的神圣意义。我说，这是千里青藏线上的养路职工修成的另一条路——心路！这条闪光的心路就是当代养路工精神面貌的最好体现，是他们能建成高原千里文明通道的精神保障。是啊，要养好公路，得先修好心路，没有好的心路，公路的通畅洁美就无从谈起了。

青藏公路是一条长长的丝线，养路职工将他们用感人的事迹铸成的颗颗文明之彩珠，串在这条丝线上，佩在巍巍昆仑的胸前，并用他们的心将这些彩珠照亮。这些闪光的彩珠向每一个过往青藏线的人宣告：高原千里文明通道，就是这样建成的。

# “高原千里文明通道”巡礼掠影

李晓伟

最近几年,来青海旅游观光或寻找商机的外地人越来越多了,他们普遍称赞青海高原不仅山川壮美,独具魅力,且公路四通八达,文明畅通。特别是每年一届选择在7月份举行的“环青海湖国际公路自行车拉力赛”活动,更是吸引了全世界的瞩目,产生了国际性的影响。许多国际友人在领略了青海人文荟萃,自然风光奇特之后,也禁不住要伸出大拇指来称道这里的高标准公路,喊一声“OK!”。近日,笔者有幸深入到青海省交通厅所属的几家单位进行采访,所到之处,文明之风扑面而来,闪光的人与事点滴成河,让人感触良多,也颇受教益。有感于交通战线点多线长,层面繁复,却少为外人所知的情况,又深感他们在设计、修路、管护、运管、稽查、服务等诸多层面上的文明创建举措,笔者认为有义务有责任向全社会宣传、介绍、传播他们的典型事迹,宣扬他们的奉献精神。下面所集萃的部分所见所闻所感,便是一扇扇观察和理解交通战线文明建设的小小窗口。

## 一、文明脚步车轮带,万里高原变坦途

青海高原72万平方公里的大地上,雪山纵横,河流湖泊密布,戈壁千里,草甸起伏,地貌特殊壮美但地质条件复杂。在相当长的一段历史时期内,这里的交通闭塞发展滞后。有一首民间流传的顺口溜这样说:

山高鬼见愁，
悬崖伴激流。
行人攀石壁，
走路栽跟头。

对于世世代代居于“南昆仑，北祁连，长江黄河走身边”的广大高原人民来说，这段顺口溜的内容既包含着无奈与艰辛，更包含着穷困与落后。人背畜驮的原始运输方式不但在解放前一直持续多年，解放后的相当长的一段时间内，此种落后状况在边远偏僻山区依然存在。直到新世纪开始，随着国家“西部大开发”战略的实施，青海的公路建设才有了巨大发展。而且是起点高，速度快，质量等级明显提升。据统计，2000 年以来，青海省的公路建设共完成投资 160 亿元，公路通车里程已达到 24337 公里，不但将重要的城市与县城连成网，并辐射到 95% 以上的偏远乡镇。特别是祖祖辈辈身处荒山野岭间的少数民族群众，切身感受到因公路通而带动的电力通、电视通、广播通、物流通、信息通，生意通等等好处。他们盛赞修到家门口的公路为：“彩虹路”、“致富路”、“民族团结路”，并逐渐改变了以往“一顶帐篷一匹马，赶着牛羊走天下”的生活方式，改为定居，养畜，融入市场经济，许多人还做起了生意，许多牧区孩子到了乡镇的学校上学。这些翻天覆地的变化有目共睹，而且让最基层的普通民众得到实惠，于是，往年的陈旧歌谣变了，变成了激动人心的新歌谣：

公路如织网，
汽车似游龙，
高原处处是坦途，
致富千里任飞渡！

公路四通八达让千百万群众受益，而在这彩虹般飞架的条条道路背后，却是那些平凡朴实者的默默牺牲与奉献。他们像铺路的石子，像护路的花草，虽不引人注意，其精神却可歌可泣，青海省公路建设管理局的王重阳便是他们之中最有代表性的一个。王重阳有专业背景，一毕业就奔赴海拔最高缺氧最严重的果洛州投入公路建设。他担任工程队队长职务，长年在第一线与砂石、风雨、寒暑打交道，养成了自己不在施工现场就不放心的工作习惯，深受施工人员的尊重与敬畏。在国道丹拉主干线日月山至格尔木改建工程开工后，他作为业主代表长驻工地，征地、选料、调整各方面配备，他亲抓实干，夜以继日不放松。后来发现身患小三阳，可他置同事们的劝告于不顾，一边吃药一边工作，有时肝区突然疼痛，便会脸色苍白头冒虚汗。领导催他住院治疗，他坚持要做完全部工程。万万没有想到，就在日格段全线通车典礼的喜庆之时，王重阳同志却因病辞世，年仅 37 岁。他的事迹为高原公路建设者铸造了另一座精神丰碑，公路战线的文明建设一步一层楼，赢得各方面赞誉和多项荣誉，连续 5 年保持了省交通厅“先进单位”荣誉称号。2005 年 5 月，承担全省国省道干线公路建设公路任务的青海省公路建设管理局又荣获由国务院颁发的民族团结进步模范集体奖和国家交通部，人事部授予“全国交通系统先进集体”荣誉称号。

## 二、万里坦途，设计为先

如果说，公路建设的具体实施者是硬件工的话，那么，其建设先期的勘测设计者便是软件工，从软件到硬件，图纸变成了实实在在的畅通大道。这时候，站在条条大道竣工典礼上接受欢呼的往往是具体管理施工队伍的代表，他们像明星演员一样地被献上鲜花或哈达。而隐身幕后的英雄便是那些工程设计者，他们不显山不露水，在一项工程完工后的数年间，还要接受时间和公众对于该工程设计质量的长期检验。他们的工作是默默地，但却至关重要。每当听到去格尔木，去塔尔寺，去环湖地区的驾驶员或乘客说：“这公路跑起来太棒了，真顺溜！”他们的脸上就露出欣慰的笑容。

青海省公路科研勘测设计院是全省唯一具有甲级资质的同类单位，多年来工作成绩斐然，好评不断。悬挂在会议室墙壁上的多面奖牌让人印象深刻：“市级文明单位”，“九五建功立业先进集体”，“省级文明单位”“文明示范窗口”等等，无不在透射着该单位全体职工的成绩，荣誉与骄傲。

近年来，该院乘着交通厅关于“建设高原千里文明通道”活动的东风，结合自身实际，狠抓全面落实，各项事业均取得丰硕成果。特别是在公路勘测设计当中，强调“科学、合理、环保”新理念，体现“以人为本、节约耕地、保护环境、保证质量、贴切自然、安全舒适”的全方位效益原则，给人们留下了良好印象。由该院科技开发部完成的“三江源植被恢复课题成果”，已广泛运用到新建公路及改建公路工程，他们的愿望是：让公路与绿色同在，让公路延伸环保！前不久，由该院勘测设计的千里文明通道主要路段西—湟一级公路通过了国家环保总局验收，成为青海省第一条环保型公路，这是对全体设计人员和施工人员的最好奖励！

## 三、“运政110”，文明服务的窗口

西宁市交通局运管处于2002年7月1日，在全省范围内率先成立了24小时不间断服务的“运政110”。他们树立“百姓的事无小事”的爱民思想，强化服务意识，提高为民办事的效率和质量，做到高效、勤政、规范、有序，体现礼貌、热情、周到、细致，使运政稽查工作得以延伸，有效地维护了西宁市道路运输市场的正常秩序，受到了社会的广泛好评。受益群众称赞“运政110”是文明服务的好窗口，是有关群众的自家人。

到位于五四西路南侧的“运政110”办公室采访，第一印象便是条件差、房间小、任务多、事情杂。有关执法人员30人，平均年龄37岁，值班轮换，严阵以待，电话随机接问，现场处理事端，白天黑夜不间断。记者在采访的一个小时内，就有数次电话打进，除了在电话中解答问题外，办公室还委派人员，亲赴数里路以外的出事地点排查纠纷，上门服务，其敬业精神让人感动。

“运政110”成立2年多来，克服困难，开拓局面，保持了与有关群众电话接触的零时空，保持了与出事现场群众接触的零距离。他们急群众所急，想群众所想，千方百计为有关群众排忧解难，2年累计接听电话7708个，立案2110起，结案2098起（部分案件为新近投诉，正在处理中）；找回手机77部、现金257600余元，找回唐卡，机密文件等物品389件，价值363500元；查扣“黑车”47辆，查处异地经营，跨区经营，违反单双号营运等违章行为760余起。在有关受益群众赠送的七面锦旗中，镌刻着人民群众发自内心

的感激之情。2004 年 5 月 16 日上午 10 时许,星期日,“运政 110”接到一外地客商报失,称从西宁市滨河路乘坐一辆富康车到北大街下车,不慎将一手提包遗失车内,内有人民币 20000 元,港币 2000 元,美金 400 元,并有身份证、驾驶证、护照、首饰等重要物品。由于该客商未记清出租车牌号,“运政 110”的同志便从档案中调出全部富康车资料,不厌其烦,逐一排查,并亲临现场细致调查,对当事驾驶员进行了拉网式寻找,终将目标锁定在青 A · 02528 号两厢富康车。该车驾驶员虽矢口否认,却经不住“110”同志们的强大心理攻势,最终交还了全部物品。此事让外地客商万般感动,口里连说“谢谢!”“谢谢 110!”并送来了一面表达心迹的锦旗。而最让“110”同志们欣慰的是,像这样几乎可以说是无头案的举报,他们仅用 24 小时即告完成。

## 四、文明稽查,变管理为服务

位于西宁市城东区的中庄证稽所,处在东接兰州,西连青藏公路,且少数民族比较集中的地区。全区车辆总数多,征费吨位多,个体车辆占有量多,故征收两费的困难可想而知。一些车主对交通规费采取拖、欠、逃、漏的方法,而假牌、假证更是屡见不鲜,暴力抗费事件也时有发生。面对此种严峻局面,征稽所的同志们变管理为服务,变被动为主动,抛弃“生、冷、硬”作风,代之以“热情、真诚、有理、有节”的新姿态,贴近了群众,赢得了人心,获得了回报。2002 年至今,共完成养路费征收 9036 万元,货附费征收 365 万元。3 年间共超收 2380 万元。本年度计划征收养路费 2916 万元,货附费 273 万元,截至 5 月底已完成全年征收计划的 48% 以上。

记者看到悬挂在征稽所墙壁上的几幅奖牌或奖状,分别是:由省交通厅命名的《文明示范窗口单位》、省征稽局授予的《规范化管理标兵单位》,省征稽局授予的《先进集体》荣誉称号等。

说起干征稽这一特殊行业,全所的同志心里头都有一本酸甜苦辣账,他们说:“以真诚换人心,以服务促管理,以笑脸帮群众,就没有克服不了的困难。”所长夏青海给记者讲了这样一件事:车主白某某,上午来我所办理了车辆交费手续,不想该车下午就在外地发生了交通事故,损失严重。我们得知情况后,设身处地的为车主着想。认为有必要特殊情况特殊照顾,不能让受困的车主再雪上加霜了。我们将真实情况报请省局领导和相关部门,将已入账的现金退还给车主白某某。若按规定,已交纳的费再不能退还,但我们改变了以往的硬作法,用柔情关怀赢得了人心。事后车主满怀感激向我们送来锦旗,并到处宣传征稽所以民为本,文明执法的行为,产生良好的社会效益。

一走进位于小桥的西宁稽查二大队,一种军事化管理的气息就扑面而至。墙壁上,岗位守则、条例历历在目,各类配备物件井井有条。宿舍内,床铺被子整洁有序,一切均让人心生惊讶:这是一支招之即来,来之能战,战之能胜的精干队伍啊!

队长周威宁是一位转业武警。他告诉我,干稽查这一行,有和当武警时共同的地方,那就是,有令即行,风雨无阻,任务重于泰山!不同的地方是,执法的环境更为复杂,要采取的应对措施必须克制、忍耐,尽量以说服、解释来化解矛盾,完成任务。在打不还手,骂不还口的前提下,决不能任意放走违法逃费者。

周威宁向记者讲述了发生在 2004 年 7 月份的一件事情:当时,稽查二大队的 8 名稽查人员正在协助大通征稽所整治当地的征费环境。一大早,征稽人员经过几个小时的长途奔波,赶到大坂山。在宁张公路的稽查中,发现有 5 辆欠养路费车辆,其中 1 辆挂着军车牌照,为辛 W—00443 号翻斗车,参加地方营利性营运。稽查人员根据经验判断:这是一辆冒充的军车,说明车主企图逃费!

经查实,该车为新购车辆,被喷成军绿色,所挂军牌已过期。根据车主出示的购车发票核对,应补交 6 ~ 7 月养路费 8000 元。不曾想车主不但拒不交费,还一声吆喝,唤来其他驾驶员和不明真相的民工 40 余人。他们不听劝告,起哄纷扰,并围攻殴打了征稽人员,趁混乱企图将翻斗车开离现场。

此时的大坂山上,寒气逼人,稽查人员因穿着单薄而冻得瑟瑟发抖,但他们依旧耐心地向对方宣讲法规,晓以利害。不想对方依旧谩骂围攻,事态愈加严重。突然间,对方有几个人施拳脚打伤我方一队员后,车主迅速蹬翻斗车企图逃走。这一行为必须坚决制止,否则将会影响其他车主,后果难测。到此时双方已僵持5个多小时,万般无奈中我稽查人员向110报警,请求地方公安人员配合解围,终于在下午4时许将事态平息,并强行将假牌车辆开走。其余稽查人员在大坂山上一一向剩余欠费车辆宣讲政策,申明法规,逐渐化解了矛盾。车主们在现场按数交纳了所欠养路费。一场突发的事端以执法者的全面胜利而结束了。

## 五、全国见义勇为英雄“的哥”曹茜

乍一听到“曹茜”这个名字,颇像女性。但他确实是一个男子汉,敢说敢做,满身正气,见义勇为,当仁不让。

他是一名出租车驾驶员,却在数年间单打独斗各类歹徒超过200名。

因受歹徒报复,他曾被多次砍伤,至今留在手上、臂上、脖子上的伤痕仍依稀可见,但他从不言悔,他对记者说:“见了歹徒作恶,最好的办法就是立即将其制服。咱不主动制他,他就要危害社会。我从来不相信,邪气还能压过正气,怪哩!”

西宁市交通治安分局的领导感慨地说:曹茜同志抓获的歹徒之多,超过了我们许多民警的工作业绩。许多警察一谈及曹茜都自叹不如。

被曹茜制服抓获的歹徒,有小偷、有窃贼、有拦路抢劫者、有贩毒者、有走私贩私者、有强奸者等等,不一而足。可能有人会问:怎么那样多的歹徒都让曹茜碰上了?曹茜的回答是:谁教我天生爱管闲事哩!碰见坏人作恶我就来气,来了气就要出手!这脾气咱改不了!曹茜说的是事实。

前几年的社会风气,正不压邪,坏人猖獗,遇事躲的人多,冲上去的少。人心怕事,怪事就多。可曹茜偏不这样。他的眼里有治安,有正义有正气,所以他一瞄就能瞄到坏人,瞄上了就坚决地与坏人斗,斗则必胜!这不,他抓获的歹徒超过了200多,西宁市各派出所,市公安局的记录上都分别记有多次交接日期。翻翻报刊吧,《青海法制报》、《西宁晚报》、《现代驾驶员报》、《西海都市报》等等,还有诸多刊物上,曹茜的见义勇为的故事接连不断,时常曝光,非常抢眼。他的知名度在这座城市里特高。

他的故事不胫而走，让那些一听曹茜名字的歹徒们心惊胆战，想伺机报复，又怕不是曹茜的对手，只好暗暗怀恨在心。歹徒们的仇恨切齿反证了曹茜的社会价值。

记者问曹茜：家里是否安全，可有威胁电话？

曹茜说：我遇事不怕事，事情也就少了。前几年，一些歹徒夜里打威胁电话，说要把我怎么样。我说，明天我就抓你上派出所，你试试看。结果呢，我硬了，他软了。坏人就这样，欺软怕硬。如果社会上的好人都团结起来，碰见坏人合力去抓，抓一个就会少一个，日常月久，治安风气自然就好了。

我问曹茜，你开出租挣钱养家，却经常放下生意去收拾坏人，不影响生意，影响挣钱么？

曹茜说：若要与其他驾驶员比较，我每月少挣1000元。可我无所谓，生活基本有保证就行。瞄上歹徒还得抓，不抓我就心里发痒，胸中有气，这没办法！

我问：你老婆支持吗？理解吗？

曹茜说：现在这个老婆很好，支持我，理解我，就应该这样，所以对我很好。先前的那一位就不一样了，为我抓坏人“不务正业”而与我离了。离了就离了。这不，我的新任老婆却非常好，叫做“好有好报”嘛！

在曹茜家里，我看到了一大堆大大小小、不同部门颁发的奖状，有公安、民政、精神文明办公室颁布发的，还有见义勇为基金会颁发的。他最喜欢的一张照片是2008年4月30日，在人民大会堂参加“全国劳动模范大会”时与胡锦涛等国家领导人的合影照。他代表全国优秀出租车驾驶员参加了这次大会，他说：这是全国出租车驾驶员共同的光荣，我是他们之中的一员。

# 宁夏篇

## 风雨 60 载　丝路放异彩

宁夏回族自治区交通运输厅

### 一、60 年公路交通发展历程

宁夏位于中国西部少数民族地区，历史上曾是古丝绸之路的转运重镇，朔方古道也是我国古代陆路连接亚欧的交通要冲。宁夏自古有“远介边陲，交通梗阻”之称。新中国成立之初，全区公路通车里程只有 1167 公里，永久式、半永久式桥各 1 座。

1958 年 9 月 25 日，宁夏回族自治区成立。从这一年到党的十一届三中全会召开前，宁夏交通受“大跃进”“大炼钢铁”和“文化大革命”等政治运动冲击，在曲折中缓慢前进。

截至 1978 年年底，全区公路通车里程达 5227 公里，其中，高级、次高级路面 1097 公里(绝大多数为渣油路面)，中级路面 76 公里，低级(沙砾)路面 2170 公里，无路面里程 1884 公里。公路的技术等级普遍较低，以沙砾路面为主。

1978 年 12 月，十一届三中全会胜利召开，为我区公路交通发展带来了新的曙光。特别是1997年应对亚洲金融危机,中央决定实行积极的财政政策,1999年国家实施西部大开发战略,为公路建设提供了史无前例的历史机遇。我区交通部门抢抓历史机遇,开启了以高等级公路建设为中心的公路交通现代化工程。

在自治区党委、政府的正确领导下,我们认真贯彻落实交通部"三个服务"理念,结合宁夏实际,创新交通发展思路,公路交通事业实现了跨越式发展,为自治区经济社会的又好又快发展发挥了重要的作用。截至2008年年底,全区公路通车总里程达21008公里,其中高速公路1001公里;农村公路里程达16468公里,实现全区70%的行政村通油路。全区乡镇通班车率达到100%,行政村通客车率达93.8%。

## 二、公路交通发展的五个跨越

跨越一:制订完善规划,搭建路网骨架。将"三纵六横"干线公路网调整为"三纵九横",省道从7条增加到12条,其中放射线3条,纵线3条,横线6条,提升了首府银川的辐射功能。

跨越二:高速公路通车1000公里,国家高速公路网宁夏境内段基本建成。国家高速公路网规划的京藏公路宁夏境全部建成;青银高速公路、福银高速公路宁夏境内的主要路段基本建成,公路等级实现了质的跨越。

跨越三:建成"三纵六横"路网,实现"三大目标"。截至2005年底,实现所有县(市)1小时上高速公路、所有乡镇通油路、所有行政村通公路"三大目标"。

跨越四:建设大型桥隧,桥梁密度居黄河、长江流经省份之冠。在黄河流经宁夏397公里的水面上,平均39.7公里就有宏桥飞架,宁夏山川天堑变通途。

跨越五:实现"有路必养"。坚持建养并重,加大养护资金投入,率先在西部地区实现了全区所有公路"有路必养",居全国前列。

2003年以来,我们着眼于自治区经济社会发展大局,转变发展理念,规划建设了第二条亚欧大陆桥运输走廊,并争取列入国家高速公路网。所经路段大部分经过平原地区，地势相对平坦，不受天气的制约。郑州以北车辆通向亚欧大陆桥沿线国家选择过宁夏境，可以减少绕行银川和兰州两个三角形顶点城市，缩短里程500公里，节约运输成本，提高运输效率和效益。其中盐中高速公路经过宁东能源化工基地、太阳山开发区、红寺堡开发区，串起宁夏新的经济增长带。可以预见，第二条亚欧大陆桥运输走廊的建成，带给我们的是一个腾飞的宁夏、一个被世界瞩目的宁夏。宁夏在交通方面被边缘化的困境将彻底打破。

加大政策扶持力度，弥补建设资金不足。从修建第一条高速公路起，自治区政府就出台了《支持重点公路建设优惠政策》，内容涵盖征地拆迁、取土场地、地上附着物等补偿标准，相关税费实行即征即返或先征后返，全部用于公路建设。2006年，自治区政府又出台了全区农村公路建设项目享受重点公路建设项目优惠政策，将全区"十一五"农村公路建设列入自治区重点建设项目，按照重点公路建设项目进行管理，享受自治区重点建设项目有关优惠政策，为农村公路建设项目顺利实施提供了政策保证。

## 三、四点启示

启示一：必须服务城乡经济发展，推进城乡一体化进程。近年来，我们从大局出发，加快了部分城市道路和城市出入口道路建设步伐，建设了银川亲水大街、贺兰山路、正源街南北段、文萃路、石嘴山西环路、世纪大道、吴忠滨河路、西环路、青铜峡滨河路、中卫中央大道、南环路、固原中央大道、北出口、固原实验区道路等项目；积极支持自治区1号工程建设，修建了宁东基地和太阳山开发区公路。全力支持社会主义新农村建设，新改建农村公路9657公里，行政村通油路比例达67.5%；积极发展农村客运，全区乡镇通班车率达到100%，行政村通班车率达到93.8%，成功化解了全区所有涉及乡镇交通建设的债务。

启示二：必须加强科技创新，推动可持续发展。全面落实"科学技术是第一生产力"的思想，围绕交通建设、道路运输管理发展的新形势，加强技术创新，充分体现科技的前瞻性，引导交通事业的发展，提升交通产业技术水平,造就培养人才的新机制。坚持"有所为有所不为",以科学技术应用为出发点,提高交通基础设施建设质量,降低成本;提高公路运输的效率和效能,节能降耗;提高交通安全的防范能力,保障运输安全;提高交通信息化水平,为交通运输现代化提供技术支撑;有些科研项目达到了国际先进水平或国内领先水平,获得省部级科技进步一等奖1项,二等奖2项,三等奖1项。

启示三:必须加强党风政风行风建设,坚持和谐发展。坚持预防为主,实施关口前移,采取阳光操作,初步建立起反腐长效机制。狠抓文明创建工作,有1个单位创建为全国文明单位,3个单位创建为全国精神文明建设先进单位,2个行业创建为全国交通系统文明行业,50个单位创建为省部级文明单位,301个单位创建为市级文明单位。2004年,交通行业被自治区党委、政府命名为"自治区文明行业"。

启示四:必须着眼于改善民生,增进民族团结。随着村村通工程的建设,公路的触角伸进大山深处,有的村镇沿路建起了营业房和农产品交易市场,有的村镇安装了自来水、程控电话、水冲式厕所、闭路电视等生产生活设施。农民富了,农村变了,民心安了,回汉各族群众和谐相处。公路交通的发展,谱写了回汉各民族共同繁荣、共同发展、共同进步的新篇章。

## 四、宁夏交通发展图示

1958年、1978年、2000年、2008年全区高速公路通车里程(单位:公里)

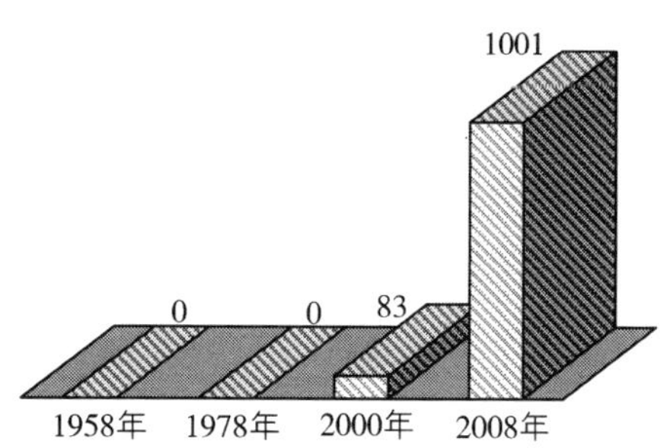

1958 年、1978 年、2000 年、2008 年全区农村公路通车里程(单位:公里)

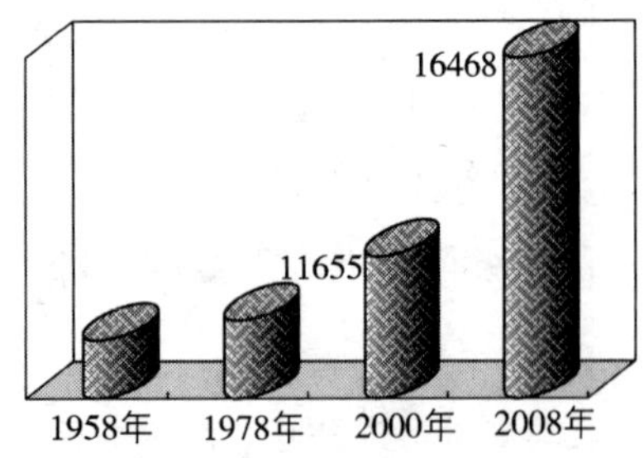


全区公路通车里程(单位:公里)

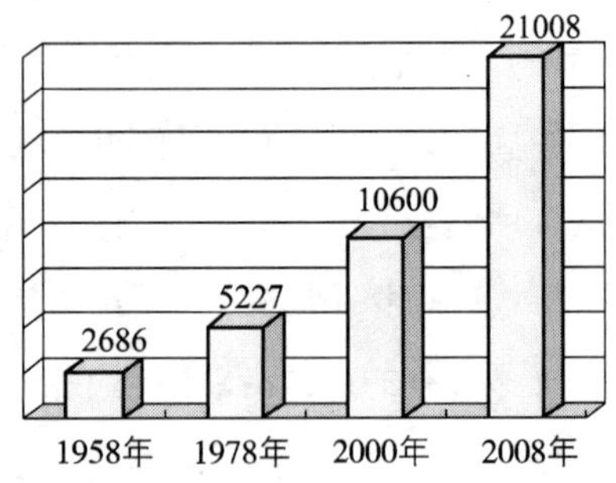


公路建设投资

1958 至 1999 年投资额 824951 万元、2000 年至 2008 年投资额 2755000 万元。

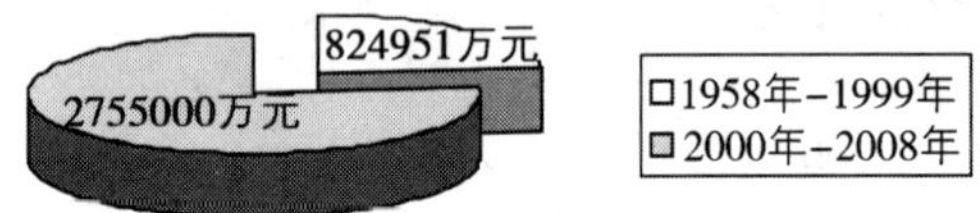


客货运输

2008 年全区完成公路客运量 8221 万人次,旅客周转量 49.59 亿人公里,公路客运量、旅客周转量在综合运输体系中所占比重分别为 95% 和 60%;货运量 7006 万吨,货物周转量 82.87 亿吨公里,公路货运量和货运周转量在综合运输体系中所占比重分别为 61% 和 68%。

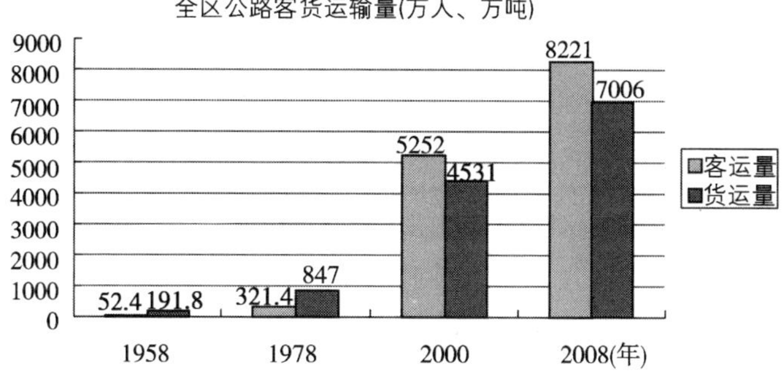


全区各类船舶拥有量

1958 年、1978 年、2000 年和 2007 年船舶拥有量。

宁夏区船舶数量统计表<截至2007年年底>

(辆)

| | 1987年及以前 | 1988年1992年 | 1993年1997年 | 1998年2002年 | 2003年2007年 |
|---|---|---|---|---|---|
| | | | | | |
| | | | | | |
| 船舶艘数 | 13 | 32 | 51 | 314 | 658 |

# 抢抓机遇　锐意进取

宁夏回族自治区交通运输厅

在自治区党委、政府的正确领导下，在交通部等国家部委的大力支持和帮助下，交通厅抢抓机遇，超前谋划，多方筹资，严格管理，站在全国看交通，立足全区干交通，始终抓住加快发展不放松，一任接着一任干，公路交通基础设施建设取得长足发展，公路交通对全区经济社会发展的“瓶颈”制约得到有效缓解，服务经济社会发展和人民群众便捷出行能力得到显著提高。

## 一、提高认识，转变观念，谋划西部开发新局

1998年以来，中央实施积极的财政政策，加大了基础设施建设的投入，国家对交通建设的支持力度空前加大，公路交通成为优先发展的行业。自治区党委、政府提出，抓住机遇，积极推进西部大开发战略的实施，加快建设大进大出、通边达海的快速运输大通道。面对新形势、新任务，如何找准位置、应对挑战、破解发展难题，成为摆在宁夏交通人面前的重大课题。加快公路交通基础设施建设，首先要解决认识问题。宁夏的现状是经济发展比较落后，资金筹措能力弱，有相当一部分干部群众对发展高速公路持观望甚至否定态度，“宁夏不需要高速公路”、“修建高速公路是浪费”、“西北的高速公路是花钱晒马路”等观点成为加快发展的阻力。面对质疑，交通厅迎

难而上，积极争取自治区和各部门的支持，组织自治区人大代表、政协委员到东部沿海发达省区参观考察，长见识，找差距，寻求代表、委员和人民群众的支持。同时启动项目培训计划，利用世界银行贷款项目，分批输送交通干部、技术骨干到国外培训，开阔视野，转变观念，增强干部队伍加快发展的内在动力。通过努力，统一了认识，打破了按部就班的思维定势，在全区上下形成了加快交通发展的内外部环境。宁夏交通厅党委因势利导，乘势而上，制订了超常规发展的工作思路，调整了公路网规划，明确了工作重点。一是加快国道主干线和西部大通道建设，着力完善国家高速公路网规划，在“十一五”期间将国家7918高速公路网规划宁夏境内段全部建成；二是加快国省干线和自治区公路网建设，将自治区“三纵五横”公路网调整为“三纵六横”，在“十五”期间全部油路化；三是加快农村公路通达工程建设，在“十一五”期间实现所有乡镇通油路、所有行政村通公路。

思路决定出路，交通厅几届领导班子艰苦努力，顶着资金匮乏压力，消除困惑，化解矛盾，变被动为主动，根据国家宏观经济政策和不断发展变化的新形势，制订战略规划，理清发展思路，明确工作重点，公路交通实现了跨越式发展。截至2006年底，全区公路通车里程达19903公里（按部颁新标准、含村道），高速公路通车里程达708公里，公路密度为29.97公里/百平方公里。按可比口径比1997年新增公路里程10855公里（含村道6652公里），二级以上公路所占比重为15.54%，沥青、水泥路面里程占通车总里程的51.9%。高速公路从零起步，国家高速公路网北京至拉萨高速公路、青（岛）银（川）高速公路宁夏境全线建成通车，福（州）银（川）宁夏段建成150公里，其余65公里于2008年建成通车。建成了“三纵六横”公路网，路网结构进一步完善。实现所有地级市通高速公路、所有县（市）1小时上高速公路、所有乡镇通油路、所有行政村通公路。1998至2006年完成公路建设投资251.5亿元，相当于1998年前49年公路建设投资总和的10倍多。宁夏交通用近10年加快发展取得的成绩，有力地证明了小发展小出路，大发展大出路，不发展没出路。

## 二、抢抓机遇，加快发展，重振朔方古道雄风

宁夏是古丝绸之路的转运重镇，朔方古道也是我国古代陆路连接欧亚的交通要冲，曾经商旅云集，车水马龙。随着近代海上运输通道的开辟，陆路废弃，繁华不再。在西部大开发的新形势下，宁夏的当务之急是重振朔方古道雄风，连通欧亚大陆桥，为深居内陆的宁夏打通出海口，在现代市场交换中，找准位置，有所作为。

一是完善路网规划，做好项目前期工作。把规划做深做细，既注重提升国家路网等级，疏通"主动脉"，提高干线公路通行速度，又注重区域路网加密，打通"毛细血管"，提高农村公路通达深度和广度。同时，做好国省路网与区域路网的衔接。为了配合规划实施，加大了前期工作力度，建立了相应的项目储备库。由于项目储备充裕，近年来，在国家加快交通基础设施建设步伐、实施西部大开发战略、加大国债投资力度、加快农村公路建设等重大决策实施中，交通厅都能拿出充足的项目争取项目和资金，抢占了先机，得到了实惠。

二是坚持可持续发展，转变增长方式。在公路建设中，牢固树立科学发展观，坚持好中求快，快中求优，努力将外延粗放型增长方式向内涵集约型增长方式转变。服从自治区经济发展大局，兼顾相关行业发展，正确处理交通发展中建设与管理、质量与速度、公路用地扩张与土地紧张不协调的矛盾，统筹规划，合理确定建设规模、技术标准、布局结构和发展速度，节约利用土地资源，科学确定和利用公路沿线资源，建设节约型交通。

三是加强资金筹措和监管，管好用好公路建设资金。公路建设大发展，资金是关键。"十五"以来，我区公路建设平均每年投入 30 多亿元，资金筹措难度很大。交通厅知难而进，想方设法拓宽投融资渠道，努力破解贫困落后地区公路建设的第一难题。抓好交通规费征收，尽可能多地为公路建设筹措建设资金。充分利用国内外金融机构贷款，除利用国内商业银行贷款外，还争取到世界银行和亚洲银行等国际金融组织的优惠贷款。积极推进交通投融资体制改革，开展了外债理财业务，有效规避外债利率风险，积极

争取发行债券,利用市场机制筹措公路建设资金,盘活公路资产。通过强化管理和规范招投标,降低工程造价。加强建设资金监管,严格监理计量支付,定期进行审计,及时纠正公路建设资金使用中的问题,确保资金安全。

四是加强公路建设质量监管,质量保障体系日益健全。按照公路建设质量规范的要求以及我区公路工程“高水平、高起点、适度超前”的总体目标,从长效管理和规范管理着眼,着力加强管理制度建设和技术标准配套的基础工作。制定发布了《宁夏公路工程质量监督规定实施细则》、《宁夏公路工程监理企业及监理人员执业考核办法》、《宁夏农村公路工程施工招标文件范本》等规章,提出了勘测要“细”、设计要“优”、施工要“精”、监理要“严”、管理要科学的精品工程建设理念。进一步强化监管,建立健全了政府监督、法人负责、社会监理、企业自检四级质量保证体系,促进了工程质量的提高和建设市场秩序的规范。政府监督体制日益健全、监督方式不断丰富、监督手段不断提高,通过连续多年的质量督查、“回头看”、质量举报调查、行政处罚等有效手段,强化了质量监督工作。同时,加强对监理市场的监管,开展专项整治行动,促进了监理市场的健康发展。通过在全区开展抓典型、树样板、创精品工作,促使我区公路内在质量和外观质量稳步提升,涌现出一批优质工程。

五是牢固树立安全发展理念,强化了施工安全监管机制。狠抓安全生产监管责任制的落实,深化交通建设安全专项整治工作。从建设各环节入手,严格监管,严把安全生产条件准入关,对不符合安全生产条件的施工企业实行退出机制,建立了从业单位安全生产诚信管理体系,实行事故责任追究制度。加强对施工现场、材料预制厂、爆破物品库房、工人生活区的监管,规范施工操作规程,做到抓关键、早预防。针对铁路与公路交叉道口事故时有发生的状况,联合铁路部门实施公铁交叉道口安全保障工程和公铁立交改造工程,杜绝公铁交叉道口安全事故的发生。组织实施公路交通安保工程和危桥改造工程,在国省干线危险路段设立完善的安全防护设施和明显的标志标线,为行车安全畅通创造良好的条件。认真贯彻执行《生产安全事故报告和调查处理条例》,完善了重大生产安全事故快速应急反应机制。

## 三、创新机制，更新理念，构建优质廉政精品

建设创新型交通行业，用新理念、新思路、新举措推进交通工作，实现交通事业的新发展和新突破，是构建交通精品工程的灵魂。基于以上认识，采取了一系列创新措施：

一是整合公路建设管理资源。在加快公路建设之初，交通厅报请自治区人民政府批准，建一条高速公路，设立一个指挥部，从相关单位抽调人员组成建设班子负责项目管理。随着我区高速公路建设的快速发展，到2005年底，我区先后成立了姚叶、古王、银武、中郝等9个高速公路工程建设指挥部，还有一个公路建设管理中心，专门负责地方公路的建设管理，机构繁多，事权分散的弊端逐渐显露。2005年底，经自治区机构编制部门批准，组建了公路建设管理局和公路管理局两个事业局，分别负责全区公路建设项目管理和公路养护、路政、收费等管理工作，创新了机制，整合了资源，提升了管理效率。

二是狠抓制度建设，构建长效机制，建设交通基础设施优质廉政工程。在工程建设中，坚持一手抓优质工程建设，一手抓干部队伍建设，严防工程上马、干部下马。2004年4月，自治区党委批准交通厅党组改设为党委，自治区纪检委派驻交通厅纪检组改为交通厅纪委。厅党委成立后，加强了交通系统党的组织和党风廉政建设，指导同沿、中营、盐中等重点工程项目设立临时党组织，抓好施工单位党员、党组织的管理和监督。制定了《宁夏交通厅关于交通建设及公务活动八条禁令》，与自治区检察院联合制定《关于在重点交通基础设施建设中开展预防职务犯罪的具体办法》，规范了交通干部尤其是党员领导干部的从政行为。在保持共产党员先进性教育活动中，建立的先进性教育长效机制受到中央领导和交通部领导的肯定。开展了治理商业贿赂工作，加强了重点环节重点领域的监督管理，围绕管好人权、财权、审批权，不断推进制度创新，建立了公开透明的权力约束机制，创造了干部不能腐败的环境。在工程建设中实行双合同制，和施工单位签订施工合同时，同时签订廉政合同，施工单位违反合同约定，在工程建设过程

中发生腐败问题，立即清理出宁夏公路建设市场。开展了农村公路建设廉政巡查工作，制定了《宁夏农村公路建设廉政工作巡查办法》，完善项目建设管理制度，建立了农村公路建设廉政工作模式，加强了对市、县农村公路建设管理人员和专业技术人员的指导、培训，加大了对补助资金使用情况的监管力度。中(宁)郝(家集)高速公路、109 国道石嘴山至黄渠桥段 2 条公路获交通部优质廉政工程。

三是坚持科技创新，"四新"技术应用取得成效。引导广大公路建设者结合工程实际，积极开展科研活动，大力推广新技术、新设备、新工艺、新材料等"四新"技术，努力解决公路建设重点技术难题，公路技术进步取得丰硕成果，亮点纷呈。开展了土工合成材料在黄土地区公路工程中的应用技术、光纤传感技术在吴忠黄河大桥施工阶段健康检测中的应用研究、高速公路路面车辙及早期破坏现象、适应宁夏的高速公路路面结构形式、六盘山地区筑路技术、交通环境保护、沥青路面养护专家系统等课题研究，并取得重大成果，1 项科研成果获自治区科技进步二等奖，1 项获三等奖。科技创新结出的累累硕果，不仅使我区公路技术水平和综合质量更上一层楼，也取得了巨大的经济效益和社会效益。

四是公路建设新理念得到全面贯彻落实。把"安全、舒适、和谐、耐久、节约"的建设新理念渗透到公路建设的各个环节。大力倡导精细化管理，确保五个环节到位。①设计到位。对设计方案进行充分比选论证，敢于创新，体现特色，把实用性和美观性结合起来，综合考虑，大胆设想，小心求证。②施工到位。树立精品意识，严格操作规程和质量控制措施，切实提高精品管理和精细化施工水平。③监理到位。把好"开工关、材料关、工艺关、检测关、程序关和到位关"，用第一手数据说话，切实加强对工程的全过程监理。④管理到位。加强对重点、难点、薄弱点的工程监控，控制各项流程和工艺。⑤验收到位。严格验收规程，不走过场，不流于形式。努力做到工程项目设施更完善、工程更耐久、质量更可靠、资源更节约、系统更安全、运行更高效、服务更优质、群众更满意。

## 四、加强领导，齐心协力，凝聚快速发展动力

宁夏公路交通的跨越式发展，凝聚了行业内外、方方面面的智慧和力量，主要表现在：

一是领导关怀。党中央、国务院、国家发改委、交通部、自治区及各有关部门领导对宁夏的交通工作给予了殷切关怀和大力支持，用群众的话说就是国家和交通运输部给宁夏少数民族地区公路建设“吃了偏饭”、“开了小灶”。胡锦涛总书记和温家宝总理视察宁夏时，对我区基础设施建设给予肯定，并要求继续加快发展。国家发改委、交通运输部非常体谅宁夏的困难，对重大项目立项，以最快速度审核批复，并几次提高补助标准，解了燃眉之急。宁夏的交通发展牵动着几任交通部领导的心，老部长钱永昌、黄镇东、张春贤在任时，抽出宝贵时间亲临宁夏调研指导工作，帮助筹划项目、落实资金。李盛霖部长每次见到宁夏的同志，都要仔细询问宁夏交通发展状况、存在的困难和亟须解决的问题，帮助出主意、想对策，并安排几位副部长到宁夏调研工作，了解情况，鼓励发展。自治区党委、政府把交通发展列为经济社会发展的重中之重予以关注，自治区党委书记、自治区主席和分管领导以及五大班子的领导每年都到交通部门调研 10 多次，帮助解决实际困难，为交通快速发展创造了宽松环境。各级领导的关怀是交通事业又好又快发展的不竭动力。

二是政策扶持。自治区党委、政府提出了“举全区之力，修建快速通道”的号召，并出台了实实在在的措施予以支持。资金不足政策补，每立项一条高速公路，自治区人民政府都成立公路建设领导小组和征地拆迁领导小组，由分管副主席任组长，相关部门、市县领导为成员，倾力支持公路建设。从修建第一条高速公路起，自治区人民政府就出台了《支持重点公路建设优惠政策》，内容涵盖征地拆迁、取土场地、地上附着物等补偿标准，相关税费实行即征即返或先征后返，全部用于公路建设，以后修建高速公路都参照这个标准执行。优惠政策的出台，节省了一大笔建设资金，使宁夏在川区和荒原地区修建高速公路的造价一般都控制在每公里 2000 万元以内。

我区市县财政收入严重不足，多数山区县都是“财政吃饭”，修建农村公路自筹资金不到位。针对这种情况，加大了对部分城市连接线和农村公路项目的补助力度。2003 年，自治区人民政府出台全区公路通行费收费站实行统贷统还政策，将部分市县农村公路项目捆绑到收费公路项目中。2006 年，自治区人民政府又出台了全区农村公路建设项目享受重点公路建设项目优惠政策，将全区“十一五”农村公路建设列入自治区重点建设项目，按照重点公路建设项目进行管理，享受自治区重点建设项目有关优惠政策，为农村公路建设项目顺利实施提供了政策保证。

三是部门配合。通过加大宣传，赢得社会各界的关怀支持，各级政府积极出台支持交通发展的优惠政策，争取到发改委、财政、土地、电力、水利、文物、环保等有关部门的支持与配合，为交通建设营造了一个良好的外部环境。

四是群众支持。交通厅特别注重把与人民群众利益相关的事情办好办实，协调各方面的利益关系，依靠全社会力量，形成了上下联动、全社会参与的生动局面。人民群众从交通建设发展中得到了实惠，交通建设发展也得到了广大群众的全力支持。

五是职工苦干。交通厅党委历届班子成员心往一处想，劲往一处使，不越位，不扯皮，增强了凝聚力和号召力。广大交通职工艰苦奋斗，负重拼搏，敢为人先，苦干实干，创造了交通工作新业绩。同时，加强对各级班子和干部的选拔、培养、教育和监管，确保交通干部想干事、干成事、不出事。

## 五、服务大局，和谐发展，谱写民族团结新篇

交通厅紧紧围绕自治区中心工作，服务经济社会发展大局，服务新农村建设，服务人民群众安全便捷出行，超前谋划，加快发展，交通发展的先导优势日益凸显，作为国民经济发展的基础性地位和作用得到进一步强化，全区国民经济持续快速增长，连续 8 年保持了两位数以上的增速。

一是推动了区域经济发展。交通基础设施的长足发展，拓展了各项事业发展空间，带动了农业、能源、化工、医药、商贸等相关产业的发展。因路

而形成的房地产、旅游等产业链不断延伸，经济效益成倍增长。紧靠青（岛）银（川）高速公路、规划投资2000多亿元的宁东能源重化工基地建设成为宁夏“一号工程”，枸杞、马铃薯、清真牛羊肉、乳品、硒砂瓜、葡萄、水产品等特色优势产业依靠便捷的公路运输，基本实现了区域化布局、产业化经营。2003年以来，全区仅旅游收入就达61.76亿元，是“八五”、“九五”10年的2.15倍。

二是提高了城市化、工业化水平。银川环城高速公路、亲水大街及各市县高速公路连接线的建设，加快了我区城市化、工业化发展步伐，提升了城市品位，促进了新兴服务业、生产性服务业和中介服务业的健康发展，城市的辐射带动功能进一步增强。截至2006年底，全区城市化率达43%。

三是带动了农村剩余劳动力转移。从2003年开始，积极吸纳公路沿线农民工参与公路建设，每年安排2万余农民工到公路建设工地务工，5年累计吸纳农民工10万余人次，发放工资2.3亿元。在公路养护管理方面，尝试雇用季节性农民工从事公路养护，农民工从事公路养护近4年完成72.7万工日。道路运输业的发展，带动了民营企业和个体经济发展，目前，全区有道路客运经营业户721户，道路货运经营业户3.6万户，维修企业2992户，从业人员达15万人，其中，农村从业者7.5万人，占从业人员的50%。

四是提高了对外开放水平。公路基础设施逐步完善，服务功能进一步增强，优化了投资环境，全区对外贸易大幅增长，2006年，实现进出口总额14.4亿美元，比上年增长48.8%，其中，出口9.4亿美元，增长37.2%。对外经济技术交流与合作势头良好，对外承包工程和劳务合作进一步扩大。

五是增进了民族团结。公路通，百业兴，民心稳。随着村村通工程的建设，公路的触角伸进大山深处，改变了祖祖辈辈靠肩扛牛驮运输的百姓们生产生活方式。贫困山区的回汉各族群众购置了摩托车，坐上了汽车，告别了面朝黄土背朝天的苦日子，走出大山跑运输、做生意。有的村镇沿路建起了营业房和农产品交易市场，有的村镇安装了自来水、程控电话、水冲式厕所、闭路电视等生产生活设施。农民富了，农村变了，民心安了，回汉各族群众和谐相处。公路交通的发展，谱写了回汉各民族共同繁荣、共同发展、共同进步的新篇章。

## 六、一如既往，再接再厉，开创美好明天

宁夏交通人深知，取得这些成绩，仅仅是一个新起点，放在自治区经济社会快速发展的大背景下看，公路交通的"瓶颈"制约依然存在，欠账还很多，任务还很艰巨。和发达地区相比，差距还很大。宁夏交通事业还必须加快发展，再创辉煌，实现新的跨越。具体目标是：到2010年，全区公路通车总里程达到21100公里，公路密度每百平方公里31.78公里。其中：高速公路通车里程到2011年达到1300公里，一级公路270公里，二级公路2400公里，二级以上公路比重占17.87%，三级公路6500公里，四级公路10430公里，沥青、水泥路面里程达到12000公里，占通车总里程的56.87%。到"十一五"末，国家高速公路网宁夏境内段基本建成，自治区地级市到县为二级以上公路，县到乡为四级以上公路。全区100%的乡镇通沥青、水泥路，80%的行政村通沥青、水泥路，100%的行政村通等级公路。农村公路养护投入不断加大，实现"有路必养"，国省干线公路、县道、乡村道好路率分别到达89%、80%、45%以上。实现上述目标，主要措施有：

一是坚持规划先行，把握重点，深化和完善路网规划。把高速公路连接线、城市出入口道路、高新技术开发区、宁东能源重化工基地、特色农业基地等路网纳入自治区公路网规划实施，把国家路网做大做精，把区域路网做深做细。

二是积极拓宽筹融资渠道，盘活交通资产，为公路建设筹集充足的资金。积极探索通过招商引资盘活高速公路服务区资产、发行债券等方式筹措公路建设资金。积极进行外债风险管理，与财政厅等相关部门合作，继续做好利率掉期外债管理业务。努力压缩银行贷款沉淀资金，降低财务费用。加强建设资金监管，确保资金安全运行。建立健全审计评价机制，委托会计专业公司，强化内部审计，确保建设资金在每个环节规范运行。

三是加快农村公路建设。继续巩固和强化交通服务"三农"的成果，坚持"扶持农业、反哺农村、回报农民"的基本原则，健全完善各项措施，推进

农村公路建养管运一体化。建好农村路，严把质量关，推广因地制宜的技术标准和新材料、新工艺，加强技术交流和人员培训工作。继续完善农村公路质量巡查制，抓好督促检查。

四是整顿和规范建设市场秩序，建立信用评价体系和惩戒制度。构建统一的从业单位和从业人员信用管理平台，加强履约检查，对履约差、信誉低的企业，依法清退或限制其进入公路交通建设市场。继续落实工程建设四项制度，完善工程质量保证体系和监督体系，建立健全工程质量终身责任制，加强动态监管。

五是加快创新型交通行业建设。充分发挥交通科技的支撑和引领作用，完善公路综合管理信息平台，实现交通科技信息资源共享。加强创新型人才队伍建设，着力培养行业高层次科技领军人才。切实转变交通增长方式。落实最严格的耕地保护制度和环境保护政策，把“资源节约”、“环境和谐”的要求落实到交通规划、设计、建设和管理各个环节，努力降低成本。

六是加强交通廉政建设。继续把交通基础设施建设领域工程招投标等六个环节作为重点，加大防治工作力度，坚决查处违规违纪行为，推进商业贿赂治理工作，营造抵制商业贿赂的舆论氛围。加大对权力运行的监督制约，确保权力运行公开透明。完善廉洁从政教育监督机制，强化对领导干部的监督制约，健全和完善“三重一大”集体研究决定制度。

加快宁夏公路建设，任务还很艰巨。交通厅和全区广大交通职工将一如既往，再接再厉，再创佳绩，在交通部的关怀支持下，在自治区党委政府的正确领导下，高举中国特色社会主义伟大旗帜，深入贯彻落实科学发展观，继续解放思想，坚持改革创新，艰苦奋斗，求真务实，锐意进取，为全面落实党的十七大提出的各项奋斗目标和任务，实现宁夏跨越式发展作出更大贡献。

# 回家的路不遥远了

韩素贞

2006年,小儿子千里迢迢从上海开车回银川欢度春节。要送我回老家宁夏与甘肃镇原县交界处——彭阳县城阳乡岔口村。这是我离家46年来第一次坐小车回家,高兴得不知说什么才好。

年初六我与两个儿子,母子三人坐着小儿子开的小汽车一出银川,驶上了宽阔平坦的大道。干净整洁的高速公路,犹如黑色的绸缎飘逸,尽情享受着高速公路的快捷与舒适。路边的树木、空旷的田野、高耸的山脉、河流飞速向后倾倒。虽是大西北,初春的料峭却丝毫没影响回家的温馨。汽车急速而平稳的前进,车内放着《黄土高坡》欢快的歌曲,高亢、悠扬,美丽动听。把我带入到40年前的往事。

那是1968年寒假,读大三的我坐两天公交车到固原,因一场大雪一周没有放公交车,我要在固原住了一周。天天去南门汽车站看是否有车,总是没有结果。车站遇见许多回彭阳的同学和老乡,还有我们系的丁老师(他爱人在彭阳妇联)。丁老师是我们系的政治辅导员,也要回彭阳。于是我们等不及了,商量步行回家。固原至彭阳县120里多,还要翻越黄峁山(高达1900米)。我们有四五人准备第二天出发,每人背了点干粮(饼子),每人拿一棍子上山拄着,探路试雪的深浅。一出固原南门,便是五里峡,上黄峁山。没有路,按原路盘山拐来拐去,一边用棍子试探着走,深一脚浅一脚,踩在雪地上发出咯吱咯吱响声，白茫银色一片，雪花飘在脸上不觉寒冷和劳累。上了黄峁山又是一段羊肠小道，然后下坡，坡不算陡峭，就是滑跌，每个人都小心翼翼搀扶着走下去。下去后是峡谷，两边大山被雪覆盖着，狭窄小路走几十里才到人山河、烈士纪念碑，再向东走去就是古城镇、刘高庄、店洼水库、李寨子川，这些路都算较为平坦，比较顺利。半夜才到彭阳镇（当时没彭阳县），为照顾这个唯一的女性，让我住在丁老师家。丁老师爱人杨女士很热情，帮我热水烫脚、排泡……

正在回忆突然大儿子问我想什么，我回过神一看，汽车早已下了高速公路，穿过固原城市区出南门到达三里铺直奔青石嘴，一路顺风，下午3时已经到达彭阳县城，距我家只有30多里的路了。

20世纪60年代初，我从银川坐公交车回家需要4天时间，而且路非常不平，走的是土路、沙子路，春天翻浆；在永宁仁存渡过黄河是大木船，经常一等就是几个小时；路上尘土飞扬，睁不开眼睛；雨天泥泞难行，翻牛首山（中宁）上下坡，颠簸得人直想吐。上大学第一次来银川晕车了，来学校几天都不能起床，感觉还像在车上一颠一簸的。最惊心动魄的是在中宁石峇坐过一次羊皮筏子，那真是太吓人了：上面放的自行车，汹涌澎湃的黄河水近在咫尺，混浊的黄色水浪我一见就发晕，至今我再不敢坐那东西了。那个年代，固原到彭阳没有公交车，160多里路全凭步行。在固原读三年高中回家全是步行，没有任何交通工具。从固原至彭阳非常难走，出固原南门，翻高达1400米黄峁山，翻山之前是五里峡，走完峡谷就是上山，盘旋路，遇风雪天更是滑得无法走，必须拄着棍子缓慢地爬行。山顶羊肠小道几十里，下坡路很陡，下去又是几十里峡谷（两边都是高山，只能见到天）。狭窄的小石子路，夏秋山上长着许多小花，红的、白的、蓝的，野花翠绿可亲，有时累得无奈，只好拔点小花拿在手中鼓励自己前行。饿了吃点随身带的干馍馍，渴时看见山泉河趴倒喝点。茹河流淌在李寨子川中间，李寨子川有几十里路，走得腿都肿了，不听使唤了。有时爬坡过沟翻山越岭，遇着风雪交加更是寸步难行，鞋袜都湿透了。如果没有亲自走过此路，别人是无法体会那艰难和困苦的。走那样路不敢歇息，要坐下就起不来了，腿肿得拉不动。

马上就要到家了，过去回家走4天的路而今只用几个小时。而且全区各市、县、乡、镇都通公交车，铺上了柏油路，河、沟、渠都架起了桥。生长在偏乡僻壤的山区人民多数没见过火车，现在中宝铁路修到家门口。山区人民几十万人劳务输出外出打工，坐了汽车坐火车，坐了火车坐飞机，挣了钱家家盖起砖瓦房。“若要富，先修路。”大家都认准了这个理。

路是时间，路是哲学，路是生命，路是经济命脉。过去回家走4天的路，小儿子带我只需要几个小时，怎能叫人不高兴？

# 新疆篇

## 大道出天山

新疆维吾尔自治区交通厅

新疆地处祖国的西北边陲，土地面积占全国的 1/6。在公路、铁路、民航、管道等多种运输方式中，公路客货运输量分别占 95% 和 84%，处于主导地位。从某种意义上讲，新疆的经济就是公路经济。解放后，新疆的交通事业在党中央的关心和正确领导下，在自治区党委和人民政府的高度重视下，经过几代交通人的不懈努力，取得了天翻地覆的变化，尤其是改革开放 30 年来的发展更是突飞猛进。截至 2007 年年底，新疆拥有国道 7 条、省道 74 条、县道 705 条、乡村公路和专用公路 18300 多条；公路通车里程达到 14.5 万公里，其中高速公路和一级公路 1900 多公里；机动车保有量达到 244 万辆，其中民用汽车保有量达到 82 万辆；客货运输站场 1236 座，其中客运站 730 座；对外开通一、二类运输口岸 27 个，其中国家一类口岸 15 个；对外运输线路 105 条，其中客运班线 51 条，货运线路 54 条；公路养护水平已进入全国前十位，好路率达到 85.5%，交通系统被自治区文明委命名为“自治区文明行业”。2007 年自治区党委批准成立了新疆维吾尔自治区交通厅党委、交通厅政治部、交通厅纪委、交通厅党委党校，交通系统党的组织建设、思想建设、干部队伍建设、党风廉政建设明显加强，科技教育、文化建设发展成绩显著，民族团结进步，自治区交通系统呈现出一派欣欣向荣的景象。

## 一、交通发展的历史演变

新疆古称西域，自古以来就是我国一个多民族聚居的地方，是我国领土不可分割的一部分。新疆与周边 8 个国家接壤，是通往欧亚的重要门户和桥头堡，与内地各省（市）区及境外交通历来以陆路交通为主，闻名中外的丝绸之路贯通全境。历史上的丝绸之路沟通了中西方经济、政治、文化交流，促进了人类社会的不断发展和文明进步。

早在春秋战国时期，中西方的交流就已经开始，南北两条丝绸之路开始形成。汉朝张骞两次通西域及西域都护府的设置，促进了丝绸之路的交通发展。隋唐时期，丝绸之路已发展为南中北三条畅通无阻的主干线，还分出了许多支线，建立了许多驿站，新疆南北的陆路交通初步形成网络。五代至宋，内地与西域之间的贸易、政治、文化交往日趋频繁。元代的中央政府通往西域和中亚的道路通畅无阻，新疆与内地的丝绸、牲畜交易空前活跃。清代，内地通往新疆的道路进一步改善，驿道主线已有 1.3 万多公里，光绪年间，开办了迪化（乌鲁木齐）至塔城的畜力客运，到 1911 年伊犁将军府所属官商合办的羊毛公司从波兰购进了 2 辆小汽车，开通了惠远—宁远（伊宁）的汽车客运，自此新疆开始有了汽车客运。

民国初期，新疆的公路交通发展非常缓慢，直到 1928 年才有了第一条公路，比新中国成立以来修建的第一条公路晚了 21 年，到 1949 年 9 月新疆解放时，全疆仅有简易公路 3361 公里，公路密度 0.2 公里/百平方公里，破旧汽车 371 辆，通行能力很差，南北疆大部分地区处于不通公路的封闭状态。

新中国成立后，1949—1978 年改革开放前的 29 年，新疆交通主要处于恢复和起步时期，其中，1950—1957 年，国家投资 3500 多万元，对乌鲁木齐通往星星峡、伊犁、喀什、塔城、阿勒泰等的砂砾公路进行恢复和小范围的初步改善。到 1957 年年底，全疆公路通车里程达到 12039 公里，是解放初期的3.6倍。

1958—1978年，尽管有“全党全民大办交通”的推动，自治区掀起了公路建设的热潮，但受到财力和物力的严重制约，公路建设只能缓慢推进。先后建成的干线公路有：乌鲁木齐—胜利达坂—库尔勒公路，阿勒泰—独山子公路，乌鲁木齐—独山子公路（新疆第一条沥青路面的公路），呼图壁大桥（新疆第一座永久式的公路桥梁），独山子—库车的天山公路（1974年动工兴建）。这期间在南疆干线公路上修建了跨越开都河、孔雀河、阿克苏河、叶尔羌河、玉龙喀什河的永久式公路大桥。在国道312线乌鲁木齐—伊犁、国道314线大河沿—喀什铺上了沥青路面。这一时期公路通车里程增加不多，到1978年全区公路通车里程达到2.4万公里，技术等级有了明显提高，拥有沥青路面的公路达到5810公里。

无论是古代，或是近代，新疆的交通发展与变化，可从一个侧面反映出新疆经济、社会、政治、军事、文化的变化，政府和群众的共同体会是："要想富，先修路。"

## 二、天山南北变通途

说起遥远的地方，人们都知道是新疆。广袤的草原，浩瀚的大漠，耸立的高山，星星点点的绿洲，把中国1/6的大地装扮得神奇美妙。公路又把这些神奇的地方连接起来，使丝绸之路一改往日的悲壮苍凉。

改革开放30年，给新疆的公路交通事业带来了千载难逢的发展机遇。新疆交通厅抓住机遇，趁势而上，尤其是近十年来得到了迅猛发展。到目前为止，公路通车里程已超过14.5万公里，高速公路和一级公路超过2000公里，农村公路超过了12万公里。已初步形成了以乌鲁木齐为中心，以7条国道和74条省道为骨架，以农村公路和专用公路为网络，穿越天山、昆仑山和帕米尔，环绕准噶尔和塔里木两大盆地，辐射地州市县乡镇村和生产建设兵团农牧团场和连队，东连内地，西出欧亚，四通八达的公路网。

### （一）国家的关心支持

改革开放后，国家进一步加大了对新疆公路交通事业发展支持的力度。

1992年,国家计委在乌鲁木齐召开的有关部委办和西北五省区主要领导座谈会上,国务院副总理邹家华指出:“新疆要加快公路交通设施建设,大西北要联合起来走西口。”如今,国家已批准新疆对外开放了15个一级公路口岸。

1992年8月,交通部部长黄镇东在新疆调研历时15天,与自治区领导商讨把国道312线新疆段尽快建成国际大通道,形成第二座亚欧大陆桥。这一年,自治区高等级公路建设指挥部成立。在两年多的时间里,交通部正、副部长有9人次到新疆考察调研,商讨公路交通发展战略。从此新疆的公路建设进入了快速发展时期。

1993年9月,西北五省区的主要领导聚集乌鲁木齐,商讨发展西北经济大计。会议的中心议题是:共建西北出口大通道。

2002年金秋,交通部部长黄镇东和部党组书记张春贤一起到新疆调研,交通部党组始终惦记着新疆的发展。

2004年,交通部部长张春贤两度来到新疆,深入到天山深处的养路道班和偏远乡村,全面考察了解新疆公路交通状况和需要。2005年新疆第二条穿越塔克拉玛干的阿拉尔—和田沙漠公路开工建设,交通部部长张春贤前来参加开工典礼,并要求建设单位保质保量为南疆人民建设一条幸福路。

2005年10月10日,交通部与自治区主要领导在北京共商新疆“十一五”期间公路交通发展大计,并形成了《交通部与新疆维吾尔自治区人民政府关于加快新疆交通发展会谈纪要》。交通部将采取7项措施支持新疆公路交通发展。

2006年,交通部部长李盛霖到新疆调研,深入到天山深处的建设工地,了解国家“五纵七横”主干道新疆段的建设情况。

2007年为贯彻落实国务院《关于进一步促进新疆经济发展的意见》精神,进一步加快新疆的交通发展,自治区领导与交通部领导举行多次会谈,先后签订了《加快新疆公路交通发展会谈纪要》和《关于落实中央1号文件农村公路建设任务的意见》,对支持新疆重点公路项目作出了具体部署。

2008年7月,自治区领导又几次到北京与交通运输部领导协商新疆交通建设发展的重点，并且达成了共识。

尤其是近几年来，中央对新疆公路建设的投资力度不断加大，2000—2007 年共投资 185 亿元，占新疆同期交通总投资的 34%。2009 年已增加到 50 亿元。

（二）干线公路建设

回顾改革开放 30 年来，新疆的公路建设经过了几个跨越式的发展时期。1985 年，新疆交通人在西北地区第一个建成乌鲁木齐人民路和地窝堡两座立交桥，建成了乌鲁木齐—昌吉 28 公里一级公路。1993 年，改革开放 15 年之时，在新疆公路建设史上同时出现了 4 个"之最"：一是投资规模最大，为 6.73 亿人民币；二是竣工项目最多，被列为国家和自治区 8 个重点项目建成通车；三是交付使用的里程最长，达 938.4 公里；四是工程质量最好，有 6 个项目被评为优良工程。一年有 8 条路建成通车，当时被称之为新疆公路建设史上的一座里程碑。

1993 年 12 月 28 日，自治区人民政府在八一剧场隆重召开表彰大会，交通系统有 9 个单位，14 个先进集体，13 个先进班组和 39 名先进个人受到了表彰和奖励。自治区人民政府给交通厅的奖牌上写着："发展公路交通，振兴新疆经济。"新疆的交通人如此风光，这是第一次！

1992 年 4 月，自治区人民政府成立吐鲁番—乌鲁木齐—大黄山高等级公路建设指挥部。自治区主席和副主席分别担任正副总指挥。两个月后，世界银行一行 9 人，对新疆拟采用世界银行贷款修建的吐鲁番—乌鲁木齐—大黄山项目进行了鉴别调查，同时与新疆交通厅签署了项目工作备忘录，这标志着在国家"贷款修路，收费还贷"政策的指引下，新疆第一条利用世界银行贷款建设的公路正式启动。1995 年 4 月，吐鲁番—乌鲁木齐—大黄山高等级公路建设在吐鲁番奠基开工。1997 年，新疆利用世界银行贷款建设的第二条公路，即乌鲁木齐—奎屯高速公路奠基开工。在同一个省区，利用世界银行贷款 3.5 亿美元同时上两个项目，新疆开了全国的先例。1998 年和 2000 年，吐鲁番—乌鲁木齐—大黄山和乌鲁木齐—奎屯两条高速公路相继建成通车，这是新疆公路建设史上又一座新的里程碑。

1999 年,国家实施西部大开发战略以来,新疆公路建设进入了历史上投资规模最大,发展建设最快,建设质量稳定提高的最好时期。2000 年以来,新疆公路交通固定资产投资累计达到 546 亿元,相当于自治区成立以来前 45 年投资总和的 4 倍,相继完成了 7 条国道重点路段的新建、改建任务。目前 7 条国道,除通往西藏穿越昆仑山的 219 线没有全部通油路外,其他全部达到等级沥青路面。特别是乌鲁木齐—库尔勒、乌鲁木齐—塞里木湖、阿图什—喀什、乌鲁木齐—克拉玛依和即将建成通车的乌鲁木齐—星星峡高速公路和一级公路,构成了新疆东南西北的快速通道。

据初步统计,2007 年新疆全区生产总值 3400 亿元,其中交通行业完成产值 265.13 亿元,带动或拉动相关行业创造增加值 580 亿元,交通建设每完成 1 亿元固定资产投资直接创造就业岗位 1400 多个,带动其他相关行业创造就业岗位 3300 多个。

(三)农村公路建设

新疆农村公路建设从 20 世纪 80 年代末期起步,由于当时国家投资力度不大,地方财政困难,自治区农村公路建设发展缓慢。

新疆真正掀起农村公路建设热潮,是从 2000 年开始。8 年共完成农村公路建设投资 105 亿元,建设农村公路 3.5 万公里。截至 2007 年年底,全区农村公路里程达到 12 万公里(含兵团),全区乡镇通公路率达 98.6%,建制村通公路率达 73.5%;全区 95.5% 的乡镇(场)通了油路,43.2% 的行政村(队)通了油路;改善了 268 个乡镇及 2370 个建制村的通行条件,基本形成了联结千家万户的农村公路网络。

尤其是在 2007 年,新疆完成农村公路建设投资 30.55 亿元,建设里程 6700 公里,是近年来新疆农村公路建设投资最多、建设规模最大、建设速度最快的一年。“公路通了,脑筋活了,收入多了,面貌变了”,是新疆农村公路大规模建设带给各族农民的切身感受。

家住昌吉市阿什里哈萨克族乡二道水村的乡中心学校初一学生阿依那西·玛坦和弟弟艾登别克·玛坦早上 8 时 30 分准时来到村口,坐上了去乡中心学校的公交车,不到一刻钟就到了学校。和阿依那西姐弟俩一样,今年,昌吉市阿什里乡 470 名农牧民子女都拿上了昌吉市公交集团发的免费月票。这是昌吉市村村通公交给该市农牧民带来的实惠之一。

在农村道路不断改善的同时,与之配套的农村乡镇客运站点也逐步建立,越来越密集的客运班线,穿梭在田间地头和村头巷尾。新疆重点实施了乌鲁木齐公路主枢纽、地(县、市)客运站和农村客运站的建设及配套设施的完善,全区地、州、市、县客运站建设全面完成。截至 2007 年年底,全区农村客运站点达 421 个,农村客运车辆达 14871 辆,占班线客运车辆总数的 63%。全区乡镇客运班车通达率为 99.9%,行政村客运班车通达率达 70%,初步形成了以客运站为依托、辐射全区地州市县及部分重点乡镇的道路客运服务网络。

143 团是农八师第一个实现客运班车"村村通"的团场。该团场的三个分场各有一个简易车站,26 个连队(村)有 17 个招呼站,配置了 34 辆客运公交车。各条线路的公交车每半小时一趟,职工出门就能坐上,老人、学生还可以办月票。

按照规划,2009 年新疆还将新建、改建农村公路 6000 公里,并重点加强不通公路的乡镇、行政村公路建设。条条宽阔的"康庄大道",将串联起农民的致富梦想,为新农村建设提供更为便捷的道路交通保障。

### (四)公路养护管理

新疆进行了公路养护工程内部招投标、实行养护工程项目管理、养护工程监理、合同管理、计量支付制度,在实行事业单位企业化管理和试点养护企业的改革过程中,都做了积极稳妥的探索和实践。

公路局近年来通过在全系统范围内推行小修养护内部招投标,不仅使传统的公路养护发生了质的变化,而且使公路养护企业化管理找到了一种有效的实现形式。内部养护市场化运行以来,新疆公路养护工作被注入了新的内容,"科学养护、文明养护、及时养护、加强冬季养护"已成为新疆公路行业改革发展中的一种新办法。

1978—1990 年,新疆在养护管理上提出"新建改建公路 15 年无大修"和"进一步提高公路技术等级"等口号,推出了公路养护管理经济承包责任制,执行了发包、承包管理办法,先后开展了公路普查、路况登记、交通量调查、路政管理、科技档案管理、公路养护管理系统数据库等工作,养护方式上积极推行专业化和机械化养护,使公路养护管理工作上了一个新的台阶。

进入20世纪90年代,公路养护管理机构和队伍相对稳定,管理上相继采取了"道班建设"、"加强机械化养护"等措施,改善了一线干部职工的生产、生活、交通条件和环境,推广和应用了CBMS、CPMS系统,制定了《新疆公路养护管理检验评定规程》、《新疆公路养护管理检查办法》和《道班管理二图六表》等各项工作的管理办法,进行了公路养护成本相关因素调研等工作,制定并实施了《公路养护投入产出包干管理办法》,使公路养护管理工作步入了专业化、科学化、规范化、现代化轨道。

"十五"以来是公路养护管理体制、机制改革力度最大的几年,从管理模式上进行大胆探索和尝试,养护管理先后推行了"公路养护大中修和小修保养招标投标",实行了监理制度、计量支付工程费制度等措施,从过去老的"经济承包责任制"模式,到模拟"企业化养护管理"模式,积极培育新疆内部养护管理市场。随着公路基本建设、路网工程、路网改造工程力度的加大,公路里程、公路等级、公路技术标准得到大幅度提高,好路率由2000年的65.2%上升到2007年的85.5%。

通过加强公路改造和管理养护,新疆公路技术等级、通行抗灾能力和路网整体服务水平不断提高。"十五"末在全国公路养护检查评比中名列第10位。

由于新疆公路多分布在自然条件恶劣的高山、大漠、戈壁、荒原等地段,过去60%以上的道班都远离县城和居民点,道班工人的生活和工作环境极为艰苦,而且诸如吃水难、吃菜难、用电难、乘车难、通讯难、看病难、找对象难、子女上学就业难等问题也一直困扰着他们。

从1997年开始,新疆交通厅从"以人为本"的角度来统筹安排道班建设,对全疆的道班进行重新规划建设。经过多年的努力,在改造过的248个道班(养护站)中,全部安装了地面卫星接收器,建起了文化娱乐图书室,大部分道班(养护站)已建成了"三园一架"(果园、花园、菜园和葡萄架)式道班,有的已成为当地的人文景点,目前已受到全国、自治区有关部门命名表彰的道班、养护站就达 100 多个。

园林化的院落、古典式的亭阁、公寓化的宿舍、现代化的设备、方便的交通班车……过往的人们都在惊叹公路道班所发生的巨大变化。同时,针对养路工人存在缺房、危房的现实,交通厅和公路管理局认真制定并实施了房建工作规划,共有 3000 多户一线养路职工搬进了新居。

现代化养护机械减轻了养路工人的劳动强度。20 世纪 50 年代、60 年代养路工人在公路上作业主要用的是铁锨、十字镐、板耙、齿耙、独轮手推车等;七八十年代开始大批量配备手扶拖拉机、小四轮拖车、小翻斗车等小型机械等,公路施工及沥青铺筑基本采用机械碾压,人工劳动减少了 70%;90 年代以后,大型推土机、扫雪车、越野车、巡道车、洒水车、平地机、压路机、挖掘机等现代化养护机械广泛运用到新疆公路行业,极大地减轻了养路工人的劳动强度。

新疆公路管理局养路科原科长、高级工程师曲占柱,1958 年从沈阳公路工程学院毕业后,自愿来到新疆。为了新疆的公路事业,30 多年来,他凭着对党和人民的无限忠诚,用他坚实的双脚踏遍了天山南北的条条公路。从"万山之祖"的喀喇昆仑山到"死亡之海"的塔克拉玛干沙漠,从西藏阿里地区的冰河峡谷到帕米尔高原的红其拉甫,只要公路延伸的地方,到处都留下了他的足迹。

1987 年 12 月 28 日,为了营救旅客,老风口道班的两名养路工周林、蒋笃远在与暴风雪搏斗了十几个小时之后献出了自己年轻的生命,牺牲时都还不到 30 岁。

塔城公路总段原总段长胡曼,就是在这样恶劣的环境下,每当险情发生时,总是亲临现场,不顾个人安危指挥抢险,担负起保护人民群众生命和财产安全的重任,现在,忙碌的胡曼也已安息在巴尔鲁克山畔,她和全体公路人一起书写着风抹雪染中的生命赞歌。

一部新疆公路发展史就是几代各族养路工的奋斗史、牺牲史和创业史。从"爱岗敬业、拼搏奉献"的全国劳动模范多力贡·加尼到"富而思源、富而思进”的自治区民族团结先进个人沙地克江，从“干一行、爱一行、钻一行”的优秀养路工代表热比姑·依明到交通厅号召全疆交通系统学习的爱岗敬业、改革先锋、无私奉献的自治区优秀共产党员、模范道德标兵塔城公路总段原总段长胡曼，他们生命中最辉煌的部分都与公路紧紧相连，是新疆公路的脊梁！

## 三、道路运输蓬勃发展

随着道路运输市场的进一步开放，新疆交通运输逐步形成了多家经营、多种形式、多种经济成分并存的新格局。截至2007年年底，全区民用汽车保有量达到82万辆，其中营业性运输车辆25.03万辆，占全区民用汽车保有量的30.6%，比1978年的4.1万辆增长了6倍多。新疆公路客运量、旅客周转量、公路货运量、货物周转量分别为36159万人、326.7亿人公里、38427万吨、468.8亿吨公里。在公路、铁路、航空、管道4种运输方式中，公路的客货运输量分别占95%和84%。形成了人便于行、货畅其流的良好局面。道路运输业带动或推动其他行业创造附加值221.72亿元，对自治区GDP的总体贡献率达10.4%，对自治区就业的总体贡献率达4.83%。

### （一）服务管理体制不断健全完善

1983年9月，自治区汽车运输总公司改为自治区运输管理局，统一管理全疆公路运输市场。1988年年初，自治区运输管理局改为交通厅下属的县处级职能局，代表交通厅对全疆公路客货运输市场、汽车维修市场、运输站点、搬运装卸及交通工业等进行全行业管理。随后，全疆公路运输三级行业管理体系形成。自治区设公路运输管理局，地、州、市设公路运输市场管理总站（处），县（重点经济区）设公路运输管理站。同年，《新疆维吾尔自治区公路运输管理实施细则》颁布实行，公路运输行业管理工作日趋规范。2001年8月，自治区将新疆公路运输管理局改为新疆道路运输管理局。2003年1月，自治区将道路运输管理体制由“条块结合、以块为主”改为“条块结合、以条为主”。全区道路运输管理实行自治区、地州（市）、县（市、区）三级管理；全区15个地州（市）均设有公路运输管理总站（处）；各县（市、区)设公路运输管理站(所);边境一类陆路口岸设14个口岸交通运输管理站;国道、省道设27个公路交通稽查站和1个外籍车辆检查站,为道路运输管理机构履行公共事务管理职能奠定了坚实基础。

随着《道路运输管理条例》的颁布实施,企业经营权与监督管理权的分离,道路运输管理局紧紧围绕"建设大交通,发展大物流,搞活大经济"的目标,坚持"政府引导、统一规划、多方投资、加强监管、城乡统筹、优势互补"的原则,构建网络化、全覆盖的道路运输市场,引导广大道路运输经营者规模化、集约化、体系化经营,以诚实守信为宗旨,坚持以人为本的经营理念,促进经济社会的发展。通过一次又一次的调整、整合,道路运输事业得到极大发展,推动了新疆经济的快速发展。

(二)城乡客运人便于行

以法律手段为主的道路旅客运输市场宏观调控机制渐趋成熟,客运车辆覆盖面广、运力充足,现代道路旅客运输市场体系基本建立并逐步完善,道路旅客运输向着高速、舒适、便捷方向发展。2007年全区实现客运总量26348万人次,多年来一直保持每年8%的增长速度,现代道路旅客运输市场体系框架基本形成,各族人民多元化的乘车需求基本得到满足,道路客运事业正朝着现代化方向迈进。基本形成了以长途客运班线为主体,城乡公交车、出租车为补充的客运市场网络。班线客运成为新疆道路旅客运输的主力军。省际客运班线35条,投入客车119辆,地州市之间班线509条,投入客车3238辆,实现了以乌鲁木齐市为中心往返于地州市所在地和部分发达县、市以及地州市所在地的互通;县际班线共有860条,共投入车辆7316辆,实现了各地州市和县与县之间的互通。

随着新疆农村公路通达深度不断延伸和农村公路质量等级的不断提高,农村客运快速发展。全区853个乡镇中,839个已通了客运班车,9195个行政村中,6578个已通了客运班车,客运班车通达率分别达到98.3%、71.5%,302个乡镇(团场)建设了客运站。全区农村客运车辆达18570辆,车辆占班线客运车辆总数的75%,基本解决了农牧民群众出行难、乘车难的问题。一些地州市还将农村客运班车改造为城乡公交客运,方便农牧民出行。并积极响应农牧区集中办学的要求，采取了当地政府、学校、客运企业各承担一部分费用的做法，承担起农牧区学生上学接送的公益性运输。阿勒泰地区运管总站结合农牧区实际，提出“牛羊随着水草转、客车跟着毡房走”的要求，青河县率先实现了客车开到农牧民的田间地头和毡房前的目标。

培育品牌，为各族人民群众提供文明、优质的出行服务成为道路运输管理部门的重要职责。昌吉公交集团为全国道路客运百强企业。该公司农村公交网线覆盖了昌吉市 8 个乡镇 84 个行政村以及兵团农六师部分团场，通达率 100%，形成了村村通公交的良好格局，使昌吉市成为新疆首个村村通公交的县市。该公司积极打造高效、快捷、舒适、方便的公交客运体系，让农牧民共享城市公交资源和改革开放的文明成果。2005 年，该公司在市区线路和农村客运线路全部试行了智能公交 IC 卡收费，农村客运线路上的 138 辆车全部配置了手持 POS 机，农牧民与城市居民一样持 IC 卡乘车。为城乡居民发放月票 1.3 万张，分设了专线月票、全线月票和区间月票，极大方便了进城的农牧民。为此，该公司每年为郊区月票补贴 430 万元。公司还每天派出 25 辆公交车将 1400 多名农村学生、教师早晨送到学校，下午送回家，还为阿什里乡中心小学的 400 多名哈萨克族学生办理了免费乘车 IC 卡。2006 年，农民工进疆高峰时期，新疆道路运输管理局、昌吉州运管总站紧急抽调该公司 36 辆公交车，及时完成了由大河沿火车站前往阿克苏、奎屯等地捡棉花的农民工 1440 人的承运任务，后被道路运输管理局列为紧急预案后备队。

2005 年 8 月 21 日，新疆首条“文明班线”——乌鲁木齐—石河子阳光快客文明班线正式开通。“文明班线”以窗口建设为重点，以“为乘客服务、向乘客承诺、请乘客监督、让乘客满意”为宗旨，向旅客提供“零距离”服务；推行站务员星级服务和专项活动考评制度，实行与经济责任制挂钩考核。按照统一协调、便民利民的要求，形成了统一停靠站点、线路标志、服务承诺、便民措施、车辆车型、人员着装、服务证牌、站务规范的“八统一”服务标准，为旅客提供了舒适和规范的服务。经过 3 年多的创建实践，乌石快客联营体取得较好的社会效益和经济效益。班车备受乘客青睐，实载率一年好于一年；乘客体验快乐出行，全程享受优质服务，成为乌奎高速路上一道亮丽的“风景线”。

(三)道路运输货畅其流

2007年末，全区营业性货运汽车完成货运量、货物周转量分别为1978年的4.99倍和11.42倍，在自治区现代综合交通运输体系中处于领先地位，运量排名第一，货物周转量仅次于铁路，排名第二，突破了道路交通运输制约自治区经济建设发展的“瓶颈”，实现了“货畅其流”与国际接轨的管理目标。道路货物运输向着规模化、专业化、快速化方向发展。货运汽车的结构也发生了巨大的变化，不仅大、中、小齐全，而且实现了优化。为适应经济建设，适应工农业生产和各族人民生活不断提高的需要，货运经营者在各级交通运管机构的引导下，利用自有资金或银行贷款购置了集装箱车、厢式货车、大型物件运输车(牵引车、平板车)、半挂车、冷藏车、保温保鲜车、水泥搅拌运输车、各类罐车、自卸车、运钞车、化学危险品运输专用车、工具车等。营运货车占全区营运汽车总数的82%～84%，并不断朝着大型化、专业化、节能环保化的方向发展。

国务院《关于进一步促进新疆经济发展的意见》以及“外引内联，东联西出”战略的实施，将使物流需求保持较大幅度的增长，为道路运输业的发展带来了机遇。同时要求道路运输行业优化运输组织结构，改善运输装备水平，提供高效率、低成本、差异化的物流服务。结合新疆的经济特征，将重点建设四个现代物流体系：建设现代物流基础设施体系，现代物流市场体系，现代物流信息体系，现代物流发展宏观政策体系。建立以乌鲁木齐为中心、重点城市和口岸为节点、以综合运输网络为依托，以国际物流为发展方向的现代物流体系，全面提升新疆物流业的服务水平和竞争能力，促进新疆的经济和社会发展。到2015年，预计总投资9.73亿元，力争完成7个运输枢纽城市中的21个物流中心和货运站场的建设目标，培育出10家左右对新疆道路货物运输发展方向和运输市场有一定主导作用的大型货运物流公司，营运载货汽车总数将达到28万辆。骨干运输企业所占的市场份额达到35%,专业化物流企业达到100家,形成快速货运以大型货运物流公司为主、骨干企业全部公司化经营的发展格局。到2015年,基本建立起信息化、组织化、网络化程度较高、地区间与地区内相协调的货运物流服务系统。

(四)国际运输蓬勃发展

国际道路运输自1990年开展以来,截至2007年年底,新疆地区与周边国家已开通了17个一类陆路口岸、12个二类口岸和5个国际客运站。共开通客货运输线路105条(其中客运51条,货运54条),成为全国国际道路运输营运里程最长、营运线路最多、发展最为迅速的省区。累计完成出入境客运量489.90万人次,进出口货运量1649.71万吨。1990—2007年,新疆从事国际道路运输的企业由开始的3家发展到66家;国际道路货运车辆从平均吨位不足5吨到现今超过20吨;车型由普通散货车辆发展到集装箱大型货柜运输车辆及冷藏、危货专用运输车辆;国际道路客运车辆从普通客车发展到高级客车、卧铺客车。车辆数由200余辆发展到3200余辆;货物运输由当初只能提供一般货物运输到目前可以提供普通货物、危险货物、鲜活易腐货物、长大笨重货物、零担货物等多种国际道路货物运输。国际旅客运输车辆90%以上的客车为22铺以上、中高级卧铺客车,安全性、舒适性、及时性有了很大的提高。1983年,新疆恢复口岸开放至今,国际道路客货运输量增长迅速。2007年,新疆完成国际道路旅客、货物运输量首次突破“双百万”大关。完成进出口货运量259.20万吨,货物周转量59152.65万吨公里,出入境客运量103.08万人,旅客周转量17237.57万人公里,分别较上年同期增长44%、25%、88%、85%。改革开放30年,新疆对外实现了全方位的开放,对外运输实现了大跨度、多层次的发展,已成为对外经济贸易增长不可或缺的运输方式,有力拉动了新疆对外经济贸易的发展。

## 四、科技教育硕果累累

科技教育是交通行业的立业之本,发展之本,创新之本。交通事业要实现科学的跨越式发展,科技教育必须先行。改革开放以来,新疆交通科技教育事业得到了长足的发展进步。

新疆交通职业技术学院通过整合不断壮大。新疆公路规划勘察设计院,由小到大,由弱到强,稳步发展。1980年,新疆交通科学研究院在改革开放中应运而生。尤其是近几年来,自治区交通厅承担了交通部和自治区各类交通科技研究项目18项,获得科研、优秀工程设计、优秀工程咨询成果奖共31项。新疆交通厅承担的国家"沙漠地区公路建设成套技术研究"项目,在8个方面取得了40项科研成果,有2项填补了国家空白,10项有重大创新,2007年荣获国家科技进步二等奖。"盐渍土地区公路利用风积沙筑路技术开发与应用"荣获2003年自治区科学技术进步一等奖,有近十项工程荣获优秀工程项目设计奖。各类岗位培训和继续教育超过了1.5万人次。

(一)改革创新带来大发展

新疆交通职业技术学院的前身是国有新疆维吾尔自治区运输公司驾训队,已有55年的历史。进入20世纪90年代后,新疆交通职业技术学院不断发展壮大,已经成为新疆培养交通人才的摇篮。

1997年后,学院先后进行了四轮内设机构和人事用工分配制度改革。改革激活了办学机制,增强了内部活力,使教育质量和办学效益得到提高,成为推动学院发展的重要动力。

1997年7月,为实现交通职业教育的资源共享、优势互补,交通厅决定把交通学校(含交通干部学校)和交通技工学校合并。学校及时制定了发展规划(1998—2000年),确定了"力争用3年的时间,实现自治区重点中等专业学校和自治区重点技工学校及自治区级文明单位"的奋斗目标,学校真正意义上的发展也就是从这时起步的。

1999年1月,学校全面启动了首轮内设机构和人事用工制度改革。这轮改革重在建立与学校发展相适应的内设机构,以全员聘用制为核心进行中层干部竞争上岗,教职工双向选择等工作。两年后进行的第二轮改革中,学校以引入工资津贴分配机制为重点,实行了岗位津贴分配制度,推进管理机制的改革和创新,学校整体办学效益明显增强,教职工福利收入水平有了一定的改善。2003 年,第三轮改革以强化全日制中等职业教育、成人教育培训鉴定和校办产业三大发展支柱为重点。在此期间,学校又通过了国家级重点技工学校评估和国家级重点中等职业学校复评估,成为教育部批准的国家重点建设示范性职业院校(新疆共有 3 所),汽车运用与维修专业成为新疆仅有的全国中等职业教育示范专业点。学校以良好的办学规模、办学效益和办学水平,位居新疆各中等职业学校之首,成为新疆中等职业教育的领头羊。

为适应高等职业教育的发展,2005 年 1 月 ~4 月,学校按照高等职业技术学院的管理要求,组织实施了第四轮改革。此轮改革对内设机构进行了较大调整,对教学部门实行了费用包干管理。新的内设机构设置和全员聘用工作为学院发展理顺了关系,明确了责任,建立了适应高等职业教育发展的工作体制。

2001 年,学校教师代表队荣获新疆技能比武交通赛区团体总分第一名和各单项比赛第一名的好成绩;2003 年,学校囊括了新疆技工学校汽车维修专业应届毕业生教学质量抽考团体总分、学生组和教师组三项第一名。

目前,学院已形成公路与桥梁、汽车运用与维修、交通工程机械、交通运输管理和计算机应用 5 个主干专业群的 20 多个专业体系。实现学历教育学生 6000 多人,其中全日制中高职在校生近 4000 人,本专科函授生 1500 多人。毕业生当年就业率保持在 90% 以上。

同时,学院也形成了以高职教育为主体,融中职教育、成人继续教育、各类职业培训、技能鉴定为一体的多层次、多形式办学格局,充分发挥了交通教育培训的资源优势,向社会输送各类交通技术人才 3 万多人,为自治区交通人才培养作出了应有的贡献。

(二)踏平坎坷成大道

新疆公路规划勘察设计院 1961 年成立至今,已完成公路勘察设计 4 万多公里,特大桥梁近百座,在天山南北、大漠腹地、昆仑雪山、帕米尔高原都留下了这些交通人艰辛的足迹。

风灾、雪灾、盐碱是困扰新疆公路的主要灾害,也是老一辈公路测设者一直在思考、力图突破的问题,但由于当时国力不足,新疆经济欠发达,使得上等级的公路建设受到了一定程度的影响。如:国道218线尉犁—若羌段公路,介于绿洲与沙漠边缘,沿线砂砾等筑路材料奇缺,土壤存在不同程度的盐渍化现象,且部分路段地下水位高、地基湿软,原有老路冻胀、盐胀、翻浆等道路病害并存,通行条件极差,当地建设兵团职工对此意见很大。怎样修,才能使这段路坚固?若用砂砾,需要到别处取材,工程造价会很高。为解决这一问题,新一代公路测设者从1997年就开始了长达5年的"盐渍土地区公路利用风积沙筑路技术开发与应用"的研究。共计完成37种路基、路面结构的理论研究与现场试验,取得了12项主要研究成果,获得了丰富的风积沙、盐渍土等材料的物理力学参数,成功地将风积沙用于路面结构和盐渍土、湿软地基的处理,解决了砂砾料缺乏地区的筑路难题,形成了风积沙在盐渍土地区设计、施工、试验控制完整的研究成果和成套技术。该技术经过自治区科技厅鉴定确认达到了国内领先水平,并填补了国内两项空白,目前这项技术已应用在新疆国道、省道的建设中。

在改革与创新中,提升了设计研究院整体的技术水平。目前,新疆公路规划勘察设计研究院已获得国家建设部颁发的工程勘察综合类甲级资质证书,国家建设部颁发的公路行业工程设计甲级资质证书,国家发展和改革委员会颁发的公路工程咨询甲级资质证书,国家交通部颁发的公路工程监理甲级资质证书等,并取得了累累硕果。"盐渍土地区公路利用风积沙筑路技术开发与应用"获2003年自治区科学技术进步一等奖,新藏公路219线1997年获交通部优秀勘察设计二等奖和自治区第九届优秀工程设计二等奖,国道314线库尔勒过境公路改建工程获自治区第十届优秀工程设计一等奖,吐乌大高等级公路获自治区第十一届优秀工程设计一等奖、全国第十届优秀工程设计项目铜奖,孔雀河大桥获全国第九届优秀工程设计铜奖,"新疆挡土墙交互设计系统软件工程设计项目"获自治区第十届优秀工程设计一等奖,等等。

### (三)历史性的突破

沙害、雪害、盐渍土,这是中国公路建设中的三大危害,也是三大难题。

新疆交通科研院所将这些难题一一破解。

我国是世界上沙漠的国家之一，沙漠面积约 81 万平方公里，许多沙漠地带蕴藏着丰富的资源。塔克拉玛干，一提起这个地名，人们马上就会想到无边的黄沙、不尽的狂风——那是世界第二大沙漠，是尽人皆知的“死亡之海”。在沙漠里修公路，是中国西部亿万人祖祖辈辈的梦想。

2003 年，中国国务院在向联合国递交的白皮书里，自豪地向世界宣布：中国新疆有两项科研成果获得历史性的重大突破。其中一项就是“新疆沙漠公路修筑技术”。

自治区交通厅交通科研所的科研人员历尽千辛万苦，经过近 20 年的不断探索、研究与艰苦实践，积累了大量的数据和丰富的经验，研究总结出一整套固、阻、疏、导治沙的办法，终于使 315 国道初步解除了沙的危害，自 1984 年以后，那里的沙阻现象就被彻底改观了，是他们使和田—且末—若羌的公路畅通起来。

其后，在新疆交通科研所工程师的亲自指导下，采取“强基薄面”的方法，以土工布为材料，利用沙漠里的风积沙为路基，修建了第一条沙漠公路，由库尔勒不远的肖塘—塔中 1 号井，长 120 公里，为塔中的石油开采大会战建立了功勋。他们十几年里探索的“固、阻、疏、导”的治沙技术在这里几乎全部得到有效应用。而用芦苇编织防沙网和防沙栅栏的做法不仅成为一个创举，也成为沙海大漠里的旷世奇观。

1993 年，由中国天然气公司主持修建了民丰—库尔勒的全长 500 多公里的沙漠公路。那是一条真正具有历史意义的沙漠公路，所使用的也完全是由新疆交通科研所提供的成套技术。

2002 年，且末—塔中的沙漠公路则是又一次突破。人们知道，民丰—库尔勒的沙漠公路的走向基本上是顺着沙漠里的沙丘走向修建的（南北走向），从卫星的航拍图片上可以看得到，这条沙漠公路基本上是在两大沙丘的谷地里穿行，不会受到大规模流沙的侵害。而塔且沙漠公路却是“顶沙而行”，这条东西走向的沙漠公路硬是笔直地向大量的沙丘横切过去，碰到最高的沙丘，要横切下 100 多米深的沙沟，然而在沙海中的这条路还是势不可挡地在风沙肆虐中昂然挺进，由且末直指塔克拉玛干腹地。经过几年的检验，这条沙漠公路在狂风飞沙的猖狂进攻面前安然无恙。

2007年阿拉尔—和田的又一条300多公里的沙漠公路建成通车。

"新疆沙漠公路修筑技术的研究"获自治区1994年度科技进步一等奖，在原来已取得初步成果的基础上，经过专家不断地探索、研究沙漠地质，补充完善，2007年，"公路建设成套技术研究"荣获国家科技进步二等奖。从此中国人可以在世界任何复杂的沙漠地带修建高等级公路。

老风口距乌鲁木齐500公里，是塔城通往外界的咽喉要道。这里经常刮12级的大风，而且，有时狂风一刮，就是几天几夜，狂风常常夹着暴雪，铺天盖地。1980年，新疆公路科研所成立伊始，即派科研人员来到老风口，探索治理风雪的办法。他们在老风口修导风板、阻雪堤、挡风墙、改缓公路边坡……做了无数探索性的防风实验，终于总结出治理老风口的办法，形成了《老风口公路雪害防治研究报告》。他们在老风口打了3眼百米深的水井，种植了3公里多的林草结合的防风雪林带。从打井、耕地、挖坑种树开始，整整奋斗了十个春秋。

1993年，他们的研究成果得到塔城地委、行署和自治区党委、人民政府的高度重视。当年，国家投资4800万元，在塔城与乌鲁木齐相通的S221线上，接着公路科研所种植的示范林带，开始大规模地植树、种草，几十万塔城男女老少以从来没有过的热情投入这场"生态建设、绿化公路、防风治雪、美化家园"的热潮之中。如今，沿S221线，从老风口开始，直到塔城，一道长几十公里的绿色屏障挡住了冬天的风雪，改变了那儿的气候与自然环境。如今，在老风口立着一块巨大的纪念碑，褒扬治理老风口是"功在千秋，恩泽万世"。

## 五、文明建设展新貌

新疆交通行业是一个公益性、服务性、社会性很强的"窗口"行业。从业人员多，涉及面广，影响力大。新疆交通系统在创建文明行业工作中，紧紧围绕中心抓创建、抓好创建促发展的创建思路，以“服务人民、奉献社会”为宗旨，以物质文明、精神文明、政治文明建设协调发展为“总抓手”，以“两个延伸”（从窗口向系统延伸，从直属单位向从业单位和从业人员延伸）和“学树创”（学先进、树新风、创一流）活动为载体，在全行业大力开展文明行业创建活动。改革开放以来，交通厅党委坚持“两手抓、两手都要硬”的原则，交通文明建设和交通基础设施建设得到同步发展。尤其是近几年来，自治区交通文明行业创建工作有了新突破和新发展，实现了交通服务设施水平有明显提高，职工队伍素质有明显提高，交通服务质量有明显提高，交通行业整体形象有明显提高。

到2007年年底，全区交通系统建成全国文明单位（自治区公路管理局）1个，全国精神文明建设先进单位（吐鲁番地区交通局、塔城公路总段）2个，全国创建文明行业先进集体（哈密地区交通局、交通建设局石河子管理处）2个，全国交通文明行业［自治区公路管理局、自治区道路运输管理局、自治区交通建设局、自治区交通规费征收征稽（海事）局］4个，自治区文明行业［自治区公路管理局、自治区道路运输管理局、自治区交通建设局、自治区交通规费征收稽查（海事）局、吐鲁番地区交通局］5个，地州市级文明行业（乌鲁木齐、石河子、塔城、阿勒泰、吐鲁番、哈密、阿克苏、巴州、伊犁州、克州、昌吉州、博州、克拉玛依市交通系统）13个，建成国家级青年文明号12个，自治区级青年文明号69个，自治区文明单位74个，占独立核算单位的98.7%；建成自治区、地（州、市）级文明行业18个，占89.5%。文明行业建设的职工参与率达到100%。2007年，新疆交通行业被自治区文明委命名为自治区文明行业。

在创建工作中，一是必须把创建工作列入厅党委工作的重要议事日程，党委书记和厅长都是一岗双责亲自抓，并在每年的交通工作会议上进行总结安排和部署。二是必须以科学的方法、务实的精神和创新的思路来进行。在多年的工作中，围绕中心抓创建，抓好创建促发展，努力做到了“六个坚持”（坚持统筹兼顾、坚持机制完善、坚持全员参与、坚持典型引路、坚持文化引领、坚持活动创新），通过统筹兼顾协调创建格局，通过完善机制加强创建领导,通过全员参与激发创建活力,通过典型引路延伸创建成效,通过文化引领发展创建方向,通过活动创新丰富创建内容,一步一个脚印,实现了创建文明行业工作的又好又快发展。

（一）坚持统筹兼顾,围绕中心抓创建、抓好创建促发展,有效防止并解决"两张皮"的问题,促进了创建交通文明行业工作的协调发展

一个行业的物质基础、制度保障、精神文化、思想道德、行为规范和整体形象,无不体现并折射着社会和行业的文明程度。因此,做好行业文明创建工作的重要措施就是"三个文明"一起抓、三个任务一起下、三个担子一起挑、三个成果一起要。近年来,新疆交通厅党委坚持把创建文明行业作为促进交通行业协调发展的重要途径,把创建工作融入各项具体工作进行统筹安排。坚持"三个文明"建设一起部署、一起实施、一起检查、一起考核、一起表彰,努力使创建文明行业工作做到了"'三个贴近'并'三个服务于'",即贴近并服务于交通建设、贴近并服务于社会和谐、贴近并服务于群众利益,切实解决了交通行业"两张皮"现象和"一手硬、一手软"的问题,促进了交通行业"三个文明"建设协调发展。

（二）坚持完善创建机制,通过建立"总抓手"等工作机制,有效解决创建工作难以深入的问题,促进了创建交通文明行业工作的全面发展

创建文明行业的深入发展和整体推进都需要健全的工作机制作保障。近年来,新疆建立健全了创建文明行业的组织领导机制、考核评价机制、奖励制约机制、联动工作机制、运行管理机制、责任追究机制等。建立了政务公开等一系列内外监督保障体系,并在落实机构、落实人员、落实任务、落实经费、落实责任等方面采取积极有效的措施,形成了较为科学的创建机制体系。

一是建立并完善"总抓手"领导机制,强化目标责任制。在工作中,厅党委深刻认识到,不仅要建立"总抓手"创建工作机制,而且要完善分级管理、分类指导、责权明确的目标责任制,把部门行为上升为领导行为和行业行为,逐步把优质工程、项目建设、文明工地、党风廉政、交通安全、劳动竞赛、技术比武以及"青年文明号"、"巾帼建功"、"巾帼标兵"、"三八红旗手"等评比活动,全

部纳入到文明创建考核评比之中。坚持做到年初有部署，平时有检查，半年有总结，年底有考核。厅党委每年派出督导检查组，对各地州市交通系统和厅属各单位创建文明行业工作进行督导和检查。形成了党委统一领导、主要领导一岗双责，班子成员分工负责，业务部门各负其责，工会、共青团组织积极参与的分工负责、齐抓共管的创建格局。形成了条块结合、以块为主、上下联动、整体推动、重点突破、不断深化、全面拓展的发展格局。

二是建立并完善奖励机制，强化监督保障。近年来，新疆交通行业建立并完善了创建文明行业工作的考评奖励机制，制定了《自治区交通系统创建文明行业考核评分办法》、《自治区交通厅"文明示范窗口"考核评分办法》、《自治区交通系统"十一五"文明行业建设工作指导意见》、《自治区交通系统"十一五"创建文明行业实施办法》等，使创建工作有目标、有标准、有规范、有措施。每年在计划中安排100万元的专项创建资金，对在创建文明行业中涌现出来的先进集体、先进单位、"文明示范窗口"和先进个人进行表彰奖励。同时，建立健全了单位自查、投诉举报、舆论监督、群众监督、社会评价内外结合的监督机制。对建成的文明行业、文明单位实施动态管理，对出现问题的撤销荣誉称号。坚持把行业评价和社会评价结合起来，把年终综合考评与日常分项考评结合起来。

三是建立并完善联动机制，强化互动效应。近年来，新疆交通系统逐步完善了交通行业条与条之间，块与块之间，条与块之间，机关与基层之间、窗口与社会之间的服务体系，形成了"上下联动、左右互动、整体推动"的工作格局。如公路管理局部分总段之间开展了"手拉手"创建活动，征稽局在全系统开展了"捆绑式"创建活动，各地州市交通局相互之间开展了"联手共建"活动等等。交通系统各单位充分利用片区会议、现场观摩、实地考察、座谈交流、专题研讨等多种形式联合起来，沟通了信息，交流了经验，形成了互动，促进了工作，深化了创建。

（三）坚持全员参与，通过广泛开展"两个延伸"活动，解决了创建盲区和空白点的问题，促进了创建交通文明行业工作的深入发展

创建文明行业必须有广大职工的广泛支持和共同参与，才能深入持久。

2002年新疆交通系统在哈密召开的创建文明行业现场会上，首次提出了“两个延伸”的思路。2004年制定并印发了《开展“两个延伸”活动的实施意见》，将道路运输经营业户、公路建设施工、设计、监理等单位及相关从业人员作为延伸对象，逐步建立健全对从业单位、从业人员的考核评价体系，确保活动科学规范、扎实有效。多年来，新疆交通系统坚持把内涵丰富的创建内容延伸到交通行业的各个单位、各个部门和各个岗位，并提出了工作岗位就是创建的最好载体，把形式多样的创建载体延伸到交通行业的各个层面、各个群体和各类人员。基本形成了从内到外、自上而下、由点连线、由线到面、整体推进、全员参与的工作局面。有效解决了创建工作发展不平衡和工作中的盲区、空白点问题，调动了广大交通职工参与创建工作的积极性、主动性和创造性，创建成果和效益日益明显。

（四）坚持典型引路，通过培育和树立先进典型，解决创建工作的示范性问题，促进了创建交通文明行业的健康发展

培养和树立先进典型，发挥示范作用，既是交通行业开展“学先进、树新风、创一流”活动的重要基础，也是创建交通文明行业的现实需要。近年来，新疆交通系统结合不同时期、不同岗位上涌现出的先进典型，坚持把典型引路作为创建文明行业的一个重要切入点，培养树立了以胡曼同志为代表的一大批可亲、可敬、可信、可学的先进典型，让广大交通干部职工学有榜样、赶有目标，在全行业形成了比学赶帮、争先创优的良好氛围。

一是注重在基层一线中培树创建典型。在交通系统涌现出了多力贡·加尼、热比姑·依明、依布拉因·艾白等一批全国劳动模范和青年岗位能手；涌现了乌鲁木齐市“雷锋车队”、地窝堡收费站、奎屯收费站等一批文明班组；涌现了吐鲁番交通局、霍城客运中心、博州运管总站、石河子管理处、北京路征稽所等一批先进集体。这些先进典型具有广泛的群众性。

二是注重在学习实践中宣传典型。一个典型一面旗帜，一个典型一根标杆。公路管理局坚持把学习典型人物与开展“三学四建一创”活动、“十佳养护站”、“十佳养路工”、“文明示范窗口”等争先创优活动结合起来，用典型带群体，以典型的示范作用提高创建工作的层次和水平。通过广泛深

入地开展学先进、比先进、赶先进的学习宣传活动，激发了广大交通职工争先创优的工作热情，催生了一批又一批新的先进群体，不仅增强了交通行业的凝聚力、向心力和战斗力，而且提升了交通行业知名度，塑造了交通行业良好社会形象。

（五）坚持文化引领，通过开展文化建设，有效解决软实力的增长问题，促进了创建交通文明行业工作的可持续发展

创建文明行业工作是增强交通行业软实力的重要途径，也是一项系统工程，只有正确引领、科学组织、规范运作、全面推进，才能使创建工作走上可持续发展轨道。全面加强交通文化建设，这不仅是解决交通软实力增长的核心问题，也是创建文明行业实现可持续发展的重要条件。近年来，新疆交通系统在交通文化建设和文化引领方面做了积极有益的探索，并已取得了部分研究成果。

一是在交通基础设施建设中，积极倡导“畅洁绿美、资源节约、环境友好、绿色通道、阳光工程”等现代文明理念，体现了交通物质文化的引领意义。

二是通过在一线开展班组文化建设，在全系统广泛开展“交通精神大讨论”、举办主题演讲、摄影、书法、体育比赛、文艺汇演、读书征文等交通文化实践活动，大力弘扬了“铺路石精神”、“天山路精神”，体现了交通精神文化的引领意义。

三是坚持把文化理念和服务意识延伸到所有交通服务窗口的建设内容中，把现代交通文明意识延伸到对社会服务效能的每一个行为之中，体现了交通行为文化的引领意义。

通过文化建设的积极引领，不仅调动了广大职工的积极性和创造性，而且使创建文明行业工作的发展方向开始由精神文明单位的单项创建向三个文明建设的全面发展转变，由达标式阶段性创建向内涵式长效目标创建转变，由以管理为主的传统创建向以服务为主的文化创建转变。

（六）坚持活动创新，通过创新活动载体和工作方法，有效解决创建工作活力不足、吸引力不强的问题，促进了创建文明行业工作的良性发展

坚持用新理念、新思路、新举措、新载体推进创建工作，实现交通事业的

新发展和新突破,这是文明创建工作的持久动力。近年来,新疆交通系统围绕交通中心工作,坚持以人为本,不断创新活动的内容、形式和载体,提出"解决检查多、资料多、上墙多、挂牌多"的问题,这些新办法、新途径,使创建工作的凝聚力、吸引力和生命力不断增强。在全行业开展了"交通基础设施优质廉政工程"、"交通行政执法素质形象工程"、"交通运输文明畅通工程"、"运输企业安全效益工程"建设活动,把公路交通发展好、建设好、养护好、管理好、服务好、经营好,确保了经济效益和社会效益同步提高。

## 六、抓住机遇促发展

党的十七大特别强调了"今后一个时期要继续加强基础设施建设,加快发展现代能源产业和综合运输体系"。国务院 32 号文件明确提出:"公路要加强连接新疆与内地、连接南北疆和连接周边国家的主干线建设;加大国省干线、口岸公路和国边防公路的建设力度,继续推进通畅工程、通达工程,加大农村公路建设力度。"尤其是要紧紧抓住最近中央决定扩大内需,拉动经济,加快发展的机遇,加快建设新疆综合交通运输体系。

自治区党委七届五次全委(扩大)会议和自治区十届人大一次会议明确提出:今后 5 年新疆国民生产总值要确保年均两位数增长,力争增长 12%,全社会固定资产投资平均增长 18%,力争五年完成固定资产投资 1.5 万亿元,比前五年翻一番。同时强调,要实现预期目标,必须坚持优势资源转化战略,大力发展现代农业,大力推进新型工业化,大力发展现代服务业。

交通部党组提出:要紧紧抓住我国经济发展战略转型的历史机遇,加快发展现代交通业,促进发展方式的根本性转变。交通发展由主要依靠基础设施投资建设拉动向建设、养护、管理和运输服务协调拉动转变;由主要依靠增加物资资源消耗向科技进步、行业创新、从业人员素质提高和资源节约环境友好转变;由主要依靠单一运输方式的发展向综合运输体系发展转变。所有这些,都为加快我区交通发展提供了新机遇。

在机遇和挑战并存的形势下,新疆交通行业要站在新的起点,用新理念、新思路和新举措,抢抓历史机遇,抢占发展新机。为此,必须坚持以科学发展观为指导,用改革创新的精神,提出新思路、确定新举措、落实新要求。

新疆今后三年交通发展的指导思想是:高举中国特色社会主义伟大旗帜,以邓小平理论和“三个代表”重要思想为指导,全面落实科学发展观,按照党的十七大和国务院32号文件的部署,树立“大交通”的理念,以做好“三个服务”为目标,以加快交通发展为主题,以文化建设为引领,以加强党的建设为保障,以调整交通结构、转变发展方式、推进自主创新、完善行业管理为重点,充分发挥公路交通在综合运输体系的基础和骨干作用,促进自治区交通加快发展、科学发展、和谐发展,不断提高“三个服务”的能力和水平,加快推进现代交通业建设步伐,为自治区经济社会发展提供坚强有力的基础保障和交通服务。

今后三年交通发展的工作思路是:紧紧围绕自治区经济社会发展战略,全力构建两大网络(以高速公路、干线公路为骨架,以农村公路为基础的公路网络;以现代客流、现代物流为方向,面向国际的运输网络);着力打造三个通道(对亚欧的国际战略通道、对内地省区的东西通道、对区内的南北疆通道);努力提升交通运输服务保障能力(通行保障能力、安全保障能力、突发应急处置能力、信息服务能力);加快发展交通运输产业(加快优化运输布局,加大运力结构调整,提升运输枢纽等级,发展大型物流企业,形成现代物流中心);构建“大交通”格局(大网络、大流通、大市场、大产业),努力建设新疆现代交通业。

今后三年,交通工作的总体目标是:公路交通固定资产投资在每年100亿的基础上,继续保持增长。重点建成星星峡—吐鲁番、喀什—和田、独山子—库车等公路。开工建设一批国道、省道、国边防和口岸公路。农村公路重点加强不通公路的乡镇、行政村公路建设。支持自治区资源区、旅游区、开发区、工业园区等重要经济区位的建设。三年公路建设总规模3.3万公里,国省干线8360公里,农村公路2.5万公里。公路乡镇通达率99.8%、行政村通达率98.7%;基本实现具备条件的乡镇和60%以上的行政村通油路的目标。到2010年,新疆公路网总里程达到16.8万公里。

完善运输枢纽布局与功能,加强综合客运、货运枢纽和场站建设,推进物流园区。完善煤炭、石油、矿产、农副产品、集装箱等专业运输系统。加强科技、教育、安全、应急保障等支持保障系统建设。提高基础设施使用效率,实现新疆交通发展质量和效益明显提高,道路运输服务保障水平明显提高,单位运输能耗和污染物排放量明显下降;交通产业向现代服务业转型取得明显成效,现代交通业发展取得阶段性的成效,基本适应自治区经济和社会全面发展的需要。

把握新要求,落实新任务,推进新疆交通加快发展、科学发展、和谐发展,要努力做到"八个必须适应"。一是必须适应自治区实施优势资源转换战略、加快新型工业化进程、推进社会主义新农村建设的新形势;二是必须适应自治区加大对外开放,发展外向型经济的新要求;三是必须适应加快现代服务业、推进交通由传统产业向现代服务业转型的新变化;四是必须适应建设现代交通业的新目标;五是必须适应构建综合运输体系,全面实现公路交通与其他运输方式有效衔接的新格局;六是必须适应全区各族群众日益增长的多样化、便捷化运输的新需求;七是必须适应增强交通自主创新能力、建设创新型交通行业的新举措;八是必须适应资源节约环境友好发展的新路子,建设资源节约、环境友好型交通,增强交通可持续发展能力。

# 天山南北不再遥远

周生斌

说起遥远的地方,人们总会想起新疆。

广袤的草原,浩瀚的大漠,耸立的高山,星星点点的绿洲,把我们的祖国装扮得神奇美妙。一条条公路又把这些神奇的地方连接起来,使历史上的丝绸之路一改往日的悲壮苍凉。

从上海回新疆旅游的陈家山夫妻俩,7 天时间游览了喀纳斯湖、吐鲁番和古城喀什。他感慨地说:“30 年前,我去趟喀什要 7 天,现在天山南北已不再遥远。”

到今年年底,新疆的公路总里程将达到 9 万公里,高速公路和一级公路达到 1200 公里。目前新疆已形成了以乌鲁木齐为中心,以 7 条国道和 68 条省道为骨架,穿越天山,环绕准噶尔和塔里木两大盆地,辐射地州、市、县、乡、村和农牧团场、连队,东连内地,西出中亚、西亚乃至欧洲的四通八达的公路网。

## 一、“是谁帮咱们修公路”

“是谁帮咱们修公路,是谁帮咱们架桥梁,是亲人解放军,是救星共产党……”这首脍炙人口的歌曲不仅唱出了西藏各族人民的心声,也表达了新疆各族人民的心声。

1949 年 9 月新疆和平解放时,仅有简易公路 3361 公里。天山是阻隔南北疆交通的天然屏障。50 年来,新疆的公路交通之所以发生了天翻地覆的变化,是党中央、国务院关心支持的结果。

20 世纪 50 年代,百万大军进疆屯垦戍边,拉开了开发建设边疆的序幕,兵团人走到哪里,就把路修到哪里。

1955 年,新藏公路动工兴建,交通部调派第五工程局第三工程处的 300 多名干部和工程技术骨干参战。1957 年 9 月公路建成通车后,国家决定把这部分人留在新疆,这就是后来屡立战功的新疆路桥总公司和新疆公路规划勘察设计院。

20 世纪 60 年代,毛泽东主席发出了“要搞活天山”的指示,并批准修建贯通天山南北的公路。

1974 年 7 月 21 日,一支英雄的部队开进了天山深处。8 月开工建设独山子至库车、横穿天山的独库公路,全长 561 公里,历时 10 年奋斗,有 148 位官兵壮烈牺牲在这条公路上。

20 世纪 80 年代中央决定把这支英雄的部队留在新疆,担负新疆公路建设的急难险重任务,从此在新藏公路、中巴公路国内段及国道省道干线公路建设中,处处留下了武警交通二总队官兵们的身影和血汗。30 多年来,这支部队在新疆修路架桥 3000 多公里。

改革开放后,国家进一步加大了对新疆公路交通事业发展的支持力度。

1992 年 8 月,原交通部部长黄镇东在新疆调研 15 天,与自治区领导商讨把国道 312 线新疆段尽快建成国际大通道,形成第二座亚欧大陆桥。这一年,自治区高等级公路建设指挥部成立。在两年多的时间里,交通部正、副部长有 9 人次到新疆考察调研,商讨公路交通发展战略,从此新疆的公路建设进入了快速发展期。

2004 年,时任交通部部长的张春贤两度来到新疆,深入天山深处的养路道班和田间地头,全面考察了解新疆公路交通状况和需求,提出要进一步打通天山南北。今年,新疆第二条穿越塔克拉玛干的沙漠公路阿拉尔至和田开工建设,张春贤又前来参加开工典礼。

60年来,国家给新疆公路交通建设的投资达170多亿元,占新疆公路交通设施建设总投资的40%。1996年至现在的10年中,新疆的公路建设投资超过400亿元,其中国家支持达140亿元。目前全疆15个地州市全部通了二级以上的公路,90个县市全部通了三级以上公路,99%的乡镇和90%的行政村通了公路,民用汽车保有量已超过50万辆。中共中央政治局委员、自治区党委书记王乐泉同志多次说:“改革开放以来,最能体现新疆变化的就是公路交通。”

## 二、“从某种意义上讲,新疆经济就是公路经济”

富力驼队变成了工贸公司,7年赶着驼队给乡村送货的驼队队长吾甫尔·托吉提,如今是工贸公司的经理,开着小车检查工作;他领导的十几个营业部,分散在且末县城的大街小巷。吾甫尔·托吉提说:“驼队的解散和改行,就是因为公路交通的发展。”

且末县位于塔克拉玛干大漠深处,离库尔勒市700多公里,过去到库尔勒一趟需要一个星期,急事只有靠每周两趟的小飞机。如今三个方向的柏油路通向且末,坐车到库尔勒已是朝发夕至。快捷的公路交通使飞机停航了。

且末县人大主任宋江城告诉记者:2002年沙漠公路通到且末后,县上及时动员农民调整种植结构,枣树种植面积每年增加1.2万亩,如今枣树面积已达5万亩,盛果期每亩产值可达5000元左右。鲜枣当天就可运到库尔勒,第二天中午可以到乌鲁木齐。

在新疆166万平方公里的土地上,像且末这样的绿洲有800多块,有绿洲的地方就有人,有人的地方就有公路连接。

在公路、铁路、航空、管道四种运输方式中,新疆公路的客货运输量分别占到95%和84%。原自治区主席阿不来提·阿不都热西提曾说:“从某种意义上讲,新疆的经济就是公路经济。”

喀什是新疆的历史文化名城,是我国对外贸易往来和文化交流的重要门户。1998年至2004年,通过对国道314线、315线及喀什市过境公路的彻底改建，周边相邻的阿图什、疏勒县和疏附县都是一级公路相连，形成了半小时的经济交往圈，使公路经济在喀什显现出优势，带动了相关产业的发展。香港新怡发国际二类口岸商贸城、新疆屯河果业集团、浙江温州商会等一批商业集团纷纷落户喀什。畅通、便捷的公路交通为喀什带来了涌动的人流、物流、信息流。

吐乌大和乌奎两条高速公路的建成通车，使新疆的天山北坡经济带如虎添翼。如今区域内的工农业总产值占全区总产值的40%，其中工业产值占全区的50%左右。

原自治区主席司马义·铁力瓦尔地曾在记者招待会上介绍说：通过不断发展，新疆基础设施建设有了很大改观，城乡面貌发生了巨大变化。到2004年底，全区国内生产总值已达2200亿元，人均GDP达到11199元，高于全国平均水平。现在的新疆已不再是遥远的新疆，也不是落后的新疆，而是经济发展、民族团结、社会稳定、政通人和、各族人民安居乐业的新新疆。

## 三、我们的事业充满阳光

为了新疆的公路交通事业，“献了青春献终身，献了终身献子孙”的人很多。

丁绍祥、员自铭、孙继葆，他们都是年逾古稀的公路专家。20世纪40年代因为抗战物资要从印度、斯里兰卡翻越昆仑山，用骆驼运到新疆再转到抗战前线，他们分别从江苏、北京、陕西来到新疆。说到在新疆60多年的公路建设情节，惊险的经历历历在目，死里逃生都不止一次。伴随他们在公路上度过大半生的是水壶、干馕、羊皮袄。

“1945年我从哈密到乌鲁木齐，坐在拉羊毛的嘎斯车上走了7天，沿途有很多死驴、死马、死骆驼和人的尸骨。驾驶员凭着一种常识，停车捧起沙土闻，如果有牛羊的屎尿味，就证明这条牧道可以走，这样边走边闻才逃出了大漠。”丁绍祥说起往日的故事，感慨万千。

今年5月1日，已90岁高龄的孙继葆老人给我们讲起了在昆仑山修新藏公路的故事。

“那时我是新藏公路建设指挥所副总指挥，工程队帐篷扎在昆仑山海拔 5000 米的达坂上。半夜里狂风大作，风沙弥漫。我赶紧起床去检查每顶帐篷拴得牢不牢，当检查完所有的帐篷后，却找不到自己的帐篷了。最后大家找到我时，我身上已经压了一层厚厚的尘土。”

他们是新疆的第一批公路专家。如今他们的子女大多已年过半百，家家都有孩子继续奔波在天山南北的公路上。

张振华 1955 年从西安公路学校毕业后，便一头扎进了天山和昆仑山，一干就是一辈子。1986 年，中巴公路国内段改建工程上马，张振华第二次上了帕米尔高原，妻子姚和艳是工程处医务所所长，他们和女儿一家三口，一起钻进了工地的帐篷，一干就是 3 年。张振华第一次上中巴公路是牵着骆驼上的山，骆驼驮着各种用具，从喀什到塔什库尔干 200 多公里路走了一星期。每天干活还要带一根绳子，下班后去打捆柴火。尽管如此，张振华还是动员独生子报考路桥专业，他对儿子说，这项事业是充满阳光的事业。

黄克超是第二代公路专家。他父亲黄仲谦 1942 年毕业于重庆大学，1946 年进疆，任新疆第二工程队队长时，被公路局领导称为当时的四大干将之一。与父亲不同的是，黄克超作为新疆交通科研院桥梁室主任，干的不再是人拉畜驮的苦力活，而是主要从事交通科研工作。他主持研究的“成桥静、动态荷载试验”、“桥梁检测技术应用”、“桩基质量与承载力评价”等都获得过自治区的科技进步奖。眼下，他又住在伊犁河大桥的施工工地，做大桥的施工控制研究。

**图书在版编目（CIP）数据**

中国交通运输60年/交通运输部,《中国交通运输60年》编委会编著.—北京:人民交通出版社, 2009.9

ISBN 978-7-114-07972-6

I.中… II.①交…②中… III.交通运输业－成就－中国—1949～2009 IV.F512.3

中国版本图书馆CIP数据核字(2009)第167090号

**书　　名**：**中国交通运输60年**

**Zhongguo Jiaotongyunshu Liushi Nian**

**著 作 者**：中华人民共和国交通运输部　《中国交通运输60年》编委会

**责任编辑**：谢仁物

**出版发行**：人民交通出版社

**地　　址**：(100011)北京市朝阳区安定门外外馆斜街3号

**网　　址**：http://www.ccpress.com.cn

**销售电话**：(010)59757969,59757973

**总 经 销**：北京中交盛世书刊有限公司

**经　　销**：各地新华书店

**印　　刷**：北京市密东印刷有限公司

**开　　本**：710×1000　1/16

**印　　张**：75.5

**字　　数**：1000千

**版　　次**：2009年9月第1版

**印　　次**：2009年9月第1次印刷

**书　　号**：ISBN 978-7-114-07972-6

**印　　数**：0001～3000册

**定　　价**：150.00元

(如有印刷、装订质量问题的图书由本社负责调换)

---